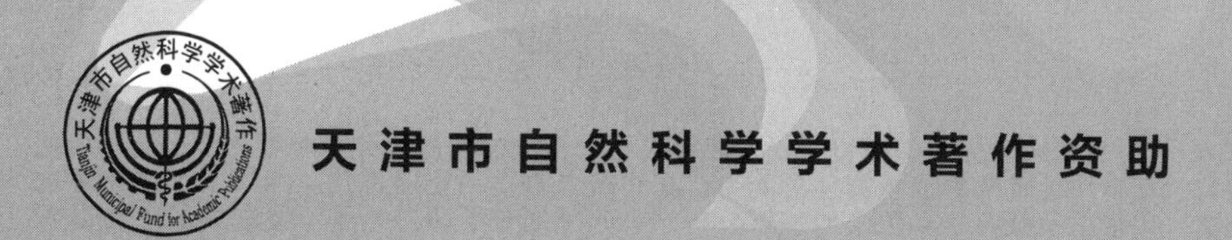

免疫分析和其他生物分析技术

（美）珍妮特 M. 范·埃蒙 编
Jeanette M. Van Emon
高志贤 张彦峰 白家磊 等 译

IMMUNOASSAY AND OTHER BIOANALYTICAL TECHNIQUES

化学工业出版社
·北京·

内 容 简 介

《免疫分析和其他生物分析技术》介绍了免疫化学及相关生物分析方法在环境分析和生物学检测中的优缺点和用途。主要内容包括：实验室的集成生物分析能力，配体结合蛋白的定向进化，体外生产单克隆抗体，重金属抗体的分离、表征以及微孔板和免疫传感器分析，小分子的分子印迹，基于适配体的生物分析方法，表面分子印迹，用噬菌体作生物免疫探针，用抗体检测和识别的上转换发光免疫分析，免疫测定的数学推理，生物检测中的免疫化学技术，靶标和非靶标方法检测转基因生物，生物分析诊断方法检测朊病毒，免疫亲和色谱法的环境应用，溶胶-凝胶免疫分析与免疫亲和色谱法，电化学免疫分析和免疫传感器，生物传感器应用于环境监测和国土安全，生物微阵列，微电极蛋白质微阵列，基于生物偶联量子点的高灵敏度、高通量免疫分析技术，纳米技术和生物分析方法的前景展望。

《免疫分析和其他生物分析技术》可供分析科学相关专业尤其是环境分析、生物学检测等专业的科研人员阅读，也可供相关专业高年级本科生和研究生参考。

Immunoassay and Other Bioanalytical Techniques，1st Edition/by Jeanette M. Van Emon
ISBN 9780849339424

图书在版编目（CIP）数据

免疫分析和其他生物分析技术/(美）珍妮特 M. 范·埃蒙（Jeanette M. Van Emon）编；高志贤等译. —北京：化学工业出版社，2021. 1
书名原文：Immunoassay and Other Bioanalytical Techniques
ISBN 978-7-122-36070-0

Ⅰ. ①免… Ⅱ. ①珍…②高… Ⅲ. ①免疫学-生物分析 Ⅳ. ①Q939. 91

中国版本图书馆 CIP 数据核字（2019）第 285648 号

责任编辑：满悦芝　　　文字编辑：焦欣渝
责任校对：宋　夏　　　装帧设计：张　辉

出版发行：化学工业出版社（北京市东城区青年湖南街 13 号　邮政编码 100011）
印　　装：三河市延风印装有限公司
787mm×1092mm　1/16　印张 28　字数 707 千字　2021 年 3 月北京第 1 版第 1 次印刷

购书咨询：010-64518888　　　售后服务：010-64518899
网　　址：http://www.cip.com.cn
凡购买本书，如有缺损质量问题，本社销售中心负责调换。

定　　价：298.00 元　

译者序

目前，对于复杂环境样品和生物样品中有害物质痕量分析的需求急剧增加，人类疾病的标志物检测也越来越重要，因而急需快速而可靠的分析方法。免疫化学方法适用于各种样品基质，可以达到很低的检测水平，也不需要昂贵而笨重的大型仪器。在进行重复性分析和大批量样品分析时，应用免疫分析方法可以节省大量的时间和费用。

本书主要介绍了免疫化学及相关生物分析方法在环境分析和生物学检测中的优缺点和用途。部分章节介绍了免疫分析技术较为成熟的基础知识，已经具备免疫分析经验的读者可以选择阅读关于生物分析实际应用的其他章节。本书还介绍了生物分析方法成熟的和创新性的应用，同时包括数据处理和质量保证。本书后几章介绍了最近发展的新技术和新方法，包括纳米技术的影响、利用基因工程制备特异性抗体、开发仿生抗体和其他受体、微阵列技术、免疫亲和样品前处理、多元免疫分析、用于自动和实时分析的传感器等。本书既可以作为分析科学相关专业的学生和研究者的参考书，也可以为开发和应用生物分析方法的科研人员提供帮助。

本书由10位一线科研人员高志贤、张彦峰、宁保安、彭媛、白家磊、周焕英、王江、李双、吴瑾、韩殿鹏、赵尊全、刘明珠等共同翻译；本书在翻译过程中得到了学生沈兆爽、刘婧婷、孙铁强、王瑜、任舒悦、宋艳秋、李巧凤、李烨、陈瑞鹏、赵旭东等的帮助。

本书获得国家重点研发计划项目（2018YFC1602903）的支持。

在译稿付梓之际，衷心感谢化学工业出版社的帮助。限于译者水平有限，书中不当、疏漏之处在所难免，敬请广大读者指正。

高志贤

2021 年 1 月于天津

前言

目前，对于复杂环境样品和生物样品中有害物质痕量分析的需求急剧增加，急需经济而适用的分析方法。同时，人类疾病与暴露的标志物的检测也更加重要，急需快速而可靠的分析方法。免疫化学方法适用于各种样品基质，可以达到很低的检测水平，也不需要昂贵而笨重的大型仪器。在进行重复性分析和大批量样品分析时，应用免疫分析方法可以节省大量的时间和费用。

目前，对于一些具有重要环境学和生物学意义的化学物质，比如农药、生物标志物、转基因生物、朊病毒蛋白以及重金属等，免疫化学方法已经成为重要的生物分析方法。这些方法正在被应用于环境监测、人类暴露评价以及毒剂和战剂的检测。本书力求将免疫化学及相关生物分析方法在环境分析和生物学检测中的优点和用途介绍给从事分析科学的研究者。有的章节介绍了免疫分析技术较为成熟的基础知识。已经具备免疫分析实践经验的读者可以选择阅读关于生物分析实际应用的其他章节。本书的作者们介绍了生物分析方法成熟的和创新性的应用，也包括数据处理和质量保证。最近发展的新技术和新方法在本书的后几章介绍。该领域的研究快速发展，本书对一些突破性的研究进展，包括纳米技术的影响也进行了介绍。

正如本书所述，生物分析在很多领域得到快速发展，比如利用基因工程制备特异性抗体，开发仿生抗体和其他受体，微阵列技术，改进的分析系统，免疫亲和样品前处理，多元免疫分析，用于自动和实时分析的传感器，等等。我们期待本书能够吸引更多从事传统分析化学的研究者进入丰富多彩的生物分析研究领域。生物分析方法不是万能秘方，如果需要在要求的时间内提供合适的数据，它们可供选择。

本书既介绍了免疫化学和其他生物分析方法的基础知识，也介绍了一些重要的技术进展，比如新的分析平台和测定系统等。本书既可以作为分析科学相关专业的学生和研究者的参考书，也可以为开发和应用生物分析方法的研究人员提供帮助。

布鲁斯·汉莫克
昆虫学与癌症研究中心
知名教授

目录

1 实验室的集成生物分析能力

Jeanette M. Van Emon , Jane C. Chuang , Raquel M. Trejo ,
and Joyce Durnford

目录

1.1 引言

生物分析方法可用于多种样品的分析，检测环境和食品中的农药残留量，溯源基因工程产品，监测湖泊和溪流中污染物的变化，并能提供实时的医疗诊断信息。基于抗体的生物分析检测方法和分离技术在医学和临床中对分子量大于几千的大目标分析物（如激素、药物）的定量分析得到了常规化的运用。通过检测新型蛋白，免疫化学生物分析方法也被用来检测和追溯食物链中的基因改造生物[1]。这些方法类型同样是检测和研究朊病毒感染和传染性海绵状脑病的重要方法[2]。小分子和重金属的抗体已经在特定和敏感的生物分析方法中进行阐述，比如免疫分析、生物传感器和免疫亲和色谱分离[3~11]。环境中农药以及它们的代谢产物、降解产物、二噁英、多环芳烃（PAH）、多氯联苯（PCB）、微生物产物和生物标志物的免疫定量分析方法对环境监测和暴露评估十分重要[12~20]。免疫分析试剂盒在筛选环境污染物和实时生物传感监测中都得到了应用[21~27]。流动注射技术使免疫测定自动化和流动免疫传感模式化[28,29]。在环境中污染物的线上和线下分析中，免疫亲和色谱作为一种分离技术实现了分析物的富集或清除[30~41]。

关注生物分析方法的科学家对如何简便地将这些方法整合入已有的分析设备已经非常熟悉。一种简单的引入生物分析技术的方法是用特定的免疫分析方法作为筛选方法来确定适合仪器分析的稀释因子。采用这种方法，免疫分析可以使仪器的停机时间最小化以保护敏感组件如检测器和样品柱，同时使昂贵的仪器能被更有效地使用。举另外一个例子，HPLC 强大的分离能力可以和免疫分析的灵敏检测联合。综合两种技术的优势从而提供一种协同的效果。在实时监测方面，生物传感器已经用于进行血液检测分析，比如葡萄糖、尿素和其他诊断指标。生物分析已经有效地应用于环境监测和国家安全保障。无疑，科学家们将会找到更多的检测方法。

这一章阐述免疫化学生物分析方法的基本概念和用于检测农药和其他小分子的样品准备方法，也讨论关于配备生物分析实验室的一般方法。仪器和供应清单以及实验室空间考虑作为指导用来集成生物分析能力的分析设施。还提供了编写质量保证文件和标准操作流程的指南。选择免疫分析方法和免疫亲和色谱步骤来说明所需的专业知识、试剂、材料和实验设备。表 1.1 中给出了免疫化学方法中常用到的术语。

表 1.1　免疫化学常用术语表

术语	解释
抗体	一类通过暴露于免疫原(有时称为抗原)而诱导产生的血清蛋白,并将特异性结合抗原/分析物,形成抗体-抗原复合物
抗原	能够选择性结合抗体的分子。抗原不一定具备免疫原性,有时与免疫原同义
抗血清	来自含有特异性抗体的动物血清
发色团	由于酶与底物相互作用而变色的化学物质
偶合物	通过将两个分子如半抗原与蛋白质或抗体与酶共价偶联形成
交叉反应性	除诱导其产生免疫原/抗原外,抗体与其他化合物(即目标分析物)反应的能力
ELISA	酶联免疫吸附测定(ELISA)是用于环境监测的常用免疫测定形式
酶	能够在低浓度下作为催化剂促进反应的物质
酶偶联物	与蛋白质如抗体或靶分析物/半抗原共价偶联的酶
半抗原	可以结合抗体的小抗原分子。它不是免疫原性的,不能产生抗体反应
IgG	二价免疫球蛋白 G 抗体分子,含有由二硫键相连的两个相同的重链(H-chains)和两个相同的轻链(L-chains)
免疫原	一种可以产生强烈的免疫反应的物质。有时与抗原同义使用
单克隆抗体	均一同质的抗体群,具有相同的选择性和亲和力,由单克隆细胞产生的抗体
多克隆抗体	由能产生抗体的多细胞克隆产生的具有各种选择性和亲和力的抗体群
底物	与酶特异性反应的化学物质
滴度	产生所需结果的物质的稀释度,如免疫测定法中抗体工作时的稀释度

本章没有对抗体生产和生物传感器制作的实验设施、设备和仪器进行说明。这些问题将在其他章节中讨论。第 2 章和第 3 章讨论单克隆抗体及其发展，第 16 章和第 17 章阐述生物传感器的发展。

1.1.1　抗体试剂

当脊椎动物暴露在外来有机体或有毒物质时会产生抗体作为它们防御免疫的一部分。抗体（Ab）是一类能与抗原（Ag）特异性结合的免疫球蛋白。分析方法中通常使用的免疫球蛋白是对预期靶标有两个相同的结合位点的二价 IgG。抗原（Ag）具有特定的反应位点，这些位点被称为抗原表位或抗原决定簇，可以与抗体特异性结合。一个抗体和一个抗原（目标物）结合形成免疫复合物（Ab-Ag），这是免疫化学分析方法的基础。

免疫化学分析方法的一个关键因素是抗体与样品基质或提取物中目标分析物的特异性反应。免疫化学分析方法的特异性很大程度上取决于所用抗体的特异性。很多环境污染物，如杀虫剂、除草剂、多环芳烃、多氯联苯和二噁英太小（$M_w<10000$），无法通过自身刺激产生抗体。虽然这些小分子可以作为抗原（即可以与抗体反应），但它们不具有免疫原性（即不能引起抗体的产生）。低分子量的分析物必须转换为具有免疫原性的化合物才能诱导特定的抗体产生。这一般包括三个步骤：①设计保留重要结构特征的半抗原分析物；②半抗原的合成；③半抗原与大分子例如蛋白质的结合[42~44]。图 1.1 是一种靶分析物、半抗原、半抗原-蛋白质结合物以及常见的抗体结构的例子[12]。

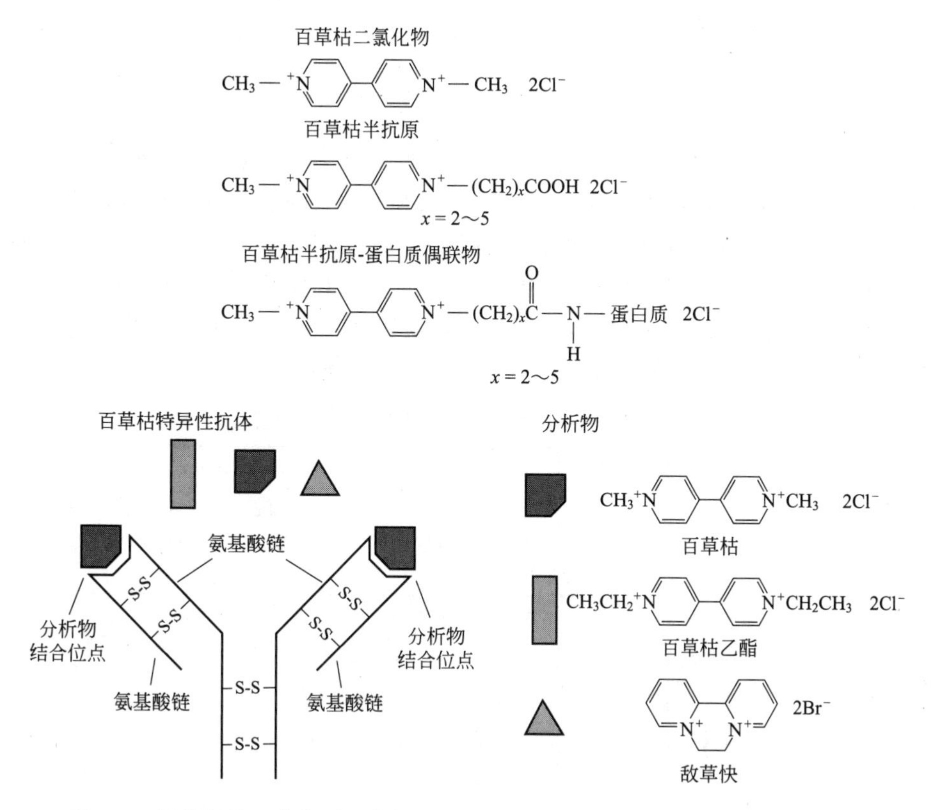

图 1.1 靶分析物、半抗原、半抗原-蛋白质结合物以及常见的抗体结构的例子

（引自 Van Emon，J. M. and Lopez-Avila，V.，Anal. Chem.，64，79A，1992.）

半抗原是小分子分析物的衍生物，其自身不具有免疫原性，但当附着于大分子载体例如蛋白质（如血蓝蛋白、牛血清白蛋白）时可以刺激特异性抗体的产生，并且可以与抗体结合。Landsteiner 利用半抗原抑制技术对免疫特异性进行的研究是小分子免疫分析的一块奠基石，其研究结果揭示了抗体可以与小分子结合[45]。设计的半抗原在通过官能团（即羧基、氨基、羟基、巯基）与载体共价结合后必须仍保留分析物的重要特征结构。连接臂或侧臂应该引入在决定簇的远端以便进行抗体识别。因此，半抗原设计极大地影响了所得抗体的选择性和灵敏度。借助各种反应方法将新引入的官能团用于半抗原与载体分子的结合[42～44]。得到的半抗原载体偶联物是用于刺激免疫系统以产生特异性抗体的具有免疫原性的化合物。产生的抗体一些是针对载体蛋白，一些是针对连接臂，一些是针对偶合物的半抗原或靶标部分。这种复合抗体可用于免疫化学方法的开发，以产生对半抗原强烈响应的抗体。该复合物属于多克隆抗体，因为由此产生的抗体群是多个细胞克隆对免疫原反应的产物。作为可供选择，可能通过克隆筛选的方法来获得由细胞单克隆产生的抗体。单克隆抗体是具有相同选择性和亲和力的性能一致的抗体产物[46,47]。使用基因工程抗体或定向进化的进一步改进可以提高抗体的亲和力和选择性，以及增加热稳定性和对有机溶剂的耐受性（参见第 2 章）。

大规模的体外抗体生产可以提供高浓度的单克隆抗体。这些体外生产技术是非常有吸引力的，因为它们可以在最小的劳动力和成本下通过培养进行大规模的生产（参见第 3 章）。多克隆抗体（pAb）和单克隆抗体（mAb）已被成功地应用于临床和环境生物分析方法中。每种类型的抗体制备方法都有其优点和缺点（例如成本、开发时间、亲和力、效价），生产抗体之前这些因素都需要考虑[48]。

1.1.2 免疫分析入门

免疫测定是基于分析物/抗原（Ag）与有选择性的抗体（Ab）形成Ab-Ag复合物的反应。免疫化学反应可以通过酶标记例如碱性磷酸酶和辣根过氧化物酶实现可视化，提供有色的最终产物。放射免疫检测法使用放射元素标签如^{125}I，其具有更好的精密度和灵敏度。也使用其他标签和技术，如荧光偏振[49]、化学发光[50]和电化学检测[51]以及更多新颖的标签。第16章提出了电化学的分析发展。第9章讨论了上转换发光材料作为免疫测定的新兴的灵敏的标签[52]。表1.2是用于免疫测定方法的各种酶、底物和标签。

表1.2 免疫分析中使用的检测方法的例子

检测方法	标签	基质/底物
比色法（终点或动力学）	辣根过氧化物酶	二氨基联苯胺(DAB)，邻苯二胺(OPD)，四甲基联苯胺(TMB)，2,2'-联氮-双(3-乙基苯并噻唑啉硫酸盐)，2,2'-联氮-双(3-乙基苯并噻唑啉-6-磺酸)(ABTS)
	碱性磷酸酶	4-硝基苯磷酸，3,3',5,5'-四甲基联苯胺
荧光	碱性磷酸酶	4-甲基伞形酮磷酸盐
	β-半乳糖苷酶	4-甲基伞形酮β-半乳糖苷
化学发光	过氧化物酶	鲁米诺
发光	荧光素酶	荧光素
放射	^{125}I	—
电（氧化电流）	Ferocenes	—

有两种比较普遍的免疫分析方法：①非均相；②均相。在非均相免疫分析中，将免疫试剂固定在一个固体支持物（例如乳胶珠、微孔板、磁性颗粒、试管、微球体、滤纸）上，并需要洗涤以分离结合的免疫试剂和游离的免疫试剂[53]。在均相免疫分析中，免疫反应发生在溶液里，不需要分离步骤，但更容易受到基质的干扰。由于经常遇到复杂的样品，因此，在大多数环境应用中使用非均相免疫分析。环境污染物的常用测定分析方法是竞争酶联免疫吸附分析（ELISA）。免疫分析的一个特别的优点是高通量。对于大量的样品，96孔（8排、12列）聚苯乙烯微孔板能够分析几种质量控制（QC）的样品和对照品。96孔微孔板每个微孔可容纳0.225mL的试剂。也可用孔径更小、微孔数更多的微孔板，例如，含有384孔或1536孔的微孔板常用于制药工业。图1.2是间接和直接竞争的ELISA方法的例子。

在一种间接方法中，抗原被固定在固体表面如微量滴定板的孔中。目标物和已知量的对应的抗体混合反应并形成溶液相的抗原-抗体复合物。将该溶液加入包覆了抗原的微量滴定板中，其中固定的抗原与未和目标物结合的剩余抗体的可用位点结合。缓冲液冲洗除去未结合到抗原表面的试剂。然后加入与酶（如碱性磷酸酶）共价结合的特异性的二抗（即抗体-酶复合物），并与识别抗原固定的一抗特异性结合（图1.2）。未结合的物质用另一缓冲液冲洗掉。加入酶底物产生颜色，读取吸光度，或监测显色动力学。由于样品或标准品中的待测物与固定在微孔上的抗原竞争结合特异性的抗体，因此，这种ELISA方法也被称为竞争测定法。将每个样品的吸光度与从标准曲线获得的吸光度进行比较。吸光度的降低与样品中存在的目标分析物的量直接相关。目标分析物浓度与测量的吸光度之间的这种反比关系是定量的基础。第10章讨论了免疫分析数据的统计分析。

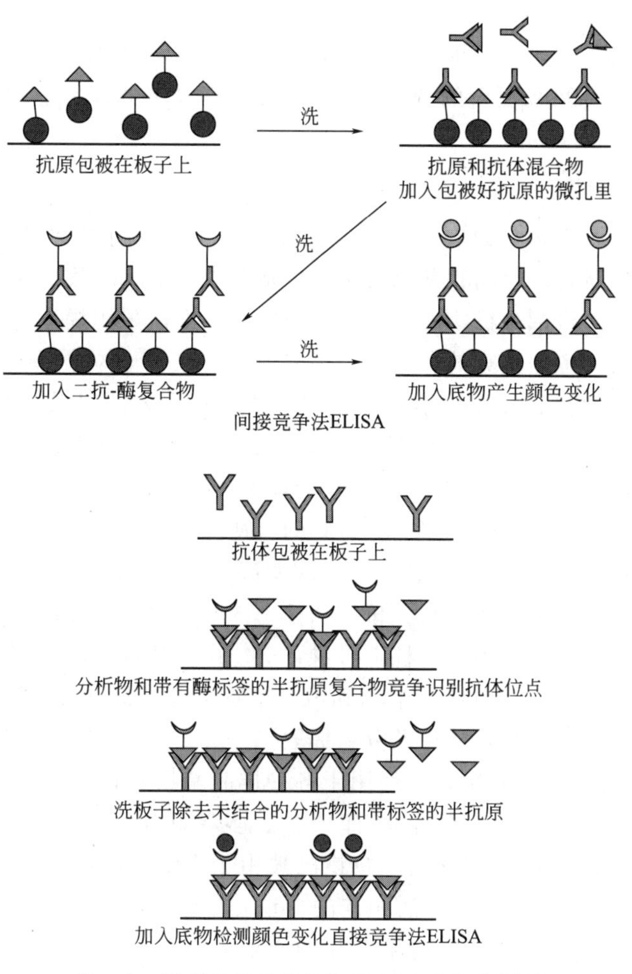

图 1.2 间接和直接竞争的 ELISA 方法的例子

在典型的直接方法中，将特异性的抗体固定在微量滴定板的孔中。将待测分析物和酶标记的半抗原（分析物模拟物）加入到制备的微量滴定板的孔中。样品中的分析物与已知量的酶标记的半抗原竞争固定在孔中的抗体的结合位点。清洗步骤去除所有未结合的试剂，并加入底物用于显色。直接方法通常用于免疫测定试剂盒。

EPA 制定的指导性文件描述了环境免疫分析技术的基础知识，从而帮助分析化学家们更好地应用这项可供选择且越来越常见的技术[4,54]。质量控制/质量保证（QA/QC）指导文件有助于现场测试工具的早期评估。免疫分析方法已被纳入 EPA 的方法纲要[55]。免疫分析方法与传统的气相色谱（GC）和气相色谱/质谱联用（GC/MS）方法已经进行了比对，证明了 ELISA 方法的总体准确度和精确度[27,56~60]。比较两种方法，应该考虑到一个因素，免疫化学方法可能会对目标物的类似物有响应，而仪器方法不会发生这种反应。然而，在免疫化学过程中检测到的化合物可能具有毒理学意义，并且可能有助于鉴定先前未被检测到的代谢物或环境分解产物。在分析分类法中，免疫测定法也可以用在仪器分析之前，因为其对更多的相关化合物有响应。一种检测住宅和污染土壤样品中多环芳烃的 ELISA 方法与应用于环境监测研究的 GC/MS 方法进行比较[57,58]，ELISA 数据和 GC/MS 数据明显不同，并且 ELISA 数据高于 GC/MS 数据，但是它们与 52 个被污染的土壤样品高度相关。这是由于

GC/MS 没有测量到环境样品中所有在 ELISA 实验中响应的多环芳烃和烷基化的多环芳烃。由于成本的限制，通常只有 16 种 EPA 要求的多环芳烃污染物进行 GC/MS 检测。然而，ELISA 提供了对现有污染物更宽的响应，可能对毒理学或暴露研究有用。

1.1.3 免疫亲和色谱

环境样品中微量污染物（如农药、多氯联苯）的残留分析通常需要在 GC 或 HPLC 检测前进行提取纯化。通常通过固相萃取技术中的固定相（例如二氧化硅、C_{18}）完成提取纯化，固定相的选取是由目标分析物的化学性质确定的。即使采用提取纯化方法，定量测定复杂基质中的微量污染物也是困难的。因此，提取纯化往往是整体分析中最关键的一步。

免疫亲和（IA）色谱在临床化学中被用作水样的提取方法以及各种样品基质的提取纯化方法[30~41,61~65]。免疫亲和柱采用固相萃取（SPE）柱。然而，传统的吸附材料被替换为固定在惰性固体载体上的特异性抗体吸附剂，形成免疫吸附柱树脂（即固定相）。

该过程是基于特异性抗体和其目标分析物的可逆反应。含有分析物的液体提取物在有利于抗体结合分析物的条件下通过 IA 柱。然后改变流动相条件，例如 pH 或离子强度的变化，使抗体释放分析物。在少量液体中将分析物从柱中洗脱，以供后续的免疫测定或离线或在线仪器分析进行检测。抗体保持固定在柱上可供下次使用。免疫反应可以对目标分析物进行选择性提取和富集。目标分析物与样品中的其他污染物通过抗原-抗体相互作用可以进行选择性分离，特别适合于复杂样品基质中的分离提取。

IA 柱作为一种分离提取方法，已经用于各种样品基质包括水、土壤、血清和生物组织的多菌灵[39]、三唑磺隆[64]、三嗪杀菌剂[35,36]、多氯联苯、二噁英/呋喃[40,65]和伊维菌素[31,32]的分离提取。免疫亲和毛细管电色谱已被用于毛细管电泳之前的选择性微量富集和激光诱导荧光检测[41]。与 HPLC 方法相连的自动化 IA 柱和色谱柱也有报道[36~39]。第 14 章和第 15 章提供了免疫亲和色谱程序和应用的详细实例。

1.1.4 免疫传感器

生物传感器是由两部分组成的分析仪器：生物识别元件（如抗体、酶、受体、DNA 或细胞）和将生物识别过程转换为可测量物理信号的信号转换器。生物传感器可以根据信号转换器的类型分为光学、电化学、压电或温度测量。免疫传感器是基于亲和力的生物传感器，其设计用于检测抗体或抗原的直接结合，在信号转换器表面形成免疫复合物。免疫传感器可以提供连续、原位和快速的测量。几种不同信号转换类型的生物传感器已经被开发利用并应用于农药监测[21~26,66,67]。第 4 章、第 16 章和第 17 章描述了环境监测和国土安全的生物传感器的开发和应用。

1.1.5 微阵列

微阵列技术能够在单个芯片或载玻片上平行分析成百上千的生物分子，如 DNA。分子被分别排列在一个芯片上，以便可以同时进行每个独立的分析。这种分析技术是基于标记的靶分子与芯片上的分子阵列的反应。因此，能获得关于单个分子与几个其他分子的反应的信息。可以从芯片获得关于生物相互作用的大量数据[68,69]。这些数据有助于研究功能关系和生物过程，包括疾病机制。微阵列数据也对基因组学、蛋白质组学和环境监测有着巨大的影响。第 18 章和第 19 章详细讨论了微阵列技术和应用。

1.1.6 生物分析方法的优势和局限性

与仪器方法相比，免疫化学生物分析方法通常提供高选择性和低检测限。其他优点是样品通量高，成本相对较低。这些属性是进行大规模生物监测以支持流行病学研究所必需的（见第 11 章）。生物分析方法适用于各种分析物，包括小分子环境污染物、转基因生物（见第 12 章）和医学上重要的朊病毒（见第 13 章）。现场便携式免疫分析检测试剂盒可以在现场进行筛选试验，现场技术人员可以近乎实时地获得结果。生物传感器可以实时提供监测数据，并具有网络功能和远程访问功能。

免疫测定和免疫亲和色谱的性能高度依赖于特定抗体的性质。然而，最大的局限性是环境污染物特异性的抗体没有现成的商业化模式。分析实验室合成半抗原以及产生和表征抗体十分耗时且昂贵。最近，研究人员已经使用重组 DNA 技术来生产重组抗体，但是这些过程可能是昂贵、耗时、劳动密集型的。然而，通过重组 DNA 技术，噬菌体-抗体库已经被开发作为用于 ELISA 的特异性噬菌体探针的来源[70]。第 8 章介绍噬菌体作为生物特异性探针的开发和使用。在传统的基于抗体的方法中，比如免疫分析和免疫亲和色谱，分子印迹聚合物（MIP）可以作为抗体模拟物[71,72]。MIP 的主要优点是有可能大量供应均一性良好的试剂。而且，MIP 可能比生物试剂具有更大的有机溶剂耐受性和更高的选择性。由于印迹结合位点的存在，MIP 的物理和化学属性（见第 5 章和第 7 章）可能对化学战剂传感器的发展有利[67]。另一种选择是将适配体或核酸配体用作识别元件。试剂级适配体可以大量获得并且已经应用于生物传感器和其他生物分析方法中[73]。这些可供选择的受体分子及其在生物分析方法中的应用将在第 6 章中讨论。

生物分析程序可与传统分析结合使用，以提高方法性能和质量保证。与通常用于 HPLC 的典型的非选择性检测器相比，ELISA 可作为选择性检测器用于分析 HPLC 分离中的馏分[74]。用于样品富集和纯化的免疫亲和色谱柱可以与在线或离线 HPLC 或 HPLC/MS 分析相结合[37~39]。GC 或 GC/MS 检测也可用于免疫亲和提纯后的离线分析[36,40]。

由于抗体在生理条件下（pH 7.0、0.15mol/L NaCl）的水溶液中起作用，所以大多数免疫化学方法对有机溶剂具有有限的耐受性。对于具有高亲脂性的化合物如二噁英/呋喃，测定开发中具有挑战性的任务可能是确定用于分析物溶解度和方法性能的最佳溶剂体系。通过使用混合溶剂和表面活性剂，可以找到合适的溶剂体系。

为了加强简便和高通量的优点，需要没有任何提取纯化步骤的简单的样品制备程序。环境基质的范围从简单（例如饮用水）到困难（例如污染的土壤或沉积物）。用于评估人体暴露的样品基质包括生物液体和复杂的膳食样品。即使在复杂基质存在的情况下，通过在实际的检测范围内稀释样品，抗体通常可以特异性结合目标分析物。或者也可以使用在常规方法中采用的类似的提取纯化方法，如固相萃取或液相萃取。然而，在使用免疫化学方法之前，复杂的提取和纯化程序可能抵消样品高通量的优点。

1.2 建立生物分析方法的能力

生物分析实验室通常包括放工作台的空间、通风橱、冰箱、冷冻机、分析天平以及其他常用的分析设备和用品。尽管可能需要其他设备，如 96 孔酶标仪、小型培养箱和轨道振荡器，但生物分析能力可以很容易地集成到现有的分析设备中。一个典型的分析化学设施需要大约 2000ft^2（1ft^2＝0.0929m^2）的实验室空间和多个房间。大部分空间对于样品接收和处理、制备标准品和试剂、样品提取和净化以及执行 GC/MS 等检测程序都是必需的。进行免疫分析检测和免疫亲和色谱的空间通常要求非常小，这些程序通常在 GC/MS 或 HPLC 仪器旁进行。

1.2.1 设备和仪器

1.2.1.1 通用设备和仪器

表 1.3 总结了用于免疫测定和免疫亲和技术的样品处理、储存和准备的一般设备和仪器。大多数这种设备和仪器也是传统分析化学实验室所必需的，可以用于几种不同类型的分析。

表 1.3 用于生物分析实验室的一般设备和仪器

功能	仪器设备
存放溶剂、试剂、标准品和样品	溶剂储藏柜、冰箱、冰柜（－80℃）
清洁玻璃器皿	马弗炉
缓冲液和试剂制备	试剂水系统（如 ASTM 1 型试剂级水系统或类似仪器）
样品制备和加工	化学通风橱、分析天平、离心机、均质器、培养箱、涡旋混合器
样品提取	加压溶剂萃取系统、索氏提取仪、固相萃取柱、超声波浴槽、轨道摇床、微波炉
有机溶剂 浓缩/蒸发	氮气蒸发器或 Kuderna-Danish 蒸发器、涡轮蒸发器
分析标准品和样品验证性分析	GC、GC/MS、HPLC、LC/MS

1.2.1.2 特殊免疫测定设备和仪器

用于生物分析方法的特殊设备和仪器包括：

① 微孔板清洗机　平板清洗机的范围从手动（简单洗瓶）到全自动。这些清洗机的价格因功能而异。

② 磁力分选架　该装置用于在基于磁性颗粒的免疫分析中进行清洗和分离。

③ 分光光度计　分光光度计专门设计用于读取 96 孔微孔板、试管或其他方式的数据，用来测量特定方法中的信号输出以进行定量分析。在购买设备之前，需要考虑获取和量化的数据、更改的波长、控制的温度和进行统计分析的软件。可能还需要其他检测系统如荧光、化学发光、发光、放射性和电化学仪器。

1.2.2 用品和试剂

1.2.2.1 一般用品

在生物分析实验室中使用的常见用品是大多数常规分析实验室的基础，包括：

† 一次性手套；

† 各种玻璃器皿（即烧杯、容量瓶、量筒等）；

† 分类的试管；

† 沸石；

† 标签笔；

† 标签胶带；

† 实验室塑料薄膜（石蜡膜）；

† 实验室湿巾，如 Kimwipes；

† 磁性搅拌器和搅拌棒；

† 有机溶剂（如丙酮、乙腈、甲醇）；

† 纸巾；

† pH 计；

† 刮刀；

† 注射器；

† 计时器；

† 超声波水浴；

† 各种尺寸的聚丙烯试管；

† 涡旋混合器；

† 称重纸。

1.2.2.2 免疫分析和免疫亲和色谱的特殊用品

除了使用一般的实验室试剂、用品和设备外，免疫分析和免疫亲和色谱方法也可能需要一些特殊试剂和设备。包括：

† 醋酸胶板密封材料；

† 抗体（例如特异性化合物/一抗、抗体-酶复合物）；

† 抗原（例如分析物标准品、包被抗原复合物）；

† 缓冲盐（例如磷酸盐缓冲盐水、磷酸二氢钠和磷酸氢钠、氯化钠、磷酸二氢钾和磷酸氢二钾、碳酸氢盐）；

† 广口玻璃瓶（10～20L），用于储存大量的缓冲液；

† 检测标签（例如酶、荧光团、同位素、电活性和化学发光化合物）；

† 酶（例如碱性磷酸酶、β-半乳糖苷酶、辣根过氧化物酶、荧光素酶）；

† 酶联二抗，主要来源依赖于一抗（即与碱性磷酸酶或辣根过氧化物酶偶联的山羊抗兔 IgG 抗体等）；

† 酶底物（即对硝基苯基磷酸盐、3,3′5,5′-四甲基联苯胺、二氨基联苯胺、邻苯二胺、4-甲基伞形酮磷酸盐、鲁米诺、荧光素）；

† 具有蛋白质结合能力的 96 孔（例如 Nunc Nalgene 或等同物）的微量滴定板；

† 多通道和单通道移液器；

† 轨道振动器；

† 吸枪；

† 移液吸头，用于多通道和单通道移液器；

† 使用各种类型的支持材料预填充柱，用于制备免疫亲和色谱柱以及对照柱（例如 HiTrap NHS 活化的 HP，1mL）；

† 用作封闭剂的试剂如牛血清白蛋白（级分Ⅴ）、脱脂乳或胎牛血清，以限制与微量滴定板的非特异性结合；

† 多通道移液器的试剂槽；

† 用作填充 IA 柱（或预填充柱）的支持物的树脂材料（例如 HiTrap NHS 活化的和 CDI 活化的 Sepharose CL 4B）；

† 血清移液管；

† 叠氮化钠，用作缓冲防腐剂；

† 硫柳汞，用作缓冲防腐剂；

† 吐温 20，用作缓冲溶液中的表面活性剂，以防止非特异性结合。

一些免疫测定可作为独立的测试试剂盒在市场上购得，并且可以包含诸如涂布的微孔板、磁性颗粒、试管和缓冲液之类的供应品。这些试剂盒使用所提供的试剂和提供的详细方案以获得特定的测定性能。如果没有严格遵守方案，或者试剂盒中提供的试剂被试剂盒以外的试剂替代，结果可能会受到影响。

1.2.3 免疫化学方法的试剂和缓冲液

抗体可以在内部生产或通过各种来源（商业供应商、政府或学术实验室）获得。抗体是蛋白质，应该采取适当的措施来防止其降解。在收到抗体后，应将其保存在推荐的温度下。可以适当地将抗体的储备液以小份等量存储，每份的量足够单次使用。如果免疫测定所需的量非常小（＜20mL），则可以将较大体积的试剂制成等分试样，并在短时间内冷藏保存以最小化冻融次数，避免反复冻融。反复的冻融循环会导致抗体部分变性，从而导致不需要的蛋白质-蛋白质聚集体和抗体的性能下降[75]。应遵循商业免疫测定试剂盒指定的有效期限。大多数抗体在－20℃的条件下至少可以存活一年，如果尽量减少冻融次数，甚至可以保存更长的时间。

抗体-酶复合物可以从提供特定抗体的相同类型的来源获得，或者它们可以作为方法开发过程的一部分进行生产。免疫测定通常采用与原发性或分析物特异性抗体结合的物种特异性的二抗。用酶（例如山羊抗兔碱性磷酸酶）标记的二抗可以在市场上买到。根据实验需要，一抗和二抗可以用生物素、辣根过氧化物酶、碱性磷酸酶、荧光染料、^{125}I 或其他标记物标记。可能需要半抗原蛋白或抗原-蛋白偶联物，这取决于测定的方式。这些复合物可以在方法开发期间制备或通过商业来源制备。复合物通常用防腐剂（如叠氮化钠）冷藏保存，而不是直接冷冻。酶、底物和其他标签可以从各种商业来源获得。还要遵循个别试剂的储存条件和有效期限。

免疫化学方法中使用多种测定缓冲液。涂布缓冲剂（即碳酸盐-碳酸氢盐）被设计成使涂层抗原或抗体固定到固体载体（即试管、微量滴定板孔）上的效率最大化。封闭缓冲液可以用含有 BSA 或其他蛋白质的试剂，其与固体支持物上未反应的位点结合而不与涂布试剂反应。通常使用磷酸盐缓冲液来稀释标准品和样品以提高抗体的性能并使非特异性结合最小化。设计洗涤缓冲液（例如用吐温 20 的磷酸盐）以使干扰最小化并除去未反应的物质而不影响或破坏与固体载体结合的试剂。底物缓冲液（例如二乙醇胺）使底物和酶之间的颜色反应最大化。碳酸氢钠和磷酸盐缓冲液也被用于免疫色谱程序中，用于抗体固定和样品洗脱。缓冲液不得干扰反应物或影响颜色终点信号。使用标准方案（附录 1.A）可容易地制备缓冲液，或者提供液体或固体形式的预制缓冲液和提供所需的缓冲液组成成分。

1.3 建立和维持免疫测定能力

在本节中，我们假设免疫化学程序是通过标准操作规程（SOP）和适当的免疫试剂引入实验室的。在这些条件下，所使用的实验室不需要开发免疫化学试剂的能力，其中包括半抗原合成、抗体生产和表征以及方法开发[42~44]。为建立免疫测定能力，实验室必须证明拥有能够验证已建立的程序并将其应用于分析研究或其他应用的能力。

1.3.1 分析验证

最初，该测定是使用实验室建立的 SOP 进行的。为了验证方法性能，应该在至少三个不同的日子评估测定。分析结果必须表明质量保证/质量控制（QA/QC）参数是可接受的。每个分析应包括一个标准曲线、QC 校准品（低、中、高）和记录测定性能所必需的其他控制。如果初始的化验结果显示不是最优性能，则必须建立新的化验条件。对于固相分析，如在 96 孔微孔板中进行的分析，棋盘滴定可以确定特异性抗体和包被抗原的最佳浓度[4]。实验室报告的浓度通常用作确定新实验室试剂最佳浓度值的基础。一个很好的做法是在分析之前检查所有缓冲液 pH 值是否合适。商业试剂如酶结合物最初应该以制造商规定的稀释度使用。

每当获得新的参考标准品或免疫化学试剂时，应当与免疫化学方法中目前使用的批次进行比较测试。在使用之前评估新批次的免疫试剂（即抗体-酶复合物）的性能是至关重要的，因为在不同时间生产的试剂可能具有不同的活性，会影响测定性能。替换批次的组成成分应该与之前用的试剂的那些关键特征紧密匹配并有一致的检测性能，特别是关于抗体的选择性。如果测试不同，那么可以调整 SOP 以重新建立所需的测定性能。

1.3.2 样品制备

准备环境样品的关键步骤是提取、浓缩或富集、纯化和检测。通过提取技术从样品基质中提取出目标分析物用于随后的分析。比如索氏（Soxhlet）、超声处理、机械或手动振荡的提取方法或固相程序可用于常规的仪器检测方法和免疫分析。建立感兴趣的分析物的提取方法是对免疫测定相容性进行定量修改的良好起点。用于大多数现场测试的试剂盒中的简单手动摇动程序通常不会定量地从样品基质中提取目标分析物。必须进行评估和比较研究，确定提取方法的效率，准确解释免疫分析产生的数据。对于通常使用效率较低的提取方法的现场便携式方法或检测试剂盒来说，这是特别重要的。

传统上，免疫测定在抗体最有效的生理条件下或相似的水相中进行。在通常用于提取许多环境污染物含量高（即杀虫剂、PAH、PCB 和二噁英）的有机溶剂中不会发生抗体识别的反应。必须确定试剂对各种混溶性有机溶剂的特定测定的耐受性，以建立让目标分析物保持可溶性和抗体活性的最佳测定溶剂/缓冲体系（例如，在 80%磷酸盐缓冲液中的 20%甲醇）。这很容易通过在缓冲液中使用各种浓度的有机溶剂产生一系列标准曲线来实现。选择对抗体性能具有最小或不具有不利影响的溶剂/缓冲体系。所有的校准和标准溶液、对照和样品都应该在相同的溶剂/缓冲液体系中进行准备以使测定中的一切量化正常化。

用于常规和免疫测定方法的萃取溶剂的选择可能不同。在免疫测定检测之前最常用于提取的有机溶剂是甲醇，因为其在整个免疫测定过程中所表现出的水溶性和与磷酸盐缓冲液的相容性。其他提取溶剂如二氯甲烷或己烷可以蒸发或溶剂交换到甲醇中进行免疫测定分析。

由于抗体是高度选择性的，因此，很少需要纯化步骤来去除那些用于 ELISA 的无关材料。相反，仪器检测方法通常需要多步纯化来保护色谱柱和昂贵的仪器。对于复杂的样品基质，在 ELISA 之前可能需要纯化方法来去除样品干扰。

1.3.3 基质效应

在仪器和免疫化学方法的环境分析中经常遇到样品基质效应。分析中的干扰可能是分析物与基质非特异性结合的结果。对于基于抗体的方法，还可能会遇到其他的基质效应，如基质与抗体、酶的非特异性结合以及抗体和酶的变性。可以通过分析不同稀释度的多个样品来确定样品基质的作用。通常，不同稀释度的结果应在±30%以内。数据中的较大变化表明有基质干扰问题，因此，纯化程序可能是必要的。对于高度灵敏的抗体的免疫测定，如果仍然能够实现实际的检测水平，则可以通过简单地稀释样品来克服基质效应。对于更复杂的样品基质，可以在 ELISA 之前将常规净化方法（例如固相提取或加速溶剂提取）或免疫亲和柱色谱法应用于样品提取物。

1.3.4 数据处理

针对每个特定的免疫测定产生由一系列标准溶液组成的校准曲线。这些曲线呈 S 形，表明最佳拟合曲线是四参数拟合或对数拟合[76]。四参数拟合曲线通常用于 96 孔板检测，而对数拟合则适合大多数商业检测试剂盒和数据分析软件[77]。四参数拟合的校准曲线采用以下公式：

$$y=(A-D)/[1+(X/C)^B]+D$$

式中，y 为 ELISA 反应的吸光度；A 为对应于 X 的最低值渐近线的 y 值；B 为曲线的斜率；C 为曲线线性部分的中心点（即，A 和 D 之间的 X 值中点，通常称为产生 50%抑制点的浓度或 IC_{50}；D 为对应于 X 的最高值渐近线的 y 值；X 为分析物的浓度。

从 50%抑制时曲线上的中点（IC_{50}）、下渐近线的最大吸光度和上渐近线的最小吸光度的每个校准曲线确定标准。已建立的 ELISA 方法通常具有良好的历史数据用于曲线拟合常数的说明（表 1.4）。具体的曲线拟合常数可能每天都有所不同，必须确定并记录这些变化的可接受范围。对于 96 孔板检测，一般要对每个标准品、对照和样品一式三份进行分析。根据特定的测定和所需的数据质量，每个一式三份分析的可接受的相对标准偏差比例（RSD）低至±10%。阳性对照的回收率通常在 70%～130%之间，类似于仪器方法。每三个重复测量的平均值用于计算样品浓度。如果样品的结果超出校准范围，则样品应该被稀释并重新分析。在第 10 章中将进行关于免疫测定数据分析的更详细的讨论。

表 1.4 PCB ELISA 标准曲线的曲线拟合常数的历史数据

实验日期	编号	A	B	C	D	R
2/26/2003	1	0.982	0.864	357	0.163	0.991
	2	0.905	1.036	357	0.188	0.997
2/28/2003	1	1.022	1.007	437	0.223	0.998
	2	0.976	1.042	530	0.209	0.995

续表

实验日期	编号	A	B	C	D	R
10/16/2003	1	1.268	0.914	302	0.239	0.998
	2	1.190	1.356	248	0.359	0.996
10/20/2003	1	1.182	1.06	421	0.299	0.996
	2	1.185	1.152	384	0.327	0.995
6/30/2004	1	1.175	0.865	250	0.292	0.998
7/7/2004	1	1.338	0.84	306	0.171	0.998
	2	1.265	1.116	436	0.242	0.992
7/8/2004	1	1.427	0.897	306	0.216	0.999
7/12/2004	1	1.669	0.796	400	0.265	0.999
	2	1.489	0.859	378	0.281	0.997
7/14/2004	1	1.568	0.883	399	0.269	0.999
	2	1.451	1.041	340	0.339	0.998
7/19/2004	1	1.63	0.995	326	0.348	0.999
	均值	1.278	0.984	363	0.261	0.997
	标准差 SD	0.235	0.142	72.3	0.062	0.002
	变异系数	18.37	14.4	19.9	23.6	0.239

注：校准曲线公式为 $y=(A-D)/[1+(X/C)^B]+D$。A—对应于在 X 轴上渐近线最低值的 y 值；B—曲线斜率；C—对应于 A 和 D 之间的 y 值中间点的 X 值，即 50%抑制（IC_{50}）；D—对应于 X 轴最高值的渐近线的 y 值；R—曲线拟合的相关系数。

1.3.5 质量保证/质量控制

每个分析实验室都必须执行质量保证计划，以确保影响生产数据质量和完整性的所有操作都以可靠的方式进行计划、协调和实施，以提供有质量保障的数据。建立可靠的质量保障大纲，确保满足个别的学习要求，以获得完整、准确、精确和可追溯的数据。特定的质量控制方案旨在评估数据的精确度和准确度，并纳入已确定的程序，以便在测量过程中验证测定性能是否符合规定。通常，在整个研究过程中应该准备并遵循研究特定的质量保证项目计划（QAPP）。附录 1.B 举例说明了开发环境污染物采样和分析研究的 QAPP。

ELISA 方法的质量控制方案与仪器方法相同，可能包括：

† 建立方法验收标准（如可接受的假阳性率和假阴性率）；

† 建立质量控制样品的性能，包括阴性和阳性对照、实验室和现场空白、基质峰值和重复样品；

† 建立质量控制样品分析的频率；

† 建立质量控制样品的报告系统。

用于 ELISA 方法的质量保证方案也适用于其他分析方法，包括：

† 建立数据质量目标（DQO）、数据验收标准以及对不符合 DQO 数据的适当纠正措施；

† 在分配具体任务之前确保工作人员的培训或经验；

† 建立适当的样品和试剂的储存和处理程序。

一旦确定了上述标准，就制定了样品制备的标准操作程序（SOP）和ELISA分析方法。附录1.C给出了制定分析方法标准操作程序的指导纲要。

由于免疫分析方法是高通量的方法，很容易实现良好的质量保证/质量控制实践。但是，当样品并行分析时，通常在整个样品集完成完整分析之前不能检测到问题。仪器方法的通量通常低于免疫分析，每次分析不能同时分析多个质量保证/质量控制的样品。但是，由于样品是按顺序而不是并行处理的，所以样品的问题可以被早期检测到。

1.3.5.1 质量控制协议

表1.5总结了分析环境样品时通常预期的质量控制措施以及应采用这些措施的频率。该表还包括与每个质量控制措施相关的质量保证验收标准和纠正措施。质量控制样品包括空白、基质加标和重复样品。通常，对于每组现场样品，要按照与现场样品相同的处理方式，通过提取、净化（如果需要）和检测过程，包括至少一个现场空白、一个实验室方法空白、一个基质加标和一个双重样品。此外，为检测方法准备质量控制样品来验证检测技术是否处于控制之下。每个96孔微孔板的分析通常包括空白孔、空白对照、阳性对照、校准标准和样品的三个平行样。96孔微孔板可以分析多个质量控制样品，这点比仪器方法有优势。

表1.5 典型的质量保证和质量控制方法总结

质量控制方法	质量控制频率	质量保证验收标准	纠正措施
校正曲线	每个测定板（或测定分析序列）①	多点曲线；建立规范曲线拟合参数；$r^2>0.99$	检查错误；重制标准；重新校准
空白实验	一个或多个测定板（或测定分析序列）①	低于检测限	检查污染源、准确性、重复实验
阳性实验控制	一个或多个测定板（或测定分析序列）①	回收率70%～130%	检查来源、准确性、重复实验
三个平行样品分析	每个实验（或测定分析序列）①的标准、控制和样品相同	RSD在±20%以内	检查来源、跳点数据、重复实验
实验室和现场空白	每个样品组合	小于定量限	检查来源、准确性、跳点数据组
基质加标样品	每个样品组合	回收率50%～130%	检查来源、准确性、跳点数据组
重复样品	每个样品组合	RSD在±30%以内或者变异系数在±40%以内	检查来源、准确性、跳点数据组

① 分析序列是作为一组在试管中分析的形式。

通过表征校准曲线和质量控制数据来监测分析性能。与质量控制数据协同表征校准曲线的参数（即，较低和较高的渐近线值、IC_{50}和线性范围）使得能够监测每个测定的性能。记录校准曲线数据的统计数据以提供历史测定数据。对于每个数据组，确定所有质量控制样品的平均值、标准偏差和变异系数百分比。例如，表1.4显示了多氯联苯的ELISA方法在一段时间内的四参数拟合数据和相关系数数据的历史值。趋势分析使分析人员能够确定分析的稳定性，并为每个参数设置质量控制范围。免疫测定质量控制数据可能包括三个平行测定的RSD比例、阳性对照比例、回收和样品空白的测量。总体方法的质量控制结果可以包括重复样品的RSD比例或差异比例（D）、基质加标的回收率以及实验室和现场空白的测量。所有这些质量控制结果都可以用电子表格的形式记录下来，以满足个别研究的需要。商业检测试剂盒的验收标准应由制造商说明。然而，用户可以执行额外的质量控制标准。如果试剂盒针对特定需求进行了修改，则用户必须建立额外的接受标准。

1.3.5.2 质量保证协议

对于大多数分析测量研究来说，质量保证目标涉及整体方法的精确度和准确度以及方法检测和量化限制。整体方法的准确度基于基质加标样品的回收率。精确度由三份平行样品的RSD比例或重复样品的差异比例确定。对于大多数样品而言，目标化合物的分析测量涉及提取和检测。因此，整体准确度和精确度测量必须包括提取和检测技术。一般而言，以96孔微孔板形式进行的ELISA检测方法提供比快速检测试剂盒更准确的范围（例如＞90%）和测定精确度（例如±10%内）。检测的准确度基于对加标后样品提取物的分析（不包括通过提取/纯化步骤引入的任何变化）。分析精确度基于同一平板上三个平行样品分析的RSD比例。对于许多现场检测试剂盒，应对样品组内的每个样品进行重复和三个平行样的分析。如果进行重复分析，则分析精确度取决于重复测量的差异比例（*D*）。

进行样品制备和ELISA分析的分析师应该对他们分配的任务进行适当的培训。员工应接受常规分析实验室常用的制备技术方面的培训，如准备标准、精确使用天平、超声波浴、加速溶剂萃取（ASE）、索氏萃取、SPE柱和浓缩设备。ELISA方法往往需要其他的技术，工作人员应该接受额外的培训，如使用移液器，以及操作洗板机、机械摇床、培养箱和96孔微孔板分光光度计。建立适当的标准、免疫试剂和样品的储存和处理程序，并记录在标准操作程序中，员工应遵循。

1.3.6 故障排除

在使用96孔微孔板分析的ELISA方法中遇到的最常见的问题是精确度差、显色不均匀，以及没有或低显色[4,43]。下面将讨论这些问题和解决方案。

基于抗体的方法的性能很大程度上取决于特异性抗体的选择性和浓度。在方法开发期间，应该确定特定抗体的最佳浓度。但是，如果观察到测定性能降低，则应该检查抗体相对于其他试剂的工作效价。通常使用棋盘滴定法测定特异性抗体和包被抗原的结合[4]，以间接获得96孔微孔板分析形式的最佳试剂浓度。

存在于样品提取物中的任何颗粒都可能干扰测定性能。应使用直径25mm、孔径0.45μm的聚四氟乙烯膜（或功能相同的类似物）连接微量注射器的过滤器去除颗粒。然后可以通过ELISA分析来分析滤液。通常制备溶剂加标样品用于针头式过滤器过滤以评估在过滤步骤中发生的任何损失。

应该培训实验室工作人员正确使用机械移液器[4]。不规范的移液技术可能导致测定精确度严重下降，也会影响方法的准确度。ELISA检测试剂盒通常具有小的动态光密度范围（即1.0～0.35 OD），OD值的小变化与衍生浓度的大变化相关。重复测定的光密度之间的差异通常很小，并且完全在校准标准溶液的接受要求内（CV＜10%）。然而，来自重复测定的标准溶液的衍生浓度的变异比例有时可能超过30%。标准品和样品的一些测量浓度产生较高的变异比例可能是由于在转移步骤期间遗留在移液管吸头中的少量标准品或样品。测量少量标准品或样品时应特别小心。遗留的痕量液体可能会导致重复测定数据的较大变化。实验室移液器也必须进行常规校准并保持准确（附录1.D）。

洗板不彻底也会导致精确度不佳。对于大多数免疫分析，在每个孵育步骤后洗涤3～6次足以从微量滴定孔中去除未结合的物质。孵育过程中应当使用密封的密封盖以避免孵育步骤中的蒸发损失。小的体积变化可能影响精确度和定量免疫分析的准确度。对于商业检测试剂盒，应严格遵守制造商的洗涤说明。固相（即试管、微量滴定板）结合能力的变化也会导致精确度不佳。从可靠的制造商那里购买微量滴定板来避免这个问题是很重要的。

在测量或进行免疫化学程序之前，将液体试剂加热至室温是比较重要的。免疫分析孵育通常是平衡反应，受到温度波动的影响，会导致分析过程中颜色发展不均匀，从而导致精确度不高。使用合适的温度（通常是37℃）的培养箱可能对温度有较好的控制。如果试剂温度不合适，分析性能可能会受到影响。通常，实验室温度较低会导致较慢和较低的测定响应。在进行免疫化学程序时记录实验室温度是一个很好的做法。恒定的实验室温度将降低整个研究的批间变异性。

在仪器定量分析中，如果样品提取物的结果高于校准范围，则样品提取物应稀释并重新分析。为了评估免疫测定中样品基质是否有任何影响，通常将选择的样品提取物进行稀释（在校准范围内）并分析。对于稀释样品和未稀释样品都应该有类似的结果，证明没有基质干扰。

对于显色问题，例如很少或没有颜色或太强烈的颜色可能是由于稀释的错误、试剂的降解，不是最佳孵育条件或基质干扰。整个过程必须仔细分析，以确定问题的原因，并消除错误。

本节还有没有讨论的其他方面可能导致免疫测定中的问题。免疫化学试剂和检测试剂盒的许多供应商通过他们的网站提供免费的在线综合故障排除指导。讨论问题和提供潜在解决方案的其他资源也可供分析师使用[4,43,78]。应与检测开发商或制造商建立沟通，以解决特定的检测问题。

1.3.7 安全考虑和废物处理

每种 ELISA 方法都需要解决安全和废物处理问题。免疫测定方法的好处是有害有机溶剂的使用量极少。但是，即使是最小量的这些试剂也应该小心并妥善处理。酶底物、有机溶剂和样品残留物可能是有害的。所有有害物质应根据个别设施的安全和废物处理规定妥善处理。

1.4 用于测定环境污染物和代谢物的 ELISA 方法的实例

已开发出用免疫分析法（如 ELISA）来测定各种样品基质中的环境污染物和代谢物的方法[8]。许多免疫分析方法的性能已经通过现有的环境样品来确定。比较 ELISA 数据与 GC/MS 数据通常是适用的，这表明 ELISA 方法可能适合作为目标污染物的定量或定性监测工具。通常 ELISA 等生物分析方法与仪器程序一起使用，优点是可以降低成本，并且可以使用分层分析方法获得更多的数据。

环境监测和人体暴露组学评估研究产生了大量样品，必须及时进行分析。本节阐述了 ELISA 方法如何用于监测各种样品基质中的环境污染物和代谢物的实例。

1.4.1 用于测定药物和油中 3,5,6-TCP 的 ELISA 方法

1.4.1.1 结果总结

毒死蜱（*O*,*O*-二乙基-*O*-3,5,6-三氯-2-吡啶基硫代磷酸酯）是一种广泛的有机磷农药。

它已被用于农作物、住宅和其周围环境以及宠物。相关化合物甲基毒死蜱和敌百虫也广泛用于农业。3,5,6-三氯吡啶-2-醇（3,5,6-TCP）是毒死蜱、敌百虫和甲基毒死蜱暴露后尿液中的主要生物标志物。3,5,6-TCP 也是一种环境标志物，它已经在空气、粉尘和土壤样品中被检测到[79]。使用传统的 GC/MS 方法[27]，评估了一个用于测定人群暴露研究中采集的尘土和土壤样品中 3,5,6-TCP 的 ELISA 方法[80,81]。在 38 种粉尘和 38 种土壤样品中，浓度范围为 0.25～1.0ng/mL 的样品提取物的测定精确度在±50%以内，在较高浓度范围（1～6ng/mL）的样品提取物的精确度在±25%范围内。基于 1mL 的最终提取物，1g 粉尘或土壤样品的估计检测限为 0.25ng/g。测定准确度大于 90%，估计检测限为 0.25ng/mL。根据强化暴露粉尘和土壤样品的回收率，总体 ELISA 方法的准确度（样品提取和检测）大于 80%。在 ELISA 和 GC/MS 数据之间观察到线性和正相关关系，灰尘相关系数为 0.982，土壤相关系数为 0.980。回归线的斜率为 1.079，土壤为 0.999，证实 ELISA 是定量测定土壤和尘埃中 3,5,6-TCP 的可靠工具。

1.4.1.2 方法总结

在大规模暴露组学研究之前建立分析方法的性能可以帮助制定现实的监测标准。图 1.3 显示了通过 ELISA 和 GC/MS 方法分析灰尘和土壤样品的总体方法。简而言之，使用加速溶剂萃取（ASE）技术［2200psi（1psi=6894.76Pa），120℃，重复 3 次］，用丙酮或甲醇提取粉尘和土壤样品。将 ASE 提取物用 Na_2SO_4 干燥，过滤，并通过 ELISA 和 GC/MS 进行分析。对于 ELISA，在分析之前，用磷酸盐缓冲液稀释 ASE 甲醇提取物的等分试样。对于 GC/MS，丙酮是比甲醇更好的溶剂，使样品基质干扰最小化。将丙酮提取物溶剂交换成异辛烷，并用等分试样（100μL）*N*-(叔丁基二甲基甲硅烷基)-*N*-甲基三氟乙酰胺（MTBSTFA）进行衍生化。在 GC/MS 之前，灰尘需要通过 Florisil 固相萃取柱净化，但不需要土壤样品。在评估免疫测定和仪器方法时，经常会发生样品提取和制备中的差异，并且可能使比较复杂化。

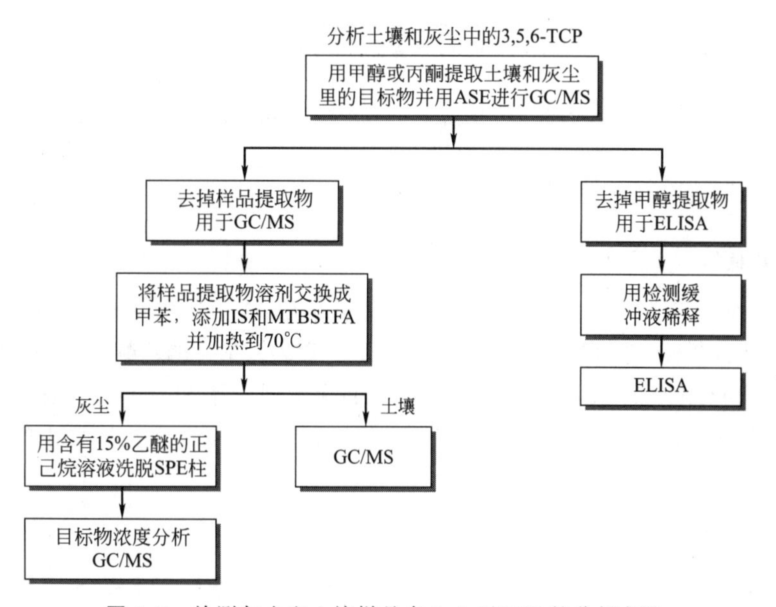

图 1.3 检测灰尘和土壤样品中 3,5,6-TCP 的分析方法

3,5,6-TCP 磁性颗粒的研究验收标准是：①标准溶液的吸光度的 CV 必须小于±10%；

②校准曲线的相关系数必须大于 0.99。所有的测定结果都符合验收标准。所有标准溶液的吸光度之间的差异均在验收标准之内（CV<10%）。然而，来自最低水平标准品（0.05ng/mL）的重复分析的衍生浓度的 *D* 超过了±25%。对于低水平的标准品观察到的更高的 *D* 可能是由于保留在移液管尖端的少量标准品。对于与预期值（3.0ng/mL）一致的对照样品的分析，获得令人满意的结果［(3.12±0.08)ng/mL］。每种方法空白产生的 3,5,6-TCP 均不可检测。

根据 0.25ng/mL 的测定检测限，对于重复分析的衍生浓度，对产生 *D* 值在 50%内的所有粉尘和土壤样品进行重复分析。当使用 1ng/mL 的检测水平时，*D* 值提高到 25%以内。由于测定的工作范围很小，大多数灰尘样品被稀释和重新分析。加标后样品提取物回收率满意（粉尘为 99%±6.7%，土壤为 92%±8.6%）。大约 10%的样品提取物在 ELISA 中以不同的稀释水平进行分析，作为 QC 检查。这些提取物获得了类似的结果，表明这两种基质都不影响测定性能。粉尘平均回收率为 81%±18%，土壤样品平均回收率为 91%±5.2%。一般而言，ELISA 和 GC/MS 数据一致（表 1.6）。回归分析显示数据高度相关，证明 ELISA 正在产生定量数据。

表 1.6　3,5,6-TCP 的 ELISA 和 GC/MS 数据汇总统计

数据总结①	灰尘		土壤		食品		尿液	
	ELISA	GC/MS	ELISA	GC/MS	ELISA	GC/MS	ELISA	GC/MS
样品尺寸	38	38	38	38	18	18	60	60
单位	ng/g	ng/g	ng/g	ng/g	ng/g	ng/g	ng/mL	ng/mL
平均值	688	535	5.11	4.77	4.56	4.32	15.4	13.0
标准差	1332	1304	9.39	9.57	2.80	2.99	11.5	11.0
最大值	6033	7267	39.5	40.0	11.2	11.0	53.4	49.9
最小值	27.3	12.4	0.08	未检测到②	未检测到②	未检测到②	1.70	0.80

① 样品量是分析样品的总数。平均值、标准偏差、最大值和最小值来自每个样品组（粉尘、土壤、食品和尿液）中 3,5,6-TCP 的测量浓度。

② 通过 GC/MS 对土壤进行的估计检测为 0.2ng/g，GC/MS 或 ELISA 对食物的估计检测为 0.1ng/g[27]。

1.4.2 测定 3,5,6-TCP 的 ELISA 方法

1.4.2.1 结果总结

从非职业性暴露组学研究中获得的重复食品样品采用 96 孔微孔板免疫分析法[27]进行分析。所有样品的 96 孔微孔板三次重复分析的 RSD 在±15%以内。估计的检测限度为 0.1ng/mL。加标食品样品提取物和强化食品样品（87%±7.0%）的定量回收率为>90%。总体方法精确度为±15%，方法准确度大于 85%。ELISA 和 GC/MS 结果与 18 个重复饮食中的固体食品样品密切相关。

1.4.2.2 方法总结

图 1.4 和图 1.5 概述了食品样品的 ELISA 和 GC/MS 分析所需的不同步骤。从暴露组学研究中收集的重复的食品样品使用 Waring 搅拌器均质化。将各等份的匀浆物与 50%（质量分数）的 Extrelut 充分混合。用 ASE 在 2000psi 和 110℃下用甲醇提取食物匀浆进行 3 次

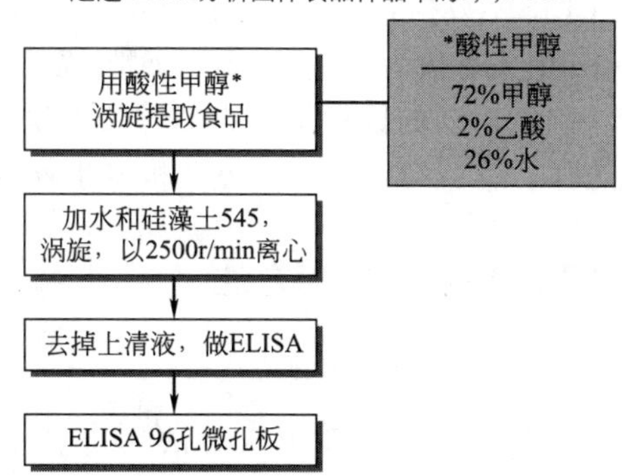

图 1.4 通过 ELISA 确定固体食品样品中的 3,5,6-TCP 的分析流程

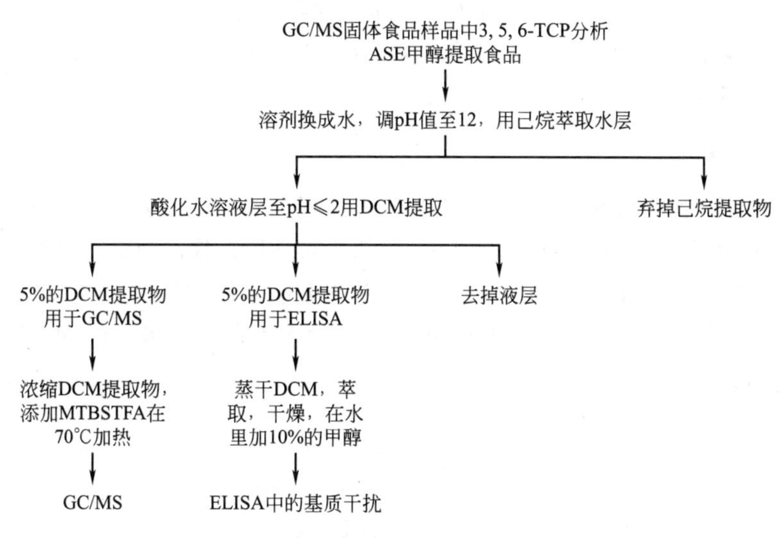

图 1.5 通过 GC/MS 确定固体食品样品中 3,5,6-TCP 的分析流程

重复，每次 5min，100％冲洗。将提取物过滤，浓缩，并转移到甲硅烷基化的分液漏斗中用于随后的液液分配以除去脂肪。将得到的二氯甲烷（DCM）萃取物在氮气流下水浴浓缩。将一部分 DCM 提取物溶剂交换到甲醇中，并用磷酸盐缓冲液稀释以用于 ELISA。另一部分提取物在 GC/MS 检测之前用 MTBSTFA 进行衍生化。

上述样品制备过程给出了令人不太满意的 ELISA 结果，可能是由于液液分配步骤中的残余脂肪酸和脂肪酸酯。然后针对 ELISA 开发了不同的样品制备流程，实际上导致更简化的方法。将等份的食品样品与硅藻土 545 混合，并用酸性甲醇（72％甲醇、26％水和 2％乙酸）超声处理 30min。混合物在 4℃以 2500r/min 离心 20min。取出位于脂肪层下面的等分试样的上清液，用 800μL 含有 0.05％吐温 20 的磷酸盐缓冲液（PBST）稀释。如先前详细描述的那样进行 ELISA[59]。

96 孔微孔板检测的数据验收标准是基于研究要求建立的，并在整个分析过程中用作指导。所有样品和标准溶液的一式三份分析的 RSD 小于±15％。标准溶液的测量值和预期值的 D 小于 10％。使用来自每个测定的一式三份分析的手段来计算食品样品中 3,5,6-TCP 的最终浓度。

虽然采用不同的样品制备流程进行 ELISA 和 GC/MS 分析，但是从两种方法获得的数据一般是一致的（表 1.6）。ELISA 数据在 2.28～11.2ppb（1ppb=1μg/L）的浓度范围内与 GC/MS 数据相关。Pearson 相关系数为 0.930，线性回归线的斜率为 0.996。复合食品样品是一个分析挑战，但它们在确定农药的饮食暴露方面起着关键的作用。分析能力的提高，如更快速和更具成本效益的方法，往往可以通过免疫分析等生物分析方法来获得。

1.4.3 测定尿液中 3,5,6-TCP 的 ELISA 方法

1.4.3.1 结果总结

将用于食品样品（第 1.4.2 节）的相同 ELISA 方法（96 孔微孔板测定）应用于来自现场研究的尿液样品以确定生物标志物 3,5,6-TCP 的水平。对于尿液样品，测定精确度在 ±10%以内，准确度大于 90%，检测限度为 0.1ng/mL。基于加标样品的回收率，整体方法的准确度大于 85%（87%～91%）。后加标的尿液样品提取物的回收率大于 90%。通过 ELISA 分析 60 个人类暴露尿液样品，并与来自 GC/MS 方法的数据进行对比。两种方法的数据线性相关，Pearson 相关系数 0.983，斜率 0.936。

1.4.3.2 方法总结

图 1.6 显示了确定尿样中 3,5,6-TCP 的分析流程。简而言之，将每份尿样的等分试样在 80℃用浓 HCl 水解 1h，然后用 20%NaCl 和氯丁烷萃取。样品以 2500r/min 离心 10min。对于 ELISA，取出等分上清液并在氮气流下蒸发至干，在分析之前重新溶于磷酸盐缓冲液中。对于 GC/MS 分析，将一部分上清液用 MTBSTFA 进行衍生化。在 GC/MS 之前，尿样不需要清理。

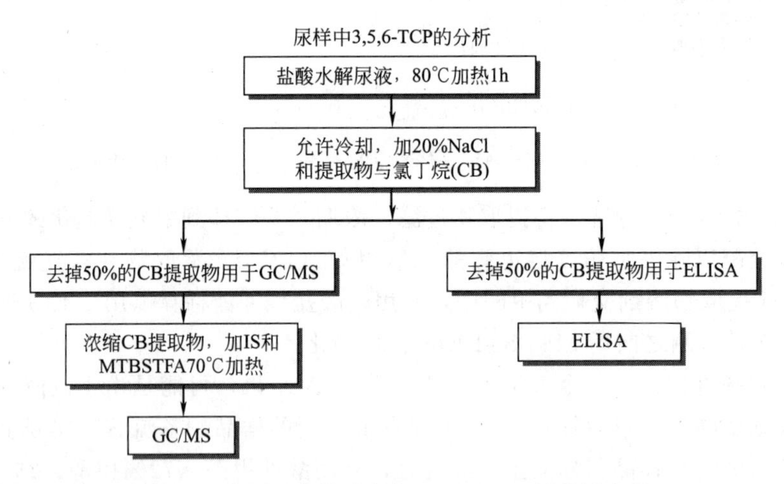

图 1.6 检测尿液样品中的 3,5,6-TCP 的分析流程

尿液样品的四参数曲线拟合值与食品样品相似，不同之处在于尿液的测定精确度更高。三次重复分析的 RSD 值对于尿样小于±10%，而对于食品样品小于±15%。用三次重复测量值的平均值来计算样品中的最终生物标志物浓度。样品提取物加标后可定量回收（>90%）。在 3,5,6-TCP 水平分别为 1ng/mL、5ng/mL 和 10ng/mL 时，尿样加标后的回收率分别为 87%±5.2%、89%±3.7%和 91%±4.6%。

除了 GC/MS 需要衍生化步骤以外，人类暴露样品经历了用于 ELISA 和 GC/MS 方法

的类似样品制备流程。因此，ELISA 和 GC/MS 数据之间的差异主要归因于检测技术。通常，ELISA 数据与 GC/MS 数据高度相关（表 1.6）。结果显示（图 1.7），ELISA 和 GC/MS都是测量 3,5,6-TCP 的可靠的分析方法。ELISA 具有更高的通量并提供了成本效益更佳的分析。

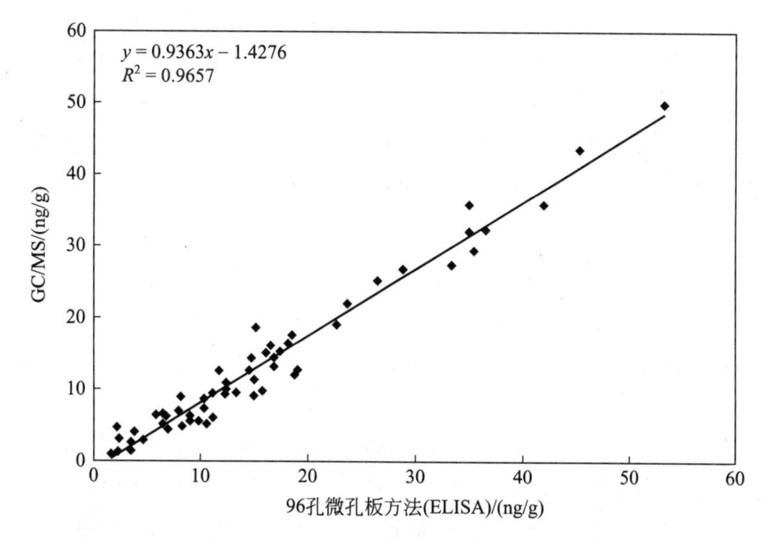

图 1.7 比较用 ELISA 和 GC/MS 两种方法检测尿液样品中 3,5,6-TCP 的数据

1.4.4 高效液相色谱法测定尿中的 2,4-D

1.4.4.1 结果总结

用 ELISA 方法定量测定人尿液中的 2,4-二氯苯氧乙酸（2,4-D），以支持监测研究[60,82]。该方法包括在用 96 孔微孔板免疫测定分析之前用 PBST（1∶5）稀释尿液样品。稀释样品使基质干扰最小化，因此 ELISA 不需要净化。96 孔板三次重复分析的测定精确度 RSD 范围为暴露样品的 1.2%～22%。实际暴露样品的总体方法精确度和日间变化在±20%以内，方法准确度大于 70%。尿中 2,4-D 的实验定量限为 30ng/mL。GC/MS 需要多步骤的样品制备和清洗程序。尿液样品用酸性 DCM 萃取，用重氮甲烷甲基化，并在 GC/MS 检测前通过 SPE 柱处理。样品稀释的更简化的方法用于免疫测定。50 个人尿样中的 ELISA 和 GC/MS 数据高度相关，相关系数为 0.9438，斜率为 1.0008。这些结果表明 ELISA 方法适合作为高通量定量监测工具，用于鉴定暴露于典型背景水平（>30ng/mL）以上的 2,4-D 的个体。该方法可以以具有成本效益的方式用于获得大规模的流行病学信息。

1.4.4.2 方法总结

对于最初的 ELISA 发展，尿液样品用氯丁烷和浓 HCl 进行水解。得到的水解产物用 DCM（2×5mL）和 20% NaCl 提取。将 DCM 提取物浓缩，溶剂交换到甲醇中，并用 PBST（1∶10）稀释以进行 ELISA 分析。GC/MS 分析也需要用 DCM 水解和萃取。然后将 DCM 提取物甲基化，通过 SPE 柱，并通过 GC/MS 分析。最终的 ELISA 方法包括 10 点校准曲线（0.78～400ng/mL）、对照和暴露、QC 样品一式三份分析。具有 20% 无药尿（DFU）的 80%PBST 是用于制备标准溶液和稀释（1∶5）所有样品的溶剂。

2,4-D ELISA 可以耐受 PBST 中 10%的甲醇和 PBST 中 10%的 DFU。与 GC/MS 制备

相比，研究了检测中的尿基质效应以开发更简化的样品制备方法。基于这些结果，开发了简化的样品制备方法，其中在 ELISA 之前要简单地稀释尿液样品。

将恒定量的 2,4-D 标准物加入到 2.5 DFU 浓缩物的一系列稀释液中以确定在没有净化步骤的情况下可以分析的最大尿量。结果显示，对浓缩物（31.2%尿液）的 1∶8 稀释度可以在没有净化步骤的情况下进行分析，并且不会对方法性能产生不利影响。进一步评估三种水平的尿基质（31.2%、15.6%和 7.8%）的测定性能。使用含 10%甲醇/PBST 中 31.2%、15.6%、7.8%和 0%尿的溶液构建 2,4-D（6.25～400ng/mL）的标准曲线。这些尿液浓度的标准曲线是重叠的，这表明在这些浓度下（7.8%～31.2%尿液），基质不干扰测定性能。由于尿液样品的生物组成的高度可变性，最终 ELISA 方法选择稀释因子 1∶5（20%尿液）以减少基质干扰的可能性。

通过 ELISA 和 GC/MS 分析从暴露组学野外研究[83]中获得的 50 个尿液样品的 2,4-D。所有尿液样品、QC 样品和标准溶液的一式三份的 RSD 在±30%以内。加标后样品提取物的结果在 2,4-D 浓度预期值的 30%范围内，范围为 30～2480ng/mL。在几天内重新分析 18 个尿液样品，并且这些重复分析（每天变化）的 RSD 在±20%以内，表明其良好的批间重复性。定量回收（70%～124%）获得的加标尿液样品。最终 ELISA 方法的总体准确度大于 70%，暴露样品的总体测定精确度在±20%以内。尽管采用不同的样品制备和检测技术，但 ELISA 和 GC/MS 数据仍保持一致。一般来说，ELISA 和 GC/MS 数据之间有很强的正相关关系（相关系数为 0.9438）。

1.4.5 二噁英在沉积物中定量筛选的 ELISA 方法

1.4.5.1 结果总结

多氯二苯并对二噁英（PCDD）和多氯二苯并呋喃（PCDF）被发现是典型的环境中同源物的混合物。在 210 个单独的同源物中，毒性最高的 17 种毒素已被世界卫生组织根据毒性分类为毒性当量因子（TEF）[84]。这些化合物中毒性最大的是 2,3,7,8-四氯二苯并对二噁英（2,3,7,8-TCDD），是一种人类致癌物质。通过将每种单独的二噁英或呋喃的浓度乘以其各自的 TEF，计算二噁英/呋喃混合物的毒性当量值（TEQ）。

采用灵敏的 96 孔微孔板 ELISA 方法测定土壤和沉积物样品中的 2,3,7,8-四氯二苯并对二噁英（TCDD）的浓度。毒性较低的 TMDD 在 TCDD 测定中的交叉反应性为 130%。这种反应使毒性较低的 TMDD 被用作分析校准和定量的替代标准。该测定在测定缓冲液（50%DMSO-Triton X-100）中具有约 100pg/mL TMDD 的 IC_{50} 值和 30pg/mL TMDD 的检测极限。标准品和样品三次重复分析的测定精确度在±35%以内，测定准确度大于 70%。加标的沉积物样品的总体方法的准确度（包括提取、净化和检测）大于 60%（60%～113%）。测得的 TMDD 浓度与从 GC/高分辨率质谱（HRMS）方法得到的 TEQ 值之间具有良好的相关性。对于这组样品，TMDD 浓度水平大于 100pg/g 没有出现假阳性。

1.4.5.2 方法总结

从一个 EPA superfund 站点收集沉积物样品。对于 ELISA，将沉淀物干燥、研磨并用己烷萃取。己烷萃取物通过多层酸/碱硅胶柱，然后用甲苯洗脱的碳柱清洁。将目标级分溶剂交换到 DMSO-Triton X-100 中[17]。根据 EPA 方法 1613，通过 GC/HRMS 制备不同等份的沉淀物样品[85]。使用 ASE 用 DCM 萃取沉淀物样品，并使用凝胶渗透柱、酸碱二氧化硅柱和碳柱制备 GC/HRMS 分析。

评估了各种纯化步骤以开发简单、高通量的纯化方法，能够在 ELISA 之前消除干扰。最有效的清理方法由多层硅胶柱和碳柱组成。用不同量的 TCDD（50pg/g、200pg/g、600pg/g、2500pg/g、7500pg/g）加标的各种沉积物样品评价了总体方法的准确度和精确度。这些样品通过处理并利用 ELISA 进行分析。加标沉积物样品的回收率为 70%～113%，50pg/g 和 200pg/g 例外，其中有 63% 和 60% 的加标量被检出。一式三份加标样品的 RSD 范围为 5%～34%。

大部分具有高 TEF 值（>0.1）的二噁英和呋喃（PCDD 和 PCDF）在 ELISA 中也显示出强或中等的交叉反应性。每个沉积物样品的 TEQ 值使用 GC/HRMS 数据并基于 WHO TEF 标准计算。在 ELISA 得到的 TCDD 浓度与 GC/HRMS 来源的 TEQ 值之间有很强的正相关关系（相关系数为 0.987，斜率为 1.06）。对于高于 100pg/g 的水平，没有检测到假阳性，但是数据确实表明水平低于 100pg/g 的样品有一些假阳性。因此，这种 ELISA 可能是污染沉积物样品中二噁英毒性的良好指标。

1.5 免疫亲和色谱

应用免疫亲和（IA）色谱分析环境污染物（如农药、多氯联苯、二噁英和非传统污染物，包括制药和个人护理产品）的分析越来越受到关注。免疫化学方法对这些非常规类型的污染物的环境监测的影响可能是显著的。特别地，由于这些较大分子的抗体已经用于临床目的，促进了环境应用的方法开发。IA 纯化研究和常规环境分析的关键问题是适当的抗体的可用性。IA 色谱比免疫化学检测技术消耗更多的抗体。

但是，一旦准备好色谱柱，可能会多次使用，而不会有任何活性损失。表 1.7 总结了在对环境污染物进行免疫测定或仪器（即 GC、GC/MS、HPLC、LC/MS）检测之前，采用 IA 柱作为净化方法的一些方法。

表 1.7　用于环境分析的免疫亲和方法示例

被分析物	抗体①	IA 支持	分析方法	样本矩阵	LOD②	参考文献
醚苯磺隆	醚苯磺隆的多抗 5mg/mL	反应凝胶	用缓冲溶液提取土壤 在 IA 柱上用 100% 甲醇洗脱	土壤样本	0.1ng/g	[64]
阿维菌素	pAb	CDI 激活琼脂糖 CL-4B	用甲醇均质提取样品，用 PBS 洗脱，然后，0.5mol/L NaCl/甲醇（9∶1）、水/甲醇（9∶1）离线 HPLC/MS	猪肝脏样本	5ng/g	[31]
二噁英 共面 PCB	pAb	环氧硅胶珠	IA 提取共面多氯联苯和二噁英解决	PBS/甲醇（9∶1）缓冲液	没有报告	[34]
Irgarol	pAb	HiTrap NHS 活化的琼脂糖凝胶	IA 萃取水样和洗脱乙醇/水（7∶3）然后离线 GC 分析	海水样本	2.5ng/L	[35]
三嗪	mAb	珠状纤维素材料，ONB 碳酸盐	IA 提取水样和在线 GC 分析	水样	15～25ng/mL	[36]

续表

被分析物	抗体①	IA支持	分析方法	样本矩阵	LOD②	参考文献
三嗪和苯脲	抗阿特拉津和抗绿麦隆的单克隆抗体	二氧化硅	IA纯化水样和在线LC/MS索氏提取IA纯化和在线LC/MS分析沉积物样品	水和沉积物样本	1～5ng/L	[37]
阿特拉津	未标明	二醇键合二氧化硅	IA萃取水样和在线HPLC分析	水样	0.1ng/mL	[38]

① pAb和mAb分别表示多克隆抗体、单克隆抗体。

② LOD表示检测极限。

1.5.1 IA纯化的一般方法

①选择合适的IA吸附剂（例如HiTrap NHS活化的琼脂糖凝胶）用于抗体偶联和有效加载；②评估合适的加载和洗涤溶剂/缓冲体系；③评估最佳的洗脱溶剂/缓冲体系；④IA柱的再生和储存。

IA吸附剂通过将特定的抗体固定在刚性或半刚性载体（固定相）的表面上来制备。IA柱通过吸收的官能团活化，准备与抗体反应。蛋白质A和G经常被用作固体支持物和特定抗体之间的桥梁。蛋白质桥有助于提供与样品提取物反应的抗体结合位点的最佳取向。理想的固定条件在活化和偶联过程中保持特定抗体的选择性结合活性。一般来说，有两种类型的支架：半刚性、不耐压的支架；刚性的耐压支架。使用刚性支架的IA色谱柱可直接连接HPLC系统进行在线分析（见第15章）。

一旦用固定的抗体制备IA柱，将样品提取物加载到抗体上以与目标分析物结合在柱上。用于样品加载的溶剂/缓冲体系因分析物而异，旨在增强分析物与抗体的特异性结合，同时最小化支持物的非特异性结合。溶剂/缓冲体系的pH通常为中性，具有低至中等的离子强度和低的有机溶剂含量。穿透体积是不损失分析物的回收率的可应用的最大上样体积。准确确定穿透体积非常关键，因为这是与加载步骤有关的重要参数。穿透体积大则可以将更多的样品提取物加载到色谱柱上，从而获得更好的检测限。柱流速也影响抗体和分析物之间的相互作用。流速较快时结合反应效率较低。典型的流速一般在0.5～5mL/min之间。

洗涤步骤从柱中去除弱结合和非特异性结合的物质（不想要的物质）。通常使用相同的用于样品加载的溶剂/缓冲体系进行洗涤。如果抗体对其他结构类似的化合物或异构体具有交叉反应性，则可以增加洗涤溶剂/缓冲体系的溶剂强度以去除弱结合的化学物质。为了提取相关化合物和异构体，溶剂强度不增加，用于上样的溶剂/缓冲体系也用于洗涤。这样可以在洗涤过程中保留相对较弱但相关的化合物。

洗脱溶剂/缓冲体系必须尽快洗脱分析物，并避免对固定化抗体的任何不可逆损伤。常用的洗脱溶剂/缓冲体系包括酸性或碱性缓冲液、高离子强度溶液和有机溶剂（如甲醇或乙醇）。

最后一步是移除洗脱溶剂/缓冲体系的色谱柱的再生，并用下一次进样的加样溶剂/缓冲体系重新调整色谱柱。使用期间可以加入含有防腐剂如叠氮化钠的磷酸缓冲液进行免疫亲和柱的保存。

在重新使用色谱柱进行样品分析之前进行性能检查。将标准溶液通过色谱柱，以确定支持物对目标分析物的反应性，从而完成此项检查。当质量控制检查样品不符合通常在80%～

120%范围内的回收要求时，应该更换色谱柱。

1.5.2 阿特拉津在土壤和沉积物中的提纯

1.5.2.1 方法总结

通过将兔抗阿特拉津多克隆抗体（1mL 4.25ng/mL）固定在 HiTrap NHS 活化的琼脂糖凝胶柱树脂上来制备四个 IA 柱。阿特拉津特异性地结合到 IA 柱上，但它不与对照蛋白质或琼脂糖凝胶树脂非特异性结合。评估三种样品加载溶剂：2%乙腈（ACN）水溶液、100%水和 10%甲醇的 PBS 溶液。评估从 IA 柱中定量释放结合抗体的阿特拉津的三种洗脱溶剂：70%乙醇水溶液、70%甲醇水溶液和 100%甲醇。当使用相同的方法制作多个柱时，与柱偶联的抗体的量是一致的（抗体的 93%～97%结合到四个柱中的每一个）。IA 柱上阿特拉津的最大结合能力为每毫升树脂结合阿特拉津（0.16μg 阿特拉津/mg 抗体）约 700ng。阿特拉津的洗脱曲线在每次使用色谱柱时都是可重现的。柱与柱之间的差异在±12%以内。IA 色谱柱非常耐用稳定，可以再生和重复使用。即使重复使用（>50 次），结合效率也不降低。关于 IA 柱联合 ELISA 和 GC/MS 分析所得提取物的方法能否运用于实际生活中的土壤和沉积物，有分析家对实际样品进行了定量回收，结果 ELISA 和 GC/MS 数据一致，表明 IA 色谱可以作为纯化方法。

1.5.2.2 土壤和沉积物样品中阿特拉津的 IA 纯化分析方法

土壤和沉积物样品用 ASE 在 2000psi 和 125℃下用 DCM 提取 3 次，每次 10min，100%冲洗。将收集的 DCM 提取物用 Na_2SO_4 处理，通过低渗石英纤维过滤器过滤，并浓缩至最终体积 10mL。将每种样品提取物分成两部分：部分Ⅰ或者用于 GC/MS 而没有事先净化步骤或者保留用于未来分析；部分Ⅱ进行 IA 柱净化，随后通过 ELISA 和 GC/MS 进行分析。在 IA 柱净化之前，将 DCM 样品提取物溶剂交换到 100%甲醇中。将甲醇样品提取物稀释至 10%甲醇的 PBS 溶液中，然后上样到 IA 柱。

使用特异于阿特拉津的多克隆抗体来制备四个琼脂糖凝胶 IA 柱。按照相同的步骤用非特异性兔 IgG 抗体制备对照柱。四个 IA 柱的耦合效率从 93%到 97%，平均 96%±2%。使用对阿特拉津不是特异性的抗体以 98%的效率结合到树脂上来制备对照柱。评估各种样品加载和洗脱缓冲液/溶剂。选择 100%甲醇的洗脱溶剂作为最终方法，并对洗脱曲线进行精制以使目标组分中的水含量最小化，以用于随后的 GC/MS 分析。

1.5.2.3 IA 柱性能

当加载溶剂为 2%ACN 水溶液、100%水或 10%甲醇的 PBS 溶液时，IA 柱有效地保留了阿特拉津。然而，阿特拉津没有被对照柱保留。这些发现表明阿特拉津与 IA 柱的特异性结合是显著的，并且阿特拉津没有不加区分地与蛋白质或琼脂糖支持物结合。通过来自四个 IA 柱的强化阿特拉津溶液（5ng/mL、50ng/mL 和 500ng/mL）的回收率的 RSD 确定柱间可变性（±12%）。

四个 IA 柱用 37 个真实世界的沉积物和土壤样品挑战。在每天开始和结束时通过每个 IA 柱处理质量控制样品（在 10%甲醇的 PBS 溶液中的 20ng/mL 阿特拉津），并通过 ELISA 分析。定量回收率（114%±17%）来自质量控制样品，表明 IA 柱在处理真实样品提取物后继续正常运行。

选择的样品提取物通过GC/MS进行分析，有或没有IA柱净化。在没有IA柱净化步骤的一些样品中存在由GC/MS误识别为阿特拉津的共洗脱干扰组分。IA柱净化后，干扰组分从样品提取物中去除。这些结果表明IA柱净化有效地去除了土壤和沉积物样品中的干扰化合物。通过IA柱进行样品处理约需30min，使用注射器手动推动液体通过柱子。但是，通过使用装有馏分收集器的HPLC系统，IA色谱柱可以很容易地适应自动化系统。

对于ELISA，对所有土壤和沉积物样品进行重复测量。重复测量的D值在±30%以内。选择的样品提取物也在IA柱净化之前加入已知量的阿特拉津，并通过ELISA和GC/MS分析产生满意的回收率（分别为93%±17%和96%±21%）。整个研究中两种不同检测方法之间的良好一致性说明了IA色谱法作为有效纯化方法的效用。

1.6 未来展望

虽然不是万能的，但生物分析方法提供了强大的互补分析能力，实际上可能是许多分析物选择的方法。本书讨论的技术的广度包括快速筛选试验、高通量免疫分析、免疫亲和样品制备、多分析物传感器和微阵列等技术。芯片式流动免疫分析等新的方法将继续引入[86]。许多易于使用的快速检测在准确度方面不能与GC/MS相比较，但它们适用于快速筛选，从而填补了重要的分析空白，并成为纳入分析实验室的理由。

免疫化学技术在支持环境监测和人体暴露评估研究方面获得了越来越多的认可和接受。免疫分析方法已被用于检测农药、工业污染物（如多环芳烃、多氯联苯和二噁英）以及人体暴露的生物标志物。免疫亲和色谱已用于样品净化，随后进行环境和生物样品的离线或在线分析。

多分析微阵列可以同时分析几种不同的化合物，这些化合物可能不能在单次色谱分析中分析。微阵列可以有效地监测病毒，确定抗原漂移，及时指导疫苗开发[87]。这种生物分析能力可以显著降低鉴定潜在的致命病毒毒株的时间和成本。这种能力对人类健康的影响是不可估量的。多分析微阵列仪生物传感器可以提供快速和特定的环境监测，以支持污染物监管的监测或有助于保护市政供水设施的国家安全[88]。自动化和无人值守的远程监控系统网络，可以在测量和控制站之间进行通信联系，可以支持早期预警系统[89,90]。

将生物分析能力整合到现有的分析化学设施中是相对容易的，因为一般的实验室需求是相同的。生物分析实验室只需要一些额外的项目，如微孔板清洗机、磁力分离架、微量滴定板分光光度计和免疫试剂。无论采用何种方法，实验室工作人员的技能、知识和专业素质仍然是保持高质量分析能力的关键组成部分。

随着环境监测和人类暴露研究对快速、经济高效、高通量分析方法的需求不断增加，免疫化学和其他生物分析方法的开发和使用将继续扩大。Yalow和Beron在小分子免疫分析技术方面的开创性研究获得了诺贝尔医学奖[91]，研究人员在这项出色的研究的基础上进行再研究。紧接着Engvall和Perlman第一次进行了酶联免疫吸附试验[92]。Van Vunakis和Langone在文献中详细地描述了试剂合成和方法开发的过程，这些参考文献帮助研究人员开发了大量的应用型免疫分析方法[93]。Hammock和Mumma撰写了有关农药免疫分析的论文，描述了农药化学分析技术的应用潜力[44]。1992年，美国化学学会举办了首届专门用于免疫化学方法研究和应用的专题讨论会[94]。随着分析需求的变化和技术的进步，将会出现新的生物分析方法。纳米技术的发展（见第20章和第21章）将为生物分析方法的研究和发展带来变革，并以新的方式、方法，最终提供给新的用户[95]。

附录 1. A 制备用于 ELISA 的缓冲液的方法

缓冲液可以由预制片剂或胶囊或者从普通商业来源的起始材料制备。叠氮化钠一般用作防腐剂。如果缓冲液被快速使用或储存在冰箱中，叠氮化钠可以省略。如果使用辣根过氧化物酶作为酶标签，最好省略叠氮化钠，因为它对酶是有抑制作用的。在这种情况下，可以用硫代乙酰水杨酸钠代替（0.005%）。磷酸盐缓冲盐水-吐温（PBS-Tween）通常用作洗涤缓冲液并用于制备涉及抗体或样品的所有稀释液。使用缓冲液中的吐温 20 使非特异性结合最小化。通常，使用前将缓冲液置于室温。使用单独的起始材料制备通用缓冲液的方法描述如下：

（1）碱性磷酸酶底物缓冲液

① 将 97mL 二乙醇胺、0.2g NaN_3 和 0.1g $MgCl_2$ 移至干净的容器中。

② 用试剂级水定容至 800mL，用 6mol/L HCl 调节 pH 至 9.8。

③ 把最终的容量调到 1L。

④ 将溶液储存在冷藏温度下。长时间储存后检查 pH 值。

（2）吐温/叠氮化物

① 将 10g NaN_3（2%）、25mL 吐温 20（5%）移至干净的容器中。

② 用试剂级水定容至 500mL（缓慢加水限制发泡）。

③ 将溶液储存在室温下。

（3）涂层缓冲液（在冷藏温度下储存）

① 将 0.795g Na_2CO_3、1.465g $NaHCO_3$ 和 0.1g NaN_3 移至干净的容器中。

② 用试剂级水稀释至近 500mL，调整 pH 值到 9.6，并达到 500mL 的最终体积。

③ 将溶液储存在冷藏温度下。长时间储存后检查 pH 值（>2 周）。

（4）10×PBS（在室温下储存）

① 缓慢加入 640g NaCl、16g KH_2PO_4 和 91.96g Na_2HPO_4 到水中，同时搅拌，以防止盐结块。

② 加入约 7L 试剂级水。充分搅拌，直到所有的盐溶解。调整 pH 值到 7.4 并定容到 8L。

③ 将溶液在室温下储存。

（5）1×PBS（在室温下储存）

① 将 800mL 10×PBS [上述（4）] 移至干净的容器中。

② 加入约 7L 试剂级水。

③ 加入 80mL 100×吐温/叠氮化物（上述 b），加入大量水以避免吐温 20 引起的起泡，必要时将 pH 调节至 7.4，然后定容到 8L。

（6）辣根过氧化物酶底物缓冲液

① 使用 13.61g 柠檬酸钠（100mmol/L）制备柠檬酸盐-乙酸盐缓冲液，用试剂级水定容到约 1L，用乙酸调节 pH 至 5.5。

② 在 29mL 试剂级水中加入 1mL 30% H_2O_2 配制 1%过氧化氢，储存在冰箱里的塑料容器中。

③ 用 10mL 二甲基亚砜（DMSO）溶解 60mg TMB 制备 0.6% 3,3′5,5′-四甲基联苯胺（TMB）。在室温下储存在黑暗中。

④ 在使用之前，通过将 0.4mL 0.6%溶解在 DMSO 溶液中的 TMB 和 0.1mL 1%过氧化氢混合到 25mL 柠檬酸盐-乙酸盐缓冲液中来制备最终的底物缓冲液。

⑤ 在混合前，室温下储存缓冲液和 TMB 溶液以避免沉淀。

附录 1.B 编制质量保证项目计划准则和标准操作程序

准备 QAPP 的指导原则

准备特定的 QAPP 有不同的要求。这些要求列于 EPA 环境数据操作质量保证项目计划要求中，EPA QA/R-5，EPA/240/B-01/003，2001 年 3 月。质量保证项目计划指南，EPA QA/G5，EPA/600R-98/018，1998 年 2 月可用于帮助解决这些要求。这些文件可在 http://www.epa.gov/quality 获取。对于涉及使用现有分析方法和/或改进的分析方法分析污染物的环境样品的研究，应该适用以下要求：

第 1 部分 项目描述和组织

1.1 研究的目的应在 QAPP 中说明。

1.2 应确定所有项目参与方的责任，即指定关键人员及其组织，同时指定计划、协调、样品采集、测量（即分析、物理和过程）、数据压缩、数据验证（独立于数据生成）、数据分析、报告准备和质量保证。

第 2 部分 采样

如果采样涉及到研究，则应解决与采样有关的问题，如采样点、采样频率和样品类型。

第 3 部分 测试和测量协议

3.1 每种分析方法都应被使用。

3.2 如果适用，还应描述经 EPA 批准的方法或其他验证方法的修改。

第 4 部分 QA/QC 检查

4.1 应列出并定义在现场和实验室中使用的所有校准和质量控制检查以及程序。质量控制检查可能包括峰值、复制、空白、控制、代用品等。

4.2 对于每个指定的校准、QC 检查或程序，必须包括所需的频率和验收标准。一般来说，对于化学方法，应该描述确定精确度、准确度和方法检测限的质量控制程序。对于微生物学方法，应描述正面和负面的控制程序。

第 5 部分 数据缩减和报告

5.1 应使用数据简化程序。

5.2 应确定每个测量和模型的报告要求（如单位）。

第 6 部分 报告要求

报告将是一种以适用于应用程序的格式编写的方法，附带支持方法性能的数据。

第 7 部分 参考文献

参考文献应在文本正文中作为脚注或单独一节提供。

附录 1.C 制定分析方法标准操作程序的总纲

技术标准操作程序一般包括各种各样的活动和程序。例如，SOP 可能包括如何执行在实验室或现场应遵循的特定生物分析方法的程序。技术标准操作程序还可以涵盖样品制备和清理方法，以便进行后续生物分析方法的分析。以下部分通常包含在 SOP 技术中。

标题页

每个 SOP 的首页或封面通常包含以下信息：标识程序的标题，SOP 标识号，发布日期或修订日期，以及准备和批准 SOP 的个人的签名和签名日期。

第 1 部分 范围和适用性

本部分应包括对过程或程序目的的简要说明。

第 2 部分 方法总结

本部分中总结了 SOP 中使用的程序。

第 3 部分 定义

本部分中应描述 SOP 中使用的缩略语、缩写或专用术语。

第 4 部分 注意事项

本部分包括对安全、设备损坏、样品退化或结果可能失效的整个程序至关重要的活动或程序。

第 5 部分 职责

本部分介绍 SOP 中涉及的人员的任务和责任。

第 6 部分 干扰

本部分介绍可能干扰整个方法准确度的任何因素。

第 7 部分 试剂、材料和仪器

本部分列出了必要的设备、材料、试剂、化学标准和生物标本。

第 8 部分 程序

本部分介绍所有相关的步骤，以完成 SOP，如：

† 样品制备和提取

† 仪器参数

† 仪器校准

† 分析序列

† 数据处理

第 9 部分 记录

本部分包括要使用的表格、数据和记录存储信息，以及如何记录实验活动。

第 10 部分 质量控制和质量保证

如果质量控制标准不符合，本部分包括准备适当的质量控制程序、质量控制材料和具体的质量控制标准，以及所需校准和质量控制检查及纠正措施的频率。

第 11 部分 提取存储

本部分介绍样品提取物的储存条件。

第 12 部分 参考文献

本部分列出了与 SOP 相关的所有参考文献。

附录 1. D 固定量和可调量移液器的操作、校准和维护的标准操作程序

注销页面（适当人员的批准）

第 1 部分 范围和适用性

本标准操作程序（SOP）描述了固定量和可调量移液器的操作、校准和维护的一般

程序。

第 2 部分　方法总结

该方法描述的程序，以确保在实验室中使用的固定量和可调量的移液器分配正确量的液体。校准将至少每六个月进行一次。通过称重纯化水（例如去离子水）的等分试样以质量分析的方式进行校准。可调量的移液器将以至少两个输送量进行校准，最好是中等和高等。

第 3 部分　定义

无。

第 4 部分　注意事项

标准的实验室防护服、手套和护目镜是必需的。

第 5 部分　职责

指定的合格的实验室技术人员负责定期执行校准测试，并确保实验室中的所有移液器都是经过校准的。实验室经理将执行常规实验室检查，以确保所有使用的移液器都经过校准。

第 6 部分　设备和材料

6.1　分析天平能够称量到 0.5mg

6.2　需要校准的固定量和可调量移液器

6.3　移液器枪头

6.4　去离子水

6.5　包含校准表格的移液器校准黏合剂

6.6　标签

6.7　烧杯

6.8　校准的温度计

第 7 部分　程序

7.1　质量校准——对于质量校准，需要使用室温水、质量为 0.5mg 的分析天平和校准过的温度计。完成移液器校准表格的一个例子附在本 SOP 的末尾。

7.1.1　填写移液器校准表格上的标题信息。如果使用可调量的移液器，请根据需要设置输送量。

7.1.2　重复吸取至少五次等分量的水置于平衡的容器中，并记录每个等分试样在校准表格上的质量。其他相关信息如水温、分析仪、校准日期等也将被记录下来。

7.1.3　计算并记录重复的平均质量。

7.1.4　计算并记录移液器输送的绝对回收率（准确度）。

7.1.5　计算并记录重复的变异系数（精确度）。

7.1.6　绝对回收率必须为 95%～105%，变异系数必须小于 2.0%，除非制造商规定了较不严格的验收标准。

7.1.7　在移液器上贴上标有日期和下一个校准截止日期的标签。

7.1.8　粘贴校准表格。

7.2　维护

7.2.1　校准失败的移液器必须清洗、调整和重新校准。有关详细的清洗和调整方法，请参阅制造商的文献。

7.2.2　如果需要非常规维护，请联系实验室协调员。

7.2.3　将包含所有表格的移液器校准活页夹保存在实验室中。

第 8 部分 记录

所有校准活动的记录将被记录在移液器校准表格中，并在实验室中将这些表格放置在三环的活页夹中。校准的移液器将标有日期和首字母缩写。

移液器校准表

日期：1/20/06 分析师：

移液器：Gilson P1000 ID 号：K14282C

温度计编号：C11997 校准日期：

水温：24℃ 密度(g/mL)：0.9973

质量组：C10816 校准期限：12/20/05

<table>
<tr><td colspan="3">平衡校准
平衡使用:AE240 ID 号:X51781</td></tr>
<tr><td colspan="2">使用的质量/(mg/g)</td><td>平衡读数/g</td></tr>
<tr><td colspan="2"></td><td></td></tr>
<tr><td colspan="2"></td><td></td></tr>
<tr><td rowspan="2">重复次数</td><td>设置 500μL</td><td>设置____μL</td></tr>
<tr><td>水的质量/g</td><td>水的质量/g</td></tr>
<tr><td>1</td><td>0.5016</td><td></td></tr>
<tr><td>2</td><td>0.5032</td><td></td></tr>
<tr><td>3</td><td>0.5029</td><td></td></tr>
<tr><td>4</td><td>0.5029</td><td></td></tr>
<tr><td>5</td><td>0.5036</td><td></td></tr>
<tr><td>6</td><td>0.5026</td><td></td></tr>
<tr><td>7</td><td>0.5031</td><td></td></tr>
<tr><td>8</td><td>0.5039</td><td></td></tr>
<tr><td>9</td><td>0.5027</td><td></td></tr>
<tr><td>10</td><td>0.5032</td><td></td></tr>
<tr><td>平均值</td><td>0.5030</td><td></td></tr>
<tr><td>绝对回收率/%</td><td>$\frac{\text{平均值}}{\text{水密度}\times\text{流出体积(mL)}}\times 100\%$
$\frac{0.5030}{0.9973\times 0.500}\times 100\%=100.87\%$</td><td></td></tr>
<tr><td>变异系数</td><td>$\frac{\text{标准偏差}}{\text{均值}}\times 100\%$
$\frac{6.2191\times 10^{-4}}{0.5030}\times 100\%=0.12\%$</td><td></td></tr>
<tr><td>验收结果</td><td>通过</td><td></td></tr>
</table>

注：请参阅 CRC 化学和物理手册，了解不同温度下的水密度值。移液器校准期限。

参考文献

1. Ahmed, F. E., Protein-based methods: Eludication of the principles, In *Testing of genetically modified organisms in food*, Ahmed, F. E., Ed., Haworth Press, Binghamton, NY, pp. 117–146, 2004.
2. Thomzig, A., Cardone, F., Kruger, D., Pocchiari, M., Brown, P., and Beekes, M., Pathological prion protein in muscles of hamsters and mice infected with rodent-adapted BSE or vCJD, *J. Gen. Virol.*, 87, 251, 2006.
3. Van Emon, J. M. and Lopez-Avila, V., Immunochemical methods for environmental Analysi, *Anal. Chem.*, 64, 79A, 1992.
4. Gee, S. J., Hammock, B. D., and Van Emon. J. M., A user's guide to environmental immunochemical analysis, EPA/540/R-94/509, March 1994.
5. Hage, D. S., Review: Survey of recent advances in analytical applications of immunoaffinity chromatography, *J. Chromatogr. B*, 715, 3, 1998.
6. Marco, M. P., Gee, S. J., and Hammock, B. D., Immunochemical techniques for environmental analysis. Antibody production and immunoassay development, *TrAC Trends Anal. Chem.*, 14, 415, 1995.
7. Weller, M. G., Immunochromatography techniques-a critical review, *Fresenius J. Anal. Chem.*, 366, 636, 2000.
8. Van Emon, J. M., Immunochemical application in environmental science, *J. AOAC Int.*, 84 (1), 125, 2001.
9. Lee, N. A. and Kennedy, I. R., Environmental monitoring of pesticides by immunoanalytical techniques: Validation, current status, and future perspectives, *J. AOAC Int.*, 84, 1393, 2001.
10. Blake, R. C. II, Pavlov, A. R., Khosraviani, M., Ensley, H. E., Kiefer, G. E., Yu, H., Li, X., and Blake, D. A., Novel monoclonal antibodies with specificity for chelated uranium (Ⅵ): Isolation and binding properties, *Bioconjug. Chem.*, 15, 1125, 2004.
11. Van Emon, J. M., Seiber, J. N., and Hammock, B. D., Application of an enzyme-linked immunosorbent assay to determine paraquat residues in milk, beef, and potatoes, *Bull. Environ. Contam. Toxicol.*, 39, 490, 1987.
12. Van Emon, J. M., Hammock, B., and Seiber, J. N., Enzyme-linked immunosorbent assay for paraquat and its application to exposure analysis, *Anal. Chem.*, 58, 1866, 1986.
13. Johnson, J. C. and Van Emon, J. M., Quantitative enzyme-linked immunosorbent assay for determination of polychlorinated biphenyls in environmental soil and sediment samples, *Anal. Chem.*, 68 (1), 162, 1996.
14. Dankwardt, A. and Hock, B., Enzyme immunoassays for analysis of pesticides in water, *Food Technol. Biotechnol.*, 35, 165, 1997.
15. Shackelford, D. D., Young, D. L., Mihaliak, C. A., Shurdut, B. A., and Itak, J. A., Practical immunochemical method for determination of 3,5,6-trichloro-2-pyridinol in human urine: Applications and considerations for exposure assessment, *J. Agric. Food Chem.*, 47, 177, 1999.
16. Nichkova, M., Galve, R., and Marco, M. P., Biological monitoring of 2,4,5-trichlorophenol: Evaluation of an enzyme-linked immunosorbent assay for the analysis of water, urine and serum samples, *Chem. Res. Toxicol.*, 15 (11), 1371, 2002.
17. Nichkova, M., Park, E., Koivunen, M. E., Kamita, S. G., Gee, S. J., Chuang, J. C., Van Emon, J. M., and Hammock., B. D., Immunochemical determination of dioxins in sediment and serum samples, *Talanta*, 63, 1213, 2004.
18. Biagini, R. E., Murphy, D. M., Sammons, D. L., Smith, J. P., Striley, C. A. F., and MacKenzie, B. A., Development of multiplexedd fluorescence microbead immunosorbent assays (FMIAs) for pesticide biomonitoring, *Bull. Environ. Contam. Toxicol.*, 68, 470, 2002.
19. Guomin, S., Huang, H., Stoutamire, D. W., Gee, S. J., Leng, G., and Hammock, B. D., A sensitive class specific immunoassay for the detection of pyrethroid metabolites in human

urine, *Chem. Res. Toxicol*, 17, 218, 2004.

20. Van Emon, J. M., Reed, A. W., Yike, I., and Vesper, S. J., ELISA measurement of stachylysin in serum to quantify human exposures to the indoor mold Stachybotrys chartarum, *J. Occup. Environ. Med.*, 56 (6), 582, 2003.
21. Brecht, A., Piehler, J., Lang, G., and Gauglitz, G., A direct optical immunosensor for atrazine detection, *Anal. Chim. Acta.*, 311, 289, 1995.
22. Dzantiev, B. B. and Zherdev, A. V., Electrochemical immunosensors for determination of the pesticide 2,4-dichlorophenoxyacetic acid and 2,4,5-trichlorophenoxyacetic acids, *Biosens. Bioelectron.*, 11, 179, 1996.
23. Skladal, P. and Kalab, T. A., Multichannel immunochemical sensor for determination for 2,4-dichlorophenoxyacetic acid, *Anal. Chim. Acta.*, 316, 73, 1995.
24. Mulchandani, A., Chen, W., Mulchandani, P., Wang, J., and Rogers, P. K., Biosensors for direct determination of organophosphate pesticides, *Biosens. Bioelectronics*, 16 (45), 225, 2002.
25. Mauriz, E., Calle, A., Lechuga, L. M., Quintana, J., Montoya, A., and Manclús, J. J., Real-time detection of chlorpyrifos at part per trillion levels in ground, surface and drinking water samples by a portable surface plasmon resonance immunosensor, *Anal. Chim. Acta.*, 561, 40, 2006.
26. Centi, S., Laschi, S., Franek, M., and Mascini, M., A disposable immunomagnetic electrochemical sensor based on functionalised magnetic beads and carbon-based screen-printed electrodes (SPCEs) for the detection of polychlorinated biphenyls (PCBs), *Anal. Chim. Acta.*, 53B, 205, 2005.
27. Chuang, J. C., Van Emon, J. M., Reed, A. W., and Junod, N., Comparison of immunoassay and gas chromatography-mass spectrometry methods for measuring 3,5,6-trichloro-2-pyridinol in multiple sample media, *Anal. Chim. Acta.*, 517, 177, 2004.
28. Gámiz-Gracia, L., García-Campana, A. M., Soto-Chinchilla, J. J., Huertass-Perez, J. F., and Gonzáles-Casado, A., Analysis of pesticides by chemiluminescence detection in liquid phase, *Trends Anal. Chem.*, 24 (11), 927, 2005.
29. Kramer, P., Franke, A., Zherdev, A. V., Yazynina, E. V., and Dzantiev, B. B., Comparison of two express immunotechniques with polyelectrolyte carriers, ELISA and FIIAA, for the analysis of atrazine, *Talanta*, 65 (2), 324, 2005.
30. Van Emon, J. M., Gerlach, C. L., and Bowman, K., Bioseparation and bioanalytical techniques in environmental monitoring, *J. Chromatogr. B*, 715, 211, 1998.
31. Li, J. S., Li, X. W., and Hu, H. B., Immunoaffinity column cleanup procedure for analysis of ivermectin in swine liver, *J. Chromatogr. B.*, 696, 166, 1997.
32. Wu, Z., Junsuo, L., Zhu, L., Luo, H., and Xu, S., Multiresidue analysis of avermectins in swine liver by immunoaffinity extraction and liquid chromatographymass spectrometry, *J. Chromatogr. B*, 755, 361, 2001.
33. Delaunay, N., Pichon, V., and Hennion, M., Immunoaffinity solid-phase extraction for the trace analysis of low molecular mass analytes in complex sample matrices, *J. Chromatogr. B*, 745, 15, 2000.
34. Concejero, M. A., Galve, R., Herradon, B., Gonzalez, M., and de Frutos, M., Feasibility of high-performance immunochromatography as an isolation method for PCBs and other dioxin-like compounds, *Anal. Chem.*, 73, 3119, 2001.
35. Carrasco, P. B., Escola, R., Marco, M. P., and Bayona, J. M., Development and application of immunoaffinity chromatography for the determination of the triazinic biocides in seawater, *J. Chromatogr. A*, 909, 61, 2001.
36. Dalluge, J., Hankemaier, T., Vreuls, R., and Brinkman, U., On-line coupling of immunoaffinity-based solid-phase extraction and gas chromatography for the determination of s-triazines in aqueous samples, *J. Chromatogr. A*, 830, 377, 1999.

37. Ferrer, I. M., Hennion, M. C., and Barcelo, D., Immunosorbents coupled on-line with liquid chromatrography/atmospheric pressure chemical ionization/mass spectrometry for the part per trillion level determination of pesticides in sediments and natural waters using low preconcentration volumes, *Anal. Chem.*, 69, 4508, 1997.
38. Thomas, D., Beck-Westermeyer, M., and Hage, D., Determination of atrazine in water using tandem high-performance immunoaffinity chromatography and reversed phase liquid chromatography, *Anal. Chem.*, 66, 3823, 1994.
39. Thomas, D. H., Lopez-Avila, V., Betowski, L. D., and Van Emon, J., Determination of carbendazim in water by high-performance immunoaffinity chromatography on-line with high-performance liquid chromatography with diode-array or mass spectrometric detection, *J. Chrom. A*, 724, 207, 1996.
40. Huwe, J. K., Shelver, W. L., Stanker, L., Patterson, D. G. Jr., and Turner, E. W., On the isolation of polychlorinated dibenzo-p-dioxins and furans from serum samples using immunoaffinity chromatography prior to high-resolution gas chromatography-mass spectrometry, *J. Chromatogr. B. Biomed. Sci. Appl.*, 757, 285, 2001.
41. Thomas, D. H., Rakestraw, D. J., Schoeniger, J. S., Lopez-Avila, V., and Van Emon, J., Selective trace enrichment by immunoaffinity capillary electrochromatograpy on-line with capillary zone electrophoresis-laser-induced fluorescence, *Electrophoresis*, 20 (1), 57, 1999.
42. Van Emon, J. M., Seiber, J. N., and Hammock, B. D., In *Immunoassay Techniques for Pesticide Analysis in Analytical Methods for Pesticides and Plant Growth Regulators, Advanced Analytical Techniques*, Sherma, J., Ed., Vol. XVII, Academic Press, Inc., San Diego, CA, pp. 217–263, 1989.
43. Shan, G., Lipton, C., Gee, S. J., and Hammock, B. D., Immunoassay, biosensors and other nonchromatographic methods, In *Handbook of Residue Analytical Methods for Agrochemicals*, Lee, P. W., Ed., Wiley, Chinchester, pp. 623–679, 2002.
44. Hammock, B. D. and Mumma, R. O., In *Potential of Immunochemical Technology for Pesticide Analysis in Pesticide Analytical Methodology*, Harvey, J. J. and Zweig, G., Eds., American Chemical Society, Washington, DC, pp. 321–352, 1980.
45. Landsteiner, L., *The Specificity of Serological Reactions,* Pulb., New York, Dover Publications, Inc., pp. 1104, 1962.
46. Kohler, G. and Milstein, C., Continuous cultures of fused cells screening antibodies of predefined specificities, *Nature*, 349, 495, 1975.
47. Kramer, K., Synthesis of a group-selective antibody library against haptens, *J. Immunol. Methods*, 266, 211, 2002.
48. Lipman, N. S., Jackson, L. R., Trudel, L. J., and Weis-Garcia, F., Monoclonal versus polyclonal antibodies: Distinguishing characteristics, applications and information resources, *ILAR J.*, 46, 258, 2005.
49. Deryabina, M. A., Yakovleva, Y. N., Popova, V. A., and Eremin, S. A., Determination of the herbicide acetochlor by fluorescence polarization immunoassay, *J. Anal. Chem.*, 60 (1), 80, 2005.
50. Botchkareva, A. E., Eremin, S. A., Montoya, A., Manclús, J. J., Mickova, B., Rauch, P., Fini, F., and Girotti, S., Development of chemiluminescent ELISAs to DDT and its metabolites in food and environmental samples, *J. Immunol. Methods*, 283, 45, 2003.
51. Jiang, T., Halsall, H. B., Heineman, W. R., Giersc, T., and Hock, B., Capillary enzyme immunoassay with electrochemical detection for the determination of atrazine in water, *J. Agric. Food Chem.*, 43, 1098, 1995.
52. Hampl, J., Hall, M., Mufti, N. A., Yao, Y. M., MacQueen, D. B., Wright, W. H., and Cooper, D. E., Upconverting phosphor reporters in immunochromatographic assays, *Anal. Biochem.*, 288 (2), 176, 2001.
53. Voller, A., Bidwell, D. E., and Bartlett, A., Microplate enzyme immunoassays for the immunodiagnosis of virus infections, In *Manual of Clinical Immunology*, Rose, N. and Friedman, H.,

Eds., American Society for Microbiology, Washington, DC, pp. 506–512, 1976.

54. Gee, S. J., Hammock, B. D., and Van Emon, J. M., *Environmental Immunochemical Analysis for Detection of Pesticides and Other Chemicals, a User's Guide*, Noyes Publications, New Jersey, NY, 1996.
55. http://www.epa.gov/sw-846/main.htm, EPA SW846 Test Methods.
56. Chuang, J. C., Miller, L. S., Davis, D. B., Peven, C. S., Johnson, J. C., and Van Emon, J. M., Analysis of soil and dust samples for polychlorinated biphenyls by enzyme-linked immunosorbent assay (ELISA), *Anal. Chim. Acta.*, 376, 67, 1998.
57. Chuang, J. C., Pollard, M. A., Chou, Y.-L., and Menton, R. G., Evaluation of enzyme-linked immunosorbent assay for the determination of polycyclic aromatic hydrocarbons in house dust and residential soil, *Sci. Total Environ.*, 224, 189, 1998.
58. Chuang, J. C., Van Emon, J. M., Chou, Y.-L., Junod, N., Finegold, J. K., and Wilson, N. K., Comparison of immunoassay and gas chromatography-mass spectrometry for measurement of polycyclic aromatic hydrocarbons in contaminated soil, *Anal. Chim. Acta.*, 486, 31, 2003.
59. Kolosova, A. Y., Park, J., Eremin, S. A., Park, S., Kang, S., Shim, W., Lee, H., Lee, Y., and Chung, D., Comparative study of three immunoassays based on monoclonal antibodies for detection of the pesticide parathion-methyl in real samples, *Anal. Chim. Acta.*, 511 (2), 323, 2004.
60. Chuang, J. C., Van Emon, J. M., Durnford, J., and Thomas, K., Development and evaluation of an enzyme-linked immunosorbent assay (ELISA) method for the measurement of 2,4- dichlorophenoxyacetic acid in human urine, *Talanta*, 67, 658, 2004.
61. Altstein, M., Bronshtein, A., Glattstein, B., Zeichner, A., Tamiri, T., and Almog, J., Immunochemical approaches for purification and detection of TNT traces by antibodies entrapped in a sol-gel matrix, *Anal. Chem.*, 73, 2461, 2001.
62. Rejeb, S. B., Cleroux, C., Lawrence, J. F., Geay, P., Wu, S., and Stavinski, S., Development and characterization of immunoaffinity columns for the selective extraction of a new developmental pesticide: thifluzamide, from peanuts, *Anal. Chim. Acta.*, 432 (2), 193, 2001.
63. Khan, A. A., Akhtar, S., and Husain, Q., Simultaneous purification and immobilization of mushroom tyrosinase on an immunoaffinity support, *Process. Biochem.*, 40 (7), 2379, 2005.
64. Ghildyah, R. and Kariofillis, M., Determination of triasulfuron in soil affinity chromatography as a soil extract cleanup procedure, *J. Biochem. Bioph. Methods*, 30, 207, 1995.
65. Shelver, W. L., Shan, G., Gee, S. J., Stanker, L. H., and Hammock, B. D., Comparison of immunoaffinity column recovery patterns of polychlorinated dibenzo-p-dioxins/polychlorinated dibenzofurans on columns generated with different monoclonal antibody clones and polyclonal antibodies, *Anal. Chim. Acta.*, 457, 199, 2002.
66. Lei, Y., Mulchandani, P., Chen, W., and Mulchandani, A., Direct determination of p-nitrophenyl substituent organophosphorous nerve agents using recombinant pseudomonas putida IS444-modified clark oxygen electrode, *J. Agri. Food Chem.*, 53 (3), 524, 2005.
67. Yhou, Y., Yu, M. B., Shiu, E., and Levon, K., Potentiometric sensing of chemical warfare agents: Surface imprinted polymer integrated with an indium tin oxide electrode, *Anal. Chem.*, 76 (10), 2689, 2004.
68. Dill, K., Montgomery, D. M., Oleinikov, A. V., Ghindilis, A. L., and Schwarzkopf, K. R., Immunoassays based on electrochemical detection using microelectrode arrays, *Biosens. Bioelectron.*, 20, 736, 2004.
69. Theodore, M. L., Jackman, J., and Bethea, W. L., Counterproliferation with advanced microarray technology, *Johns Hopkins APL Technical Digest*, 25 (1), 38, 2004.
70. Petrenko, V. A. and Vodyanoy, V. Y., Phage display for detection of biological threat agents, *J. Microbio. Methods*, 53 (2), 253, 2003.
71. Anderson, L. I., Hardenborg, E., Sandberg-Stall, M., Moller, K., Henriksson, J., Bramsby-Sjostrom, I., Olsson, L. E., and Abdel-Rehim, M., Development of a molecularly imprinted polymer based solid-phase extraction of local anaesthetics from human plasma, *Anal. Chim.*

Acta., 526, 147, 2004.
72. Ansell, R. J., Molecularly imprinted polymers in pseudoimminoassay, *J. Chromatography B*, 804 (1), 151, 2004.
73. Tombelli, S., Minunni, M., and Mascini, M., Analytical applications of aptamers, *Biosens. Bioelectron.*, 20, 224, 2004.
74. Bekheit, H. K. M., Lucas, A. D., Gee, S. J., Harrison, R. O., and Hammock, B. D., Development of an enzyme-linked immunosorbent assay for the ß-exotoxin of bacillus thuringiensis, *J. Agric. Food Chem.*, 41, 1530, 1993.
75. Harlow, E. and Lane, D., *Using antibodies. A Laboratory Manual*, Cold Spring Harbor Laboratory Press, Cold Spring Harbor, NY, 1999.
76. Rodbard, D., Mathematics and statistics of ligand assays: An illustration guide, In *Ligand Assay, Analysis of International Developments on Isotopic and Non-Isotopic Immunoassay*, Langan, J. and Clapp, J. J., Eds., Masson, New York, pp. 45–99, 1981.
77. *Molecular Devices SOFTmax® PRO User Manual*, Sunnyvale, CA, Molecular Devices,1998.
78. Crowther, J. R., *The ELISA Guide Book, Methods in Molecular Biology, 149*, Humana Press, Totowa, NJ, 2001.
79. Morgan, M. K., Sheldon, L. S., Croghan, C. W., Jones, P. A., Robertson, G., Chuang, J. C., Wilson, N. K., and Lyu, C., Exposures of preschool children to chlorpyrifos and its degradation product 3,5,6-trichloro-2-pyridinol in their everyday environments, *J. Expos. Anal. Environ. Epidemiol.*, 15, 297, 2005.
80. Lebowitz, M. D., O'Rourke, M. K., Gordon, S., Moschandreas, D. J., Buckley, T., and Nishioka, M., Population-based exposure measurements in Arizona: A phase I field study in support of the National Human Exposure Assessment Survey, *J. Expos. Anal. Environ. Epidemiol.*, 5, 297, 1999.
81. Pang, Y., MacIntosh, D. L., Camann, D. E., and Ryan, P. B., Analysis of aggregate exposure to chlorpyrifos in the NHEXAS-Maryland investigation, *Environ. Health Perspect.*, 110 (3), 235, 2002.
82. Franek, M., Kolar, M., Granatova, M., and Nevorankova, Z., Monoclonal ELISA for 2,4-dichlorophenoxyacetic acid: Characterization of antibodies and assay optimization, *J. Agric. Food Chem.*, 42, 1369, 1994.
83. Thomas, K., Chapa, G., Croghan, C., Jones, P., Dosemeci, M., Coble, J., Alavanja, M., Hoppin, J., Sandler D., Assessing exposure classification in the agricultural health study, International Society of Exposure Analysis 2004, Philadelphia, PA, October, 17–21, 2004.
84. Van den Berg, M., Birnbaum, L., Bosveld, B. T. C., Brunstrom, B., Cook, P., Feeley, M., Giesy, J. P., et al., Toxic equivalency factors (TEFs) for PCBs, *Environ. Health Perspect.*, 106, 775, 1998.
85. Method 1613, Revision B, Tetra- through Octa-Chlorinated Dioxins and Furans by Isotope Dilution HRGC/HRMS, EPA 821-B-94-005Q, 1994.
86. Okochi, M., Ohta, H., Taguchi, T., Ohta, H., and Matsunaga, T., Construction of an electrochemical probe for on chip type flow immunoassay, *Electrochemical Acta.*, 51 (5), 952, 2005.
87. Lodes, M. J., Suciu, D., Elliott, M., Stover, A. G., Ross, M., Caraballo, M., Dix, K., et al., Use of semiconductor-based oligonucleotide microarrays for influenza a virus subtype identification and sequencing, *J. Clinical Microbiol.*, 44, 1209, 2006.
88. Rodriguez-Mozaz, S., Lopez de Alda, M. J., and Barcelo, D., Fast and simultaneous monitoring of organic pollutants in a drinking water treatment plant by a multi-analyte biosensor followed by LC-MS validation, *Talanta*, 69 (2), 384, 2006.
89. Glass, T. R., Saiki, H., Joh, T., Taemi, Y., Ohmura, N., and Lackie, S. J., Evaluation of a compact bench top immunoassay analyzer for automatic and near continuous monitoring of a sample for environment contaminants, *Biosens. Bioelectron.*, 20 (2), 397, 2004.
90. Tschmelak, J., Proll, G., Riedt, J., Kaiser, J., Kraemmer, P., Barzaga, R., Wilkinson, J., et al., Automated water analyzer computer supported system (AWACSS) Part I: Project objectives,

basic technology, immunoassay development software design and networking, *Biosens. Bioelectron.*, 20 (8), 1499, 2005.

91. Yalow, R. S. and Berson, S. A., Immunoassay of endogenous plasma insulin in man, *J. Clin. Invest.*, 39, 1157, 1960.
92. Engvall, E. and Perlmann, P., Enzyme-linked immunosorbent assay (ELISA) quantitative assay of immunoglobulin, *G. Immunochem.*, 8, 871, 1971.
93. Vunakis, H. V. and Langone, J. J., Eds., *Method in Enzymology Immunochemical Techniques, Part A*, Vol. 70, Academic Press, Inc., New York, 1980.
94. Van Emon, J. M. and Mumma, R. O., Eds., *Immunochemical Methods for Environmental Analysis ACS symposium series 442*, ACS Press, Washington, DC, 1990.
95. Chan, W. C. W. and Nie, S. M., Quantum dot bioconjugates for ultrasensitive nonisotopic detection, *Science*, 281, 2016, 1998.

2 配体结合蛋白的定向进化

K. Kramer， H. Geue， and B. Hock

目录

2.1 引言

蛋白质受体分子能选择性地结合特定的配体或相关的配体组，该分析技术广泛应用于分析、诊断、治疗、纳米技术和新兴生物技术方面众多新的跨学科领域。靶分子的特异性结合基于分子识别，即利用在受体结合区域界面的氨基酸残基与配体的相应位点形成的非共价相互作用进行识别。促使受体和配体特异性结合的作用力主要有离子键、范德华力、疏水作用以及氢键和钙离子桥[1]。亲和力依赖于一对特定配体和受体之间产生的相互作用的累加效应。因为这些多重作用只有通过短的分子间距才能生效，这需要在受体和配体连接处形成互补区域。

应用在大多数环境监测中的结合蛋白从基本属性上看可以分为两种类型。对于第一型结合蛋白，分析得到的信息实质上取决于它们的天然分子结构。这意味着对野生型蛋白结构的任何改变都影响结合性质并将导致有价值信息的损失。因此，基因工程是有限制的，例如，为了给受体安装其他功能进行的异源表达和融合蛋白，都有可能导致其蛋白质性质的改变。对于结合特性的潜在改变，进行的每一项操作都必须仔细控制，最理想的是能与自然细胞微环境下的野生型蛋白具有相似的效果。

这些结合蛋白的经典例子是激素受体，例如G蛋白、离子通道、酶偶联表面受体、胞内受体触发的信号转导通路。这些受体提供关于结合配体生物影响的有价值的信息，因为它们在复杂的细胞内信号通路网络中占据着敏感的关键位点[2,3]。有趣的是，有些受体与配体结合以较高的兼容性为特征，例如，它们能够结合结构多样的配体[4]。

相比而言，应用于环境分析的第二型受体的特征是兼容性非常低，导致选择性结合特定结构的配体。考虑到这一点，单一选择性的蛋白质属于这一组，只在一个合理的亲和力水平结合单一配体。这些蛋白质的第二个特征是，它们经过分子修饰可以对特定配体的亲和力和选择性产生影响。可以利用基因工程的适当工具实现相应DNA链的突变，进而改变其编码的蛋白质的性质，进而完成这些修饰。

因为受体和配体之间的相互作用取决于多种非共价相互作用，所以对于不同的配体，分子识别的成功优化需要精确的和特定序列的修饰。这产生了问题，即如何高效地鉴别匹配序列类型和位点的改变，以及如何在受体分子内实现这个改变。

针对受体的优化演变出两种完全不同的策略。第一种策略：合理设计，是一种基于计算机的设计方法。通过结构分析来确定受体蛋白表面与配体结合的氨基酸位点。计算机模型可以从序列信息或晶体结构方面获取[5]。然而，完全基于序列信息的模型不一定代表配体结合位点的真实构象，而由晶体结构获得的精确的构象数据还需要大量的实验加以证实。模板模型以改进的计算机变异体的运算为基础而建立，显示有利于氨基酸的替代。所提出的变异体通过位点定向诱变产生，为了证实配体结合的改善而进行检验。

目前在纯理论的设计策略方面仍然有严重的问题。例如，在预测蛋白质的多位点突变的同时其功能性影响方面仍然存在问题。这个问题导致无法预先确定复杂的基质突变的影响（即广泛分布的突变之间的相互影响）。此外，根据应用算法，合理的设计可以通过排除替代方案而实现改进，在定向进化中更可能发现解决方案。因此，在实验中演变而来的技术经常被补充到合理设计中去[6]。合理设计的原则在此不做讨论；有大量综述正在解决这个问题[7,8]。

第二种策略是针对体外设计的受体，它基于变异和选择的进化理念。这种方法不依赖于人们对受体构象的精确了解。类似的，如同蛋白质家族在体内分子进化，在初始阶段，该受体基因的多样性由突变过程产生。随后基因突变片段被表达和筛选或被选择以获取改进的变异体。随着人们认识的不断深入，特定的随机化过程与体外转化实验的相应结果密切相关[9]。例如，定向进化经常发现其他的有益突变位点，而这类位点往往在第一时间没有被考虑。不同于在酶的活性部位或抗体（Abs）的结合区直接修饰，这些有益突变常发生在远离这些区域的位置，并通过细微的远距离作用影响着催化或结合[10]。与酶一样，抗体的定点突变实验往往在抗体的整个分子结构上都可能突变产生新的突变体[5,11]。

20世纪初，当人口生物学家开始描述人群基因的自然选择时，这一概念的基本原理逐渐演变成为现代进化理论。在突变、重组和选择的递归循环的影响下，他们建立了基因进化的数学模型[12]。自然选择的应用原理适用于实验室里的基因进化，基础进化原理预测，在一个暴露于自然选择压力下产生高度基因多样性的人群中，基因的适应度将使进化以最快的速度发生[13]。因此，关于定向转化实验方法的选择即是构建基因变异体库和在编码蛋白质水平上筛选和改进变异体。

该策略的基本步骤如图2.1所示。在实验室，分子进化成功的关键取决于适合的蛋白质支架的选择。结构方面必须考虑的是直接影响受体和配体相互作用并涉及结合的潜在残基的数目。然而，更深层次的属性如受体功能化折叠和稳定性与之同等重要。接下来的步骤涉及变异体库的产生，这样可以提供较高的功能多样性。多肽库随后在适合的系统内表达。一些最成功的系统是遗传信息与编码的蛋白功能的性质相关联。然后，不同的库暴露于自然选择压力下；例如，为了能够筛选出针对配体一定水平亲和力的受体，需要足够数量的蛋白质的变异体。这一步相当于在自然选择事件中一个种群的生物体中个体的幸存情况。与特定的实验方法无关，实验室中应用于选择压力的实验程序在分子机制层面的操作是绝对重要的，该分子机制可以调节参数（例如，选择性、亲和力）。此外，更多可能干扰选择目标的参数必须被排除在外或减小到最低值，否则未被考虑在内的可能产生干扰的参数可能会导致其他适合蛋白质库的无效选择。通过选择，具有配体结合特性的变异体被确定下来。如果所选变异体不具有必要的分析特性，其中一个或几个变异体将被用作接下来分子多样化的模板，以生成一个新的可被再次选择的蛋白质库。进化方法可能需要经过几轮的变异和筛选，直到变异体获得所需要的性质。此外，在每个阶段，可能需要进行实验方案或潜在策略的基础性修改，以获得蛋白质受体在与配体结合中以一个完美的方式获得我们想要的性质。接下来，给出分子定向进化各个步骤的原理的介绍，如图2.1所示。

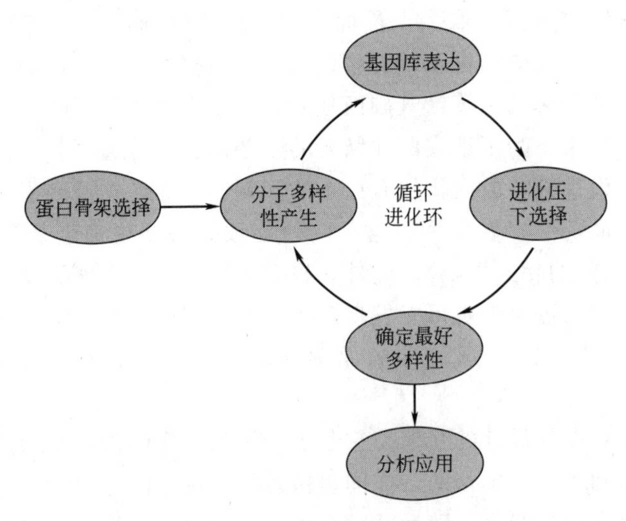

图2.1 定向进化原则

2.2 蛋白支架的选择

一个特定的蛋白支架的选择是定向进化的第一步。如果多肽在生物活性位点处的固有构象稳定性足以承受分子的转变，导致发生修饰而不是特殊功能的丧失，那么，在结构修饰中，这样的多肽可以作为一种蛋白支架。支架的概念是在抗体工程的发展中产生的，现在延伸到其他定向进化的多肽结构里（建议参考 Nygren 和 Skerra[14]）。

根据蛋白支架的特性，确定了分析性能的基本特征和在环境监测中的适用性。例如，选择一个酶支架将指示其基础测量原理的可能性。酶的催化中心可以通过分子进化来优化底物的转化率和选择性。通过基因工程进行酶优化的示例请参考相关文献[15~18]。

由于高效的自然免疫反应，制造出的第一种人工亲和试剂是基于 Abs 的。抗体分子是免疫球蛋白超家族的成员。它们由两条完全相同的重链和两条完全相同的轻链组成（图 2.2）。两个抗原结合域——Fab 片段，以完整的轻链与重链的 N 端的对应部分通过相互作用力构成。两个 Fab 片段通过可弯曲的铰链与可结晶片段——Fc 片段连接起来，这使重链区C_H2和 C_H3 得以保持不变。Ab 区域的球状结构是由于特殊的免疫球蛋白折叠所致[20]。反向平行的 β 链在每个区域形成一个典型的双层结构，这个双层结构通过疏水作用得以稳定存在并保留域内二硫键。抗原结合位点位于 N 端部分的可变区内。高变异或互补确定区域（CDRs）的片段以及恒定区或框架区域（FRs）可以通过不同 Ab 分子中这些不同序列变异的频率区分开来[21,22]。每一个可变区（V）包含 3 个嵌入 4 个 FR 片段中的 CDR 环状结构（图 2.2）。除了它们增强的序列变异性外，大多数的 CDR 环状结构在长度上有着明显的特

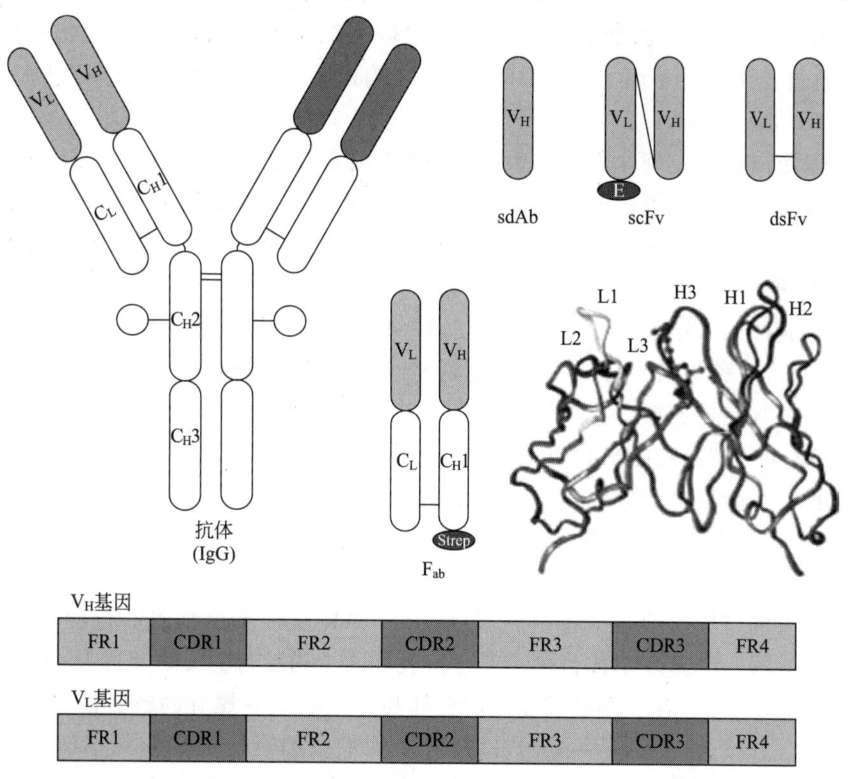

图 2.2 天然 IgG 抗体分子结构域（上左图）和基因工程抗体 sdSb、scFv、二硫键稳定 Fv 抗体（dsFv）和 Fab 抗体，一些抗体片段可以与亲和标签，如 Strep 标签、E 标签等融合表达。中右图表示的是 V_H 和 V_L 与农药小分子分析物在抗体识别位点（L1～3 表示 V_L CDR1～3；H1～3 表示 V_H CDR1～3）形成复合物的条带模型图。下图显示的是重链和轻链编码 FR FR1～4 和超变区 CDRs CDR1～3 的示意图。条带模型图由 S. Hörsch 惠赠（引自 Hörsch，S.，Diploma thesis，Institute of Technical Biochemistry，University of Stuttgart，Stuttgart，Germany，1998.）

征性差别[23]。

每个可变域的3个CDRs完全决定了抗原的结合性能。6个CDRs（其中3个源于轻链可变域，3个源于重链可变域）的组成和结构决定了抗原结合位点的形态，同时，也决定了配体的识别。有报告称离散配体具有框架域残基的额外相互作用[24]。

大部分基因工程抗体亲和试剂是通过短肽键连接而稳定存在的片段，诸如Fab[25]、单链F_v(scFv）片段[26,27]（图2.2)。F_v片段的链解离被有序的半胱氨酸残基组成的域间二硫键[28]和Ab螺旋稳定片段[29]所阻止。此外，就单链V_H[30]和单链V_L[31]的结构域库也有描述（图2.2)。

目前，正在开发Ab分子替代物的潜在可能性。例如，单域Ab（sdAb）存在于自然界中的骆驼科和鲨鱼科动物里。骆驼科动物的大CDR环状结构是通过内环二硫键稳定存在的，这种大CDR环状结构被认为是为对应sdAb提供高度亲和力的关键组分[32]。类似的，从护士鲨（铰口鲨）制备了以抗原受体的Ab分子（IgNAR）为基础的单域重链库。与蛋清溶菌酶有高亲和力和高稳定性的sdAb黏合剂也从这个库中筛选出来[33]。

除Ab结构域外，也有报告称所谓的拟态Ab也可以应用于分子优化。例如，十号纤维蛋白的第三结构域（$_{10}$Fn3）是免疫球蛋白大家族的单体成员，通过随机化3个暴露环被用作抗体合成库的支架[34]。肿瘤坏死因子α的解离常数低至20pmol/L的$_{10}$Fn3变体可以通过定向进化获得。人类T淋巴细胞的细胞外结构域关联抗原CTLA4，表现出另外一种模拟Ab性质，通过给CTLA4引入类CDR3环状结构的多元化创建了基于CTLA4支架的抗体库[35]。

除免疫球蛋白和类免疫球蛋白多肽外，一些特定的亲和剂，与Ab无关，从小球蛋白支架中筛选出来。例如，A蛋白的α螺旋Z结构域被用作合成库的支架。这种工程蛋白被命名为亲和体。在随后的定向进化实验中[37]，针对靶向DNA聚合酶[36]的单独的序列变种的亲和力提高到了纳摩级别。

同样的，胆汁三烯结合蛋白（BBP），一种从欧洲粉蝶里发现的脂质运载蛋白，也被用作结构支架[38]。这种蛋白含有一个由8个逆平行的β线状结构组成的β管状核心。短环状结构与特殊的线状结构连接。4个在管状结构末端的环状结构结合了天然胆汁三烯配体。4个结合环的16个残基经过随机化组成了最初的合成库。通过特定结合环状区域的选择性突变，进一步提高了分离物中异羟基洋地黄毒苷在纳摩范围内的亲和力。据报道，这些物质与低至800pmol/L的异羟基洋地黄毒苷和低至600pmol/L的洋地黄毒苷有着最强的亲和力[39]。

另一种类型的蛋白支架是锚蛋白副本（AR)。AR蛋白是由列成一行的33个氨基酸重复序列组成的。每一个重复单体包含一个β折叠和2个逆平行的α螺旋以及一个连接相邻环的β折叠C环末端[40]。合成库通过在β折叠处和连接2个α螺旋的铰链区的随机化氨基酸位点得以扩展。2～3个AR模块在N末端或者C末端的有定义序列的AR[41]侧面排列起来。AR库在纳摩范围内生产出针对各种蛋白靶分子的对K_D分子有高度亲和力的结合变异体。

最新报告描述了新一代的库，这种库基于一种绿色荧光蛋白（GFP）的稳定变异体[42]。因为这种荧光体可以把野生蛋白的荧光性结合到Ab的结合特性上，所以这种荧光体是作为分析性应用的最佳选择。然而，它们还没有达到稳定亲和的水平。

这些或是更小的生物分子模型，如锌指针[43,44]、结状体[45]和Kunitz结构域[46]，表明如果分子识别模型能得到广泛理解，这些天然蛋白就是库构建的有力候选者。这些支架的特点是分子尺寸、稳定性、溶解度、天然配体、配体连接区域、最大氨基酸残基数量可承受序列随机化。因此，在以进化优化作为开始前，为所考虑的分析任务确定最适合的多肽结构是至关重要的。

2.3 创建分子多样性

两种具有显著差异的创建分子多样性的方法：第一，自然组分的克隆；第二，通过体外方法合成抗体库。第一种方法基于自然发生的基因，第二种策略利用引进的修饰，这种修饰不一定在自然界蛋白质支架中存在。

2.3.1 克隆天然多样性

关于天然多样性应用的最普遍的例子是从供体生物体分离抗体基因的所有组分。相应的组分可能是无倾向的，这意味着该供体生物的免疫系统没有被抗原攻击。这些天然的组分在理论上含有针对任何靶标结构的抗体（Ab)，然而，大多数结合分子都只能获得中等水平的亲和力。相反的，有偏向性的抗体库可以通过免疫策略构建。免疫策略得益于体内免疫系统的机制，因为抗原结合域（BDs）的抗体可变基因通过体细胞突变在淋巴细胞发生中心的微环境，在二次免疫应答中被修饰、突变。一旦通过筛选获得高亲和力的突变体，这些突变就可以通过一定的筛选策略从免疫球蛋白突变库中筛选出来[47]。因此，通过特定的抗原免疫生物体可以作为获取潜在抗体序列的体内预筛选过程。来自免疫源的抗体的特点是具有较高的亲和力水平和针对一个特殊靶分子的定向选择性。获取特异性、高亲和抗体的概率因此增强，然而相应地降低了蛋白质的多样性。

2.3.2 创建合成物库

与天然多样性的所有组分相比，合成组分要么是完全体外合成的，要么是通过分离天然源的目的基因并使它在体外进行序列多样性突变。经常采用的体外方法包括随机定向的核苷酸修饰或重组技术[48]。后一个策略的一个固有特征是基因片段的交换而不是单个核苷酸的突变。

2.3.2.1 随机技术

易错聚合酶链反应（epPCR）点突变的引入是改变基因序列的直接方法。贯穿全部基因的核苷酸被随机交换（图 2.3)。如果应用标准聚合酶链反应的条件，向扩增子引入错误核苷酸的频率是相当低的。因此，epPCR 方案提高了 *Taq* 聚合酶的固有出错率，例如，用锰取代辅因子镁，核苷酸组分就失去平衡或致突变聚合酶的使用[49,50]。这些试验参数的特定组合导致突变率达到 1/5[51]。

虽然点突变理论上是随机分布的，epPCR 容易发生各类偏置效应。①大多数聚合酶有特定的碱基转换（如，*Taq* 酶 A/T 或 T/A)[52]。这种偏置效应可以通过不同突变偏差聚合酶的同时应用或使用突变谱均衡聚合酶（如 Mutazyme®，Stratagene，Inc）来进行补偿。②另一种扩增偏差的发生是因为 DNA 分子在最终基因库中的过表达，前提是它们在早期 epPCR 循环中已经复制。采用几个平行的 epPCR 是为了使这种偏差最小化[48]。③第三种偏置效应的来源是从遗传密码的退化性质演变而来的。单点突变未必导致不同的氨基酸编

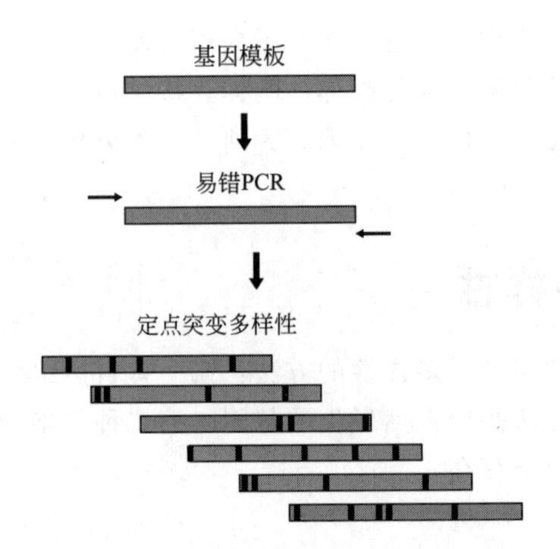

图 2.3 易错 PCR 对基因模板进行随机突变。水平箭头表示 PCR 上下游引物。易错扩增获得的随机突变位点由多样化基因中的黑线表示

码。通常，为了获取整个氨基酸突变序列，是在单一的密码子位点需要两点或三点突变。随机嵌入/缺失（RID）方法为抵消密码子的偏差提供了一个适当的方法。在这里，核苷酸在随机位点被删除，随后，一个寡核苷酸定义的混合物被嵌入，由此提供了 20 个氨基酸[53]。

2.3.2.2 寡核苷酸定向技术

与随机化方法相比，寡核苷酸定向进化将合成序列插入感兴趣的基因的特定位点。这基本上是通过在 PCR 中靶基因定义位点引入退化的寡核苷酸引物完成的（图 2.4）。如果 4 种核苷酸混合物用于引物合成，上述引物偏差问题再次被引入。此外，三个终止密码子的引入存在风险，这会引起截断蛋白质片段的表达。为了防止平移位点的合并，可以利用 NNT 和 NNC 三核苷酸的混合物。可是，这也使编码的氨基酸数目降低至 15 个。另一种策略中，只有核苷酸碱基腺嘌呤可以被排除在密码子第三个碱基位点的随机化中。通过这一策略表达所有 20 个氨基酸，但是寡核苷酸引物中可能会包含一种终止密码子[48]。迄今为止，三核苷酸亚磷酰胺技术解决了密码子偏倚和以最严格的方式嵌入终止密码子的问题。为了使目标基因内不发生的翻译提前终止，引物是以密码子单元合成的，而不是通过单核苷酸合成[54]。

通常在靶基因内寡核苷酸的结合是通过多种 PCR 方法完成的，例如链重叠延伸（SOE）PCR 法[55]或以长引物为基础的 PCR 法[56]。不过，直接方法普遍遇到扩增偏倚问题，因为与模板 DNA 具有较高相似性的引物序列能够比本质不同的寡核苷酸更有效地结合。此外，靠近 3′端的引物结合不如靠近 5′端的引物结合高效。同样，这种影响可以通过在几种不同的 PCR 制剂中进行平行扩增并结合最少的 PCR 循环来抵消。

对于超过单一位点的转化，不得不执行不同引物的多重循环。为了这个目的我们已经研制出几个更复杂的程序。其中之一是基于几个重叠基因片段，这个片段由在 PCR 中使用致突变的引物以及重叠延伸反应重构整个基因来获得。如果基因片段的数目不高于 4 个是不容易出现扩增偏倚的。在这种情况下，执行简单链的延伸来替代外部引物的 PCR 扩增。与此不同，较多基因片段变异需要再次 PCR 扩增，因为伴随着基因片段数目的增加整个基因产物产量会下降。在这种情况下，必要的 PCR 将会导致早期扩增基因的过表达。

2.3.2.3 重组技术

用重组方法处理 DNA 库已经存在的基因片段。该片段基因在不同的亲本基因之间交

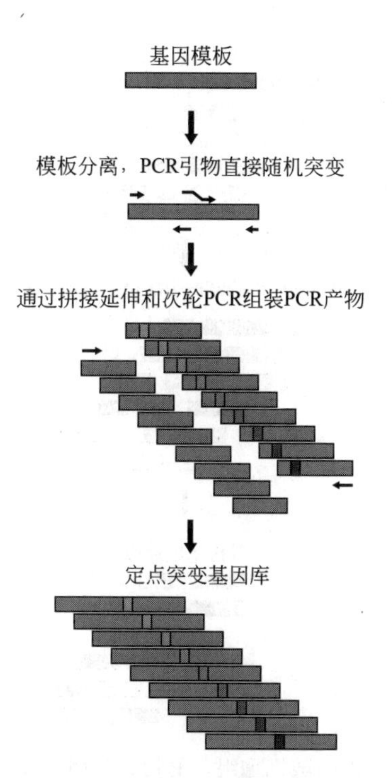

图 2.4 通过重叠延伸 PCR 实现基因模板的寡核苷酸链定向随机化。水平箭头表示 PCR 引物。随机化部分上下游的两条引物局部存在互补配对和重叠。两条引物中较长的一条包含随机化序列，途中以折向箭头表示。通过组装和最后的扩增，可以获取预定位点突变的全长基因多样性产物（以不同灰度表示）

换，并被重组成子代基因而编码新型蛋白质，且该蛋白质具有潜在修饰的特点。DNA 改组（DNA shuffling）是一种常见的同源重组技术[57]。基因文库（图 2.5）用 DNA 酶消化，所得的 DNA 片段的混合物是经过 PCR 进行连续的变性、退火和延伸，直到扩增出足够数量的全长 DNA。类似的方法，交错延伸方法（StEP)[58,59]，DNA 片段逐步增加到一个生长链的末端。接下来是部分延伸，基因片段经变性、退火分离出不同的模板 DNA，随后经 PCR 扩增。重复该过程直到建成全长基因。过渡模板随机嵌合（RACHITT）是一门技术，它比 StEP 和 DNA 改组具有更高的多样性，但是需要额外的步骤[60]。除了一个亲本基因片段，用未成对片段的基因的反义链作为模板重新组装单链片段，从而除去错配部分。相应的片段延伸并连接后获得全长基因。随着模板链的分解，嵌合体双链 DNA 重组完成。

所有的这些重组方法依赖于现有亲本基因的多样性，因此都是有限的。替代技术定义为经设计的寡核苷酸组装[61]或合成改组[62]，利用这项技术生成完全来自合成 DNA 的重组全长基因。因此，它们不依赖于模板 DNA 的结构，也能使基因合成重新开始。

同源重组方法要求必须在基因片段的交叉点有几乎完全相同的 DNA 序列，相比之下，非同源重组不依赖于亲本基因序列的相似性。为生产杂交酶（ITCHY）的增量截断技术，利用核酸外切酶截断来自反义位点的两个不同的 DNA 模板。5′-截断基因与 3′末端重新在随机位点连接。虽然这种方法能有效地重组剩余片段，但是两个模板序列只有一个单一重组[63]。

重组酶系统是一个引人关注的体内重组技术。该系统基于一个特定的 DNA 重组酶，这种酶在环状重组（cre）基因上被编码，以及相应的 34 对碱基长度的靶序列被称为交换 P1

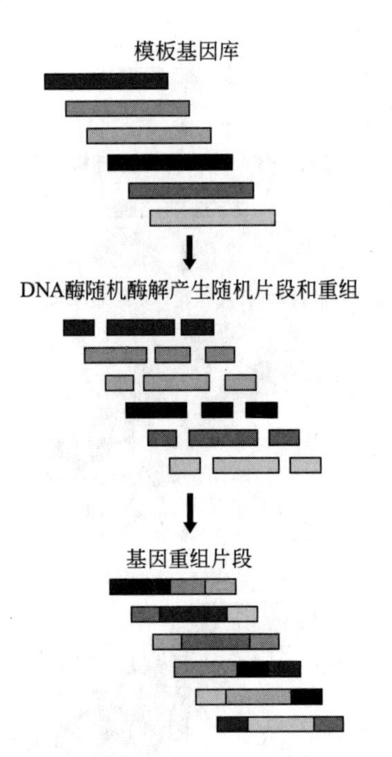

图 2.5 基因库的随机重组。酶切的基因片段化和重新组装可以从亲本基因中产生更多的重组基因的多样性

位点（loxP）。重组酶切除在两个 lox 位点之间的 DNA 片段。来自同源 lox 位点的 DNA 片段可以高效重组。相比之下，在异源性位点的重组是非常罕见的，因为切除的 DNA 随后会发生退化。这项技术必须要在编码基因序列引入 lox 位点或存在 lox 位点。此外，如果用于蛋白质表达的宿主生物体（例如，大肠杆菌）内不包含其自身的 cre 基因，可以经由噬菌体载体引入[64]。

2.4 选择策略

配体蛋白高度多样化的序列库经基因编码，可以通过物理或基因技术被筛选出来。最常使用的物理选择方法包括噬菌体展示[65,66]、细菌或酵母表面的细胞表面展示[67,68]、核糖体展示[69]和 mRNA 展示[70]。这些程序的特征是蛋白质的物理连接和编码基因经进一步处理可以被再放大。

2.4.1 噬菌体展示

噬菌体展示是配体结合蛋白的筛选中最常用的方法。抗体[71,72]、DNA 结合蛋白[43]、激素[73]以及许多其他的蛋白质都可以通过噬菌体展示进行筛选。

丝状噬菌体的基因组由蛋白质外壳包被的单链 DNA 分子组成。编码蛋白质的 DNA 融合一种噬菌体蛋白质外壳的基因，并在噬菌体表面展示表达为蛋白质外壳的融合体（图 2.6）[65]。最常用的蛋白质外壳是 pⅧ和 pⅢ。后者对宿主感染是必要的，它位于噬菌体的末端，而 pⅧ是构成噬菌体外壳的主要部分。基于克隆策略和蛋白质外壳，重组噬菌体展示了重组蛋白质的一个单拷贝或多拷贝。例如，在噬菌体载体中，如果目的基因融合了基因Ⅲ，在重组噬菌体粒子的表面理想地展示了一个单一蛋白拷贝。与此不同，融合 pⅢ则会导致多拷贝的产生。展示的拷贝的数目对随后筛选蛋白质的亲和力水平有直接影响。单价展示为内在亲和力的筛选提供了前提，而在多价展示系统中，筛选以功能亲和力为基础，这需要每个噬菌体粒子展示蛋白在选择表面的多元互动才能诱发。后一种情况下，低亲和力克隆是共同选定的[66]。

关于最佳结合蛋白的选择，配体通常固定在固相中，例如，在聚苯乙烯管表面、微量滴定孔板或探针的表面和噬菌体库的孵育表面。通过洗涤除去那些不结合配体的噬菌体，而识别配体的重组噬菌体随后被洗脱[74]。采用生物素标记配体是另一种选择策略。配体结合的噬菌体可以在使用链霉亲和素包被的磁珠的生物素培养基上进行分离[75]。选择性感染噬菌体（SIP）策略是更进一步的选择方法[76,77]。受体蛋白被融合到 pⅢ蛋白质外壳的 C 末端结构域。重组噬菌体缺少野生型 pⅢ与 N 端 N1 结构域进行结合，而 N1 结构域是大肠杆菌感染所必需的。传染性的复原需要展示受体蛋白的特异性相互作用，存在于选择容器的配体作为配体-N1 融合结构。因此，亲和力选择需要与再感染能力相结合。

2.4.2 细胞表面展示

在细胞表面展示中，蛋白质库与细菌、酵母或哺乳动物细胞的细胞膜蛋白融合[78]。膜蛋白，通常是脂蛋白，固定在细胞膜上，在细胞表面呈现所需的蛋白质（图 2.6）。例如，在酵母展示中使用的共同锚定蛋白是细胞表面的 a-凝集素受体[68]。蛋白质的选择通过荧光激活细胞分选技术（FACS）完成。为了这个目的，配体的标记采用荧光标记[79]。最先进的流式细胞仪可以每秒分析和排序 50000 个细胞，这提供了一个快速、高效的受体库取样方法[78]。

2.4.3 核糖体展示

核糖体展示是一种体外展示系统[69,80,81]。体外展示文库包括多达 10^{14} 种不同的蛋白质。与噬菌体或细菌和酵母的表面展示相比，体外方法不依赖于创建可选择的蛋白质变异体库的转化步骤。因此，尺寸大小不受限于 DNA 向宿主生物体内的转化效率。

编码所需蛋白质的 DNA 文库与 C 端系链融合并在体外转录成 mRNA。mRNA 和新生多肽先不被核糖体所释放，因为缺乏终止密码子。受体蛋白质通过核糖体非共价结合到 mRNA（图 2.6）。该三元复合物因高浓度镁和低温而更加稳定，这种复合物连接表型和基因型，可以以一个类似于上述用于噬菌体展示的方式在固定化配体上进行筛选。接下来是三元复合物的洗脱和分离、mRNA 的释放和可用于选择的后续循环或宿主生物体内的表达[82]。

2.4.4 RNA 展示

核糖体展示的非共价复合物相对不稳定，在严格的选择步骤过程中可能发生溶解。RNA 展示可以被认为是这方面的一个重大技术进步[83]。编码蛋白质与 mRNA 共价连接（图 2.6），因此，与三元核糖体复合物相比，它更难发生分解。文库中 DNA 被转录成借由 DNA 短间隔而与嘌呤霉素（一种抗生素）共价结合的 mRNA，其共价结合可通过酶促连接或光致交联实现。mRNA 在 DNA 间隔区的体外翻译被中断。嘌呤霉素随后进入核糖体，接

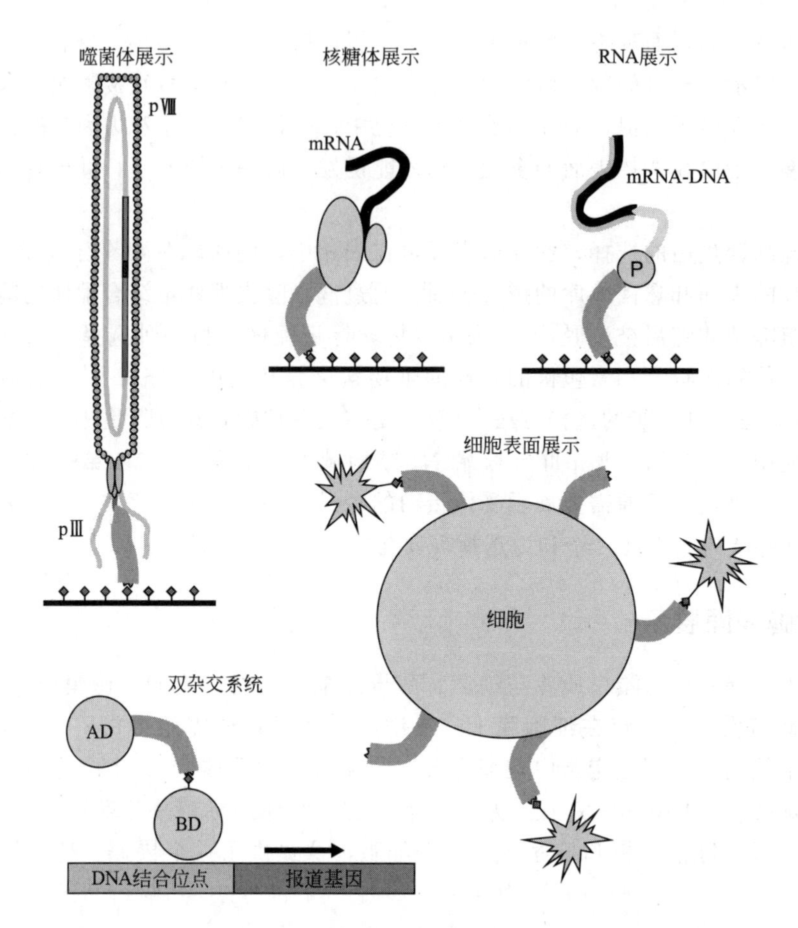

图 2.6 基于噬菌体、核糖体、RNA、细胞表面展示以及酵母双杂交系统的筛选策略

筛选是基于配体（菱形表示）与受体的特异性结合进行的。配体在噬菌体、核糖体、mRNA 展示方法中可以固定在固体表面进行筛选，也可以与 DNA-BD 共价偶联（酵母双杂交体系中）或者与荧光标记物（细胞表面展示技术）共价偶联实现筛选

pⅢ和 pⅧ—噬菌体表面微蛋白和主要蛋白；AD—激活域；BD—DNA 结合域；P—嘌呤霉素

着通过模拟 tRNA 的氨酰基末端，从而与初期蛋白质共价连接。mRNA 偶联蛋白质可以从核糖体中分离并进行纯化。然后，其 RNA 部分可以通过逆转录形成 RNA-DNA 杂交体。生成的复合结构可借由固定化配体筛选出来（图 2.6），经 PCR 终扩增后用于后续的筛选或分析[70,84]。该方法已经被成功应用，如利用 mRNA-蛋白质与 DNA 芯片的杂交把 DNA 探针转换成蛋白质探针[85]。

在核糖体展示和 RNA 展示技术中，经常克隆经过细菌表达系统筛选后的编码蛋白基因，以生产相应的蛋白质。然而，体外技术总体来说存在一个固有的问题，即并非所有通过体外展示筛选出的蛋白质在宿主生物体内都能完美地表达[74]。

2.4.5 遗传选择

所有的物理选择方法需要大量配体进行有效的选择和筛选，而遗传方法为了提供一个可选择的表型，依赖于配体和靶标的原位合成和随后的相互作用。受体和肽或蛋白质的配体在体内合成并在宿主细胞内相互作用[74]。

经设计的各种酵母混合系统，它利用转录激活机制来进行选择[83,86]。转录激活因子DNA结合结构域（BD）融合到受体蛋白的N末端，而转录激活因子的活性结构域（AD）与潜在配体融合（图2.6）。BD结合一个启动子，只有当BD通过配体与受体的相互作用与AD连接，那么转录才能被激活。如果没有受体-配体的结合，那么报道基因的转录将不会发生。这一概念有助于明确细胞内存在的强有效结合物和弱结合物之间的区别。

在蛋白质互补试验也有类似的概念[87,88]。在这种情况下，将必需酶（如二氢叶酸还原酶或β-内酰胺酶）的基因编码分成两个片段。得到的每个结构域与受体或配体融合。如果结构域经受体-配体的相互作用能够紧密接触，那么得到的融合蛋白质得以共同表达且酶功能得以保留。

2.5 随机化技术对定向进化的影响

很明显，如果考虑到构象变化的程度，可以说对生物分析应用的蛋白质进行优化是富有挑战性的。例如，抗体的可变域由约110个氨基酸残基组成，理论上涵盖了20^{110}种序列变异体在氨基酸水平的多样性。在基因水平上变异体数量进一步增加，因为某一氨基酸有多达六个不同的密码子。通过计算和实验两种方法可以指导严格的优化程序。

为计算机分析而建立的许多预测模型限制了多样性，这在实验室中可以通过技术来实现。这些模型包括完整性技术评估和经epPCR、寡核苷酸定向诱导和体外重组技术产生的库的功能多样性[89]。计算预筛选将有助于定向进化，例如，通过鉴定蛋白质最有可能发生有益突变的区域[90]或通过预测多肽的功能性亚基，能够与整个三维蛋白结构的最小分裂进行重组[91]。这项工作的实质是提高了对基础性机制的认知，这一机制是定向进化实验的基础。

从理论上来说，定向进化可以看作是在序列空间（图2.7）的随机游走。序列空间由既定数目的残基（即，在基因库编码的多肽）的所有可能的序列组成。序列被排列好以便以最小单位距离分离变异体，这些变异体仅有一个氨基酸残基是不同的。因此，相关序列在序列空间上是邻近的。每个氨基酸组合（即，在序列空间中的任何单位点）有一个相关的适合度（例如，特定配体的亲和力）。这个三维结构产生了一个特有的适应度地形。高效的实验方法的特点是通过一个给定的地形进行严格的指导以提高适应度值[92]。

目前得出的结论不但来自实验例证而且来自计算模型，这些结论似乎表明一些参数会影响我们对空间序列的进一步探究。适应度地形的拓扑结构是体外蛋白质优化最重要的组成成分[93]。如果模型是平滑的且伴随一个单组分优化［图2.7(a)］，那么它很有可能通过接受这些突变从而接近全局最优值，使之有利于适应度的增加。如果地形是崎岖的并伴随着大多数局部最大值，则情况完全不同［图2.7(b)］。在这种情况下，如果接受所有随机生成的向上步骤，获得全局最大值（即，对于给定序列空间的功能性优化的最终水平）的概率显著减小。因此，优化过程在技术上成为极具挑战性甚至不可能的任务[94]。为了在全局最优值中从任一局部最大值的起始点得到初始水平，裂隙分裂了各个适应度的峰值，不得不出现交叉。但是类似的，对于体外进化，单一突变将被定向进化实验所接受，这是中性的或使适应度增加。这些突变被选择或“幸存”。相比之下，适应度降低的变异体会被拒绝或“死亡”，只因为我们认为它们是无用的。但是，被拒绝部分的个体成员可能包括有价值的序列变体，此变体有桥接任何局部和全局最优值的潜力[95]。

如何实现序列从一个局部到全局最优值的转换和从较低水平上升到全局最优值峰值的转

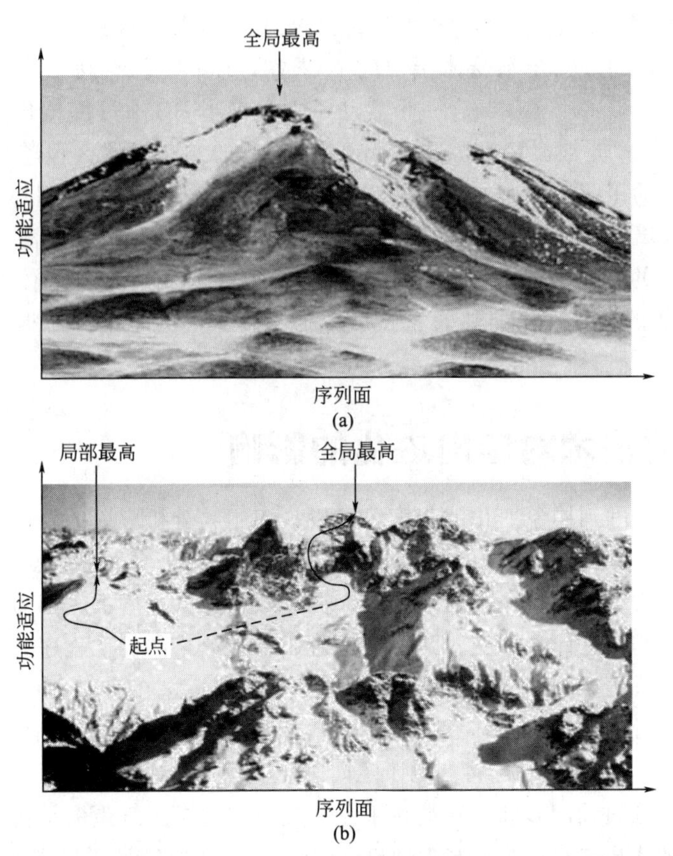

图 2.7 序列空间的平滑［图 2.7(a)］和崎岖［图 2.7(b)］功能匹配示意图

序列空间二维投影中的每一点都对应于一个已定义的氨基酸序列。功能性修饰为其功能增添了第三个维度。光滑的景观（顶部）包含了一个单一的全球功能最适高峰。从任何一个起点，一个严格的诱变和选择的组合很可能进入全局最优（箭头）。相比之下，崎岖的景观（底部）的特征是多重极大值，它们与局部极大值分开，通过低适应度的裂解。因此，在这些局部最优的任何一个地方开始随机突变，将会在功能适应度（永久线）的次优增加中收敛。为了从任何局部极大值的起点接近全局最大值，在两者之间的裂隙需要初始突变（虚线）

换，这个问题必须依靠随机化技术。epPCR、寡核苷酸定向诱变和体外重组技术在这方面本质上是不同的。epPCR 沿着整条基因的随机点生成来自亲本序列的突变体库。这种随机化技术在给定的序列空间可以实现非常有限的运动。这主要是由于核苷酸置换的发生率低，这也导致在地形图上的未确定区域的稀疏取样。很明显，对任一单一随机突变来说，提高功能适应度的概率同样小。此外，当发生多个同时突变时，提高功能适应度的概率会迅速减小。最后，氨基酸替换受到微小概率的严格限制，这一概率是有两个或三个突变发生在一个单一密码子和 epPCR 的重要偏倚处[90,96]。

这些影响可以通过定向随机化方法的有限位点的强烈诱变来克服[97]。这一诱变对应实验水平上的位点定向诱变。该过程包括在目的位点安装所有 20 个氨基酸和搜索生成的改进突变体库。在地形方面，一个非常小的区域将被一个点突变库集中覆盖。相比较而言，基因盒诱变是把随机肽序列安装在多肽的一个特定区域。这样，取样完全变少伴随着随机片段长度的增加，这是库尺寸范围内技术限制的结果。但是，这一策略得益于在序列空间的较大区域内取样。这些定向方法的挑战在于在实验有可能会成功的地方鉴定残基，因为有益突变会在预测位点的远处出现（如酶的催化位点）[98,99]。

这种情况与重组的方法完全不同。天然蛋白质由有限数量的结构亚基组成，如螺旋、发夹或其他褶皱，在周围序列的存在下已经演化了数十亿年[100]。这可以解释为什么在与蛋白质主链共享最少的相互作用的残基上频繁地发生有益突变[96]。可以利用结构分析来识别或用综合数据库进行序列比对来识别这些所谓的偶合位置。合适的数据库有一般的蛋白质数据库（如 Swiss-Prot）或专注于特定的蛋白质家族的专业化数据库（如免疫球蛋白超家族，比如 IMGT[101] 或抗体[102]）。

一旦非偶合位点的位置确定，基因片段池被打乱，例如，通过功能核心折叠或独立的蛋白质功能域的混合组分。用 Abs 作例子，功能化的 V_H 和 V_L 的结构域（图 2.2）的定向改组可以被认为是在非偶合位置的一个重组。这种突变策略最有可能产生最高程度的功能重组事件，这一事件来源于不同亲本的 V_H 和 V_L 的配对。相反，随机基因改组将发生在随机位点（图 2.5）。相对的，相比于在非偶合位点重组，在偶合位点重组具有更高的概率。在 V_H 和 V_L 的所有组分中的偶合位点显著存在于位于 CDRs 侧翼的 FRs（图 2.2）中。因此，与功能域定向改组相比，获得重组的 V_H 和 V_L 基因对的功能被保留或被改进（如配体结合）的概率是急剧降低的。与此同时，重组发生突变死亡的程度在随机改组抗体库中显著增强。

改组不仅可以进行自然成对重组，而且可以进行多重亲本分子的群体重组，同体内重组相比，这个事实是可以解释经体外 DNA 改组的高效重组。群体重组的益处是显而易见的：实现一个巨大的组合潜能，使之能够访问一个适应度地形的广阔区域[6]。

2.6 环境分析中的基因工程抗体

在环境监测中生物分析的灵敏度和选择性取决于用于分析物结合的生物识别元件的性质。生物结构通常来自亚细胞组分。这些组分包括酶、Abs、激素受体、DNA、细胞膜组分乃至细胞器或整个细胞。采用 Abs 作为结合蛋白的免疫化学化验系统是各种分析物分析的有效工具，该分析物从低分子量异种生物素（例如农药、异源雌激素）到复合体蛋白（例如病原性微生物的结构）。在生物传感器的开发与应用领域已经报道了 Ab 的许多应用（见 Cooper[103]、Rogers[104]、Sharpe[105]、Paitan 等[106]、Rodriguez-Mozaz 等[107] 的综述）。

传感器的正常运作基本上取决于在敏感检测面上各自的配体、抗体或偶合物涂层的固定化，以及它们的正确方向和同质性。对于免疫试剂合成的重组方法可以满足对几乎不限量均一制剂的需求。此外，基因工程可以实现既定结构的修饰，例如，结合特性的改变，锚固基团的附件或稳定性的提高。

越来越多的研究小组利用重组抗体技术进行环境应用。抗体生产的普及策略包括直接克隆和来自杂交瘤细胞株的抗体编码基因的功能性表达。这样做的原因是显而易见的：①从事抗体生产的研究团队经常可以获得杂交瘤细胞系；②杂交瘤细胞分泌具有明确分析特性的单克隆抗体。因此，克隆实验的成功可以轻易地通过比较亲本单克隆抗体和它们重组衍生物的分析性质来得到验证。

环境领域中的重组抗体合成第一次被描述是在 20 世纪 90 年代初[108]。环境分析领域这一开创性的尝试在当时还是遇到了许多技术挑战。其后，合成了来自杂交瘤细胞的重组抗体片段，这种杂交瘤细胞针对相关外源性物质嵌板，如敌草隆[109]、百草枯[110]、阿特拉津[111]、环己二酮[112]、对硫磷[113]、二氧杂环己烯[114]、毒莠定[115,116]、丙酸[117]、毒死蜱[118]、共面多氯联苯[119]等。

同亲本单克隆抗体一样，这些重组抗体片段适合外源物的定量检测。它们要么与亲本单克隆抗体类似[114,118]，要么表现出改变的分析特性[110,111]。后者可主要归因于杂交瘤细胞的固有特征，即包含来自分泌B细胞以及骨髓瘤融合配体的抗体基因，这是无限增殖所必需的。改变的结合特性主要是由B细胞的V基因与骨髓瘤的V基因的重组引起的，或由在克隆步骤中无意引入的突变引起，或由通过在异源表达系统中真核蛋白质的错误折叠引起，这里仅列举几个原因。

2.6.1 环境分析中的抗体库

与越来越多地使用杂交瘤细胞作为V基因的来源相比，包含全部免疫成分的库在环境领域还是鲜有报道。然而，仅仅在组分克隆的水平，重组技术的潜力可以通过同时消除由骨髓瘤基因的存在而激发的产物而在全序列得到使用。在最初的尝试中，为了分离针对敌草隆的抗体片段，应用一个人造抗体库[120]。因为分离的抗体片段与游离分析物的反应非常弱，并没有获得用于痕量分析应用的适当片段。此后，通过克隆免疫家兔的脾细胞基因而构建抗体库[121]。从该库中获得的最佳克隆显示，阿特拉津检测的IC_{50}约50mg/L。最后，描述了从免疫绵羊获得的基因库。这个库包含了对阿特拉津ppt（1ppt$=10^{-12}$）级检测非常敏感的克隆[122]。与在医疗领域的应用或多或少受限于人源抗体库不同，很明显，环境应用程序基本上受益于更广范围的免疫源嵌板的个体特征。

2.6.2 从常规B细胞库选择的抗体片段

和许多异源性物质一样，低分子量的靶分子也遇到一个特定的问题，就是对应的抗体库频繁受到来自不相干抗体基因的高背景水平影响。这是一个免疫结论，小的非免疫靶标分子（免疫学上定为半抗原）与一类大的免疫载体蛋白结合。为了解决传统库的固有问题，功能性的半抗原选择性抗体基因通过免疫磁性分离得以富集从而克隆[123]。该方法利用B细胞表面的膜限制受体分子，即具有相同的配体结合特性的跨膜受体复合物作为隐藏抗体。这些表面受体被与顺磁性微粒共价连接的靶分子标记。因此，有针对性的细胞借助磁力从大部分培养基中除去。来自磁珠结合B细胞部分的抗体基因随后被克隆到噬菌体展示的载体上。

因为B细胞来自一组小鼠对不同*s*-三嗪衍生物的免疫，所得库包含一系列针对*s*-三嗪家族特定成员的Abs。这通过抗体变异体的后续分离展示，并通过噬菌体展示技术显示。对于含有叔丁基的*s*-三嗪，即去草净和特丁津，以及携带异丙基残基的*s*-三嗪，即莠去津和扑灭津，该克隆是选择性的[123]。对含有叔丁基的*s*-三嗪除草剂具有选择性的三个克隆的反应动力学详述于表2.1。结合常数在具有成熟亲和力的抗体的范围内，该抗体是在二次免疫应答中获得的。

表2.1 从*s*-三嗪特异抗体库中获取的三株特丁津特异的抗体BUT-4、BUT-8和BUT-56的结合速率常数k_a、解离速率常数k_d以及平衡解离常数K_D

抗体	k_a/[L/(mol·s)]	k_d/s^{-1}	K_D/(mol/L)
BUT-4	8.49×10^3	2.87×10^{-4}	3.38×10^{-8}
BUT-8	3.51×10^3	2.49×10^{-4}	7.09×10^{-8}
BUT-56	4.09×10^3	3.28×10^{-4}	8.01×10^{-8}

注：使用BIA core 2000™系统测量k_a、k_d和K_D值。

2.6.3 从全合成人工抗体库筛选抗体

与天然免疫系统相比，为了获得特异性结合分子，可利用半合成或全合成人工抗体库。全合成人工抗体库的一个重要的优点是可以完全避免目的分子的加工和潜在修饰，该分子是通过体内免疫应答获得的。这个团队应用的是全合成人工抗体库 HuCAL®（MorphoSys，Inc.，Martinsried，Germany）。这个抗体库是基于最常用于人工免疫应答的7种不同重链（V_H）和不同轻链（V_L）的一致序列建立的。通过更换主要基因的 V_H 和 V_L 互补决定区 CDR3 从而创造多样性，从混合三核苷酸[54]产生，并且偏向天然人体抗体 CDR3 序列[124]。

所述的 HuCAL®库通过噬菌体展示技术表达出可以检测草甘膦（*N*-膦酸基甲基甘氨酸）的抗体。草甘膦在转基因抗除草剂农作物中日益重要，同时是全球最畅销的除草剂[125]。可是，很难通过传统的化学方法进行分析，因为合适的色谱方法必须要进行复杂的柱前衍生。另外，文献里只有少量的免疫化学方法提供了省去柱前衍生步骤的草甘膦检测方法[126~128]。从人工合成抗体库中筛选出最佳的抗体用于草甘膦 ELISA 检测，其 IC_{50} 值为 5.8μg/L（图 2.8，Kramer 未发表）。但是，这个检测的最大信号减少约 60%，仍然有很显著的背景干扰水平。

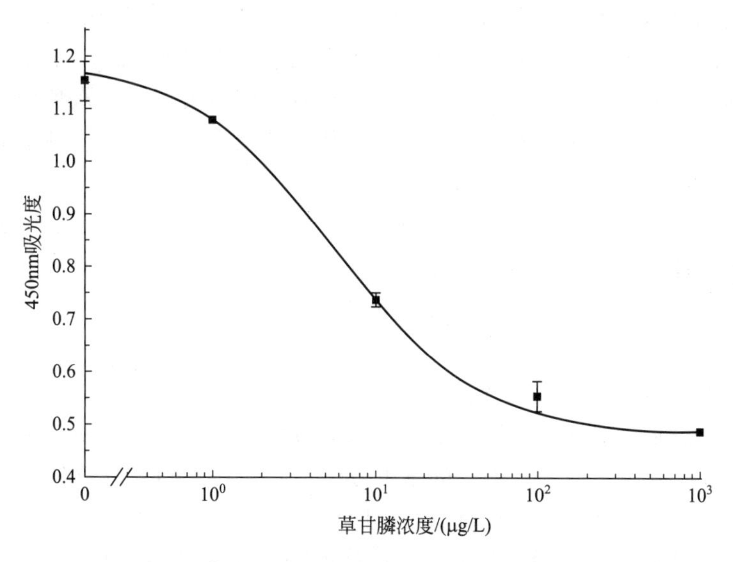

图 2.8 用 HuCAL®库中筛选出的 Gly 12 抗体建立 ELISA 拟合曲线，以定量检测草甘膦。琼脂糖凝胶用作 ELISA 的封闭液

该 HuCAL®库可进一步获得抗体片段并用于食源性病原体的诊断，如李斯特菌、大肠埃希菌、空肠弯曲菌、蜡状芽孢杆菌、金黄色葡萄球菌和沙门菌。通过多肽与载体蛋白的结合，丰富了抗病原体克隆。上述的多肽序列从病原体相关的入侵因素进行描述，如细菌毒素。选择性抗体片段可以被六种病原体识别，因为它们中的任何一种都由多达 4 种多肽覆盖（表 2.2）[129]。用来自致病菌株的培养上清液可评估抗体的诊断性质，这些上清液中包含细菌毒素。至于李斯特菌、蜡状芽孢杆菌、金黄色葡萄球菌等，所述重组抗体片段与天然蛋白以非竞争性 ELISA 形式选择性结合（表 2.2）。

表 2.2 通过病原相关肽筛选出 Ab 片段以及多肽与原始毒素的结合能力测定

微生物	目标抗原	多肽结合	抗原结合
蜡状芽孢杆菌(*Bacillus cereus*)	溶血素溶解域	+	+
空肠弯曲杆菌(*Campylobacter* spp.)	细胞扩张毒素	+	−
大肠杆菌(*Escherichia coli*)	肠出血性大肠杆菌溶血素	+	−
单增李斯特菌(*Listeria monocytogenes*)	侵袭素相关蛋白 p60	+	+
沙门菌(*Salmonella* spp.)	侵袭素蛋白 D	+	−
金黄色葡萄球菌(*Staphylococcus aureus*)	内毒素 B	+	+

注：+显示结合；−显示未结合。原始抗原来自对应微生物的细胞上清。

2.6.4 通过定向进化优化抗体

现有基因工程抗体的亲和力特征的改变，被认为是规避传统抗体生产技术的有力工具，传统生产技术需要更长的免疫时间[11,130,131]。尽管这种观点在环境检测领域中经常被提出，但是很少获得实验的成功。但是，应该指出的是，总体上来说，在这方面的显著阳性结果很少被重组抗体片段的研究所记录。在环境检测领域，抗体片段的体外优化通过定向进化论[123]以及合理的设计[132~134]解决。在后一种情况下，与野生型相比，三点突变的抗阿特拉津 Fab 片段其亲和力增加了 5 倍以上[134]。

体外定向进化的原理非常类似于体内突变机制。体内初次免疫应答的抗体是 V、D、J 胚系基因重组的结果（如最终表达 V_H 和 V_L 基因的基因组成元素）。初次免疫应答得到的抗体其亲和力通常较差。所以，初次免疫的抗体可变基因需要通过二次免疫中在淋巴生发中心微环境中体细胞高频突变来进行修饰。从突变免疫球蛋白库中选择生理学上合适的变异体来提高抗体与抗原的亲和力[47]。

在体外，抗体基因需要不断进行突变和选择的进化循环，直到它们满足指定应用的要求。上述选择性抗体库的基因序列通过定向进化实现个体抗体分子的优化[123]。据估计，这个库将极大地有助于对三嗪类物质有特异性和亲和性的抗体的基因工程，因此没有免疫的必要了。

抗体克隆 IPR-7 被用作优化过程的模板。该克隆最初是从选择性抗体库中筛选出来的，与带有一个异丙胺残基的 *s*-三嗪类物质有最高的亲和力，如阿特拉津和扑灭津（表 2.3)[135]。链改组被应用作为一个直接的重组方法，以提高亲和力的克隆。开始时，模板抗体IPR-7 的轻链与特异性抗体库的重链改组，随后通过噬菌体展示进行筛选。然后最佳结合物（IPR-26）的重链与库中的轻链改组。这种抗体突变体的动力学数据详见表 2.3[123]。该抗体突变体的平衡解离常数接近体内成熟亲和抗体的典型 K_D 水平[136]。经优化的突变体 IPR-83 与模板抗体 IPR-7 相比，其亲和力增大了 17 倍。

表 2.3 阿特拉津特异性抗体 IPR-7（模板抗体）、IPR-26（V_H 更换抗体）和 IPR-83（V_L 更换抗体）的结合速率常数 k_a、解离速率常数 k_d 以及平衡解离常数 K_D

抗体	k_a/[L/(mol·s)]	k_d/s^{-1}	K_D/(mol/L)
IPR-7	1.38×10^5	1.75×10^{-3}	1.27×10^{-8}
IPR-26	2.10×10^5	1.93×10^{-3}	9.20×10^{-9}
IPR-83	6.73×10^5	5.02×10^{-4}	7.46×10^{-10}

注：使用 BIA_{core} 2000™系统测量 k_a、k_d 和 K_D 值。

有意思的是，改组克隆的序列分析显示，从模板 IPR-7 替换至优化后的突变体 IPR-83，V 基因 5′端的氨基酸存在一定的偏差，其中包括前两个 CDR 和侧翼边框区域[123]。一系列抗体优化实验的主要目的是抗体可变区 3′端的 CDR3 区域的突变[11,66,132]。所以 V_H CDR3 区域通常被认为是抗原选择性的主要决定因素[137]。然而，抗体优化所得的序列改变的分布与体内二次免疫应答中突变机制的模拟模型一致[138,139]。而且，通过体内免疫获得的实验数据证实了 V 基因的个体位点很容易发生突变。这些亲和力成熟的突变热点位于 CDR1 和 CDR2 区域，而不是 CDR3 环区[140,141]。所以，体外优化策略的应用影响序列改变的分布；这种策略非常符合现有的自然亲和力成熟的情况。

这种策略的成功部分归因于应用链改组程序。功能性 V_L 和 V_H 区域的改组很可能产生新的功能性异二聚体。这一概念对应于拼接球状区域侧翼的非偶合位点，而不是位于域内的偶合位点（如上述）。

通过环境样品的检测来评定经优化的突变抗体 IPR-83 的应用性。IPR-83 用于测定在德国南部收集的土壤样品中的阿特拉津污染物。尽管阿特拉津 1991 年在德国已经被禁止使用，但是最近几年观察到仍然存在非法应用环境污染物的现象存在。阿特拉津在土壤的检测限为 100μg/kg。免疫化学分析辅以高效液相色谱作为参考方法进行验证（图 2.9）。在误差范围内，ELISA 测量结果与 HPLC 数据是一致的[135]。因此证明了在实际样品条件下，基因工程 scFv 突变体适用于环境检测领域的应用。

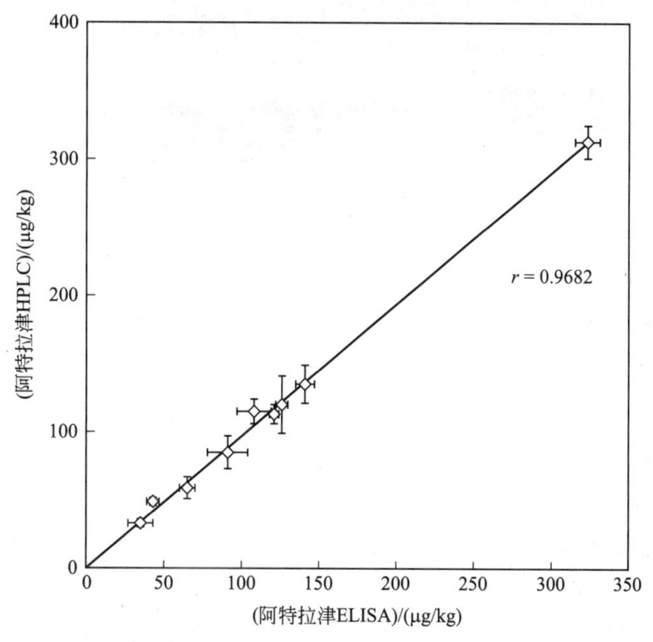

图 2.9 应用阿特拉津突变抗体 IPR-83 通过 ELISA 对土壤样品中的阿特拉津的定量分析

这些样品于 5 月/6 月在德国南部的玉米地表层（0～5cm）采集，随后进行季节性采集，并立即进行处理。采用高效液相色谱法进行验证。高效液相色谱数据由 J. Lepschy 博士（巴伐利亚国家农业科学和农学研究中心，弗赖津，德国）提供

（引自 Kramer，K.，Environ. Sci. Technol.，36，4892，2002.）

2.6.5 基因工程抗体的稳定性研究

除了亲和性和选择性，在分析实际应用中抗体的稳定性也是很重要的部分。高温下延长

储存周期以及在不利的实验条件下（如有机溶剂），适合的抗体片段必须保持完整的功能。尤其是后者，其在分析那些含有大量有机溶剂（如甲醇）的样品时是首要的标准。有机溶剂的添加是为了提取样品中的杂质以利于之后的分析。

举个例子，从人源性噬菌体抗体库中筛选出的抗体，用不同浓度的甲醇孵育，然后用ELISA方法测定它们的功能。结果显示（图2.10）[129]，样品中含有40%（体积分数）的甲醇并不会影响抗草甘膦抗体的结合活性。甚至在含有80%的甲醇浓度时，ELISA结果显示4种抗体也仅有1种表现出了明显的结合活性降低。值得注意的是，在相似的对多克隆抗体和单克隆抗体的研究中，发现在5%～15%（体积分数）的有机溶剂中，多数抗体已经失去了其结合活性[129]。

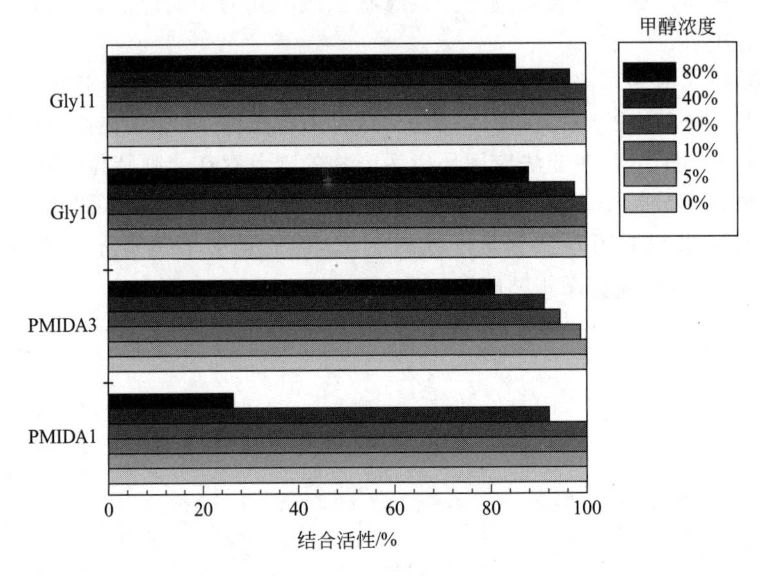

图2.10 从HuCAL®库中分离出的农药选择性抗体克隆的甲醇敏感性测定。通过测定ELISA中含有0%～80%（体积分数）不同浓度甲醇的样品缓冲液的最高信号和最低信号，按照（$A_{max}-A_{min}$在x% MetOH中)/($A_{max}-A_{min}$在0% MetOH中)×100%进行计算，对其结合活性进行评价

在不利的温度条件下，抗体的热稳定性可以作为长期储存性质和分子完整性的指示器。基于这个目的，将抗体置于不同的温度孵育，依然用ELISA测定其功能活性。抗病原体抗体的相应实验结果如图2.11所示[129]。几乎所有的抗体均在37℃和50℃以下稳定存在。大部分抗体在更高的温度时表现出了配体结合活性的降低甚至完全丧失。用该实验室通过杂交瘤技术得到的传统单克隆抗体也进行相同的实验，与这些研究的结果一致[142]。但是图2.11中6种抗体中的一种即使在80℃的孵育条件下依然可以保持完整的功能活性，说明蛋白质家族异常稳定性的存在。

人类基因组序列显示，提供高稳定性的免疫球蛋白可变区的重链克隆基因主要由V_H3基因家族组成，这表明抗体片段的稳定性可能是特殊种系家族的固有结构。这些结果与Plückthun小组利用HuCAL®库所得到的抗体生物物理性质的研究结果一致[143]。包含可变区域的抗体与H3κ3和H5κ3结合表现出了较强的稳定性。依赖于CDR-L3的特定氨基酸序列，其与λ轻链的结合也展现了较高的稳定性。

在上述的例子中，稳定的克隆抗体可直接从合成库中筛选。但是稳定性也可作为定向进化实验的参数。在库的亲和力筛选过程中，这也可以通过使用有机溶剂和施加热压力来实现。

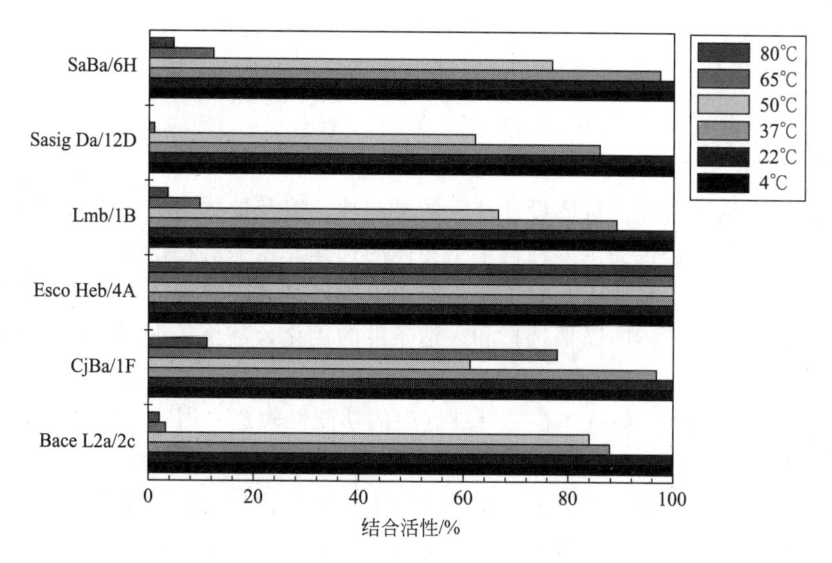

图 2.11 从 HuCAL® 库中分离出的肽选择性抗体克隆的热稳定性。在 48～80℃的温度下，抗体片段被孵育 24h。通过测量 ELISA 中最大和最小的信号，根据公式（$A_{max}-A_{min}$温度处理抗体)/($A_{max}-A_{min}$未经处理的对照)×100%，对结合活性进行评价

2.6.6 环境检测中的抗体类型和融合蛋白

用于环境分析的抗体片段主要以 scF_V[112,113] 或 F_{ab}形式[108,120]生产。一种不常见的抗体类型被发现并报道，即 scF_V片段通过不配对的人 C_L区域而延伸[144]。这种不配对的 C_L区域的功能是作为重组蛋白纯化的亲和力标签，同时也可作为单链 scF_V片段的二聚体结构。

抗体筛选时所用的载体通常并不是最适合基因工程序列的。因此，一些团队创造了可以选择从选择载体中分离的抗体基因的模块化系统，而且还可以重新克隆入具有其他有用性质的下游载体。环境领域描述的一般概念是通过同时获得抗体的结合活性[145]，scF_V片段选择性地转化成 F_{ab}抗体。如果抗体是从 scF_V库中获取的，则推荐转化成为 F_{ab}片段。所以，应避免 scF_V片段向二聚体结构的不利倾向。通常来说，重组抗体片段的二聚体或多聚体结构的优点是相互矛盾的，如用于环境分析的亮氨酸链的延伸。药物应用中对大分子量抗原来说，这个选择为功能亲和力的提高提供了一个高效的方法，但对环境分析中小的靶分子的亲和力并没有有益的影响。

相比之下，与标记蛋白融合的抗体的优势是减少分析检测的步骤。已经有报道关于环境分析中抗体结合功能与标记酶的基因工程融合[146]。相应的含有碱性磷酸酶和限制性酶切位点的载体，有利于抗体库中获得的 scF_V片段的一步克隆。相似的，基因编码的绿色荧光蛋白可以插入含有抗毒莠定抗体片段的载体中[147]，得到的荧光体很好地避免了传统 ELISA 需要的酶-底物反应的吸光度检测。

最终，基于融合蛋白的重要概念为利用非竞争性免疫分析方法替代标准的竞争性 ELISA 方法来检测小分子的靶标铺平了道路。该检测方法利用了抗原与抗体可变区的结合以及 β-半乳糖苷酶的伴随互补[148]。原则上说，两个融合蛋白的重新关联通过恢复酶活性进行检测。第一个包含抗 4-羟基-3-硝基苯基乙酰基抗体 V_H片段的蛋白与去除了突变体的 β-半乳糖苷酶的 N 端融合（$V_H\Delta\alpha$），第二个相当于 V_L片段的蛋白则和去除了突变体的 β-半乳糖

苷酶的 C 端融合（$V_L\Delta\omega$）。由于样品试剂的混合，观察发现重组关联的增加和酶活性的增强。与对应的 ELISA 相比，其灵敏度可提高 1000 倍。

2.6.7 宿主生物体

除了直接提高结合活性、抗体设计片段的灵活性，以及抗体与标记蛋白基因重组等这些重要方面，基因抗体工程也提供多种宿主生物体的选择。这一对特定表达宿主的决定，也取决于所用独特系统的优点和缺点。对于分析应用，应当有足够数量的抗体片段以包含全部抗原结合位点。通过表达载体的谨慎选择和表达条件的优化，甚至是细菌都可以适用于优化功能性表达抗体片段的产量，以满足工业领域应用的需求[145]。在非特异性的表达系统中，Fab 编码基因用于重组除草剂抗体在酵母细胞中的功能性表达。用这种方法，对大部分环境分析的应用来说，Ab 片段不需要任何进一步的亲和纯化处理[149]。抗体片段通过一段插入表达载体的前导序列直接进入培养液。培养上清液中含有少量的污染酵母蛋白，因此需要借助简单的浓缩程序从培养上清液直接获取。最后，关于烟草转基因植物中抗除草剂抗体的功能性表达和细胞悬浮培养已有报道[150]。虽然“分子农业”对重组蛋白的经济型大规模生产形成了优势，但生态因素可能会成为这种方法发挥潜力的阻碍（如室外种植等）。

2.7 展望

通常基因抗体工程会推动重组蛋白质技术的接纳程度，其或者作为包括基本技术实践的药盒系统，或者为专业生物技术平台提供服务。同时，也有商业化的抗体库存在（如 HuCAL®[124]、Tomlinson I 和 J[151]），其为环境分析提供了方便。一些抗体库宣称是通用的，这表明这些抗体库可以提供具有各种特异性的抗体。但是，即使是最好的抗体库，也没有跳出以分离主要结合物为目的的基础免疫文库。在环境分析中对大多数免疫化学应用来说，通过定向进化策略的优化以及合理设计，可能仍是合成合适抗体的组成部分。所以，未来的重要目标之一是简便廉价的进化技术的发展，以得到具有预先确定的性质如选择性、亲和性、稳定性等的定制结合物。大规模并行处理与高通量策略以及高容量筛选相结合将对这一新时代的受体生产产生有益的影响。

致谢

感谢 MorphoSys 提供了 HuCAL® 库。进一步感谢 H. Geltl 女士和 A. Hubauer 女士提供的出色的技术援助。获得了欧共体（DG Ⅻ 环境和气候 1994-8，项目编号 ENV4-CT96-0333，Envirosense 项目）和巴伐利亚州政府（项目编号 BFS 306/98）的财政支持。

参考文献

1. Van Oss, C. J., Antibody-antigen intermolecular forces, In *Encyclopedia of Immunology*, Roitt, I. M. and Daves, P. J., Eds., Vol. 1, Academic Press, London, p. 97, 1992.
2. Bauer, E. R., Bitsch, N., Brunn, H., Sauerwein, H., and Meyer, H. H., Development of an immunoimmobilized androgen receptor assay (IRA) and its application for the characterization of the receptor binding affinity of different pesticides, *Chemosphere*, 46, 1107, 2002.

3. Vollenbroeker, B., Fobker, M., Specht, B., Bartetzko, N., Erren, M., Spener, F., and Hohage, H., Receptor assay based on surface plasmon resonance for the assessment of the complex formation activity of cyclosporin A and its metabolites, *Int. J. Clin. Pharmacol. Ther.*, 41, 248, 2003.
4. Seifert, M., Luminescent enzyme-linked receptor assay for estrogenic compounds, *Anal. Bioanal. Chem.*, 378, 684, 2004.
5. Chen, Y., Wiesmann, C., Fuh, G., Li, B., Christinger, H. W., McKay, P., de Vos, A. M., and Lowman, H. B., Selection and analysis of an optimized anti-VEGF antibody: Crystal structure of an affinity-matured Fab in complex with antigen, *J. Mol. Biol.*, 293, 865, 1999.
6. Tobin, M. B., Gustafsson, C., and Huisman, G. W., Directed evolution: The 'rational' basis for 'irrational' design, *Curr. Opin. Struct. Biol.*, 10, 421, 2000.
7. Marshall, S. A. et al., Rational design and engineering of therapeutic proteins, *Drug Discov. Today*, 8, 212, 2003.
8. Eijsink, V. G. et al., Rational engineering of enzyme stability, *J. Biotechnol.*, 30, 105, 2004.
9. Rowe, L. A. et al., A comparison of directed evolution approaches using the β-glucuronidase model system, *J. Mol. Biol.*, 332, 851, 2003.
10. Spiller, B. et al., A structural view of evolutionary divergence, *Proc. Natl. Acad. Sci. USA*, 96, 12305, 1999.
11. Boder, E. T., Midelfort, K. S., and Wittrup, K. D., Directed evolution of antibody fragments with monovalent femtomolar antigen-binding affinity, *Proc. Natl. Acad. Sci. USA*, 97, 10701, 2000.
12. Fisher, R. A., *The Genetical Theory of Natural Selection*, 2nd ed., Dover Publications, Inc., New York, 1958.
13. Kurtzman, A. L. et al., Advances in directed protein evolution by recursive genetic recombination: Applications to therapeutic proteins, *Curr. Opin. Biotechnol.*, 12, 361, 2001.
14. Nygren, P. A. and Skerra, A., Binding proteins from alternative scaffolds, *J. Immunol. Methods*, 290, 3, 2004.
15. Brakmann, S., Discovery of superior enzymes by directed molecular evolution, *Chem. Bio. Chem.*, 2, 865, 2001.
16. Arnold, F. H. and Georgion, G., *Directed Enzyme Evolution: Screening and Selection Methods*, Humana Press, Totowa, NJ, 2003.
17. Jestin, J. L. and Kaminski, P. A., Directed enzyme evolution and selections for catalysis based on product formation, *J. Biotechnol.*, 113, 85, 2004.
18. Williams, G. J., Nelson, A. S., and Berry, A., Directed evolution of enzymes for biocatalysis and the life sciences, *Cell. Mol. Life Sci.*, 61, 3034, 2004.
19. Hörseh, S., Diploma thesis, Institute of Technical Biochemistry, University of Stuttgart, Stuttgart, Germany, 1998.
20. Poljak, R. J. et al., Three-dimensional structure of the Fab fragment of a human immunoglobulin at a 2.8-Å resolution, *Proc. Natl. Acad. Sci. USA*, 70, 3305, 1973.
21. Wu, T. T. and Kabat, E. A., An analysis of the sequences of the variable regions of Bence-Jones proteins and myeloma light chains and their implication for antibody complementarity, *J. Exp. Med.*, 132, 211, 1970.
22. Kabat, E. A., et al., *Sequences of Proteins of Immunological Interest*, 5th Ed., U. S. Department of Health and Human Services, Public Health Service, National Institutes of Health (NIH Publication No 91–3242), Bethesda, 1991.
23. Padlan, E. A., The anatomy of the antibody molecule, *Mol. Immunol.*, 31, 169, 1994.
24. Tulip, W. R. et al., Refined crystal structure of the influenza virus N9 neuraminidase-NC41 Fab complex, *J. Mol. Biol.*, 227, 122, 1992.
25. Hoogenboom, H. R. et al., Multi-subunit proteins on the surface of filamentous phage: Methodologies for displaying antibody (Fab) heavy and light chains, *Nucleic Acids Res.*, 19, 4133, 1991.
26. Marks, J. D. et al., By-passing immunization. Human antibodies from V-gene libraries displayed on phage, *J. Mol. Biol.*, 222, 581, 1991.
27. Barbas, C. F. D. et al., Semisynthetic combinatorial antibody libraries: A chemical solution to the diversity problem, *Proc. Natl. Acad. Sci.*, 89, 4457, 1992.

28. Glockshuber, R. et al., A comparison of strategies to stabilize immunoglobin Fv fragments, *Biochemistry*, 29, 1362, 1990.
29. Arndt, K. M., Müller, K. M., and Plückthun, A., Helix-stabilized Fv (hsFv) antibody fragments: Substituting the constant domains of a Fab fragment for a heterodimeric coiled-coil domain, *J. Mol. Biol.*, 312, 221, 2001.
30. Reiter, Y. et al., An antibody single-domain phage display library of a native heavy chain variable region: Isolation of functional single-domain VH molecules with a unique interface, *J. Mol. Biol.*, 290, 685, 1999.
31. Van den Beucken, T. et al., Building novel binding ligands to B7.1 and B7. 2 based on human antibody single variable light chain domains, *J. Mol. Biol.*, 310, 591, 2001.
32. Desmyter, A. et al., Antigen specificity and high affinity binding provided by one single loop of a camel single-domain antibody, *J. Biol. Chem.*, 276, 26285, 2001.
33. Dooley, H., Flajnik, M. F., and Porter, A. J., Selection and characterization of naturally occurring single-domain (IgNAR) antibody fragments from immunized sharks by phage display, *Mol. Immunol.*, 40, 25, 2003.
34. Xu, L. et al., Directed evolution of high-affinity antibody mimics using mRNA display, *Chem. Biol.*, 9, 933, 2002.
35. Hufton, S. E. et al., Development and application of cytotoxic T-lymphocyte-associated antigen 4 as a protein scaffold for the generation of novel binding ligands, *FEBS Lett.*, 475, 225, 2000.
36. Nord, K. et al., Binding proteins selected from combinatorial libraries of an a-helical bacterial receptor domain, *Nat. Biotechnol.*, 15, 772, 1997.
37. Gunneriusson, E. et al., Affinity maturation of a Taq DNA polymerase specific affibody by helix shuffling, *Protein Eng.*, 12, 873, 1999.
38. Beste, G. et al., Small antibody-like proteins with prescribed ligand specificities derived from the lipocalin fold, *Proc. Nat. Acad. Sci.*, 96, 1898, 1999.
39. Schlehuber, S. and Skerra, A., Lipocalins in drug discovery: From natural ligand-binding proteins to 'anticalins.', *Drug Discov. Today*, 10, 23, 2005.
40. Sedgwick, S. G. and Smerdon, S. J., The ankyrin repeat: A diversity of interactions on a common structural framework, *Trends Biochem. Sci.*, 24, 311, 1999.
41. Binz, H. K. et al., High-affinity binders selected from designed ankyrin repeat protein libraries, *Nat. Biotechnol.*, 22, 575, 2004.
42. Zeytun, A. et al., Retraction: Fluorobodies combine GFP fluorescence with the binding characteristics of antibodies, *Nat. Biotechnol.*, 22, 601, 2004.
43. Choo, Y. and Klug, A., Selection of DNA binding sites for zinc fingers using rationally randomized DNA reveals coded interactions, *Proc. Natl. Acad. Sci. USA*, 91 1994.
44. Jamieson, A. C., Kim, S. H., and Wells, J. A., In vitro selection of zinc fingers with altered DNA-binding specificity, *Biochemistry*, 33, 5689, 1994.
45. Smith, G. P. et al., Small binding proteins selected from a combinatorial repertoire of knottins displayed on phage, *J. Mol. Biol.*, 277, 317, 1998.
46. Roberts, B. L. et al., Directed evolution of a protein: Selection of potent neutrophil elastase inhibitors displayed on M13 fusion phage, *Proc. Natl. Acad. Sci. USA*, 89, 2429, 1992.
47. Rajewsky, K., Clonal selection and learning in the antibody system, *Nature*, 381, 751, 1996.
48. Neylon, C., Chemical and biochemical strategies for the randomization of protein encoding DNA sequences: Library construction methods for directed evolution, *Nucleic Acids Res.*, 32, 1448, 2004.
49. Xu, H. et al., Random mutagenesis libraries: Optimization and simplification by PCR, *Biotechniques*, 27, 1102, 1999.
50. Cirino, P. C., Mayer, K. M., and Umeno, D., Generating mutant libraries using error-prone PCR, *Methods Mol. Biol.*, 231, 3, 2003.
51. Zaccolo, M. and Gherardi, E., The effect of high-frequency random mutagenesis on in vitro protein evolution: A study on TEM-1 β-lactamase, *J. Mol. Biol.*, 285, 775, 1999.
52. Cline, J. and Hogrefe, H. H., Randomize gene sequences with new PCR mutagenesis kit, *Strategies*, 13, 157, 2002.

53. Murakami, H., Hohsaka, T., and Sisido, M., Random insertion and deletion mutagenesis, *Methods Mol. Biol.*, 231, 53, 2003.
54. Virnekäs, B. et al., Trinucleotide phosphoramidites: Ideal reagents for the synthesis of mixed oligonucleotides for random mutagenesis, *Nucleic Acids Res.*, 22, 5600, 1994.
55. Ho, S. N. et al., Site-directed mutagenesis by overlap extension using the polymerase chain reaction, *Gene*, 77, 51, 1989.
56. Miyazaki, K., Creating random mutagenesis libraries by megaprimer PCR of whole plasmid (MEGAWHOP), *Methods Mol. Biol.*, 231, 23, 2003.
57. Stemmer, W. P. C., DNA shuffling by random fragmentation and reassembly: In vitro recombination for molecular evolution, *Proc. Natl. Acad. Sci. USA*, 91, 10747, 1993.
58. Zhao, H. et al., Molecular evolution by staggered extension process (StEP) in vitro recombination, *Nat. Biotechnol.*, 16, 258, 1998.
59. Aguinaldo, A. M. and Arnold, F. H., Staggered extension process (StEP) in vitro recombination, *Methods Mol. Biol.*, 231, 105, 2003.
60. Coco, W. M., RACHITT: Gene family shuffling by random chimeragenesis on transient templates, *Methods Mol Biol.*, 231, 111, 2003.
61. Zha, D., Eipper, A., and Reetz, M. T., Assembly of designed oligonucleotides as an efficient method for gene recombination: A new tool in directed evolution, *Chembiochem.*, 4, 34, 2003.
62. Ness, J. E. et al., Synthetic shuffling expands functional protein diversity by allowing amino acids to recombine independently, *Nat. Biotechnol.*, 20, 1251, 2002.
63. Lutz, S., Ostermeier, M., and Benkovic, S. J., Rapid generation of incremental truncation libraries for protein engineering using alphaphosphothioate nucleotides, *Nucleic Acids Res.*, 29, E16, 2001.
64. Sblattero, D. and Bradbury, A., Exploiting recombination in single bacteria to make large phage antibody libraries, *Nat. Biotechnol.*, 18, 75, 2000.
65. Smith, G. P., Filamentous fusion phage: Novel expression vectors that display cloned antigens on the virion surface, *Science*, 228, 1315, 1985.
66. Smith, G. P. and Scott, J. K., Libraries of peptides and proteins displayed on filamentous phage, *Methods Enzymol.*, 217, 228, 1993.
67. Georgiou, G. et al., Display of heterologous proteins on the surface of microorganisms: From the screening of combinatorial libraries to live recombinant vaccines, *Nat. Biotechnol.*, 15, 29, 1997.
68. Boder, E. T. and Wittrup, K. D., Yeast surface display for screening combinatorial polypeptide libraries, *Nat. Biotechnol.*, 15, 553, 1997.
69. Hanes, J. and Plückthun, A., In vitro selection and evolution of functional proteins by using ribosome display, *Proc. Natl. Acad. Sci. USA*, 94, 4937, 1997.
70. Roberts, R. W. and Szostak, J. W., RNA-peptide fusions for the in vitro selection of peptides and proteins, *Proc. Natl. Acad. Sci. USA*, 94, 12297, 1997.
71. Vaughan, T. J. et al., Human antibodies with sub-nanomolar affinities isolated from a large non-immunised phage display library, *Nat. Biotechnol.*, 14, 309, 1996.
72. McCafferty, J. et al., Phage antibodies: Filamentous phage displaying antibody variable domains, *Nature*, 348, 552, 1990.
73. Lowman, H. B. and Wells, J. A., Affinity maturation of human growth hormone by monovalent phage display, *J. Mol. Biol.*, 234, 564, 1993.
74. Bradbury, A. et al., Antibodies in proteomics I: Generating antibodies, *Trends Biotechnol.*, 21, 275, 2003.
75. Hawkins, R. E. et al., Selection of phage antibodies by binding affinity: Mimicking affinity maturation, *J. Mol. Biol.*, 226, 889, 1992.
76. Dueñas, M. and Borrebaeck, C. A., Clonal selection and amplification of phage displayed antibodies by linking antigen recognition and phage replication, *Biotechnology*, 12, 999, 1994.
77. Jung, S. et al., Selectively infective phage (SIP) technology: Scope and limitations, *J. Immunol. Methods*, 231, 93, 1999.
78. Wittrup, K. D., Protein engineering by cell-surface display, *Curr. Opin. Biotechnol.*, 12, 395, 2001.
79. Daugherty, P. S., Iverson, B. L., and Georgiou, G., Flow cytometric screening of cell-based libraries, *J. Immunol. Methods*, 243, 211, 2000.

80. Mattheakis, L. C., Bhatt, R. R., and Dower, W. J., An in vitro polysome display system for identifying ligands from very large peptide libraries, *Proc. Natl. Acad. Sci. USA*, 91, 9022, 1994.
81. He, M. and Taussig, M. J., Antibody-ribosome-mRNA (ARM) complexes as efficient selection particles for in vitro display and evolution of antibody combining sites, *Nucleic Acids Res.*, 25, 5132, 1997.
82. Amstutz, P. et al., In vitro display technologies: Novel developments and applications, *Curr. Opin. Chem. Biol.*, 12, 400, 2001.
83. Lin, H. and Cornish, V. W., Screening and selection methods for large-scale analysis of protein function, *Angew Chem. Int. Ed.*, 41, 4402, 2002.
84. Nemoto, N. et al., In vitro virus: Bonding of mRNA bearing puromycin at the 3′-terminal end to the C-terminal end of its encoded protein on the ribosome in vitro, *FEBS Lett.*, 414, 405, 1997.
85. Weng, S. et al., Generating addressable protein microarrays with PROfusione covalent mRNA-protein fusion technology, *Proteomics*, 2, 48, 2002.
86. Fields, S. and Song, O., A novel genetic system to detect protein-protein interactions, *Nature*, 340, 245, 1989.
87. Pelletier, J. N. et al., An in vivo library-versus-library selection of optimized protein-protein interactions, *Nat. Biotechnol.*, 17 (683), 99, 1999.
88. Mössner, E., Koch, H., and Plückthun, A., Fast selection of antibodies without antigen purification: Adaptation of the protein fragment complementation assay to select antigen-antibody pairs, *J. Mol. Biol.*, 308, 115, 2001.
89. Patrick, W. M., Firth, A. E., and Blackburn, J. M., User-friendly algorithms for estimating completeness and diversity in randomized protein-encoding libraries, *Protein Eng.*, 16, 451, 2003.
90. Voigt, C. A. et al., Computational method to reduce the search space for directed protein evolution, *Proc. Natl. Acad. Sci. USA*, 98, 3778, 2001.
91. Voigt, C. A. et al., Protein building block preserved by recombination, *Nat. Struct. Biol.*, 9, 553, 2002.
92. Eigen, M., The origin of genetic information: Viruses as models, *Gene*, 135, 37, 1993.
93. Kauffman, S. and Levin, S., Towards a general theory of adaptive walks on rugged landscapes, *J. Theor. Biol.*, 128, 11, 1987.
94. Macken, C. A. and Perelson, A. S., Protein evolution on rugged landscapes, *Proc. Natl. Acad. Sci. USA*, 86, 6191, 1989.
95. Bolon, D. N., Voigt, C. A., and Mayo, S. L., De novo design of biocatalysts, *Curr. Opin. Chem. Biol.*, 6, 125, 2002.
96. Voigt, C. A., Kauffman, S., and Wang, Z. G., Rational evolutionary design: The theory of in vitro protein evolution, *Adv. Protein. Chem.*, 55, 79, 2001.
97. Skandalis, A., Encell, L. P., and Loeb, L. A., Creating novel enzymes by applied molecular evolution, *Chem. Biol.*, 4, 889, 1997.
98. Moore, J. C. and Arnold, F. H., Directed evolution of a para-nitrobenzyl esterase for aqueousorganic solvents, *Nat. Biotechnol.*, 14, 458, 1996.
99. Miyazaki, K. et al., Directed evolution of temperature adaptation in a psychrophilic enzyme, *J. Mol. Biol.*, 297, 1015, 2000.
100. Söding, J. and Lupas, A. N., More than the sum of their parts: On the evolution of proteins from peptides, *Bioessays*, 25, 837, 2003.
101. Lefranc, M. P. et al., IMGT, the international ImMunoGeneTics information system, *Nucleic Acids Res.*, 33, D593, 2005.
102. Honegger, A. and Plückthun, A., Yet another numbering scheme for immunoglobulin variable domains: An automatic modeling and analysis tool, *J. Mol. Biol.*, 309, 657, 2001.
103. Cooper, M. A., Optical biosensors in drug discovery, *Nat. Rev. Drug Discov.*, 1, 515, 2002.
104. Rogers, K. R., Principles of affinity-based biosensors, *Mol. Biotechnol.*, 14, 109, 2000.
105. Sharpe, M., It's a bug's life: Biosensors for environmental monitoring, *J. Environ. Monit.*, 5, 109N, 2003.
106. Paitan, Y. et al., On-line and in situ biosensors for monitoring environmental pollution, *Biotechnol. Adv.*, 22, 27, 2003.

107. Rodriguez-Mozaz, S. et al., Biosensors for environmental monitoring of endocrine disruptors: A review article, *Anal. Bioanal. Chem.*, 378, 588, 2004.
108. Ward, V. K. et al., Cloning, sequencing and expression of the Fab fragment of a monoclonal antibody to the herbicide atrazine, *Protein Eng.*, 6, 981, 1993.
109. Bell, C. W. et al., Recombinant antibodies to diuron. A model for the phenylurea combining site, In *Immunoanalysis of Agrochemicals: Emerging Yechnology*, Nelson, J. O., Karu, A. E., and Wong, R. B., Eds., ACS Symposium Series 586, Washington, 1995.
110. Graham, B. M., Porter, A. J., and Harris, W. J., Cloning, expression and characterisation of a single-chain antibody fragment to the herbicide paraquat, *J. Chem. Technol. Biotechnol.*, 63, 279, 1995.
111. Byrne, F. R. et al., Cloning, expression and characterization of a single-chain antibody specific for the herbicide atrazine, *Food Agric. Immunol.*, 8, 19, 1996.
112. Webb, S. R., Lee, H., and Hall, J. C., Cloning and expression of *Escherichia coli* of an anti-cyclohexanedione single-chain variable antibody fragment and comparison to the parent monoclonal antibody, *J. Agric. Food Chem.*, 45, 535, 1997.
113. Garrett, S. D. et al., Production of a recombinant anti-parathion antibody (scFv); stability in methanolic food extracts and comparison to an anti-parathion monoclonal antibody, *J. Agric. Food Chem.*, 45, 4183, 1997.
114. Lee, N., Holtzapple, C. K., and Stanker, L. H., Cloning, expression, and characterization of recombinant Fab antibodies against dioxin, *J. Agric. Food Chem.*, 46, 3381, 1998.
115. Yau, K. Y. F. et al., Bacterial expression and characterization of a picloram-specific recombinant Fab for residue analysis, *J. Agric. Food Chem.*, 46, 4457, 1998.
116. Tout, N. L. et al., Synthesis of ligand-specific phage-display scFv against the herbicide picloram by direct cloning from hyperimmunized mouse, *J. Agric. Food Chem.*, 49, 3628, 2001.
117. Strachan, G. et al., Reduced toxicity of expression, in *Escherichia coli*, of antipollutant antibody fragments and their use as sensitive diagnostic molecules. J Appl Microbiol. 87:410, 1999.
118. Alcocer, M. J. C. et al., Functional scFv antibody sequences against the organophosphorus pesticide chlorpyrifos, *J Agric Food Chem.*, 48, 335, 2000.
119. Chiu, Y. W. et al., Derivation and properties of recombinant Fab Ab to coplanar polychlorinated biphenyls, *J. Agric. Food Chem.*, 48, 2614, 2000.
120. Karu, A. E. et al., Recombinant antibodies to small analytes and prospects for deriving them from synthetic combinatorial libraries, *Food Agric. Immunol.*, 6, 277, 1994.
121. Li, Y. et al., Selection of rabbit single-chain Fv fragments against the herbicide atrazine using a new phage display system, *Food Agric. Immunol.*, 11, 5, 1999.
122. Charlton, K., Harris, W. J., and Porter, A. J., The isolation of super-sensitive anti-hapten antibodies from combinatorial antibody libraries derived from sheep, *Biosens. Bioelectron.*, 16, 639, 2001.
123. Kramer, K., Synthesis of a group-selective antibody library against haptens, *J. Immunol. Methods.*, 266, 211, 2002.
124. Knappik, A. et al., Fully synthetic human combinatorial antibody libraries (HuCAL) based on modular consensus frameworks and CDRs randomized with trinucleotides, *J. Mol. Biol.*, 296, 57, 2000.
125. Baylis, A. D., Why glyphosate is a global herbicide: Strengths, weaknesses and prospects, *Pest Manag. Sci.*, 56, 299, 2000.
126. Rubio, F. et al., Comparison of a direct ELISA and an HPLC method for glyphosate determinations in water, *J. Agric. Food Chem.*, 51, 691, 2003.
127. Lee, E. A. et al., Linker-assisted immunoassay and liquid chromatography/mass spectrometry for the analysis of glyphosate, *Anal. Chem.*, 74, 4937, 2002.
128. Clegg, B. S., Stephenson, G. R., and Hall, J. C., Development of an enzyme-linked immunosorbent assay for the detection of glyphosate, *J. Agric. Food Chem.*, 47, 5031, 1999.
129. Kramer, K., Unpublished data. 2003.
130. Daugherty, P. S. et al., Quantitative analysis of the effect of the mutation frequency on the affinity maturation of single chain Fv antibodies, *Proc. Natl. Acad. Sci. USA*, 97, 2029, 2000.
131. Hanes, J. et al., Picomolar affinity antibodies from a fully synthetic naive library selected and evolved by ribosome display, *Nat. Biotechnol.*, 18, 1287, 2000.

132. Wyatt, G. M. et al., Alteration of the binding characteristics of a recombinant scFv anti-parathion antibody: 1. Mutagenesis targeted at the VH CDR3 domain, *Food Agric. Immunol.*, 11, 207, 1999.
133. Chambers, S. J. et al., Alteration of the binding characteristics of a recombinant scFv anti-parathion antibody: 2. Computer modeling of hapten docking and correlation with ELISA binding, *Food Agric. Immunol.*, 11, 219, 1999.
134. Kusharyoto, W. et al., Mapping of a hapten-binding site: Molecular modeling and site-directed mutagenesis study of an anti-atrazine antibody, *Protein Eng.*, 15, 233, 2002.
135. Kramer, K., Evolutionary affinity and selectivity optimization of a pesticide-selective antibody utilizing a hapten-selective immunoglobulin repertoire, *Environ. Sci. Technol.*, 36, 4892, 2002.
136. Winter, G. et al., Making antibodies by phage display technology, *Annu. Rev. Immunol.*, 12, 433, 1994.
137. Xu, J. L. and Davis, M. M., Diversity in the CDR3 region of VH is sufficient for most antibody specificities, *Immunity*, 13, 37, 2000.
138. Reynaud, C. A. et al., Introduction: What mechanism(s) drive hypermutation? *Semin. Immunol.*, 8, 125, 1996.
139. Steele, E. J., Rothenfluh, H. S., and Blanden, R. V., Mechanism of antigen-driven somatic hypermutation of rearranged immunoglobulin V(D)J genes in the mouse, *Immunol. Cell Biol.*, 75, 82, 1997.
140. Jolly, C. J. et al., The targeting of somatic hypermutation, *Semin. Immunol.*, 8, 159, 1996.
141. Green, N. S., Lin, M. M., and Scharff, M. D., Somatic hypermutation of antibody genes: A hot spot warms up, *Bioessays*, 20, 227, 1998.
142. Hock, B. et al., Stabilisation of immunoassays and receptor assays, *J. Mol. Catal. B: Enzym.*, 7, 115, 1999.
143. Ewert, S. et al., Biophysical properties of human antibody variable domains, *J. Mol. Biol.*, 325, 531, 2003.
144. Grant, S. D., Porter, A. J., and Harris, W. J., Comparative sensitivity of immunoassays for haptens using monomeric and dimeric antibody fragments, *J. Agric. Food Chem.*, 47, 340, 1999.
145. Kramer, K. et al., A generic strategy for subcloning antibody variable regions from pCANTAB 5 E into pASK85 permits the economic production of F_{ab} fragments and leads to improved recombinant protein stability, *Biosen Bioelectron.*, 17, 305, 2002.
146. Rau, D., Kramer, K., and Hock, B., Single-chain Fv antibody-alkaline phosphatase fusion proteins produced by one-step cloning as rapid detection tools for ELISA, *J. Immunoassay Immunochem.*, 23, 129, 2002.
147. Kim, I. S. et al., Green fluorescent protein-labeled recombinant fluobody for detecting the picloram herbicide, *Biosci. Biotechnol. Biochem.*, 66, 1148, 2002.
148. Yokozeki, T. et al., A homogeneous noncompetitive immunoassay for the detection of small haptens, *Anal. Chem.*, 74, 2500, 2002.
149. Lange, S., Schmitt, J., and Schmid, R. D., High-level expression of the recombinant, atrazine-specific Fab fragment K411B by the methylotrophic yeast Pichia pastoris, *J. Immunol. Meth.*, 255, 103, 2001.
150. Longstaff, M. et al., Expression and characterisation of single-chain antibody fragments produced in transgenic plants against the organic herbicides atrazine and paraquat, *Biochim. Biophys. Acta.*, 1381, 147, 1998.
151. de Wildt, R. M., Antibody arrays for high-throughput screening of antibody-antigen interactions, *Nat. Biotechnol.*, 18, 989, 2000.

3 体外生产单克隆抗体

Frances Weis-Garcia

目录

3.1 介绍

30 年前，Kohler 和 Milstein 首次报道了人类有能力生产抗体制剂，他们通过体细胞融合技术，生产了第一个分泌抗体的 B 细胞和骨髓瘤细胞株的杂交瘤细胞[1]。由于这一开创性的发现，科学家们在多数体外和体内应用中，用到单克隆抗体（mAb）的特定抗原结合能力。无论是在 ELISA（酶联免疫吸附分析）、免疫印迹、免疫沉淀、细胞和组织的免疫染色、免疫亲和纯化，还是在体内或体外进行细胞中和、活化或损耗中[2~5]，单克隆抗体都是一种关键试剂。此外，mAb 也在临床上有应用，它们用于放射免疫成像，并且是乳腺癌药剂 Herceptin® 等免疫疗法的基石[6~13]。

所有的这些应用都需要大量成本合理的 mAb。有的需要小于 1mg 的单克隆抗体，有的则需要许多毫克甚至几克的抗体。低浓度的单克隆抗体（μg/mL）相对容易获得，因为天然杂交瘤细胞会分泌相当数量的 mAb 到培养基中，大约 10～50μg/mL[2]。多年以来，唯一有效的生产高浓度 mAb（mg/mL）或大量（几毫克到 1g）mAb 的方法是通过腹水[2,14]。这个过程是利用姥鲛烷（Pristane）引起小鼠腹腔内产生炎症，10～14d 以后将制备的杂交瘤细胞注射于小鼠腹部。单克隆抗体含量丰富的腹水在腹腔内积聚，在动物出现行走困难之前将腹水从腹腔内排出。这个过程对小鼠来说是很痛苦的[15,16]。体外 mAb 生产系统可以替代腹水方法，能在每毫升培养基内产生几微克功能性 mAb。这促使欧洲国家和美国禁止或严格限制小鼠腹水的制作[17,18]。

目前，许多科研机构用商品化的生物反应器来满足他们的需要，以相对容易的操作和相对合理的价格生产克数量级的 mAb，其浓度为 1～10mg/mL，与腹水方法相当[2]。下文简述了在具有组织培养能力的实验室以最小的投入进行体外 mAb 生产的方法，详细介绍了一种用于培养杂交瘤细胞的基于透析的双室生物反应器，对各种系统生产 mAb 的浓度和产量进行了对比。

3.2 体外单克隆抗体生产系统

科研机构和实验室有很多技术可用来培养杂交瘤细胞和生产 mAb。寻求最佳的系统需要在所需 mAb 的数量（微克、毫克或克）和质量（纯度、浓度），以及所选方法的成本和技术水平之间寻求一个平衡。本节为学术机构或实验室提供了一个根据需求选取体外 mAb 生产方法的出发点。表 3.1 概述了 mAb 生产的四个规模，便于各种方法的比较。这些是简单的分组而不是严格的分类，各个类别之间没有明显的界线，主要取决于杂交瘤是如何产生的以及所用的培养条件，即无血清培养基的使用，营养补充剂、胎牛血清（FBS）的数量以及所选择的培养容器。

表 3.1 单克隆抗体的生产规模

项目	水平 1	水平 2	水平 3	水平 4
mAb 数量	1～5mg	5～20mg	20～1000mg	100mg 到>1000mg
浓度/(mg mAb/mL)	0.01～0.10	0.01～0.40	0.20～3.5	0.50～6.00
mAb 纯度	可忽略	可忽略	20%～80%	20%～80%
培养容器	标准组织培养容器	透气袋	基于透析的双腔生物反应器	基于透析的中空纤维生物反应器
	(孔，长颈瓶，滚瓶和转瓶)	(VetraCell™和 Wave Bioreactoc®)	(miniPERM®和 CELLinc™)	(FiberCell™)
工艺技术	低	低到中	中	中
介质适应	不必要	不必要	推荐	推荐
成本要素	FBS	生物反应器	生物反应器	生物反应器
(其他标准组织培养设备)		FBS(如果使用)，摇臂(如果需要)	FBS(如果使用)滚筒(如果需要)	FBS(如果使用)泵装置
劳力	可忽略	可忽略	<2h/(周·杂交瘤细胞)	<3h/(周·杂交瘤细胞)

3.2.1 标准的组织培养容器

生产功能性 mAb 最简单且最便宜的方法是让杂交瘤细胞在标准培养基中生长到饱和，如 RPMI-1640 或辅以 5%～10%FBS 的 DMEM 高糖培养基。一些参考文献介绍了使用组织培养瓶、滚瓶、转瓶[2,19～21]的方法。所有的组织培养技术都要求培养的杂交瘤细胞最好是可生长的（>90%）、无支原体的、活跃生长的。之后，杂交瘤细胞继续生长繁殖直至培养基营养耗尽，在这个时候很多细胞可能已经死亡。细胞达到饱和——通常（1.2～2）$\times 10^6$个细胞/mL——后不久，含有酚的培养基就从红色变为黄色（酸性的）。将细胞在转速为900g的条件下进行离心，颗粒碎片就会从营养耗尽的旧培养基（exhausted/over-conditioned media）中脱离出来，之后收集mAb丰富的上清液准备使用或储存。滚瓶和转瓶的培养基容量会更大。这些方法的剪切力对某些杂交瘤细胞来说是一个问题，可能会阻碍杂交瘤细胞的生长或显著减少细胞培养的生存能力。在这些情况下，市售的添加剂，如CellProtect（Greiner Bio-One），可以最大限度地减少这种负面影响。

在营养耗尽的旧培养基中，个体杂交瘤mAb浓度的差别很大，可以在0.01～0.10μg/mL范围[2,22]。这个方式生产的mAbs的浓度对很多免疫技术来说已经足够了，这些技术需要的mAbs的浓度是很低的。加入到初始培养基的牛血清白蛋白（BSA）和来自FBS的免疫球蛋白以及细胞碎片对于许多应用是不相关的污染物，因为它们不会干扰mAb-抗原的结合且可以被洗涤去除。免疫印迹、免疫沉淀、荧光激活细胞扫描或分选（fluorescence-activated cell scanning or sorting，FACS）需要很少的mAb，约1μg/mL的工作浓度通常就已经足够了。因此，营养耗尽的旧培养基给研究人员提供了一个相对轻松的生产微克到毫克数量的未纯化mAbs的方式。

当需要少量的比较纯的mAbs的时候，例如FACS中结合荧光团的mAbs，可用G蛋白偶联树脂（Pierce Biotechnology、GE Healthcare等）对mAb进行亲和纯化。主要需要注意的是，从FBS培养基中纯化mAbs时，污染物牛免疫球蛋白也会被共纯化出来。必要时，可以通过用血清替代品（例如，来自Roche Applied Science的Nutridoma-CS）或在加入培养基之前用G蛋白偶联树脂将牛免疫球蛋白从FBS中去除。杂交瘤细胞无血清培养基配方可从所有的培养基供应商获得（例如，Invitrogen、Hyclone、Sigma和Beckon Dickenson）。无血清培养基的mAb产量可能会略有减少，但是，当与下面章节所描述的生物反应器系统联合应用时，这不是太大的问题。

3.2.2 透气袋

VectraCell™（BioVecta）和Wave Bioreactor®（Wave Biotech）是两种透气袋，在这里面杂交瘤细胞会在标准二氧化碳培养箱内生长到饱和，进行分批培养。最初用市售的VectraCell™进行单抗生产的研究已经有报道[23]。Wave Bioreactor®也可以用于连续灌注培养。在此方式下，细胞在透气袋内生长，接着在设定的时间间隔内，去除原来的培养基并加入新鲜的培养基，来持续生产单克隆抗体（图3.1）。与VectraCell™不同，摇动Wave Bioreactor®透气袋，可最大限度地加快氧气和二氧化碳的交换。VectraCell™产品文献引用的是用Hybridoma-SFM（Invitrogen）在透气袋内培养的杂交瘤细胞的产量是0.01～0.4mg/mL。与之相似，Wave Bioreactor®引用的文献的浓度是0.14～0.26mg/mL[24]。在培养瓶或滚瓶内用透气袋进行标准组织培养的主要优点是在不降低mAb丰富培养基体积的同时，减少劳动力。3L的透气袋是可以获得的，允许用比传统方法少的劳动力进行大量生产。

3.2.3 基于透析的基础反应器

用透析膜将杂交瘤细胞与大量的培养基分离这个概念已经被评估了20多年[25~36]。今

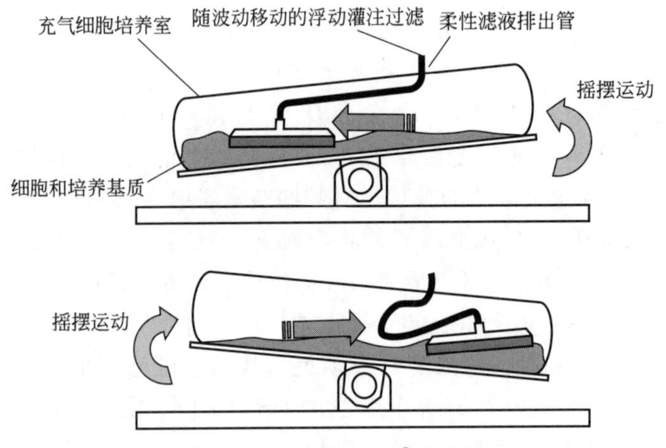

图 3.1 Wave Bioreactor® 灌注模式

天，多数学术核心机构发现市售的透析基生物反应器能满足他们的目的，那就是用相对轻松的方式和合理的成本生产 1g mAb（这个浓度相当于腹水生产的 1～10mg/mL）。

IVSS 型经典 miniPERM®（VWR International）和 Integra CELLine™（Fisher Scientific）都是基于透析的双室生物反应器[33～38]。两个分室通过透析膜分开，截留分子量（MWCO）分别是 12500 或 10000（图 3.2 和图 3.3）。更小的分室（细胞室）限制杂交瘤细胞和小体积培养基分泌的 mAb，同时允许它们更加集中存在。miniPERM®生产组件是一个 35mL 的培养室，CELLine™的细胞室有 10～15mL（CL350）或 15～40mL（CL1000），这是取决于部件。较大的腔室（营养模块）可容纳大容量的培养基，杂交瘤细胞可以在这上面培养，在腔室里面小的代谢副产物能够被冲散远离细胞。miniPERM®最多可容纳 550mL。CELLine™ CL350 和 CL1000 的最大容量分别是 350mL 和 1000mL。每个细胞室的底部有一个透气袋支撑物，允许氧气和二氧化碳与二氧化碳培养箱内的大气进行交换。也可以通过两个系统上的通风帽与营养室中的培养基进行气体交换。此外，miniPERM®有一个聚硅氧烷指状物，它能伸进营养模块以最大限度地提高气体交换。

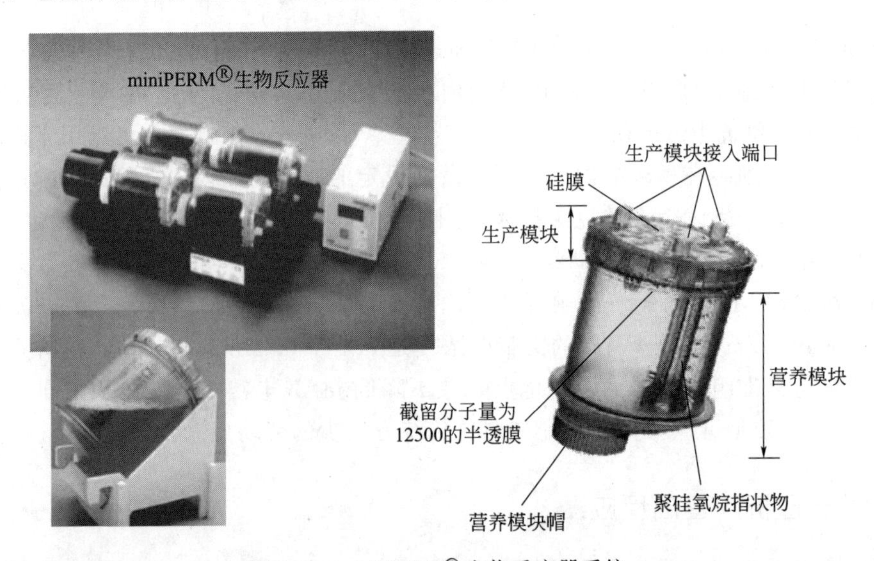

图 3.2 miniPERM® 生物反应器系统

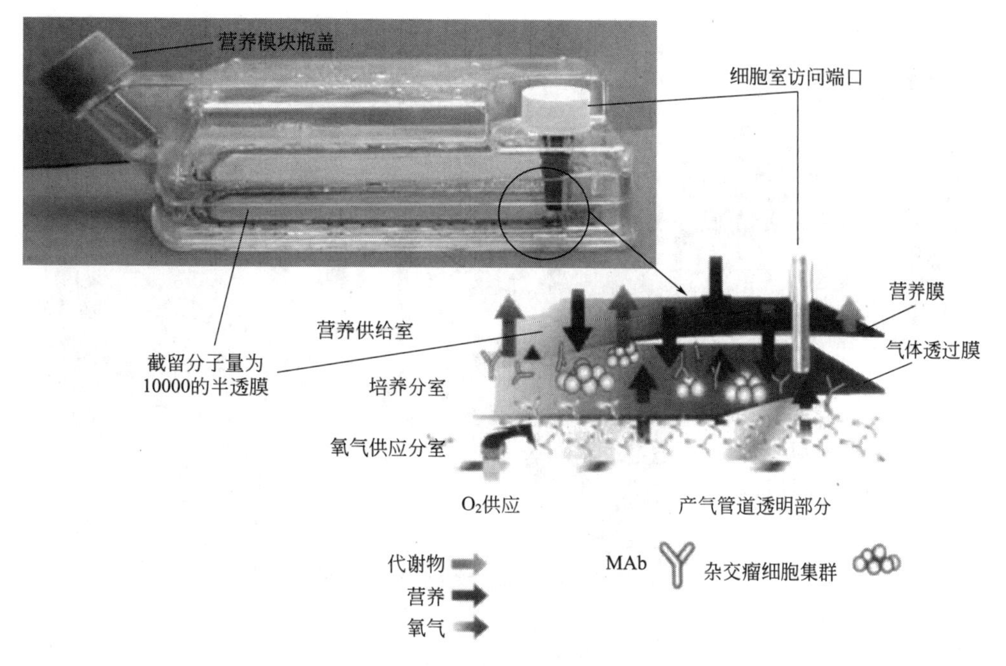

图 3.3 CELLine™生物反应器系统

从细胞室内收获的培养基会含有 0.20～3.5mg/mL 的 mAb，且偶尔会高达 5mg/mL[34,37]（本章的数据）。最初收获之后，miniPERM®和 CELLine™培养瓶分别还可以每个生物反应器每个星期平均生产 40～70mg 的 mAb。收获的培养基或生物反应器上清液中的 mAb 是相当纯净的，比例从不太好的 20%到高分泌杂交瘤细胞的 80%（数据未显示）。虽然两个系统在整体设计上有细微的差别，但最主要的一点就是移动。修改后的滚瓶形式的 miniPERM®在标准二氧化碳培养箱内设计一个旋转装置。CELLine™提供一个与普通培养瓶类似的稳定的培养环境。它们可以被堆叠在彼此的顶部，把需求的空间减小到最低。除非出现被污染、膜破裂或非生产细胞过度生长，否则这两个系统可以在几个星期内甚至几个月内连续生产单克隆抗体，为研究者提供稳定浓度的 mAb 来源或者用最少的劳动收集上百微克的 mAb。

3.2.4 基于透析的中空纤维生物反应器

中空纤维生物反应器将基于透析的单克隆抗体生产推进到了一个新的水平[39～42]。这样的设计涉及在有多孔、中空纤维通过的圆柱形盒内培养杂交瘤细胞（图 3.4）。培养基泵通过密集的纤维束提供营养排出细胞代谢物，非常像毛细血管循环系统。早在第一个杂交瘤细胞产生之前[1]，就已经提出了在体外用人造毛细血管培养各种各样的高密度细胞的概念[43]。杂交瘤细胞和单克隆抗体仍然是集中在毛细血管外空间（ECS），因为作为双腔生物反应器，孔径大小仅够小的蛋白质分子、细胞代谢产物和离子通过。如果没被污染，这些系统可以持续 6～12 个月。

FiberCell™（FiberCell 系统，Bellco 生物技术公司）之前称为 CellMAX™，很可能是市场上为学术环境或小型起步生物技术公司出售的最合适的中空纤维系统[42,44]。它的价格合理（每 12mL 芯体约 425 美元），能收获高密度 mAb，除必要的组织培养技术之外，需要

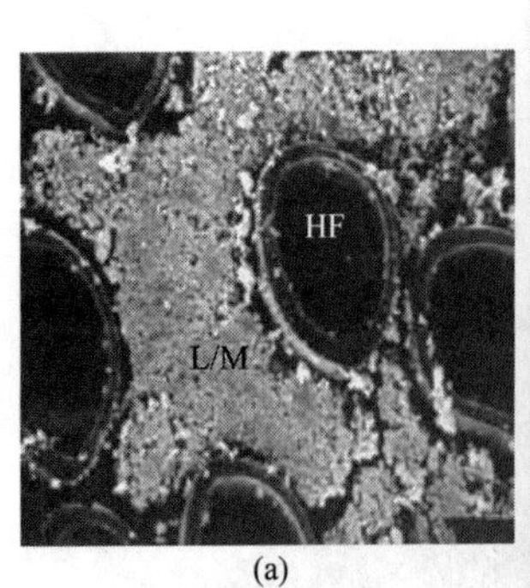

(a)

培养介质通过中空纤维断面(HF)被泵提上来，由淋巴细胞和基质(L/M)包围

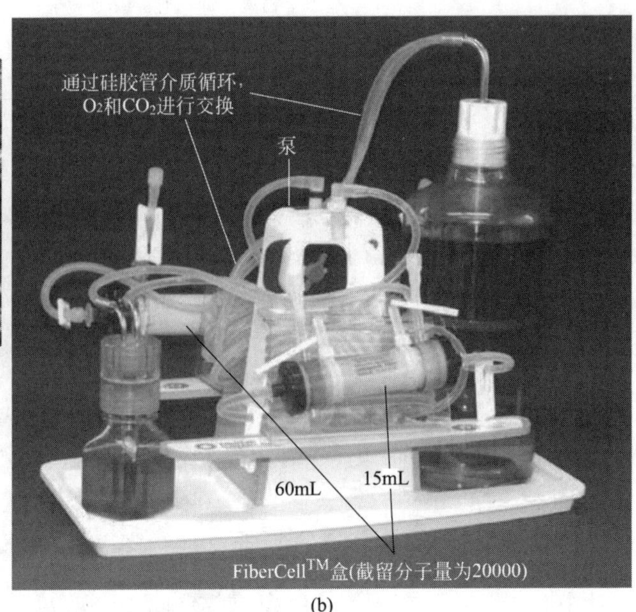

(b)

图 3.4 FiberCell™生物反应器系统

的技术技能水平适度。符合标准二氧化碳培养箱的一些可重复利用的瓶顶配件和抽水泵都需要启动［图 3.4(b)］。该系统 mAb 生产方法已经细化多年了，用一组视频短片演示如何使用 FiberCell 系统单元。因为中空纤维生物反应器可以培养多于 10^8 个细胞/mL，毫无疑问，可以用该系统定期生产浓度为 0.5～5.0mg/mL 的 mAb[42]。相似的培养条件下，这个结果可转化成 18～180mg mAb/周（从 12mL 容器中每 2d 收获一次）和 100～1000mg mAb/周（从 70mL 容器内收获）。和其他的基于透析的系统一样，FiberCell™也产低内毒素产品。FiberCell™容器和 CELLine™烧瓶可重复培养相同的杂交瘤细胞株，但是必须在储存容器和烧瓶之前要对其进行彻底冲洗。

对比 miniPERM®和 CELLine™两个系统，FiberCell™膜的截留分子量平均为 20000。因此，30000 的蛋白质分子可以穿过纤维，然而，效率却没有 10000 的那么高。miniPERM®和 CELLine™膜上的孔更小，限制大小分别为 12500 和 10000 的分子，穿膜效率为 95%。因此，FiberCell™的中空纤维允许转化生长因子-β（TGF-β）从杂交瘤细胞透析到营养基质中，减小细胞周围的浓度。杂交瘤细胞的生长通常受到这种多功能细胞因子的限制[42,45]。因此，分泌 TGF-β 且有一个完整的 TGF-β 信号转导通路的杂交瘤细胞在 FiberCell™容器内比在双室模型内生长会更好。

3.2.5 富含 mAb 的生物反应器上清液的其他实用性

因为 miniPERM®、CELLine™、FiberCell™系统都可以生产几百微克非常集中且纯的 mAb，净化可能就容易得多。许多实验的应用程序都需要纯化的 mAb，因为 mAb 或许需要生化操控（即共价结合或蛋白质水解消化），又或者培养基内的其他成分（即杂交瘤细胞产生的生长因子、细胞碎片或血清蛋白）会干扰 mAb 实验（即体外细胞研究）。用浓缩的材料会简化下一步的纯化实验，然而从这三个生物反应器中获得的 mAb 上清液就提供了这一优势。如果收获量更大，到 1mg/mL，mAb 则可以通过硫酸钠干燥沉淀进行纯化

（表 3.2）。在斯隆凯特癌症中心（Sloan Kettering Cancer Center），通过斯隆凯特研究所（Sloan Kettering Institute）的单克隆抗体核心设施（SKI-MACF）检测的多于 60%的大鼠和小鼠 IgG 抗体都可以用这种低成本的简单技术纯化到 95%（见表 3.2 方法）。当它开始工作时，平均收益率是 45%左右。当用硫酸盐干燥沉淀不能纯化 mAb 时，收获的生物反应器上清液可由 G 蛋白色谱法纯化，因为将 mAb 加载到 G 蛋白树脂上所需的时间随着 mAb 浓度的增加而降低。由于 mAb 在柱上的停留时间呈现与收获量成反比的趋势，缩短加载时间也可以增大回收率。

表 3.2 生物反应器上清液单克隆抗体硫酸钠沉淀效率

类型	抗体型	平均		单克隆抗体		
		产量	纯度	沉淀物纯度＞95%	沉淀	测试
小鼠	IgG1	45%	90%	8	12	17
	IgG2a	39%	85%	2	6	8
	IgG2b	45%	91%	1	3	6
大鼠	IgG1	53%	95%	0	1	2
	IgG2a	50%	93%	2	11	15
	IgG2b	45%	91%	2	7	10
	全部	46%	91%	63%的沉淀物纯度＞95%	69%的 mAbs 沉淀	
仓鼠	Ig	39%	91%	2	8	9
小鼠	IgM	43%	95%	1	1	2
大鼠	IgM	50%	91%	0	1	2

注：此表中给出的结果是由在斯隆凯特癌症中心（Sloan Kettering Cancer Center）通过斯隆凯特研究所（Sloan Kettering Institute）的单克隆抗体核心设施（SKI-MACF）进行硫酸钠沉淀所提供的。在本章的最后一节中所述的生物反应器生产的上清液合并，以不低于 1mg/mL 和 13000g 进行 15min 离心。两个连续沉淀均在 37℃、均匀缓慢搅拌 30min 条件下进行。第一次沉淀用 18%～20%（质量分数）硫酸钠，第二次沉淀用 16%～18%（质量分数）硫酸钠。每次沉淀以 13000g 在室温下进行 15min 离心，沉淀物用超纯水再悬浮，第一次沉淀用原始体积的 1/3，第二次沉淀用原始体积的 1/5。mAb 最终透析到磷酸盐缓冲盐水中。该方法来自 Peter Cresswell 博士的对来自腹水的 IgG 和 IgM 净化获得的修订版。

以生物传感器上清液的形式收获的 mAb 也可以用于动物体内研究。例如，科学家们可以用 mAbs 操纵大鼠免疫系统（即用克隆 GK1.5 消耗 CD4 阳性 T 细胞）或通过将 mAb 生物传感器上清液注射入动物体内而不进行任何后续处理来检测 mAb 临床前治疗效果。这些类型的实验需要大量（0.1～2mg/大鼠）浓度高的 mAb（大于 1mg/mL），这里面会有很少的内毒素。生物传感器上清液满足所有以上条件。在 SKI-MACF 中用 miniPERM® 和 CELLine™ 生物传感器生产的 mAbs 每毫升包含少于 1 个单位内毒素。当终极目标是获得含有少量内毒素的 mAbs 的时候，FiberCell™ 也是一个不错的选择。

3.3 miniPERM® 与 CELLine™ 比较

Integra CELLine™ 和 IVSS 经典的 miniPERM® 可分别通过 Fisher 和 VWR 获得，它们都是基本的基于透析的生物反应器（图 3.2 和图 3.3）。它们设计简单，能够培养上百万细胞，可每次收获数毫克 mAb。（对这些系统的其他方面介绍，请参阅本章基于透析的基本生物反应器部分、制造商网站和文献 [33～38]。）

经典的 miniPERM® 截留分子量是 12500，配备一个 35mL 的小室模块，一个可以容纳

550mL 的营养模块。可以买到两种规格的 CELLine™，CL350 和 CL1000，分别可容纳 10～15mL 的细胞和 15～40mL 的细胞，分别可最大容纳 350mL 和 1L 培养基。两个系统存在透析膜破裂的问题，要注意不要过分拉伸透析膜。

这两个系统的成本有显著的差异。因为 miniPERM® 基本上是一个修改过的滚瓶，初始投资是在二氧化碳培养箱内旋转生物反应器的旋转设备。组装 miniPERM® 的定价大约是 460 美元/个，一个工具包含有四个完整的单元。分开买营养模块和生产模块，进行现场组装，可以节约一些成本。买三个 CELLine™ CL1000 单元，每个生物反应器的成本为 175 美元。CELLine™生物反应器有一个额外的节约优势，因为像 FiberCell™一样，简单地漂洗细胞腔室后将其储存在磷酸盐缓冲盐水中，可以回收重复利用。因为可再生 CELLine™烧瓶的污染率极高，不重新接种与来自可再生生物反应器的细胞并联的单元是明智的。

3.3.1 试验方案：在 CELLine™和 miniPERM®生物反应器内生产单克隆抗体

SKI-MACF 用 3.3.1.1 节中概述的方案从 160 多个杂交瘤细胞中生产 mAbs。所有的杂交瘤细胞都是大鼠的骨髓瘤细胞与大鼠、小鼠或仓鼠的 B 细胞杂交的产品。大多数杂交瘤细胞容易适应生产培养基，在以下描述的生物反应器内培养可以生产浓缩的 mAb。第一次试验时，不到 1%的适应性试验要么无法生长，要么不能产生足够的 mAb（大于 0.2mg mAb/mL）。通过亚克隆对一个稳定均匀的细胞种群进行再次推导可以解决生产力弱和一些无法生产的问题。方案的额外支持来自这样一个事实，无论是体内技术还是体外技术，这种方法生产的每一个单克隆抗体在 mAb 筛选分析中都起作用。

在 1994 年，Howard Petrie 博士开始 SKI-MACF 时，他首先发展了 miniPERM® 的体外 mAb 生产方案。本书列出的内容反映了基本双腔生物反应器方案的后续改进。方案指出了每一个生物反应器单元的次要系统的具体差异，类似的生产方法也已经发布[33～38]。Integra Biosciences 公司，即 CELLine™制造商，也提供了一个详细的培养方案。

3.3.1.1 生产基质

此方法采用的是无血清培养基 Hybridoma-SFM（Invitrogen），减小了使用胎牛血清的成本，并且增加了蛋白质含量，尤其是牛免疫球蛋白。也可以使用其他的无血清或无动物的配方，如 BD Cell™单克隆抗体，但就目前的测试来看，其他培养基的工作效果都没有 Hybridoma-SFM 那么好。虽然大多数杂交瘤细胞可以适应单独的 Hybridoma-SFM，但是这个方案在其中又加入了 0.5%的 FBS，可以在不用过量培养基或借助亚克隆的情况下，顺利转变到 99%的生物反应器。为了使 FBS 中牛免疫球蛋白对收获的 mAb 的污染最小化，最好预先选择拥有超低水平牛免疫球蛋白的 FBS。可以从大多数商业供应商（Invitrogen、Hyclone、Sigma 等）那里获得，通常价格也不是很贵。可能会多花 25%～40%的成本，但是培养基仅含有 0.5%的 FBS，培养基总的影响成本是最低的。在买许多供应商提供的供试品进行试验之前，掩蔽所含的 FBS 是一个很好的实验室惯例。照那样说，SKI-MACF 还没有发现他所试验的 FBS 中的超低牛免疫球蛋白含量的明显差异。可以在培养基中加入抗生素，但这并不被推荐，因为如果接管培养容器之前已经被细菌污染，且繁殖了一两个收获期，那么那些收获产物中会包含显著数量的细菌内毒素。

3.3.1.2 单克隆抗体生产的基质适应

为了使杂交瘤细胞更容易适应，每日向添加有 1%FBS 的 Hybridoma-SFM 的混合培养基（这里提到的就是标准生长培养基）中接种活跃生长且无支原体污染的杂交瘤细胞培养物，通常接种比例为 1∶1。因为一些罕见的杂交瘤细胞难以适应，可以将其少量接种培养于 24 孔培养板中，使得倾向于定殖在塑料上的细胞得到足够的生长空间，且允许后续向培养瓶中扩大培养。在适应标准生长培养基期间，不产生单克隆抗体细胞亚群偶尔会在培养基中过度生长。确认在冻存或生物反应器接种的扩大培养之前，应确认培养物仍会产生单克隆抗体。在适应了 1%的 FBS 之后，对亲代细胞进行亚克隆会解决任何丢失或低表达的问题，这是分别通过找到一个稳定的表达群或消除非生产亚群来实现的。

3.3.1.3 生物反应器接种

周五（0d），准备在每个类型的生物反应器中接种：

(1) 将 miniPERM®安装在无菌罩内，确保所有芯片设置无误；否则，介质会从营养模块中渗漏出来。请进一步参见包装盒内的使用说明。

(2) 往细胞室内添加或从细胞室内撤回介质和细胞时用 a：

a. 对 miniPERM®采用 60mL 的注射器；

b. 对 CELLine™采用 25mL 的吸管。

(3) 分别往营养室内加入 25mL、往细胞室内加入 15mL 的生产介质（杂交瘤-SFM 加入 0.5%的 FBS)。

如果 miniPERM®的透析膜破裂，加入营养模块的第一个 25mL 就会渗漏到细胞模块。加入细胞之前必须要看看是否会发生这种情况。

(4) 根据以下要求向细胞室内接种悬浮在生产介质中的杂交瘤细胞：

a. CL1000：最终体积为 15mL 的培养液中含有 $(35\sim65)\times10^6$个活细胞 [$(2\sim5)\times10^6$个活细胞/mL]。

• 接种前，如果膜至少预湿 1h，就可以得到 30mL 与以上密度相同的细胞。

• 确保所有大的和尽可能小的气泡从细胞室中去除，因为气泡会减少膜的表面积，在膜的那一侧分子可以进行交换。

b. miniPERM®：最终体积为 30mL 的细胞内，含有 $(50\sim100)\times10^6$个活细胞。

• 当使用杂交瘤细胞 SFM 时，不必补充反剪切。可以用较少的细胞进行制作。如果细胞数目显著减少，第一次预订的收获会比标准单克隆抗体浓度低，或许不值得收获。

(5) 用生产基质填充营养室：

a. miniPERM®用 350mL；

b. CELLine™用 650mL。

(6) 在 37℃和 7% CO_2条件下孵育到星期一（第 3 天)：

miniPERM®需要旋转，5r/min 就足够了。细胞只需继续保持悬浮。

3.3.1.4 生物反应器收获

每周一（第 3、10、17 天等）和每周四（第 7、14、21 天等）收集相应的单克隆抗体丰富的培养介质和通过的杂交瘤细胞（再接种)：

(1) 只对 CELLine™，稍微打开营养盖让空气流入和流出。

(2) 去除和更换几次细胞，重新悬浮细胞。

(3) 将所有的细胞转移到 50mL 无菌的锥形管中。

（4）对细胞进行计数，并确定可行性。

（5）在转速为 300g 的条件下，对收获的细胞和介质离心 3～5min。

（6）将上清液转移到一个新的 50mL 的无菌锥形管中。在 900g 的转速下离心上清液，以除去大的颗粒物和等分收获的生物反应器上清液到无菌管中进行分析、使用或储存。

（7）在新鲜的生产介质中重悬细胞沉淀物，并相应地在每个生物反应器单元中重新接种 30mL 细胞：

a. CL1000：星期一和星期四分别重新接种 12×10^6 活细胞/mL 或 6×10^6 活细胞/mL。

b. miniPERM®：星期一和星期四分别重新接种 33%或 25%的细胞。

c. 如果 miniPERM®的收获量不大于 7×10^6 活细胞/mL，CELLine™的收获量不大于 12×10^6 活细胞/mL，考虑将所有的介质和细胞重新放回细胞室内培养，直至下一个预订的收获。如果这种情况发生在第一次收集细胞后，细胞的状态则会不佳。如果可替代杂交瘤细胞不是一种选择，增加血清或者添加血清替代品如 Nutridoma-CS（Roche Applied Sciences）或 Hybridoma Fusion and Cloning Supplement（Roche Applied Sciences）或 Hybridoma Cloning Factor（Bio Veris），可以促进生物反应器内的细胞存活。

（8）像 3.3.1.3 节中的第 6 步那样进行孵育，直到接下来营养室内的介质改变的那一天。

3.3.1.5 营养室内介质交换

从营养室中吸干所有的介质，每周二（第 4、11、18 天等）和周五（第 8、15、22 天等）更换新鲜的生产介质。

- miniPERM®：通常接受 350～550mL，取决于上一次喂养后 pH 值低了多少。
- CELLine™：每 3d 收获一次时接受 650mL，每 4d 收获一次时接受 1L。

不要使用巴斯德（Pasteur）吸管，因为它能直接使膜破裂，或者如果它在里面破裂，理论上碎玻璃可以导致小孔。

有些杂交瘤细胞消耗更多的葡萄糖，pH 改变的速度比培养时间表提供的速度还快。因此，如果颜色比橙黄色更黄或者用标准血液血糖仪（可在任何药店购买）测定的葡萄糖低于 200，有必要更频繁地更换介质。有了这个每周两次的交换，大多数杂交瘤细胞应该有足够的营养维持 3～4d 以上。没有必要定期检测葡萄糖水平。

3.3.2 更大规模的单克隆抗体生产技巧

当需要 1g 以上的单克隆抗体时，FiberCell™是一个不错的选择。如果需要几百毫克到 1g 的单克隆抗体，可多个 miniPERM®或 CELLine™单元并行使用，或者系统可以维持几个月直到达到目标数量。研究小组需要决定哪个对他们来说更重要，节约生物反应器的成本，花费更多的时间和劳力维持系统继续生产几个月，或节约时间和劳力的同时培养更多的生物反应器来获得相同的杂交瘤细胞。当有多个单元同时生产相同的单克隆抗体的时候，最好早点进行扩大，因为随着时间的推移杂交瘤细胞会失去表达能力。请记住，如果再生的 CELLine™用于多个生物反应器的生产，最好不要用从部件中收获的细胞，因为它们有较高的携带未被观察到的污染的风险。如果应用于抗生素，这是真实存在的。

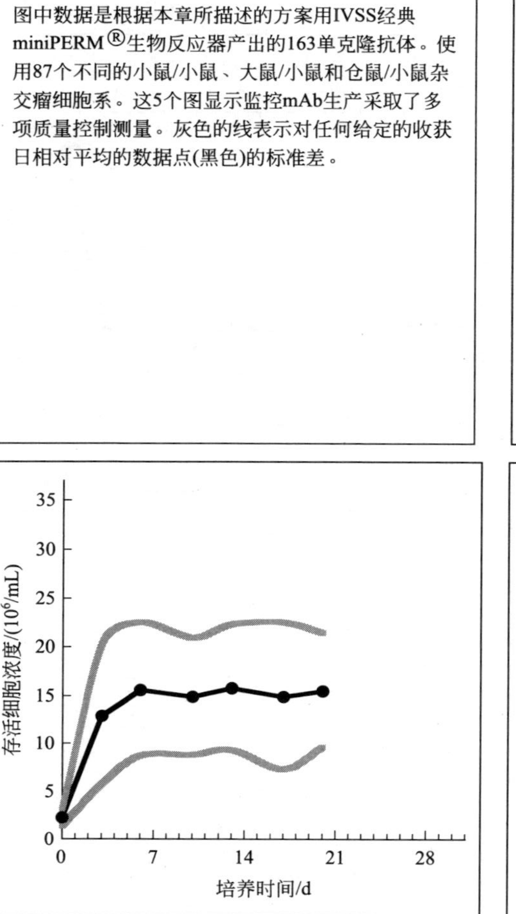

图中数据是根据本章所描述的方案用IVSS经典miniPERM®生物反应器产出的163单克隆抗体。使用87个不同的小鼠/小鼠、大鼠/小鼠和仓鼠/小鼠杂交瘤细胞系。这5个图显示监控mAb生产采取了多项质量控制测量。灰色的线表示对任何给定的收获日相对平均的数据点(黑色)的标准差。

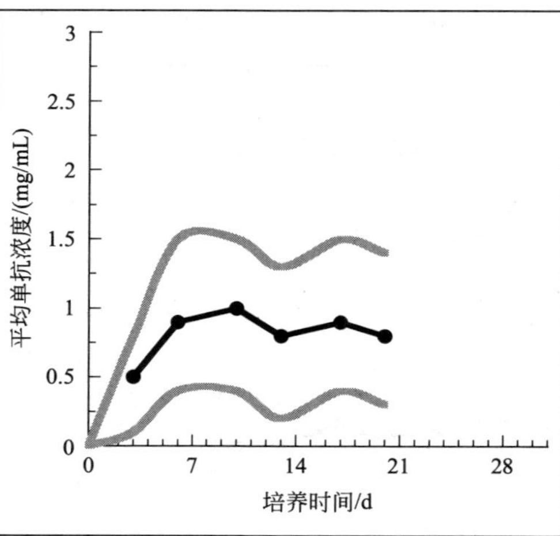

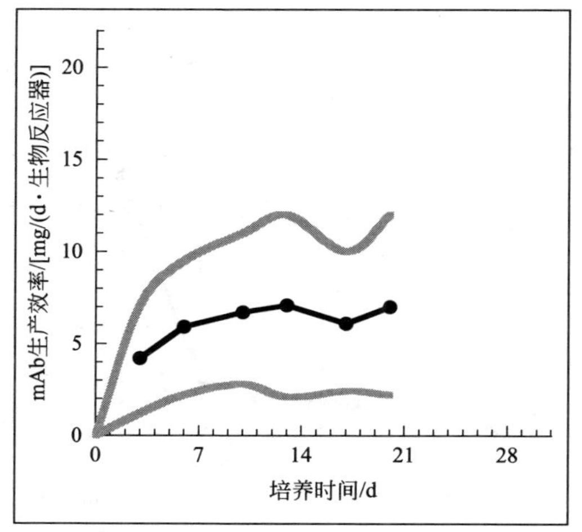

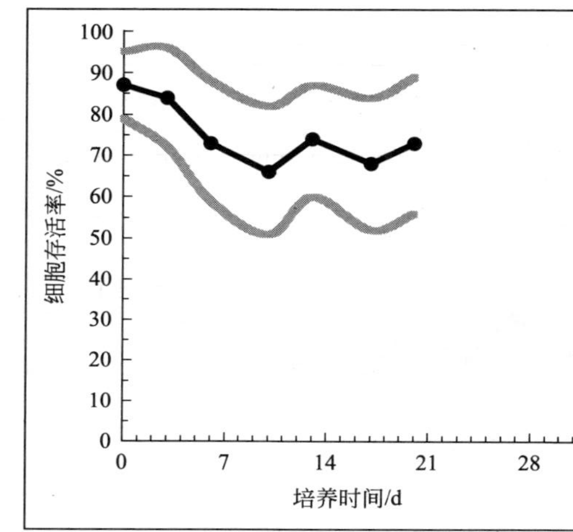

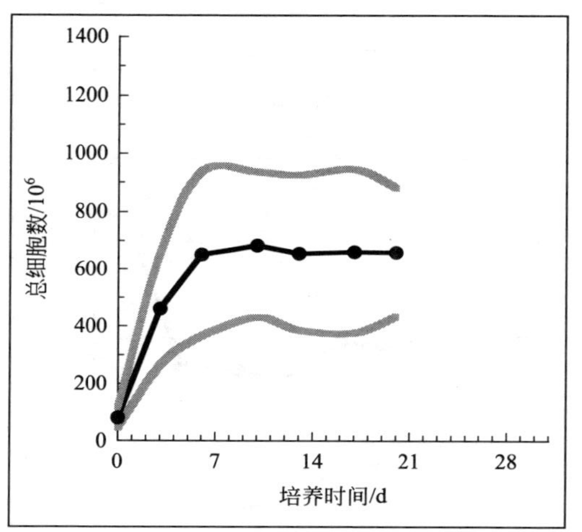

图 3.5 miniPERM® 生产单克隆抗体的总结

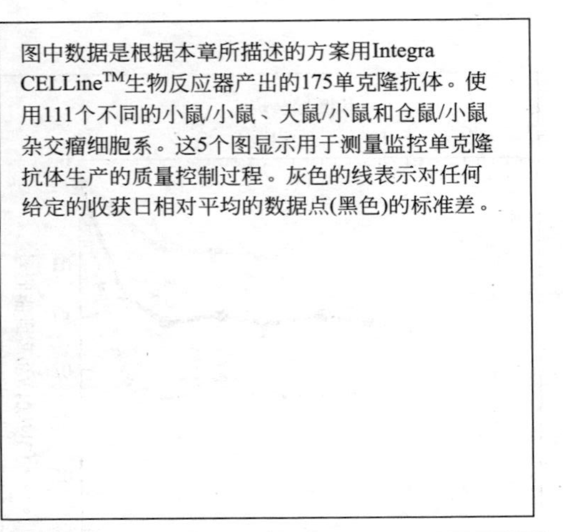

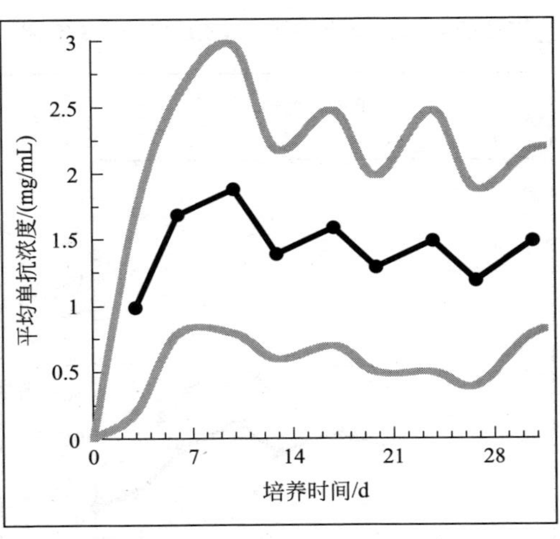

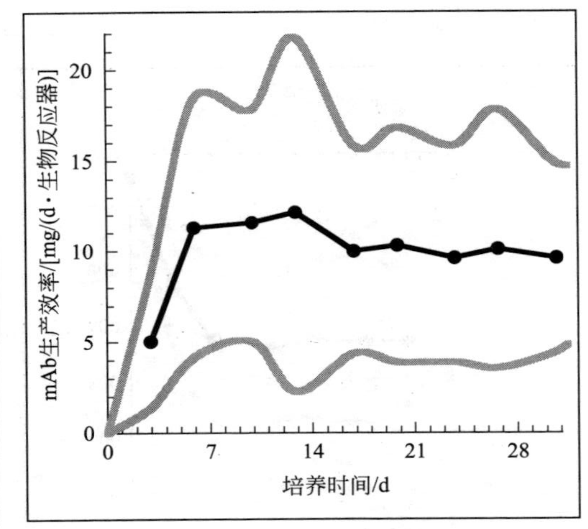

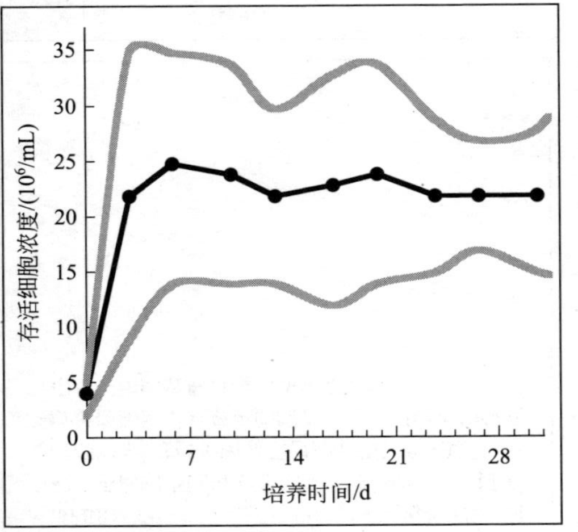

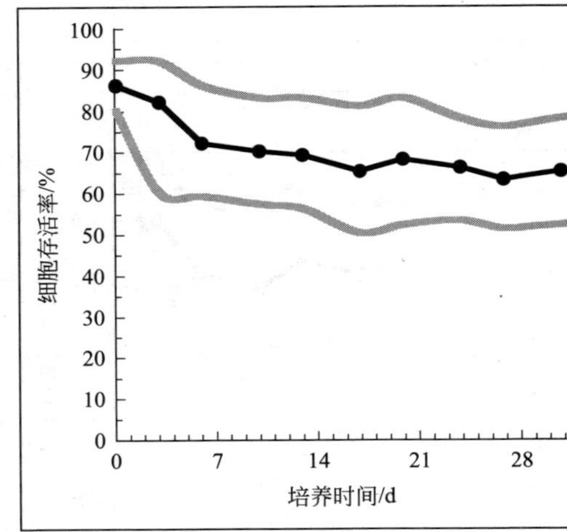

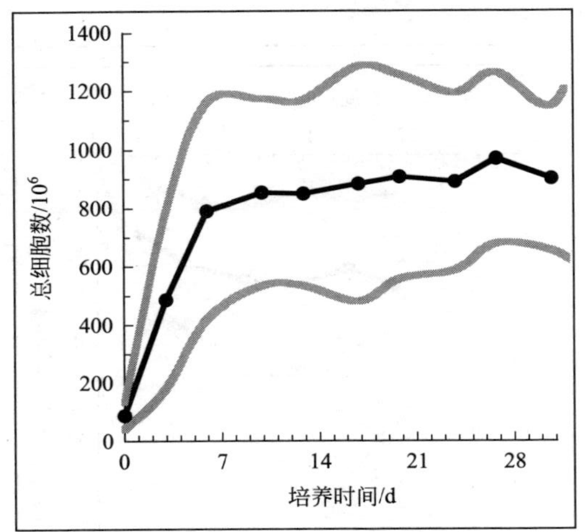

图 3.6 CELLine™生产单克隆抗体的总结

3.3.3 单克隆抗体生产比较

以下数据来自使用以上章节描述的方法的 SKI-MACF 执行的单克隆抗体生产。每次收获用 SDS-聚丙烯酰胺凝胶电泳（来自 BioRAD 的 10%的预制凝胶）进行评价。凝胶用 Commassie Blue R-250 染色，数字化扫描，通过光密度用 BioRAD 的 Quantity One 或它的前身 Molecular Analyst 进行分析。用来自 Sigma 纯化的多克隆抗体（每道 5μg、10μg、15μg）作为标准来确定单克隆抗体的纯度和浓度。

图 3.5 和图 3.6 的数据来自在 miniPERM® 或 CELLine™ 生物反应器中培养的至少 85 个不同的杂交瘤细胞（小鼠/小鼠、大鼠/小鼠和仓鼠/小鼠），每个系统产生多于 160 个独立的产品。这些产品大多数不是并排放置生产的。平行实验的数据和这里的数据是一致的。图 3.5 和图 3.6 展示了在先前章节强调的培养条件下每个系统生产的单克隆抗体的质量如何。为了方便比较，在各图之间互补的图形有相同的 x 轴和 y 轴。在以质量控制为目的的 SKI-MACF 中进行一次单克隆抗体生产，对检测的以下变量进行控制，并绘制了每次收获（第 3、6、10、13、17 天等）的平均值（黑色）和标准偏差（灰色）：

① 生物反应器上清液（上中）的 mAb 浓度；

② mAb 生产效率 [mg/(d・生物反应器)]（上右）；

③ 活细胞浓度（下左）；

④ 细胞存活率（下中）；

⑤ 总细胞数（下右）。

每台生物反应器每天生产的 mAb 量是生产率的代表。这是一个有用的指标，可用来估计当一个特定的生产达到目标产量时，在最终收获前定量收获的单克隆抗体数量。

这两台生物反应器中的单克隆抗体生产的一个显著区别是收获时活细胞的浓度（下左）。使用该生产协议，与 miniPERM®（约 15×10^6/mL）相比，CELLine™（约 22.5×10^6/mL）可以维持更多的活细胞。这不是因为细胞整体更可行（下中），因为平均而言，两个生物反应器内第二次收获（第 6 天）的细胞数都是最高值的 70%左右。而且 CELLine™ 获得的总细胞数更高（下右）。这并不奇怪，与 miniPERM® 相比，CELLine™ 维持更高的活细胞与其更高的单克隆抗体浓度成正相关，分别约为 1.5mg/mL 和 1.0mg/mL。因为这两个单元的接种体积和收获体积是相同的（30mL），这意味着，当使用这个协议时，CELLine™ 系统 [平均约 12mg/(d・生物反应器)] 比 miniPERM® 系统 [平均约 7mg/(d・生物反应器)] 更高效。M. P. Bruce 等[36]也发现当他们测量功能单克隆抗体时，CELLine™ 的收获更加集中，但是对于生产量却得到了相反的效果，因为就他们的分析来说，miniPERM® 最终收获更多的单克隆抗体。这种差异很可能是因为他们用经典的 miniPERM® 来比较 CL350，二者的细胞室体积不同，分别为 15mL 和 35mL。尽管从 CELLine™ 生产收获的单克隆抗体更集中，从 miniPERM® 收获两倍体积会有更多的总 mAb。这一节的比较中 CL1000 和经典的 miniPERM® 的数据使用相同的获取量。这最有可能是得到不同的结论的原因。

来自 CELLine™ 的整体升高的单克隆抗体的浓度，当观察单个克隆时是成立的。表 3.3 提供了 30 个杂交瘤细胞的比较。30%的杂交瘤细胞生产的单克隆抗体很出色（用短横线表示）。只有 7%的杂交瘤细胞在 miniPERM®（M）生产更多的单克隆抗体和 63%（C）在 CELLine™ 中更有生产力。克隆优选的 CELLine™，单克隆抗体浓度和生产力平均是 miniPERM® 收获量的两倍，分别是 2.1mg/mL 对 1.0mg/mL 和 15.2mg/(d・生物反应器)

对 7.3mg/(d·生物反应器)。另外，SKI-MACF 生产的所有的 162 个单克隆抗体，在体内或体外应用，功能都很好。

表 3.3 CELLine™与 miniPERM®的对比：单克隆抗体的浓度和生产效率

杂交瘤克隆	抗体型	偏好反应器	浓度/(mg/mL)		生产效率/[mg/(d·生物反应器)]	
			miniPERM	CELLine	miniPERM	CELLine
9E10	小鼠 IgG 1	—	0.6	0.7	4.2	4.6
DA6.147	小鼠 IgG 1	C	0.7	1.7	5.7	10.5
Private 1	小鼠 IgG 1	C	0.5	1.4	4.2	6.3
Private 2	小鼠 IgG 1	C	1.1	3.0	9.1	21.8
Private 3	小鼠 IgG 1	C	0.9	1.9	6.1	12.8
Private 4	小鼠 IgG 1	—	0.9	1.0	6.7	7.4
104-2	小鼠 IgG 2a	C	0.8	1.8	5.5	13.4
A-20	小鼠 IgG 2a	C	1.1	2.2	6.1	14.5
W6/32	小鼠 IgG 2a	C	0.6	1.7	4.6	9.7
Y3P(cl. 10)	小鼠 IgG 2a	C	0.3	0.7	2.1	4.6
PK136(cl. 30)	小鼠 IgG 2b	—	1.1	1.0	8.1	7.6
11B11	大鼠 IgG 1	C	1.1	2.6	9.1	15.2
PC61.5.3	大鼠 IG1	C	0.6	1.0	4.1	6.2
1C10	大鼠 IgG 2a	C	1.2	3.3	8.6	24.3
1D3	大鼠 IgG 2a	C	0.2	0.5	1.8	5.5
53.6-72	大鼠 IgG 2a	C	1.7	3.1	11.6	17.8
PGK45	大鼠 IgG 2a	—	1.0	1.5	8.1	8.3
KT3	大鼠 IgG 2a	—	1.3	1.9	10.1	13.9
Private 5	大鼠 IgG 2a	—	2.0	2.1	13.4	13.6
2.43	大鼠 IgG 2b	M	1.4	1.2	10.0	7.5
2.4G2	大鼠 IgG 2b	C	1.1	2.4	8.4	17.1
GK1.5	大鼠 IgG 2b	—	0.9	1.3	6.7	8.1
Private 6	大鼠 IgG 2b	—	1.0	1.2	8.6	10.1
Private 7	大鼠 IgG 2b	C	1.0	2.0	8.4	18.6
Rb6-8C5	大鼠 IgG 2b	C	2.9	3.9	22.3	36.4
Ter 119	大鼠 IgG 2b	C	0.9	3.3	6.6	26.4
RA3-3A1/6.1	大鼠 IgM	M	1.4	0.6	9.2	3.9
Private 8	仓鼠 Ig	—	0.3	0.5	2.5	3.4
H57-597	仓鼠 Ig	C	0.9	2.6	6.1	19.3
MR-1	仓鼠 Ig	—	1.3	1.2	10.1	9.6
	均值		1.0	1.8	7.6	12.6

注：本章比较了 30 种不同的杂交瘤。数据处于平均抗体浓度水平或不论在 miniPERM™或 CELLine™生物反应器用于特定的杂交瘤细胞培养的 mg/(d·生物反应器)。第三列的横线表示产品在两个系统之间没有差异（30%）。“M”代表由 miniPERM™培养的细胞产生多单克隆抗体时的重点产出（7%）；“C”表示在 CELLine™中培养的杂交瘤细胞分泌更多的单克隆抗体（63%）。“Private”是用在一些杂交瘤名字的地方，因为 Memorial 斯隆凯特癌症中心的斯隆凯特研究所单克隆抗体核心设施的研究人员应某些研究者的要求，不允许透露这些名称。

3.4 结束语

除了以上所概述的，还有更多的体外单克隆抗体生产方法可供选择，如搅拌罐、气升器、固定床、纤维床、声波和更先进的中空纤维系统[22,37]。本章集中展示的技术是大多数已经执行基本的组织培养技术的实验室可以以最小的代价引进其研究小组。它们的用途包括用来自生长在瓶、滚瓶或转瓶的杂交瘤细胞介质生产单克隆抗体，也包括用市售miniPERM®、CELLine™和FiberCell™的生物反应器上清液生产单克隆抗体。比较基本的双腔透析生物反应器表明，遵循这里所描述的培养协议的时候，与miniPERM®相比，CELLine™是一个更具成本效益和生产力的系统。FiberCell™卡盘能用较少的成本、更少的劳力和技术更快速地生产更多的单克隆抗体。因此，对于那些需要几十毫克、多于1g单克隆抗体的抗体小组来说，这个更加先进的透析基系统是一个不错的选择。无论一个学术核心机构或一个研究实验室需要生产多少单克隆抗体，体外单克隆抗体已经发展得足够好，腹水方法应该很难被采用。

参考文献

1. Kohler, G. and Milstein, C., Continuous culture of fused cells secreting antibodies with predefined specificity, *Nature*, 256, 495–497, 1975.
2. Harlow, E., and Lane, D., Antibodies. In *A Laboratory Manual*, Cold Spring Harbor Press, Cold Spring Harbor, NY, pp. 271–275, 1988
3. Harlow, E., and Lane, D., Using antibodies. In *A Laboratory Manual*, Cold Spring Harbor Press, Cold Spring Harbor, NY, pp. 271–273, 1999.
4. Givan, A. L., Flow Cytometery. In *First Principles*, Wiley-Liss, New York, pp. 1–273, 2001.
5. Lipman, N. S., Jackson, L. R., Trudel, L. J., and Weis-Garcia, F., Monoclonal versus polyclonal antibodies: Distinguishing characteristics, applications and information resources, *ILAR J.*, 46, 258–268, 2005.
6. Britz-Cunningham, S. H. and Adelstein, S. J., Molecular targeting with radionuclides: State of the science, *J. Nucl. Med.*, 44, 1945–1961, 2003.
7. Francis, R. J. and Begent, R. H. J., Monoclonal antibody targeting therapy: An overview, in *Targeted Therapy for Cancer*, Syrigos, K. N. and Harrington, K. J., Eds., Oxford University Press, New York, pp. 30–46, 2003.
8. Kipriyanov, S. M., Generation of antibody molecules through antibody engineering, in *Methods in Molecular Biology, Recombinant Antibodies for Cancer Therapy, Methods and Protocols*, Welschof, M. and Krauss, J., Eds., Humana Press, Totowa, NJ, pp. 3–25, 2003.
9. Waldman, T. A., Immunotherapy: Past, present and future, *Nature Med.*, 9, 269–277, 2003.
10. Borjesson, P. K. E., Postemab, E. J., deBreea, R., Roos, J. R., Leemansa, C. R., Kairemod, K. J. A., and van Dongen, J. A. M. S., Radioimmunodetection and radioimmunotherapy of head and neck cancer, *Oral Oncol.*, 40, 761–772, 2004.
11. Casadevall, A., Dadachova, E., and Pirofski, L. A., Passive antibody therapy for infectious diseases, *Nature Rev. Microbiol.*, 2, 265–703, 2004.
12. Chester, K., Pedley, B., Tolner, B., Violet, J., Mayer, V., Sharma, S., Boxer, G., Green, A., Nagl, A., and Begent, R., Engineering antibodies for clinical applications in cancer, *Tumor Biol.*, 25, 91–98, 2004.
13. Pelegrin, M., Gros, L., Dreja, H., and Piechaczyk, M., Monoclonal antibody-based genetic immunotherapy, *Curr. Gene Ther.*, 4, 347–356, 2004.
14. Jackson, L. R., Trudel, L. J., Fox, J. G., and Lipman, N. S., Monoclonal antibody production in murine ascites: II. Production characteristics, *Lab. Anim. Sci.*, 49, 81–86, 1999.
15. Jackson, L. R., Trudel, L. J., Fox, J. G., and Lipman, N. S., Monoclonal antibody production in murine ascites: I. Clinical and pathologic features, *Lab. Anim. Sci.*, 49, 70–80, 1999.

16. Peterson, N. C., Behavioral, clinical and physiologic analysis of mice used for ascites monoclonal antibody production, *Comp. Med.*, 50, 516, 2000.
17. Falkenberg, F. W., Monoclonal antibody production: Problems and solutions 74th Forum in Immunology, *Res. Immunol.*, 149, 542–547, 1998.
18. Institute for Laboratory Animal Research, National Research Council, *Monoclonal antibody production A Report of the Committee on Methods of Producing Monoclonal Antibodies*, National Academy Press, Washington DC, 1999.
19. Freshney, I. R., Cell culture of animal cells. In *A Manual of Basic Technique*, 3rd ed., Wiley, New York, 1994 pp 369–377
20. Voigt, A. and Zintl, F., Hybridoma cell growth and anti-neuroblastoma monoclonal antibody production in spinner flasks using a protein-free medium with microcarriers, *J. Biotechnol.*, 68, 213–226, 1999.
21. Yokoyama, W. M., Monoclonal antibody supernatant and ascites fluid production, in *Current Protocols in Immunology*, Coligan, J. E., Kruisbeek, A. M., Margulies, D. H., Shevach, E. M., and Strober, W., Eds., Wiley, New York, 2000. Unit 2.6.
22. Yang, S. T., Luo, J., and Chen, C., A fibrous-bed bioreactor for continuous production of monoclonal antibody by hybridoma, *Adv. Biochem. Engin./Biotechnol.*, 87, 61–96, 2004.
23. Lipski, L. A., Witzleb, M. P., Reddington, G. M., and Reddington, J. J., Evaluation of small to moderate scale in vitro monoclonal antibody production via the use of the i-MAb gas-permeable bag system, *Res. Immunol.*, 149, 547–552, 1998.
24. Ohashi, R., and Hamel, J.F., Perfusion culture in the wave reactor for the production of a monoclonal antibody. Waterside Conference, 2003, http://www.wavebiotech.com/pdfs/literature/mit_waterside_2003.pdf.
25. Sjogren-Jansson, E. and Jeansson, S., Large-scale production of monoclonal antibodies in dialysis tubing, *J. Immunol. Methods*, 84, 359–364, 1985.
26. Kasehagen, C., Linz, F., Kretzmer, G., Scheper, T., and Schugerl, K., Metabolism of hybridoma cells and antibody secretion at high cell densities in dialysis tubing, *Enzyme. Microb. Technol.*, 13, 873–881, 1991.
27. Sjogren-Jansson, E., Ohlin, M., Borrebaeck, C. A., and Jeansson, S., Production of human monoclonal antibodies in dialysis tubing, *Hybridoma*, 10, 411–419, 1991.
28. Witt, S., Ziegler, B., Blumentritt, C., Schlosser, M., and Ziegler, M., Production of monoclonal antibodies in serum-free medium in dialysis tubing, *Allerg Immunol. (Leipz)*, 37, 67–74, 1991.
29. Pannell, R. and Milstein, C., An oscillating bubble chamber for laboratory scale production of monoclonal antibodies as an alternative to ascitic tumours, *J. Immunol. Methods*, 146, 43–48, 1992.
30. Falkenberg, F. W., Hengelage, T., Krane, M., Bartels, I., Albrecht, A., Holtmeier, N., and Wuthrich, M., A simple and inexpensive high density dialysis tubing cell culture system for the in vitro production of monoclonal antibodies in high concentration, *J. Immunol. Methods*, 165, 193–206, 1993.
31. Falkenberg, F. W., Weichert, H., Krane, M., Bartels, I., Palme, M., Nagels, H. O., and Fiebig, H., In vitro production of monoclonal antibodies in high concentration in a new and easy to handle modular minifermenter, *J. Immunol. Methods*, 179, 13–29, 1995.
32. Jaspert, R., Geske, T., Teichmann, A., Kassner, Y. M., Kretzschmar, K., and L'age-Stehr, J., Laboratory scale production of monoclonal antibodies in a tumbling chamber, *J. Immunol. Methods*, 178, 77–87, 1995.
33. Nagel, A., Koch, S., Valley, U., Emmrich, F., and Marx, U., Membrane-based cell culture systems—an alternative to in vivo production of monoclonal antibodies, *Dev. Biol. Stand.*, 101, 57–64, 1999.
34. Trebak, M., Chong, J. M., Herlyn, D., and Speicher, D. W., Efficient laboratory-scale production of monoclonal antibodies using membrane-based high-density cell culture technology, *J. Immunol. Methods*, 230, 59–70, 1999.
35. Scott, L. E., Aggett, H., and Glencross, D. K., Manufacture of pure monoclonal antibodies by heterogeneous culture without downstream purification, *BioTechniques*, 31, 666–668, 2001.
36. Bruce, M. P., Boyd, V., Duch, C., and White, J. R., Dialysis-based bioreactor systems for the production of monoclonal antibodies-alternatives to ascites production in mice, *J. Immunol. Methods*, 264, 59–68, 2002.
37. Dewar, V., Voet, P., Denamur, F., and Smal, J., Industrial implementation of in vitro production of

monoclonal antibodies, *ILAR J.*, 46, 307–313, 2005.

38. Entrican, G., and Young, G., Growing hybridomas, In *Methods in Molecular Biology: Immunological Protocols*, 3rd Ed., Vol. 295, Humana Press, Inc., Totowa, NJ, pp. 55–70, 2005.
39. Schonherr, O. T., van Gelder, P. T., van Hees, P. J., van Os, A. M., and Roelofs, H. W., A hollow fiber dialysis system for the in vitro production of monoclonal antibodies replacing in vivo production in mice, *Dev. Biol. Stand.*, 66, 211–220, 1987.
40. Dhainaut, F., Bihoreau, N., Meterreau, J. L., Lirochon, J., Vincentelli, R., and Mignot, G., Continuous production of large amounts of monoclonal immunoglobulins in hollow fibers using protein-free medium, *Cytotechnology*, 10, 33–41, 1992.
41. Jackson, L. R., Trudel, L. J., Fox, J. G., and Lipman, N. S., Evaluation of hollow fiber bioreactors as an alternative to murine ascites production for small scale monoclonal antibody production, *J. Immunol. Methods*, 189, 217–231, 1996.
42. Cadwell, J. J. S., New developments in hollow fiber cell culture, *Amer. Biotech. Lab.*, July 14–17, 2000.
43. Knazek, R. A., Gullino, P. M., Kohler, P. O., and Dedrick, R. L., Cell culture on artificial capillaries: An approach to tissue growth in vitro, *Science*, 178 (56), 65–66, 1972.
44. Jackson, L. R., Trudel, L. J., and Lipman, N. S., Small scale monoclonal antibody production in vitro: Methods and resources, *Lab. Animal*, 28, 38–50, 1999.
45. Richards, S. M., Garman, R. D., Keyes, L., Kavanagh, B., and McPherson, J. M., Prolactin is an antagonist of TGF-b activity and promotes proliferation of murine B cell hybridomas, *Cell Immunol.*, 184, 85–91, 1998.

4 重金属抗体的分离、表征以及微孔板和免疫传感器分析

Diane A. Blake, Robert C. Blake II, Elizabeth R. Abboud, Xia Li, Haini Yu, Alison M. Kriegel, Mehraban Khosraviani, and Ibrahim A. Darwish

目录

4.1 简介

将密度相对高的金属化学元素定义为重金属。在特定区域，包括汞、铬、铀以及铜在内的重金属释放到土壤或是地下水，可达到毒害植物和动物生存的水平。与基于碳元素的环境污染物最终被降解和迁移不同，重金属会储存在环境中很长一段时间。当重金属结合于土壤和沉积物时是相对无毒性的，除非是对于底层觅食的水生生物[1]。但不幸的是，任何的不确定因素，例如天气情况、水文条件、土壤或是水体 pH 值的改变以及释放到环境中的有机物质都会迁移富集重金属并极大地增加它们的毒性。有重金属污染的地区需要长期的管理工作，包括对重金属迁移转化富集的监测。

目前用于测量金属离子的分析方法中[2~6]，电感耦合等离子发射光谱仪应用最为普遍[7,8]。这项技术灵敏度高，但是这种分析方法费用高并且为达到最大检测灵敏度常常需要较大的样品体积。另外，分析时间长，因为样品必须要连续进行分析并且可能会长时间地排队等待分析。电感耦合等离子发射光谱仪也不能够提供金属离子形态的相关信息，除非与质谱仪、高效液相色谱仪或是毛细管电泳分析仪联用[9,10]。分析时使用这样的联用设备费用会十分昂贵，并且其灵敏度往往低于单个设备。

基于抗体的技术是可用于重金属分析的另一种方法。这项技术吸引当地和政府机构的原

因是它相较于传统的分析技术有明显的优势。免疫分析方法十分快速，非常适宜于现场分析并且操作简便。因为大多数的免疫分析方法是建立于该检测系统的核心抗体上，样品的预处理通常要求很低，并且将与抗体的结合转化为可检测信号的仪器也是十分微小且便宜的。这种免疫分析方法和设备也可被设计成高通量的分析。另外，研究表明，在修复阶段用这种分析方法可以降低 50%的分析成本甚至更多[11]。尽管大部分的商品化免疫分析方法直接用于复杂的有机化学品、多肽类、蛋白质[12~17]，但理论上，如果可以制备出适合的抗体，这项技术适用于包括金属离子在内的任何分析物。

在过去的十年中，该实验室通过用相应的金属螯合物免疫老鼠的方法已经制备了超过 20 种的抗体用于螯合重金属离子。这篇文章回顾了这项技术曾经制备并表征这些抗体的特征，并表述了它们是如何被制成野外便携分析仪来提供对环境样品中重金属的便宜、便携、实时的分析。

4.2 免疫原的准备

4.2.1 螯合剂的正确选择

重金属不会诱发免疫反应，但是在实验室人们发现当把重金属加到与蛋白质共价结合的螯合剂上，结果是金属螯合物包含了一个表位抗原，该表位抗原可以产生免疫性并且能够引起免疫反应[18~24]。一般来说，金属和螯合剂连接越紧密，就越可能在体内生存并刺激免疫反应的发生。该实验室利用已发表的金属螯合反应的稳定常数指导针对特定金属离子的螯合剂的选择[25]。但是，值得注意的是，这个发表的常数是在螯合剂完全离子化的极端 pH 值下推测出来的。在生理 pH 值和离子强度下，实际稳定常数会低于发表的值好几个数量级。在该研究中用到的螯合剂［例如：乙二胺四乙酸（EDTA）、二乙烯三胺五乙酸（DTPA）、环己基-DTPA、2,9-联羧基-1,10-邻二氮菲］有相对开放的结构（图 4.1）。这样的结构适合金属与螯合剂的分散控制连接。这种快速的基于抗体的分析需要金属螯合物的快速形成。冠醚等衍生物如 DOTA 通常要求金属与螯合剂延长保温时间（大于 24h）或是在高温下形成金属螯合物。在接近实时分析的免疫分析设计中，这样的要求限制了基于冠醚衍生物的螯合剂的使用。因为金属螯合物自身太小以至于不能刺激免疫系统，因此，高分子量的抗原是由双官能团的螯合剂构成的，如图 4.1 所示。尽管图中（a）～(c）双官能团螯合剂最初的合成是针对癌细胞的放射性核素[26~28]，但我们研究发现，它们可同样用于生产针对金属螯合物的抗体。依据经验，针对一种金属（或一类金属）研发一种特异性的多克隆抗体很大程度上依赖于生产抗原所用到的双官能团螯合剂。由双官能团 EDTA 制备的抗原［图 4.1(a)］会相对有效地诱导产生针对 Hg^{2+}、Cd^{2+} 和 Cu^{2+} 的特异性抗体，但是对于 Pb^{2+} 产生抗体却没有效果。假设 Pb^{2+} 在抗原免疫过程中与螯合物脱离，并且当双官能团螯合剂与被选择的 Pb^{2+} 有高度亲和性［图 4.1(b) 与 (c)］，便可以制备出可识别 Pb^{2+}-螯合物的抗体[23,29,30]。尽管几经尝试，用如图 4.1 中的（a)～(c）的双官能团螯合剂合成的针对螯合 UO_2^{2+} 的特异性抗体却不能被合成。一项关于几种螯合剂与 UO_2^{2+} 连接亲和性的研究使团队将邻菲啰啉衍生物（d 组）引入。这种螯合剂连接 UO_2^{2+} 的紧密度约是 EDTA 的 1000 倍，这也证明了它会很有效地诱导针对螯合 UO_2^{2+} 的高亲和性和特异性的抗体的产生[24]。

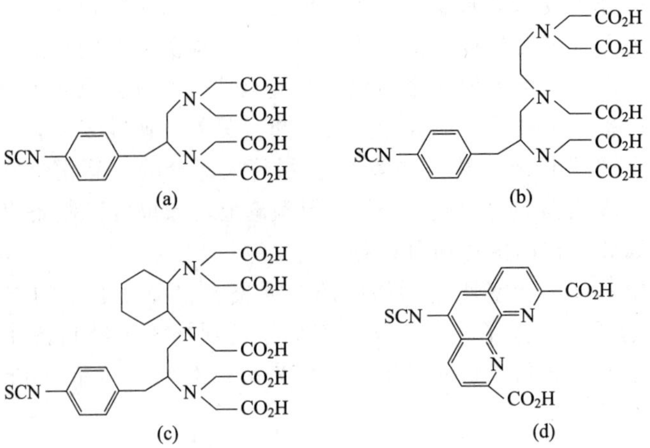

图 4.1 用于制备金属螯合物抗体的双官能团螯合剂

(a) EDTA 双官能团衍生物［1-(4-异硫氰基苯基)乙二氨基-*N*，*N*，*N*′，*N*′-四乙酸］，用于制备螯合态 Cd^{2+}、Hg^{2+} 和 Cu^{2+} 的特异性抗体，购自 Dojindo Molecular Technologies Inc.，Gaithersburg，M D。(b) DTPA 双官能团衍生物，［2-(4-异硫氰基苯基)-乙二胺基-*N*，*N*，*N*′，*N*′，*N*″-五乙酸］，用于制备螯合态 Pb^{2+} 和 Co^{2+} 的特异性抗体，购自 Macrocyclics，Dallas，TX。(c) 环己基 DTPA 双官能团衍生物 (2-对异硫氰基苯基-*trans*-环己基二乙基三胺-*N*，*N*，*N*′，*N*′，*N*″-五乙酸，CHX-A-DTPA)，根据 Brechbiel 和 Gansow 的方法合成，用于制备螯合态 Pb^{2+} 抗体。(d) 邻菲啰啉双官能团衍生物 (5-异硫氰基-1,10-邻菲啰啉-2,9-二酸)，根据 Blake 等的方法合成，用于制备螯合态 UO_2^{2+} 的特异性抗体 (引自 Brechbiel，M. W. and Gansow，O. A.，J. Chem. Soc. Perkin Trans.，1，1992；和 Blake II，R. C.，Pavlov，A. R.，Khosraviani，M.，Ensley，H. E.，Kiefer，G. E.，Yu，H.，Li，X.，and Blake，D. A.，Bioconjug. Chem.，15，2004.)

4.2.2 偶联蛋白的合成

一旦选出最佳的螯合剂，则可以如图 4.2 合成抗原。不含金属的双官能团螯合物首先与其 1.1 倍过量的对应金属混合，然后再与载体蛋白相连。在制备免疫原的过程中，尽管我们团队一直严格遵守在无金属条件下工作的程序，以在合成与净化偶联物之前确保绝大多数螯合分子与对应金属相结合并偶联到载体蛋白上，但在合成过程中仍有一些不需要的其他痕量金属会被螯合物结合。双官能团螯合物上的硫氰基与连接在载体蛋白上的未质子化的氨基基团反应形成硫脲基[32]，因为质子化的氨基基团是不可反应的，并且反应率随着 pH 的上升而升高。仔细选择一种不含有伯氨基基团的缓冲液（例如 Tris），因为伯氨基会影响到偶联反应。根据团队经验，所有的硼酸与羟乙基哌嗪乙硫磺酸缓冲液都适合在合成偶联蛋白时使用[24,30,33]。

实验室已经通过标准方法合成并表征了偶联物，该偶联物将同时被作为免疫原（金属螯合 KLH）和载体蛋白用于筛选分析（金属螯合 BSA）。锁孔血蓝蛋白（KLH）已经作为针对免疫选择的载体蛋白，这种高免疫原性的蛋白质刺激 T 细胞产生免疫反应，并且通常也被用作低分子量抗原的载体蛋白[34,35]。牛血清白蛋白（BSA）被选择作为筛选分析的载体蛋白是由于它的结构不同于 KLH，它易溶解，可被高度纯化且不含金属。对于一些分析形式来说，也合成了金属螯合 HPR 偶联物[36,37]，在这些实验中，混合反应的 pH 值低于 8.5 以保护免疫活性。经过一晚的反应，偶联物通过净化除去低分子量的反应产物，自由赖氨酸的取代程度用三硝基苯磺酸方法进行表征[38]。通常情况下，载体蛋白含有 15%～50%的衍

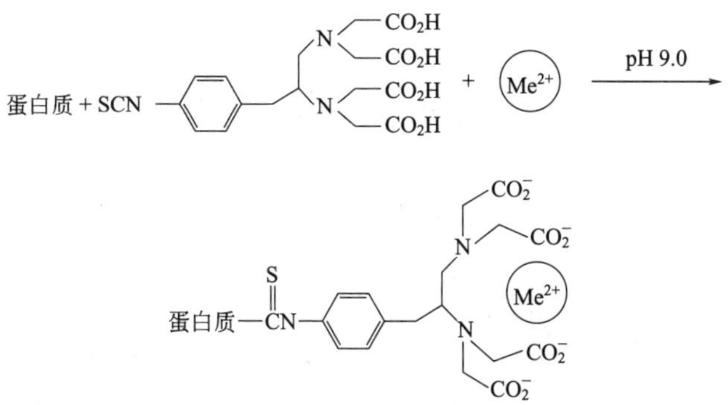

图 4.2 用于免疫原和免疫分析的金属螯合物与蛋白偶联物的制备

利用 EDTA 与 DTPA 的双官能团衍生物制备偶联物时，1.1 倍过量的金属离子（Hg^{2+}、Cd^{2+}、Cu^{2+}、Pb^{2+}）加入到螯合剂中，然后与蛋白质反应。偶联反应体系包含 10～20mg/mL 的蛋白质和 1.5～3.0mmol/L 的双官能团螯合剂，溶于 pH 9.0～9.5 的 HEPES 或硼酸缓冲液（50～100mmol/L）。在室温下反应 18h 后，通过超滤或排阻色谱法将金属螯合蛋白偶联物从低分子量反应物中分离出来，用 Cavot 和 Tainturier 的方法测定赖氨酸残基上的 ε-氨基的取代程度。免疫原分别用锁孔血蓝蛋白（KLH）和牛血清白蛋白（BSA）作为载体蛋白进行制备。在偶联反应所需浓度下的双官能团邻菲啰啉衍生物［图 4.1(d)］中添加 UO_2^{2+} 会产生沉淀。因此，先合成螯合剂与蛋白质的偶联物，将其稀释至实验浓度（0.5～50μg/mL）后再加入 1.1 倍过量的 UO_2^{2+}（引自 Blake，D. A.，Chakrabarti，P.，Khosraviani，M.，Hatcher，F. M.，Westhoff，C. M.，Goebel，P.，Wylie，D. E.，and Blake II.，R. C.，J. Biol. Chem.，271，1996；Blake II，R. C.，Delehanty，J. B.，Khosraviani，M.，Yu，H.，Jones，R. M.，and Blake，D. A. Biochemistry，42，2003；Khosraviani，M.，Blake II，R. C.，Pavlov，A. R.，Lorbach，S. C.，Yu，H.，Delehanty，J. B.，Brechbiel，M. W.，and Blake，D. A. Bioconjug. Chem.，11，2000；Chakrabarti，P.，Hatcher，F. M.，Blake II，R. C.，Ladd，P. A.，and Blake，D. A. Anal. Biochem.，217，1994；和 Cayot，P. and Tainturier，G. Anal. Biochem.，249，1997.）

生化赖氨酸残基在作为抗原和免疫分析时可达到预期效果。

4.3 动物免疫、细胞融合、杂交瘤筛选

纯化的免疫原［20～50μg/(只动物・针剂)］在佐剂中乳化后注射到小鼠腹腔，时间间隔约为 2 周，如图 4.3 所示。Ribi™和 TiterMax™佐剂都可被动物体很好地接受并诱导产生相似的免疫反应。免疫六只小鼠可以为评估单克隆抗体反应并为随后制备杂交瘤细胞选择最优动物反应提供条件。一旦动物体被选择实验，淋巴细胞会与骨髓瘤细胞进行融合（X63-Ag8.653 或 SP2/Ag 14 细胞系）。实际上细胞融合与随后的细胞增殖生长所需的试剂可以由 ClonaCell-HY™试剂盒提供，可由 StemCell Technologies（Vancouver，BC）购买。个体杂交瘤细胞克隆在半固体培养基上筛选并在微孔板中培养。抗体活性可通过微孔板的上层培养清液直接进行评估。

为环境分析识别有用的单克隆抗体的过程中，上清液的筛选是最为关键的步骤。为快速有效地鉴别具有以下特征的抗体，设计方案内容如下：

（1）与不含金属的螯合剂反应微弱或无反应活性。环境样品中的大多数金属是以与其他物质（无机非金属离子、腐殖质等）混合的复合物形式存在的。在环境免疫分析中，浓度相对高的不含金属的螯合物被用来拉拽目标金属与环境中自然复合物脱离并使其进入可被抗体识别的结构中（金属螯合物）。在单克隆抗体筛选过程中，只有合成的抗体与不含金属的螯

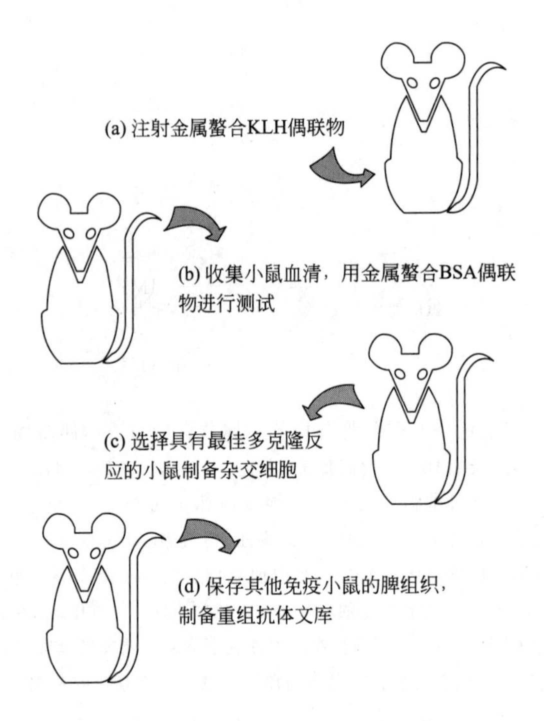

图 4.3 免疫方案和抗体产生

(a) 将金属螯合 KLH 偶联物根据产品说明与 RIBI 或 TiterMax 佐剂进行乳化，然后以两星期为时间间隔，每次取 50μg 的整数倍的乳化偶联物对小鼠进行腹腔注射。(b) 进行 4～5 次注射后，在每只小鼠尾部采集少量血液（0.05～0.1mL），通过图 4.4(a) 所示的间接 ELISA 和两步竞争 ELISA 评估该多克隆抗血清与固定的金属螯合 BSA 偶联物的结合能力。(c) 呈现最优多克隆免疫反应的小鼠的脾细胞被用来制备杂交瘤细胞。(d) 保留另外被免疫的小鼠直到制备出合适的杂交瘤细胞，然后这些小鼠的脾组织用于准备重组抗体文库

合物具有低亲和性的克隆细胞会被增殖培养并随后进行表征。经历了十余年关于这些单克隆结合属性的研究，我们的团队已经发现与金属螯合物（低于亚纳摩尔级平衡分离常数，K'_ds）连接十分紧密的抗体同样也最可能与对其自身相对高亲和性的不含金属螯合剂连接[24]。其中，与负载有金属的螯合物结合比与不含金属的空载螯合剂结合至少更紧密 50 倍的抗体，通常可被有效地应用到环境分析试验中。

(2) 与目标金属螯合物有强烈反应。理想抗体的第二个特征是在免疫过程中紧密且特异地与金属螯合物相连接。抗体对于复合物的结合紧密度直接关系到最终分析的极限灵敏度。在免疫分析中，若抗体与金属螯合物连接的 K_d 值小于等于 10^{-8}，通常可被认为是有效抗体。

(3) 与最有可能污染环境样品的金属不结合或是结合程度小。抗体与其他螯合金属离子的亲和度也直接关系到最终分析的特异性。在这个有关单克隆抗体筛选草案中，团队寻找与目标金属螯合物和样品基质中有可能存在的其他金属离子复合物的亲和度相比至少存在十倍差异的抗体。那些不能显示优良结合行为的单克隆抗体通过掩蔽试剂的处理可能依然被用于有效的分析，这些掩蔽试剂与相关金属结合并使其脱离结合平衡[21]。不同的距离矩阵也用于比较金属螯合物分子形状，试图预测哪种螯合物作为免疫原时可能表现出识别金属离子的最佳特异性[39]。但是，这种方法会因为晶体结构的缺乏以及目前分子模型程序不能准确呈现

重金属原子的电子轨道而受到限制。

(4) 对离子强度与 pH 的改变表现不灵敏。在开发环境免疫分析方法的过程中，样品基质对免疫分析和免疫传感器性能的影响是一个具有挑战性的问题，因为很难预测在所给样品基质中会遇到何种干扰物质。在该实验室中，我们优化了在不同 pH 和离子强度下的抗体结合力，以最大程度地减小样品基质的影响，并最大程度地提高精密度和重现性[22,40]。

为了鉴别这些呈现理想特性的抗体需要开发一个合理化的筛选分析方法，该方法要求可以迅速分析在生产和筛选杂交瘤细胞时产生的大量的上层清液物质。每次培养上层清液物质需要用同等体积的以下四种物质的混合试剂之一来进行稀释：表面抗体（HBS）缓冲液（10mmol/L HEPES，pH 为 7.2，140mmol/L 的 NaCl，10mmol/L 的 KCl）；HBS 缓冲液包含不含金属的螯合剂（10mmol/L 的 EDTA 或 DTPA，2μmol/L 氧化二异丙基苯）；HBS 缓冲溶液包含的不含金属的螯合剂中添加 5～50mg/L 的金属离子来制备免疫抗原；HBS 缓冲溶液包含的不含金属的螯合剂中添加了 5～50mg/L 的其他金属离子混合物（其他的环境金属离子包括 Pb^{2+}、Ni^{2+}、Zn^{2+}、Cd^{2+} 和/或 Cu^{2+}）。HEPES 缓冲溶液用在该实验中是因为它的金属结合能力微弱到可以忽略[41]。然后将这些混合物质在包被有金属螯合 BSA 偶联物的微孔板中孵育 1h。经过洗涤去除未结合的原始抗体，然后加入酶标记的第二抗体，继而进行显色反应。

包含优良特征抗体的杂交瘤上清液显色后的颜色构成如图 4.4(a) 所示。抗体与包被在微孔板上的金属螯合 BSA 偶联物紧密结合，并且另外添加的不含金属的螯合剂（缓冲液＋螯合剂）对抗体与偶联物结合没有影响或是会刺激结合。包含所有螯合物和用于合成免疫抗原（缓冲液＋螯合剂＋金属）的金属离子的微孔板内吸光度的降低表明了可溶的金属螯合物

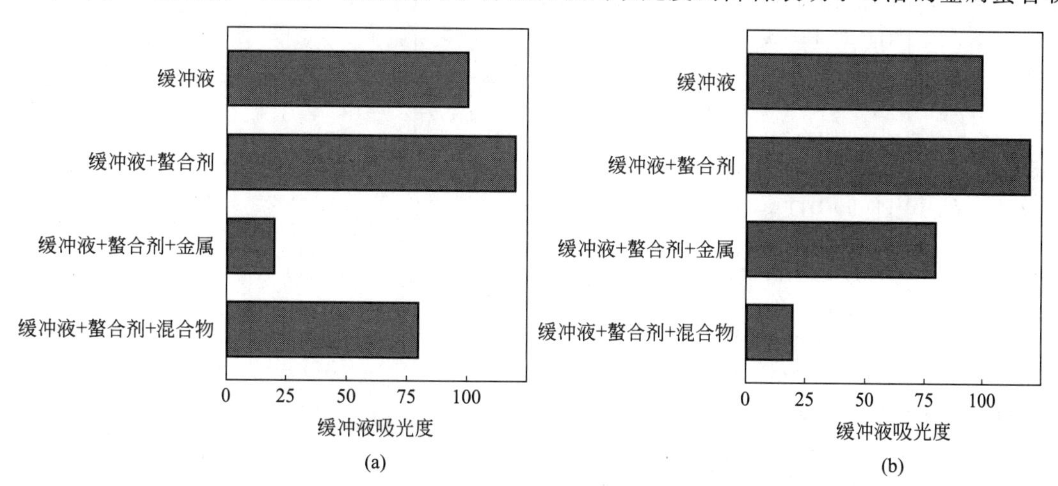

图 4.4 筛选杂交瘤上清液的代表性数据

(a) 显色结果表明，杂交瘤细胞产生了针对免疫原中金属螯合物的特异性单克隆抗体。(b) 显色结果表明，杂交瘤细胞产生了针对其他金属螯合物的特异性单克隆抗体。在该实验中，杂交瘤细胞上清液与等体积的以下溶液混合：HBS 缓冲液（10mmol/L HEPES，pH 7.2，140mmol/L NaCl，10mmol/L KCl）；缓冲液＋螯合剂，含有游离螯合剂的 HBS 缓冲液（10mmol/L EDTA 或 DTPA，2μmol/L DCP）；缓冲液＋螯合剂＋金属，含有游离螯合剂和 5～50mg/L 待测金属的 HBS 缓冲液；缓冲液＋螯合剂＋混合物，含有游离螯合剂和 5～50mg/L 的其他金属离子混合物（其他的环境污染相关金属离子，例如 Pb^{2+}、Ni^{2+}、Zn^{2+}、Cd^{2+} 和 Cu^{2+}）的 HBS 缓冲液。将这些混合物在包被有金属螯合 BSA 偶联物的微孔板中孵育 1h。经过洗涤去除未结合的第一抗体，然后加入酶标第二抗体，随后显色［见图 4.5(a)］。数据记为对照缓冲液的吸光度百分比。这种分析常用于杂交瘤细胞简单的筛选

会对金属螯合 BSA 偶联物产生抑制作用。有时，如图 4.4(b) 所示的显色也可被检测到，证明这些抗体是针对金属螯合物而不是那些由动物免疫产生的。产生上清液的杂交瘤细胞表明图 4.4 所示的模式会被扩大，并且要通过有限稀释重新克隆。这些杂交瘤随后作为腹水或在细胞系设备中培养，以产生大量的纯化抗体用于后续的结合研究和分析开发。

4.4 金属螯合物抗体的结合属性的特征描述

有关实验室生产的纯净抗体的结合属性的详细研究极大地提高了将这些抗体用于可行性分析中的能力。许多抗体的平衡分离常数取决于所有不含金属与金属负载的螯合剂（参考表 4.1 与相关部分)。这些研究已经明确了针对所有金属离子和螯合剂的抗体的明显特征，另外还提供了关于最终的免疫分析的可能灵敏度的估计值。通常公认且明确的是抗体对于相关免疫原的亲和度直接关系到免疫分析的灵敏度，即亲和度越高，分析方法越灵敏。双分子的结合和单分子的分离率常数同样也是由抗原-抗体反应的更高的亲和度决定的。

表 4.1 识别金属螯合物的抗体和抗体片段

克隆名称	具有最高识别亲和力的金属螯合物	K_d/(mol/L)		参考文献
		与金属结合的螯合剂	游离的螯合剂	
2A81G5	Cd(Ⅱ)-EDTA	2.1×10^{-8}	$>10^{-1}$	[20]
	Hg(Ⅱ)-EDTA	2.6×10^{-8}		[20]
A4	Hg(Ⅱ)-EDTA	3.6×10^{-9}	$>10^{-1}$	[39]
	Cd(Ⅱ)-EDTA	1.5×10^{-8}		
E5	Cd(Ⅱ)-EDTA	1.6×10^{-9}		[39]
	Hg(Ⅱ)-EDTA	3.6×10^{-9}		
rE5Fab	AmBz-EDTA-Cd(Ⅱ)	1.45×10^{-11}	$>10^{-1}$	[23]
scFv-A10	Cd(Ⅱ)-EDTA-偶联蛋白	1.6×10^{-7}	$>10^{-3}$	[56]
	Cd(Ⅱ)-EDTA	1.3×10^{-3}	$>10^{-1}$	
2C12	Pb(Ⅱ)-CHXDTPA	8.4×10^{-9}	2.1×10^{-7}	[30]
	Pb(Ⅱ)-DTPA	1.0×10^{-5}	2.1×10^{-3}	
	Ca(Ⅱ)-DTPA	2.8×10^{-6}	2.1×10^{-3}	
5B2	AmBz-EDTA-Pb(Ⅱ)	9.5×10^{-10}	8.0×10^{-6}	[29]
	AmBz-EDTA-Ca(Ⅱ)	8.9×10^{-6}		
	Pb(Ⅱ)-DTPA	3.9×10^{-7}	1.9×10^{-6}	
	Ca(Ⅱ)-DTPA	1.1×10^{-6}		
r5B2Fab	Pb(Ⅱ)-DTPA	2.6×10^{-6}	nd	[23]
	Ca(Ⅱ)-DTPA	nd		
15B4	Co(Ⅱ)-DTPA	5.2×10^{-8}	$>10^{-3}$	[57]
	Ni(Ⅱ)-DTPA	2.7×10^{-7}		
	Zn(Ⅱ)-DTPA	2.5×10^{-7}		
8A11	U(Ⅵ)-DCP	5.5×10^{-9}	3.7×10^{-6}	[24]
10A3	U(Ⅵ)-DCP	2.4×10^{-9}	2.8×10^{-6}	[24]
12F6	U(Ⅵ)-DCP	9.1×10^{-10}	1.5×10^{-7}	[24]
1A4	Cu(Ⅱ)-EDTA	2.2×10^{-10}	6.9×10^{-9}	本出版物
4B33	Cu(Ⅱ)-EDTA	2.2×10^{-9}	1.25×10^{-8}	本出版物

注：EDTA—乙二胺-*N*,*N*,*N'*,*N'*-四乙酸；CHXDTPA—反式环己基二亚乙基三胺-*N*,*N*,*N'*,*N'*,*N''*-五乙酸；DTPA—二亚乙基三胺-*N*,*N*,*N'*,*N'*,*N''*-五乙酸；AmBzEDTA—1-(4-氨基苄基) 乙二胺-*N*,*N*,*N'*,*N'*-四乙酸；DCP—2,9-二羧基-1,10-菲咯啉；rFab—重组 Fab 片段；scFv—单链抗体。

这些高亲和力相互作用的个体分离率常数控制达到平衡所需的时间；在一些快速的传感器形式中，按时间要求达到平衡能对分析进行速率限制[42]。按照标准的分析草案，我们实验室针对金属螯合物的抗体平衡与活跃的结合研究已经在 KinExA 3000™ 仪器上进行了验证[20,29,43,44]。

表 4.1 提供了部分平衡分离常数用来决定实验室生产的十四种不同抗体。对于表中大多数的抗体来说，平衡分离常数是由一系列的个体螯合物与金属离子的不同结合物决定的。读者可以直接从引用的参考文献中了解更全面的有关这些抗体的结合亲和度的介绍。

4.5 环境分析

在实验室形成的所有关于金属的环境免疫分析都是基于大体相同的原则。将含量充分的针对目标金属的不含金属的螯合剂添加到一份环境样品中。当用于分析的抗体所针对的螯合剂是一种通用的螯合剂，即该螯合剂会与一系列金属进行非特异性结合（例如 EDTA 或 DTPA），那么这种螯合剂的浓度就要足够高，以便与样品中的所有二价金属离子结合。如果抗体所针对的螯合剂是非通用螯合剂，即这种螯合剂只与样品中的一小部分特异性结合（例如与 UO_2^{2+} 结合的 DCP），则螯合剂的浓度应明显降低。加入抗体，抗体针对金属螯合物的结合会趋于平衡。

结合效果在许多方面可以转化成可计量的信号。该实验室采用的三种分析模式在图 4.5 中有说明。(a) 所示的第一种模式和用于杂交瘤筛选的分析十分相似。第一步，将金属螯合 BSA 偶联物包被在微孔板上。第二步，将抗体和来源于环境样品的可溶性的金属螯合物加入微孔板中，则固定的偶联物和可溶金属螯合物竞争抗原结合部位。第三步，清洗微孔移除未结合的初始抗体。第四步，加入酶标记的第二抗体，随后第二次洗涤未结合的第二抗体，然后加入酶底物产生颜色信号。这种模式已经用于开发镉元素和铀元素的分析方法[21,22,40]。

尽管上文描述的形式能够准确评估环境样品中的金属浓度，但是由于温育两种抗原的孵育步骤均要求 60min，因此总的分析时间达到 3～4h。为使分析方法合理化，开发了如图 4.5(b) 所示的一步分析模式[36,37]。在这种模式中，纯化的金属螯合特异性抗体被包被在微孔板上。一种金属螯合 HRP 偶联物和可溶的金属螯合物竞争抗体结合位点。经过洗涤后移除未结合的金属螯合 HRP 偶联物，再加入酶底物产生颜色信号。这种模式只要求 60min 的孵育步骤，并且总的分析时间由 3～4h 缩短到 90min。参照原始文献[36,37]，该方法要求用相对大量的纯化的抗金属抗体包被微孔板（12～24μg/96 孔板）。为了减少抗体的消耗，已经对初始的一步分析法进行了改进，即用 2μg/mL 的纯化抗小鼠抗体，然后添加一份 5～10 倍低浓度的纯化的抗金属螯合抗体。控制实验表现在这种改进提供的数据与已公布的方法完全一致，同时降低了 80%～90%的纯化的抗螯合剂抗体的使用[45]。

通过两步分析或一步分析微孔模式获得的代表性数据如图 4.6(a) 所示。微孔板分析中数据的获得遵循符合这类竞争免疫分析的浓度特征的对数线性关系。这些数据符合下列公式：

$$y = a_0 - \frac{a_1 x}{a_2 + x} \tag{4.1}$$

式中，y 为观测到的吸光度；x 为金属离子浓度；a_0 为不含金属离子时的吸光度；a_1

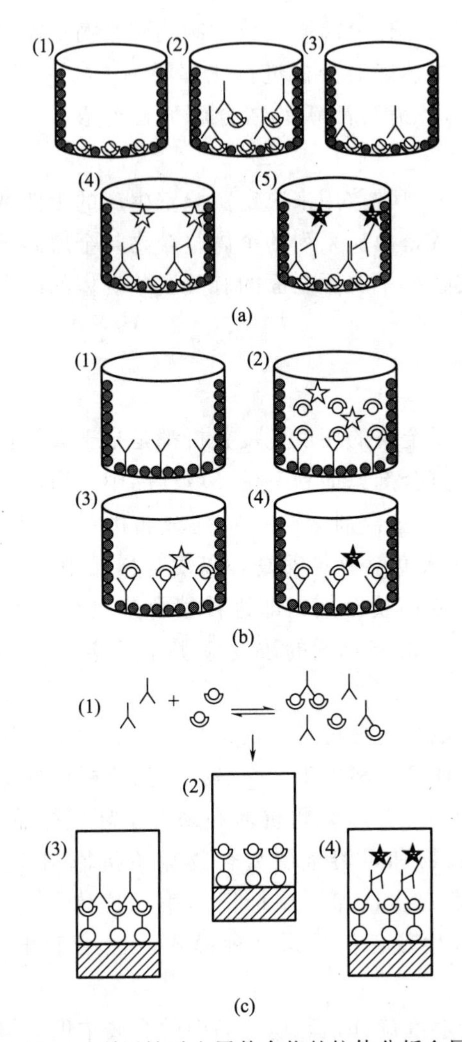

图 4.5 利用针对金属螯合物的抗体分析金属

(a) 两步竞争 ELISA：(1) 微孔板用金属螯合蛋白偶联物包被，非特异性结合位点用 BSA 封闭；(2) 样品（或标准溶液）与螯合剂以及一定浓度的第一抗体混合，混合物加入到微孔板中，固定的抗原与溶解的抗原竞争结合第一抗体；(3) 洗去未结合的抗体；(4) 第一抗体用 HRP 标记的第二抗体进行检测；(5) 加入 HRP 的底物进行显色反应。(b) 一步竞争 ELISA：(1) 微孔板用针对金属螯合物的第一抗体进行包被，非特异性结合位点用 BSA 进行封闭；(2) 含有金属螯合物的样品与一定浓度的 HRP 标记的金属螯合物进行混合，混合物竞争结合固定的第一抗体；(3) 过量的抗原被洗去；(4) 加入 HRP 底物进行显色反应。(c) 传感器分析：(1) 含有金属螯合物的样品（或标准溶液）与一定浓度的第一抗体混合，进行竞争反应达到平衡；(2) 达到平衡的抗体-抗原溶液快速通过一个毛细管，其中填充有表面固定了金属螯合物的微珠；(3) 只有未与金属螯合物结合的游离抗体可与微珠上固定的抗原相结合，未结合的抗体-抗原复合物被洗去；(4) 结合至毛细管的第一抗体利用荧光标记的第二抗体进行检测

为从不同浓度到饱和浓度的金属离子的吸光度；a_2 为 IC_{50}，即产生 50%抑制信号时金属离子的浓度。

为了将这种简单的分析方法推广到实际应用中去，研发了如图 4.5(c) 所示的传感方式[46~48]。这个传感器包含了适合多微孔筛选的流动/观测池，筛选时将不同的溶液通过负压进入管道。大于筛网平均孔径的均一颗粒在筛网上方沉积，形成微珠柱。抗

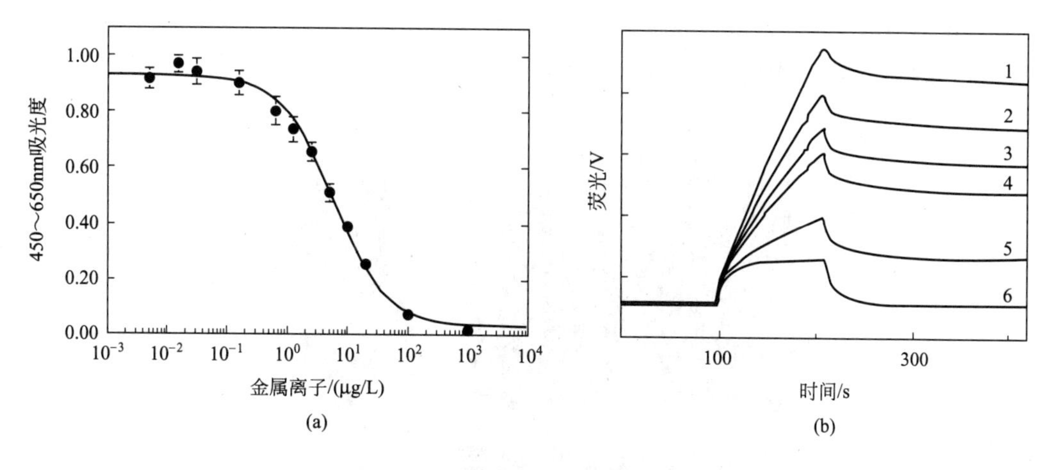

图 4.6 不同模式免疫分析的数据

(a) 图 4.4 中介绍的两步或一步微孔板分析模式。随着样品中金属螯合物浓度的增加（x 轴），相对信号降低（y 轴）。(b) 传感器分析模式。每条曲线记录第一抗体与某一浓度抗原的结合。随着抗原浓度的增加，荧光信号减小，1 代表最低的抗原浓度，6 代表最高的抗原浓度

体与从环境样品中获得的可溶解的金属螯合物混合，随后分析成分趋于平衡状态（1～2min）。该混合物通过包含有固定的金属螯合物的微珠柱。只有那些有未结合位点的抗体分子才能够结合微珠表面的固化配体；抗体的结合位点已经被配体结合的则不可再与微珠结合。然后用缓冲溶液将微珠上未结合的初始抗原洗去，随后引入带荧光标记的第二抗体，额外的未被结合的第二抗体也用缓冲液洗去。用一个发光二极管激发结合在微珠上的荧光团，再用一个光敏二极管测量微珠列上的荧光放射量。结合在微珠上的抗体数量与样品中金属螯合物的量成反比，因为复合物上抗体的结合降低了剂量关系中自由抗体的浓度。

传感形式中的代表性数据如图 4.6(b) 所示。当抗原-抗体复合物进入时，仪器开始检测荧光发射情况。当未被标记的平衡混合物被暴露并且从已被填充满的微珠列上淘汰时，0～95s 的仪器响应即相应于背景信号产生，95～215s 相应于微珠暴露于一种荧光标记的抗小鼠抗体，215～400s 相应于用缓冲液洗去微珠上多余的未结合的第二抗体。当平衡复合物包含足够的金属螯合物去饱和所有的酶结合位点［如图 4.6(b) 中轨迹 6 所示］，短暂地通过被观测细胞上的微珠时，第二抗体的荧光性对应的仪器响应类似于方波。该信号没有完全回归背景水平，这证明有少量（0.5%）残留的第二抗体与微珠列非特异性结合。当没有金属螯合物添加到抗体复合物以接触微珠柱［如图 4.6(b) 中轨迹 1 所示］，所有的抗体结合位点可与微珠上的固定复合物发生反应。仪器从 95～215s 的响应反映了两点原因，即未结合的荧光性第二抗体在微孔的空隙处，并且与初始抗体结合的被标记的第二抗体被固定的金属螯合物拦截。第二抗体的结合是一个连续的过程，在曲线中产生一部分上升的趋势。当多余的未结合的第二抗体从微珠上被洗去时（215～420s 的仪器响应），该信号代表残留物的总和，即结合初始抗原的被标记的第二抗原加上少量的非特异性结合。图 4.6(b) 中的轨迹 2～5 代表了可溶的金属螯合物从零到饱和浓度时的情况。

理论上来说，环境样品中的金属螯合物浓度的相关信息能够从曲线上 95～215s 的时间范围内的上升趋势以及 215～420s 间隔内的平稳时期的平均值得到。该斜率系数已经被用来

量化金属螯合物浓度应用于α型与β型户外便携传感器与手提传感器；平稳时期的平均值用来量化金属螯合物浓度则应用于 KinExA 3000™和自动式线性传感器（详见图 4.7 与相关文献[48,49]）。

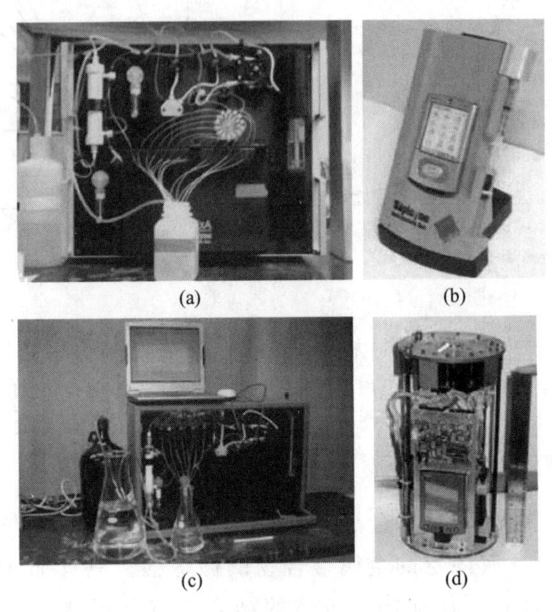

图 4.7 四种免疫分析传感器

（a）KinExA 3000™，Sapidyne Instrument Inc.（Boise，ID）生产的研究型商品化仪器；（b）用于现场便携式分析的β型手持式传感器，该仪器的改进型正在研发中；（c）用于自动监测工业过程和环境修复的β型在线传感器，也是 Sapidyne Instrument Inc.（Boise，ID）生产的商品化仪器；（d）用于水下浮标或水下运载设备的α型传感器

如图 4.7 所示，目前在实验室这四种传感器是可行的。图 4.7(a) 是 KinExA 3000™的图片，可从 Sapidyne Instrument Inc 获得[43]。使用者装配不同种类的抗体-抗原平衡复合物并且制备被免疫抗原包被的微珠。随后的分析步骤，包括微珠列的制备、抗体溶液的引入和缓冲液的洗涤均通过仪器的电脑界面来控制。图 4.7(b) 所示的第二种传感器是一种用于户外分析的手提式设备[48]。使用者准备一份环境样品混合物、螯合剂和抗体，并将抗体装入位于仪器右侧的注射器内。该传感器由一个 Palm™设备控制，将样品通过一个提前填充好的微珠柱推入，该微珠柱位于注射器顶端的不透光的免洗的暗匣装置中。仪器显示器监测微珠柱上的荧光性的被标记抗体，并且将主观的荧光强弱转变为环境样品中金属的浓度，该浓度的计算是根据仪器上的口径测量器运行的。图 4.7(c) 所示的第三种传感器是一种内嵌的β型传感器，应用于自动检测工业过程或是环境修复。该仪器可以自动运行标准曲线，并为分析制备环境样品[47]。使用者准备浓缩过的储备溶液和免疫抗原包被过的微珠并将其装在仪器的冷藏室内。然后该仪器通过可编程的计算机界面，从上述储备液或是储备液与环境样品的结合体自动地获取抗体-抗原复合物。图 4.7(d) 所示的最后一种传感器在水面浮标下或是自动的水下运载设备中运行。它包含五个预填充的微珠柱，能够通过 Palm™设备执行针对一个样品中五种不同类型分析物的分析或是在一个提前设定好的时间段内针对一种分析物执行多重分析。该传感器的较小模式正在开发中，可用作水下小型自动化运载工具。

4.6 环境样品及血清样品的分析

从长远看来，这些针对重金属的基于抗体的分析在该领域的使用是受到限制的，最主要是由于抗体还不能产业化，并且还不能制造出简单易用的成套装备。2A81G5 是该实验室第一种被分离出的抗金属单克隆抗体，并且实验室的大多数分析应用了此抗体。2A81G5 已经应用于一步分析与两步分析的酶联免疫分析（ELISA）方式中，用来测量添加镉的环境水样中的镉含量[22,36]。该实验的代表性数据如图 4.8 所示。图 4.8(a) 表示当环境水样中添加 0.36～5.37μmol/L 的镉时，分别用两步分析的 ELISA 与石墨炉原子吸收光谱法（AAS）测定的结果对比。总的来说，ELISA 的结果与 AAS 所获得的数据的相关性还是不错的，并且 ELISA 方法正确地识别最低限度、中等程度、严重污染的水体样品。在 ELISA 中有一些正相关的偏差，如图 4.8(a) 中的非零截距表示的那样；但是，在户外便携式筛选工具中，这样的正相关偏差在分析设计中是可以接受的。

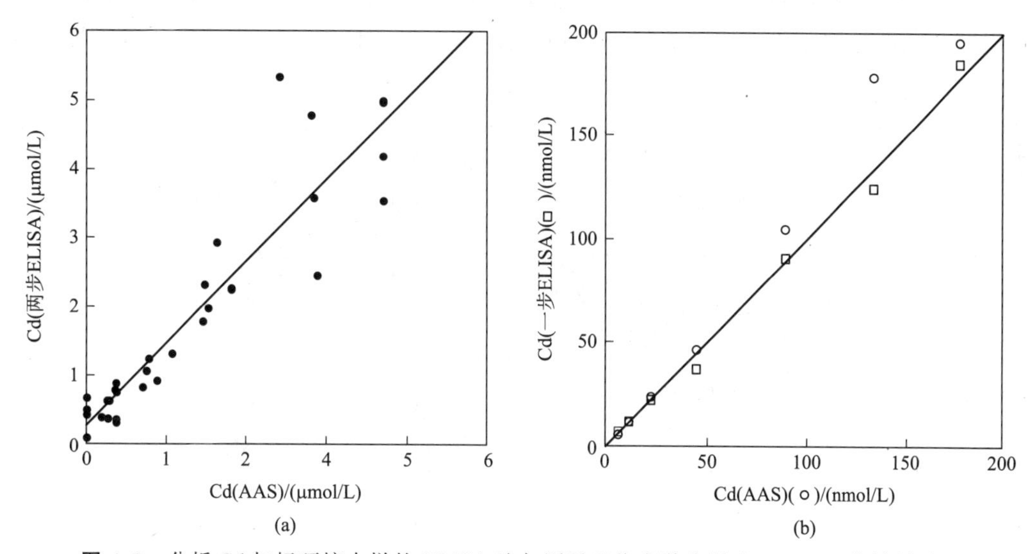

图 4.8 分析 Cd 加标环境水样的 ELISA 法与原子吸收光谱分析法（AAS）的结果对比

（a）Cd 标准溶液加入在不同时间取自 Trepagnier 河口的水样，用两步 ELISA 和石墨炉 AAS 进行分析，y 轴为两步 ELISA 结果，x 轴为 AAS 结果。线性回归直线的斜率为 0.951，截距为 0.2μmol/L，相关系数为 0.931。（b）Cd 标准溶液加入取自 Trepagnier 河口的水样，加标浓度为 5.6～178nmol/L，样品用一步 ELISA 和石墨炉 AAS 进行测定。直线是 Cd 回收率 100%时的理论浓度值，(○) 表示 AAS 测定值，(□) 为一步 ELISA 测定值。从 Trepagnier 河口取水样是因为它具有 Louisiana 南部污染河口的典型化学特征（引自 Khosraviani，M.，Pavlov，A. R.，Howers，G. C. and Blake，D. A. Environ. Sci. Technol，32，1998.；和 Darioish，I. A. and Blake. D. A.，Anal Chem.，73，2001.）

大约需要运行 1h 的一步酶联免疫分析方法同样也表现出了较两步分析法对镉更好的灵敏度［比较图 4.8(a) 与 (b) 的 x 轴所得］。在加标回收率实验中，一步分析法实际上优于石墨炉原子吸收光谱法，即可以准确地检测添加到环境水样中的镉［图 4.8(b)］。一步 ELISA 法的演变同样被开发用于血清分析[37]；血清 ELISA 法已经被应用于证明胰腺癌病人与同龄人血清中明显不同的镉含量[45]。

未来研究方向：

作为已经用抗体研究发展了几种新的成套分析方法的研究者来说，我们发现任何新的 ELISA 试剂盒或是免疫传感器的性能很大程度上依赖于所使用的抗体。我们目前研究的一个重要目标是开发新的抗体工程技术，这将会提高抗体在连续性免疫传感器程序中的功效。对于标准的杂交瘤技术来说，融合细胞抗体比单克隆抗体的生产更具优势。对于抗体生产，克隆基因代表了一种稳定的可重获的资源。另外，细胞重组模式可为提高抗体性能的蛋白质工程以及能够更好地理解抗体-抗原合成规律的机理研究提供有利条件。该实验室生产的大多数金属螯合特异性单克隆抗体的轻重链可变区已经确定了核苷酸与推导的氨基酸序列。这些结果已经在一系列不同的重组细胞形式中得到表达，为的是确定是否任何一种重组细胞形式均可以为免疫分析法或免疫传感器提供一种改良试剂。

图 4.9 表示了已经表达的金属螯合物单克隆抗体的各种变体。5B2 和 E5 两种抗体的重链和轻链作为单链抗体［scFv，图 4.9(d)］已经在细菌和动物表达载体中得到表达。虽然 scFv 抗体蛋白在两种表达系统中都得到了表达，但是它们对金属螯合物都没有结合活性。当 E5 的重链和轻链以 scAb 的形式表达时［图 4.9(c)］，该重组片段恢复了抗体 15%～20%的结合活性。根据假设，结合位点在这些单链抗体中是折中的，具有 Fab 或 $F(ab)_2$形式的重链和轻链更加正确的构象会增加蛋白-配体结合物的稳定性，从而增加重组抗体对金属螯合物的亲和力。

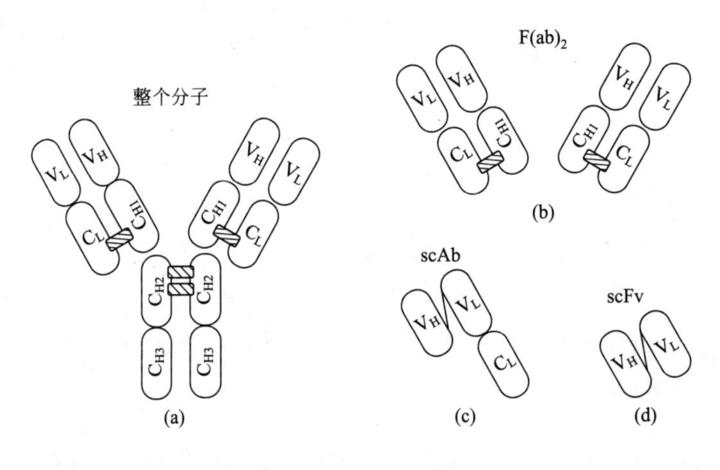

图 4.9 用于免疫分析的抗体和抗体片段

(a) 包括两条轻链 (L) 和两条重链 (H) 的完整 IgG 分子；(b) 含有轻链和重链的可变区和第一恒定区的 $F(ab)_2$片段，可以通过 IgG 的蛋白水解或重组技术得到；(c) 单链抗体片段 scAb，可以通过在细菌细胞的重组技术得到，这个片段包含重链的可变区和轻链，两者通过肽连接；(d) scFv 片段也是通过重组技术得到的，含有重链可变区和轻链可变区，两者通过连接肽二硫键结合（引自 Roitt，I.，Brostoff，J. and Male，D. Immunology，5th ed.，Mosby International，London，1998.）

实际上，当 5B2 和 E5 抗体以重组 $F(ab)_2$形式表达时［图 4.9(b)］，会恢复抗体的结合活性。这个重组抗体片段是通过连接完整的轻链以及重链的可变区和第一不可变区，在商品化的哺乳动物表达载体中实现的[23]。这项技术已经被用于表达 5B2、E5 和 12F6（表 4.1）三种不同单克隆抗体的 $F(ab)_2$片段。在这些例子中，重组蛋白具有与通过单抗蛋白水解制得的 $F(ab)_2$相同的结合特性[23]。用 Morea 等[50]的规范结构方法构建重链和轻链变体的分子模型，可以利用定点导向突变评价各个残基参与抗原识别的情况。

在另一个试验中，从金属螯合物免疫的羊和兔的脾脏中分离 RNA，建立噬菌体展示抗体文库。通过免疫构建的噬菌体展示文库通常包括针对免疫原的各个抗体基因，其中许多已经亲和力成熟。一个针对 UO_2^{2+}-DCP 螯合物的抗体片段已经从这个组合噬菌体展示文库中分离出来。虽然该抗体片段对 UO_2^{2+}-DCP 螯合物的亲和力不如单克隆抗体强大，但是抗体噬菌体展示技术的优点在于它能够潜在地对抗体的亲和力进行改进，显著提高并最终超过单克隆抗体。

已经有许多技术可以被用于制备并筛选具有较好特异性和亲和力的抗体。易错 PCR（error-prone PCR）结合噬菌体展示将 scFv 对溶菌酶的亲和力提高了 5 倍[51]。Schier 等[52,53]利用链洗牌技术（chain shuffling）将 scFv 对癌抗原 c-*erb*B-2 的亲和力常数从 16nmol/L 改变为 2.5nmol/L，亲和力提高了 6 倍。链洗牌技术是将一系列轻链与针对特定抗原的重链连接。一旦筛选出具有最佳亲和力的抗体，重链的一部分就被替换掉。由于 CDRH3 环最可能形成对抗原的特异性，这部分重链可变区要保留[54]。定点突变也可以用于提高抗体的亲和力[54]，但正如易错 PCR 亲和力成熟过程所示，一些能够提高抗体亲和力的抗体序列的变化是不可预测的，而且常常位于骨架残基和 CDRs 中不与抗原接触的残基中心[55]。

4.7 结论

基于抗体的金属离子分析是一种很有前景的新技术，将用于实时、原位重金属污染的评价。在研究过程中，针对金属螯合物抗体的分离和表征与开发以抗体为识别元件的自动化、小型化现场可持传感器是同步进行的。这些传感器的使用将极大地降低现场监测的费用，提高风险评价的成果。

致谢

这项研究得到了美国能源部科学办公室（BER）的支持，项目 DE-FG02-98ER62704 由海军研究办公室（N00014-06-1-0307）和美国地质调查局（05HQAQ0109）向杜兰/泽维尔生物环境研究中心提供资金支持，并从美国能源部核不扩散办公室的洛斯阿拉莫斯国家实验室获得分包任务（93603-001-04 3F）。美国国家海洋和大气管理局（NOAA）的沿海地区修复和增强科技（CREST）计划以及美国国家环境保护局的 GRO 博士后奖学金（MA91657401）对 E. R. Abboud 的津贴支持。

参考文献

1. Devi, M. and Fingerman, M., Inhibition of acetylcholinesterase activity in the central nervous system of the red swamp crayfish, *Procambarus clarkii*, by mercury, cadmium, and lead, *Bull. Environ. Contam. Toxicol.*, 55, 746–750, 1995.
2. MacCarthy, P., Klusman, R. W., Cowling, S. W., and Rice, J. A., Water analysis, *Anal. Chem.*, 67, 525R–582R, 1995.
3. Santelli, R. E., Gallego, M., and Valcarcel, M., Preconcentration and atomic absorption determination of copper traces in waters by online adsorption-elution on an activated carbon minicolumn, *Talanta*, 41, 817–823, 1994.
4. Corsi, M., Cristoforetti, G., Hidalgo, M., Legnaioli, S., Palleschi, V., Salvetti, A., Tognoni, E., and Vallebona, C., Application of laser-induced breakdown spectroscopy technique to hair tissue mineral analysis, *Appl. Opt.*, 42, 6133–6137, 2003.
5. Basta, N. T., Ryan, J. A., and Chaney, R. L., Trace element chemistry in residual-treated soil: key

concepts and metal bioavailability, *J. Environ. Qual.*, 34, 49–63, 2005.

6. Shaw, M. J. and Haddad, P. R., The determination of trace metal pollutants in environmental matrices using ion chromatography, *Environ. Int.*, 30, 403–431, 2004.
7. Meyer, G. A., ICP; Still a panacea for trace metal analysis, *Anal. Chem.*, 59, 1345–1354, 1987.
8. Komaromy-Hiller, G., Flame, flameless, and plasma spectroscopy, *Anal. Chem.*, 71, 338R–342R, 1999.
9. Alvarex-Llamas, G., De laCampa, M. R. F., and Sanz-Medel, A., ICP–MS for specific detection in capillary electrophoresis, *Trends Anal. Chem.*, 24, 28–36, 2005.
10. Cornelis, R., Caruso, J., Crews, H., and Heumann, K., *Handbook of Elemental Speciation Techniques and Methodology*, Wiley, Chichester, U.K., 2003.
11. Szurdoki, F., Jaeger, L., Harris, A., Kido, H., Wengatz, I., Goodrow, M. H., Szekacs, A. *et al.*, Rapid assays for environmental and biological monitoring, *J. Environ. Sci. Health, Part B: Pestic. Food Contam., Agric. Wastes*, 31, 451–458, 1996.
12. Van Emon, J. M., Gerlach, C. L., and Bowman, K., Bioseparation and bioanalytical techniques in environmental monitoring, *J. Chromatogr. B, Biomed. Sci. & Appl.*, 715, 211–228, 1998.
13. Bushway, R. J., Perkins, L. B., Fukal, L., Harrison, R. O., and Ferguson, B. S., Comparison of enzyme-linked immunosorbent assay and high-performance liquid chromatography for the analysis of atrazine in water from Czechoslovakia, *Arch. Environ. Contam. Toxicol.*, 21, 365–370, 1991.
14. Abad, A., Moreno, M. J., Pelegri, R., Martinez, M. I., Saez, A., Gamon, M., and Montoya, A., Determination of carbaryl, carbofuran and methiocarb in cucumbers and strawberries by monoclonal enzyme immunoassays and high-performance liquid chromatography with fluorescence detection. An analytical comparison, *J. Chromatogr. A*, 833, 3–12, 1999.
15. Baek, N. H., Evaluation of immunoassay tests in screening soil contaminated with polychlorinated biphenyls, *Bull. Environ. Contam. Toxicol.*, 51, 844–851, 1993.
16. Biagini, R. E., Tolos, W., Sanderson, W. T., Henningsen, G. M., and MacKenzie, B., Urinary biomonitoring for alachlor exposure in commercial pesticide applicators by immunoassay, *Bull. Environ. Contam. Toxicol.*, 54, 245–250, 1995.
17. Giraudi, G. and Baggiani, C., Immunochemical methods for environmental monitoring, *Nucl. Med. Biol.*, 21, 557–572, 1994.
18. Reardan, D. T., Meares, C. F., Goodwin, D. A., McTigue, M., David, G. S., Stone, M. R., Leung, J. P., Bartholomew, R. M., and Frincke, J. M., Antibodies against metal chelates, *Nature*, 316, 265–268, 1985.
19. Blake, D. A., Chakrabarti, P., Hatcher, F. M., and Blake, R. C. II, Enzyme immunoassay to determine heavy metals, *Proceedings of the 17th Annual EPA Conference on Pollutants in the Environment*, U.S. EPA Office of Water, Washington, DC, pp. 293–316, 1994.
20. Blake, D. A., Chakrabarti, P., Khosraviani, M., Hatcher, F. M., Westhoff, C. M., Goebel, P., Wylie, D. E., and Blake, R. C. II, Metal binding properties of a monoclonal antibody directed toward metal–chelate complexes, *J. Biol. Chem.*, 271, 27677–27685, 1996.
21. Blake, D. A., Pavlov, A. R., Khosraviani, M., and Flowers, G. C., Immunoassay for cadmium in ambient water samples, In *Current Protocols in Field Analytical Chemistry*, Lopez-Avila, V., Ed., Wiley, New York, pp. 1.1–1.10, 1998.
22. Khosraviani, M., Pavlov, A. R., Flowers, G. C., and Blake, D. A., Detection of heavy metals by immunoassay: Optimization and validation of a rapid, portable assay for ionic cadmium, *Environ. Sci. Technol.*, 32, 137–142, 1998.
23. Delehanty, J. B., Jones, R. M., Bishop, T. C., and Blake, D. A., Identification of important residues in metal-chelate recognition by monoclonal antibodies, *Biochemistry*, 42, 14173–14183, 2003.
24. Blake, R. C. II, Pavlov, A. R., Khosraviani, M., Ensley, H. E., Kiefer, G. E., Yu, H., Li, X., and Blake, D. A., Novel monoclonal antibodies with specificity for chelated uranium(VI): Isolation and binding properties, *Bioconjug. Chem.*, 15, 1125–1136, 2004.
25. Martell, A. E.,. Smith, R. M., NIST critically selected stability constants of metal complexes version 5.0, In *NIST Standard Reference Data*, National Institutes of Standards and Technology, Gaithersburg, MD, 1998.
26. DeRiemer, L. H., Meares, C. F., Goodwin, D. A., and Diamanti, C. I., BLEDTA: Tumor localization by a bleomycin analogue containing a metal-chelating group, *J. Med. Chem.*, 22, 1019–1023, 1979.

27. Brechbiel, M. W., Beitzel, P. M., and Gansow, O. A., Purification of *p*-nitrobenzyl C-functionalized diethylenetriamine pentaacetic acids for clinical applications using anion-exchange chromatography, *J. Chromatogr. A.*, 771, 63–69, 1997.
28. Brechbiel, M. W. and Gansow, O. A., Synthesis of C-functionalized *trans*-cyclohexyldiethylenetriaminepenta-acetic acids for labelling of monoclonal antibodies with the bismuth-212 α-particle emitter, *J. Chem. Soc. Perkin Trans.*, 1, 1173–1178, 1992.
29. Blake, R. C. II, Delehanty, J. B., Khosraviani, M., Yu, H., Jones, R. M., and Blake, D. A., Allosteric binding properties of a monoclonal antibody and its Fab fragment, *Biochemistry*, 42, 497–598, 2003.
30. Khosraviani, M., Blake, R. C. II, Pavlov, A. R., Lorbach, S. C., Yu, H., Delehanty, J. B., Brechbiel, M. W., and Blake, D. A., Binding properties of a monoclonal antibody directed toward lead-chelate complexes, *Bioconjug. Chem.*, 11, 267–277, 2000.
31. Thiers, R. E., Contamination in trace element analysis and its control, *Methods Biochem. Anal.*, 5, 273–335, 1957.
32. Wong, S. S., *Chemistry of Protein Conjugation and Cross-Linking*, CRC Press, Boca Raton, 1993.
33. Chakrabarti, P., Hatcher, F. M., Blake, R. C. II, Ladd, P. A., and Blake, D. A., Enzyme immunoassay to determine heavy metals using antibodies to specific metal-EDTA complexes: Optimization and validation of an immunoassay for soluble indium, *Anal Biochem.*, 217, 70–75, 1994.
34. Harris, J. R. and Markl, J., Keyhole limpet hemocyanin (KLH): A biomedical review, *Micron*, 30, 597–623, 1999.
35. Harris, J. R. and Markl, J., Keyhole limpet hemocyanin: Molecular structure of a potent marine immunoactivator. A review, *Eur. Urol.*, 37 (Suppl. 3), 24–33, 2000.
36. Darwish, I. A. and Blake, D. A., One-step competitive immunoassay for cadmium ions: Development and validation for environmental water samples, *Anal. Chem.*, 73, 1889–1895, 2001.
37. Darwish, I. A. and Blake, D. A., Development and validation of a one-step immunoassay for determination of cadmium in human serum, *Anal Chem.*, 74, 52–58, 2002.
38. Cayot, P. and Tainturier, G., The quantification of protein amino groups by the trinitrobenzenesulfonic acid method: a reexamination, *Anal Biochem.*, 249, 184–200, 1997.
39. Jones, R. M., Yu, H., Delehanty, J. B., and Blake, D. A., Monoclonal antibodies that recognize minimal differences in the three-dimensional structures of metal-chelate complexes, *Bioconjug. Chem.*, 13, 408–415, 2002.
40. Blake, D. A., Pavlov, A. R., Yu, H., Khosraviani, M., Ensley, H. E., and Blake, R. C. II, Antibodies and antibody-based assays for hexavalent uranium, *Anal. Chim. Acta.*, 444, 11–23, 2001.
41. Good, N. E., Winget, G. D., Winter, W., Connolly, T. N., Izawa, S., and Singh, R. M. M., Hydrogen ion buffers for biological research, *Biochemistry*, 5, 467–477, 1966.
42. Braden, B. C., Goldman, E. R., Mariuzza, R. A., and Poljak, R. J., Anatomy of an antibody molecule: Structure, kinetics, thermodynamics and mutational studies of the antilysozyme antibody D1.3, *Immunol. Rev.*, 163, 45–57, 1998.
43. Blake, R. C. I., Pavlov, A. R., and Blake, D. A., Automated kinetic exclusion assays to quantify protein binding interactions in homogenous solution, *Anal Biochem.*, 272, 123–134, 1999.
44. Blake, R. C. II and Blake, D. A., Kinetic exclusion assay to study high-affinity binding interactions in homogeneous solutions, In *Methods in Molecular Biology: Antibody Engineering-Methods and Protocols*, Lo, B. K. C., Ed., Humana Press, Towata, NJ, pp. 417–430, 2003.
45. Kriegel, A. M., Soliman, A. G., El-Ghawalby, N., Ezzat, F., Soultan, A., Abdel-Wahab, M., Fathy, O., et al., Serum cadmium levels in pancreatic cancer patients from the East Nile Delta region of *Egypt Environmental Health Perspectives*, 2005, Forthcoming.
46. Blake, D. A., Jones, R. M., Blake, R. C. II, Pavlov, A. R., Darwish, I. A., and Yu, H., Antibody-based sensors for heavy metal ions, *Biosens. Bioelectron.*, 16, 799–809, 2001.
47. Yu, H., Jones, R. M.,Blake, D. A., An immunosensor for autonomous in-line detection of heavy metals: Validation for hexavalent uranium. *Int. J. Env. Anal. Chem.*, 2005, Forthcoming.
48. Blake, D. A., Yu, H., and Blake, R. C. II, Development of rapid, portable immunoassays for heavy metals in acid mine drainage, In *Biohydrometallurgy and the Environment-IBS 2001*, Amils, R., Ed., Elsevier, Amsterdam, pp. 533–540, 2002.
49. Glass, T. R., Saiki, H., Blake, D. A., Blake, R. C. II, Lackie, S. J., and Ohmura, N., Use of excess solid-phase capacity in immunoassays: advantages for semicontinuous, near-real-time measurements and

for analysis of matrix effects, *Anal. Chem.*, 76, 767–772, 2004.

50. Morea, V., Tramontano, A., Rustici, M., Chothia, C., and Lesk, A. M., Conformations of the third hypervariable region in the VH domain of immunoglobulins, *J. Mol. Biol.*, 275, 269–294, 1998.
51. Johnson, K. S. and Hawkins, R. E., Affinity maturation of antibodies using phage display, In *Antibody Engineering: a Practical Approach*, Chiswell, D. J., Ed., IRL Press, New York, pp. 41–58, 1996.
52. Schier, R. and Marks, J. D., Efficient in vitro affinity maturation of phage antibodies using BIAcore guided selections, *Hum. Antibodies Hybridomas*, 7, 97–105, 1996.
53. Schier, R., Bye, J., Apell, G., McCall, A., Adams, G. P., Malmqvist, M., Weiner, L. M., and Marks, J. D., Isolation of high-affinity monomeric human anti-c-erbB-2 scFv using affinity-driven selection, *J. Mol. Biol.*, 255, 28–43, 1996.
54. Adams, G. P. and Schier, R., Generating improved single-chain Fv molecules for tumor targeting, *J. Immunol. Methods*, 231, 249–260, 1999.
55. Hawkins, R. E., Russell, S. J., Baier, M., and Winter, G., The contribution of contact and non-contact residues of antibody in the affinity of binding to antigen. The interaction of mutant D1.3 antibodies with lysozyme, *J. Mol. Biol.*, 234, 958–964, 1993.
56. Kriegel, A. M., Blake, D.A., Forthcoming. Antibody fragments with specificity for metal-chelate complexes from human semi-synthetic phage display libraries, In *Recent Research developments in bioconjugate chemistry*, ed. A. Gayathri. Trivandrum, India: Transworld Research Network, 2005.
57. Blake, D. A., Blake, R. C. II, Khosraviani, M., and Pavlov, A. R., Metal ion immunoassays, *Anal. Chim. Acta.*, 376, 13–19, 1998.

5 小分子的分子印迹

Zoe Cobb and Lars I. Andersson

目录

5.1 简介

近几年来，人们对分子印迹学领域[1]产生了极大的兴趣，尤其是已经有了其在分离分析方面的应用研究。主要包括分子印迹聚合物（molecularly imprinted polymers，MIPs）作为模拟免疫测定中的模拟抗体、固相萃取中的吸附剂、液相色谱和毛细管电色谱中的选择性固定相、传感器的敏感材料等方面的应用。许多情况表明，分子印迹聚合物与传统材料相比表现出更好的竞争性和优越性。该技术简单明了，非常吸引人（图 5.1）。理论上，模板分子与交联剂共聚制得交联聚合物，然后去除其中的模板分子，从而得到具有特定空间结构的选择性识别位点聚合物。原则上，可根据各种不同类分析物的选择性制备 MIPs，比如药物对映体、农药、激素、毒素、短肽链、核酸。然而对于生物大分子，在可见的未来，抗体技术还会维持不可替代的作用，但分子印迹会是一个可行的针对小分子的替代技术。抗体的制备需要半抗原与载体蛋白的结合，这往往会改变暴露于免疫系统的抗原的结构性能。因此，由此制得的抗体会定向结合与目标物稍微不同的抗原。在有些情况下，MIP 的特异性更优于单克隆抗体。MIPs 本身的性能比抗体更为强大，它们可以从纯有机溶剂甚至生物体液中分离出被分析物。

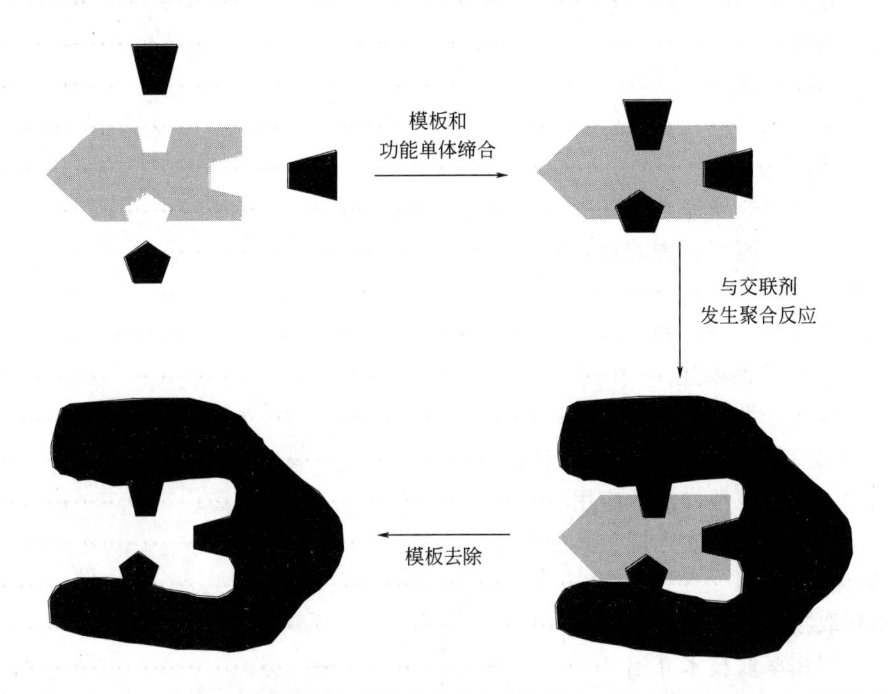

图 5.1 模板分子存在下，功能单体和交联剂单独发生聚合反应，形成聚合产物。在前聚合溶液中，功能单体和模板分子相互作用形成复合物。功能单体排布在模板分子周围，用过量的交联剂通过聚合反应将其保留在适当的位置，形成不溶的本体聚合物，之后将模板分子去除，留下具有特定空间（大小和形状）和化学（互补的化学官能团）记忆的模板印迹位点。这些印迹位点可以特异性地结合混合物中的初始模板分子

5.2 印迹聚合物的制备

5.2.1 分子印迹的形成

单体与模板分子主要通过两种不同的方法进行结合，即共价印迹结合和非共价印迹结合。共价印迹[2,3]利用可逆的共价键需要合成步骤来制备由功能单体和模板分子共价偶联的印迹配合物。聚合反应完成之后，通常通过水解作用使共价键断裂，从而形成印迹结合位点。非共价印迹法[4,5]又称自组装法，它利用氢键、离子键、疏水性作用等相互作用力将模

板分子与功能单体相互结合起来。由于化学结构具有灵活性，一般认为非共价印迹法实验更容易实现，并且功能单体的来源更加广泛。其他的分子印迹方法还有化学计量非共价印迹法(stoichiometric non-covalent imprinting)[3,6]，单体和模板分子之间利用复合氢键相连接形成非常稳定的模板-功能单体复合物。尽管连接键在非质子溶剂中比较强，但还是可以通过水或者酒精的添加将模板分子从印迹中分离出来。如果没有过量的单体分子，印迹空间结合位点就会成为所有的分子功能基团的位点。半共价印迹法的原理是在进行聚合前使模板与功能单体的作用方式为共价作用形式，而最终重新进行分子识别时却依赖非共价作用形式[7,8]。半共价印迹法是这样得以实现的：在对聚合物中的模板分子进行去除的同时，在模板分子与单体之间移动出一个小间隔，以此在空出印迹位点的同时可以使官能团在相同的位置非共价结合到模板分子上。金属离子配位分子印迹法中[9,10]，印迹是由模板分子-金属离子-功能单体组成的三重复合体。聚合作用可以使非特异性结合位点的形成降低到最小，并且与生物学相关模板功能的结合有高度灵活性，这种相互作用在以上情况下是很强的。

本章将重点关注非共价分子印迹法，后来在多数应用中人们对此法进行了深度探究。尽管看似相对简单，这种合成方法仍然涵盖了一系列因素，这些因素可以影响聚合物的形态、结合能力、亲和力、表面性能。然而，后来的讨论研究也发现，利用一些经验法则通常也可以在聚合物基质内形成印迹位点[11,12]。

5.2.2 模板分子

尽管有大量的低分子量的化合物可以用于非共价印迹，但对模板分子有一些特定的要求。它必须要在单体溶液中可溶，在聚合反应状态下有良好的化学惰性。模板分子中的双键或者其他化学功能基团是否会干扰自由基聚合？在用于激发引发剂的紫外线或者热条件下模板分子是否还会稳定存在？这些问题是必须要考虑的，如果答案是令人满意的，分子印迹在理论上就是可行的。

5.2.3 功能单体

功能单体应该具有能与模板分子结合的化学功能基团，例如在聚合反应过程中，氢键供体与氢键受体结合。这些相互作用在正确的位置上留下合成印迹，并连同有互补形状的印迹，由此形成所观察到的分子识别的基础（图 5.1）。功能单体可以是乙烯基、甲基丙烯酸酯、丙烯酸酯、甲基丙烯酰胺或丙烯酰胺单体中的任何一类（表 5.1）。只要在自由基聚合反应中能够互相聚合，可以使用多种单体[11]。最常用的单体是甲基丙烯酸(MAA)，它同时具有氢键供体和氢键受体，能够和多种模板分子功能基团形成氢键。因此，MAA 被用来印迹多种模板分子结构。通过 MAA 和/或 2-乙烯基吡啶（2VPy）与乙二醇二甲基丙烯酸酯（EGDMA）共聚制备的结合性能丹磺酰基-L-苯丙氨酸-MIP 的比较显示，2VPy-MIP 比 MAA-MIP 表现出更强的对映体选择性[13]。相同的 MIP 中，2VPy 和 MAA 的组合会呈现出更强的对映体选择性。单体三氟甲基丙烯酸（TFMAA）的酸性强于 MAA，能与基本模板分子形成更强的相互作用力[14]。然而，由 MAA 和 TFMAA 共同制备的 MIP 对扑草净的亲和力强于单独使用 MAA 或者 TFMAA 制备的聚合物的亲和力[15]。丙烯酰胺是能提供强的氢键相互作用的中性单体，研究显示，一些单体，与基于

MAA 的 MIP 相比具有更好的对映体识别和负载能力[16]。另外，有些研究还使用了 2-甲基丙烯酸羟乙酯（HEMA）[17]和一个带有脲官能团的单体[18]。一般能与酸性模板分子形成选择性印迹的基本单体有脒基单体 *N*,*N*′-二乙基（4-乙烯基苯基）脒[19]、4-乙烯基吡啶、1-乙烯基咪唑[20]。

表 5.1　用于小分子印迹的代表性功能单体

单体	特性
甲基丙烯酸(MAA)	酸性单体，pK_a=4.6，参与离子相互作用和氢键相互作用。通用
三氟甲基丙烯酸(TFMAA)	比 MAA 更酸的酸性单体，pK_a=2.1，参与离子相互作用和氢键相互作用
2-乙烯基吡啶和 4-乙烯基吡啶(VPy)	主要单体，pK_a 分别为 5.0 和 5.4，参与离子相互作用和氢键相互作用
丙烯酰胺和甲基丙烯酰胺	中性单体。参与强的氢键相互作用
2-甲基丙烯酸羟乙酯(HEMA)	中性单体。参与氢键相互作用，呈现 MIP 表面亲水性
N,*N*′-二乙基(4-乙烯基苯基)脒	强碱性单体，pK_a=11.9，与酸性基团形成强的离子键，例如羧酸和膦酸
乙二醇二甲基丙烯酸酯(EGDMA)	最常用的交联剂单体
N,*O*-双异丁烯酰乙醇胺(NOBE)	交联剂单体，含丙烯酰胺功能基团，参与氢键相互作用。可单独使用，不加功能单体
三羟甲基丙烷三甲基丙烯酸酯(TRIM)	三功能交联剂，用于色谱分离法

功能单体与模板分子的聚合比率会影响聚合产物的选择性、结合能力和亲和力，比率需要对每个系统进行优化。通常，人们使用 4∶1（非优化的）的配比［或者每个模板分子的化学功能基团（胺、氨基化合物、羧酸、羟基、氨基甲酸酯等）对应两个模板分子］。在平衡结合研究中，可以接受更高的比例[21,22]。MAA 与模板以 50∶1 的比例制备的吗啡-MIPs 应用在放射性配体结合研究中，结果显示，结合能力和选择性没有大的损失；而比例为 150∶1时结合能力曲线则会明显下降[21]。这拓宽了成本太高、不能大量获得或者难溶的模板在非共价印迹中的应用。就色谱分离来说，情况则更加复杂。尽管印迹效率随着配比的增加而增加，与随意分布在聚合物表面的多个功能单体残基发生非特异性结合的可能性也会随之增加。高单体/模板配比下，非特异性结合能力占支配作用，会导致停留时间增长和选择性彻底丧失。必须通过实验获得平衡结合能力、选择性和非特异性的最优比例。

5.2.4 交联剂

交联剂在分子印迹聚合中具有三个主要的功能：它有助于在印迹位置上永久固定与模板相互作用的功能单位（图 5.1）；增加聚合物的机械稳定性；帮助控制聚合物基体的形态。乙二醇二甲基丙烯酸酯（EGDMA）是最常用的交联剂[2~5]。交联剂便宜，它使得分子印迹聚合物拥有良好的机械、热和化学稳定性[23]及好的选择性。已经有几种可选物得到了成功应用，例如，据报道，由三官能团交联剂三羟甲基丙烷三甲基丙烯酸酯（TRIM）和季戊四醇三丙烯酸酯制备的 MIPs 具有良好的色谱分离对映体选择性，拥有比 EGDMA 制备的 MIPs 更高的负荷能力和更好的分辨率[24]。然而，有报道显示，尼古丁印迹 MAA/EGDMA 聚合物的选择性却比 MAA/TRIM 好[25]。二乙烯基苯（DVB）也可被用于交联剂，甲磺隆印迹 TFMAA/DVB 聚合物与 TFMAA/EGDMA 制备的 MIP 相比非特异性结合能力更低[26]。交联剂 *N*,*O*-双异丁烯酰乙醇胺（NOBE）含有丙烯酰胺功能基团，不需要额外的功能单体，单是 NOBE 就可以使聚合物的对映体选择性好于传统的 EGDMA/MAA[27,28]。然而，尽管如此，EGDMA 仍然是非共价印迹不可或缺的一种交联剂。

交联剂与功能单体的比例是另一个影响聚合物形态的重要因素，某种程度来说，对印迹选择性也有影响[2,29]。大约 5∶1 的比例或者交联剂占有的摩尔分数为 80%的配比被认为是最优比例，最常用于合成。最近，为了发现最优比例的因子设计方法预测到磺胺嘧啶在 MAA/EGDMA 聚合物中的印迹最优比例是 55∶10∶1（交联剂∶功能单体∶模板分子）[30]，但这只是一个特定的而不是一个普遍适用的最优比例。

5.2.5 溶剂

在聚合物合成过程中，模板分子、功能单体和交联剂都要被溶解于溶剂中，溶剂另外也被称为致孔剂。溶剂的数量和种类对印迹合成聚合物的物理性质和形态（孔隙溶剂、孔大小、孔表面积）有重要的影响[5]。例如，在模板一样、合成物都是 MAA 和 EGDMA、其他条件相同的情况下，用氯仿作为溶剂的印迹聚合物的表面积为 $3.5m^2/g$，而用乙腈作为溶剂的印迹聚合物的表面积则为 $256m^2/g$[31]。另外，溶剂对结合相互作用力的强度有很大的影响，可以在预聚合混合物中稳定功能单体与模板之间的配合物[5]。对于功能单体靠氢键和静电作用与模板相互作用的情况，在质子惰性、非极性溶剂中聚合的印迹效率最高。根据印迹物种的溶解性，典型的溶剂有甲苯、二氯甲烷、氯仿和乙腈。这就确保了依靠溶液极性的极性非共价作用力的强度。如果功能单体与模板之间的作用不是氢键作用，则可采用水作为致孔剂。这是个不太受欢迎的方法，只有很少的文章报道过，其中就有在甲醇与水的比例为 4∶1 的混合溶剂中制备的、基于 4VPy 和 EGDMA 的 2,4-D 分子印迹聚合物[32]。

5.2.6 聚合反应及完善

一旦印迹溶液储备好，就加入引发剂。然后，为了使自由基聚合反应顺利进行，要采取通入惰性气体或者冻融处理的方式去除溶液中的溶解氧。常用偶氮二异丁腈（AIBN）或者 2,2′-偶氮二(2,4-二甲基戊腈)(ABDV) 作为引发剂。聚合反应可以由引发剂在 60℃或 40℃下热解成的自由基引发，5℃下紫外照射光催化引发，−30℃下低温引发或者低于室温下引发，低温有利于印迹的形成[33]。最终，聚合物必须逐步完善。聚合物必须要用大量溶剂反复萃取去除模板，之后对原始聚合物进行挤压过筛形成小颗粒聚合物（尺寸＜25μm 或者 25～50μm 之间）。遗憾的是，洗脱程序很少能去除 100%的模板分子，模板经常会内含在聚合物基质中[34]。这样在后来的使用过程中会出现模板渗漏的问题，所以说有时候用虚拟模板的方法是很有益的，虚拟模板就是用被分析物的结构类似物作模板[35,36]。

由于在分子印迹中，很多因素需要最优化，最近人们倾向于对组合化学技术的应用进行研究[37,38]。大量小规模聚合物的制备往往是在高效液相色谱样品瓶或者 96 孔板格式下完成的，并得到测评。这种方式下，最优化条件可以被高速鉴定并且聚合物的合成可以被大规模应用到更加详细的测评上。严格的实验设计和多变量分析可以增加最优化的精确性并且有助于更好地了解变量之间的相互依赖性[39]。NMR 是一个研究化学计量关系和前聚合混合物构成（包括交联剂模板相互作用、功能单体自缔合的影响[43]）的极好的方法[40～42]。产生的数据可以给出系统的详细信息，为聚合反应的设计提供有价值的内容。计算化学的应用使得功能单体模拟文库的发展成为可能，还可以用分子建模软件筛选模板[44]。

5.2.7 分子印迹聚合物的聚合方法

有五种常用的分子印迹聚合方法：悬浮聚合法、沉淀聚合法、多步溶胀聚合法、核壳乳液聚合法和本体聚合法[45]。本体聚合法在先前的章节中已经描述过，生成的聚合物往往是大块状，需要再经粉碎、研磨、过筛等过程获得所需粒径的粒子。研磨过程耗时，会不可避免地产生一些不规则粒子和大量的过细粒子（粒径小于 10μm）。因此，有必要寻求低耗时的、与本体聚合结合性能类似或性能更优的聚合方法。

(1) 多步溶胀聚合法第一步是由聚苯乙烯种子颗粒在活化的溶剂中实现第一步溶胀；然后，在由引发剂、甲苯、聚乙烯醇混合成的乳状液中进行第二步溶胀；第三步溶胀是在单体和模板在水中形成的分散体系中进行的；最后，进行聚合反应[46]。这种方法产生统一粒径的颗粒物，能够从含水丰富的介质中分离出模板对映体[46]。

(2) 悬浮聚合是利用单体和模板溶解在有机溶剂形成的小液滴中完成的，有机溶剂常用液态的全氟烃，之后在表面活性聚合物的存在下，形成印迹混合物乳液[47]。如果致孔剂和聚合反应状态不同，会形成粒径 5～50μm 不等的液滴，其对映体分离能力和结合能力与本体聚合形成的聚合物类似[48]。

(3) 沉淀聚合法是利用聚合反应形成聚合物在有机溶剂中“相分离”而沉淀制得接近球形的 MIPs。其主要原理是利用聚合物的刚性表面使其能够在特定的溶剂中彼此分散、不黏结，从而形成颗粒均匀的球形聚合物[49]。该技术起初是用来生产单分散共聚颗粒物的[49]，只是最近才被用于分子印迹研究[50]。与传统的本体印迹聚合法相比，其形成粒径为0.2μm的单分散颗粒物，有更高的结合位点密度，其结合位点的配体转化速度快[50]。

（4）核壳乳液聚合利用的是多步乳液聚合形成的亚微核，其中第二阶段的乳液聚合是形成印迹核，而不是种子核颗粒[51]。这种方法产生的颗粒粒径往往小于100nm。

有研究评估了这五种印迹聚合方法在有机溶剂和水溶剂中的选择性结合能力[52]。水溶剂中，放射性配体的特异性结合能力呈现以下规律：两步溶胀聚合≈悬浮聚合≈本体聚合＞核壳乳液聚合＞沉淀聚合。在甲苯溶液中的聚合规律则不同：沉淀聚合＞悬浮聚合＞本体聚合＞核壳乳液聚合＞两步溶胀聚合。自由基聚合是主要的MIPs制备方法，其他还有基于缩聚反应形成聚氨酯的MIP制备方法[53]、聚合物形成前进行交联处理的方法[54,55]、溶胶凝聚技术[56,57]和在液晶聚硅氧烷材料中进行印迹的方法[58]。

人们同样也可以制备分子印迹膜[59]，至少有三种方法可以用来制备印迹膜：①夹心法：印迹溶液分布在无黏着力表面和处理过的表面之间。例如在黄金电极表面和石英表面磁盘之间进行2μm厚的MIP涂层聚合[60]。②紫外线激发、氮气氛围下，在聚合反应前将印迹溶液加到传感器表面，并进行旋转涂布来去除过量的溶液[61]。③通过填充另一个膜或薄膜的气孔来制备复合膜，例如，印迹溶液在滤光器上进行聚合反应[62]。

5.3 模拟免疫分析

5.3.1 模拟免疫分析的介绍

人们正致力于开发研究生物抗体的固有选择性和其对抗原的高度亲和力，这对利用免疫测定方法进行定量分析很重要[63]。许多免疫测定都有一个特点，那就是能够从未经预处理的生物基质（如血浆、血清、尿液等）中检测出微量的被分析物。免疫测定很灵敏，但是抗体就像其他的生物大分子一样有很多缺点，不稳定、昂贵，甚至有时难以生产。近几年，在模拟免疫测定领域，用MIPs代替抗体进行免疫测定得到了广泛的研究。MIPs具有稳定、刚性强、相对便宜和容易生产的优点，原则上，其不但能在有机溶剂中应用，而且其对极性溶液的pH值要求比较宽泛。MIPs的一个应用缺点是，目前，分子印迹局限于小分子印迹。

第一个基于MIP的模拟免疫测定的应用是由Vlatakis等报道的基于竞争性放射配体结合的测定[64]。研究证实了用来检测茶碱和安定的分子印迹聚合物与抗体相比有类似的分子结合力和免疫交叉反应。但是，测定需要将被分析物从血浆中提取到有机溶液中才可以进行。这是早期比较典型的测定方法，尤其是印迹聚合物特异性结合在有机溶液中的应用。后来，特异性结合被拓宽应用到包括血浆在内的极性样品中。

5.3.2 MIP特性描述

印迹聚合物能用于模拟免疫测定主要是由于其良好的性能。有文章报道，尽管模拟免疫测定能够在更短的时间内得到更多的信息，但是MIP结合特异性更普遍地在高效液相色谱和残留分析中应用[42,52,65~67]。最初聚合物特性表征有印迹聚合物的结合能力和特异性，以及特异性和非特异性结合方式分别在印迹位点结合与表面吸附之间的分配关系。应用于模拟免疫测定，聚合物的结合能力可通过聚合物滴定实验测定。往一定梯度聚合物浓度的溶液中，加入一定量的探针（通常用放射性标记的模板分子），在特定的溶剂（有机溶剂或者极性缓冲液）中达到平衡后，聚合物颗粒就被分离开来，就可以通过上清液中的探针进行定量分析。聚合物的结合能力可以用 PC_{50} 值来定义，即 50％的探针被结合时的聚合物的浓度（图 5.2）。原则上，这是一个经验值，其与具有一定亲和力的结合位点的数目有关。探针的浓度决定被探测的结合位点的亲和力范围。

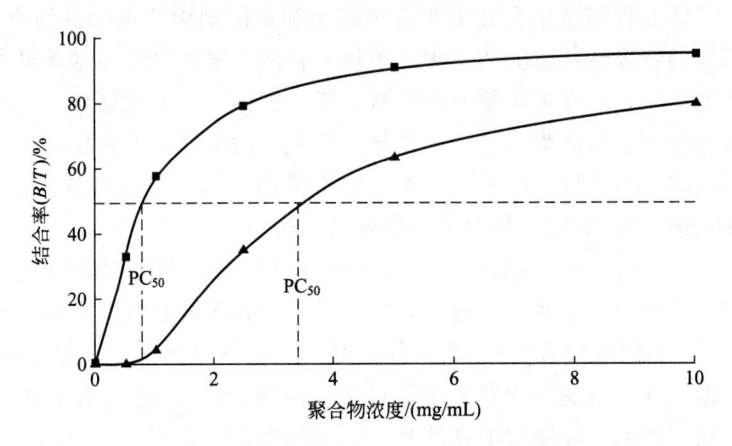

图 5.2 PC_{50} 值是 50％加入的探针被结合的聚合物浓度，PC_{50} 值越低（结合 50％探针的聚合物浓度越低），MIP 的亲和力和结合能力越高

印迹的选择性可以通过竞争性结合实验来测定，该实验能评估 MIP 对相关结构分子或者不相关结构分子的结合能力。不同浓度的配位体与探针竞争一定数目的印迹结合位点，配位体取代探针结合到印迹位点上，相应的探针则被挤下进入上清液（图 5.3）。MIP 对不同结构类似物的选择性可用一系列 IC_{50} 值表示，即 50％的探针被取代的配位体的浓度。

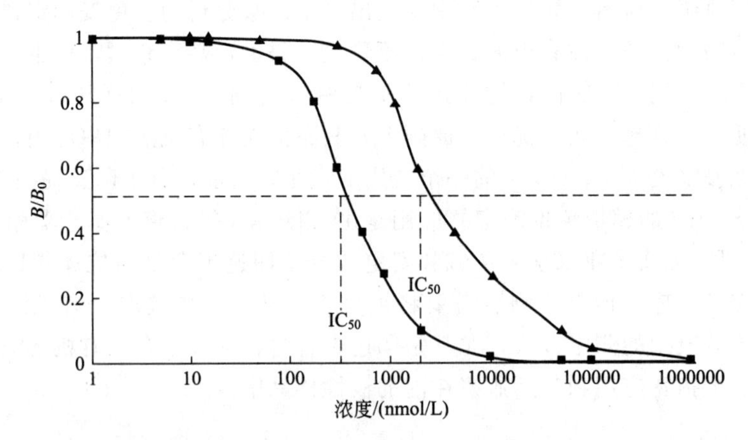

图 5.3 IC_{50} 值是 50％的探针被从聚合物上取代下来的配体浓度。50％的探针被取代的配体浓度越低，IC_{50} 值越低，聚合物的选择性越高

在某些情况下，会出现聚合物表面的非特异性结合。在水溶液中，由于疏水性聚合物表面的疏水作用会产生非特异性吸附；在非极性有机溶剂中，极性官能团会通过氢键和静电相互作用分布到聚合物表面。虽然 MIP 同时存在特异性和非特异性结合，但探针在模板分子存在下的非印迹参照聚合物上的结合能力等同于 MIP 表面的非特异性结合。因此，印迹结

合量可用总的 MIP 结合量减去参照聚合物的非印迹结合量。

非共价分子印迹聚合物的结合位点呈现从大量低亲和力结合位点到少量低亲和力结合位点的分布形式。依赖其性能情况，相同的 MIP 会观察到不同的结合能力和特异性模式[42]。值得注意的是，色谱法中使用相对高浓度的配体，MIP 竟然显示出更低的选择性，甚至比放射性配体结合测定的更高浓度体系中的特性还低。以上参数都是经验数值，直接来自实验数据，它们不需要关于任何结合位点亲和力分布模式的假设。只要实验条件一致，PC_{50} 和 IC_{50} 值就可用来比较印迹谱图，也可用来比较不同孵育条件下的结合效率。如果想更加透彻地了解 MIP 结合性能表征模式，可以参阅文献［68］中关于 Guiochon 研究组[69,70]和 Shimizu 研究组[71,72]的报道。

5.3.3 方法开发

5.3.3.1 有机溶剂样品的应用

大多数 MIP 合成法都是基于有机溶剂的。后来的印迹结合的性能表征研究往往也用有机溶剂作为孵育介质。对于样品分析来说，使用有机溶剂也是有益的，比如固相样品的提取、液相样品的净化或者被分析物在极性溶液中难溶的情况。普遍认为，在致孔剂中合成聚合物是最优的选择。使用相匹配的溶剂，印迹结合的选择性会更优[5,73]。然而，事实上，最优化结合强度对降低检测限和提高结合能力更加富有成效。对于基于极性相互作用，如氢键和静电相互作用的分子印迹识别（例如 MAA 型 MIP）来说，结合强度与所用溶剂的极性相关。由 PC_{50} 值可知，低极性溶剂产生更高的结合强度和结合能力。无论是纯溶剂还是混合物，结合强度都呈现这样的规律：乙腈＜二氯甲烷＜甲苯＜庚烷。随意分布的单体残基的非特异性吸附随着溶剂极性的降低而增加，但是这种影响可以通过添加少量的极性和质子调节剂来克服。常用的几种调节剂，按降低非特异性吸附的能力递增排列为：乙醇＜甲醇＜乙酸。这些调节剂也有阻碍选择性印迹配体结合的能力，因此，需要通过实验研究，对它们的体系浓度进行最优化。研究表明，向乙腈或甲苯中加入少量乙酸可以在降低非特异性结合能力的同时保持吗啡[74]、育亨宾[75]、*S*-心得安[65] MIP 的特异性结合能力。皮质类固醇在皮质醇-MIP 和皮质酮-MIP 上的结合在添加有少量乙酸的四氢呋喃和正庚烷的混合溶剂中达到最佳[76]，甲苯-乙腈混合物则是莠去津最佳的结合溶剂[77]。

5.3.3.2 极性样品的应用

关于模拟免疫测定在极性样品中的应用，早期突破是在用吗啡-MIP 测定吗啡的实验中，其表现出比抗体还高的亲和力和特异性[74]。因为许多 MIP 具有疏水性，也会出现聚合物表面非特异性吸附的问题。水分子也会强烈地阻碍印迹和配体之间的氢键相互作用。由于水分子而产生的这两个影响会导致结合损失[75]或者选择性下降[76]的问题。如果非特异性结合能力太强，大多数结合就会通过聚合物表面吸附而发生，相应的印迹位点的选择性也就被掩盖了。甲醇、乙醇和乙腈等有机调节剂的加入会减轻疏水作用[65,66]。另两种减少非特异性吸附的方法是使用清洁剂，非带电性清洁剂，如吐温 20、Triton X-100 和 Brij 35，可以降低非特异性结合效率，从而保持印迹-被分析物特异性结合的完整性[78]。pH 缓冲液也能从某种程度上影响非特异性吸附，碱性化合物在 MAA-聚合物上的吸附会随着 pH 的升高而增加[65,66,74]，酸性化合物在 VPy-MIP 上的吸附则随着 pH 的升高而减少[79]。人们对 *S*-心得安在水存在的条件下的结合进行了详细调查，研究了pH、乙醇浓度、缓冲液浓度和离子强度的影响，结果表明，最优化条件是添加有2%乙醇的25mmol/L柠檬酸钠溶液（pH=6）[65]。在布比卡因和布比卡因-MIP结合最优化研究中，采用表面活性剂和有机溶剂作为添加剂，最佳条件是含5%乙醇和0.05%吐温20的50mmol/L柠檬酸盐缓冲液（pH=5）[66]。使用VPy-MIP对2,4-D进行测定时，则可用含有0.1% Triton X-100的磷酸盐缓冲液（20mmol/L，pH=7）[32]。虽然这些添加剂可以降低聚合物表面的非特异性结合力，但其对印迹-配体特异性结合也有一定的影响，因此，有必要对添加剂水平进行最优化，以期在维持高特异性结合能力的同时最小化非特异性结合的影响。

印迹-被分析物相互作用的特异性会随着孵育介质的溶剂构成而改变。在如甲苯和氯仿这些非极性溶剂中，印迹对由氢键参与的配位体分子的识别能力更好，而在水溶液中，印迹则倾向于识别分子的疏水性部分。对MAA型心得安-MIP的研究表明，在相同的化合物存在的情况下，MIP在甲苯中有极好的对映体选择性，在极性条件下则有更高的底物选择性[65]。对这个体系来说，对映体选择性要求对手性碳原子周围氢键组位点进行识别，而底物选择性则需要对心得安上的疏水性萘环进行识别。类似地，布比卡因-MIP对布比卡因的选择性在极性水溶液中比在甲苯中好[66]。与此相反，吗啡-MIP在甲苯中对结构类似物可待因和吗啡的选择性好于单克隆抗体，在水溶液中却表现出较弱的选择性[74]。人们还观察到莠去津-MIP在水性条件下比在有机溶剂条件下有更高的交叉反应性[77]。这说明测定条件可以用来获取选择性模式，更适合于分析具体问题。

5.3.4 酶标记、荧光标记及其他探针

通常，人们采用放射性标记配体进行印迹分子识别研究，但是模拟免疫分析需要向更加受欢迎的检测系统发展，比如基于荧光、电活性或者酶标记探针的模拟免疫分析系统。Surugiu等第一次对标记酶进行了报道，他们对除草剂2,4-D进行了分析[79]。该报道用2,4-D共轭烟草过氧化物酶（tobacco peroxidase）进行比色或化学发光检测。2,4-D-MIP共轭酶进行选择性结合，成功地对2,4-D进行了竞争性检测。该研究小组的进一步工作证明：可以用96孔或384孔微孔板模式代替以上方法，用聚乙烯将MIP微球固定在孔内[80]。并且这是一个竞争性检测，2,4-D烟草共轭过氧化物酶的结合分数是被量化了的。添加化学发光物质后，则用CCD相机测定发射光。由于手工制备的聚合物不规则，384孔板的灵敏度和再现性与96孔板相比有所下降。将MIP共价附在玻璃毛细管的内表面能够发展一个流动注射系统，MIP毛细管能够在测定后重生，这样就可以连续不断地测定大量的样品[81]。

酶标记分析要通过肾上腺素存在下氨基苯硼酸的聚合作用涂布微孔，最终将薄的MIP涂层移植到微孔的聚苯乙烯表面[82]。用肾上腺素-HRP结合，这样就产生了一个适用于竞争结合分析的酶联分析技术。在一定的pH范围内，肾上腺素共轭结合到MIP上的强度比非印迹参照聚合物强。将生物素印迹涂层涂布到聚合物上，用摄影记录，发现生物素-HRP的亲和力高于HRP[83]，人们还用HRP标记的微囊藻毒素LR估计微囊藻毒素-MIP的亲和力和交叉反应性[84]。这些方法并不像抗体酶联分析那么灵敏，但是结果显示，MIP在酶联模拟免疫测定中的应用潜能更大。一个潜在的问题是酶体积较大，妨碍探针在MIP空穴中的扩散，减少印迹位点的结合。例如，莠去津-MIP不能识别酶标记形式的模板分子，因此用更小的荧光标记三嗪衍生物作为探针来代替[85]。应用聚合物表面（如MIP微球[79]和表

面印迹玻璃珠[83]）印有结合位点的颗粒物的可能性越来越大。HRP 也被用作高分子量折射标记，用薄的 MIP 膜涂布在 SPR 芯片上对软骨藻酸进行表面等离子体共振探测[86]。

当进行荧光分析时，主要采用两种不同的方法：用被分析物的荧光标记的衍生物；用被分析物的结构类似物，其能发射荧光且能选择性结合到印迹位点上。甲基共轭氯霉素[87]和氯霉素的结构类似物[88]都能够特异性地结合到氯霉素-MIP 上，并能应用于检测氯霉素的竞争性流动注射分析（FIA）中。荧光标记 2,4-D 衍生物单独以非特异性结合的方式结合到 2,4-D-MIP上，还有基于香豆素和结构特点与被分析物一样的不相关的分子探针，能够特异性结合到印迹上，并且可以应用于 2,4-D 的竞争性分析[89]。

在 2,4-D 竞争性分析中也曾用电化学活性结构类似物作为探针。一项研究对两种电化学活性化合物进行了调查：2,4-二氯苯酚和尿黑酸，结果发现尿黑酸的结合能力弱，但可以特异性地结合到印迹位点上，可以用作一次性丝网印刷电极的竞争性探针[90]。另一项研究识别出一个近似的结构类似物，2-氯代-4-羟基苯氧基乙酸，被用来制备识别探针而不是被分析物的分子印迹聚合物，以探测 2,4-D 的丝网印刷电极[91]。

将闪光单体共价合并入 MIP 可以发展一个同位素放射活性分析，用 MIP 作为探测系统，不需要分离结合和未结合的配位体[92]。放射性标记的 *S*-心得安在印迹微球的制备中产生放射性发光信号，无论是在水溶液中还是在有机溶剂中都能检测到[93]。传统的放射活性分析很简单，应用磁场将磁珠从孵育溶液中分离开来[94]。

5.3.5 分析应用

虽然检测系统的发展取得了很大的进步，然而对实际样品的分析研究甚少。早期研究中，生物样品的模拟免疫分析需要对被分析物进行液液萃取预处理。病人血清样本中的茶碱可以被检测，这要求病人血清样本要有临床显著浓度，和建立的免疫检测方法具有较好的相关性[64]。血清中的安定[64]和整个血液中的环孢素 A[95]同样可以被检测，原始数据显示，牛血清中的氯霉素也可以被检测[87]。一旦证实模拟免疫分析在水性条件下可以有效使用，就不需要进行预处理，直接对血浆中的心得安进行化验，这种高精确度和准确度的化验方法很快发展开来[96]。在环境分析中的应用包括分析自来水中的 2,4-D[80]。

5.4 固相萃取技术

5.4.1 固相萃取技术介绍

为了对复杂生物或环境基质中的被分析物进行分析，需要对样品进行预处理，如液液萃取、蛋白质沉淀、固相萃取等。样品净化可以去除样品基质中的干扰成分，有效的样品净化可以简化进一步的分离分析或免疫分析，有利于精确的定量分析。固相萃取就是让样品流过有萃取材料（吸附剂）的固定相，利用吸附剂将液体样品中的目标化合物吸附，与样品的基质和干扰化合物分离。SPE 吸附材料有 C_8、C_2、C_{18}、离子交换剂等，吸附剂基于功能化表面的理化反应达到分离的目的。SPE 柱不仅可以滞留被分析物，还能滞留其他基质成分。免疫吸附剂[97,98]和 MIP 都是选择性比较好的吸附材料，它们的亲和力、萃取和净化效率高。亲和力吸附材料的特点就是它们具有高选择性和亲和力，可通过特定的分析物来确定其选择性，可以选择用于产生抗体的抗原或者是用于 MIP 制备的模板分子作分析物。分子印迹固相萃取（MISPE）是相对比较新的技术，最初是由 Sellergren 对其进行研究的，他用戊烷脒-MIP 在线富集尿液中的样品[99]。从那之后，MIP 就被大量用于传统 SPE 材料的替代物，成功地应用于环境样品和生物样品的在线和离线萃取（表 5.2）。

表 5.2 MISPE 在环境、生物分析和食品安全分析中的应用

被分析物	样品	预处理	分析分离和探测	浓度范围	参考文献
含水样品的离线模式萃取					
异戊巴比妥	人尿	用水稀释	LC-UV 二极管阵列	0.2μg/mL	[120]
苯并[a]芘	自来水和湖水	加 20%乙腈	LC-荧光检测	1～2ng/mL	[121]
	速溶咖啡	溶解在 50%乙腈中		1～100ng/g	
β-受体激动剂	牛尿	用水稀释，酸解	LC-ESI-ion trap MS-MS	0.25～1ng/mL	[122,123]
	牛肉	消化，水解，萃取到乙酸乙酯中，再溶解在水-甲醇（体积比 4∶1），用庚烷脱脂	LC-APCI-ion trap MS-MS	0.5～5ng/g	[124]
双酚 A	河水	无	EC-荧光检测	3.3～120ng/mL	[125]
布比卡因和罗哌卡因	人血浆	用 pH 为 5 的柠檬酸缓冲液稀释	GC-NPD	3.9～1000nmol/L	[67,105]
	自来水和河水	在 H_2O_2 存在下氧化 UV 溶解	火焰原子吸收光谱法	0.21～30μg/L	[126]
氯苯氧基乙酸	河水	酸化至 pH=4	CZE-UV	2～10μg/L	[127]
氯三嗪农药	地下水	无	CC-UV 二极管阵列	约 20μg/L	[128]
	沉积物样品	用甲醇索氏提取			
盐酸克仑特罗	牛尿	用 pH 为 6.7 的乙酸铵稀释	LC-UV 二极管阵列	0.5～100ng/mL	[129]
化合物 A	狗血浆	用乙腈沉淀蛋白在水-甲醇（体积比 9∶1）中用 1mol/L 氯乙酸稀释	LC 荧光检测	4～400ng/mL	[119]
铜离子	海水和认证的参考海水	无	火焰原子吸收光谱法	0.4～25ng/mL	[130]
二苯基磷酸盐	尿	用含有 10%乙腈的 50mol/L 的柠檬酸盐缓冲液（pH=3.0）稀释	LC-ESI-ion trap MS	130～260ng/mL	[131]
羟基香豆素	尿	无	CZE-UV 二极管阵列	10～50μg/mL	[132]
M47070	人血浆	用乙腈沉淀蛋白	LC-荧光检测	2～60ng/mL	[133,134]
萘磺酸盐	河水	无	LC-UV	5～100μg/L	[135]
萘普生	人尿	酸化至 pH=3	LC-UV	9～110μg/L	[136]
苯妥英钠	血浆	无	LC-UV	2.5～40μg/mL	[137]
普萘洛尔	狗血浆，大鼠胆汁和人尿	无	LC-UV	2.5μg/mL	[106]
槲皮素	梅洛红葡萄酒	无	LC-UV	8.8mg/L	[138]
磺脲类	地表水、雨水和饮用水	EDTA 处理	LC-UV 二极管阵列	50ng/L	[139]
	土壤	用 pH 为 7.8 的 $NaHCO_3$ 萃取，用 EDTA 处理		50μg/kg	
三嗪	自来水，矿泉水，稀释的工业用水	无	LC-UV 二极管阵列	1μg/L	[140]
预先提取到有机溶剂后进入离线模式					
莠去津	牛肉肝匀浆	用氯仿萃取	LC-UV	0.005～0.5mg/L	[141]
			ELISA	0.005～0.5mg/L	
氯三嗪	自来水和地下水	在 PS-DVB SPE 板上萃取，且重新溶解在甲苯上	MEKC-UV 二极管阵列	0.1～0.5μg/L	[142]

续表

被分析物	样品	预处理	分析分离和探测	浓度范围	参考文献
农药	土壤	用丙酮提取，再重新溶解在甲苯中		100μg/L	
	玉米	用乙腈提取，再重新溶解在甲苯中		100μg/L	
盐酸克仑特罗	河水	固相萃取到 C_{18}-吸附剂上，用乙腈-1%乙酸洗脱	LC-电化学检测	5ng/g	[102]
非草隆	小麦、大麦、马铃薯和胡萝卜	用乙腈萃取，再重新溶解在甲苯中	LC-UV 二极管阵列	100ng/g	[143]
单嘧磺隆	土壤	用 0.2mol/L 氨的甲醇-水（体积比 1∶1）溶解萃取，再重新溶解在乙腈中	LC-UV	0.1～2.5μg/g	[144]
神经性毒剂降解产物	人血清	用乙腈提取	CE-UV	0.2～10μg/g	[145]
赭曲霉毒素 A	红酒	萃取到 C_{18} 墨盒中，用甲醇洗脱	LC-荧光检测	0.033～1ng/mL	[146]
5-OH-PhIP	人尿	用 pH 为 5.5 的醋酸钠溶解，用 β-葡萄糖醛酸苷酶/芳基硫酸酯酶水解，用 Chromabond C_{18e} 柱提取，用甲醇洗脱，再用含有 0.1%甲酸的甲酯溶解	LC-ESI-ion-trap MS		[147]
三嗪	豌豆、马铃薯和玉米	用乙腈提取，在甲苯中再溶解，在非印迹聚合物上提取	LC-UV 二极管阵列	20ng/g	[148]
	柚汁	在聚合物吸附剂上提取，在 DCM-1%甲醇中重新溶解	LC-UV 二极管阵列	10μg/L	[149]
	土壤	微波辅助溶剂萃取到 DCM-甲醇（体积比 9∶1），再溶解在 DCM-1%甲醇中	LC-UV 二极管阵列	20ng/g	[149]
在线模式萃取					
阿普洛尔	大鼠血浆	无	LC-荧光	12.5～250ng/mL	[150]
双酚 A	河水	无	LC-荧光检测	25～1000ng/L	[151]
	湖水	无	LC-电化学检测	20ng/L	[152]
咖啡因	人尿、速溶咖啡和饮料	用水溶解	LC-UV	0.18～1.8μg/mL	[143]
氯三嗪农药	河水和水质样本	C_{18} RAM-SPE 提取，乙腈洗脱	LC-APCI-MS	0.1～2ng/mL	[113]
布洛芬和萘普生	大鼠血浆	无	LC-UV	0.2～50μg/mL	[110]
4-硝基苯酚和 4-氯苯酚化合物	河水	酸化到 pH=2.5	LC-UV	1～100μg/L	[116,154,155]
普萘洛尔	人血清	无	LC-UV	0.5～100μg/mL	[117]
三嗪类除草剂	包含腐植酸的水	C_{18} SPE 柱萃取，用乙腈洗脱	LC-UV	0.5ng/mL	[156]
	苹果提取物	甲醇提取，再重溶剂缓冲液中，用 C_{18} SPE 柱萃取，用乙腈洗脱		20ng/mL	
	尿	C_{18} SPE 柱萃取，乙腈洗脱		20ng/mL	
维拉帕米和加洛帕米	血浆、尿和细胞培养基	RAM 柱萃取，乙腈洗脱	LC-ESI ion trap MS	25～500ng/mL	[115]

续表

被分析物	样品	预处理	分析分离和探测	浓度范围	参考文献
直接检测提取					
4-氨基吡啶	人血清	氯仿提取	UV	2.5～100μg/mL	[157]
头孢氨苄	人血浆和血清	C_{18} SPE 柱萃取，甲醇洗脱，氯仿稀释	LC-UV	1～20μg/mL	[158]
			ESI-MS	0.25～25μg/mL	[159]
氯霉素	脱脂和全脂牛奶	水中15%三氯乙醇	方波伏安法	9.7～485μg/L	[160]
二甲双胍	人血浆	用pH＝7的乙腈-磷酸盐缓冲液(体积比9∶1)进行蛋白质沉淀	UV	0.1～10μg/mL	[161]
尼古丁	烟草	用1∶1甲醇-0.1mol/L的NaOH提取，用甲醇稀释	UV	1.8～1000μg/mL	[162]
抗蚜威	自来水，泉水，河水，海水	无	微分脉冲伏安法	71.5μg/L	[163]
茶碱	人血清	氯仿提取	UV	0.25～1000μg/mL	[118,164]

5.4.2 技术改进

5.4.2.1 溶剂系统和溶剂转换

MISPE技术曾用于含水试样测定，这些试样都要经过预处理，如pH调节或者血浆样品的蛋白质沉淀处理（表5.2），尤其是早期MISPE曾用于溶解在非极性有机溶剂中的样品测定。要完成这种应用，被分析物首先要从有机溶剂中萃取出来，通常有固体样品（土壤、组织、蔬菜）的溶剂萃取、液液萃取（血浆、血清）或者采用疏水性小柱的固相萃取（各种类型的含水样品、血浆）（表5.2）。通常，在非极性有机溶剂中利用MIP的高特异性结合能力，有时候为了抑制非特异性结合向溶剂中加极性添加物，如乙酸、甲酸、乙醇或甲醇[43,100～102]。

在进行分子印迹固相萃取之前，往往会对样品进行预处理，将被分析物萃取到有机溶剂中，这个工程比较耗时，为了避免浪费时间，人们做了大量的工作研究直接将含水样品应用于MIP材料上的可能性。许多含水样品的萃取实例显示，被分析物会通过印迹结合作用和聚合物表面的非特异性吸附作用定量滞留在吸附剂上。之后，要经过一个特异性的洗脱步骤，改善MIP的选择性，洗去其他的被吸附的干扰成分。印迹-被分析物结合的强度和选择性会随着周围媒介（水溶液或非水溶液、pH缓冲液、添加剂）的溶剂性能而改变。非特异性滞留也会随着所用条件的变化而变化；含水条件下，非特异性物理化学滞留主要由于疏水作用。在非极性溶剂中，依赖于氢键和静电相互作用的特异性结合能力较强，而非特异性疏水吸附较弱。然后，转换溶剂[67,103]，如用乙腈或二氯甲烷淋洗，改变滞留条件为正相萃取，使得被分析物在印迹位点重新分布，从而洗去不相关的结构物质（图5.4和图5.5）。对于大体积样品，如环境样品分析，可利用强的疏水性吸附从流过吸附柱的含水溶剂中捕获被分析物。接下来进行溶剂转换保证MISPE方法的特异性[104]（参照表5.2）。MISPE技术是用有机条件还是水性条件，要取决于样品和被分析物的类型，也就是说，是否有必要用有机溶剂进行预处理，取决于在不同条件下分子印迹聚合物对被分析物的保留性和选择性。

因为印迹分子和被分析物之间的亲和力很强，在某些情况下就会出现被分析物定量洗脱困难[35,105～107]。最明显的就是用含有乙酸、甲酸、TFA或TEA的乙腈或甲醇溶液作为洗

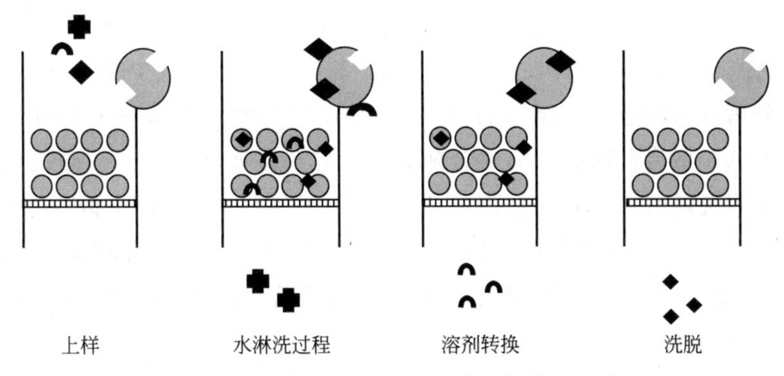

图 5.4　水样在 MIP 小柱上典型的萃取操作

小柱活化后，含水样品上样。然后，水洗过程去除亲水性基质成分。接着，溶剂转换，用有机溶剂进行冲洗，去除疏水性基质成分（非特异性结合到聚合物表面），促使被分析物特异性地结合到印迹位点。最后，用酸性或中性溶剂或水溶液将被分析物洗脱下来

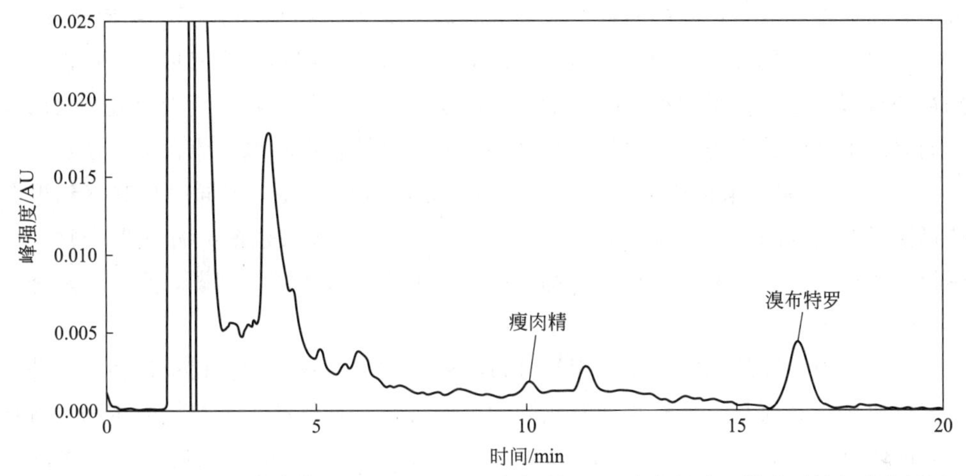

图 5.5　含 0.5ng/mL 克仑特罗（clenbuterol）加标的 5mL 小牛尿液经提取后的色谱分析图

克仑特罗-MIP 小柱依次用 1mL 水、1mL 乙腈-乙酸（98∶2，体积比）、1mL 0.5mol/L 乙酸铵（pH 5）和 1mL 乙腈水溶液（7∶3，体积比）冲洗，待分析物用甲醇-三氟乙酸溶液（99∶1，体积比）洗脱，并用 BetaBasic C_{18} 柱和紫外检测器进行分析测定（引自 Blomgren，A.，Berggren，C.，Holmberg，A.，Larsson，F.，Sellergren，B.，and Ensing，K.，J. Chromatogr，A，975，2002. 经许可）

脱液，在 MAA 型 MIPs 上萃取含有氨基官能团的基底分析物。对于中性化合物、弱酸和弱碱来说，洗脱过程很简单，只需要用极性溶剂、极性溶剂和水的混合物或酸性水溶液处理即可。

有时候用这种方法进行净化处理是不够的，如从谷物样品中提取三嗪类化合物时，分子印迹固相萃取之后还要对其进行溶剂萃取。这样一来，就可以用 MISPE 进行两步处理，其中要用非印迹聚合物来滞留一些有干扰的基质化合物[100]。被分析物从非印迹聚合物中洗脱出来后，转而在印迹聚合物上进行进一步的净化处理。Chassaing 等报道了用 96 孔板 MISPE 模式对样品进行平行萃取，来加速离线模式下的固相萃取[119]。96 孔板模式高通量，在线性能好，并且 MISPE 萃取净化方法比传统的 SPE 分析方法选择性能好。

5.4.2.2　非特异性吸附

由于许多聚合物具有疏水性，在对含水样品进行萃取的时候，一些具有中等和更高亲脂

性的化合物会特异性地吸附到 MIP 表面。往缓冲剂中添加有机调节剂，如乙醇、甲醇、乙腈[65,66]或清洁剂（吐温 20、Triton X-100、Brij 36[78]），可以减少疏水性吸附，同时最大限度地维持被分析物与印迹位点结合的完整性。pH 缓冲剂也会影响非特异性吸附的程度，碱性化合物在 MAA 型聚合物上的吸附会随着 pH 的升高而增加[65,66]，酸性化合物在 VPy 型聚合物上的吸附会随着 pH 的降低而增加[32]。例如，MAA-布比卡因-MIP 在存在 5%乙醇和 0.5%吐温 20、pH 为 5 的条件下特异性结合最佳[66]。使用小体积柱也可以减少非特异性吸附，亲脂性吸附可以通过缩小聚合物表面积来降低。由于 MISPE 主要用于痕量分析，因此吸附能力不是问题。

5.4.2.3 模板渗漏

在对萃取出的被分析物进行洗脱的过程中，聚合物中的模板分子容易浸出或渗漏出来，这是用 MIPs 进行 SPE 的一个主要的技术问题。由于在分子印迹聚合过程中不能完全去除模板分子，往往在萃取空白样的时候会观察到模板分子峰。虽然模板分子的回收率≥99%，仍然有部分很重要的模板分子嵌入在聚合物基质中。这些残留物会在萃取过程中渗漏，人为添加到被分析试样中，会引起痕量分析的不精确定量。为了研究各种后聚合处理对渗漏的影响，人们对以下几种技术进行了比较：热处理技术、微波辅助萃取、索氏提取法和超临界流体解吸[34]。采用三氟乙酸或甲酸的微波辅助萃取处理效率最高，但同时也观察到聚合物降解和选择性降低的问题。溶剂提取后，再用纯有机酸（TFA 或乙酸）冲洗聚合物，这样处理的模板渗漏率最低。然而这几种方法都不能完全解决模板渗漏的问题，它们只能把渗漏减小到可接受的程度。

为了避免模板渗漏的问题，可以用被分析物的结构类似物或虚拟模板代替印迹分子（表 5.3）。模板替代物必须与被分析物拥有相同的结构特点，且能产生与目标分析物进行特异性结合的印迹位点（图 5.6）。萃取、洗脱后，被分析物和虚拟模板要能通过色谱法进行分离定量。一个早期的例子是用沙美利定结构类似物生产 MIP 来萃取沙美利定，结果发现，此 MIP 能结合被分析物、内标物和相似强度的模板分子[35]。二丁基三聚氰胺曾作为虚拟模板[36]用于 MIP 的制备，从环境样品中分级萃取三嗪除草剂[108]。双酚 A 类似物曾被用于双酚 A-MIP 的制备[109]。其他例子都在表 5.3 中列出。这种方法的局限就是能否获得分别用作模板和内标物的两个结构类似物。有效控制模板渗漏对跟踪分析尤其重要，每一种改进的方法都必须要确保模板渗漏不会影响分析的精确度和准确度。用新制备的材料进行离线萃取的风险很大，然而，在线模式下，MIP 柱被流体不断冲洗才能把渗漏影响减小到可探测水平之下。

表 5.3 用于分子印迹的结构类似物

被分析物	模板	参考文献
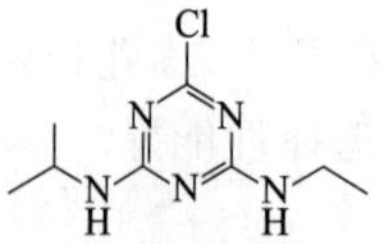 Cl N N N N N H H 莠去津	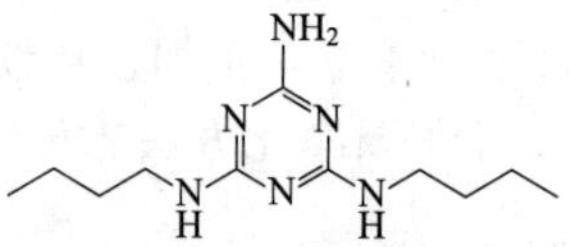 NH_2 N N N N N H H DBM,二丁基三聚氰胺	[108]

续表

被分析物	模板	参考文献
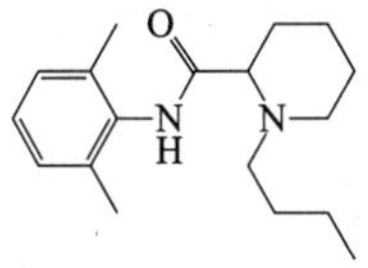 布比卡因	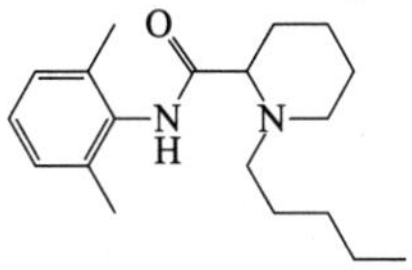 戊哌卡因	[105]
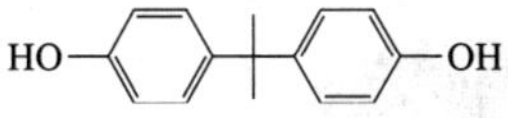 HO—双酚 A—OH 双酚 A	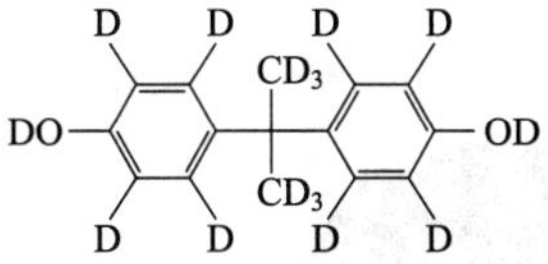 D D D D CD_3 DO— —OD CD_3 D D D D d16-双酚 A	[109]
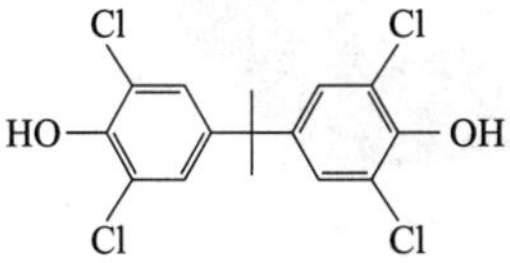 Cl Cl HO— —OH Cl Cl 含氯双酚 A(举例说明)	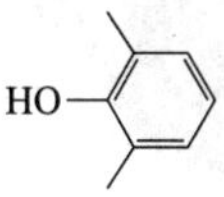 HO 2,6-二甲基苯酚	[165]
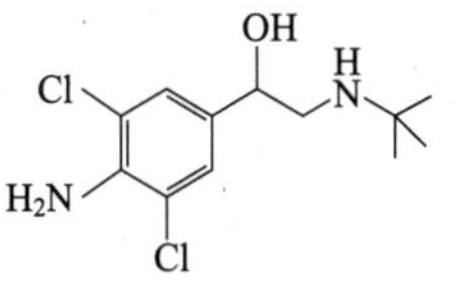 OH H N Cl H_2N Cl 瘦肉精(双氯醇胺)	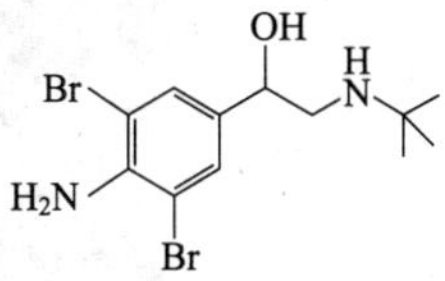 OH H N Br H_2N Br 溴布特罗	[103]
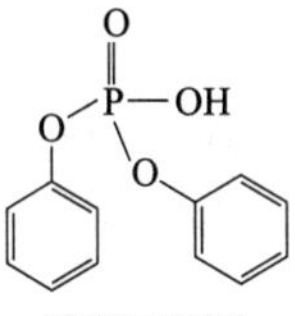 O P—OH O O 磷酸二苯酯	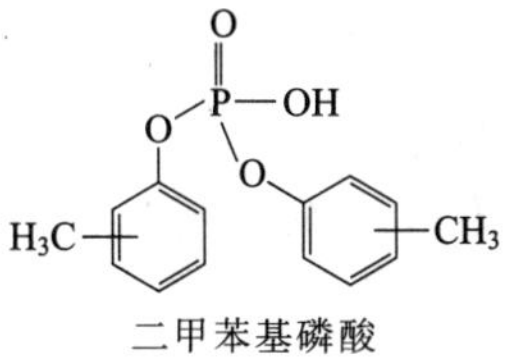 O P—OH O O H_3C CH_3 二甲苯基磷酸	[131]
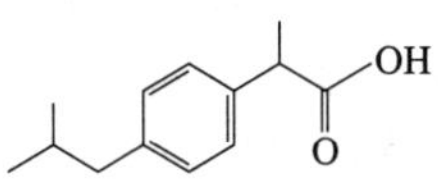 OH O *S*-布洛芬(异丁苯丙酸)	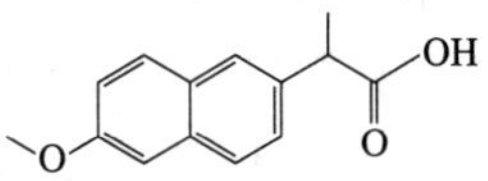 OH O O *S*-甲氧萘丙酸	[110]
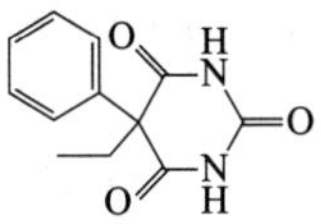 O H N O N O H 苯巴比妥(镇静安眠剂)	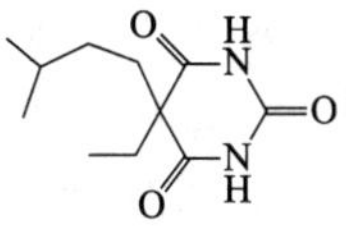 O H N O N O H 异戊巴比妥	[120]
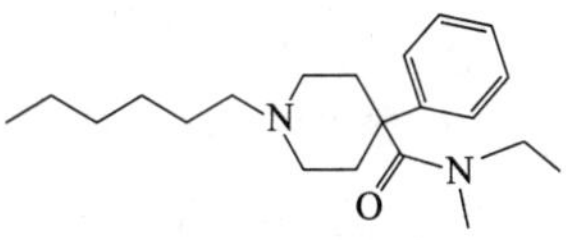 N N O 沙美利定	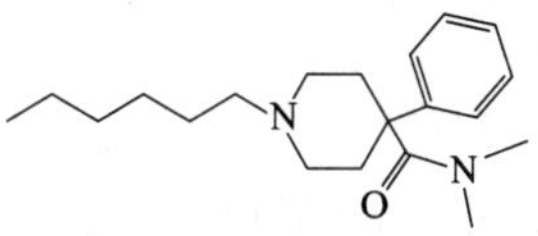 N N O 类似物	[35]

续表

被分析物	模板	参考文献
CH_3 N OH O O O 东莨菪碱	CH_3 N OH O O 莨菪碱(天仙子胺)	[166]

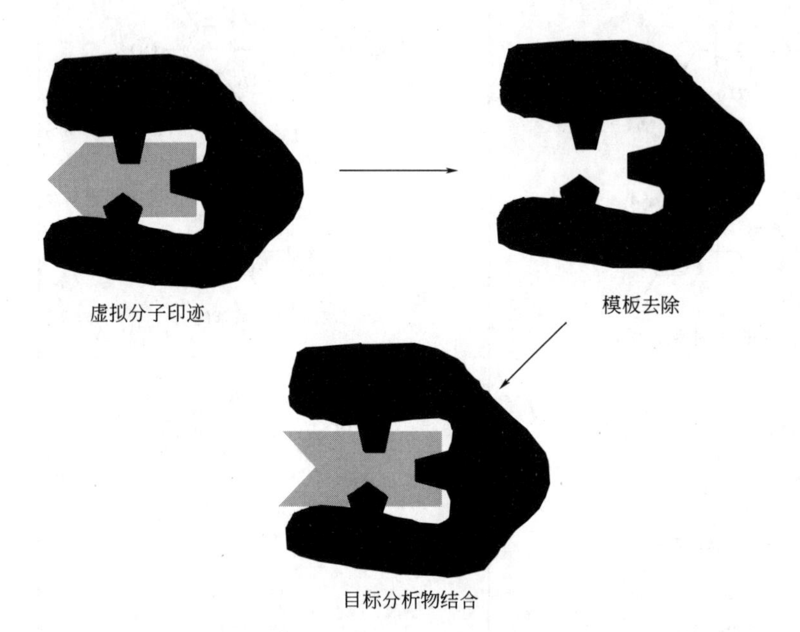

图 5.6 虚拟模拟分子印迹产生的位点能够识别结构类似物，当然，其结合相互作用要和初始模板相同。允许类似物的非结合部分的结构有所不同

5.4.2.4 水相兼容 MIPs

最近，人们在生产水相兼容 MIP 方面做出了很大的努力，在聚合反应的最后阶段添加亲水性单体丙三醇丙烯酸酯和丙三醇二乙基丙烯酸酯可以提高聚合物表面的亲水性[110]。生成的 MIP 成功地应用于老鼠血浆样品的提取。血清白蛋白能够被定量回收，证明具有低非特异性疏水吸附的 MIP 表现出一定的亲水性能。另一种技术是用含有 HEMA 的交联单体 EGDMA 部分代替。在 pH 为 7.4 的纯磷酸盐缓冲剂条件下，在聚合物基质中加入 HEMA 制备的亲水布比卡因-MIP 对模板分子的滞留力强，同时，与标准的 MAA-EGDMAMIP 相比，非特异性结合有所降低[111]。其对血浆样品的成功萃取证明了这一点。其他的水相兼容 MIPs 有 MIP 薄膜，它的非特异性结合能力比较低，是在最优交联剂比例下，MIP 作为涂层涂覆在低结合能力的薄膜上而合成的[112]。

5.4.2.5 在线萃取技术

虽然大多数报道的 MISPE 工作都是采用离线模式进行固相萃取，但在线模式是将 MISPE 柱与其他仪器联用，实现过程自动化，在短期内对整个样品的制备和分析进行一次性操作。样品既可以直接进入 MIP 柱，也可以通过一个预柱来捕获被分析物，之后再把它转移到 MIP-被分析物选择性的溶剂中（表 5.2）。在氯三嗪多维萃取中[113]，样品被加载到 RAM 柱上，这样就可以在其疏水性内表面截留小分子量化合物，同时，大分子量化合物就直接被弃置了。之后被截留的小分子化合物从 RAM 小柱转换到有机溶剂中，进入 MIP 小柱进行三嗪化合物的截留。之后三嗪转换到含有有机溶剂调节剂的酸性水溶液中进行分离分析。这种技术的优点是，特异性结合在加入溶剂时形成，不需要额外的冲洗步骤。这种方法曾被用于人类血浆中曲马多的萃取[114]、血浆和尿液中维拉帕米的萃取[115]以及从河水中萃取三嗪[113]。直接向 MIP 小柱在线进样也是可以的，4-氯酚和 4-硝基苯酚的萃取就证明了这一点（图 5.7）[116]。然而，为了提高聚合物的特异性结合能力，需要使用最佳的加载条件和溶剂转换冲洗。为了向组合柱体系直接注射血浆样品，使用具有亲水性外表面的 MIP 作为 RAM-MIP，这引起了人们极大的兴趣[110]。自动化在线 MIP 固相微萃取技术（SPME）的功能很多，曾被用于血清中心得安的萃取[117]。在线 MISPE 有很多优点，它能减少或消除渗漏问题，能够对大体积样品进行处理和预浓缩。

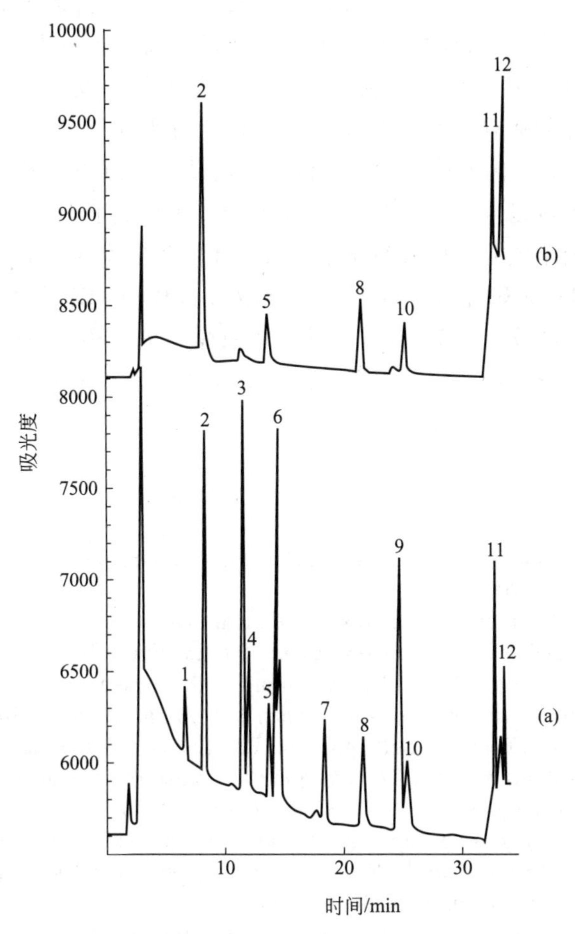

图 5.7 12 种酚类化合物加标至 Ebro 河水（pH 2.5），浓度为 10μg/L，利用 4-氯酚-MIP 进行在线 MISPE 和色谱测定

（a）用 4mL 水（pH 2.5）进行冲洗；（b）另外再用 0.1mL 二氯甲烷进行冲洗，仅有含 4-氯基团的分类化合物被保留。待分析物用含有 1%乙酸的乙腈洗脱，通过 C_{18} 柱和紫外检测器进行分析测定（引自 Caro，E.，Marcé. R. M.，Cormack，P. A. G.，Sherrington，D. C.，and Borrull，F.，J. Chromatogr. A，995，2003. 经许可）

直接利用紫外光谱、质谱、荧光或伏安法进行检测的在线萃取技术简单，样本净化效率较高（表 5.2）。Mullet 和 Lai 首先实现了采用脉冲淋洗和直接在线紫外检测进行 MIP 微柱萃取[118]。采用流动相有利于被分析物和印迹位点特异性结合，用不同的有梯度极性和质子性质的脉冲淋洗剂可以消除干扰成分的非特异性吸附，这些也是该技术的应用。被分析物在很窄的波段中的脉冲淋洗允许在线紫外检测。血清中的茶碱被氯仿萃取，将小份有机涂层注射到氯仿作为流动相的 MIP 微柱中[118]。用乙腈脉冲冲洗可以清除干扰物，用甲醇定量脉冲冲洗可以释放被结合的茶碱。

5.5 结论

分子印迹主要有两个吸引人的优点：一是聚合物合成简单，在模板分子存在的情况下进行合成，随后去除模板分子，在聚合物上留下记忆结合位点；二是原始模板分子的结合特异性高。可以用于分子印迹的化学品越来越多，数据库中增加了许多新单体，促进合成特异性 MIP，所要识别的目标结构化合物也越来越多。最近，人们正致力于探索制备任何形式的 MIP 的不同的聚合技术，从形状明确和更窄的尺寸范围的净微粒，到更薄的聚合物薄膜，到生物基质兼容性更好的拥有亲水性外表面的 MIP。将来我们会看到更多带有检测信号的 MIP，结合时能产生荧光、闪光或者其他的信号。用结构类似物和虚拟模板进行印迹能避免模板渗漏的问题，并且可以生产选择性识别的 MIP。回顾之前讨论的模拟免疫分析和固相萃取的各种应用，无论是纯的有机溶剂还是复杂的环境和生物样品基质中的被分析物均可用 MIP 来分离。一些 MISPE 研究直接对比了传统 SPE 材料和 MIP 材料的性能，发现用 MIP 材料的 SPE 净化性能会更好。MIP 可用于对大体积样品进行预浓缩以简化后续的分离分析过程，也可以进行单一分析物分析，用紫外线、荧光或光谱探测对 MISPE 洗脱液进行直接定量。

参考文献

1. Sellergren, B., Ed, *Man-Made Mimics of Antibodies and their Applications in Analytical Chemistry*, Elsevier, Amsterdam, 2001.
2. Wulff, G., Molecular imprinting in cross-linked materials with the aid of molecular templates—a way towards artificial antibodies, *Angew. Chem. Int. Ed. Engl.*, 34, 1812, 1995.
3. Wulff, G. and Biffis, A., Molecular imprinting with covalent or stoichiometric non-covalent interactions, In *Molecularly Imprinted Polymers. Man-Made Mimics of Antibodies and their Applications in Analytical Chemistry*, Sellergren, B., Ed., Elsevier, Amsterdam, pp. 71–111, 2001.
4. Mosbach, K. and Ramström, O., The emerging technique of molecular imprinting and its future impact on biotechnology, *Bio/Technology*, 14, 163–170, 1996.
5. Sellergren, B., The non-covalent approach to molecular imprinting. In *Molecularly Imprinted Polymers. Man-Made Mimics of Antibodies and their Applications in Analytical Chemistry*, Sellergren, B., Ed., Elsevier, Amsterdam, pp. 113–184, 2001.
6. Wulff, G. and Knorr, K., Stoichiometric non-covalent interaction in molecular imprinting, *Bioseparation*, 10, 257–276, 2002.
7. Whitcombe, M. J., Rodriguez, M. E., Villar, P., and Vulfson, E. N., A new method for the introduction of recognition site functionality into polymers prepared by molecular imprinting: synthesis and characterization of polymeric receptors for cholesterol, *J. Am. Chem. Soc.*, 117, 7105–7111, 1995.
8. Klein, J. U., Whitcombe, M. J., Mulholland, F., and Vulfson, E. N., Template-mediated synthesis of a polymeric receptor specific to amino acid sequences, *Angew. Chem. Int. Ed. Engl.*, 38, 2057–2060, 1999.

9. Striegler, S., Designing selective sites in templated polymers utilizing coordinative bonds, *J. Chromatogr. B.*, 804, 183–195, 2004.
10. Chen, G. H., Guan, Z. B., Chen, C. T., Fu, L. T., Sundaresan, V., and Arnold, F. H., A glucose-sensing polymer, *Nat. Biotechnol.*, 15, 354–357, 1997.
11. Cormack, P. A. G. and Zurutuza Elorza, A., Molecularly imprinted polymers: synthesis and characterisation, *J. Chromatogr. B.*, 804, 173–182, 2004.
12. Sellergren, B. and Hall, A. J., Fundamental aspects on the synthesis and characterization of imprinted network polymers, In *Molecularly Imprinted Polymers. Man-Made Mimics of Antibodies and their Applications in Analytical Chemistry*, Sellergren, B., Ed., Elsevier, Amsterdam, pp. 21–57, 2001.
13. Ramstrom, O., Andersson, L. I., and Mosbach, K., Recognition sites incorporating both pyridinyl and carboxy functionalities prepared by molecular imprinting, *J. Org. Chem.*, 58, 7562–7564, 1993.
14. Matsui, J., Doblhoff-Dier, O., and Takeuchi, T., 2-(Trifluoromethyl)acrylic acid: a novel functional monomer in non-covalent molecular imprinting, *Anal. Chim. Acta*, 343, 1–4, 1997.
15. Matsui, J., Miyoshi, Y., and Takeuchi, T., Fluoro-functionalised molecularly imprinted polymers selective for herbicides, *Chem. Lett.*, 1007–1008, 1995.
16. Yu, C. and Mosbach, K., Molecular imprinting utilizing an amide functional group for hydrogen bonding leading to highly efficient polymers, *J. Org. Chem.*, 62, 4057–4064, 1997.
17. Sreenivasan, K., Effect of the type of monomers of molecularly imprinted polymers on the interaction with steroids, *J. Appl. Pol. Sci.*, 68, 1863–1866, 1998.
18. Hall, A. J., Achilli, L., Manesiotis, P., Quaglia, M., De Lorenzi, E., and Sellergren, B., A substructure approach toward polymeric receptors targeting dihydrofolate reductase inhibitors 2. Molecularly imprinted polymers against Z-L-glutamic acid showing affinity for larger molecules, *J. Org. Chem.*, 68, 9132–9135, 2003.
19. Wulff, G. and Schönfeld, R., Polymerizable amidines—Adhesion mediators and binding sites for molecular imprinting, *Adv. Mater.*, 10, 957–959, 1998.
20. Kempe, M., Fischer, L., and Mosbach, K., Chiral separation using molecularly imprinted hetero-aromatic polymers, *J. Mol. Recogn.*, 6, 25–29, 1993.
21. Mayes, A. G. and Lowe, C. R., Optimization of molecularly imprinted polymer for radioligand binding assays, In *Drug-Development Assay Approaches Including Molecular Imprinting and Bio-markers*, Reid, E., Hill, M., and Wilson, I. D., Eds., The Royal Society of Chemistry, Cambridge, U.K., pp. 28–36, 1998.
22. Yilmaz, E., Mosbach, K., and Haupt, K., Influence of functional and cross-linking monomers and the amount of template on the performance of molecularly imprinted polymers in binding assays, *Anal. Commun.*, 36, 167–170, 1999.
23. Svenson, J. and Nicholls, I. A., On the thermal and chemical stability of molecularly imprinted polymers, *Anal. Chim. Acta*, 435, 19–24, 2001.
24. Kempe, M., Antibody-mimicking polymers as chiral stationary phases in HPLC, *Anal. Chem.*, 68, 1948–1953, 1996.
25. Zander, Å., Findlay, P., Renner, T., Sellergren, B., and Swietlow, A., Analysis of nicotine and its oxidation products in nicotine chewing gum by a molecularly imprinted solid phase extraction, *Anal. Chem.*, 70, 3304–3314, 1998.
26. Zhu, Q.-Z., Haupt, K., Knopp, D., and Niessner, R., Molecularly imprinted polymer for metsulfuron-methyl and its binding characteristic for sulfonylurea herbicides, *Anal. Chim. Acta.*, 468, 217–227, 2002.
27. Sibrian-Vasquez, M. and Spivak, D. A., Enhanced enantioselectivity of molecularly imprinted poly-mers formulated with novel cross-linking monomers, *Macromolecules*, 36, 5105–5113, 2003.
28. Sibrian-Vasquez, M. and Spivak, D. A., Molecular imprinting made easy, *J. Am. Chem. Soc.*, 126, 7827–7833, 2004.
29. Sellergren, B., Molecular imprinting by noncovalent interactions. Enantioselectivity and binding capacity of polymers prepared under conditions favouring the formation of template, *Makromol. Chem.*, 190, 2703–2711, 1989.
30. Davies, M. P., de Biasi, V., and Perrett, D., Approaches to the rational design of molecularly imprinted polymers, *Anal. Chim. Acta.*, 504, 7–14, 2004.

31. Sellergren, B. and Shea, K. J., Influence of polymer morphology on the ability of imprinted network polymers to resolve enantiomers, *J. Chromatogr.*, 635, 31–49, 1993.
32. Haupt, K., Dzgoev, A., and Mosbach, K., Assay system for the herbicide 2,4-Dichlorophenoxy acetic acid using a molecularly imprinted polymer as an artificial recognition element, *Anal. Chem.*, 70, 628–631, 1998.
33. O'Shannessy, D. J., Ekberg, B., and Mosbach, K., Molecular imprinting of amino-acid derivatives at low-temperature (0°C) using photolytic homolysis of azobisnitriles, *Anal. Biochem.*, 177, 144–149, 1989.
34. Ellwanger, A., Berggren, C., Bayoudh, S., Crecenzi, C., Karlsson, L., Owens, P. K., Ensing, K., Sherrington, D., and Sellergren, B., Evaluation of methods aimed at complete removal of template from molecularly imprinted polymers, *Analyst*, 126, 784–792, 2001.
35. Andersson, L. I., Paprica, A., and Arvidsson, T., A highly selective solid-phase extraction sorbent for preconcentration of sameridine made by molecular imprinting, *Chromatographia*, 46, 57–62, 1997.
36. Matsui, J., Fujiwara, K., and Takeuchi, T., Atrazine-selective polymers prepared by molecular imprinting of trialkylmelamines as dummy template species of atrazine, *Anal. Chem.*, 72, 1810–1813, 2000.
37. Takeuchi, T., Fukuma, D., and Matsui, J., Combinatorial molecular imprinting: an approach to synthetic polymer receptors, *Anal. Chem.*, 71, 285–290, 1999.
38. Lanza, F., Sellergren, B., Method for synthesis and screening of large groups of molecularly imprinted polymers, *Anal. Chem.*, 71:2092-2096.
39. Navarro-Villoslada, F., San Vicente, B., and Moreno-Bondi, M. C., Application of a multivariate analysis to the screening of molecularly imprinted polymers for bisphenol A, *Anal. Chim. Acta.*, 504, 149–162, 2004.
40. Sellergren, B., Lepistö, M., and Mosbach, K., Highly enantioselective and substrate-selective polymers obtained by molecular imprinting utilizing noncovalent interactions—NMR and chromatographic studies on the nature of recognition, *J. Am. Chem. Soc.*, 110, 5853–5860, 1988.
41. Takeuchi, T., Dobashi, A., and Kimura, K., Molecular imprinting of biotin derivatives and its application to competitive binding assay using nonisotopic labeled ligands, *Anal. Chem.*, 72, 2418–2422, 2000.
42. Karlsson, J. G., Karlsson, B., Andersson, L. I., and Nicholls, I. A., The roles of template complexation and ligand binding conditions on recognition in bupivacaine molecularly imprinted polymers, *Analyst*, 129, 456–462, 2004.
43. Ansell, R. J. and Kuah, K. L., Imprinted polymers for chiral resolution of (+/−)-ephedrine: understanding the pre-polymerization equilibrium and the action of different mobile phase modifiers, *Analyst*, 130, 179–187, 2005.
44. Piletsky, S. A., Karim, K., Piletska, E. V., Day, C. J., Freebairn, K. W., Legge, C., and Turner, A. P. F., Recognition of ephedrine enantiomers by molecularly imprinted polymers designed using a computational approach, *Analyst*, 126, 1826–1830, 2001.
45. Pérez-Moral, N. and Mayes, A. G., Novel MIP formats, *Bioseparation*, 10, 287–299, 2002.
46. Haginaka, J., Takehira, H., Hosoya, K., and Tanaka, N., Molecularly imprinted uniform-sized polymer-based stationary phase for naproxen—Comparison of molecular recognition ability of the molecularly imprinted polymers prepared by thermal and redox polymerization techniques, *J. Chromatogr. A*, 816, 113–121, 1998.
47. Mayes, A. G. and Mosbach, K., Molecularly imprinted polymer beads: Suspension polymerization using a liquid perfluorocarbon as the dispersing phase, *Anal. Chem.*, 68, 3769–3774, 1996.
48. Ansell, R. J. and Mosbach, K., Molecularly imprinted polymers by suspension polymerization in perfluorocarbon liquids, with emphasis on the influence of the porogenic solvent, *J. Chromatogr. A.*, 787, 55–66, 1997.
49. Ober, C. K. and Lok, K. P., Formation of large monodisperse copolymer particles by dispersion polymerization, *Macromol.*, 20, 268–273, 1987.
50. Ye, L., Cormack, P. A. G., and Mosbach, K., Molecularly imprinted monodisperse microspheres for competitive radioassay, *Anal. Commun.*, 36, 35–38, 1999.

51. Pérez, N., Whitcombe, M. J., and Vulfson, E. N., Molecularly imprinted nanoparticles prepared by core-shell emulsion polymerization, *J. Appl. Polym. Sci.*, 77, 1851–1859, 2000.
52. Pérez-Moral, N. and Mayes, A. G., Comparative study of imprinted polymer particles prepared by different polymerization methods, *Anal. Chim. Acta.*, 504, 15–21, 2004.
53. Dickert, F. L., Achatz, P., and Halikias, K., Double molecular imprinting—a new sensor concept for improving selectivity in the detetion of polycyclic aromatic hydrocarbons (PAHs) in water, *Fresenius J. Anal. Chem.*, 371, 11–15, 2001.
54. Wizeman, W. J. and Kofinas, P., Molecularly imprinted polymer hydrogels displaying isomerically resolved glucose binding, *Biomaterials*, 22, 1485–1491, 2001.
55. Matsui, J., Tamaki, K., and Sugimoto, N., Molecular imprinting in alcohols: Utility of a pre-polymer based strategy for synthesizing stereoselective artificial receptor polymers in hydrophilic media, *Anal. Chim. Acta*, 466, 11–15, 2002.
56. Marx, S. and Liron, Z., Molecular imprinting in thin films of organic-inorganic hybrid sol-gel and acrylic polymers, *Chem. Mater.*, 13, 3624–3630, 2001.
57. Fernández-González, A., Laíño, R. B., Diaz-García, M. E., Guardia, L., and Vialem, A., Assessment of molecularly imprinted sol-gel materials for selective room temperature phosphorescence recognition of nafcillin, *J. Chromatogr. B*, 804, 247–254, 2004.
58. Marty, J. D., Mauzac, M., Fournier, C., Rico-Lattes, I., and Lattes, A., Liquid crystal polysiloxane networks as materials for molecular imprinting technology: Memory of the mesomorphic organization, *Liq. Cryst.*, 29, 529–536, 2002.
59. Ulbricht, M., Membrane separations using molecularly imprinted polymers, *J Chromatogr. B*, 804, 113–125, 2004.
60. Haupt, K., Noworyta, K., and Kutner, W., Imprinted polymer-based enantioselective acoustic sensor using a quartz crystal microbalance, *Anal. Commun.*, 36, 391–393, 1999.
61. Blanco-Lopez, M. C., Lobo-Castanon, M. J., Miranda-Ordieres, A. J., and Tunon-Blanco, P., Voltammetric sensor for vanillylmandelic acid based on molecularly imprinted polymer-modified electrodes, *Biosens. Bioelectron.*, 18, 353–362, 2003.
62. Piletsky, S. A., Piletskaya, E. V., Elgersma, A. V., Yano, K., Karube, I., Parhometz, Y. P., and El'skaya, A. V., Atrazine sensing by molecularly imprinted membranes, *Biosens. Bioelectron.*, 10, 959–964, 1995.
63. Price, C. P. and Newman, D. J., Eds., *Principles and Practice of Immunoassay* 2nd ed., Macmillan Reference Ltd, London, 1997.
64. Vlatakis, G., Andersson, L. I., Müller, R., and Mosbach, K., Drug assay using antibody mimics made by molecular imprinting, *Nature*, 361, 645–647, 1993.
65. Andersson, L. I., Application of molecular imprinting to the development of aqueous buffer and organic solvent based radioligand binding assays for (S)-propranolol, *Anal. Chem.*, 68, 111–117, 1996.
66. Karlsson, J. G., Andersson, L. I., and Nicholls, I. A., Probing the molecular basis for ligand-selective recognition in molecularly imprinted polymers selective for local anaesthetic bupivacaine, *Anal. Chim. Acta*, 435, 57–64, 2001.
67. Andersson, L. I., Hardenborg, E., Sandberg-Ställ, M., Möller, K., Henriksson, J., Bramsby-Sjöström, I., Olsson, L. I., and Abdel-Rehim, M., Development of a molecularly imprinted polymer based solid-phase extraction of local anaesthetics from human plasma, *Anal. Chim. Acta*, 526, 147–154, 2004.
68. Umpleby, R. J., Baxter, S. C., Rampey, A. M., Rushton, G. T., Chen, Y. Z., and Shimizu, K. D., Characterization of the heterogeneous binding site affinity distributions in molecularly imprinted polymers, *J. Chromatogr. B*, 804, 141–149, 2004.
69. Sajonz, P., Kele, M., Zhong, G. M., Sellergren, B., and Guiochon, G., Study of the thermodynamics and mass transfer kinetics of two enantiomers on a polymeric imprinted stationary phase, *J. Chromatogr. A*, 810, 1–17, 1998.
70. Kim, H. J. and Guiochon, G., Comparison of the thermodynamic properties of particulate and monolithic columns of molecularly imprinted copolymers, *Anal. Chem.*, 77, 93–102, 2005.
71. Umpleby, R. J., Bode, M., and Shimizu, K. D., Measurement of the continuous distribution of binding sites in molecularly imprinted polymers, *Analyst*, 125, 1261–1265, 2000.

72. Rampey, A. M., Umpleby, R. J., Rushton, G. T., Iseman, J. C., Shah, R. N., and Shimizu, K. D., Characterization of the imprint effect and the influence of imprinting conditions on affinity, capacity, and heterogeneity in molecularly imprinted polymers using the Freundlich isotherm-affinity distribution analysis, *Anal. Chem.*, 76, 1123–1133, 2004.
73. Spivak, D., Gilmore, M. A., and Shea, K. J., Evaluation of binding and origins of specificity of 9-ethyladenine imprinted polymers, *J. Am. Chem. Soc.*, 119, 4388–4393, 1997.
74. Andersson, L. I., Müller, R., Vlatakis, G., and Mosbach, K., Mimics of the binding sites of opioid receptors obtained by molecular imprinting of enkephalin and morphine, *Proc. Natl. Acad. Sci. U.S.A.*, 92, 4788–4792, 1995.
75. Berglund, J., Nicholls, I. A., Lindbladh, C., and Mosbach, K., Recognition in molecularly imprinted polymer α_2-adrenoreceptor mimics, *Bioorg. Med. Chem. Lett.*, 6, 2237–2242, 1996.
76. Ramström, O., Ye, L., and Mosbach, K., Artificial antibodies to corticosteroids prepared by molecular imprinting, *Chem. Biol.*, 3, 471–477, 1996.
77. Siemann, M., Andersson, L. I., and Mosbach, K., Selective recognition of the herbicide atrazine by noncovalent molecularly imprinted polymers, *J. Agric. Food Chem.*, 44, 141–145, 1996.
78. Andersson, L. I., Abdel-Rehim, M., Nicklasson, L., Schweitz, L., and Nilsson, S., Towards molecular-imprint based SPE of local anaesthetics, *Chromatographia*, 55, S65–S69, 2002.
79. Surugiu, I., Ye, L., Yilmaz, E., Dzgoev, A., Danielsson, B., Mosbach, K., and Haupt, K., An enzyme-linked molecularly imprinted sorbent assay, *Analyst*, 125, 13–16, 2000.
80. Surugiu, I., Danielsson, B., Ye, L., Mosbach, K., and Haupt, K., Chemiluminscence imaging ELISA using an imprinted polymer as the recognition element instead of an antibody, *Anal. Chem.*, 73, 487–491, 2001.
81. Surugiu, I., Svitel, J., Ye, L., Haupt, K., and Danielsson, B., Development of a flow injection capillary chemiluminscent ELISA using an imprinted polymer instead of an antibody, *Anal. Chem.*, 73, 4388–4392, 2001.
82. Piletsky, S. A., Piletska, E. V., Chen, B., Karim, K., Weston, D., Barrett, G., Lowe, P., and Turner, A. P. F., Chemical grafting of molecularly imprinted homopolymers to the surface of microplates. Application of artificial adrenergic receptor in enzyme-linked assay for ß-agonists determination, *Anal. Chem.*, 72, 4381–4385, 2000.
83. Piletska, E., Piletsky, S., Karim, K., Terpetschnig, E., and Turner, A., Biotin-specific synthetic receptors prepared using molecular imprinting, *Anal. Chim. Acta.*, 504, 179–183, 2004.
84. Chianella, I., Lotierzo, M., Piletsky, S. A., Tothill, I. E., Chen, B., Karim, K., and Turner, A. P. F., Rational design of a polymer specific for microcystin-LR using a computational approach, *Anal. Chem.*, 74, 1288–1293, 2002.
85. Piletsky, S. A., Piletska, E. V., Bossi, A., Karim, K., Lowe, P., and Turner, A. P. F., Substitution of antibodies and receptors with molecularly imprinted polymers in enzyme-linked and fluorescent assays, *Biosens. Bioelectron.*, 16, 701–707, 2001.
86. Lotierzo, M., Henry, O. Y. F., Piletsky, S., Tothill, I., Cullen, D., Kania, M., Hock, B., and Turner, A. P. F., Surface plasmon resonance sensor for domoic acid based on grafted imprinted polymer, *Biosens. Bioelectron.*, 20, 145–152, 2004.
87. Levi, R., McNiven, S., Piletsky, S. A., Cheong, S. H., Yano, K., and Karube, I., Optical detection of chloramphenicol using molecularly imprinted polymers, *Anal. Chem.*, 69, 2017–2021, 1997.
88. Suárez-Rodríguez, J. L. and Díaz-García, M. L., Fluorescent competitive flow-through assay for chloramphenicol using molecularly imprinted polymers, *Biosens. Bioelectron.*, 16, 955–961, 2001.
89. Haupt, K., Mayes, A. G., and Mosbach, K., Herbicide assay using an imprinted polymer-based system analogous to competitive fluoroimmunoassays, *Anal. Chem.*, 70, 3936–3939, 1998.
90. Kröger, S., Turner, A. P. F., Mosbach, K., and Haupt, K., Imprinted polymer-based sensor system for herbicides using differential-pulse voltammetry on screen-printed electrodes, *Anal. Chem.*, 71, 3698–3702, 1999.
91. Schöllhorn, B., Maurice, C., Flohic, G., and Limoges, B., Competitive assay of 2, 4-dichlorophenoxyacetic acid using a polymer imprinted with an electrochemically active tracer closely related to the

analyte, *Analyst*, 125, 665–667, 2000.

92. Ye, L. and Mosbach, K., Polymers recognizing biomolecules based on a combination of molecular imprinting and proximity scintillation: A new sensor concept, *J. Am. Chem. Soc.*, 123, 2901–2902, 2001.
93. Ye, L., Surugiu, I., and Haupt, K., Scintillation proximity assay using molecularly imprinted microspheres, *Anal. Chem.*, 74, 959–964, 2002.
94. Ansell, R. J. and Mosbach, K., Magnetic molecularly imprinted polymer beads for drug radioligand binding assay, *Analyst*, 123, 1611–1616, 1998.
95. Senholdt, M., Siemann, M., Mosbach, K., and Andersson, L. I., Determination of cyclosporin A and metabolites total concentration using a molecularly imprinted polymer based radioligand binding assay, *Anal. Lett.*, 30, 1809–1821, 1997.
96. Bengtsson, H., Roos, U., and Andersson, L. I., Molecular imprint based radioassay for direct determination of S-propanolol in human plasma, *Anal. Commun.*, 34, 233–235, 1997.
97. Hennion, M. C. and Pichon, V., Immuno-based sample preparation for trace analysis, *J. Chromatogr. A*, 1000, 29–52, 2003.
98. Stevenson, D., Immuno-affinity solid-phase extraction, *J. Chromatogr. B*, 745, 39–48, 2000.
99. Sellergren, B., Direct drug determination by selective sample enrichment on an imprinted polymer, *Anal. Chem.*, 66, 1578–1582, 1994.
100. Cacho, C., Turiel, E., Martín-Esteban, A., Pérez-Conde, C., and Cámara, C., Clean-up of triazines in vegetable extracts by molecularly- imprinted solid-phase extraction using a propazine-imprinted polymer, *Anal. Bioanal. Chem.*, 376, 491–496, 2003.
101. Chapuis, F., Pichon, V., Lanza, F., Sellergren, B., and Hennion, M. C., Retention mechanism of analytes in the solid-phase extraction process using molecularly imprinted polymers—Application to the extraction of triazines from complex matrices, *J. Chromatogr. B*, 804, 93–101, 2004.
102. Crescenzi, C., Bayoudh, S., Cormack, P. A. G., Klein, T., and Ensing, K., Determination of clenbuterol in bovine liver by combining matrix solid phase dispersion and molecularly imprinted solid phase extraction followed by liquid chromatography/electrospray ion trap multiple stage mass spectrometry, *Anal. Chem.*, 73, 2171–2177, 2001.
103. Blomgren, A., Berggren, C., Holmberg, A., Larsson, F., Sellergren, B., and Ensing, K., Extraction of clenbuterol from calf urine using a molecularly imprinted polymer followed by quantitation by high-performance liquid chromatography with UV detection, *J. Chromatogr. A*, 975, 157–164, 2002.
104. Matsui, J., Okada, M., Tsuruoka, M., and Takeuchi, T., Solid-phase extraction of a triazine herbicide using a molecularly imprinted synthetic receptor, *Anal. Commun.*, 34, 85–87, 1997.
105. Andersson, L. I., Efficient sample pre-concentration of bupivacaine from human plasma by solid-phase extraction on molecularly imprinted polymers, *Analyst*, 125, 1515–1517, 2000.
106. Martin, P., Wilson, I. D., Morgan, D. E., Jones, G. R., and Jones, K., Evaluation of a molecular-imprinted polymer for use in the solid phase extraction of propranolol from biological fluids, *Anal. Commun.*, 34, 45–47, 1997.
107. Olsen, J., Martin, P., Wilson, I. D., and Jones, G. R., Methodology for assessing the properties of molecular imprinted polymers for solid phase extraction, *Analyst*, 124, 467–471, 1999.
108. Matsui, J., Fujiwara, K., Ugata, S., and Takeuchi, T., Solid-phase extraction with a dibutylmelamine-imprinted polymer as triazine herbicide-selective sorbent, *J. Chromatogr. A*, 889, 25–31, 2000.
109. Sambe, H., Hoshina, K., Hosoya, K., and Haginaka, J., Direct injection analysis of bisphenol A in serum by combination of isotope imprinting with liquid chromatography-mass spectrometry, *Analyst*, 130, 38–40, 2005.
110. Haginaka, J. and Sanbe, H., Uniform-sized molecularly imprinted polymers for 2-arylpropionic acid derivatives selectively modified with hydrophilic external layer and their applications to direct serum injection analysis, *Anal. Chem.*, 72, 5206–5210, 2000.
111. Dirion, B., Cobb, Z., Schillinger, E., Andersson, L. I., and Sellergren, B., Water-compatible molecularly imprinted polymers obtained via high-throughput synthesis and experimental design, *J. Am. Chem. Soc.*, 125, 15101–15109, 2003.

112. Sergeyeva, T. A., Matuschewski, H., Piletsky, S. A., Bendig, J., Schedler, U., and Ulbricht, M., Molecularly imprinted polymer membranes for substance-selective solid-phase extraction from water by surface photo-grafting polymerization, *J. Chromatogr. A*, 907, 89–99, 2001.
113. Koeber, R., Fleischer, C., Lanza, F., Boos, K. S., Sellergren, B., and Barcelo, D., Evaluation of a multidimensional solid-phase extraction platform for highly selective on-line cleanup and high-throughput LC-MS analysis of triazines in river water samples using molecularly imprinted polymers, *Anal. Chem.*, 73, 2437–2444, 2001.
114. Boos, K. S. and Fleischer, C. T., Multidimensional on-line solid-phase extraction (SPE) using restricted access materials (RAM) in combination with molecular imprinted polymers (MIP), *Fresenius J. Anal. Chem.*, 371, 16–20, 2001.
115. Mullett, W. M., Walles, M., Levsen, K., Borlak, J., and Pawliszyn, J., Multidimensional on-line sample preparation of verapamil and its metabolites by a molecularly imprinted polymer coupled to liquid chromatography-mass spectrometry, *J. Chromatogr. B*, 801, 297–306, 2004.
116. Caro, E., Marcé, R. M., Cormack, P. A. G., Sherrington, D. C., and Borrull, F., On-line solid-phase extraction with molecularly imprinted polymers to selectively extract substituted 4-chlorophenols and 4-nitrophenol from water, *J. Chromatogr. A*, 995, 233–238, 2003.
117. Mullett, W. M., Martin, P., and Pawliszyn, J., In-tube molecularly imprinted polymer solid-phase microextraction for the selective determination of propranolol, *Anal. Chem.*, 73, 2383–2389, 2001.
118. Mullett, W. M. and Lai, E. P. C., Determination of theophylline in serum by molecularly imprinted solid-phase extraction with pulsed elution, *Anal. Chem.*, 70, 3636–3641, 1998.
119. Chassaing, C., Stokes, J., Venn, R. F., Lanza, F., Sellergren, B., Holmberg, A., and Berggren, C., Molecularly imprinted polymers for the determination of a pharmaceutical development compound in plasma using 96-well MISPE technology, *J. Chromatogr. B*, 804, 71–81, 2004.
120. Hu, S. G., Wang, S. W., and He, X. W., An amobarbital molecularly imprinted microsphere for selective solid-phase extraction of phenobarbital from human urine and medicines and their determination by high-performance liquid chromatography, *Analyst*, 128, 1485–1489, 2003.
121. Lai, J. P., Niessner, R., and Knopp, D., Benzo[a]pyrene imprinted polymers: Synthesis characterization and SPE application in water and coffee samples, *Anal. Chim. Acta*, 522, 137–144, 2004.
122. Widstrand, C., Larsson, F., Fiori, M., Civitareale, C., Mirante, S., and Brambilla, G., Evaluation of MISPE for the multi-residue extraction of beta-agonists from calves urine, *J. Chromatogr. B*, 804, 85–91, 2004.
123. Fiori, M., Civitareale, C., Mirante, S., Magaro, E., and Brambilla, G., Evaluation of two different clean-up steps to minimise ion suppression phenomena in ion trap liquid chromatography-tandem mass spectrometry for the multi-residue analysis of beta agonists in calves urine, *Anal. Chim. Acta*, 529, 207–210, 2005.
124. Kootstra, P. R., Kuijpers, C. J. P. F., Wubs, K. L., van Doorn, D., Sterk, S. S., van Ginkel, L. A., and Stephany, R. W., The analysis of beta-agonists in bovine muscle using molecular imprinted polymers with ion trap LCMS screening, *Anal. Chim. Acta*, 529, 75–81, 2005.
125. San Vicente, B., Villoslada, F. N., and Moreno-Bondi, M. C., Continuous solid-phase extraction and preconcentration of bisphenol A in aqueous samples using molecularly imprinted columns, *Anal. Bioanal. Chem.*, 380, 115–122, 2004.
126. Liu, Y. W., Chang, X. J., Wang, S., Guo, Y., Din, B. J., and Meng, S. M., Solid-phase extraction and preconcentration of cadmium(II) in aqueous solution with Cd(II)-imprinted resin (poly-Cd(II)-DAAB-VP) packed columns, *Anal. Chim. Acta*, 519, 173–179, 2004.
127. Baggiani, C., Giovannoli, C., Anfossi, L., and Tozzi, C., Molecularly imprinted solid-phase extraction sorbent for the clean-up of chlorinated phenoxyacids from aqueous samples, *J. Chromatogr. A*, 938, 35–44, 2001.
128. Ferrer, I., Lanza, F., Tolokan, A., Horvath, V., Sellergren, B., Horvai, G., and Barcelo, D., Selective trace enrichment of chlorotriazine pesticides from natural waters and sediment samples using terbuthylazine molecularly imprinted polymers, *Anal. Chem.*, 72, 3934–3941, 2000.
129. Blomgren, A., Berggren, C., Holmberg, A., Larsson, F., Sellergren, B., and Ensing, K., Extraction of clenbuterol from calf urine using a molecularly imprinted polymer followed by quantitation by high-performance liquid chromatography with UV detection, *J. Chromatogr. A*, 975, 157–164, 2002.

130. Say, R., Birlik, E., Ersöz, A., Yilmaz, F., Gedikbey, T., and Denizli, A., Preconcentration of copper on ion-selective imprinted polymer microbeads, *Anal. Chim. Acta*, 480, 251–258, 2003.
131. Möller, K., Crescenzi, C., and Nilsson, U., Determination of a flame retardant hydrolysis product in human urine by SPE and LC-MS. Comparison of molecularly imprinted solid-phase extraction with a mixed-mode anion exchanger, *Anal. Bioanal. Chem.*, 378, 197–204, 2004.
132. Walshe, M., Howarth, J., Kelly, M. T., O'Kennedy, R., and Smyth, M. R., The preparation of a molecular imprinted polymer to 7-hydroxycoumarin and its use as a solid-phase extraction material, *J. Pharm. Biomed. Anal.*, 16, 319–325, 1997.
133. Martin, P. D., Jones, G. R., Stringer, F., and Wilson, I. D., Comparison of normal and reversed-phase solid phase extraction methods for extraction of beta-blockers from plasma using molecularly imprinted polymers, *Analyst*, 128, 345–350, 2003.
134. Martin, P. D., Jones, G. R., Stringer, F., and Wilson, I. D., Comparison of extraction of a [beta]-blocker from plasma onto a molecularly imprinted polymer with liquid-liquid extraction and solid phase extraction methods, *J. Pharm. Biomed. Anal.*, 35, 1231–1239, 2004.
135. Caro, E., Marcé, R. M., Cormack, P. A. G., Sherrington, D. C., and Borrull, F., Molecularly imprinted solid-phase extraction of naphthalene sulfonates from water, *J. Chromatogr. A*, 1047, 175–180, 2004.
136. Caro, E., Marcé, R. M., Cormack, P. A. G., Sherrington, D. C., and Borrull, F., A new molecularly imprinted polymer for the selective extraction of naproxen from urine samples by solid-phase extraction, *J. Chromatogr. B*, 813, 137–143, 2004.
137. Bereczki, A., Tolokan, A., Horvai, G., Horvath, V., Lanza, F., Hall, A. J., and Sellergren, B., Determination of phenytoin in plasma by molecularly imprinted solid-phase extraction, *J. Chromatogr. A*, 930, 31–38, 2001.
138. Molinelli, A., Weiss, R., and Mizaikoff, B., Advanced solid phase extraction using molecularly imprinted polymers for the determination of quercetin in red wine, *J. Agric. Food Chem.*, 50, 1804–1808, 2002.
139. Zhu, Q. Z., DeGelmann, P., Niessner, R., and Knopp, D., Selective trace analysis of sulfonylurea herbicides in water and soil samples based on solid-phase extraction using a molecularly imprinted polymer, *Environ. Sci. Technol.*, 36, 5411–5420, 2002.
140. Chapuis, F., Pichon, V., Lanza, F., Sellergren, S., and Hennion, M.-C., Optimization of the class-selective extraction of triazines from aqueous samples using a molecularly imprinted polymer by a comprehensive approach of the retention mechanism, *J. Chromatogr. A*, 999, 23–33, 2003.
141. Muldoon, M. T. and Stanker, L. H., Molecularly imprinted solid phase extraction of atrazine from beef liver extracts, *Anal. Chem.*, 69, 803–808, 1997.
142. Turiel, E., Martín-Esteban, A., Fernández, P., Pérez-Conde, C., and Cámara, C., Molecular recognition in a propazine-imprinted polymer and its application to the determination of triazines in environmental samples, *Anal. Chem.*, 73, 5133–5141, 2001.
143. Tamayo, F. G., Casillas, J. L., and Martin-Esteban, A., Highly selective fenuron-imprinted polymer with a homogeneous binding site distribution prepared by precipitation polymerization and its application to the clean-up of fenuron in plant samples, *Anal. Chim. Acta*, 482, 165–173, 2003.
144. Dong, X. C., Wang, N., Wang, S. L., Zhang, X. W., and Fan, Z. J., Synthesis and application of molecularly imprinted polymer on selective solid-phase extraction for the determination of monosulfuron residue in soil, *J. Chromatogr. A*, 1057, 13–19, 2004.
145. Meng, Z. H. and Qin, L., Determination of degradation products of nerve agents in human serum by solid phase extraction using molecularly imprinted polymers, *Anal. Chim. Acta*, 435, 121–127, 2001.
146. Maier, N. M., Buttinger, G., Welhartizki, S., Gavioli, E., and Lindner, W., Molecularly imprinted polymer-assisted sample clean-up of ochratoxin A from red wine: Merits and limitations, *J. Chromatogr. B*, 804, 103–111, 2004.
147. Frandsen, H., Frederiksen, H., and Alexander, J., 2-Amino-1-methyl-6-(5-hydroxy-)phenylimidazo[4 5-b]pyridine (5- OH-PhIP) a biomarker for the genotoxic dose of the heterocyclic amine 2-amino-1-methyl-6-phenylimidazo[4 5- b]pyridine (PhIP), *Food Chem. Toxicol.*, 40, 1125–1130, 2002.

148. Cacho, C., Turiel, E., Martín-Esteban, A., Pérez-Conde, C., and Cámara, C., Clean-up of triazines in vegetable extracts by molecularly-imprinted solid-phase extraction using a propazine-imprinted polymer, *Anal. Bioanal. Chem.*, 376, 491–496, 2003.
149. Chapuis, F., Pichon, V., Lanza, F., Sellergren, B., and Hennion, M. C., Retention mechanism of analytes in the solid-phase extraction process using molecularly imprinted polymers—Application to the extraction of triazines from complex matrices, *J. Chromatogr. B*, 804, 93–101, 2004.
150. Sanbe, H. and Haginaka, J., Restricted access media-molecularly imprinted polymer for propranolol and its application to direct injection analysis of beta-blockers in biological fluids, *Analyst*, 128, 593–597, 2003.
151. Sanbe, H., Hosoya, K., and Haginaka, J., Preparation of uniformly sized molecularly imprinted polymers for phenolic compounds and their application to the assay of bisphenol A in river water, *Anal. Sci.*, 19, 715–719, 2003.
152. Watabe, Y., Kondo, T., Morita, M., Tanaka, N., Haginaka, J., and Hosoya, K., Determination of bisphenol A in environmental water at ultra- low level by high-performance liquid chromatography with an effective on-line pretreatment device, *J. Chromatogr A*, 1032, 45–49, 2004.
153. Theodoridis, G., Zacharis, C. K., Tzanavaras, P. D., Themelis, D. G., and Economou, A., Automated sample preparation based on the sequential injection principle—Solid-phase extraction on a molecularly imprinted polymer coupled on-line to high-performance liquid chromatography, *J. Chromatogr. A*, 1030, 69–76, 2004.
154. Masqué, N., Marcé, R. M., Borrull, F., Cormack, P. A. G., and Sherrington, D. C., Synthesis and evaluation of a molecularly imprinted polymer for selective on-line solid-phase extraction of 4-nitrophenol from environmental water, *Anal. Chem.*, 72, 4122–4126, 2000.
155. Caro, E., Masqué, N., Marcé, R. M., Borrull, F., Cormack, P. A. G., and Sherrington, D. C., Non-covalent and semi-covalent molecularly imprinted polymers for selective on-line solid-phase extraction of 4-nitrophenol from water samples, *J. Chromatogr. A*, 963, 169–178, 2002.
156. Bjarnason, B., Chimuka, L., and Ramström, O., On-line solid-phase extraction of triazine herbicides using a molecularly imprinted polymer for selective sample enrichment, *Anal. Chem.*, 71, 2152–2156, 1999.
157. Mullett, W. M., Dirie, M. F., Lai, E. P. C., Guo, H. S., and He, X. W., A 2-aminopyridine molecularly imprinted polymer surrogate micro-column for selective solid phase extraction and determination of 4-aminopyridine, *Anal. Chim. Acta*, 414, 123–131, 2000.
158. Lai, E. P. C. and Wu, S. G., Molecularly imprinted solid phase extraction for rapid screening of cephalexin in human plasma and serum, *Anal. Chim. Acta*, 481, 165–174, 2003.
159. Wu, S. G., Lai, E. P. C., and Mayer, P. M., Molecularly imprinted solid phase extraction-pulsed elution-mass spectrometry for determination of cephalexin and [alpha]-aminocephalosporin antibiotics in human serum, *J. Pharm. Biomed.*, 36, 483–490, 2004.
160. Mena, M. L., Agüí, L., Martinez-Ruiz, P., Yáñez-Sedeño, P., Reviejo, A. J., and Pingarrón, J. M., Molecularly imprinted polymers for on-line clean up and preconcentration of chloramphenicol prior to its voltammetric determination, *Anal. Bioanal. Chem.*, 376, 18–25, 2003.
161. Feng, S. Y., Lai, E. P. C., Dabek-Zlotorzynska, E., and Sadeghi, S., Molecularly imprinted solid-phase extraction for the screening of antihyperglycemic biguanides, *J. Chromatogr. A*, 1027, 155–160, 2004.
162. Mullett, W. M., Lai, E. P. C., and Sellergren, B., Determination of nicotine in tobacco by molecularly imprinted solid phase extraction with differential pulsed elution, *Anal. Commun.*, 36, 217–220, 1999.
163. Mena, M. L., Martinez-Ruiz, P., Reviejo, A. J., and Pingarrón, J. M., Molecularly imprinted polymers for on-line preconcentration by solid phase extraction of pirimicarb in water samples, *Anal. Chim. Acta*, 451, 297–304, 2002.
164. Mullett, W. M. and Lai, E. P. C., Rapid determination of theophylline in serum by selective extraction using a heated molecularly imprinted polymer micro-column with differential pulsed elution, *J. Pharm. Biomed. Anal.*, 21, 835–843, 1999.
165. Kubo, T., Hosoya, K., Watabe, Y., Ikegami, T., Tanaka, N., Sano, T., and Kaya, K., Polymer-based adsorption medium prepared using a fragment imprinting technique for homologues of chlorinated bisphenol A produced in the environment, *J. Chromatogr. A*, 1029, 37–41, 2004.
166. Theodoridis, G., Kantifes, A., Manesiotis, P., Raikos, N., and Tsoukali-Papadopoulou, H., Preparation of a molecularly imprinted polymer for the solid- phase extraction of scopolamine with hyoscyamine as a dummy template molecule, *J. Chromatogr. A*, 987, 103–109, 2003.

6 基于适配体的生物分析方法

Sara Tombelli , Maria Minunni , and Marco Mascini

目录

6.1 引言

适配体是一种可以特异性结合氨基酸、药物、蛋白质和其他分子的人工核酸。它们是从复杂的合成核酸文库中分离出来的，是由指数富集配体系统经一个吸附、复苏和放大过程迭代进化而成的[1]。

在过去 10 年中，第一次发表关于适配体的选择[2,3]和它们在治疗领域的初步应用[4,5]的文献之后，多篇关于适配体的综述被报道。在最先发表的几篇综述中[6]，有一篇提出将适配体作为选择性结合和分子识别领域的一个入口，作者还预测适配体的应用将不局限于临床诊断和治疗管理而发展到更广泛的分析化学领域。随后，适配体作为诊断方法中的选择性配体[7]、生物传感器[8~10]和其他分析技术[11,12]等方面的潜在应用逐渐出现。

最近的一篇文献中，总结了关于适配体的几个关键方面[13]，其中尤其关注关于筛选过程和对于已经筛选出的适配体在分析方面应用的一般规律的问题。

目前的文献将遵循这条规律，详细考察了在生物分析方法中使用适配体时可能的潜在的重要方面。筛选程序（SELEX）以及已筛选出适配体的分子将被重点考虑。此外，在研究基于适配体的分析方法时的其他几个重要方面也需要考虑，特别需要强调的是固定程序和实验方案。

6.2 适配体筛选

SELEX 适配体筛选法[2,3]如图 6.1 所示。它包括从包含不同序列的寡核苷酸库中筛选

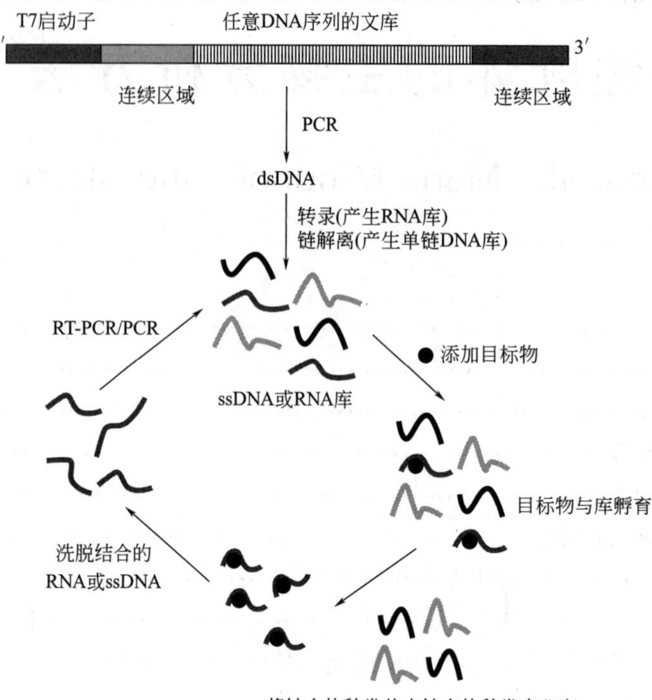

图 6.1 指数富集配体筛选系统用于体外筛选核酸适配体的示意图

合成库中包含一部分随机序列的 DNA 寡核苷酸。在 PCR 中，库中 DNA 通过固定区 5′到 3′的引物退火形成双链 DNA，再通过链解离或者进入 RNA 通过 T7 RNA 聚合酶的体外转录转化为单链 DNA。目标分析物与核酸库混合之后孵育，再通过淋洗去除非特异性的以及亲和力低的核酸分子。捕获的 RNA/DNA 分子经洗脱、复苏和 RT-PCR/PCR 扩增最终获得一个新的、富含 DNA 的库。整个循环过程一直重复，直到最终获得独立的具有一定特征的特异性的一类 RNA/DNA 库。dsDNA—双链 DNA；RT-PCR/PCR—逆转录 PCR/PCR；ssDNA—单链 DNA

和扩增（通常包括 12～18 个循环）的迭代循环。待选的不同序列的核酸是由标准的 DNA-寡核苷酸合成器合成的，包括一个随机区（通常是 30～40 个碱基），侧面是固定区（库中的每一个成员都包含在相同区域的相同序列）。固定的序列是聚合酶链反应（PCR）引物的结合位点，用于 RNA 适配体筛选，固定区的 5′端包含 T7 启动子序列，在这个位置 T7 RNA 聚合酶结合到库中 RNA 上用于体外转录。筛选通常是从 RNA 库中产生的，由于已知 RNA 具有折叠并形成复杂结构的能力，而 RNA 功能的多样性也源于此，但是单链 DNA 库也可以产生适配体。已知单链 DNA 也可以在体外折叠成一定的结构如茎环、内环等，尽管这些结构不如相应的 RNA 结构稳定。

之后将核酸库与目标分子混合寻找库中用于结合目标分子单个序列的小片段（通常在这一步骤时库中仅有 5%有这个能力）。一般而言，孵育步骤是在溶液中目标物是蛋白质时，或者目标物是小分子时，将目标固定在固体支架上以获得亲和基质（如亲和性）。混合之后，得到的库与配体相互作用的混合物用硝化纤维素过滤器[3]、免疫沉淀反应[14]或聚丙烯酰胺凝胶电泳[15]分离得到。但小分子目标物固定到固体支撑物上时，也可以通过简单的淋洗步骤实现分离。此时，对目标物具有高亲和力的核酸分子就与其他非结合的核酸分子分离。通过分离筛选的寡核苷酸扩增产生新的富含对目标分子有相对高的亲和力的核酸分子混合物。筛选过程的几次迭代之后（12～18 个循环），经过逐渐严格的筛选条件，以牺牲低亲和力的序列为代价富集所需的高亲和力序列库，最终获得一个或多个最高亲和力的候选序列。富集得到的库（10～30个序列）最终会被克隆和进行序列分析。分析单个序列对目标物的结合能力（亲和常数值）。

一个优良的筛选程序需要考虑许多问题，如库的复杂性、核苷酸的化学性质、固定区的设计都是筛选过程中决定最终产物的重要方面[16,17]。考虑到复杂性，或者是分子和库的多样性，原始库必须有足够大的可能筛选出有活性的适配体。如果随机的寡核苷酸长度是 N，从 y 个不同的核苷酸中产生，就可以给出复杂性公式 y^N。而通常考虑 DNA 合成化学的实际原因是可以被筛选的最大序列数 $10^{13}\sim10^{15}$。在筛选循环过程中也会引入多样性的问题，尤其是在 PCR 扩增步骤，这是由于在筛选寡核苷酸时可能产生突变。

使用的核苷酸的化学性质是影响筛选过程的第二重要因素[16]。核苷酸的性质决定着一条适配体可以折叠成可能的 3D 结构的范围和降解的稳定性。适配体可以形成的不同二级结构的个数取决于核苷酸之间通过典型的 W-C 相互作用的能力以及特异的碱基对[18]。而且关于 RNA 适配体的筛选，可以用 2′-fluoro-核苷酸或者 2′-氨基修饰的核苷酸代替天然的核苷酸，因为它们可以与 T7 RNA 聚合酶结合。指数富集配体筛选过程一直是用一个普通的 RNA 库和一个包含 2′-氨基修饰的嘧啶碱基库；依赖这些不同的库，已经筛选出包含不同的序列和结构形式的适配体[19]。

生物体液中含量最丰富的核酸酶是嘧啶特异性核酸酶，引入在 2′位置的嘧啶碱基进行特定修饰（2′-氨基和 2′-氟代功能基团），可以避免 RNA 核苷酸被降解，使半衰期长达 15h[20]。由于 2′-氨基和 2′-氟代三磷酸腺苷和三磷酸尿苷可以结合到 RNA 的体外扩增中，可以将这些修饰引入组合文库。通过这种方式，使用包含 2′-氨基和 2′-氟代修饰的嘧啶碱基库可以提高生物体液中筛选适配体的稳定性[21]。

筛选后再修饰和发展对映体的适配体（称作 Spiegelmers，来源于德语中的镜子）是 RNA 适配体稳定化的第二个途径。这个过程最初是产生一种目标物的化学镜像，之后选择这个镜像的适配体获得 SELEX 筛选目标物适配体的化学镜像。Spiegelmers 会结合目标物，但是不易受普通酶分解产物的影响[19,22]。

关于筛选过程的第三个重要参数是固定区（引物）的设计。适配体由核心区一个随机的 DNA 或者 RNA 序列，以及侧面的两个固定区 5′和 3′侧面序列构成。这些功能位点可进行引物的杂交用于 Klenow 延伸、cDNA 的合成、聚合酶链反应扩增和 T7 RNA 聚合酶转录，所有这些都是 SELEX 方案的关键。固定区的设计应当确保目标片段的正确扩增，也就是引物应该强烈退火以复制，并且不能形成二级结构或二聚体[17]。这些是普通 PCR 方案中引物设计的一般性质，但是对于需要执行许多筛选和扩增循环的 SELEX 程序更加重要[16]。

适配体的一个主要缺陷是 SELEX 完成一个完整筛选过程本身所需较长的时间和筛选结果的影响因素较多[13]。通常一个筛选过程需要大约 15 个筛选和扩增的循环，并且每一个循环需要 2～3d 完成。也就是说，完成一个典型的 SELEX 实验需要将近 3 个月，至少比产生一个细胞系获得并纯化一个特异的单克隆抗体所需的时间要短[7]。有几个课题组已经尝试加速筛选过程。关于自动筛选过程已经被报道[23～26]，用一个机器人操作的微量滴定板实现多项选择，可以同时提供 8 个选择并在 2d 内完成 12 个循环。这个系统也可以在一个程序中同时进行 8 个目标物的适配体的筛选。

一种自动化的平台已经被报道[27,28]，在一个 96 孔板上用 5′-碘或者 5′-溴替代碱基以产生光学适配体。用这种新型的光化学 SELEX 方法（PhotoSELEX），经修饰的单链 DNA 适配体可以光学交联经鉴定的目标分子 [人类基本的纤维母细胞生长因子 (bFGF)]。这种方法是基于结合被吸收光激活的修饰碱基来代替在 RNA 或者单链 DNA 寡核苷酸库中的天然碱基。用这种方法筛选的适配体可以与目标分子形成光致的共价键，并且由于这种共价键的产生，筛选出的这些适配体比用传统方法筛选的适配体具有更高的灵敏度和选择性。

另外，毛细管电泳也应用到 SELEX 过程中以减少筛选的循环次数。平衡混合物的非平衡毛细管电泳 (NECEEM) 最近作为一种减少筛选所需循环数非常有效的方法被报道[29]。最近的一篇文献中，一个特别的研究小组[30]证明将毛细管电泳运用到从非活性适配体中分离结合序列过程中可以将 SELEX 程序减少到只有 4 个循环，因此，将整个筛选过程所需的时间减少到 2～4d。

最近，体外筛选方法的发展使信号适配体应用于生物传感器以及可被小配体和蛋白质调节的核糖酶[31]。

6.3 适配体和抗体

最近几十年来，抗体已经成为生物分析方法中在目标物识别方面应用最广泛的生物分子。尽管抗体和适配体都是以高亲和力和特异性来结合相应的目标物，适配体可以提供许多优于抗体的优势，这使得它在应用上非常有前景[9,12]。主要的优势是适配体分子的产生不需使用动物或者细胞系。如果目标物不具有免疫性，那么抗体很难产生。反之，适配体是不依赖动物体的体外方法：任何目标物都可以产生一个体外的组合文库。另外，体内抗体的产生意味着动物免疫系统选择抗体所结合的目标蛋白的位点。体内的参数限制了所鉴别的抗体仅在生理条件下识别目标物，局限了抗体功能化和应用的发展。而适配体筛选过程可以通过控制获得适配体在目标物上特定的结合位置，并且在不同的结合条件下有特定的结合性质。筛选之后，适配体可以通过化学法合成，具有很高的纯度，避免了在使用抗体时存在的批次间的差异。而且通过化学法合成适配体可以进行修饰，提高它的稳定性、亲和力和分子的特异性。通常，适配体-目标物混合物之间的动力学参数可以改变，使之有更高的亲和力和特异性。与抗体相比，另外一个重要的优势是在温度上有更高的稳定性；事实上，抗体是大蛋白，对温度比较敏感，可以发生不可逆的变性。反之，适配体是非常稳定的，它们可以在变性之后恢复天然的活性构象。

在分析方法中使用适配体（主要是 RNA 适配体）的主要限制是其对核酸酶的敏感性，在体内和体外的应用中是至关重要的[22]。但是，已经有研究表明，可以通过对 2′位置核糖环进行化学修饰来改善这些分子的稳定性[32]。

几个作者也曾进行在生物传感器或者生物芯片上作为生物识别元件时用于识别同一目标分子的适配体和抗体之间的比较。一个抗 IgE 的 DNA 适配体用在石英晶体生物传感器上时与相同分子 (IgE) 的单克隆抗体相比较[33]，这两个受体用相同的程序固定在传感器的金表面上，同时比较了两个生物传感器的灵敏性、特异性和稳定性。对 IgE 的检出限都达到 0.5nmol/L，但是基于适配体的那一个有 10 倍宽的线性范围 [图 6.2(a)]，可能是由于在同一浓度下小分子适配体更容易固定，同时，与较大的抗体分子相比更容易调整固定的方向。另外，基于适配体的生物传感器与抗体层相比更有可能再生和循环使用。在检测传感器的再生可能性时，抗体受体层在再生之后可能被损伤或者发生不可逆的变性，随后加入 IgE 产生的信号变少。反之，抗 IgE 适配体可以承受多次循环再生，并且结合灵敏性下降很少 [图

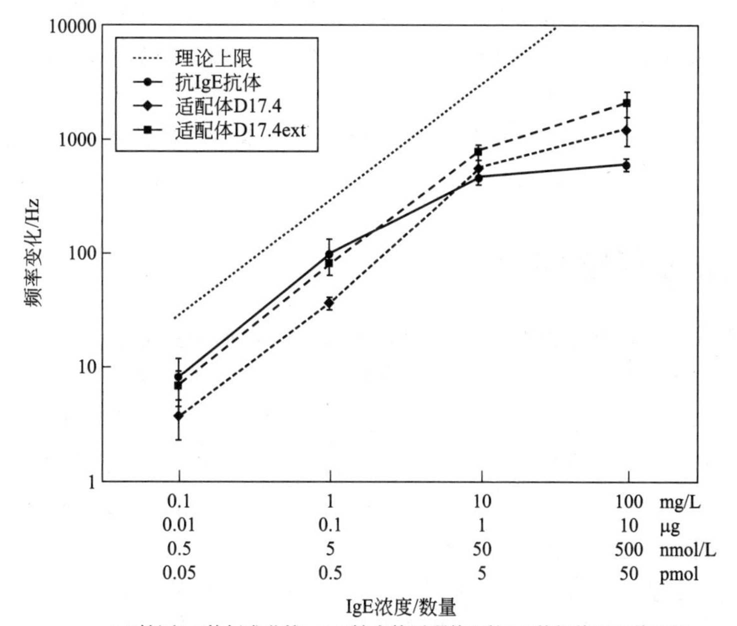

(a) 检测IgE的标准曲线：IgE结合的适配体和抗IgE的抗体之间的比较

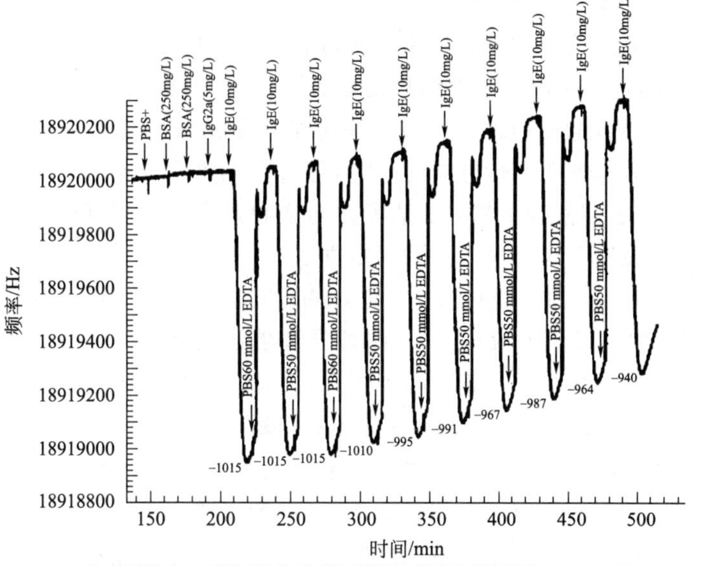

(b) 适配体与IgE不同结合或再生循环的传感示意图(用50mmol/L的EDTA再生)

图 6.2　基于适配体的生物传感器用于检测 IgE

(引自 Liss，M.，Petersen，B.，Wolf H.，and Prohaska，E.，Analytical Chemistry，74，4488，2002.)

6.2(b)]。利用特异于 HIV-1 转运蛋白的 RNA 适配体与相应的单克隆抗体在压电式生物传感器上进行了相同的比较[34]。在这个研究中，使用抗体获得更宽的检测范围，而适配体传感器表现出更高的灵敏度。比较两种传感器的再生性，两个受体都表现出较好的特异性。

为检测适配体与抗体相比是否表现出特殊的亲和性，通过原子力显微镜比较了抗 IgE 抗体和抗 IgE 适配体单独的断裂力[35]。将 IgE 固定在原子力显微镜探针上，固定后的探针测量了在相同实验条件下分别修饰了抗体和适配体的不同物质的相互作用力，并计算和比较了

IgE-适配体或者 IgE-抗体的平均断裂力。比较相同的原子力显微镜得到的结果，适配体的断裂力总是大于 IgE-抗体之间的相互作用。这些结果说明适配体对蛋白质有更高的亲和力，甚至超过抗体对相同分子的亲和力。

除了抗体，筛选过程本身通过扩增步骤给予适配体相对于其他非天然受体配体的一些优势，肽则不能在筛选过程中被放大。

6.4 适配体固定程序

将适配体固定到生物传感器或者生物分析设备的表面是能否获得有序层的关键，其中有序层可以在尽可能不改变适配体结构和对目标分子的亲和力的情况下用于拓展生物受体的灵活性。适配体可以以高的亲和力结合它们的目标物，并且它们可以鉴别类似的目标物[31]。这是由于自适应的识别：适配体在溶液中无结构，一旦与目标分子结合就会形成分子构型，此时配体会变为核酸结构的原始部分。适配体固定到固相载体上必须避免任何的空间位阻和约束，这些都会阻碍适配体折叠成正确的构象。

通常适配体通过在 3′端或 5′端修饰一个基团分子来实现固定，最常用的修饰是硫醇基团[36～39]，或者氨基基团[35,40]，或者生物素分子[41～43]。Bang 等[44]报道了一种基于信标适配体的生物传感器，使用氨基基团修饰，用于电化学检测凝血酶。信标适配体是包含一个短的茎部和一个环部的单链寡核苷酸。分子信标的两端有一段互补序列构成短的茎部结构作为适配体-目标分子结合的转导元件，茎部结构的断裂导致荧光标记或者茎部结构中嵌入的分子发生共振能量的变化。金电极通过一个包含一种主要脂肪胺的连接剂被固定在 5′端的信标适配体修饰。这些作者都证明了传感器的高特异性、再生的可能性，以及蛋白质的检出限为 11nmol/L。5′端或者 3′端修饰生物素的适配体与亲和素之间的相互作用是一种在不同生物传感器或者生物分析技术上应用最广泛的固定方法。

已开通过使用与癌症相关的几种蛋白［肌苷酸脱氢酶（IMPDH）、血管内皮生长因子（VEGF）和成纤维细胞生长因子（bFGF）］的特异性生物素标记的核酸适配体研发出一种基于适配体的蛋白质多重分析生物传感器阵列[45]。荧光极性各向异性已经用于目标-蛋白质结合的固相测量。k_d 为解离常数，适配体-探针相互作用（k_d=15nmol/L）与溶液实验的结果相似（k_d=26nmol/L)，表面适配体的固定并不影响它的功能性质。最近 Ellington 团队的一项工作中也采用了相同的固定适配体技术[46]。作者报道了基于芯片微球法的调整使之作为适配体接收器。系统是由一个流动单元连接到一个快速高效液相色谱仪泵和用于观察的荧光显微镜组成的。包含多个阱并且上面修饰有探针元素微球的硅芯片作为流动单元首先被沉积。商业化的亲和素琼脂糖微球用 5′-生物素化的适配体修饰。研究证明，可以用 RNA 抗蓖麻毒素适配体来对标记蛋白质定量。采用三明治形式的方法，用抗蓖麻毒素的抗体进行优化。用于直接检测非标记的蛋白质。在这个方法中，适配体在传导时被生物素化是通过在反应混合物中引入生物素化的二核苷酸实现的。固定之后，适配体加到溶液中与包含荧光标记的蓖麻毒素发生反应。用捕获蛋白质的荧光强度建立了检测蓖麻毒素的标准曲线，其检出限为 8μg/mL。适配体-蛋白质的 k_d 大约为 1.24μmol/L，比之前报道的 k_d 要高（7.4nmol/L)[47]。在夹心法中，抗蓖麻毒素的适配体作为捕获试剂，未标记的蓖麻毒素与适配体结合可以与作为报告分子的荧光标记抗体发生相互作用，检出限达到 320ng/mL，并且有高的选择性，不含蓖麻毒素的阴性对照中不产生荧光信号。用包含 7mol/L 尿素的清洗液变性和去除结合蛋白之后传感器可再生。

2002 年，Liss 等[33]设计了一个石英晶体生物传感器用于检测 IgE，与 5′端或 3′端生物素化的适配体固定不同的是这个方法是使用氨基修饰的 IgE 适配体。用 5′端或 3′端修饰的适配体标记到 3,3-二硫代二丙酸二(*N*-羟基丁二酰亚胺酯)（DSP）活化的生物传感器表面，特异性地识别 IgE，但是并不如基于抗体的探针或者生物素化的探针灵敏。反之，5′端和 3′端均生物素化的适配体结合目标物有更好的特异性和灵敏性。另外，在 5′端和 3′端都延长一个 GCGC 序列的适配体的解离常数为 3.6nmol/L，而原始适配体为 k_d=10nmol/L。

5′端修饰的适配体包被的生物传感器可以在复杂的蛋白质样品比如低脂牛奶、肉提取物和心-脑浸出液肉汤中特异地检测 IgE。

Baldrich 等[48]用四种不同修饰的生物素化凝血酶适配体对酶联适配体实验（ELAA）中适配体固定的影响进行了深入的研究（表 6.1）。通过在 5′端或 3′端生物素化适配体上加 6C 连接臂与否来研究间隔臂对适配体灵活性的影响。采用 3′端固定相比 5′端来说能提高凝血酶的偶联。作者认为这可能是由于对 5′端的修饰会干扰适配体的正确折叠，3′端修饰的适配体则更加稳定。无论是在 5′端还是在 3′端加入一个连接臂都可以提高对目标物的偶联，可能是由于降低了空间位阻能让适配体更好地折叠并识别目标物。用这四种不同的适配体进行了竞争实验也获得了同样的结果。在 3′端生物素化带有连接臂的适配体获得了最高的检测灵敏度（5.2×10^{-5}AU·L/nmol）和最佳检测限（2nmol/L）。

表 6.1 凝血酶结合适配体的变体在酶联适配体方法的开发中的运用

凝血酶适配体的变体	适配体序列
5′-生物素化的垫片	5′-biot-6C-GGTTGGTGTGGTTGGT
3′-生物素化的垫片	GGTTGGTGTGGTTGGT-6C-biot-3′
5′-无间隔的生物素化	5′-biot-GGTTGGTGTGGTTGGT
3′-无间隔的生物素化	GGTTGGTGTGGTTGGT-Biot-3′

来源：Baldrich，E.，Restrepo，A.，and O'Sullivan，C.，K.，*Analytical Chemistry*，76，7053，2004.

目前一些研究将这种固定方案应用在了生物芯片和固相中。5′端修饰生物素的溶菌酶适配体固定在链霉亲和素包被的磁性微球上，通过电化学的方法捕获目标分子检测限达 7nmol/L[49]。对溶菌酶有特异性的 RNA 适配体固定在链霉亲和素包被的微阵列片上。在这一实验中，RNA 适配体用生物素化的鸟苷酸转录产生 5′端生物素化的分子。方法检测限达到 70fmol/L，并在超过 10000 倍的 T-4 细胞裂解液中仍然对目标蛋白有特异性[50]。

生物素化抗 L-精氨酸 D-RNA 适配体作为特异的手性固定相用于 HPLC 系统中[51]。通常在处理生物素化适配体时，都会在固定前对分子进行加热处理来打开适配体链，使标记的生物素容易与链霉亲和素反应，也可以打开那些干扰目标物识别的 3D 结构。热处理就是在高温中孵育适配体，然后在冰上快速降温使分子停留在折叠（从而阻止分子的展开）的状态[52]。HIV-1 Tat 蛋白特异适配体固定在压电石英晶体前进行热处理（90℃ 1min，冰上 10min）[34]。相比未处理的适配体，处理后的适配体获得了更低的实验检测限（0.25mg/L），重复性也有所提高，而系统的特异性并没有改变。相似的热处理（95℃ 3min，冰上降温）也用于生物素化抗 IgE DNA 适配体在另一种压电传感器的研究[33]。对使用未处理适配体压电传感器的比较并没有报道。

其他作者报道了一个略微不同的处理方法，就是在 70℃或 85℃加热，再缓慢冷却至室温，让分子折叠成其活性结构。这种处理（70℃）用于生物素化的溶菌酶 RNA 适配体在亲和素包被的微阵列片[50]或电子传感器的微机械芯片上的固定[46]。Brumbt 等[51]在将抗精氨酸 RNA 适配体固定在手性固相前进行了 85℃的处理。Baldrich 等[48]进行了一个很有意思的研究，他们测试了凝血酶适配体变体对在酶联适配体实验中亲和素包被板上的固定的影响。将经过热处理和未经过热处理（94℃ 10min，在冰上迅速冷却）的适配体修饰在板上进行实验，比较了目标物偶联的结果。结果发现，适配体的变性并未提高实验的效率，说明适配体在变性前后都产生了相同的折叠结构，凝血酶的存在促进了正确的折叠。他们认为在其他实验中，分子需要形成非常稳定的构象来结合目标物，那么这种热处理可能就是必要的。

基于生物素/亲和素反应的固定方法的选择也同样适用于一端有巯基修饰的适配体。Savran 等[53]采用巯基修饰的能特异识别 *Taq* DNA 聚合酶的适配体固定在悬臂表面用于蛋白质的微机械检测。使用干扰量度分析法比较了修饰有非特异序列的悬臂和参比悬臂的弯曲度。对七种不同浓度的 *Taq* DNA 聚合酶的偶联实验显示了这一系统的灵敏度，测定了 k_d 值为 15pmol/L。近来，5′端巯基修饰的人 IgE 适配体和半胱胺混合在电极阵列上固定了一个杂交修饰层。偶联目标物后的电极用原子力显微镜（AFM）检测[54]。AFM 图像说明 IgE 能够特异性地与适配体偶联，附着在单分子层表面。这些研究都集中在使用不同固定方式的适配体生物分析方法，这说明应该探索将适配体固定在固相表面的实验方法，并根据不同的适配体进行优化。适配体的性能对实验的进行有很大的影响，每个新的适配体用于分析应用时都应该考虑在内[48]。

6.5 基于适配体的实验方法

6.5.1 适配体检测蛋白质

蛋白质特异性适配体的使用和重要医学标志蛋白鉴定的飞速发展促进了用于蛋白质组学和疾病检测及治疗的新的生物分析方法的发展。

已经筛选出许多对蛋白质有特异性的 RNA 或 DNA 适配体，一部分列在表 6.2 中[4,5,24,43,55~69]。在下面的部分报道了很多优化的适配体检测蛋白质的方法。

表 6.2 蛋白结合适配体的筛选

目标蛋白	适配体种类	参考文献
凝血酶	DNA	[4,55]
IgE	DNA	[5]
NF-Kb	RNA	[56,57]
溶菌酶	DNA	[24]
HIV-1 Tat 蛋白	RNA	[58,59]
血管内皮生长因子(VEGF)	RNA	[60]
CD4 抗原	RNA	[61]
HIV-1 gag 蛋白	RNA	[62]
L-选择素	DNA	[63]

续表

目标蛋白	适配体种类	参考文献
铁调节蛋白(IRP)	RNA	[64]
HIV-1 rev 蛋白	RNA	[65]
SelB *E. coli* 蛋白	RNA	[66]
血小板源生长因子(PDGF)	DNA	[67]
大肠杆菌素 E3	RNA	[68]
甲状腺转录因子(TTF1)	DNA	[43]
乙酰胆碱受体	RNA	[69]

6.5.1.1 ELONA（酶联寡核苷酸实验）

ELONA 的使用由 NeXstar 制药（现在叫 Gilead Sciences）获得专利，用于检测人源 VEGF。VEGF 是一种可由肿瘤分泌的蛋白（其他细胞也能分泌），可以促进新生血管的生长[60]。实验体系为 ELONA 或 ELISA/ELONA 混合体系[8]［图 6.3(a)］。实验方式是抗体作为捕获分子，标记的适配体作为报告分子识别抗体-分析物的免疫复合物。抗 VEGF 单克隆抗体固定在微孔板上，与含有不同浓度 VEGF 的样品反应。荧光标记的抗 VEGF RNA 适配体结合到捕获的 VEGF 上，然后与抗荧光素抗体偶联，加入碱性磷酸酶产生化学发光信号。浓度在 31～8000pg/mL 的 VEGF 标准溶液被检测，这个检测方法可用于人血清中

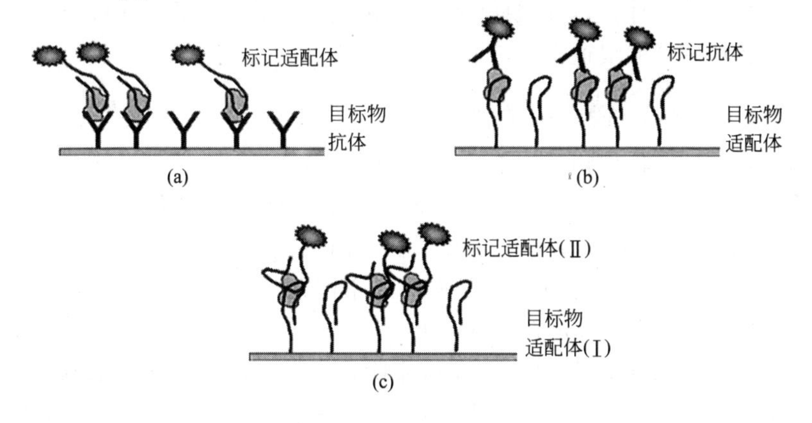

图 6.3 酶联寡核苷酸实验（ELONA）的不同形式

(a) 抗体固定在固相载体上，作为捕获分子，标记的适配体作为报告分子。(b) 适配体作为捕获试剂，标记的抗体作为报告分子。(c) 适配体（两条不同或相同）都可作为捕获分子，一条标记后作为报告分子。

与上面的混合实验类似，将适配体杂交免疫微球用于检测凝血酶[70]。在这个实验中，适配体也具有检测试剂的功能。免疫磁珠表面包覆了抗凝血酶抗体，再与凝血酶和 5′端生物素化的抗凝血酶 DNA 适配体的孵育混合物反应。最后将铕标记的亲和素加到磁珠中，通过时间分辨荧光检测。免疫荧光适配体实验显示了在生理参数范围内检测凝血酶的灵敏性，实验中阐述了这些很重要的参数。作者用相同的适配体、相同的检测原理进行了传统的 96 孔实验，但只对溶液中的适配体-凝血酶复合物有较好的灵敏度。可能与传统的 96 孔实验中使用适配体的局限性有关，也可能与连接到凝血酶适配体或结构相似的适配体有关。这些发现说明适配体更容易受实验条件的影响，而不是抗体和其他适配体；这些结果也证明了对适配体实验的方案应该进行更加仔细的研究，一个适配体与另一个适配体间的实验条件优化也应该不同[13,48,70]

VEGF 的检测，检测结果与标准的基于抗体的 ELISA 实验结果一致。

在这方面报道了一个非常有趣的关于 ELONA（这里叫 ELAA-酶联适配体实验）实验参数的系统性评估[48]。用抗凝血酶适配体进行了在不同参数下不同形式的实验，包括 pH、孵育时间、温度和适配体变性（在 6.4 节中提到）。抗体-适配体混合夹心法实验以直接、间接和相反的形式进行。在间接夹心模式中，凝血酶适配体固定在包被有亲和素的 96 孔板上，捕获的凝血酶被羊抗凝血酶抗体识别，被标有辣根过氧化物酶（HRP）的抗羊二抗检测。在相反的模式中，凝血酶被固定的抗体捕获，由 HRP 标记的适配体识别。直接和间接的方法都获得了良好的结果，检测限低于 1nmol/L，但在相反的反应模式中，获得了很高的检测限。只有在蛋白质和适配体加入前经过预孵育后再加到固定的抗体中才能获得 3.5nmol/L 的检测限。基于固定标记和未标记的适配体开展的竞争实验，相比其他实验获得了较高的检测限（2～9nmol/L）。

这些实验[48]中得出的最佳的实验方案是用 3′端固定适配体（具体讨论分析参考 6.4 节），HEPES 10mmol/L、pH 8.0 是最佳缓冲液，溶液中有无 K^+ 对实验没有影响。在含 KCl 的缓冲液中加 Na^+ 或 Mg^{2+} 会降低结合效率。

6.5.1.2 适配体传感器

适配体作为生物元件在生物传感器中的应用比传统利用抗体的方法具有更多优势。比如，固定适配体更易于功能性再生，易于制备均质溶液，易于标记，因此可用于多种检测方法[7～9,12]。适配体作为生物传感识别元件的优势已经通过与比色法[71]、声波[33,34,72,73]和表面等离子共振转移[74,75]的结合体现出来。这些方法已经被广泛地评价[9,10,12]，但是关于电化学转导适配体传感器的报道很少，下文会进行介绍。

6.5.1.3 适配体-电化学方法检测蛋白质

电化学转导用于适配体生物分析中是一个非常新的方法。这个方法有很多优点，特别是在蛋白质组分析和与微阵列的整合上[76]。第一个适配体电化学传感器由 Ikebukuro 等报道[76]，以夹心法实验方式用于检测凝血酶［图 6.3(c)］。对这个蛋白质的夹心法实验与两条凝血酶的适配体有关，它们可以结合凝血酶的不同位点[4,55]。在这个实验中，一条适配体（15-mer，5′端巯基修饰）固定在金电极上，另一条适配体（29-mer）标记对苯二酮葡萄糖脱氢酶［(PQQ)GDH］用于检测。加入葡萄糖后获得电化学信号。电流和凝血酶浓度的线性关系范围为 40～100nmol/L，检测限为 10nmol/L。用特异性适配体和其他电化学方法检测相同的目标物-凝血酶，比如检测包被凝血酶适配体的电极及电化学指示剂（亚甲基蓝，MB）偶联到蛋白质上电荷的变化[77]。MB 电化学标志物也可以用于分子信标类型的适配体传感器检测凝血酶[44]。在这个方法中，5′端氨基修饰的分子信标适配体固定在金电极的表面，MB 嵌入分子信标的序列中。结合凝血酶引起适配体结构的改变，嵌入的 MB 释放，电流强度降低。两种方法的检测限都可达到 10nmol/L。

一种电化学技术——阻抗谱也用于与凝血酶适配体的偶联[78]。5′端巯基修饰的适配体固定在薄膜金电极上，通过监测电化学阻抗谱中界面电子转移阻抗的变化检测适配体凝血酶-蛋白复合物的形成。这种技术获得的检测限为 0.1nmol/L，检测范围广至 pmol/L～μmol/L。

近来 Kawde 等[49]报道了另一种无标记的电化学方法。蛋白特异适配体固定在磁性微球上，电化学测定捕获的蛋白质（氧化的酪氨酸和色氨酸残基），以此方法对溶菌酶进行检测

(图 6.4)。这种试剂无标记检测不能用于传统的免疫实验，因为目标蛋白和抗体中都还有电活性残基的存在。这种方法已经用于蛋白质生物芯片的研究。

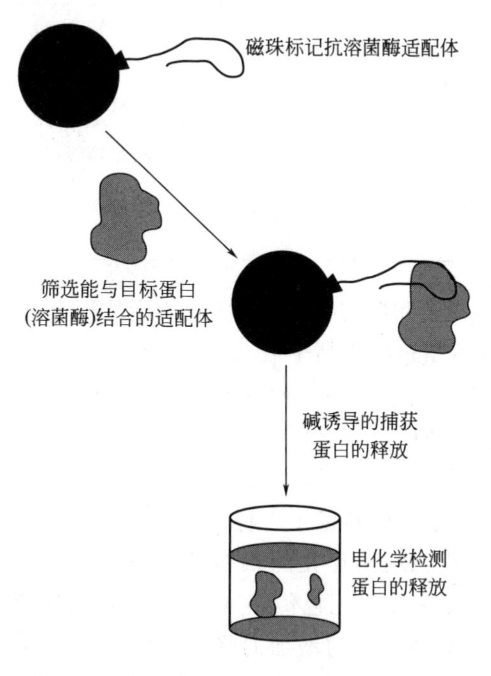

图 6.4 电化学适配体传感器检测溶菌酶

蛋白特异适配体固定在磁性微球上作为捕获探针。碱性诱导分解捕获的溶菌酶后，通过电化学测定蛋白质分解后的氧化酪氨酸和色氨酸残基检测溶菌酶（引自 Kawde，A.，Rodriguez，M.C.，Lee，T.M.H.，and Wang，J.，Electrochemistry Communications，7，537，2005.）

6.5.2 适配体传感器检测小分子

适配体在生物分析方法中逐渐作为分析工具用于小分子的检测[79]。许多针对小分子量物质的适配体已经被筛选了出来，不仅能够用于诊断实验，也能有其他更广泛的应用，例如环境分析化学。已筛选的一些小分子适配体列于表 6.3 中[71,80～101]。

表 6.3 筛选小分子结合适配体

目标分子	适配体类型	参考文献
腺苷酸	DNA	[80,81]
可卡因	DNA	[71,82]
芳香胺(亚甲基双苯胺)	RNA	[83]
氯代芳烃(4-氯苯胺，2,4,6-三氯苯胺，五氯苯酚)	DNA	[84]
三磷酸腺苷(ATP)	DNA	[85,86]
茶碱	RNA	[87,88]
精氨酸	RNA	[89,90]
新霉素	RNA	[91,92]
黄素单核苷酸(FMN)	RNA	[93,94]
链霉素	RNA	[95]

续表

目标分子	适配体类型	参考文献
四环素	RNA	[96]
生物素	RNA	[97]
有机染料	DNA	[98]
默诺霉素 A	RNA(修饰的)	[99]
S-腺苷高半胱氨酸	RNA	[100]
多巴胺	RNA	[101]

小分子结合适配体已经在亲和色谱中作为固定相用于从复合物中保留和分离目标分子。抗腺苷适配体作为固定相，在微量透析样品中成功地监测到腺苷[81]。多达 6μL 1.2μmol/L 腺苷注入到 7cm 长的柱子（I. D. 150μm）中，没有损失，检测限为 30nmol/L。固定相的稳定性（至少 200 次注入）证明了这种柱子可以用于化学监测和高通量分析。

还有许多其他关于生物分析的适配体方法如比色、荧光或化学发光转导。Stojanovic 和 Landry[71]采用可卡因特异性适配体开发了一种针对这种分子的比色探针。筛选了 35 种不同的染料，用于测定在可卡因存在或不存在的状态下与适配体的结合。其中一种染料，3,3′-二乙基硫代羰花青碘化物，用来建立比色传感器。染料和适配体孵育后，加入可卡因将染料替换下来，引起吸光度随可卡因浓度的增加而降低（图 6.5）。加入可卡因代谢物，如苯甲酰芽子碱，不会改变适配体-染料复合物的可见光谱，说明比色探针具有很好的特异性。在这个简单的实验中，可以利用受体识别配体时的可视化改变来研究简单、价廉的比色分析方法，包括小分子的斑点测试。

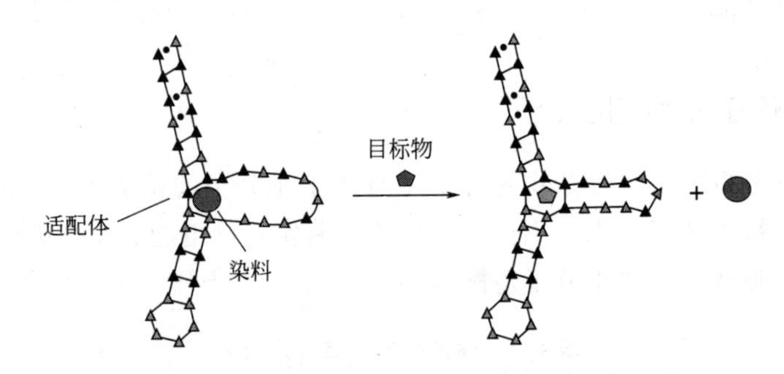

图 6.5 适配体实验检测可卡因的流程图

可卡因适配体与特异性染料孵育之后，加入可卡因将染料替换下来引起吸光度随可卡因浓度的增加而降低（引自 Stojanovic, M. N. and Landry, D. W., Journal of the American Chemical Society, 124, 9678, 2002.）

作为先前检测蛋白质方法的延伸，有另一种基于适配体检测小分子的方法被报道[86]。方法基于适配体和 DNA 分子光转换复合物，$[Ru(phen)_2(dppz)]^{2+}$，应用 ATP 作为检测的模式目标物。$[Ru(phen)_2(dppz)]^{2+}$ 在溶液中没有化学发光，但当其嵌入 DNA 疏水口袋时会产生很强的化学发光。这个复合物嵌入折叠的适配体并发光。目标物与适配体结合的时候改变了适配体的构象，导致发光的改变。通过比较结合 ATP 及其类似物 UTP、CTP、GTP 产生的不同发光变化测定方法的选择性。三种类似物各种浓度都不能引起发光的明显改变。进行不同浓度的 ATP 检测试验，检测限达 20nmol/L，相比其他检测方法来说，结果更好[85]。

基于适配体的微阵列实验有很大的发展优势，特别是在诊断和代谢组学的研究上。一种原型 RNA 阵列用于平行检测复合物中的多种分析物，提供了样品的化学指纹图谱[94]。7 种 RNA 的结构变换构建了一个芯片来检测 Co^{2+}、3′,5′-环磷酸鸟苷（cGMP）、3′,5′-环磷酸胞嘧啶（cCMP）、3′,5′-环磷酸腺苷（cAMP）、黄素单核苷酸（FMN）和茶碱。形成的这种芯片能够检测复合物中的不同目标物，也能够通过检测在细菌培养基中自然产生的 cAMP 来表征不同的大肠杆菌种类。

6.6 结论

在生物分析方法中，适配体已经作为一种生物识别元件出现。通过 SELEX 方案对它们进行筛选的重点部分主要集中在一些参数上，例如库的复杂性和核酸的化学性，这些对筛选的结果会有很大的影响。适配体与抗体相比有一些优势，比如它们的筛选和生产不需要使用动物。此外，比较适配体和其他仿生分子，如寡肽等，适配体筛选过程中能够放大的可能性更大。

文中一些基于适配体的应用被报道，主要集中在进行实验时需要优化的参数（也就是固定方案等）。不同的基于适配体的生物分析方法都用于检测蛋白质或者小分子。用于这些实验的不同的检测方案中，有一个重要的地方需要强调一下：由于一个适配体和另一个适配体优化的实验条件都不同，因此，每个适配体的特性、结构和序列都应该被考虑在内。

如果所有这些重要的发现包括缩短筛选所需的时间都考虑在内，适配体会对生物分析方法和新型多分析物的适配体微阵列的发展提供更多的选择性。

参考文献

1. James, W., Aptamers. In *Encyclopaedia of Analytical Chemistry*, Mayers, R. A., Ed., Chichester, John Wiley & Sons Ltd, p. 4848, 2000.
2. Ellington, A. D. and Szostak, J. W., In vitro selection of RNA molecules that bind specific ligands, *Nature*, 346, 818–852, 1990.
3. Tuerk, C. and Gold, L., Systematic evolution of ligands by exponential enrichment: RNA ligands to bacteriophage T4 DNA polymerase, *Science*, 249, 505–510, 1990.
4. Bock, L. C., Griffin, L. C., Latham, J. A., Vermaas, E. H., and Toole, J. J., Selection of single-stranded DNA molecules that bind and inhibit human thrombin, *Nature*, 355, 564–566, 1992.
5. Wiegand T. W., Williams, P. B., Dreskin, S. C., Jouvin, M. H., Kinet, J. P., and Tasset, D., High affinity oligonucleotide ligands to human IgE inhibit binding to FCe receptor I, *Journal of Immunology*, 157, 221–230, 1996.
6. McGown, L. B., Joseph, M. J., Pitner, J. B., Vonk, G. P., and Linn, C. P., The nucleic acid ligand. A new tool for molecular recognition, *Analytical Chemistry*, 663A–668A, 1995.
7. Jayasena, S., Aptamers: an emerging class of molecules that rival antibodies in diagnostics, *Clinical Chemistry*, 45, 1628–1650, 1999.
8. O'Sullivan, C. K., Aptasensors—the future of biosensing? *Analytical and Bioanalytical Chemistry*, 372, 44–48, 2002.
9. Luzi, E., Minunni, M., Tombelli, S., and Mascini, M., New trends in affinity sensing: aptamers for ligand binding, *Trends in Analytical Chemistry*, 22, 810–818, 2003.
10. Tombelli, S., Minunni, M., and Mascini, M., Analytical applications of aptamers, *Biosensors and Bioelectronics*, 20, 2424–2434, 2005.
11. Clark, S. L. and Remcho, V. T., Aptamers as analytical reagents, *Electrophoresis*, 23, 1335–1340, 2002.

12. You, K. M., Lee, S. H., Im, A., and Lee, S. B., Aptamers as functional nucleic acids: in vitro selection and biotechnological applications, *Biotechnology and Bioprocess Engineering*, 8, 64–75, 2003.
13. Mukhopadhyay, R., Aptamers are ready for the spotlight, *Analytical Chemistry*, 115A–118A, 2005.
14. Tsai, D. E., Harper, D. S., and Keene, J. D., U1-snRNP-A protein selects a ten nucleotide consensus sequence from a degenerate RNA pool presented in various structural contexts, *Nucleic Acids Research*, 19, 4931–4936, 1991.
15. Blackwell, T. K. and Weintraub, H., Differences and similarities in DNA-binding preferences of MyoD and E2A protein complexes revealed by binding site selection, *Science*, 250, 1104–1110, 1990.
16. Sampson, T., Aptamers and SELEX: the technology, *World Patent Information*, 25, 123–129, 2003.
17. Marshall, K. A. and Ellington, A. D., In vitro selection of RNA aptamers, *Methods in Enzymology*, 318, 193–214, 2000.
18. James, W., Nucleic acid and polypeptide aptamers: a powerful approach to ligand discovery, *Current Opinion in Pharmacology*, 1, 540–546, 2001.
19. Jiang, L. and Patel, J. D., Saccharide-RNA recognition in an aminoglycoside antibiotic-RNA aptamer complex, *Chemical Biology*, 4, 35–50, 1997.
20. Heidenreich, O. and Eckstein, F., Hammerhead ribozyme-mediated cleavage of the long terminal repeat RNA of human immunodeficiency virus type 1, *Journal of Biological Chemistry*, 267, 1904–1909, 1992.
21. Kusser, W., Chemically modified nucleic acid aptamers for in vitro selections: evolving evolution, *Journal of Biotechnology*, 74, 27–38, 2000.
22. Famulok, M., Mayer, G., and Blind, M., Nucleic acid aptamers—from selection in vitro to application in vivo, *Accounts of Chemical Research*, 33, 591–599, 2000.
23. Cox, J. C., Rudolph, P., and Ellington, A. D., Automated RNA selection, *Biotechnology Progress*, 14, 845–850, 1998.
24. Cox, J. C. and Ellington, A. D., Automated selection of anti-protein aptamers, *Bioorganic and Medicinal Chemistry*, 9, 2525–2531, 2001.
25. Cox, J. C., Hayhurst, A., Hesselberth, J., Davidson, E. A., Sooter, L. J., Bayer, T. S. et al., Automated selection of aptamers against protein targets translated in vitro: from gene to aptamer, *Nucleic Acids Research*, 30, e108, 2002a.
26. Cox, J. C., Rajendran, M., Riedel, T., Davidson, E. A., Sooter, L. J., Bayer, T. S., Schmitz-Brown, M. et al., Automated acquisition of aptamer sequences, *Combinatorial Chemistry and High Throughput Screening*, 5, 289–299, 2002b.
27. Brody, E. N. and Gold, L., Aptamers as therapeutic and diagnostic agents, *Journal of Biotechnology*, 74, 5–13, 2000.
28. Golden, M. C., Collins, B. D., Willis, M. C., and Koch, T. H., Diagnostic potential of PhotoSELEX-evolved ssDNA aptamers, *Journal of Biotechnology*, 81, 167–178, 2000.
29. Berezovski, M., Drabovich, A., Krylova, S. M., Musheev, M., Okhonin, V., Petrov, A., and Krylov, S. N., Nonequilibrium capillary electrophoresis of equilibrium mixtures: a universal tool for development of aptamers, *Journal of the American Chemical Society*, 127, 3165–3171, 2005.
30. Mendonsa, S. D. and Bowser, M. T., In vitro evolution of functional DNA using capillary electrophoresis, *Journal of the American Chemical Society*, 126, 20–22, 2004.
31. Rajendran, M. and Ellington, A. D., Selecting nucleic acids for biosensor applications, *Combinatorial Chemistry and High Throughput Screening*, 5, 263–270, 2002.
32. Pieken, W., Olsen, D. B., Benseler, F., Aurup, H. H., and Eckstein, F., Kinetic characterization of ribonuclease-resistant 2′-modified hammerhead ribozymes. *Science*, 253, 314–317, 1991.
33. Liss, M., Petersen, B., Wolf, H., and Prohaska, E., An aptamer-based quartz crystal protein biosensor, *Analytical Chemistry*, 74, 4488–4495, 2002.
34. Minunni, M., Tombelli, S., Gullotto, A., Luzi, E., and Mascini, M., Development of biosensors with aptamers as bio-recognition element: the case of HIV-1 Tat protein, *Biosensors and Bioelectronics*, 20, 1149–1156, 2004.
35. Jiang, Y., Zhu, C., Ling, L., Wan, L., Fang, X., and Bai, C., Specific aptamer–protein interaction

studied by atomic force microscopy, *Analytical Chemistry*, 75, 2112–2116, 2003.

36. Dick, L. W. and McGown, L. B., Aptamer-enhanced laser desorption/ionization for affinity mass spectrometry, *Analytical Chemistry*, 76, 3037–3041, 2004.
37. Stadtherr, K., Wolf, H., and Lindner, P., An aptamer-based protein biochip, *Analytical Chemistry*, 77, 3437–3443, 2005.
38. Connor, A. C. and McGown, L. B., Aptamer stationary phase for protein capture in affinity capillary chromatography, *Journal of Chromatography A*, 1111, 115–119, 2006.
39. Baldrich, E., Acero, J. L., Reekmans, G., Laureyn, W., and O'Sullivan, C. K., Displacement ezyme linked aptamer assay, *Analytical Chemistry*, 77, 4777–4784, 2005.
40. Farokhzad, O. C., Khademhosseini, A., Jon, S., Hermmann, A., Cheng, J., Chin, C., Kielyuk, A. et al., Microfluidic system for studying the interaction of nanoparticles and micropartcles with cells, *Analytical Chemistry*, 77, 5453–5459, 2005.
41. Romig, T. S., Bell, C., and Drolet, D. W., Aptamer affinity chromatography: combinatorial chemistry applied to protein purification, *Journal of Chromatography B*, 731, 275–284, 1999.
42. Michaud, M., Jourdan, E., Villet, A., Ravel, A., Grosset, C., and Peyrin, E., A DNA aptamer as a new target-specific chiral selector for HPLC, *Journal of the American Chemical Society*, 125, 8672–8679, 2003.
43. Murphy, M. B., Fuller, S. T., Richardson, P. M., and Doyle, S. A., An improved method for the in vitro evolution of aptamers and applications in protein detection and purification, *Nucleic Acids Research*, 31, e110, 2003.
44. Bang, G. S., Cho, S., and Kim, B., A novel electrochemical detection method for aptamer biosensors, *Biosensors and Bioelectronics*, 21, 863–870, 2005.
45. McCauley, T. G., Hamaguchi, N., and Stanton, M., Aptamer-based biosensor arrays detection and quantification of biological macromolecules, *Analytical Biochemistry*, 319, 244–250, 2003.
46. Kirby, R., Cho, E. J., Gehrke, B., Bayer, T., Park, Y. S., Neikirk, D. P., McDevitt, J. T. et al., Aptamer-based sensor arrays for the detection and quantitation of proteins, *Analytical Chemistry*, 76, 4066–4075, 2004.
47. Hesselberth, J. R., Miller, D., Robertus, J., and Ellington, A. D., In vitro selection of RNA molecules that inhibit the activity of Ricin A-chain, *Journal of Biological Chemistry*, 275, 4937–4942, 2000.
48. Baldrich, E., Restrepo, A., and O'Sullivan, C. K., Aptasensor development: elucidation of critical parameters for optimal apamer performance, *Analytical Chemistry*, 76, 7053–7063, 2004.
49. Kawde, A., Rodriguez, M. C., Lee, T. M. H., and Wang, J., Label-free bioelectronic detection of aptamer–protein interactions, *Electrochemistry Communications*, 7, 537, 2005.
50. Collett, J. R., Cho, E. J., Lee, J. F., Levy, M., Hood, A. J., Wan, C., and Ellington, A. D., Functional RNA microarrays for high-throughput screening of antiprotein aptamers, *Analytical Biochemistry*, 338, 113–123, 2005.
51. Brumbt, A., Ravelet, C., Groset, C., Ravel, A., Villet, A., and Peyrin, E., Chiral stationary phase based on a biostable L-RNA aptamer, *Analytical Chemistry*, 77, 1993–1998, 2005.
52. Ducongè, F., Di Primo, C., and Toulmè, J.-J., Is a closing GA pair a rule for stable loop–loop RNA complexes? *Journal of Biological Chemistry*, 275, 21287–21294, 2000.
53. Savran, C. A., Knudsen, S. M., Ellington, A. D., and Manalis, S. R., Micromechanical detection of proteins using aptamer-based receptor molecules, *Analytical Chemistry*, 76, 3194–3198, 2004.
54. Xu, D., Xu, D., Yu, X., Liu, Z., He, W., and Ma, Z., Label-free electrochemical detection for aptamer-based array electrodes, *Analytical Chemistry*, 77, 5107–5113, 2005.
55. Tasset, D. M., Kubik, M. F., and Stiner, W., Oligonucleotide inhibitors of human thrombin that bind distinct epitopes, *Journal of Molecular Biology*, 272, 688–698, 1997.
56. Lebruska, L. L. and Mather, L. L., Selection and characterization of an RNA decoy for transcription factor NF-kB, *Biochemistry*, 38, 3168–3174, 1999.
57. Yang, X., Li, X., Prow, T. W., Reece, L. M., Bassett, S. E., Luxon, B. A., Herzog, N. K. et al., Immunofluorescence assay and flow-cytometry selection of bead-bound aptamers, *Nucleic Acids Research*, 31, e54, 2003.

58. Yamamoto, R., Katahira, M., Nishikawa, S., Baba, T., Taira, K., and Kumar, P. K. R., A novel RNA motif that binds efficiently and specifically to the Tat protein of HIV and inhibits the trans-activation by Tat of transcription in vitro and in vivo, *Genes to Cells*, 5, 371–388, 2000.
59. Yamamoto, R. and Kumar, P. K. R., Molecular beacon aptamer fluoresces in the presence of tat protein of HIV-1, *Genes to Cells.*, 5, 389–396, 2000.
60. Drolet, D. W., Moon-Mcdermott, L., and Romig, T. S., An enzyme-linked oligonucleotide assay, *Nature Biotechnology*, 14, 1021–1025, 1996.
61. Kraus, E., James, W., and Barclay, A. N., Cutting edge: novel RNA ligands able to bind CD4 antigen and inhibit $CD4^+$T lymphocyte function, *Journal of Immunology*, 160, 5209–5212, 1998.
62. Lochrie, M. A., Waugh, S., Pratt, D. G., Clever, J., Parslow, T. G., and Polisky, B., In vitro selection of RNAs that bind to the human immunodeficiency virus type-1 gag polyprotein, *Nucleic Acids Research*, 25, 2902–2910, 1997.
63. Hicke, B. J., Watson, S. R., Koenig, A., Lynott, C. K., Bargatze, R. F., and Chang, Y. F., DNA aptamers block L-selectin function in vivo, *Journal of Clinical Investigation*, 98, 2688–2692, 1996.
64. Lisdat, F., Utepbergenov, D., Haseloff, R. F., Blasig, I. E., Stocklein, W., Scheller, F. W., and Brigelius-Flohe, R., An optical method for the detection of oxidative stress using protein–RNA interaction, *Analytical Chemistry*, 73, 957–962, 2001.
65. Xu, W. and Ellington, A. D., Anti-peptide aptamers recognize amino acid sequence and bind a protein epitope, *Proceedings of the National Academy of Science USA*, 94, 7475–7480, 1997.
66. Klug, S. J., Huttenhofer, A., Kromayer, M., and Famulok, M., In vitro and in vivo characterization of novel mRNA motifs that bind special elongation factor SelB, *Proceedings of the National Academy of Science USA*, 94, 6676–6681, 1997.
67. Fang, X., Cao, Z., Beck, T., and Tan, W., Molecular aptamer for real-time oncoprotein PDGF monitoring by fluorescence anisotropy, *Analytical Chemistry*, 73, 5752–5757, 2001.
68. Hirao, I., Harada, Y., Nojima, T., Osawa, Y., Masaki, H., and Yokoyama, S., In vitro selection of RNA aptamers that bind to colicin E3 and structurally resemble the decoding site of 16S ribosomal RNA, *Biochemistery*, 43, 3214–3421, 2004.
69. Ulrich, H., Ippolito, J. E., Paga'n, O., Eterovic, V. A., Hann, R. M., Shi, H., Lis, J. T. et al., In vitro selection of RNA molecules that displace cocaine from the membrane-bound nicotinic acetylcholine receptor, *Proceedings of the National Academy of Science USA*, 95, 14051, 1998.
70. Rye, P. D. and Nustad, K., Immunomagnetic DNA aptamer assay, *Biotechnology Techniques*, 30, 290–295, 2001.
71. Stojanovic, M. N. and Landry, D. W., Aptamer-based colorimetric probe for cocaine, *Journal of the American Chemical Society*, 124, 9678–9679, 2002.
72. Groneowld, T. M. A., Glass, S., Quandt, E., and Famulok, M., Monitoring complex formation in the blood-coagulation cascade using aptamer-coated SAW sensors, *Biosensors and Bioelectronics*, 20, 2044–2048, 2005.
73. Schlensog, M. D., Gronewold, T. M. A., Tewes, M., Famulok, M., and Quandt, E., A love-wave biosensor using nucleic acids as ligands, *Sensors and Actuators B*, 101, 308–315, 2004.
74. Tombelli, S., Minunni, M., Luzi, E., and Mascini, M., Aptamer-based biosensors for the detection of HIV-1 Tat protein, *Bioelectrochemistry*, 67, 135–141, 2005.
75. Kawakami, J., Hirofumi, I., Yukie, Y., and Sugimoto, N., In vitro selection of aptamers that act with Zn^{2+}, *Journal of Inorganic Biochemistry*, 82, 197–206, 2000.
76. Ikebukuro, K., Kiyohara, C., and Sode, K., Novel electrochemical sensor system for protein using the aptamers in sandwich manner, *Biosensors and Bioelectronics*, 20, 2168–2172, 2005.
77. Hianik, T., Ostatna, V., Zajacova, Z., Stoikova, E., and Evtugyn, G., Detection of aptamer–protein interactions using QCM and electrochemical indicators methods, *Bioorganic and Medicinal Chemistry Letters*, 15, 291–295, 2005.
78. Cai, H., Lee, T. M. H., and Hsing, I. M., Label-free protein recognition using an aptamer-based impedance measurement assay, *Sensors and Actuators B*, 114, 433, 2006.
79. Famulok, M., Oligonucleotide aptamers that recognize small molecules, *Current Opinion in Structural Biology*, 9, 324–329, 1999.

80. Deng, Q., Watson, C. J., and Kennedy, R. T., Aptamer affinity chromatography for rapid assay of adenosine in microdialysis samples collected in vivo, *Journal of Chromatography A*, 1005, 123–130, 2003.
81. Deng, Q., German, I., Buchanan, D. D., and Kennedy, R. T., Selective retention and separation of adenosine and its analogs by affinity LC using an aptamer stationary phase, *Analytical Chemistry*, 73, 5415–5421, 2001.
82. Stojanovic, M. N., de Prada, P., and Landry, D. W., *Journal of the American Chemical Society*, 123, 4928–4931, 2001.
83. Brockstedt, U., Uzarowska, A., Montpetit, A., Pfau, W., and Labuda, D., In vitro evolution of NA aptamers recognizing carcinogenic aromatic amines, *Biochemical and Biophysical Research Communications*, 313, 1004–1007, 2004.
84. Bruno, J. G., In vitro selection of DA to chloroaromatics using magnetic microbead-based affinity separation and fluorescence detection, *Biochemical and Biophysical Research Communications*, 234, 117–120, 1997.
85. Jhaveri, S. D., Kirby, R., Conrad, R., Maglott, E. J., Bowser, M., Kennedy, R. T., and Glick, G., Designed signaling aptamers that transduce molecular recognition to changes in fluorescence intensity, *Journal of the American Chemical Society*, 122, 2469–2473, 2000.
86. Wang, J., Jiang, Y., Zhou, C., Fang, X., and Aptamer-based, A. T. P., Aptamer-based ATP assay using a luminescent light switching complex, *Analytical Chemistry*, 77, 3542–3546, 2005.
87. Jenison, R. D., Gill, S. C., Pardi, A., and Polisky, B., High-resolution molecular discrimination by RNA, *Science*, 263, 1425–1429, 1994.
88. Frauendorf, C. and Jaschke, A., Detection of small organic analytes by fluorescing molecular switches, *Bioorganic and Medicinal Chemistry*, 9, 2521–2524, 2001.
89. Geiger, A., Burgstaller, P., Von der Eltz, H., Roeder, A., and Famulok, M., RNA aptamers that bind L-ariginine with sub-micromolar dissociation constants and high enantioselectivity, *Nucleic Acids Research*, 24, 1029–1036, 1996.
90. Harada, K. and Frankel, A. D., Identification of two novel arginine binding DNAs, *EMBO Journal*, 14, 5798–5811, 1995.
91. Wallis, M. G., Von Ahsen, U., Schroeder, R., and Famulok, M., A novel RNA motif for neomycin recognition, *Chemical Biology*, 2, 543–552, 1995.
92. Famulok, M. and Huttenhofer, A., In vitro selection analysis of neomycin binding RNAs wit a mutagenized pool of variants of the 16S rRNA decoding region, *Biochemistry*, 35, 4265–4270, 1996.
93. Burgstaller, P. and Famulok, M., Isolation of RNA aptamers for biological cofactors by in vitro selection, *Angewandte Chemie International Edition England*, 33, 1084–1087, 1994.
94. Seetharaman, S., Zivarts, M., Sudarsan, N., Breaker, R. R., and Immobilized, R. N. A., Immobilized RNA switches for the analysis of complex chemical and biological mixtures, *Nature Biotechnology*, 19, 336–341, 2001.
95. Bachler, M., Schroeder, R., and von Ahsen, U., StreptoTag: a novel method for the isolation of RNA-binding proteins, *RNA*, 5, 1509–1516, 1999.
96. Berens, C., Thain, A., and Schroeder, R., A tretracycline-binding RNA aptamer, *Bioorganic and Medicinal Chemistry*, 9, 2549–2556, 2001.
97. Wilson, C., Nix, J., and Szostak, J. W., Functional requirements for specific ligand recognition by a biotin-binding RNA pseudoknot, *Biochemistry*, 37, 14410–14419, 1998.
98. Ellington, A. D. and Szostak, J. W., Selection in vitro of single-stranded DNA molecules that fold into specific ligan-binding structures, *Nature*, 355, 850–854, 1992.
99. Schurer, H., Stembera, K., Knoll, D., Mayer, G., Blind, M., Forster, H. H., Famulok, M. et al., Aptamers that bind to the antibiotic moenomycin A, *Bioorganic and Medicinal Chemistry*, 9, 2557–2563, 2001.
100. Gebhardt, K., Shokraei, A., Babaie, E., and Lindqvist, B. H., RNA aptamers to S-adenosylhomocysteine: kinetic properties, divalent cation dependency and comparison with anti-S-adenosylhomocysteine antibody, *Biochemistry*, 39, 7255–7265, 2000.
101. Manniron, C., Di Nardo, A., Fruscoloni, P., and Tocchini-Valentini, G. P., In vitro selection of dopamine RNA ligands, *Biochemistry*, 36, 9726–9734, 1997.

7 表面分子印迹：识别和传感的集成

Yanxiu Zhou , Bin Yu , and Kalle Levon

目录

7.1 介绍

近年来，分子印迹技术[1~16]在识别、检测重要的生物和化学物质方面取得了很大的成就，这些物质包括非有机化合物[17~19]、有机化合物[20~24]、毒素[25~27]、蛋白质[28~33]、病毒[28,34,35]和微生物[36~39]。分子印迹技术是一个便宜、耐用、通用性强的平台，因此，为传感器结构中的感受器提供了一个最好的可选择的识别元件。尤其是没有可识别目标分子的生物识别元件时，印迹聚合物则是最好的选择。分子印迹聚合物（MIP）的常规制备方法是先将模板分子与功能单体、交联剂和引发剂等在特定的分散体系中进行共聚制得交联聚合物，然后去除其中的模板分子，从而得到具有确定构型的空穴且功能基团在空穴内精确排布的高分子材料。这些空穴可以特异性地结合目标分子，其特异性有时可与抗体相媲美[40]。

最近，由于对结合过程焓变和熵变的成功应用[15]，MIPs 在传感器发展上的应用引起了越来越多的关注。

尽管人们正致力于对各种各样基于分子印迹聚合物的传感器的研究[41~60]，该技术也有某些固有局限，即分子识别与信号转导机制是分离的，而在自然情况下识别和转导是整合在一起的，比如天然膜的离子通道。另外，即使使用致孔剂，块状聚合物内大多数的印迹也是无法结合的。研究发现，在模板分子重新结合过程中，仅有 15%的空穴能被重新占据[8]。目标分子的捕获是要花很长时间的，这就会使传感器反应缓慢。因此，通过表面印迹（联合识别和转导直接将模板分子印迹到信号转换器表面）来模拟自然可以解决上述障碍，从而遵循传感器的原理。表面印迹技术可以合成印迹分布在表面的印迹材料。表面印迹的分子识别在信号转换器表面完成时，这样一个整合的传感器结构就更加接近于天然的检测过程。

在本章中，将主要讨论该小组最近在表面印迹上的进展以及基于表面印迹聚合物的传感器（SIP）。有关 MIP 的发展可以参考最近的一些综述[41,50,52~87]。

7.2 SIPs 的历史

Sagiv[88]首次对表面分子印迹进行了报道，利用自组装烷基硅氧烷单层的表面印迹来形成分子识别位点。混合单层膜由无水有机溶液在极性表面上形成。一种成分，脂肪酸被物理吸附，而另一种成分（硅烷）共价结合在极性固体上[88~90]。利用层内交联制得的共价聚硅氧烷分子单层表面的机械、化学和电稳定性极好[91]。另外，硅烷单层膜的稳定性很好，即使是在能引起脂肪酸膜大量降解的条件下也很稳定[92]。

事实上，同时包含物理吸附成分和化学吸附成分的混合单层膜中的物理吸附成分很容易去除。形成的单层膜有一些分子直径大小的小洞，人们猜想或许这可以用来进行自由吸附。在表面活性剂染料存在下形成混合单层膜，表面活性剂染料只会被物理吸附在基质表面上，这与由共价键形成的单层膜不同。染料分子被洗去之后，在聚合硅烷网中留下了小洞[90]。最初分子层膜上小洞的尺寸和分布能被保存下来，是因为十八烷基三氯硅烷（OTS）在基质表面的共价结合[93]。这个实验可以认为是第一次成功的表面分子印迹实验。

Tabushi 等曾应用这一概念，将链烷烃印迹到先前提到的混合单层膜表面[94,95]。在研究中，他们用十六烷作模板，随同 OTS 分子将模板植入 SnO_2 电极表面。所形成的分子层膜能够检测烷基分子，这就证明存在模板分子产生的位点。这种应用证实了识别元件的存在，但是它没有用到分子印迹技术。一个通过客体识别进行亲和力结合检测的例子就是 Mosbach 等用椭圆偏振技术进行的结合测量[96]。紧接着，Kallury[97]用十六烷的二维 ODS 膜研究空穴和被分析物的相互作用，例如，通过反射率傅里叶变换红外光谱学、椭圆偏振技术和 X 射线光电子能谱对硬脂酸十八胺进行测定。结果证明，疏水基结合在活性表面，极性端则远离表面排列。曾进行相似的研究来制备卟啉[98]、氨基酸、核酸、胆固醇[99]和环氧十二烷[100]的识别位点。

将有机分子层膜（如硫醇）吸附到金表面上，已经被用来生产由多个化学物质形成的含二维分子识别位点的传感器。已经有了用 SAM 制备的光化学印迹传感器对 6-[(4-羧甲基)苯氧基]-5,12-并四苯奎宁进行测定的报道[101]。该法基于具有 1-十四烷硫醇的反式醌光敏异构化单分子层在金表面的自组装膜上。反式醌分子层膜的光异构化产生安娜醌（ana-quinone）。之后，通过光化学方法将安娜醌去除，从而形成能在分子层膜测定反式醌的分子识别位点。Mirsky[102]报道了一个既简单又有效的方法，通过硫代巴比妥酸和正十二硫醇在金材料上的共吸附，用“撑杆”的方法产生巴比妥酸的识别位点。不用去除硫代巴比妥酸，该人工化学传感器就将巴比妥酸或其结构类似物结合到“撑杆”上。要想移动模板分子，必须要破坏 SAM 涂层。最近，将 L-半胱氨酸、L-丝氨酸涂布在金微电极表面进行自组装，能形成 L-丝氨酸[103]的 SAM MIP 传感器。用 10mmol/L 的盐酸将模板分子去除后，印迹 SAM 膜就对 L-丝氨酸和 D-丝氨酸表现出中等的对映选择性和敏感性。

导电聚合物是一种很有前途的分子印迹材料，因为导电聚合物膜能以任何形状和厚度附着在电极表面。另外，合成的聚合物是一个由导电大分子线组成的三维网，当聚合物上发生反应时，线路就可联通聚合物和信号转换器[104]。导电聚合物对制备过程中的电解液里的阴离子有记忆效应[105,106]。Hutchins 等描述了电化学介导印迹法，将硝酸盐印迹到聚吡咯上[107]。该法基于吡咯在硝酸钠存在下发生聚合作用，形成与靶分析物离子形状互补的微孔。制成的传感器对硝酸盐的选择性极高。然而，硝酸盐模板没有从聚合物上洗脱下来，并且聚合膜是否保留记忆也没有进行研究。聚吡咯也曾被用来印迹带电的和中性的物质，例如咖啡因和氨基酸[108~111]。这些模板从聚吡咯上除去，用过氧化作用[108,109]或磷酸盐缓冲液（pH=7.0）去除杂质[112]。过氧化膜没有导电性，但它的离子导电性和识别性能比较高。人们曾用聚 PPD 对中性葡萄糖和山梨醇中性模板进行印迹[113,114]。Yu[22]曾描述了一个保存印迹空穴形状的新方法，在电聚合之前将 2-MBI 自组装到金材料表面，用电聚合分子印迹聚合物作导电线生产传感器设备。人们观察到 10d 后传感器的反应能力只有原来的 50%，这表示将共价结合导电聚合物涂布在物质表面都不能维持传感器的长期稳定性。近来，Liao[115]用手性组氨酸为模板介绍对映识别位点，在 Au 或 Au 涂布的石英结晶电极上电聚合聚丙烯酰胺薄膜。电极可以特异性结合相应的模板分子，但当其暴露在相同数量的组氨酸对映体中时，其输出频率不同。

Sagiv 及其合作者的研究报告只是给明确几何特点的分子制备 ODS 膜，可以吸附到极性固相表面，如表面活性剂。这一特点限制了该技术的进一步应用。分子印迹 SAM 和电合成 MIPs 似乎是符合表面分子印迹的标准的，但是，没有一种技术能普遍应用于不同性能的目标分子。因此，急需建立一个能通用于各种分子结构的技术。

7.3 表面印迹 ODS 传感器

7.3.1 传感器结构的一般程序

如方案 7.1 所示，用有氧化铟锡（ITO）涂层的玻璃电极作信号转换器进行电分析检测。根据文献中报道的方法[88]对电极进行预处理，以在其表面引入氢键。如方案 7.1 所示，在室温（20℃±1℃）条件下，将模板分子和长链硅烷分子（OTS）从氯仿/四氯化碳溶液中同时吸附到 ITO 玻璃平板的极性表面。在模板分子存在下，共价硅氧键形成，继而 OTS 产生薄膜。用氯仿溶剂去除嵌入的模板分子，从而就在有 ITO 涂层的玻璃平板表面留下了识别位点。如果认真选择反应条件和参数，主体结构就可以在分子水平上确定下来。可以用电位计研究结合位点和目标分析物的结合。电位计简单、便宜、便携且容易操作，在检测领域前景广阔。

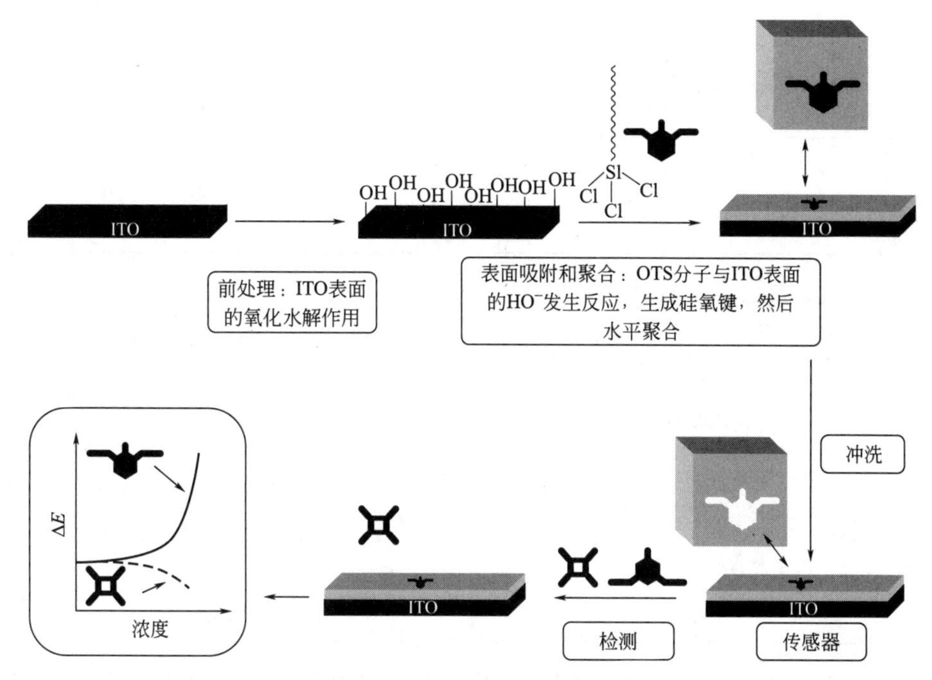

方案 7.1 用 ODS 矩阵通过表面印迹在 ITO 基质表面形成分子识别位点的原理图，以及它们在传感与电位滴定中的应用

7.3.2 基于 SIPs 的化学传感器

7.3.2.1 对氨基酸进行对映识别的手性电化学传感器

能否设计出区分对映异构体（尤其是氨基酸、蛋白质代谢中的关键物质、医药和食物产品）的电化学传感器，对人类来说是一个很大的挑战。目前的检测传感器系统没有分离过程，需要酶的参与。酶的特异性很高，相应的传感器也有很好的可靠性。然而，由于生物成分的存在，这些生物传感器在高温或其他极性化学条件下就存在不能长期稳定存在和不可逆钝化的局限。用 *N*-碳苯甲酸基-天冬氨酸（*N*-CBZ-Asp）（方案 7.2）的一个手性同分异构体为模板进行表面分子印迹，在 ITO 表面形成对映选择识别位点。这样的传感器就可以识别外消旋混合物中被用作模板的该种手性同分异构体[116]。印迹传感器表面对相反手性同分异构体的对映体选择性系数是 0.004～0.009。传感器的对映体选择识别是在发生变化的。类似的手性传感器也有制备，如谷氨酸和天冬氨酸衍生物的传感器。尽管氨基酸在所用的溶剂（$CCl_4/CHCl_3$）中溶解性不好，但该检测方法的效果仍然很好。

7.3.2.2 农药的检测

各种各样的杀虫剂，如拟除虫菊酯类杀虫剂，对水生生物的急性毒性强，在水性环境中长期残留，能对环境构成危害，从而引起人们的关注。传统的分析检测方法需要进行样品分离，比较耗时，且往往需要复杂的检测技术，如 HPLC、毛细管电泳和气相色谱[117～119]。拟除虫菊酯类杀虫剂氯菊酯、氯氰菊酯和溴氰菊酯是结构类似物（方案 7.2）。它们都是中性的、不带电的分子，没有电活性。因此，拟除虫菊酯类农药不能直接用电化学技术检测。然而，通过表面分子印迹和信号转导的整合，可以制备出检测此类农药的电位计分子传感器［图 7.3(b) 和图 7.4］。

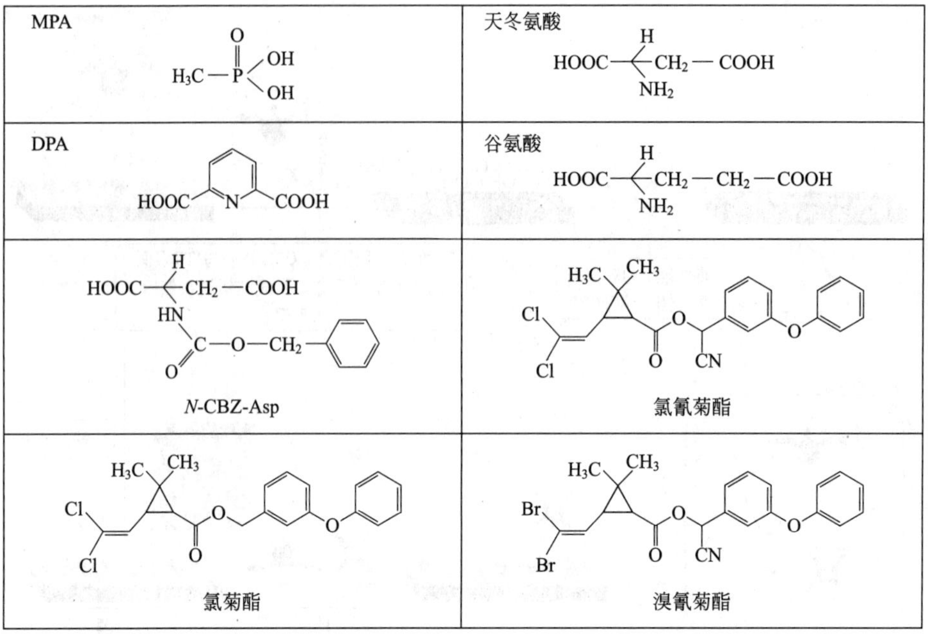

MPA $H_3C-P(=O)(OH)_2$	天冬氨酸 HOOC—CH(NH_2)—CH_2—COOH
DPA HOOC, N, COOH	谷氨酸 HOOC—CH(NH_2)—CH_2—CH_2—COOH
HOOC—CH(HN)—CH_2—COOH; HN—C(=O)—O—CH_2— *N*-CBZ-Asp	H_3C, CH_3, Cl, Cl, O, O, CN 氯氰菊酯
H_3C, CH_3, Cl, Cl, O, O 氯菊酯	H_3C, CH_3, Br, Br, O, O, CN 溴氰菊酯

方案 7.2 MPA、DPA、天冬氨酸、谷氨酸、*N*-CBZ-Asp、氯菊酯、氯氰菊酯和溴氰菊酯的化学结构

7.3.2.3 神经毒剂的检测

化学战剂（如沙林、索曼和 VX 气）都是人们熟知的毒性最大的物质之一[120]。这些以及其他神经毒剂最终会在环境中转化为甲基膦酸（MPA）。因此，急需制备小型便捷、能快速检测这种化合物的设备。用 MPA 作模板，采用 SIP 方法可以生产有选择性、敏感性好的传感器来检测这些神经毒剂[121]。

7.3.3 基于 SIPs 的生物传感器

芽孢杆菌芽孢物质检测

人们急需能够快速检测像炭疽杆菌这样的生物战剂的便宜的预警系统[122,123]。SIP 技术非常符合这种需求。吡啶二羧酸（DPA）是细菌芽孢的主要组成成分，其构成芽孢干重的 5%～14%[124]。因此，选择生物标志物 DPA 作为模板来制备检测 DPA 的 SIP 生物传感器。当用传感器分析实际样品时，稳定的 SIP 涂层就能发挥出它的优势[125]。

7.3.4 ODS 表面分子印迹的性能

OTS 常作为含有羟基的表面（如二氧化硅）的 ODS 材料，应用于高效液相色谱分析中。硅烷化涂层有疏水性，用它作固定相材料，可以阻止固定相与极性分析物之间的相互作用[126～129]。然而离子型分子在低极性媒介中就可以吸附在上面[116]。根据 Sagiv 的研究，在 SIPs 中模板分子不需要是表面活性剂[88]。印迹分子可以是任何分子，包括小分子，例如 MPA[121]、Asp[116]、Glu[116]、DPA[125]、*N*-CBZ-Asp[116]、氯菊酯、氯氰菊酯或者溴氯菊酯（方案 7.2）。然而，这些模板分子不能吸附在 ITO 膜表面。因此，唯一的可能就是当 OTS 聚合到 ITO 表面的时候，模板分子被包围进 ODS 膜中。所以，OTS 和模板分子之间的相互作用只能是疏水作用，因为在印迹过程之前或期间，OTS 没有任何可以和模板分子发生作用的功能基团（可以参考后面的机制）。在这个新的技术中，是不需要交联剂和致孔剂的。

7.3.5 模板分子的溶解度

拟除虫菊酯类杀虫剂氯菊酯、氯氰菊酯和溴氰菊酯可以溶解在 OTS-$CHCl_3$/CCl_4 模板溶剂中，然而酸性模板分子在以上印迹溶剂中的溶解度却很低（10^{-6} mol/L）。然而，虽然模板分子在 OTS-$CHCl_3$/CCl_4 模板溶剂中的溶解度很好，这也不会增加拟除虫菊酯在 ITO 膜表面的印迹数量，那些酸性分子[116,121,125]的最佳浓度范围与氯菊酯（24.6～30.8mmol/L）和花生酸[88]相同。因此，印迹吸附/聚合作用过程中，模板分子与 ITO 表面的 OTS 之比和模板分子在溶剂中的溶解度无关。换言之，SIP 技术对可溶解的和不可溶解的分析物分子都适用。

7.3.6 模板分子的去除

将模板分子从聚合物上完全去除对高亲和力和选择性的印迹位点的生成极其重要。传统的 MIPs 是通过本体聚合的方式制备的，之后将其机械粉碎成小颗粒聚合物。模板通常被困在聚合物基质的深处，很难去除。更小和更薄的 MIPs 能确保印迹位点在聚合物或信号转换器表面形成，有利于更好地去除原始模板，使目标分子更快地扩散络合到印迹位点。另外，它能确保客体分子更有效地吸附到表面的印迹位点上。如果模板分子、OTS 和薄的 ODS 涂层之间是相对较弱的疏水作用力的时候，模板分子就更容易从 ODS 膜上去除，往往用氯仿冲洗。用 X 射线光电子能谱（XPS）测定氯仿冲洗掉的模板分子的数量，结果证明分子模板可以被完全去除[116]。

7.3.7 表面印迹 ODS 传感器的性能

7.3.7.1 选择性

研究传感器选择性最有效的方法是发展一个手性传感器，对映异构体是由相同的原子按相同的顺序结合而成的，只是其三维空间结构不同。如果手性传感器能组装，那么其他分析物传感器就更容易生产了。图 7.1 是 *N*-CBZ-L-Asp 和 *N*-CBZ-D-Asp 传感器对相应氨基酸对映识别的研究结果。*N*-CBZ-L-Asp 传感器［图 7.1(a)，曲线（○）］选择性地结合 *N*-CBZ-L-Asp，该传感器所用的模板是 *N*-CBZ-L-Asp。几乎看不到 *N*-CBZ-D-Asp 在传感器上的结合［图 7.1(a)，曲线（□）］。在 *N*-CBZ-D-Asp 传感器上也观察到了相似的现象［图 7.1(b)］。同分异构体 *N*-CBZ-D-Asp 为模板形成的膜只有识别 D-异构体的能力。ODS 膜的主体类似于模板分子的形状。

只有分子直径大小规模的空穴或单克隆分子印迹空穴会表现出对映体选择性[8,9]。所有空穴中“单克隆”空穴的最小百分比是 90%，这是基于 *N*-CBZ-D-Asp 传感器中两种对映异构体的配比［图 7.1(b)］。这表示 10%的表面印迹是不理想的或者存在着 10%的非特异性结合位点。另外，*N*-CBZ-D-Asp 传感器对 *N*-CBZ-L-Asp 没有什么电位反应。

这个分子印迹薄膜简单，与三维结构材料相比，控制材料结构的水平更高，因为薄膜结构具有高定向的特点，且其检测分子的精确度更高。用 ODS 膜作基质，该小组以 DPA 为模

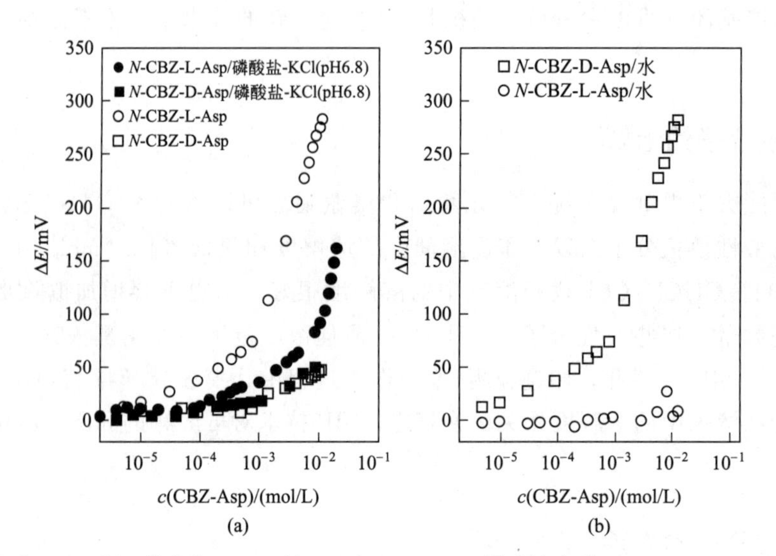

图 7.1 在水或 0.1mol/L 磷酸盐-0.1mol/L KCl（pH 6.8）缓冲液中的（a）N-CBZ-L-Asp 传感器和（b）N-CBZ-D-Asp 传感器的对映异构体响应

其中 N-CBZ-L-Asp（○，●），N-CBZ-D-Asp（□，■），[OTS] = 8.0×10^{-1} mmol/L，[N-CBZ-Asp]/($CHCl_3/CH_4$) = 3.7×10^{-2} mol/L。ITO 板在 OTS 和 N-CBZ-Asp 体系中的浸泡时间为 3min

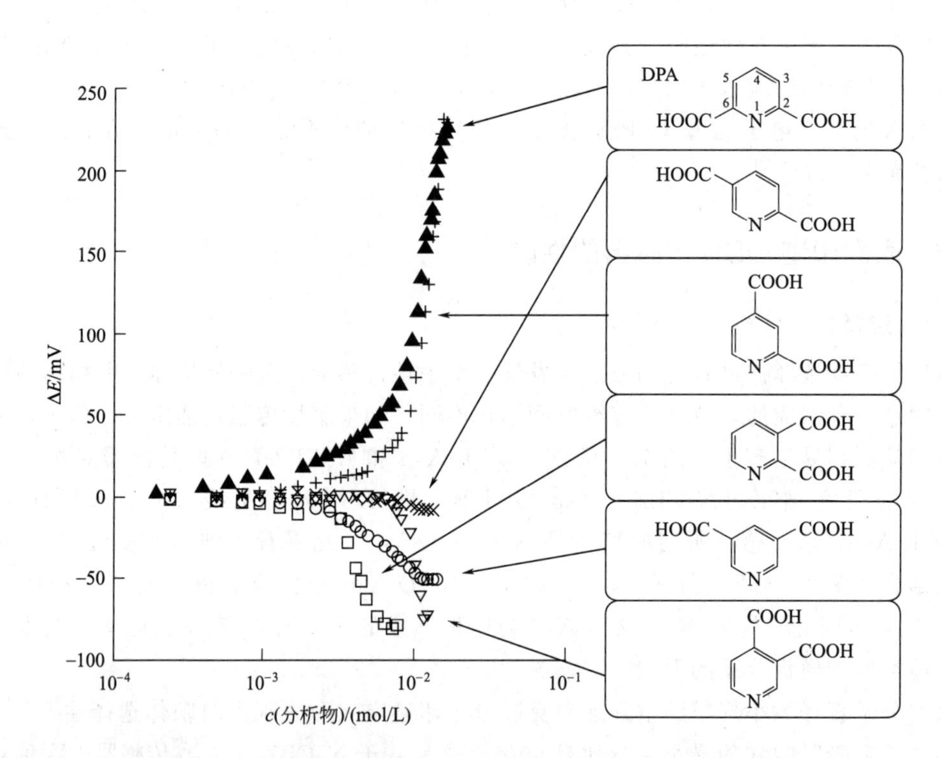

图 7.2 DPA ODS/ITO 传感器对 DPA（▲）、2,5-吡啶二甲酸（×）、2,4-吡啶二甲酸（+）、2,3-吡啶二甲酸（□）、3,5-吡啶二甲酸（○）和 3,4-吡啶二甲酸（▽）在 0.15mol/L NaCl-PBS 缓冲液（pH 7.2）中的电位响应

[OTS]=8.0×10^{-1}mmol/L，[DPA]/[$CHCl_3/CCl_4$]=3.3×10^{-2}mol/L。ITO 板在 OTS 和 DPA 体系中浸泡 3min

板制备了识别位点。生成的薄膜对 DPA 的亲和力极高，并且它不结合其他的吡啶二甲酸（图 7.2），即使只是吡啶环上的两个羧基的位置不同。DPA 传感器对不同结构特点的物质有不同的电位反应。例如，2,6-吡啶二甲酸和 2,4-吡啶二甲酸的结构类似，DPA 就会产生输出电势几乎相同但斜率不同的曲线［图 7.2，曲线（▲，＋）］。结果显示，由 SIP 制备的 ITO 信号转换器表面的结合位点能使传感器很好地检测结构不同的被分析物。

整合的传感器体系不仅能识别对映异构体和结构类似物的不同，而且它还具有排斥结构类似物和小分子化合物的能力。*N*-CBZ-L-Asp 传感器［图 7.3(a) 曲线（○）］对天冬氨酸（Asp）［图 7.3(a) 曲线（◆）］没有亲和力，因为它没有空间体积大的 CBZ 基团。对 Asp 没有电位信号的明显不同，表明 ODS 薄膜对 *N*-CBZ-L-Asp 有显著的亲和力，且主体的结构是很精确的。用相同的方法在电极上用杀虫剂溴氯菊酯进行印迹，电位差异与先前模板分子的实验类似，氯氰菊酯溶剂电位的改变不会引起错误的阳性反应，正如图 7.3(b) 所示。

SIP 技术制备的强大的传感器聚硅氧烷膜对小分子的特异性和亲和力都很高，这种能力是很吸引人的。多数神经毒剂的降解产物是小分子 MPA。MPA 和磷酸唯一的不同是 MPA 中的 CH_3 代替了磷酸中的一个羟基。电位测定法测定出，用相同的方法印迹的 MPA-ODS 膜能选择性结合 MPA。图 7.3(c) 展示了其对 MPA 的亲和力很强（图 7.3(c) 曲线(○)］，然而对酸性较强的磷酸却不显示电位反应［图 7.3(c) 曲线（□)］。另外，比较有模板分子和没有模板分子（控制）的传感器的反应，都存在对印迹分子的特异性结合[116,121,125]。因此，当印迹主体基质没有化学功能基团（这是 MIP 中常见的状况）时[1~16]，印迹 ODS 薄膜也会从同分异构体、小分子或结构类似物中区分出目标分子。换言之，对于印迹聚合物高选择性识别位点的形成过程，不需要对单体进行化学功能基团衍生的步骤，就可以与印迹分子形成明显的特异性相互作用。

7.3.7.2 灵敏度

目前生产的 MIP 传感器的灵敏度只是其他类型的生物传感器的 1/100～1/1000，因为这些传感器的组装没有达到生物传感器对识别元件和信号转换器紧密组装的要求[10]。为了解决这个问题，该研究小组调查了无 ITO 和基于 ITO 的 SIP 传感器对盐酸中质子的电位反应。在 ITO 上的印迹 *N*-CBZ-L-Asp 传感器（ODS 膜）和 ITO 涂布的电极（无 ODS 膜，信号转换器）在不同 pH 范围均呈现不连续的下降趋势，整体下降超过 59mV/dec[116]，这证明了聚合物薄膜并没有降低传感器的灵敏度。换言之，MIP 传感器的灵敏度来自信号转换器，而不是 MIP。

ITO 的表面异质性可以解释说明不连续下降反应，而且表面组成的异质性，包括纳米尺度的差异，最近已经被发现了[116,130~135]。ITO 上的分析物浓度越低，斜率就越小，这正好减小了分析物的检测限。图 7.3(b) 曲线（×）是溴氯菊酯传感器对溴氯菊酯的标准曲线。LOD 约为 1.0×10^{-14}mol/L。传统分析物浓度的动态范围为 10^{-7}～1mol/L[136]。高灵敏度纳米级信号转换器 ITO 和表面印迹都需要向更宽的检测范围和更好的检测限发展。

7.3.7.3 稳定性和反应时间

为了避免生物识别元件的一些主要的缺点，如保存和操作过程中的稳定性不足，人们在 MIP 技术改进上做出了很大的努力。该研究组列举在表 7.1 中的 SIP 传感器在几百次分析使用后还会保留 90%的原始响应能力。储存两年后，DPA 传感器会失掉约 2.5%的相对电位变化（0.0104mol/L DPA)。

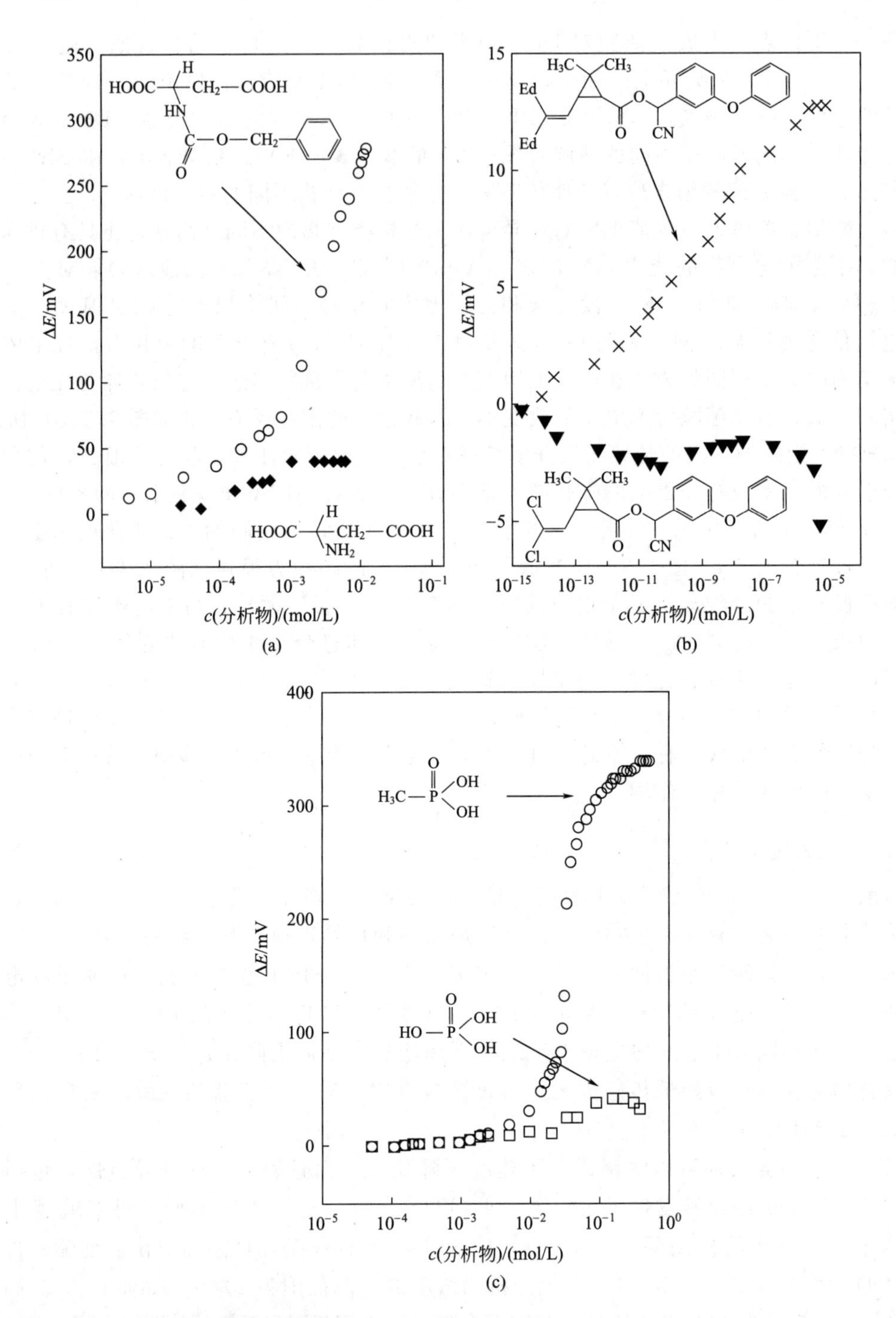

图 7.3 (a) *N*-CBZ-L-Asp-cavity 传感器对 *N*-CBZ-L-Asp (○) 和 Asp (◆) 在水中的电位响应，其他条件同图 7.1；(b) 溴氰菊酯传感器对溴氰菊酯 (×) 和氯氰菊酯 (▼) 在 0.1mol/L 磷酸盐缓冲液 (pH 7.6) 中的电位响应，[OTS]=8.0×10^{-1}mmol/L，[溴氰菊酯]/[$CHCl_3$-CCl_4]=3.21×10^{-2}mol/L，吸附时间 4min；(c) MPA 传感器对 MPA (○) 和磷酸 (□) 在 0.15mol/L NaCl-0.1mol/L PBS 缓冲液 (pH 7.2) 中的响应，[OTS]=8.0×10^{-1}mmol/L，[MPA]/($CHCl_3$/CCl_4)=2.5×10^{-2}mol/L

(ITO 板在 OTS 和 MPA 体系中的浸泡时间为 3min)

正如前文所述，用作传感器的多孔渗水材料[137,138]的本体印迹聚合物存在传质慢的缺点。在ITO信号转换器表面，印迹分子位点可以克服这些障碍。表面印迹ODS膜的结合和识别依赖于所涉及的相互作用。信号转换器ITO有二维分子识别ODS膜和最重要的一维空穴，识别空穴内没有化学基团，ODS膜和目标分子之间形成弱的疏水作用，ITO膜表面的氧化物和目标分子之间能形成静电相互作用，所有这些特点能够加快结合传质动力学。SIPs传感器的反应时间只有几分钟（表7.1），这说明模板ODS膜对目标分子的响应很快。

表7.1 表面印迹ODS传感器的特征

传感物质	响应时间/s	再现性/%	周期	
			评估时间	信号保持/%
N-CBZ-Asp	160s/0.20mmol/L	2.60	200	92
MPA	50s/15mmol/L	2.36	210	92
DPA	40s/15.7mmol/L	2.79	550	90
氯菊酯	40s/1μg/L	2.42	170	105.5

7.3.7.4 信号转换器的方法学和功能

新的分析技术需要运用人工空穴主体和客体分子之间的相互作用来进行检测。目前的分析技术不能满足在检测过程中追踪复杂形式的需要，因此需要分子识别检测方法。图7.1(a) 曲线为溶解在100mmol/L磷酸盐-0.1mol/L KCl缓冲溶液（pH 6.8）中*N*-CBZ-Asp的对映异构体的标准曲线。如果用纯水代替电解液和缓冲液作介质，这些对映异构体的电位就会明显不同［图7.1(a) 曲线（○，□）］。因此，传统的方法——用缓冲液和电解液控制溶剂的pH和离子的移动——不再适合电解质类分析物（例如氨基酸）的测定。因此，人们提出了一个新的支持电解液和缓冲自由电位法的方法，进行手性氨基酸SIP传感器的电化学对映异构体区分。

如上所述，信号转换器在传感器的灵敏度中起到了重要的作用。为分析物寻找合适的信号转换器与研究传感器的其他组件（如识别元件）同样重要[139]。实际上，纳米级信号转换器ITO与SIP传感器相比可以提供更高的灵敏度和低的LOD，而且它可以解决普通的信号转换器所不能解决的问题[140]。当用杀虫剂氯菊酯ODS膜进行表面印迹时，它会发生明显的电位变化［图7.4曲线（●）］。没有中性模板，对照组仅仅有－3.1mV的电位［图7.4曲线（○）］。从溴氰菊酯传感器的图7.3(b) 中可以观察到同样的现象。如果存在ITO信号转换器，中性分子也能通过电位检测出来，这证明纳米级信号转换器在传感器性能中发挥重要作用。

7.3.7.5 机制

分子印迹的方法主要有两种：共价印迹[141~143]和非共价印迹[7,144~146]。通常分子印迹是这样形成的：功能单体与模板分子通过共价或非共价相互作用形成聚合物，之后去除其中的模板分子，从而得到具有确定空间结构且功能基团在空穴内精确排布的高分子材料，可以特异性地识别目标分子。空间构型大小和互补的功能基团是分子印迹的两个主要的结合要素[10,147]。然而，对于这个基于SIP的传感器系统，OTS薄膜和模板分子没有反应生成复合物，只是OTS薄膜与ITO表面通过氢键相互作用。图7.5(c) 是ODS和*N*-CBZ-L-Asp

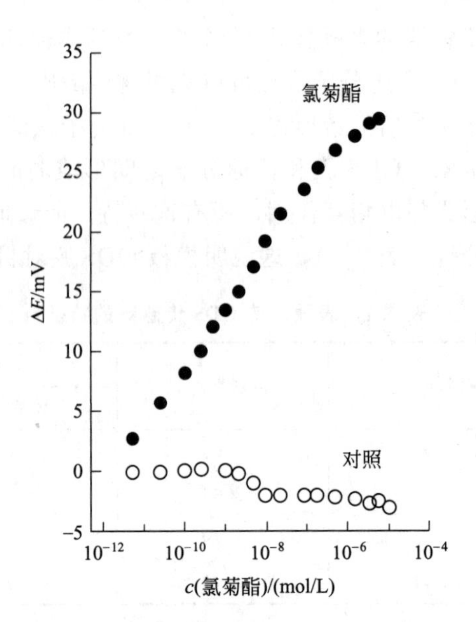

图 7.4 氯菊酯在有模板的氯菊酯-ODS/ITO 电极（●）和没有模板的电极（○）上的电位响应

[OTS]=8.0×10^{-1}mmol/L，[氯菊酯]/($CHCl_3/CCl_4$)=2.82×10^{-2}mol/L，

ITO 板在 OTS 和氯菊酯体系中的浸泡时间为 3min

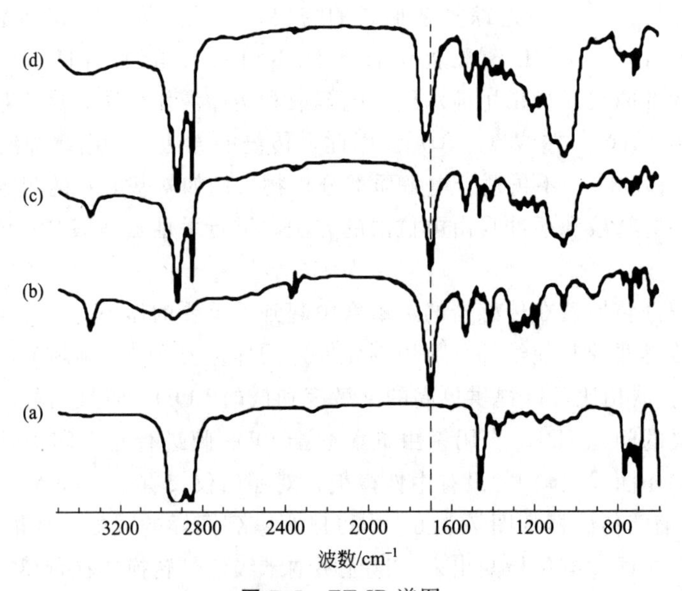

图 7.5 FT-IR 谱图

(a) ODS；(b) L-CBZ-Asp；(c) ODS 与 CBZ-L-Asp 在 $CHCl_3/CCl_4$（体积比 2∶3）中 20℃的反应产物，溶剂与文献 [91] 中传感器的制备相同；(d) ODS 与 CBZ-L-Asp 在 $CHCl_3/CCl_4$（体积比 2∶3）中 40℃的反应产物

在 20℃的 $CHCl_3/CCl_4$ 中生成的反应产物的红外光谱图（条件与制备表面印迹传感器时相同）[116]。在 2850cm^{-1} 和 2920cm^{-1} 处的两个峰分别是 CH_2 对称的和不对称的拉伸振动[148]。1702cm^{-1} 处的峰是 *N*-CBZ-L-Asp 的羰基［图 7.5，曲线(b)］，其在与 ODS 反应之后也没有改变［图 7.5，曲线(a)］，证明它们没有生成加合物［图 7.5，曲线(c)］。只有在高温下 *N*-CBZ-L-Asp 模板和 OTS 会发生反应［图 7.5，曲线(d)］。羰基峰位移到 1702～1735cm^{-1} 发生变化，这说明 *N*-CBZ-L-Asp 的羰基共价结合到聚合薄膜上的 Si—Cl 键上。

构建传感器的实验是在室温[116]或稍低温度下[121,123]操作的；因此，分子模板和 OTS 不可能生成新产物。相同的现象也发生在花生四烯酸的情况下[88]。

几个研究小组也证实了分子和模板在前聚合溶剂中生成稳定化合物的数目很少[8,149,150]。这种情况下形成的结合位点有利于吸附过程中 ODS 和模板的组织机制。它们之间唯一的相互作用是疏水作用[116,121,123,151]。事实上，在水中疏水作用很强，对之后的结合贡献很大[152～154]。因此，疏水性加强而没有功能基团的参与阻碍了传感器的选择性。因此，印迹分子和 ODS 膜的相互作用可被分成两部分：ODS 涂层的疏水相互作用和表面氧化物的静电结合。模板分子留下的空穴周围的疏水作用为传感器提供选择性；只有那些几何性质与模板分子相同的分子才可以进入 ODS 涂层。换言之，分子识别是依赖大小和形状互补的分子而不是化学功能基团互补的分子。表面氧化物的静电相互作用在目标分子和改性表面之间产生化学相互作用的能量，并且 ITO 信号转换器使结合更容易读出。

7.4 结论和展望

结果表明，尽管 ODS 膜很简单，表面分子印迹可以直接普遍应用于各种各样的分子结构。信号转换器表面印迹识别位点的选择力和亲和力与天然的分子识别体如抗体的水平相当。ODS 膜本身具有加工灵活的特点，容易制造，然而，模板分子更适合于温和的条件，这样 ODS 基质不会发生热或化学降解。表面分子印迹方法能够在表面形成特异性的结合位点，其最大的优点是它具有用途广泛、普遍性和简易的特点。或许最重要的是，在聚合反应溶剂中，难溶的模板分子的印迹也是可以实现的。强大的识别机制（ODS 膜上的印迹）和简单的仪器（电位计）整合组成强大的传感器，可应用来检测化学战剂和生物战剂。这种方法可以应用于平面结构和弯曲表面，也可应用于各种信号转换器表面如光导纤维。另外，ODS 膜很薄、清洁、可重复，可用来生产光和声传感器。最后，该小组的研究结果强调，设计化学传感器时，不仅要考虑化学和物理识别作用，还要注意方法和信号转换器的类型，这很重要。我们期待以后的仿生传感器的制备能取得显著的进步。

到目前为止，小分子目标化合物的表面印迹更为成功，向更大分子量的目标物发展还是一个大的挑战。一般来说，模板分子越大，精确性就会越低。对大分子模板印迹的研究越来越多，如细菌和病毒[28,34～39]。另外，活的生物体的大小和形状随环境而变化，且就目前的发展阶段而言，生物体细菌或病毒的完全去除并不易进行，这都是表面印迹的应用和分子印迹技术的一个很大的挑战。

致谢

感谢美国国防高级研究计划局（DARPA，项目号 0660076225）和环境保护局（EPA，项目号 QT-RT-03-001078）的财政支持。

参考文献

1. Wulff, G. and Sarhan, A., Use of polymers with enzyme-analogous structures for the resolution of racemates, *Angew. Chem. Int. Ed.*, 11, 341–344, 1972.
2. Wulff, G. and Sarhan, A., Method of preparing polymers analogous to enzymes. German Patent application (Offenlegungsschrift) DE-A 2242796, 1974, *Chem. Abstr.*, 83, P 60300W, 1974.

3. Wulff, G., Sarhan, A., and Zarbrocki, K., Enzyme-analogue built polymers and their use for the resolution of racemates, *Tetrahedron. Lett.*, 14 (44), 4329–4332, 1973.
4. Takagishi, T. and Klotz, I. M., Macromolecule-small interactions; introduction of additional binding sites in polyethyleneimine by disulfide cross-linkages, *Biopolymers*, 11, 483–491, 1972.
5. Sellergen, B., Imprinted polymers with memory for small molecules, proteins, or crystals, *Angew. Chem. Int. Ed.*, 39 (6), 1031–1039, 2000.
6. Andersson, L., Sellergren, B., and Mosbach, K., Imprinting of amino acid derivatives in macroporous polymers, *Tetrahedron Lett.*, 25 (45), 5211–5214, 1984.
7. Sellergen, B., Lepisto, M., and Mosbach, K., Highly enantioselective and substrate-selective polymers obtained by molecular imprinting utilizing noncovalent interactions. NMR and chromatographic studies on the nature of recognition, *J. Am. Chem. Soc.*, 110 (17), 5853–5860, 1988.
8. Wulff, G., Molecular imprinting in cross-linked materials with the aid of molecular templates—A way towards artificial antibodies, *Angew. Chem. Int. Ed.*, 34 (17), 1812–1832, 1995.
9. Mosbach, K., Molecular imprinting, *Trends Biochem. Sci.*, 19 (1), 9–14, 1994.
10. Kriz, D., Ramström, O., and Mosbach, K., Molecular imprinting—new possibilities for sensor technology, *Anal. Chem.*, 69 (11), 345A–349A, 1997.
11. Norrlöw, O., Glad, M., and Mosbach, K., Acrylic polymer preparations containing recognition sites obtained by imprinting with substrates, *J. Chromatogr.*, 299, 29–41, 1984.
12. Yan, M., *Molecularly Imprinted Materials: Science and Technology*, CRC, Boca Raton, FL, 2004.
13. Komiyama, M., Takeuchi, T., Mukawa, T., and Asanuma, H., In *Molecular Imprinting: From Fundamentals to Applications*, Komiyama, M., Takeuchi, T., Mukawa, T., and Asanuma, H., Eds., Wiley-VCH, Weinheim, 2003.
14. *Templated Organic Synthesis*, Diederich, F. and Stang, P. J., Eds., Wiley-VCH, Weiheim, 2000.
15. Wulff, G. and Biffis, A., In *Molecularly Imprinted Polymers, Man-Made Mimics of Antibodies and their Application in Analytical chemistry*, Sellergren, B., Ed., Elsevier, New York, 2001.
16. Haupt, K., In *Molecular and Ionic Recognition with Imprinted Polymers*, Bartsch, R. A. and Maeda, M., Eds., American Chemical Society, Washington, DC, 1998.
17. Kanazawa, R., Mori, K., Tokuyama, H., and Sakohara, S., Preparation of thermosensitive microgel adsorbent for quick adsorption of heavy metal ions by a temperature change, *J. Chem. Eng. Jpn*, 37 (6), 804–807, 2004.
18. Murray, G. M., *Molecularly Imprinted Polymer Solution Anion Sensors*, US Patent 6749, 811, 2004.
19. Gladis, J. M. and Rao, T. P., Effect of porogen type on the synthesis of uranium ion imprinted polymer materials for the preconcentration/separation of traces of uranium, *Microchimica Acta.*, 146 (3–4), 251–258, 2004.
20. Matsuguchi, M. and Uno, T., Molecular imprinting strategy for solvent molecules and its application for QCM-based VOC vapor sensing, *Sens. Actuators, B.*, 113 (1), 94–99, 2006.
21. Liu, F., Liu, X., Ng, S.-C., and Chan, H. S.-O., Enantioselective molecular imprinting polymer coated QCM for the recognition of -tryptophan, *Sens. Actuators B.*, 113 (1), 234–240, 2006.
22. Gong, J. L., Gong, F. C., Kuang, Y., Zeng, G. M., Shen, G. L., and Yu, R. Q., Capacitive chemical sensor for fenvalerate assay based on electropolymerized molecularly imprinted polymer as the sensitive layer, *Anal. Bioanal. Chem.*, 379, 302–307, 2004.
23. Zhou, H. J., Zhang, Z. J., He, D. Y., Hu, Y. F., Huang, Y., and Chen, D. L., Flow chemiluminescence sensor for determination of clenbuterol based on molecularly imprinted polymer, *Anal. Chim. Acta.*, 523, 237–242, 2004.
24. Yin, F., Capacitive sensors using electropolymerized o-phenylenediamine film doped with ion-pair complex as selective elements for the determination of pentoxyverine, *Talanta*, 63 (3), 641–646, 2004.
25. Barasc, M., Ogier, J., Durant, Y., and Claverie, J., Preparation of molecularly surface imprinted polymeric nanoparticles for the direct detection of saxitoxin in water by quartz crystal microbalance, *Polym. Preprints, American Chemical Society, Division of Polymer Chemistry*, 46 (2), 1146–1147, 2005.
26. Kubo, T., Hosoya, K., Watabe, Y., Tanaka, N., Takagi, H., Sano, T., and Kaya, K., Interval immobilization technique for recognition toward a highly hydrophilic cyanobacterium toxin,

J. Chromatogr. B., 806 (2), 229–235, 2004.

27. Kubo, T., Hosoya, K., Watabe, Y., Tanaka, N., Sano, T., and Kaya, K., Toxicity recognition of hepatotoxin, homologues of microcystin with artificial trapping devices, *J. Environ. Sci. Health, Part A: Toxic/Hazard. Subst. Environ. Eng.*, 39, 2597–2614, 2004.
28. Tai, D.-F., Lin, C.-Y., Wu, T.-Z., and Chen, L.-K., Recognition of dengue virus protein using epitope-mediated molecularly imprinted film, *Anal. Chem.*, 77 (16), 5140–5143, 2005.
29. Shi, H., Tsai, W. B., Garrison, M. D., Ferrari, S., and Ratner, B. D., Template-imprinted nanostructured surfaces for protein recognition, *Nature*, 398, 593–597, 1999.
30. Lin, T. Y., Hu, C. H., and Chou, T. C., Determination of albumin concentration by MIP–QCM sensor, *Biosen. Bioelectron.*, 20, 75–81, 2004.
31. Guo, T. Y., Xia, Y. Q., Hao, G. J., Song, M. D., and Zhang, B. H., Adsorptive separation of hemoglobin by molecularly imprinted chitosan beads, *Biomaterials*, 25, 5905–5912, 2004.
32. Rachkov, A. and Minoura, N., Towards molecularly imprinted polymers selective to peptides and proteins. The epitope approach, *Biochmica et Biophysica Acta*, 1544, 255–266, 2001.
33. Hart, B. R. and Shea, K. J., Synthetic peptide receptors: molecularly imprinted polymers for the recognition of peptides using peptide-metal interactions, *J. Am. Chem. Soc.*, 123, 2072–2073, 2001.
34. Hayden, O., Bindeus, R., Haderspock, C., Mann, K.-J., Wirl, B., and Dickert, F. L., Mass-sensitive detection of cells, viruses and enzymes with artificial receptors, *Sens. Actuators B.*, 91, 316–319, 2003.
35. Nassif, N., Bouvet, O., Rager, M. N., Roux, C., Coradin, T., and Livage, J., Living bacteria in silica gels, *Nature Mater.*, 1, 42–44, 2002.
36. Osten, D. E., Jang, J., and Park, J. K., Surface plasmon resonance coupled with molecularly imprinted polymers for detecting microcystin-LR, Abstracts of Papers, 230th ACS National Meeting, Washington, DC, United States, Aug. 28-Sept. 1, 2005, ENVR-198.
37. Dickert, F. L., Hayden, O., Bindeus, R., Mann, K. J., Blaas, D., and Waigmann, E., Bioimprinted QCM sensors for virus detection-screening of plant sap, *Anal. Bioanal. Chem.*, 378, 1929–1934, 2004.
38. Hayden, O. and Dickert, F. L., Selective microorganism detection with cell surface imprinted polymers, *Adv. Mater.*, 13, 1480–1483, 2001.
39. Das, K., Penelle, J., Rotello, V. M., and Nusslein, K., Specific recognition of bacteria by surface-templated polymer films, *Langmuir*, 19, 6226–6229, 2003.
40. Vlatakis, G., Andersson, L. I., Muller, R., and Mosbach, K., Drug assay using antibody mimics made by molecular imprinting, *Nature*, 361, 645–647, 1993.
41. Mahony, J. O., Nolan, K., Smyth, M. R., and Mizaikoff, B., Molecularly imprinted polymers-potential and challenges in analytical chemistry, *Anal. Chim. Acta.*, 534, 31–39, 2005.
42. Haupt, K. and Mosbach, K., Molecularly imprinted polymers in chemical and biological sensing, *Biochem. Soc. Trans.*, 27 (2), 344–350, 1998.
43. Vidyasankar, S. and Arnold, F. H., Molecular imprinting: selective materials for separations, sensors and catalysis, *Curr. Opin. Biotechnol.*, 6, 218–224, 1995.
44. Yano, K. and Karube, I., Molecularly imprinted polymers for biosensor applications, *Trends Anal. Chem.*, 18 (3), 199–204, 1999.
45. Piletsky, S. A., Panasyuk, T., Piletskaya, E. V., Nicholls, I. A., and Ulbricht, M., Receptor and transport properties of imprinted polymer membranes-a review, *J. Membr. Sci.*, 157, 263–278, 1999.
46. Haupt, K. and Mosbach, K., Molecularly imprinted polymers and their use in biomimetic sensors, *Chem. Rev.*, 100, 2495–2504, 2000.
47. Zimmerman, S. G., Wendland, M. S., Rakow, N. A., Zharov, I., and Suslick, K. S., Synthetic hosts by monomolecular imprinting inside dendrimers, *Nature*, 418, 399–403, 2002.
48. Piletsky, S. A. and Turner, A. P. F., Electrochemical sensors based on molecularly imprinted polymers, *Electroanalysis*, 14 (5), 317–323, 2002.
49. Haupt, K., Moleculy imprinted polymers: the next generation, *Anal. Chem.*, 75, 376A–383A, 2003.
50. Zimmerman, S. C. and Lemcoff, N. G., Synthetic hosts via molecular imprinting–are universal synthetic antibodies realistically possible?, *Chem. Commun.*, 5 (14), 5–14, 2004.

51. Haupt, K., Imprinted polymers-tailor-made mimics of antibodies and receptors, *Chem. Commun.*, 2, 171–178, 2003.
52. Kindschy, L. M. and Alocilja, E. C., A review of molecularly imprinted polymers for biosensor development for food and agricultural applications, *Trans. ASAE.*, 47, 1375–1382, 2004.
53. Adhikari, B. and Majumdar, S., Polymers in sensor applications, *Prog. Poly. Sci.*, 29 (7), 699–766, 2004.
54. Monk, D. J. and Walt, D. R., Optical fiber-based biosensors, *Anal. Bioanal. Chem.*, 379, 931–945, 2004.
55. Trojanowicz, M. and Wcislo, M., Electrochemical and piezoelectric enantioselective sensors and biosensors, *Anal. Lett.*, 38, 523–547, 2005.
56. Henry, O. Y. F., Cullen, D. C., and Piletsky, S. A., Optical interrogation of molecularly imprinted polymers and development of MIP sensors: a review, *Anal. Bioanal. Chem.*, 382, 947–956, 2005.
57. Nakamura, H. and Karube, I., Current research activity in biosensors, *Anal. Bioanal. Chem.*, 377, 446–468, 2003.
58. Ye, L. and Haupt, K., Molecularly imprinted polymers as antibody and receptor mimics for assays, sensors and drug discovery, *Anal. Bioanal. Chem.*, 378, 1887–1897, 2004.
59. Pap, T., Horvath, V., and Horvai, G., Molecularly imprinted polymers for analytical chemistry, *Chem. Anal.*, 50, 129–137, 2005.
60. Sadecka, J. and Polonsky, J., Molecularly imprinted polymers in analytical chemistry, *Chem. Listy*, 99, 222–230, 2005.
61. Shinkai, S. and Takeuchi, M., Molecular design of synthetic receptors with dynamic, imprinting, and allosteric functions, *Bull. Chem. Soc. Jpn*, 78, 40–51, 2005.
62. Marty, J.-D. and Mauzac, M., Molecular imprinting: state of the art and perspectives, *Adv. Polym. Sci.*, 172, 1–35, 2005.
63. Thiesen, P. H. and Niemeyer, B., Customised adsorbent materials in the application spectra of Bio-, medicine- and environmental technology, *Chem. Ing. Tech.*, 77, 373–383, 2005.
64. Ramos, L., Ramos, J. J., and Brinkman, U. A. T., Miniaturization in sample treatment for environmental analysis, *Anal. Bioanal. Chem.*, 381, 119–140, 2005.
65. Chapuis, F., Pichon, V., and Hennion, M. C., Molecularly imprinted polymers: developments and applications of new selective solid-phase extraction materials, *LC-GC Europe*, 17 (7), 408–417, 2004.
66. Dalko, P. I. and Moisan, L., In the golden age of organocatalysis, *Angew. Chem. Int. Ed.*, 43, 5138–5175, 2004.
67. Dmitrienko, S. G., Irkha, V. V., Kuznetsova, A. Y., and Zolotov, Y. A., Use of molecular imprinted polymers for the separation and preconcentration of organic compounds, *J. Anal. Chem.*, 59, 808–817, 2004.
68. Liu, H. Y., Row, K. H., and Yan, G. L., Monolithic molecularly imprinted columns for chromatographic separation, *Chromatographia*, 61, 429–432, 2005.
69. Turiel, E. and Martin-Esteban, A., Molecular imprinting technology in capillary electrochromatography, *J. Sep. Sci.*, 28, 719–728, 2005.
70. Guihen, E. and Glennon, J. D., Recent highlights in stationary phase design for open-tubular capillary electrochromatography, *J. Chromatogr. A.*, 1044, 67–81, 2000.
71. Hilder, E. F. F. and Frechet, J. M., Development and application of polymeric monolithic stationary phases for capillary electrochromatography, *J. Chromatogr. A.*, 1044, 3–22, 2004.
72. Palmer, C. P. and McCarney, J. P., Developments in the use of soluble ionic polymers as pseudo-stationary phases for electrokinetic chromatography and stationary phases for electrochromatography, *J. Chromatogr. A.*, 1044, 159–176, 2004.
73. Quaglia, M., Sellergren, B., and De Lorenzi, E., Approaches to imprinted stationary phases for affinity capillary electrochromatography, *J. Chromtaogr. A.*, 1044, 53–66, 2004.
74. Hu, S. G., Li, L., and He, X. W., Molecularly imprinted polymers: a new kind of sorbent with high selectivity in solid phase extraction, *Prog. Chem.*, 17, 531–543, 2005.
75. Haginaka, J., Molecularly imprinted polymers for solid-phase extraction, *Anal. Bioanal. Chem.*, 379 (3), 332–334, 2004.

76. Kashyap, N., Kumar, N., and Kumar, M., Hydrogels for pharmaceutical and biomedical applications, *Crit. Rev. Therapeutic Drug Carrier Sys.*, 22, 107–149, 2005.
77. Hilt, J. Z. and Byrne, M. E., Configurational biomimesis in drug delivery: molecular imprinting of biologically significant molecules, *Adv. Drug Delivery Rev.*, 56, 1599–1620, 2004.
78. Kandimalla, V. B. and Ju, H. X., New horizons with a multi dimensional tool for applications in analytical chemistry—Aptamer, *Anal. Lett.*, 37, 2215–2233, 2004.
79. Lanza, F. and Sellergren, B., Molecularly imprinted polymers via high-throughput and combinatorial techniques, *Macromol. Rapid Commun.*, 25, 59–68, 2004.
80. Lisichkin, G. V., Novotortsev, R. Y., and Bernadyuk, S. Z., Chemically modified oxide surfaces capable of molecular recognition, *Colloid J.*, 66, 387–399, 2004.
81. Liu, Y., Lantz, A. W., and Armstrong, D. W., High efficiency liquid and super-/subcritical fluid-based enantiomeric separations: an overview, *J. Liq. Chromatogr. Relat. Technol.*, 27 (7-9), 1121–1178, 2004.
82. Mastrorilli, P. and Nobile, C. F., Supported catalysts from polymerizable transition metal complexes, *Coord. Chem. Rev.*, 248 (3–4), 377–395, 2004.
83. Walcarius, A., Mandler, D., Cox, J. A., Collinson, M., and Lev, O., Exciting new directions in the intersection of functionalized sol-gel materials with electrochemistry, *J. Mater. Chem.*, 15, 3663–3689, 2005.
84. Lu, Y. K. and Yan, X. P., Preparation and application of molecularly imprinted sol-gel materials, *Chin. J. Anal. Chem.*, 33, 254–260, 2005.
85. Diaz-Garcia, M. E. and Laino, R. B., Molecular imprinting in sol-gel materials: Recent developments and applications, *Microchim. Acta.*, 149, 19–36, 2005.
86. Ruckert, B. and Kolb, U., Distribution of molecularly imprinted polymer layers on macroporous silica gel particles by STEM and EDX, *Micron*, 36 (3), 247–260, 2005.
87. Tada, M. and Iwasawa, Y., Chemical design and in situ characterization of active surfaces for selective catalysis, *Annu. Rev. Mater. Res.*, 35, 397–426, 2005.
88. Sagiv, J., Organized monolayers by adsorption I. Formation and structure of oleophobic mixed monolayers on solid surface, *J. Am. Chem. Soc.*, 102, 92–98, 1980.
89. Sagiv, J., Organized monolayers by adsorption II. Molecular orientation in mixed dye monolayers built on anisotropic polymeric surface, *J. Isr. J. Chem.*, 18, 339–345, 1979.
90. Sagiv, J., Organized monolayers by adsorption III. Irreversible adsorption and memory effects in skeletonized silane monolayers, *Isr. J. Chem.*, 18, 346–353, 1979.
91. Neizer, L. and Sagiv, J., A new approach to construction of artificial monolayer assemblies, *J. Am. Chem. Soc.*, 105, 674–676, 1983.
92. Gun, J., Iscovici, R., and Sagiv, J., On the formation and structure of self-assembling monolayers. II. A comparative study of Langmuir-Blodgett and adsorbed films using ellipsometry and IR reflection-absorption spectroscopy, *J. Colloid Interface Sci.*, 101, 201–213, 1984.
93. Polymeropoulos, E. E. and Sagiv, J., Electrical conduction through adsorbed monolayer, *J. Chem. Phys.*, 69, 1836–1848, 1978.
94. Tabushi, I., Kurihara, K., Naka, K., Yamamura, K., and Hatakeyama, H., Supramolecular sensor based on SnO_2 electrode modified with octadecylsilyl monolayer having molecular binding sites, *Tetrahedron Lett.*, 28 (37), 4299–4302, 1987.
95. Yamamura, K., Hatakeyama, H., Naka, K., Tabushi, I., and Kurihara, K., Guest selective molecular recognition by an octadecylsilyl monolayer covalently bound on a SnO_2 electrode, *Chem. Commun.*, 79–81, 1988.
96. Andersson, L. I., Mandenius, C. F., and Mosbach, K., Studies on guest selective molecular recognition on an octadecyl silylated silicon surface using ellipsometry, *Tetrahedron Lett.*, 29, 5437–5440, 1988.
97. Kallury, K. M. R., Thompson, M., Tripp, C. P., and Hair, M. L., Interaction of silicon surfaces silanized with octadecylchlorosilanes with octadecanoic acid and octadecanamine studied by ellipsometry, x-ray photoelectron spectroscopy, and reflectance Fourier transform infrared spectroscopy, *Langmuir*, 8, 947–954, 1992.
98. Kim, J. H., Cotton, T. M., and Uphaus, R. A., Electrochemical and Raman characterization of molecular recognition sites in assembled monolayers, *J. Phys. Chem.*, 92, 5575–5578, 1988.

99. Starodub, N. F., Piletsky, S. A., Lavryk, N. V., and El'skaya, A. V., Template sensors for low weight organic molecules based on SiO_2 surface, *Sens. Actuators B.*, 13–14, 708–710, 1993.
100. Binnes, R., Gedanken, A., and Margel, S., Self-assembled monolayer coatings as a new tool for the resolution of racemates, *Tetrahedron Lett.*, 35, 1285–1288, 1994.
101. Lahav, M., Katz, E., Doron, A., Patolsky, F., and Willner, I., Photochemical imprint of molecular recognition sites in monolayers assembled on Au electrodes, *J. Am. hem. Soc.*, 121, 862–863, 1999.
102. Mirsky, V. M., Hirsch, T., Piletsky, S. A., and Wolfbeis, O. S., A spreader-bar approach to molecular architecture: formation of stable artificial chemoreceptors, *Angew. Chem. Int. Ed.*, 38, 1108–1110, 1999.
103. Huan, S., Shen, G., and Yu, R., Enantioselective recognition of amino acid by differential pulse voltammetry in molecularly imprinted monolayers assembled on Au electrode, *Electroanalysis*, 16 (12), 1019–1023, 2004.
104. Zhou, Y., Yu., B, and Levon, K., The role of cysteine residues in electrochemistry of cytochrome c at a polyaniline modified electrode, *Syn. Met.*, 142, 137–141, 2004.
105. Dong, S., Sun, Z., and Lu, Z., Chloride chemical sensor based on an organic conducting polypyrrole polymer, *Analyst*, 113 (10), 1525–1528, 1988.
106. Wang, J., Chen, S., and Lin, M. S., Use of different electropolymerization conditions for controlling the size-exclusion selectivity at polyaniline, polypyrrole and polyphenol films, *J. Electroanal. Chem.*, 24 (1-2), 231–242, 1989.
107. Hutchins, R. S. and Bachas, L. G., Nitrate-selective electrode developed by electrochemically mediated imprinting/doping of polypyrrole, *Anal. Chem.*, 67, 1654–1660, 1995.
108. Deore, B., Chen, Z., and Nagaoka, T., Potential-induced enantioselective uptake of amino acid into molecularly imprinted overoxidized polypyrrole, *Anal. Chem.*, 72, 3989–3994, 2000.
109. Deore, B., Chen, Z., and Nagaoka, T., Overoxidized polypyrrole with dopant complementary cavities as a new molecularly imprinted polymer matrix, *Anal. Sci.*, 15, 827–828, 1999.
110. Spurlock, L. D., Jaramillo, A., Praserthdam, A., Lewis, J., and Brajter-Toth, A., Selectivity and sensitivity of ultrathin-purine-templated overoxidized polypyrrole film electrodes, *Anal. Chim. Acta.*, 336, 37–46, 1996.
111. Shiigi, H., Okamura, K., Kijima, D., Hironaka, A., Deore, B., Sree, U., and Nagaoka, T., Fabrication process and characterization of a novel structural isomer sensor, *Electrochem. Solid-State Lett.*, 6, H1–H3, 2003.
112. Ramanavicine, A., Finkelsteinas, A., and Ramanavicius, A., Molecularly imprinted polypyrrole for sensor design, *Mater. Sci.*, 10, 18–23, 2004.
113. Malitesta, C., Losito, I., and Zambonin, P. G., Molecularly imprinted electrosynthesized polymers: new materials for biomimetic sensors, *Anal. Chem.*, 71, 1366–3994, 1999.
114. Feng, L., Liu, Y., Tan, Y., and Hu, J., Biosensor for the determination of sorbitol based on molecularly imprinted electrosynthesized polymers, *Biosen. Bioelectron.*, 19, 1513–1519, 2004.
115. Liao, H., Zhang, Z., Nie, L., and Yao, S., Electrosynthesis of imprinted polyacrylamide membranes for the stereospecific L-histidine sensor and its characterization by AC impedance spectroscopy and piezoelectric quartz crystal technique, *J. Biochem. Biophys. Methods*, 59, 75–87, 2004.
116. Zhou, Y., Yu, B., and Levon, K., Potentiometric sensing of chiral amino acids, *Chem. Mater.*, 15 (14), 2774–2779, 2003.
117. Karcher, A. and El Rassi, Z., Capillary electrophoresis of pesticides: V. Analysis of pyrethroid insecticides via their hydrolysis products labeled with a fluorescing and UV absorbing tag for laser-induced fluorescence and UV detection, *Electrophoresis*, 18, 1173–1179, 1997.
118. Beltran, J., Peruga, A., Pitarch, E., Lopez, F. J., and Hernandez, F., Application of solid-phase microextraction for the determination of pyrethroid residues in vegetable samples by GC-MS, *Anal. Bioanal. Chem.*, 376, 502–511, 2003.
119. Bast, G. E., Taeschner, D., and Kampffmeyer, H. G., Permethrin absorption not detected in single-pass perfused rabbit ear, and absorption with oxidation of 3-phenoxybenzyl alcohol, *Arch. Toxicol.*, 71, 179–186, 1997.
120. Martin, T., and Lobert, S., Chemical warfare toxicity of nerve agents. *Critical Care Nurse*, 23, 15–20, 2003.
121. Zhou, Y., Yu, B., Shiu, E., and Levon, K., Potentiometric sensing of chemical warfare agents:

Surface imprinted polymer integrated with an indium tin oxide electrode, *Anal. Chem.*, 76 (10), 2689–2693, 2004.

122. Zhou, Y., Yu, B., and Levon, K., *Biosensor and Method of Making Same*, *WO Patent* 2005059507 A2, 2005.
123. Zhou, Y., Yu, B., and Levon, K., *Bacterial Biosensors*, US Patent Application, *WO Patent* 2005067425 A2, 2005.
124. Murrell, W. G., In *The Bacterial Spores*, Gould, G. W. and Hurst, A., Eds., Academic Press, London, pp. 215–273, 1969.
125. Zhou, Y., Yu, B., and Levon, K., Potentiometric sensor for dipicolinic acid, *Biosen. Bioelectronics.*, 20, 1851–1855, 2005.
126. Unger, K. K., *Porous Silica*, Elsevier, Amsterdam, 1989.
127. Nawrocki, J. and Buszewski, B., Influence of silica surface chemistry and structure on the properties, structure and coverage of alkyl-bonded phases for high-performance liquid chromatography, *J. Chromatogr. A.*, 449, 1–24, 1988.
128. Dorsey, J. G. and Dill, K. A., The molecular mechanism of retention in reversed-phase liquid chromatography, *Chem. Rev.*, 89 (2), 331–346, 1989.
129. *Chemically Modified Surfaces*, Leyden, D. E., Ed., Gordon and Breach, New York, 1986 (Vol. 1).
130. Kulkarni, A. K., Schulz, K. H., Lim, T. -S., and Khan, M., Electrical, optical and structural characteristics of indium-tin-oxide thin films deposited on glass and polymer substrates, *Thin Solid Films*, 308–309, 1–7. 1997.
131. Li, G. J. and Kawi, S., Synthesis, characterization and sensing application of novel semiconductor oxides, *Talanta*, 45 (4), 759–766, 1998.
132. Xu, C., Tamaki, J., Miura, N., and Yamazoe, N., Grain size effects on gas sensitivity of porous SnO_2-based elements, *Sens. Actuators B.*, 3, 147–155, 1991.
133. Cui, Y., Wei, Q., Park, H., and Lieber, C. M., Nanowire nanosensors for highly sensitive and selective detection of biological and chemical species, *Science*, 293, 1289–1292, 2001.
134. Weimar, U. and Gőpel, W. A. C., Measurements on tin oxide sensors to improve selectivities and sensitivities, *Sens. Actuators B.*, 26 (1–3), 13–18, 1995.
135. *Electrochemistry of Nanomaterials*, Hodes, G., Ed.; Wiley-VCH Verlag GmbH, Weinheim, p. VI, 2001.
136. Monk, P. M. S., *Fundamentals of Electroanalytical Chemistry*, John Wiley and Sons, New York, 2001.
137. Kriz, D., Kempe, M., and Mosbach, K., Introduction of molecularly imprinted polymers as recognition elements in conductometric chemical sensors, *Sens. Actuators B.*, 33 (1–3), 178–181, 1996.
138. Kriz, D., Ramstrom, O., Svensson, A., and Mosbach, K., Introducing biomimetic sensors based on molecularly imprinted polymers as recognition elements, *Anal. Chem.*, 67 (13), 2142–2144, 1995.
139. Janata, J. and Bezegh, A., Chemical sensors, *Anal. Chem.*, 60 (12), 62R–74R, 1988.
140. Zhou, Y., YU, B., Levon, K., and Nagaoka, T., Enantioselective recognition of aspartic acid by chiral ligand exchange potentiometry, *Electroanalysis*, 16 (11), 955–960, 2004.
141. Wulff, G., Molecular recognition in polymers prepared by imprinting with templates, In *Polymeric Reagents and Catalysts*, Ford, W. T., Ed., Vol. 308, American Chemical Society, ACS Symposium Series, Washington, DC, pp. 186–230, 1986.
142. Wulff, G., The role of binding-site interactions in the molecular imprinting of polymers, *Trends Biotechnol.*, 11 (3), 85–87, 1993.
143. Shea, K. J. and Sasaki, D. Y. J., On the control of microenvironment shape of functionalized network polymers prepared by template polymerization, *J. Am. Chem. Soc.*, 111 (9), 3442–3444, 1989.
144. Ramstrom, O., Andersson, L. I., and Mosbach, K., Recognition sites incorporating both pyridinyl and carboxy functionalities prepared by molecular imprinting, *J. Org. Chem.*, 58, 7562–7564, 1993.
145. Mosbach, K. and Ramström, O., The emerging technique of molecular imprinting and its future impact on biotechnology, *BioTechnol*, 14, 163–170, 1996.
146. Sellergren, B., Enantiomer separations using designed imprinted chiral phases, In *A Practical Approach to Chiral Separations by Liquid Chromatography*, Subramanian, G., Ed., John Wiley & Sons: Weinheim, Weinheim, pp. 151–184, 1994.
147. Mosbach, K., Toward the next generation of molecular imprinting with emphasis on the formation,

by direct molding, of compounds with biological activity (biomimetics), *Anal. Chim. Acta*, 435 (1), 3–8, 2001.

148. Rangnekar, V. M. and Oldham, P. B., Fourier transform infrared study of a C_{18} modified quartz surface, *Spectrosc. Lett.*, 22 (8), 993–1005, 1989.
149. Andersson, H. S. and Nicholls, I. A., Spectroscopic evaluation of molecular imprinting polymerisation systems, *Bioorg. Chem.*, 25 (3), 203–211, 1997.
150. Nicholls, I. A., Adbo, K., Andersson, H. S., Andersson, P. O., Ankarloo, J., Hedin-Dahlström, J., Jokela, P. et al., Can we rationally design molecularly imprinted polymers?, *Anal. Chim. Acta.*, 435 (1), 9–18, 2001.
151. Katz, A. and Davis, M. E., Investigations into the mechanisms of molecular recognition with imprinted polymers, *Macromolecules*, 32 (12), 4113–4121, 1999.
152. Haupt, K., Dzgoev, A., and Mosbach, K., Assay system for the herbicide 2,4-dichlorophenoxyacetic acid using a molecularly imprinted polymer as an artificial recognition element, *Anal. Chem.*, 70 (3), 628–631, 1998.
153. Piletsky, S. A., Andersson, H. S., and Nicholls, I. A., Combined hydrophobic and electrostatic interaction-based recognition in molecularly imprinted polymers, *Macromolecules*, 32 (3), 633–636, 1999.
154. Striegler, S., Carbohydrate recognition in cross-linked sugar-templated poly(acrylates), *Macromolecules*, 36 (4), 1310–1317, 2003.

8 用噬菌体作生物免疫探针

Valery A. Petrenko and Jennifer R. Brigati

目录

8.1 介绍

当前人们只检测许多病原体的临床疾病表现，然后对其进行培养检测和生化反应检测[1~5]。生物分析或许会解决生物毒素的一个挑战，正如 Arnon 等综述的那样，毒素特异性抗体能够保护小鼠免受样品中毒素的毒害[6]。在所有的临床和生物监测实验室，这些微生物学、生物化学和动物测试是处于主导地位的黄金标准，因为它们灵敏性好，特异性强，精确度高[7]。然而，新的生物监测方法快速、灵敏、精确、廉价，在某些方面比传统方法更有价值，产生新的概念和方法。噬菌体展示技术作为一种新的概念，促进了诊断和监测探针的发展，或许能满足生物监测苛刻的要求[8~10]。这一章内容的基础是作者 2003～2005 年在奥本大学讲授的研究生课程“组合生物化学和噬菌体展示”。它包含了实验室常用的开发诊断和监测探针的最新的文献和方法[8,10]。

8.2 诊断和监测探针

各个分析平台的监测探针的选择取决于它们的专一性、选择性、性能、操作强度、储存和环境稳定性。在大多数平台上，探针大多使用单克隆或多克隆抗体[11,12]。然而，过去从免疫动物获得的多克隆抗体（pAbs）对动物暴露的任何抗原都具有识别能力。此外，多克隆抗体常常对天然靶标的亲和力和特异性不足，这是因为其免疫程序上的局限性，包括在对动物进行免疫前必须将细菌、病毒或毒素灭活，也包括在体内可能发生芽孢萌发过程。这些局限性使其难以标准化和难以确保多克隆抗体进行常规应用。理想情况下，用于检测生物试剂的多克隆抗体应该在柱子上用固定化的试剂或相应分离的抗原进行亲和纯化。但是，这极大地增加了成本[13]。事实上，多克隆抗体的多级分离可以得到纯的 IgG，但是这一程序不能确保制备的选择性和特异性。单克隆抗体（mAb）具有更多的选择性，但它们的应用会受到其高的生产成本和其对不利环境条件的固有敏感性的影响[14,15]。此外，通过杂交瘤细胞技术产生的细胞克隆数目有限，很难获得所需特异性的单克隆抗体，例如，难以获得针对特定生物制剂的特征表位的抗体[16]。多克隆抗体和单克隆抗体对于不同微生物所共有的表位，都可以产生交叉反应和模糊的检测结果[17~21]。抗体的缺点使得其需要一个新型的探针，即替代性的具有工程化的免疫球蛋白或非免疫球蛋白支架的抗体-抗原结合分子，如 Smith 和 Petrenko[8]所述，它们可以在体外进行选择和进化，因而能够绕过免疫系统的干扰[22~24]。

最近的研究表明，替代抗体可通过自展示在噬菌体表面的多肽或各种蛋白质（包括抗体单链 Fv 和 Fab 片段）的功能域的巨大的数十亿克隆库获得。这个强大的分子进化技术命名为噬菌体展示（Smith 和 Petrenko、Petrenko 和 Smith、Barbas Ⅲ 等和 Hoogenboom 等都发表过综述）[8,25~27]，与依靠有限数目克隆的筛选的杂交瘤技术相反，展示技术对数十亿潜在的抗原结合物进行操作，允许遗传操作和分子进化来控制探针的特异性和选择性[28,29]。噬菌体技术可以用来提高探针的亲和力[30~34]（Marvin 和 Lowman 综述）[35]和稳定性[36,37]。

8.3 噬菌体展示技术

这里简要介绍噬菌体展示技术。在最近关于这个主题的综述中，读者可以发现更多细节的信息[8,25]。噬菌体展示技术在Ff类丝状噬菌体的发展最为充分，包括三个野生型菌株：f1[38]、M13[39]和fd[40]。Ff噬菌体是灵活的，螺丝状的颗粒约1μm长，直径6nm（Rodi等所述）[41]。它们的保护性管状衣壳大部分由2700个左右相同的亚单位（即50个氨基酸构成的主要衣壳蛋白pⅧ）组成，并按照5倍旋转轴和2倍旋转轴的螺旋阵列分布，节距为3.2nm。pⅧ蛋白占蛋白质的97%和病毒总质量的87%[42]。每个pⅧ亚基主要是α螺旋和棒状；它的轴线与病毒粒子的轴线成一个小角度[40]。50个氨基酸的半数暴露在溶剂中，另一半埋在衣壳内（噬菌体结构见Rodi等、Marvin等的论述）[41,43]。在病毒颗粒的顶端——在噬菌体组装过程中首先从细胞中出现的末端——外壳上覆盖5份拷贝次要外膜蛋白pⅦ和pⅨ（由基因Ⅶ和Ⅸ编码）；5份拷贝的次要外壳蛋白pⅢ和pⅥ（由基因Ⅲ和Ⅵ编码）扣在尾端。衣壳包围着一个单链DNA（ssDNA）——病毒DNA或正链，其长度在野生型病毒株中为6407～6408个核苷酸，而链的几何形状不受螺旋外壳所限制。较长或较短的正链——包括有外源DNA插入的重组基因组——可被容纳在衣壳中，该衣壳的长度与所包含的DNA的长度相匹配（通过成比例地包含更多或更少的pⅧ亚单位）。

在1985年，重组DNA技术应用于噬菌体衣壳蛋白pⅢ，形成了一种新型的分子嵌合体：融合噬菌体，即噬菌体展示技术的基础[44]。要创建噬菌体嵌合体，需要将外源的编码DNA拼接到噬菌体外壳蛋白基因里，以便于DNA序列编码的肽链融合到外壳蛋白中，从而展示在病毒粒子的外表面。第一次证实噬菌体展示后不久，该技术应用于Ff噬菌体的主要衣壳蛋白pⅧ产生一类新型的景观噬菌体[45,46]（Petrenko和Smith所述）[25]。噬菌体展示文库是多于十亿噬菌体克隆的一个整体，每一个都包含有外源DNA，因此，在病毒粒子表面展示不同的肽。外源编码序列可以来自自然来源，或者可以通过化学设计和合成。例如，通过把退化的合成寡核苷酸拼接到衣壳蛋白基因中，展示数十亿肽链的噬菌体文库很容易构建（Fellouse和Pal所述）[47]。

肽的表面暴露是亲和选择性的基础，这是噬菌体展示技术的一个决定性方面（Dennis所述）[48]。这里目标结合分子称为选择器，固定在某种坚实的支撑物上［例如，在酶联免疫吸附法（ELISA）的磁珠表面或聚苯乙烯表面］，并且暴露于一个噬菌体展示文库。展示肽结合到选择器上的噬菌体颗粒被捕获在载体上，它们可以停留在这里，同时，所有其他的噬菌体被冲洗掉。所捕获的噬菌体，通常是初始噬菌体数量的微不足道的几分之一，从支撑物上被洗脱出来，而不破坏噬菌体的感染性，且它可以通过感染新鲜的细菌宿主细胞来传播或克隆。单轮亲和选择能够富集选择器结合的克隆数量级，几个回合就足够调查一个数十亿甚至万亿的文库，发现对选择器有高亲和力的极其罕见的所需多肽。经过几轮亲和选择，噬菌体个体克隆繁殖，并确认其结合选择器的能力。

噬菌体抗体是一个特殊类型的噬菌体展示结构，这里展示的肽链是一个抗体分子，或者更加准确地说是含有结合抗原的位点的抗体分子域（见图8.1和图例解释）。一个噬菌体-抗体文库包含数十亿克隆，展示数十亿有不同抗原特异性的抗体（Fellouse和Sidhu、Berry和Popkov、Dobson等、Hoogenboom等所述）[49～52]。一个单一的噬菌体抗体库，可以作为对无限阵列抗原的克隆抗体的来源。选择噬菌体载体以后，可以转移到一个高水平的表达

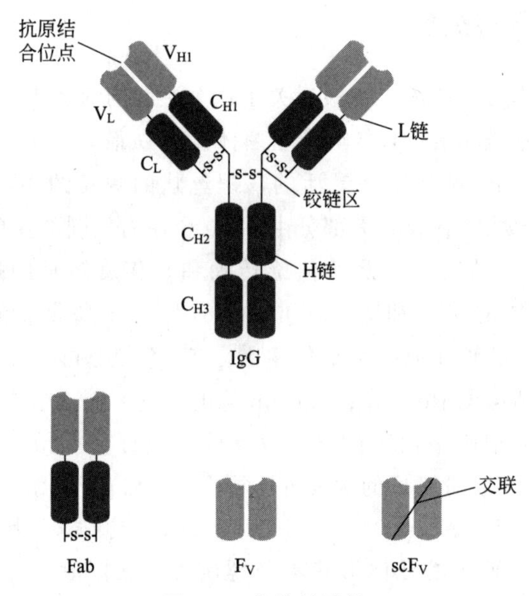

图 8.1 抗体的结构

在野生型免疫球蛋白 G（IgG）的分子中，两条相同的重链（H）和两条相同的轻链（L）由二硫键—S—S—共价连接。H 链和 L 链中，多个约 110 个氨基酸独立折叠的区域提供了 IgG 分子的模块化结构。抗原结合域 Fv（约 25000）可以通过引入二硫键变得稳定。单链 Fv 片段（scFv）是连续的多肽链，包括由 15～20 个氨基酸残基柔性连接的 H 链和 L 链可变结构域。它们保留了原有抗体的特异性，但是比完整的 IgG 抗体（30000～150000）小。Fab 片段（约 50000）是木瓜蛋白酶催化野生 IgG 断裂产生的，由 L 链偶合 H 链片段组成。噬菌体文库可以通过将 B 淋巴细胞表达的特定免疫反应个体（免疫文库）或未经免疫的个体（野生文库）的可变区（V）组装而成。在合成文库中，随机抗原结合区 CD3 与克隆的 *V* 基因在体内相连接［引自 Petrenko，V. A. and Sorokulova，I. B.，J. Microbiol. Methods，58（2），147-168，2004.］

系统，以生产在重组 DNA 宿主中可用数量的抗体基因。选定的抗体可融合到报告分子上[53～57]，且进行分子进化以提高它们的亲和性、特异性[29,58]、稳定性[37]和活动性[59]。

因为选择性纯粹基于亲和力，许多未经事先灭活不能使用的有毒生物危害试剂在人工免疫系统中可以作为活性抗原使用。此外，噬菌体展示允许选择可以识别生物试剂上的独特抗原决定簇的抗体，这在杂交瘤细胞抗体筛选中是很容易错过的[16]。相比于杂交瘤技术，噬菌体展示的另一个优点是，噬菌体抗体选择需要的抗原的数量可以小得惊人（1～10ng）[62]，所选探针的属性可进一步通过亲和力成熟和分子进化来改善[31,60,61]。因此，很多情况下，该系统可以代替动物的天然免疫[62]。

噬菌体展示技术的一般原则和众多应用在最近的文献[8,25]和手册中都有记载[26,63,64]。这里将重点关注噬菌体展示在诊断和监测探针发展方面的应用。

8.4 来自噬菌体展示的新的生物识别体

8.4.1 多肽

多肽是通过肽键顺序连接的短链氨基酸。一般 2～50 个氨基酸组成的肽链叫作多肽，更长的链称为蛋白质，尽管这两类聚合物之间的界限很模糊。因为多肽大规模的纯的标准产品可以大规模化学合成或可以融合到载体蛋白上并可高水平表达，它们被认为是具有潜在价值的诊断探针[65]。通常，主要选择出来的多肽对靶受体具有合适的亲和力，但它们的表现可通过诱变和选择成熟进行提高[66]。高亲和力配体更容易从二硫约束肽库而不是从线性肽库选择出来[67]（Smith 和 Petrenko、Petrenko 和 Smith 所述）[8,25]。诊断多肽探针技术仍然处于初级发展阶段，可能在收集足够的数据后才会评估它的前景。然而，这种技术的承诺可以通过数例成功的应用来证实，正如表 8.1 列出的和下面论述的。

表 8.1　用展示技术发展的对抗生物威胁制剂的诊断和治疗探头

诊断和治疗探针	目标物	结合试验	灵敏度
		肽	
毒素			
肽//pⅢ 12-mer 抗体库[76]	肉毒杆菌神经毒素	n. d.	n. d.
噬菌体//pⅢ 12-mer 抗体库[139]	金黄色葡萄球菌肠毒素 B(SEB)	板上的荧光免疫分析	1. 4ng/孔
肽//大肠杆菌 FliTrx 12-mer 抗体库(Invitrogen)[176]	蓖麻毒素	表面等离子体谐振(SPR)，BiaCore 3000(Pharmacia)	K_d 1μmol/L
病毒			
噬菌体及硫氧还原蛋白融合肽//pⅧ 9-mer 抗体库[68]	黄瓜花叶病毒(CuMV)	斑点印迹分析	5ng CaMV
噬菌体融合肽//pⅢ 8-mer 抗体库[142]	HBsAg	噬菌体酶联免疫吸附剂化验[141]	约 1ng HBsAg
噬菌体融合肽//pⅢ 7-mer 多肽抗体库[177]	HBsAg	酶联免疫吸附分析(ELISA)	K_d(2. 9±0. 9)nmol/L
多肽//pⅢ 10-mer 多肽抗体库[179]	白斑综合征病毒(WSSV)	ELISA	K_{aff}=5. 08～8. 54nmol/L
细菌			
多肽，噬菌体//pⅢ 12-mer 抗体库[143]	结核分枝杆菌亚种副结核病	顺磁珠捕获 PCR	10～100 细胞/mL
芽孢			
多肽，噬菌体/pⅢ 7 和 12-mer 抗体库	芽孢杆菌(炭疽杆菌，蜡状芽孢杆菌)	用 PE 偶联多肽或 Alexa 标记噬菌体的荧光激活细胞分选(FACS)；荧光显微镜	10^7 芽孢
		抗体	
毒素			
大肠杆菌中表达的 scAb[145～147]	肉毒杆菌毒素	SPR，流式细胞仪，ELISA，免疫色谱法	K_d=2nmol/L
免疫文库[148]	肉毒杆菌毒素	SPR	K_d=26～72nmol/L
病毒			
Fab//人免疫 Fab-抗体库[160～162]	埃博拉病毒	n. d.	n. d.
Fab//人免疫 Fab-抗体库[153]	Epstein-Barr 病毒	n. d.	n. d.
scFv//人合成 V_H+V_L 抗体库[164,165]	葡萄病毒 B	DAS-ELISA	n. d.
Fab//人免疫 Fab 抗体库[166]	乙型肝炎病毒	n. d.	n. d.
scFv//人免疫 scFv 抗体库[154,155]	丙型肝炎病毒(HCV)	ELISA	n. d.

续表

诊断和治疗探针	目标物	结合试验	灵敏度
Fab//人免疫 Fab-抗体库[157,158]	单纯疱疹病毒	n. d.	n. d.
Fab//人免疫 Fab-抗体库[167]	人类巨细胞病毒(HCMV)	n. d.	n. d.
scFv//人类非免疫 scFv 抗体库，亲和力成熟[33]	人类巨细胞病毒(HCMV)	表面等离子体共振传感器	$K_a=4.3\times10^7$ L/mol
Fab//人免疫 Fab-抗体库[145,149,150]	人类免疫缺陷病毒(HIV)类型Ⅰ	表面等离子体共振，病毒中和试验	$K_d=7.7\times10^{-10}$ mol/L $IC_{50}=10^{-9}\sim10^{-10}$ mol/L
Fab//人免疫 Fab-抗体库[156]	麻疹病毒	放射免疫分析	n. d.
scFv//人单抗进化源 scFv 抗体库[163]	狂犬病病毒	n. d.	n. d.
Fab//人 Fab-抗体库[151,152]	呼吸道合胞病毒	n. d.	n. d.
Fab//猴免疫 Fab-抗体库[159]	猴免疫缺陷病毒(SIV)	n. d.	n. d.
Fab//人免疫 Fab-抗体库[97]	牛痘病毒	ELISA	n. d.
scFv//由 mAb 构建[100]	委内瑞拉马脑炎病毒(VEE)	光寻址电位传感器(LAPS)酶试验(IFA)	30ng/mL
scFv//大鼠免疫 scFv 抗体库[178]	白斑综合征病毒(WSSV)	ELISA	$K_{aff}=(2.02\pm0.42)\times10^9$ L/mol
细菌			
scFv//小鼠免疫 scFv 抗体库[83]	羊布鲁菌	ELISA	n. d.
scFv//大库容人源非免疫 scFv 抗体库[171]	沙眼衣原体	ELISA，斑点杂交和免疫印迹法	n. d.
scFv//杂交瘤细胞源抗体库(识别 LPS 和鞭毛)[170]	肠出血性大肠杆菌 O157:H7 (*E. coli* O157:H7)	ELISA	n. d.
scFv//采用整合素及 EspA 蛋白免疫兔[99]	*E. coli* O157:H7	ELISA，蛋白质印迹法和斑点杂交	n. d.
scFv//人合成抗体库[82]	单增李斯特菌	生物电化学传感器	500 细胞/mL
scFv//半合成 scFv 抗体库[168]	卡他莫拉菌	免疫印迹，ELISA	n. d.
scFv//突变的仓鼠源 scFv 抗体库[60,169]	沙门菌血清 B 多糖	EIA，SPR	$K_a=4\times10^7$ L/mol
scFv//半合成 scFv 抗体库[91]	猪链球菌	n. d.	n. d.
芽孢			
噬菌体融合 scFv//天然人 scFv[172]	芽孢杆菌属	荧光显微镜，ELISA，竞争 ELISA	10^7 cfu/mL (抑制实验)
	景观噬菌体		
细菌			
噬菌体//f8/8[10,127,128]	鼠伤寒沙门菌	ELISA，FACS；QCM 生物传感器，荧光和电子显微镜	100 细胞/mL
孢子/芽孢			
噬菌体//f8/8[126,173]	炭疽杆菌	ELISA，共沉淀，磁致伸缩生物传感器	n. d.
噬菌体//f8/8[132]	辣椒疫霉菌游动孢子	共沉淀	n. d.

注：n. d. 表示未确定；表中所有的抗体展示文库都是 pⅢ-融合。

噬菌体源性多肽的探针监测病毒颗粒可以举出很多例子，例如 Gough、Cockburn 和 Whitelam 等的工作[68]。作者从与 pⅧ融合的含 9 个碱基的随机库中选择一些富含脯氨酸的多肽，它能特异性地结合到黄瓜花叶病毒（CuMV）外壳蛋白上。某些选定的多肽以硫氧还蛋白的 N 末端融合蛋白的形式在大肠杆菌细胞中合成。多肽的噬菌体展示和硫氧还蛋白融合版本可检测纯化的病毒和在从受感染的植物中提取的粗叶提取物中存在的病毒。融合的多肽探针可以检测斑点杂交中小到 5ng 的 CuMV 而不结合其他植物病毒。因为噬菌体展示分离出来的多肽可以融合到载体蛋白上，且表达水平很高，所以这种方法提供了一个廉价、适应性强、方便的诊断蛋白来源。

在非偏置选择实验（无需文库或阻止不希望的结合位点）中，来自 7-mer 和 12-mer pⅢ融合文库的多肽探针源于对芽孢杆菌芽孢的监测[69~71]。荧光激活细胞分选技术（FACS）展示了探针以一个高选择性的方式结合芽孢（而不是营养细胞）的行为：它们只绑定目标芽孢且不结合系统发育相似物种的芽孢。例如，在 FACS 中显示，结合高度荧光蛋白藻红蛋白 PE 的多肽探针 ATYPLPIRGGGC 能在很好地结合多个炭疽杆菌芽孢的同时很少结合或不结合系统发育相似物种的芽孢。因此，这允许区分炭疽杆菌芽孢和其他的芽孢杆菌物种的芽孢。

最近 Stratmann 及其同事发表了关于在人工污染牛奶中用噬菌体衍生肽监测结核分枝杆菌的菌胞[72]。多肽是从市售 12-mer pⅢ融合 M13 噬菌体展示文库中对整个细菌细胞进行无偏差选择而选择出来的，并且这些多肽通过生物素-链霉亲和素蛋白联动固定到磁珠上。用该有孔玻璃珠来检测副结核分枝杆菌，用插入元素 IS*Mav*2 的特异性引物进行 PCR 捕获。该方法与先前发明的免疫 PCR[73]技术产生很好的竞争性，且可以解决多克隆抗体固有的标准化问题。

选定的噬菌体本身可以被用作检测设备中的探针，不需要用化学合成展示多肽或融合到载体蛋白上。例如，噬菌体可以被用于自动化荧光基感应分析[74]或 FACS[71]中，将数千个暴露的反应氨基团结合到噬菌体表面，用 Cys5、Alexa 或其他的荧光标记。在此方法中，噬菌体能成功地与抗体源探针竞争。因此，结合金黄色葡萄球菌肠毒素 B（SEB）的噬菌体探针——选自一个 pⅢ融合随机 12 碱基的多肽文库控制抗 SEB 抗体——在一个平板基荧光免疫分析中显示可对比的 SEB 检测灵敏度（1.4ng/孔）[74]。然而，在 SEB 涂层纤维中，与噬菌体相比，抗体产生的信号更高、更具体。将多肽融合到位于噬菌体衣壳前端的 pⅢ次要衣壳蛋白很可能不是最佳的获得噬菌体探针的方法，因为当结合肽在主要衣壳蛋白pⅧ[23]上多价展示时获得更好的亲和力效应，而这种表达方式没有利用到这种优势（Smith 和 Petrenko、Petrenko 和 Smith、Mammene 等所述）[8,25,75]。从对应肉毒杆菌[76]和其他分子目标物的 pⅧ融合多肽文库中选出结合多肽（Petrenko 所述）[46]，但是还没有评估它们检测目标分子的潜力。

8.4.2 抗体

在丝状噬菌体上展示不同的抗体结构域和筛选与目标抗原结合的噬菌体为分离具有预定特异性的抗体提供了强有力的方法（Fellouse 和 Sidhu、Berry 和 Popkov、Dobson 等、Hoogenboom 概述）[49~52]。抗体展示的有效形式有用二硫键连接的 V_H-V_L 对的免疫球蛋白可变区片段（Fv），有通过肽接头连接的 V_H 和 V_L 的单链 Fv，有通过二硫键联系的有重链

V_{H1}-C_{H1}部分的 Fabs 轻链，如图 8.1 所示。有几个实例说明选择对抗生物威胁制剂的噬菌体抗体已经有效地应用于各种检测平台（Iqbal、Mayo、Bruno、Bronk、Batt 和 Chambers 所述）[77]。

Emanuel 等用来自肉毒毒素感染的小鼠体内的 mRNA 构建了一个免疫噬菌体抗体文库[16,22]。从文库中选择的噬菌体抗体单独在大肠杆菌细胞中表达，通过金属螯合亲和色谱法以 0.5～1.6mg/L LB 培养基水平进行分离浓缩。重组抗体对神经毒素（0.9～7nmol/L）表现高亲和力，并在各种各样的分析形式上表现出比单克隆抗体更高的性能，包括表面等离子体共振、流式细胞技术、ELISA 和手持式免疫色谱测定。另一组使用了类似的方法，用 26～72nmol/L 的亲和力从一个非常大的非免疫人噬菌体抗体库中分离抗肉毒毒素 scFVs[78]。

在上面的例子中，抗体噬菌体文库的 mRNA 是从被肉毒杆菌神经毒素免疫的动物体内分离出来的，因此，包含对内在抗原表现很高的亲和力的种属。在一个替代方法中，从普遍合成的抗体文库中选择噬菌体抗体[49,79]。来自这个普遍文库的抗体具有中等的亲和力范围 10^{-6}～10^{-7} L/mol。然而，因为该文库包含 5×10^{8} 个潜在的不同重链配对一个单独的 V_L 链，它诱导其轻链发生组合诱变。新子库库藏丰富，有对目标抗原具很高亲和力的抗体。这个体外进化过程[10]模仿自然免疫系统中抗体的亲和力成熟过程，且能调整初始选择的抗体的亲和力到所需要的水平。例如，Pini 连同合作者成功地使用亲和力成熟过程发展巨细胞病毒（HCMV）抗体，其亲和力为 4.3×10^{7} L/mol[33]。Earlier、Barbas Ⅲ 和他的同事利用分子进化技术提高抗体的亲和力，使得人类免疫缺陷病毒（HIV）的 gp120 蛋白与它的亲代抗体相比亲和力大 6～8 倍[30]。

作为生产抗炭疽杆菌芽孢的人类抗体的一个例子，Zhou 和其合作者调查了从一个原生人抗体噬菌体文库中选择针对原生芽孢杆菌芽孢的人类抗体[80]。作者发现，人类抗芽孢抗体以一个直接的非偏执选择程序通过噬菌体结合生物淘洗技术使枯草芽孢杆菌芽孢悬浮。选择的抗体用来获得高度特异性的荧光探针，允许用具有高的分辨率和灵敏度的荧光显微镜来识别芽孢杆菌芽孢。

一个大型的、非免疫 scFv 抗体库成功应用于衣原体小体（EB）表面成分探针的选择[81]。选择纯化的 EBs 表面的 scFv 抗体可以用于各种 EB 相关的抗原的检测和鉴定，其中一些起源于衣原体，而其他的是宿主细胞抗原。scFv 抗体对不同衣原体血清型和物种的特异性及选择性通过 ELISA、免疫印迹和免疫荧光进行检测分析。

为了尝试用噬菌体展示抗体为探针对细菌细胞进行免疫电化学检测，Benhar 和其合作者从“Griffin 1”人类合成库中选择抗单核细胞增生李斯特菌 scFv[82]。纯化的 scFv 和噬菌体衍生抗体都作为探针应用在酶联免疫过滤分析法（ELIFA）中，该方法中细菌和标记探针的混合物通过过滤从多余的探针中分离出来，接着测量辣根过氧化物酶（HRP）的电化学活性。虽然该工作展示了在微生物检测器上使用噬菌体衍生抗体探针的可行性，但电化学检测平台自身不适合进行连续检测，这需要进行必要的改善。

人类已经获得对布鲁菌（*Brucella abortus*）的噬菌体抗体，这是一种革兰氏阴性兼性细胞内病原体，引起世界各地的人畜共患病，被认为是一个潜在的攻击性的生物战争武器[83]。通过免疫分析方法检测这种细菌受到影响，因为该细菌表面的 O:9 表位也广泛存在于另一种细菌耶尔森菌（*Yersinia*）中[84]。结果，许多现有的抗布鲁菌血清表现出对小肠结肠炎耶尔森菌的交叉反应。来自噬菌体的抗 *B. abortus* 的 scFv 通过免疫文库进行筛选，这些细菌细胞在室温下在塑料管上吸附过夜——该条件有利于针对非多糖目标结合物的选择。事实上，选择的抗体允许区分 *Brucella* 和 *Yersinia* 两类细菌，相比之下，一个作为对照的单克隆抗体能够与两个菌株进行反应。

噬菌体展示技术相对于免疫和杂交瘤技术的一个重要的优点是它允许用相减选择的方法来获得对不同细胞类型表面的不同表达结构的噬菌体探针[85~89]。Boel 和其同事第一次用相减选择法获得对应原核细胞表型不同菌株的不同表达结构的噬菌体抗体；革兰氏阴性双球菌卡他莫拉菌（布兰汉球菌属）的对补体抵抗和对补体敏感的菌株，作者用竞争性平移方法，吸收在 MaxiSorp 管上的目标菌株用半合成噬菌体文库处理，该文库用竞争菌株进行预孵育[90]。通过印迹分析和酶联免疫吸附法分析显示，所有的噬菌体抗体直接针对卡他莫拉菌的外膜蛋白，这些蛋白质之前是在对补体抵抗而不是对补体敏感的多株菌株中发现的。在另一个例子中，De Greeff 和合作者应用相减选择程序分离抗体碎片，能区别链球菌的致病性和非致病性菌株[91]。文库通过用非致病性菌株处理进行缩减，然后应用到生物淘洗程序的致病菌菌株上。人们发现选择的噬菌体抗体能识别细胞外因子（EF），致病菌和非致病菌菌株表达的该因子不同。这些结果表明该手段的选择性比较高。

噬菌体展示也被用来分离抗单纯疱疹病毒[92,93]、丙型肝炎病毒[94]、人巨细胞病毒[95]、狂犬病毒[96]、牛痘病毒[97]、埃博拉病毒[98]和其他病毒的重组抗体（表 8.1）。尽管这些抗病毒抗体最初被开发来预防和治疗病毒性疾病，但它们也被考虑来作为准诊断性探针。

从噬菌体展示库内选择的抗体能普遍融合到报告蛋白如荧光蛋白[53,55]、碱性磷酸酶[54,56,99]或链霉亲和素[57]上。可以从转化的细菌上获得这些具有抗原结合能力和标记活性的双功能蛋白，并且可用于生物制剂的一步法免疫检测。单链抗体（scFv）也能被普遍生物素化和固定到链霉亲和素结合基质上[100]。

然而，尽管如此，噬菌体抗体技术并不是没有困难的。最后一步特别麻烦，即选择的抗体基因表达获得可使用数量的抗体，因为其特性随着抗体的不同而不同[22,83,101~103]。此外，重组抗体对许多不利环境都很敏感，因此，必须设计提高它们在非生理条件下的稳定性[36,37,104~107]（Worn 和 Pluckthun 所述）[34]。这些担忧驱使研究者考虑各种非免疫球蛋白作为人工抗体，如低分子抗体、affibodies 等[108~116]（Legendre 和 Fastrez 评论[115]以及 Hoess 综述）[117]。

8.5 景观噬菌体在免疫分析中用作替代抗体

pⅢ展示出现后不久，国外在 pⅧ上展示多肽也有了发展[45,118,119]（Petrenko 和 Smith 综述）[25]。pⅧ融合噬菌体在每一个 pⅧ亚基上展示客体多肽，增加病毒颗粒 20%的总产量（图 8.2），但是它们保留感染大肠杆菌的能力且能产生噬菌体后代。为了强调管状衣壳周围由于高密度编排上千个客体多肽拷贝所引起的表面结构的巨大变化，这些颗粒最终定名为景观噬菌体[46]。噬菌体本体结构作为一个相互作用的结构，利于维持客体多肽的特定构象，创造一个特定的有机表面结构（景观），随着噬菌体克隆的变化而变化。景观库是一个巨大的这样的噬菌体的组合，包含有数十亿有不同表面结构和生物理化特性的克隆体[46,115,120]。可以从景观噬菌体展示库中选择出对简单目标物表现亲和性的噬菌体，这些目标物的范围广泛，包括 β-半乳糖苷酶、链霉亲和素和链亲和素磁珠[23,46]，还有较复杂的目标物如前列腺癌细胞[115,121,122]、恶性胶质细胞[85,123,124]或从 Lyme 疾病患者中提取的血清抗体[125]。在不同的分析测试中，证实景观噬菌体能够替代针对各种抗原和受体的抗体[23,85,120,121]，包

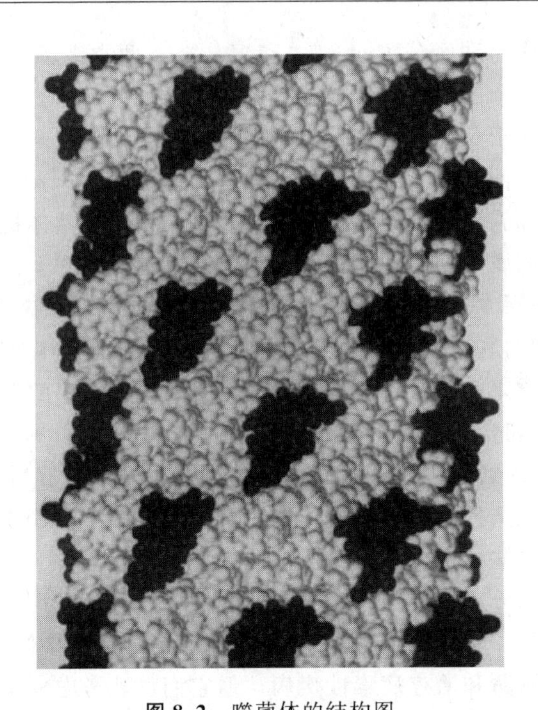

图 8.2　噬菌体的结构图

黑色原子表示外源肽，其总体安排与噬菌体模型相适应[43]［引自 Petrenko，V. A.，Smith，G. P.，Gong，X.，and Quinn，T.，Protein Eng.，9 (9)，797-801，1996.］

括活的细菌细胞[110,126,127]和用作基因运载工具[124]、生物传感器中的监测探针[9,23,128]以及分离目标蛋白的亲和基质[123]。在这个实验室中，对细菌芽孢[126]和细菌营养体[10,127]有亲和力的噬菌体是从景观噬菌体展示文库中选择出来的。在下面的页面中，将对这些探针的描述进行选择，并将对识别和表征所用的方法进行详细的说明。

8.6　识别传染性病原体的景观噬菌体探针的发展

有很多检测分析方法可以用来检测生物性威胁，但是几乎没有适合对环境进行连续监测的方法。免疫分析和基于生物传感器的检测系统都是连续监测系统很好的发展方向，但是它们要求有特异性、选择性和强大的诊断探针，这些探针可以选择病原体。在本节中，对新一类的噬菌体衍生探针——景观噬菌体的发展进行了详细的描述，它能够很好地适合环境监测的要求。

8.6.1　景观库

噬菌体探针可以选自早期描述的景观库 f8/8[46]或最近在本实验室开发的 f8/9 库（Kouzmitcherva 等未发表的资料）。这些大的（10^9 克隆）景观库是通过将带下划线的简并编码序列拼接到 pⅧ外壳蛋白基因的开头而构建的，取代了野生型密码子 2-4（在 f8/8 库中）或 2-5（在 f8/9 库中）：

```
DNA    GCAGNKNNKNNKNNKNNKNNKNNKNNKNNKCCCGCAAAAGCGGCCTTTGAC...

pVIII  A X X X X X X X X X P A K A A F D...

       1 a b c d e f g h i 6 7 8 9 10 11 12...
```

在这里，N 代表所有四种核苷酸（A、G、C 和 T）的等量混合物，K 代表 G 和 T 的等量混合物。经过此修饰，噬菌体中的每个 pⅧ亚基比野生型长 5 个氨基酸，并显示 f8/8 或 f8/9 氨基酸中的一个随机序列：X_9 以上。在任何一个单克隆中，每一个颗粒中的随机序列都是相同的，但每一个克隆显示一个唯一的随机肽。多肽有规律地排列在病毒外侧周围，占据了相当大的一部分表面（图 8.2）。在另一个数据库中，随机肽代替了氨基酸 12～19pⅧ亚基的位置[120]。

载体噬菌体可以阻碍新生库构建的筛选程序，为了避免数据库这种可能的污染，该组设计了载体库 f8-6[25]。

① 在 p8 编码区限制四个唯一的位点，PstⅠ... BamHⅠ... NheⅠ... MluⅠ... 基因Ⅷ的开始要有一个或两个 TAG 终止密码子。

② 生长在琥珀色抑制基因 E 和 D 上，在这里，pⅧ在 AEQQDPAKAA 和 AESSDPAKAA 的 N 末端获得谷氨酸或色氨酸。

③ 不在 sup(－) 菌株上生长。

④ 用生长在 sup(－) 菌株上的融合随机外源肽选择重组噬菌体。

⑤ sup(－) 菌株恢复为 WT 型的概率很低，$\ll 10^{-7}\%$。

使用这些载体中，拼接降解（随机化）DNA 碎片到 Petrenko、Fellouse 等概述的基因Ⅷ上[46,47,120]，可获得很多不同的景观噬菌体文库。可以从发明者实验室获得扩增文库。

8.6.2 选择特定目标的噬菌体探针

特定目标的噬菌体探针能用平移和共沉淀方法从噬菌体文库中识别，会在本节后半部分做详细介绍。不管用来选择特定目标的噬菌体探针的方法是怎么样的，噬菌体展示库的操作都需要一些基本的方法。这些基本的方法包括饥饿宿主细胞的制备、噬菌体扩增和通过物理的（UV 吸收）或生物的（菌落形成或菌斑形成测定）方法测定噬菌体。

噬菌体是病毒，在没有宿主细菌细胞的条件下是不能存活的。每个噬菌体都有它独自的宿主范围，因此，确定一个能应用于噬菌体展示库的合适的宿主细胞很重要。对于本实验中所用的来自噬菌体的 fd 四面体（fd-tet）来说，用大肠杆菌 K91BluKan 作宿主细胞。这种细菌（染色体 *thi* 和性别 Hfr-C）来自 K38 菌株，首先是通过 λ 前噬菌体的固化[174]（产生 K91 菌株），之后，用载体 λNK1105 将 mini-kan hopper element 引入 *lacY* 基因中，最终产生 $LacY^-$ 和 Kan^R 表型；产生 *lacZΔM 15* 突变，很可能是 $lacI^Q$（超级阻遏；George P. Smith，私人通讯）[175]。该菌株 Hfr 表型很稳定，并不需要选择性维护处理。它非常适合传播丝状噬菌体；产生 wt 噬菌体的大斑块、fd-tet 家族感染成员的小的可见斑块；且只需要在基本培养基中加维生素 B_1。这种宿主细胞的噬菌体感染首先是从噬菌体次要外壳蛋白 pⅢ和宿主细胞 F 菌毛之间发生相互作用开始的。噬菌体生长和滴定的进行要用专门制备的宿主细胞培养物，宿主细胞要经过浓缩、饥饿和细微的处理来确保菌毛不被剪切力移除。用这种方式制备饥饿细胞，以实现最高可能的感染效率。8.7.1 节描述了一个制备饥饿细胞的程序。在本章最后介绍的这个方法和许多基本的噬菌体操作方法是 Barbas 发表的那些方法的修正版本[129]。

无论噬菌体是在子库还是在单个噬菌体克隆中工作，噬菌体的扩增都是通过噬菌体在宿主细胞中的生长来实现的。在 8.7.2 节中，对单个噬菌体克隆的大规模扩增和纯化进行了描述。这个程序可以很容易地缩到更小规模的扩增，并且基于聚乙二醇的纯化程序可以在选择过程的每一轮选择之后对扩增噬菌体进行纯化。

为了有效地进行选择和鉴定，必须知道噬菌体储备溶液的浓度。丝状噬菌体的浓度可以用分光光度计测量（物理滴度），用下面的通式计算[129]：

$$病毒/mL=(A_{269}\times 6\times 10^{16})/噬菌体基因组的核苷酸数目$$

对于从库 f8/8（9198 个核苷酸）中重组的噬菌体，具体公式是：

$$吸光度单位(AU)_{269}=6.5\times 10^{12}病毒粒子/mL$$

噬菌体溶液中感染性噬菌体颗粒（生物效价）的浓度通过对宿主细胞的感染、铺板和噬菌斑或菌落计数决定。为了测定 f8/8 库中的噬菌体浓度，将饥饿的 K91BlueKan 细胞与噬菌体混合在一起，之后将混合液铺在含四环素的琼脂平板上。重组噬菌体携带四环素抗性基因，因此，只有那些被噬菌体感染的细胞形成菌落[129]。8.7.3 节中将对该过程进行详细的描述。其他噬菌体可能基于它们能在细菌平板上形成可见的清洁区域（斑块）而被滴定（见 Philippa O'Brienor 其他的方法）[130]。重组噬菌体的滴定量经常小于其物理滴定量。

可以用来选择特定目标的噬菌体探针的方法有很多。在这个实验室中，结合炭疽杆菌芽孢的景观噬菌体克隆是通过淘洗（panning）过程选择的，该过程中噬菌体库是用固定的炭疽杆菌芽孢培育的，未结合的噬菌体被冲走，结合的噬菌体用弱酸洗脱[126]。为了获得对抗鼠伤寒沙门菌营养细胞的探针，用三个不同的选择程序，包括类似于用来选择特定芽孢探针的淘洗程序、高严谨淘洗程序和一个共沉淀过程，在共沉淀过程中，细菌细胞和噬菌体混合成混合溶液并通过离心分离[127]。在这些选择程序中，都采用多轮选择，在选择过程的最初阶段噬菌体克隆结合目标物，之后进行扩增形成子文库，子文库用来进行下一轮选择的输入。监测每一轮选择的洗涤液和洗脱液中存在于文库（或第二轮和接下来几轮的子文库）内的感染性噬菌体颗粒的数量，因为噬菌体回收率的增加是一个指标，指示子文库中能够与目标结合的噬菌体克隆的表达在增长。

经过 2～5 轮筛选，随机挑选的克隆被分离开来，且对编码显示肽链的部分 DNA 基因进行测序。这可以通过 PCR 扩增合适的 DNA 片段获得，模板使用来自菌落（或菌斑）的噬菌体（不需要扩增噬菌体或纯化的 DNA）[127]。如果选择过程已经开始，最好是少量的独特的噬菌体菌落被分离开来，这些菌落的其中一些携带常见图案的多肽。

8.6.3 选择分析

在该研究组努力识别选择性炭疽杆菌结合景观噬菌体的过程中，监测了 f8/8 景观噬菌体展示文库的进化。选择过程中对噬菌体展示文库发生的改变进行分析，每一轮选择后对噬菌体菌落进行测序，用在 RELIC（the Receptor Ligands Contacts 生物信息服务器）上发现的程序分析收集的组合肽数据[131]。RELIC 上的程序被设计用于从一组序列中搜索常见的肽形，估算肽组的多样性（肽的整体和每个位置），计算肽组中特定氨基酸的概率，并计算组内单个肽的信息内容。

该组深入研究了特定目标景观噬菌体菌落的选择，各种文库耗尽和目标结合噬菌体洗脱之后评估每一轮选择所发生的变化。每一轮选择结束后将部分库测序，该小组就能够监测氨基酸多样性和发生率的变化、在文库中发现罕见的肽和整个遴选过程中常见图案的发展变化，还审查了遴选程序中繁殖对主导图案外观的影响。

文库的多样性随着遴选而减少，然而信息量丰富（被随机选择的可能性很低）的孤立群落的数目会在每轮遴选后增加。作为该类型噬菌体展示文库的一个整体，这两种因素是遴选程序成功的关键。然而，无论是展示肽的信息内容还是菌落展示给定肽的发生率都不能预测一个噬菌体菌落的目标结合强度。这并不一定意味着所选肽的亲和力和信息内容之间没有相关性，反而说明探针和目标物之间的相互作用不仅依靠探针与受体的亲和力，还依靠目标物受体的丰富度，因此，识别最好的目标结合物的唯一方法是对每一个菌落进行目标物结合分析。

8.6.4 所选噬菌体探针的特性表征

可以用来评估所选噬菌体与目标物结合的特异性和选择性的方法有噬菌体捕获检测、共沉淀检测、FACS、荧光显微镜检测和 ELISA。由于其潜在的实际应用性，将有一个单独的章节介绍 ELISA 中噬菌体探针的表征和使用。在这里将讨论表征噬菌体探针的其他分析方法。

尽管用于筛选目标特异性噬菌体探针的程序旨在识别特异性结合目标的噬菌体，在诊断分析中首先要确证噬菌体的特异性。在这里，特异性定义为重组噬菌体与目标物相互作用的能力，因为存在特异性的肽序列能够展示在噬菌体的表面，且与其他潜在的目标物相比，重组噬菌体菌落能优先与被选择者发生相互作用。噬菌体捕获法，一个类似于淘洗（panning）选择的程序，用于确定噬菌体菌落与固定化目标的对应结合。该程序中，目标芽孢或细菌被固定化吸附在塑料上；用被吸附目标物温育潜在的特定目标的噬菌体溶液（一个噬菌体菌落的多个复制）；未绑定的噬菌体被冲走；洗脱绑定的噬菌体；且洗脱下来的噬菌体用生物滴定法定量[85,126]。载体噬菌体（噬菌体的衣壳蛋白上不携带肽）和不相关的噬菌体探针（选择来结合其他目标物的噬菌体探针，其携带不同氨基酸序列的肽）不进行特异性结合作为对照。如果分离的噬菌体探针对目标物有选择性，它们复原的可能性比对照噬菌体更大（>10倍）。需对本程序进行一些优化以减少背景结合量（改变冲洗次数和封闭剂的浓度，如吐温 20 和 BSA），但是如果优化后选定噬菌体菌落的恢复仍然等于或低于对照恢复，那么选择程序在分离特定目标探针方面就是失败的。

为了确定噬菌体探针区分选择器（细菌或芽孢）与其他细菌或芽孢的选择性，经常使用共沉淀分析。该测试用来分析噬菌体结合游离芽孢、细菌芽孢和营养型细菌这方面的研究已有很多文章发表[69,126,127,132]。共沉淀检测中，选择性噬菌体与各种类型的芽孢/细菌形成混合溶液，且在计数前对芽孢或细菌结合噬菌体通过低速离心收集起来。用能使芽孢/细菌沉淀的最低离心速度来降低噬菌体自身进行聚集沉淀的可能性。除了设定载体噬菌体和不相关的噬菌体对照外，在这些实验中也要设置只有噬菌体没有目标物的对照组，排除噬菌体自身聚集和沉淀的影响。通常情况下，选择几个与靶标生物有密切相关性的芽孢/细菌和几个更远亲的芽孢/细菌进行测试。8.7.4 节介绍了一个基本的共沉淀实验的例子。

也可以用 FACS 和荧光显微镜评估噬菌体探针的特异性和选择性[127]。噬菌体可以用 Alexa Fluor（分子探针）进行荧光标记，密度为 300 个染料分子/噬菌体。FACS 分析，荧光标记噬菌体用芽孢/细菌在室温下温育 1h，之后离心用于共沉淀实验。洗涤沉淀物用 FACS 和荧光显微镜进行分析。噬菌体和细菌或芽孢的复合物也可以直接用荧光显微镜观察。

基本的选择方法对选择性并无帮助，所以选择结合寻常细菌或芽孢抗原的噬菌体探针并非异常。如果用偏差选择程序选择的噬菌体探针与非靶有机物产生不利的交叉反应，可以用一个消减（偏置）的程序降低噬菌体与普通抗原的结合。在消减（subtractive）噬菌体展示中，结合普通抗原的噬菌体菌落用非目标抗原进行预温育而去除，之后在目标物上进行淘洗或用目标和非目标抗原进行预培育。曾用相减法程序来识别子噬菌体探针，该探针可用来区别不同类型的细胞[85,133～135]和细菌[80,91]。在这个试验中，独特的炭疽杆菌芽孢特异性噬菌体探针有与非偏置程序不同的肽基序，这些早期不偏置的程序是通过用蜡状芽孢杆菌芽孢、苏云金芽孢杆菌和/或枯草芽孢杆菌芽孢混合噬菌体库来识别，通过离心分离芽孢结合噬菌体，之后将沉淀上清液作为常规选择程序的输入项。

8.6.5 ELISA中噬菌体探针的应用

酶联免疫吸附实验（ELISA）是检测生物制剂和特定制剂抗体的常用方法。酶联免疫吸附法已经开发了多种形式，大致分为制剂/抗原直接检测和制剂/抗原特异性抗体非直接检测。大致的分类中有多种技术，包括夹心分析技术，即目标抗原被一个抗体捕获，被第二个抗体（不同的或相同的）检测；也包括直接竞争分析，即测试样品的抗原与标记抗原竞争结合捕获抗体。

传统的直接 ELISA 中，捕获抗体从溶液中结合目标抗原，酶标探针抗体结合被捕获的抗原（或非标记的抗原特异性抗体和对 IgG 有特异性的次级酶联抗体都可以用），添加显色或者化学发光物质。在直接 ELISA 中，可以用噬菌体探针代替抗体。首先要用简单的分子如 β-半乳糖苷酶、链酶抗生物素蛋白和亲和素证明噬菌体探针捕获目标物的能力[23]。在这些酶联免疫吸附法中，噬菌体探针被吸附到微量滴定板的板孔中，从溶液中捕获目标物（β-半乳糖苷酶、链霉亲和素碱性磷酸酶结合物或亲和素碱性磷酸酶结合物）。通过添加 β-半乳糖苷酶底物邻硝基苯基-β-D-半乳糖苷（*o*-nitrophenyl-β-D-galactoside）或碱性磷酸酶底物对硝基苯基磷酸酯定量测定目标物的存在。

病原微生物新城疫病毒（Newcastle disease virus）的直接酶联免疫吸附实验可以用从市售的基于 M13pⅢ的噬菌体展示文库中选择探针[136,137]。在该酶联免疫吸附试验中，从尿囊液中得到的新城疫病毒被吸附在微量滴定板上，之后添加选择的噬菌体探针。用与 HRP 偶联的抗 M13 抗体探测结合的噬菌体探针。

酶联免疫吸附分析法已被用来表征景观噬菌体探针，并被证实噬菌体探针有用作抗体替代品的潜质，来特异性检测细菌和芽孢[126,127]。在用来评估炭疽杆菌芽孢噬菌体探针特异性的酶联免疫吸附试验中，用噬菌体覆盖微量滴定板的板孔，之后用生物素化的芽孢孵育。结合的芽孢用链霉亲和素标记的碱性磷酸酶和对硝基苯基磷酸酯检测。类似的芽孢捕获分析法也是这样用非生物素化的炭疽杆菌芽孢进行的，用特异性的炭疽杆菌抗体检测。噬菌体探针也可用于检测连接到 96 孔板孔中的芽孢；在噬菌体捕获检测中，将噬菌体菌落添加到板孔中，用炭疽杆菌芽孢涂层，结合的噬菌体用生物素化的抗 fd IgG、APSA 和对硝基苯基磷酸酯检测。类似的噬菌体捕获和细菌捕获 ELISA 也用来评估噬菌体探针的特异性和选择性[127]。目标捕获 ELISA 形式的基本方法见 8.7.6 节。

模拟抗原的噬菌体探针可用于非直接 ELISA 中（抗体检测）。筛选的景观噬菌体探针能够结合 ConA 特异性多克隆抗体，在抑制 ELISA 中具有选择性[46]。一些选择的噬菌体探针携带相同的抗原如 ConA，而其他的携带 mimitopes，与 ConA 的初始结构不一样。Kouzmitcheva 等[125]从 f88/15 肽文库（携带随机的 15 个氨基酸肽，该肽是融合到噬菌体表面 4000 个 pⅧ 拷贝中的大约 150 个拷贝上）中选择噬菌体菌落，能特异性结合莱姆病（Lyme）患者的血清抗体。在不同的板孔中用四个选择噬菌体菌落的 ELISA 能区分 10 个莱姆病阳性和十个莱姆病阴性受试者的血清。

噬菌体探针提供了抗体的另一种选择，提供检测抗原和抗体的 ELISA 的选择性。上面提到的分析方法用额外的特定目标或特定噬菌体抗体实现免疫分析。尽管这还没有得到证实，但是在直接竞争和夹心 ELISA 中也能用噬菌体探针来完全消除对抗体的需要。

8.7 方法

请注意，方法通常包括浓度、体积和离心速度的一个范围。在进行应用时这些步骤需要在这个范围内进行优化。如果使用的噬菌体文库不是来自 fd-tet，程序将需要更进一步的修改和优化。

8.7.1 饥饿宿主细胞的制备

8.7.1.1 材料

• 将分离的大肠杆菌 K91BluKan 放在一个 NZY-卡那霉素板上（11g Bacto 琼脂培养基放在 500mL 水中，高压灭菌，加入 500mL 2×NZY 肉汤和 100μg/mL 卡那霉素）。

• NZY 肉汤（10g NZ 胺 A，5g 酵母提取物，5g NaCl 溶解在 1L 水中，pH 7.5，高压灭菌）。

• NYZ 肉汤含有卡那霉素的量是 100μg/mL。

• 80mmol/L NaCl，高压灭菌。

• NAP 缓冲溶液（80mmol/L NaCl，50mmol/L $NH_4H_2PO_4$，用 NH_4OH 调节 pH=7.0），过滤消毒。

8.7.1.2 方法

（1）在生长有 K91BluKan 细胞的 2mL NYZ 肉汤中，补加 100μg/mL 卡那霉素，放于 14mL 带盖离心管（snap-cap）中于 37℃、210r/min 条件下振荡过夜。

（2）转移 300μL 过夜培养的培养液到 20mL NZY 肉汤中，在 250mL 侧壁烧瓶（12mm）内于 37℃振荡（200r/min）生长到对数生长中期阶段（使用侧壁比色管衡量为 OD_{600} 0.45）。慢慢摇动孵育培养 5～8min，以达到剪切 F 菌毛再生。最终的 OD_{600} 应该是 0.48（侧壁比色管）。

（3）在无菌 Oak Ridge 管中用 Sorvall SS34 转子在转速为 2200r/min 的条件下在 4℃下离心 10min 得到沉淀细胞。

（4）倒掉上清液，重新轻轻地将细胞悬浮在 20mL 80mmol/L NaCl 溶液中。不要涡旋。将细胞转移到 125mL 无菌烧瓶中，在 50r/min、37℃下培育 45min。

（5）如步骤（3）离心。

（6）在 1mL 冷 NAP 缓冲溶液中轻轻重悬细胞。活细胞浓度约为 5×10^9/mL。

（7）在 4℃下储存细胞。如果在 24～48h 内使用细胞，效果最好，对于用在不敏感的程序（例如个别噬菌体的克隆扩增）中，可保存 5d。

8.7.2 个别噬菌体的克隆扩增

8.7.2.1 材料

- NZY 肉汤。
- 溶解在 50%（体积分数）的甘油/水中，浓度为 20mg/mL 的四环素。
- 饥饿的 K91 BluKan 细胞。
- PEG/NaCl（100g PEG 8000，116.9g NaCl，475mL 水），高压灭菌。

8.7.2.2 方法

（1）对噬菌体进行中等规模的繁殖与纯化

① 在一个 125mL 烧瓶中向包含有 20μg/mL 四环素的 20mL 肉汤中接种噬菌体感染细胞的一个新鲜的单个菌落（见 8.7.3 节）。在摇床培养箱中于 200r/min 37℃下孵育培养 16～24h。

② 把过夜培养物倒入 Oak Ridge 管中。用 Sorvall SS34 转子在 5000r/min 的转速下，在 4℃条件下离心 10min。

③ 将上清液倒入一个新的 Oak Ridge 管中。用 Sorvall SS34 转子在 8000r/min 转速下，在 4℃离心 10min。

④ 将上清液转入一个新的 Oak Ridge 管中。添加 3mL PEG/NaCl 并颠倒混匀 100 次。保持管在 4℃的冰浴上至少 4h（或过夜）。

⑤ 转子以 10000r/min 的转速离心 15min，收集沉淀噬菌体，循环操作（去除上清液，再次旋转，然后去除上清液）。

⑥ 加入 1mL TBS 溶解沉淀。

⑦ 将该溶液转移到 1.5mL 的离心管中，且以最大速度离心 2min 以去除未溶解的材料。

⑧ 将上清液转移到新标记的含有 150μL PEG/NaCl 的 1.5mL 微量离心管中。颠倒混匀 100 次。保持管在冰浴上至少 4h（或 4℃下过夜）。

⑨ 离心管在 4℃下以最大的速度离心 10min。吸取上清液，重复操作。

⑩ 将沉淀吹吸溶解到 200μL TBS 中（pH 7.5），之后振荡。

⑪ 以最大速度离心 1min，以清除未溶解的物质。

⑫ 将上清液转移到新的 0.5mL 的微量离心管中。4℃下储存。

（2）噬菌体大规模繁殖和纯化

① 将 1μL 噬菌体与 10μL 饥饿的 K91 BlueKan 细胞混合，在室温下温育 10min，使发生感染。

② 将 190μL 包含有 0.2μg/mL 四环素的 NZY 肉汤添加到噬菌体/细胞混合物中，在 37℃下温育 40min 培养其四环素抗性。

③ 将该混合物加入含有 1L NZY 和 20μg/mL 四环素的 3L 烧瓶中。在 37℃下以 200r/min 的转速摇动温育 24h。

注意：可以使用浓度测定之后获得的噬菌体感染细菌细胞，将其菌落接种到 NZY/20mg/mL 四环素培养基上。

④ 用 Sorvall GS3 转子在 5000r/min 转速下离心 3 个 500mL 离心瓶沉淀细胞。将上清液（含有噬菌体）转移到新的离心瓶中，以 8000r/min 的转速离心 10min。将上清液转移到

新的离心瓶中。

⑤ 向每个瓶中加入 50mL（体积分数 15%）的 PEG/NaCl 溶液，颠倒混合。让噬菌体在 4℃条件下过夜沉淀或冰浴沉淀 4h。

⑥ 在 8000r/min 转速下离心 40min 沉淀噬菌体。循环操作（移除上清液并轻轻地再旋转），然后移除剩余的上清液。

⑦ 在 30mL TBS 中溶解噬菌体沉淀（分布在用于离心的离心瓶中）。

⑧ 将噬菌体转移到一个单独的离心管中，用 Sorvall S34 转子在 10000r/min 转速下离心 15min 来去除残留的不溶物。转移到一个干净的离心管中。

⑨ 向管中加入 4.5mL PEG/NaCl，颠倒混匀 100 次，然后在冰浴放置 4h。

⑩ 用 Sorvall S34 转子在 10000r/min 转速下离心 15min。重复操作。

⑪ 将噬菌体溶解在 5mL TBS 中。用 Sorvall SS34 转子在 10000r/min 转速下离心 10min 去除任何沉淀物并转移到一个新的离心管中。在 4℃下储存噬菌体。

8.7.3 F8/8 噬菌体测定

8.7.3.1 材料

- PBS（8g/L NaCl，0.2g/L KCl，1.44g/L Na_2HPO_4，0.24g/L KH_2PO_4，pH 7.4）。
- 饥饿的大肠杆菌 K91BluKan 细胞。
- 包含 0.2μg/mL 四环素的 NZY。
- 含 20μg/mL 四环素的 NZY 平板（在 500mL 水中放 11g 琼脂，高压灭菌，再加 500mL 2×NZY 肉汤）。

8.7.3.2 方法

（1）将噬菌体按照 10 倍系列稀释，在 PBS 中进行滴定。

（2）将 10μL 新鲜制备（少于 2d）的饥饿细胞和 10μL 稀释噬菌体在小的无菌试管中混合，室温下温育 15min，使之完成感染。

（3）向每个试管中加入包含 180μL 0.2μg/mL 四环素的 NZY，在 37℃下温育 45min，使产生四环素抗性。

（4）将管中全部液体平铺到含有 20μg/mL 四环素的 NZY 板上，自然晾干之后在 37℃下培养过夜。

（5）计数形成的菌落数目，然后乘以稀释倍数 100 来确定噬菌体的浓度，表达单位为每毫升菌落形成数（cfu/mL）。

8.7.4 从景观噬菌体展示库中选择结合细菌或芽孢的噬菌体克隆

8.7.4.1 材料

- 噬菌体库 f8/8，4×10^{12}病毒颗粒/mL（约 10^9 克隆）。
- 芽孢或细菌营养体细胞。
- 饥饿大肠杆菌 K91BluKan 细胞。
- TBS（2.42g/L Tris，29.22g/L NaCl，pH 7.5）。

- TBS/1% BSA。
- TBS/0.5% 吐温 20。
- 洗脱缓冲液（0.2mol/L 甘氨酸/盐酸，pH 2.2，1mg/mL BSA，0.1mg/mL 酚红）。
- DOC 缓冲液（如果需要的话）［2%（质量分数）去氧胆酸钠，10mmol/L Tris，2mmol/L EDTA，pH 8.0］。
- 1mol/L Tris-HCl，pH 8.9。
- NZY 肉汤。
- 四环素（20mg/mL）。
- NZY 板。

8.7.4.2 方法

（1）将芽孢或浓缩的新鲜细菌细胞加入到一个 35mm 培养皿或 96 孔高结合板的几个孔中。在 37℃将无盖培养皿或板温育过夜或至干燥。

（2）在室温下用 0.1%～1.0% BSA 封闭培养皿/板 1h。

（3）用包含有 0.5% 吐温 20 的 TBS 清洗培养皿/板。

（4）将在含有 0.1%BSA 和 0.5%吐温 20 的 400μL TBS 中的噬菌体库中的 10^{11} 个病毒粒子添加到培养皿（50μL/孔板）中，在室温下温育 1h。

（5）用含 0.1%～0.5%吐温 20 的 TBS 清洗 6～10 次培养皿/孔。

（6）用洗脱缓冲液（对于培养皿用 400μL，对于板每孔用 100μL）洗脱表面结合噬菌体。在室温下温育 5～10min 且将洗脱液转移到一个微量离心管中。如果要收集小部分脱氧胆酸，用少量 TBS 冲洗孔或板且将这些添加到洗脱液中。轻轻离心洗脱液/冲洗液去除细菌/芽孢，这些是在洗脱过程中松动产生的。转移上清液到一个新的管中，用 1mol/L Tris（pH 9.1）中和。

（7）用 Centricon 100000 单位（Millipore Corp）浓缩洗脱液。

（8）如果内化裂解噬菌体是理想的，加 250μL（培养皿）或 50μL（每孔）DOC 缓冲液到皿/孔中，室温下温育 30min。

（9）向浓缩洗脱的噬菌体中添加 100μL 饥饿 K91BluKan 细胞。向噬菌体 DOC 缓冲液中加入 1mL 饥饿 K91BluKan 细胞。轻轻混合并在室温下温育 10min 使发生感染。

（10）将噬菌体感染细胞转移到 20mL 含有四环素（0.2μg/mL）的 NZY（在 125mL 烧瓶内）中，在 37℃下温育 45min，同时振荡使之产生四环素抗性，然后增加烧瓶内的四环素浓度到 20μg/mL，并在 37℃下继续振荡过夜。

（11）用 Barbas 等描述的双 PEG 沉淀分离噬菌体（参见 8.7.2 节）[129]。

8.7.5 共沉淀实验

8.7.5.1 材料

- 选定的噬菌体菌落。
- 芽孢或细菌。
- TBS/20%吐温 20。
- TBS/0.5%吐温 20。
- 洗脱缓冲液。

- TBS。
- 含 0.2μg/mL 四环素的 NZY 培养液。
- 含 20μg/mL 四环素的 NZY 板。
- 饥饿大肠杆菌 K91BluKan 细胞。

8.7.5.2 方法

（1）用 TBS 稀释噬菌体到浓度为 10^6～10^9 cfu/mL。加热稀释噬菌体到 70℃ 10min，然后加 20%吐温 20 至最终浓度为 0.5%吐温 20。转速 13000r/min（Microfuge 18 Centrifuge，Beckman Culture）下将噬菌体离心 15min 使噬菌体聚合沉淀。

（2）将过夜培养液中的细菌细胞和/或 1.5mL 离心管中的芽孢与上清液中的噬菌体混合。要包括只有噬菌体的对照组和保留部分噬菌体用来滴定。为了利于混合，管中整个液体的体积应该至少 200μL。

（3）室温下各管旋转培养 1h。

（4）3500～5500r/min（Microfuge 18 Centrifuge，Beckman Culture）转速下离心 10min，沉淀细菌/芽孢（能形成固体沉淀的最小速度）。

（5）用 200μL TBS/0.5%吐温 20 轻轻地清洗沉淀 5 次。

（6）在 200μL 洗脱缓冲液中重悬沉淀，室温下孵育 10min，中间偶尔振荡。3500～5500r/min 转速下（Microfuge 18 Centrifuge，Beckman Culture）离心 10min 沉淀芽孢/细菌（噬菌体应该留在上清液中）。将上清液转移到新的离心管中，用 38μL pH＝9.1、1mol/L 的 Tris 中和。

（7）测定噬菌体浓度，转入先前描述的部分（见 8.7.3 节）[129]。

8.7.6 目标捕获 ELISA

8.7.6.1 材料

- 选择的噬菌体菌落。
- 感兴趣的生物素标记芽孢、链霉亲和素碱性磷酸酯（APSA）和 APSA 稀释剂（0.05mol/L Tris-HCl，pH 7.5，0.15mol/L NaCl，0.1%吐温 20，1mg/mL BSA）。

或

- 感兴趣的芽孢或细菌和特定目标单克隆或多克隆抗体与碱性磷酸酶结合二次抗体。
- TBS/0.5%吐温。
- TBS/0.1% BSA。
- 对硝基苯基磷酸酯片（5mg 物质/片）。
- 对硝基苯基磷酸酯溶液剂（5mL 1mol/L 二乙醇胺缓冲液，pH 9.8，5μL 1mol/L $MgCl_2$）。

8.7.6.2 方法

（1）将 60μL TBS 中的 3×10^{10} 个噬菌体粒子加入到高效结合 96 孔板中的每个孔里，使噬菌体在 4℃下吸附过夜。

（2）用 TBS/0.5%吐温 20 在洗板机中将板孔清洗 5 次，以去除未结合的噬菌体。

(3) 向每个板孔加入在 50μL TBS/0.05%吐温 20 中的 10^6～10^{10} 芽孢/细菌（如果可能的话生物素化）。室温下轻轻振荡培养 2h。

(4) 再用 TBS/0.05%吐温 20 清洗板孔。

(5) 如果用未生物素化的芽孢：添加 45μL 特定目标单克隆或多克隆抗体（用 TBS/0.05%吐温 20 稀释的特定目标物稀释）至每个板孔中，室温下轻轻摇动孵育 1h。像先前描述的那样清洗板。向每个板孔加 40μL 在 TBS/0.5%吐温 20 中的偶联碱性磷酸酶的二抗，在室温下轻轻摇动温育 1h。再次清洗板。

(6) 如果用生物素化芽孢：向每个板孔添加 45μL APSA（1μg/mL 在 APSA 稀释剂中），在室温下轻轻摇动温育 1h。再次清洗板。

(7) 往每个孔中加 90μL PNPP，像先前描述的那样在酶标仪上读取数据[138]。

参考文献

1. Hammerschmidt, S., Hacker, J., and Klenk, H. D., Threat of infection: Microbes of high pathogenic potential–strategies for detection, control and eradication, *Int. J. Med. Microbiol.*, 295 (3), 141–151, 2005.
2. Dennis, D. T., Inglesby, T. V., Henderson, D. A., Bartlett, J. G., Ascher, M. S., Eitzen, E., Fine, A. D., et al., Tularemia as a biological weapon: Medical and public health management, *JAMA*, 285 (21), 2763–2773, 2001.
3. Henderson, D. A., Inglesby, T. V., Bartlett, J. G., Ascher, M. S., Eitzen, E., Jahrling, P. B., Hauer, J., et al., Smallpox as a biological weapon: Medical and public health management, *JAMA*, 281 (22), 2127–2137, 1999.
4. Inglesby, T. V., Dennis, D. T., Henderson, D. A., Bartlett, J. G., Ascher, M. S., Eitzen, E., Fine, A. D., et al., Plague as a biological weapon: Medical and public health management, *JAMA*, 283 (17), 2281–2290, 2000.
5. Inglesby, T. V., Henderson, D. A., Bartlett, J. G., Ascher, M. S., Eitzen, E., Friedlander, A. M., Hauer, J., et al., Anthrax as a biological weapon: Medical and public health management, *JAMA*, 281 (18), 1735–1745, 1999.
6. Arnon, S. S., Schechter, R., Inglesby, T. V., Henderson, D. A., Bartlett, J. G., Ascher, M. S., Eitzen, E., et al., Botulinum toxin as a biological weapon: Medical and public health management, *JAMA*, 285 (8), 1059–1070, 2001.
7. Deisingh, A. K. and Thompson, M., Detection of infectious and toxigenic bacteria, *Analyst.*, 127 (5), 567–581, 2002.
8. Smith, G. P. and Petrenko, V. A., Phage display, *Chem. Rev.*, 97 (2), 391–410, 1997.
9. Petrenko, V. A. and Vodyanoy, V. J., Phage display for detection of biological threat agents, *J. Microbiol. Methods.*, 53 (2), 253–262, 2003.
10. Petrenko, V. A. and Sorokulova, I. B., Detection of biological threats. A challenge for directed molecular evolution, *J. Microbiol. Methods*, 58 (2), 147–168, 2004.
11. Luppa, P. B., Sokoll, L. J., and Chan, D. W., Immunosensors–principles and applications to clinical chemistry [Review], *Clin. Chim. Acta.*, 314 (1–2), 1–26, 2001.
12. Ziegler, C. and Gopel, W., Biosensor development, *Curr. Opin. Chem. Biol.*, 2 (5), 585–591, 1998.
13. Naimushin, A. N., Spinelli, C. B., Soelberg, S. D., Mann, T., Stevens, R. C., Chinowsky, T., Kauffman, P., Yee, S., and Furlong, C. E., Airborne analyte detection with an aircraft-adapted surface plasmon resonance sensor system, *Sens. Actuators B-Chem.*, 104 (2), 237–248, 2005.
14. Pancrazio, J. J., Whelan, J. P., Borkholder, D. A., Ma, W., and Stenger, D. A., Development and application of cell-based biosensors, *Ann. Biomed. Eng.*, 27 (6), 697–711, 1999.
15. Shone, C., Wilton-Smith, P., Appleton, N., Hambleton, P., Modi, N., Gatley, S., and Melling, J., Monoclonal antibody-based immunoassay for type A Clostridium botulinum toxin is comparable to the mouse bioassay, *Appl. Environ. Microbiol.*, 50 (1), 63–67, 1985.

16. Emanuel, P., O'Brien, T., Burans, J., DasGupta, B. R., Valdes, J. J., and Eldefrawi, M., Directing antigen specificity towards botulinum neurotoxin with combinatorial phage display libraries, *J. Immunol. Methods*, 193 (2), 189–197, 1996.
17. Vinogradov, E., Conlan, J. W., and Perry, M. B., Serological cross-reaction between the lipopolysaccharide O-polysaccharaide antigens of *E. coli* O157:H7 and strains of *Citrobacter freundii* and *Citrobacter sedlakii, FEMS Microbiol. Lett.*, 190 (1), 157–161, 2000.
18. Perry, M. B. and Bundle, D. R., Antigenic relationships of the lipopolysaccharides of Escherichia hermannii strains with those of *E. coli* O157:H7, *Brucella melitensis*, and *Brucella abortus*, *Infect. Immun.*, 58 (5), 1391–1395, 1990.
19. Lior, H. and Borczyk, A. A., False positive identifications of *Escherichia coli* O157, *Lancet*, 1 (8528), 333, 1987.
20. Bettelheim, K. A., Evangelidis, H., Pearce, J. L., Sowers, E., and Strockbine, N. A., Isolation of a *Citrobacter freundii* strain which carries the *Escherichia coli* O157 antigen, *J. Clin. Microbiol.*, 31 (3), 760–761, 1993.
21. Marsden, B. J., Bundle, D. R., and Perry, M. B., Serological and structural relationships between *Escherichia coli* O:98 and *Yersinia enterocolitica* O:11,23 and O:11,24 lipopolysaccharide O-antigens, *Biochem. Cell Biol.*, 72 (5–6), 163–168, 1994.
22. Emanuel, P. A., Dang, J., Gebhardt, J. S., Aldrich, J., Garber, E. A., Kulaga, H., Stopa, P., Valdes, J. J., and Dion-Schultz, A., Recombinant antibodies: A new reagent for biological agent detection, *Biosens. Bioelectron.*, 14 (10–11), 751–759, 2000.
23. Petrenko, V. A. and Smith, G. P., Phages from landscape libraries as substitute antibodies, *Protein Eng.*, 13 (8), 589–592, 2000.
24. Skerra, A., Engineered protein scaffolds for molecular recognition [Review], *J. Mol. Recognit.*, 13 (4), 167–187, 2000.
25. Petrenko, V. A. and Smith, G. P., Vectors and modes of display, In *Phage Display in Biotechnology and Drug Discovery*, Sidhu, S. S., Ed., Taylor & Francis, Boca Raton, FL, pp. 63–110, 2005.
26. Barbas, C. F. III, Barton, D. R., Scott, J. K., and Silverman, G. J., *Phage Display: A Laboratory Manual*, Cold Spring Harbor Laboratory Press, Cold Spring Harbor, New York, 2001.
27. Hoogenboom, H. R., de Bruine, A. P., Hufton, S. E., Hoet, R. M., Arends, J. W., and Roovers, R. C., Antibody phage display technology and its applications, *Immunotechnology*, 4 (1), 1–20, 1998.
28. Ditzel, H. J., Rescure of a broader range of antibody specificities using an epitope-masking strategy, In *Antibody Phage Display*, O'Brien, P. M., Ed., Humana Press, Totowa, NJ, pp. 179–186, 2002.
29. Short, M. K., Jeffrey, P. D., Demirjian, A., and Margolies, M. N., A single H: CDR3 residue in the anti-digoxin antibody 26-10 modulates specificity for C16-substituted digoxin analogs, *Protein Eng.*, 14 (4), 287–296, 2001.
30. Barbas, C. F., Hu, D., Dunlop, N., Sawyer, L., Cababa, D., Hendry, R. M., Nara, P. L., and Burton, D. R., In vitro evolution of a neutralizing human antibody to human immunodeficiency virus type 1 to enhance affinity and broaden strain cross-reactivity, *Proc. Natl Acad. Sci. U.S.A.*, 91 (9), 3809–3813, 1994.
31. Chowdhury, P. S., Targeting random mutations to hotspots in antibody variable domains for affinity improvement, In *Antibody Phage Display: Methods and Protocols*, O'Brien, P. M. and Aitken, R., Eds., Humana Press, Totowa, NJ, pp. 269–286, 2002.
32. Maynard, J. A., Chen, G., Georgiou, G., and Iverson, B. L., In vitro scanning-saturation mutagenesis, *Methods Mol. Biol.*, 182, 149–163, 2002.
33. Pini, A., Spreafico, A., Botti, R., Neri, D., and Neri, P., Hierarchical affinity maturation of a phage library derived antibody for the selective removal of cytomegalovirus from plasma, *J. Immunol. Methods*, 206 (1–2), 171–182, 1997.
34. Worn, A. and Pluckthun, A., Mutual stabilization of VL and VH in single-chain antibody fragments, investigated with mutants engineered for stability, *Biochemistry*, 37 (38), 13120–13127, 1998.
35. Marvin, J. S. and Lowman, H. B., Antibody humanization and affinity maturation using phage display, In *Phage Display in Biotechnology and Drug Discovery*, Sidhu, S. S., Ed., Taylor & Francis, Boca Raton, FL, pp. 493–528, 2005.

36. Jermutus, L., Honegger, A., Schwesinger, F., Hanes, J., and Pluckthun, A., Tailoring in vitro evolution for protein affinity or stability, *Proc. Natl Acad. Sci. U.S.A.*, 98 (1), 75–80, 2001.
37. Reiter, Y., Brinkmann, U., Jung, S. H., Lee, B., Kasprzyk, P. G., King, C. R., and Pastan, I., Improved binding and antitumor activity of a recombinant anti-erbB2 immunotoxin by disulfide stabilization of the Fv fragment, *J. Biol. Chem.*, 269 (28), 18327–18331, 1994.
38. Loeb, T., Isolation of bacteriophage specific for the F+ and Hfr mating types of *Escherichia coli* K12, *Science*, 131, 932–933, 1960.
39. Hofschneider, P. H., Untersuchungen uber "kleine" *E. coli* K12 Bacteriophagen M12, M13, und M20, *Z. Naturforschg*, 18b, 203–205, 1963.
40. Marvin, D. A. and Hoffman-Berling, H., Physical and chemical properties of two new small bacteriophages, *Nature (London)*, 197, 517–518, 1963.
41. Rodi, D. J., Mandava, S., and Makowski, L., Filamentous bacteriophage structure and biology, In *Phage Display in Biotechnology and Drug Discovery*, Sidhu, S. S., Ed., Taylor & Francis, Boca Raton, FL, pp. 1–61, 2005.
42. Berkowitz, S. A. and Day, L. A., Mass, length, composition and structure of the filamentous bacterial virus fd, *J. Mol. Biol.*, 102 (3), 531–547, 1976.
43. Marvin, D. A., Hale, R. D., Nave, C., and Citterich, M. H., Molecular models and structural comparisons of native and mutant class I filamentous bacteriophages Ff (fd, f1, M13), If1 and IKe, *J. Mol. Biol.*, 235 (1), 260–286, 1994.
44. Smith, G. P., Filamentous fusion phage: Novel expression vectors that display cloned antigens on the virion surface, *Science*, 228 (4705), 1315–1317, 1985.
45. Il'ichev, A. A., Minenkova, O. O., Tat'kov, S. I., Karpyshev, N. N., Eroshkin, A. M., Petrenko, V. A., and Sandakhchiev, L. S., Production of a viable variant of the M13 phage with a foreign peptide inserted into the basic coat protein, *Dokl Akad Nauk SSSR*, 307 (2), 481–483, 1989.
46. Petrenko, V. A., Smith, G. P., Gong, X., and Quinn, T., A library of organic landscapes on filamentous phage, *Protein Eng.*, 9 (9), 797–801, 1996.
47. Fellouse, F. A. and Pal, G., Methods for the construction of phage-displayed libraries, In *Phage Display in Biotechnology and Drug Discovery*, Sidhu, S. S., Ed., Taylor & Francis, Boca Raton, FL, pp. 111–142, 2005.
48. Dennis, M., Selection and screening strategies, In *Phage Display in Biotechnology and Drug Discovery*, Sidhu, S. S., Ed., Taylor & Francis, Boca Raton, FL, pp. 143–164, 2005.
49. Fellouse, F. A. and Sidhu, S. S., Synthetic antibody libraries, In *Phage Display in Biotechnology and Drug Discovery*, Sidhu, S. S., Ed., Taylor & Francis, Boca Raton, FL, pp. 709–740, 2005.
50. Berry, J. D. and Popkov, M., Antibody libraries from immunized repertoires, In *Phage Display in Biotechnology and Drug Discovery*, Sidhu, S. S., Ed., Taylor & Francis, Boca Raton, FL, pp. 529–658, 2005.
51. Dobson, C. L., Minter, R. R., and Hart-Shorrock, C. P., Naive antibody libraries from natural repertoires, In *Phage Display in Biotechnology and Drug Discovery*, Sidhu, S. S., Ed., Taylor & Francis, Boca Raton, FL, pp. 659–708, 2005.
52. Hoogenboom, H. R., Overview of antibody phage-display technology and its applications, In *Antibody Phage Display: Methods and Protocols*, O'Brien, P. M. and Aitken, R., Eds., Humana Press, Totowa, NJ, pp. 1–39, 2002.
53. Casey, J. L., Coley, A. M., Tilley, L. M., and Foley, M., Green fluorescent antibodies: Novel in vitro tools, *Protein Eng.*, 13 (6), 445–452, 2000.
54. Kerschbaumer, R. J., Hirschl, S., Kaufmann, A., Ibl, M., Koenig, R., and Himmler, G., Single-chain Fv fusion proteins suitable as coating and detecting reagents in a double antibody sandwich enzyme-linked immunosorbent assay, *Anal. Biochem.*, 249 (2), 219–227, 1997.
55. Morino, K., Katsumi, H., Akahori, Y., Iba, Y., Shinohara, M., Ukai, Y., Kohara, Y., and Kurosawa, Y., Antibody fusions with fluorescent proteins: A versatile reagent for profiling protein expression, *J. Immunol. Methods*, 257 (1–2), 175–184, 2001.
56. Muller, B. H., Chevrier, D., Boulain, J. C., and Guesdon, J. L., Recombinant single-chain Fv antibody fragment–alkaline phosphatase conjugate for one-step immunodetection in molecular hybridization, *J. Immunol. Methods*, 227 (1–2), 177–185, 1999.

57. Pearce, L. A., Oddie, G. W., Coia, G., Kortt, A. A., Hudson, P. J., and Lilley, G. G., Linear gene fusions of antibody fragments with streptavidin can be linked to biotin labelled secondary molecules to form bispecific reagents, *Biochem. Mol. Biol. Int.*, 42 (6), 1179–1188, 1997.
58. Chen, G., Dubrawsky, I., Mendez, P., Georgiou, G., and Iverson, B. L., In vitro scanning saturation mutagenesis of all the specificity determining residues in an antibody binding site, *Protein Eng.*, 12 (4), 349–356, 1999.
59. Kortt, A. A., Dolezal, O., Power, B. E., and Hudson, P. J., Dimeric and trimeric antibodies: High avidity scFvs for cancer targeting, *Biomol. Eng.,*, 18 (3(Special Issue SI)), 95–108, 2001.
60. Deng, S. J., MacKenzie, C. R., Sadowska, J., Michniewicz, J., Young, N. M., Bundle, D. R., and Narang, S. A., Selection of antibody single-chain variable fragments with improved carbohydrate binding by phage display, *J. Biol. Chem.*, 269 (13), 9533–9538, 1994.
61. Worn, A. and Pluckthun, A., Stability engineering of antibody single-chain Fv fragments, *J. Mol. Biol.*, 305 (5), 989–1010, 2001.
62. Liu, B. and Marks, J. D., Applying phage antibodies to proteomics: Selecting single chain Fv antibodies to antigens blotted on nitrocellulose, *Anal. Biochem.*, 286 (1), 119–128, 2000.
63. Kay, B. K., Winter, J., and McCafferty, J., *Phage Display of Peptides and Proteins: A Laboratory Manual*, Academic Press, New York, 1996.
64. O'Brien, P. M. and Aitken, R., *Antibody Phage Display: Methods and Protocols*, 401 ed., Humana Press, Totowa, NJ, 2002.
65. Turnbough, C. L. Jr., Discovery of phage display peptide ligands for species-specific detection of *Bacillus* spores, *J. Microbiol. Methods*, 53 (2), 263–271, 2003.
66. Li, B., Tom, J. Y., Oare, D., Yen, R., Fairbrother, W. J., Wells, J. A., and Cunningham, B. C., Minimization of a polypeptide hormone, *Science*, 270 (5242), 1657–1660, 1995.
67. O'Neil, K. T., Hoess, R. H., Jackson, S. A., Ramachandran, N. S., Mousa, S. A., and DeGrado, W. F., Identification of novel peptide antagonists for GPIIb/IIIa from a conformationally constrained phage peptide library, *Proteins*, 14 (4), 509–515, 1992.
68. Gough, K. C., Cockburn, W., and Whitelam, G. C., Selection of phage-display peptides that bind to cucumber mosaic virus coat protein, *J. Virol. Methods*, 79 (2), 169–180, 1999.
69. Knurr, J., Benedek, O., Heslop, J., Vinson, R., Boydston, J., McAndrew, J., Kearney, J., and Turnbough, C. Jr., Peptide ligands that bind selectively to B. subtilis and closely related species, *Appl. Environ. Microbiol.*, 69, 6841–6847, 2003.
70. Steichen, C., Chen, P., Kearney, J. F., and Turnbough, C. L. Jr., Identification of the immunodominant protein and other proteins of the *Bacillus anthracis* exosporium, *J. Bacteriol.*, 185 (6), 1903–1910, 2003.
71. Turnbough, C. L. Jr., Discovery of phage display peptide ligands for species-specific detection of *Bacillus* spores, *J. Microbiol. Methods*, 53 (2), 263–271, 2003.
72. Stratmann, J., Strommenger, B., Stevenson, K., and Gerlach, G. F., Development of a peptide-mediated capture PCR for detection of *Mycobacterium avium* subsp. *paratuberculosis* in milk, *J. Clin. Microbiol.*, 40 (11), 4244–4250, 2002.
73. Grant, I. R., Pope, C. M., O'Riordan, L. M., Ball, H. J., and Rowe, M. T., Improved detection of *Mycobacterium avium* subsp. *paratuberculosis* in milk by immunomagnetic PCR, *Vet. Microbiol.*, 77 (3–4), 369–378, 2000.
74. Goldman, E. R., Pazirandeh, M. P., Mauro, J. M., King, K. D., Frey, J. C., and Anderson, G. P., Phage-displayed peptides as biosensor reagents, *J. Mol. Recognit.*, 13, 382–387, 2000.
75. Mammen, M., Choi, S. K., and Whitesides, G. M., Polyvalent interactions in biological systems—implications for design and use of multivalent ligands and inhibitors, *Angewandte Chemie. Int. Ed. Eng.*, 37 (20), 2755–2794, 1998.
76. Zdanovsky, A. G., Karassina, N. V., Simpson, D., and Zdanovskaia, M. V., Peptide phage display library as source for inhibitors of clostridial neurotoxins, *J. Protein Chem.*, 20 (1), 73–80, 2001.
77. Iqbal, S. S., Mayo, M. W., Bruno, J. G., Bronk, B. V., Batt, C. A., and Chambers, J. P., A review of molecular recognition technologies for detection of biological threat agents [Review], *Biosens.*

Bioelectron., 15 (11–12), 549–578, 2000.

78. Sheets, M. D., Amersdorfer, P., Finnern, R., Sargent, P., Lindquist, E., Schier, R., Hemingsen, G., et al., Efficient construction of a large nonimmune phage antibody library: The production of high-affinity human single-chain antibodies to protein antigens, *Proc. Natl Acad. Sci. U.S.A.*, 95 (11), 6157–6162, 1998.
79. Nissim, A., Hoogenboom, H. R., Tomlinson, I. M., Flynn, G., Midgley, C., Lane, D., and Winter, G., Antibody fragments from a 'single pot' phage display library as immunochemical reagents, *EMBO J.*, 13 (3), 692–698, 1994.
80. Zhou, B., Wirsching, P., and Janda, K. D., Human antibodies against spores of the genus *Bacillus*: A model study for detection of and protection against anthrax and the bioterrorist threat, *Proc. Natl Acad. Sci. U.S.A.*, 99 (8), 5241–5246, 2002.
81. Lindquist, E. A., Marks, J. D., Kleba, B. J., and Stephens, R. S., Phage-display antibody detection of *Chlamydia trachomatis*-associated antigens, *Microbiology*, 148 (Pt 2), 443–451, 2002.
82. Benhar, I., Eshkenazi, I., Neufeld, T., Opatowsky, J., Shaky, S., and Rishpon, J., Recombinant single chain antibodies in bioelectrochemical sensors, *Talanta*, 55 (5), 899–907, 2001.
83. Hayhurst, A., Happe, S., Mabry, R., Koch, Z., Iverson, B. L., and Georgiou, G., Isolation and expression of recombinant antibody fragments to the biological warfare pathogen *Brucella melitensis*, *J. Immunol. Methods*, 276 (1–2), 185–196, 2003.
84. Bundle, D. R., Gidney, M. A., Perry, M. B., Duncan, J. R., and Cherwonogrodzky, J. W., Serological confirmation of *Brucella abortus* and *Yersinia enterocolitica* O:9 O-antigens by monoclonal antibodies, *Infect. Immun.*, 46 (2), 389–393, 1984.
85. Samoylova, T. I., Petrenko, V. A., Morrison, N. E., Globa, L. P., Baker, H. J., and Cox, N. R., Phage probes for malignant glial cells, *Mol. Cancer Ther.*, 2 (11), 1129–1137, 2003.
86. Radosevic, K. and van Ewijk, W., Subtractive isolation of single-chain antibodies using tissue fragments, *Methods Mol. Biol.*, 178, 235–243, 2002.
87. Boel, E., Bootsma, H., de Kruif, J., Jansze, M., Klingman, K. L., van Dijk, H., and Logtenberg, T., Phage antibodies obtained by competitive selection on complement-resistant *Moraxella (Branhamella) catarrhalis* recognize the high-molecular-weight outer membrane protein, *Infect. Immun.*, 66 (1), 83–88, 1998.
88. Cai, X. H. and Garen, A., Antimelanoma antibodies from melanoma patients immunized with genetically-modified autologous tumor-cells—Selection of specific antibodies from single-chain Fv fusion phage libraries, *Proc. Natl Acad. Sci. U.S.A.*, 92 (14), 6537–6541, 1995.
89. Marks, J. D., Ouwehand, W. H., Bye, J. M., Finnern, R., Gorick, B. D., Voak, D., Thorpe, S. J., Hughes-Jones, N. C., and Winter, G., Human antibody fragments specific for human blood group antigens from a phage display library, *BioTechnology*, 11 (10), 1145–1149, 1993.
90. de Kruif, J., Boel, E., and Logtenberg, T., Selection and application of human single chain Fv antibody fragments from a semi-synthetic phage antibody display library with designed CDR3 regions, *J. Mol. Biol.*, 248 (1), 97–105, 1995.
91. de Greeff, A., van Alphen, L., and Smith, H. E., Selection of recombinant antibodies specific for pathogenic *Streptococcus suis* by subtractive phage display, *Infect. Immun.*, 68 (7), 3949–3955, 2000.
92. Chan, S. W., Bye, J. M., Jackson, P., and Allain, J. P., Human recombinant antibodies specific for hepatitis C virus core and envelope E2 peptides from an immune phage display library, *J. Gen. Virol.*, 77 (Pt 10), 2531–2539, 1996.
93. Plaisant, P., Burioni, R., Manzin, A., Solforosi, L., Candela, M., Gabrielli, A., Fadda, G., and Clementi, M., Human monoclonal recombinant Fabs specific for HCV antigens obtained by repertoire cloning in phage display combinatorial vectors, *Res. Virol.*, 148 (2), 165–169, 1997.
94. Sanna, P. P., Williamson, R. A., De Logu, A., Bloom, F. E., and Burton, D. R., Directed selection of recombinant human monoclonal antibodies to herpes simplex virus glycoproteins from phage display libraries, *Proc. Natl Acad. Sci. U.S.A.*, 92 (14), 6439–6443, 1995.
95. Williamson, R. A., Lazzarotto, T., Sanna, P. P., Bastidas, R. B., Dalla Casa, B., Campisi, G., Burioni, R., Landini, M. P., and Burton, D. R., Use of recombinant human antibody fragments for detection of

cytomegalovirus antigenemia, *J. Clin. Microbiol.*, 35 (8), 2047–2050, 1997.

96. Muller, B. H., Lafay, F., Demangel, C., Perrin, P., Tordo, N., Flamand, A., Lafaye, P., and Guesdon, J. L., Phage-displayed and soluble mouse scFv fragments neutralize rabies virus, *J. Virol. Methods*, 67 (2), 221–233, 1997.
97. Schmaljohn, C., Cui, Y., Kerby, S., Pennock, D., and Spik, K., Production and characterization of human monoclonal antibody Fab fragments to vaccinia virus from a phage-display combinatorial library, *Virology*, 258 (1), 189–200, 1999.
98. Maruyama, T., Parren, P. W., Sanchez, A., Rensink, I., Rodriguez, L. L., Khan, A. S., Peters, C. J., and Burton, D. R., Recombinant human monoclonal antibodies to Ebola virus, *J. Infect. Dis.*, 179 (1), S235–S239, 1999.
99. Kuhne, S. A., Hawes, W. S., La Ragione, R. M., Woodward, M. J., Whitelam, G. C., and Gough, K. C., Isolation of recombinant antibodies against EspA and intimin of *Escherichia coli* O157:H7, *J. Clin. Microbiol.*, 42 (7), 2966–2976, 2004.
100. Hu, W. G., Thompson, H. G., Alvi, A. Z., Nagata, L. P., Suresh, M. R., and Fulton, R. E., Development of immunofiltration assay by light addressable potentiometric sensor with genetically biotinylated recombinant antibody for rapid identification of Venezuelan equine encephalitis virus, *J. Immunol. Methods*, 289 (1–2), 27–35, 2004.
101. Hayhurst, A. and Georgiou, G., High-throughput antibody isolation [Review], *Curr. Opin. Chem. Biol.*, 5 (6), 683–689, 2001.
102. Brichta, J., Hnilova, M., and Viskovic, T., Generation of hapten-specific recombinant antibodies: Antibody phage display technology: A review, *Vet. Med.*, 50 (6), 231–252, 2005.
103. Hayhurst, A., Improved expression characteristics of single-chain Fv fragments when fused downstream of the *Escherichia coli* maltose-binding protein or upstream of a single immunoglobulin-constant domain, *Protein Expr., Purif.*, 18 (1), 1–10, 2000.
104. Strachan, G., Whyte, J. A., Molloy, P. M., Paton, G. I., and Porter, A. J. R., Development of robust, environmental, immunoassay formats for the quantification of pesticides in soil, *Environ. Sci. Technol.*, 34 (8), 1603–1608, 2000.
105. Brichta, J., Vesela, H., and Franek, M., Production of scFv recombinant fragments against 2,4-dichlorophenoxyacetic acid hapten using naive phage library, *Veterinarni Medicina*, 48 (9), 237–247, 2003.
106. Dooley, H., Grant, S. D., Harris, W. J., Porter, A. J., Shelton, S. A., Graham, B. M., and Strachan, G., Stabilization of antibody fragments in adverse environments immunomethods for detecting a broad range of polychlorinated biphenyls, *Biotechnol. Appl. Biochem.*, 28 (Part 1), 77–83, 1998.
107. Jung, S. and Pluckthun, A., Improving in vivo folding and stability of a single-chain Fv antibody fragment by loop grafting, *Protein Eng.*, 10 (8), 959–966, 1997.
108. McConnell, S. J. and Hoess, R. H., Tendamistat as a scaffold for conformationally constrained phage peptide libraries, *J. Mol. Biol.*, 250 (4), 460–470, 1995.
109. Nord, K., Nord, O., Uhlen, M., Kelley, B., Ljungqvist, C., and Nygren, P. A., Recombinant human factor VIII-specific affinity ligands selected from phage-displayed combinatorial libraries of protein A, *Eur. J. Biochem.*, 268 (15), 4269–4277, 2001.
110. Sollazzo, M., Venturini, S., Lorenzetti, S., Pinola, M., and Martin, F., Engineering minibody-like ligands by design and selection, *Chem. Immunol.*, 65, 1–17, 1997.
111. Bianchi, E., Folgori, A., Wallace, A., Nicotra, M., Acali, A., Phalipon, A., Barbato, G., et al., A conformationally homogeneous combinatorial peptide library, *J. Mol. Biol.*, 247 (2), 154–160, 1995.
112. Dennis, M. S., Herzka, A., and Lazarus, R. A., Potent and selective Kunitz domain inhibitors of plasma kallikrein designed by phage display, *J. Biol. Chem.*, 270 (43), 25411–25417, 1995.
113. Koide, A., Bailey, C. W., Huang, X., and Koide, S., The fibronectin type III domain as a scaffold for novel binding proteins, *J. Mol. Biol.*, 284 (4), 1141–1151, 1998.
114. Ku, J. and Schultz, P. G., Alternate protein frameworks for molecular recognition, *Proc. Natl Acad. Sci. U.S.A.*, 92 (14), 6552–6556, 1995.
115. Legendre, D. and Fastrez, J., Construction and exploitation in model experiments of functional selection of a landscape library expressed from a phagemid, *Gene*, 290, 203–215, 2002.
116. Martin, F., Toniatti, C., Salvati, A. L., Ciliberto, G., Cortese, R., and Sollazzo, M., Coupling protein design and in vitro selection strategies: Improving specificity and affinity of a designed beta-protein

IL-6 antagonist, *J. Mol. Biol.*, 255 (1), 86–97, 1996.

117. Hoess, R. H., Protein design and phage display [Review], *Chem. Rev.*, 101 (10), 3205–3218, 2001.
118. Felici, F., Castagnoli, L., Musacchio, A., Jappelli, R., and Cesareni, G., Selection of antibody ligands from a large library of oligopeptides expressed on a multivalent exposition vector, *J. Mol. Biol.*, 222 (2), 301–310, 1991.
119. Greenwood, J., Willis, A. E., and Perham, R. N., Multiple display of foreign peptides on a filamentous bacteriophage. Peptides from *Plasmodium falciparum* circumsporozoite protein as antigens, *J. Mol. Biol*, 220 (4), 821–827, 1991.
120. Petrenko, V. A., Smith, G. P., Mazooji, M. M., and Quinn, T., Alpha-helically constrained phage display library, *Protein Eng.*, 15 (11), 943–950, 2002.
121. Romanov, V. I., Durand, D. B., and Petrenko, V. A., Phage display selection of peptides that affect prostate carcinoma cells attachment and invasion, *Prostate*, 47 (4), 239–251, 2001.
122. Romanov, V. I., Whyard, T., Adler, H. L., Waltzer, W. C., and Zucker, S., Prostate cancer cell adhesion to bone marrow endothelium: The role of prostate-specific antigen, *Cancer Res.*, 64 (6), 2083–2089, 2004.
123. Samoylova, T. I., Cox, N. R., Morrison, N. E., Globa, L. P., Romanov, V., Baker, H. J., and Petrenko, V. A., Phage matrix for isolation of glioma cell membrane proteins, *Biotechniques*, 37 (2), 254–260, 2004.
124. Mount, J. D., Samoylova, T. I., Morrison, N. E., Cox, N. R., Baker, H. J., and Petrenko, V. A., Cell targeted phagemid rescued by preselected landscape phage, *Gene*, 341, 59–65, 2004.
125. Kouzmitcheva, G. A., Petrenko, V. A., and Smith, G. P., Identifying diagnostic peptides for lyme disease through epitope discovery, *Clin. Diagn. Lab Immunol.*, 8 (1), 150–160, 2001.
126. Brigati, J., Williams, D. D., Sorokulova, I. B., Nanduri, V., Chen, I. H., Turnbough, C. L. Jr., and Petrenko, V. A., Diagnostic probes for *Bacillus anthracis* spores selected from a landscape phage library, *Clin. Chem.*, 50 (10), 1899–1906, 2004.
127. Sorokulova, I. B., Olsen, E. V., Chen, I. H., Fiebor, B., Barbaree, J. M., Vodyanoy, V. J., Chin, B. A., and Petrenko, V. A., Landscape phage probes for Salmonella typhimurium, *J. Microbiol. Methods*, 63, 55–72, 2005.
128. Olsen, E. V., Sorokulova, I. B., Petrenko, V. A., Chen, I. -H., Barbaree, J. M., and Vodyanoy, V. J., Affinity-selected filamentous bacteriophage as a probe for acoustic wave biodetectors of *Salmonella typhimurium*, *Biosens. Bioelectron*, 21, 1434–1442, 2006.
129. Barbas, C. F. III, Burton, D. R., Scott, J. K., and Silverman, G. J., *Phage Display: A Laboratory Manual*, Cold Spring Harbor Laboratory Press, Cold Spring Harbor, New York, 2001.
130. Philippa O'Brien, R. A., *Antibody Phage Display*, Humana Press, Totowa, NJ, 2001.
131. Mandava, S., Makowski, L., Devarapalli, S., Uzubell, J., and Rodi, D. J., RELIC–a bioinformatics server for combinatorial peptide analysis and identification of protein-ligand interaction sites, *Proteomics*, 4 (5), 1439–1460, 2004.
132. Bishop-Hurley, S. L., Mounter, S. A., Laskey, J., Morris, R. O., Elder, J., Roop, P., Rouse, C., Schmidt, F. J., and English, J. T., Phage-displayed peptides as developmental agonists for Phytophthora capsici zoospores, *Appl. Environ. Microbiol.*, 68 (7), 3315–3320, 2002.
133. Stausbol-Gron, B., Jensen, K. B., Jensen, K. H., Jensen, M. O., and Clark, B. F., De novo identification of cell-type specific antibody–antigen pairs by phage display subtraction. Isolation of a human single chain antibody fragment against human keratin 14, *Eur. J. Biochem.*, 268 (10), 3099–3107, 2001.
134. Van Ewijk, W., de Kruif, J., Germeraad, W. T., Berendes, P., Ropke, C., Platenburg, P. P., and Logtenberg, T., Subtractive isolation of phage-displayed single-chain antibodies to thymic stromal cells by using intact thymic fragments, *Proc. Natl Acad. Sci. U.S.A.*, 94 (8), 3903–3908, 1997.
135. Belizaire, A. K., Tchistiakova, L., St-Pierre, Y., and Alakhov, V., Identification of a murine ICAM-1-specific peptide by subtractive phage library selection on cells, *Biochem. Biophys. Res. Commun.*, 309 (3), 625–630, 2003.
136. Ramanujam, P., Tan, W. S., Nathan, S., and Yusoff, K., Pathotyping of Newcastle disease virus with a filamentous bacteriophage, *Biotechniques*, 36 (2), 296–300, 2004 see also p. 302.
137. Ramanujam, P., Tan, W. S., Nathan, S., and Yusoff, K., Novel peptides that inhibit the propagation of Newcastle disease virus, *Arch. Virol.*, 147 (5), 981–993, 2002.

138. Yu, J. and Smith, G. P., Affinity maturation of phage-displayed peptide ligands, *Methods Enzymol*, 267, 3–27, 1996.
139. Goldman, E. R., Pazirandeh, M. P., Mauro, J. M., King, K. D., Frey, J. C., and Anderson, G. P., Phage-displayed peptides as biosensor reagents, *J. Mol. Recognit.*, 13 (6), 382–387, 2000.
140. Knurr, J., Benedek, O., Heslop, J., Vinson, R. B., Boydston, J. A., McAndrew, J., Kearney, J. F., and Turnbough, C. L., Peptide ligands that bind selectively to spores of *Bacillus subtilis* and closely related species, *Appl. Environ. Microbiol.*, 69 (11), 6841–6847, 2003.
141. Block, T., Miller, R., Korngold, R., and Jungkind, D., A phage-linked immunoadsorbant system for the detection of pathologically relevant antigens, *Biotechniques*, 7 (7), 756–761, 1989.
142. Lu, X., Weiss, P., and Block, T., A phage with high affinity for hepatitis B surface antigen for the detection of HBsAg, *J Virol. Methods*, 119 (1), 51–54, 2004.
143. Stratmann, J., Strommenger, B., Stevenson, K., and Gerlach, G. F., Development of a peptide-mediated capture PCR for detection of *Mycobacterium avium* subsp. *paratuberculosis* in milk, *J. Clin. Microbiol.*, 40 (11), 4244–4250, 2002.
144. Williams, D. D., Benedek, O., and Tournbough, C. L., Species-specific peptide ligands for the detection of *Bacillus anthracis* spores, *Appl. Environ. Microbiol.*, 69 (10), 6288–6293, 2003.
145. Zwick, M. B., Labrijn, A. F., Wang, M., Spenlehauer, C., Saphire, E. O., Binley, J. M., Moore, J. P., et al., Broadly neutralizing antibodies targeted to the membrane-proximal external region of human immunodeficiency virus type 1 glycoprotein gp41, *J. Virol.*, 75 (22), 10892–10905, 2001.
146. Emanuel, P. A., Dang, J., Gebhardt, J. S., Aldrich, J., Garber, E. A., Kulaga, H., Stopa, P., Valdes, J. J., and Dion-Schultz, A., Recombinant antibodies: A new reagent for biological agent detection, *Biosens. Bioelectron.*, 14 (10–11), 751–759, 2000.
147. Emanuel, P., O'Brien, T., Burans, J., DasGupta, B. R., Valdes, J. J., and Eldefrawi, M., Directing antigen specificity towards botulinum neurotoxin with combinatorial phage display libraries, *J. Immunol. Methods*, 193 (2), 189–197, 1996.
148. Sheets, M. D., Amersdorfer, P., Finnern, R., Sargent, P., Lindquist, E., Schier, R., Hemingsen, G., Wong, C., Gerhart, J. C., Marks, J. D., and Lindquist, E., Efficient construction of a large nonimmune phage antibody library: The production of high-affinity human single-chain antibodies to protein antigens, *Proc. Natl Acad. Sci. U.S.A.*, 95 (11), 6157–6162, 1998.
149. Barbas, C. F., Hu, D., Dunlop, N., Sawyer, L., Cababa, D., Hendry, R. M., Nara, P. L., and Burton, D. R., In vitro evolution of a neutralizing human antibody to human immunodeficiency virus type 1 to enhance affinity and broaden strain cross-reactivity, *Proc. Natl Acad. Sci. U.S.A.*, 91 (9), 3809–3813, 1994.
150. Burton, D. R., Barbas, C. F. III, Persson, M. A., Koenig, S., Chanock, R. M., and Lerner, R. A., A large array of human monoclonal antibodies to type 1 human immunodeficiency virus from combinatorial libraries of asymptomatic seropositive individuals, *Proc. Natl Acad. Sci. U.S.A.*, 88 (22), 10134–10137, 1991.
151. Barbas, C. F. III, Crowe, J. E. Jr., Cababa, D., Jones, T. M., Zebedee, S. L., Murphy, B. R., Chanock, R. M., and Burton, D. R., Human monoclonal Fab fragments derived from a combinatorial library bind to respiratory syncytial virus F glycoprotein and neutralize infectivity, *Proc. Natl Acad. Sci. U.S.A.*, 89 (21), 10164–10168, 1992.
152. Crowe, J. E., Firestone, C. Y., Crim, R., Beeler, J. A., Coelingh, K. L., Barbas, C. F., Burton, D. R., Chanock, R. M., and Murphy, B. R., Monoclonal antibody-resistant mutants selected with a respiratory syncytial virus-neutralizing human antibody fab fragment (Fab 19) define a unique epitope on the fusion (F) glycoprotein, *Virology*, 252 (2), 373–375, 1998.
153. Bugli, F., Bastidas, R., Burton, D. R., Williamson, R. A., Clementi, M., and Burioni, R., Molecular profile of a human monoclonal antibody Fab fragment specific for Epstein-Barr virus gp350/220 antigen, *Hum. Immunol.*, 62 (4), 362–367, 2001.
154. Plaisant, P., Burioni, R., Manzin, A., Solforosi, L., Candela, M., Gabrielli, A., Fadda, G., and Clementi, M., Human monoclonal recombinant Fabs specific for HCV antigens obtained by repertoire cloning in phage display combinatorial vectors, *Res. Virol.*, 148 (2), 165–169, 1997.
155. Chan, S. W., Bye, J. M., Jackson, P., and Allain, J. P., Human recombinant antibodies specific for hepatitis C virus core and envelope E2 peptides from an immune phage display library, *J. Gen.*

Virol., 77 (Pt 10), 2531–2539, 1996.
156. de Carvalho Nicacio, C., Williamson, R. A., Parren, P. W., Lundkvist, A., Burton, D. R., and Bjorling, E., Neutralizing human Fab fragments against measles virus recovered by phase display, *J.Virol.*, 76 (1), 251–258, 2002.
157. De Logu, A., Williamson, R. A., Rozenshteyn, R., Ramiro-Ibanez, F., Simpson, C. D., Burton, D. R., and Sanna, P. P., Characterization of a type-common human recombinant monoclonal antibody to herpes simplex virus with high therapeutic potential, *J. Clin. Microbiol.*, 36 (11), 3198–3204, 1998.
158. Sanna, P. P., Williamson, R. A., De Logu, A., Bloom, F. E., and Burton, D. R., Directed selection of recombinant human monoclonal antibodies to herpes simplex virus glycoproteins from phage display libraries, *Proc. Natl Acad. Sci. U.S.A.*, 92 (14), 6439–6443, 1995.
159. Glamann, J., Burton, D. R., Parren, P. W., Ditzel, H. J., Kent, K. A., Arnold, C., Montefiori, D., and Hirsch, V. M., Simian immunodeficiency virus (SIV) envelope-specific Fabs with high-level homologous neutralizing activity: Recovery from a long-term-nonprogressor SIV-infected macaque, *J. Virol.*, 72 (1), 585–592, 1998.
160. Maruyama, T., Rodriguez, L. L., Jahrling, P. B., Sanchez, A., Khan, A. S., Nichol, S. T., Peters, C. J., Parren, P. W., and Burton, D. R., Ebola virus can be effectively neutralized by antibody produced in natural human infection, *J. Virol.*, 73 (7), 6024–6030, 1999.
161. Maruyama, T., Parren, P. W., Sanchez, A., Rensink, I., Rodriguez, L. L., Khan, A. S., Peters, C. J., and Burton, D. R., Recombinant human monoclonal antibodies to Ebola virus, *J. Infect. Dis.*, 179 (1), S235–S239, 1999.
162. Meissner, F., Maruyama, T., Frentsch, M., Hessell, A. J., Rodriguez, L. L., Geisbert, T. W., Jahrling, P. B., Burton, D. R., and Parren, P. W., Detection of antibodies against the four subtypes of Ebola virus in sera from any species using a novel antibody-phage indicator assay, *Virology*, 300 (2), 236–243, 2002.
163. Muller, B. H., Lafay, F., Demangel, C., Perrin, P., Tordo, N., Flamand, A., Lafaye, P., and Guesdon, J. L., Phage-displayed and soluble mouse scFv fragments neutralize rabies virus, *J. Virol. Methods*, 67 (2), 221–233, 1997.
164. Griffiths, A. D., Williams, S. C., Hartley, O., Tomlinson, I. M., Waterhouse, P., Crosby, W. L., Kontermann, R. E., et al., Isolation of high affinity human antibodies directly from large synthetic repertoires, *EMBO J.*, 13 (14), 3245–3260, 1994.
165. Saldarelli, P., Keller, H., Dell'Orco, M., Schots, A., Elicio, V., and Minafra, A., Isolation of recombinant antibodies (scFvs) to grapevine virus B, *J. Virol. Methods*, 124 (1–2), 191–195, 2005.
166. Zebedee, S. L., Barbas, C. F. III, Hom, Y. L., Caothien, R. H., Graff, R., DeGraw, J., Pyati, J., et al., Human combinatorial antibody libraries to hepatitis B surface antigen, *Proc. Natl Acad. Sci. U.S.A.*, 89 (8), 3175–3179, 1992.
167. Williamson, R. A., Lazzarotto, T., Sanna, P. P., Bastidas, R. B., Dalla Casa, B., Campisi, G., Burioni, R., Landini, M. P., and Burton, D. R., Use of recombinant human antibody fragments for detection of cytomegalovirus antigenemia, *J. Clin. Microbiol.*, 35 (8), 2047–2050, 1997.
168. Boel, E., Bootsma, H., de Kruif, J., Jansze, M., Klingman, K. L., van Dijk, H., and Logtenberg, T., Phage antibodies obtained by competitive selection on complement-resistant *Moraxella* (*Branhamella*) *catarrhalis* recognize the high-molecular-weight outer membrane protein, *Infect. Immun.*, 66 (1), 83–88, 1998.
169. Deng, S. J., MacKenzie, C. R., Hirama, T., Brousseau, R., Lowary, T. L., Young, N. M., Bundle, D. R., and Narang, S. A., Basis for selection of improved carbohydrate-binding single-chain antibodies from synthetic gene libraries, *Proc. Natl Acad. Sci. U.S.A.*, 92 (11), 4992–4996, 1995.
170. Kanitpun, R., Wagner, G. G., and Waghela, S. D., Characterization of recombinant antibodies developed for capturing enterohemorrhagic *Escherichia coli* O157:H7, *Southeast Asian J. Trop. Med. Public Health*, 35 (4), 902–912, 2004.
171. Lindquist, E. A., Marks, J. D., Kleba, B. J., and Stephens, R. S., Phage-display antibody detection of *Chlamydia trachomatis*-associated antigens, *Microbiology*, 148 (art 2), 443–451, 2002.
172. Zhou, B., Wirsching, P., and Janda, K. D., Human antibodies against spores of the genus *Bacillus*: A model study for detection of and protection against anthrax and the bioterrorist threat, *Proc. Natl Acad. Sci. U.S.A.*, 99 (8), 5241–5246, 2002.
173. Wan, J. H., Li, Y. Q., Fiebor, B., Chen, I. H., Petrenko, V. A., and Chin, B. A., Detection of *Bacillus*

anthracis spores by landscape phage-based magnetostrictive biosensors, *Abstr. Pap. Am. Chem. Soc.*, 229 (411-ANYL Part) U155-U155, 2005.

174. Lyons, L. B. and Zinder, N. D., The genetic map of the filamentous bacteriophage f1, *Virology*, 49, 45–60, 1972.
175. Smith, G. P., Phage-Display Vectors and Libraries Based on Filamentous Phage Strain fdtet, http://www.biosci.missouri.edu/smithgp/PhageDisplayWebsite/PhageDisplayWebsiteIndex.html (accessed September 8, 2006).
176. Khan, A. S., Thompson, R., Cao, C., and Valdes, J. J., Selection and characterization of peptide memitopes binding to ricin, *Biotechnol. Lett.*, 25, 1671–1675, 2003.
177. Tan, W. S., Tan, G. H., Yusoff, K., and Seow, H. F., A phage-displayed cyclic peptide that interacts tightly with the immunodominant region of hepatitis B surface antigen, *J. Clin. Virol.*, 34, 35–41, 2005.
178. Dai, H., Gao, H., Zhao, X., Dai, L., Zhang, X., Xiao, N., Zhao, R., and Hemmingsen, S. M., Construction and characterization of a novel recombinant single-chain variable fragment antibody against white spot syndrome virus from shrimp, *J. Immunol. Methods*, 279, 267–275, 2003.
179. Yi, G., Qian, J., Wang, Z., and Qi, Y., A phage-displayed peptide can inhibit infection by white spot syndrome virus of shrimp, *J. Gen. Virol.*, 84, 2545–2553, 2003.

9 用抗体检测和识别的上转换发光免疫分析

David E. Cooper, Annalisa D'Andrea, Gregory W. Faris, Brent MacQueen, and William H. Wright

目录

9.1 介绍

上转换发光物质是掺杂稀土元素的陶瓷材料，它有独特的属性：在近红外光激发下能发射可见光。这个过程被称为上转换，于 1959 年由 Bloembergen 首次提出[1]，且 Auzel 在 1966 年对其进行了实验验证[2]。继他们的发现之后，对这些材料作为光源和近红外二极管激光的检测材料进行了研究。Beverloo 等[3]于 1990 年第一次将变频荧光物质用作生物测定的标记物，这是他们第一次报道了使用这种材料的优点。Zarling 等早在 20 世纪 90 年代第一次考虑使用上转换发光物质作为生物分析的标记物[4]。从 20 世纪 90 年代中期开始，很多研究组就深入研究了上转换发光在各种检测方式和监测方法中的应用。这些团队包括莱顿大学的 Tanke 的团队，也有来自 OraSure 科技大学（原 STC）的研究者们和 SRI 国际公司。到目前为止，上转换发光已经被主要应用于侧流实验检测蛋白质[5]、细菌[6]和核酸[7]目标物。然而，它们也被应用于微阵列、微孔板和基于微球的分析模式。

上转换发光是一个多光子过程，在该过程中两个或更多的低能级（红外线）的入射光子产生高能级的光子（可见光）。稀土发射体（如 Er、Ho 和 Tm）和吸收体（如 Yb、Er 和 Sm）中心通过在适当的主体晶体的晶格中的取代而耦合。图 9.1 展示了稀土离子（敏化剂或吸收器，通常是镱）吸收红外线的过程。吸收能通过两个连续的步骤无辐射转化为第二个稀土离子（活化剂或发射器）。两个光子需要被吸收以产生上转换状态。当第二个稀土离子自发跃迁到基态的同时会发射一个在可见光区的能量。

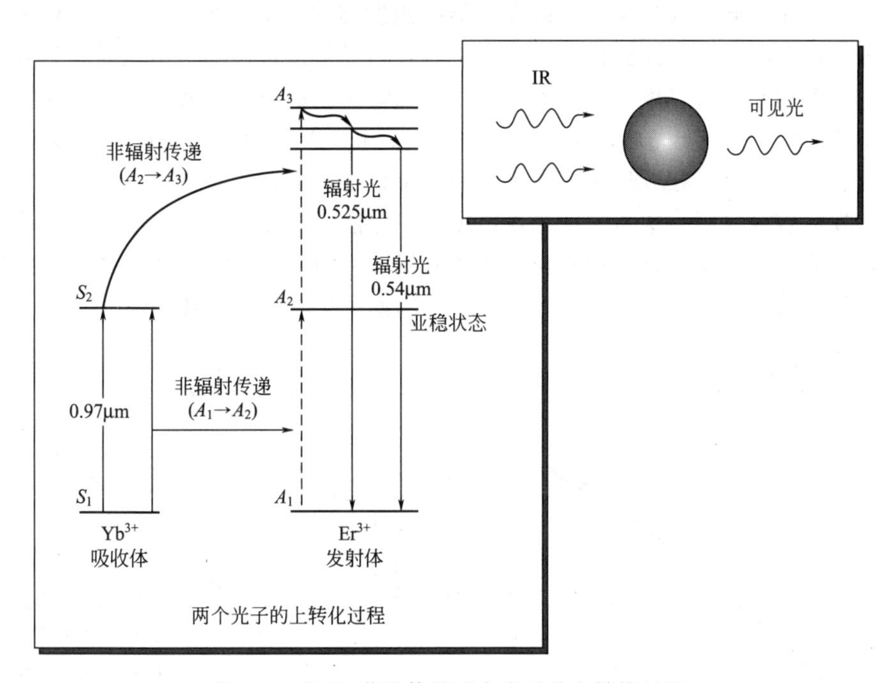

图 9.1 YbEr 荧光体的两个光子的上转换过程

用不同的掺杂剂离子的组合可以形成吸收波长相同但发射波长不同的荧光组合，从而获得独特颜色的光。图 9.2 展示了 9 种不同上转换发光组合的特征发射光谱。特定的发光物质组合会发射一系列独特的波长，这种发射特征取决于吸收器离子和发射器离子的自然属性，还有晶体主格和离子密度的属性。20 种或更多种独特的发光化合物似乎都是可行的。发射

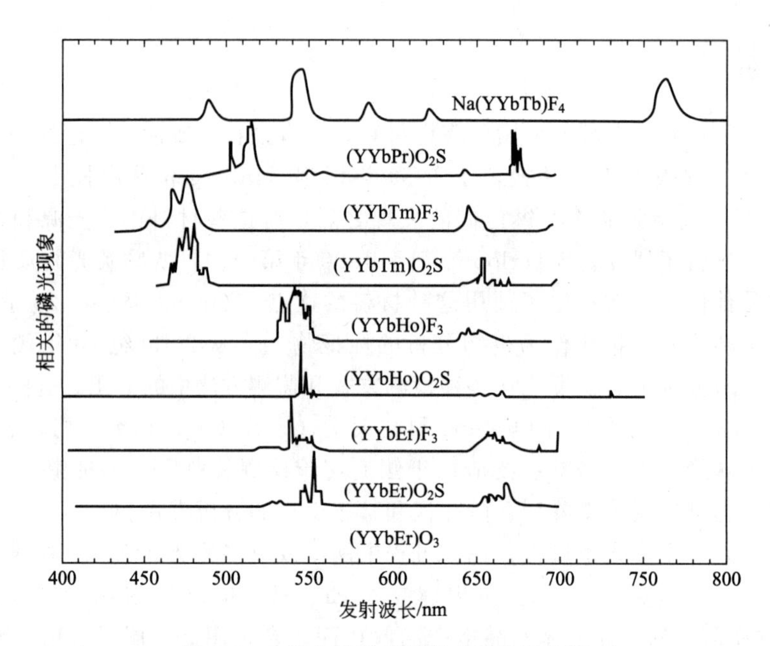

图 9.2 9 种上转换发光组合的发射光谱

光谱线宽和吸收光谱线宽都比较窄（通常 25～50nm），而且两者之间有较大的宽度，使得在同一个样品中可以同时进行多元检测（复合检测）。

图 9.3 为两个不同的发光化合物的发射能随激发强度的平方的变化。100W/cm^2 的饱和强度用红外二极管激光器容易获得。这些激光器是半导体设备，都是用相同的制造技术生产的，该技术目前用来制造二极管激光器，是用在光盘播放机和光纤通信中的。它们结构紧凑（见图 9.4）、高能（1W）、光电转换效率高（25%，4W 产出 1W）、寿命长（多于 10000h）、可光纤耦合、价格便宜。在可见光区噪声等效功率易于检测、价格合理、紧凑的光电倍增管意味着单一发光容易检测。这是一种光灵敏度高的方法，该发光分析方法的灵敏度也依靠分析的有效性、非特异性结合（NSB）和其他的分析相关的因素。紧凑型激光二极管和光电倍增管的组合能够改进基于上转换发光、低成本和紧凑的生物检测系统。

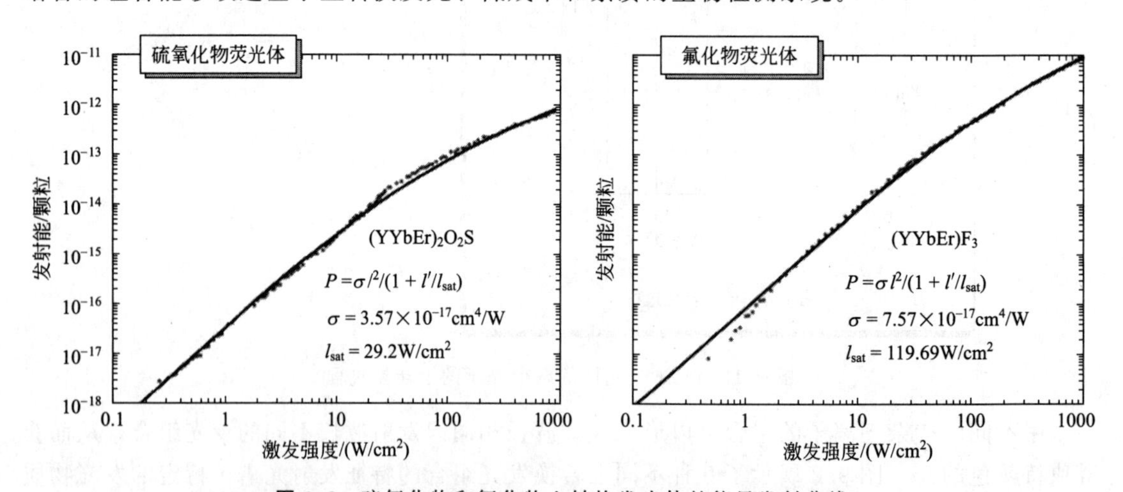

图 9.3 硫氧化物和氟化物上转换发光体的能量发射曲线

在夹心免疫分析中，这些材料的亚微米微球被用作标记或报告信号（图 9.5）。首先在

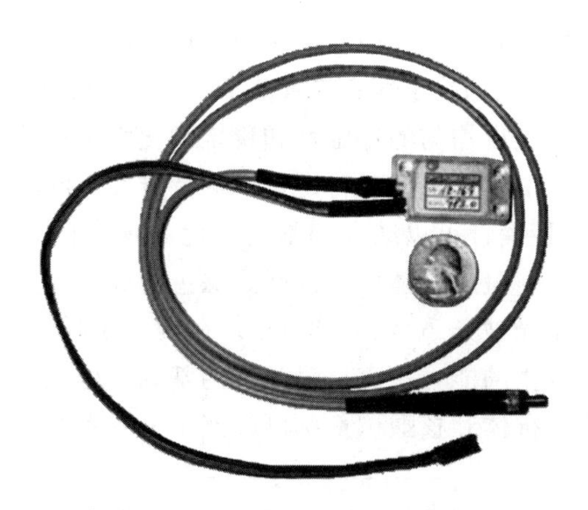

图 9.4 便携式 980nm 光纤耦合二极管激光激发光源

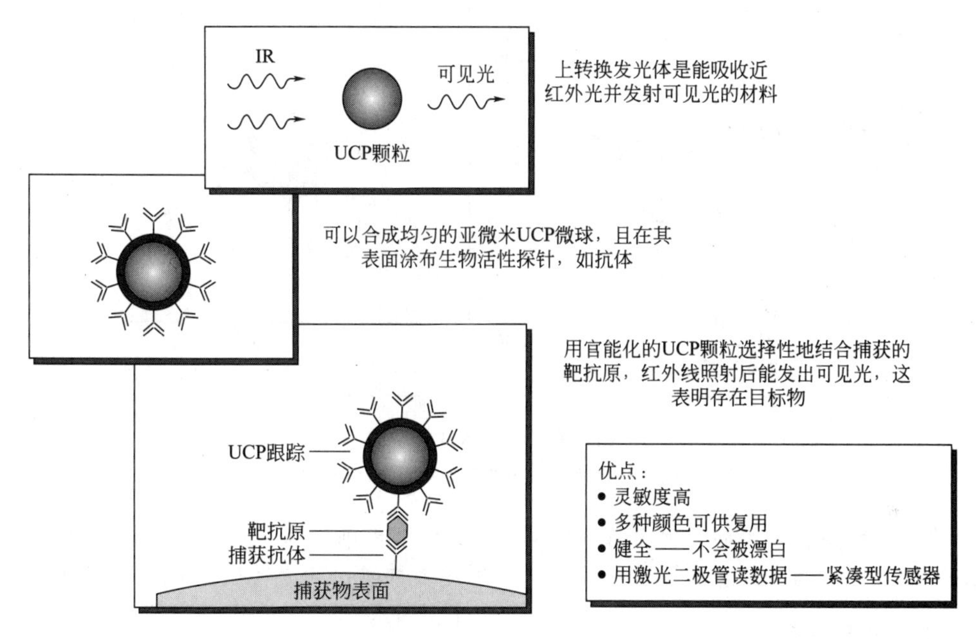

图 9.5 上转换发光技术

发光物上涂布一层生物化学惰性物质如二氧化硅。抗体（或其他的配体）用标准的交联化学法以最佳的密度交联到二氧化硅表面。这些具有预想功能的发光物质用于液体样品中标记捕获的目标抗原，每个不同的抗原分配一个独特的发光颜色。通过一系列不同的特异性抗体（针对每种抗原）固定到合适的衬体上和将衬体暴露到液体样品中来实现目标捕获。用近红外光照射捕获表面，会产生来自捕获标记目标的上转换发光。由于众多的光谱独特的发光物质组合，每一种类型的捕获目标物被独特的发光报告物标记或进行颜色编码。

上转换发光与传统标记物如分子荧光染料和荧光微球相比，第一个优点是能对单个样本进行高度复合检测。第二个优点是上转换过程是自身独特的自然属性，这是其他材料所没有的，即没有光背景。与荧光标记相比，这是一个独特的优点，荧光标记必须进行自体荧光背景检测，这往往是环境样品的主导因素。与依靠颜色和密度变化的系统相比，这也是一个优势。第三，因为要用激光二极管激发光源和传统光学体系检测单发光颗粒，小的生物传感器能够提供精确的灵敏度。第四，因为它们的发射特性是陶瓷材料的性质，上转换记录是化学稳定的（即它们没有光漂白）且寿命很长（几年）。因此，它们是理想的报告器，应用在敏感、实时检测和识别病原体领域。此外，它们的稳定性意味着基于发光的分析可以存档以供后续分析。

对发光物进行涂布，以获得均匀的稳定性和稳定的化学重现性。然后，将生物活性探针偶联到涂布好的荧光粉颗粒上，提供其对特定抗原的特异性。同时检测一个以上的抗原（称为复用技术），不同的特异性探针可以结合到不同颜色的荧光体上；例如，炭疽杆菌抗体可能会偶联到蓝色的荧光体上，鼠疫抗体可能偶联到绿色的荧光体上，等等。当这些试剂都被用于检测样品时，相同的激光波长（大约 980nm）在两种抗原都存在的条件下会产生绿色和蓝色的光谱信号。这种复用的能力是高通量筛选的基础，也是缩短识别生物武器和生物战剂时间的一个关键的步骤。抗体和核酸试剂都已经产生了（图 9.6）。

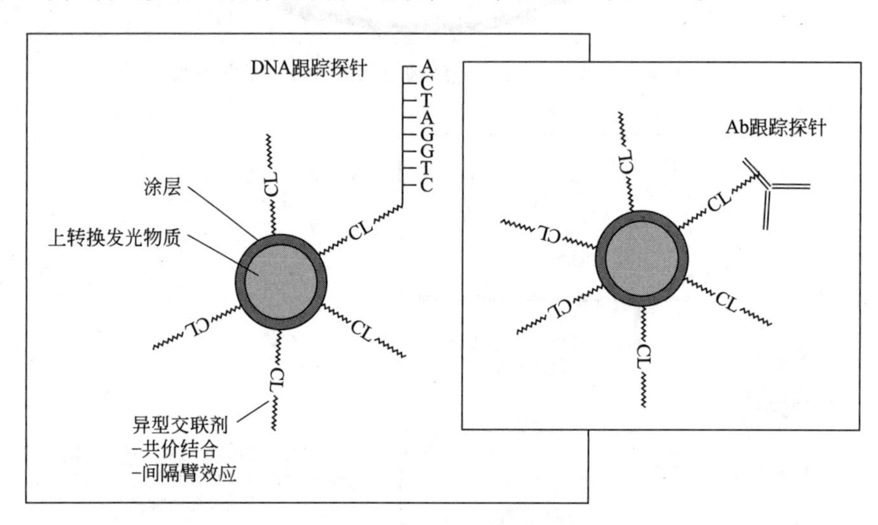

图 9.6 荧光体试剂结构

如图所示为用于核酸检测和免疫分析的试剂

一个典型的基于分析的检测过程（图 9.7）包括用靶抗原捕获位点制备捕获表面。导入样品后，靶抗原被捕获到表面的这些位点，之后用多种颜色的上转换发光物质（每一个不同

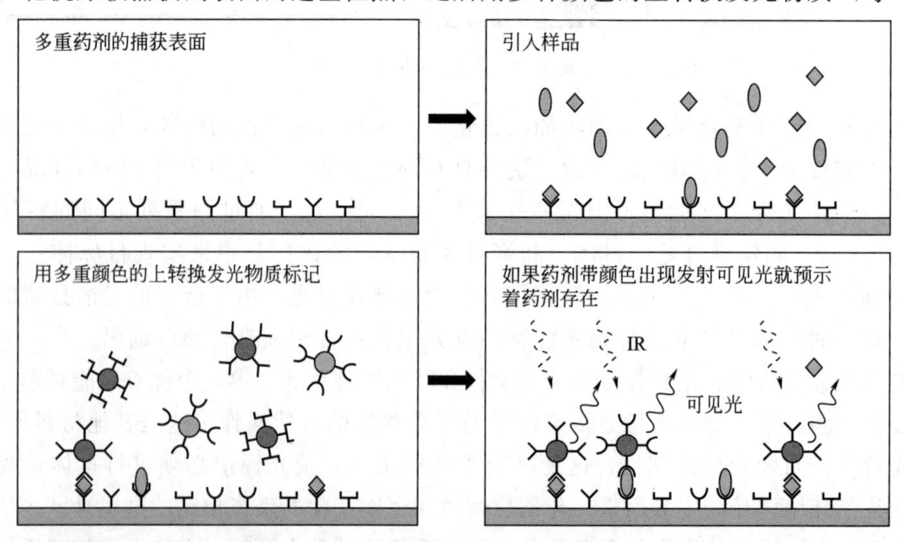

图 9.7 基于荧光体的检测过程示意图

用夹心分析模式来捕获和标记特异性生物试剂

的抗原有一个特定的颜色）标记。之后，清洗表面以除去任何没连到表面捕获抗原的标记探针试剂。最终，耦合光电倍增管或光电二极管检测器的二极管激光器通过检测靶抗原存在下发射的可见光来确定物质的存在。通过用光谱仪和滤光器实现的光谱分光决定了哪种颜色存在于发射的可见光内。每一个被检测到的特征颜色（可能是一系列不同的波长）意味着样品中存在着不同的抗原。

这篇综述文章主要涵盖 SRI International 实施的免疫分析工作，并专注于生物战剂检测。接下来的部分讨论了上转换发光的光学特性、针对生物分析的发光物质及其分析方法的发展和用于显示检测结果的检测器平台。

9.2 上转换发光的光谱学及检测

9.2.1 上转换过程

上转换的一个优势是事实上上转换过程比较少见，会产生很低的背景值水平。斯托克斯定律指出荧光发射比激发光更长波长的光。上转换，也称为反斯托克斯发射，发射光的波长短于激发光。那就是说，其发射的光子比激发的光子具有更高的能量。两个或更多的激发光子的转化能为每个发射光子提供额外的能量，如上转换发光、多光子荧光、反斯托克斯拉曼散射（CARS)、谐波。对于不需要预先储存能量的材料，只有上转换发光提供适中发射强度（小于 $1kW/cm^2$）的效率好。主要的原因是高效的基于镧系元素的上转换过程不涉及虚拟状态。即，每个输入光子被吸收进镧系元素真实的物理状态中。

还有另一种基于电子陷阱的上转换发光，这种电子陷阱被用于观测红外光束。上转换额外的能量来自可见的或其他的短波辐射，当被红外光激发时，能促进电子到随后能发射可见光辐射的电子陷阱。因为连续的红外光暴露能消耗电子陷阱，这些材料需要短波光频繁进行充电。

一些过程都可以导致稀土材料的上转换[8~11]。图 9.8 展示了一个包括能量转化的上转换例子。此图所示的是含有高浓度镱和铒的材料的上转换。镱（敏化剂离子）吸收光，铒（活化剂离子）发射光。因为镱离子和铒离子的密度很高，粒子之间的距离很短，发生的非辐射能量转移比辐射能量转移高得多。当发光材料被近 980nm 的红外光强烈照射时，会产生很多激发态的镱离子。镱到铒的第一次能量转换会导致铒在 $^4I_{11/2}$ 水平上发生激发。接下来镱到铒的能量转换会导致 $^4F_{7/2}$ 水平激发，总能量大概是激发光子的两倍。

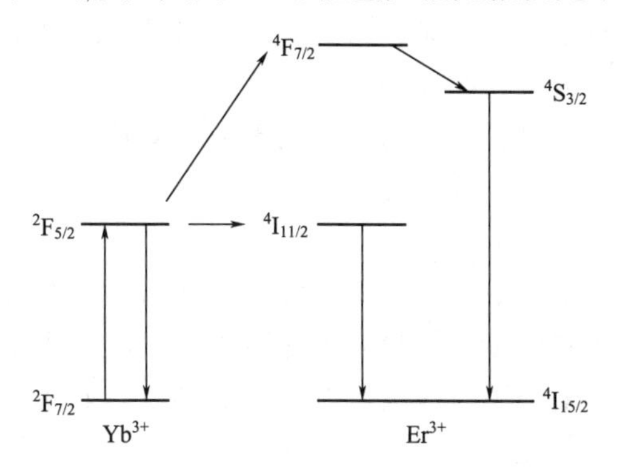

图 9.8 Yb^{3+}-Er^{3+} 的上转换能力图

图 9.8 中的第二步激发过程涉及近共振的非辐射能量转移。一些额外的过程会导致二次激发，包括直接吸收第二个光子（激发态吸收或逐级激发）、辐射能量转移、非共振能量转移或声子辅助能量转移（其中光子产生或消失导致了活化剂和敏化剂离子能量的不同）、协同增感（相对较弱的过程）以及交叉弛豫非辐射能量转移（涉及光子雪崩过程）[12]。

9.2.2 光谱特性

镱可以看作是一些活化剂离子的敏化剂，包括钬、铒、铥、镨和铽。图 9.9 为 Yb^{3+}-Er^{3+}、Yb^{3+}-Ho^{3+}、Yb^{3+}-Pr^{3+} 和 Yb^{3+}-Tm^{3+} 的发射实例。使用共同的敏化剂离子允许用相同激发波长（对镱来说近 980nm）的不同发光物激发。Yb^{3+}-Tm^{3+} 发射最强的波长在近 800nm，尽管这在图中并未展示。800nm 过程的每个发射光子需要两个激发光子，且图 9.9 中的蓝色光需要三个光子。另一个三光子过程涉及近 1.5μm 铒激发发射绿光，在这儿铒既是敏化剂又是激活剂。

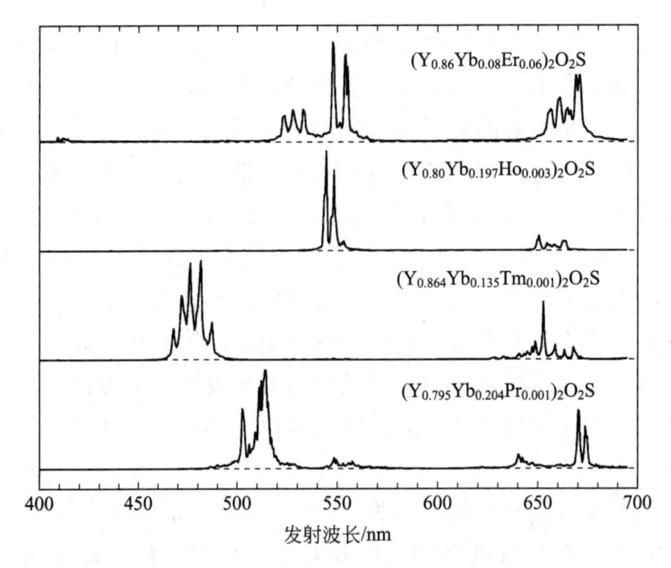

图 9.9 Y_2O_2S 中 Er（铒）、Ho（钬）、Tm（铥）和 Pr（镨）的发射光谱

对于低声子能量材料，上转换趋于更有效，因为没有非辐射损耗，除了当需要声子补偿非共振能量转移的能量差别的时候。用卤化物作阴离子可以获得很低的声子能量，且氟化物是高效的。一些分子量更大的卤化物，如氯化物和溴化物，声子能量更低。然而这些没有得到广泛应用，因为它们具有吸湿性。对生物学应用，则经常使用硫氧化物，因为它们容易制成亚微米的单分子颗粒，而氟化物在光子激发中趋向于融合成较大的颗粒。

主体材料也会影响上转换发光物质的发射光谱和激发光谱。随着阴离子的不同会发生更重要的变化。图 9.10 为阴离子对 Yb^{3+}-Er^{3+} 发射的影响。发射光谱轮廓的形状和发射绿光与红光的比率会发生显著的变化。

图 9.11 为 Y_2O_2S 主体中镱敏化发光体的发射光谱。值得注意的是，所有激活剂离子的激发最大值是相同的。当所有的镧系元素用于复用的时候，这是有益的，因为所有的荧光体有相同的最优化激发波长。由于铒存在吸收共振（大约发生在近 980nm），Yb^{3+}-Er^{3+} 的激发光谱有额外的特征谱线，但是这对激发峰的影响不大。当使用有不同阴离子的主体材料时，如图 9.12 所示的那样，激发光谱会发生重要的变化。

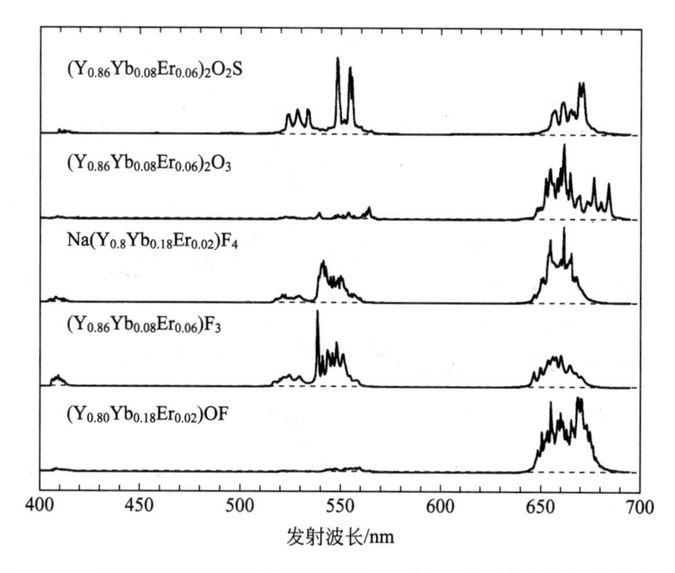

图 9.10 具有不同阴离子主体材料的 Yb^{3+}-Er^{3+} 荧光体的发射光谱

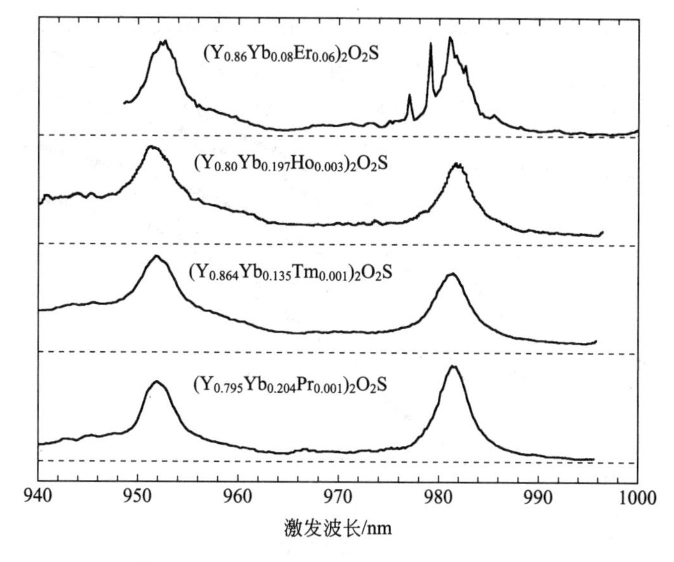

图 9.11 Y_2O_2S 中 Er（铒）、Ho（钬）、Tm（铥）和 Pr（镨）的激发光谱

图 9.13 为 0.3μm 硫氧化物上转换发光物质每个粒子的绝对发射功率。低强度下，发射功率与激发强度的平方成正相关。也就是说，当发射功率的对数值对激发强度对数值作图时，每个曲线的斜率都是 2。高强度时，发射功率与激发强度成线性相关（图 9.13 对数-对数作图的斜率为 1）。

9.2.3 响应时间

上转换发光材料的一个特别不寻常的方面是响应时间依赖于激发强度。图 9.14 展示了这种现象，该图显示了 Yb^{3+}-Er^{3+} 的响应时间长短对激发强度的依赖性。每个点代表以不连续（阶跃函数）方式打开或关闭激发光时的 1/e 上升或下降时间。随着强度的增加，上升和下降时间都会减少，这种现象很罕见。取决于强度的下降时间特别令人惊讶，因为人们希

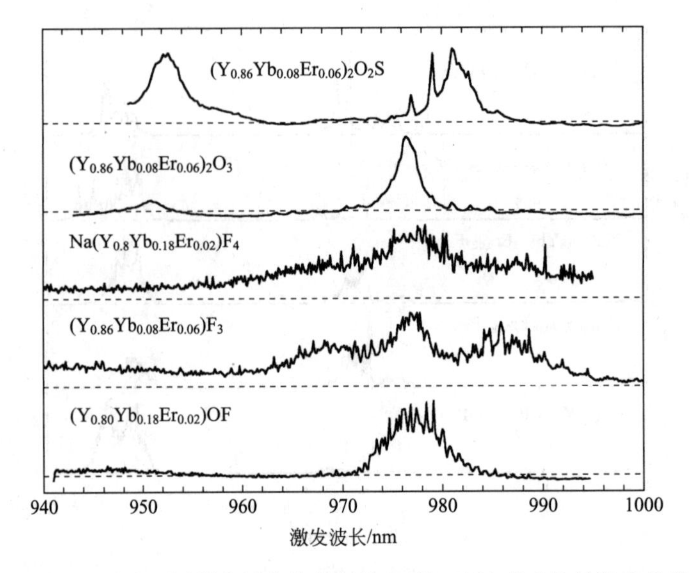

图 9.12 具有不同阴离子主体材料的 Yb^{3+}-Er^{3+} 荧光体的激发光谱

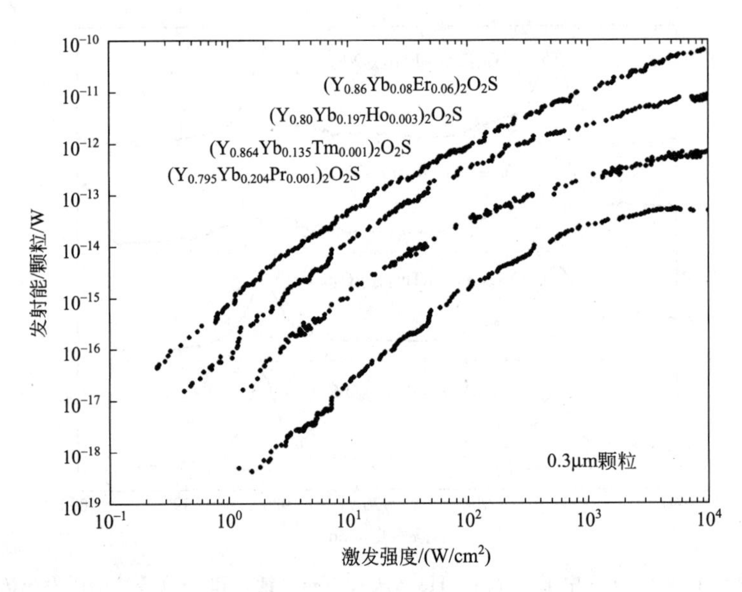

图 9.13 不同荧光体的绝对发射功率与激发强度的关系

望一旦激发源关闭，发射衰减将不取决于激发态的产生方式。当激发强度为几个 W/cm^2 时，响应时间开始减少；在同一水平上，发射功率的强度依赖性从二次变化为线性（见图 9.13）。这种现象的原因会从检验上转换的速率方程和激发光得到的能量损失的主要机制获得。低强度下，主要的损失来自单个激发态的衰变，且响应时间取决于单个活性水平（图 9.8 中的镱 $^4F_{5/2}$ 水平和铒 $^4I_{11/2}$ 水平）。高强度下，双激发态的数目会变得足够大，主要的能量损失会通过双激发态的衰变发生（通过铒的 $^4F_{7/2}$ 水平填充 $^4S_{3/2}$ 水平）。因为双激发态的衰变率高于单激发态的衰变率，所以高强度衰变率高于低强度衰变率。这种从单激发态到双激发态的相同的过渡也会引起发射功率强度依赖的变化。当单激发态主导的时候双激发态的数目会随着单激发态数目的平方变化。因为发射功率取决于双激发态的数目，所以发射功率取决于输入光强度的平方。在高强度体系中，双激发态的数据直接取决于输入光强，且输出功

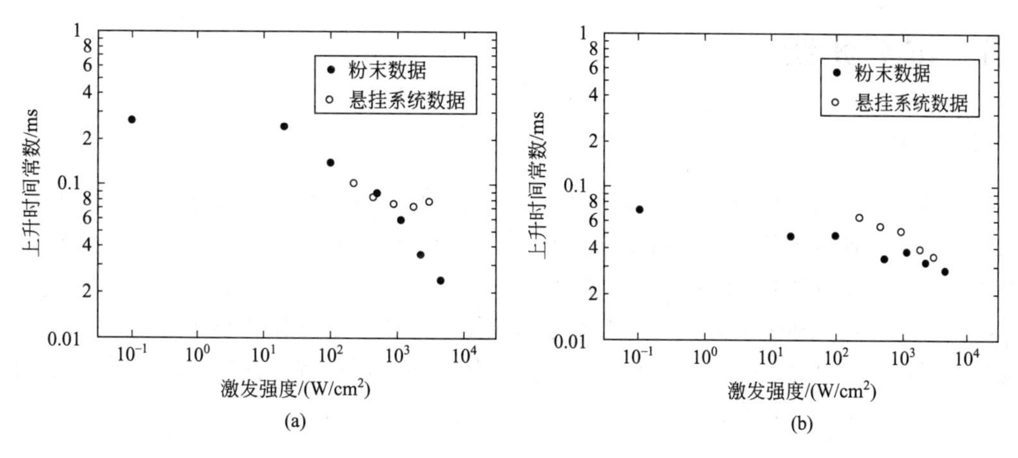

图 9.14 $(Y_{0.86}Yb_{0.08}Er_{0.06})_2O_2S$ 上转换发射上升和衰减的时间变化

率的线性取决于输入光强。瞬时响应和发射功率的交叉都发生在这个强度下：从单激发态主导到双激发态主导的动态变化。

9.2.4 仪器仪表

上转换发光不寻常的特性对它们的检测仪器有着很重要的影响。假设一个光源聚焦在 a 区域。传统荧光的发射线性依赖激发强度，聚焦并不会增加整个信号。尽管照明荧光的激发率增加 $1/A$，照明荧光的数目减少 A，导致聚光信号没有发生净变化。非线性荧光（如上转换发光）的现象则不同。如果发射与光强的平方成比例，总信号会由于照射聚焦更强而增加 $1/A^2$。即使发光物的数目减少 A，由于照射聚集，净信号会增加为 $1/A$。因此，在更紧实的聚焦时会获得更大的信号。为了获得一个给定区域的信号，将光照聚焦扫描在该区域与在整个区域使用均匀的照射相比，前者会产生更强的信号。当激发强度足够高时，在与荧光体上升和下降时间相比更短的照射时间的地方发射是线性的（图 9.13）或高扫描率，这种规律不再成立。

与其他的荧光（如荧光染料）相比，上转换发光的特征响应时间更长。随着强度的增加（图 9.14），上转换发光的上升和下降时间的减少会产生更高强度的激发，这有利于需要更快响应时间的应用，如流式细胞仪[13,14]。

二极管激光器是上转换发光很好的激发光源，因为它们能通过高效的包装组合提供合适的功率（约 1W）。激发产生上转换发光的普遍的波长恰好发生在光通信最受欢迎的波长（980nm 用于掺铒光纤放大器，1.55μm 是在二氧化硅光纤最小损失窗口的位置）。近红外半导体激光系统可以发射在可见光谱范围内的短波荧光。有必要过滤掉这部分荧光以获得最佳性能。在检测方面，可以用陷波滤波器阻止近红外激发光。

尽管上转换发光的激光是在近红外光谱区域，但是检测在较短的波长区域。这是非常重要的，因为探测器在可见光谱区域和近红外波长区往往有更好的表现。用在光电倍增管和图形增强器中的光电阴极材料有较好的量子产率，且在该范围内背景电流比较低。同样，硅基探测器在这个区域有好的表现。大多数情况下有敏感和低噪声探测器，没有上转换背景光，仪器仪表很容易检测单个上转换发光材料。这意味着检测性能往往要受其他因素的限制，比如 NSB 和探针的亲和力，而不是光学标签和仪器等因素的限制。

9.3 试剂研制

9.3.1 介绍

上转换发光试剂是指为了保持水稳定性和官能团化对发光物质进行涂布，随后连接上生物探针。用于制备试剂的过程包括以下步骤：①合成荧光体颗粒；②荧光体表面涂布；③附加生物探针（例如抗体）；④评估试剂成品（图9.15）。尽管人们认为陶瓷上转换发光材料的颗粒很稳定，荧光体表面的钝化（二氧化硅涂层）阻止了荧光体核心在极性溶液中的暴露并避免了镧系元素可能的浸出。钝化之后，荧光体涂布一层硅烷，其有功能基团，抗体探针可以通过交联的方式连接在上面。

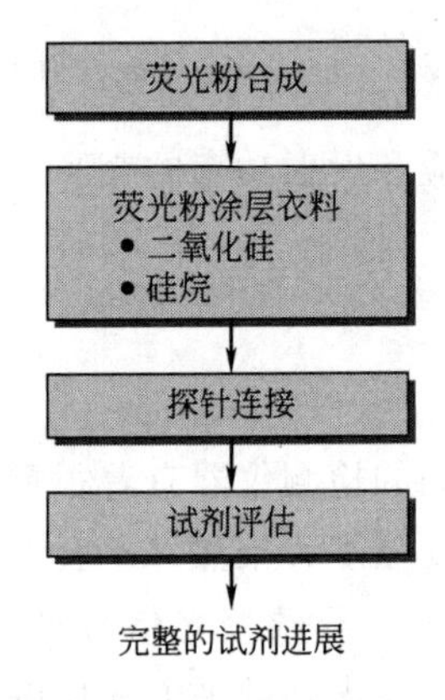

图9.15 试剂开发流程图

此外，官能团连同交联剂提供了荧光体在极性缓冲溶液中的分散性。交联剂、相关的偶联条件和封闭方法要凭经验确定：在实际试验中筛选出有最好表现的荧光体试剂。探针与荧光体颗粒共价连接是最强的。或者合成完成后，将捕获探针吸附到荧光体表面，可制得荧光试剂。

本节描述了亚微米单分散荧光体的合成，用二氧化硅和有机硅烷（organoalkyoxysilane）依次涂布荧光体，最后用交联剂将探针耦合到交联体上，即完成荧光试剂。9.4节将对成品荧光试剂的稳定性和其在分析设备上的应用进行讨论。

9.3.2 荧光物的合成

上转换发光试剂发展的一个目标是获得亚微米、均匀透亮的单分散颗粒。最早是通过球磨更大的晶体产生各种形态的多分散混合物来制备用于分析的下转换发光材料[3]。有人还发现，由于研磨过程中引入到晶体结构中的缺陷[3,15]引起荧光体的输出光减少。因此，该研究组试图开发一种合成工艺，能实现他们的目标，也可以扩展到荧光体的商业生产。荧光体首先是从掺杂镱和铒的氧硫化钇中制得的；然而，当一种分析中需要多种颜色时，在铒的位置掺杂有铁、铥或镨的荧光体也可以使用。实施过程首先从通过沉淀形成亚微米级的球状荧光体开始，之后加热处理将材料转化为氧化物。通过加溶剂和额外加热实现氧化物到氧硫化物的转换。最后一步是为了实现强有力的上转换而进行的晶体结构重排（粒子活化）。合成后对颗粒进行塑形来表示荧光体大小分布的特征。

亚微米荧光颗粒制造：

该研究组制备镱铒硫氧化物荧光体的方法在这里做总结论述[16]；注意其他掺杂不同镧系元素的荧光体的制备采用相同的方法。为了生产钇-镱-铒硫氧化物荧光体（$(Y_{0.86}Yb_{0.08}Er_{0.06})_2O_2S$，镧系元素的硝酸盐首先以化学计量混合在极性溶剂中。然后用过量的脲通过镧系元素离子从作为碱式碳酸的溶液中沉淀形成荧光体颗粒[17]。接着，在750℃空气中的流化床反应器中碱式碳酸荧光物前体颗粒转换成氧化物。用 H_2S、H_2O 和 N_2 的气体混合物在850℃的反应器中再悬浮颗粒4h，将氧化物荧光体转换为硫氧化物形式。最后，激活硫氧化物荧光体，通过用氩气在1450℃下使颗粒流动30min，增加其发光效率。流化床的优点是反应期间颗粒总是有足够的能量移动从而减小它们的聚合。最终结果是生产基本上单分散的0.4μm直径的荧光体粒子（见图9.16）。用相应的镧系元素离子代替进行发射，用相同的方式制备带有不同发射离子的硫氧化物荧光粉。激活的荧光粉置于氩气气氛下储存直至后续使用。

图9.16 合成的上转换发光材料的扫描电镜图像

荧光体的大小取决于尿素沉淀步骤的反应条件。对于某些应用，较小的荧光体是理想的，因为它们的扩散系数增大，增加反应动力学。对于沉淀过程，用增加的尿素浓度和减小的金属离子浓度的组合的初步研究表明，能合成200nm的荧光体[18]，用这种方法可以获得额外的尺寸减小的荧光体。

9.3.3 荧光涂料

合成荧光物无需再经过表面处理就是疏水性的。如果不进行处理，当悬浮在极性缓冲液中时，荧光物会产生凝聚，这严重阻碍了它们作为标记物在分析中的应用。通过涂布荧光体，可以调节荧光体表面在普通分析缓冲液中的亲水性和分散性。另外，可以将官能团引进涂层以允许探针的共价和非共价连接。用双涂层过程来完成制备荧光体的官能化步骤。第一次使用二氧化硅的涂层来钝化荧光体，之后通过交联作用来调节硅烷层表面。

9.3.3.1 二氧化硅涂层

调查了几种应用二氧化硅钝化涂层的方法之后，选择了基于溶液和化学气相沉积（CVD）技术，因为它们给荧光体提供最好的覆盖。用已建立的湿化学方法基于溶液产生无定形的氧化硅涂层得到的结果是最好的[19]。这个过程包括在用碱性催化剂来形成涂层的乙醇悬浮液中四乙氧基硅烷的对照水解缩合。然后将涂层在温和加热条件下固化以形成20～30nm厚的无定形氧化硅层（图9.17），用TEM扫描确定其完全覆盖荧光体的表面。表面覆盖率通过表面分析方法评估，包括俄歇电子能谱（Auger electron spectroscopy）、在SEM上的能量色散X射线光谱（EDX）、X射线荧光光谱、X射线衍射。

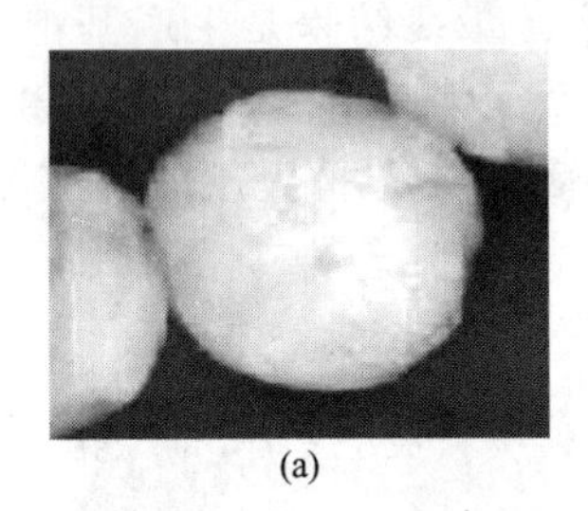
(a)

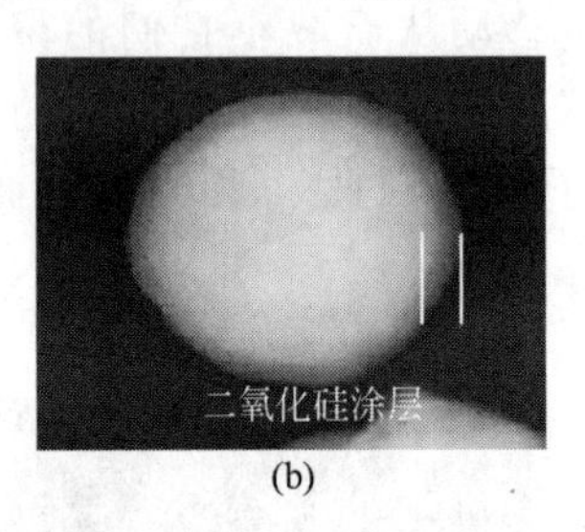

(b)

图9.17 合成的上转换发光材料的透射电镜图像

（a）合成产物；（b）二氧化硅包被后的产物，二氧化硅涂层的厚度为20～30nm

9.3.3.2 硅烷涂层

之后用有机烷氧基硅烷处理二氧化硅包覆的荧光体，来产生用于交联剂共价连接的功能位点，之后是抗体的功能位点。通常使用具有氨基、羧基和巯基的硅烷。用报道的类似方法在荧光体表面涂布3-氨基丙基三乙氧基硅烷[20]。用比色分析检测，试剂表面氨基的平均功能密度是3.4个氨基/nm^2[21]。

9.3.4 捕获探针的官能化

探针可以通过吸附或共价交联连接到荧光体上。虽然吸附是最简单的方法，但探针和荧光体之间的共价键增加了连接的稳定性，且在许多情况下，更好地控制探针的方向。生物共价化学领域有了很好的发展[22]，可以从各个供应商获得各种官能团和长度的连接。连接荧光体和抗体的交联剂和连接方法的选择依靠抗体和目标物。一般情况下，较长的交联剂会减少抗体和目标物之间的空间位阻[23]，使抗体与大的目标物的结合更容易。虽然能够修改连接抗体（例如，用胺对硫醇进行改性，或抗体Fc部分糖的氧化），该组发现在连接到交联剂上之前最好的交联策略也不能调节抗体。在这种情况下，要结合抗体交联剂应该有胺反应性基团（如羧酸或醛）。

9.3.4.1 荧光粉试剂生产

用一个二元醛TPDCA（terephthaldicarboxaldehyde）进行反应，就能将荧光体表面的胺转换为醛。在这一点上，抗体被偶联到颗粒物表面，通过这样的反应，首先颗粒表面的醛与抗体表面的胺自发进行反应，之后用硼氢化钠还原席夫碱（Schiff base）。为了增加抗体与颗粒物表面的距离，可选用PEG交联剂将抗体直接偶联到TPDCA上。PEG交联剂的氨末端能结合到TPDCA上，另一末端为羧基（PEG3400、Shearwater聚合物）[5]。然后用

1-乙基-3-(3-二甲基氨基丙基) 碳二亚胺盐酸盐（EDC）和 *N*-羟基磺基将羧酸转换为琥珀酰亚胺酯[24]。之后琥珀酰亚胺酯改性的连接剂自发地用一个胺与抗体发生反应。通过用 BSA 稀释抗体使得荧光体的抗体表面密度设定在每平方微米 10000～40000 个抗体。荧光体表面抗体密度的上限值估计为每平方微米近 44000 个分子，是通过假设 IgG 抗体的分子量为 150000 来计算回转半径得到的。与抗体偶联后，荧光体上任何剩余的活性位点都被另外的胺涂层蛋白（如 BSA）或小的亲水性含胺分子［如三(羟甲基)氨基乙烷分子］中和。葡萄糖也可以替代 PEG 作交联剂[5]。

9.3.4.2 荧光试剂的测试

生产过程中要对荧光体的光学密度进行常规测试，以监控材料的损失。另外，在应用于实际分析之前，可以做一些快速的测试来检查荧光体试剂。结合到发光物表面上的抗体数量可以用荧光标记第二抗体定量测定，形成的抗体复合物可以通过流式细胞仪检测。通过代替标记靶抗体，可以决定荧光体功能抗体位点的数目。另外，可以用微量孔板代替流式细胞仪检查试剂的功能。

9.4 分析检测开发

9.4.1 介绍

用微观粒子（如上转换发光材料）作为分析的标记比分子标记更敏感，因为每个颗粒等同于成百上千个单独的发光体。颗粒标记不需要酶就可以提供一个放大的信号。此外，因为与激发光相比上转换能提供一个高能量信号，分析测定的背景几乎为零。然而，分析开发用上转换发光材料等颗粒进行标记，需要注意 Hall 等讨论的这几个问题[25]，他们确定了三个关于颗粒标记的参数，这在开发分析方法过程中是需要考虑的。第一，如果要实现颗粒标记信号放大的优点，低 NSB 是很重要的。第二，根据质量作用定律，用在分析中的标记的浓度要尽可能高。第三，与传统的检测理论相反，上转换分析存在一个最佳的标签表面的抗体密度，可能小于单层填充密度。Hall 等用荧光微球做实验证实了他们的发现，类似的结果用上转换发光也可以得到。

9.4.2 分析模式

虽然原则上上转换发光可以用作各种类型的免疫分析的标记，但是主要还是用于夹心和竞争分析中[26]。在一般情况下，夹心分析需要标记有多个抗原决定簇的目标物，而竞争分析中的标记只需要一个单一的抗原决定簇目标物，可以是一个小分子如有机分子。因为它们标记结合目标，夹心分析本质上比竞争分析更加敏感[27]。使用上转换发光利用了夹心分析敏感的优点，因为荧光体可在黑色背景下检测。然而，已经对用上转换发光检测药物的复合竞争分析做了描述[6]。本节将重点关注夹心上转换发光分析的发展。

上转换发光曾被用于各种分析方式，包括横流测定（LFA）、微球（聚合物和磁性）和微孔板。LFA 是一个简单的格式，生产成本低廉，技术难度小，对使用者稍加培训即可。它们都是家用怀孕测试的技术基础。微球提供了一个近似溶液相分析的动力学过程，且当用于异相检测能很容易地从溶液中分开来。另一个优点是微球可以通过流式细胞技术在单粒子的基础上进行分析。微孔板代表了一个完善的分析检测形式，其由于 ELISA 而知名。其优点包括分析发展中材料和方法的可用性。一个单一的上转换发光试剂可用于上述所有方式，因为它们有共同的固相，用来捕获感兴趣的目标物。

先前已经描述了珠基[14]和微孔板上转换发光分析[5]的发展。这次综述将主要聚焦在 LFA 格式上。图 9.18 是横流测试条（试纸）的结构示意图，该研究组设计和发展该方法来检测一个目标病原体[5]。这个试纸含有一个样品应用衬垫、一个试剂释放衬垫（包括干的荧光试剂）、一个硝酸纤维素横向流动薄膜、一个吸附衬垫，以及支撑材料。LFAs 所有的材料（除了上转换发光标记试剂）都是市售的（如 Millipore、Scheicher & Schuell 等公司）。横向流动薄膜包含三个不同的区域：测试线（T）、对照线（C）和指示线（I）。测试线中含有抗体（具体的感兴趣的目标物）吸附到硝酸纤维素材料上。如果样品中存在目标物，将在这个位置被上转换发光体捕获和标记。对照线是设计来捕获任意发光体颗粒的，它流过芯部且作为测试的对照（即表明横流实验工作正常）。它是这样产生的：选择性地结合到交联在荧光体报告颗粒上的抗体，在硝酸纤维素膜上沉淀形成。指示线包括结合到硝酸纤维素膜上的已知数量的荧光体，作为检测器的指示（定位光学阅读磁头），也可以校准信号。

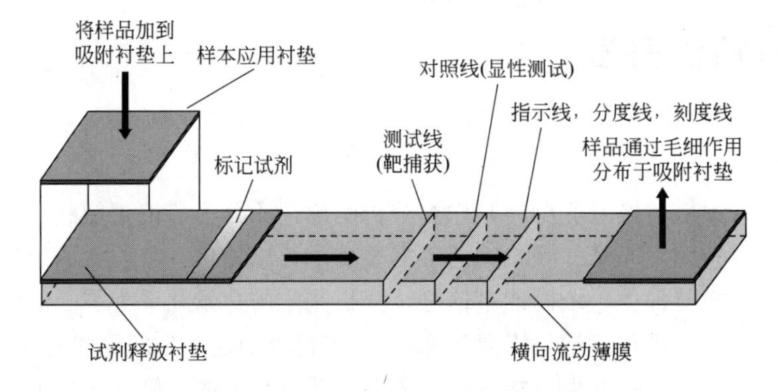

图 9.18 横流测试条示意图

试纸条的主要组成部分（从左到右）分别是样品应用衬垫、释放衬垫、硝酸纤维素膜和吸附衬垫。针对待测物的捕获抗体和上转换发光颗粒标记抗体分别固定于测试线和对照线。荧光体组成的指示线在试纸条芯被读取器扫描时作为控制点。上转换荧光（UCP）试剂沉积在释放衬垫，冻干后组装到试纸条

在所有上面提到的三个分析方式中，可以用上转换发光同时检测多个目标。每个目标确定为一个独特的荧光颜色。附加选择性用 LFA 和微球方式通过在独特的位置（LFA）捕获目标或用特定粒径的微球实现。例如，多于 9 个目标，可以采用三个荧光体结合三个微球的微球分析方式确定。

9.4.3 开发基于上转换发光的检测

图 9.19 中以 LFA 为例展示了检测开发过程。序列步骤开始于功能荧光体试剂在释放衬垫上的沉淀。接着，捕获抗体被分离在选择的硝酸纤维素膜上，用荧光体试剂对其检测。一旦荧光体试剂用最小的 NSB 流过膜，目标物就被添加到带上，然后检查分析方法的灵敏度和特异性。对条带进行额外的监测分析，按顺序创建一个复合测试的试纸。整个检测开发过程中，反馈回路以一个迭代的方式来优化检测性能。

良好的免疫传感始于抗体的选择。抗体的要求包括对靶标物的敏感性和特异性。因为固

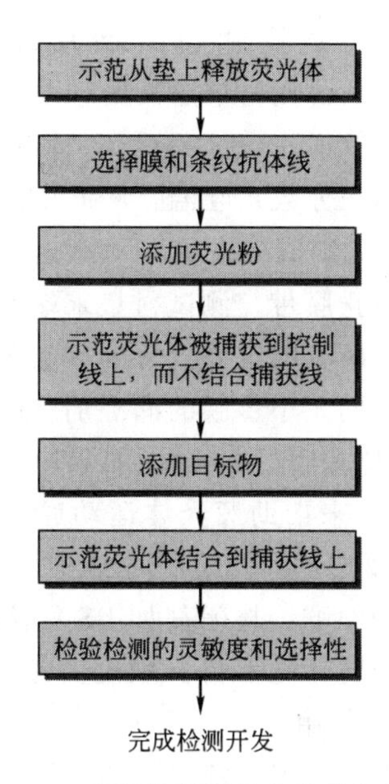

图 9.19 开发分析测试方法的流程图

相的抗体既用于捕获又用于靶标检测，所以需优选经 ELISA 筛选后的单克隆抗体或纯化的多克隆抗体。如果可能的话，至少选择一种单克隆抗体偶联在荧光微粒上。该选择是较好的，因为与多克隆抗体的连接相比，由于单克隆抗体制备物的均质性，使单克隆抗体与荧光物质的偶联更一致（即再现性好）[26]。但是，必须经过试验测试抗体对，以确定用于任何测定的最佳组合。当有一个抗体库（特别是单克隆抗体）可供选择时，将有助于抗体的选择。

荧光体试剂通过 DDB 缓冲液沉淀在释放衬垫上。缓冲液成分必须在保护荧光体试剂的同时干燥试剂，且当试剂水化的时候允许释放良好。典型的缓冲液组合物包括大量的糖，例如蔗糖［最高达 20%（质量分数)］，可延迟连接到荧光体上的抗体变性[28]。该小组建立了一个评估 DDBs 和释放衬垫材料（如玻璃纤维和 Accuflow-G）的过程。释放衬垫必须具有有效的毛细作用，不结合太多抗原或不引进干扰物质。作为检测开发过程的一部分，我们小组按常规（1）决定了每个实验带状荧光体试剂的数目，（2）调整了 DDB 配方和干化过程，且（3）优化了封闭和样品处理缓冲液，根据需要来改善干燥试剂的释放。将荧光体试剂稀释在 DDB 中，由 10mmol/L 硼酸盐缓冲溶液（pH 9.0）外加 5%（质量分数）BSA（牛血清白蛋白）和 20%（质量分数）蔗糖组成。然后，以 2μL/s 的速度将荧光体试剂在 Accuflow G 释放衬垫（Schleicher 和 Schuell）上条带化，并在 37℃下干燥 1h，得到最终的荧光体质量是每 LFA 条带上 200～400ng，要依靠分析目标确定。

LFA 带的制备是一个多步骤的过程[5]。第一是硝酸纤维素薄膜材料的选择和评估。膜必须要有均匀流且对微小变化都要有较高的检测灵敏度。第二是有测试线和对照线抗体的膜的条带化。捕获抗体沉淀在膜的缓冲区，有利于蛋白质在硝酸纤维素材料上的吸附。在某些情况下，抗体通过含有 BSA 的缓冲液形成条带，BSA 是当结合到测试线上时能使 NSB 最小化的蛋白。合适的抗体是在 50mmol/L 荧光体缓冲液（pH 7.5）中稀释到 1～3mg/mL，而该缓冲液中有浓度为 10mg/mL 的 BSA 作封闭和间隔剂。然后用 IVEK 微传输设备以 1μL/cm 的分配速度将抗体溶液分配到一个硝酸纤维素卡上（40mm×200mm HF135 材料，Millipore 公司)。此外，包含荧光体的指示线条纹与最后的抗体线相距 4mm。生物传感器用指示线来确定目标捕获物的位置和扫描数据中的控制线峰。然后将卡放在烘箱中在37℃下干燥1h。第三是在条带的两端选择吸附衬垫。应用衬垫是根据它以最小的干扰吸附和调节测试样品流的能力来选择的。该垫浸泡在包含10mmol/L Hepes、135mmol/L NaCl、5mmol/L EDTA、1%（质量分数）BSA、0.5%（体积分数）吐温20和0.2%（质量分数）NaN_3的运行的缓冲溶液中（RB）。在连接到其他的毛细成分之前，对其进行冷冻干燥。分析检测中，RB成分在水化期间被释放，来动态地阻止膜带。测试衬垫末端的吸附衬垫的类型和大小是根据流过条带的液体的量决定的。第四，所有的这些成分层压起来，且在使用前切成条状。

荧光物在膜上的移动是受膜孔的大小、膜的润湿剂（膜制造过程中加入的，也是分析的一部分）、荧光试剂的质量、荧光体和膜的相互作用以及分析缓冲液的组分控制的。在DDB中用流平剂（flow agents）（如糖）来帮助荧光体运动通过膜。硝酸纤维素膜有时用1%聚乙烯醇（PVA）作为封闭剂进行预处理。测定缓冲液中会另外加入封闭剂，如蛋白质和表面活性剂。在特定目标物存在的条件下，封闭剂如BSA能使荧光体在测试线上的疏水性非特异性吸附最小化，在减小背景的同时能保持灵敏度。额外加入的NSB的封闭作用是缓冲液中的表面活性剂（如吐温20）的作用。

一般情况下，要进行一个经验流程来确定最佳的测定条件。该研究组的方法是用一个正式的改进过程定量评价现实变化范围内的关键参数的成对试验。开发过程类似于先前提到的荧光体试剂优化。表9.1列出了几个实验参数和典型的优化范围。

表9.1 分析试纸条件优化和预期测定范围

变量	范围
膜阻断剂(如PVA)	0%～1%(质量分数)
检测缓冲中的阻断剂(BSA)	0.5%～5%
表面活性剂(如吐温20)	0.01%～1%
释放衬垫上的荧光体试剂	0.1～3μg
硝化棉上带条纹的抗体	0.5～3mg/mL

一个典型的优化实验的实施是构造一个实验矩阵来比较两个变量，如抗体浓度和交联剂的几个点（如试剂浓度、交联剂类型）。另外，可能产生的实验矩阵包括调查偶联抗体的pH、封闭剂的类型和浓度、猝灭剂的类型和浓度等。起初，参数在很宽的范围内进行优化；接下来的实验可以缩小参数范围来获得最优的操作条件。以横流的形式进行优化实验；然而，在实验开始之前，先将荧光试剂应用到释放衬垫上。只是在后来的发展进程中，荧光体试剂在应用前要进行冷冻干燥。最终的结果是制备成的荧光体试剂选择特定目标物的效果是最佳的。

上转换发光试剂的溶液稳定性依靠缓冲液组分[3]。在试剂发生凝聚的条件下，实验效果会受到影响。该研究组发现与磷酸盐缓冲液相比，Hepes缓冲液能最大限度地减少荧光体在溶液中的凝聚[5]。荧光体试剂的稳定性（寿命）很大程度上取决于所连探针的稳定性。在许多情况下（如LFA），试剂被应用到分析设备上，且为了维持长期稳定性在使用前要进行干燥。试剂在释放衬垫上进行干燥的时候往里面添加的辅料，如蔗糖和BSA，覆盖在荧光体试剂上面能够阻止荧光体在释放衬垫上的不可逆连接且在测定中起辅助作用。荧光体适当的释放是必不可少的，它能阻止荧光体从垫向膜过渡时发生试剂堆积。荧光体堆积通过限制试剂和目标物穿过膜带上的测试线的流量引起实验效果的变化。堆积可以通过以下手段实现最小化：认真选择释放衬垫，仔细制备荧光体试剂，优化干燥过程和分析缓冲液。此外，含荧光体试剂的 LFA 设备被封装在含有干燥剂的密封袋内，往里面充入惰性气体以减少试剂的氧化。使用这些程序，在室温下保存，保质期可达 6 个月以上，而如果在 4℃下保存，保质期可长达 1 年。

9.4.4 实验分析以及结果

检测方法开发的一个重要组成部分是扫描条带时处理荧光体信号的算法改进。最简单的方法是对测试线峰面积进行积分，将此数据在标准曲线上进行匹配以确定存在的目标物的浓度。而只要测试线的测试结果表现良好就足够了，更稳健的做法是将某一区域的测试线峰值试验组和对照组下的峰面积分开，使穿过条带的荧光体标记的信号标准化。使用后一种方法，目标检测被视为一个假设检验，在 H_0（假设数据只代表 NSB）和 H_1（假设发生了特异性结合）之间。单制剂 LFA 的情况下，凭经验发现，H_0 条件下，基线扣除后，测试峰和对照峰（T 和 C）很好地符合下面的线性模型：

$$T_k = a + bC_k + n_k \tag{9.1}$$

式中，k 表示在 NSB 条件下收集的一个数据样本；a 和 b 为模型系数；n_k为假设独立下的模型残差，近似正态分布（均值为零，方差为 σ^2）。模型参数 a、b 和 σ^2 通过标准线性回归分析 NSB 数据估计而来。用奈曼-皮尔森（Neyman-Pearson）方法进行检验[29]，如果有目标物结合到测试线上，就拒绝 H_0。

$$S = |T - (\hat{a} + \hat{b}C)| > \tau \tag{9.2}$$

这里 τ 为所选择的阈值，特定的阴性检测结果的概率 P_{fa}如下：

$$P_{fa} = \frac{1}{\sqrt{2\pi\sigma^2}}\int_{\tau}^{\infty} \exp\left\{-\frac{1}{2\sigma^2}[T - (\hat{a} + \hat{b}C)^2]\right\} dT \tag{9.3}$$

这种检验方法对我们所分析的各种生物制剂分析数据是行之有效的。

阅读器收集的每个横流测试条的扫描数据第一次进行分析是识别 T 和 C，还有两条线之间代表背景荧光的区域。在每条线上取五个点求平均值。然后用公式(9.2) 来决定测定结果是否超过了检测阈值 τ。如果超过了这个阈值，就表明是阳性结果。否则，就判定为阴性结果。检验统计量 S 为 NSB 数据的标准偏差。因此，检验统计量的结果是 2 意味着结果 2σ 在空值（the null case）以上。

上转换发光为基础的 LFA 方式的检测已经开发出来用于检测人绒毛膜促性腺激素(hCG)，旨在证明上转换发光有作为敏感标记的潜力。在测定中使用市售的对 hCG α 链和 β 链有高度亲和力（K_d约为 10^{-11} mol/L）和特异性的抗体。如图 9.20 所示，该小组能够检测在 100μL 样品中浓度低至 10pg/mL 的 hCG。另外，目标线上的信号随着 hCG 浓度的增加而单调增加，从 10pg/mL 增加到 10ng/mL。与其他标签如胶体金相比，用荧光体标签检测的灵敏度高 10～100 倍[5]。

该实验室还开发了一种基于上转换发光的横流分析实验来检测炭疽杆菌。图 9.21 展示了试纸的扫描结果，剂量或者是 1×10^6 cfu/mL 的炭疽杆菌芽孢或者是无芽孢。没有目标物的测定条纹显示很少的荧光体结合到测试线上（图 9.21 中最右边的峰值），而是如期望的那样捕获到对照线上，这暗示着荧光体穿过了条带。当出现炭疽杆菌芽孢的时候，在目标捕获

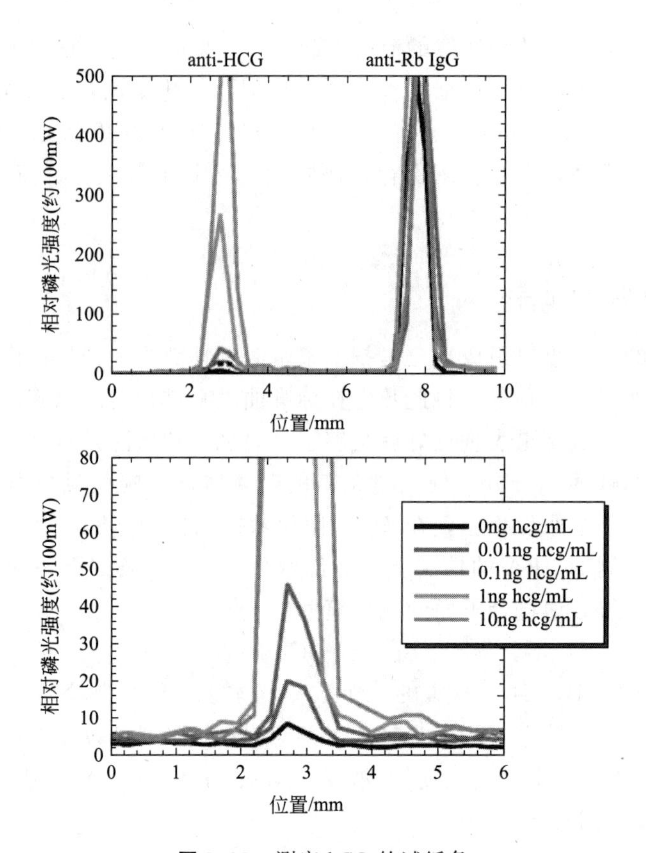

图 9.20 测定 hCG 的试纸条

上图表示试纸条不同位置的荧光强度。Rb IgG 抗体为阳性对照线。

下图是 hCG 抗体捕获线的放大图，表示测定的剂量响应

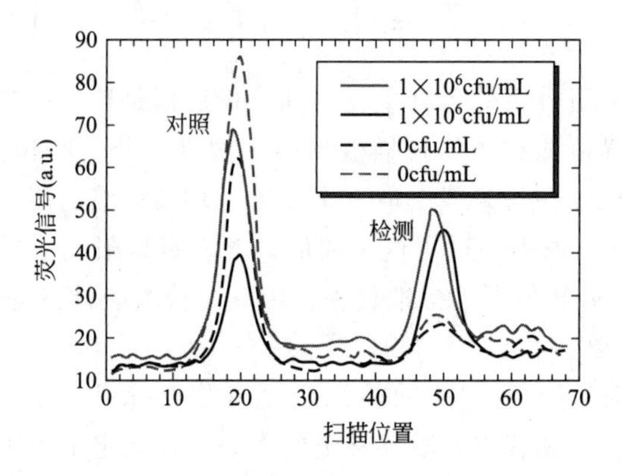

图 9.21 利用上转换发光材料试纸条检测炭疽杆菌（*B. anthracis*）芽孢

横流测试条浸入含 10^6cfu/mL *B. anthracis* 的 Hepes 缓冲液或纯缓冲液（对照）中。

待测芽孢可以从测定线背景中明显地分辨出来

和对照线上会出现荧光体强力的结合。这组数据表明微米大小的目标物（如炭疽杆菌芽孢）可以流过硝酸纤维素膜，且能用荧光体标记在测试线上检测到。

已经实现了用上转换发光同时检测两个目标物。在先前报道的试验中[5]，用两种不同的荧光体颜色检测 LFA 中的小鼠 IgG 和卵清蛋白。当存在浓度高于 1000ng/mL 的小鼠 IgG 的条件下，卵清蛋白的检测得到了证明。表 9.2 显示了用上转换发光 LFA 检测一种目标抗

表 9.2 上转换发光材料对不同待测目标物的检测灵敏度

目标抗原	检测限①
鼠疫杆菌(F_1 抗原)	1ng/mL
炭疽杆菌	6×10^5cfu/mL
土拉杆菌	2.5×10^5cfu/mL
牛痘	10^6pfu/mL
蓖麻毒素	1ng/mL
人绒毛膜促性腺激素(hCG)	10pg/mL
BG 芽孢	1×10^4cfu/mL

① 在侧流检测方式中（15min 试验）中的上转换发光体标签。

原的检测限。显示的数据是制剂应用到试纸上观察 15min 后的结果。对于毒素和其他分子大小的目标物（如 F1 抗原），检测限近似 1ng/mL。对于细菌制剂（芽孢和细胞），检测限在 10^4～10^6cfu/mL 之间。

该小组还开发了用上转换发光检测蛋白质（小鼠 IgG、卵清蛋白）、病毒（MS2 大肠杆菌噬菌体）、细菌细胞（草生欧文菌）和芽孢（BG）的流式细胞仪免疫分析。夹心分析方式中，用聚苯乙烯或磁珠捕获感兴趣的目标物。进行检测时，使用一个抗体功能化的荧光体，或者间接地首先用生物素标记的抗体检测目标物，接着使用亲和素偶联的荧光体。该小组证实了检测小鼠 IgG 的分析灵敏度约为 250pg/mL[13,14]。在一项实验中，用偶联有抗鼠抗体（免疫磁珠 M-450 羊抗鼠 IgG）的磁珠捕获 IgG，浓度为 6.7×10^5 磁珠/mL。捕获小鼠 IgG 的检测分为两步。首先，将生物素化抗鼠抗体连接到小鼠 IgG 上。其次，用浓度为 1.7×10^8/mL 的亲和素偶联荧光体检测生物素化抗体。通过计算高于背景水平荧光体信号的捕获磁珠产生剂量-反应曲线关系，其中背景水平是指没有荧光体存在的捕获玻璃珠。用绿色上转换发光和侧向散射的点状图来定义两个区域：未标记捕获磁珠和标记捕获磁珠。捕获磁珠的前向

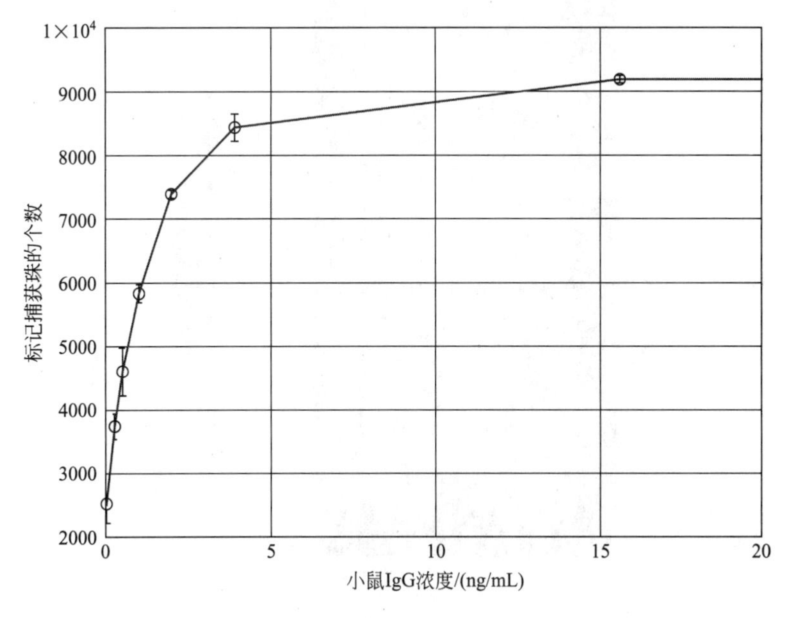

图 9.22 通过上转换发光标记利用流式细胞仪测定鼠 IgG

如文中所述，通过分析相应的带正电标记的捕获珠的数目进行测定

和/或侧向散射，来分析过程中获得的10000个磁珠。从图9.22实验的剂量-反应曲线评估得到检测的灵敏度约为250pg/mL。

9.5 传感器平台

本节回顾了SRI国际公司主要为检测生物战剂而开发的两个检测仪器平台，包括读取LFAs的电池供电手持式生物传感器和读取基于微珠检测的简易型流式细胞仪。两个仪器都是设计来对环境样品进行现场检测的，但也有其他的应用，包括临床诊断和药物检测。

9.5.1 手持传感器

手持传感器（图9.23）是一个小型的、电池供电的检测器，用来读取先前章节描述的上转换发光体横流测试条。图9.24为传感器示意图。该传感器是一个三通道的移动设备，通过对横流测试条的一次扫描，能同时检测三种不同上转换发光物的发射。该传感器包括手掌PDA、电源板、控制器板、激光驱动器电路板和一些光学组件。手掌PDA用来控制传感器的整个操作。它为操作员操作、显示和归档每次扫描所得的数据提供了一个图形用户界面。电源板为传感器提供能源转换和分配，操控10个标准的3V相机电池或3V的外加电源组成3V电池组。控制面板执行来自每个光电倍增管（PMT）信道的必要信号检测和模拟处理。该板包含必要的数字化模拟信号和控制PMT电压的转换器。这个板也用于扫描试纸芯部的步进电机的操作，且它能提供用于调制激光的信号和三个光检测器光电流的相敏检波。激光驱动器电路板提供激发光源所需的电流偏置和调制信号，也可以通过热电冷却器（TEC）来调节封装在其中的二极管激光器的温度。光学模块包含激光二极管和与之相关联

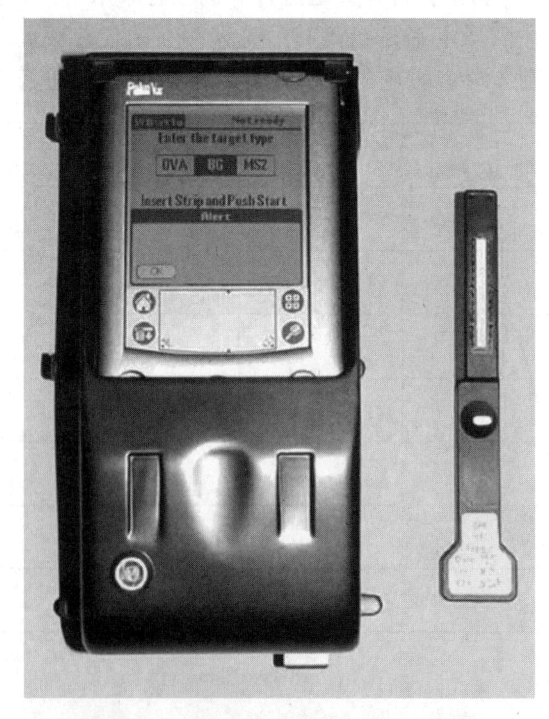

图9.23 手持式上转换发光检测传感器

Palm PDA提供仪器的用户界面。传感器右侧是放入黑色保护套的试纸条

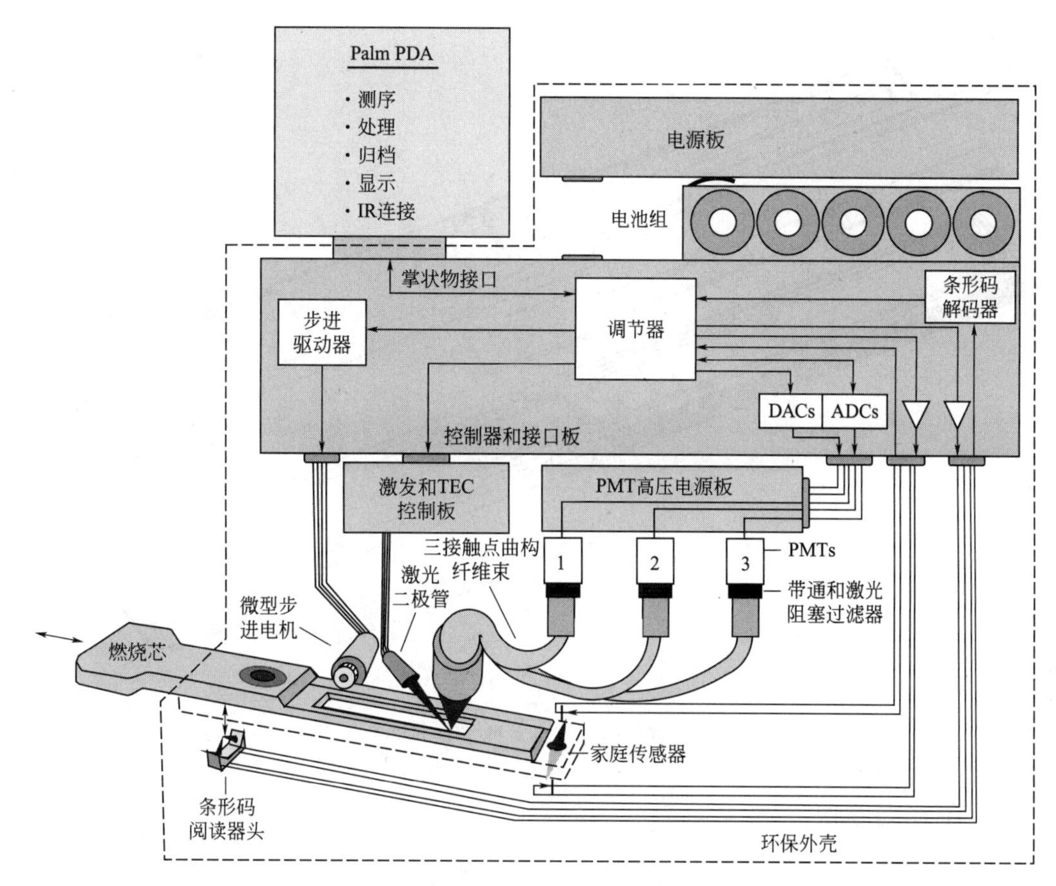

图 9.24 手持传感器结构图

传感器的操作在文中介绍

的耦合光学系统，从横流测试条中收集发射光的一个三接触弯曲构型的光纤束，以及三个滤波光电倍增管 PMTs。激光源（Osram SPL-2F）是一个 1.5W 连续 980nm 的光源，由 TO-220封装中的整个 TEC 提供。非球面耦合透镜是用来以一定的倾斜角度（与法线交角约 45°）将激发光聚焦在横流测试条上。光纤束由大量的高数值孔径的光纤组成，它们被分成三组，其中每组送入一个 PMT（Hamamatsu R7400U）。放置在每个 PMT 前面的过滤器堆栈包括一个 980nm 阻塞过滤器和一个可见带通滤波器，滤波器的中心集中在特定荧光组合（510nm、550nm 和 800nm）的峰值发射波长。

图 9.25 是一个与传感器一起使用的横流芯装配的示意图。外壳由注塑黑色聚丙烯构成，这是设计用来容纳横流芯和应用、试剂及吸附衬垫的。芯部宽 4mm，长 25mm。芯壳体的一侧有一个波纹部分，提供到步进电机的高效耦合。在传感器操作过程中，用户将一个试纸芯插入传感器读出端口，且通过掌状物 GUI 来激活设备。该传感器迅速将试纸芯拉入该设备到有效位置。然后激活激光源，试纸芯慢慢被推出传感器外壳，同时，来自光电倍增管的光学信号被数字化和储存。在扫描完成后，用最大似然算法处理信号来决定是否存在被检测的目标物。操作员也观察试纸芯的原始扫描数据，检查捕获、对照和指示线的信号峰。

SRI 共生产了 5 个手持传感器，广泛地对各种模拟目标物进行测试。在 SRI 之外，也在几个别的实验室进行了传感器测试，来证实表 9.2 中所列目标物的检测限。

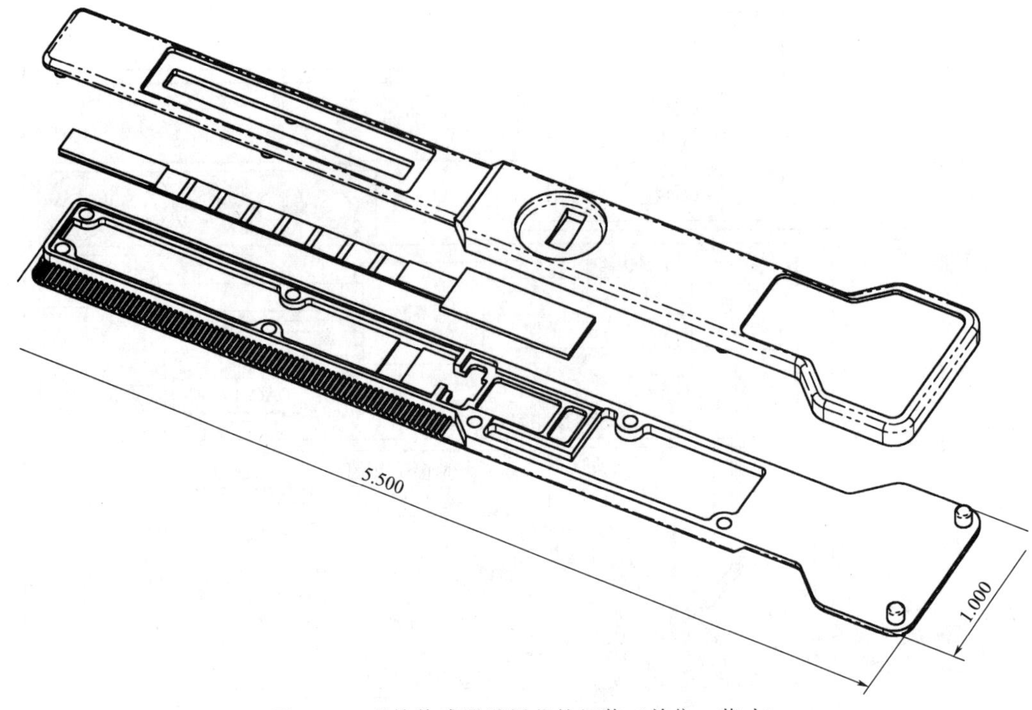

图 9.25 手持传感器试纸芯的组装（单位：英寸）

9.5.2 流式细胞仪

SRI针对环境样品中的病原体检测开发了一种利用上转换发光技术的紧凑型流式细胞

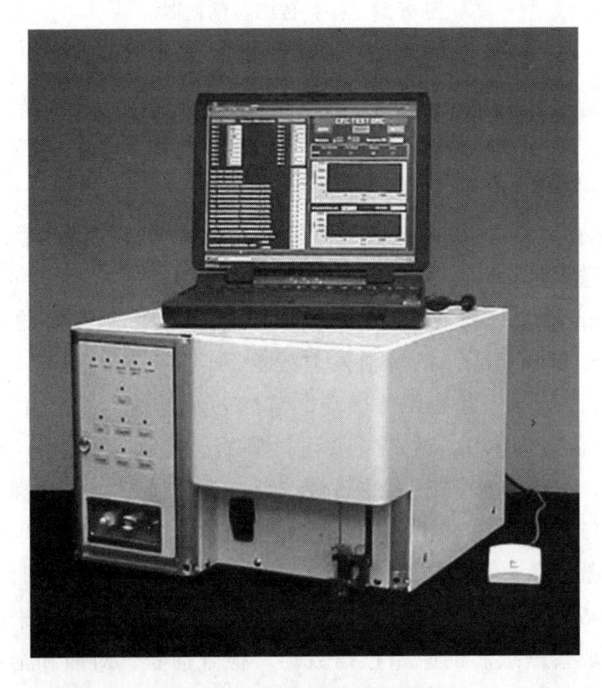

图 9.26 便携式流式细胞仪

上面的笔记本电脑用于控制仪器和分析数据

仪。该仪器是一个单样本五个参数的检测仪，能够用一个单一的、小的激光二极管激发光源同时检测多种病原体，以确定乳胶（或磁力）粒子的大小和激发多种荧光物（3 种颜色）。这个仪器的设计部分基于现有的 FacsCount™ 流式细胞分析仪，这是由 Becton-Dickinson（BD）公司生物科学部制造的。我们研究组的设计也是基于早期的工作，改进了 FacsCalibur™ 台式流式细胞仪，它曾经被用于支持基于荧光标记的微珠分析检测方法的开发。原型仪器（图 9.26）由三个独立的内联元件组成：紧凑型流式细胞仪、一台笔记本电脑（用于数据分析和结果显示）、废液及废物容器。

流式细胞仪是采用模块化的方法设计和建造的，包含一些常用的电子、光学和流体组件。尽管紧凑型流式细胞仪是以 BD FacsCount™ 流式细胞仪为基础的，但该组仅保留了原始仪器的射流控制装置、流式电池组和光学板（经过修改的）。然后构建一个新的框架、盖子、电子、控制面板和流体模块。在笔记本电脑上写入一个自定义控制 GUI 软件来操控检测分析。完成的流式细胞仪重 36lb（1lb=0.4536kg），体积 1.6ft^3（1ft^3=0.0283m^3），至少需要 100W 的能量进行操作。

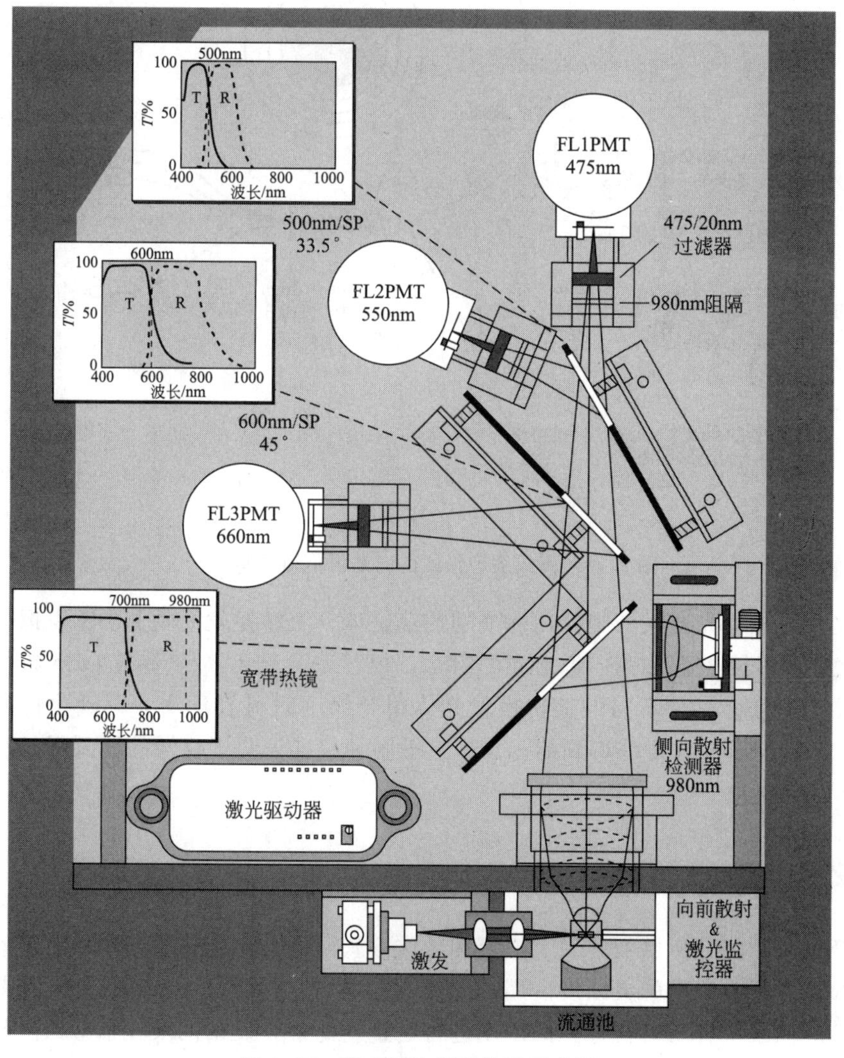

图 9.27 流式细胞仪的光路示意图

图 9.27 为流式细胞仪光学组件的示意图。作为激发光源的一个 980nm 激光二极管集中在流动池样品区域的 60μm×180μm 位置，提供的能量密度高于 $1000W/cm^2$。这种高密度的能量是必需的，因为根据荧光发光的时间动力学，要得到来自上转换发光物通过激发光束的可接受的信号水平。一个定制的光学组件在与激发光束成 90°角的方位收集光且通过分光镜系统直接将能量供给检测器。三个过滤光电倍增管检测来自三个不同荧光体发射光谱带（475nm、550nm 和 660nm）的光，固态光电二极管检测弹性散射激发光。乳胶或磁性颗粒产生的向前方向的散射光是通过新开发的三接触弯曲光纤束收集的（图 9.28）。光束被分成一个个扇形的同心环，来自每个环的光直接被定向到一个单独的光电二极管检测器。此方案允许进行向前方向散射光锥角度范围的测量。用光纤中央纤芯检测的光用作激光功率监视器和系统联调。用前向和侧向散射激发光的检测来确定乳胶（或磁性）颗粒的大小。

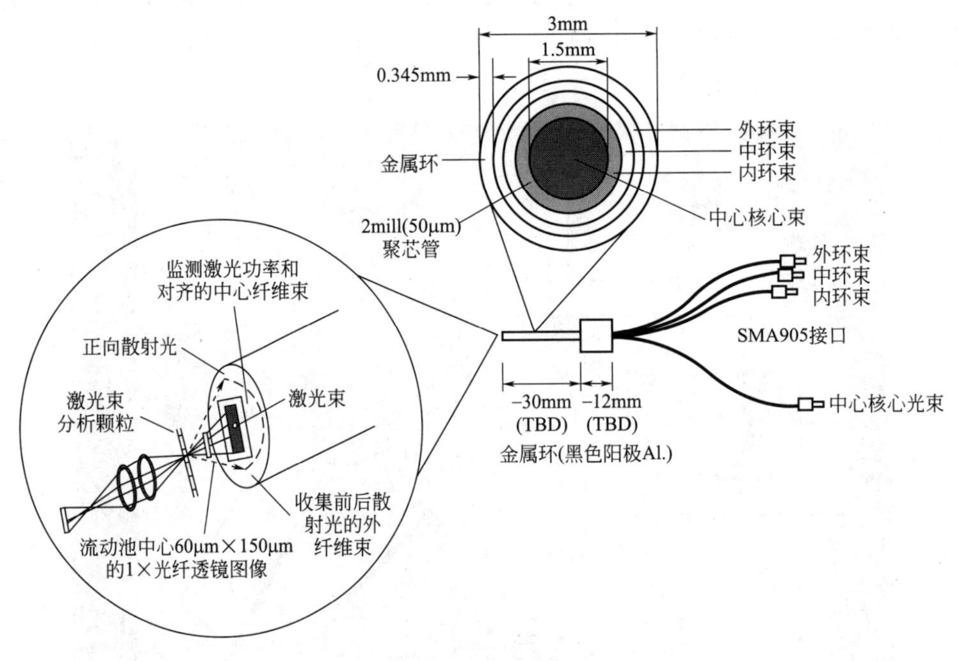

图 9.28 流式细胞仪的前向散射信道光学原理

紧凑型上转换发光流式细胞仪用标准的捕获磁珠、上转换发光物和 BG 模拟分析广泛进行检测和校准。使用前向和侧向散射光的组合，很容易区分 2.8μm 和 4.5μm 粒径的磁性颗粒。此仪器可以区分三种不同的上转换发光体组合物（铒硫氧化物、铒氧化物和铥硫氧化物）。用荧光标记 4.5μm 磁珠得到的一系列灵敏度和校准证明了仪器的检测限是每个颗粒物结合大约 5 个荧光物。

9.6 结论

上转换发光免疫分析已经开发了横流和微珠方式，而且也证实了这两种方式对不同生物目标物的检测表现出很高的灵敏度。用一个光学阅读器（无论是手持式传感器还是流式细胞仪）结合标准曲线很容易对目标物的浓度进行定量。此外，发出的荧光信号的上转换发光能够高灵敏度地检测有最小光学背景的各种样品基质。然而，像其他光学报告系统一样，上转换发光是依赖抗体和方式的，每次应用时必须进行优化。

致谢

这项工作是合约 MDA972-96-K-0004 和 MDA972-97-C-0019 下的 DARPA，以及合约 DAAM01-95-C-0088 下的美国陆军 ERDEC 赞助的。作者特别感谢 SRI 的我们的同事，特别要感谢 Lisa Ahlberg、John Carrico、Michael Furniss、Mike Hall、Johannes Hampl、Jim Kane、Irina Kasakova、Paul Kojola、Nina Mufti、Gary Rundle、Angel Sanjurjo、Luke Schneider、Ken Shew、Tran Tran、Jan van der Laan、Russell Warren、Megan Yao 和 David Zarling 等的贡献。作者也还要感谢与 J. Michael Brinkley、Mildred Donlon、Hans Feindt、Keith Kardos、R. Sam Niedbala、Sal Salamone、Carleton Stewart 和 Hans Tanke 等的讨论。

参考文献

1. Bloembergen, N., Solid state infrared quantum counters, *Phys. Rev. Lett.*, 2 (3), 84–85, 1959.
2. Auzel, F., Compteur quantique par transfert d'énergie entre deux ions de terres rares dans un tungstate mixte et dans un verre, *C.R. Acad. Sci. (Paris)*, 262, 1016–1019, 1966.
3. Beverloo, H. B., van Schadewijk, A., van Gelderen-Boele, S., and Tanke, H. J., Inorganic phosphors as new luminescent labels for immunocytochemistry and time-resolved microscopy, *Cytometry*, 11 (7), 784–792, 1990.
4. Zarling, D. A., Rossi, M. J., Peppers, N. A., Kane, J., Faris, G. W., Dyer, M. J., Ng, S. Y., and Schneider, L. V., Up-converting reporters for biological and other assays using laser excitation techniques. (U.S. Patent 5,674,698) Filed 30 March 1995, Issued 7 October 1997.
5. Hampl, J., Hall, M., Mufti, N. A., Yao, Y. M., MacQueen, D. B., Wright, W. H., and Cooper, D. E., Upconverting phosphor reporters in immunochromatographic assays, *Anal. Biochem.*, 288 (2), 176–187, 2001.
6. Niedbala, R. S., Feindt, H., Kardos, K., Vail, T., Burton, J., Bielska, B., Li, S., Milunic, D., Bourdelle, P., and Vallejo, R., Detection of analytes by immunoassay using up-converting phosphor technology, *Anal. Biochem.*, 293 (1), 22–30, 2001.
7. Corstjens, P., Zuiderwijk, M., Brink, A., Li, S., Feindt, H., Niedbala, R. S., and Tanke, H., Use of up-converting phosphor reporters in lateral-flow assays to detect specific nucleic acid sequences: a rapid, sensitive DNA test to identify human papillomavirus type 16 infection, *Clin. Chem.*, 47 (10), 1885–1893, 2001.
8. Auzel, F. E., Materials and devices using double-pumped phosphors with energy transfer, *Proc. IEEE*, 61, 758–786, 1973.
9. Auzel, F., Upconversion and anti-Stokes processes with f and d ions in solids, *Chem. Rev.*, 104, 139–173, 2004.
10. Wright, J. C., Up-conversion and excited state energy transfer in rare-earth doped materials, In *Radiationless Processes in Molecules and Condensed Phases*, Fong, F. K., Ed., Springer, Berlin, pp. 239–295, 1976.
11. Mita, Y., Infrared up-conversion phosphors, In *Phosphor Handbook*, Shionoya, S. and Yen, W. M., Eds.,, CRC Press, Boca Raton, FL, pp. 643–650, 1999.
12. Chivian, J. S., Case, W. E., and Eden, D. D., The photon avalanche—a new phenomenon in Pr(3+) based infrared quantum counters, *Appl. Phys. Lett.*, 35, 124–125, 1979.
13. Wright, W. H., Rundle, G. A., Mufti, N. A., Yao, Y. M., Carlisle, C. B., and Cooper, D.E., Flow cytometry with upconverting phosphor reporters. XIX Congress, International Society for Analytical Cytology, Colorado Springs, CO, (February 28-March 5), 1998.
14. Wright, W. H., Rundle, G. A., Mufti, N. A., Yao, Y. M., and Cooper, D. E., Flow cytometry with upconverting phosphor reporters, In *Optical Investigation of Cells In Vivo and In Vitro*, Farkis, D. L.,

Tromberg, B. J., and Leif, R. C., Eds., *Proceedings of SPIE 3260*, SRI International, Menlo Park, CA, pp. 245–254, 1998.

15. Beverloo, H. B., van Schadewijk, A., Bonnet, J., van der Geest, R., Runia, R., Verwoerd, N. P., Vrolijk, J., Ploem, J. S., and Tanke, H. J., Preparation and microscopic visualization of multicolor luminescent immunophosphors, *Cytometry*, 13 (6), 561–570, 1992.
16. Sanjurjo, A., Lau, K. -H., Lowe, D., Canizales, A., Jiang, N., Wong, V., Jiang, L. et al., Production of substantially monodisperse phosphor particles, (U.S. Patent 6,039,894) Filed 5 December 1997, Issued 21 March 2000.
17. Akinc, M. and Sordelet, D., Preparation of yttrium, lanthanum, cerium, and neodymium basic carbonate particles by homogeneous precipitation, *Adv. Ceramic Mat.*, 2, 232–238, 1987.
18. Li, S., Feindt, H., Giannaras, G., Scarpino, R., Salamone, S., and Niedbala, R. S., Preparation, characterization, and fabrication of uniform coated Y2O2S:RE3 + up-converting phosphor particles for biological detection applications, In *Nanoscale Optics and Applications*, Cao, G. and Kirk, W. P., Eds., *Proceedings of SPIE 4809*, SPIE, Bellingham, WA, pp. 100–109, 2002.
19. Ohmori, M. and Matijevic, E., Preparation and properties of uniform coated colloidal particles. VII. Silica on hematite, *J. Colloid. Interface Sci.*, 150, 594–598, 1992.
20. Brzoska, J. B., Azouz, I. B., and Rondelez, F., Silanization of solid substrates: a step toward reproducibility, *Langmuir*, 10, 4367–4373, 1994.
21. Moon, J. H., Kim, J. H., Kim, K., Kang, T., Kim, B., Kim, C., Hahn, J. H., and Park, J. W., Absolute surface density of the amine group of aminosilylated thin layers: Ultraviolet-visible spectroscopy, second harmonic generation and synchrotron-radiation photoelectron spectroscopy study, *Langmuir*, 13, 4305–4310, 1997.
22. Hermanson, G. T., *Bioconjugate Techniques*, Academic Press, San Diego, 1996.
23. Bieniarz, C., Husain, M., Barnes, G., King, C. A., and Welch, C. J., Extended length heterobifunctional coupling agents for protein conjugations, *Bioconjug. Chem.*, 7 (1), 88–95, 1996.
24. Grabarek, Z. and Gergely, J., Zero-length crosslinking procedure with the use of active esters, *Anal. Biochem.*, 185 (1), 131–135, 1990.
25. Hall, M., Kazakova, I., and Yao, Y. M., High sensitivity immunoassays using particulate fluorescent labels, *Anal. Biochem.*, 272 (2), 165–170, 1999.
26. Harlow, E. and Lane, D., *Antibodies: A Laboratory Manual*, Cold Spring Harbor Laboratory, Cold Spring Harbor, NY, 1988.
27. Ekins, R. P. and Chu, F. W., Multianalyte microspot immunoassay–microanalytical “compact disk” of the future, *Clin. Chem.*, 37 (11), 1955–1967, 1991.
28. Manning, M. C., Patel, K., and Borchardt, R. T., Stability of protein pharmaceuticals, *Pharm. Res.*, 6 (11), 903–918, 1989.
29. Middleton, D., *An Introduction to Statistical Communication Theory*, McGraw Hill, New York, 1960.

10 免疫测定的数学推理

James F. Brady

目录

10.1 引言

免疫分析法一直被认为是廉价、快速和灵敏的分析方法。Yalow 和 Berson[1]最开始利用放射化学示踪剂的方法点燃了检测医学上重要化合物的星星之火。Engvall 和 Perlmann 研究的基于酶的信号发生器解除了依靠放射性物质对技术传播的限制[2]。实际上，最近三十年来这项技术已经在世界各国广泛应用，主要应用在生物医学和环境分析物上，随着新的分析要求的需要，研究人员想出用数学方法来描述实验理论和验证实验结果。这就出现了以免疫分析法为基础测定数据的多种方法。单一的需求只能使对阅读的文献一知半解，只会使我们认为对数据处理的计算方法就好像研究者人数那样多。虽然每种方法对于特定的环境是有效的，但是这种方法的复杂性，仍然会让初学者掉入某些模型的陷阱中去。而且对数据不同的评估标准也可能会对初学者产生误导。

本章的目的是探讨将数学模型应用于免疫分析数据的选定方法中，确定检测限和定量限，最小化分析误差，并且检测一些样本来解释说明分析结果，以及如何解决遇到的各种分析问题，作者根据自己在实验室的经验提出了几点建议。

10.2 标准曲线的解释

与其他物理现象一样，在定义的范围内，酶免疫分析剂量响应曲线画在对数/线性图中时是一个 s 形响应曲线（图 10.1）。这个 s 形曲线由三部分组成：中间反应区域呈线性变

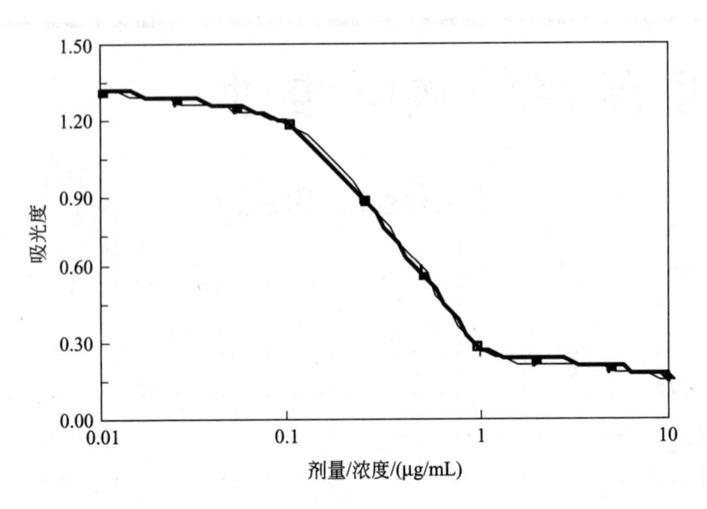

图 10.1 基于吸光度数据的免疫测定 s 形的响应曲线。一个将剂量-响应数据拟合到公式(10.9)的例子

化，反应区域的两端是平缓的斜坡。这两个平缓的斜坡与中部的曲线相比斜率相对小。其中小剂量的尾部（靠近纵轴）表示与酶标记相比分析物浓度太低所产生的响应。所有在这个范围内的分析物剂量（大约 0.01～0.10μg/mL，在图 10.1 中）都不能抑制示踪物的结合，这就产生了相似的响应。高剂量的尾部也有相似的表现，但是相似的原因是不一样的：过量的分析物使抗体结合位点饱和并抑制了背景信号和示踪剂的结合。

可以在不同的线性图中绘制垂直的反应轴。未经处理的吸光度显示在左侧的轴线上，轴线上的数据（B，与特定剂量结合）用测定的最大信号百分比来表示，指定为 B_0。百分比表示为 B/B_0、$\%B/B_0$ 或者是简单百分比（图 10.2）。因为酶信号发生器结合量的减少导致了信号的降低，所以该轴同样定义为百分比抑制率。在图表上的数值范围是恒定的，与命名方式无关。注意到线性剂量响应区域的最大信号大约是 20%～80%（图 10.2）。

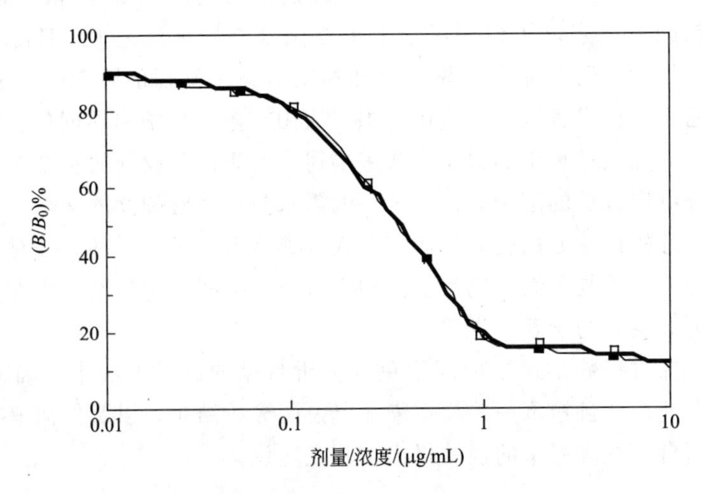

图 10.2 一种基于吸光度数据的免疫测定标准曲线

纵坐标 B/B_0 表示特定浓度时的吸光度（B）除以测定产生的最大信号（B_0）。将剂量-响应数据拟合到公式(10.9)

图 10.1 显示了免疫分析曲线和色谱分析曲线的一些明显区别。最明显的区别是剂量轴

的量程与剂量是成反比例的，而不是相反的。而且因为剂量轴的比例是对数的，所以没有零点。因此，曲线不能通过原点。最后，由于线性剂量-响应区域以不同斜率的尾部为边界，所以不能对曲线的任何选定部分进行连续线性假设。因此，不论是响应曲线的哪一部分，都是用校正曲线约束在范围之外的外推法的结果。

表 10.1 数学转化应用于免疫测定[34]

编号	公式	参考文献
10.1	$y=m\lg(x)+b$	[8~10]
10.2	$y/\%=m\lg(x)+b$	[11,12]
10.3	$B/B_0=m\lg(x)+b$	[13,14]
10.4	$(B/B_0)/\%=m\lg(x)+b$	[15,16]
10.5	抑制率(%)$=m\lg(x)+b$	[17,18]
10.6	$\lg(B/B_0)=m\lg(x)+b$	[19]
10.7	$\text{logit}(y)=m\lg(x)+b$	[20,21]
10.8	$\text{logit}(B/B_0)=m\lg(x)+b$	[22,23]
10.9	$\text{logit}(\%\ B/B_0)=m\lg(x)+b$	[24,25]
10.10	$y=(a-d)/[1+(x/c)^b]+d$	[5]

因此，免疫学家们需要用数学表达式去描述所观察到的现象，以便将未知物的响应曲线转变为未知物的浓度。表 10.1 列出了一些数学表达式。这些表达式表达的是从表 10.1 所列出的第一个等式的直接响应信号到逐渐复杂的数据转换的响应信号。式(10.1)～式(10.9)反映了免疫检测是对数线性测定的观察结果，即在对数轴上绘制剂量，以线性形式绘制响应。式(10.1)～式(10.5) 采用线性响应轴，并且式(10.2)～式(10.5) 将响应变量转变为其他形式，这些响应信号反映了测定产生的最大信号。式(10.6)～式(10.10) 采用对数或分对数非线性响应轴。利用对数变化可以将大的响应范围压缩，但只在比较典型的常见的

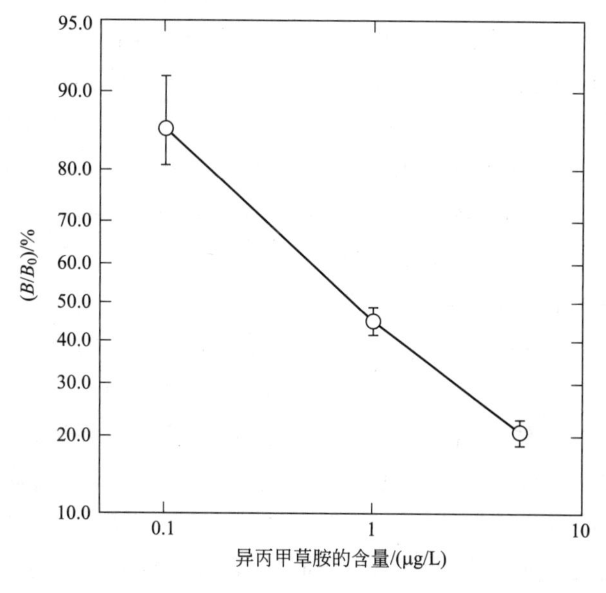

图 10.3 基于对数转换的免疫测定曲线——使整个 s 形曲线线性化

大响应范围下使用。然而，分对数转换，为实现全部 s 形曲线响应的线性化，可以有效地建立剂量和响应在全部剂量范围内的函数关系。这种转换的效果可以在图 10.3 中看到，其中纵坐标轴加大了 s 形曲线的尾部的斜率（从图 10.2 可看到外部的 20%～80%的响应的扩张），与此同时，压缩了曲线的中间部分。这样在剂量的全域产生了明显的线性响应，而且与所观察到的对数/线性行为无关。然而，校准曲线在中间部分更准确的，并且在到达极值时准确性会下降[4]，s 形曲线尾部的精确度在最小标准差附近误差最大，最小标准差与 B/B_0 大约有 85%的关联。

表 10.1 的最后一个等式同样利用了全部响应范围，但是在图形中（图 10.4）不是严格的线性。相反，这四个对数参数拟合产生的附加的变量，分别代表了最小响应、最大响应、曲线中部的拐点和用迭代法获得在拐点处的斜率[5]。

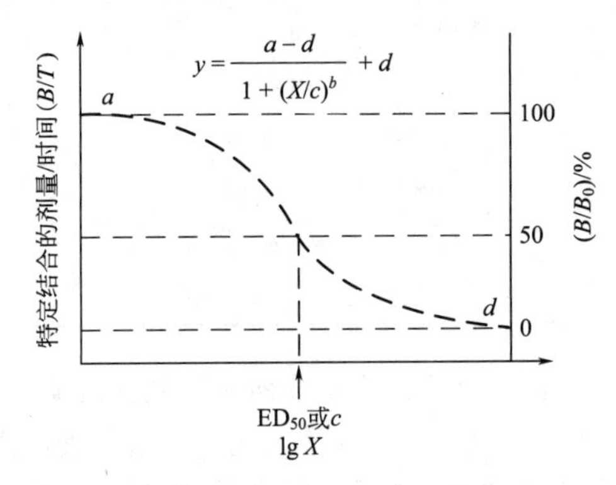

图 10.4 （a）是最小响应（b）拐点处的斜率，（c）拐点，（d）是最大响应的免疫测定响应曲线

为了在这些选项中挑选合适的标准曲线表达式，需要考虑到一些标准。数据使用的简便性和数据的透明度是至关重要的。最重要的是保持数据的简便性。Tijssen 在 1985 年提出的对数据的“简易理解”处理是他们首先考虑的，把剂量-响应曲线的数学处理看作是一种人工的缩小误差和提高数据可信度的手段[3]。如果实验测定仅仅设计为剂量-响应区间，那就没有必要使用表 10.1 的等式甚至更复杂的函数来表达了。除了剂量-反应中间部分以外的区间不能使用，除非在这些区域的实验精度已经证明可以满足分析目标物的要求。在这些范围内产生的数据也很难重现。因此，应当在实验中证明其重现性。确保标准曲线在响应曲线的中间范围，可以提高剂量-响应曲线的关系的真实性，提高分析精度，并增强重现性。另一个重要的考虑是验证数学方法是否有效。分析人员必须证明在分析物函数方面和其他数据处理方面都行之有效。式(10.1) 可以用一个简单的计算器或电子表格来复制。电子表格可以为个别研究定制，是产生已知质量数据的可靠方法。通过式(10.9)验证式(10.2)，也可以用电子表格完成。这一过程会更多地涉及 4 参数的对数拟合。这个模型不能转化为线性曲线拟合，并且非线性回归技术也需要通过使用数学的迭代方法来拟合这个模型。这也可以通过使用统计或数学软件比如 SAS 来完成。4 参数曲线拟合通常用于对免疫分析数据的生成。一些文章研究比较了免疫测定法和气相色谱法/质谱法的理论，结论显示出数据是高度相关的。因此，通过比较在免疫分析上的数据验证 4 参数的拟合曲线。

10.3 标准曲线的区间

一旦一个标准曲线被建立，对应的函数也就选定了，那么化学家们要解决的就是如何处理曲线。校正曲线可以通过测量范围、检测限、定量限，以及这两参数之间的不可量化的检测范围来表征。

测量范围就是分析物浓度的最大值和最小值之间的范围。分析结果超出这个范围将被视为低于最低标准或者视为超过最高标准。

免疫测试的灵敏度定义为校正曲线的倾斜度，或者是分析物的浓度和剂量，在统计中区别于空白对照[3]。这个讨论将集中在后者，因为前者是不固定的，是变化的，这取决于将测量曲线上的哪一部分[6,7]。用不同的方法确定了与LOD对应的分析物浓度（表10.2）。一些研究者通过目测确定LOD[12,18,24]。

表10.2 确定免疫测定法检测限的方法[34]

序号	方法	参考文献
1	标准曲线的可视化判断	[12,18,24]
2	80%的结合	[11,26]
3	90%的结合	[14,15,27]
4	95%的结合	[19]
5	与空白平均值的标准偏差	[20,28]
6	$y_{min}=\overline{y}_1-RMSE(1.470)$	[29]
7	求解最小剂量 t_{99} S_{LLMV}	[30～32]

另一些人选择以最大信号的任意百分比作为LOD[11,14,15,19,26,27]。这种做法可以追溯到Midgely等[33]，但讽刺的是，这并不是这些作者的首选方法。他们认为在决定LOD时都有估计误差的存在。对于这种做法，有两位是依靠响应来选择剂量的，计算方法是通过在测量的平均值中减去一个固定值的零剂量标准偏差[20,28]。为了解决对明确的统计分离的担忧，以及结合Midgely的建议，Brady[34]修改了Rodbard[35]的公式来计算区别零剂量标准响应相对应的最小响应。其表达式为：

$$y_{min}=\overline{y}_1-RMSE[1.470]$$

式中，y_{min}为不同于空白对照的最小剂量的响应；$\overline{y}_1$为空白响应的平均值。均方根误差（RMSE）是标准误差的估计值（或等价于标准误差），这一标准误差是模型拟合的“残差”。残差响应对应于给定剂量下的实际响应（比如吸光度）与拟合模型所预测的响应之间的差异（也就是标准曲线的回归函数）。由于均方根误差的减小，标准曲线认为能更好地拟合其测量值。当使用Excel 2003[36]中的回归数据包时，均方根误差是一个由STEYX函数直接确定的标准误差，对应于“残差”平方和的平方根。将y_{min}值插入标准曲线中解决响应剂量的问题。如果计算的剂量小于在曲线上的最小标准，则最低检测限就默认为该标准值。最低检测限不可以假定低于最小标准值，因为计算量可能受s形曲线的响应特点影响使其超出剂量-响应曲线的范围。因此，该理论的提出者要确保所计算的最低检测限标准可以区别于零剂量响应，但不表明其计算值在免疫测定的总体范围内。关于这点的详细讨论可以在参考文献［4］中找到。

最后，Glaser 等[37]提出了一种确定最低检测限的方法，其方法是基于七个已知样本浓度的精度（标准差）。这种方法已经被美国环境保护局采纳为首选技术[31]，并应用于检测饮用水中阿特拉津的免疫检测的设计中[32]。

定量限（LOQ）是可以用规定的精确度或准确度测量的分析物的最小浓度[7]。所以这一浓度值比一般置信度区间获得的精确度要高[6]。LOQ 是对已知浓度的样品分析后得出的结果，这些分析必须恢复到预先确定的剂量，比如剂量的（70%～120%）±20%。这些强化或程序化的恢复样本最初是用来证明这种方法在精确度方面要优于样本分析。它们包括实际样品所经历的所有步骤，比如从基质中提取样品（例如固相或液液萃取）、蒸发、稀释和交换溶剂。一旦熟练掌握了方法，恢复样本和实际样本同时进行，证明每种分析物都产生的数据的质量都类似。分析对照基质（用于强化样品的未强化样品基质）和强化基质以检测对照中存在的分析物的背景浓度。从对照样品中测量的值减去对照样品中分析物的背景浓度。因为分析结果取决于每个分析人员的技术手段，所以 LOQ 在理论上不是一个固定常数[6]，并且在不同实验室之间可能有所不同。每个实验室和分析人员都必须采用令人信服的方法来验证这些质量控制样品的每一个分析结果。

分析人员经常使用至少两个强化样本作为整体样本分析的一部分。一个强化样本在已建立的 LOQ 中制备，另一个强化样本在实际样本中比所预期的更高的残留浓度下制备。因此，方法的熟练程度可以通过 LOD 方法以及在高浓度下证明。比如，Brady 等[38]以 LOQ（1.0μg/L）和浓度在 20μg/L 的范围内作为人类尿液检测标准，可以对阿特拉津农业工人的尿液中发现的生物标志物进行分析（表 10.3）。

表 10.3　人尿中收集样本的分析结果

强化水平/μg/L	N	平均回收率±SD
1	15	103±19
4	6	112±19
5	10	102±11
10	10	86±16
20	4	92±15

需要指出的是，用于确定定量限的强化水平必须高于检测限。如果对照样本以 LOD 的浓度来强化，一半的样本结果将会低于 LOD，因为线性的剂量-响应区域的数据是呈正态分布的。因此，一半的结果无法检测到，不能用于任何目的的计算，更不用说确定 LOD 的值了。美国国家环境保护局在 1993 年采用的 Glaser 法中[37]规定了 LOD 的强化水平至少是最小分析物标准浓度的两倍，以确保所有结果可以用于标准误差的分析。

所以，LOQ 测定在 LOD 和 LOQ 标准曲线的低端上划出一个区间。在这一区间上的分析结果不受恢复样本的支持，因此，数据质量与等同于或超过恢复样本的数据质量不一样。Keith[6]参考等效色谱法将这部分曲线称为“不确定剂量区域”。他们建议将曲线上的这部分数据用作检测数据，并在 LOD 旁边的括号中显示。分析人员也可以选择其他方法来分析目标物，但是分析者应当意识到来自这一部分曲线的数据是不可靠的。当进行风险评估计算时，这部分数据就显得异常重要，在这一区域收集到的一半数据用作 LOD 值的计算[39]。读者可以查阅参考文献［39］来进一步讨论这一问题。

LOD或者是LOQ的选择对数据的实际评估有影响。方法设计人员设计了一种方案来解决选择的需求，并相应地设置LOD和LOQ的关系。一方面，如果这些参数设定得太低，一些阴性样本可能记录在检测结果中（在统计术语中，是类型Ⅰ的错误）[4]。另一方面，如果这些参数过高，一些样本包含残留样本不能作为检测值（类型Ⅱ的错误）。这些情况可以分别表述为假阳性和假阴性的结果。可以通过调整实验操作的规范性，匹配分析物的目标，将误差最小化。

10.4 实验室的误差来源

在免疫测定方案上的几个关键点可能引入误差。常见的潜在误差来源和最小化误差的方法将在这一部分讨论。

10.4.1 商业软件的验证

免疫测定板的制造商开发了一种拓展软件来管理他们生产的仪器的操作。在他们的宣传下，商业软件的操作引起了广泛的关注，因为它在一个虚拟的"黑盒子"范围内产生了分析数据。分析人员必须确保数据压缩包在实验室中能正常运行。厂商意识到这一需求，生产了使用该仪器的说明书。分析者不应该仅仅依靠他们在实验室之外生产的说明书。分析者应当完成他们自己的质量控制检查，来验证算法的有效性，以产生高质量的数据。有效性通常由计算值的可复制性来决定，计算值是由软件以计算器或电子表格两种方法来完成的，确定性分析同样可以用作理论验证。Gerlach等[40]估算了五种商业软件系统，并且发现没有比较分析时，误差数据会很容易产生。

这一问题在实验中特别是在研究应用中以两种方式解决。第一，酶标仪作为数据收集设备单独使用。吸光度的文件储存和发送到一个通用驱动里，稍后对数据进行处理。文件以两种类型储存并且储存在至少两个地址中，以防止数据丢失。使用酶标仪这样的小型仪器，避免了验证不同版本的软件。第二，数据的处理是在一个由先正达作物保护有限公司开发的制表软件中进行的。这一软件可以依据实验室需求自己定义，写进Excel，可以同时容纳三份表格，表格中为分析者收集了必要的质量控制信息和建立了书面记录，如分析人员的姓名、笔记页数、学习编号等。在一个文件里包含所有分析人员的分析结果，对于数年后重新构建分析表格都是相当有用的。第一页显示抗体包被在酶标仪上溶液的位置。因此，吸光度测量可以匹配单个样本、标准品或者是质量控制样本，测量值显示在第二页。第三页分为两部分，一个是计算的标准曲线（用Excel®函数SLOPE、INTERCEPT和RSQ来分别确定斜率、截距，以及最佳拟合曲线的相关系数），显示在上半部分，本页其余部分显示的是对质量控制样本和未知数据的分析物的计算。其他页显示结果，这些结果需要转换成其他单位或者根据分析人员的目的转化为特殊方式显示。每次分析完添加一个文件名，以年月日的方式进行命名，后跟小写字母"a""b"来记序。这种命名方式不是特定的，但在分析时提供了非常直观的识别。正如吸光度数据从酶标仪中获得一样，分析数据同样保存在经常备份的位置，防止数据的丢失。表格的有效性由计算值的可复制性来生成标准曲线，生成参数，生成控制值和恢复值，在样本结果中显示出来，其中这些可以通过计算器计算出来。尽管费时，但是验证的结果证明电子表格软件是按要求运行的，同样的质量确定/质量控制方法可以从上述方法得到调整以实现不同的工作需求。

10.4.2 酶标仪的重复性

酶标仪另一个方面的应用是一致性测量的能力。厂商意识到需要对仪器的性能进行现场验证，所以提供了特殊设计和校正的酶标仪，但是这些酶标仪孔的数量是固定的，并且需要预先设定好波长。比如，在本实验室对酶标仪配置校正板，用于校正波长（450nm）的测量值。为了满足在450nm处使用3,3′,5,5′-四甲基联苯（TMB）的底物进行分析的校准程序的需要，开发了一个简单的程序，用现成的化学试剂，在滴定酶联板上所有的孔时，可定量地测定酶标仪的可重复性。操作过程如下：取1mL TMB底物、0.1mL 10mmol/L $KMnO_4$，搅拌成混合物；这时显示为鲜艳的蓝色溶液。用1mL 1mol/L的盐酸酸化这一溶液，将其颜色从蓝色转变为黄色。用18mL水稀释成淡黄色液体。用多通道移液管将200μL的稀释溶液加入到全新的孔中，并且测量波长在450nm时的吸光度。计算所有孔上的平均吸光度。实验室中的校正检查显示所有孔的吸光度都小于平均值的1.5%。

10.4.3 吸量器校准

在免疫测定所有的测定误差中，吸量器误差是一个主要因素。即使测定是机器所控制的，也需要了解吸量的操作步骤，根据操作规范吸取。每个吸量器都应当通过重复校正，重复校正是通过在分析天平上重复测量小瓶里的水来实现的。当准确性达到要求时，也就是控制在实验室要求误差的1%内，吸量器就可以用于分析工作了。分析人员的分析能力可以通过这一过程得到提高。吸量器在投入实验室使用之前，分析人员都要检查吸量器是否达到标准。在免疫化学方面的新手分析者要掌握了调试吸量器的能力，才能算是刚入行。吸量器每年都应当接受专业的测试校准。这一校准包括微调、清洗、替换磨损尖端和密封圈。所有在这一调试过程中产生的数据都应当在实验维护记录本上记录下来（第1章的附录C就介绍了标准的吸量器校正过程）。

10.4.4 酶标仪布局

建立分析的物理过程常常被忽略了，但这是获得有效数据必不可少的一部分。分析人员的一项重要工作就是以同一种方式处理这96个孔。常用的分析标准、质量控制标本和未知

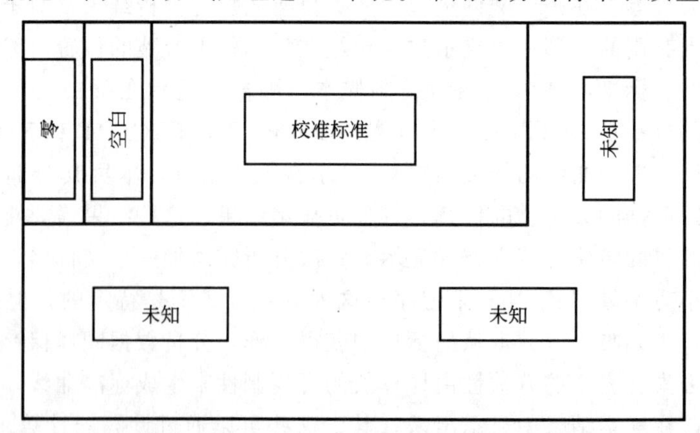

图10.5 96孔微量滴定板免疫分析的设计布局，样品分离、分析标准、QC样品和实测样品的浓度是未知的，这是一种不可知样品浓度的设计布局

的标本都放在微量滴定板上的不同部分（图 10.5）[41]。当在这种条件下开始测试时，分析人员的工作就是假定所有孔在测定过程中都是相同的。但是缺乏实质性的证据支撑这个假设。实验中标准和样品总是很容易混合在一起（图 10.6）。从酶标仪的标准范围内获得一个令人满意的标准曲线，这说明所有的孔是做了一样的处理。当曲线应用与样本测试分开时，不能保证酶标仪的不同部位不发生吸附和清洗。这就不需要额外的时间去修饰溶液，这种做法显然有利于提高数据的质量。

板面布局													
设定名称:022406a				研究序号:6141-05									
分析日期:2/24/06				参考:7753/11									
分析员:JFB													
	1	2	3	4	5	6	7	8	9	10	11	12	
A	0ng/mL		样品 3		样品 9		5.0		NU		NU		A
B	对照		样品 4		样品 10		NU		NU		NU		B
C	对照+1.0ng/mL		0.20		2.0		NU		NU		NU		C
D	0.05		样品 5		样品 11		NU		NU		NU		D
E	对照+10ng/mL		样品 6		样品 12		NU		NU		NU		E
F	样品 1		样品 7		样品 13		NU		NU		NU		F
G	样品 2		0.5		样品 14		NU		NU		NU		G
H	0.10		样品 8		样品 15		NU		NU		NU		H
	1	2	3	4	5	6	7	8	9	10	11	12	

注：NU 表示未知。

图 10.6 酶联板 96 孔免疫分析的设计布局

10.5 孵育

在过去经常有报道说在酶联板的孔上很难获得可重复性数据。假设酶联板孔内溶液的温度是可变的。如果是这样，不均一的酶的催化可能产生不同的比色信号。可以在纸箱中装一个振荡器放于摇床（大约每分钟振荡 90 次）来进行孵育，这样就解决了数据质量不高的问题。覆盖住摇床是防止污染酶联板和防止显色时底物的自发性氧化。使用摇床可以使孵化条件一致并提高数据的精确度。

10.6 数据的解释

根据前面的讨论，假设已收集了免疫测定数据。现在，分析人员必须报告结果，并且做出决定，是利用还是舍弃这些数据。前面已经讨论了一些对免疫测定数据的评估方法[34]，现将其总结如下。

基于酶免疫测定的典型比色法中，操作步骤是测量在特定波长下转换成一种显色形式的底物。换句话说，实验测定的试剂种类，间接估测了分析物的浓度。因此，免疫测定不是像基于色谱法那样直接测量分析物。间接测量的结果是无法识别物质，导致信号输出减少。通过定义明确了分析标准，包括分析物的已知浓度。与此相反，样本由未知的成分组成，可以有多种方式影响检测信号的输出。分析物的大小，形状，以及抗体所带的电荷都会抑制与酶的特异性结合，这就降低了输出的信号。对阿特拉津抗体的抑制通常是由与阿特拉津结构相关的物质所引起的[32,34]。另一个例子是通过阳性甲草胺免疫检测鉴定到了甲草胺的代谢物[42]。另一方面，不确定与抗体结合的数量减少或者是抑制酶的活性是否是非特异性抑制。非特异性抑制通常认为是对抗体结合的阻止或干扰。保持样本合适的 pH 值并尽量减少样品提取液中有机溶剂的比例，这都是首先要考虑的问题，因为这些会影响抗体的性能。然而，从目前获得的经验来看，分析物可以通过抑制酶的催化作用来萃取不同的化合物。免疫测定利用辣根过氧化物酶作为信号发生器，在自然界中普遍存在过氧化物酶，导致过氧化物酶抑制剂的大量生产。研究者注意到羧基肉桂酸[43]、共轭亚油酸[44]、甘露糖[45]、水杨酸[46]、抗坏血酸[47]、大豆提取物[48]都是过氧化物抑制剂。合成物也可能会对酶起抑制作用。最近的一项针对净化饮用水的非特异性抑制的研究发现，一些添加到饮用水中的氧化剂减少了过氧物酶的信号输出[49]。我们假设造成这一现象的是铁原子的氧化作用改变了酶中血红素的活性位点。然而由于时间的限制，对这一现象我们无法进行验证。

无论阳性免疫测定信号的根本原因是什么，当分析人员解释阳性结果时都需要解释一种情况。这种情况在获得阴性结果的时候不会遇到。阴性结果，像 Baker[50] 描述的那样，是模糊不清的。任何种类的抑制都没有出现，并且样本可以认为是不包含分析物、可交叉反应的复合物，或者是所谓的非特异性抑制剂。

一种解释这种现象的方法是把阳性免疫测定的结果视为等效分析物。因此，除非有分析物的特别说明。否则校正曲线指出分析物某一浓度的信号可以认为是其分析结果。分析人员是以这种保守的方式处理数据，即通过假定分析物的最大浓度可以用到测试结果中。当然这种做法不可以用到已知分析物浓度的鉴定中去。

10.7 多重免疫测定

本节有个有趣的补充是讨论免疫分析的发展历程。在一种情况下，分析人员要解释由交叉反应分析混合物所产生的数据，试验中抗体设计成与特定复合物反应。未知物的浓度不可以由标准曲线直接确定，因为实验的测定不能直接用到一个已知分析物的总和中。大多数的研究者建议依照基于前面测得的交叉反应的响应来修改标准曲线的表达式，或应用复杂的多元模式或神经网络模式来识别和计算[51~54]。尽管有了这些方法，他们发现有 40%的样品分析结果是不正确的，并且观察到的是假阴性结果。值得注意的是，在这些研究中使用的是已知成分的分析样本。最初没有使用未知成分的样本。直到这些技术改进到可以准确分析单一未知物的样本浓度，否则这种类型的多重分析法不能解决实际的问题。除了这种分析法，还需要掌握其他的分析法。如微阵列（在第 18 章和第 19 章讨论）或使用多种抗体和信号分辨率的免疫分析可能是更好的选择。

10.8 结论

本章研究了与免疫分析相关的一些数学概念和实际考虑事项，包括标准曲线、仪器校准、分析后的数据处理以及数据的表达。根据作者在实验室积累的经验，还提出了一些减少误差的建议。免疫分析是一种强大的分析工具，希望本章所提供的方法能够帮助分析人员得出合理的、可重复的数据。

参考文献

1. Yalow, R. S. and Berson, S. A., Immunoassay of endogenous plasma insulin in man, *J. Clin. Invest.*, 39, 1157–1175, 1960.
2. Engvall, E. and Perlmann, P., Enzyme-linked immunosorbent assay [ELISA]. Quantitative assay of immunoglobulin G, *Immunochemistry*, 8, 871–874, 1971.
3. Tijssen, P., *Practice and Theory of Enzyme Immunoassay*, Elsevier, Amsterdam, 5, 351, 391, 1985.
4. Lapin, L., *Statistics Meaning and Method*, Harcourt Brace Jovanovich Inc., New York, 290, 356, 1975.
5. Rodbard, D., Mathematics and statistics of ligand assays: An illustrated guide, In *Ligand Assay*, Langan, J. and Clapp, J. J., Eds., Masson Publishing, New York, pp. 45–101, 1981.
6. Keith, L. H., Crummett, W., Deegan, J. Jr., Libby, R. A., Taylor, J. K., and Wentler, G., Principles of environmental analysis, *Anal. Chem.*, 55, 2210–2218, 1983.
7. Rittenburg, J. and Dautlick, J., Quality standards for immunoassay kits, In *Immunoanalysis of Agrochemicals: Emerging Technologies*, Karu, A., Nelson, J., and Wong, R., Eds., American Chemical Society, Washington, DC, pp. 301–307, 1995.
8. Hunter, K. H. and Lenz, D. E., Detection and quantification of the organophosphate insecticide paraoxon by competitive inhibition enzyme immunoassay, *Life Sci.*, 30, 355–361, 1982.
9. Newsome, W. H., An enzyme-linked immunosorbent assay for metalaxyl in foods, *J. Agric. Food Chem.*, 33, 528–530, 1985.
10. Newsome, W. H., Development of an enzyme-linked immunosorbent assay for triadimefon in foods, *Bull. Environ. Contam. Toxicol.*, 36, 9–14, 1986.
11. Feng, P. C. C., Development of an enzyme-linked immunosorbent assay for alachlor and its application to the analysis of environmental water samples, *J. Agric. Food Chem.*, 38, 159–163, 1990.
12. Szurdoki, F., Bekheit, H. K. M., Marco, M.-P., Goodrow, M. H., and Hammock, B. D., Synthesis of haptens and conjugates for an enzyme immunoassay for analysis of the herbicide bromacil, *J. Agric. Food Chem.*, 40, 1459–1465, 1992.
13. Lawruk, T. S., Hottenstein, C. S., Herzog, D. P., and Rubio, F. M., Quantification of alachlor in water by a novel magnetic particle-based ELISA, *Bull. Environ. Contam. Toxicol.*, 48, 648–650, 1992.
14. Wigfield, Y. K. and Grant, R., Evaluation of an immunoassay kit for the detection of certain organochlorine [cyclodiene] pesticide residues in apple, tomato, and lettuce, *Bull. Environ. Contam.*, 49, 342–347, 1992.
15. Rinder, D. F. and Fleeker, J. R., A radioimmunoassay to screen for 2,4-dichlorophenoxyacetic acid and 2,4,5-trichlorophenoxyacetic acid in surface water, *Bull. Environ. Contam. Toxicol.*, 26, 375–380, 1981.
16. Schwalbe, M., Dorn, E., and Beyerman, K., Enzyme immunoassay and fluoroimmunoassay for herbicide diclofop-methyl, *J. Agric. Food Chem.*, 32, 734–741, 1984.
17. Van Emon, J., Hammock, B., and Seiber, J., Enzyme-linked immunosorbent assay for paraquat and its application to exposure analysis, *Anal. Chem.*, 58, 1866–1873, 1986.
18. Riggle, B. and Dunbar, B., Development of enzyme immunoassay for the detection of the herbicide norflurazon, *J. Agric. Food Chem.*, 38, 1922–1925, 1990.
19. Rubio, F. M., Itak, J. M., Scutellaro, A. M., Selisker, M. Y., and Herzog, D. P., Performance characteristics of a novel magnetic-particle-based enzyme-linked immunosorbent assay for the quantitative analysis of atrazine and related triazines in water samples, *Food Agric. Immunol.*, 3, 113–125, 1991.
20. Newsome, W. H. and Collins, P. G., Determination of imazamethabenz in cereal grain by enzyme-linked immunosorbent assay, *Bull. Environ. Contam. Toxicol.*, 47, 211–216, 1991.
21. Itak, J. A., Selisker, M. Y., Jourdan, S. W., Fleeker, J. R., and Herzogt, D. P., Determination of benomyl [as carbendazim] and carbendazim in water, soil, and fruit juice by a magnetic particle-based immunoassay, *J. Agric. Food Chem.*, 41, 2329–2332, 1993.
22. Lawruk, T. S., Lachman, C. E., Jourdan, S. W., Fleeker, J. R., Herzog, D. P., and Rubiot, F. M., Quantification of cyanazine in water and soil by a magnetic particle-based ELISA, *J. Agric. Food Chem.*, 41, 747–752, 1993.
23. Lawruk, T. S., Lachman, C. E., Jourdan, S. W., Fleeker, J. R., Herzog, D. P., and Rubiot, F. M.,

Determination of metolachlor in water and soil by a rapid magnetic particle-based ELISA, *J. Agric. Food Chem.*, 41, 1426–1431, 1993.
24. Ercegovich, C. D., Vallejo, R. P., Gettig, R. R., Woods, L., Bogus, E. R., and Mumma, R. O., Development of a radioimmunoassay for parathion, *J. Agric. Food Chem.*, 29, 559–563, 1981.
25. Huber, S. J., Improved solid-phase enzyme immunoassay systems in the ppt range for atrazin in fresh water, *Chemosphere*, 14, 1795–1803, 1985.
26. Marco, M. P., Gee, S. J., Cheng, H. M., Liang, Z. Y., and Hammock, B. D., Development of an enzyme-linked immunosorbent assay for carbaryl, *J. Agric. Food Chem.*, 41, 423–430, 1993.
27. Itak, J. A., Olson, E. G., Fleeker, J. R., and Herzog, D. P., Validation of a paramagnetic particle based ELISA for the quantitative determination of carbaryl in water, *Bull. Environ. Contam. Toxicol.*, 51 (2), 260–267, 1993.
28. Schlaeppi, J.-M., Fory, W., and Ramsteiner, K., Hydroxyatrazine and atrazine determination in soil and water by enzyme-linked immunosorbent assay using specific monoclonal antibodies, *J. Agric. Food Chem.*, 37, 1532–1538, 1989.
29. Brady, J. F., Validated immunoassay methods, In *Handbook of Residue Analytical Methods for Agrochemicals*, Lee, P. W., Ed., Vol. 2, Wiley, West Sussex, England, pp. 714–726, 2003.
30. Corley, J., Best practices in establishing detection and quantification limits for pesticide residues in foods, In *Handbook of Residue Analytical Methods for Agrochemicals*, Lee, P. W., Ed., Vol. 1, Wiley, West Sussex, England, pp. 59–74, 2003.
31. *Definition and procedure for the determination of the method detection limit, Rev. 1.11*, 40 CFR Part 136, Appendix B, U.S. Environmental Protection Agency, Office of the Fed. Reg., Nat. Archives Records Admin., Washington, DC (July 1, 1993).
32. Brady, J. F., Tierney, D. P., McFarland, J. E., and Cheung, M. W., Inter-laboratory validation study of an atrazine immunoassay, *J. Amer. Water Works Assoc.*, 93, 107–114, 2001.
33. Midgley, A. R., Niswender, G. D., and Rebar, R. W., Principles for the assessment of the reliability of radioimmunoassay methods (precision, accuracy, sensitivity, specificity), *Acta Endocrinol.*, (suppl. 142), 163–184, 1969.
34. Brady, J. F., Interpretation of immunoassay data, In *Immunoanalysis of Agrochemicals: Emerging Technologies*, Karu, A., Nelson, J., and Wong, R., Eds., American Chemical Society, Washington, DC, pp. 266–287, 1995.
35. Rodbard, D., Statistical estimation of the minimal detectable concentration ["sensitivity"] for radioligand assays, *Anal. Biochem.*, 90, 1–12, 1978.
36. Microsoft® Excel 2003, Microsoft Corporation, Redmond, Washington, 2003.
37. Glaser, J. A., Forest, D. L., McKee, G. D., Quave, S. A., and Budde, W. L., Trace analyses for wastewaters, *Environ. Sci. Technol.*, 15, 1426–1435, 1981.
38. Brady, J. F. et al., An immunochemical approach to estimating worker exposure to atrazine, In *Triazine Herbicides: Risk Assessment*, Ballantine, L. G., McFarland, J. E., and Hackett, D. S., Eds., American Chemical Society, Washington, DC, pp. 131–140, 1998.
39. *Assigning values to non-detected/non-quantified pesticide residues in human health food exposure assessments* 2000. U.S. Environmental Protection Agency, Office of Pesticide Programs, Washington, DC, March 23, 2000, Report No. PB 2000–105068.
40. Gerlach, R. W., White, R. J., Deming, S. N., Palasota, J. A., and Van Emon, J. M., An evaluation of five commercial immunoassay data analysis software systems, *Anal. Biochem.*, 212, 185–193, 1993.
41. Bunch, D. S., Rocke, D. M., and Harrison, R. O., Statistical design of ELISA protocols, *J. Immunol. Methods*, 132, 247–254, 1990.
42. Macomber, C., Bushway, R. J., Perkins, L. B., Baker, D. B., Fan, T. S., and Ferguson, B. S., Immunoassay screens for Alachlor in rural wells: false positives and an Alachlor soil metabolite, *J. Agric. Food Chem.*, 40 (8), 1450–1452, 1992.
43. Volpert, R., Osswald, W., and Elstner, E. F., Effects of cinnamic acid derivatives on indole acetic acid oxidation by peroxidase, *Phytochemistry*, 38, 19, 1995.
44. Cantwell, H., Devery, R., OShea, M., and Stanton, C., The effect of conjugated linoleic acid on the antioxidant enzyme defense system in rat hepatocytes, *Lipids*, 34, 833–839, 1999.
45. Soeiro, M. N., Paiva, M. M., Barbosa, H. S., Meirelles, M. N., and Araujo-Jorge, T. C., A cardio-

myocyte mannose receptor system is involved in *Trypanosoma cruzi* invasion and is down-modulated after infection, *Cell Struct. Funct.*, 24, 149, 1999.
46. Ruffer, M., Steipe, B., and Zenk, M., Evidence against specific binding of salicylic acid to plant catalase, *FEBS Lett.*, 377, 175–180, 1995.
47. Takahama, U., Regulation of peroxidase-dependent oxidation of phenolics by ascorbic acid: different effects of ascorbic acid on the oxidation of coniferyl alcohol by the apoplastic soluble and cell wall-bound peroxidases from epicotyls of *vigna angularis*, *Plant Cell Physiol.*, 34, 809, 1993.
48. Sung, J. and Chiu, C., Lipid peroxidation and peroxide-scavenging enzymes of naturally aged soybean seed, *Plant Sci. Limerick*, 110, 45, 1990.
49. Brady, J. F., Determination of the performance characteristics of the modified Beacon Analytical Systems, Inc., atrazine tube kit for use in promulgated analytical method AG-625, "Atrazine in drinking water by immunoassay," Syngenta Crop Protection, Inc., Greensboro, N.C, 2004.
50. Baker, D., Bushway, R. J., Adams, S. A., and Macomber, C., Determination of the ethanesulfonate metabolite of alachlor in water by high-performance liquid chromatography, *Environ. Sci. Technol.*, 27, 562–564, 1993.
51. Jones, G., Wortberg, M., Kreissig, S. B., Bunch, D. S., Gee, S. J., Hammock, B. D., and Rocke, D. M., Extension of the four-parameter logistic model for ELISA to multianalyte analysis, *J. Immunol. Methods*, 177, 1–7, 1994.
52. Karu, A. E., Lin, T. H., Breiman, L., Muldoon, M. T., and Hsu, J., Use of multivariate statistical methods to identify immunochemical cross-reactants, *Food Agric. Immunol.*, 6, 371–384, 1994.
53. Robison-Cox, J. F., Multiple estimation of concentrations in immunoassay using logistic models, *J. Immunol. Methods*, 186, 79–88, 1995.
54. Fare, T. L., Itak, J. A., Lawruk, T. S., Rubio, F. M., and Herzog, D. P., Cross-reactivity analysis using a four-parameter model applied to environmental immunoassays, *Bull. Environ. Contam. Toxicol.*, 57, 367–374, 1996.

11 生物检测中的免疫化学技术

Raymond E. Biagini, Cynthia A. F. Striley, and John E. Snawder

目录

11.1 简介

生物检测是通过对与物质有关的生物标志物的检测来评估一种物质的暴露情况。例如，血液中的锌卟啉的含量水平随着铅暴露而增加，这是由于铅抑制了亚铁血红素的生物合成；蛋白质和血液中的芳香胺的DNA加合物可共同反映暴露强度以及相关的生物有效剂量；一些低分子量的化学物质不会产生抗体，尽管它们因为分子小以及其他原因而不能成为免疫原，但可以与聚合物（如载体蛋白）结合，形成免疫原并产生免疫性，从而产生特异性抗体。此外，这类暴露通过化合物和被选定载体蛋白分子之间的非加合物的形成可能形成新的免疫决定簇。因此，抗体可通过修饰蛋白或是母体半抗原偶联物形成。无论如何，人体系统中的抗体相较于有毒物质的存在要长久得多。

生物标志物被分为三类，包括暴露生物标志物、效应生物标志物、敏感度生物标志物[1]。暴露生物标志物是指能够将机体的化学物质或外源化合物（药物、杀虫剂、致癌物等）的代谢物定量化的生物标志物。效应生物标志物检测生物系统中的功能性改变。敏感度生物标志物反映因基因差异导致的个体敏感度的差异，即敏感度的增强或减弱。有些情况下，一个生物标志物可同时成为暴露、效应、敏感度生物标志物（如过敏性反应中的特异性IgE）[2]。

当个体暴露于化学物质中，若化学物质被吸收入体内它便会接受一个内剂量。吸收可发生于皮肤接触、吸入、消化道或是这些途径的结合。吸收的程度取决于暴露物以及基于化学物质特性的吸收率（尤其是在水或是脂类中的溶解度）和暴露途径[3]。一旦吸收，化学物质便会分散并分配到不同的组织中，这取决于组织中的pH、渗透性等。高的水溶性物质通过人体水分进行扩散，但更多的亲脂性物质可能会富集在人体脂肪或是如大脑一类的其他脂类丰富的组织中[4]。体内的化学物质可以通过新陈代谢和排泄得到消除。化学物质的消除可以通过多种途径进行，包括排泄物、尿液、呼出的气体、汗液以及乳汁[5]。若一种化学物质能够通过排泄从人体去除而不用新陈代谢，在这种情况下，在尿液、呼吸气体、排泄物或是其他体液中可检测到母体化合物。在其他情况下，化学物质可通过氧化、还原、水解或是这些过程的结合进行新陈代谢并伴有与内源基质的结合[6]。化合物或是代谢物的结合是排泄的一种途径。更重要的结合反应包括葡萄糖醛酸、氨基酸结合，乙酰化、硫酸化结合以及甲基化作用[4]。新陈代谢和排泄及其效率受到年龄、日常饮食、总体健康程度、种族以及其他原因的影响。大体上说，新陈代谢产物的水溶性强于原化合物[7~10]。新陈代谢产物远不止一种，每一种产物的相对含量和母体代谢产率受到个体大致的健康水平、日常饮食、基因组成、水合度、暴露时间以及其他因素的影响。

肾脏是排泄的主要器官，并且主要针对水溶性物质。这些物质通过肾小球过滤、肾小管分泌或是机制的共同作用进入尿液中。物质的去除率直接受到一级消除动力学中血清化学性质或是代谢物浓度的影响[11]。一些外源化学物如乙醇遵循零级消除动力学，消除量基本上不受其自身浓度的影响[12]。消除速率和血清浓度是线性关系，单位时间内异物的消除占比是恒定的。单位时间内的消除占比可由消除速率常数（一级动力学）来描述，表示为：

$$C_t = C_0 e^{(-K_{el}t)}$$

式中，C_t为任意时刻浓度；C_0为初始浓度；K_{el}为消除速率常数。消除半衰期（$t_{1/2}$）为人体内化学物质含量减半所用的时间，可表示为：

$$t_{1/2} = 0.693/K_{el}$$

外源物质的消除百分率（一级动力过程）不依赖初始剂量；因此，在经过 5 个半衰期后，有 95%的外源物质可被消除。

尽管也可使用唾液、眼泪以及乳汁，但用于生物检测的最为常见的基质为呼出气体、血液以及尿液[13]。检测呼出气体仅限于易挥发化学物质的情况。呼出气体的检测不适用于以气溶胶形式吸入的化学物质、身体体液或组织分解形成的气体和水蒸气、高水溶性物质酮或醇[14]。血液是体内运输化学物质和其代谢物的媒介。因此，在暴露一段时间后，体内的许多生物标志物可以在血液中发现[14]。由于体内各部分化学物质的协调，血液中化学物质的含量处于动态平衡状态，组织是其储存的场所，器官是发生新陈代谢或是排出的场所。因此，血液中一种标志物的浓度在循环系统区域中可能不同。这可能是当肺部摄入或消除一种溶剂时会引起毛细血管（主要是动脉血管）与静脉血管中物质浓度的不同。血液检测的两大优势在于：

① 在人体中血液的总成分相对稳定。省略了因个体差异而要进行的测量生物标志物水平的校正。

② 抽样直接，通过适当的处理，产生污染的可能性极小。

血液检测中需要重点考虑的是样本血液的获得会有创伤性步骤并且人员需经过训练。

相较于非亲水性物质，尿液更适宜检测亲水性化学物质、重金属以及代谢物。当尿液存储在膀胱中时，尿液中的生物标志物的浓度通常与平均血浆水平有关[15]。有时，尿液浓度受到肾脏中生物标志物含量的影响，例如镉和铬。尿液检测过程中，暴露评估的准确性依赖于采样策略。最重要的影响因素是采集时间和尿量。24h 抽样的测量相较于定点测样更具代表性，并且与暴露强度的关联更为紧密。但是，户外的 24h 抽样的采集、稳定性以及运输困难大并经常不可实行[4]。由于受到摄入液体及体力活动的影响，个体尿液样品中生物标志物含量的测定由于稀释作用常常受到影响。尿液稀释的影响可以通过一个基准值进行生物标志物测量浓度的修正（如尿相对密度）[16,17]。通过将测得的生物标志物浓度乘以［(1.024－1)/(sp. g－1)］的比进行修正，其中 sp. g. 是尿液样品的相对密度，1.024 是假定的正常相对密度值。肌氨酸酐浓度的确定常常要进行调整。肌氨酸酐的排泄是通过肾小球的过滤，速率常数为1.0～1.6g/d。基于Jaffe碱性苦味酸反应、酶促方法的光谱测定或是动力学方法，质谱或液相色谱法可进行尿液中的肌氨酸酐浓度的确定[16]。调整值是单位肌氨酸酐中生物标志物的量。在对稀释尿液进行数据调整的时候还要考虑其他方面。对肌氨酸酐水平的调整不适用于通过肾小管分泌排出的化合物，如甲醇。由于当尿液过浓或是过稀时生物标志物的排泄机能会进行改变，肌氨酸酐浓度在0.5～3g/L的范围外或是相对密度在1.010～1.030范围外，样品检测是不可靠的[16]。尽管对稀释度进行了校正，但是肌氨酸酐浓度调整引入的附加变量需要在数据评估时加以考虑。影响肌氨酸酐排泄速率的因素有强健度、身体活动、尿量、采集时间、日常饮食、妊娠以及疾病[16]。生物检测分析结果是确定生物基质中生物标志物的含量，该生物基质是从被提取的样品中得来的。个人暴露的数据推断可知人体对药剂的反应情况。我们可以通过确定环境水平和生物标志物水平的定量关系来对暴露进行评估。通过确定健康影响和生物标志物水平之间的定量关系来进行健康风险评估。生物标志物所提供的信息是有限的，我们只能通过目前已发生暴露的背景水平进行推断。

有若干种物质存在公布的参考水平，被世界卫生组织称为生物作用水平，将其作为解释生物监测数据的指导标准。在缺少生物监测行为水平的情况下，通过与生物标志物的正常背景水平的比较，可以推断出职业暴露下的生物标志物水平。生物监测作用水平各不相同，有些与暴露有关，有些与健康效应有关。只有在充分理解其推导过程时，才应使用这些参考水平。如果暴露人群和非暴露人群的生物标记数据在其他方面相似，非暴露人群生物标志物上限（2～3倍标准差）可被作为参考水平。如果生物标志物的水平显著高于限值，则推断存在暴露。对于这些生物标志物在非暴露人群中没有可测量的背景水平，这种参考水平是有效的分析方法的检测限。无论如何，高于参考水平的生物标记表明有目标物质暴露，但没有提供关于潜在健康影响的信息。

生物监测数据会受到数据来源不同的影响[4,18]。由于每个人的条件不同并且受到个人年龄、性别、身体活动、用药情况[10]、健康状况以及饮食[19]的影响，人体摄取药剂的速率、代谢速率、排泄速率不同。暴露的途径同样会影响到摄取和代谢。例如，通过肺部吸收就比皮肤吸收速度快。因此，如果目标物是通过皮肤进入的，那么生物标志物的出现和消除就会更缓慢。若是生物标志物很快被代谢掉，则最佳的生物样品采集时间不同于这两种进入方法。不同个体可能需要使用不同的个人防护器材并且拥有不同的个人工作实践情况。同样，生物标志物会同时以自由与结合两种形式存在，相关的比例在不同人之间会有显著不同。例如，苯胺在尿液中同时存在游离胺和乙酰的衍生物乙酰苯胺。由于遗传倾向的原因，一些人主要排泄游离胺，但另一些人主要排泄乙酰苯胺。也有这种可能性，即人体同时暴露在数种药剂下，在人体中竞争生物转化位点。这会导致新陈代谢和排泄的改变，由此改变暴露或健康影响和生物标志物之间的关系[20]。另外，同时暴露于几种药剂中而代谢形成的相同生物标志物要进行加和。例如，三氯乙酸是三氯乙烯、1,1,1-三氯乙烷以及全氯乙烯的生物标志物。

虽然人体来源的样本用于生物监测，但是采集和使用是在联邦政府指导方针（豁免除外）人体标本的适用范围中的（45 CFR part 46-Protection of Human Subjects）。这些保护条例中包括机构审查委员会（Institutional Review Board，IRB）的拟定草案，其中有人类受试者的同意授权通知。依赖于生物监测测量实施的类型，分析可能受到1988年临床实验室改进修正案（The Clinical Laboratory Improvement Amendments of 1988，CLIA88）的影响。CLIA 方案的关键因素包括标本采集、处理、保存以及运输的严格管理，以此来确保样品的完整性。一些用于生物监测的商业仪器或分析试剂盒是美国食品药物监督管理局（FDA）认可的体外诊断设备（IVD），该过程基于 1976 年的医疗器械修正案（Medical Device Amendments of 1976）的售前通知［510(k) 法案］进行[21]。许多酶联免疫吸附分析（ELISA）是 510K 法案认可的。在 1996 年，FDA 引入新的 IVD 被称为分析特定试剂（ASR）[22]。FDA 规定 ASR 为“多克隆抗体、单克隆抗体、特异性受体蛋白、配体、核酸序列以及相似的药剂，它们通过与标本中的物质进行特异性结合或是化学反应被应用于诊断，以对个体化学物质或是标本中的配体进行识别并定量”。本质上，FDA 认为 ASR 作为室内检测的活性成分，当与一般目标试剂（例如基质或是不含特定用途的活性材料）以及一般目标实验室仪器结合使用时，可以作为分析发展的基础，并且可被单一实验室使用。另外，针对这些测试的 FDA 应用的管理监督，实验室也可以开发和使用不被管理监督的室内测试。此类测试可作为检测疾病的有效工具；实验室发展实验的责任在于确定实验结果。然而，还没有与实验结果相关的规定。至少这样的验证应解决抗原或抗体与固相结合的评估，初次和二次孵育抗体的时长，干扰物质的影响以及基质效应。

对标本的处理和采集的严格注意是获取优质数据的关键。分析型实验室应当参考样品说明。分析方法应当提供关于采集、储藏、运输样品至实验室的专门指令说明。遵守指令是保证样品完整性的最重要所在。标本的采集时间应当适宜。方法应当包括对样品采集时间的说明，样品是否应在转换期、转换末期或是工作期的其他时间进行获取。外源化合物的半衰期越长，其采集时间的影响越小。当毒物在体内累积时，应对生物标志物基线进行评估。如果在人口中有大量的内部差异，在基线评估时也应进行评估。还应当注意不应让化学物质或是细菌污染标本。在必要时，可以用适当的防腐剂（对尿液或是血液样品）或是抗凝血剂（血液样品）。对标本进行适宜的储藏与运输至实验室并通过实验室进行适当储存可以使生物标志物稳定最大化。在处理人体样本时，生物研究的安全性程序是必要的。例如乙肝病毒以及人类获得性免疫缺陷病毒（HIV）等病原体有可能出现在血液、唾液、精液以及其他人体体液中。可以通过利器划伤的意外伤口、伤口暴露、皮肤磨损，甚至是皮炎或痤疮而间接接触受污染的环境表面而进行病原传播。可以通过包括机械或是物理系统在内的工程控制来消除可能的生物危险。这些物品包括生物安全柜或自鞘针。优良的个人卫生步骤以及避免针翻新再用可以减少暴露于病原的概率。在必要时进行例如手套、口罩的个人保护措施。包括清洁工作场所及避免实验室污染等优良的室内清洁步骤也是必要的。工作人员应当被视为潜在暴露人员接种乙肝疫苗。上述考虑的一般性预防措施应用于每一个接受的生物样品。由于不可能掌握一个样品是否含有病原体，因此，所有样品都应当被视为有污染的。

11.2 免疫分析

传统的用于识别和确定一种待分析物的化学分析范例包括从其他潜在相关物质中隔离分析物、分离分析物，并通过仪器或其他方法进行定量[23]。这类传统的方法有很多缺点，需要高的劳动强度以及昂贵的成本支出用于仪器设备（如气相、液相、质谱或是仪器联用）。另外，在这种范例中分离与隔离相的重复性不一致，有些情况下，与原样品中所含该分析物的含量有关，并且可能产生潜在的系统误差[24~26]。虽然有这些缺点，但是经过适当的控制，传统的化学生物检测已经有能力定量检测 μg/L 水平上的人体负担的物质含量。

传统化学分析之外的是免疫分析法。免疫分析法，尤其是酶免疫分析（EIA）以及ELISA通常用于临床诊断测量、药物筛查以及环境药剂暴露评估测量等分析技术[7,8,23,27～42]。ELISA首次在1971年被提出[43]。近来，在生物恐怖制剂[23,31]例如炭疽杆菌的暴露评估中，免疫分析显示了其有效性。免疫分析是基于抗原与抗体之间的免疫复合物的形成与检测的分析方法。抗原大多是高分子物质（蛋白质、多糖、核酸），可作为完全的免疫原，刺激免疫应答。而其他物质太小，它们自身（药剂等）不足以作为免疫原而不得不与其他载体大分子结合，从而形成免疫原并诱导免疫应答。这些小分子物质称为半抗原。许多环境药剂（农药或农药代谢物）都是半抗原。用于形成半抗原-蛋白结合免疫原的载体蛋白的选择是很重要的［锁孔血蓝蛋白（KLH）是一种来源于带壳的软体动物的蛋白质，常用作载体蛋白］[44]。半抗原结合载体的数量、结合反应的化学作用以及其他因素会对最终的吸附和所形成的抗体的亲和力造成影响。半抗原的纯度同样很重要，当结构类似物与载体结合时会导致非特异性抗体的形成。间隔区分子通常用于制备半抗原以进行结合[42]，尝试增加抗体的特异性。一种抗体分子结合抗原或是半抗原的能力受到结构和配体与抗体结合位点的化学作用特异性的控制[45]。抗原-抗体的相互作用是可逆的，并且不包括共价结合形式[45]。反应遵循

$$\mathrm{Ag}+\mathrm{Ab} = \mathrm{AgAb}$$

以及

$$K(\mathrm{L/mol})=\frac{[\mathrm{AgAb}]}{[\mathrm{Ag}][\mathrm{Ab}]}$$

式中，K 为结合系数；AgAb为复合物。高的结合系数来自Ag与Ab之间的相互作用，为免疫分析提供了更低的检测限。

哺乳动物的免疫系统能够合成五种分类明确的抗体（IgA、IgD、IgE、IgG、IgM）。免疫球蛋白由两条相同的重链（50000～60000）和两条轻链（约25000）组成。所有的重链和轻链都有一个免疫可变区（V_H和V_L），这是由于抗体间的排列顺序不同形成的。免疫可变区是发生抗原结合的部分所在。链的剩余部分为免疫恒定区（C_H和C_L），这是因为在该部分的氨基酸序列几乎没有差异。然而，差异可以用来识别两条轻链（λ和κ）和五条重链（α、δ、γ、ε、μ）。抗体与细胞结合发生在免疫恒定区。

在大多数哺乳动物中，IgG（图11.1）是最占优势的抗体类别，也是用于发展EIA的最主要的抗体。用于ELISA的抗体可以是多克隆或是单克隆的。通常通过给动物（通常是兔子）注射抗原和佐剂（一种刺激免疫应答的混合物），然后从动物体内获得血清，从而获得多克隆抗体[6]。但是需要进一步纯化和分离以获得特异性的多克隆抗体[46]。多克隆抗体由其命名可知，是由一种抗原的特异性抗原决定簇直接刺激产生的一种混合免疫球蛋白（抗原决定簇是抗原直接刺激免疫应答的最小部分）。抗体对每一个抗原决定簇进行反应从而导致B淋巴细胞无性繁殖。

单克隆抗体是通过融合细胞（杂交瘤细胞）产生的抗体。杂交瘤细胞只针对一种抗原决定簇产生抗体，因此命名为单克隆抗体。单克隆抗体可以提供一种持续的充足的标准化试剂，该试剂有明确的特异性与分析特征[47]。

放射性免疫分析（RIA）使用放射示踪试剂（例如^{125}I）来指示Ag与Ab之间的反应。目前使用γ计数器来测量Ag-Ab反应[48]。大多数的RIA已经被ELISA所代替，有时候也用到EIA。在ELISA中，附着于固相支持物上的反应物通过简单的洗涤可以将吸附反应物

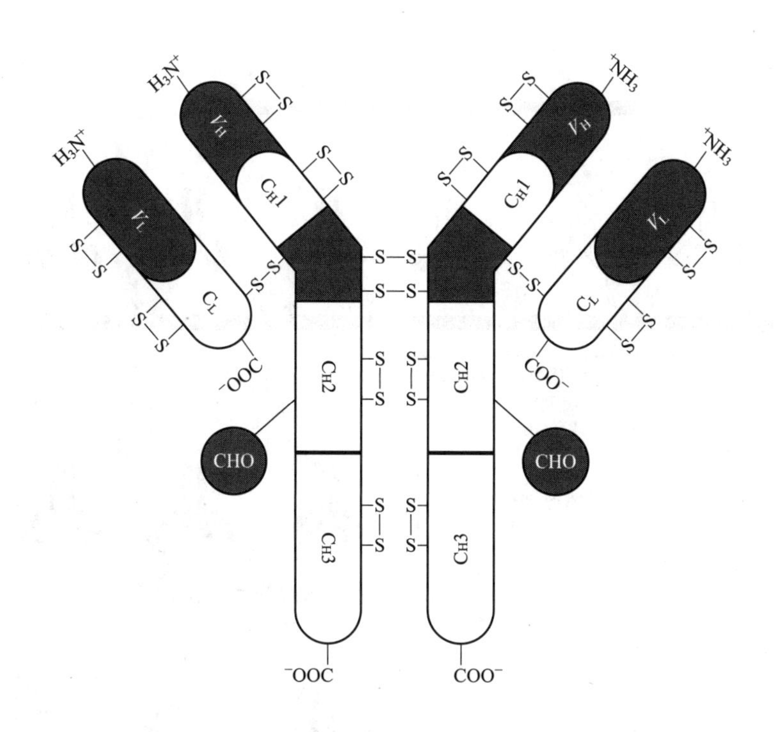

图 11.1 免疫球蛋白 G（IgG）的结构

IgG 由两条重链（50000～60000）和两条轻链（约 25000）组成。重链和轻链都有可变区（V_H和 V_L），各个抗体可变区的序列不同。可变区是抗体与抗原结合的部位。其余部分是恒定区（C_H和 C_L）

与非吸附反应物区分开来。ELISA 的检测系统通常是一种生化酶（例如辣根过氧化物酶、碱性磷酸酯酶）与一种反应物（一种抗体或是分析物）的结合。用于 ELISA 的普通生色物质（生化酶底物）包含对硝基苯磷酸二乙酯、2,2′-联氮-双-(3-乙基苯并噻唑啉-6-磺酸)(ABTS)、邻苯二胺以及四甲基联苯胺。

ELISA 有多种不同的实现形式（直接法、间接法、夹心法、竞争法等）。下面将对 ELISA 形式进行介绍。这些形式的许多不同演变方法已经被用于检测多种分析物，在目前的研究中，其中的许多物质已研究得十分透彻。直接法是 ELISA 中最基本的形式（图 11.2），一种分析物直接与固相支持物接触。抗体对分析物具有特异性并含有报告系统（通常是酶），通过被捕获的分析物进行孵育。洗涤后，将生色物质（生化酶底物）加入并使之反应形成显色物质。在 ELISA 的间接法中（图 11.2），分析物（半抗原、抗体、抗原）与固相支持物进行二次接触。对分析物有特异性的一抗在系统中进行孵育并将过量的抗体洗去。随后将对一抗有特异性的被标记的二抗加入系统并进行孵育。洗涤后，加入色原体并在分光光度计或是其他仪器中进行色度检测。产色深度值与被结合的二抗的数量成比例关系。ELISA 也有夹心模式（图 11.3）。在 ELISA 捕获抗原中，抗原被特异性抗体捕获在固相支持物上。经过洗涤后，加入对抗原的另一抗原决定簇具有特异性的被标记抗体。然后进行孵育和洗涤，加入无色底物并在分光光度计中测量吸光度。ELISA 中同样也有捕获抗体的设计模式，这与捕获抗原模式相似，不同之处在于被分析物是抗体。ELISA 的另一模式是竞争模式。在 ELISA 竞争模式中（图 11.3），分析物（抗原或是抗体）与被标记的分析物竞争结合。当分析物浓度较高时，只有很少的被标记物结合，产生一个减弱的信号。在这

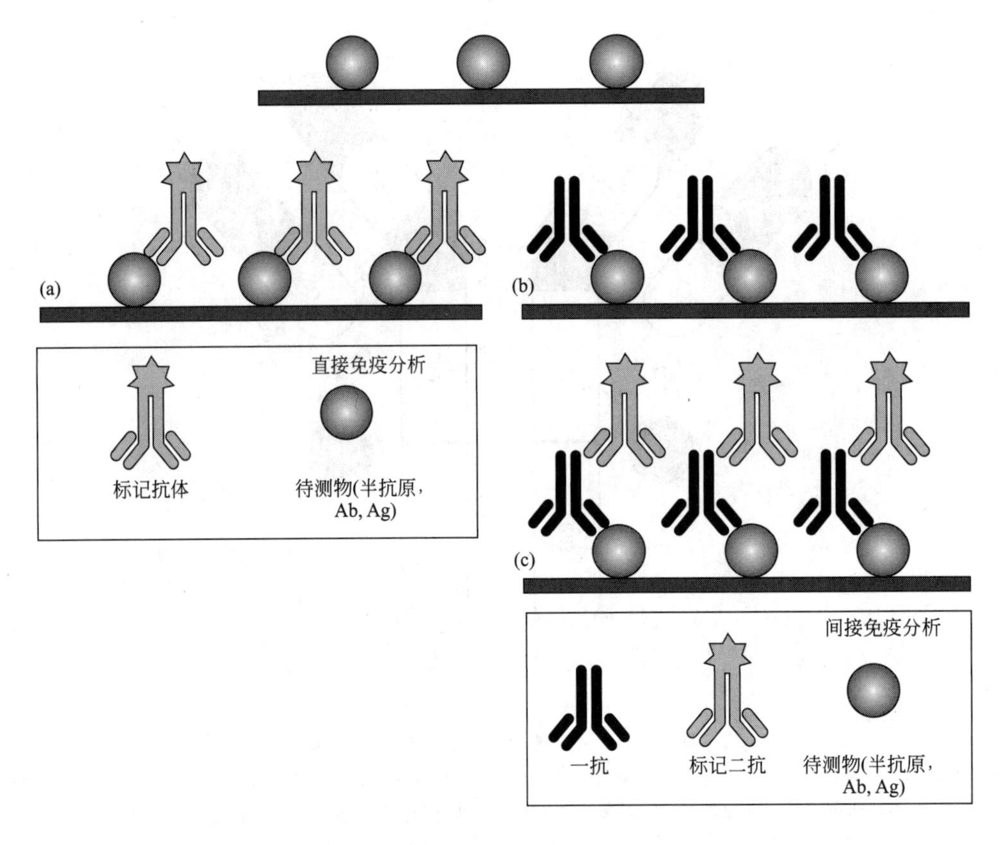

图 11.2　直接和间接免疫分析

（a）为直接免疫分析，待测物（半抗原、Ab、Ag）结合到固相材料（比如微珠或微孔板）上，标记的抗体与待测物形成 Ag-Ab 结合物，洗涤后，待测物浓度通过标记物产生的放射性、吸光度或荧光进行测定。（b）和（c）为间接免疫分析，一抗与固相中的待测物结合，洗涤后，加入针对一抗的特异标记二抗。待测物浓度通过标记物产生的放射性、吸光度或荧光进行测定

种模式的改进模式中，先加入未标记的分析物，再加入标记的分析物。在大多数 ELISAs 中，通过静电吸附和范德华力将抗原抗体包被在微孔板上。抗原抗体在包被缓冲液中得到稀释，从而有助于固定在微孔板上。通常所用的包被溶液是碳酸钠、Tris-HCl 以及磷酸盐缓冲液。为减少微孔板上的非特异性结合，蛋白质溶液通常是用于包被未结合点。一般用的包被试剂是牛血清白蛋白、脱脂奶粉、酪蛋白等。

人体暴露于农药的负担含量可以通过分析尿液中农药的母体以及代谢物的浓度[9,49～53]进行测定。农药施药者同其他人一样，经常暴露在大量无关的杀虫剂中，同时或依次暴露。一般来说，分析体内农药负荷含量通常使用化学/仪器分析（CIM）或 EIA。所有这些技术通常用于定量或是分析物（或是与分析物接近的类似物）检测。另外，CIM 分析在将样品引入仪器前一般需要大量提纯与萃取步骤。例如，用 NIOSH Manual of Analytical Methods（NMAM）方法对尿液中的三嗪除草剂和其代谢物进行检测[54]，采用气相色谱与质谱联用技术，从样品预处理到计算有 39 步。通过 CIM 完成复杂不相关农药的复杂分析需要进行大量的工作。

除此之外，可以使用多路复用荧光微球免疫共价法（FCMIA）对复杂分析物进行同时测量。该方法的一个应用是用 1-乙基-3-(3-二甲基丙基) 碳二亚胺氯氢化物（EDC）和 *N*-羟

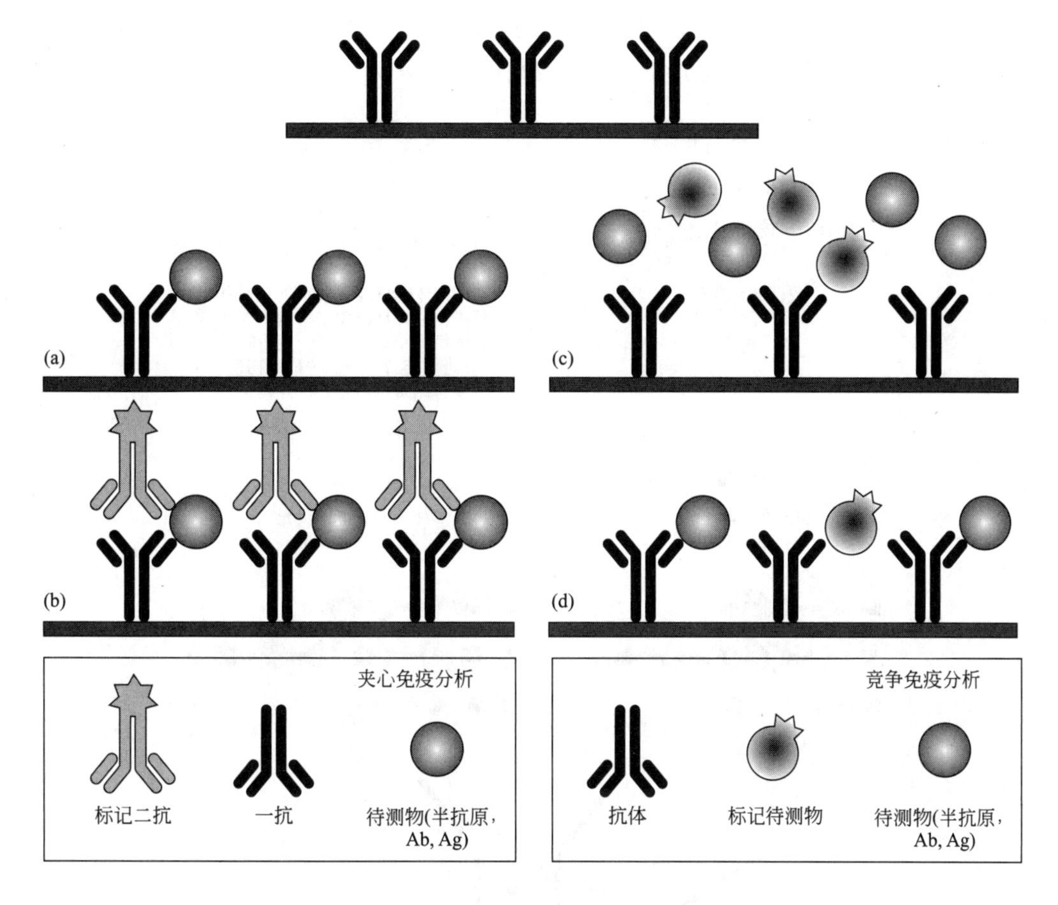

图 11.3 夹心和竞争免疫分析

在夹心免疫分析（又叫捕获免疫分析）中，一抗结合到固相材料上。(a) 加入待测物与之结合。(b) 加入针对待测物其他表位的标记二抗，待测物通过标记物产生的放射性、吸光度或荧光进行测定。在竞争免疫分析中，(c) 待测物与标记待测物竞争，与固定的抗体进行结合，(d) 结合比例与它们的相对浓度有关。待测物浓度通过标记物产生的放射性、吸光度或荧光进行测定。待测物浓度较高时，结合的标记待测物较少，产生的信号较小

基硫代琥珀酰亚胺，将三种不同的光谱可寻址微球与三种农药结合（草甘膦-卵清蛋白、阿特拉津-牛血清白蛋白、异丙甲草胺硫醚氨酸类的衍生物-锁孔血蓝蛋白）[23]。第一抗体是抗阿特拉津抗体、抗草甘膦抗体、抗异丙甲草胺硫醚氨酸类的衍生物抗体。将阿特拉津、草甘膦、异丙甲草胺代谢物混合并与微球体结合，再加入混合的一次抗体以制备标准曲线。经过一段时间的孵育后，加入生物素标记的 IgG 再进行孵育。洗涤后，加入 R-藻红蛋白，经过孵育和洗涤后在仪器中对微珠进行分析（见图 11.4）。这种分析类型基本上是大量的竞争免疫分析，同时用微珠作为固相支持物。当分析物浓度增大时，反应信号减小。在这个系统中，使用的是 5.6μm 聚苯乙烯、二乙烯基苯、甲基丙烯酸、有表面羧酸功能的微球。事实上，微球是用红色和红外放射的荧光染料染过的。每一种荧光物质的内部浓度是成比例的，以此获得可寻址光谱微粒集。不同的抗原与个别的微粒集进行共价结合。当微粒集被混合时，可以通过一个标准的台式流式细胞仪或是一种市售的专用仪器（Luminex，Inc.，Austin，TX）检测。该系统的三个主要组成部分是一个台式流式细胞仪、微球体以及计算机硬件与软件。台式流式细胞仪根据个体微球体的型号大小与荧光性质进行分析，可同时识别三

种荧光颜色——绿色（530nm）、红外（585nm）、红色（>650nm）。微粒集用 90°光散射测定。红外和红色荧光用于微粒集分类，绿色荧光用于待测物测定[55]。

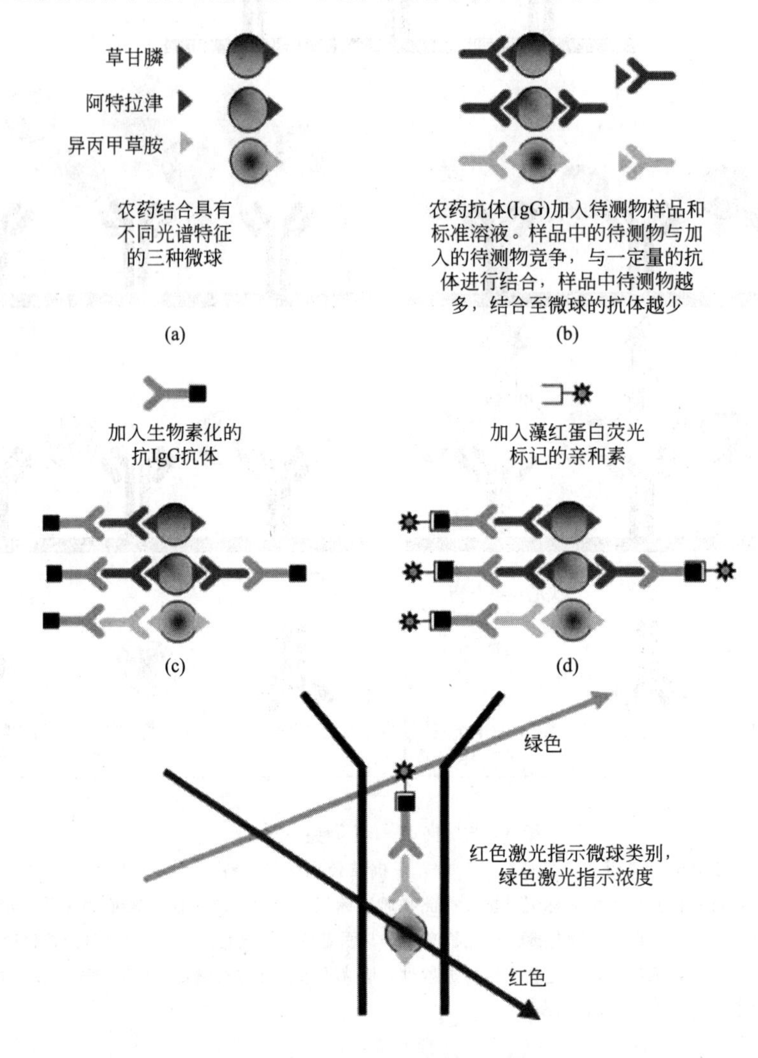

图 11.4 多元荧光微球免疫分析示意图（FCMIA）

（a）农药结合至不同光谱特征的微球；（b）微球结合的农药和游离的农药竞争结合一定量的抗体；（c）与微球结合的抗体与生物素化的二抗进行反应；（d）藻红蛋白荧光标记的亲和素与生物素结合，形成的复合物用流式细胞仪测定。红色激光指示微球类别，绿色激光指示浓度

液体悬浮微粒集分析技术可以与受体[56]、核酸[57]、蛋白质[23,30]和抗体[58]的分析联用，用于测定生物学相互作用[49,55,59~61]。在环状 DNA、DNA 聚合酶和核苷酸的存在下，通过将 DNA 引物共价连接到报告抗体而实现。扩增得到一个连接到抗体的含有成百个环状 DNA 拷贝的长链 DNA 分子。扩增产物利用荧光标记寡核苷酸进行原位标记[62]。

11.3 数据分析

在 ELISA 实验中，测定一系列已知浓度的标准溶液，建立浓度与响应值的关系。这种关系就是标准曲线，可以用于测定未知样品的浓度。许多数学模型可以用于建立 ELISA 标准曲线，包括 logistic-log 变换[63]、log-log 变换[64]、四参数 logistic-log 曲线[33]等。四参数 logistic-log 模型（4-PL）如下所示：

$$y=\frac{A-D}{1+\left(\frac{x}{C}\right)^{B}}$$

式中，y 为响应值（光密度）；x 是浓度；A 和 D 为零浓度和极大浓度时的响应值；C 为 IC_{50}（50%抑制浓度）；B 为斜率[65]。该模型被认为优于 log-log 和其他数学模型，即使在 R^2 值较大时（>0.97）也是如此。4-PL 模型扩大了测定范围，提供了更加精确的测定[66]。

一个评价标准曲线拟合好坏的方法是在回归分析之后，反算标准溶液的浓度[67,68]。这个方法也称为标准回收率，即用模型推算标准溶液的浓度，然后将它与实际浓度进行比较，用以下公式计算：

$$\frac{\text{4-PL 拟合观察浓度}}{\text{添加分析物的预期浓度}}\times 100$$

这个方法可以获得样品计算中相对误差的信息。每个标准溶液计算值最好都落在实际值的 70%～130%范围之内，若对准确度要求十分严格，就应落在更窄的范围之内。以反推计算作为评价拟合程度大小的唯一方法，其缺点在于它仅指示标准溶液浓度的测定偏差。也就是说，只是对个别标准溶液的浓度进行了评价，而没有对各标准溶液浓度之间曲线范围的浓度进行评价[67]。加标回收率也可以用于评价分析的总体准确度[69]。这个方法在分析测定中加入的变量与回归分析相同。样品中加入已知浓度的待测物，然后进行分析，确定计算浓度与实际浓度的接近程度。选择的加标浓度常常在标准溶液浓度范围内，以去除反推计算本身的偏差。使用以上公式计算，结果评价与标准回收率相同。加标回收率在 80%～120%范围内是可以接受的。该方法的缺点是它受到变量的影响而不是曲线拟合的影响。样品制备、分析准备（添加液体）的误差都可能影响整体回收率。而且由于微量移液时小体积溶液操作本身的误差，很难在样品中准确地加入低浓度待测物[70]。

最小检测剂量（LDD）和最低检测浓度（MDC）也可以用数学方法进行计算，比如用 4-PL 回归曲线的渐近线的 95%置信区间表示[71]，或者用空白溶液响应值的标准偏差的倍数表示[72,73]。对于用% B/B_0 作为响应值的竞争免疫分析，B 表示标准溶液的响应值，B_0 表示空白溶液光密度的平均值，通常以 90% B/B_0 作为 LDD[74]。

特异性是所有分析测试的重要特征，表示了其分辨特异性和非特异性结果的能力。在免疫分析中，影响特异性的干扰分为两类：①影响抗原和抗体结合的普通因素，比如 pH 值和离子强度；②与抗原竞争结合抗体上的结合位点的物质。在农药或其代谢物的分析中，通常存在代谢物或类似物对待测物较大程度的交叉反应，因此可以进行多种物质的宽范围筛选。测定免疫反应特异性，可以在样品中加入一定数量的交叉反应物，然后测定免疫分析的响应。实验结果可以用几种方式报告。一种方法是用交叉反应物将标记抗原从抗体中取代出来，测定将 50%标记抗原取代（50% B/B_0）需要加入多大浓度的交叉反应物，该浓度称为 ED_{50}（estimated dose at 50% B/B_0），即 ED_{50} 处的交叉反应百分率。也可以计算其他比例的抗原取代率，比如 ED_{20}。根据标准曲线的斜率和形状，交叉反应百分率在不同的结合抑制率是不同的。另一种报告交叉反应的简单方法是测定取代一定量的标记抗原所需要的交叉反应物的浓度。比如，取代 50%标记抗原所需交叉反应物的浓度（即 ED_{50}）。同样，在不同的结合抑制率，结果是不同的。如果能够选择出一个明显区别于零取代的最低浓度水平，该浓度可以作为交叉反应物的 LDD。评价成分不太清楚的生物样品中的交叉反应是非常复杂的[75]。

样品中的许多外来因素会影响抗原抗体的结合，包括 pH 值、离子强度以及酶、免疫球蛋白、胆汁、盐等内源物质，还有药物、聚合物、清洁剂等外源物质[76]。这些因素都会产生基质效应，即样品性质而不是待测物对测定过程及结果产生的影响，或者说是基质的物理化学性质对方法准确测定待测物能力的影响[76]。

为保证免疫分析数据的完整真实，分析测量的质量控制措施尤其重要。每个分析操作者都必须独立地保证质量控制过程的正常。可以利用加标样品，其浓度和干扰与待测样品类似。因为分析操作者对方法最熟悉，而且知道回收率的大致范围，因此，方法中的问题可以提前考虑到。至少应考虑以下问题[77]：

① 空白溶液：不含有待测物的缓冲液或水。

② 标准溶液：标准溶液应包括至少五个浓度，每个浓度三个平行，浓度范围应涵盖实际样品浓度的范围，以免外推。标准溶液和样品用同种溶液稀释。

③ 加标盲样：加标盲样由分析操作者之外的其他人配制，可以对测定的准确度和精密度进行独立的检测。

④ 精密度分析：应计算组内和组间的变异系数，用质量控制图评价它们的趋势。

11.4 农药

据 USEPA 估计，在 3380000 名美国农民中，每年诊断出 10000～20000 例农药中毒[78]。美国疾病控制与预防中心（CDC）在第二次全国环境化学品人类暴露报告（Second National Report on Human Exposure to Environmental Chemicals）中公布了 1999～2000 年两年中美国公民 116 种环境化学品暴露生物监测的结果，其中包括有机氯、有机磷、氨基甲酸酯以及除草剂的母体及代谢物在尿液中的浓度水平。结果表明，大多数农药及其代谢物浓度都在检出限（LOD）之上[79]。暴露于低剂量的农药混合物被认为与人体的慢性健康效应有关[80]。农药的人体暴露是多介质多途径的暴露。农民在不同的时间段，以不同的暴露水平，通过许多途径（吸入、皮肤吸收、摄入）暴露于许多农药。而且通过肠道或与污染设备和表面的接触也可以产生暴露。暴露还受到天气条件、施用农药的类型、农民的操作等的影响[6,9,10,30]。测定农药通过对设备和衣物的暴露，可以分析洗脱液[81,82]，而人体农药暴露通常是通过对尿样的生物学监测[6,7,9]。酶免疫分析（EIA）已经被用于测定地表水、雨水、地下水中许多种农药的浓度，包括甲草胺、乙腈、阿特拉津、苯达松、溴苯甲酰胺、氯二氨基-*s*-三嗪、氯磺隆、克马酮、氰嗪、二乙基阿特拉津、二氯氟甲基、2,4-D、二氯丙酸、对嘧啶、六嗪酮、羟基阿特拉津、依马西苯咪唑、伊马杂喹、异丙隆、马来酰肼、MCPB、甲草胺、甲基苯噻隆、异丙甲草胺、禾草敌、灭草隆、达草呋、百草枯、吡咯烷、丙嗪、西玛津、叔丁嗪、叔丁灵、硫代苯甲酸酯、三嘧磺隆、2,4,5-T、三氟拉林、甲硫磷、毒死蜱、七氯、烯虫酯、1-萘酚、对硫磷、对氧磷、PCP、苄氯菊酯、甲基嘧啶、苦木素、3,5,6-三氯-2-吡啶醇、苯菌灵、苯并咪唑硫丹、百菌清、苯丙吗啉、异丙隆、甲霜灵、腈菌唑、丙二酮、噻菌灵、三唑酮、三唑[45]。这其中主要是对母体化合物的分析。

用于尿液分析的 EIA 已经用于测定很多种农药的人体负荷[7,9,10,30,33,34,36,39,40,49～53,74,83～88]。许多供应商提供用于水和其他介质中农药测定的 EIA 试剂盒（例如 EnviroLogix Inc.，

Portland，ME；Strategic Diagnostics Inc.，Newark，DE；Abraxis LLC，Warminster，PA)。EIA试剂盒尤其适用于要求快速、简便、灵敏和低成本的测定。免疫分析适用的分析测定包括分析样品中已知的或可能存在的特定化学品或一类化学品的存在或不存在，或其存在的含量。在某些情况下，设计用于测定农药母体化合物的EIA试剂盒也可以用于筛选尿液中的代谢物。这主要是因为基于抗体的交叉反应，用于测定母体化合物的商品化试剂盒往往也对代谢物产生亲和力。例如，甲草胺（alachlor）的分子量是270，分子量太小不能够独自免疫产生抗体。为克服这个障碍，甲草胺或其他氯乙酰苯胺类除草剂的抗体的制备都是将一个氯乙酰苯胺衍生物与大分子载体（通常是蛋白质）偶联，产生硫醚的连接基团[89]。针对这类甲草胺-蛋白的硫醚化合物的多克隆抗血清中会包含该免疫原分子的多个抗原决定簇的抗体，其中也包括硫醚基团，但是对不同的抗原决定簇其亲和力也不同。甲草胺代谢后产生甲草胺-mercapturate代谢物[90]，能够与一些商品化抗体产生交叉反应。事实上，该代谢物对抗体的亲和力比母体化合物高大约4倍[7]。

已经有专门用于人类农药暴露监测的商品化EIA试剂盒。EnviroLogix Inc.，Portland，ME可以提供用于尿液中甲草胺衍生物、阿特拉津衍生物、*N*,*N*-二乙基苯甲基酰胺（DEET）和异丙甲草胺衍生物测定的试剂盒。这些试剂盒可以进行快速、准确和精密的测定。

包括仪器分析方法和EIA在内的传统分析技术虽然非常准确和精密，但实际上是依赖于实验室的技术[91]。易于携带，既具有抗原-抗体结合的信号转换器，又可以产生与待测物浓度成比例的信号的免疫生物传感器已有报道[92]。抗原-抗体复合物与信号转换器（比如光学、电流、电势或声学）紧密结合，并与数据获取和处理系统连接[93]。免疫生物传感器由于特异性高，响应速度快，价格便宜，携带和使用方便，可以连续实时监测，相对于其他方法显示出明显的优势[94]。

主要用于开发免疫生物传感器的光学特征包括荧光、化学发光和折射率的变化。这些光学效应可以用表面等离子体共振（SPR）或消逝波效应测定[95,96]。比如，荧光光纤生物传感器具有光纤探针，上面固定针对特定待测物的特异性抗体。样品流经探针时，荧光染料标记的第二抗体与之结合。如果荧光抗体结合到捕获抗体上，就可以在探针表面产生荧光信号（图11.5）。

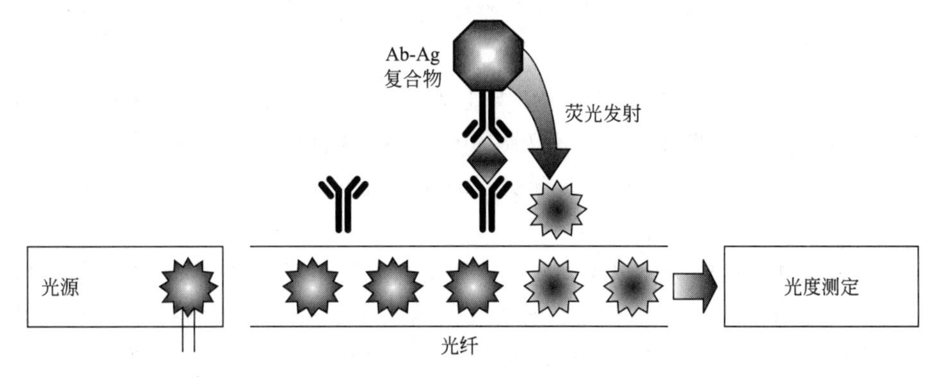

图11.5 荧光标记生物传感器

荧光标记二抗以夹心方式与抗原结合。荧光素吸收短波长激发光，长波长发射光用生物传感器的信号转换器进行测定

折射率（光在两种介质界面的弯曲程度）也可以用于测定抗原抗体的结合。在界面的光

路可以被 SPR 用于测定因表面的抗原抗体结合而引起的表面性质的变化[97]（图 11.6）。SPR 免疫生物传感器由一个 SPR 信号转换器和一个可以识别并结合待测物的生物识别元件（即抗体）构成。生物识别分子固定于 SPR 信号转换器表面。当液体样品与传感器表面结合时，生物识别分子与待测物发生相互作用，在传感器表面折射率产生变化。由此在传感器表面等离子体激发临界角的变化，最终可以测定 SPR 波长、共振角、密度、相、偏振等特征的变化。

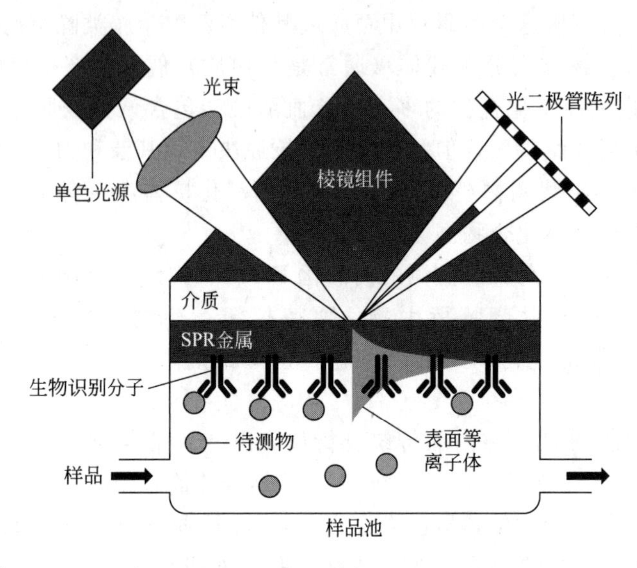

图 11.6 表面等离子体共振（SPR）发光二极管产生的光束经棱镜到达金薄膜，当入射角满足一定条件时，在金膜外部产生表面等离子体共振，反射光的临界角利用计算机控制的灵敏光检测器进行测定。当含有待测分子的样品注射进入样品池时，待测分子与固定于 SPR 传感器表面的生物识别分子结合，使反射光临界角的角度发生一些变化，角度的改变与样品中待测物的浓度有关

压电免疫传感器的原理是基于石英晶体共振（图 11.7），包含有一个置于其上的盘状电极。通过该装置内部的振荡电势可以产生在整个晶体传播的振荡信号。传感器表面固定的抗体与抗原结合，引起的质量变化引起振荡频率变化，可以用频率测定仪测定。抗原抗体的结合增加了晶体的质量，降低了振荡频率[98]。

光寻址电势传感器（LAPS）将电化学与电光学检测相结合，测定 pH 在半导体的微弱变化（约 0.01pH 单位）（图 11.8）。该仪器的 pH 敏感区包括了环绕电流的硅层。LAPS 测定由光源光发射二极管（LED）迅速闪烁引起的光电流变化。电流的大小依赖于表面电势，也依赖于表面 pH 值[99]。

总之，通过选择合适的机体组织和体液，用生物监测测定其中的母体化合物或代谢物浓度，可以估测内部的化学剂量。相对于生物监测测定化学品或其代谢物在人体组织中的浓度，生物效应监测（即生物标志物）通过测定生物化学响应（例如酶活性变化[100]）来检测化学品暴露。换句话说，化学品暴露用指示物特征而不是直接用化学品浓度来测定。这种监测不能对内部剂量进行直接测定，但是可以指示潜在的危害效应。除非暴露于生化响应之间的关系非常清楚，否则无法估测剂量。

传统的对尿样或环境样品的生物监测通常都是先对尿样或其他样品（比如洗手水、皮

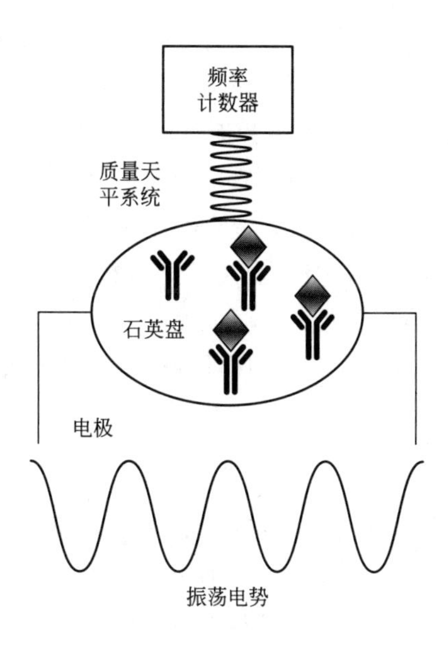

图 11.7　压电生物传感器

压电（PZ）生物传感器是一个排列有电极的石英晶体盘共振器。内部振荡电势通过该装置时，产生的电磁波传输到石英晶体，振荡频率用频率振荡器测定。抗原与固定于石英晶体表面的抗体结合时产生的质量变化会影响频率的变化。抗原抗体结合引起的晶体质量增加，降低了晶体的振荡频率

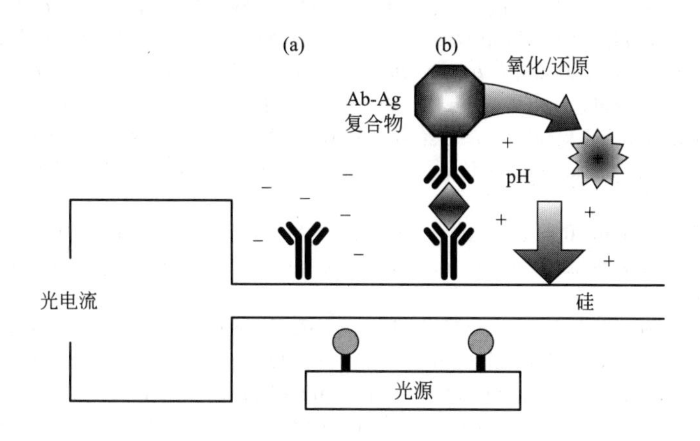

图 11.8　光寻址电势传感器（LAPS）

LAPS 结合了电化学和电光学测定，用于检测半导体表面细微的 pH 变化。LAPS 的 pH 感受区有一个硅层，其表面 pH 的变化会引起表面电势的变化，进一步使光源产生的光电流发生变化。（a）没有抗原与第一抗体结合时，电势（－）由光源产生。（b）抗原结合标记二抗的复合物与一抗反应后，标记物催化氧化还原反应，产生的 pH 变化影响表面电势（＋）

肤、衣服吸附材料、过滤材料等）进行萃取，然后用化学分析或仪器分析方法进行定量测定。这些方法虽然特异性很好，但是价格昂贵，耗费时间，劳动强度大，需要大型仪器设备和训练有素的操作者。这些方法的替代方法是 EIA，可以利用抗体（通常是多克隆抗体）对尿液或稀释尿液或水中的农药及其代谢物进行定量测定。在过去 35 年中，EIA 已经被用于测定生物和环境样品中的很多种物质。EIA 的优点是价格便宜、快速、可以定量，而且所

需仪器也相对便宜。在许多情况下，EIA 比传统分析方法的检出限更好。用 EIA 方法分析尿液中的农药及其代谢物，其缺点是有时特异性较差，基质效应强，使其灵敏度降低至原来的 1/10～1/100。然而，在分析速度和价格方面，免疫分析比传统方法具有明显的优势。免疫分析可以进行多元分析（同时测定多种物质）的能力是 EIA 比传统方法优越的另一方面。在用传统方法对多种物质同时进行分析时，混合物中不同化学品的性质差异对回收率产生负面影响[29]。最后的结果就是灵敏度好但精密度差，或精密度好但灵敏度差[24,101,102]。免疫生物传感器、表面和液体基质阵列以及其他（成熟的）尖端技术在生物监测中的应用应该着重考虑对多种待测物的实时和同时测定，并保证准确度和精密度。

致谢

文章所提及的产品或公司不构成 NIOSH 的认可。这项工作得到了 NIOSH 与 NIEHS 之间的跨机构协议（Y1-ES-0001，临床免疫毒性）的部分支持。本章的内容和结论仅代表作者，并不代表美国国家职业安全与健康研究所的观点。

参考文献

1. Schulte, P. A., A conceptual and historical framework for molecular epidemiology, In *Molecular Epidemiology Principles and Practices*, Schulte, P. A. and Perera, F. P., Eds., Academic Press, San Diego, CA, pp. 3–44, 1993.
2. Biagini, R. E., Krieg, E. F., Pinkerton, L. E., and Hamilton, R. G., Receiver operating characteristics analyses of food and drug administration-cleared serological assays for natural rubber latex-specific immunoglobulin E antibody, *Clin. Diagn. Lab. Immunol.*, 8, 1145–1149, 2001.
3. Minh, T. B., Watanabe, M., Tanabe, S., Yamada, T., Hata, J., and Watanabe, S., Specific accumulation and elimination kinetics of tris(4-chlorophenyl)methane, tris(4-chlorophenyl)methanol, and other persistent organochlorines in humans from Japan, *Environ. Health Perspect.*, 109, 927–935, 2001.
4. NIOSH, NIOSH manual of analytical methods (NMAM), DHHS (NIOSH), Cincinnati, OH, 1994.
5. Jaeger, A., Are kinetic investigations feasible in human poisoning? *Toxicol. Lett.*, 102–103, 637–642, 1998.
6. Hines, C. J., Deddens, J. A, Striley, C. A., Biagini, R. E, Shoemaker, D. A., Brown, K. K., Mackenzie, B. A., and Hull, R. D., Biological monitoring for selected herbicide biomarkers in the urine of exposed custom applicators: application of mixed-effect models, *Ann. Occup. Hyg.*, 47, 503–517, 2003.
7. Biagini, R. E., Tolos, W., Sanderson, W. T., Henningsen, G. M., and MacKenzie, B., Urinary biomonitoring for alachlor exposure in commercial pesticide applicators by immunoassay, *Bull. Environ. Contam. Toxicol.*, 54, 245–250, 1995.
8. Biagini, R. E., Henningsen, G. M., MacKenzie, B., Sanderson, W. T., Robertson, S., and Baumgardner, E. S., Evaluation of acute immunotoxicity of alachlor in male F344/N rats, *Bull. Environ. Contam. Toxicol.*, 50, 266–273, 1993.
9. Sanderson, W. T., Biagini, R., Tolos, W., Henningsen, G., and MacKenzie, B., Biological monitoring of commercial pesticide applicators for urine metabolites of the herbicide alachlor, *Am. Ind. Hyg. Assoc. J.*, 56, 883–889, 1995.
10. Sanderson, W. T., Ringenburg, V., and Biagini, R., Exposure of commercial pesticide applicators to the herbicide alachlor, *Am. Ind. Hyg. Assoc. J.*, 56, 890–897, 1995.
11. Albarellos, G. A., Kreil, V. E., and Landoni, M. F., Pharmacokinetics of ciprofloxacin after single intravenous and repeat oral administration to cats, *J. Vet. Pharmacol. Ther.*, 27, 155–162, 2004.
12. Norberg, A., Jones, A. W., Hahn, R. G., and Gabrielsson, J. L., Role of variability in explaining ethanol pharmacokinetics: research and forensic applications, *Clin. Pharmacokinet.*, 42, 1–31, 2003.

13. Knopp, D., Application of immunological methods for the determination of environmental pollutants in human biomonitoring. A review, *Anal. Chim. Acta*, 311, 383–392, 1995.
14. Lowry, L. K., Rosenberg, J., and Fiserova-Bergerova, V., Biological monitoring Ⅲ: measurements in urine, *Appl. Ind. Hyg.*, 4, F-11, 1989.
15. Rosenberg, J., Fiserova-Bergerova, V., and Lowry, L. K., Biological monitoring IV: measurements in urine, *Appl. Ind. Hyg.*, 4, 1-16, 1989.
16. Boeniger, M. F., Lowry, L. K., and Rosenberg, J., Interpretation of urine results used to assess chemical exposure with emphasis on creatinine adjustments: a review, *Am. Ind. Hyg. Assoc. J.*, 54, 615–627, 1993.
17. Ikeda, M., Ezaki, T., Tsukahara, T., Moriguchi, J., Furuki, K., Fukui, Y. et al., Bias induced by the use of creatinine-corrected values in evaluation of beta2-microgloblin levels, *Toxicol. Lett.*, 145, 197–207, 2003.
18. Droz, P. O., Biological monitoring I: sources of variability in human response to chemical exposure, *Appl. Ind. Hyg.*, 4, F-20, 1989.
19. Rosenberg, J., Biological monitoring IX: concomitant exposure to medications and industrial chemicals, *Appl. Occup. Environ. Hyg.*, 9, 341–345, 1994.
20. Ogata, M., Fiserova-Bergerova, V., and Droz, P. O., Biological monitoring VII: Occupational exposures to mixtures of industrial chemicals, *Appl. Occup. Environ. Hyg.*, 8, 609–617, 1993.
21. Gutman, S., The role of food and drug administration regulation of in vitro diagnostic devices—applications to genetics testing, *Clin. Chem.*, 45, 746–749, 1999.
22. USDHHS, Medical devices: classification/reclassification; restricted devices; analyte specific reagents, Fed. Regist., 62, 62243–62260, 1997.
23. Biagini, R. E., Sammons, D. L., Smith, J. P., MacKenzie, B. A., Striley, C. A. F., Semenova, C. A. F. V., Steward-Clark, E. et al., Comparison of a multiplexed fluorescent covalent microsphere immunoassay and an enzyme-linked immunosorbent assay for measurement of human immunoglobulin G antibodies to anthrax toxins, *Clin. Diagn. Lab. Immunol.*, 11, 50–55, 2004.
24. Baker, S. E., Barr, D. B., Driskell, W. J., Beeson, M. D., and Needham, L. L., Quantification of selected pesticide metabolites in human urine using isotope dilution high-performance liquid chromatography/tandem mass spectrometry, *J. Expo. Anal. Environ. Epidemiol.*, 10, 789–798, 2000.
25. Barr, D. B., Barr, J. R., Maggio, V. L., Whitehead, R. D., Sadowski, M. A., Whyatt, R. M., and Needham, L. L., A multi-analyte method for the quantification of contemporary pesticides in human serum and plasma using high-resolution mass spectrometry, *J. Chromatogr. B Analyt. Technol. Biomed. Life Sci.*, 778, 99–111, 2002.
26. Carabias-Martýnez, R., Garcýa-Hermida, C., Rodrýguez-Gonzalo, E., Soriano-Bravo, F., and Hernandez-Mendez, J., Determination of herbicides, including thermally labile phenylureas, by solid-phase microextraction and gas chromatography-mass spectrometry, *J. Chromatogr. A*, 1002, 1–12, 2003.
27. Bernstein, D. I., Biagini, R. E., Karnani, R., Hamilton, R., Murphy, K., Bernstein, C., Arif, S. A., Berendts, B., and Yeang, H. Y., In vivo sensitization to purified Hevea brasiliensis proteins in health care workers sensitized to natural rubber latex, *J. Allergy Clin. Immunol.*, 111, 610–616, 2003.
28. Biagini, R. E., Driscoll, R. J., Bernstein, D. I., Wilcox, T. G., Henningsen, G. M., Mackenzie, B. A., Burr, G. A., Scinto, J. D., and Baumgardner, E. S., Hypersensitivity reactions and specific antibodies in workers exposed to industrial enzymes at a biotechnology plant, *J. Appl. Toxicol.*, 16, 139–145, 1996.
29. Biagini, R. E., MacKenzie, B. A., Sammons, D. L., Smith, J. P., Striley, C. A., Robertson, S. K., and Snawder, J. E., Evaluation of the prevalence of antiwheat-, anti-flour dust, and anti-alpha-amylase specific IgE antibodies in US blood donors, *Ann. Allergy Asthma Immunol.*, 92, 649–653, 2004.
30. Biagini, R. E., Murphy, D. M., Sammons, D. L., Smith, J. P., Striley, C. A., and MacKenzie, B. A., Development of multiplexed fluorescence microbead covalent assays (FMCAs) for pesticide biomonitoring, *Bull. Environ. Contam. Toxicol.*, 68, 470–477, 2002.
31. Biagini, R. E., Sammons, D. L., Smith, J. P., Page, E. H., Snawder, J. E., Striley, C. A. F., and MacKenzie, B. A., Determination of serum IgG antibodies to Bacillus anthracis protective antigen in

environmental sampling workers using a fluorescent covalent microsphere immunoassay, *Occup. Environ. Med.*, 61, 703–708, 2004.

32. Biagini, R. E., Schlottmann, S. A., Sammons, D. L., Smith, J. P., Snawder, J. C., Striley, C. A., MacKenzie, B. A., and Weissman, D. N., Method for simultaneous measurement of antibodies to 23 pneumococcal capsular polysaccharides, *Clin. Diagn. Lab. Immunol.*, 10, 744–750, 2003.
33. Biagini, R. E., Smith, J. P., Sammons, D. L., MacKenzie, B. A., Striley, C. A., Robertson, S. K., and Snawder, J. W., Development of a sensitivity enhanced multiplexed fluorescence covalent microbead immunosorbent assay (FCMIA) for the measurement of glyphosate, atrazine and metolachlor mercapturate in water and urine, *Anal. Bioanal. Chem.*, 379, 368–374, 2004.
34. Ahn, K. C., Watanabe, T., Gee, S. J., and Hammock, B. D., Hapten and antibody production for a sensitive immunoassay determining a human urinary metabolite of the pyrethroid insecticide permethrin, *J. Agric. Food Chem.*, 52, 4583–4594, 2004.
35. Lee, H. J., Shan, G., Ahn, K. C., Park, E. K., Watanabe, T., Gee, S. J., and Hammock, B. D., Development of an enzyme-linked immunosorbent assay for the pyrethroid cypermethrin, *J. Agric. Food Chem.*, 52, 1039–1043, 2004.
36. Shan, G., Huang, H., Stoutamire, D. W., Gee, S. J., Leng, G., and Hammock, B. D., A sensitive class specific immunoassay for the detection of pyrethroid metabolites in human urine, *Chem. Res. Toxicol.*, 17, 218–225, 2004.
37. Cho, Y. A., Kim, Y. J., Hammock, B. D., Lee, Y. T., and Lee, H. S., Development of a microtiter plate ELISA and a dipstick ELISA for the determination of the organophosphorus insecticide fenthion, *J. Agric. Food Chem.*, 51, 7854–7860, 2003.
38. Penalva, J., Puchades, R., Maquieira, A., Gee, S., and Hammock, B. D., Development of immunosensors for the analysis of 1-naphthol in organic media, *Biosens. Bioelectron.*, 15, 99–106, 2000.
39. Staimer, N., Gee, S. J., and Hammock, B. D., Development of a sensitive enzyme immunoassay for the detection of phenyl-beta-D-thioglucuronide in human urine, *Fresenius J. Anal. Chem.*, 369, 273–279, 2001.
40. Lohse, C., Jaeger, L. L., Staimer, N., Sanborn, J. R., Jones, A. D., Lango, J., Gee, S. J., and Hammock, B. D., Development of a class-selective enzyme-linked immunosorbent assay for mercapturic acids in human urine, *J. Agric. Food Chem.*, 48, 5913–5923, 2000.
41. Lee, J. K., Ahn, K. C., Park, O. S., Kang, S. Y., and Hammock, B. D., Development of an ELISA for the detection of the residues of the insecticide imidacloprid in agricultural and environmental samples, *J. Agric. Food Chem.*, 49, 2159–2167, 2001.
42. Biagini, R. E., Klincewicz, S. L., Henningsen, G. M., MacKenzie, B. A., Gallagher, J. S., Bernstein, D. I., and Bernstein, I. L., Antibodies to morphine in workers exposed to opiates at a narcotics manufacturing facility and evidence for similar antibodies in heroin abusers, *Life Sci.*, 47, 897–908, 1990.
43. Engvall, E. and Perlman, P., Enzyme-linked immunosorbent assay (ELISA). Quantitative assay of immunoglobulin G, *Immunochemistry*, 8, 871–874, 1971.
44. Striley, C. A., Biagini, R. E., Mastin, J. P., MacKenzie, B. A., and Robertson, S. K., Development and validation of an ELISA for metolachlor mercapturate in urine, *Anal. Chim. Acta*, 399, 109–114, 1999.
45. Dankwardt, A., Immunochemical assays in pesticide analysis, In *Encyclopedia of Analytical Chemistry*, Chichester, M. R., Ed., Wiley, New York, pp. 1–27, 2000.
46. Khan, M., Bajpai, V. K., Anasari, S. A., Kumar, A., and Goel, R., Characterization and localization of fluorescent Pseudomonas cold shock protein(s) by monospecific polyclonal antibodies, *Microbiol. Immunol.*, 47, 895–901, 2003.
47. Trout, D. B., Seltzer, J. M., Page, E. H., Biagini, R. E., Schmechel, D., Lewis, D. M., and Boudreau, A. Y., Clinical use of immunoassays in assessing exposure to fungi and potential health effects related to fungal exposure, *Ann. Allergy Asthma Immunol.*, 92, 483–491, 2004, quiz 492–484, 575
48. Biagini, R. E., Bernstein, I. L., Gallagher, J. S., Moorman, W. J., Brooks, S., and Gann, P. H., The diversity of reaginic immune responses to platinum and palladium metallic salts, *J. Allergy Clin. Immunol.*, 76, 794–802, 1985.
49. Biagini, R. E., Murphy, D. M., Sammons, D. L., Smith, J. P., Striley, C. A. F., and MacKenzie, B. A.,

Development of multiplexed fluorescence microbead immunosorbent assays (FMIAs) for pesticide biomonitoring, *Bull. Environ. Contam. Toxicol.*, 68, 470–477, 2002.
50. Hines, C. J., Deddens, J. A., Striley, C. A., Biagini, R. E., Shoemaker, D. A., Brown, K. K., Mackenzie, R., and Hull, B. A. D., Biological monitoring for selected herbicide biomarkers in the urine of exposed custom applicators: Application of mixed-effect models, *Ann. Occup. Hyg.*, 47, 503–517, 2003.
51. Mastin, J. P., Striley, C. A. F., Biagini, R. E., Hines, C. J., Hull, R. D., MacKenzine, B. A., and Robertson, S. K., Use of immunoassays for biomonitoring of herbicide metabolites in urine, *Anal. Chim. Acta*, 376, 119–124, 1998.
52. Hryhorczuk, D. O., Moomey, M., Burton, A., Runkle, K., Chen, E., Saxer, T., Slightom, J., Dimos, J., McCann, K., and Barr, D., Urinary *p*-nitrophenol as a biomarker of household exposure to methyl parathion, *Environ. Health Perspect.*, 6 (suppl. 6), 1041–1046, 2002.
53. Smith, P. A., Thompson, M. J., and Edwards, J. W., Estimating occupational exposure to the pyrethroid termiticide bifenthrin by measuring metabolites in urine, *J. Chromatogr. B. Analyt. Technol. Biomed. Life Sci.*, 778, 113–120, 2002.
54. DHHS(NIOSH), *Triazine Herbicides and Their Metabolites in Urine. Method 8315*, Government Printing Office, Washington, DC, 2003.
55. Fulton, R. J., McDade, R. L., Smith, P. L., Kienker, L. J., and Kettman, J. R. Jr., Advanced multiplexed analysis with the flowmetrix system, *Clin. Chem.*, 43, 1749–1756, 1997.
56. Iannone, M. A., Consler, T. G., Pearce, K. H., Stimmel, J. B., Parks, D. J., and Gray, J. G., Multiplexed molecular interactions of nuclear receptors using fluorescent microspheres, *Cytometry*, 44, 326–337, 2001.
57. Colinas, R. J., Bellisario, R., and Pass, K. A., Multiplexed genotyping of beta-globin variants from PCR-amplified newborn blood spot DNA by hybridization with allele-specific oligodeoxynucleotides coupled to an array of fluorescent microspheres, *Clin. Chem.*, 46, 996–998, 2000.
58. de Jager, W., Velthuis, H. T., Prakken, B. J., Kuis, W., and Rijkers, G. T., Simultaneous detection of 15 human cytokines in a single sample of stimulated peripheral blood mononuclear cells, *Clin. Diagn. Lab. Immunol.*, 10, 133–139, 2003.
59. Vignali, D. A., Multiplexed particle-based flow cytometric assays, *J. Immunol. Methods*, 243, 243–255, 2000.
60. Biagini, R. E., Schlottmann, S. A., Sammons, D. L., Smith, J. P., Snawder, J. C., Striley, C. A. F., MacKenzie, B. A., and Weissman, D. N., Method for simultaneous measurement of antibodies to 23 pneumococcal capsular polysaccharides, *Clin. Diagn. Lab. Immunol.*, 10, 744–750, 2003.
61. Biagini, R. E., Sammons, D. L., Smith, J. P., MacKenzie, B. A., Striley, C. A. F., Semenova, V., Steward-Clark, E. et al., Comparison of a multiplexed fluorescent covalent microsphere immunoassay (FCMIA) and an enzyme-linked immunosorbent assay (ELISA) for measurement of human IgG antibodies to anthrax toxins, *Clin. Diagn. Lab. Immunol.*, 11, 50–55, 2004.
62. Schweitzer, B., Wiltshire, S., Lambert, J., O'Malley, S., Kukanskis, K., Zhu, Z., Kingsmore, S. F., Lizardi, P. M., and Ward, D. C., Inaugural article: Immunoassays with rolling circle DNA amplification: a versatile platform for ultrasensitive antigen detection, *Proc. Natl Acad. Sci. U.S.A.*, 97, 10113–10119, 2000.
63. Wilson, A. B., McHugh, S. M., Deighton, J., Ewan, P. W., and Lachmann, P. J., A competitive inhibition ELISA for the quantification of human interferon-gamma, *J. Immunol. Methods*, 162, 247–255, 1993.
64. Aoyagi, K., Miyake, Y., Urakami, K., Kashiwakuma, T., Hasegawa, A., Kodama, T., and Yamaguchi, K., Enzyme immunoassay of immunoreactive progastrin-releasing peptide (31–98) as tumor marker for small-cell lung carcinoma: development and evaluation, *Clin. Chem.*, 41, 537–543, 1995.
65. Jones, G., Wortberg, M., Kreissig, S. B., Bunch, D. S., Gee, S. J., Hammock, B. D., and Rock, D. M., Extension of the four-parameter logistic model for ELISA to multianalyte analysis, *J. Immunol. Methods*, 177, 1–7, 1994.
66. Plikaytis, B. D., Turner, S. H., Gheesling, L. L., and Carlone, G. M., Comparisons of standard curve-fitting methods to quantitate Neisseria meningitidis group A polysaccharide antibody levels by enzyme-linked immunosorbent assay, *J. Clin. Microbiol.*, 29, 1439–1446, 1991.

67. Nix, B. and Wild, D., *Calibration Curve-Fitting*, Nature Publishing Group, New York, 2001.
68. Baud, M., Data analysis, mathematical modeling, In *Methods of Immunological Analysis*, Masseyeff, R., Ed., VCH, New York, 1993.
69. Davies, C., Concepts, In *The Immunoassay Handbook*, Wild, D., Ed., Nature Publishing Group, New York, pp. 78–110, 2001.
70. Davis, D., Zhang, A., Etienne, C., Huang, I., and Malit, M., Principles of curve fitting for multiplex sandwich immunoassays, Rev B Tech Note 2861. In. Bio-Rad Laboratories, Inc., Hercules, CA, 2002.
71. Quinn, C. P., Semenova, V. A., Elie, C. M., Romero-Steiner, S., Greene, C., and Li, H., Specific, sensitive, and quantitative enzyme-linked immunosorbent assay for human immunoglobulin G antibodies to anthrax toxin protective antigen, *Emerg. Infect. Dis.*, 8, 1103–1110, 2002.
72. Sheedy, C. and Hall, J. C., Immunoaffinity purification of chlorimuron-ethyl from soil extracts prior to quantitation by enzyme-linked immunosorbent assay, *J. Agric. Food Chem.*, 49, 1151–1157, 2001.
73. Rubio, F., Veldhuis, L. J., Clegg, B. S., Fleeker, J. R., and Hall, J. C., Comparison of a direct ELISA and an HPLC method for glyphosate determinations in water, *J. Agric. Food Chem.*, 51, 691–696, 2003.
74. MacKenzie, B. A., Striley, C. A., Biagini, R. E., Stettler, L. E., and Hines, C. J., Improved rapid analytical method for the urinary determination of 3,5,6-trichloro-2-pyridinol, a metabolite of chlorpyrifos, *Bull. Environ. Contam. Toxicol.*, 65, 1–7, 2000.
75. Strategic Diagnostics, Immunoassay Specificity, Technical Bulletin T2001, Strategic Diagnostics Inc., Newark, DE.
76. Yoshida, H., Imafuku, Y., and Nagai, T., Matrix effects in clinical immunoassays and the effect of preheating and cooling analytical samples, *Clin. Chem. Lab. Med.*, 42, 51–56, 2004.
77. Watts, C. D. and Hegarty, B., Use of immunoassays for the analysis of pesticides and some other organics in water samples, *Pure Appl. Chem.*, 87, 1533–1548, 1995.
78. Blondell, J., Epidemiology of pesticide poisonings in the United States, with special reference to occupational cases, *Occup. Med.*, 12, 209–220, 1997.
79. CDC, Third National Report on Human Exposure to Envrionmental Chemicals, Department of Health and Human Services Centers for Disease Control and Prevention, Atlanta, GA, 2005.
80. Richter, E. D. and Chlamtac, N., Ames, pesticides, and cancer revisited, *Int. J. Occup. Environ. Health*, 8, 63–72, 2002.
81. Fenske, R. A. and Lu, C., Determination of handwash removal efficiency: incomplete removal of the pesticide chlorpyrifos from skin by standard handwash techniques, *Am. Ind. Hyg. Assoc. J.*, 55, 425–432, 1994.
82. Lu, C. and Fenske, R. A., Dermal transfer of chlorpyrifos residues from residential surfaces: comparison of hand press, hand drag, wipe, and polyurethane foam roller measurements after broadcast and aerosol pesticide applications, *Environ. Health Perspect.*, 107, 463–467, 1999.
83. Le, H. T., Szurdoki, F., and Szekacs, A., Evaluation of an enzyme immunoassay for the detection of the insect growth regulator fenoxycarb in environmental and biological samples, *Pest Manag. Sci.*, 59, 410–416, 2003.
84. Perry, M. J., Christiani, D. C., Mathew, J., Degenhardt, D., Tortorelli, J., Strauss, J., and Sonzogni, W. C., Urinalysis of atrazine exposure in farm pesticide applicators, *Toxicol. Ind. Health*, 16, 285–290, 2001.
85. Perry, M., Christiani, D., Dagenhart, D., Tortorelli, J., and Singzoni, B., Urinary biomarkers of atrazine exposure among farm pesticide applicators, *Ann. Epidemiol.*, 10, 479, 2000.
86. Jaeger, L. L., Jones, A. D., and Hammock, B. D., Development of an enzyme-linked immunosorbent assay for atrazine mercapturic acid in human urine, *Chem. Res. Toxicol.*, 11, 342–352, 1998.
87. Lucas, A. D., Jones, A. D., Goodrow, M. H., Saiz, S. G., Blewett, C., Seiber, J. N., and Hammock, B. D., Determination of atrazine metabolites in human urine: development of a biomarker of exposure, *Chem. Res. Toxicol.*, 6, 107–116, 1993.
88. Shan, G., Wengatz, I., Stoutamire, D. W., Gee, S. J., and Hammock, B. D., An enzyme-linked immunosorbent assay for the detection of esfenvalerate metabolites in human urine, *Chem. Res. Toxicol.*, 12, 1033–1041, 1999.

89. Feng, P., Wratten, S., Horton, S., Sharp, C., and Logusch, E., Development of an enzyme linked immunosorbent assay for alachlor and its application to the analysis of environmental water samples, *Agric. Food Chem.*, 38, 159–163, 1990.
90. Driskell, W. J., Hill, R. H., Shealy, D. B., Hull, R. D., and Hines, C. J., Identification of a major human urinary metabolite of alachlor by LC–MS/MS, *Bull. Environ. Contam. Toxicol.*, 56, 853–859, 1996.
91. Ciucu, A., Bioelectrochemical methods for environmental monitoring, *Roum. Biotechnol. Lett.*, 7, 691–704, 2002.
92. Mulchandani, A. and Bassi, A. S., Principles and applications of biosensors for bioprocess monitoring and control, *Crit. Rev. Biotechnol.*, 15, 105–124, 1995.
93. Patel, P. D., Biosensors for measurements of analytes implicated in food safety: a review, *Trends Anal. Chem.*, 21, 96–115, 2002.
94. Belleville, E., Dufva, M., Aamand, J., Bruun, L., and Christensen, C. B., Quantitative assessment of factors affecting the sensitivity of a competitive immunomicroarray for pesticide detection, *Biotechniques*, 35, 1044–1051, 2003.
95. Ligler, F. S., ed., Special issue: Biosensors for indentification of biological warfare agents, *Biosen. Bioelectron.*, 14, 749–881, 2000.
96. Ligler, F. S. and Rowe Taitt, C. A., Eds., Optical biosensors: Present and future, Elsevier, 2002.
97. Svitel, J., Dzgoev, A., Ramanathan, K., and Danielsson, B., Surface plasmon resonance based pesticide assay on a renewable biosensing surface using the reversible concanavalin A monosaccharide interaction, *Biosens. Bioelectron.*, 15, 411–415, 2000.
98. Pogorelova, S. P., Bourenko, T., Kharitonov, A. B., and Willner, I., Selective sensing of triazine herbicides in imprinted membranes using ion-sensitive field-effect transistors and microgravimetric quartz crystal microbalance measurements, *Analyst*, 127, 1484–1491, 2002.
99. Dehlawi, M. S., Eldefrawi, A. T., Eldefrawi, M. E., Anis, N. A., and Valdes, J. J., Choline derivatives and sodium fluoride protect acetylcholinesterase against irreversible inhibition and aging by DFP and paraoxon, *J. Biochem. Toxicol.*, 9, 261–268, 1994.
100. Chester, G., Evaluation of agricultural worker exposure to, and absorption of, pesticides, *Ann. Occup. Hyg.*, 37, 509–523, 1993.
101. Barr, D. B. and Needham, L. L., Analytical methods for biological monitoring of exposure to pesticides: a review, *J. Chromatogr. B Analyt. Technol. Biomed. Life Sci.*, 778, 5–29, 2002.
102. Carabias-Martinez, R., Garcia-Hermida, C., Rodriguez-Gonzalo, E., Soriano-Bravo, F. E., and Hernandez-Mendez, J., Determination of herbicides, including thermally labile phenylureas, by solid-phase microextraction and gas chromatography-mass spectrometry, *J. Chromatogr. A*, 1002, 1–12, 2003.

12 靶标和非靶标方法检测转基因生物

Farid E. Ahmed

目录

12.1 转基因作物和衍生食品的监管框架

对转基因（GM）作物的食品监管架构有两种。一种是对转基因流程水平的监管，例如，由欧盟（EU）和澳大利亚制定的标准。另一种是对转基因食品特性的监管，例如，由美国和加拿大制定的标准[1]。这两种有分歧的立法经常导致冲突和贸易争端[2]。生物技术已经在医学领域有广泛的应用，消费者已享受到实实在在的好处。然而，在食品生物技术商业化的今天，其还没有明显的直接有益于消费者。食品生物技术为跨国公司企业和农民提供益处，而任何实际的或想象的风险将由消费者承担，这就造成了欧洲一些国家谨慎的立场。其他社会因素，包括对食品和农业不同的文化态度，对监管机构和全球农业食品行业缺乏信任，科学建议的可靠性，以及欧洲农民的经济利益，也促进了欧洲对食品生物技术的抵制，即使该技术可能有间接的潜在益处。例如，减少农药的使用可以带来间接的环境效益。在农业和粮食安全方面对社会的一个好处可能是通过生物技术来提高发展中国家当地种植的作物和种子水平，而不是专注于对美国农民有好处的转基因玉米和大豆作物[3]。在欧洲，对食品生物技术的选择权是一个重点，而这种情况在其他国家也存在。例如，在非洲和其他发展中国家，跨国生物公司可能很少有经济刺激投资于使贫农受益或者解决当地农业问题的种子和种质资源，这种改革成为了一个公共领域的问题。

到今天为止，在美国，针对志愿者和其他人的测试主要针对成分的变化，而不是测试转基因作物的摄入量对健康的影响。使用不同的标签标识新的转基因食品已成为一种可选择的方法。然而，最近在 2004 年的一个报告显示，由美国食品药品监督管理局（FDA）、美国农业部、环境保护局共同委托美国国家科学院（NAS）制定方法共同分担所有转基因生物和食品在美国发展的责任，并且意识到通过基因工程产生了意想不到的成分变化的方法应根据具体情况逐案评估。此外，必要时，诸如在特定人群消费者或当不明原因的不良健康影响情况发生时，应采用改进的跟踪和追踪方法[4]。这是一个比这些政府几年前支持的志愿制度更为迫切的需求。这也与联合国食品法典委员会的推荐一致，其中规定了对所有转基因食品的具体的上市前安全评估，包括直接和意外健康的影响（例如，环境健康风险可能会间接影响人体健康）[5]。尽管法典原则上对国家立法并没有约束力，但是它们涉及世界贸易组织卫生和植物检疫协议（SPS 协定）时可作为解决贸易争端发生的参考，如 2003 年美国、加拿大、阿根廷这三个世界上最大的转基因作物种植国就欧盟针对转基因农产品的“事实上的禁止”（de facto moratorium）正式向 WTO 提起申诉[2]。

在欧盟，三个欧盟新法规中制定了转基因产品的标识及其可追溯性，于 2004 年 4 月 18 日生效（1829/2003、1830/2003 和 65/2004）。新法规反映消费者的选择权。其他国家（如加拿大、澳大利亚和日本）采用了基于美国或欧盟的转基因食品立法[1,6,7]。2000 年 5 月在肯尼亚内罗毕签署《卡塔赫纳生物安全议定书》的 64 个国家和欧盟现在需要对转基因产品进行监测。协议使这些规则生效：管理转基因食品的贸易和运输，且允许政府为安全而禁止进口转基因食品[7]。这些全球性的法规要求政府、食品企业、农作物生产者和测试实验室要制定方法来准确估计转基因材料在谷物、食品、食品原料中的含量，以确保符合转基因产品的阈值水平[6]。

12.2 抽样

样本是通过适当的抽样方法从总体中随机抽取的具有代表性的个体的集合。合理的抽样方法可以有效地降低因抽样方法不妥所带来的误差，从而使样本更好地反映总体的本质。在转基因生物检测中，常应用分析靶标物质组成信息的方法（即大量的主材料、配料或终食品）。然而，这种分析方法中只能应用少量的材料。因此，广泛抽样方法的应用就减少了很多靶标物质的需要量，从而成为可靠的分析食品和农产品的关键[8]。

一些组织开发了针对散装原料种子和谷物等物质的抽样方法，但不是专门为转基因生物提供的。统计上应该考虑的主要参数包括样本量和均一性、检验效能以及采用的检验方法。需要解决的参数包括增量大小、增量采样率以及分析之前样品的制备。实际应用的方面包括可用采样设备和费用[9]。如表 12.1 所示，不同的抽样方法在样本容量、份样以及评价指标上有着很大的不同[10]。抽样基于随机分布进行假设，因此，可以根据二项、泊松或超几何分布通过综合平均值和标准偏差以及检验效能评估抽样的水平[8]。然而，在数量庞大的物质如主材料中，工业活动倾向于在运输和处理期间将种类隔离，使得在转基因作物中异质性比同质性更有可能出现。影响样本同质性的另一个因素是抽样的均匀性程度。因为很多一致性无法在先验基础上评估，建议每次抽样都包含多个参数（见表 12.1）。

表 12.1 粮食抽样方法比较

来源	散装尺寸/s	公差	大量样品	实验室样品	份样	份样大小
ISTA	根据物种而不同 10000～40000kg(max)	5%	1kg	1kg(约 3000 粒玉米粒用于分析其他种子品种的污染)	每 300～700kg 增加一个	未注明
USDA/GIPSA	1 万蒲式耳(约 254000kg)或 1 万袋(如果没有松散)	5%	相当于实验室样品	约 2.5kg 但不少于 2kg	每 500 蒲式耳(约 12000kg) 3 杯或 1 杯	1.25kg
USDA/GIPSA, StarLink™	遵循美国农业部/GIPSA 的一般准则		最少 3 次实验室样品,大约 2.5kg	2400 粒玉米粒		
ISO 13690	不超过 500000kg	未注明	未注明	>1kg(玉米粒)	15～33kg(静态<50000kg),尽可能多的自由流动	表示为 0.2～0.5kg,但在实践中未达到 5kg
ISO 542	不超过 500000kg	未注明	100kg	2.5～5kg	15～33 散装(不超过 500000kg)	未注明
欧盟 Dir. 98/53	如果不分散则不能超过 500000kg	20%	30kg(总量 50000kg),1～10kg(总量<50000kg)	10kg	不超过 100kg	0.3kg
CEN	不超过 500000kg	未注明	20 倍实验室样品(例如 60kg)	100000 玉米粒	ISO 13690 除了没有规定每个采样点的深度	表示为 0.5kg,但在实践中未达到 5kg,如果 ISO 542 完全适用的话
FAO/WHO	讨论,但没有指定	未注明	各种建议	未注明	未注明	未注明

来源：Kay, S., *Comparison of sampling approaches for grain lots*, Report code EUR20134EN, Ispara, Italy, European Commission, Joint Research Center, Publication Office, 2002.

表 12.1 中给出的所有方法表示，系统方法在批量装载和卸载期间进行抽样时，流体性材料被认为是最好的选择。然而，在其无法实现的情况下，静态的负载抽样（如大批量在筒仓或卡车中）也被执行。此外，增加的数量取决于 GMO 的异质性程度。随着批次异质性的增加，样本的数量也相应增加。实际预期分布数据的缺乏使它不可能建立客观标准来解决这个问题，并且必须完成调查以产生数据，从而减少这种不确定性[8]。在不同的研究方法中，实验室样本的大小会发生变化[10]。

主要原料和复杂食品的抽样计划更为复杂，因为目标分析物的分散性、浓度、产品在生产和包装过程以及分销渠道中的分布等因素，都成为妨碍主要原料和终食品抽样计划标准化的可能原因[8]。为了生产合适工作尺寸的最终样品，所需的所有二次取样步骤都不构成问题，只要在磨削和混合方面将材料进行正确的处理以使误差最小化[11]。

12.3 认证参考物质

认证参考物质（CRM）是质量保证测量和校准过程中不可缺少的工具。它们是根据相关的国际标准化组织（ISO）和社区参考局（BCR）指南生产、认证和使用的。如 DNA 和蛋白质等分子的参考物质必须表现出与对照样品相似的特性，以确保完全适用于该领域的标准化（即可交换性）。用于检测转基因生物的 CRM 可以使用各种材料：生产种子的基质材料，纯 DNA 或蛋白质标准品。纯蛋白质可以从生长的种子中提取，或者可以通过重组技术生产。目前，CRM 仅适用于欧盟授权的转基因生物，可以从比利时 Geel 联合研究中心的参考物质和测量研究所获得，该测量研究所的材料是通过化学公司 Fluka（布克斯，瑞士）提供的[12]。

例如，这些参考物质用于验证基于 DNA 的 PCR 检测方法的适用性受到了质疑。这是因为：

① 基于基因组等同性（即特定 DNA 分子片段的相对比例），PCR 可以用于定量 GMO 含量，而 CRMs 是基于质量等价性产生的。由于一个单位 GM 中的 DNA 分子的数量可能与非 GM 不同，因此，在这一步骤中可能引入显著的误差。

② 为了确保 CRM 的均匀性，对产品中使用的材料进行研磨以减小尺寸变化。然而，研磨过程可能会使 DNA 降解[13]。

③ 只能获得较低浓度（0%～5%）的 CRMs，但方法的动态范围可能包括 100% 的水平。

④ CRMs 通常是纯的、单一成分的基质，可能提供错误的检测限（LOD）值，特别是定量限（LOQ）定义为可以可靠检测和定量的最低量[14]。也已经报道了在 GM 玉米和大豆品系中使用含有特定区域的 DNA 序列的质粒或在各种 GM 品系中发现通用序列。例如，花椰菜花叶病毒（CaMV 35S）启动子和 neopalin 合成酶（NOS）终止子[15]。

成倍性或接合性等方面会影响基质参考物质的选择和生产，因为这会影响 DNA 定量。此外，还有诸如 DNA 降解、DNA 质量和长度会影响用于校准和方法验证的参考物质行为的相似性；在 PCR 反应中，从现场样品中提取的 DNA 在 CRMs 的生产中都具有重要的作用[16]。

基于矩阵的 GMO 的 CRMs 比基于 DNA 或蛋白质的 CRMs 有优势（表 12.2）。然而，由于知识产权方面的考虑，生产原材料的供应受到限制。由于交叉污染，不可能在不久的将

表 12.2 各种类型的 GMO CRMs 的优点和缺点

CRM 的类型	优点	缺点
矩阵 GMO CRM	适用于基于蛋白质和 DNA 的方法	不同的可萃取性
		大量生产需求
	提取覆盖	由于限制使用种子,原材料供应不足
	互换性	可降解
		遗传背景的变化
基因组 DNA CRM	良好的校准能力	大量生产需求
	减少种子需要	由于限制使用种子,原材料供应不足
	互换性	遗传背景的变化
		长期稳定性
纯蛋白 DNA CRM	减少种子需要	互换性
质粒 DNA CRM	易于大量生产	质粒拓扑
	广泛的动态范围	差异
		互换性

来源：From Trapmann，S.，Corbisier，P.，and Schimmel，H.，In *Testing of genetically modified organisms in foods*，Ahmeded，F. E.，Ed.，Haworth Press，Binghamton，NY，101-115，2004. 经许可。

来找到非转基因种子的同基因亲本品系，所以可以生产基于 0% 基质的 GMO CRM。因此，由于其便捷性，可以使用生产成本低的质粒 DNA-CRM。然而，可以预见会有问题出现，如参考质粒的拓扑结构（线性相对比环形或超螺旋）；在低浓度下的稳定性和精密性；与基因组 DNA-CRM 相比，质粒中缺乏 PCR 抑制剂；推测 pDNA 与 gDNA 的扩增效率存在差异或者转基因种子中外源基因与内源基因的比例多变[12]。

12.4 检测转基因生物或其分子衍生物的方法

有两种类型的转基因检测方法——靶标物质和非靶标物质检测的方法。靶标物质检测方法是依据已明确的修饰基因或由其衍生分子来检测其对应的 DNA、RNA 或蛋白质。这些技术采用基因组学、转录组学、蛋白质组学或代谢组学的方法。非靶标物质检测方法（也被称为分析性能）是使用各种技术，其可以测量在之前未定义的各种参数[17]。

12.4.1 靶标物质检测

虽然有几种方法已经被开发用于检测蛋白质或 RNA，但是大多数有针对性的方法都侧重于检测 DNA。这是因为：

① DNA 可以通过 PCR 等技术进行纯化和扩增。

② RNA 和蛋白质的增殖是一个更加复杂和缓慢的过程。

③ DNA 是一种稳定的分子，而 RNA 在正常环境下提取时很容易被分解，需要被某些离液剂稳定。

④ 蛋白质的稳定性各不相同，取决于所研究的蛋白质的类型。

⑤ 转基因生物和核 DNA 之间通常存在线性相关性，而转基因生物和 RNA 或蛋白质之

间不存在这种相关性。

⑥ 遗传修饰目前是在核（而不是线粒体或叶绿体）DNA 水平上完成的。

12.4.1.1 基于蛋白质的方法

这些方法依赖于蛋白质和识别它的特异性抗体之间的特异性结合。然后，通过酶联免疫吸附试验（ELISA）[18]的方法，在显色（颜色）反应或同位素（放射性）反应中检测结合的复合物。经常使用直接双抗（优选方法）和间接三抗夹心 ELISA 方法来检测和测量由 GM 品种产生的新蛋白质。这些方法适用于二价抗原和多价抗原的测量，因为分析物夹在固相抗体和酶标二抗（直接双抗）或与酶标抗体（间接三抗）结合的第二抗原结合抗体之间，因而它们被称为夹心测定法[9]。由于这些方法只需要很少的样品处理，因此可以很快完成。根据植物组织中典型的转基因物质浓度（>10μg/组织），蛋白质免疫测定的检测限在 1% GMO 范围内[18]。

各种基质的存在都会影响检测方法的性能。与提取效率相似，完全去除背景值是没有必要的。只要提供的样品其基质组成完全一样，检测方法只需一种基质校正后的标准曲线即可[19]。为了评估基质效应，应该使用缓冲液稀释非转基因提取液并绘制满足转基因所用浓度的标准曲线。如果在选择的基质浓度中观察到显著的干扰（例如 10%～15%抑制或增强），或者如果校准曲线的形状改变，则应该将标准品加入适当水平的不含 GM 的提取物中以确保量化准确[9]。

目前微孔板、包被管 ELISA 和横流测试条是用于 GMO 蛋白质检测的最常见形式。微孔板或包被管 ELISA 方法用作定性、半定量或定量测定，而横流测试条主要是用于定性测定的。分析物特异性捕获抗体固定在硝酸纤维素膜上。当条带插入含有测试溶液的 0.5mL Ep 管中时，溶液向上移动，然后固定的抗体与目标分析物结合，形成分析物-抗体复合物。当复合物通过抗抗体的固定区域时，两者结合并产生色带。当两个条带都存在时，表明目的蛋白质的存在，而单一条带表明测试是正确进行的，但是特定的蛋白质不存在（图 12.1）。这是一个快速的检测，大约需要 10min，产生一个定性或半定量的结果，并且适于现场应用[18]。该技术的局限性是使用单个试纸条无法测试所有可用的生物技术目标物。这项技术的进一步发展是提高单个试纸条检测多个目标物的能力[19]。

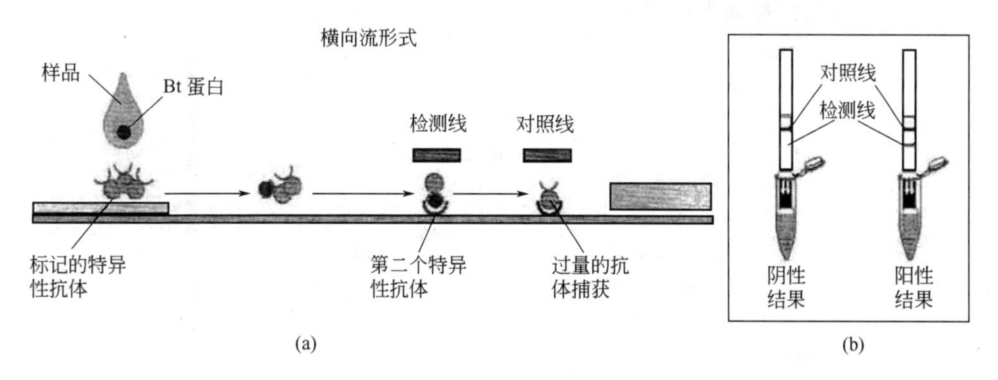

图 12.1 横流测试条的检测原理图

由 Dean Layton 提供（Envirrologix，Inc.）

以蛋白质为基础的定量测定方法有几个局限性：

① 如果来源于样本的修饰基因在细胞中是隐匿性的，那这些方法不能检测修饰基因。

并且它们不能被用于区分转基因产品之间相同的蛋白质（例如，授权的和未授权的）。

② 由于修饰基因的表达水平是组织特异性的和发育调节的，所以未知样品中的蛋白质水平不能与所使用的CRM中的蛋白质水平相比较。

③ 只有当样品基质与参考物质相同或者已经为基质验证过的匹配的标准物质或标准品可用时，才能进行准确测量。

④ 当样品在产品加工过程中暴露于机械、热或化学处理时，与给定参考标准的可比性同样受损。

⑤ 由于目前的免疫学检测方法只能测量一种分析物，所以这些方法只能应用于仅由一个分类单元构成的食物样品[9]。

12.4.1.2 基于DNA的方法

目前，基于DNA的方法最常用的是特定DNA扩增的PCR方法。这种技术需要合成两段目标互补的DNA引物。扩增包括使两个原始双链（ds）的DNA分子完整复制。而且可以重复循环，20次循环后的份数是第一周期的10^6倍。然而，循环的数目此后不断迅速下降，由于引物和核苷酸的耗尽，并且达到一个平台效应时，PCR停止扩增。用琼脂糖凝胶电泳进行DNA的定性检测，用高效液相色谱（HPLC）或毛细管电泳进行定量检测，可以通过DNA测序或其他方法进一步验证扩增的DNA信息[20,21]。

靶序列基序的选择是控制PCR反应特异性的一个最重要的因素。基于PCR测定法的四种类型存在着不同程度的灵敏度和特异性（图12.2）。第一种类型包括筛选方法，其中GMOs包含转化构建CaMV 35S启动子或农杆菌NOS终止子，以及编码抗生素氨苄西林（bla）或新霉素/卡那霉素（npt Ⅱ）耐药的选择标记基因。但是，这些元素不能鉴定GMO的存在，因为CaMV可以天然存在于土壤中，并且一些DNA聚合酶（例如扩增的*Taq*、应用生物系统）也含有可扩增的抗生素DNA。第二种类型包括特异性基因方法，其中目的基因可以是天然来源的，但它通常是通过截断改变密码子的用法［例如，膦乙酰转移酶（bar）的基因或合成的截断改变基因的Cry ⅠA(b)］来修饰的。通常，可以通过检测这些基因的PCR阳性信号来确定为GMO。第三种类型包括特殊构建的方法，把基因构建相邻元件之间

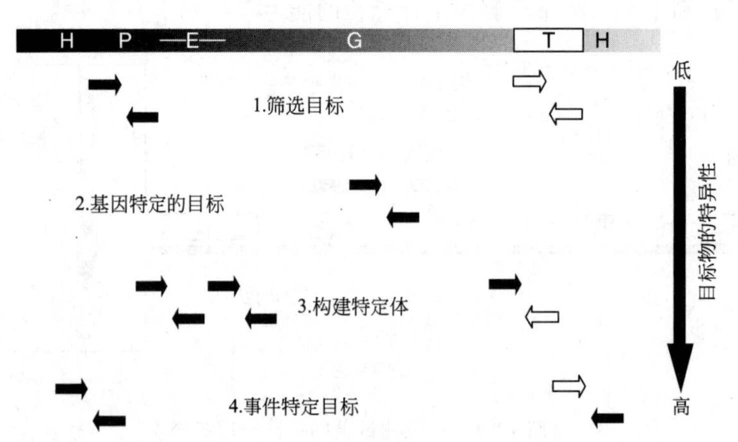

图12.2 典型的基因构建体和基于PCR的四种类型的示意图

显示特异性的增加（引自Holst-Jensen，A.，Rønning，S. B.，Løvseth，A.，and Berdal，K. G.，*Anal. Bional. Chem.*，375，2003. 经许可）

的所有接合作为目标（例如启动子和目的基因之间）。正信号将仅在存在转基因来源的材料的情况下出现，尽管该基因构建体可能被转换成一个以上的 GMO，或者可以用于将来的转换（例如，转基因玉米 11、捷利康番茄、Mon 810 玉米）。第四种类型包括特殊的方法，以寄主植物基因组和插入的重组 DNA 之间的整合位点上的所有连接为目标（例如草甘膦大豆）。此方法为 PCR 方法提供了最高的特异性[14]。

对于定量，涉及对应物种的基因组拷贝的种特异性中单拷贝基因的拷贝数是常用的（例如，大豆凝集素基因来源于大豆的 DNA）。如果 GM-特定目标是插入一个拷贝，那么定量很简单。例如，在草甘膦大豆全长基因构建物中插入一个单一的拷贝数，并且通过回交，二倍体 GMO 已经取得纯合。因此，每个转基因细胞具有靶转基因和凝集素基因 1∶1 的比例。另一方面，如果 GM-特定目标是插入一个以上的拷贝，量化就会不确定。此外，杂合度和倍性引入更多的不确定性。因此，可能有必要测试单种植物、组织或谷粒/种子。

一般有三种类型的基于 PCR 技术的检测方法：竞争定量 PCR、RT-PCR 与多重 PCR。第一个是基于竞争 PCR 的定量 PCR 试验[22,23]，其中标准品的定量是通过比较具有类似功能和放大能力的竞争分子，就像插入一样。当标准品和目标 DNA 一起扩增时，彼此竞争，拷贝数在初始和反应结束时维持不变。将 PCR 产品通过凝胶电泳，利用产品的大小将靶 DNA 分开。从平衡（图 12.3ⅳ）的角度来看，标准品和目标 DNA 的浓度相等，而转基因的含量可以从标准品/目标 DNA 的比例来计算[23]。尽管该方法允许用于基因改造的成分少至 0.1%，但是它涉及到重复扩增的 DNA，移液操作会增加污染的机会；另外，凝胶电泳的过程费时（需要 3h）。因此，这种方法逐渐被更复杂的 RT-PCR 代替。

RT-PCR 用于监测反应中产生的产物扩增，并且提供了较大的扩增动态范围，导致更高的样本产生量以及更快速的量化与更少的交叉污染机会[21]。当这两个片段以相同的频率被放大或通过连续稀释标准反应样品得到标准曲线图（图 12.4）之后，可以通过直接对比 Ct 值（ΔCt）来定量。使用 ΔCt 方法，当未知的模板 DNA 相同浓度的两种反应进行的时候，一个的目标是标准品（R），另一个的目标是转基因特异性（G）的序列（图 12.4 中的黑色曲线）。然后，根据公式 $\Delta Ct = Ct_G - Ct_R$ 和公式 $GM(\%) = (1/2)^{\Delta Ct} \times 100\%$ 估计转基因含量。

当使用标准曲线时（图 12.4 的回归线），相对初始靶标拷贝数的 Ct 值可以将未知样品的 Ct 值转换到初始拷贝数。转基因的含量就可以通过公式 $GM(\%) = \Delta N_G / N_R \times 100\%$ 比较两个指标的初始拷贝数进行估计[14]。因为现今市场上大多数 RT-PCR 装备具有同时监视多个波长的能力，所以建议同时监测多个指标。对于一个成功的多重 PCR，其引物、PCR 缓冲液、$MgCl_2$ 的相对浓度和脱氧核苷酸的浓度、循环温度、模板 DNA 和 *Taq* 聚合酶的量，以及退火温度和缓冲液浓度的最佳组合是必须考虑的[20,21]。

基于 SYBR Green Ⅰ的多通路 RT-PCR 适用于多种转基因作物的扩增鉴定，Maximizer 176、Bt 11、MON 810、GA 21 玉米和 GTS 40-3-2 大豆可以采用解链曲线分析。Maximizer 176 和 GA 21 的灵敏度水平均是 1%，GTS 40-3-2 大豆的是 0.1%。因此，当进一步优化后，便捷度和成本有优势（相比于特定的 FRET 探针、分子信标、蝎子探针）的 SYBR Green 方法有望为几个转基因指标的多通路特异性 DNA 的定量提供一种经济的方法[24]。另一种多重 PCR 方法对四个转基因玉米（MON 810、Bt 11、Bt 176 和 GA 21）和一个转基因大豆（草甘膦）进行快速筛选，检测的灵敏度是 0.25%[25]。一个替代凝胶电泳的经济的方法是利用固定在膜上的生物素标记探针与多个目标 GM 基因同时扩增，随后用热量检测

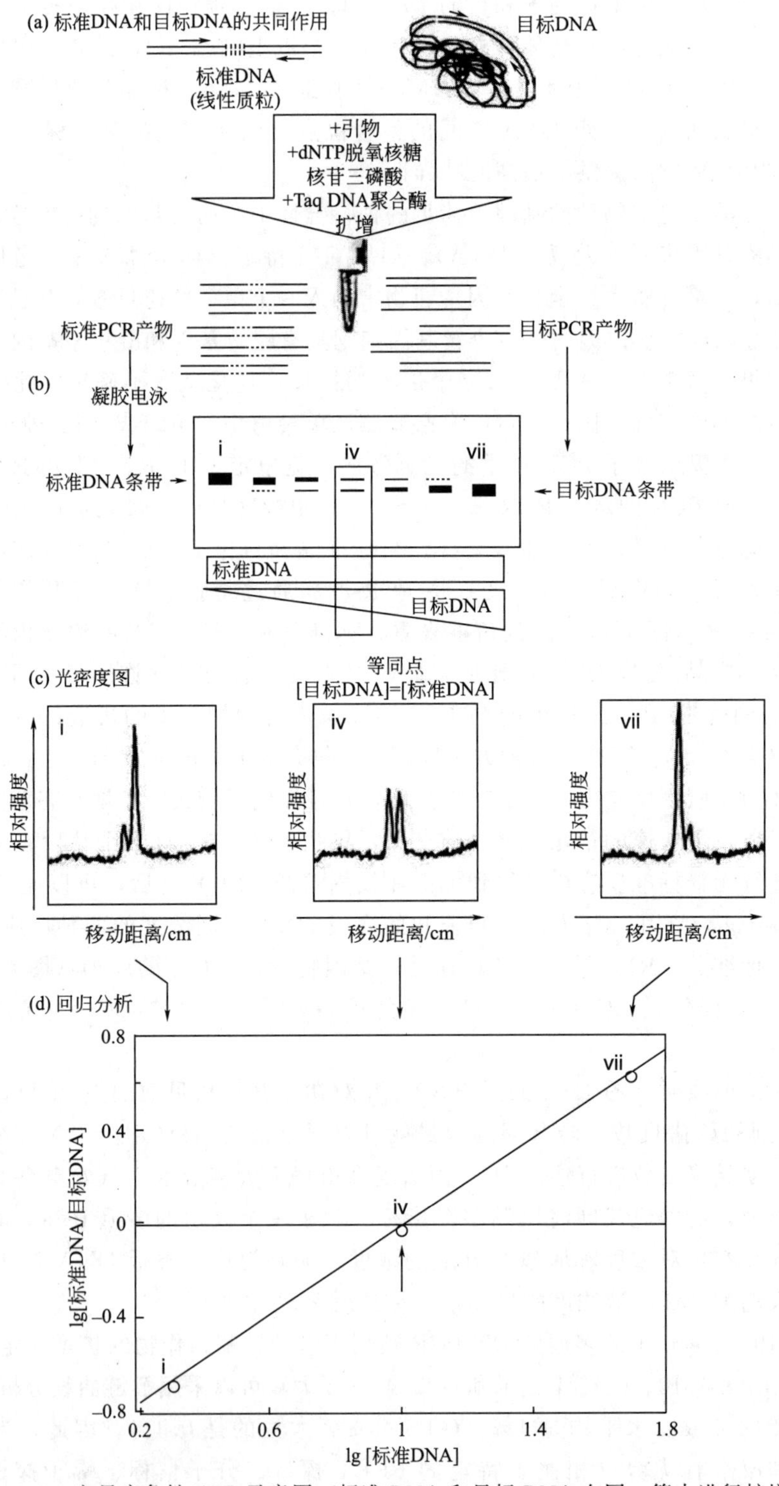

图 12.3　定量竞争性 PCR 示意图（标准 DNA 和目标 DNA 在同一管中进行扩增）

（a）在 PCR 之后，通过凝胶电泳分离产物；（b）通过产物的大小将标准 DNA 与扩增目标区分开来；在同等环境下，内标与目的 DNA 的起始浓度是相等的；（c）光密度分析可用来计算线性回归方程（d）（引自 Hübner，P.，Studer，E.，and Lüthy，J.，Food Control，10，1999. 经许可）

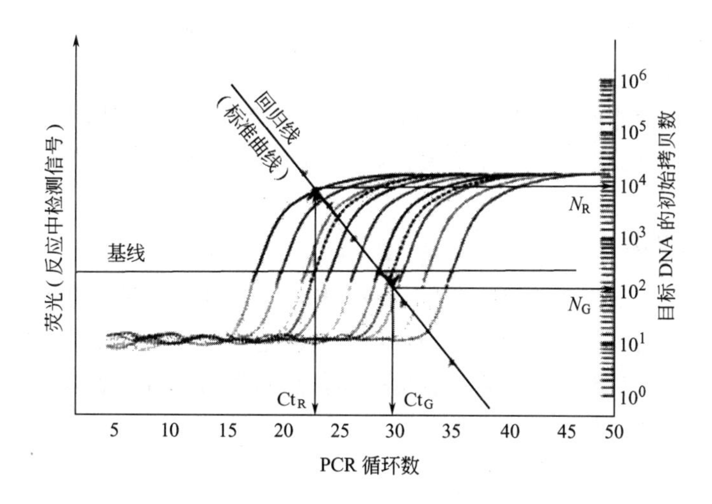

图 12.4 实时定量 PCR（每个扩增反应显示为单独的曲线）

实时测量响应目标扩增后的荧光。在初始 PCR 循环中，扩增产物的增加太小而无法被检测到（虚线），但随着反应的进行，其进入对数线性阶段（如实线所示）。当信号对应于阈值线（水平基线）时，对反应的相应周期进行评价（Ct 值）。如果两个靶标物以相同的效率扩增，则可以使用 Ct 值的直接比较（ΔCt 方法）进行定量，或通过比较从标准曲线得到的拷贝数（标曲方法）进行量化。在后一种方法中，回归线将初始目标的拷贝数与 Ct 值相关联，从而允许将未知样品的 Ct 值转换成初始目标的拷贝数。在图中只显示了一条标准曲线，若操作准确，这两个实验应该得出相同的结果（引自 Holst-Jensen，A.，Rønning，S. B.，Løvseth，A.，and Berdal，K. G.，*Anal. Bional. Chem.*，375，2003. 经许可）

实现[26]。

对于 LOD 和 LOQ，除了受方法特异性的影响，还取决于所分析的样本。要区别这些类型的检测方法和定量的界限几乎是不可能的——绝对的限制（即最低的份数必须存在于第一个 PCR 循环的开始以正确获得至少 95%的检测概率）、相对的限制（即在最佳情况下可以检测或量化的转基因事件的最低相对百分比），以及实际的限制（即适用于被测定样品的极限）。区分并报告 LOD/LOQ 这两个值[27]是重要的。

转基因衍生物基于 PCR 检测 DNA 的主要限制是寻找关于 PCR 引物和一个合适的 DNA 进行分析。对于大多数转基因生物，目前没有合适可靠的公开引物用来扩增和定量，因为描述的修饰基因信息是生物技术公司专有的。这也导致了 CRM 的不可用、制作方法的开发和验证的困难。此外，研磨、加热、酸/碱处理和其他过程迅速降解并有效地破坏 DNA，导致许多加工产品只能获得很少的低质量的转基因 DNA[14,20,21]。

DNA 的提取是很重要的，因为关于 PCR 试验的 LOD/LOQ 最重要的限制因素是模板 DNA 的质量和数量[14]。从植物中分离高质量的 DNA 是一个挑战。刚性细胞壁必须通过机械剪切和化学方法来溶解以释放细胞器。组织必须被研磨以释放足够量的 DNA，但同时没有过度的 DNA 降解。植物组织也可能含有干扰基因组 DNA 提取的次级产物，并且如果这些持续到随后的步骤，它们可能会抑制 PCR 扩增。例如，多糖和多酚类（包括单宁）可能干扰酶反应，甚至降解 DNA。在一项研究中，对掺入 0.1%CBH351Starlink 转基因玉米的地面玉米粒的 DNA 提取方法进行评估，使用五个商业软件采用 6 个 DNA 提取方法进行了纯度和片段大小的评估。基因组 DNA 的乙醇脱氢酶基因（adh1）和 CBH351（cry9C，35S 启动子）是由常规的终点和实时 PCR 反应来确定的。随着每一个 DNA 提取方法的采用，有一些提取的DNA样品中35S启动子或cry9（或两者）未通过PCR检测，而检测到adh1基因。因此，对于特定的植物或组织类型要选择一个适当的方法，必须进行提取实验以确定生物来源的基因痕量性能的一致性。PCR扩增之前，特定的植物基因组DNA可能需要另外的纯化步骤。此外，充分混合的样本需要被充分研磨以成为样本总体的良好代表[28]。

12.4.2 非靶标方法

这种方法测量了之前实验中没有测定过的参数。它们的一个优势是可以从整体的角度来分析转基因食品。基因组、转录组、蛋白质组、代谢组可以产生大量的数据，其产生的数据需要细致地进行处理并且要和来自农作物的描述信息和作物残留的数据进行比较，前提是这些作物已知是安全的。但是，若缺乏这些数据，则需要进一步开发来为后续的安全性评估提供保障[17,29]。

12.4.2.1 功能基因组学（转录组学）

功能基因组学或者说是转录组学，涉及到对基因产物的直接表达进行研究（例如从mRNA到cDNA的变化）。它可以对作物安全性相关的途径和对基因在不同环境条件下表达的多样性都有一个深入的了解。另外，这种方法可以得到食用植物组织的表达信息。

12.4.2.1.1 差异显示方法

差异显示（DD）方法已经被用于转基因作物的基因表达检测。这种方法不需要了解插入转基因的信息，其用设计目标引物可以对插入到植物基因序列中转录的mRNA产物进行扩增。但是，由于这种方法的人工成本很高，因此，它不适用于基因转换的常规表达研究[30]。

12.4.2.1.2 微阵列技术

这些技术的优势是可以对大量的已知基因序列进行并列筛选，用于检测不同来源的组织的基因表达差异。现有两种类型的微阵列技术——DNA阵列，其是用cDNA探针在固相表面的微阵列进行固定点样的方式，固体表面的每个点样中包含有大量拷贝的探针；寡阵列用的是寡核苷酸序列，同样也是用在表面进行点样的方式。而后，mRNA从目标组织中提取出来，反转录成cDNA，然后直接标记到RNA分子的骨架上，或者在反转录过程中用荧光间接标记，用共聚焦显微镜观察。而后对其相对强度的智能数据进行分析可以了解到这种方法是否能够应用到转基因食品中[29]。

其他类型的微阵列系统包括电子阵列系统，其中荧光标记的负电DNA片段被引导到带正电的个别点来提高杂交的成功率。其他系统使用凝胶基础的DNA芯片通过三维点样结构增加杂交的表面积，通过微孔材料泵入荧光标记液体来优化杂交条件。另一种系统叫悬浮芯片技术，将探针包被到聚苯乙烯微球上（这和将基因特异性的PCR产物通过点样或合成到固相支持表面上是相反的）[9,17]。

在定量检测中存在几何学方面的限制，在溶液中只能检测到0.1%的GMOs，芯片的总表面积必须和芯片上探针的小面积相匹配。另一个限制在常规检测中使用微阵列技术的因素是，建立一个微阵列设备的花费会达到50万[21]。为了解决这个问题，有一种信号可视化系统，其不依赖于荧光，而是使用酶联系统来产生肉眼可见的颜色。探针连接到芯片的点样规模不只是微米级的，而是直径为1～2mm，因此，Easy Read GMO芯片比传统的微阵列系统更高效[31]。

12.4.2.1.3　生物芯片

一个亲和性生物传感器可以将固定的受体分子结合到传感器表面，可以非破坏性地逆向检测受体配体的相互作用（例如 DNA、寡核苷酸、蛋白质）。当化学结合事件发生在传感器中，相关的物理化学变化可通过信号转换器进行检测。对于转基因食品来说，现在有两种实时生物传感信号转换器正在应用。其中一种是通过压电方式的石英晶体微天平（QCM），另一种是表面等离子体共振（SPR）[20]。

在压电检测中，对一种材料施加电场，质量的微小改变可以通过 QCM 检测。在用于检测大豆的 QCM 系统中，单链 DNA 探针会固定到 QCM 设备的传感器表面，然后在溶液中出现了固定探针和靶标互补序列的杂交。探针序列是 35S CaMV 启动子和 NOS 终止子。这种系统可以定性检测转基因食品，而且其中一个优点是每个传感器表面可以重复使用 30 次[32]。

SPR 是基于将光子转移到等离子体（是一组在金属表面振荡的电子），将不同电介质的薄膜（通常是金）固定在传感器芯片上。含有可以结合到芯片上的液体流过传感器表面。如果液体中的分子和芯片上的分子结合，反射的光强度就会减弱，这种信号的减弱就会被检测到[33]。这种技术的优势是不需要较高纯度的样品，检测可以以实时的方式一次进行。但缺点是检测转基因食品的灵敏度仅达到 0.5%，仍需要再提高[20,21]。

在纳米技术的基础上研究出电化学 DNA 传感器[34]和 DNA 芯片，以及 DNA 和 RNA 的拉曼光谱指纹图谱检测[35]。但是，这些技术仍可进一步开发，其灵敏度提高可以使转基因食品在低浓度时仍能被定量检测。

12.4.2.1.4　蛋白质组

蛋白质组是对蛋白质特性的大范围研究，可以在翻译水平对基因功能有一个深入的理解。和基因组不同，最终的蛋白质经历了翻译后修饰的过程（如糖基化或磷酸化），以及蛋白质分解和多重蛋白质复合物的形成，而这些过程可能会影响蛋白质分子的功能。而且蛋白质组没有等同的扩增模式（例如通过 PCR），在特定环境中该方法的灵敏度不会特别好[36]。

12.4.2.1.5　植物蛋白的分离和鉴定

最近，蛋白质的分离大部分都是依靠 2-DE 凝胶的方法，其中，在第一步中通过电荷分离，第二步中根据分子量，通过十二烷基磺酸钠聚丙烯酰胺凝胶电泳。这两种分离技术的结合使得通过单独的 2-DE 凝胶可以得到 10000 个蛋白样[37]。有不同的染色方法可用于染色（考马斯亮蓝、银染、SYPRO 荧光染料和花青素染料等），随后进行凝胶的图谱分析。蛋白质可以通过已有的 2-DE 数据库进行匹配和鉴定。但是，现在只有一小部分数据库是可用的[17]。

当可以通过质谱联用肽指纹图谱和质谱多肽测序的方法对大聚合物进行鉴定时，一种主要的优势是通过大规模的质谱蛋白质组研究，揭示了有两类蛋白质被忽视了：一种是在 2-DE 凝胶中等电点聚焦的条件下，难以溶于溶液中的疏水蛋白；另一种是很难通过 2-DE 显示出来的低丰度蛋白，因为它们在现有的条件下低于蛋白质染色的检测限[29,36]。另外，从一个生物样本中获得的所有蛋白质会在蛋白质表达水平上表现出巨大的差异，其动态范围可以达到 10^8，这使得从这类样品中同时观察到细胞表达蛋白的情况几乎是不可能的[38]。

目前已经尝试过不通过凝胶电泳的蛋白质分离技术。一种基于液相色谱技术的多肽分离技术，叫作多重蛋白鉴定技术，已经被开发出来[39]。这项技术的基础是，先通过特异位点的蛋白酶对蛋白质混合物进行消化，然后通过两个互相独立的液相色谱分离系统进行分离。

然而，这项技术不能从三种组织（叶、根和种子）中鉴定所有的蛋白质[40]。另外，由于从色谱分离柱中一同洗脱进入质谱的多肽数量巨大，MudPIT 技术似乎不适用于复杂蛋白质组的差异分析。而且 MudPIT 技术不能对鉴定的蛋白质提供大量的表达数据[20,36]。

为了克服上述有关蛋白质鉴定和定量分析的问题，同位素亲和标签（LC-MS）可以通过使用亲和力多肽标签来对两种不同的蛋白质产物进行对比。在这种方法中，一个复杂的蛋白质会用序列特异性二等蛋白酶消化。然后，花青素染色的多肽通过一种常规的亲和素标签试剂进行标记。标记的多肽通过混合、色谱分离而后直接洗脱进入电喷雾质谱仪。不同样品对应的多肽通过重同位素的数量进行分离，当重同位素和轻同位素的质量差异一致时，对多肽中的半胱氨酸数量进行处理。由于质谱检测的是荷质比，在相应的多肽离子带单电荷时，这种相关性仍然存在。对于双电荷的颗粒，质量差异的值会减半[41]。

蛋白质表达谱也可以通过抗体芯片进行分析[42]。这项技术的关键之处就是有可以使用高纯度和特异性的单克隆抗体。虽然这些可以通过经典的杂交瘤技术获得，但是想要制备大规模的覆盖全部植物蛋白质组的单抗，会使试验成本极其之高。因而可以通过较为经济的、选择性好的高通量的方法，比如 scFv 或 Fab 噬菌体展示技术获得针对多种植物抗原的抗体[43]。噬菌体展示技术和杂交瘤细胞技术相比具有以下优点：

（1）可以得到针对免疫原和高度保守抗原的抗体。

（2）多重印记技术的引入，使得可以对蛋白质微阵列上的相应抗原进行 1000 个 Fabs 或 Fvs 的多通道筛选，节省时间和试剂[44]。

（3）噬菌体展示技术的灵活性使其可以在体内或者体外进行。

（4）抗体片段可以通过低成本的纯化方法在细菌宿主大肠杆菌中产生[45]。

可选择的噬菌体展示技术包括核糖体展示或 mRNA-蛋白质融合。另外，已发现结合骨架，其不同于免疫球蛋白结构域，如亲和体、纤连蛋白、脂质运载蛋白或者其他重复的结构域[36]。而且特定的寡核苷酸（或适配体）可以以较低的成本结合特定的抗原蛋白或者抗体[46]。

抗体微阵列试验可以在单个试验过程中快速、便捷地同时检测 1000 个样品。最初它们是以 96 孔板的临床 ELISA 微量滴定的形式开发出来的[47]。随后在硝酸纤维素膜上进行高密度的细菌点样[48]。对这种技术使用固定溶液化学物和操作的优化一直在进行[44]。即使应用抗体微阵列技术，急性植物蛋白质组的特异性检测方面还未广泛地进行报道，在环境压力下对植物的蛋白质谱可以产生可靠的靶标物，可以研究用于生物除污的植物或者在不利条件下的食品的生产[36]。这种生物传感器也用于蛋白质筛选[49,50]。

蛋白质组学方法，对于理解生长、结构和代谢方面是非常关键的，而且在近期完全发展的情况下，理解和检测转基因作物的非预期效应具有很好的前景，也许其对了解转基因整合位点是否产生融合蛋白是有帮助的[17]。

12.4.2.2 代谢组学

一个细胞内的所有代谢物称为代谢组，而将其收集并进行测量的学科称作代谢组学。当前有四种类型的代谢组学研究：目标化合物分析（如分析直接受到修饰影响的特异性化合物）、代谢谱（如分析用于和已知代谢关系相关的相同化学基团或化合物的选择的化合物）、指纹图谱（如快速筛查样品分类，如通过谱图数据的全局分析），以及代谢组学（如在全部化合物分类的基础上鉴定和定量分析尽可能多的单独的化合物）。用于研究目标化合物分析和代谢谱的主要技术是色谱分离技术连同特定分析的校准。对于指纹图谱的筛查，在不预先进行分离粗提取物的情况下，可以使用 NMR、FTIR 或 MS。FTIR 作为一种指纹图谱的方法，其优势是可以简化样品的分离步骤、数据提取速度快以及高的可再现性[52]。虽然光谱技术没必要用其他技术进行解读，但微小的差异可以通过化学测量的方法（如利用聚类分析和 SIMCA）来进行检测[53]。代谢组学通过第一种、第二种和第三种上面提到的元素，可以精确地对提取和检测方法不能够优化的单个化合物进行分析比较和识别[51]。对这些应用于代谢组学的不同提取方法的相关文献显示，并没有对这些方法进行重复和再现方面的直接比较[51]。对于一种理想的代谢组学测量方法，没有一种单独的技术可以满足所有的要求。GC 提供了分离高分辨率的化合物的方法。大多数植物提取物中的代谢物质很难挥发以至于不能直接用 GC 分析。但是，化合物需要首先被衍生化而后转换为极性较小、更易挥发的衍生物，当需要对许多样品进行分析时，这种技术的应用就会被限制。GC 和火焰离子化检测[54]或 MS[55]已经用于常规的检测，后者使得可以对被遮蔽的小峰进行定量分析。

HPLC 联合 UV 检测已经被用于检测复杂谱图中的化合物，但是它常常指示的是化合物的分类而非准确的种类[17]。对于 LC/MS、LC/NMR 的低灵敏度表明，其可以用于对未知物的结构鉴定而不是对多种样品的比较分析[56]。

质子核磁共振法（^{1}HNMR）可以检测任何含氢的代谢物，但由于有大量的相关化合物氢谱位移相近，且氢谱化学位移范围偏窄并存在自旋-自旋偶合现象，导致植物提取物的谱图相互重叠、难以区分。在^{14}C NMR 中，化学位移首先要大 20 倍，且自旋-自旋相互作用会通过去偶合消除。但是，^{14}C NMR 的低灵敏度限制了其在复杂提取物中的应用[57]。

新的食物可以通过实质等同性原则进行检测（如等同于已知安全的食品种类），有关已接受样品的收集数据，在新产品中已经用于对相同方法的 GC/MS 和 NMR 数据进行代谢紊乱的诊断。模式识别方法可以提示在正常背景下的非正常样品，但是这需要覆盖不同基因型、生长季节、地理位置以及压力条件下的大量样品，来模拟接受的种类。这些参考数据应该来自具有可接受的安全因子的作物，并且作为作物特异性的标志来使用并和转基因作物进行对比。现在，这种参考数据虽然可以生成但不便于使用。这仍然需要跨检验试验平台的数据标准化的方法[17]。

应用代谢组学，除了可靠地证明其中没有差别外，还可以更容易地找到一些两组样品之间的差别。然而只要差异可以很好地得到鉴定，就可以评估它们的重要性而减少任何的不确定性[17,29]。

12.4.2.3 近红外光谱法

在全世界范围内的商业化食品处理设施中广泛使用的 NIR 非靶标方法，可用于对谷物的非破坏性分析，其可以检测水分、蛋白质、油、纤维和淀粉。这是由于它们将分析的能力、速度和使用的简便性以及不破坏天然性和低成本结合起来。其实近红外光谱法对于检测低浓度水平的 DNA 或者蛋白质不够精确，但是由较大结构差异连同转基因修饰引起的差别还是可以检测到的[58]。在一个用 NIR Infratec 1220 光谱仪对大豆进行检测的可行性研究中，全部的样品通过一个固定的路径长度流入。局部加权回归，使用的数据库包含约 8000 个样品，用于区分非修饰的大豆和转基因大豆的准确度达到 93%[59]。另一个研究建立了一个用于区分 Bt 玉米和非 Bt 玉米的标准。在交叉验证中，应用偏最小二乘法分析模型对麦粒进行分类的平均准确度接近 99%[60]。

NIR 的优点是：快速，执行时间少于 1min；不需要样品准备，因为在测量尺或者流动系统中放入的是整个麦粒（～300g）；花费相对较少。缺点主要是需要大批的样品来产生谱图然后才能用于预测转基因修饰事件。另外，需要对每个要预测的转基因作物进行校准。因此，这种方法不会比参考方法更加准确，并且这种方法由于不能检测 DNA 或一个单独的蛋白质的改变而使精确度有所限制，它只能检测有新 DNA 的引入而带来的大的位置结构的改变[58]。

12.5 结论

表 12.3 总结了食品和原料中检测 GMOs 的常用试验，包括使用简便性、特殊设备需求、试验灵敏度、操作时间、定量检测、费用和适用范围。

表 12.3 食品中转基因生物检测方法总结

参数	基于蛋白质			基于 DNA				非目标测试	
	ELISA	侧流条	蛋白质微阵列	QC-PCR	实时 PCR	DNA 微阵列	DNA①传感器	代谢分析②	近红外
使用简便性	中	易	难	难	难	难	易	难	易
需特殊设备	是	否	是	是	是	是	是	是	是
灵敏度	高	高	中等	非常高	非常高	高	中等	中等-高	中等
定量	是	否	否	是	是	否	否	是	否
持续时间③	30～90min	10min	6h②	2d	1d	2d	2d	2d	1h
费用	U. S. $5	U. S. $2	U. S. $600	U. S. $350	U. S. $450	U. S. $600	U. S. $200	U. S. $ 500～4000	$10
提供定量结果	是④	否	否	是	是⑤	是	否	是	否
适于现场测试	是④	是	否	否	否	否	是	否	是
主要用于	设施测试	现场测试	实验室试验⑥	设施测试	设施测试	实验室试验⑥	现场测试⑥	研究试验	现场测试⑥

① 也应用于蛋白质芯片。
② 包括气相色谱法、液相色谱法、质谱、核磁共振或其组合使用。
③ 排除分配样品制备的时间。
④ 与在抗体包被管中一样。
⑤ 高精度。
⑥ 开发中。

最近，对有关大量转基因作物实施的序列水平上的转化问题进行了详细鉴定。这样可以获得详细的遗传图谱，包括对事件特异性检测试验开发的必要信息和细节，以及插入的基因及潜在非预期部分插入和重排的宿主基因组 DNA 的属性。但是，在所谓的基因堆叠的转基因作物中观察到的事件特异性序列模体的共存不能够被事件特异性检测和定量方法所检测到，这些方法并不能区分堆叠的杂交 GMO 和本体 GMO[9]。

单独物种的单倍体基因组的拷贝数和基于 DNA 序列的等位基因的所有种类中稳定成分的鉴定已经达到 100%。这些 DNA 序列可以作为 PCR 定量检测的参考。另外，纯合子和杂合子以及双倍体、三倍体和多倍体株在现有的检测手段下，只能定性估计 GMO 的差别。且不同的是，当从不同的株中产生或用不同的操作条件时，每质量单位的 DNA 含量是相同的。可以确信，从采样到分析物的提取整个分析过程中，可以解释为什么大多数对于 GMO 成分的测量具有不确定性[9]。多重定量分析有必要增加检测 GMO 的数量。另外，未来对于微阵列技术的发展，在开发多重定量分析方面具有很好的前景[20]。

合适的溯源和筛选可以减少繁杂的检测程序。另外，测定材料中的 GM 成分，并不能真实反映原材料中的 GMO 成分。原因可能是溯源系统中分析控制项目的效果的影响。而检测限的限制极大地影响了必要的实验操作以满足检测要求。检测限越低，操作就越复杂，成本越高。而且，授权及未授权事件的数量也会影响溯源性的补充[9]。

参考文献

1. König, A., Cockburn, A., Cervel, R. W. R., Debruyne, E., Grafstroem, R., Hammerling, U., Knudsen, I. et al., Assessment of the safety of foods derived from genetically modified (GM) crops, *Food Chem. Toxicol.*, 42, 1047–1088, 2004.
2. Kinderlerer, J., The WTO complaint—Why now?, *Nature Biotechnol.*, 21, 735–736, 2003.
3. Taylor, M. R., Rethinking U.S. leadership in food biotechnology, *Nature Biotechnol.*, 21, 852–854, 2003.
4. NAS (National Academy of Sciences), *Safety of Genetically Engineered Foods: Approaches to Assessing Unintended Health Effects*, National Academy Press, Washington, DC, 2004.
5. Codex Alimentarius Commission, Joint FAO/WHO Foof Standard Programme, *Codex Ad Hoc Intergovernmental Task Force on Foods Derived from Biotechnology* (Codex, Yokohama, Japan) http://www.who.int/fsf/GMfood/codex_index.htm; http://www.codexalimentarius.net/ccfbt4/bt03_01e.htm (11–14 March, 2003).
6. Ahmed, F. E., Ed., *Testing of Genetically Modified Organisms in Foods*, Haworth Press, Binghamton, NY, 2004.
7. Gupta, J. A., Governing trade in genetically modified organisms: The Cartagena Protocol on Biosafety, *Environment*, 42, 22–23, 2000.
8. Paoletti, C., *Sampling for GMO analysis: The Euripean prespective Testing of Genetically Modified Organisms in Foods*, Haworth Press, Binghamton, NY, 2004.
9. Miraglia, M., Berdahl, K. G., Brera, C., Corbisier, P., Holst-Jensen, A., Kok, E. J., Marvin, H. J. P., et al., Detection and traceability of genetically modified organisms in the food production chain, *Food Chem. Toxicol.*, 42, 1157–1180, 2004.
10. Kay, S., *Comparison of sampling approaches for grain lots*, Report code EUR20134EN, Ispara, Italy, European Commission, Joint Research Center Publication Office, 2002.
11. Remund, K., Dixon, D. A., Wright, D. L., and Holden, L. R., Statistical considerations in seed purity testing for transgenic traits, *Seed Sci. Res.*, 11, 101–119, 2001.
12. Trapmann, S., Corbisier, P., and Schimmel, H., Reference material and standards, in *Testing of Genetically Modified Organisms in Foods*, Ahmed, F. E., Ed., Haworth Press, Binghamton, NY, pp. 101–115, 2004.
13. RØnning, S. B., Vaitilingom, M., Berdal, K. G., and Holst-Jensen, A., Event specific real-time quantitative PCR for genetically modified Bt11 maize (*Zea mays*), *Eur. Food Res. Technol.*, 216, 347–354, 2003.
14. Holst-Jensen, A., RØnning, S. B., LØvseth, A., and Berdal, K. G., PCR technology for screening and quantification of genetically modified organisms (GMOs), *Anal. Bional. Chem.*, 375, 985–993, 2003.
15. Kuribara, H., Shindo, Y., Matsuoka, T., Takubo, K., Futo, S., Aoki, N., Hirao, T. et al., New reference molecules for quantitation of genetically modified maize and soybean, *JOAC Int.*, 85, 1077–1089, 2002.
16. Corbisier, P., Trapmann, S., Ganceberg, D., Van Iwaarden, P. Y., Hannes, L., Catalani, P., Le Guern,

L., and Schimmel, H., Effect of DNA fragmentation on the quantitation of GMO, *Eur. J. Biochem.*, 269 (suppl 1), 40, 2002.

17. Cellini, F., Ghesson, A., Colquhoun, I., Constable, A., Davies, H. V., Engel, K. H., Galehause, A. M. R. et al., Unintended effects and their detection in genetically modified crops, *Food Chem. Toxicol.*, 42, 1089–1125, 2004.
18. Ahmed, F. E., Protein-based methods: Elucidation of the principles, in *Testing of Genetically Modified Organisms in Foods*, Ahmed, F. E., Ed., Haworth Press, Binghamton, NY, pp. 117–146, 2004.
19. Stave, J. W., Protein-based methods: Case studies, in *Testing of Genetically Modified Organisms in Foods*, Ahmed, F. E., Ed., Haworth Press, Binghamton, NY, pp. 147–161, 2004.
20. Ahmed, F. E., DNA-based methods for GMOs detection: Historical developments and further perspectives, in *Testing of Genetically Modified Organisms in Foods*, Ahmed, F. E., Ed., Haworth Press, Binghamton, NY, pp. 221–253, 2004.
21. Fagan, J., DNA-based methods for detection and quantification of GMOs: Principles and standards, in *Testing of Genetically Modified Organisms in Foods*, Ahmed, F. E., Ed., Haworth Press, Binghamton, NY, pp. 163–220, 2004.
22. Hardegger, M., Brodmann, P., and Hermann, A., Quantitative detection of the 35S promoter and the NOS terminator using quantitative competitive PCR, *Eur. Food Res. Technol.*, 209, 83–87, 1999.
23. Hübner, P., Studer, E., and Lüthy, J., Quantitative competitive PCR for the detection of genetically modified organisms in food, *Food Control*, 10, 353–358, 1999.
24. Hernández, M., Rodríguez-Lázaro, D., Esteve, T., Prat, S., and Pla, M., Development of melting temperature-based SYBR Green I polymerase chain reaction methods for multiplex genetically modified organism detection, *Anal. Biochem.*, 323, 164–170, 2003.
25. Germini, A., Zanethi, A., Salati, C., Rossi, S., Forre, C., Schmid, S., Marchelli, R., and Fogher, C., Development of a seven-target multiple PCR for the simultaneous detection of transgenic soybean and maize in feeds and food, *J. Agr. Food Chem.*, 32, 3275–3280, 2004.
26. Su, W., Song, S., Long, M., and Liu, G., Multiplex polymerase chain reaction/membrane hybridization assay for detection of genetically modified organisms, *J. Biotechnol.*, 105, 227–233, 2003.
27. Berdal, K. G. and Holst-Jensen, A., Roundup Ready soybean event specific real-time quantitative PCR assay and estimation of the practical detection and quantification limits in GMO analysis, *Eur. Food Res. Technol.*, 213, 432–438, 2001.
28. Holden, M. J., Blasic, J. R. Jr., Bussjaeger, L., Kao, C., Shokere, L. A., Kendall, D. C., Freese, L., and Jenkins, G. R., Evaluation of extraction methodologies for corn kernel (*Zea mays*) DNA for detection of trace amounts of biotechnology-derived DNA, *J. Agr. Food Chem.*, 51, 2468–2474, 2003.
29. Ahmed, F. E., Other methods for GMO detection and overall assessment of the risks, in *Testing of Genetically Modified Organisms in Foods*, Ahmed, F. E., Ed., Haworth Press, Binghamton, NY, pp. 285–313, 2004.
30. Kok, E. J., van der Wal-Winnubst, E. N. W., Van Hoef, A. M. A., and Keijer, J., Differential display of mRNA, In *Molecular Microbial Ecology Manual*, Akkermans, A. D. L., van Elsas, J. D., and de Bruijn, F. J., Eds., Kluwer, Dordrecht, The Netherlands, pp. 1–10, 2001.
31. Fagan, J., DNA-based methods for detection and quantification of GMOs: principles and standards, In *Testing of Genetically Modified Organisms in Foods*, Ahmed, F. E., Ed., Haworth Press, Binghamton, NY, pp. 163–220, 2004.
32. Mannelli, I., Minunni, M., Tombelli, S., and Mascini, M., Quartz crystal microbalance (QCM) affinity biosensor for genetically modified organisms (GMOs) detection, *Biosens. Bioelectron.*, 18, 129–140, 2003.
33. Mariotti, E., Minunni, M., and Mascini, M., Surface plasmon resonance biosensor for genetically modified organism detection, *Anal. Chemica Acta.*, 453, 165–172, 2002.
34. Drummond, T. G., Hil, M. G., and Bantun, J. K., Electrochemical DNA sensors, *Nature Biotechnol.*, 21, 1192–1199, 2003.
35. Cao, Y. W. C., Jin, R., and Mirkim, C. A., Nanoparticle with Raman spectroscopic fingerprints for DNA and RNA detection, *Science*, 297, 1536–1540, 2003.
36. Kersten, B., Feilner, T., Angenendt, P., Giavalisco, P., Brenner, B., and Bürke, L., Proteomic approach in plant biology, *Curr. Proteomics*, 1, 131–144, 2004.
37. Klose, J. and Koblaz, U., Two-dimensional electrophoresis of proteins in an updated practical and

complication for a functional analysis of the genome, *Electrphoresis*, 16, 1034–1059, 1995.

38. Corthals, G. L., Wasinger, V. C., Hochstrasser, D. F., and Sanchez, J. C., The dynamic range of protein expression. A challenge for proteomic research, *Electrophoresis*, 21, 1104–1115, 2000.
39. Lin, D., Alperts, A. J., and Yates, J. R. III, Multidimensional protein identification technology as an effective tool for proteomics, *Am. Genomics/Proteomics Technol.*, 38–47, Jul/Aug, 2001.
40. Koller, A., Washburn, M. P., Lange, B. M., Andon, N. L., Deciu, C., Haynes, P. A., Hays, L., and Schieltz, D., Proteomic survey of metabolic pathways in rice, *Proc. Natl. Acad. Sci.*, 99, 11969–11974, 2002.
41. Gygi, S. P., Rist, B., Greber, S. A., Turecek, F., Gelb, M. H., and Abersold, R., Quantitative analysis of complex protein mixtures using isotope-coded affinity tags, *Nature Biotechnol.*, 17, 994–999, 1999.
42. Kusnezow, W. and Hoheisel, J. D., Antibody microarrays: Promises and problems, *Biotechniques*, 33, S14–S23, 2002.
43. Halborn, J. and Carlsson, R., Automated screening procedure for high-throughput generation of antibody fragments, *Biotechniques*, 32 (suppl), 30–37, 2002.
44. Angenendt, P. and Glökler, J., Evaluation of antibodies and microarray coatings as a prerequisite for the generation of optimized antibody microarray, *Methods Mol. Biol.*, 278, 123–134, 2004.
45. Krebs, N., Rauchenberger, R., Reiffert, S., Rothe, C., Tesar, M., Thomassen, E., Cao, M., and Dreier, T., High-throughput generation and engineering of recombinant human antibodies, *J. Immunol. Methods*, 254, 67–82, 2001.
46. Schneider, D., Gold, L., and Platt, T., Selective enrichment of RNA species for tight binding of *Escherichia coli* rho factor, *FASEB J.*, 7, 201–207, 1993.
47. Engvall, E. and Perlman, P., Enzyme-linked immunosorbent assay (ELISA). Quantitative assay of immunoglobulin, *G. Immunochem.*, 8, 871–874, 1971.
48. de Wildt, R. M., Mundy, C. R., Gorick, B. D., and Tomlinson, I. M., Antibody arrays for high-throughput screening of antibody-antigen interactions, *Nature Biotechnol.*, 18, 989–994, 2000.
49. Wink, T., van Zuilen, S. J., Bult, A., and van Bennekom, W. P., Liposome-mediated enhancement of the sensitivity in immunoassays of proteins and peptides in surface plasmon resonance spectrometry, *Anal. Chem.*, 10, 827–832, 1998.
50. Lin, C. K., Tai, D. F., and Wu, T. Z., Discrimination of peptides by using a molecularly imprinted piezoelectric biosensor, *Chem. Eur. J.*, 9, 5107–5110, 2003.
51. Fiehn, O., Metabolomics—the link between genotypes and phenotypes, *Plant Mol. Biol.*, 48, 155–171, 2002.
52. Aharoni, A., de Vos, C. H. R., Verhoeven, H. A., Mahepoard, C. A., Kruppa, G., Bino, R., and Goodenowe, D. B., Nontargeted metabolome analysis by use of Fourier Trranfer ion cyclotron mass spectrometry, *OMICS*, 6, 217–234, 2002.
53. Kemsely, E. K., *Discriminant Analysis and Class Modeling of Spectroscopic Data*, Wiley, Chinchester, 1998.
54. Frenzel, Th., Miller, A., and Engel, K. H., A methodology for automated comparative analysis of metabolite profiling data, *Eur. Food Res. Technol.*, 216, 335–342, 2003.
55. Fiehn, O., Kopka, J., Dörman, P., Altmann, T., Trethenly, R. N., and Willmitzer, L., Metabolite profiling for plant functional genomics, *Nature Biotechnol.*, 118, 1157–1161, 2000.
56. Wolfender, J. L., Ndjoko, K., and Hostettman, K., The potential of LC-NMR in phytochemical analysis, *Phytochem. Anal.*, 12, 2–22, 2001.
57. Charlton, A., Allnutt, T., Holmes, S., Chroholm, J., Bean, S., Ellis, N., Mullineaux, P., and Oehlschlager, S., NMR profiling of transgenic pea, *Plant Biotechnol.*, 2, 27–35, 2004.
58. Roussel, S. A. and Cogdill, R. B., Near-infrared spectroscopic methods, in *Testing of Genetically Modified Organisms in Foods*, Ahmed, F. E., Ed., Haworth Press, Binghamton, NY, pp. 1425–1432, 2004.
59. Roussel, S. A., Hardy, C. L., Hurburgh, C. R. Jr., and Rippke, G. R., Detection of Roundup Ready soybean by near infrared spectroscopy, *Appl. Spec.*, 55, 1425–1432, 2001.
60. Cogdill, R. P., Hurburgh, C. R., Jr., and Rippke, G. R., Single-kernel maize analysis by near-infrared hyperspectral imaging, *Trans. ASAE*, 47, 311–320, 2004.

13 生物分析诊断方法检测朊病毒

Loredana Ingrosso, Maurizio Pocchiari, and Franco Cardone

目录

13.1 介绍

朊病毒病，或称传染性海绵状脑病（TSE），是一类致命的神经变性疾病，包括以下几种人类疾病：克罗伊茨费尔德-雅各布氏症（简称克雅二氏病，Creutzfeldt-Jakob disease，CJD），变种克雅二氏病（variant Creutzfeldt-Jakob disease，vCJD），格斯特曼综合征（Gerstmann-Sträussler-Scheinker syndrome，GSS），致死性家族失眠症（fatal familial insomnia，FFI）；传播性家族失眠症（sporadics fatal insomnia，SFI）；以及以下几种动物疾病：羊瘙痒症（scrapie of sheep and goats），牛海绵状脑病（bovine spongiform encephalopathy，BSE），猫科动物海绵状脑病（felina spongiform encephalopathy，FSE），水貂传染性脑病（transmissible mink encephalopathies，TME），鹿科慢性消耗性疾病（chronic wasting disease of cervids，CWD）[1]。

20世纪20年代初，医学界开始将人类朊病毒疾病作为一种独立的疾病类别。在全世界范围内，这类疾病的发病率大约为每年每百万人中有1.5人次患病[2]，由于病因的不同，发病形式可有散发、遗传、后天获得等[3]。病人的表现为进行性神经系统综合征，通常持续数月，也有持续时间更长的病例，大多为遗传形式的病例[4]。TSE绝大多数表现为散发形式，遗传形式约占5%～10%，且其与PrP基因（*PRNP*）的突变（插入或缺失）有关[5]。后天获得形式之一为医源性感染事件，如使用脑垂体生长激素、促性腺激素和硬脑膜移植、角膜移植、输血等[6]。在后天获得人类TSE中，有一种病称为库鲁病，虽然现在已经消失，但出于历史原因它仍然有一定的研究价值。作为第一种人类TSE，库鲁病首次证明了TSE可以在实验动物中传播[2]且有其特有的传输方式。库鲁病是最早被研究的人类朊病毒病，曾经仅见于巴布亚新几内亚东部高地的土著部落之中，该部落有食用已故亲人脏器的习俗，自从这一习俗被废止后已无新发病例。人获得的TSE的第三种形式与疯牛病在英国的爆发有关，这被认为是一种新的疾病分型实例，称为变种克雅二氏病[7]。这些相对较新的疾病（疯牛病和变种克雅二氏病）再次证明了口服途径是朊病毒病在种内和种间传播的重要方式。无论是疯牛病还是变种克雅二氏病，我们都怀疑感染的方式是食用了被TSE污染的食物。特别是那些被朊病毒感染的奶牛等反刍动物在工厂中被加工成了肉骨粉（MBM），这种高蛋白饲料又被用于喂养其他动物[8]，而在人类中，这类疾病的传播途径很可能是由于食用了被疯牛病毒污染的肉[9]。变种克雅二氏病大都发生在英国（162例）和法国（20例），但也有少数病例个案发生在爱尔兰（2000年）、意大利（2002年）、加拿大

（2002 年）、美国（2004 年）、沙特阿拉伯（2004 年）、日本（2005 年）、荷兰（2005 年）、葡萄牙（2005 年）和西班牙（2005 年）。变种克雅二氏病有一些特点，包括发病年龄提前、早期精神症状表现、持续时间更长等[10,11]。

传染性海绵状脑病主要是由一种被称为朊病毒的非常规传染因子引起的，人们认为这种病毒主要（如果不是全部）是由正常朊病毒蛋白（PrP^{c}）的病理异构体（PrP^{TSE}）组成的。它们不含任何核酸[1]，因此，通常用于鉴定其他传染源的一些最有效的诊断方法（例如聚合酶链反应、抗原或者抗体滴定）都不足以进行检测。

TSEs 发病机制的中心事件是 PrP^{c} 构象转换为 PrP^{TSE} 构象（在实验上感染瘙痒病原体的啮齿类动物中首次鉴定后也称为 $PrPS^{c}$），其聚集成杆状或纤维，并积累到神经细胞，通常也会积累至淋巴网状细胞[12,13]。组织学和生化病变仅限于 PrP^{TSE} 和感染性最多的 CNS（海绵状脑病）[1,3,14]。

实验研究和天然 TSE 中随机观察到的结果表明，啮齿动物在外周接种后，传染原通常在淋巴网状组织（脾、淋巴结、淋巴集结）的细胞中复制，尤其是在滤泡树突状细胞中复制[15]。从这一点开始，传染源沿着神经通路进入局部神经后到达脊髓或脑干，这取决于感染的部位，最后在大脑中复制，一直持续到临床疾病的发展和宿主死亡为止[16,17]。无症状期间，在淋巴网状组织中很容易检测到感染因子（通过生物测定法测定）和 PrP^{TSE}（通过免疫化学法测定）[18]。这一结果表明可以在绵羊的[19]活检扁桃体组织中测定 PrP^{TSE} 以诊断瘙痒病，甚至是在 vCJD 中[20～22]。扁桃体中的 PrP^{TSE} 诊断测试不适用于其他形式的人类 TSE 或 BSE，因为在这些疾病的扁桃体组织中，PrP^{TSE} 水平太低导致无法检测或不存在[23]。散发性和遗传性 TSE 的 PrP^{TSE} 主要在中枢神经系统中积累，使得基于 PrP^{TSE} 同时利用接近的组织或体液进行检测的早期诊断方法难以发展。检测 CJD 患者淋巴和肌肉组织样本中 PrP^{TSE} 积累的高灵敏度检测方法[12]，其可用性不断提高[24]，这些患者中的 PrP^{TSE} 的分布有所改变。由于仅在一部分样品中检出阳性[24]，sCJD 患者肌肉和脾脏中 PrP^{TSE} 检测的诊断效用仍在研究中。近期关于在绵羊和山羊肌肉中检测 PrP^{TSE} 的实验报道[25]，以及在仓鼠和小鼠中经实验感染适应的 BSE 或 vCJD 菌株[26]的最新报道表明，对组织中 PrP^{TSE} 分布如何不断扩大的理解，也为今后 TSE 的临床前诊断提供了广阔的前景。

为了发展对血液中 TSE 疾病的临床前诊断，已使用 TSE（啮齿动物和小型反刍动物）的实验模型，并在全血、白细胞和血浆中检测到微量的感染性[27]。还证明了 BSE 和天然瘙痒病能通过输血传播给绵羊[28]。在三名 vCJD 患者中发现了新的可能的血源传播途径，后来被诊断为 vCJD 的个体接受了输血[29,30]，这进一步引起了人们的关注，即无症状的 vCJD 携带者可能会保持医源性传播。一名患者的 PrP 基因测序显示多态密码子 129 上的蛋氨酸和缬氨酸杂合性表明，与之前所认知的相反，杂合子受试者可以被 vCJD 试剂感染，这改变了英国和世界上其他地区目前对 vCJD 流行病学现状的看法[31]。在英国，阑尾切除术和扁桃体切除术标本存在异常单发性 PrP^{TSE} 沉积的免疫组织化学检查，估计患病率为 237 例/百万例，即 3808 位年龄在 10～30 岁之间的受试者可能会孵育 vCJD[32]。这些个体可能代表了医源性感染的病原体[9,33～36]。

这些发现刺激了大量的研究，以改进检测血液中 PrP^{TSE}[37～40] 以及瘙痒症和 BSE[41] 的临床样本前处理的技术。在这方面，值得提及的是蛋白质错误折叠循环扩增（PMCA）技术。这项技术最初由 Saborio 在 2001 年引入[42]。它使用概念上类似于 PCR（聚合酶链反应）的机制，将不可检测量的 PrP^{TSE} 连续扩增达到可以由免疫印迹得到的程度。PMCA 已经被用于证明瘙痒病仓鼠血液样品中 PrP^{TSE}的存在，因此，它有望成为在临床早期 PrP^{TSE}鉴定中非常有效的辅助手段[40]。

13.2 诊断方法：用 PrP 作为诊断朊病毒疾病的标志物

从 PrP^{c}到 PrP^{TSE}是怎样的转变方式，仅就目前的研究来看是很难判定的[43]，但是可以肯定的是，疾病症状的形成和 PrP 因子的积累只发生在传染性海绵状脑病中。因此，PrP 因子的识别可以作为这种疾病的特定标记。病理异构体保留了两个糖基化位点。不同糖基化形式的相对量以及用蛋白酶 K 消化后获得的 PrP^{TSE}片段的大小（参见下文）已被用于在人类和动物中区分 TSE 疾病的不同表型，无论是在人类还是在动物群体中，这已被用于不同表型的牛海绵状脑病的鉴别，形成了一个普遍接受的疾病分子学分类[44]。

PrP^{TSE}检测从 1980 年开始，首先提出的是瘙痒病感染的啮齿动物 PrP^{TSE}识别免疫学方法，其次是抗 PrP 因子抗体以及 TSE 诊断免疫学技术。多克隆抗体、单克隆抗体、重组抗体、Fab 型和吞噬型抗体也已经产生，其中一些是市售的，一些是根据生产者的需求定制的[45～48]。

随着这些抗体的应用，免疫测定已经大量开发并用于检测 PrP^{TSE}和 TSE 诊断。目前用于 PrP^{TSE}诊断的免疫学方法可以分为两类。第一类包括需要固定组织的方法。第二类包括利用非固定组织进行的免疫学测定，所述组织在处理之前应被还原成悬浮液（如果不可用流体的话）。所有的方法，不论起始材料的状态（是否固定），都需要在某种程度上对组织进行前处理，以消除可能降低测试灵敏度和特异性的污染物。这些免疫诊断试验包括以下几种：免疫印迹法（WB），酶联免疫吸附分析（ELISA），免疫组织化学（IHC），histoblot（HB），石蜡包埋组织印迹（PET），解离增强的镧系元素荧光免疫分析/构象依赖性免疫分析（DELFIA/CDI），并扫描强烈的荧光目标（SIFT）。

本章介绍了每一种技术背后的逻辑思路，以及执行时的要求、样品制备方法，并对人类或者动物诊断或实际研究应用时的优缺点进行了比较和展望。

13.3 免疫印迹法

13.3.1 基本原理

免疫印迹法（WB）是目前特异性最好并且最常用的 PrP^{TSE}检测方法，在未定影组织的诊断和研究应用中有过一个成功的案例[49]。为了进行免疫印迹实验，首先通过 SDS-聚丙烯酰胺凝胶电泳分离从受检组织中提取的蛋白质，然后电转移到硝化纤维素（或 PVDF）膜上，使相关表位可与特定抗体结合。然后，这些固相化的免疫复合物再结合上偶联有酶的第二抗体，通过酶催化显色反应或化学发光反应，从而揭示抗原的存在。

根据蛋白质的分子量进行电泳分离，提高了免疫分析的灵敏度和特异性，使 WB 成为在传染性海绵状脑病领域最有力的分析工具，也使得这种方法成为包括 WHO（世界卫生组织）在内的机构在人传染性海绵状脑病诊断上的参考方法[50]。

13.3.2 样品的采样和储存

几乎所有种类的组织或体液都可以通过 WB 进行分析（只要它们是不固定的），起始物质的选择取决于要达到的目标。对于人类的 TSE 的验尸诊断，神经组织因其富含 PrP^{TSE} 而成为临床诊断最合适的材料。从不同脑区的一些皮质样品来看，这些通常足够 PrP^{TSE} 的检测。少量的遗传 CJD 需要收集冷冻的半脑，包括额叶、顶叶、颞、枕叶、小脑皮质区和基底节的灰质。这些都是有选择地针对一些不常见的 TSE 形式，如致死性家族性失眠症[50]。人类 TSE 疾病谱包括了具有不同临床表现和病理特征的多种疾病形式，偶尔可见病征很少累及或不累及大脑皮层的疾病形式[44]。对这些罕见形式 TSE 疾病的诊断方案是特别的，因为 TSE 疾病谱可能隐藏了病理特征不明的新型疾病变体。

BSE 诊断应适用同样的规则。在基于国家的监测计划中，脑干是首选材料。然而，就最近对该疾病的淀粉样变异体（BASE）[51]的描述来看，可能是由于新皮质比脑干涉及更多的不同感染性的毒株所致，这证实了多重取样策略的有效性。这种方法也适用于绵羊和山羊瘙痒病。尽管脑干是 PrP^{TSE} 积累的首选位点，但是在脑中 PrP^{TSE} 病灶的不均匀分布可能会遇到几种感染性菌株和宿主基因型的组合[52]。与 BSE 和 sCJD 不同，在瘙痒病感染的动物中，许多器官，特别是淋巴系统组织，都感染有 PrP^{TSE} 并可用于诊断[53]。

虽然许多研究表明，室温下从 BSE 感染的大脑中孵育样品数天不会影响 WB 检测 PrP^{TSE}，但这种观察结果不能作为一般准则。众所周知，对 PrP^{TSE} 蛋白降解的抗性取决于毒株；因此，在低温下迅速储存活检和尸体标本是有必要的（如果有条件的话，－80℃是首选）。

13.3.3 样品前处理

样品的制备是测定灵敏度和特异性的关键因素，因为它可能影响 PrP^{TSE} 的可检测浓度和造成背景干扰。在 WB 分析之前可用不同的方案预处理 TSE 感染的组织，从而获得预期的分析灵敏度。

CNS 样品的简明高通量制备始于缓冲等渗溶液（Tris 盐水或 PBS）中组织的细均匀化（通常为 10%的质量体积比），其也可含有非变性洗涤剂（0.5%～1%的 Nonidet P-40 或脱氧胆酸钠或肌氨酰）。匀浆通常在低速（1000g、5min）下短暂离心清除，最后在 37℃下用 50～100μg 蛋白酶 K 消化 1h（蛋白酶 K 降解大部分背景蛋白质，并将使 PrP^{TSE} 在 N 末端产生截短片段的异质混合物，其双重糖基化异构体的分子量在 27000～30000 之间，因此术语称为 PrP27～30）。可以用蛋白酶抑制剂（100μmol/L PMSF）或通过在凝胶加样缓冲液中煮沸来终止消化。如果高度特异和敏感的免疫试剂可用于检测（如大多数 TSE 的情况），这种快速制备功能非常好。然而，为了提高特异性和分析灵敏度，可以通过引入离心和/或超速离心步骤来进一步减少背景蛋白质库，这些步骤利用病原体 PrP 在非变性洗涤剂和盐中的不溶性（如氯化钠或最近引入的磷钨酸钠）[12,54,55]。在洗涤剂/盐溶液中将蛋白酶 K 消化与延长的提取步骤相结合，获得了非常纯的 PrP^{TSE} 制剂，但是这样的材料通常仅用于生化研究[56,57]。

13.3.4 步骤

最近，世界卫生组织组织了一个比较研究，在几个 TSE 实验室的参与下，评估散发性和变异性 CJD 患者的一组选定的脑匀浆作为人 TSE 免疫测定的标准参考试剂的适用性。大多数参与者通过简单的 WB 协议分析样本。尽管每个程序之间存在差异，但观察到了非常相似的分析灵敏度，显示参与实验室之间的变化低于一个数量级[58]。尽管尚未就世界卫生组织的诊断标准化问题达成正式共识，但无论技术变化如何，这项研究证实世界卫生组织有一个相当健全的 PrP^{TSE} 检测系统。

下面报道的方案适用于人类和仓鼠样品中的 PrP^{TSE} 检测[59]，但也可以适用于其他物种，只要抗 PrP 抗体识别该物种的 PrP 即可。

脑组织蛋白质印迹法。

将纯化的组分（通常用于 PrP^{TSE} 检测的是 0.5～1mg 的新鲜组织）悬浮于等体积的 2× 凝胶负载缓冲液（Laemmli 缓冲液或商业专有制剂）中，使最终体积为 15～25μL，在具有 12%分离胶的 disc-SDS-PAGE 微型胶（约 10cm 长和 1mm 厚）中分离。

当分离完成时，将凝胶浸在 Towbin 转移缓冲液中，并铺在预先润湿的硝酸纤维素滤膜上，在 4℃下以 100mA 的电流将蛋白质半干转移 60min。在用 10mmol/L Tris-HCl pH8.0/0.05%吐温 20（TBST 缓冲液）中的 3%脱脂奶粉封闭后，将膜与单克隆抗体 3F4（是目前为止识别人和仓鼠 PrPs 的残基 109～112 的商业抗体中使用最多的和最好表征的，参见 Kascsak 等[60]）在 TBST 中以 1∶2000 稀释并溶于碱性磷酸酶偶联的二抗溶液（1∶5000 溶于 TBST）。在上述的三次孵育每次孵育进行之后，进行大量洗涤（更换缓冲液 5 次，每次 5min）以减少背景信号。然后应用高度敏感的商业化学发光体系（CDP-Star），按照制造商的说明书，记录在敏感膜上的 PrP 带。

13.3.5 应用

该技术提供了良好的分析灵敏度，并且可能在生物化学 TSE 测试中具有最高特异性，部分归因于将免疫阳性化学发光信号与局限在 20000～30000 之间的特征性三带状外观组合（图 13.1）。由于这些原因，欧盟（EU）对全国疯牛病监测进行的验证中，世界卫生组织广泛采用了筛查或验证试验。

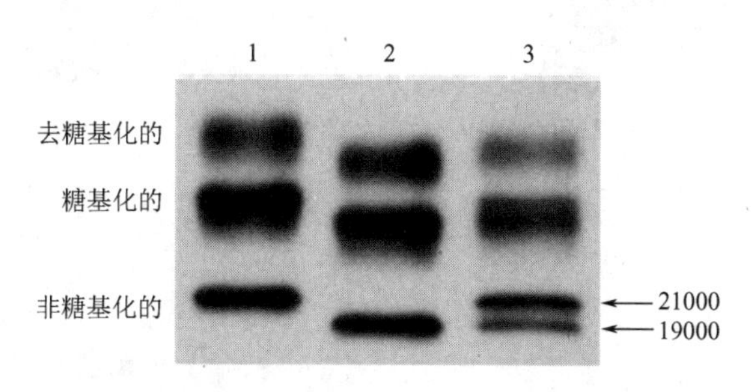

图 13.1 从散发性 CJD 患者大脑皮层提取的 PrP^{TSE} 经蛋白酶 K 处理的蛋白质印迹分析

未糖基化条带的分子量为 21000（1 型 PrP27～30，1 道）或 19000（2 型 PrP27～30，2 道）。当这两种类型存在于同一脑区时，可以看到双重非糖基化条带（1C2 型，3 道）。感谢意大利博洛尼亚大学的 P. Parchi 博士

通过分析高、低和非糖基化带的分子量和相对丰度，蛋白质印迹提供了识别不同形式的 PrP^{TSE} 的优势。这些参数表征了所谓的 PrP 糖型，这是一种在不同形式的 TSE 之间不同的 PrP 标签，因此，可用于区分不同形式的 TSE（例如疯牛病和零星散发的 CJD 疾病变体），相比于从啮齿动物体内实验中获得 TSE 疾病分型的结论性数据，这种方法可以提前区分[61,62]。

PrP^{TSE} 糖型已被用于改进人类的 TSE 分类[44,54,62]。在散发的 CJD 中，由蛋白酶 K 的

不同切割位点产生的两种最常见的 PrP^{TSE} 糖型 1 型和 2a 型的特征在于未糖基化的片段在 21000 处（PrP^{TSE} 1 型；图 13.1，泳道 1）或 19000 处（PrP^{TSE} 2 型；图 13.1，泳道 2）迁移。两种糖型可同时存在于同一脑区（图 13.1，泳道 3）。最近的研究表明，这种现象出现的比以前想象的更为频繁，常见的免疫印迹法主要依赖于单克隆抗体 3F4 的使用，只有当两种同工型以相似的数量沉积时，才能证明联合 PrP^{TSE} 糖型的存在[63]。

两种可能的 PrP^{TSE} 糖型与 PrP 三种可能的基因型在 129 位多态性（甲硫氨酸纯合、缬氨酸纯合或杂合）上的组合使得人类 TSE 疾病具有六个不同亚组中的分子分类，其中每一个都呈现不同的临床和病理特征[64]。最常见的亚型（亚型 1）包括 129MM-1 和 129MV-1，占所有散发性朊病毒病例的 60%～70%；超过 95%的患者为 129MM-1，而 129MV-1 患者罕见[65]。该组患者呈现出更为典型的散发性 CJD 表现，中位疾病持续时间为 4 个月，临床体征以认知功能障碍、运动失调和组织学标志为特征，表现为细海绵状变性、星形胶质细胞增生和神经元丢失。另一个最常见的类型是 2 型（sCJD VV-2），也称为小脑型或运动失调型。3 型（sCJD MV-2）的临床特点是症状持续时间更长且可见 kuru 斑，而 4 型（sCJD MM-2）和 6 型（散发性家族性失眠）具有相同的 129 位点多态性和相同的 PrP^{TSE} 分型，但在表型上仍有所区别[66]。亚型 5（sCJD VV-1）极其罕见，与早期临床症状有关。

二向电泳（2D-电泳）可以对 PrP^{TSE} 糖型的群体（图 13.2）和新型非典型 PrP^{TSE} 糖型进行更详细的分析[67～70]。

免疫印迹法与其他免疫分析（如 ELISA 型检测）相比仍有一些明显的局限性：只有相对较少的样品才可以在单一凝胶中处理，且该技术耗时，不能完全自动化，需要有经验的人员来解释结果。但由于可以提供大量的信息，免疫印迹法（连同免疫组织化学）在人类

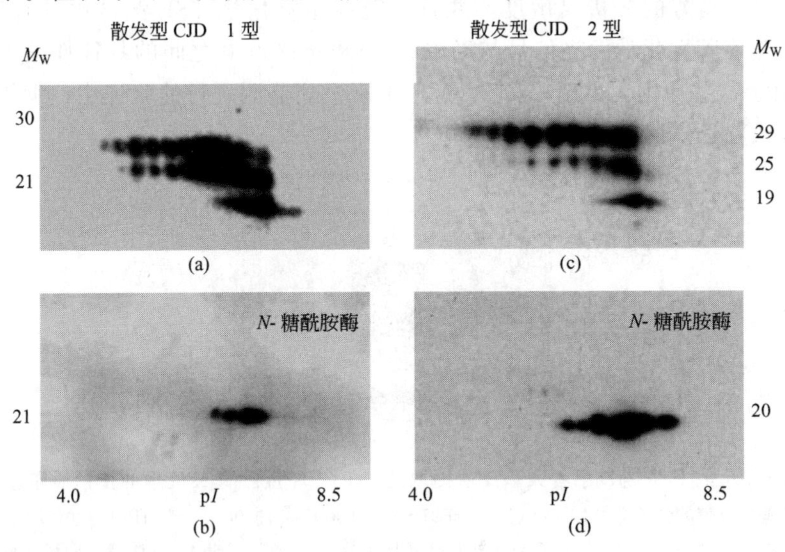

图 13.2 来自 MM-1（a 和 b）和 VV-2（c 和 d）散发性 CJD 病例经蛋白酶双重抑制剂处理的二维免疫印迹分析

大约为 25000 和 30000 迁移量的斑点的列代表 PrP27～30 单糖基化和双糖基化的同种型。在 1 型和 2 型 PrP27～30 中分别具有分子量 21000 和 19000 的非糖基化同种型由表示不整齐 N 末端短肽（a 和 c）的几个斑点组成。在 PNGase F 酶处理后，通过添加去糖基化的 PrP 同种型（b 和 d）可见低分子量斑点的数量增加。感谢意大利维罗纳大学的 G. Zanusso 博士

TSE 监测活动的框架内仍然作为参考诊断测试。

13.4 酶联免疫吸附分析

13.4.1 基本原理

ELISA（酶联免疫吸附分析）是基于相关抗原吸附在多孔聚苯乙烯板的底部，然后填充含有特异性抗体的溶液（直接或通过第二抗体），并与一种催化比色或化学发光反应的酶相连接。通过抗原和孔表面之间的非特异性相互作用（直接 ELISA）或通过先前固定在塑料孔上的特异性抗体（夹心 ELISA）选择性捕获，可以使抗原在塑料板上与之结合。

13.4.2 样品的采样和储存

用于 ELISA 测定的样品要求是新鲜或冷冻的。特别注意，保存标本的温度要适宜，低于冰点的温度下组织裂解可能会产生假阴性结果[71]。

13.4.3 步骤

将 ELISA 应用于动物 TSE 的方案已在持续研究。在最简单的版本[72]中，将蛋白酶 K 处理的组织匀浆（例如脑或脾脏）中所含的蛋白质吸附到 96 孔板的塑料孔上，然后先与抗 PrP 第一抗体反应，再与酶联抗 Ig 二抗反应。为了增强吸附抗原的免疫反应性，从而提高分析的灵敏度，可以在施加第一抗体溶液之前，在室温下用硫氰酸胍（GdnSCN）处理吸附的抗原[73]。在这种离液盐的存在下，通过热变性可以区分正常和 BSE 脑匀浆，不需要蛋白水解处理[74]。

该过程（详述如下）利用 PrP^c 和 PrP^{TSE} 的不同构象。在天然条件下，折叠 PrP^{TSE} 的相关抗原位点被隐藏。然而变性后它被暴露出来，产生强烈的免疫反应信号。

这一过程绕过了蛋白水解需要除去 PrP^c 这个要求，也是构象依赖性免疫分析（CDI，后面描述）的基础，这是一种传统 ELISA 方法对 TSE 的新型分析测试，但在分析灵敏度方面有所提高[75]。

酶联免疫吸附分析

用捕获的单克隆抗体 6H4[45]（在 4℃下用 0.1mL 在碳酸盐缓冲液中的 1∶100 稀释液过夜孵育）包被 ELISA 平板，并用每孔 0.2mL 的 10%稀释的脱脂奶粉进行封闭（37℃，1h），在 RPB 缓冲液（13.7mmol/L NaCl，2.7mmol/L KCl，1.4mmol/L KH_2PO_4，8.1mmol/L Na_2HPO_4，pH 7.3）加 0.01%吐温 20 之前加入脑匀浆。将 BSE 感染的牛脑样品在 9 体积的 0.32mol/L 蔗糖中均质化并以 7000*g* 离心澄清 5min。将 1 体积的匀浆物在 0.2mol/L GdnSCN 的 RPB 缓冲液中以 1∶2 稀释，并在 150℃加热 10min。将 100μL 该悬浮液一式三份加入到预包被的 ELISA 平板的孔中，并在 37℃孵育 1h。用 RPB/吐温 20 洗涤后，通过两次连续的孵育（每次 1h，37℃）定量结合 PrP。第一次孵育包括 0.1mL/孔在 RPB/吐温 20/3%脱脂奶粉中 1∶500 稀释的兔抗 PrP 多克隆血清（C15S 或 R#26）。第二次孵育是用 0.1mL/孔在 PBS/吐温 20/3%脱脂奶粉中 1∶300 稀释的 HRP 结合猪抗兔抗体。最后一次孵育后，用 PBS/吐温 20 洗涤平板，各孔充满 0.2mL ABTS 溶液以检测 PrP 的存在。

化学发光信号通过自动读板机读取。

13.4.4 应用

针对诊断和研究应用，已经开发了用于鉴定脑和其他组织中的 PrP^{TSE}的灵敏度和特异性的 ELISA 方案。这些方法中的大多数已经针对动物 TSE 病进行了优化[76~80]，并成功用于全国范围的 BSE 筛选试验。

BSE 疫情的出现促使学术界和工业界联手开发快速、敏感和准确的检测方法，以实施对该病的监测。在这项工作中，ELISA 模式是最成功的检测方法，已经在市场上开发了几种商业试剂盒。其中，基于专有的 PrP^{TSE}提取程序和专有的多克隆一抗的简单 ELISA 免疫分析已经由欧盟（Enfer Ltd）进行验证，诊断灵敏度和特异性结果为 100%。尽管该测试在所评估的测定中没有显示出最高的分析灵敏度，但它可以在几个小时内返回诊断结果，并且允许同时处理许多样品。

在同一轮验证中，欧盟评估了两种夹心 ELISA，提供了更高的分析灵敏度。其中一个是由法国电力委员会 Atomique 开发的，并以 Bio-Rad Platelia-BSE 品牌投放市场。在该测试中，在浓缩步骤之后，经蛋白酶 K 酶促处理和变性处理之后，将样品转移到事先与抗 PrP^{TSE}单克隆抗体分层的微孔板中。通过用识别不同表位的辣根过氧化物酶连接的单克隆抗体的化学发光来获得检测结果。这个测试可以检测出与小鼠生物测试相同的分析灵敏度的 BSE 污染[77]，并具有与其他传统诊断方法相同的灵敏度[78]。

Prionics AG 已经提出了一种略微不同的用于 BSE 筛选的化学发光夹心免疫测定。Prionics Check LIA（发光免疫分析）包括在用免疫单克隆抗体孵育之前对脑匀浆进行蛋白酶 K 处理，然后用第二种固定化单克隆抗体进行捕获[79]。这个测试可以完全自动化，并且比 Bio-Rad 公司快得多。

尽管欧盟验证程序在特异性方面取得了出色的结果，但这三种仅依靠一个标准阳性的 ELISA 快速测试（即光学信号在实验截止水平之上的增加）在原则上可能会产生错误，例如，由于未消化的 PrP^{c}的存在或由于检测抗体的非 PrP 特异性结合而产生的阳性结果。如日本最近的一项研究[71]所示，在处理裂解样品时，假阳性问题特别值得注意。由于这些原因，在常见的监测实践中，建议根据不同的原理（如免疫印迹或免疫组织化学）进行第二次确认性分析。

虽然 CJD 专用的 ELISA 方案早在 15 年前就被提出[73]用于人类的 TSE 诊断，但该方法不在用于诊断人类 TSE 的确证试验的有限选择之内[50]。最新版本的商业 BSE ELISA 测定法具有出色的灵敏度和特异性，为什么这个测试不用于人体诊断？

一个原因是 ELISA 提供的速度和高通量（两者对于大规模动物筛选都是必不可少的）相对于其他经验证的免疫化学技术（免疫印迹或免疫组织化学）在人类诊断中不具有益处，仅在少量样品时占优势。另外，如上所述，免疫印迹和免疫组织化学不仅可以高度可靠和灵敏地检测 PrP^{TSE}，而且还能够对 PrP^{TSE}的类型进行划分。不过 ELISA 形式可以通过开发两阶段测试来克服这种限制。在第一阶段，通过能够识别 1 型和 2 型 PrP^{TSE}的 C 端抗体揭示 PrP^{TSE}的存在。然后通过仅识别 1 型 PrP^{TSE}的 N 端部分的抗体分析阳性样品。因为通过对 PrP^{TSE} 2 型的蛋白水解处理除去该片段，所以双重阳性将表明存在 1 型 PrP^{TSE}，而仅在第一次 ELISA 时的阳性信号表明存在 2 型 PrP^{TSE}。然而，这种设计不能区分只含有 1 型

PrP^{TSE}的样品和含有 1 型和 2 型混合物的样品[58,63,81]。

13.5 免疫组化法

13.5.1 基本原理

免疫组化法（immunohistochemical，IHC）是一种应用广泛的组织学技术，它能使抗原在其天然位点暴露。此过程使用固定的组织切片（5～7μm 厚），先用相关抗原的一抗处理，然后与二抗结合，此过程能够永久标记抗原。

由于设备的迅速发展（组织学实验室的基本仪器可完成 IHC 实验），并从增加特异性和灵敏度方面不断改进方法，IHC 已成为诊断人类和动物 TSE 的参考方法之一。从现有数据分析，通过组织学和 PrP 印迹实验，能开发一种关于 TSE 病理及生化指标的分类方法。

13.5.2 样品的采样和储存

尽管 PrP^{TSE}是众所周知的抗降解物质，但组织取样和固定最好在死亡后不久进行，以避免组织微结构的恶化。10%福尔马林溶液用于固定组织标本，这是用于存储和制备样品最常用的方式之一。其他固定剂，如卡诺氏溶液，能够发挥相同的作用[82]。

世界卫生组织建议，对于人类 TSE 的检测，应该在死后 2～3d 进行尸检，并用福尔马林固定左脑半球[50]。正如在蛋白质印迹部分中所指出的，PrP^{TSE}的形态沉积在不同人类不同 TSE 形式中存在变化，有时甚至在相同形式下变化。大脑区域的免疫染色能防止假阴性结果，也用于识别不同形式的 TSE。这种异质性限制了活检结果对患者的可靠性，只有当治疗状况为可供选择的诊断时，才会考虑这一方法。

针对疯牛病，类似的方法适用于标本的采集和固定（见蛋白质印迹章节）。如果只能在大脑部分取样，延髓是第一选择。

13.5.3 步骤

通过免疫组化法，证实 PrP^{TSE}在 TSE 感染组织中存在两个问题：PrP^{c} 免疫性的丧失和 PrP^{TSE}表位的暴露。许多变性处理对组织切片和蛋白质的影响已经被测定，最近有一项优化方案表明，即使在组织过度固定的情况下，也能获得较好的信噪比[83]。

人体脑组织免疫组化研究

组织（脑）块（20mm×30mm×10mm）被固定在 10%福尔马林缓冲液（4%甲醛于 PBS 中）中至少 4d，接着在 99%甲酸中浸泡 1h，再用石蜡包埋。将组织制成 5μm 厚的切片，收集在硅烷化的载玻片和脱蜡二甲苯上。

抗原的预处理从 1000W 的微波加热开始，每次 10min，共 3 次，在 24℃下用 99%甲酸处理 5min，在 4℃下 4mol/L 的 GdnSCN 中变性 2h，再使用 5μg/mL 蛋白酶 K 在 24℃下消化 8min。在水中冲洗并用预免疫的山羊血清 PrP^{TSE}进行孵育后，PrP^{TSE}的免疫染色是在室温下将样品与 3F4 一抗（在 PBS 中以 1∶1000 稀释）孵育过夜，然后在室温下用 10%甲醇和 3%过氧化氢处理 10min，以阻断内源性过氧化物酶，再在室温下用预稀释的生物素化并用链霉亲和素连接的辣根过氧化物酶的二抗孵育 25min（所有试剂均可通过商业试剂盒获得)。PrP^{TSE}沉积物最终用二氨基联苯胺处理。苏木精复染后，将切片用于显微镜观察。

13.5.4 应用

免疫组化法常用于针对 TSE 的抗 PRP^{TSE}抗体的早期诊断，尽管应用较早，但它为 TSE 的研究和诊断打下了坚实的基础。原因可能在于免疫组化法信息丰富，类似于其他免疫学技术，提供了有关 PrP^{TSE}的存在、数量和总体组织分布等可靠信息。它还揭示了 PrP^{TSE}聚集体的形态学和拓扑结构特征，用于表征人类和动物的 TSE 信息[51,64,84,85]。

TSE 的临床诊断一般是运用免疫组化法在脑中检测 PrP^{TSE}[1,3,14]。来自不同大脑区域的样品也能用于 TSE 的分类，以及特定于大脑区域的免疫染色模式的罕见识别（如致命性失眠、MM-2 sCJD 与突出丘脑涉及此疾病)[64]。此外，在 PrP^{TSE}定位中能获得显微分辨率，使得免疫组化法成为诊断 PrP^{TSE}罕见沉积的方法，而其他参考技术例如蛋白质印迹可能会出现稀释效应[86]，因为在监测过程中观察到了极其罕见的免疫染色模式，此方法有助于鉴定已存在的新型 vCJD[7,51]（图 13.3）。

在人类 TSE 中，尽管缺乏公认的分类，但已经定义了几种类型的 PrP^{TSE}阳性免疫染色[64,83,85]。

突触染色的关键在于 PrP^{TSE}弥散和细胞内标记[85]，并且通常在散发性 CJD 病例的小脑和大脑皮层中观察到［图 13.4(a)］。

在散发性 CJD 的分子和临床亚型中观察到少见的 PrP 沉积模式[44,64,83,85,87,88]。在 1/3 的经典散发性 CJD 病例中，常具有 129MM 或 MV PrP 基因型，以及在蛋白质印迹中被归类为 1 型的 PrP27～30。在大脑皮质中观察到了一个核周期的阳性 PrP^{TSE} ［图 13.4(b)］，约一半的 2 型 PrP27～30 和 129MM 基因型的散发性 CJD 病例中也存在这种模式。

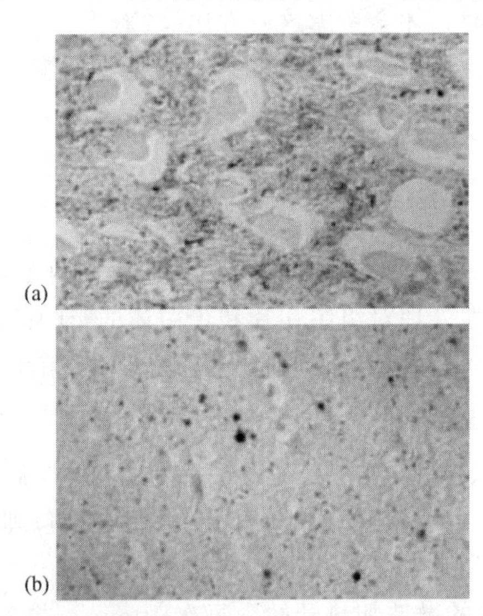

图 13.3 患有 BSE 的牛组织（a，×220）和嗅结核中含有 BAS 的牛组织（b，×250）的朊病毒在 PrP 沉积物中的免疫组化染色

注意：BASE 中有特征性的淀粉样斑块存在。感谢意大利的 G. Zanusso 博士提供图片

PrP^{TSE}可能聚集形成淀粉样蛋白斑块（10～50μm），在苏木精-伊红组织学染色中常见，以刚果红染色后的红绿双折射为特征。这些斑块可能表现为单个、孤立的结构（单个中心斑

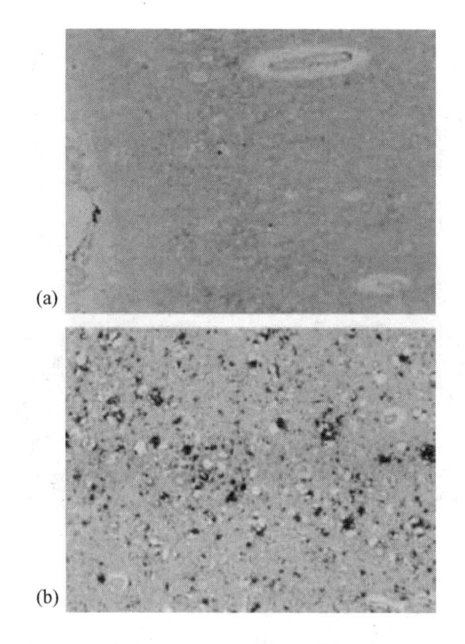

图 13.4 分别来自 MM-1（a，×100）和 MM-2（b，×100）散发性 CJD 患者的大脑皮质样品中朊病毒的免疫组化图片
显示突触和周围核染色模式
感谢意大利博洛尼亚大学 P. Parchi 博士提供图片

块）或不规则的簇，也可能部分重叠，形成多中心斑块，通常在 GSS 患者脑中观察到[89]。第三类相关的斑块由中央 PrP 阳性细胞核组成，由花冠空泡包围，这些结构主要见于 vCJD 病例[11]，在其他 CJD 信息中也有类似结构的描述[90,91]。

从免疫组化图谱的简要概述中显示出 PrP^{TSE}免疫染色图谱在人类中是不尽相同的。再加上 PrP^c不完全清除导致假阳性的可能性[85]，意味着若要得到正确的诊断分类，免疫组化结果的评估应由经过培训的人员完成。免疫组化是一项强大的技术，在近期和未来都有良好的前景。来自组织收集的存档材料可以用于在神经系统之外的组织中搜索 PrP^{TSE}。分布在其他器官中的淋巴网状器官如脾脏、扁桃体和淋巴网状组织可能有助于区分这些组织，这些方法常用于涉及特定形式的 TSE（例如 vCJD）或早期临床前诊断。最近英国正在通过研究储存在医院组织库中的手术切除的扁桃体和阑尾标本（vCJD 中的 PrP^{TSE}沉积在特定部位）来研究 vCJD 个体化人数[21,32]。

13.6 组织印迹法

13.6.1 基本原理

组织印迹（histoblot，HB）技术是在 10 多年前开发的[92]，能将免疫组化法提供的信息与生物化学印迹方法的灵敏度结合起来。将新鲜冷冻的（未固定的）组织切片转移到一块硝酸纤维素膜上进行印迹，并且进行处理以降低背景（包括 PrP^c和 PrP^{TSE}表位）之后，对膜进行免疫染色以显示 PrP^{TSE}。其结果是得到 PrP^{TSE}沉积物自然大小的单色图片（图 13.5）。

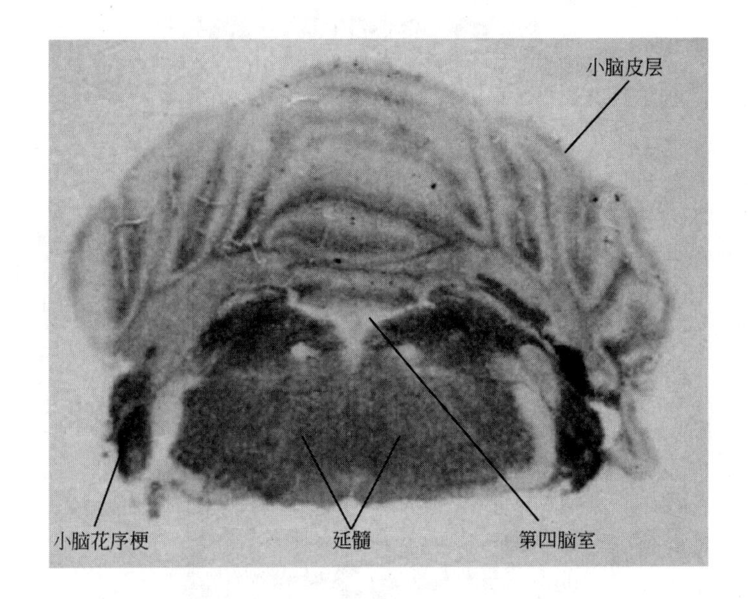

图 13.5 感染 139A 株瘙痒症病毒的小鼠后脑冠状切片的组织印迹图

弥散性 PrP^{TSE}阳性在延髓和小脑中可见。由意大利罗马的 R. Nonno 和 M. A. Di Bari 博士提供图片

13.6.2 样品的采样和储存

取新鲜或冷冻样品，储存方式与上文所述的 WB 法相同。

13.6.3 步骤

组织印迹法已经被成功地应用[92]，笔者在这里只做稍微的修改，并在下面详述。

人体或动物脑组织的组织印迹方法

用 8μm 厚的低温恒温器切割新鲜冷冻的组织块，并将所得的切片放在载玻片上。通过将载玻片压在一块硝酸纤维素膜上，将已解冻切片（通过接触转移）上的水吸干，将所述硝酸纤维素膜置于裂解缓冲液（0.5%Nonidet P-40/0.5%脱氧胆酸钠/100mmol/L 氯化钠/10mmol/L EDTA/10mmol/L Tris-HCl，pH 7.8）中。载玻片的缓慢转动有助于在印迹过程中避免气泡的产生。转移后，将膜保留在吸水纸上几分钟，然后风干，并在 0.05%吐温 20/100mmol/L 氯化钠/10mmol/L Tris-HCl（pH 7.8，TBST 缓冲液）中浸泡 1h。为了去除细胞 PrP，将膜在含有 400μg/mL（适用于仓鼠瘙痒症菌株 263K）或 100μg/mL（适用于人类 CJD）蛋白酶 K 的消化溶液（0.1%Brij35/100mmol/L 氯化钠/10mmol/L Tris-HCl，pH 7.8）中于 37℃孵育 18h。在 TBST 缓冲液中洗涤三次后，通过在 3mmol/L 的 PMSF/TBST 中孵育 30min 终止消化。将膜浸入变性缓冲液（3mol/L MdnSCN/10mmol/L Tris-HCl，pH 7.8）中 10min，然后在 TBST 缓冲液中洗涤三次，来实现抗原 PrP27～30 表位的暴露。对于 PrP 免疫染色，将膜放入 5%脱脂奶粉/TBST（室温最少 30min）中，然后用 1∶1000稀释的单克隆抗体 3F4（来自腹水）于 4℃孵育 18h。含有碱性磷酸酶二抗和显色底物的商业试剂盒用于 PrP 显色。

13.6.4 应用

与免疫组化相比，组织印迹可提供更高的灵敏度，这可能是由于硝酸纤维素膜提供了更高的抗原保留率，并且没有预处理步骤。然而，组织印迹比常规免疫组化更加消耗试剂，如蛋白酶 K 和免疫染色产品，因此相对而言更加昂贵。另外，它也需要新鲜冷冻的材料，比固定组织更难获取。

由于缺乏每种 TSE 形式的染色模式的详细信息，因此阻碍了组织块应用于 TSE 亚型（特别是在人类）中的识别，但并不限制该技术作为一种敏感的诊断和研究工具。实际上，组织印迹法已被用于研究大脑和外周器官中 BSE[93] 和瘙痒症[93,94] 中 PrP^{TSE} 的存在情况。来自啮齿动物实验模型的脑组织印迹分析得到了令人印象深刻的结果：通过对大脑部分区域的选择性 PrP^{TSE} 靶向，产生了菌株特异性。这一特性已被用于动物 TSEs 发病研究中 PrP^{TSE} 的产生和累积的作用[95,96]。

13.7 石蜡包埋组织印迹技术

13.7.1 基本原理

石蜡包埋组织（PET）印迹技术是从组织印迹技术发展而来的，其发展原因是为了克服新鲜组织的储存和运输问题，这项技术的开发使我们不仅可以使用现有的 PrP 组织，还能使用过去保存的 TSE 包埋组织[97]。

在最原始步骤中，对组织样品进行石蜡包埋处理要经历三个阶段。第一阶段是对石蜡包埋组织的固定和切片，然后（第二阶段）组织切片沉积在硝酸纤维素膜上，再进行脱蜡和水化（PET 过程特有的三次传代）的典型组织学处理过程。在第三阶段，如组织印迹步骤所述，将纤维素膜与蛋白酶 K 充分孵育，再用变性剂处理，通过染色，蛋白表位能被暴露出来（图 13.6）。

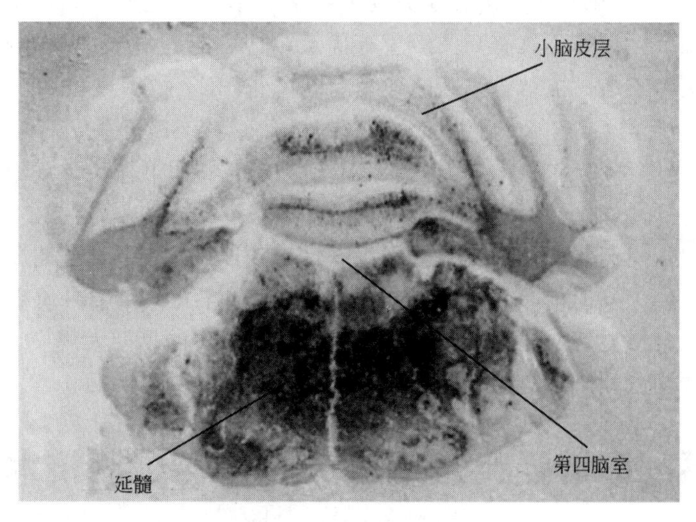

图 13.6 用小鼠适应型变体 CJD 感染小鼠的后脑冠状切片的石蜡包埋组织印迹

PrP^{TSE}染色可以在小鼠延髓中被发现，但小脑染色较为少见

由意大利罗马的 M. Sbriccoli 和 A. De Pascalis 博士提供图片

13.7.2 样品的采样和储存

CNS和淋巴网状内皮细胞样品都可以用这种检测方法进行分析。用于石蜡包埋组织PET的采样和固定方法，见免疫组化部分所述。

13.7.3 步骤

对TSEs的PET研究已经在人类、羊、牛和鼠的CNS组织中进行[97]。

接下来是采用高度灵敏的检测系统测定了CJD患者淋巴网状组织中PrP^{TSE}的微量沉积[98]。该方案报道如下，可以在CNS和淋巴网状样品中得到较好的结果。

人类组织的石蜡包埋组织印迹技术

新鲜样品用福尔马林固定，浸入甲酸中灭活1h，在福尔马林中孵育48h后，包埋在石蜡中，并用切片机进行切割（5～7μm）。将组织切片置于湿润的硝酸纤维素膜上晾干，并在二甲苯异丙醇中脱水包埋，然后在一定浓度的甲醇中水化。用TBST（10mmol/L Tris-HCl pH 7.8，100mmol/L NaCl，0.05% 吐温 20）洗脱后，加入蛋白激酶K（25μg/mL；于10mmol/L Tris-HCl pH 7.8、100mmol/L NaCl、0.1%Brij35 中）55℃过夜处理。这一步去除了细胞PrP（及其他蛋白质），并将未去除的蛋白质固定到滤器上。硝酸纤维素膜在TBST中反复地洗脱，通过在3mol/L GdnSCN/10mmol/L pH 7.8的Tris-HCl中孵育10min，蛋白表位被暴露出来。经TBST洗脱后，硝酸纤维素膜在含有0.2%酪蛋白的TBST中封闭30min，在经酪蛋白/TBST溶液适当稀释后（3F4于1∶5000，Dako）的一抗中孵育2h，重复上一步的洗脱步骤。最后通过放大比色检测系统ABC-AmP（Vector实验室）和碱性磷酸酶底物NBT/BCIP（四唑氮蓝/5-溴-4-氯-3-吲哚磷酸）观察到PrP^{TSE}沉淀。

13.7.4 应用

石蜡包埋组织印迹PET技术像其他免疫组织学技术（如免疫组织化学和组织印迹）一样保留了解剖学细节，另外还具有高灵敏度等优点，这可能是由于其保留了大量的PrP^{TSE}，或者是使蛋白质更易于与一抗结合。石蜡包埋组织印迹PET技术已被用于检测PrP^{TSE}，包括受朊病毒影响的人类、绵羊、奶牛和小鼠CNS，感染TSE母牛[97]，vCJD淋巴网状组织[98]。在这些研究中，PET技术相对于组织印迹、Western印迹和免疫组织化学，显示出更高的灵敏度和特异性。

这些结果表明，我们能够根据石蜡包埋组织印迹PET技术用于早期朊病毒诊断。尽管前景较好，但过程较为耗时，需要设备齐全的实验室（组织学和蛋白质生物化学的设备），并且只能实现部分自动化。因此，将PET技术应用于TSE的早期大规模诊断较为困难。但是对于小规模筛选测试和研究应用，高灵敏度这一特性十分引人瞩目。

13.8 镧系解离增强荧光免疫-碳二亚胺检测技术

13.8.1 基本原理

DELFIA-CDI（镧系解离增强荧光免疫-碳二亚胺检测技术）是一种类似ELISA的试验

方法（目标抗原结合在底物上，利用溶液中的特异性抗体与抗原结合进行检测），检测方法中的检测系统使用的是时间分辨荧光分析法（TFR）。TRF 信号通常是将螯合的镧系元素（包括 Eu^{3+}、Tb^{3+}、Dy^{3+} 和 Sm^{3+}）偶联到 PrP^{TSE}检测抗体上。这种系统应用了镧系元素的两个特点来提高灵敏度：斯托克斯位移较大（如激发光和发射光之间的波长位移大于 200nm）以及衰减时间长。紫外激发后，螯合的铕元素发出的橘黄色荧光缓慢衰减，在关掉周围的荧光背景后，颜色很容易被记录下来。铕荧光（更确切地说是磷光）在多重激发/延迟读取循环中，通过时间分辨荧光方法被记录下来[99]。DELFIA-CDI 系统是独立于 ELISA 的方法，这种高灵敏度的方法可以测量 pg/μL 级别的 PrP^{TSE}病毒。

碳二亚胺检测技术（CDI）[100]是 DELFIA 检测系统中的一项特殊应用。即使细胞中存在过量 PrP^{c}，依然可以检测到 PrP^{TSE}。根据检测到的 TSE 样品，一些抗原表位可以在正常的 PrP 中暴露，而隐藏在病理异构体中。当样品变性时，隐藏的表位会暴露出来，使信号增强。观察到的差异取决于样品中存在的 PrP^{TSE}的数量。这种检测方法明显依赖于抗体识别表位，当正常型和病理型的表位 PrP 相同时，这种检测方法就是无效的。

13.8.2 样品的采样和储存

DELFIA-CDI 技术已经被用于血液[101~105]和内皮细胞[106]中 PrP^{c} 的含量测量，以及检测人类或其他各种动物新鲜或冷冻脑组织中的 PrP^{TSE}含量[100,107~112]。由于实验可以检测出蛋白酶敏感型 PrP 的存在，因此，在所有非固定组织的储存与操作过程中要格外注意，防止样品的降解。

13.8.3 步骤

DELFIA（或 CDI）的操作步骤和 ELISA 实验相似，主要区别在于 TRF 的使用、特定的试剂，以及时间分辨荧光测量方法。

在 CDI 的应用方面，可以对样品进行两个相对独立的 DELFIA 检测。第一份样品用蛋白质变性剂盐酸胍进行处理，另一份样品不进行处理（自然状态）。被变性的和正常的两份样品之间的荧光差异和样品中 PrP^{TSE}浓度成正比，通过两个值之间的比值可以估计抗原表位的近似值。

用一系列标准样品的 D-N TRF 差异来计算负截断值。在所有得到的 D-N 数值中，高于截断值的都视为 TSE 阳性。

下面描述了最近公布的 CDI 实验方法，用于磷钨酸钠 PrP^{TSE}提取相关的 CJD 诊断[112]。

人类脑组织构象依赖免疫实验

脑组织在 4%的肌氨酸/PBS 中均质化，然后用两倍体积的 PBS 稀释。用蛋白激酶处理（2.5～10μg/mL，37℃，60min）除去细胞 PrP^{c}。这步处理过程也去除了蛋白酶敏感的 PrP^{TSE}，进而提高分析灵敏度。离心分离后（室温 500g 离心 5min），加入磷钨酸钠至 0.32%、$MgCl_2$至 2.7mmol/L，样品在 37℃孵育 1h，然后通过 14000g 离心 30min 沉淀。沉淀用含有蛋白酶抑制剂的水（0.5mmol/L PMSF，2μg/mL 抑肽酶，2μg/mL 亮抑肽酶）进行重悬，并分成两等份。一份不进行处理作为 N，另一份用盐酸胍（GdnHCl）变性处理作为 D。

盐酸胍加入到重悬的沉淀中，终浓度为 4mol/L，并且 80℃加热 5min。将正常样品和变性样品加入到96孔板中，用抗PrP的单克隆抗体（MAR 1，10μg/mL于碳酸氢钠中，pH 8.6）孵育过夜，用于间接CDI测定，或者简单地用0.2%戊二醛活化用于直接CDI测定。孵育2h后，用Tris缓冲液pH 7.8/0.05%吐温20（TBST）进行全面的洗脱，所有孔用0.5%牛血清白蛋白/6%山梨醇的TBS孵育1h。洗脱96孔板，然后加入连接有铕的PrP单抗（3F4）孵育2h。洗脱后，加入增强液，每个孔的荧光信号通过时间分辨荧光分析读取器进行分析。计算变性和样品正常样品的荧光差异，根据从阴性样品中得到的D-N截断值得到PrP^{TSE}的浓度估计值。

13.8.4 应用

CDI是DELFIA系统在TSEs领域中的第一个应用[100]。这类实验用于鉴别叙利亚金黄地鼠（一种广泛用于TSEs研究的实验宿主）传播的TSE株，如通过3F4 Ab识别仓鼠PrP残基[109～112]。

另外，对于区别错误折叠的PrP^{TSE}和在过量PrP^{c}情况下检测PrP^{TSE}（实验允许检测混合有3000倍PrP^{c}中的痕量PrP^{TSE}），CDI和其他检测TSE的BSE或CJD转基因小鼠实验相比，具有较高的分析灵敏度[107,112]。在后面的研究中[112]，CDI和IHC实验相比，表现出较高的分析灵敏度，而且有可能代替IHC技术，用于常规人类TSE组织学诊断。CDI是一种高通量技术，它几乎是全自动化的，并且可以在几小时之内得到结果。因此，必须认真考虑CDI在人类诊断研究中的应用，但是在此之前，IHC技术仍需要广泛的研究。

最近针对羊瘙痒病的一项研究表明[111]，对于特定PrP基因型的阳性动物，CDI研究可能会丢失部分重要的阳性结果。这一结果显然与WTO的研究结果形成鲜明对比，WTO的研究表明，在发散性和变异型CJD样本中，与免疫印迹相比，CDI具有100%的诊断灵敏度（检测阳性的受感染人群的百分比）和50～100倍的分析灵敏度[58]。这些差异可以通过回溯该项技术的原理来解释。非变性PrP^{c}和PrP^{TSE}样品中暴露表位的排列严格取决于被检菌株和宿主基因型。在某些情况下，如上文提到的瘙痒症模型[111]，相关的表位有可能在正常PrP^{TSE}和变性PrP^{TSE}中有相似的可能性，因此，感染样品和非感染样品的差异就会减小。这样类似的缺点在第一篇CDI文献中就可以看到[100]。其文献表明，不同仓鼠的瘙痒症产生不同的D/N值，因此，CDI的优点（即区分菌株）成了弱点，CDI可能揭示出一些TSE诊断筛查敏感度差的问题。这些困难可以通过对不同TSE形式的样品进行预防性验证研究来解决，以及通过采用一组不同的抗体（识别不同的表位）来克服。但是，随着这个领域中PrP^{TSE}构象相关突变株的不断涌现，CDI方法可能并不能对这些突变株进行鉴定。

总的来说，CDI是强有力的工具之一，有助于完善TSE的诊断方法和基础知识，但正如其他快速筛查方法所建议的，它应该与其他诊断方法结合使用。

13.9 强荧光靶标筛查技术

13.9.1 基本原理

强荧光靶标筛查技术（SIFT），这项先进的技术是基于荧光相关光谱（FCS）开发出来的[113,114]。当溶液中的单荧光分子通过激发光柱和配有单光子计数器的共聚焦显微镜时，

FCS 可以对其进行识别。如果荧光染料与给定分子产生的抗体偶联时，FCS 就可以用于溶液中的免疫检测。自由荧光基团和结合荧光基团之间的差异通常通过靶标的扩散时间进行测量。一旦测量过程得到优化，只需要很少的样品就可以进行快速检测。

在这种经典模式中，当待分析物与荧光基团（荧光染料和抗体）的浓度之比很低时，FCS 的效果很差，然而这种情况在临床样品的诊断中经常发生。为了提高对 TSE 诊断的灵敏度，在考虑了聚集状态的 PrP^{TSE} 和靶标稀少的情况下，开发了一项特别的设计。在这个设计中，大量 PrP^{TSE} 聚集在显微镜下，可通过快速连续扫描搜索到。

13.9.2 样品的采样和储存

样品是在最原始的状态下进行分析的，迄今为止唯一的实验方法是根据德国国家 CJD 监测单位采用的方案收集脑脊液[115]。原则上，从其他类似的非固定组织中的悬浮物或提取物也可以用这种技术进行分析，只是要按照 WB 部分中详述的原则，收集和储存的样品不被蛋白酶降解即可。

13.9.3 步骤

该程序是在对照（非 CJD）人类脑脊髓液中加入纯化仓鼠的 PrP^{TSE}，用于检测散发性 CJD 患者的脑脊液中的 PrP^{TSE}。

TSE 脑脊液中强烈荧光标记物的扫描

根据操作手册，识别两种不同 PrP^{TSE} 表位的单克隆抗体 3F4 和 12F10[116] 分别被绿色荧光染料（Alexa 488）和红色荧光染料（Cy-5）标记。检测时，向 20μL 的样品中加入荧光抗体（终浓度为 6nmol/L）。用该混合物充满 0.2mm×2mm 的玻璃毛细管，玻璃毛细管被密封在玻璃支撑物上，用共聚焦双色荧光显微镜分析强荧光颗粒，这种显微镜配备了移动定位台，使得对毛细管的扫描可以以 1mm/s 的速度进行。溶液在 633nm（对 Cy-5）和 488nm（对 Alexa 488）的条件下，荧光目标可通过激光进行鉴定，并且可用红色和绿色的光计数器检测。测量时间为 600s，且样品温度保持在 22℃。当强烈红绿色荧光高过无荧光标记抗体的背景值时，PrP^{TSE} 聚集物就可以被检测到。在有限时间内，实验可以得到荧光强度分布图，对来自靶标分子的信号进行测量。

13.9.4 应用

用双色 SIFT 测定混有 PrP^{TSE} 的人脑脊液实验，测量了该实验的灵敏度和特异性，得到的检测限是 2pmol/L，比 WB 的灵敏度要高 20 倍。在这篇报道的试验设计中，第一次实现了在 CJD 患者脑脊液中 PrP^{TSE} 的 SIFT 检测[114]，即使在其他实验室中这种方法还未能实现，但该方法仍旧是最有前景的 TSE 诊断工具之一。

13.10 结论和展望

对感染 TSE 疾病的动物进行诊断十分普遍，特别是在人体内，其综合了临床症状、临床记录、仪器检测记录（EEG、MRI）、生化物质（在脑脊液中存在的 14-3-3 和 tau 蛋白），以及基因检测结果，这些结果都是用于已发生的、可能的变异体或者明确的家族性 CJD 可靠诊断。根据组织学病变检查、PrP 沉积物的免疫组化形态和 PrP^{TSE}糖型的生物化学定义，也可以提供 TSE 的确切诊断。

但是，当提及处于感染环境中健康动物的临床前诊断，或者使用移植或存在潜在感染可能性的血液或组织时，朊病毒病使研究人员面临着前所未有的问题和困难。这些问题包括对病原结构的详细鉴定，以及 PrP^{TSE}和传染性之间的联系。由 TSE 和人类相应疾病的爆发而引起公共健康和经济后果的问题，有可能会通过献血传播。这种担忧推动了对检测标志蛋白的研究。即使对已获得的组织（如血液或尿液）[117,118]以及其他相关材料（如食品或生物药品）[119]进行 TSE 高灵敏度筛查还不可行，但研究者已经看到了在设计免疫、非免疫检测系统[120～123]和原始信号放大策略等方面的显著进展[124～126]。通过这些领域，将大多数高效系统结合起来，这将很快形成新一代生物分析诊断检测方法，并在检测朊病毒方面具有较高的灵敏度，并且对于大规模筛查，以及在人类和动物 TSE 的预防和控制方面具有较好的前景。

致谢

我们非常感谢 Umberto Agrimi、Angela De Pascalis、Michele Di Bari、Romolo Nonno、Piero Parchi、Marco Sbriccoli 和 Gianluigi Zanusso 提供了高质量的图像材料。

我们也感谢 Alessandra Garozzo 博士和 Marco del Re 提供的编辑帮助。

这项工作得到了欧盟（QLK2-CT-2002-81523，QLG3-CT-2002-81606，神经朊病毒卓越网络）以及高级卫生研究所和意大利卫生部的资助（研究项目 1%/2003-4ANF；克罗伊茨费尔特-雅各布病国家注册局；研究项目“由非常规传染源引起的人和动物的传染性海绵状脑病”）。

参考文献

1. Collinge, J., Prion diseases of humans and animals: their causes and molecular basis, *Annu. Rev. Neurosci.*, 24, 519–550, 2001.
2. Ladogana, A., Puopolo, M., Croes, E. A., Budka, H., Jarius, C., Collins, S., Klug, G. M., et al., Mortality from Creutzfeldt-Jakob disease and related disorders in Europe, Australia, and Canada, *Neurology*, 64, 1586–1591, 2005.
3. Pocchiari, M., Prions and related neurological diseases, *Mol. Aspects Med.*, 15, 195–291, 1994.
4. Pocchiari, M., Puopolo, M., Croes, E. A., Budka, H., Gelpi, E., Collins, S., Lewis, V. et al., Predictors of survival in sporadic Creutzfeldt-Jakob disease and other human transmissible spongiform encephalopathies, *Brain*, 127, 2348–2359, 2004.
5. Kovacs, G. G., Puopolo, M., Ladogana, A., Pocchiari, M., Budka, H., van Duijn, C., Collins, S. J. et al., Genetic prion disease: The EUROCJD experience, *Hum. Genet.*, 118, 166–174, 2005.
6. Brown, P., Preece, M., Brandel, J. P., Sato, T., McShane, L., Zerr, L. I., Fletcher, A. et al., Iatrogenic Creutzfeldt-Jakob disease at the millennium, *Neurology*, 55, 1075–1081, 2000.
7. Will, R. G., Ironside, J. W., Zeidler, M., Cousens, S. N., Estibeiro, K., Alperovitch, A., Poser, S., Pocchiari, M., Hofman, A., and Smith, P. G., A new variant of Creutzfeldt-Jakob disease in the U.K., *Lancet*, 347, 921–925, 1996.
8. Wilesmith, J. W., Wells, G. A., Cranwell, M. P., and Ryan, J. B., Bovine spongiform encephalopathy: epidemiological studies, *Vet. Rec.*, 123, 638–644, 1998.
9. Ward, H. J., Everington, D., Cousens, S. N., Smith-Bathgate, B., Leitch, M., Cooper, S., Heath, C., Knight, R. S., Smith, P. G., and Will, R. G., Risk factors for variant Creutzfeldt-Jakob disease: a case-

control study, *Ann. Neurol.*, 59, 111–120, 2006.

10. Will, R. G., Alperovitch, A., Poser, S., Pocchiari, M., Hofman, A., Mitrova, E., de Silva, R. et al., Descriptive epidemiology of Creutzfeldt-Jakob disease in six European countries, 1993–1995. EU collaborative study group for CJD, *Ann. Neurol.*, 43, 763–767, 1998.
11. Will, R. G., Zeidler, M., Stewart, G. E., Macleod, M. A., Ironside, J. W., Cousens, S. N., Mackenzie, J., Estibeiro, K., Green, A. J., and Knight, R. S., Diagnosis of new variant Creutzfeldt-Jakob disease, *Ann. Neurol.*, 47, 575–582, 2000.
12. Wadsworth, J. D., Joiner, S., Hill, A. F., Campbell, T. A., Desbruslais, M., Luthert, P. J., and Collinge, J., Tissue distribution of protease resistant prion protein in variant Creutzfeldt-Jakob disease using a highly sensitive immunoblotting assay, *Lancet*, 358, 171–180, 2001.
13. Head, M. W., Ritchie, D., Smith, N., McLoughlin, V., Nailon, W., Samad, S., Masson, S., Bishop, M., McCardle, L., and Ironside, J. W., Peripheral tissue involvement in sporadic, iatrogenic, and variant Creutzfeldt-Jakob disease: an immunohistochemical, quantitative, and biochemical study, *Am. J. Pathol.*, 164, 143–153, 2004.
14. Unterberger, U., Voigtlander, T., and Budka, H., Pathogenesis of prion diseases, *Acta Neuropathol. (Berl)*, 109, 32–48, 2005.
15. Mabbott, N. A. and Bruce, M. E., The immunobiology of TSE diseases, *J. Gen. Virol.*, 82, 2307–2318, 2001.
16. Baldauf, E., Beekes, M., and Diringer, H., Evidence for an alternative direct route of access for the scrapie agent to the brain bypassing the spinal cord, *J. Gen. Virol.*, 78, 1187–1197, 1997.
17. McBride, P. A., Schulz-Schaeffer, W. J., Donaldson, M., Bruce, M., Diringer, H., Kretzschmar, H. A., and Beekes, M., Early spread of scrapie from the gastrointestinal tract to the central nervous system involves autonomic fibers of the splanchnic and vagus nerves, *J. Virol.*, 75, 9320–9327, 2001.
18. Doi, S., Ito, M., Shinagawa, M., Sato, G., Isomura, H., and Goto, H., Western blot detection of scrapie-associated fibril protein in tissues outside the central nervous system from preclinical scrapie-infected mice, *J. Gen. Virol.*, 69, 955–960, 1998.
19. Schreuder, B. E., van Keulen, L. J., Vromans, M. E., Langeveld, J. P., and Smits, M. A., Tonsillar biopsy and PrPSc detection in the preclinical diagnosis of scrapie, *Vet. Rec.*, 124, 564–568, 1998.
20. Hill, A. F., Zeidler, M., Ironside, J., and Collinge, J., Diagnosis of new variant Creutzfeldt-Jakob disease by tonsil biopsy, *Lancet*, 349, 99–100, 1997.
21. Frosh, A., Smith, L. C., Jackson, C. J., Linehan, J. M., Brandner, S., Wadsworth, J. D., and Collinge, J., Analysis of 2000 consecutive U.K. tonsillectomy specimens for disease-related prion protein, *Lancet*, 364, 1260–1262, 2000.
22. Hilton, D. A., Ghani, A. C., Conyers, L., Edwards, P., McCardle, L., Penney, M., Ritchie, D., and Ironside, J. W., Accumulation of prion protein in tonsil and appendix: review of tissue samples, *BMJ*, 325, 633–634, 2002.
23. Hill, A. F., Butterworth, R. J., Joiner, S., Jackson, G., Rossor, M. N., Thomas, D. J., Frosh, A. et al., Investigation of variant Creutzfeldt-Jakob disease and other human prion diseases with tonsil biopsy samples, *Lancet*, 353, 183–189, 1999.
24. Glatzel, M., Abela, E., Maissen, M., and Aguzzi, A., Extraneural pathologic prion protein in sporadic Creutzfeldt-Jakob disease, *N. Engl. J. Med.*, 349, 1812–1820, 2003.
25. Andreoletti, O., Simon, S., Lacroux, C., Morel, N., Tabouret, G., Chabert, A., Lugan, S. et al., PrPSc accumulation in myocytes from sheep incubating natural scrapie, *Nat. Med.*, 10, 591–593, 2004.
26. Thomzig, A., Cardone, F., Kruger, D., Pocchiari, M., Brown, P., and Beekes, M., Pathological prion protein in muscles of hamsters and mice infected with rodent-adapted BSE or vCJD, *J. Gen. Virol.*, 87, 251–254, 2006.
27. Brown, P., Rohwer, R. G., Dunstan, B. C., MacAuley, C., Gajdusek, D. C., and Drohan, W. N., The distribution of infectivity in blood components and plasma derivatives in experimental models of transmissible spongiform encephalopathy, *Transfusion*, 38, 810–816, 1998.
28. Hunter, N., Foster, J., Chong, A., McCutcheon, S., Parnham, D., Eaton, S., MacKenzie, C., and Houston, F., Transmission of prion diseases by blood transfusion, *J. Gen. Virol.*, 83, 2897–2905, 2002.
29. Llewelyn, C. A., Hewitt, P. E., Knight, R. S., Amar, K., Cousens, S., Mackenzie, J., and Will, R. G., Possible transmission of variant Creutzfeldt-Jakob disease by blood transfusion, *Lancet*, 363,

417–421, 2004.

30. Peden, A. H., Head, M. W., Ritchie, D. L., Bell, J. E., and Ironside, J. W., Preclinical vCJD after blood transfusion in a PRNP codon 129 heterozygous patient, *Lancet*, 364, 527–529, 2004.
31. Hilton, D. A., Pathogenesis and prevalence of variant Creutzfeldt-Jakob disease, *J. Pathol.*, 208, 134–141, 2006.
32. Hilton, D. A., Ghani, A. C., Conyers, L., Edwards, P., McCardle, L., Ritchie, D., Penney, M., Hegazy, D., and Ironside, J. W., Prevalence of lymphoreticular prion protein accumulation in U.K. tissue samples, *J. Pathol.*, 203, 733–739, 2004.
33. Brown, P., Gibbs, C. J. Jr., Rodgers-Johnson, P., Asher, D. M., Sulima, M. P., Bacote, A., Goldfarb, L. G., and Gajdusek, D. C., Human spongiform encephalopathy: the National Institutes of Health series of 300 cases of experimentally transmitted disease, *Ann. Neurol.*, 35, 513–529, 1994.
34. Bruce, M. E., McConnell, I., Will, R. G., and Ironside, J. W., Detection of variant Creutzfeldt-Jakob disease infectivity in extraneural tissues, *Lancet*, 358, 208–209, 2001.
35. van Duijn, C. M., Delasnerie-Laupretre, N., Masullo, C., Zerr, I., de Silva, R., Wientjens, D. P., 1998, J. P. et al., Case-control study of risk factors of Creutzfeldt-Jakob disease in Europe during 1993–95. European Union (EU) Collaborative Study Group of Creutzfeldt-Jakob disease (CJD), *Lancet*, 351, 1081–1085, 1998.
36. Collins, S., Law, M. G., Fletcher, A., Boyd, A., Kaldor, J., and Masters, C. L., Surgical treatment and risk of sporadic Creutzfeldt-Jakob disease: a case-control study, *Lancet*, 353, 693–697, 1999.
37. Yakovleva, O., Janiak, A., McKenzie, C., McShane, L., Brown, P., and Cervenakova, L., Effect of protease treatment on plasma infectivity in variant Creutzfeldt-Jakob disease mice, *Transfusion*, 44, 1700–1705, 2004.
38. Cervenakova, L. and Brown, P., Advances in screening test development for transmissible spongiform encephalopathies, *Expert. Rev. Anti. Infect. Ther.*, 2, 873–880, 2004.
39. Minor, P. D., Technical aspects of the development and validation of tests for variant Creutzfeldt-Jakob disease in blood transfusion, *Vox Sang.*, 86, 164–170, 2004.
40. Castilla, J., Saá, P., and Soto, C., Detection of prions in blood, *Nat. Med.*, 9, 982–985, 2005.
41. Soto, C., Anderes, L., Suardi, S., Cardone, F., Castilla, J., Frossard, M. J., Peano, S. et al., Pre-symptomatic detection of prions by cyclic amplification of protein misfolding, *FEBS Lett.*, 579, 638–642, 2005.
42. Saborio, G. P., Permanne, B., and Soto, C., Sensitive detection of pathological prion protein by cyclic amplification of protein misfolding, *Nature*, 411, 810–813, 2001.
43. Weissmann, C., The state of the prion, *Nat. Rev. Microbiol.*, 2, 861–871, 2004.
44. Parchi, P., Castellani, R., Capellari, S., Ghetti, B., Young, K., Chen, S. G., Farlow, M. et al., Molecular basis of phenotypic variability in sporadic Creutzfeldt-Jakob disease, *Ann. Neurol.*, 39, 767–778, 1996.
45. Korth, C., Stierli, B., Streit, P., Moser, M., Schaller, O., Fischer, R., Schulz-Schaeffer, W. et al., Prion (PrPSc)-specific epitope defined by a monoclonal antibody, *Nature*, 390, 74–77, 1997.
46. Paramithiotis, E., Pinard, M., Lawton, T., LaBoissiere, S., Leathers, V. L., Zou, W. Q., Estey, L. A. et al., A prion protein epitope selective for the pathologically misfolded conformation, *Nat. Med.*, 9, 893–899, 2003.
47. Curin, V., Bresjanac, M., Popovic, M., Pretnar Hartman, K., Galvani, V., Rupreht, R., Cernilec, M., Vranac, T., Hafner, I., and Jerala, R., Monoclonal antibody against a peptide of human prion protein discriminates between Creutzfeldt-Jacob's disease-affected and normal brain tissue, *J. Biol. Chem.*, 279, 3694–3698, 2004.
48. Zou, W. Q., Zheng, J., Gray, D. M., Gambetti, P., and Chen, S. G., Antibody to DNA detects scrapie but not normal prion protein, *Proc. Natl Acad. Sci. U.S.A.*, 101, 1380–1385, 2004.
49. Head, M. W., Bunn, T. J., Bishop, M. T., McLoughlin, V., Lowrie, S., McKimmie, C. S., Williams, M. C. et al., Prion protein heterogeneity in sporadic but not variant Creutzfeldt-Jakob disease: U.K. cases 1991–2002, *Ann. Neurol.*, 55, 851–859, 2004.
50. WHO Manual for surveillance of human transmissible spongiform encephalopathies including variant Creutzfeldt-Jakob disease. 2003. World Health Organization, Communicable Disease Surveillance and Response.
51. Casalone, C., Zanusso, G., Acutis, P., Ferrari, S., Capucci, L., Tagliavini, F., Monaco, S., and

Caramelli, M., Identification of a second bovine amyloidotic spongiform encephalopathy: molecular similarities with sporadic Creutzfeldt-Jakob disease, *Proc. Natl. Acad. Sci. U.S.A.*, 101, 3065–3070, 2004.

52. Begara-McGorum, I., Gonzalez, L., Simmons, M., Hunter, N., Houston, F., and Jeffrey, M., Vacuolar lesion profile in sheep scrapie: factors influencing its variation and relationship to disease-specific PrP accumulation, *J. Comp. Pathol.*, 127, 59–68, 2002.
53. Caplazi, P., O'Rourke, K., Wolf, C., Shaw, D., and Baszler, T. V., Biology of PrPsc accumulation in two natural scrapie-infected sheep flocks, *J. Vet. Diagn. Invest.*, 16, 489–496, 2004.
54. Cardone, F., Liu, Q. G., Petraroli, R., Ladogana, A., D'Alessandro, M., Arpino, C., Di Bari, M., Macchi, G., and Pocchiari, M., Prion protein glycotype analysis in familial and sporadic Creutzfeldt-Jakob disease patients, *Brain Res. Bull.*, 49, 429–433, 1999.
55. Zanusso, G., Ferrari, S., Cardone, F., Zampieri, P., Gelati, M., Fiorini, M., Farinazzo, A. et al., Detection of pathologic prion protein in the olfactory epithelium in sporadic Creutzfeldt-Jakob disease, *N. Engl. J. Med.*, 348, 711–719, 2003.
56. Silvestrini, M. C., Cardone, F., Maras, B., Pucci, P., Barra, D., Brunori, M., and Pocchiari, M., Identification of the prion protein allotypes which accumulate in the brain of sporadic and familial Creutzfeldt-Jakob disease patients, *Nat. Med.*, 3, 521–525, 1997.
57. Chen, S. G., Parchi, P., Brown, P., Capellari, S., Zou, W., Cochran, E. J., Vnencak-Jones, C. L. et al., Allelic origin of the abnormal prion protein isoform in familial prion diseases, *Nat. Med.*, 3, 1009–1015, 1997.
58. Minor, P., Newham, J., Jones, N., Bergeron, C., Gregori, L., Asher, D., van Engelenburg, F. et al., WHO working group on international reference materials for the diagnosis and study of transmissible spongiform encephalopathies. Standards for the assay of Creutzfeldt-Jakob disease specimens, *J. Gen. Virol.*, 85, 1777–1784, 2004.
59. Berardi, V., Cardone, F., Valanzano, A., Lu, M., Pocchiari, M., Preparation of soluble infectious samples from scrapie-infected brain. A new tool to study the clearance of transmissible spongiform encephalopathy agents during plasma fractionation. Transfusion 46, 652–658, 2006. doi: 10.1111/j. 1537–2995.2006.00763.x.
60. Kascsak, R. J., Rubenstein, R., Merz, P. A., Tonna-DeMasi, M., Fersko, R., Carp, R. I., Wisniewski, H. M., and Diringer, H., Mouse polyclonal and monoclonal antibody to scrapie-associated fibril proteins, *J. Virol.*, 61, 3688–3693, 1987.
61. Kuczius, T. and Groschup, M. H., Differences in proteinase K resistance and neuronal deposition of abnormal prion proteins characterize bovine spongiform encephalopathy (BSE) and scrapie strains, *Mol. Med.*, 5, 406–418, 1999.
62. Collinge, J., Sidle, K. C., Meads, J., Ironside, J., and Hill, A. F., Molecular analysis of prion strain variation and the aetiology of 'new variant' CJD, *Nature*, 383, 590–685, 1996.
63. Polymenidou, M., Stoeck, K., Glatzel, M., Vey, M., Bellon, A., and Aguzzi, A., Coexistence of multiple PrPSc types in individuals with Creutzfeldt-Jakob disease, *Lancet Neurol.*, 4, 805–814, 2005.
64. Parchi, P., Giese, A., Capellari, S., Brown, P., Schulz-Schaeffer, W., Windl, O., Zerr, I. et al., Kretzschmar H. Classification of sporadic Creutzfeldt-Jakob disease based on molecular and phenotypic analysis of 300 subjects, *Ann. Neurol.*, 46, 224–233, 1999.
65. Gambetti, P., Kong, Q., Zou, W., Parchi, P., and Chen, S. G., Sporadic and familial CJD: Classification and characterisation, *Br. Med. Bull.*, 66, 213–239, 2003.
66. Parchi, P., Petersen, R. B., Chen, S. G., Autilio-Gambetti, L., Capellari, S., Monari, L., Cortelli, P., Montagna, P., Lugaresi, E., and Gambetti, P., Molecular pathology of fatal familial insomnia, *Brain Pathol.*, 8, 539–548, 1998.
67. Zanusso, G., Righetti, P. G., Ferrari, S., Terrin, L., Farinazzo, A., Cardone, F., Pocchiari, M., Rizzuto, N., and Monaco, S., Two-dimensional mapping of three phenotype-associated isoforms of the prion protein in sporadic Creutzfeldt-Jakob disease, *Electrophoresis*, 23, 347–355, 2002.
68. Pan, T., Colucci, M., Wong, B. S., Li, R., Liu, T., Petersen, R. B., Chen, S., and Gambetti, P., Sy M.S Novel differences between two human prion strains revealed by two-dimensional gel electrophoresis, *J. Biol. Chem.*, 276, 37284–37288, 2001.
69. Zanusso, G., Farinazzo, A., Prelli, F., Fiorini, M., Gelati, M., Ferrari, S., Righetti, P. G., Rizzuto, N., Frangione, B., and Monaco, S., Identification of distinct N-terminal truncated forms of prion protein in different Creutzfeldt-Jakob disease subtypes, *J. Biol. Chem.*, 279, 38936–38942, 2004.

70. Hill, A. F., Joiner, S., Wadsworth, J. D., Sidle, K. C., Bell, J. E., Budka, H., Ironside, J. W., and Collinge, J., Molecular classification of sporadic Creutzfeldt-Jakob disease, *Brain*, 126, 1333–1346, 2003.
71. Hayashi, H., Takata, M., Iwamaru, Y., Ushiki, Y., Kimura, K. M., Tagawa, Y., Shinagawa, M., and Yokoyama, T., Effect of tissue deterioration on postmortem BSE diagnosis by immunobiochemical detection of an abnormal isoform of prion protein, *J. Vet. Med. Sci.*, 66, 515–520, 2004.
72. Barry,, R. A., Kent, S. B., McKinley, M. P., Meyer, R. K., DeArmond, S. J., Hood, L. E., and Prusiner, S. B., Scrapie and cellular prion proteins share polypeptide epitopes, *J. Infect. Dis.*, 153, 848–854, 1986.
73. Serban, D., Taraboulos, A., DeArmond, S. J., and Prusiner, S. B., Rapid detection of Creutzfeldt-Jakob disease and scrapie prion proteins, *Neurology*, 40, 110–117, 1990.
74. Meyer, R. K., Oesch, B., Fatzer, R., Zurbriggen, A., and Vandevelde, M., Detection of bovine spongiform encephalopathy-specific PrP(Sc) by treatment with heat and guanidine thiocyanate, *J. Virol.*, 73, 9386–9392, 1999.
75. Wong, B. S., Green, A. J., Li, R., Xie, Z., Pan, T., Liu, T., Chen, S. G., Gambetti, P., and Sy, M. S., Absence of protease-resistant prion protein in the cerebrospinal fluid of Creutzfeldt-Jakob disease, *J. Pathol.*, 194, 9–14, 2001.
76. Gavier-Widen, D., Noremark, M., Benestad, S., Simmons, M., Renstrom, L., Bratberg, B., Elvander, M., and Segerstad, C. H., Recognition of the Nor98 variant of scrapie in the Swedish sheep population, *J. Vet. Diagn. Invest.*, 16, 562–567, 2004.
77. Deslys, J. P., Comoy, E., Hawkins, S., Simon, S., Schimmel, H., Wells, G., Grassi, J., and Moynagh, J., Screening slaughtered cattle for BSE, *Nature*, 409, 476–478, 2001.
78. Grassi, J., Comoy, E., Simon, S., Creminon, C., Frobert, Y., Trapmann, S., Schimmel, H., Hawkins, S. A., Moynagh, J., Deslys, J. P. et al., Rapid test for the preclinical postmortem diagnosis of BSE in central nervous system tissue, *Vet. Rec.*, 149, 577–582, 2001.
79. Biffiger, K., Zwald, D., Kaufmann, L., Briner, A., Nayki, I., Purro, M., Bottcher, S. et al., Validation of a luminescence immunoassay for the detection of PrP(Sc) in brain homogenate, *J. Virol. Methods*, 101, 79–84, 2002.
80. Grathwohl, K. U., Horiuchi, M., Ishiguro, N., and Shinagawa, M., Sensitive enzyme-linked immunosorbent assay for detection of PrP(Sc) in crude tissue extracts from scrapie-affected mice, *J. Virol. Methods*, 64, 205–216, 1997.
81. Puoti, G., Giaccone, G., Rossi, G., Canciani, B., Bugiani, O., and Tagliavini, F., Sporadic Creutzfeldt-Jakob disease: co-occurrence of different types of PrP(Sc) in the same brain, *Neurology*, 53, 2173–2176, 1999.
82. Giaccone, G., Canciani, B., Puoti, G., Rossi, G., Goffredo, D., Iussich, S., Fociani, P., Tagliavini, F., and Bugiani, O., Creutzfeldt-Jakob disease: Carnoy's fixative improves the immunohistochemistry of the proteinase K-resistant prion protein, *Brain Pathol.*, 10, 31–37, 2000.
83. Privat, N., Sazdovitch, V., Seilhean, D., LaPlanche, J. L., and Hauw, J. J., PrP immunohistochemistry: different protocols, including a procedure for long formalin fixation, and a proposed schematic classification for deposits in sporadic Creutzfeldt-Jakob disease, *Microsc. Res. Tech.*, 50, 26–31, 2000.
84. Bruce, M. E., Will, R. G., Ironside, J. W., McConnell, I., Drummond, D., Suttie, A., McCardle, L. et al., Transmissions to mice indicate that 'new variant' CJD is caused by the BSE agent, *Nature*, 389, 498–501, 1997.
85. Budka, H., Neuropathology of prion diseases, *Br. Med. Bull.*, 66, 121–130, 2003.
86. Bolea, R., Monleon, E., Schiller, I., Raeber, A. J., Acin, C., Monzon, M., Martin-Burriel, I., Struckmeyer, T., Oesch, B., and Badiola, J. J., Comparison of immunohistochemistry and two rapid tests for detection of abnormal prion protein in different brain regions of sheep with typical scrapie, *J. Vet. Diagn. Invest.*, 17, 467–469, 2005.
87. Bell, J. E., Gentleman, S. M., Ironside, J. W., McCardle, L., Lantos, P. L., Doey, L., Lowe, J. et al., Prion protein immunocytochemistry–U.K. five centre consensus report, *Neuropathol. Appl. Neurobiol.*, 23, 26–35, 1997.
88. Hauw, J. J., Sazdovitch, V., Privat, N., Seilhean, D., Kopp, N., Laupretre, N., Brandel, J. P., Deslys, J. P., Laplanche, J. L., and Alpérovitch, A., The significance of morula-type spongiform change in

sporadic Creutzfeldt-Jakob disease. A study in 70 patients, *Neuropathol. Appl. Neurobiol.*, 25 (suppl. 1), 62, 1999.

89. Liberski, P. P., Bratosiewicz, J., Walis, A., Kordek, R., Jeffrey, M., and Brown, P., A special report I. Prion protein (PrP)—amyloid plaques in the transmissible spongiform encephalopathies, or prion diseases revisited, *Folia Neuropathol.*, 39, 217–235, 2001.
90. Kretzschmar, H. A., Sethi, S., Foldvari, Z., Windl, O., Querner, V., Zerr, I., and Poser, S., Iatrogenic Creutzfeldt-Jakob disease with florid plaques, *Brain Pathol.*, 13, 245–249, 2003.
91. Shimizu, S., Hoshi, K., Muramoto, T., Homma, M., Ironside, J. W., Kuzuhara, S., Sato, T., Yamamoto, T., and Kitamoto, T., Creutzfeldt-Jakob disease with florid-type plaques after cadaveric dura mater grafting, *Arch. Neurol.*, 56, 357–362, 1999.
92. Taraboulos, A., Jendroska, K., Serban, D., Yang, S. L., DeArmond, S. J., and Prusiner, S. B., Regional mapping of prion proteins in brain, *Proc. Natl Acad. Sci. U.S.A.*, 89, 7620–7624, 1992.
93. Kimura, K. M., Yokoyama, T., Haritani, M., Narita, M., Belleby, P., Smith, J., and Spencer, Y. I., In situ detection of cellular and abnormal isoforms of prion protein in brains of cattle with bovine spongiform encephalopathy and sheep with scrapie by use of a histoblot technique, *J. Vet. Diagn. Invest.*, 14, 255–257, 2002.
94. Heggebo, R., Press, C. M., Gunnes, G., Gonzalez, L., and Jeffrey, M., Distribution and accumulation of PrP in gut-associated and peripheral lymphoid tissue of scrapie-affected Suffolk sheep, *J. Gen. Virol.*, 83, 479–489, 2002.
95. Jeffrey, M., Martin, S., Barr, J., Chong, A., and Fraser, J. R., Onset of accumulation of PrPres in murine ME7 scrapie in relation to pathological and PrP immunohistochemical changes, *J. Comp. Pathol.*, 124, 20–28, 2001.
96. Yokoyama, T., Kimura, K. M., Ushiki, Y., Yamada, S., Morooka, A., Nakashiba, T., Sassa, T., and Itohara, S., In vivo conversion of cellular prion protein to pathogenic isoforms, as monitored by conformation-specific antibodies, *J. Biol. Chem.*, 276, 11265–11271, 2001.
97. Schulz-Schaeffer, W. J., Tschoke, S., Kranefuss, N., Drose, W., Hause-Reitner, D., Giese, A., Groschup, M. H., and Kretzschmar, H. A., The paraffin-embedded tissue blot detects PrP(Sc) early in the incubation time in prion diseases, *Am. J. Pathol.*, 156, 51–56, 2000.
98. Ritchie, D. L., Head, M. W., and Ironside, J. W., Advances in the detection of prion protein in peripheral tissues of variant Creutzfeldt-Jakob disease patients using paraffin-embedded tissue blotting,*Neuropathol. Appl. Neurobiol.*, 360–368, 2004.
99. http://las.perkinelmer.de/applicationssummary/applications/TRF-DELFIA.htm (last accessed September 2006).
100. Safar, J., Wille, H., Itzi, V., Groth, D., Serban, H., Torchia, M., Cohen, F. E., and Prusiner, S. B., Eight prion strains have PrP(Sc) molecules with different conformations, *Nat. Med.*, 4, 1157–1165, 1998.
101. MacGregor, I. and Drummond, O., Immunoassay of human plasma cellular prion protein, *Transfusion*, 41, 1453–1454, 2001.
102. Volkel, D., Zimmermann, K., Zerr, I., Bodemer, M., Lindner, T., Turecek, P. L., Poser, S., and Schwarz, H. P., Immunochemical determination of cellular prion protein in plasma from healthy subjects and patients with sporadic CJD or other neurologic diseases, *Transfusion*, 41, 441–448, 2001.
103. Fagge, T., Barclay, G. R., MacGregor, I., Head, M., Ironside, J., and Turner, M., Variation in concentration of prion protein in the peripheral blood of patients with variant and sporadic Creutzfeldt-Jakob disease detected by dissociation enhanced lanthanide fluoroimmunoassay and flow cytometry, *Transfusion*, 45, 504–513, 2005.
104. Bessos, H., Drummond, O., Prowse, C., Turner, M., and MacGregor, I., The release of prion protein from platelets during storage of apheresis platelets, *Transfusion*, 41, 61–66, 2001.
105. MacGregor, I., Hope, J., Barnard, G., Kirby, L., Drummond, O., Pepper, D., Hornsey, V. et al., Application of a time-resolved fluoroimmunoassay for the analysis of normal prion protein in human blood and its components, *Vox Sang.*, 77, 88–96, 1999.
106. Starke, R., Drummond, O., MacGregor, I., Biggerstaff, J., Gale, R., Camilleri, R., Mackie, I., Machin, S., and Harrison, P., The expression of prion protein by endothelial cells: a source of the plasma form of prion protein? *Br. J. Haematol.*, 119, 863–873, 2002.
107. Safar, J. G., Scott, M., Monaghan, J., Deering, C., Didorenko, S., Vergara, J., Ball, H. et al., Measuring prions causing bovine spongiform encephalopathy or chronic wasting disease by immunoassays and

transgenic mice, *Nat. Biotechnol.*, 20, 1147–1150, 2002.

108. Bellon, A., Seyfert-Brandt, W., Lang, W., Baron, H., Groner, A., and Vey, M., Improved conformation-dependent immunoassay: suitability for human prion detection with enhanced sensitivity, *J. Gen. Virol.*, 84, 1921–1925, 2003.
109. Barnard, G., Helmick, B., Madden, S., Gilbourne, C., and Patel, R., The measurement of prion protein in bovine brain tissue using differential extraction and DELFIA as a diagnostic test for BSE, *Luminescence*, 15, 357–362, 2000.
110. Tremblay, P., Ball, H. L., Kaneko, K., Groth, D., Hegde, R. S., Cohen, F. E., DeArmond, S. J., Prusiner, S. B., and Safar, J. G., Mutant PrPSc conformers induced by a synthetic peptide and several prion strains, *J. Virol.*, 78, 2088–2099, 2004.
111. McCutcheon, S., Hunter, N., and Houston, F., Use of a new immunoassay to measure PrP Sc levels in scrapie-infected sheep brains reveals PrP genotype-specific differences, *J. Immunol. Methods*, 298, 119–128, 2005.
112. Safar, J. G., Geschwind, M. D., Deering, C., Didorenko, S., Sattavat, M., Sanchez, H., Serban, A. et al., Diagnosis of human prion disease, *Proc. Natl Acad. Sci. U.S.A.*, 102, 3501–3506, 2005.
113. Giese, A., Bieschke, J., Eigen, M., and Kretzschmar, H. A., Putting prions into focus: application of single molecule detection to the diagnosis of prion diseases, *Arch. Virol. Suppl.*, 16, 161–171, 2000.
114. Bieschke, J., Giese, A., Schulz-Schaeffer, W., Zerr, I., Poser, S., Eigen, M., and Kretzschmar, H., Ultrasensitive detection of pathological prion protein aggregates by dual-color scanning for intensely fluorescent targets, *Proc. Natl Acad. Sci. U.S.A.*, 97, 5468–5473, 2000.
115. Zerr, I., Pocchiari, M., Collins, S., Brandel, J. P., de Pedro, J., Cuesta, R. S., Knight, R. S., Bernheimer, H. et al., Analysis of EEG and CSF 14-3-3 proteins as aids to the diagnosis of Creutzfeldt-Jakob disease, *Neurology*, 55, 811–815, 2000.
116. Krasemann, S., Groschup, M. H., Harmeyer, S., Hunsmann, G., and Bodemer, W., Generation of monoclonal antibodies against human prion proteins in PrP0/0 mice, *Mol. Med.*, 2, 725–734, 1996.
117. Brown, P., Cervenakova, L., and Diringer, H., Blood infectivity and the prospects for a diagnostic screening test in Creutzfeldt-Jakob disease, *J. Lab. Clin. Med.*, 137, 5–13, 2001.
118. Seeger, H., Heikenwalder, M., Zeller, N., Kranich, J., Schwarz, P., Gaspert, A., Seifert, B., Miele, G., and Aguzzi, A., Coincident scrapie infection and nephritis lead to urinary prion excretion, *Science*, 310, 324–326, 2005.
119. Robinson, M. M., Transmissible encephalopathies and biopharmaceutical production, *Dev. Biol. Stand.*, 88, 237–241, 1996.
120. Yang, W. C., Schmerr, M. J., Jackman, R., Bodemer, W., and Yeung, E. S., Capillary electrophoresis-based noncompetitive immunoassay for the prion protein using fluorescein-labeled protein a as a fluorescent probe, *Anal. Chem.*, 77, 4489–4494, 2005.
121. Trieschmann, L., Navarrete Santos, A., Kaschig, K., Torkler, S., Maas, E., Schatzl, H., and Bohm, G., Ultra-sensitive detection of prion protein fibrils by flow cytometry in blood from cattle affected with bovine spongiform encephalopathy, *BMC Biotechnol.*, 5, 26, 2005.
122. Kneipp, J., Lasch, P., Baldauf, E., Beekes, M., and Naumann, D., Detection of pathological molecular alterations in scrapie-infected hamster brain by Fourier transform infrared (FT-IR) spectroscopy, *Biochim. Biophys. Acta*, 1501, 189–199, 2000.
123. Henry, J., Anand, A., Chowdhury, M., Cote, G., Moreira, R., and Good, T., Development of a nanoparticle-based surface-modified fluorescence assay for the detection of prion proteins, *Anal. Biochem.*, 334, 1–8, 2004.
124. Castilla, J., Saa, P., Hetz, C., and Soto, C., In vitro generation of infectious scrapie prions, *Cell*, 121, 195–206, 2005.
125. Grosset, A., Moskowitz, K., Nelsen, C., Pan, T., Davidson, E., and Orser, C. S., Rapid presymptomatic detection of PrPSc via conformationally responsive palindromic PrP peptides, *Peptides*, 26, 2193–2200, 2005.
126. Barletta, J. M., Edelman, D. C., Highsmith, W. E., and Constantine, N. T., Detection of ultra-low levels of pathologic prion protein in scrapie infected hamster brain homogenates using real-time immuno-PCR, *J. Virol. Methods*, 127, 154–164, 2005.

14 免疫亲和色谱法的环境应用

Annette Moser, Mary Anne Nelson, and David S. Hage

目录

14.1 简介

随着人们对环境中超痕量污染物的影响的认识不断提高，需要用更好的分析方法来研究环境样品的要求就变得迫切。例如，北美[1]和欧盟[2]相关部门颁布的新规章就要求实验室对环境化学品采用检测限更低、特异性更高并且更精准的研究方法。环境样品的分析是复杂的，这是由于所选择的技术必须符合一个大范围的分析物和基质。免疫亲和色谱法（IAC）就是为此目的而最近被使用的一种方法。

IAC 是一种亲和性色谱法，其固定相是一种抗体或是相关的亲和试剂。IAC 有几个特征，这对污染物质和环境化学品的研究有很强的吸引力。例如，将 IAC 与其他方法联合使用可以引领多维方法的发展，这种多维方法容易实现自动化、具有灵敏性以及特异性并且有优良的重现性[3]。另外，所用亲和色谱的抗体可用于分析一个特定分析物或密切相关的一组待测物[4]。

环境样品可以是简单的基质如饮用水，也可以是土壤提取物或是食物这类的复杂基质。样品中的待分析物从小分子物质（例如有机农药）到大分子物质，甚至是蛋白质。在许多样品中，待分析物往往在痕量或是超痕量的水平上，或是有几个干扰物存在。例如，农药在地下水和地表水中常以母体化合物或代谢物形式存在[5~7]。最近，由美国地质勘测部门承担的调查表明，超过95%的河流样品以及50%的井水至少含有一种农药和几种农药的低含量混合物，这些农药是最普遍的污染物构成成分[8]。这些混合物是在分析水样时的一大挑战，因为当用传统分析技术进行检测时这些物质有许多相似的特性。

用于环境测试的最普遍的方法是气相色谱（GC）、气相色谱/质谱分析（GC/MS）[9~12]、高效液相色谱（HPLC）[13~17]以及酶联免疫吸附分析（ELISA）[18~21]。但是，在过去的十年中，IAC在此类工作上的应用呈增长趋势[22~28]。这与ELISA在环境测试中的应用增长也形成对比[29~31]。IAC的此类方式的应用有时被称为色谱免疫分析或是流动注射免疫分析(FIIA)。几位作者已经总结了针对环境样品的此类分析方法[32~34]。本章将会讨论不同形式的分析方法，抗体已应用于色谱法以及IAC与其他分析方法的联用。

IAC的基础操作相对简单（见图14.1）。首先，准备一根包含抗体或相关的配体的柱，并将其固定或是吸附在固定相上。然后，在一定条件下，将包含能与配体结合的溶质的样品加到柱上，在柱上可以进行强有力的结合。通常会用到缓冲液，接近于生理pH值（7～7.4）。当样品加到柱上时，通过其他化学药剂洗去无保留的物质，得到所需溶质。再加入第二种缓冲液洗脱保留的所需溶质。随后将这些化合物收集起来留待进一步的分析或是在线的直接检测。如果理想的话，可以将IAC柱放置于最初的应用缓冲液中，使基于抗体的配体物质再生。这样可应用于其余的样品，并且重复该过程即可。在下面的部分中，对该体系中的不同化合物的检测会进行更加详细的介绍（例如抗体、固定相以及溶剂条件）。下文讨论IAC用于环境测试的多种模式。

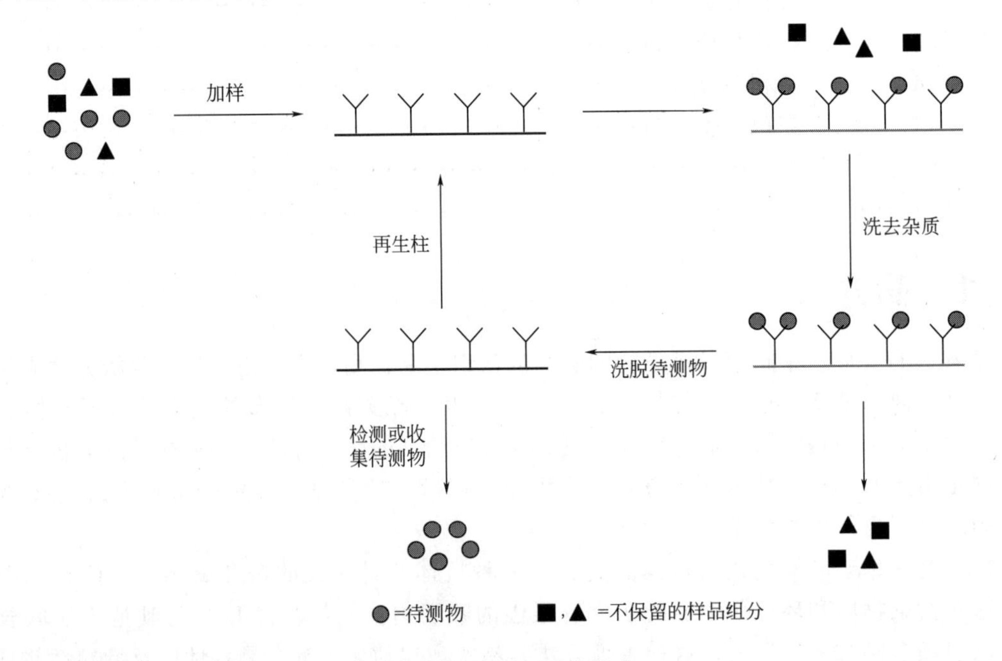

图 14.1 IAC的基本操作

将样品加入处于生理条件下的抗体柱，与固定的抗体具有亲和力的组分与之结合。通过打破待测物与抗体之间的非共价作用力将待测物洗脱。之后，加入缓冲液使抗体复性，柱子得到再生。如果必要，待测物从抗体柱洗脱后可以进一步分离

14.1.1 抗体的结构和产生

IAC 的选择性在于抗体以及被作为固定相的相关配体。一种抗体也被认为是一种免疫球蛋白，是人体的免疫系统针对外来药剂或是抗原而产生的一种简单的糖蛋白。据估算，人体可针对一百万到十亿种物质产生相应的抗体。如图 14.2 所示，一个典型抗原的基本结构是由二硫键连接的四个多肽所形成的 Y 形或 T 形结构。氨基酸在下部茎区（Fc 区）有大致相同的序列，但是在抗体上部顶端（Fab 区）的两个相同的连接位点有很高的变异性。事实上，正是由于靠近连接处的氨基酸的组成差异才产生了抗体针对可能进入人体的不同化学或生物物质的各种各样的特异性和亲和性。

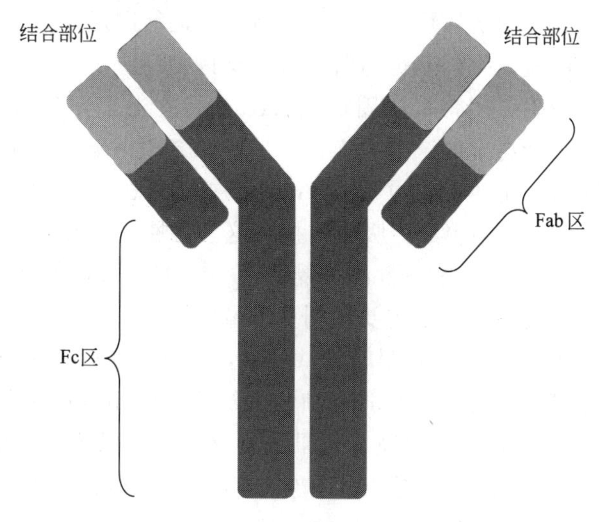

图 14.2 抗体的一般结构

产生抗体的一种方法是将指定的药剂注射到一种溶剂物质（或是将药剂与大的载体偶联）中，再将其注射到兔子或是老鼠体内。在特异性间隔免疫之后收集动物的血样以获得抗体，这种抗体即是用于对抗此种外来药剂的。这种方法导致产生多种多样的抗体混合物，抗体的结合位点有一系列的优势，并且对于原始的注射药剂或是偶联物有不同的位点。这种由体内不同细胞产生的抗体被定义为多克隆抗体。另一种制备抗体的方法是分离出单一的一种产生抗体的细胞并与癌细胞相融合产生新的可培育生长的杂交细胞。这些新的杂交细胞被定义为杂交瘤细胞，这些细胞产生的明确的单一的抗体被称为单克隆抗体。

14.1.2 IAC 支持物和溶剂

由图 14.1 可知，对于 IAC 来说，几种化合物需要和抗体一起工作。本节介绍的一种支持物用于将抗体固定在柱上即抗体附于该支持物上；另一种是用于将该分析物从柱上洗脱下来的溶剂。不论是高性能还是低性能的支持物都可用于 IAC 方法。例如通常用于 IAC 的低性能的材料包括碳水化合物类相关基质以及人造有机支持物如琼脂糖、纤维素、丙烯酰胺聚合物、聚甲基丙烯酸酯衍生物。用于 IAC 的高性能的支持物包括二醇键合硅胶或是玻璃珠、氮代内酯以及乙二醇涂覆灌注介质。

实际上，所有的低性能与高性能方法都已经用于环境测试。抗体固定于低性能的支持物上主要是用于从样品中富集或提取待测物。这是由于低成本并且低性能的 IAC 柱制造和操作相对容易。当生产针对分析检测的自动化系统时，使用高性能 IAC 柱材料更为普遍，该方法称为高性能免疫亲和色谱法（HPIAC）。这是由于高性能支持物增强了其稳定性，并且也增强了 HPLC 方法的内在精确度。

将抗体或是相关配体固定在低性能或高性能的支持物上有很多技术方法。例如，通过 *N*,*N'*-羰基二咪唑、溴化氰、*N*-羟基丁二酰亚胺等药剂的活化使材料与游离氨基反应，这样抗体可直接与许多支持物连接。通过使用已处理过表面的材料也可实现类似的效果，即使其表面产生活性环氧化物或是醛基。抗体和抗体片段也可通过更多的位点选择方法进行固定。例如，通过二乙烯砜、环氧树脂、碘乙酰/溴乙酰、马来酰亚胺、TNB 硫醇或三氟代乙烷磺酰氯/对甲苯磺酰氯的活化，在产生抗体 Fab 片段时所生成的游离巯基可以用于在支持物表面结合这些片段。完整的抗体可以经受住位点选择进行固定，其过程是通过氧化茎区的碳水化合物残基与高碘酸盐产生醛基再与肼或含胺支持物反应[35]。

同样可通过非共价吸附作用将抗体固定于 IAC 支持物上。一个例子便是抗体与生物素的结合，它可与固定于支持物上的亲和素连接。另一种方法用于间接固定即吸附抗体至第二配体例如蛋白 A 或蛋白 G。这是利用了蛋白 A 或蛋白 G 是在中性 pH 值下结合许多抗体的茎区，而降低 pH 这些配体又会释放所吸附的抗体这一特性。当所需抗体的活性很高或是需要频繁固定抗体到 IAC 柱上时，这一方法很受欢迎。该方法可以使柱结合性能有良好的长期的重现性，但相较于直接固定方法需要用到更大量的抗体。

尽管选择 IAC 柱的应用缓冲液是明确的（例如，通常为中性 pH 值缓冲液），但一种合适的洗脱剂的选择却不简单。对于一些弱亲和性的抗体可采用等度洗脱[36]，但对用于多数 IAC 柱的中等或是高亲和性的抗体却没有效果。相反，对于保留溶质的洗脱必须通过改变柱条件即保留化合物与抗体之间至更低的有效结合常数。通常通过使用一种酸性缓冲液（pH 在 1～3 之间）在洗脱步骤实现这一目的。另一种方法是梯度洗脱即通过在流动相中逐步增加离液剂、有机改性剂或变性剂的量[37]。合适的洗脱条件的选择对于 IAC 分析应用是至关重要的，即洗脱是在不对固定的抗体或是支持物形成永久损害的前提下使待分析物与柱快速分离。这个问题必须建立在解决个案的基础上，并且当相同的免疫亲和柱被用于大量的样品时显得尤为重要。

14.2 直接检测和免疫提取

IAC 分析样品的方式是多种多样的。最为简单的方式是用图 14.1 所示的方法进行捕集和洗脱一种分析物而后进行在线或离线检测。这被定义为免疫提取或免疫吸附提取。描述这种方式的其他术语有直接检测或是 IAC 打开/关闭（on/off）模式。免疫提取是在可促进分析物与固定配体进行特异性结合的条件下，将样品注射到亲和柱上。如前面部分的描述，如果配体有强的结合能力（例如，结合平衡常数大于 10^5～10^6 L/mol），则在释放分析物进行检测时需要改变柱条件。如果配体的结合能力弱，洗脱分析物和检测则可能需要在等度条件下进行[36]。由于抗体有高的亲和性和选择性，因此，IAC 可以有高水平的分子选择性。这意味着抗体柱可以通过简单的步骤将复杂的环境样品进行净化和分析。

将 IAC 和其他典型分析技术结合可增强样品预处理的选择性，同时也提供了通过相同抗体柱进行集中化学捕集辨别的方法。有两种方法可以达到这个目的。第一种方法是离线提取，再用 IAC 进行组分收集，然后通过 GC、HPLC 或是 ELISA 等分离分析方法进行测定。

第二种方法是在线提取，即通过 IAC 柱将分析物从样品中分离，然后直接通过第二种方法进行测量或检测。后一种方法通常是 IAC 与反相液相色谱（RPLC）联用。但是，也有一些报道是 IAC 在线提取与 GC 结合使用[38,39]。

离线或是在线提取的选择是依赖于分析物的总体目标和用第二种分析方法的适合度来决定的。例如，当 IAC 与 GC 结合使用时，离线模式经常被用在从用于 IAC 柱的水缓冲到一种更适宜于 GC 的易挥发基质的情况。从这个意义上讲，IAC 柱被当作固相萃取柱。但是，当 IAC 提取与 RPLC 结合使用时，选择在线方法是由于它高的精确度和更为简便的自动化。不论在何种情况下，免疫提取的使用都会比传统的固相提取有着更高的精确度和更少的干扰[39]。这是由于绝大多数的固相萃取柱保留分析物是基于其极性[40]，这是一个非特异属性。

除了简便这一优点，免疫提取还有其他几个优势。例如，高特异性抗体可用于特定分析物的直接检测，然而更为普遍的类属特异性抗体可用于分析范围更广的化合物类别。此外，这种方法被用作 HPLC 系统的一部分，通常在几分钟内就可检测完成，测量的准确度在 1%～5%。通过该技术可获得优良的检测限，但是会根据所用分析物和检测类型的不同而变化[41]。

免疫提取多用于样品的预处理是因为它相较于传统的样品预处理省去了很多提取和衍生化的步骤[5,42]。例如，图 14.3 表明了地下水样品是否经过免疫提取的色谱图的差异。未经过免疫提取的样品，阿特拉津的峰值被其他的样品成分所掩蔽。但是，经过免疫提取的阿特拉津则有着很好的保留峰[43]。

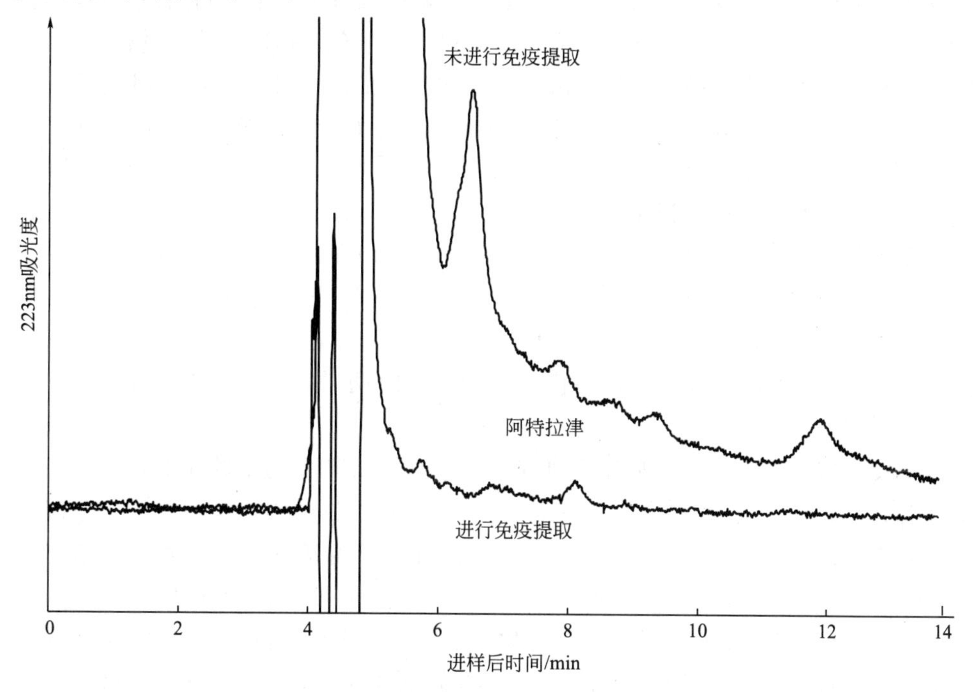

图 14.3 在线 RPLC 与免疫提取联用测定地下水中的阿特拉津

未进行免疫提取时，RPLC 具有较高的样品背景干扰。将免疫提取与 RPLC 联用，阿特拉津及相关化合物可以很容易地检测到低至 μg/L 的水平（引自 Nelson，M. A.，Gates，A.，Dodlinger，M.，and Hage，D. S.，Anal. Chem.，76，805-813，2004. 经许可）

尽管在环境分析中免疫提取样品很有优势，但它也有一定的局限性。用于直接检测时，当分析物在IAC柱出口时其浓度要适当高，以适于化合物的检测。在此最大的困难在于当洗脱缓冲液用于IAC柱时区分洗脱分析物和背景信号的改变。对于紫外和可见光吸收检测来说，要求分析物有高的摩尔吸收率。此外，可用于荧光检测的分析物是包含自然荧光团或是通过柱前或柱后衍生的荧光标记[3]。另一局限是某些抗体释放分析物缓慢，则在检测前需要有再生的步骤。这一步骤可通过将免疫提取与其他方法例如RPLC联合使用来完成，在后面的章节会有介绍。

14.2.1 离线免疫提取

对于IAC与其他方法联合使用来说，离线免疫提取是最为简便的方法。通常包括的有将所用抗体固定在低性能的支持物上和使其充满一个小的一次性注射器或固相萃取柱。免疫亲和柱用必要的缓冲液或是其他溶剂预洗活化处理，再加入样品，并且将样品中不需要的化合物冲洗掉。然后使洗脱缓冲液流经支持物并收集分析物。有些情况下，对这些洗脱下来的部分会进行直接分析，但是有时也会干燥和溶剂重组以便于更适合该方法进行定量分析。如果必要的话，收集的洗脱组分可以在用其他技术测定之前进行衍生。这一步骤能够提高化合物的可检测性或挥发性，更有利于后续的HPLC或GC分离和分析[3]。

与任何IAC方法联用，离线免疫提取都要求所准备抗体的有效性，即可以选择出所需要的分析物以及类属分析物。如果此类抗体有效，则免疫提取相较于传统的液液萃取或是固相萃取方法有更好的特异性。但值得注意的是，大部分的抗体会结合与所需分析物结构相似的化合物。从理论上来说，针对交叉反应，应当对每一个免疫提取支持物进行评估，即对与分析物相关和可能出现在样品中的任何溶质或代谢产物的结合和干扰进行研究的相关情况。但是，尽管几种溶质同时与IAC柱结合，只要待分析物能够被溶解或是通过一些方法与其他化合物区分开，则用于定量分析便是没有问题的。事实上，通过一种方法检出几种结构相关的化合物，对于交叉反应来说也是一种优势。

离线免疫提取有一个重要的局限性就是需要将提取物转移到其联用的下一个检测方案中。由于转移和离线提取通常是手工完成的，因此会对测量的准确性和重复性有影响。另外，其他的步骤（例如，从有机溶剂中提取和蒸发此溶剂）在IAC提取之前可通过HPLC、GC或ELISA进行分析。这不仅会增加分析时间，还会增加分析成本和样品预处理所消耗的试剂数量。

离线免疫提取已经应用于许多环境研究中，包括婴幼儿食物中的赭曲霉素[44]、小麦中的脱氧次黄苷三磷酸[45]、海水中的三嗪类物质[46]以及谷物中的伏马菌素[47]。通常这些方法的检测限在ng/L的范围。一个离线免疫提取的例子便是确定废水中的雌激素类的含量[48]。在这种方法中，首先通过过滤和传统的固相萃取对废水进行处理。其次，通过氮吹干燥蒸发和5%甲醇溶液的再生进行收集提取。然后将再生样品固定在抗体柱上。样品中的雌激素类固定在抗体柱上而后被70%的甲醇溶液洗脱下来。收集洗脱液并蒸发干燥，随后用25%的乙腈溶液进行再生。用HPLC分析以及电喷雾质谱仪进行检测[48]。

离线免疫提取同样可用于分析固体样品。例如，通过超临界流体萃取提取珊瑚中的多环芳烃，随后用免疫吸附柱进行净化，然后用GC/MS对收集的分析物进行分离和辨别[49]。用这种方法，检测限为25ng/g。

14.2.2 在线免疫提取

免疫提取也可以直接与其他方法联合使用，例如免疫吸附/反相液相色谱（IA-RPLC）或是免疫吸附/气相色谱（IA-GC）[3]。本节将对这些技术进行介绍。

14.2.2.1 免疫亲和提取与RPLC联用

将免疫分析柱与其他分析方法直接联合使用的技术在过去的十年里发展很迅速。使用最广泛的是免疫提取与RPLC联合使用形成的IA-RPLC[3,50]。其原因包括几个方面。其一是用于免疫亲和柱的洗脱缓冲液是包含少量或是不含有机改性剂的溶液，该溶液可以用于RPLC的弱流动相。这意味着作为从IAC柱到RPLC柱的洗脱溶液需要在反相支持物上有很强的保留性以便浓缩分析物。这可以有效地解决由于从免疫吸附柱上慢速解吸附而造成的使分析物浓度太低而不能直接分析这一问题。

将免疫亲和柱与HPLC系统联合使用意在使免疫提取方法自动化并降低了样品预处理所要求的时间。另外，高精确度HPLC泵和注射系统（更严格地控制样品用量和洗脱条件）提高了在线免疫提取的准确度，这使这种联合使用成为离线免疫提取之外的另一选择。在基于HPLC的方法中，最简单的检测方法是将分析物从免疫亲和柱上洗脱下来后进行在线吸光率测量。这种方法适用于在其结构中具有比较好的发色团的中等浓度的化合物。

在环境测试中，包括免疫提取和RPLC的在线分析已经被用来创建多种具有优秀重现性和快速分析时间的分析方法。例如，该方法可以在6～12min内检测到十亿分之一水平上的三嗪除草剂和其代谢产物[42]。对卡巴呋喃[51]和多菌灵[52]也可用相同的方法来进行检测。该方法可达到很低的检测限，是由于IAC柱相较于用于柱的物质浓度有足够高的灵敏度和响应值。因此，这些柱能在低于十亿分之一或是万亿分之一的水平下依然有效工作[5]。

图14.4展示了在线免疫提取与RPLC典型系统的运行过程。该系统中用到三种溶剂：①一种缓冲液用于IAC柱；②然后洗脱液用于该柱；③流动相用于反相柱。在这种方法中，将样品加入IAC柱的应用缓冲液中。一旦待分析物被结合而非保留化合物则被冲洗掉，IAC柱便转换到在线模式与反相保护柱相连，并使用洗脱缓冲液。洗脱液使得分析物与IAC柱分离；但是，由于这种缓冲液同样对反相保护柱也是一种弱流动相，分析物又会被保护柱捕集。该保护柱随后转换为在线模式与第二个更大的RPLC柱相连并且使用带有部分有机改性剂的流动相，引起分析物洗脱和分离的便是其自身的极性。

该系统的改进模式可用于确定土壤和湖水中的多菌灵[52]。可以通过限制介质捕集柱将高效蛋白G柱与一个反相分析柱结合使用来完成该检测。在分析前，将20μg抗体注入到蛋白G柱形成免疫亲和支持物。然后将样品加到该柱上，随后多菌灵被提取出来。继而将含有2%乙酸的缓冲液注射到亲和柱中将所吸附的抗体与多菌灵洗脱下来。捕集柱保留多菌灵的同时，抗体被从系统中洗脱出去。将捕集柱转换到在线模式并与一个分析柱和质谱仪相连接。多菌灵的检测限为25ng/L，样品通量为3个（样品）/h[52]。在其他的报道中介绍了有关在线亲和柱与HPLC联合使用检测以下物质的内容：雌激素类[53]、多环芳烃[54,55]、异丙隆[56]、苯基脲杀虫剂[56～59]、三嗪[59]、黄曲霉毒素[60]、大肠埃希菌[61]、联苯二胺、二氯联苯二胺以及偶氮染料[62]。

免疫提取的特殊应用是用于环境样品中的所有母体化合物和其代谢产物。除草剂的代谢途径可以是化学途径（例如水解或是光降解）[6,7,63,64]或是生物途径（例如微生物作

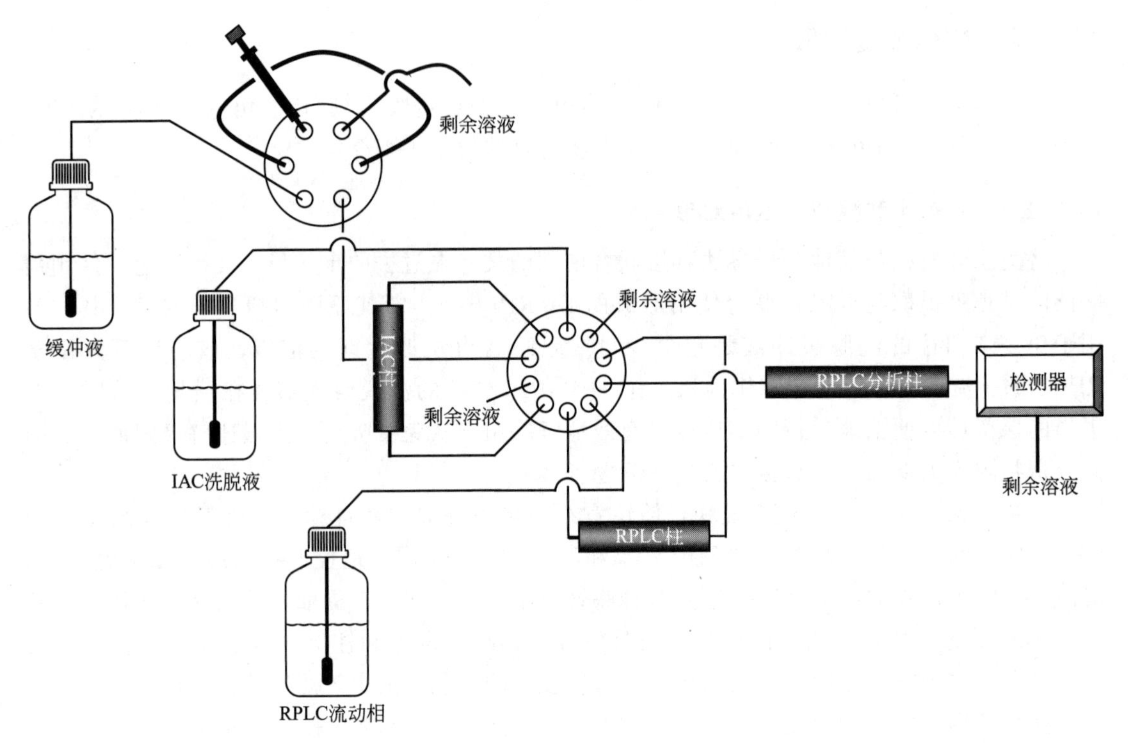

图 14.4 与 RPLC 联用的在线免疫提取系统

用)[65~67]。以下几个原因使环境污染物代谢产物的分析变得复杂：第一，这些代谢产物的浓度通常低于母体化合物；第二，母体化合物的代谢产物经常有不同的极性、活性和生态学生命期。在线的免疫提取和 RPLC 结合可对阿特拉津在环境中的代谢进行分析。已经有结果表明，对于阿特拉津初级代谢产物的检测可达 ng/L(10^{-12}) 的水平 (ppt)[5]。相同的方法也可用来确定这些代谢产物在吸附剂上的吸附等温线，以用于水处理[68,69]以及检测零价铁对阿特拉津的分解情况[70]。在之后的研究中，IA-RPLC 被认为是一种有效的替代放射性示踪研究的方法。

在线免疫提取的另一应用是发展检测除草剂的户外便携系统。该方法用于建立一种系统来检测水中的阿特拉津除草剂 (见图 14.5)[43]。相同的检测系统也用于检测其他类别的除草剂，例如 2,4-二氯苯氧基乙酸和相关化合物。该设备的优点之一是在检测时样品的需求量很少并且预处理简单。例如，检测地表水和地下水的样品时，在注射前可以用 0.2μm 注射器式过滤器进行简单过滤。该方法的速度也是一大优势，总的分析时间为 10min 或更少，样品通量为每个样 5min。阿特拉津检测下限的报告称是用 2mL 的样品，线性范围在 0.3～25μg/L。但是可以通过改变应用于抗体柱上的样品量实现检测下限和线性范围的改变[43]。

14.2.2.2 免疫亲和提取与 GC 联用

如前面介绍的免疫提取和 RPLC 的结合使用，若仅仅使用传统的固相提取技术会使许多样品化合物在进入 GC 柱后产生掩蔽特征峰的峰。但是免疫提取可以提供对样品更有效的净化和对分析物更为简单的检测。尽管不像在线提取与 RPLC 联用那么普遍，但是仍有一些关于在线免疫提取与 GC 联用的研究调查。

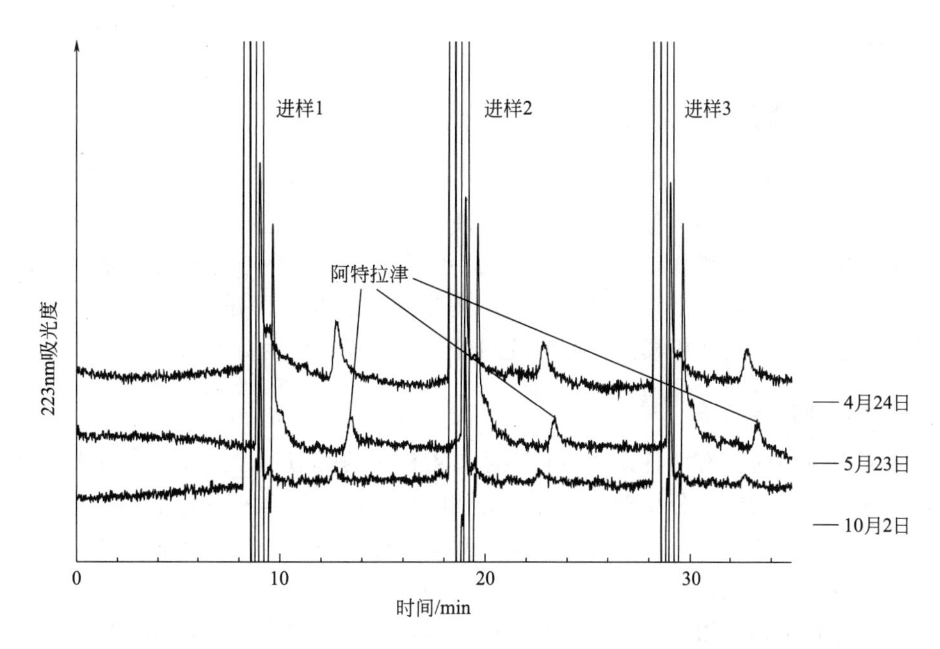

图 14.5 免疫提取与 RPLC 联用现场测定装置对河水中三嗪类物质在不同时间的三次测定结果
（引自 Nelson，M. A.，Gates，A.，Dodlinger，M.，and Hage，D. S.，Anal. Chem.，76，805-813，2004. 经许可）

例如，免疫提取联合 GC 检测河水、废水以及橙汁中的阿特拉津[39]。首先将样品注射到一个免疫亲和柱中，随后将保留溶质解析下来并被收集到一个包含苯乙烯-二乙烯苯共聚物（PLRP-S）的在线储存器中。该储存器将分析物浓缩到一个小范围中。然后，这些化合物被乙酸乙酯从 PLRP-S 储存器中解析出来然后直接进入到 GC 系统，用火焰离子化检测器或是氮磷检测器进行检测。在用该系统前，所有的溶剂应当用 PLRP-S 柱处理以去除微量污染物。

用该方法与传统固相萃取对比三嗪的回收率。对于加入标样 1μg/L 的水样，传统固相提取的回收率为 68%，而免疫提取的回收率为 88%。当阿特拉津浓度为 100ng/L 时，免疫提取的回收率为 96%。在该系统中火焰离子化检测器对阿特拉津的最低检测限为 170pg，氮磷检测器的检测限为 15pg[39]。

14.3 间接检测方法

色谱免疫分析是用来建立对分析物的间接检测的，通过观测分析物与结合药剂的反应情况或是阻止被标记（也涉及标记）的分析物的类似物与抗体反应的情况来实现[35]。在环境检测中，这类分析的检测通常是用带荧光标记或酶标记的分析物的类似物，然后被标记的类似物与分析物竞争结合柱上或是流通池上的抗体结合点。该方法尤其适用于用直接检测法不自发产生信号的痕量分析物的检测。

用间接检测的 IAC 方法是一种竞争结合免疫分析法。色谱免疫分析是最为典型的形式。该方法基于样品中待分析物与被标记的数种分析物类似物的混合物之间的竞争结合固定抗体上的位点。IAC 的其他模式所用的间接检测是非竞争结合免疫分析。这包括同源物免疫分析、单位点免疫基质分析以及夹心免疫分析。尽管夹心免疫分析还未用于环境检测，但它很可能用于检测蛋白质和肽类除草剂。

14.3.1 竞争结合免疫分析法

竞争结合免疫分析的决定条件既可为固定分析物类似物量也可为固定抗体量[32]。第一种方法是分析物和固定量的类似物竞争结合溶液中少量的被标记抗体。第二种方法是利用溶液中被标记的类似物与分析物竞争结合支持物一定量的抗体。由于抗体可在复杂的分析中再利用，所以后一种模式更经济划算（通常抗体是分析中最贵的成分）。本节将介绍基于流动系统的三种竞争结合免疫分析模式：同时注射分析法、连续注射分析法、置换分析法。

14.3.1.1 同时注射分析法

当使用固定抗体时，有两种途径可将样品与被标记的类似物加入柱中。模式一为同时注射分析法。在这种方法中，分析物和被标记类似物离线进行混合并一起注入柱中，参与竞争柱上的少量抗体结合位点。通过被标记物结合数量的标准曲线或是在标准注射条件下通过柱的分析物的浓度的标准曲线以确定样品中的分析物含量。

同时注射分析法已被用在几项环境研究中，包括发展检测除草剂异丙隆的分析方法。这种除草剂和带有辣根过氧化物酶的异丙隆类似物可结合在固定有抗体的柱上。在这种分析方法中，样品与异丙隆类似物的混合物进行离线连接，将混合物注入抗体柱中。在不保留试剂被冲刷出系统后，为酶标记提供检测所用的培养基。异丙隆的检测限为 0.12g/L，总检测时长约为 25min[71]。

阿特拉津有着相似的分析方法。在此种方法中，样品或标样与含有辣根过氧化物酶的阿特拉津类似物结合。将该混合物注入含有阿特拉津抗体的流动室后，将不保留试剂被冲刷出柱并为酶标记提供检测所用的培养基。荧光产物在 320nm 条件下被激发，在 405nm 条件下可检测到，以此来检测结合在柱上的被标记类似物的含量。每个样品的运行时间为 20min，检测限在 75ng/L（见图 14.6）[72]。其他同时注射色谱免疫分析法也同样用于阿特拉津检测[73,74]。

一种有趣的以流量变化为基础的竞争结合法涉及使用脂质体的检测[75~77]。该方法被命名为流动注射脂质体免疫分析法（FILIA）。在此种技术中，脂质体包含大量的荧光染料或是其他可检测标记物，可用于标记一种分析物类似物。被标记的类似物与待分析物竞争结合流动室中的固定抗体。随后使洗涤剂流经流动室溶解被保留脂质体并释放其内部的染料分子或是可标记物。通过在线检测这些可标记物并为原样品中的分析物含量提供一个反比例信号。当用于检测甲草胺浓度时，当操作流动速率在 450μL/min 时，分析时间为 6min，当免疫亲和柱上固定 25μg 抗体时，甲草胺的检测限为 5μg/L[75]。

同时注射分析法同样也可用于毛细管电泳或毛细管电色谱[78]。例如，将荧光标记的阿特拉津和样品注入吸附有抗阿特拉津抗体的改良 C_8 毛细管上。分离缓冲液起到破坏分析物和带有荧光类似物抗体之间的结合的作用，随后进行检测。

14.3.1.2 连续注射分析法

在色谱系统中竞争结合免疫分析的第二种模式为连续注射分析法。该技术区别于同时注射分析法的地方在于样品和标记物分别注入 IAC 柱。首先注入样品，而后注入标记物并与结合位点结合而保留在柱上。随后将结合的分析物和标记物从柱上洗脱下来，进行系统再

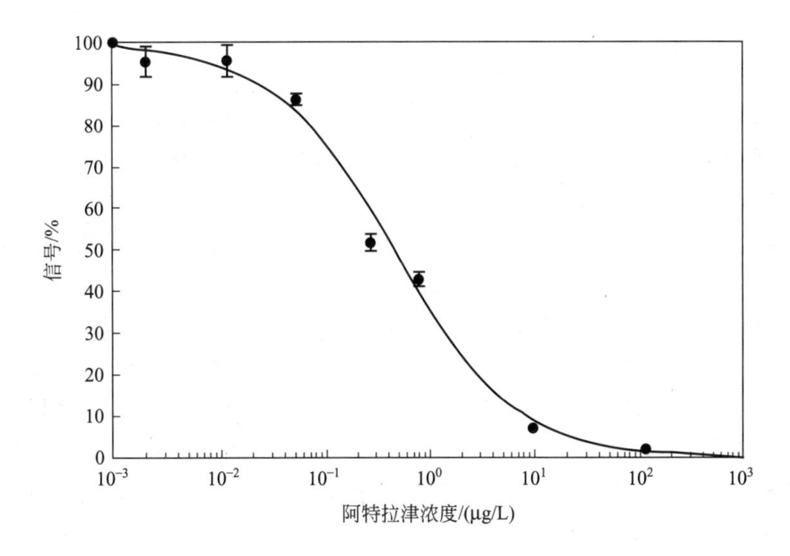

图 14.6 同时进样分析测定水中的阿特拉津

（引自 Gascon，J.，Oubina，A.，Ballesteros，B.，Barcelo，D.，Camps，F.，Marco，M-P.，Angel Gonzalez-Martinez，M.，Morais，S.，Puchades，R.，and Maquieira，A.，Anal. Chim. Acta.，347，149-162，1997. 经许可）

生，注入下一样品。这种模式相较于同时注射法的优势之一在于标记物不遭受基质的干扰，这是由于它始终不与实际样品接触[79]。避免任何由样品化合物带来的猝灭，这一点对于荧光标记是非常重要的。

连续注入已经被发展用于水和土壤样品中的自动免疫分析。在这种方法中，首先用平衡缓冲液冲洗包含固定抗体的流动室。然后将标样或是样品注入流动室，再注入固定量的辣根过氧化物酶标记阿特拉津。在经过短暂的冲洗步骤后，在流动室中加入酶标记的培养基并参与反应。用 320nm 的激发波长和 404nm 的发射波长对荧光产物进行检测[80]。其他连续注射色谱免疫分析法也同样用于阿特拉津的检测[81,82]。

该方法的另一应用实例是针对咪唑乙烟酸的[77]。该方法通过含有固定反咪唑乙烟酸抗体的柱来完成。首先将样品注入柱中，随后注入咪唑乙烟酸脂质体结合物或是含有单一荧光标记的咪唑乙烟酸。不管何种情况，结合在柱上的标记物的含量是由荧光检测器测定的。当用脂质体结合该标记物时，可获得 0.5μg/L 的检测限。该检测限优于使用含有单一荧光标记的检测结果 1000 倍。其他连续注射色谱免疫分析法用于咪唑乙烟酸检测的例子也有报道[83,84]。

同时进样与连续进样模式可被用于更大量或是更微量的分析[80,85]。但是，它们的分析特性不同。例如，当分析物浓度较低时，相较于同时注射分析而言，连续进样分析可提供更低的检测限和更大的响应区间。然而，同时注射模式的操作更为简单并且有更大的动力学范围的标准曲线。

14.3.1.3 置换分析法

色谱分析中竞争结合免疫分析的第三种模式是置换分析法[86]。使被标记分析物的类似物充满一个带有固定抗体的柱。然后将样品加入，被标记的分析物类似物立刻被取代并自由存在于溶液中，而后被从柱上洗脱掉。检测被置换出的标记物含量即可得到成比例的样品中分析物的含量。在大多数情况下，在为产物保留有可连续的、可检测到信号的足够量的标记物前可向柱中进若干样品，而后再进行再生。

该方法的优势之一在于针对复杂样品进样可以使用单一标记物。另一个是分析速度，这是由于取代峰的出现接近于柱不保留峰。相比较其他竞争结合模式，随着分析物浓度的提高，信号变强是该方法的又一优势。然而，在应用此方法使其进行正常运行的过程中，最优条件的选择必须十分小心。这包括选择针对该方法的合适的被标记类似物、柱型号以及流动速率。

该方法的分析实例之一是检测多氯联苯（PCBs)。在该研究中，将抗 PCBs 抗体固定在 Emphaze 微珠上并装在柱中。然后使一种 PCBs 的荧光衍生物［例如，(2,3,5-trichlorophenoxy)propyl-Cy5］充满该柱。与柱结合力较弱的被标记物被冲洗掉。再将样品注入柱中取代被保留的部分被标记物。随后用荧光检测器在 635nm 的激发波长和 661nm 的发射波长的条件下检测被标记物的含量。标准曲线表明，随着 PCBs 在样品中含量的增加，信号也随之变强。其检测限为 4μg/L，线性范围扩大到 20μg/mL[87]。

14.3.2 非竞争色谱免疫分析法

为检测环境试剂的非竞争结合免疫分析有两种模式，是基于流动系统实现的：均相免疫分析和在位免疫分析。

14.3.2.1 均相免疫分析

均相免疫分析是抗体、分析物和标记物在溶液中发生反应的一种分析方法。通过色谱完成的方法之一是用限制分析法。使用一个随机介质柱，可以根据它们的大小差异，从较大的抗体-类似物复合物中分离出一个小的、有标记的类似物[88]。该方法用于检测血浆和水样中的阿特拉津、*s*-三嗪以及阿特拉津的降解产物。方法中使用到一种被荧光标记的阿特拉津类似物、离线孵育的带有标记类似物和样品以及少量的抗阿特拉津抗体。然后将三种物质的混合物加入一个限制介质柱。该柱含有一个带有反相固定相的支持物，在其孔隙中保留有被标记类似物，但不排除含有抗体-类似物复合物。不保留峰中的结合抗体的类似物含量是确定样品中分析物含量的间接手段。方法中阿特拉津的检测限为 20pg/mL，样品通量为 80 个样品/h[89,90]。

还有一种类似的技术已被报道，即免疫-支持流动膜提取（免疫-SLM)[91]。在该技术中，样品基质的影响通过允许分析物扩散到膜以形成抗体-分析物复合物而降到最小(图 14.7)。由于抗体过量，因此会出现分析物和抗体-分析物复合物。随后加入过量的被标记分析物到混合物中并形成保留有抗体的复合物。通过限制介质进入柱可将自由分析物（所有被标记的和未被标记的）从复合物中分离出来。随后检测出被标记的抗体-分析物复合物并测量样品中的分析物含量。用此种方法，自来水、河水以及橙汁中的阿特拉津的检测范围在 5～100μg/L。

14.3.2.2 在位免疫分析

非竞争免疫分析的第二种模式是在位免疫分析。在此，将样品用已知过量的被标记抗体或是 Fab 片段进行孵育，以便与分析物结合。在混合的物质中，包含与被标记的 Fab 片段或是抗体相结合的分析物的同时还有过量的被标记片段和抗体，将混合物注入固定有分析物

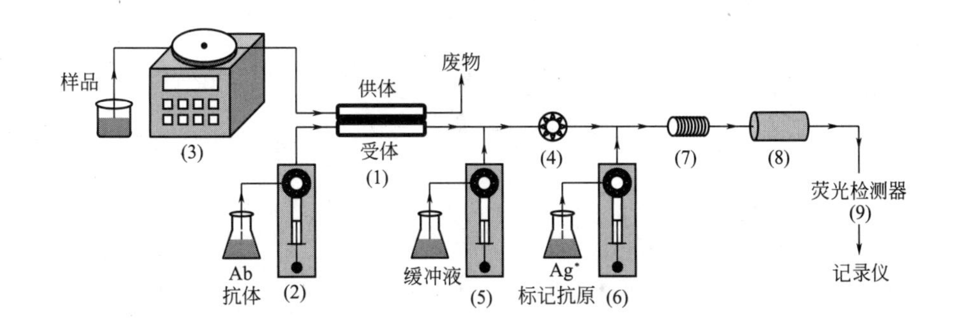

图 14.7 测定阿特拉津的免疫-SLM-FFIA 系统

(1) SLM 单元；(2)，(5)，(6) 自动注射泵；(3) 蠕动泵；(4) 手动进样阀；(7) 混合圈；(8) 限制柱；(9) 荧光检测器。阿特拉津抗体和标记抗原溶液通过注射泵进样。限制柱可以使与抗体结合的待测物和标记抗原通过，而将游离待测物结合在柱子中（引自 Tudorache，M.，Rak，M.，Wieczorek，P. P.，Jonsson，J. A.，and Emneus，J.，J. Immunol. Meth.，284，2004. 经许可）

类似物的柱中。该柱用于提取过量的抗体或是 Fab 片段，使被结合的分析物通过柱子不被保留。被标记的抗体或是 Fab 片段会提供一个成比例的信号以反映原样品中的分析物含量。此外，被保留的过量的抗体或是 Fab 片段可在洗脱出柱后进行含量确定。

尽管在位免疫分析法仅被用于部分研究中，但是相较于其他色谱免疫分析法还有若干潜在的优点。例如，如同竞争结合免疫分析法，该方法同样可检测少量或是大量溶质。但是，它可以提供直接比例的信号以反映样品中分析物的含量。另外，实际中色谱柱上固定的是分析物类似物而不是抗体，这使得在相当宽的范围内重复使用色谱柱成为可能。

该方法的缺点之一在于不同的分析物需要固定有不同类似物的柱。另外，当检测非保留片段以提供标记物检测的低背景值时需要高活性的纯的抗体或是 Fab 片段。这意味着，当纯化这些标记药剂时需要特殊的预处理措施以确保不会失去其活性。仔细检测这些结合药剂在储藏或是使用过程中的稳定性也是很有必要的。

用在位免疫分析法来确定饮用水中去草净（一种农药）的浓度含量[92]。在此种方法中，未被标记的抗体在样品中进行孵育，再将溶液覆盖到固定有去草净的表面上。通过检测表面的折射指数以确定抗体复合物的含量。随后用 10μg/L 的蛋白酶溶液清洗表面使其再生。该分析法的检测范围在 15～200μg/L[92]。

在位免疫分析可被用于检测来自其他色谱柱的洗脱液。所用于这一目的的抗体可被视为柱后免疫检测[3,93]。该技术包含从 HPLC 柱中提取洗脱液并与含有针对待分析物的被标记抗体或是 Fab 片段的溶液结合。然后使混合物在混合线圈中发生反应而后通过固定有分析物类似物的柱。抗体或是 Fab 片段已完全与分析物复合并通过柱进入到检测器中，产生一个成比例信号以反映样品中分析物的含量。该分析检测柱可以在稍后用洗脱缓冲液将被保留的抗体或是 Fab 片段分离出去。

已应用柱后类型的方法来检测水中的二氯苯氧基乙酸（2,4-D）（见图 14.8）[94]。在该方案中，多克隆抗体与碱性磷酸酯酶结合并混合在样品中而后使其通过固定有 2,4-D 的柱。通过使用 PAPP 作为基质的酶标记法获得最低检测限。脱去磷脂的产物对氨基苯酚的含量可通过＋350mV 的 Ag/AgCl 相关电极进行检测。2,4-D 的连续检测限为 0.1μg/L。

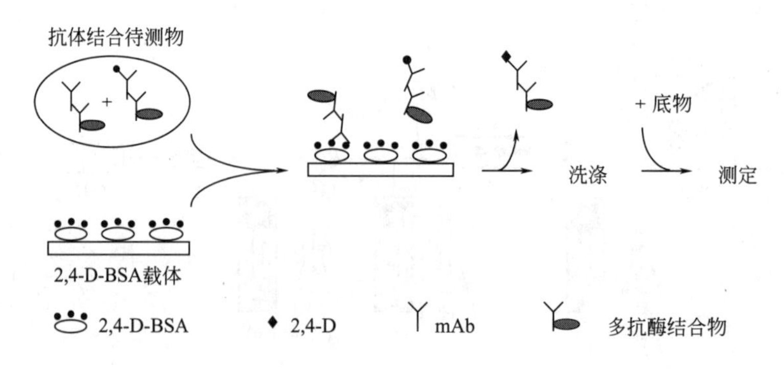

图 14.8 2,4-D 免疫分析

抗体标记物碱性磷酸酶将底物对氨基苯磷酸盐转化为对氨基苯酚，通过电化学方法检测。BSA—牛血清白蛋白；mAb—单克隆抗体（引自 Wilmer，M.，Trau，D.，Renneberg，R.，and Spener，F.，Anal. Lett.，30，515-525，1997. 经许可）

14.4 未来趋势和发展

尽管 IAC 在环境领域中是一个相对较新的技术，但对于此类工作它有许多潜在的优势。这些优势包括 IAC 的特异性，并且可直接用于广泛的多种类样品。另外，使用此类方法时对样品的预处理简单，并且既可应用于选择测量，也可应用于一组相关化合物的研究。

IAC 广泛用于环境测试虽然有优势，但是有必要对 IAC 支持物进行改进并发展新的应用于支持物的材料。例如，现在已经研发 IAC 的新型支持物如多孔玻璃珠或是可增加样品通量的整体支持物和材料[95]。另外，仍将免疫提取与 CE、质谱以及生物传感器相结合作为努力的方向[96]。再有就是将 IAC 发展成为微流控分析系统。这一领域可能会将用抗体柱检测大量分析物变为现实。当现有的和其他方面的应用被继续发展时，IAC 和相关技术将会在环境化合物分析中得到更广泛的应用。

参考文献

1. U.S. Environmental Protection Agency, *National Primary Drinking Water Standards*, 816-F-03-016, Washington, D.C, 2003.
2. Pesticides in ground and drinking water, *Off. J. Council Eur.Union*, 330, 32–54, 1998.
3. Hage, D. S., Survey of recent advances in analytical applications of immunoaffinity chromatography, *J. Chromatogr. B.*, 715, 3–28, 1998.
4. Stevenson, D., Immunoaffinity solid-phase extraction, *J. Chromatogr. B.*, 745, 39–48, 2000.
5. Rollag, J. G., Beck-Westermeyer, M. S., and Hage, D. S., Analysis of pesticide degradation products by tandem high-performance liquid chromatography, *Anal. Chem.*, 68, 3631–3637, 1996.
6. Korte, F., Konstantinova, T., Mansour, M., Ilieva, P., and Bogdanova, A., On the photodegradation of some unsaturated triazine derivatives with herbicide and bactericide activity, *Chemosphere*, 35, 51–54, 1997.
7. Mansour, M., Freicht, E. A., Behechti, A., and Scheunert, I., Experimental approaches to studying the photostability of selected pesticides in water and soil, *Chemosphere*, 35, 39–50, 1997.
8. Gilliom, R., Barbash, J., Kolpin, D., and Larson, S., Testing water quality for pesticide pollution, *Env. Sci. Tech.*, 33, 164A–169A, 1999.
9. Namiesnik, J. and Zygmunt, B., Selected concentration techniques for gas chromatographic analysis of environmental samples, *Chromatographia*, 56, S9–S18, 2002.
10. Zygmunt, B., Gas chromatographic determination of volatile environmental organic pollutants based

on solvent-free extraction, *Chemia Inzyneria Ekologiczna*, 8, 973–980, 2001.

11. Eckenrode, B. A., Environmental and forensic applications of field-portable GC–MS: An overview, *J. Am. Soc. Mass. Spectrom.*, 12, 683–693, 2001.
12. Clement, R. E., Yang, P. W., and Koester, C. J., Enviromental analysis, *Anal. Chem.*, 73, 2761–2790, 2001.
13. Jedrzejczuk, A., Goralczyk, K., Czaja, K., Strucinski, P., and Ludwicki, J. K., High performance liquid chromatography: Application in pesticide residue analysis, *Roczniki Panstwowego Zakladu Higieny*, 52, 127–138, 2001.
14. Obrist, H., On-line solid phase extraction for HPLC analysis, *Chimia*, 55, 46–47, 2001.
15. Tribaldo, E. B., Residue analysis of carbamate pesticides in water, *Food Sci. Tech.*, 102, 537–570, 2000.
16. Boyd-Boland, A. A., SPME–HPLC of environmental pollutants, In *Applications of Solid Phase Microextraction*, Pawliszyn, J., Ed., Royal Society of Chemistry, Cambridge, pp. 327–332, 1999.
17. Pobozy, E., On-line concentration of trace elements for HPLC determination, *Chemia Analityczna*, 44, 119–135, 1999.
18. Linde, C. D. and Goh, K. S., Immunoassays (ELISAs) for pesticide residues in environmental samples, *Pest Outlook*, 6, 18–23, 1995.
19. Niessner, R., Immunoassays in environmental analytical chemistry: Some thoughts on trends and status, *Anal. Meth. Instr.*, 1, 134–144, 1993.
20. Jeannot, R., Trends in analytical methods for determination of organic compounds in the environment. Application on waters and soils matrixes, *Spectra Analyse*, 26, 17–24, 1997.
21. Nunes, G. S., Toscano, I. A., and Barcelo, D., Analysis of pesticides in food and environmental samples by enzyme-linked immunosorbent assays, *Trends Anal. Chem.*, 17, 79–87, 1998.
22. Aga, D. S. and Thurman, E. M., Environmental immunoassays: Alternative techniques for soil and water analysis, In *Immunochemical Technology for Environmental Applications*, Aga, D. S. and Thurman, E. M., Eds., American Chemical Society, Washington, pp. 1–20, 1997.
23. Bouzige, M. and Pichon, V., Immunoextraction of pesticides at the trace level in environmental matrixes, *Analusis*, 26, M112–M117, 1998.
24. Dankwardt, A. and Hock, B., Enzyme immunoassays for the analysis of pesticides in water and food, *Food Tech. Biotech.*, 35, 165–174, 1997.
25. Fitzpatrick, J., Fanning, L., Hearty, S., Leonard, P., Manning, B. M., Quinn, J. G., and O'Kennedy, R., Applications and recent developments in the use of antibodies for analysis, *Anal. Lett.*, 33, 2563–2609, 2000.
26. Groopman, J. D. and Donahue, K. F., Aflatoxin, a human carcinogen: Determination in foods and biological samples by monoclonal antibody affinity chromatography, *J. AOAC.*, 71, 861–867, 1988.
27. Harris, A. S., Wengatz, I., Wortberg, M., Kreissig, S. B., Gee, S. J., and Hammock, B. D., Development and application of immunoassays for biological and environmental monitoring, In *Multiple Stresses in Ecosystems*, Cech, J. J. Jr., Wilson, B. W., and Crosby, D. G., Eds., Lewis, Boca Raton, FL, pp. 135–153, 1998.
28. Hennion, M. C. and Barcelo, D., Strengths and limitations of immunoassays for effective and efficient use for pesticide analysis in water samples, *Anal. Chim. Acta.*, 362, 3–34, 1998.
29. Van Emon, J. M., Gerlach, C. L., and Bowman, K., Bioseparation and bioanalytical techniques in environmental monitoring, *J. Chromatogr. B.*, 715, 211–228, 1998.
30. Newman, D. J. and Price, C. P., Future developments in immunoassay, In *Priniciples and Practice of Immunoassay*, Price, C. P. and Newman, D. J., Eds., Macmillan, London, pp. 649–656, 1997.
31. Unger, K. K. and Anspach, B., Trends in stationary phases in high-performance liquid chromatography, *TrAC.*, 6, 121–125, 1987.
32. Zhi, Z-L. , Flow-injection immunoanalysis, a versatile and powerful tool for the automatic determination of environmental pollutants, *Lab. Rob. Automat.*, 11, 83–89, 1999.
33. Kramer, P., Franke, A., and Standfuss-Gabisch, C., Flow injection immunoaffinity analysis (FIIAA)—A screening technology for atrazine and diuron in water samples, *Anal. Chim. Acta.*, 399, 89–97, 1999.
34. Kraemer, P. and Schmid, R., Flow injection immunoanalysis (FIIA)—A new format of immunoassay for the determination of pesticides in water, *GBF Monographs*, 14, 243–246, 1991.
35. Hage, D. S. and Nelson, M. A., Chromatographic immunoassays, *Anal. Chem.*, 73, 198A–205A, 2001.

36. Pignatello, J. J., The measurement and interpretation of sorption and desorption rates for organic compounds in soil media, *Adv. Agron.*, 69, 1–73, 2000.
37. Green, T. M., Charles, P. T., and Anderson, G. P., Detection of 2,4,6-trinitrotoluene in seawater using a reversed-displacement immunosensor, *Anal. Biochem.*, 310, 36–41, 2002.
38. Mackert, G., Reinke, M., Schweer, H., and Seyberth, H. W., Simultaneous determination of the primary prostanoids prostaglandin E2, prostaglandin F2 alpha and 6-oxoprostaglandin F1 alpha by immunoaffinity chromatography in combination with negative ion chemical ionization gas chromatography-tandem mass spectrometry, *J. Chromatogr.*, 494, 13–22, 1989.
39. Dalluge, J., Hankemeier, T., Vreuls, R. J. J., and Brinkman, U. A. T., Online coupling of immunoaffinity-based solid-phase extraction and gas chromatography for the determination of s-traizines in aqueous samples, *J. Chromatogr. A.*, 830, 377–386, 1999.
40. Junk, G. A., Avery, M. A., and Richard, J. J., Interfaces in solid-phase extraction using C-18 bonded porous silica cartridges, *Anal. Chem.*, 60, 1347–1350, 1988.
41. Piehler, J., Brandenburg, A., Brecht, A., Wagner, E., and Gauglitz, G., Characterization of grating couplers for affinity-based pesticide sensing, *Appl. Optics*, 36, 6554–6562, 1997.
42. Thomas, D., Beck-Westermeyer, M., and Hage, D. S., Determination of atrazine in water using tandem high-performance immunoaffinity chromatography and reversed-phase liquid chromatography, *Anal. Chem.*, 66, 3823–3829, 1994.
43. Nelson, M. A., Gates, A., Dodlinger, M., and Hage, D. S., Development of a portable immunoextraction-reversed-phase liquid chromatography system for field studies of herbicide residues, *Anal. Chem.*, 76, 805–813, 2004.
44. Burdaspal, P., Legarda, T. M., Gilbert, J., Anklam, E., Apergi, E., Barreto, M., Brera, C. *et al.*, Determination of ochratoxin A in baby food by immunoaffinity column cleanup with liquid chromatography: Interlaboratory study, *J. AOAC Intl.*, 84, 1445–1452, 2001.
45. Cahill, L. M., Kruger, S. C., McAlice, B. T., Ramsey, C. S., Prioli, R., and Kohn, B., Quantification of deoxynivalenol in wheat using an immunoaffinity column and liquid chromatography, *J. Chromatogr. A.*, 859, 23–28, 1999.
46. Carrasco, P. B., Escola, R., Marco, M. P., and Bayona, J. M., Development and application of immunoaffinity chromatography for the determination of the triazine biocides in seawater, *J. Chromatogr. A.*, 909, 61–72, 2001.
47. de Girolamo, A., Solfrizzo, M., von Holst, C., and Visconti, A., Comparison of different extraction and clean-up procedures for the determination of fumonisins in maize and maize-based food products, *Food Add. Contam.*, 18, 59–67, 2001.
48. Ferguson, P. L., Iden, C. R., McElroy, A. E., and Brownawell, B. J., Determination of steroid estrogens in wastewater by immunoaffinity extraction coupled with HPLC-electrospray-MS, *Anal. Chem.*, 73, 3890–3895, 2001.
49. Thomas, S. D. and Li, Q. X., Immunoaffinity chromatography for analysis of polycyclic aromatic hydrocarbons in corals, *Env. Sci. Tech.*, 34, 2649–2654, 2000.
50. de Frutos, M. and Regnier, F. E., Tandem chromatographic-immunological analyses, *Anal. Chem.*, 65, 17A–20A, 1993. See also pp. 22A–25A3
51. Rule, G. S., Mordehai, A. V., and Henion, J., Determination of carbofuran by online immunoaffinity chromatography with coupled-column liquid chromatography/mass spectrometry, *Anal. Chem.*, 66, 230–235, 1994.
52. Bean, K. A. and Henion, J. D., Determination of carbendazim in soil and lake water by immunoaffinity extraction and coupled-column liquid chromatography-tandem mass spectrometry, *J. Chromatogr. A.*, 791, 119–126, 1997.
53. Farjam, A., Brugman, A. E., Lingeman, H., and Brinkman, U. A. T., On-line immunoaffinity sample pretreatment for column liquid chromatography: Evaluation of desorption techniques and operating conditions using an anti-estrogen immuno-precolumn as a model system, *Analyst*, 116, 8896–8981, 1991.
54. Bouzige, M., Pichon, V., and Hennion, M. C., Online coupling of immunosorbent and liquid chromatographic analysis for the selective extraction and determination of polycyclic hydrocarbons in water samples at the ng l^{-1} level, *J. Chromatogr. A.*, 823, 197–210, 1998.
55. Perez, S., Ferrer, I., Hennion, M. C., and Barcelo, D., Isolation of priority polycyclic aromatic hydrocarbons from natural sediments and sludge reference materials by an anti-fluorene immunosorbent

followed by liquid chromatography and diode array detection, *Anal. Chem.*, 70, 4996–5001, 1998.

56. Delaunay-Bertoncini, N., Pichon, V., and Hennion, M. C., Comparison of immunoextraction sorbents prepared from monoclonal and polyclonal anti-isoproturon antibodies and optimization of the appropriate monoclonal antibody-based sorbent for environmental and biological applications, *Chromatographia*, 53, S224–S230, 2001.
57. Pichon, V., Chen, L., and Hennion, M. C., Online preconcentration and liquid chromatographic analysis of phenylurea pesticides in environmental water using a silica-based immunosorbent, *Anal. Chim. Acta.*, 311, 429–436, 1995.
58. Martin-Esteban, A., Fernandez, P., Stevenson, D., and Camara, C., Mixed immunosorbent for selective online trace enrichment and liquid chromatography of phenylurea herbicides in environmental waters, *Analyst*, 122, 1113–1117, 1997.
59. Ferrer, I., Hennion, M-C. , and Barcelo, D., Immunosorbents coupled online with liquid chromatography/atmospheric pressure chemical ionization/mass spectrometry for the part per trillion level determination of pesticides in sediments and natural waters using low preconcentration volumes, *Anal. Chem.*, 69, 4508–4514, 1997.
60. Groopman, J. D., Trudel, L. J., Donahue, P. R., Marshak-Rothstein, A., and Wogan, G. N., High-affinity monoclonal antibodies for aflatoxins and their application to solid-phase immunoassays, *Proc. Natl Acad. Sci. U.S.A.*, 81, 7728–7731, 1984.
61. Bouvrette, P. and Luong, J. H. T., Development of a flow injection analysis (FIA) immunosensor for the detection of Escherichia coli, *Intl. J. Food Micro.*, 27, 129–137, 1995.
62. Bouzige, M., Legeay, P., Pichon, V., and Hennion, M. C., Selective on-line immunoextraction coupled to liquid chromatography for the trace determination of benzidine, congeners and related azo dyes in surface water and industrial effluents, *J. Chromatogr. A.*, 846, 317–329, 1999.
63. Stolpe, N. B. and Shea, P. J., Alachlor and atrazine degradation in Nebraska soil and underlying sediments, *Soil Sci.*, 160, 359–370, 1995.
64. Nelieu, S., Kerhoas, L., and Einhorn, J., Atrazine degradation by ozonization in the presence of methanol as scavenger, *Intl. J. Environ. Anal. Chem.*, 65, 297–311, 1996.
65. Boundy-Mills, H. L., de Souza, M. L., Mandelbaum, R. T., Wackett, L. P., and Sadowsky, M. J., The atzB gene of Pseudomonas sp. strain ADP encodes the second enzyme of a novel atrazine detection pathway, *App. Environ. Microbio.*, 63, 916–923, 1997.
66. Sadowsky, M. J., Wackett, L. P., de Souza, M. L., Boundy-Mills, K. L., and Mandelbaum, R. T., Genetics of atrazine degradation in Pseudomonas sp. strain ADP, *ACS Symp. Ser.*, 683, 88–94, 1998.
67. Shapir, N. and Mandelbaum, R. T., Atrazine degradation in subsurface soil by indigenous and introduced microorganisms, *J. Agric. Food Chem.*, 45, 4486–4491, 1997.
68. Hilts, B. A., Dvorak, B. I., Rodriguez-Fuentes, R., and Miller, J. A., GAC treatment of Lincoln's water: Implications of pretreatment and herbicides, *Proc. Conf. Am. Water Works Assoc.*, 1060–1066, 2000.
69. Ashley, J. M., Dvorak, B. I. and Hage, D.S, Activated carbon treatment of s-triazines and their metabolites, Paper presented at *Proc. Natl Conf. Environ. Eng.*, Chicago, 1998.
70. Singh, J., Zhang, T. C., Shea, P. J., Comfort, S. D., Hundal, L. S., and Hage, D. S., Transformation of atrazine and nitrate in contaminated water by iron-promoted processes, *Proc WEFTEC*, Dallas, Vol. 3, 1996.
71. Katmeh, M. F., Godfrey, A. J. M., Stevenson, D., and Aherne, G. W., Enzyme immunoaffinity chromatography—A rapid semi-quantitative immunoassay technique for screening the presence of isoproturon in water samples, *Analyst*, 122, 481–486, 1997.
72. Gascon, J., Oubina, A., Ballesteros, B., Barcelo, D., Camps, F., Macro, M-P., Angel Gonzalez-Martinez, M., Morais, S., Puchades, R., and Maquieira, A., Development of a highly sensitive enzyme-linked immunosorbent assay for atrazine. Performance evaluation by flow injection immunoassay, *Anal. Chim. Acta.*, 347, 149–162, 1997.
73. Bjarnason, B., Bousios, N., Eremin, S., and Johansson, G., Flow injection enzyme immunoassay of atrazine herbicide in water, *Anal. Chim. Acta.*, 347, 111–120, 1997.
74. Turiel, E., Fernandez, P., Perez-Conde, C., Gutierrez, A. M., and Camara, C., Flow-through fluorescence immunosensor for atrazine determination, *Talanta*, 47, 1255–1261, 1998.
75. Reeves, S. G., Rule, G. S., Roberts, M. A., Edwards, A. J., and Durst, R. A., Flow-injection liposome

immunoanalysis (FILIA) for alachlor, *Talanta*, 41, 1747–1753, 1994.

76. Rule, G. S., Palmer, D. A., Reeves, S. G., and Durst, R. A., Use of protein A in a liposome-enhanced flow-injection immunoassay, *Anal. Proc.*, 31, 339–340, 1994.
77. Lee, M., Durst, R. A., and Wong, R. B., Comparison of liposome amplification and fluorophor detection in flow-injection immunoanalyses, *Anal. Chim. Acta.*, 354, 23–28, 1997.
78. Ensing, K. and Paulus, A., Immobilization of antibodies as a versatile tool in hybridized capillary electrophoresis, *J. Pharm. Biomed. Anal.*, 14, 305–315, 1996.
79. Hage, D. S., Affinity chromatography: A review of clinical applications, *Clin. Chem.*, 45, 593–615, 1999.
80. Wittmann, C. and Schmid, R. D., Development and application of an automated quasi-continuous immunoflow injection system to the analysis of pesticide residues in water and soil, *J. Agric. Food Chem.*, 42, 1041–1047, 1994.
81. Kramer, P. and Schmid, R., Flow injection immunoanalysis (FIIA)—a new immunoassay format for the determination of pesticides in water, *Biosen Bioelectron*, 6, 239–243, 1991.
82. Kramer, P. M. and Schmid, R. D., Automated quasi-continuous immunoanalysis of pesticides with a flow injection system, *Pest Sci.*, 32, 451–462, 1991.
83. Lee, M. and Durst, R. A., Determination of imazethapyr using capillary column flow injection liposome immunoanalysis, *J Agric. Food Chem.*, 44, 4032–4036, 1996.
84. Lee, M., Durst, R. A., and Wong, R. B., Development of flow-injection liposome immunoanalysis (FILIA) for imazethapyr, *Talanta*, 46, 851–859, 1998.
85. Wittmann, C., Immunochemical techniques and immunosensors for the analysis of dealkylated degradation products of atrazine, *Intl. J. Environ. Anal. Chem.*, 65, 113–126, 1996.
86. Kronkvist, K., Loevgren, U., Svenson, J., Edholm, L-E., and Johansson, G., Competitive flow injection enzyme immunoassay for steroids using a post-column reaction technique, *J. Immunol. Methods*, 200, 145–153, 1997.
87. Charles, P. T., Conrad, D. W., Jacobs, M. S., Bart, J. C., and Kusterbeck, A. W., Synthesis of a fluorescent analog of polychlorinated biphenyls for use in a continuous flow immunosensor assay, *Bioconjugate Chem.*, 6, 691–694, 1995.
88. Onnerfjord, P. and Marko-Varga, G., Development of fluorescence based flow immunoassays utilising restricted access columns, *Chromatographia*, 51, 199–204, 2000.
89. Onnerfjord, P., Eremin, S. A., Emneus, J., and Marko-Varga, G., A flow immunoassay for studies of human exposure and toxicity in biological samples, *J. Mol. Recog.*, 11, 182–184, 1998.
90. Onnerfjord, P., Eremin, S. A., Emneus, J., and Marko-Varga, G., High sample throughput flow immunoassay utilising restricted access columns for the separation of bound and free label, *J. Chromatogr. A.*, 800, 219–230, 1998.
91. Tudorache, M., Rak, M., Wieczorek, P. P., Jonsson, J. A., and Emneus, J., Immuno-SLM–a combined sample handling and analytical technique, *J. Immunol. Methods*, 284, 107–118, 2004.
92. Bier, F. F., Jockers, R., and Schmid, R. D., Integrated optical immunosensor for s-triazine determination: Regeneration, calibration and limitations, *Analyst*, 119, 437–441, 1994.
93. Irth, H., Oosterkamp, A. J., Tjaden, U. R., and van der Greef, J., Strategies for online coupling of immunoassays to HPLC, *Trends Anal. Chem.*, 14, 355–361, 1995.
94. Wilmer, M., Trau, D., Renneberg, R., and Spener, F., Amperometric immunosensor for the detection of 2,4-dichlorophenoxyacetic acid (2,4-D) in water, *Anal. Lett.*, 30, 515–525, 1997.
95. Schuste, M., Wasserbauer, E., Neubauer, A., and Jungbauer, A., High speed immunoaffinity chromatography on supports with gigapores and porous glass, *Biosep*, 9, 259–268, 2000.
96. Willumsen, B., Christian, G. D., and Ruzicka, J., Flow injection renewable surface immunoassay for real time monitoring of biospecific interactions, *Anal. Chem.*, 69, 3482–3489, 1997.

15 溶胶-凝胶免疫分析与免疫亲和色谱法

Miriam Altstein and Alisa Bronshtein

目录

15.1 引言

溶胶-凝胶法及应用溶胶-凝胶包埋各种生物分子的技术，近年来取得重要进展。自20多年前首次报道以来，溶胶-凝胶法的包埋技术就引起了人们的关注，它开创了一种固化生物材料的新方法，具备开发多种用途的巨大潜力。大量的生物分子，包括酶、抗体（Ab）（单克隆、多克隆、重组、催化）、DNA、RNA以及活体动物、植物、细菌和真菌的细胞，还包括原生动物，已经被包埋其中，并成为构建光学和电化学传感器，以及用于诊断、色谱和催化的装置的核心组件。

在过去的十年间，关于溶胶-凝胶的过程，特别是在上述的生物分子和活体细胞的包埋上，已经有了一些全面的综述[1~7]。所涉及的主要内容包括溶胶-凝胶过程本身的详细说明，通过溶胶-凝胶过程实现的蛋白质包埋以及其他多种类型的溶胶-凝胶衍生的生物复合材料的相关信息，溶胶-凝胶包埋的生物分子性质的描述（分布、构象、动力学、亲和性、活性、热动力学等），基于溶胶-凝胶的生物复合材料的应用细节（分析、生物医学、生物物理、生物合成），以及关于溶胶-凝胶生物固化的前景展望。

尽管迄今为止有数量庞大、种类繁多的生物分子被包埋进溶胶-凝胶基质，但最近的大部分综述都集中关注酶的包埋，而酶代表了一类数量最大、研究最为深入的被包埋的生物分子[1,2,4,5]。而其他包括抗体在内的生物分子既有大量研究，又在过去 10 年取得了显著进展，而且它们在实际应用中的潜力也是巨大的，但是，这些生物分子并没有引起较大的关注。当前的综述主要聚焦于抗体及其他抗原在溶胶-凝胶基质中的包埋方法，以及其在免疫检测法（IA）和免疫亲和色谱法（IAC）中的应用。为方便读者，我们简要介绍了溶胶-凝胶过程、生物分子的包埋方法，以及近年来在溶胶-凝胶这类基质中生物分子包埋领域的创新。以上主题已有大量综述报道了溶胶-凝胶的特性，包括它们的构象、动力学、可访问性、反应动力学、稳定性，以及在应用领域的最新进展[1,2,4,5]，读者可以作为参考以了解更多的信息。

15.1.1 溶胶-凝胶过程

溶胶-凝胶这一术语指的是一种化学方法，通过这种方法，金属或半金属烷氧前体或它们的衍生物在温和的温度下在水解后以缩合-聚合等化学反应可以形成复合材料（图 15.1）。大多数的溶胶-凝胶是硅基氧化物，尽管一些其他氧化物，如铝硅酸盐、二氧化钛、二氧化锆以及很多其他的氧化物成分也被广泛应用[8~11]。二氧化硅（SiO_2）溶胶-凝胶基质能够在各种处理条件下（例如室温、温和的 pH 值以及短凝胶时间）构成具有广泛物理属性的结构（例如多孔纹理、网状结构、表面功能性），使得硅烷氧化物成为一种最适合的溶胶-凝胶前体。这些基质可能会采用多种形态，包括多孔湿凝胶、常温常压凝胶、气凝胶、干凝胶，以及有机修饰的溶胶-凝胶（被称为有机改性硅酸盐），由此产生的基质具有较高的比表面积和介孔度，对化学和物理介质具有惰性和稳定性，在可见光谱和紫外光谱范围内具有较高的清晰度。

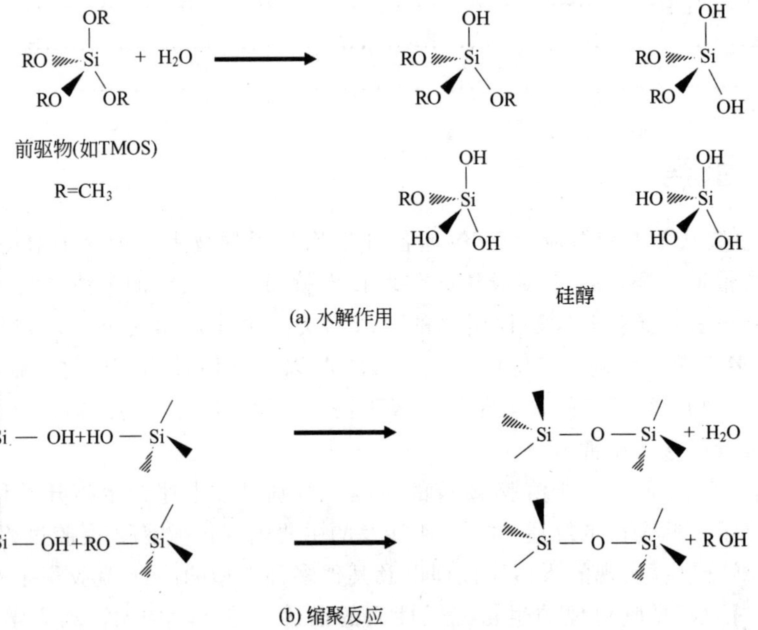

$Si(OR)_4 + H_2O \longrightarrow Si(OH)(OR)_3,\ Si(OH)_2(OR)_2,\ Si(OH)_3(OR),\ Si(OH)_4$

前驱物(如TMOS)

$R=CH_3$

硅醇

(a) 水解作用

$\equiv Si-OH + HO-Si\equiv \longrightarrow \equiv Si-O-Si\equiv + H_2O$

$\equiv Si-OH + RO-Si\equiv \longrightarrow \equiv Si-O-Si\equiv + ROH$

(b) 缩聚反应

图 15.1 溶胶-凝胶制备过程

TMOS—四甲氧基硅烷

15.1.2 溶胶-凝胶基质中的生物分子包埋

人们对于无机凝胶已经研究了一个多世纪。然而在过去的20年中，当它应用为包埋生物活性分子的通用方法之一的时候，溶胶-凝胶过程才取得了突破性的发展。虽然第一份关于酶的包埋的研究报告出现在20世纪50年代中期[12]，但是直到30年后，这一发现的重要性才被Avnir等证实，他们在硅基基质上包埋了一系列酶[13]。此后，出现了大量相关工作，包括各种各样的生物分子甚至完整细胞的包埋[1,2,4,5,14~16]。

为了成功实现在溶胶-凝胶基质中的包埋，必须要保持基质内生物分子的活性形态，优化掺杂的溶胶-凝胶的形态，以提供最佳的性能，来确保被包埋的生物分子能接近基质、配体或分析物。通过溶胶-凝胶法制备生物掺杂材料，以满足上述要求，由于这种包埋是基于生物分子周围的聚合物链的生长而实现的，因此能够减少其变性。在室温条件下，适宜生物分子的pH和离子强度范围内，溶胶-凝胶法可以在水溶液中进行水解和聚合。此外，与其他聚合物不同的是，聚合物骨架的形成（例如聚硅氧基聚合物中的硅-硅）不涉及中间产物，它可以通过稳定的共价键与被困的蛋白质进行相互作用，并有可能导致其变性。同时，基质的孔径是可以控制的，因此，能够获得允许分析物、配体和底物接触生物分子的足够大的孔隙，而且基质也能够被调整以包含残基和添加剂，通过调节内部环境以提高生物活性。

生物分子的包埋主要依据图15.2所示的方案来实现。前体首先被水解（以硅氧化物为例，通常在酸性条件下使硅氧烷的缩合率最小）以形成水溶胶，然后水解的前体与生物分子的水溶液混合（在适当的缓冲液中，调节至适宜于生物分子活性的pH值）。在这个水解前体的缩聚过程完成之后，进行的是水性溶胶的凝胶化，以形成包埋了生物分子的湿凝胶。最初的凝胶水含量高且孔隙大，但在一段时间（数天至数周）后，会进一步缩合，形成机械强度更高的网状结构。湿凝胶的脱水会导致聚合物的收缩、孔状结构的坍塌，以及干凝胶的形成。如前文所指出的，大部分溶胶-凝胶是硅烷氧化物，这主要是由于硅烷氧化物的水解和缩合速率慢，使每一步都独立可控，热动力学参数也能针对不同的需求而进行优化。

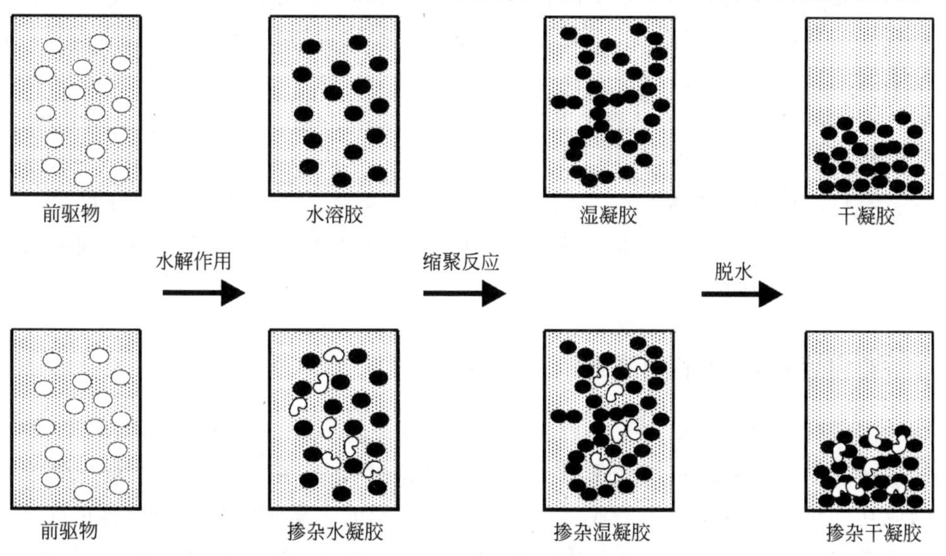

图15.2 凝胶形成示意图（上）和生物分子包埋凝胶制备过程示意图（下）

溶胶-凝胶生物复合材料可以从结构通式为 $X(OR)_4$ 的无机（二氧化硅或者其他金属或半金属）烷氧化物前体中制备，其中 X 指金属或半金属残基，溶胶-凝胶生物复合材料也可以从结构通式为 $YX(OR)_3$ 的有机和无机结合材料中制备，其中 Y 是类似于乙基或甲基的有机基团，例如正硅酸四乙酯（TEOS）或四甲基硅烷（TMOS）。此外，添加剂也能够与生物分子共同实现包埋，这有助于提高分子的稳定性和活性。这种添加剂可以是疏水基团、聚合物（例如聚乙二醇、甘油、聚乙烯基咪唑等）、表面活性剂、脂质体、多糖（葡聚糖、纤维素和脱乙酰壳多糖）、辅因子（例如氧化还原调节剂）以及生物或合成添加剂。这些化合物可在凝胶化形成杂合的有机-无机凝胶前直接与溶胶-凝胶前体混合。这些添加剂能够影响凝胶的物理性质，改变其刚性、机械稳定性、孔径以及光学和电化学性能，同时，它们还会影响凝胶与被包埋生物分子的相互作用，从而提高整体活性。关于凝胶和它们对被包埋生物分子的作用的具体性质在一些综述中有详细的讨论[1,4,5]。

15.1.3 被包埋生物分子的特性

在生物分子的包埋方面的进展导致了大量分子实现了包埋，如酶、Abs、调控蛋白、运输蛋白、膜结合蛋白和核酸[1,4,5]。总的来说，这些研究揭示了被包埋生物分子在多孔凝胶网络中以囊状或笼状的方式被围绕。根据被包埋分子的性质和浓度，用于实现包埋的特定的前体和添加剂可能均质地分散于多孔溶剂或以各种方向、基团或聚合物吸附到二氧化硅上。Jin 和 Brennan 对此进行了详细的研究[1]。被吸附的生物分子并没有被物理吸附或化学吸附在聚合物的结构上，尽管这种相互作用可能会自然发生，并会影响到活性。生物分子与无机、有机或混合复合材料以及凝胶中的添加剂的相互作用决定了生物分子保留其原生特性的程度。

人们利用一系列方法来确定和表征被包埋生物分子的生物活性，其中包括电化学和分光光度法对活性的测定，对伴随配体、底物、抗原或抗体的结合产生的吸光度变化的测量，利用荧光方法对配体与调节蛋白的结合的检测，以及对抗体与其对应抗原间相互作用的细节研究。这些研究表明，生物分子在基质内包埋严密，无法扩散，使得分子能够保持其活性，稳定性得到提高，并可以使其与扩散进高度多孔基质内的化合物反应。虽然调节包埋过程以温和的温度水解缩聚，这种条件使得生物分子被包埋时不会变性，但是关于被包埋分子构象的研究表明，在溶胶-凝胶包埋的过程中确实可以发生构象变化。这种利用溶胶-凝胶方法来实现针对蛋白质的固化的方法极具吸引力，其重要的原因之一就是被包埋分子具有较高的稳定性且基质具有良好的理化性质。Jin 和 Brennan、Pierre 对溶胶-凝胶包埋分子的构象稳定性以及它们的动力学性质、蛋白质-凝胶相互作用、对应被包埋蛋白质的时间和对凝胶化过程的影响进行了详细的讨论[1,5]。

15.1.4 被包埋生物分子的应用

掺杂的硅酸盐材料已经应用于各种领域。近年来，这一领域的研究相当活跃，并由此产生了多种多样的生物材料。在溶胶-凝胶衍生的生物材料的应用中，包括大量生物技术中重要的酶的成功固化，针对临床、工业、环境和本地应用的光学和电化学传感器的实现，酶电极，亲和色谱的固定相位，新一代免疫吸附剂、固相萃取（SPE）材料、控释剂和固相生物合成，生物活性光学组件的构造，生物催化涂料与薄膜，用于环境研究与功能蛋白相关应用的生物基质的 DNA 和 RNA 生物芯片的制备，等等。将凝胶塑造成与多种应用兼容的各种形态（块、薄膜、微阵列、柱、纤维、粉末）的能力对于工业应用非常重要，许多基于各种凝胶形态的原始设计扩展了这些封装材料的适用性。上述一些应用在文献[1，2，5] 及其参考文献中有详细叙述。

本节综述了一组使用溶胶-凝胶包埋的抗原和抗体可用于免疫检测和免疫亲和色谱设备开发的分子，这些分子具有极大的生物学意义，引起了许多研究团队的关注。在这方面开展的研究以及这种方法的应用将在下面的章节中阐述。

15.2 溶胶-凝胶免疫检测法与免疫色谱法

15.2.1 固相免疫检测——概况

固相免疫检测是多个领域中应用成熟的方法。这种强大的分析技术跨越学科界限，并作为研究和诊断的工具广泛应用于应用研究、基础科学以及医疗、农业和环境研究中。抗原或抗体可以在固相基质中被固化，固相免疫检测正是基于这个原理，从而使游离（未结合）的分析物能够简单快速地从固化在固体表面的复合物中分离出来。这个简单的特性使得开发分析物的定量检测方法成为可能，很显然，正是这个最主要的原因，使其应用广泛并且迅速流行。从第一代免疫检测技术在 20 世纪 60 年代中期出现开始，针对天然和合成分子已经开发了数百种测定方法，现在这些方法形成了一种最通用的诊断方法。这种方法具备快速、灵敏、简易以及高性价比等特性，使其成为一个很有吸引力的工具，并已经针对大量的分析物进行了优化。它已经实现自动化，并在医疗、环境和食品科学领域中作为监测多种分析物的常规程序。

如前文所指出的，固相免疫检测最重要的是基于抗体或抗原在适合的固体表面或内部的成功固化。可行的固化方法需要满足一定的要求，包括固化分子的高密度（高表面体积比)，高活性，吸附分子良好的方向性，潜在不利反应条件下的长期稳定性，针对分析物的良好的接近性，快速响应时间以及洗脱与解吸抗性。将分子固定于无机、有机和聚合物表面的一些方法已有报道，包括物理吸附、表面共价结合、半渗透膜包埋，以及在聚合微球或水凝胶中的微包埋（详见文献综述[17]）。虽然有些技术已经取得了成功，但是都不是通用的。也就是说，它们无法被用于各种类型的分子，并且必须依据被包埋的分子与包埋基质的化学和物理性质再进行仔细优化。最终这些技术在大多数情况下只能应用于一些有限的分子和应用。具有许多优点的溶胶-凝胶技术的出现，以及在这类基质上成功实现生物分子的包埋的报道，使构建一种用于开发通用的，特别是用于食品和环境监测的免疫检测方法成为可能。

近年来，诸如酶免疫检测等针对农药和其他生物异源物质检测的免疫化学方法变得越发重要[18~23]。用于测定农药的许多商业试剂盒都可以购买，数百个相关试验也已经在文献中进行了描述[24]。使用抗体进行环境或农业监测相关免疫化学分析所遇到的一个主要问题是，其有限的稳定性可能是测试性能质量中变异和失效的祸首。水果和蔬菜提取物，以及土壤样品中含有的有机和无机物质，可以直接干扰抗体-抗原结合，还可以通过使抗体变性或与抗体络合间接破坏抗体-抗原结合，从而降低检测的效率及其检测能力。在与基质干扰相关的问题中，最主要的是再现性差、反应慢、成本高，而且在许多情况下，难以满足现场（野外、密闭房间、被污染场所等）检测的需求。将溶胶-凝胶方法引入到生物分子包埋，烷氧聚合物独特的化学性质，以及由这种方法所带来的优点已经为这类应用开辟了新的可能性，并使开发简单、高度敏感、高度可再现、高性价比的离线、在线和现场测定方法成为可能（在某些情况下，已被证明显著优于现有的标准方法）。

在过去的二十年里，针对环境、农业和医疗应用的基于溶胶-凝胶的免疫检测方法的开发，概要介绍如下：

15.2.2 基于溶胶-凝胶的固相免疫系统

抗原抗体在溶胶-凝胶中的包埋已在文献中得到了很好的证明（见表15.1和表15.2的参考文献列表），虽然在近十多年中仅有十几个免疫鉴定方法（指可应用于监测实际样品的测定）被开发出来。开发基于溶胶-凝胶的免疫检测法中遇到的关键问题集中在优化掺杂溶胶-凝胶结构以取得最佳性能，找到一种方法使生物分子高密度固化，使得它们具有高活性、长期稳定性、良好的分析物亲和性、快速响应时间以及洗脱抗性。事实上，这些正是下文所示的在大多数研究中所阐述的主要问题。早期的研究主要集中于阐释包埋分子与凝胶的作用能力，之后的研究扩展到被包埋的生物分子乃至整个细胞属性的细节性质的分析（比如这些研究在表格中被称为概念的证明，POCIAs）。最近，研究已经开始关注为构建用于监测实际样品的基于溶胶-凝胶的免疫检测设备而实现将分子和整个细胞包埋于溶胶-凝胶中的方法。

表15.1 溶胶-凝胶包埋抗体的免疫分析

包埋抗体	固定基底	溶胶-凝胶模式	检测方法	应用	检测参数	参考文献
抗孕酮抗体	TEOS/3-氨基丙基三甲氧基硅烷	悬浮液	液体闪烁计数仪	IA-POC	结合亲和力，浸出，pH值的影响，捕获能力，与ELISA比较	[29]
抗荧光素抗体	TMOS	块状	荧光分光光度计	IA-POC	剂量响应，凝胶老化、干燥和保存对分析物结合和亲和力的影响	[28]
抗荧光素抗体	TEOS	气溶胶衍生的薄膜	荧光分光光度计	IA-POC	储存时间，浸出，非特异性结合，再生性对结合活性的影响	[35]
抗丹酰氯抗体	TEOS	块状	荧光分光光度计和时间分辨荧光光度计	IA-POC	结合亲和力，储存时的稳定性，凝胶中包埋的Ab移动性	[26]
抗TNT抗体	TMOS	块状和干凝胶	荧光分光光度计	IA-POC	剂量和时间响应关系，湿凝胶与干凝胶中的结合比较，交叉反应性，稳定性	[25]
抗粘连蛋白抗体	异丙醇铝	电化学电容薄膜电极	伏安分析仪	IA-POC	优化结合条件，时间和剂量响应关系，结合能力，非特异性结合，选择性，重现性，与SiO_2溶胶凝胶衍生免疫传感器的比较	[34]

续表

包埋抗体	固定基底	溶胶-凝胶模式	检测方法	应用	检测参数	参考文献
抗皮质醇抗体	TMOS	块状和薄膜	荧光分光光度计	IA-POC	结合力(特异性、非特异性)，包埋 Ab 的构象变化，剂量与时间的结合反应，浸出	[27]
抗异丙隆抗体(除草剂)	TMOS	放在流式荧光分光光度计中的粉末	流动注射荧光光谱仪	IA	结合能力，流速，浸出，海水和食物样品的加标回收率	[36]
荧光素标记的抗D二聚体抗体(纤维蛋白片段)	TMOS	光纤免疫传感器的涂层尖端和整体	荧光分光光度计	IA	结合，LOD，剂量反应，老化，浸出，再生，人血浆和全血加标样品中分析物的测定	[31]
抗 C_3 抗体	MTMOS/石墨	安培型免疫传感器形式的挤压糊状物	电化学分析仪	IA	操作条件优化，溶胶-凝胶-石墨比，工作电位，灵敏度，重现性，非特异性吸附，稳定性，C_3 的检测范围和LOD，人血清中 C_3 的测定	[32]
抗庆大霉素抗体(抗生素)	TMOS/PEG	连续流动位移免疫传感器形式的悬浮液柱	荧光分光光度计	IA	PEG 对活性的影响，非特异性结合，浸出，剂量反应，LOD 柱再生，稳定性，流速，血清样品和实际患者样品的加标回收率，分析方法验证	[33]
抗庆大霉素抗体(抗生素)	含磁性球形二氧化硅(TMOS)纳米粒子	溶液中的磁性二氧化硅纳米粒子	荧光分光光度计	IA	结合能力，血液样品的加标回收率	[30]①

① 用磁铁分离未结合和结合的分析物。在其他所有的实验中，分离是通过洗涤进行的。

注：该表将实验分为两组：(A) 免疫检测概念验证实验，证明了溶胶-凝胶包埋的 Ab 可以用作免疫测定 (IA) 装置的概念 (POC)(此类测定称为 IA-POC，包括合成的标准分析物结合实验)；(B) 免疫分析实验，所包埋的 Ab 用于监测来自加标或真实样品的分析物的实验 (这种测定称为 IA)。缩写：IgG—免疫球蛋白；LOD—检测限；MTMOS—甲基三甲氧基硅烷；PEG—聚乙二醇；TEOS—正硅酸四乙酯；TMOS—四甲氧基硅烷。

表 15.2 溶胶-凝胶包埋抗原的免疫分析

包埋抗原	固定基底	溶胶-凝胶模式	检测方法	应用	检测参数	参考文献
兔-IgG	TEOS/羟丙基纤维素/石墨	厚膜安培电极和电化学免疫传感	电压表和安培表	IA-POC	结合条件的优化，Ag 负载，LOD，检测范围，不同的凝胶微结构，重现性	[40]
细粒棘球绦虫 Ag	TMOS	96 孔微孔板中浇铸凝胶	酶标仪	IA	感染患者血清中细粒棘球绦虫抗体的检测	[16,38]

续表

包埋抗原	固定基底	溶胶-凝胶模式	检测方法	应用	检测参数	参考文献
利什曼虫细胞	TMOS	96孔微孔板中浇铸凝胶	酶标仪	IA	溶胶-凝胶基质的物理性质表征，包封细胞的超微结构，感染患者血清中利什曼原虫抗体的检测，ELISA相关性研究	[16]
犬弓首蛔虫Ag	TEOS/聚乙烯醇	96孔微孔板中浇铸溶胶-凝胶	分光光度计（比色信号）	IA	检测范围的确定，基于溶胶-凝胶的IA法与常规ELISA法的比较，感染血清中抗体的检测	[37]
CA19-9（糖类肿瘤标志物）	异丙醇钛（Ti基溶胶-凝胶）	厚膜电化学电极	电化学分析仪	IA	免疫传感器制备和工作条件的优化，剂量反应分析，选择性，重现性，稳定性，患者血清样本中CA19-9的测定	[41]
日本血吸虫Ag	TMOS/BSA/石墨	纤维状电化学电极	电化学和极谱分析仪	IA	结合条件，非特异性吸附，结合能力，孵育温度的影响，剂量-反应关系，重现性，传感器稳定性，感染血清样本中抗体的检测	[42]
HCV和EBV衍生肽	氨基脲3-氨基丙基三甲氧基硅烷	滑动微阵列	荧光阵列扫描仪	IA	非特异性结合，敏感性，特异性，交叉反应性，重现性，与ELISA的比较，储存稳定性，人血清中HCV和EBV抗体的检测	[39]

注：表中将实验分为两组：（A）证明溶胶-凝胶包埋Abs的概念（POC）可以用作免疫测定（IA）装置（这种方法命名为IA-POC，涉及包埋的Ag与Ab的结合）；（B）使用包埋的Ag检测加标或真实样品Abs（这种方法命名为IA）。缩略词：BSA—牛血清白蛋白；CA—糖抗原；EBV—EB病毒；HCV—丙型肝炎病毒；IgG—免疫球蛋白；LOD—检出限；TEOS—正硅酸乙酯；TMOS—四甲氧基硅烷。

通过简要概述POC-IA研究所阐释的主要问题，可以看出主要集中于测定条件的优化（pH值、采样量、流量、添加剂效应），热动力学参数及抗体-抗原交互作用的热力学分析（结合亲和力、时间动力学），非特异性结合，交叉反应性和选择性，再现性，再生性，洗脱条件，凝胶干燥和储存时间对生物活性（老化和稳定性）的影响，掺杂物或分析物与基质的相互作用，掺杂物对孔径大小和孔径大小对生物活性的作用，被包埋分子的构象及其迁移率，以及与其他免疫检测结构的溶胶-凝胶活性的对比［例如酶联免疫吸附分析（ELISA）］。更多的应用研究将它们的关注领域扩展到其他方面，超出了上文所涉及的范围，诸如测定能力、检测范围、相对于其他免疫检测方法的检测限、使用基于溶胶-凝胶的免疫检测方法检测实际样品中分析物的能力、恢复性，以及对其他分析方法的验证。

不管它们的最终目的是什么，无论是 POC 还是真正的 IA，上述的所有研究都揭示了被包埋的生物分子在生物凝胶中具有活性，并服从基本的结合和动力学规则（如表 15.1 中列出的所有抗体），保留了它们的特异性[25]，在接触到诸如极端的 pH 值、高温、有机溶剂等因素后仍然非常稳定，能将其结合活性保持数月[25,26]。生物分子并没有表现出任何可检测的旋转取向[26,27]，同时，虽然它们的结合亲和力低于在溶液中[26,28]，但在某些情况下，其亲和性与在溶液中是类似的[29,30]。测定中的非特异性结合可以通过选择合适的基质来减至最低限度[27]，其检测限在分析或诊断目的的规定范围内[27,30~34]，而且在大多数研究中，老化并没有影响抗体的结合性质[26,31,35]。

基于溶胶-凝胶开发的 IA 具有两种主要结构：一种是抗体被固化/包埋（抗体结构，见表 15.1），另一种是抗原被固化/包埋（抗原结构，见表 15.2）。对于每种结构，都同时设计了竞争性和非竞争性测定。在第一种模式中，抗体被包埋，从而检测能与包埋抗体结合的抗原，这些抗原要么是自发荧光的，要么携带有酶、荧光标签或同位素标记，检测可以分为不存在不发光抗原的情况（非竞争性测定[26,28,31,34,35]）或存在不发光抗原的情况（竞争性测定[25,27,29,30,32,33,36]）的条件下可检测标记抗原与包埋抗体的结合。在非竞争性测定中，检测荧光的衰减；在竞争性测定中，对酶活性、荧光或放射性（由于参与与被包埋的抗体结合竞争的游离 Ag 量的增多）的减弱进行测定。在第二种结构中，抗原被包埋于溶胶-凝胶基质中，通过检测被标记的二抗与酶或荧光标记的结合（非竞争性测定[16,37~39]），或者检测与被标记一抗的竞争（竞争性测定[40~42]）来测定未知样品（通常为患者血清）中的抗体。

两种 IA 结构均可用于多种类型的包埋基质。大多数的测定都仅仅是基于硅烷氧化物（TMOS 或 TEOS）。另外，也有人使用改性或衍生的烷氧化物（3-氨基丙基三甲氧基硅烷、氨基脲 3-氨基丙基三甲氧基硅烷、甲基三甲氧基硅烷）或者与其他添加剂（聚乙二醇、PEG、羟丙基纤维素、聚乙烯醇）结合的硅烷氧化物。也使用了基于 Al（如异丙醇铝）或 Ti（如钛异丙醇）的复合材料。石墨也被添加到新一代电化学电极上。两种结构的 IA 都使用了多种类型的溶胶-凝胶：浆料悬浮液、整料、气雾剂衍生薄膜、干凝胶、浇铸在微孔板上的凝胶，以及各种电化学电极（薄膜电容电极、厚膜和纤维样电化学电极，以及安培电极）。出现了整个阵列的免疫传感器（光学的、安培的和流式的），同样也出现了含磁颗粒的球形二氧化硅纳米粒子和片状微阵列。抗体结构的 IA 用于监测环境以及医疗相关的检测物，而抗原结构的 IA 只应用于医疗用途。不同结构及其对应应用的例子在下文进行介绍，并总结于表 15.1 和表 15.2。

15.2.2.1 溶胶-凝胶包埋抗体的免疫测定（抗体结构）

关于包埋抗体的研究报告在 1984 年被 Venton 等首次报道[29]。结果显示，一种 3∶1 比例混合的 TEOS 和丙胺在聚硅氧烷共聚物中成功地对抗孕酮的抗体进行了包埋。这个研究表明，包埋的抗体保留了它们与抗原分子结合的能力，这种能力与游离的抗血清相当（尽管只有 50%的包埋抗体保留了它们的活性）。研究还发现，这些抗体并没有从基质中脱离，而且它们在较宽的 pH 值范围内是稳定的。

这项研究在近十年后由 Wang 等研究人员完成[28]，他们以整体的形式对抗荧光素抗体进行了包埋，并证实了溶胶-凝胶包埋抗体保留了它们的结合活性和与它们的分析物的密切关系（本例是荧光素）。该小组对包埋方法、老化、干燥、储存对凝胶亲和常数的影响进行了详细的定量分析。研究表明，如果凝胶保持干燥，储存时间和条件会影响到溶胶-凝胶包埋抗体的亲和力，但如果样品在低温下储存，这种亲和性就会被保留下来。与 Venton 等[29]的发现相反，与溶液中获得的亲和力相比，抗荧光素抗体的包埋导致亲和力下降了约 2 个数量级。

另外两种被包埋在单一溶胶-凝胶形式中的抗体是抗 TNT[25]和抗丹酰[26]。抗 TNT 的抗体能够在 mg/L 水平上检测出分析物，并保留了区分 TNT 和其他三硝基芳香族类似物的能力。与表面吸附的抗体相比，溶胶-凝胶包埋的抗体显示出更高的稳定性，并且已被证明，暴露在变性条件下时也更加稳定。包埋抗体符合要求的活性及增强的稳定性也为抗丹酰抗体所证明[26]。

尽管在整体基于 IA 的方面取得了成功，但诸如此类的研究受到了限制，它可能会影响真实样本的测量，因为其固有的漫长的响应时间与分析的缓慢扩散有关。为了克服上述局限性，提高分析物对被包埋传感分子的响应时间和可访问性，开发了薄膜抗体。Zhou 等[27]在薄膜中包埋了抗皮质醇的抗体，并将其与整体包埋的抗体的活性进行了比较，发现这两种形式都可以用于光学传感 IAs。这些数据还表明，抗体以一种剂量-反应的方式保留了两种形式的活性，这一分析的敏感性令人满意（在生理上相关的范围内），而抗体的二级结构只显示了微小的变化。通过对整体形式和薄膜形式的传感性能的比较，发现薄膜更有效，并使包埋的抗体更易接近抗原，从而显著降低了所需的试验时间。然而，这些优势是通过降低信号强度（尽管不是主要的）和更大范围的差异而获得的。另一项研究是由 Jordan 等[35]进行的，他们将这种薄膜方法应用于抗荧光素抗体的包埋，并将其作为储存时间的函数进行量化。虽然这项研究并没有对比薄膜反应和整体形式（非薄膜）反应的时间动力学，但它显示了抗体保留了对其半抗原的亲和力，包埋保持了三个月，并且响应时间随着存储时间的增加而增加（因为使用特定结构的设备，选择行为随时间变化的抗体亚种群）。使用温和的离液试剂，可以在几个循环内对该装置进行部分再生。

这种薄膜溶胶-凝胶法也适用于以 γ-氧化铝溶胶-凝胶包埋的抗体作为电容性无标记 IAs 的开发[34]。电容性免疫传感器作为新颖的无标签的免疫系统被广泛地研究，它提供了高灵敏度和快速的测试。这种方法的成功实现需要一个电绝缘薄膜的形成，从而允许电容测量和嵌入抗体层的（纳米尺寸）薄膜的形成。在 Jiang 等[34]的研究中，描述了使用氧化铝基溶胶-凝胶法（即特别适用于薄膜的形成，因为基质具有固有的高表面积，使形成膜的厚度显著减少）促进了电容免疫传感器的发展。在此系统的基础上构建了一个多通道电容性的抗人类免疫球蛋白（IgG）和抗层粘连蛋白 IA 以阐明该应用。该设备能够测量抗原（人类的 IgG 和层粘连蛋白），并具有诊断所需的精确度，显示为低检出限（低于 SiO_2 溶胶衍生的电容免疫传感器或常规 ELISA），展示了对各自的抗原有可再生的线性反应，这一发现是具有选择性和特异性的。这是基于这种结构的氧化铝凝胶基质的唯一例子。

生物传感器提供了相当大的优势，特别是在需要现场监测的情况下。有几种生物传感器的形式，基于溶胶-凝胶技术最常见的是电化学免疫传感器。电化学免疫传感器将简单的、可移植的、低成本的电化学系统与特定的和敏感的程序相结合，这代表了临床、生化和环境分析的一种颇有前景的方法。在 Liu 等[32]的研究中，提出了一种溶胶-凝胶电流免疫传感器的例子。作者描述了一种基于由溶胶-凝胶-BSA-石墨复合材料包埋反补 C_3 抗体的电流免疫传感器的生成。掺杂的溶胶-凝胶膏（被挤进聚氯乙烯管中）形成了一种电流的免疫传感器，用于检测人体血清中的 C_3［用 C_3-辣根过氧化物酶（HRP）共轭标记］。免疫传感器在临床分析所需的范围内灵敏、稳定、重复性好且可再生。

溶胶-凝胶的另一种应用是免疫传感器的形成，它可以实时监测分析物。流动注射或电化学免疫电极提供了实时监测的许多优点。在实验室或现场，不需要使用昂贵和复杂的仪器的情况下，可以对连续流和自动在线性能进行分析。这对环境和法医监测尤其重要。两项研究探讨了在溶胶-凝胶包埋抗体中连续流替代免疫传感器的形成。在第一项研究中[36]，将抗异丙隆抗体包埋在 TMOS 中，TMOS 被粉碎成粉末并应用在流通式荧光分光光度计，用于监测加标海水和马铃薯提取物中的除草剂异丙隆。该方法比高效液相色谱法更有效、快速、灵敏；对基质的影响最小，整体分析很简单，免疫传感器可以在不改变敏感性的情况下使用 2 个月。值得一提的是，这一分析方法是唯一一种为真实样品的环境监测而开发的基于溶胶-凝胶的 IA，需要强调这样一个事实：尽管 IA 目前在环境、法医和食品暴露研究中得到了相当广泛的应用[18~24]，但是基于溶胶-凝胶的 IA 在这些领域的引入和实施有些缓慢，并且落后于制药和生物医学领域。鉴于在所有已开发的溶胶-凝胶 IA 中，只有两个（上述研究和 TNT 上的 POC-IA[25]）用于环境诊断这样一个事实，这一点得到了很好的反映。一种可能的解释是需要开发各种不同的分析物，有时甚至是脂溶性分析物的抗体，这并不总是一件简单的事情，并且需要监测多样化和复杂的基质，如沉积物、脂肪食品、水果和蔬菜的粗丙酸提取物等，这些物质比体液要复杂得多。

Yang 等[33]也介绍了一种流动注射的情况，他在一种硅溶胶-凝胶基质中使用了抗庆大霉素抗体，这种基质中含有一种泥浆柱状的固定物。这种免疫测定的基础是庆大霉素和荧光标记的庆大霉素之间为了争夺被包埋的抗体的竞争。该方法被证实有效，这些柱可以多次重复使用，非特异性结合很低，并且可以在患者血清中确定分析物的含量，其含量接近常用的 IA 法。同一个研究团队[30]提出了对溶胶-凝胶包埋的抗庆大霉素抗体进一步的验证，其中抗体包埋在含磁性球形纳米颗粒中，并将其应用于一种磁分离 IA 系统中。在溶液中，测试纳米尺寸的磁性可分离的机械稳定粒子，以使其能够在溶液中结合荧光庆大霉素。这些数据显示，被包埋的抗体保留了它们能与庆大霉素结合的能力，而基于磁力的免疫测定则是定量的，其行为方式类似于在溶液中使用的抗体。试验也用于分析血清样品的恢复，此方法显示出令人满意的可重复性和再生性，从而使用含磁性球形二氧化硅纳米粒子改善生物传感器设备，在微尺度流体系统或体内的生物医学监测（如药物释放、药物代谢、摄入量等）中表现出很大的潜力。

Grant 和 Glass[31]报道了溶胶-凝胶法的一个非常有趣的应用，他们将荧光抗-D 二聚体 Ab（一种纤维蛋白凝块降解产生的纤维蛋白产品）包埋在光纤的尖端，并使用该设备监测添加了 D-二聚体的人血浆和全血中的分析物。研究证明了该方法在 PBS、人体血浆和全血中应用的可行性。该传感器显示出临床相关的敏感性、低渗性、可再生性和稳定性的时间约为一个月。虽然还需要改进一些功能（如生命周期和再生能力），但该方法提供了一种吸引人的诊断应用，用于监测脑卒中患者进行血栓溶解治疗的血栓溶解，以及增加新的颅内应用的可能性。

这种溶胶-凝胶法还被用于促进免疫传感器的发展，在这种情况下，抗体没有被包埋在基质中，而是被吸附或结合在固相表面。尽管这一主题超出了本文的讨论范围，但列出了几个示例。在两项研究中[43,44]采用了溶胶-凝胶法，形成了一种新型的电位免疫传感器，它由一种二维的溶胶-凝胶层组成，纳米粒子和抗体（抗白喉和抗皮质激素抗体）被吸附。在另一项研究中[45]，抗 RDX（六氢化-1,3,5-三硝基-1,3,5-三嗪）抗体共价固定在 TEOS 上，形成连续流取代免疫传感器。在其他的研究中，基于聚乙烯醇和聚硅氧烷的无机-有机复合物用于共价固定从鼠疫杆菌中获得的抗原[46]和抗 2,4-D 单克隆抗体（mAb），通过抗小鼠 IgG 吸附到溶胶-凝胶表面处理的玻璃毛细管，用于竞争激烈的化学发光反应，开发一个高度敏感的免疫测定法来检测除草剂[47]。

15.2.2.2 溶胶-凝胶包埋抗原的免疫测定（抗原结构）

Livage 等在 1996 年发表了一种关于抗原结构的免疫检测法发展的第一个研究报告[16,38]（表 15.2）。一种细粒棘球蚴囊液抗原在溶胶-凝胶基质中被固定在 96 孔微孔板上，用于在感染患者的血清中发现抗棘球粒抗体。这项研究证明了这个实验的作用，它能够检测出相对较大的分子（Ab），其灵敏度与经典的 ELISA 没有显著的差异。

在另一项研究中[16]，完整的原生动物细胞（利什曼虫）在一种微孔板中被包埋在一个凝胶状的基质中，并被用于在感染的病人中检测利什曼虫抗体。研究表明，在溶胶-凝胶基质内的全细胞生物的包埋并没有破坏它们的细胞组织，而凝胶化过程可以被控制，以确保毛孔大到足以容纳整个细胞，并允许像 IgG 这样的大分子的扩散，从而能够在被感染的病人身上发现抗体。

Coelho 等[37]进行了一项类似的研究，他的一项研究发现了一种由 TEOS 和聚乙烯醇组成的复合凝胶混合物（这使得该物质在基质中通过戊二醛的共价键结合得更牢固）。通过一种显色基板的方法，测定了在未知样品中发现的犬弓蛔虫抗体，这是一种人类 IgG 与 HRP 结合的二抗。研究表明，该试验可以检测受感染病人的抗体，而且该检测的灵敏度远高于传统的 ELISA。

Wang 等[40]于 1998 年发表了一份基于溶胶-凝胶技术的一次性厚膜电化学免疫传感器的首次报告。该研究小组包埋了一种抗原（兔的 IgG）在溶液中与分析物竞争带有报告酶结合的抗体（兔抗 IgG）。研究表明，抗体可以很容易地接近包埋的抗原，尽管有厚的凝胶膜，固定化抗原仍然可以被抗体识别，基于溶胶-凝胶法的酶免疫电极可用于竞争分析检测溶液中的抗体。与这些电极相比，其测量范围和检测限优于其他电化学免疫传感器和 ELISA。

Du 等[41]描述了另一个关于厚膜电化学电极被包埋在溶胶-凝胶基质中的例子：开发出了一种电化学石墨电极，即，将碳水化合物抗原（CA）19-9（一种碳水化合物肿瘤标志物）固定在钛溶胶-凝胶膜上。在未知的样品溶液中，基于游离的 HRP 标记的 CA19-9 与被包埋的抗原相竞争的方法使 CA19-9 被检出。免疫传感器显示了良好的准确性和可接受的选择性、灵敏度、再现性、存储稳定性和精度。

Zhong 和 Liu[42]描述了另一个电化学电极的例子。用以溶胶-凝胶为基础的电化学生物传感器被来包埋一种人类寄生虫，即日本血吸虫，用于检测抗日本血吸虫抗体。在样品溶液中发现了一种 HRP 标记的抗日本血吸虫抗体和溶液中抗体的竞争，确定了未知样品的检测方法。就像被包埋的抗体的免疫检测一样，传感器具有良好的物理和电化学稳定性、可再生的外表面、低背景、广泛的工作潜力，以及相对较长的寿命。该方法还成功地提供了一种传感装置，用于直接监测血清样品中日本血吸虫的浓度。

溶胶-凝胶的包埋肽也被用于制造高度敏感和特异性抗体结合的、高通量筛选（HTS）IA 的肽阵列。目前，生物测定的微型化已经引起了生物学和医学研究方面的极大关注。从复杂的生物样本中提取高度敏感的、特定的、能同时检测多个抗体的微型设备的设计是非常重要的。在过去的十年里，微型化技术的发展趋势已经引起了科学界的极大兴趣。微阵列已经被应用于各种各样的研究，特别是在基因组研究中，但它们对诊断的应用还没有得到充分的研究。在 Melnyk 等[39]的一项研究中，两种丙肝病毒（HCV)-派生的肽和一种巴尔病毒(EBV)-派生的肽在半氨基脲溶胶-凝胶层上打印出来，用于检测 HCV 和 EBV。抗体存在于人类血清中，血清中抗体的数量是由一种带荧光的人类二抗决定的。该方法对几个肽表位的抗体显示出很高的敏感性和特异性；它能够在受感染者的少量血样中进行检测，与标准 ELISA 相比，在灵敏度和特异性方面都有很大的提高。

15.2.3 免疫亲和色谱——概况

免疫亲和色谱是一种用于从液体基质中分离和纯化单个或一类化合物的强力技术。IAC 就是基于抗体及其抗原间的高选择性。由于 Ag-Ab 相互作用的高亲和性和选择性，该方法达到了分子选择的高度。IAC 包括三个步骤：①抗体基质的制备，随后组装吸附/解吸附的色谱柱；②将抗原结合到抗体基质上；③洗脱抗原。在第一步中，抗体固化到固相基质上。在制备了含有抗体的基质后，抗原结合上来，而其他杂质大分子通过洗涤而去除。在最后一步，Ag-Ab 相互作用解离，抗原释放进洗脱液。IAC 可以以在线或离线的方式进行，还可以与各种分离技术和分析方法如液相色谱（LC)、气相色谱（GC）和免疫化学分析（如 ELISA）联用。

IAC 已经在药物和生物医药痕量分析中应用了超过 40 年，在最近几十年，也应用在职业与环境卫生监测、法医检查和食品安全分析中的环境污染物与农药残留。分析物监测中样品含有各种各样的复杂基质、基质中待测物含量低以及分析方法中干扰化合物的存在提高了对检测基质清洗和富集方法的高效特异性、快速和低成本要求。这些因素，伴随着与 SPE 领域的密集研究导致的新模式和新吸附剂的发展以及由于某些溶剂（如含氯有机化合物等）的限制导致的传统液液萃取的剧烈下降，直接推动了 IAC 作为优选的痕量分析模式出现。迄今为止，IAC 已经成功应用于环境和食品样品中的农药和其他痕量有机物检测以及职业暴露和临床试验中生物液体中的药物代谢物和内源性化合物的检测。ICA 在属于环境分析领域的类选择性浓缩方面展现出巨大的应用潜力（参见 15.2.4.1 部分)。文献［21，22，48～51］详细综述了 IAC 方法的基本原理、该领域的最新进展以及在临床和环境分析领域的应用。

IAC 的成功应用需要对抗体固化的专用支撑介质。该支撑介质必须：①多孔——以允许抗原穿透的同时提供大容量支撑；②化学和生物惰性——最小化非特异性吸附；③稳定——允许在洗脱过程中使用变性剂；④易于激活。迄今为止，制造生物亲和色谱装置的方法都是基于抗体的共价或亲和偶联到固相介质上（通过链霉亲和素、蛋白 A 或者蛋白 G)，传统上 IAC 常用的支撑介质包括琼脂糖、二氧化硅、纤维素以及合成的聚合物。这些方法受限于偶联抗体时由于不能控制蛋白质方向和结构导致的活性损失、低表面负载、潜在的低机械稳定性（这会妨碍 ICA 柱与分离方法的联用)、将填料装载进狭窄柱子时比较困难、最小化到非常狭窄的柱子的困难、某些蛋白质的柔性很差、制备时间长、再生性低和最重要的是费用昂贵。由于涉及到严苛的化学处理过程不能与生物分子兼容，最近整体柱方面的研发进展并不能广泛适应于 IAC 的应用。溶胶-凝胶包覆的检测方法成功应用到种类繁多的生物分子、可以控制的溶胶-凝胶基质孔隙率以及上述溶胶-凝胶技术的大量潜在优势促进了溶胶-凝胶研究向 IAC 应用的扩展，不断应用于临床、环境、法医和食品安全残留监测。在后文以及表 15.3 概述了以溶胶-凝胶为基础的 IAC 的应用。

表 15.3 溶胶-凝胶包埋抗体的免疫亲和色谱

包埋抗体	固定基底	溶胶-凝胶模式	检测方法	应用	检测参数	参考文献
抗二硝基苯抗体（环境污染物）	TMOS，TMOS/PEG	悬浮液柱	ELISA（比色法）	IAC-POC	结合验证，非特异性结合，全血清与 IgGs 的结合能力比较，溶胶-凝胶形式和添加剂的优化，结合能力，洗脱，重现性，浸出，与其他 IAC 方法的比较	[52,58]
抗莠去津抗体（除草剂）	TMOS/PEG	悬浮液柱	ELISA（比色法）	IAC-POC	结合，剂量-反应关系，溶胶-凝胶形式的优化，容量，洗脱，浸出，储存稳定性，重现性	[54,57]
抗 TNT 抗体	TMOS/PEG	悬浮液柱	ELISA（比色法）	IAC-POC	结合，非特异性结合，剂量-反应关系，与其他 Ag-Ab 结合试验的比较（如免疫沉淀反应），浸出，稳定性，对有机溶剂的耐受性，洗脱	[59]
抗 1-硝基芘抗体（环境污染物）	TMOS	悬浮液柱	ELISA 或 HPLC（荧光检测器）	IAC-POC	结合验证，非特异性结合，容量，浸出，洗脱，重复性，老化和储存	[53]
抗芘抗体（环境污染物）	TMOS	悬浮液柱	ELISA 或 HPLC（荧光检测器）	IAC-POC	结合验证，非特异性结合，表面活性剂、PEG 和高分子量阻滞剂对非特异性结合的影响，容量，交叉反应性，浸出，洗脱，重复性，老化和储存	[55,56]
抗 2,4-D 抗体（除草剂）	TEOS	悬浮液柱	HPLC（紫外检测器）	IAC-POC	湿凝胶、半干凝胶与干凝胶的结合能力，流速，掺杂凝胶与非掺杂凝胶的物理性质；洗脱条件的优化，重复性，与溶液中 Ab-Ag 结合的比较	[60]
抗 1-硝基芘抗体（环境污染物）	TMOS	悬浮液柱	HPLC（荧光检测器）	IAC	机械稳定性，容量，可重复使用性，重现性，样品制备与溶胶-凝胶 IAC 的兼容性，基质干扰和加标草药样品中的分析物回收	[63]

续表

包埋抗体	固定基底	溶胶-凝胶模式	检测方法	应用	检测参数	参考文献
抗芘抗体（环境污染物）	TMOS	插入室外样品（雨水）收集器中的悬浮液柱	HPLC（紫外或荧光检测器）	IAC	结合能力，pH对结合的影响，高温储存稳定性，交叉反应性，雨水中分析物的回收	[62]
抗芘抗体（环境污染物）	TMOS	与HPLC在线耦合的悬浮液柱	HPLC（荧光检测器）	IAC	柱压稳定性，Ag-Ab结合动力学，柱容量，洗脱条件，重复性，河流样品分析	[64]
抗芘抗体（环境污染物）	TMOS	悬浮液柱	HPLC（荧光检测器）	IAC	结合能力，浸出，洗脱，特异性，基质干扰，溶胶-凝胶IAC法与SPE的比较，重复性，加标和实际尿样的回收率	[65]
抗*s*-三嗪抗体（除草剂）	TMOS/甘油	悬浮液柱	GC（NPD检测器）	IAC	Ab固定效率，浸出，结合能力，选择性，非特异性结合，结合和洗脱条件，重复性，加标水和土壤样品的回收率，与其他SPE方法比较	[66]
抗菊酯抗体（杀虫剂）	TMOS/PEG	悬浮液柱	ELISA（比色法）	IAC	水果和蔬菜加标提取物中分析物的测定	[69]
抗双酚A抗体（环境污染物）	TMOS	悬浮液柱	HPLC（荧光检测器）	IAC	负载和洗脱条件、结合能力、回收率、再生、交叉反应性、加标和实际样品（罐装饮料和食品）中分析物的测定	[68]
抗吗啡抗体 抗M3G抗体 抗M6G抗体	TMOS	悬浮液柱	HPLC（荧光检测器和激光诱导荧光）	IAC	溶胶-凝胶IAC法与固相萃取法的比较，容量，回收率，血样中分析物的测定	[67]
抗肿瘤IgG抗体	TMOS/PEG/PVP/3-氨基丙基三甲氧基硅烷	由玻璃纤维涂覆溶胶-凝胶膜组成的柱	HPLC（紫外检测器）	IAC	非特异性结合、浸出、容量、患者血清肿瘤相关抗原的测定	[61]

注 表中将实验分为两组：(A) 证明溶胶-凝胶包埋Abs的概念（POC）可以用作免疫亲和色谱（IAC-POC）装置（这种方法命名为IA-POC，涉及将Abs用于纯化标准分析物的研究）；(B) 使用包埋的Ab监测加标或真实样品的分析物的实验（这种方法命名为IAC）。缩略词：GC—气相色谱；HPLC—高效液相色谱；IgG—免疫球蛋白；M3G—抗吗啡-3-β-D-葡糖苷酸；M6G—抗吗啡-6-β-D-葡糖苷酸；NPD—氮磷检测器；PEG—聚乙二醇；PVP—聚乙烯吡咯烷酮；SPE—固相萃取；TEOS—正硅酸乙酯；TMOS—四甲氧基硅烷；TNT—2,4,6-三硝基甲苯。

15.2.4 溶胶-凝胶为基础的免疫亲和色谱

尽管已经广泛研究了溶胶-凝胶的抗体包被（参见上文），但文献仅报道了少数几个 IAC 的应用实例（少于 20 个），很少有研究报道溶胶-凝胶 IAC 用于从实样中进行小分子待测物的群选择性富集和回收（表 15.3）。作为利用溶胶-凝胶为基础的免疫分析技术，有些研究被设计成了 IAC-POC 实验，例如通过用标准物质研究证明利用溶胶-凝胶包被抗体的能力可以用在哪里[52~60]；其他研究[61~69]将该装置应用于实样的清理和富集。不同于上述以溶胶-凝胶为基础的免疫分析方法，多数 IAC 实验集中在环境分析物上；仅有两篇文献与临床目标物相关[61,67]。

到目前为止，有些方法已经被用于基于溶胶-凝胶 IAC 设备的研发中。大多数研究使用碎 Ab-掺杂硅胶材料，被填充到凝胶形式的柱子中。只有一项研究[61]使用了一种不同的形式，用玻璃纤维覆盖 Ab-掺杂溶胶-凝胶法，作为基质，用于亲和分离。几乎所有的研究都是基于存在或不存在 PEG 或甘氨酸的硅基复合材料（TEOS 或 TMOS）用于捕获目标物；例如一项研究中[61]使用了 TMOS、PEG、3-三丙基三氧甲基硅烷和聚乙烯吡咯烷酮（PVP）的混合物。几乎所有的分离柱都用作离线设备。有一篇文献[64]报道了用胶体 IAC 阵列通过反相前处理柱耦合在高效液相色谱柱前实现了在线检测。在线和离线设备的洗脱物用 ELISA、HPLC 或者 GC 检测。基于 IAC 的溶胶-凝胶法的一般过程如图 15.3 所示。

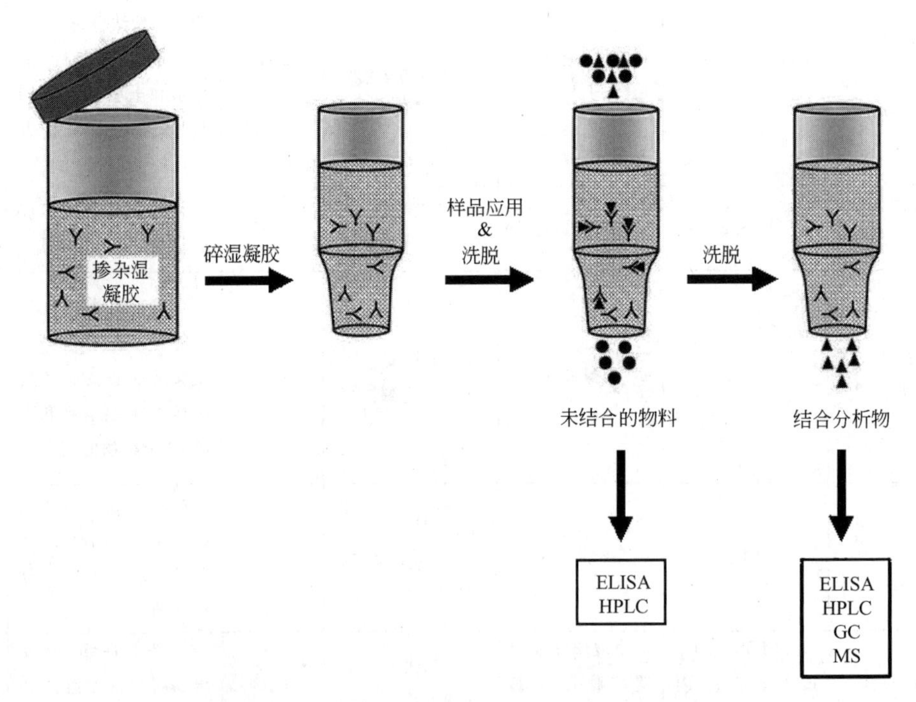

图 15.3 基于免疫亲和色谱的溶胶-凝胶制备示意图

ELISA—酶联免疫分析；GC—气相色谱；HPLC—高效液相色谱；MS—质谱

开发一个基于溶胶-凝胶的强大分析设备例如 IAC，需要用于目标物捕获的 Ab 模拟物，或者能够增强其在溶液中的相关性质（如活性或者稳定性）。为了实现这一目标，重要的是要优化捕获条件，检查结合力、容量、能力，最重要的是，与溶液中抗体或其他 IAC 方法对比其被包埋抗体的活性。这些问题是大部分IAC-POC研究的主要目的，本文对本领域的研究热点概述如下：(a) 优化凝胶单体和添加剂（湿凝胶、干凝胶、有PEG存在等）以及凝胶的机械稳定性；(b) 结合物的支撑材料；(c) 优化包埋条件；(d) 非特异性结合和表面活性剂在其表面反应的效果；(e) 结合能力；(f) 交叉反应性/特异性（主要是与ELISA相比）；(g) Ab对有机溶剂的耐受性；(h) 洗脱条件；(i) 回收率；(j) 沥滤；(k) 存储和老化过程中的稳定性；(l) 再现性；(m) 可重用性；(n) 与其他IAC和SPE方法的比较。现有的应用研究对上述关注点进行了拓展，并进一步验证了IAC装填柱从复杂的食品样品/环境及临床样本中去除和富集待测物的能力。毫无疑问，所有的研究都证实了溶胶-凝胶法包埋Ab是一种高效、可再生的、稳定的和可重用的IAC装置。下一小节将详细叙述。

15.2.4.1 溶胶-凝胶免疫亲和色谱用于环境、法医和职业性（疾病）监测

十多年前，Altstein等[52,58]于1994年首次报道了将溶胶-凝胶包埋Ab用于IAC。他们将抗二硝基苯（DNB）IgG包埋在基于TMOS的溶胶-凝胶基质中。研究表明，以泥浆柱的形式截留的抗体保留了其从溶液中结合分析物的能力。随后在TMOS/PEG溶胶-凝胶基质中包埋抗DNB抗血清[58]，包埋抗阿特拉津单克隆抗体（mAb）[54,57]，随后包埋抗三硝基甲苯（TNT）单克隆抗体[59]和抗拟除虫菊酯单克隆抗体[69]，无论是包埋抗体还是被测分析物，上述研究表明，亲水性湿凝胶（以泥浆柱的形式），TMOS与水的比例为1∶8，10%的PEG作为富集材料是首选的工作形式。包埋的抗体保持其在一段时间内以剂量依赖的方式从溶液中结合分析物的能力，这与溶液中没有太大区别，分析物可以用有机溶剂（乙醇、丙酮、乙腈）或高碱性或酸性缓冲液以高回收率（86%～100%）洗脱，并且分析物没有非特异性地黏附在基质上。研究还表明，即使在极端的洗脱条件下，抗体也不会从柱中浸出，柱可以保存几个月而不会失去活性，并且分析具有高度的重复性。用多克隆抗体（pAb）或蛋白A纯化的IgG（不需要从整个抗血清中纯化IgG）进行检测同样有效，并且可以用pAb、mAb甚至杂交瘤培养液（不需要从组织培养基中纯化mAb）进行检测。溶胶-凝胶IAC柱显示出明显高于或等于用蛋白A-琼脂糖偶联的Ab获得的结合能力。

Zhulke等[53]在1995年报道了在TMOS基溶胶-凝胶基质中成功地包埋抗1-硝基芘的抗体，几乎与上述研究相同。这项研究解决了上述问题，并进一步证明了溶胶-凝胶包埋抗体可以成功作为的IAC器件这一观点的可行性。在Zhulke的研究之后，来自同一组的研究溶胶-凝胶包埋的抗芘抗体的特性的报告也发表了出来[55,56]。这些研究再次表明，包埋了抗体结合的分析物，抗体没有从基质中浸出，柱可以再生和重复使用，老化不会影响结合特性，该方法是高效的，并产生了良好的分析物回收率。不同于Alstein等测试过的分析物[57,59]，它不会非特异性地吸附到基质上，多环芳烃（例如苯并芘和相关化合物[56]）会吸附到基质上，并且对色谱柱的非特异性结合会慢慢增加存储期。他们还发现多种方法（例如用聚乙二醇修饰溶胶-凝胶复合物、添加非离子表面活性剂或将高分子量阻滞剂与表面活性剂结合）可显著降低非特异性吸附并降低交叉反应性[56]。

从20世纪90年代末开始，POC-IAC报告显示越来越重视应用研究，该方法用于监测真实的环境、职业性（疾病）和食品样本。发表了几篇这样的报告，其中大部分来自Niessner和他的同事[62～66,68]。采用溶胶-凝胶法从实际样品中回收分析物，包括以下抗体的包埋：(a) 用于检测水和土壤样品中三嗪类除草剂的抗*s*-三嗪抗体[66]；(b) 用于检测草

药样品中的分析物的抗1-硝基芘抗体[63]；(c) 用于清除罐装饮料、水果和蔬菜中的分析物的抗双酚A抗体[68]；(d) 在加标和实际尿液[65]、河水[64]和雨水[62]样本中检测多环芳烃(如芘)及其代谢物的抗芘。Scharnweber 等[62]描述的研究使用了一种室外使用的装置，其目的是计算从大气中沉积的化合物对土壤的渗透。除了成功地应用于从实际样品中监测分析物之外，研究还证明了IAC装置能够承受现场实验中室外所遇到的恶劣条件。以上研究表明，该柱能有效地清除复杂加标样品中的分析物，并能显著减少基质干扰，从而影响下游的化学或免疫化学分析。

尽管上述大多数研究证实了关于溶胶-凝胶基质中成功包埋抗体的报道和证明，但其中一些研究揭示了该方法的缺点和问题。例如，在 Braunrath 和 Cichna[68]的研究中，IAC柱的交叉反应模式明显高于 ELISA。在另一项研究[70]中，溶液中的抗体能检测到的一些化合物不能与溶胶-凝胶包埋的抗体相互作用。此外，Cichna 等[64]的研究结果表明，溶胶-凝胶 IAC 柱的选择性与传统反相 (RP-8) 柱相当，即溶胶-凝胶 IAC 法没有显示出任何优于 RP-8 的优点。然而，在大多数情况下，与其他固相萃取方法[65~67]相比，溶胶-凝胶 IAC 导致更高的分析物回收率。此外，在一些研究中，IAC 柱并没有去除所有干扰基质的成分。这是显而易见的，特别是当样品被标准化学分析方法 (而不是 ELISA 或电化学方法) 监测时，需要进一步优化纯化程序[63]。在一些研究中，包埋抗体的结合能力低于溶液中获得的结合能力[66]，但在大多数情况下，它足以将分析物保留在 IAC 载体上以供进一步分析。

15.2.4.2 基于溶胶-凝胶的免疫亲和色谱的临床监测

尽管免疫学测定和 IAC 已经在制药、生物医学和临床研究中使用多年，但基于溶胶-凝胶的 IAC 尚未得到广泛实施，目前该方法仅用于两种情况：用于监测海洛因受害者和海洛因消费者血液样本中的吗啡及其Ⅱ型代谢产物[67]，并监测患者血清中的抗肿瘤 IgG[61]。在第一项研究中，抗吗啡、抗吗啡-3-β-D-葡糖苷酸 (M3G) 和抗吗啡-6-β-D-葡糖苷酸 (M6G) 抗体被包埋入 TMOS 并用激光诱导荧光结合 HPLC 监测以上化合物的血液样本。该方法能够检测低浓度的分析物，并可适用于无干扰复杂基质，如尸检血液样本。

第二项研究由 Zusman 和 Zusman[61]介绍了一种新的 IAC 格式，即凝胶玻璃纤维膜。由覆盖有氧硅烷的玻璃纤维构成，以提供溶胶-凝胶-玻璃基质。在凝胶玻璃制备过程中，包埋的 Ab 薄层沉积在玻璃晶格表面以形成具有包埋 Ab 的溶胶-凝胶膜。凝胶玻璃纤维 (GFG) 膜用于合成由一系列 20～30 个膜组装而成的 GFG 柱。这些含有抗肿瘤 IgG 的柱被用于分离各种蛋白质。IAC 应用于从癌症患者的血清中分离肿瘤相关的 Ag。与其他情况一样，溶胶-凝胶包埋的 Ab 非常稳定，可以在室温下保存数月，并且发现该柱在免疫分析和其他生物分析技术中非常有效，可以用于分离大量蛋白质，主要是由于膜的活性面积大。

15.3 总结与展望

如上所述，溶胶-凝胶衍生的生物复合材料与其他固定基质或开发先进分析装置的方法相比具有一系列显著的优点。溶胶-凝胶衍生材料可以根据广泛的成分用于包埋大量不同的生物分子。其他的固定方法不具备这样一种通用而灵活的特性，该基质的性质及基质与被包埋的分子的相互作用可以被良好地控制。溶胶-凝胶的物理和化学性质，对修饰复合物性质的适应性，可以修饰到凝胶上的生物大分子的含量以及被包埋生物分子性质的改进（例如高稳定性）的独特组合具有巨大的应用潜力。对上述讨论的应用中使用溶胶-凝胶生物复合材料的能力来自该领域的大量研究，其中这些研究大部分是在过去10～15年进行的。总的来说，这些研究对控制包埋生物分子方法的基本因素形成了独到的见解，并为开发先进的材料和加工方法提供了指导，而且这些材料和加工方法能够保持上述应用中包埋的Ab的活性。

尽管溶胶-凝胶衍生的生物复合材料已被证明可应用于许多分析领域，但仍有一些问题未得到解决，需要进一步研究。例如，需要改进材料性能以减少破裂、与材料老化有关的收缩、孔隙塌陷和相分离。在原材料的物理和化学参数以及反应条件（例如，原材料的性质和添加剂的水解比例，溶剂的性质和存在，缩合动力学等）方面仍然有改进的空间，并通过改善有机-无机复合材料以获得更好的包埋分子的生物活性。需要更好地兼容蛋白质（或任何其他包埋分子）-二氧化硅和分析物-二氧化硅的相互作用（由静电、氢键或疏水相互作用引起）。研究表明聚合物-蛋白质的相互作用可以最大化地提高一些蛋白质的稳定性和功能。然而，目前关于其他蛋白质稳定性的机制的信息非常有限。所以应该扩展这些方向的研究，旨在改善包埋分子的生物活性和稳定性。然而这种相互作用也有其局限性，因为它们可以导致分析物非特异性地吸附在基质上。所以应该进一步研究这种相互作用的性质，以找到简便的方法来减少或克服这个问题。此外，仍然需要优化包埋的溶胶-凝胶（关于尺寸、形状、孔径等）的物理性质，以实现其更好的性能（例如更快的分析物扩散）而不失去作用，尤其是在线生物传感器的情况下。此外，有必要找到扩大包埋过程的方法，最重要的是找到使生物分子能够长期使用相容的包埋条件。

这些问题中有部分已得到解决。目前正在研究：用于改善包埋分子的生物活性的措施，包括原材料的物理和化学参数、反应条件（例如原材料和添加剂的性质、水解比例、各种溶剂的存在或不存在、缩合动力学等）、这些因素之间的不同组合以及引入改进的有机-无机复合材料。而且新型高级材料的开发也在进行中。通过采用组合方法与高通量材料表征相结合的方法可以在快速筛选过程中发现最佳的生物复合材料，从而为给定的应用选择最合适的基质。整合分子印迹方法、可控孔结构、溶胶-凝胶免疫分析和免疫亲和色谱微结构、纳米技术和其他新方法[4]也开发出适应于IAC的新型溶胶-凝胶工具、免疫传感以及各种其他应用。

在本书中，我们关注了溶胶-凝胶包埋生物分子的两种应用：固相IA和IAC。Ab包埋在溶胶-凝胶基质中可以保持其结合能力，增强它们的稳定性，使得分析物在高回收率下能够从Ab分离，而且不会浸出，具有许多优势，并为开发用于免疫化学检测方法和IAC应用的高选择性生物传感器/免疫传感器开辟了道路。预计未来十年将在上述和其他许多应用溶胶-凝胶的研究领域中看到其更快的进展，将会出现新的和改良的设备，整合上述新方法也有助于促进简单、高度可重复、环境友好以及具有成本效益的环境、法医、农业和临床监测。

致谢

感谢美国环境保护局通过其研究与开发办公室对本次审查中所述的部分研究进行的资助和管理，我们还要感谢Oran Dan先生在参考资料方面提供的帮助。

参考文献

1. Jin, W. and Brennan, J. D., Properties and applications of proteins encapsulated within sol–gel derived materials, *Anal. Chim. Acta.*, 461, 1–36, 2002.
2. Gill, I., Bio-doped nanocomposite polymers: Sol–gel bioencapsulates, *Chem. Mater.*, 13, 3404–3421, 2001.
3. Livage, J., Coradin, T., and Roux, C., Encapsulation of biomolecules in silica gels, *J. Phys.: Condens. Matter*, 13, R673–R691, 2001.
4. Gill, I. and Ballesteros, A., Bioencapsulation within synthetic polymers (Part 1): Sol–gel encapsulated biologicals, *Trends Biotechnol.*, 18, 282–296, 2000.
5. Pierre, A. C., The sol–gel encapsulation of enzymes, *Biocatal. Biotransfor.*, 22, 145–170, 2004.
6. Gill, I. and Ballesteros, A., Encapsulation of biologicals within silicate, siloxane, and hybrid sol–gel polymers: an efficient and generic approach, *J. Am. Chem. Soc.*, 120, 8587–8598, 1998.
7. Avnir, D. and Braun, S., *Biochemical Aspects of Sol–Gel Science and Technology*, Kluwer Academic Publishers, Boston, MA, 1996.
8. Chen, X. and Dong, S., Sol-gel-derived titanium oxide/copolymer composite based glucose biosensor. *Biosensor Bioelection.*, 18, 999–1004, 2003.
9. Chen, X. H., Hu, Y. B., and Wilson, G. S., Glucose microbiosensor based on alumina sol–gel matrix/electropolymerized composite membrane, *Biosens. Bioelectron.*, 17, 1005–1013, 2002.
10. Hsu, A. F., Foglia, T. A., and Shen, S., Immobilization of *Pseudomonas cepacia* lipase in a phyllosilicate sol-gel matrix: effectiveness as a biocatalyst. *Biotech. App. Biochem.*, 31, 179–183, 2000.
11. Liu, B. H., Cao, Y., Chen, D. D., Kong, J. L., and Deng, J. Q., Amperometric biosensor based on a nanoporous ZrO2 matrix, *Anal. Chim. Acta*, 478, 59–66, 2003.
12. Dickey, F. H., Specific adsorption, *J. Phys. Chem.*, 59, 695–707, 1955.
13. Braun, S., Rappoport, S., Zusman, R., Avnir, D., and Ottolenghi, M, Biochemically active sol–gel glasses—The trapping of enzymes, *Mater. Lett.*, 10, 1–5, 1990.
14. Avnir, D., Braun, S., Lev, O., and Ottolenghi, M., Enzymes and other proteins entrapped in sol–gel materials, *Chem. Mater.*, 6, 1605–1614, 1994.
15. Brinker, C. J. and Scherer, G. W., *Sol–Gel Science: The Physics and Chemistry of Sol–Gel Processing*, Academic Press, Boston, MA, 1990.
16. Livage, J., Roux, C., DaCosta, J. M., Desportes, I., and Quinson, J. F., Immunoassays in sol–gel matrices, *C.R. Acad. Sci. Paris II*, 7, 45–51, 1996.
17. Tijssen, P., The immobilization of immunoreactants on solid phases, In *Practice and Theory of Enzyme Immunoassays*, Burdon, R. H. and Knippenberg, P. H., Eds.,, Elsevier, Amsterdam, pp. 297–329, 1985.
18. Hock, B., Enzyme immunoassays for pesticide analysis, *Acta. Hydrochim. Hydrobiol.*, 21, 71–83, 1993.
19. Meulenberg, E. P., Mulder, W. H., and Stoks, P. G., Immunoassays for pesticides, *Environ. Sci. Technol.*, 29, 553–561, 1995.
20. Sherry, J. P., Environmental chemistry—The immunoassay option, *Crit. Rev. Anal. Chem.*, 23, 217–300, 1992.
21. Van Emon, J. M., Immunochemical applications in environmental science, *J. AOAC. Int.*, 84, 125–133, 2001.
22. Van Emon, J. M., Immunoassay methods: EPA evaluations, In *Immunochemical Methods for Environmental Analysis*, 442, Van Emon, J. M. and Mumma, R. O., Eds., American Chemical Society Symposium Series, Washington, DC. pp. 58–64, 1990.
23. Van Emon, J. M., Gerlach, C. L., and Johnson, J. C., In *Environmental Immunochemical Methods: Perspectives and Applications*, Van Emon, J. M., Gerlach, C. L., and Johnson, J. C., Eds., *ACS Symposium Series*, Vol. 646, ACS, Washington DC, 1996.
24. Gabaldon, J. A., Maquieira, A., and Puchades, R., Current trends in immunoassay-based kits for pesticide analysis, *Crit. Rev. Food Sci. Nutrition*, 39, 519–538, 1999.
25. Lan, E. H., Dunn, B., and Zink, J. I., Sol–gel encapsulated anti-trinitrotoluene antibodies in immunoassays for TNT, *Chem. Mater.*, 12, 1874–1878, 2000.

26. Doody, M. A., Baker, G. A., Pandey, S., and Bright, F. V., Affinity and mobility of polyclonal anti-dansyl antibodies sequestered within sol–gel-derived biogels, *Chem. Mater.*, 12, 1142–1147, 2000.
27. Zhou, J. C., Chuang, M. H., Lan, E. H., Dunn, B., Gillman, P. L., and Smith, S. M., Immunoassays for cortisol using antibody-doped sol–gel silica, *Anal. Chem.*, 14, 2311–2316, 2004.
28. Wang, R., Narang, U., Prasad, P. N., and Bright, F. V., Affinity of antifluorescein antibodies encapsulated within a transparent sol–gel glass, *Anal. Chem.*, 65, 2671–2675, 1993.
29. Venton, D. L., Cheesman, K. L., Chatterton, R. T., and Anderson, T. L., Entrapment of a highly specific antiprogesterone antiserum using polysiloxane copolymers, *Biochim. Biophys. Acta.*, 797, 343–347, 1984.
30. Yang, H. H., Zhang, S. Q., Chen, X. L., Zhuang, Z. X., Xu, J. G., and Wang, X. R., Magnetite-containing spherical silica nanoparticles for biocatalysis and bioseparations, *Anal. Chem.*, 76, 1316–1321, 2004.
31. Grant, S. A. and Glass, R. S., Sol–gel-based biosensor for use in stroke treatment, *IEEE Trans. Biomed. Eng.*, 46, 1207–1211, 1999.
32. Liu, G. D., Zhong, T. S., Huang, S. S., Shen, G. L., and Yu, R. Q., Renewable amperometric immunosensor for Complement 3 assay based on the sol–gel technique, *Fresenius J. Anal. Chem.*, 370, 1029–1034, 2001.
33. Yang, H. H., Zhu, Q. Z., Qu, H. Y., Chen, X. L., Ding, M. T., and Xu, J. G., Flow injection fluorescence immunoassay for gentamicin using sol–gel-derived mesoporous biomaterial, *Anal. Biochem.*, 308, 71–76, 2002.
34. Jiang, D., Tang, J., Liu, B., Yang, P., and Kong, J., Ultrathin alumina sol–gel-derived films: allowing direct detection of the liver fibrosis markers by capacitance measurement, *Anal. Chem.*, 75, 4578–4584, 2003.
35. Jordan, J. D., Dunbar, R. A., and Bright, F. V., Aerosol-generated sol–gel-derived thin films as biosensing platforms, *Anal. Chim. Acta*, 332, 83–91, 1996.
36. Pulido-Tofino, P., Barrero-Moreno, J. M., and Perez-Conde, M. C., Sol–gel glass doped with isoproturon antibody as selective support for the development of a flow-through fluoroimmunosensor, *Anal. Chim. Acta*, 429, 337–345, 2001.
37. Coelho, R. D., Yamasaki, H., Perez, E., and de Carvalho, L. B., The use of polysiloxane/polyvinyl alcohol beads as solid phase in IgG anti-Toxocara canis detection using a recombinant antigen, *Mem. Inst. Oswaldo Cruz.*, 98, 391–393, 2003.
38. Roux, C., Livage, J., Farhati, K., and Monjour, L., Antibody-antigen reactions in porous sol–gel matrices, *J. Sol–Gel Sci. Technol.*, 8, 663–666, 1997.
39. Melnyk, O., Duburcq, X., Olivier, C., Urbes, F., Auriault, C., and Gras-Masse, H., Peptide arrays for highly sensitive and specific antibody-binding fluorescence assays, *Bioconjugate Chem.*, 13, 713–720, 2002.
40. Wang, J., Pamidi, P. V. A., and Rogers, K. R., Sol–gel-derived thick-film amperometric immunosensors, *Anal. Chem.*, 70, 1171–1175, 1998.
41. Du, D., Yan, F., Liu, S. L., and Ju, H. X., Immunological assay for carbohydrate antigen 19-9 using an electrochemical immunosensor and antigen immobilization in titania sol–gel matrix, *J. Immunol. Methods*, 283, 67–75, 2003.
42. Zhong, T. S. and Liu, G., Silica sol–gel amperometric immunosensor for *Schistosoma japonicum* antibody assay, *Anal. Sci.*, 20, 537–541, 2004.
43. Tang, D. Q., Tang, D. Y., and Tang, D. P., Construction of a novel immunoassay for the relationship between anxiety and the development of a primary immune response to adrenal cortical hormone, *Bioprocess. Biosyst. Eng.*, 27, 135–141, 2004.
44. Tang, D., Yuan, R., Chai, Y., Liu, Y., Dai, J., and Zhong, X., Novel potentiometric immunosensor for determination of diphtheria antigen based on compound nanoparticles and bilayer two-dimensional sol–gel as matrices, *Anal. Bioanal. Chem.*, 381, 674–680, 2005.
45. Holt, D. B., Gauger, P. R., Kusterbeck, A. W., and Ligler, F. S., Fabrication of a capillary immunosensor in polymethyl methacrylate, *Biosens. Bioelectron.*, 17, 95–103, 2002.
46. Barros, A. E. L., Almeida, A. M. P., Carvalho, L. B., and Azevedo, W. M., Polysiloxane/PVA-glutaraldehyde hybrid composite as solid phase for immunodetection by ELISA, *Braz. J. Med. Biol. Res.*, 35, 459–463, 2002.

47. Dzgoev, A. B., Gazaryan, I. G., Lagrimini, L. M., Ramanathan, K., and Danielsson, B., High-sensitivity assay for pesticide using a peroxidase as chemiluminescent label, *Anal. Chem.*, 71, 5258–5261, 1999.
48. Weller, M. G., Immunochromatographic techniques—a critical review, *Fresenius J. Anal. Chem.*, 366, 635–645, 2000.
49. Hennion, M. C. and Pichon, V., Immuno-based sample preparation for trace analysis, *J. Chromatogr. A.*, 1000, 29–52, 2003.
50. Delaunay-Bertoncini, N. and Hennion, M. C., Immunoaffinity solid-phase extraction for pharmaceutical and biomedical trace-analysis-coupling with HPLC and CE-perspectives, *J. Pharm. Biomed. Anal.*, 34, 717–736, 2004.
51. Van Emon, J. M. and Lopez Avila, V., Immunoaffinity extraction with on-line liquid chromatography mass spectrometry, In *Environmental Immunochemical Methods, 646*, Van Emon, J. M., Gerlach, C. L., and Johnson, J. C., Eds., ACS, Washington, DC, pp. 74–88, 1996.
52. Aharonson, N., Altstein, M., Avidan, G., Avnir, D., Bronshtein, A., Ottolenghi, M., Rottman, C., and Turniansky, A., Recent developments in organically doped sol–gel sensors: a micron-scale probe; successful trapping of purified polyclonal antibodies; solutions to the dopant-leaching problem, *Better Ceram. Though Chem.*, 246, 519–530, 1994.
53. Zuhlke, J., Knopp, D., and Niessner, R., Sol–gel glass as a new support matrix in immunoaffinity chromatography, *Fresen. J. Anal. Chem.*, 352, 654–659, 1995.
54. Turniansky, A., Avnir, D., Bronshtein, A., Aharonson, N., and Altstein, M., Sol–gel entrapment of monoclonal anti-atrazine antibodies, *J. Sol–Gel Sci. Technol.*, 7, 135–143, 1996.
55. Cichna, M., Knopp, D., and Niessner, R., Immunoaffinity chromatography of polycyclic aromatic hydrocarbons in columns prepared by the sol–gel method, *Anal. Chim. Acta*, 339, 241–250, 1997.
56. Cichna, M., Markl, P., Knopp, D., and Niessner, R., Optimization of the selectivity of pyrene immunoaffinity columns prepared by the sol–gel method, *Chem. Mater.*, 9, 2640–2646, 1997.
57. Bronshtein, A., Aharonson, N., Avnir, D., Turniansky, A., and Altstein, M., Sol–gel matrices doped with atrazine antibodies: atrazine binding properties, *Chem. Mater.*, 9, 2632–2639, 1997.
58. Bronshtein, A., Aharonson, N., Turniansky, A., and Altstein, M., Sol–gel-based immunoaffinity chromatography: application to nitroaromatic compounds, *Chem. Mater.*, 12, 2050–2058, 2000.
59. Altstein, M., Bronshtein, A., Glattstein, B., Zeichner, A., Tamiri, T., and Almog, J., Immunochemical approaches for purification and detection of TNT traces by antibodies entrapped in a sol–gel matrix, *Anal. Chem.*, 73, 2461–2467, 2001.
60. Vazquez-Lira, J. C., Camacho-Frias, E., Pena-Alvarez, A., and Vera-Avila, L. E., Preparation and characterization of a sol–gel immunosorbent doped with 2,4-D antibodies, *Chem. Mater.*, 15, 154–161, 2003.
61. Zusman, R. and Zusman, I., Glass fibers covered with sol–gel glass as a new support for affinity chromatography columns: a review, *J. Biochem. Biophys. Methods*, 49, 175–187, 2001.
62. Scharnweber, T., Knopp, D., and Niessner, R., Application of sol–gel glass immunoadsorbers for the enrichment of polycyclic aromatic hydrocarbons (PAHs) from wet precipitation, *Field Anal. Chem. Technol.*, 4, 43–52, 2000.
63. Spitzer, B., Cichna, M., Markl, P., Sontag, G., Knopp, D., and Niessner, R., Determination of 1-nitropyrene in herbs after selective enrichment by a sol–gel-generated immunoaffinity column, *J. Chromat. A.*, 880, 113–120, 2000.
64. Cichna, M., Markl, P., Knopp, D., and Niessner, R., On-line coupling of sol–gel-generated immunoaffinity columns with high-performance liquid chromatography, *J. Chromat. A.*, 919, 51–58, 2001.
65. Schedl, M., Wilharm, G., Achatz, S., Kettrup, A., Niessner, R., and Knopp, D., Monitoring polycyclic aromatic hydrocarbon metabolites in human urine: Extraction and purification with a sol–gel glass immunosorbent, *Anal. Chem.*, 73, 5669–5676, 2001.
66. Stalikas, C., Knopp, D., and Niessner, R., Sol–gel glass immunosorhent-based determination of *s*-triazines in water and soil samples using gas chromatography with a nitrogen phosphorus detection system, *Environ. Sci. Technol.*, 36, 3372–3377, 2002.
67. Hupka, Y., Beike, J., Roegener, J., Brinkmann, B., Blaschke, G., and Kohler, H., HPLC with laser-induced native fluorescence detection for morphine and morphine glucuronides from blood after immunoaffinity extraction, *Int. J. Legal Med.*, 119, 121–128, 2005.

68. Braunrath, R. and Cichna, M., Sample preparation including sol–gel immunoaffinity chromatography for determination of bisphenol A in canned beverages, fruits and vegetables, *J. Chromatogr. A.*, 1062, 189–198, 2005.
69. Kaware, M., Bronshtein, A., Safi, J., Van Emon, J. M., Chuang., J. C., Hock, B., Kramer, K. and Alstein, M. Enzyme-linked immunosorbent assay (ELISA) and sol-gel-based immunoaffinity purification (IAP) of the pyrethroid bioallethrin in food and environmental samples. *J. Agric. Food Chem.* 54, 6482–6492, 2006.
70. Zhu, Q. Z., Degelmann, P., Niessner, R., and Knopp, D., Selective trace analysis of sulfonylurea herbicides in water and soil samples based on solid-phase extraction using a molecularly imprinted polymer, *Environ. Sci. Technol.*, 36, 5411–5420, 2002.

16 电化学免疫分析和免疫传感器

Niina J. Ronkainen-Matsuno, H. Brian Halsall,
and William R. Heineman

目录

16.1 简介

当今社会每天向环境排放大量的人造化学物质。农业、工业、市政排放物最终进入到大气、土壤、地表和地下水中。小溪与河流将除草剂、杀虫剂、杀真菌剂、卤化芳香烃和其他微量污染物运输到海洋和大的湖泊从而导致大范围的环境破坏和可能的公共健康问题。人类通过严重污染的水体常常暴露于污染物中[1]，但人们能够从食物链的任一节点吸收这些污染物。管理机构已经建立指导方针使公众暴露于有害污染物的量最小化并以此保护公共健康[2,3]。《欧盟饮用水指令》(European Union Drinking Water Directive) 调整了最大可溶单个种类农药浓度至 0.1μg/L (0.1ppb)，总农药浓度至 0.5μg/L (0.5ppb)[4]。在美国，饮用水的最大允许浓度是 3μg/L[5]。因此，需要灵敏的分析方法来定期监测环境中的污染物水平。免疫分析方法就是一种很有发展前景的技术，可以灵敏、廉价地监测环境中的污染物。一些环境免疫分析试剂盒可以从 Millipore 和 Ohmicron 获得[6,7]。

电化学免疫分析方法（ECIA）是依赖于伏安法或是电流监测的检测方法，在临床分析、工艺过程分析、农业、食品检测等领域所有的现代分析方法中占有重要的位置[8]。尽管如此，ECIA 的巨大潜能和使用的广泛性还未被完全认识。因为建立一种新型的并被广泛接受的免疫分析法是很困难的，并且需要很高的初始费用，这已经阻碍了 IA 在环境实验室的应用了，因此，大多数的 ECIA 的应用均来自相关研究实验室[6]。然而，一旦研究成熟，许多免疫分析法可同时分析多个样品以提高分析效率并使得相关分析快速且费用合理。在过去，有限的可利用抗体主要来自大学和公司的实验室，针对公共污染的环境免疫分析法的发展却十分缓慢。生产针对分子量低于 1000 的环保低分子量分析物的 Ab 更具挑战性，因此，通常需要通过间隔分子将分析物与载体蛋白结合，才能在宿主动物体内引发免疫反应[9]。最近以来，几家农用化学品制造商已经开始针对他们的商品制造可利用抗体以防止化学污染[6,7]。

免疫分析法的优势在于其很高的特异性，样品体积需求量小，高产量的样品可进行多个样品的同时分析，样品准备工作减少，减少了化学品的使用以及废物的产生，易于自动化。上述优点远大于它的局限性，这使得免疫分析法成为较传统的液相色谱和气相色谱更有吸引力的非传统分析方法[8]。一经充分开发与优化，免疫分析法与生物传感器相对容易使用，并且其整体分析费用也会通过废物处置、化学品使用、贵重仪器的使用及维护费用的降低而减少。环境免疫分析法很适合测绘污染位点以及现场监测[9]，并且在环境测试中，它还可以作为一种快速的、定性的筛选技术对其他分析方法进行补充[6]。免疫分析法可现场快速确定一种分析物是否存在，以减少需要在实验室进行更为详细的分析的环境样品的数量。例如，酶联免疫吸附分析法的免疫分析试剂盒已经被用来补充高效液相色谱仪对森林流域的水样中灭草烟和绿草定除草剂的分析测定[10]。水可能是最普遍的环境样品基质，它同样也适用于通过免疫分析法来分析测定[11,12]。现场样品筛选缩短了对有害分析物取样和测量结果之间的时间，因此，能够对未来应当采取的行动更快地做出决定。

在一种灵敏的免疫分析方法的设计中包含了四个关键因素，即分析方式、使用的标记类型、检测方法、非特异性结合的最小化（NBS）[13]。在分析法中必须要克服的关键限制是对表面标记的非特异性结合的最小化，它会明显影响到免疫分析法的灵敏度。例如非离子表面活性剂吐温 20 和牛血清白蛋白（BSA）、明胶、酪蛋白等蛋白质通常被用作 NBS 封闭剂，使 NBS 最小化，但是合适的表面、化学的设计和 NBS 的最小化都在探索之中。

本章主要论述电化学免疫分析在环境监测中的应用。除了传统的免疫分析法，将带有抗体或免疫抗原的免疫传感器直接固定在电极表面似乎是有发展前景的一种现场环境分析法。一种广泛用于杀虫剂 2,4-二氯苯氧乙酸的竞争免疫分析法将在双酶循环底物生物传感器相关部分加以介绍[14]。将一种灵敏的电化学免疫分析法用于检测阿特拉津（一种普通的除草剂），则是将电化学检测中的毛细管酶免疫分析法应用于水质监测的一个例子[12]。用安培计检测的分离生化酶免疫分析法已经被研究用于测量除草剂绿黄隆的含量[15]。电化学免疫分析法成功用于检测多环芳烃（PAH），对此后文也将会有介绍[9,16~18]。

16.2 酶免疫分析法

酶免疫分析法（EIA）首先由 Engvall 和 Perlmann[19] 以及 vanWeeman 和 Schuurs[20] 分

别在1971年提出，作为放射免疫测定（RIA）的取代。酶免疫分析法是通过电活性产物测定标记酶的活性，而放射免疫分析是测定放射性标记物。较放射免疫分析法而言，酶免疫分析法更为安全，尽管它们在灵敏度和费用上相当[21,22]。酶对于给定的底物具有高度的选择性，并且能够提供一个放大信号作为高转换率结果，以便用来检测低浓度样品。但是，标记酶的活性受到反应条件的影响，因此，在检测步骤中应当对反应条件进行控制[23]。

在酶免疫反应中最常用于酶标记的是碱性磷酸酶（ALP）、β-半乳糖苷酶（β-Gal）、辣根过氧化物酶（HRP）和葡萄糖氧化酶（GOx）[8,23~26]。GOx比其他的酶标记的活性低并且最典型的是用于安培免疫分析法，该分析法的产物可以直接进行检测[27,28]。

酶免疫分析法主要有两种形式：均相免疫分析和异相免疫分析[8,29~31]。均相免疫分析因为没有分离步骤因而从速度和步骤简化上有优势，但是其检测限度则不是太好。它们比放射性免疫检测法和酶免疫检测法的其他形式更易受到样品中其他类型物质的影响[22]。异相免疫分析包含了一个物理分离步骤以从未结合的成分中分离抗体-抗原复合物，随后的洗涤步骤则会移除所有的未结合物质。异相免疫分析中的分离步骤虽然使步骤复杂化，但是它能够在相当程度上优化检测限。均相免疫分析和异相免疫分析均可分为竞争性的和非竞争性的。竞争性异相免疫分析和夹心酶免疫分析经常被认作酶联免疫吸附分析，因为是将抗体或抗原固定在固体表面。

16.3 电化学检测

电化学是一种对免疫分析检测法有一定优势的技术。因此，它并不必须依靠反应体积，而是很少的反应体积就可以用于检测。在基本没有或仅有少量样品处理的情况下，利用电化学检测可以获得低检测限，并且10^{-18}和10^{-21}酶免疫检测方法已经建立[14,32]。在均相分析中没有分离步骤将抗体-抗原复合物从未连接分析成分中分离出来，但电化学检测不会受到样品成分例如发色团、荧光团和经常影响光谱检测的微粒的影响。因此，电化学测量法可以被用于有色的、浑浊的样品，例如全血中的脂肪球、血红细胞、血红蛋白和胆红素并不会造成影响[33,34]。另外，通过仔细选择检测步骤的电位通常可以防止其他物质非特异性氧化或是还原。

一个典型的电化学检测室包括：一个固体制作的工作电极，构造材料一般用铂、金或是碳；一个参比电极，一般为银制，表面包有一层银氯化物（Ag/AgCl）；一个铂丝辅助电极。这些电极易被小型化，因此半径通常精确到微米级，纳米型号已经得到论证[35~37]。由于小的电极的表面区域很小，因此在检测很小的样品体积时要求用小电极，这在样品型号有所限制时具有明显的优势[25,38]。相反地，在环境中用于化学污染物质的检测的最传统方法例如高效液相色谱法（HPLC）和气相色谱法（GC）则要求几毫升的样品。与此同时，可以通过一个相对低花费的显微机械加工使电化学检测器和它们要求的控制仪器设备小型化，实现针对酶免疫分析的和户外便携设备生产的可能。由于伏安法中的限制电流是随温度变化而变化的，因此，检测器应当保持在一个恒定的温度以保证分析样品时获得准确和精确的结果[39]。

因为丝网印刷电极（SPE）的低成本以及易于用厚膜工艺快速大量生产的特点，它在电化学传感器和免疫分析法中作为工作电极已经十分普遍。这些优点使得免洗丝网印刷电极可以用于免疫化学传感器[15,40～42]。

针对生物传感器随后的检测的传感表面再生通常是很耗时且不可重复的[43]。由于免疫复合物具有高的亲和常数，因此，分离抗体-抗原复合物是十分困难的，这对于免疫传感器来说是一个特别的困难。这种再生条件可能会破坏免疫试剂并将其释放到信号转换器表面并与表面结合[43]。

电化学免疫传感器的信号转换器分为安培计形式、电位计形式以及电导仪形式。在电流分析法中，一个固定的电位用于样品，氧化过程产生的电流随时间进行测量[44]。伏安法与电流分析法类似，但是对电压进行扫描，测定电流。在电势法中，测定零电流时的电势。在安培法测定中通常产生最好的检出限[31]。

不同形式的电流计检测法已经用于免疫分析法[8,33]。有利的是，在安培计检测中固定不变的电位会有一个微不足道的充电电流，它使背景信号最小化，并因此影响了检测限。另外，水动力学安培技术能够明显提高到电极表面的质量传递[44,45]，例如，当电极随着液体的旋转、振动[46,47]或是内流条件移动时，样品溶液流经固定电极[12,45,48]。流动状态的电化学检测较稳态批次系统更易用于环境监测以及工业生产过程，因为流动状态在多步的分析步骤中采用了更为简单的溶液，它们更适宜进行现场监测。

16.4 电化学免疫分析的酶标记和底物

电化学免疫分析的酶标记应当选择对相应底物有很高催化活性的酶。酶催化形成的氧化还原活性产物应当有一个低的氧化还原电势，为的是将样品基质中的其他成分的影响降到最低，并且该基底应当是无电活性的，这样在测量电位时才可以保持低的背景信号[49]。如果在监测反应时是氧化作用，电位在 200～900mV 之间，那么则不需要将氧气从样品中去除[31]。由于越高的电位值越易造成溶剂分解，因此电位值越低效果越好[31]。表 16.1 中是几组符合要求的电化学免疫分析中的酶、底物、产物组合。

表 16.1 常用于电化学免疫分析和免疫传感器的酶标记物和底物

酶	底物	电活性产物	氧化还原电位①	参考文献
碱性磷酸酶(ALP)	磷酸苯酯	苯酚	+870mV 碳糊电极	[32,33,44]
碱性磷酸酶(ALP)	对氨基磷酸苯酯(PAPP)	对氨基苯酚(PAP)	+290mV Au 电极	[8,33,52]
碱性磷酸酶(ALP)	α-萘基磷酸酯	α-萘酚	+400mV 碳基电极	[53～55]
碱性磷酸酶(ALP)	对二苯酚二磷酸(HQDP)	对苯二酚(HQ)	+63mV 碳基电极	[56]
			+135mV Pt 电极	
			+21mV Au 电极	
β-半乳糖苷酶(β-Gal)	对氨基苯基-β-D-半乳糖苷(PAPG)	对氨基苯酚(PAP)	+290mV Au RDE	[49,57]
葡萄糖氧化酶(GOx)	β-D-葡萄糖	H_2O_2	+50mV 碳油墨	[15]

① 所有氧化电位的测量均以 Ag/AgCl 电极为参比电极。

注：RDE—旋转圆盘电极；SPE—丝网印刷电极。

16.4.1 碱性磷酸酶

碱性磷酸酶（ALP）是一种常用的酶标记，它是在碱性条件[50]（最优条件在 pH 10 左右）下将正磷酸酯水解得到磷酸盐。

16.4.1.1 磷酸苯酯

在早期电化学免疫分析发展中用于底物生产系统的是磷酸苯酯或苯酚[32~34]。苯酚在氧化电位＋870mV、Ag/AgCl 电极作用时可以检测到。电位的基底则不会发生氧化。尽管这一系统已经被成功应用，但是监测苯酚仍有三点限制。首先，在苯酚浓度为 40μmol/L 时，氧化产物会聚集在电极表面造成电极污染，因此，检测条件必须对苯酚产物的浓度限度进行严格控制[8,33]。其次，高的检测电位又要求苯酚对于一定的检测方法能够兼顾到检测限度，但这会造成高的背景电流。电化学检测模式中的噪声也增加了应用电位。最后，对于有复杂电极排列的氧化还原循环，化学作用的不可逆性阻碍了苯酚的检测。为了避免这样的限制作用，研究人员已经开发了对氨基磷酸苯酯（对氨基苯丙酮）（PAPP）/对氨基苯酚（PAP）作为一组底物-产物对[25,46,51]。

16.4.1.2 对氨基磷酸苯酯

碱性磷酸酶（ALP）将 PAPP 水解为电化学活性产物 PAP，PAP 能够在＋290mV 的低电位、Ag/AgCl 电极作用下被氧化为对苯醌亚胺（PQI）[8,33]（反应 16.1）。PAP 到 PQI 的转变是一个电化学可逆反应。但是，PAPP 不如其他的底物例如 *p*-aminophenyl-*β*-D-galactopyranoside 稳定，而且 PAP 易被空气氧化，并且在 pH 通常为 10 的缓冲溶液系统中不稳定，降低了在碱性缓冲液条件下分析的灵敏度[52]。另外，用 ALP 水解 PAPP 对大多数免疫分析模式是不方便的，因为对于高活性的 ALP 需要两种缓冲溶液：一种是 pH 为 7.4 的分析缓冲液；另一种是 pH 为 9.0 的检测缓冲液。最后，PAPP 不太容易购买且品质不稳定。

$H_2N-C_6H_4-O-PO_3^{2-}$ (PAPP) $\xrightarrow{ALP}$ $H_2N-C_6H_4-OH$ (PAP)

$H_2N-C_6H_4-OH$ (PAP) $\underset{\text{电极 +290mV Ag/AgCl}}{\rightleftharpoons}$ $HN=C_6H_4=O$ (PQI) $+ 2e^- + 2H^+$

反应 16.1 碱性磷酸酶（ALP）催化对氨基磷酸苯酯（PAPP）转化为对氨基苯酚（PAP）和磷酸（未展示）之后，PAP 在工作电极＋290mV 氧化为对苯醌亚胺（PQI）

16.4.1.3 *α*-萘基磷酸酯

碱性磷酸酶（ALP）已经被用作一种酶标记，同时以 *α*-萘基磷酸酯作为底物。ALP 催化 *α*-萘基磷酸酯的脱磷酸作用产生 *α*-萘酚，它能够在＋400mV 的碳电极（石墨成分丝网印刷电极和玻璃碳）和 Ag/AgCl 参比电极的作用下被氧化[53~55]。这种酶-底物对已经用于电化学免疫分析与流动注射分析联用[53]、计时电流法[54]和丝网印刷电极[55]（反应 16.2）。

16.4.1.4 [[(4-羟苯基)氨基]羰基]二茂钴阳离子六氟磷酸盐

在电化学免疫分析中，磷酸酯的一种[[(4-羟苯基)氨基]羰基]二茂钴阳离子六氟磷酸盐已经用作碱性磷酸酶（ALP）的底物[43]。在 pH 为 9 附近的电极表面，阴离子底物（S^-）被酶促转化为苯酚阳离子衍生物（P^+）[43]。带正电荷的 P^+ 能够很容易地富集在包被了多阴

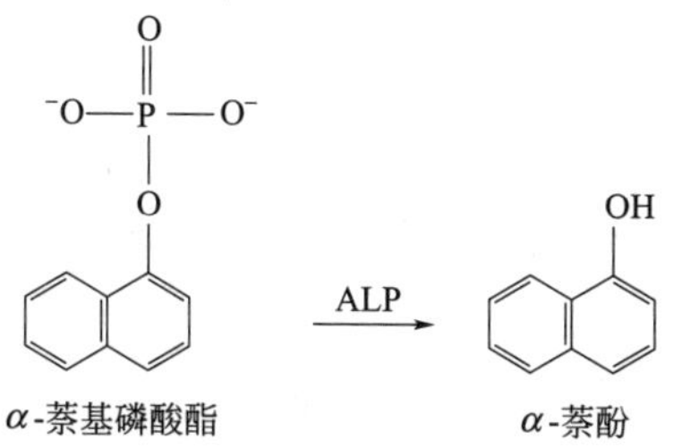

反应 16.2 碱性磷酸酶（ALP）催化 α-萘基磷酸酯水解形成 α-萘酚和磷酸（未展示）

离子全氟磺酸的 SPE 上，并且通过循环伏安法进行测定（反应 16.3）。

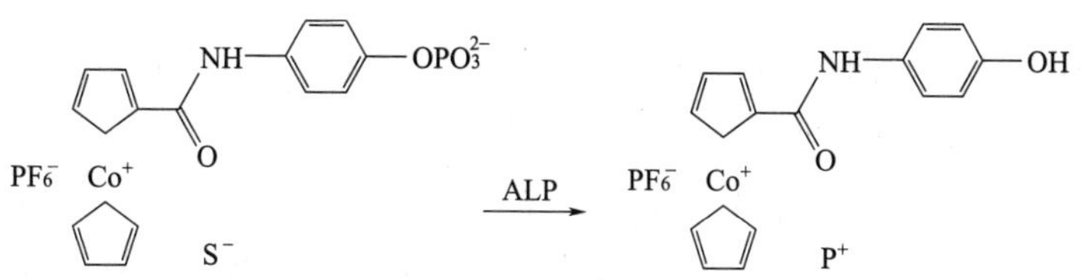

反应 16.3 碱性磷酸酶在阴离子介质（S^{2-}）中催化磷酸酯水解产生阳离子性酚衍生物（P^{+}）和磷酸（未展示）

16.4.1.5 对二苯酚二磷酸

对二苯酚二磷酸（HQDP）是最近研究出的一种用于 ALP 的底物，在电化学免疫分析中不会在电极表面产生污染，甚至可用于重复性生物传感器[56]。HQDP 同样也表现出了高的水解稳定性，并且与电化学免疫分析中的 α-萘基磷酸酯和磷酸苯酯相比较，它对安培计反应会产生显著的放大作用[56]。ALP 将 HQDP 水解为对苯二酚（HQ）和两份磷酸盐。HQ 通过一个包含 2 电子的转移和去质子化的可逆氧化反应形成苯醌（BQ）（反应 16.4）。

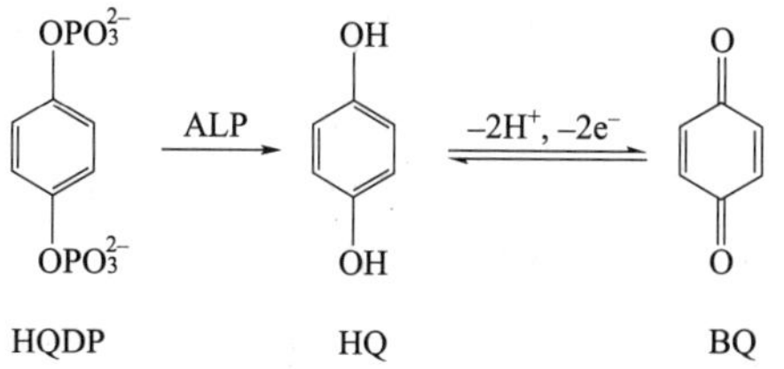

反应 16.4 碱性磷酸酶（ALP）催化对二苯酚二磷酸（HQDP）中的两个酯键的断裂，产生对苯二酚（HQ）和磷酸（未展示）。HQ 继续氧化为苯醌（BQ）

对于 HQ 的可逆氧化反应的最佳电位是当用碳棒时为＋63mV，用铂电极时为＋135mV，用金工作电极时为＋21mV[56]。HQ 的氧化电位太低以至于阻碍了生物性非目标分析物的氧化，例如抗坏血酸盐氧化便是不太可能发生的。周期伏安法（CV）已经表明，HQ 在中性或者碱性溶液中不能钝化电极，这一性质是有利于 ALP 的。与此同时，电流计的信号在带有气态氧的醌循环条件下由于 HQ 的氧化而放大。将 HQDP 用作 ALP 的底物的唯一主要限制是 HQDP 不能通过商业渠道购买。但是，HQDP 能够通过 HQ 的一系列相关步骤制备获得，并且产量很高。

16.4.2 β-半乳糖苷酶

对氨基苯基-β-D-半乳糖苷（PAPG），已经在电化学免疫分析中用作底物[49]。在β-半乳糖苷酶（β-Gal）的作用下，PAPG分解得到产物半乳糖和PAP，这和ALP与PAPP的电化学活性产物相同[57]（反应16.5）。

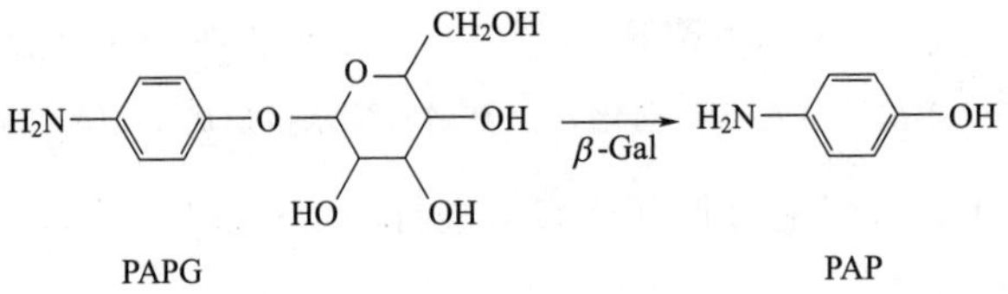

反应16.5 β-半乳糖苷酶（β-Gal）催化对氨基苯基-β-D-半乳糖苷（PAPG）水解产生对氨基苯酚（PAP）和半乳糖（未展示）

β-半乳糖苷酶的最佳效果在pH 7.0～7.25之间[49]，因此，相较于ALP更适合于同性质类物质的分析。总的来说，PAPG比PAPP更为稳定。例如，在pH为7的条件下，5mmol/L PAPG的安培计响应信号在4h内不变[49]。产物PAP也是在接近中性pH值的条件下更为稳定，即在pH为7的条件下监测PAP，其安培计的响应值在4h后的减少量少于12%[49]。最后，PAPG可以通过美国的几个供应商购买获得且比PAPP便宜。

16.5 克服非特异性结合

克服非特异性结合（NSB）包括用于免疫分析的酶或是其他标记物吸附于材料上而不是吸附于分析物上。这种会增加背景信号的现象是电化学免疫分析的检测限的主要决定因素。但是，NSB能够通过封闭剂来降低，例如非离子表面活性剂、吐温20或是蛋白封闭剂BSA。其他一些常用的NSB封闭剂包括明胶[58]、酪蛋白[59]以及来自Pierce、Molecular Probes等的专利产品。许多工作都是致力于使免疫分析中的非特异性结合（NSB）最小化。

在非竞争性分析中，必须考虑NSB，因为酶标记抗体（Ab*）通常是过量的，以促使Ab*-Ag结合反应完全进行。随着Ab*浓度的增加，非特异性结合的数量也随之增加。在没有分析物的情况下，信号的结果取决于一个空白或是零浓度试剂的分析[8,13]。空白信号通常决定了电化学免疫分析的最低检测限，因此，采取措施将其最小化是非常重要的。

例如聚苯乙烯这样的塑料表面会有电荷交换的作用，但是吸附过程通常是由疏水性相互作用决定的[32]。该作用的强烈驱使和物理阻碍可以通过表面处理控制，例如用BSA和洗涤剂吐温20的混合液处理[60]。磺酸盐离子对试剂能够降低带正电荷表面的NSB[13,32]，并且将0.05%吐温20和1.0% BSA加入到Tris缓冲液中可以抑制免疫分析中微珠基底上的NSB[46,47]。该添加物使电化学免疫分析的最低检出限降低至未封闭分析的1/13[60]。

NSB封闭剂应避免接触连接电极的溶液，因为封闭剂可能会吸附于电极表面而污染电极[61,62]。

聚乙二醇（PEG）固定于玻璃表面并在缓冲液中反应已经被证实可以显著降低NSB[63]。固相与液相之间的竞争作用用于降低酶标记表面的NSB。固定的PEG用脂肪酸乙二酰肼固定，然后与氧化的免疫球蛋白G反应生成固定的第一抗体层。当PEG的浓度在反应缓冲液中增加到4%（体积分数）时NSB降低，超过该值时NSB开始增加。最近，自组装的单层乙烯乙二醇[64~66]和右旋糖酐层[67]已经被有效应用于阻止传感器表面的 NSB。

16.6 用于环境监测的免疫分析和生物传感器

表 16.2 列出了环境应用的代表案例并在下面部分进行讨论。

表 16.2 电化学免疫分析和免疫传感器在环境分析中的应用

分析物	标记/基质	检测方案	检测限或检测范围	参考文献
多氯联苯(PCB)	ALP/α-萘基磷酸酯	SPE	0.01～10μg/mL	[55]
阿特拉津	ALP/PAPP	毛细管电泳-FIA-EC	0.10～10.0μg/L	[12]
苯并[a]芘(BaP)	无标记	电容免疫传感器	0.1～5μmol/L	[17]
氯磺隆	HRP,GOx/葡萄糖	SPE	0.01～1ng/mL	[15]
2,4-二氯苯氧乙酸(2,4-D)	ALP/PP	双酶回收生物传感器	0.001～1000μg/L	[14]
2,4-二氯苯氧乙酸(2,4-D)	ALP	Nafion 膜涂覆的 SPE	0.01μg/L,1～100μg/L	[43]
菲(用于合成染料和药物)	ALP/PAPP	SPE	0.8ng/mL,5～45ng/mL	[16]
多氯联苯(PCB)	HRP/二茂铁乙酸	FIA-EC	0.1μg/mL,0.1～50μg/mL	[81]

注：ALP—碱性磷酸酶；FIA-EC—电化学检测的流动注射分析；GOx—葡萄糖氧化酶；HRP—辣根过氧化物酶；PAPP—对氨基磷酸苯酯；PP—磷酸苯酯；SPE—丝网印刷电极。

16.6.1 2,4-二氯苯氧乙酸

一种常用的氯化的含苯氧基酸的除草剂 2,4-二氯苯氧乙酸（2,4-D）是环境中典型的检测物质，通常用 HPLC 或是 GC 检测。分析物在进行 GC 分析之前需要衍生步骤。该过程要求大量的样品，并且每分析一个样品都需要很长时间。2,4-D 的结构如下所示：

Cl—[苯环]—OCH_2COOH（2 位 Cl）

2,4-D

一个酶底物循环生物传感器与流动注射分析法（FIA）联用，在电化学免疫分析的基础上被开发用于检测 2,4-二氯苯氧乙酸[14]。该低成本的免疫分析法可以检测 0.1～10μg/L 的 2,4-D。该电流生物传感器包含表面覆盖有聚酯纤维薄膜的 Clark 型电极，该薄膜添加了酪氨酸酶和葡萄糖脱氢酶。酪氨酸酶和葡萄糖脱氢酶分别将邻苯二酚转化成邻苯醌，将邻苯醌转化为邻苯二酚（图 16.1）。在外部流动室，ALP 将磷酸苯酯脱去磷酸转化为苯酚，在传感器薄膜的内部流动系统中，通过酪氨酸酶将邻苯二酚转化成邻苯醌。氧气的消耗伴随着酪氨酸酶的反应属于电化学检测，将信号放大到 350 倍作为一个连续的底物循环。

由于 2,4-D 分析物太小以至于不能同时容纳两种抗体，因此需为该分析选择一个竞争性的酶免疫分析形式，不能选择更为灵敏的夹心免疫分析法。小的分析物（小于 1000 或是更小，例如 2,4-D）供给抗体的只有一个结合位点（抗原决定簇）。一种免疫分析所用的竞争性结合通过非共价作用来表征，分析物 2,4-D 与固定的抗体（鼠抗 2,4-D 单克隆抗体）在微孔板中培养并进行可逆结合。

在微孔板中分析物 2,4-D 与标记分析物 2,4-D-ALP 偶联物竞争结合数量有限的抗体表面的结合位点。

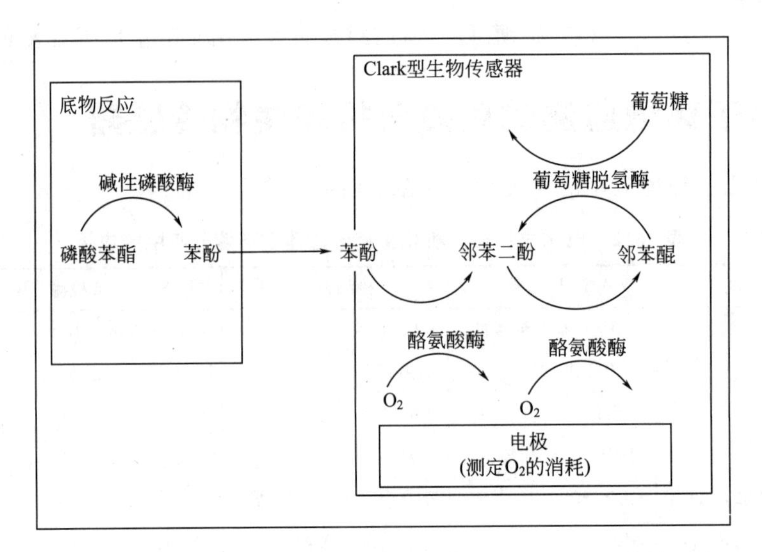

图 16.1 双酶底物循环生物传感器与流动注射联用分析 2,4-二氯苯氧乙酸（2,4-D）

通过一个流动注射分析系统来操作生物酶基底循环生物传感器，为检测提供动态条件。FIA 参与注射样品到一个可移动部位，该可移动部分运载样品通过生物传感器（对流是大量运输的主要方法）到工作电极。FIA 的优势包括检测时间短，仪器设备简单、便宜，微升样品量分析。但是，数据的获得却不是连续的，而是在酶底物的孵育步骤的时间段内不连续地获得。

生物传感器有两个生物酶薄膜覆盖的 Clark 型电极，在该电极处包含有酪氨酸酶和葡萄糖脱氢酶薄膜夹在渗透膜和聚丙烯膜之间（图 16.1）。所有的改良电极由它们之间的流动通道连接。该信号是在−600mV 下的 Ag/AgCl 电极通过稳压器测得的。当分析物的数量增加时，在生物传感器薄膜内更多的氧气被酪氨酸酶催化的反应所消耗，电极的响应减小。

Dequaire 等已经为 2,4-D 研究了一种免疫磁珠电化学传感器，该传感器基于用于竞争免疫分析模式的微孔板内的一个 Nafion 薄膜包被的 SPE[43]。有限数量的抗 2,4-D 抗体包被磁珠可作为 2,4-D 和标记 2,4-D-ALP 偶联物竞争结合的捕获表面。结合于微粒上的 ALP 的活性先由积累于多离子 Nafion 膜上的阳离子产物平衡 30min，使 Ag/AgCl 的 CV 在 0～0.65V 之间，然后进行测定。该生物传感器对 2,4-D 的检测限为 0.01μg/L。对取自法国中部三个地区的未经处理的分别加入 1～100μg 2,4-D 的河水样品也用该传感器检测，在河水中并未检测到明显的基体效应。

16.6.2 阿特拉津

阿特拉津是一种在三嗪化合物中被广泛选择的除草剂，通常用于控制农作物中阔叶杂草和禾本科杂草的生长，包括玉米、甘蔗、菠萝、高粱以及松树。阿特拉津是世界上最常用的农药之一，并且经常被作为水体中农药污染水平的指示物。其分子结构如下图所示：

Cl　N　$NHCH_2CH_3$
N　N
$NHCH(CH_3)_2$

环境实验室检测土壤和水体样品中阿特拉津的标准分析方法通常是GC结合氮磷检测[68]或是GC-MS[69]、HPLC-UV检测[70]或是HPLC-MS[71]以及毛细管区带电泳检测[72]。

这些技术通常要求对样品进行大量的预处理以便获得必要的灵敏度，并且必须通过熟练的技术人员来操作。它们同时也需要长的分析时间和溶剂处理，这些都增加了操作成本。因此，电化学免疫分析法和电化学免疫传感器对于检测阿特拉津则是便携的、灵敏的、低成本的实验室分析方法。

一些抗阿特拉津的相关抗体与其他的三嗪除草剂有交叉反应[73]。用样品来筛选三嗪类除草剂，这是一个优势。但是，在免疫分析中当要求一种分析物的特异性时，交叉反应则是一个严重的影响。Goodrow等已经生产出针对阿特拉津以及其他三嗪类物质的更加灵敏的抗体，使得这些潜在污染物的特异性鉴别和定量测定成为可能[74]。

16.6.3　氯磺隆

氯磺隆是一种磺酰脲类除草剂，广泛应用于农业。氯磺隆的分子结构如下图所示：

氯磺隆

氯磺隆的检测通常不是现场测定，是对样品进行适当的预处理后用GC或是HPLC进行检测。将免疫分析和电化学检测相结合能够提供一个简单并且相对快速的方法来对氯磺隆的量进行现场检测。

丝网印刷技术是多用途的，可用于生产各式各样的电极，包括修饰剂、催化剂、配合剂和生物分子，这些物质包含在墨中通过沉积被固定在具有固定形貌和厚度的膜上。可以通过改变墨点模式来调整SPE的电化学特性。在免疫分析法中通常用SPE来检测除草剂，因为标记或是受体分子能够包被在工作电极表面，从而通过反应产物提高催化信号[15]。

Dzantiev等使用工作电极碳墨中含有HRP的SPE作为竞争免疫分析的检测器，用GOx标记来确定氯磺隆的浓度[15]。电极用弹簧负载夹夹住固定有抗氯磺隆抗体的尼龙薄膜。样品中氯磺隆和氯磺隆-GOx偶联物自由地相互竞争，与膜表面的结合位点相结合。当加入葡萄糖时，GOx偶联物产生过氧化氢。而过氧化氢则会由于过氧化物酶减少，引起电极处电流的变化，通过测量电流确定样品中氯磺隆的含量。在检测过程中，SPE采用+50mV的Ag/AgCl。将过氧化氢酶加入到葡萄糖缓冲溶液中来清除所有未结合的氯磺隆-GOx偶联物产生的H_2O_2，从而降低背景值并且消除清洗步骤。用于分析步骤的尼龙薄膜在每次测量后被丢弃，其用同样的SPE进行所有检测。对于检测来说，回收利用电极会有高的重复利用率。清晰的分析设计有利于克服电极间的变化，即包含HRP的石墨层的形状和厚度的变化会导致电极间的准确度降低，这是SPE的一个普遍存在的问题。

总的分析时间只有15min（用提前准备好的薄膜），电化学检测所需要的时间少于2min[15]。作者为十个电极准备了多孔板支架以此来降低总的分析时间，因为10个氯磺隆样品的测定工作可以在35min之内完成。该方法快速并且低成本，与传统分析方法相比将会是一个有吸引力的选择。对氯磺隆的检测范围在0.01～1ng/mL。

16.6.4 多环芳烃

多环芳烃（PAH）是由两个或多个稠合芳香环构成的一类化合物。PAH 通常是以多个化合物的混合物形式被发现的，包含超过 100 种化合物。主要是通过原油、煤等化石燃料的不完全燃烧，使 PAH 进入到环境中，并且它们能够在包括空气、水、土壤和食物等多种基质中被发现。检测 PAH 的标准实验室方法包括液液萃取、固相萃取和超临界流体萃取，与 HPLC、LC、GC 联合使用。用来确定 PAH 浓度的一般检测方法包括 HPLC 紫外吸收和荧光吸收以及 GC 质谱仪[9]。所有这些提取、分离和检测方法均耗费人力、时间且昂贵。

苯并［*a*］芘（BaP）是 PAH 的一种，经常发现于香烟烟气、重度污染的空气、土壤、炭烤肉和水中。它具有高毒性和致癌性，因此，对其的环境监测[9,16,75]和临床分析[76]是极为重要的。苯并［*a*］芘（BaP）的分子结构如下图所示：

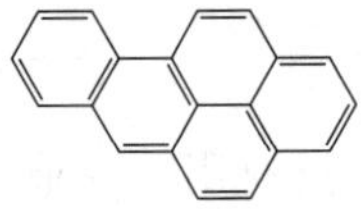

BaP 只是 100 多种 PAH 中的一种，通过燃烧化石燃料和垃圾、食物或香烟中的有机质形成。美国环境保护局（EPA）已经确定了 17 种存在于水中的有害的 PAH，并且确定了它们的检测限。饮用水中的 PAH 水平 1～11ng/L[9]。欧盟颁布的饮用水标准中 PAH 的允许值是 0.2μg/L。

许多 PAH 有类似的分子结构、分子量、电子密度且都缺少侧链基团，因此，使抗体产物只对一种 PAH 产生特异性是不可能的[16]。所有的 PAH 的抗体对其他的某些 PAH 都表现出一定的交叉反应特性，并且它们也可以通过交叉反应模式来被表征。因此，通常会开发针对所有 PAH 总浓度的免疫分析，或是以一种物质（通常是 BaP）作为 PAH 存在的指示物。

Liu 等已经为 BaP 研究出一种电容免疫传感器，它便于准备并且检测反应迅速[17]。这些电容免疫传感器用被分析物的相应抗体作为直接检测的生物识别要素，即通过抗原抗体结合与否判别目前样品中是否存在目标物。金属[77,78]和半导体[79]已经被用于制造电容性的免疫传感器。用电容测量装置检测抗原抗体作用的主要优势在于它可为直接的免标记的电化学检测提供有利环境。电解电容器的电流容量由工作电极金属表面的绝缘层厚度和 Ag 的介电性能共同决定。作者对金电极表面进行了改进，胱胺的自组装单分子层（SAM）可以使单克隆抗体很容易地固定在电极表面[17]。作者所用的第二种改进模式是将 Ag 固定在改进电极表面。当有蛋白质结合或是释放的过程中电容会发生改变，通过直线扫描伏安法进行检测。随着电极表面金属层厚度的增加，充电电流会减少。

Liu 等为检测 PAH 研制了一种免标记的电化学免疫传感器，它是基于铁氰化物的 CV，$Fe(CN)_6^{3-/4-}$[18]。作者用一个有机的 SAM 改进了金电极表面，用 2～96mg/L 的单克隆抗体（mAb10c10）连接至硫辛酸-芘偶联物上。当用 PAH 抗原修饰传感器表面时，电极表面的亲水性会随之降低，结果是 $Fe(CN)_6^{3-/4-}$ 氧化还原对的感应电流的可测量性会随着氧化还原动力的降低而降低。对于非优化的传感器最初的研究结果是可以用抗体-半抗原结合的竞争抑制方法对 BaP 进行检测（0.1～5μmol/L）。

一次性生物传感器有许多优势，例如避免了样品成分污染的影响，消除了电极重复使用而污染电极所造成的信号损失。Fähnrich 等已经研究出一种一次性电流计的免疫传感器用于菲的 SPE 检测[16]。菲的分子结构如下所示：

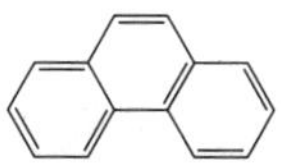

一次性 SPE 的工作表面包被有抗原，与在己酰二肼的作用下菲-9-甲醛与 BSA 形成的偶联物相连接[16]。单克隆鼠抗菲抗体与 ALP 偶联用来检测可能的 PAH。然后在+300mV 的 Ag/AgCl 条件下，用电流计观察检测在 ALP 酶标记作用下在 PAPP 底物中 PAP 的产生。菲的线性监测范围是 5～45ng/mL[16]。用最灵敏的间接暴露竞争的分析方法测菲的最低检测限是 0.8ng/mL（800ppt），而间接竞争和间接置换法的最低检测限是 2ng/mL。当检测 16 种 PAH 的交叉反应时，蒽和䓛表现了严重的交叉反应[16]。在对自来水和河水进行生物传感器的检测时，观察到灵敏度有略微的降低。此时河水和自来水中菲的最低检测限分别为 5.0ng/mL 和 6.3ng/mL。

生物传感器对样品孔的设计做了进一步的改进，使所需样品量仅为一滴（100μL）[80]。该模型系统使菲的最低检测限为 1.4ng/mL，线性检测范围是 2～100ng/mL。PAH 生物传感器的单滴检测模式同样也应用于海水、河水、自来水中添加菲的检测。

16.6.5 多氯联苯

多氯联苯（PCB）是由 209 种不同的氯化联苯所组成的复杂的混合物，商品化 PCB 通常被称为 Aroclors，用一系列数字表示（例如 Aroclor1260 表示 12 个碳原子和含 60%的氯）。PCB 是固体或油状液体，有时会以蒸气形式在空气中检测到。

PCB 已经被归类为严重的环境污染物，该类物质有中度至高度的毒性，并且表现出了对健康的严重危害。暴露于 PCB 中会导致成年人生长痤疮，对儿童则会造成神经行为和免疫的改变。PCB 对动物也有致癌作用。尽管美国从 1977 年开始禁止排放 PCB 产品，但是在环境中仍旧发现存在 PCB，并且由于它们的绝缘性，在某些电容和变压器中作为冷却剂或是润滑剂应用。因此，环境的 PCB 负载量会随着时间而增加，需要对其进行更为严格的检测。环保局已经在检测和清理 PCB 污染位点方面做了大量的努力。通常用气相色谱联合电子捕获检测器或是质谱仪来确定 PCB 的含量，但是这种方法较为昂贵且不方便。Millipore、Ensys 和 Ohmicron 推出了便携式的 PCB 检测试剂盒，该试剂盒基于光谱光度测量的免疫化学法来确定酶催化产物的浓度。

Del Carlo 等已经报道了酶免疫分析法联合流动注射分析法（FIA）对 PCB 进行检测[81]，同样也用一次性的 SPE 对 PCB 进行免疫化学检测[55]。对 Aroclor1260 进行的竞争微孔板 ELISA 需联合安培计检测[81]。该分析法用 HRP 作为标记结合二茂（络）铁乙酸底物。PCB-明胶偶联物则用于将抗原固定在微孔板的固体表面上。被加入的样品中的结合的和自由的分析物竞争结合抗 PCB 的抗体。最终，将 HRP 标记第二抗体加入到竞争分析中，酶催化产生的二茂基铁离子则通过测量安培流动注射分析水动力学伏安法产生的峰电流来确定。作者用 1%的牛奶和 0.05%的吐温 20 作为在碳酸盐中 NSB 的封闭剂[81]。由于需要较长的培养时间，总的分析时间是 2.5h。免疫分析的标准曲线范围是 0.1～50μg/mL。LOD 为 0.1μg/mL，是空白溶液 10%以下的信号。每个浓度设 6 个平行，重复性均在 10%以内[81]。

Del Carlo 等对上述工作进行了延伸，即将用一次性 SPE[55] 对 PCB 进行免疫化学测量作为户外电化学测量的基础。在每次样品分析后都要对电极进行处理，表明随时间推移电极会被污染。相较于 FIA 仪器，SPE 检测系统的获得同样也十分简单和便宜。在竞争性免疫分析中以 α-萘基磷酸酯为底物，ALP 被用于酶标记，α-萘基在＋400mV 的 Ag 参比电极被石墨 SPE 所氧化。

酶联免疫过滤分析法（ELIFA™）是一种以膜为基础的 ELISA，通过 96 孔流动孔板进行试验操作，该 96 孔板包含用于商业 ELIFA™系统的膜[55]。免疫分析试剂需要通过膜抽滤。大量的 BSA-PCB 偶联物被固定在膜上，并且 ELIFA 与聚苯乙烯微孔板免疫分析相比，效果不错。该装置同样也有助于克服试剂到固相扩散的限制。

Aroclor1260 的检出范围是 0.01～10μg/mL[55]。分析的主要限制因素是由于抗 PCB 的抗体与 BSA-PCB 偶联物的 BSA 分子发生交叉反应。作者建议，可以通过改变在固定时所用的偶联分子来使该影响最小化。

16.7 结论

目前环境中的杀虫剂、除草剂、PCB 以及 PAH 化合物会引起广泛的环境破坏和可能的公共健康问题。这会使得针对这些有害物质的灵敏的筛选方法得到发展，例如电化学免疫分析和生物传感器等。免疫分析的优势在于它具有高的特异性，样品用量少，样品处理量大及可对复杂样品同时进行分析，减少样品前处理工作，降低化学药品的使用以及废液的产生，简易的自动化操作，远超自身检测限的检测范围。对大多数的传统分析方法来说，这些优势使得免疫分析法在环境监测中十分被重视。针对普通的污染物，可以购买到便宜的免疫分析试剂盒和抗体，这一条件使未来更多地使用免疫分析法变为可能。电化学检测可通过十分微量的样品获得其最低的检测限度，并且不需要或只需要少量的预处理。对于该分析模式，酶底物对类型的选择使用以及 NSB 的最小化都是优化 ECIA 方法的重要因素。电化学检测方法的发展将会继续改善 ECIA 和免疫传感器的检测限。

参考文献

1. Stevens, J. B. and Swackhamer, D. L., Environmental pollution. A multimedia approach to modeling human exposure, *Environ. Sci. Technol.*, 23, 1180–1186, 1989.
2. Lijinsky, W., Environmental cancer risks—real and unreal, *Environ. Res.*, 50 (2), 207–209, 1989.
3. www.foodsatty.gov, Gateway to Government Food Satty Information.
4. E.U. Directive 80/778/EEC of 15 July 1980. Commission of the European Union.
5. U.S. EPA Agency, National survey of pesticides in drinking water wells, phase II report, EPA 570/9-91-020, National Technical Information Service, Springfield, VA, 1992.
6. Knopp, D., Immnoassay development for environmental analysis, *Anal. Bioanal. Chem.*, 385, 425–427, 2006.
7. Rubio, F., Veldhuis, L. J., Clegg, B. S., Fleeker, J. R., and Hall, J. C., Comparison of a direct ELISA and an HPLC method for glyphosate determinations in water, *J. Agric. Food Chem.*, 51, 691–696, 2003.
8. Ronkainen-Matsuno, N. J., Thomas, J. T., Halsall, H. B., and Heineman, W. R., Electrochemical immunoassay moving into the fast lane, *Trends Anal. Chem.*, 21, 213–225, 2002.
9. Fahnrich, K. A., Pravda, M., and Guilbault, G. G., Immunochemical detection of polycyclic aromatic hydrocarbons, *Anal. Lett.*, 35 (8), 1269–1300, 2002.
10. Fischer, J. B. and Michael, J. L., Use of ELISA immunoassay kits as a complement to HPLC analysis of Imazapyr and Triclopyr in water samples from forest watersheds, *Bull. Environ. Contam. Toxicol.*, 59, 611–618, 1997.
11. Ruppert, T., Weil, L., and Niesser, R., Influence of water contents on an enzyme immunoassay for

triazine herbicides, *Vom Wasser.*, 78, 387–401, 1992.

12. Jiang, T., Halsall, H. B., and Heineman, W. R., Capillary enzyme immunoassay with electrochemical detection for the determination of atrazine in water, *J. Agr. Food Chem.*, 43, 1098–1104, 1995.
13. Wittstock, G., Jenkins, S. H., Halsall, H. B., and Heineman, W. R., Continuing challenges for the immunoassay field, *Nanobiology*, 4, 153–162, 1998.
14. Bauer, C. G., Eremenko, A. V., Ehrentreich-Forster, E., Bier, F. F., Makower, A., Halsall, H. B., Heineman, W. R., and Scheller, F. W., Zeptomole-detecting biosensor for alkaline phosphatase in an electrochemical immunoassay for 2,4-dichlorophenoxyacetic acid, *Anal. Chem.*, 68 (15), 2453–2458, 1996.
15. Dzantiev, B. B., Yazynina, E. V., Zherdev, A. V., Plekhanova, Y. V., Reshetilov, A. N., Chang, S.-C., and McNeil, C. J., Determination of the herbicide chlorsulfuron by amperometric sensor based on separation-free bienzyme immunoassay, *Sensor Actuat. B*, 98, 254–261, 2004.
16. Fahnrich, K. A., Pravda, M., and Guilbault, G. G., Disposable amperometric immunosensor for the detection of polycyclic aromatic hydrocarbons (PAH's) using screen-printed electrodes, *Biosens. Bioelectron.*, 18 (1), 73–82, 2003.
17. Liu, M., Rechnitz, G. A., Li, K., and Li, Q. X., Capacitive immunosensing of polycyclic aromatic hydrocarbon and protein conjugates, *Anal. Lett.*, 31, 2025–2038, 1998.
18. Liu, M., Li, Q. X., and Rechnitz, G. A., Gold electrode modification with thiolated hapten for the design of amperometric and piezoelectric immunosensors, *Electroanal.*, 12, 21–26, 2000.
19. Engvall, E. and Perlmann, P., Enzyme-linked immunosorbent assay (ELISA). Quantitative assay of immunoglobulin G, *Immunochemistry*, 8, 871–874, 1971.
20. Van Weeman, B. K. and Schuurs, A. H. W. M., Immunoassay using antigen-enzyme conjugates, *FEBS Lett.*, 15, 232–235, 1971.
21. Chard, T., *An Introduction to Radioimmunoassay and Related Techniques*, Elsevier, Amsterdam, 1987.
22. Wisdom, G. B., Enzyme-immunoassay, *Clin. Chem.*, 22, 1243–1255, 1976.
23. Tijssen, P., *Practice and Theory of Enzyme Immunoassays*, Elsevier, Amsterdam, 1985.
24. O'Sullivan, M. J., In *Practical Immunoassay*, Butt, W. R., Ed., Marcel Dekker, New York, pp. 37–69, 1984.
25. Thomas, J. T., Ronkainen-Matsuno, N. J., Farrell, S., Halsall, H. B., and Heineman, W. R., Microdrop analysis of a bead-based immunoassay, *Microchem. J.*, 74, 267–276, 2003.
26. Sauer, M. J., Foulkes, J. A., and Morris, B. A., *Immunoassays in Food Analysis*, Elsevier, London, 1985.
27. Tsuji, I., Eguchi, H., Yasukouchi, K., Unoki, M., and Taniguchi, I., Enzyme immunosensors based on electropolymerized polytyramine modified electrodes, *Biosens. Bioelectron.*, 5 (2), 87–101, 1990.
28. Robinson, G. A., Hill, H. A. O., Philo, R. D., Gear, J. M., Rattle, S. J., and Forrest, G. C., Bioelectrochemical enzyme immunoassay of human choriogonadotrophin with magnetic electrodes, *Clin. Chem.*, 31, 1449–1452, 1985.
29. Heineman, W. R. and Halsall, H. B., Strategies for electrochemical immunoassay, *Anal. Chem.*, 57, 1321A–1331A, 1985.
30. Lunte, C. E., Heineman, W. R., and Halsall, H. B., Electrochemical enzyme immunoassay, *Curr. Separations*, 8, 18–22, 1987.
31. Halsall, H. B. and Heineman, W. R., Electrochemical immunoassay: an ultrasensitive method, *J. Int. Fed. Clin. Chem.*, 2, 179–187, 1990.
32. Jenkins, S. H., Heineman, W. R., and Halsall, H. B., Extending the detection limit of solid-phase electrochemical enzyme immunoassay to the attomole level, *Anal. Biochem.*, 168 (2), 292–299, 1988.
33. Wijayawardhana, C. A., Halsall, H. B., and Heineman, W. R., In *Electroanalytical Methods of Biological Materials*, Brajter-Toth, A. and Chambers, J. Q., Eds., Marcel Dekker, New York, pp. 329–365, 2002.
34. Yao, H., Jenkins, S. H., Pesce, A. J., Halsall, H. B., and Heineman, W. R., Electrochemical homogeneous enzyme immunoassay of theophylline in hemolyzed, icteric, and lipemic samples, *Clin. Chem.*, 39, 1432–1434, 1993.
35. Wightman, R. M. and Wipf, D. O., In *Electroanalytical Chemistry*, Bard, A. J., Ed., Marcel Dekker, New York, pp. 267–353, 1989.

36. Wightman, R. M., Microvoltammetric electrodes, *Anal. Chem.*, 53 (9), 1125A–1130A, 1981.
37. Heinze, J., Electrochemistry with ultramicroelectrodes, *Angew. Chem. Int. Ed. Engl.*, 32, 1268–1288, 1993.
38. Farrell, S., Ronkainen-Matsuno, N. J., Halsall, H. B., and Heineman, W. R., Bead-based immunoassays with microelectrode, *Anal. Bioanal. Chem.*, 379, 358–367, 2004.
39. Kissinger, P. T. and Heineman, W. R., Cyclic voltammetry, *J. Chem. Educ.*, 60 (9), 702–706, 1983.
40. Rippeth, J. J., Gibson, T. D., Hart, J. P., Hartley, I. C., and Nelson, G., Flow-injection detector incorporating a screen-printed disposable amperometric bionsensor for monitoring organophosphate pesticides, *Analyst*, 122, 1425–1429, 1997.
41. Hu, T., Zhang, X.-E., and Zhang, Z.-P., Disposable screen-printed enzyme sensor for simultaneous determination of starch and glucose, *Biotechnol. Techn.*, 13 (6), 359–362, 1999.
42. Zen, J.-M., Chung, H.-H., and Kumar, A. S., Flow injection analysis of hydrogen peroxide on copper-plated screen-printed carbon electrodes, *Analyst*, 125, 1633–1637, 2000.
43. Dequaire, M., Degrand, C., and Limoges, B., An immunomagnetic electrochemical sensor based on a perfluorosulfonate-coated screen-printed electrode for the determination of 2,4 dichlorophenoxy-acetic acid, *Anal. Chem.*, 71 (13), 2571–2577, 1999.
44. Kissinger, P. T. and Heineman, W. R., *Laboratory Techniques in Electroanalytical Techniques*, Marcel Dekker, New York, 1996.
45. Trojanowicz, M., Szewczynska, M., and Wcislo, M., Electroanalytical flow measurements-recent advances, *Electroanalysis*, 15 (5–6), 347–365, 2003.
46. Wijayawardhana, C. A., Purushothama, S., Cousino, M. A., Halsall, H. B., and Heineman, W. R., Rotating disk electrode amperometric detection for a bead-based immunoassay, *J. Electroanal. Chem.*, 468, 2–8, 1999.
47. Wijayawardhana, C. A., Halsall, H. B., and Heineman, W. R., Micro volume rotating disk electrode (RDE) amperometric detection for a bead-based immunoassay, *Anal. Chim. Acta.*, 399, 3–12, 1999.
48. Puchades, R. and Maquieira, A., Recent developments in flow injection immunoanalysis, *Crit. Rev. Anal. Chem.*, 26 (4), 195–218, 1996.
49. Masson, M., Liu, Z., Haruyama, T., Kobatake, E., Ikariyama, Y., and Aizawa, M., Immunosensing with amperometric detection, using galactosidase as label and *p*-aminophenyl-β-D-galactopyranoside as substrate, *Anal. Chim. Acta.*, 304, 353–359, 1995.
50. Aslam, M. and Dent, A., *Bioconjugation*, Groves Dictionaries, Inc., New York, 1998.
51. Tang, H. T., Lunte, C. E., Halsall, H. B., and Heineman, W. R., *p*-Aminophenyl phosphate: an improved substrate for electrochemical enzyme immunoassay, *Anal. Chim. Acta.*, 214, 187–195, 1988.
52. Thompson, R. Q., Porter, M., Stuver, C., Halsall, H. B., Heineman, W. R., Buckley, E., and Smyth, M. R., Zeptomole detection limit for alkaline phosphatase using 4-aminophenylphosphate, amperometric detection, and an optimal buffer system, *Anal. Chim. Acta.*, 271, 223–229, 1993.
53. Cardosi, M., Birch, S., Talbot, J., and Phillips, A., An electrochemical immunoassay for Clostridium perfringens phospholipase C, *Electroanalysis*, 3 (3), 169–176, 1991.
54. Athey, D., Ball, M., and McNeil, C. J., Avidin-biotin based electrochemical immunoassay for thyrotropin, *Ann. Clin. Biochem.*, 30, 570–577, 1993.
55. Del Carlo, M., Lionti, I., Taccini, M., Cagnini, A., and Mascini, M., Disposable screen-printed electrodes for the immunochemical detection of polychlorinated biphenyls, *Anal. Chim. Acta.*, 342, 189–197, 1997.
56. Wilson, M. and Rauh, R., Hydroquinone diphosphate: an alkaline phosphatase substrate that does not produce electrode fouling in electrochemical immunoassays, *Biosens. Bioelectron.*, 20, 276–283, 2004.
57. Thomas, J. H., Kim, S. K., Hesketh, P. J., Halsall, H. B., and Heineman, W. R., Bead-based electrochemical immunoassay for bacteriophage MS2, *Anal. Chem.*, 76, 2700–2707, 2004.
58. Kato, K., Umedo, Y., Suzuki, F., and Kosaka, A., Improved reaction buffers for solid-phase enzyme immunoassay without interference by serum factors, *Clin. Chim. Acta.*, 102 (2–3), 261–265, 1980.
59. Vogt, R. F. Jr., Phillips, D. L., Henderson, L. O., Whitfield, W., and Spierto, F. W., Quantitative differences among various proteins as blocking agents for ELISA mictotiter plates, *J. Immunol. Methods*, 101 (1), 43–50, 1987.

60. Kaneki, N., Xu, Y., Kumari, A., Halsall, H. B., Heineman, W. R., and Kissinger, P. T., Electrochemical enzyme immunoassay using sequential saturation technique in a 20-uL capillary: digoxin as a model analyte, *Anal. Chim. Acta.*, 287, 253–258, 1994.
61. Centonze, D., Guerrieri, A., Malitesta, C., Palmisano, F., and Zambonin, P. G., Interference-free glucose sensor based on glucose oxidase-immobilized in an overoxidized non-conducting polypyrrole film, *Anal. Bioanal. Chem.*, 342 (9), 729–733, 1991.
62. Djane, N.-K., Armalis, S., Ndung'u, K., Johansson, G., and Mathiasson, L., Supported liquid membrane coupled on-line to potentiometric stripping analysis at a mercury-coated reticulated vitreous carbon electrode for trace metal determinations in urine, *Analyst*, 123, 393–396, 1998.
63. Kumari, A., Use of (poly)ethylene glycol modified solid supports in electrochemical immunoassay, M.S. Thesis. University of Cincinnati, Cincinnati, 1991.
64. Hodneland, C. D., Lee, Y.-S., Min, D.-H., and Mrksich, M., Selective immobilization of proteins to self-assembled monolayers presenting active site-directed capture ligands, *Proc. Natl Acad. Sci. U.S.A.*, 99, 5048–5052, 2002.
65. Chen, C. S., Mrksich, M., Huang, S., Whitesides, G. M., and Ingber, D. E., Micropatterned surfaces for control of cell shape, position, and function, *Biotechnol. Prog.*, 14, 356–363, 1998.
66. Mrksich, M. and Whitesides, G. M., Interactions of SAMs with proteins, *Biophys. Biomol. Struct.*, 25, 55–78, 1996.
67. Johnsson, B., Lofas, S., and Lindquist, G., Immobilization of proteins to a carboxymethyldextran-modified gold surface for biospecific interaction analysis in surface plasmon resonance sensors, *Anal. Biochem.*, 198, 268–277, 1991.
68. Sabik, H. and Jeannot, R. J., Determination of organonitrogen pesticides in large volumes of surface water by liquid-liquid and solid-phase extraction using gas chromatography with nitrogen-phosphorus detection and liquid chromatography with atmospheric pressure chemical ionization mass spectrometry, *Chromatogr. A.*, 818 (2), 197–207, 1998.
69. Quintana, J., Marti, I., and Ventura, F., Monitoring of pesticides in drinking and related waters in NE Spain with a multiresidue SPE-GC-MS method including an estimation of the uncertainty of the analytical results, *J. Chromatogr. A.*, 938 (1–2), 3–13, 2001.
70. Carabias-Martinez, R., Rodriquez-Gonzalo, E., Herrero-Hernandez, E., Sanchez-San Roman, F. J., and Flores, M. G. P., Determination of herbicides and metabolites by solid-phase extraction and liquid chromatography evaluation of pollution due to herbicides in surface and groundwaters, *J. Chromatogr. A.*, 950 (1–2), 157–166, 2002.
71. Barcelo, D., Durand, G., Bouvot, V., and Nielen, M., Use of extraction disks for trace enrichment of various pesticides from river water and simulate, *Environ. Sci. Technol.*, 27, 271–277, 1993.
72. Penmetsa, K. V., Leidy, R. B., and Shea, D., Herbicide analysis by micellar electrokinetic chromatogrphy, *J. Chromatogr. A.*, 745 (1), 201–208, 1996.
73. Giersch, T., A new monoclonal antibody for the sensitive detection of atrazine with immunoassay in microtiter plate and dipstick format, *J. Agric. Food Chem.*, 41, 1006–1011, 1993.
74. Wortberg, M., Goodrow, M. H., Gee, S. J., and Hammock, B. D., Immunoassay for simazine and atrazine with low cross-reactivity for propazine, *J. Agric. Food Chem.*, 44, 2210–2219, 1996.
75. Monarca, S., Pasquini, R., Scassellati Sforzolini, G., Savino, A., Bauleo, F. A., and Angeli, G., Environmental monitoring of mutagenic/carcinogenic hazards during road paving operations with bitumens, *Int. Arch. of Occ. and Env. Health*, 59 (4), 393–402, 1987.
76. Li, D., Firozi, P. F., Wang, L.-E., Bosken, C. H., Spitz, M. R., Hong, W. K., and Wei, Q., Sensitivity to DNA damage induced by benzo(a)pyrene diol epoxide and risk of lung cancer: a case-control analysis, *Cancer Res.*, 61, 1445–1450, 2001.
77. Souteyrand, E., Martin, J. R., and Martelet, C., Direct detection of biomolecules by electrochemical impedance measurements, *Sens. Act. B.*, 20 (1), 63–69, 1994.
78. Berggren, C. and Johansson, G., Capacitance measurement of antibody-antigen interactions in a flow system, *Anal. Chem.*, 69, 3651–3657, 1997.
79. Gebbert, A., Alvarez-Icaza, M., Stocklein, W., and Schmid, R. D., Real-time monitoring of immunochemical interactions with a tantalum capacitance flow-through cell, *Anal. Chem.*, 64, 997–1003, 1992.

80. Moore, E. J., Kreuzer, M. P., Pravda, M., and Guilbault, G. G., Development of a rapid single-drop analysis biosensor for screening of phenanthrene in water samples, *Electroanalysis*, 16 (20), 1653–1659, 2004.
81. Del Carlo, M. and Mascini, M., Enzyme immunoassay with amperometric flow-injection analysis using horseradish peroxidase as a label. Application to the determination of polychlorinated biphenyls, *Anal. Chim. Acta.*, 336, 167–174, 1996.

17 生物传感器应用于环境监测和国土安全

Kanchan A. Joshi, Wilfred Chen, Joseph Wang,
Michael J. Schöning, and Ashok Mulchandani

目录

17.1 介绍

有机磷化合物（OP）被广泛用作农药、杀虫剂以及化学战剂（CWA）[1~3]。乙酰胆碱酯酶是人类和昆虫中枢神经系统所必需的物质，这些神经毒性化合物能不可逆地抑制乙酰胆碱酯酶（AChE），引起神经递质乙酰胆碱的累积，干扰肌肉反应，使重要的脏器产生严重的症状，最终导致死亡[1~5]。

1999 年，应用在美国的有机磷杀虫剂约有 9100 万磅，这是现有数据资料的最后一年[6]。这些农药的大量使用曾导致其在美国地表水和地下水中广泛存在[7]。因此，有必要快速、灵敏、选择性和可靠地测定有机磷农药，以便采取行动。最近，恐怖主义和国土安全问题日趋严峻，进一步加剧了这种需求。除此之外，在处理生产和消费产生的废水的过程中会去除属于 OP 的化学战剂，这需要分析工具以适当地监测和控制这个过程。

气相色谱法和液相色谱法等分析技术[8,9]非常敏感和可靠，但它们不易在现场进行。这些技术耗时且价格昂贵，而且需要训练有素的技术人员操作。有报道称，可以用生物分析方法，如免疫测定法，检测有机磷抑制的胆碱酯酶的活性[8]。尽管免疫分析技术有很多优点，但这些方法可能需要很长的分析时间（1～2h）和大量的样品处理过程（大量的洗涤步骤），因此，它们不适合用于脱毒过程的实时监测。基于乙酰胆碱酯酶抑制作用的生物传感分析设备已有报道[10~28]。虽然这种技术很敏感，乙酰胆碱酯酶抑制作用的生物传感器测定也存在局限性，如选择性差，烦琐耗时，只能一次性使用等。

有机磷水解酶（OPH）是一种磷酸三酯水解酶，首先是在土壤微生物假单胞菌（*Pseudomonas diminuta* MG）和黄杆菌（*Flavobacterium* sp.）内发现的。该酶具有广泛的底物特异性，并能水解一些有机磷杀虫剂，如对氧磷、蝇毒磷、二嗪农、毒死蜱、甲基对硫磷以及化学战剂沙林和梭曼[29~32]。如图 17.1 所示，OPH 催化水解有机磷化合物的 P—O、P—F、P—S 或 P—CN 键产生酸和醇，在许多情况下是发色团和/或电活性基团。这种酶反应能够与多种信号转换方案进行组合构成简单的生物传感器，直接快速测定有机磷农药。例如，OPH 可以结合电位信号转换器，如 pH 电极或场效应晶体管或 pH 指示剂染料，定量测定产生的质子，再间接测定相关联的 OP 浓度。同样，OPH 可以与光学信号转换器结合监测有机磷水解产生的对硝基苯酚（PNP），这些有机磷化合物包括对氧磷、对硫磷、甲基对硫磷或蝇毒磷的水解产物 chlorferon。OPH 可以与安培信号转换器整合检测水解产物的氧化电流，如 PNP 和硫醇。安培转换系统包括厚膜丝网印刷碳、碳浆和多壁碳纳米管电极。

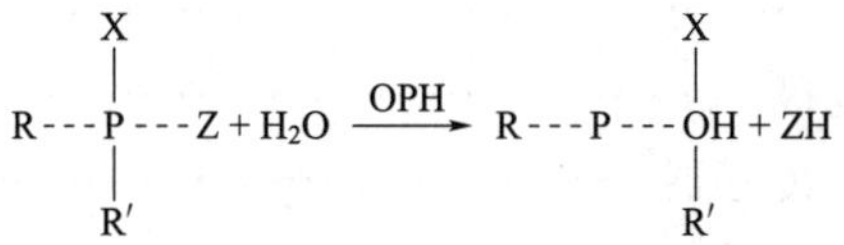

$$\text{R---}\underset{\text{R}'}{\overset{\text{X}}{\text{P}}}\text{---Z} + H_2O \xrightarrow{\text{OPH}} \text{R---}\underset{\text{R}'}{\overset{\text{X}}{\text{P}}}\text{---OH} + ZH$$

图 17.1 有机磷化合物（OPs）的 OPH 催化水解反应

X 代表氧或硫；R 代表从甲氧基到丁氧基的一个烷氧基基团；R′代表烷氧基或苯基；Z 代表苯氧基、巯基、氰化物或氟基团（引自 Mulchandani，A.，Chen，W.，Mulchandani，P.，Wang，J.，and Rogers，K. R.，Biosens. Bioelectron.，16，225，2001. 经许可）

有机磷水解酶的纯化工作昂贵而费时。为了克服这个局限，该团队对微生物（如大肠杆菌 *Escherichia coli* 和莫拉菌 *Moraxella* sp.）实施遗传工程，在其细胞表面表达 OPH，并结合新的生物传感元件与电位、光学和安培信号转换器，制作微生物传感器。酶的表面表达显著改善了生物传感器的灵敏度、稳定性和响应时间。此外，该团队将微生物（降解/代谢/氧化 PNP）与纯化的 OPH 相结合，利用基因工程改善这些降解菌的 OPH 活性，构建具有高灵敏度和高选择性的针对 PNP 取代的有机磷农药如对硫磷、甲基对硫磷、对氧磷、杀螟硫磷和 *O*-乙基-*O*-对硝基苯基硫代磷酸酯（EPN）等进行测定的生物传感器。

为了区分 OP 化合物，该小组将 OPH 修饰的电位和电流型信号转换器串联在流动注射分析仪中。两个信号转换器的结合能辨别出对硝基苯取代的 OP。此外，将柱前酶催化水解电泳分离与微毛细管柱芯片实验室相结合，利用非接触电导检测器对目标物进行全指纹测定。这些检测器吸引人的分析功能使它们非常适合各种环境和国土安全分析。

下面将对这些不同的生物传感器配置进行简要概述。

17.2 基于 OPH 的电位酶电极

非常简单的酶电极的基本元件是 pH 电极，在 pH 电极表面修饰固定化的，由 OPH 与牛血清白蛋白和戊二烯交联制备的纯化 OPH 涂层，修饰后的 pH 电极即是一种简易的酶电极基本元件。该系统的其他部件包括一个 pH 计，一个放置在磁力搅拌器（用来搅拌）上的测定单元，还有一个图表记录器（图 17.2）。以对氧磷为底物，研究了缓冲液的 pH 和离子浓度、温度以及固定化 OPH 单元对传感器信号和响应时间的影响。最佳的灵敏度和响应时间是这样得到的：500IU 的 OPH 构成的传感器，在 pH 为 8.5 的条件下操作，20℃下补充含有 100mmol/L NaCl 和 0.05mmol/L 氯化钴的 4-(2-羟基乙基)-1-哌嗪乙磺酸（HEPES）缓冲液。在此条件下运行时，约 2min，生物传感器就能检测低至 2μmol/L 升的对氧磷、乙

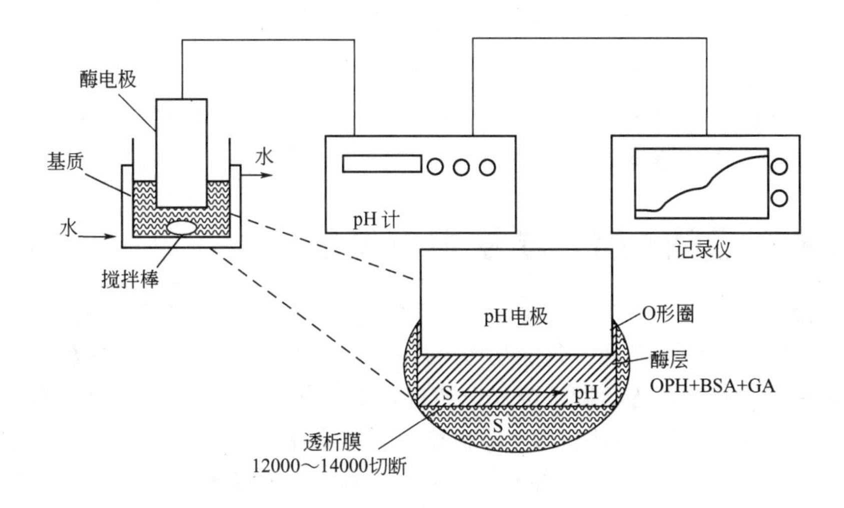

图 17.2 电位 OPH 基生物反应器原理图

（引自 Mulchandani，P.，Mulchandani，A.，Kaneva，I.，and Chen，W.，Biosens. Bioelectron.，14，77，1999. 经许可）

基对硫磷、甲基对硫磷、二嗪农，且与其他非有机磷农药相比准确度和选择性更好，如西玛津、三嗪、莠去津、西维因（甲氨甲酰氧萘）和苏达灭。当储存在 4℃下 pH 8.5、1mmol/L HEPES+100mmol/L NaCl 的缓冲液中时，生物传感器能完全稳定至少一个月。用该生物传感器来测量模拟样品中的对氧磷、对硫磷、甲基对硫磷，用分光光度法进行酶分析，显示出很高的相关性（$r^2=0.998$）[33]。

信号转换器（transducer），包括 pH 敏感的电容电解液绝缘半导体（EIS），替代玻璃 pH 电极，有两个原因：首先，为了使电位酶生物传感器小型化；其次，以消除玻璃的机械不稳定性[34]。EIS 信号转换器由 pH 敏感的由 $Al/p\text{-}Si/SiO_2$ 与 Ta_2O_5、Al_2O_3 或 Si_3N_4 形成

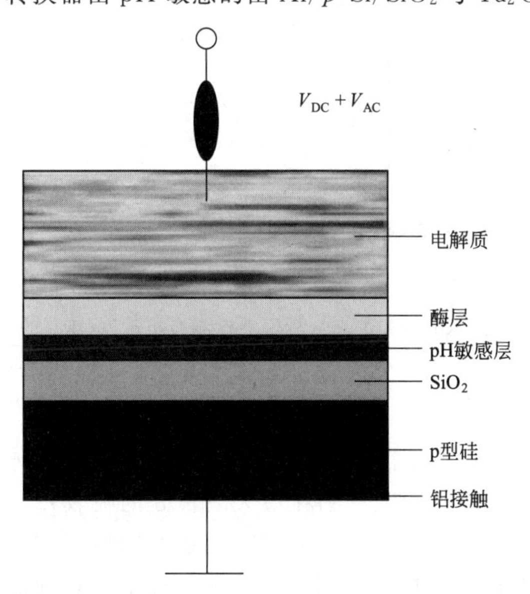

图 17.3 在 pH 敏感的信号转换器结构上面固定化酶层的电容电解液绝缘半导体（EIS）示意图

（引自 Schoning，M. J.，Mulchandani，P.，Chen，W.，and Mulchandani，A.，Sens. Actuators，B，91，92，2003. 经许可）

的涂层序列组成。为了获得酶生物传感器，将 OPH 固定在所述的 pH 敏感层结构的顶部。图 17.3 显示了生物传感器制造示意图。该生物传感器的典型特性，例如对 pH 的敏感度、对对氧磷的灵敏度、传感器信号的可逆性、响应时间、检测限、长期稳定性、对各种农药的选择性等，能够与 OPH 修饰的玻璃 pH 电极相媲美。

17.3 基于 OPH 的光学生物传感器

构建了两种不同的光学生物传感器。第一种是基于测定共价偶联到酶上的异硫氰酸荧光素（FITC）的荧光强度的降低。这个方法利用聚(甲基丙烯酸甲酯）珠粒，上面吸附有 FITC-标记的酶。然后用市售的微珠荧光分析仪测定分析物。图 17.4 为生物传感器的示意图。该测定是基于酶附近依赖基质的 pH 值变化。类似于 OPH 改性 pH 电极生物传感器，生物传感器的灵敏度是分析缓冲液离子强度的反函数。对氧磷测定的动态浓度范围为 25～400μmol/L，检测限为 8μmol/L。使用这种技术测定的有机磷杀虫剂包括对硫磷、甲基对硫磷、毒死蜱、丰索磷、丁烯磷、二嗪磷、速灭磷、敌敌畏和蝇毒磷。用该方法测定了牛粪生物降解样品里的蝇毒磷，与高效液相色谱法相比，呈现出较高的相关性（$r^2=0.998$）[35]。

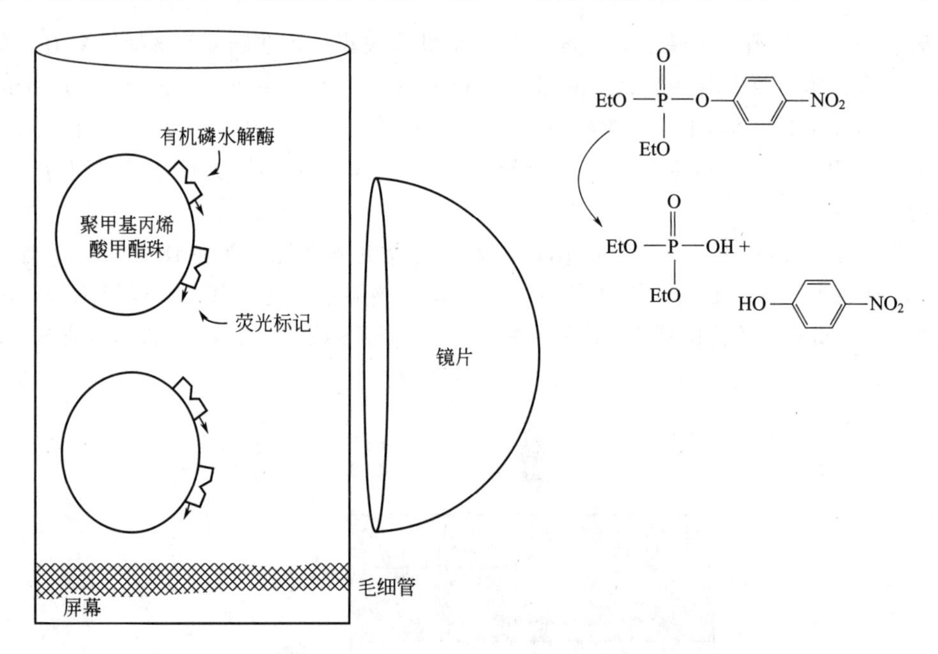

图 17.4 在 KinExA 荧光分析仪上检测有机磷（OP）的原理图

（引自 Roger，K. R.，Wang，Y.，Mulchandani，A.，Mulchandani，P.，and Chen，W.，Biotechnol. Prog.，15，517，1999. 经许可）

第二种是基于光纤的生物传感器的形式，分析原理是基于 OP 水解酶数量和酶发色团生成产物的数量之间的关系（通过测定产物在最大波长处的吸收）。图 17.5 为光纤传感器装置。在优化的分析条件（pH 值 9、30℃、123IU 固定 OPH）下工作，不到 2min 时间，生物传感器就能检测低至 2μmol/L 的对氧磷和对硫磷，5μmol/L 的蝇毒磷，而且不受氨基甲酸酯类和三嗪类的干扰。该生物传感器的响应具有优异的再现性，且当储存在 4℃下的分析缓冲液中时，固定化酶的稳定期可超过一个月[36]。

与其他基于 pH 变化的生物传感器相比，这个生物传感器的一个优势是在分析中使用了

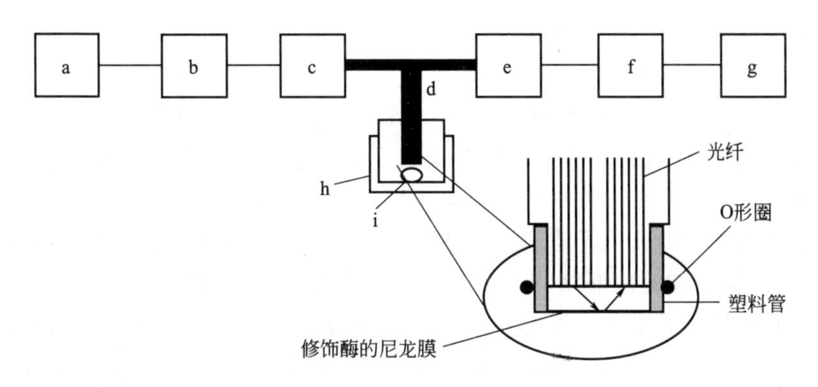

图 17.5 有机磷水解酶改性光纤生物传感器示意图
（引自 Mulchandani，A.，Pan，S.，and Chen，W.，Biotechnol. Prog.，15，130，1999. 经许可）

高离子强度的缓冲液。使用高离子强度的缓冲液允许酶在测定的整个时间范围内保持其最大活性而不仅仅在开始的时候。此外，高离子强度缓冲液的使用不再需要将样品的 pH 值调节到分析缓冲液的程度。

17.4 基于 OPH 的电流型酶电极

某些有机磷农药，如对硫磷、甲基对硫磷、对氧磷、EPN 和杀螟松的水解会产生具有电活化特性的 PNP。在阳极区 PNP 可被电化学氧化。用恒电位仪测定稳定点位的氧化电流直接正比于所形成的 PNP 的浓度。该研究组构造了几个用于测定 OP 的安培酶电极。第一种形式（图 17.6）是用 OPH 改性的丝网印刷厚膜碳电极，将 OPH 沉积在 Nafion 膜的电极上。相对于 Ag/AgCl 参比电极流动动力学伏安法调查确定的 PNP 的氧化电位为 0.85V，对生物传感器来说，OPH 的活性为 1080IU 时效果是最佳的。电流信号与被水解的对氧磷和甲基对硫磷的浓度成线性关系，分别可达 40μmol/L 和 5μmol/L，检测限分别为 9×10^{-8} mol/L 和 7×10^{-8}mol/L。OPH 基电位和光纤设备的检测限为 $(2\sim5)\times10^{-6}$mol/L，该传感器与它们相比检测限有大幅度提高。高灵敏度耦合到一个更快的和简化的操作上，具有应用于现场测定的潜力[37]。

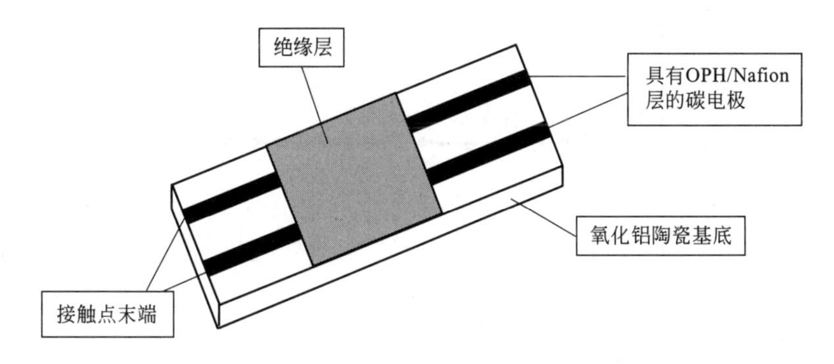

图 17.6 有机磷水解酶（OPH）改性的丝网印刷厚膜电极示意图
（引自 Mulchandani，A.，Mulchandani，P.，Chen，W.，Wang，J.，and Chen，L.，Anal. Chem.，71，2246，1999. 经许可）

另一个形式是构建一个用于遥感的基于 OPH 的安培生物传感器。这个远程电化学传感器包括一个通过三针橡胶接头连接到 16m 长电缆上的 PVC 外壳管。这个装备包括 OPH 改性碳糊工作电极、Ag/AgCl 参比电极（BAS，型号 RE-4）和铂丝对电极。两个用环氧树脂固定在 PVC 管中的内牙直通连接器，用于安装工作电极和参比电极；位于这些连接器中的黄铜螺丝提供了电接触位点。碳糊电极的制备是由 120mg 矿物油和 180mg 石墨碳粉手工混合而成的。所得到的碳糊被牢固地装进所述 4cm 长的聚四氟乙烯电极腔内（直径 3mm，深 1mm）。电触点（糊状物的内部结构）是通过不锈钢螺丝钉建成的，连接 PVC 外壳连接器上的铜螺丝。碳糊贴面平摊在平滑的称量纸上。通过铸造 10μL 的液滴，含有 5μL(108IU/mL)OPH 和 5μL Nafion，在碳表面上对酶 OPH 进行固定化，从而使溶剂蒸发。以计时模式（从开路电压到＋0.85V）工作，生物传感器的响应在 4.6～46μmol/L 范围内与对氧磷成线性关系，对甲基对氧磷的响应可达 5μmol/L。对氧磷和甲基对硫磷生物传感器的检测限分别为 0.9μmol/L 和 0.4μmol/L。远程传感器的一个重要特征是它能够快速响应浓度的变化而不在样品间延期（图 17.7）。高稳定性（图 17.8）是原位传感器的另一个重要特征[38]。

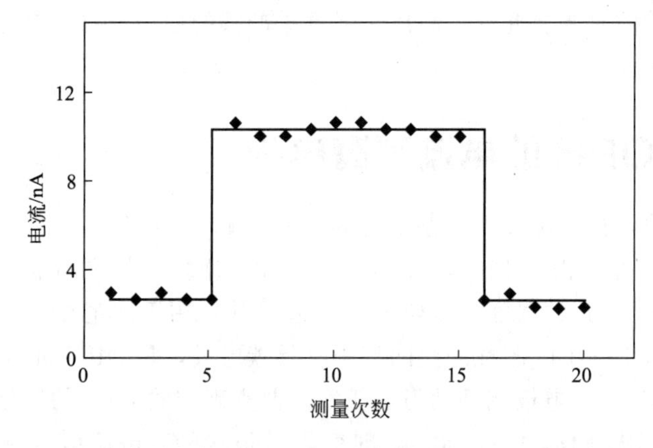

图 17.7 甲基对硫磷的浓度从 4.6μmol/L 变化到 23μmol/L 再变回 4.6μmol/L 时远程生物传感器的响应

（引自 Wang，J.，Chen，L.，Mulchandani，A.，Mulchandani，P.，and Chen，W.，Electroanalysis，11，866，1999. 经许可）

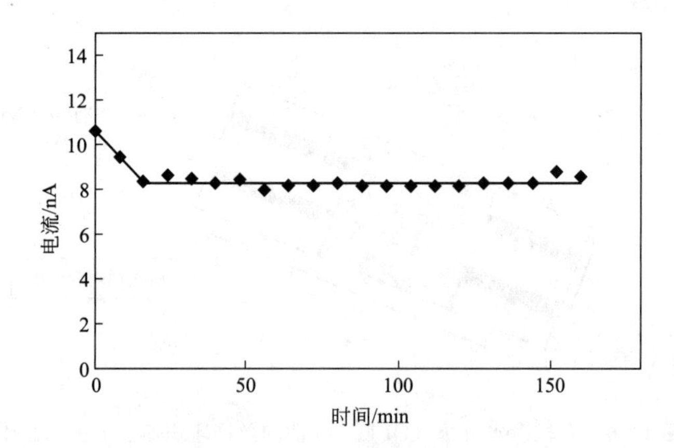

图 17.8 有机磷水解酶（OPH）改性远程电化学传感器响应 7.5μmol/L 甲基对硫磷的稳定性

（引自 Wang，J.，Chen，L.，Mulchandani，A.，Mulchandani，P.，and Chen，W.，Electroanalysis，11，866，1999. 经许可）

检测和控制工农业废水中化学战剂和 OP 杀虫剂的去除很重要，因为生产和消费这些化合物的数量庞大。流动注射生物传感器（FIAB）特别适合于这种应用程序的开发[39]。图 17.9 为构造示意图。该生物传感器采用了固定化酶反应器（含有共价固定在 OPH 上的活化的氨丙基可控孔玻璃微球）和一个电化学六通检测器，其含有一个碳糊工作电极、一个银/氯化银参比电极和一个不锈钢电极。OPH 催化有机磷的水解，硝基取代产生 PNP，然后在 0.9V 的碳糊电极下游电化学检测到 PNP，而不是参比电极。分别用来检测对氧磷和甲基对硫磷，生物传感器的电流响应线性达到 120μmol/L 和 140μmol/L，检测限可以低到 20nmol/L 和 20nmol/L。反应可再现［残余标准偏差(RSD)2%，$n=35$］，在 4℃保存固定化酶柱可以稳定一个多月。每个实验历时约 2min，有 $30h^{-1}$ 的样品吞吐量。证实生物传感器对对氧磷和甲基对硫磷的检测可以适用在蒸馏水和模拟井水中。

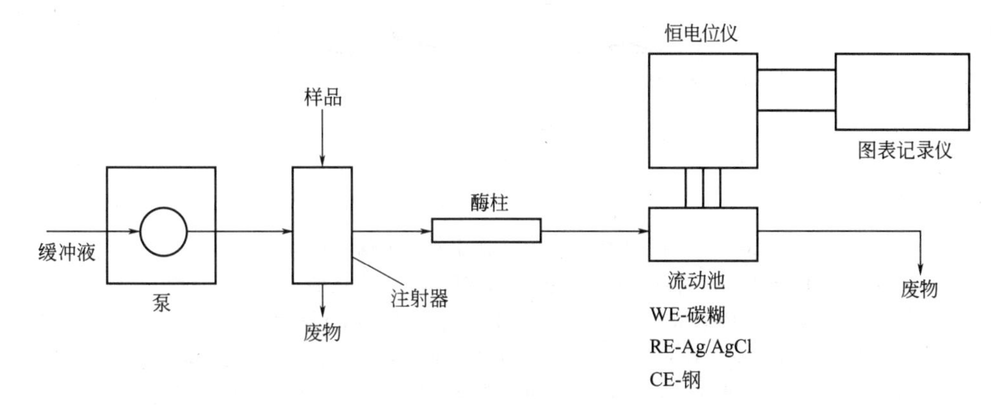

图 17.9 流动注射安培生物传感器的配置示意图

（引自 Mulchandani，P.，Chen，W.，and Mulchandani，A.，Environ. Sci. Technol.，35，2562，2001. 经许可）

虽然上述安培生物传感器很灵敏，但其基于 PNP 的电化学氧化，选择性受到其他酚类[40]的影响，因而不适合大多数实际环境应用。为了提高选择性，该组用碳纳米管改良（CNT）的信号转换器测定 PNP 取代的有机磷的 OPH 催化水解产生的 PNP 的电化学氧化。CNT 改性电极能够促进酚类化合物（包括 OPH 的反应产物 PNP）的氧化反应，减小与这种氧化过程相关的表面污染，为开发新的 OPH-CNT 安培生物传感器铺平了道路。如图 17.10和图 17.11 所示，相比于未改良的电极，CNT 改良电极的电流强度有所增强，因此灵敏度更高，也显示出它能降低 PNP 的表面钝化。Deo 等分别对基于 CNT 的 OPH 安培生物传感器的优化和优势进行了报告[41]。

在另一种方法中改善了 OPH 改良电流分析生物传感器的选择性，该小组结合 PNP 矿化细菌（*Arthrobacter* sp.，节杆菌属）还有纯化的 OPH，构造了一个混合安培生物传感器。生物催化层是通过在碳糊电极上共同固定节杆菌 JS443（*Arthrobacter* sp. JS443）和 OPH 而制成的。OPH 催化带有硝基苯基取代基的有机磷农药的水解，例如对氧磷和甲基对硫磷，产生 PNP，然后节杆菌 JS443 的酶促机制通过电活性中间体 4-硝基邻苯二酚和 1,2,4-苯三酚氧化 PNP 生成二氧化碳，如图 17.12 所示。通过测定中间体的氧化电流，间接计算有机磷的浓度。最佳的灵敏度和响应时间是在以下条件下测得的：在带有干重为 0.06mg 电池的传感器，965IU 的 OPH，室温下施加 400mV 工作电位的 50mmol/L、pH 为 7.5 的柠檬酸盐-磷酸盐缓冲溶液中操作。使用这些条件，生物传感器能够检测浓度低至 2.8μg/L

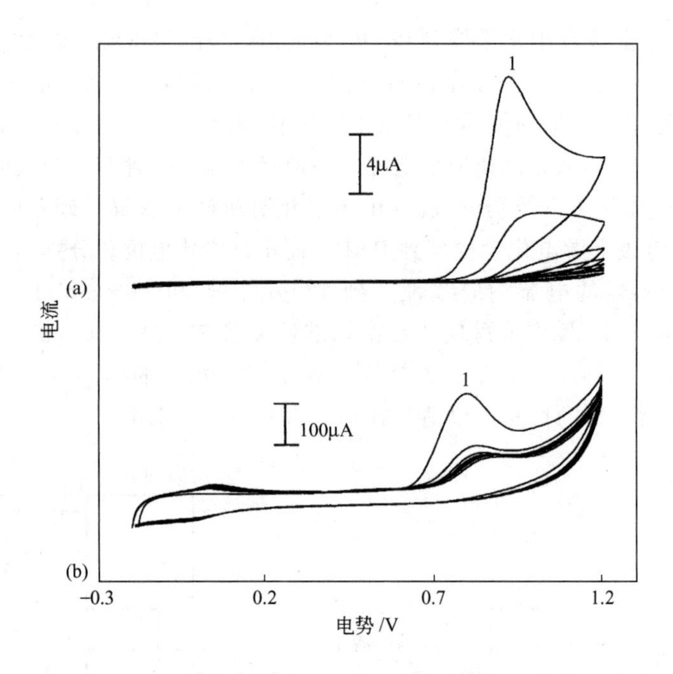

图 17.10 未改性对硝基苯酚 10 次重复扫描的循环伏安图（a）；多壁碳纳米管（MWNT-CVD）改性玻璃碳（GC）电极的化学气相沉积（b）

（a）和（b）第一次扫描表示为 1。扫描速率为 50mV/s。电解质，磷酸盐缓冲液（0.05mol/L，pH 7.4）（引自 Deo，R. P.，Wang，J.，Block，I.，Mulchandani，A.，Joshi，K. A.，Trojanowicz，M.，Scholz，F.，Chen，W.，and Lin，Y.，Anal. Chim. Acta，530，185，2005. 经许可）

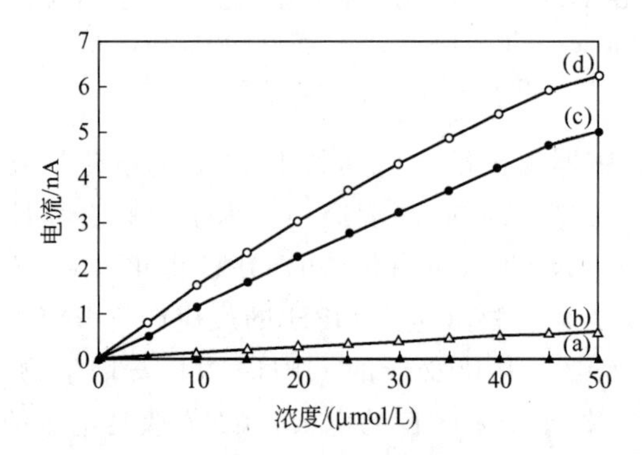

图 17.11 在各种电极上连续增加 5μmol/L 的对硝基苯酚对测量电流的标准曲线结果

（a）裸玻璃碳电极（GC）；（b）生产多壁碳纳米管 ARC（MWNT-ARC）；（c）化学气相沉积制备单壁碳纳米管（SWNT-CVD）；（d）化学气相沉积制备多壁碳纳米管（MWNT-CVD）改性 GC 电极。电解液为磷酸盐缓冲溶液（0.05mol/L，pH 7.4）；搅拌速率约 300r/min；运行电势＋0.85V。数据重复测量取平均值（引自 Deo，R. P.，Wang，J.，Block，I.，Mulchandani，A.，Joshi，K. A.，Trojanowicz，M.，Scholz，F.，Chen，W.，and Lin，Y.，Anal. Chim. Acta，530，185，2005. 经许可）

（10nmol/L）的对氧磷和 5.3μg/L（20nmol/L）的甲基对硫磷，而不受酚类化合物、氨基甲酸酯农药、三嗪类除草剂和不具有硝基苯取代基的有机磷农药的干扰。该生物传感器具有良好的运行寿命稳定性：室温下储存超过 12h，重复使用 40 次都不会减少其响应时间，而当储存在 4℃的工作缓冲液中寿命约 2d[42]。

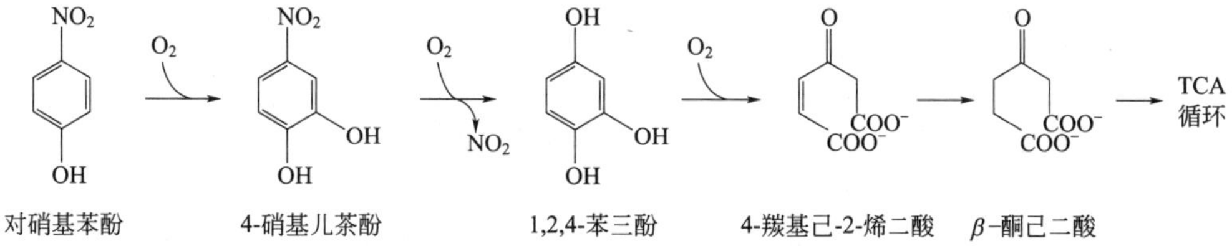

NO_2 O_2 NO_2 O_2 OH O_2 O O TCA循环

对硝基苯酚 4-硝基儿茶酚 1,2,4-苯三酚 4-羰基己-2-烯二酸 β-酮己二酸

图 17.12 节杆菌属降解对硝基苯酚的途径

（引自 Lei, Y., Mulchandani, P., Chen, W., Wang, J., and Mulchandani, A., Biotechnol. Bioeng., 85, 706, 2004. 经许可）

17.5 基于 OPH 的双电位安培生物传感器

虽然电位传感器有利于响应所有的有机磷化合物，反映与 OPH 活性相关的 pH 值的变化，但是电流计装置只对 OP 底物（农药）反应生成的可氧化 PNP 产物显示良好的信号。因此，同步/联合使用连接到同一 OPH 酶上的电位和电流信号转换器会增加信息内容，并能区分 OP 化合物的类别。为了证明这一假设，该组构建了小型化双电位-安培流动注射 OPH 基生物传感器。传感器是用薄膜制造技术制备的，它们迅速且独立响应 OP 化合物水平的突然变化，甚至在连续操作时都没有明显的交叉反应（图 17.13）。图 17.14 为典型的

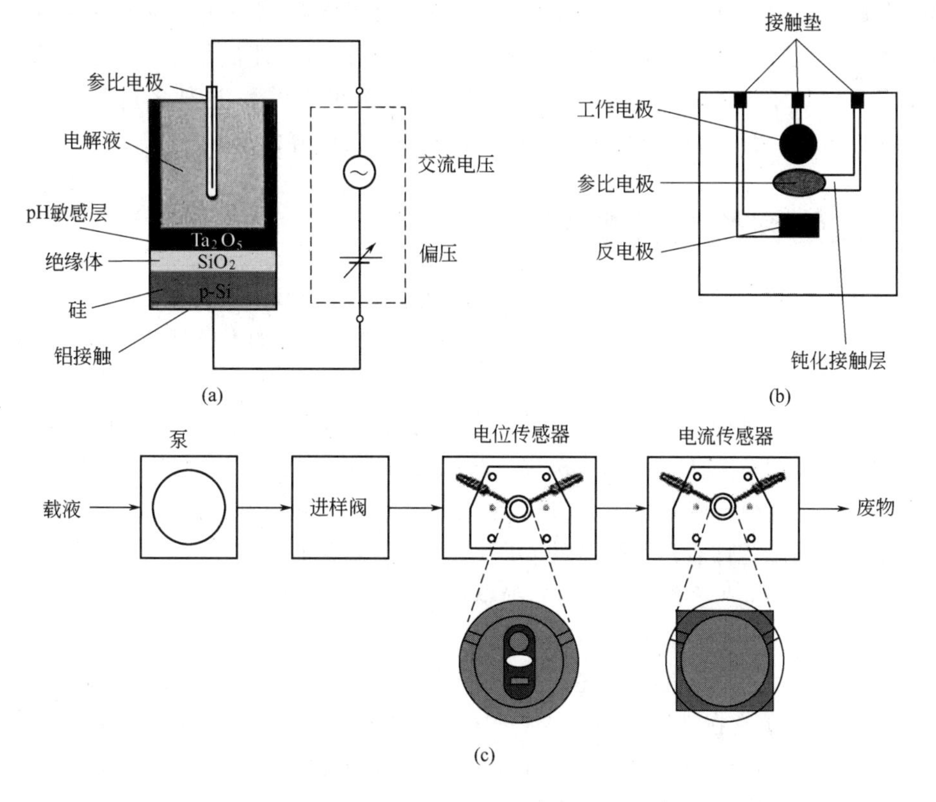

图 17.13 (a) 电位电解液绝缘体半导体（EIS）传感器系统示意图；(b) 薄膜安培金电极的设计；(c) 双传感器流动注射系统示意图

（引自 Wang, J., Krause, R., Block, K., Musameh, M., Mulchandani, A., Mulchandani, P., Chen, W., and Schöning M. J., Anal. Chim. Acta, 469, 197, 2002. 经许可）

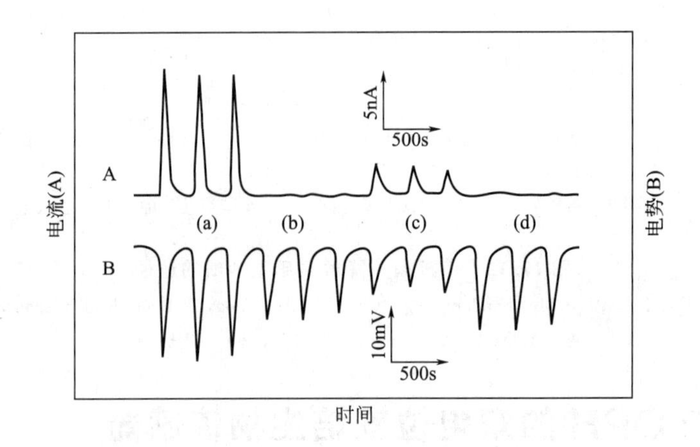

图 17.14 (a) 50μmol/L 对氧磷，(b) 100μmol/L 敌敌畏；(c) 200μmol/L 对硫磷，(d) 200μmol/L 二嗪磷的电流（A）和电势（B）的测量结果

载体溶液，磷酸盐缓冲液（0.5mmol/L，pH 9.0）/10mmol/L KCl；流速 1.8mL/min；注射环，1000μL；操作电势（A）+0.75V；恒定容量（B）22nF（引自 Wang，J.，Krause，R.，Block，K.，Musameh，M.，Mulchandani，A.，Mulchandani，P.，Chen，W.，and Schöning M. J.，Anal. Chim. Acta，469，197，2002. 经许可）

电流和电位峰值，是由注射各种 OP 化合物的 OPH 生物传感器系统同时记录所得的。对电容和应用潜力、缓冲浓度和流量等相关实验变量的影响进行了评估和优化。这种双系统使得各种防御和环境场景中有机磷神经毒素的现场测定成为可能[43]。这种多重转导概念（multiple-transduction）可能会增加其他酶生物传感器系统的内容信息。

17.6 微生物生物传感器

以上所述的生物传感器都需要对 OPH 进行纯化。而 OPH 的纯化是一个费力、费时和昂贵的工作。为了避免这种情况，该小组用基因工程微生物，如大肠杆菌和莫拉菌属，在细胞表面表达 OPH。在细胞表面表达 OPH 减小了质量传质阻力，这是当用细胞在细胞质或周质中表达酶时通过细胞壁的结果。在大肠杆菌表面上表达 OPH 是通过用 Lpp-OmpA 锚系统实现的，而从假单胞菌（*Pseudomonas syriange*）得到的冰核蛋白质锚用来在莫拉菌属（*Moraxella* sp.）的细胞表面显示 OPH。在细胞表面上定位 OPH 会增加 7 倍对硫磷水解速率（相比于细胞在细胞内表达相似量的 OPH）和显著改善的稳定性[44,45]。细胞在细胞表面上表达 OPH 与电位、光学和安培信号转换器组合构建微生物电极[46~48]。相较于酶基生物传感器，微生物生物传感器具有相似的灵敏度、选择性以及使用和保存的寿命。

近来，该小组通过基因工程组建了一个 PNP 降解菌恶臭假单胞菌 JS444（*Pseudomonas putida* JS444），赋予它在细胞表面表达 OPH 活性的能力，并与 Clark 溶解氧电极合建一个简单的对 PNP 取代的有机磷农药有一定的灵敏度和选择性的微生物生物传感器[47]。表面表达的 OPH 催化有硝基苯取代基的有机磷农药，如对氧磷、甲基对硫磷和对硫磷等的水解，产生 PNP，在氧气存在下被恶臭假单胞菌 JS444 酶促机制氧化生成二氧化碳。测定相应的耗氧量和相应的有机磷浓度。对传感器信号和响应时间进行优化，用干重为 0.086mg 的细胞，室温下在含有 50μmol/L $CoCl_2$ 的 50mmol/L、pH 为 7.5 的柠檬酸盐-磷酸盐缓冲液中操作。在最优化条件下操作，生物传感器能测定浓度低至 55μg/L 的对氧磷、53μg/L 的甲基对硫磷和 58μg/L 的对硫磷，而不受大多数酚类化合物以及其他常用农药，如莠去津、蝇毒磷、苏达灭、西维因和二嗪农等的干扰。4℃储存在操作缓冲液中时，微生物生物传感器的工作寿命约为 5d。

17.7 芯片实验室分离和检测有机磷神经毒剂

基于微流控芯片的小型化分析设备由于其强大的性能、更快的响应速度、更高的集成度和大幅度降低的质量和体积，正引起越来越大的兴趣。芯片分离和检测微系统能满足现场检测或现场快速检测化学战剂的要求。Wang 等[49]基于微加工毛细管电泳芯片和厚膜安培探测器的联合/耦联，开发了分离和检测有毒有机磷神经毒剂化合物的小型分析系统。分离是基

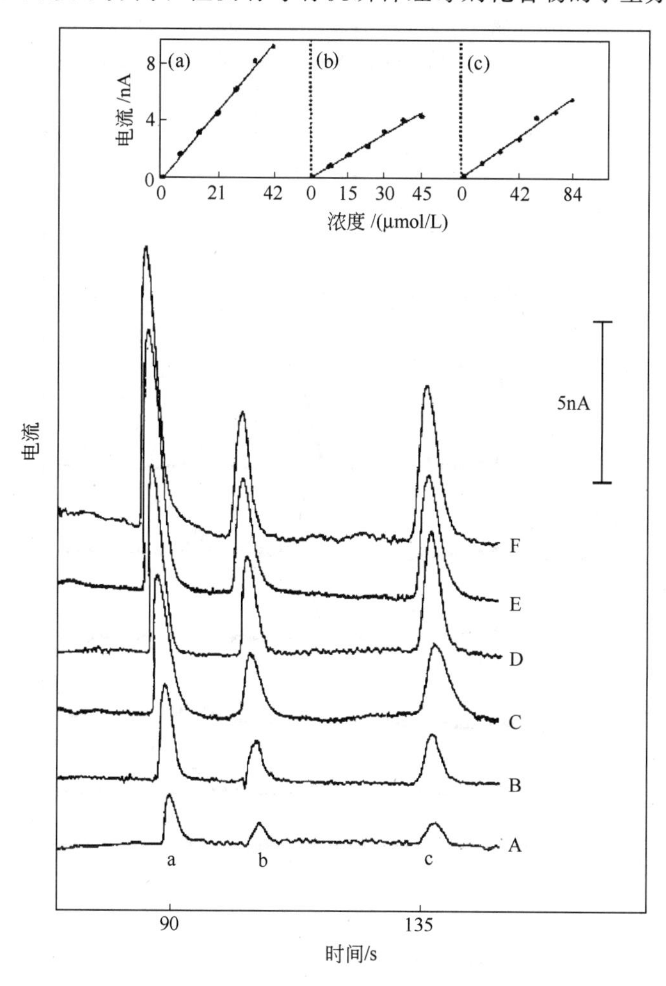

图 17.15 步长分别为 7.1×10^{-5} mol/L、7.5×10^{-5} mol/L 和 1.4×10^{-4} mol/L 的对氧磷（a）、甲基对硫磷（b）和杀螟硫磷（c）组成的混合物的电泳图

图中也显示了（如插图）结果标准曲线。分离缓冲液，20mmol/L MES（pH 5.0）含有 7.5mmol/L 十二烷基硫酸钠（SDS）；分离电压+2000V；注射电压+1500V；注射时间 3s；检测电势，裸碳丝网印刷电极的电势为−0.5V（相对于银/氯化银参比电极）(引自 Wang，J.，Chatrathi，M. P.，Mulchandani，A.，and Chen，W.，Anal. Chem.，73，1804，2001. 经许可)

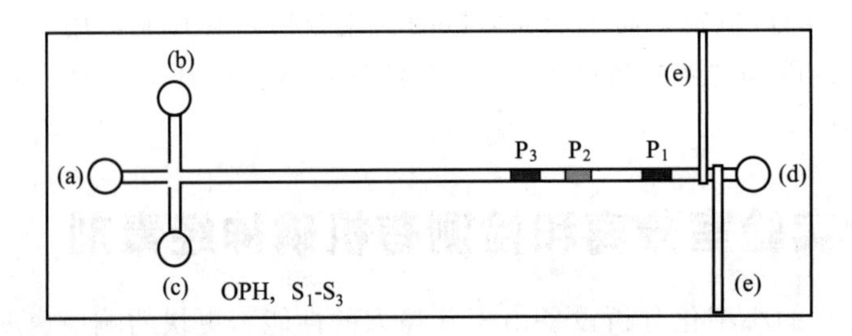

图 17.16 具有检测有机磷神经毒剂的酶分析非接触电导检测器的毛细管电泳（CE）芯片电泳系统的布局

（a）运行缓冲液储存器；（b）未使用的储存器；（c）样本储存器，含 S_1-S_3 基质及有机磷水解酶（OPH）；（d）出口储槽；（e）铝感电极（引自 Wang，J.，Chen，G.，Muck，A.，Chatrathi，M. P.，Mulchandani，A.，and Chen，W.，Anal. Chim. Acta，505，183，2004. 经许可）

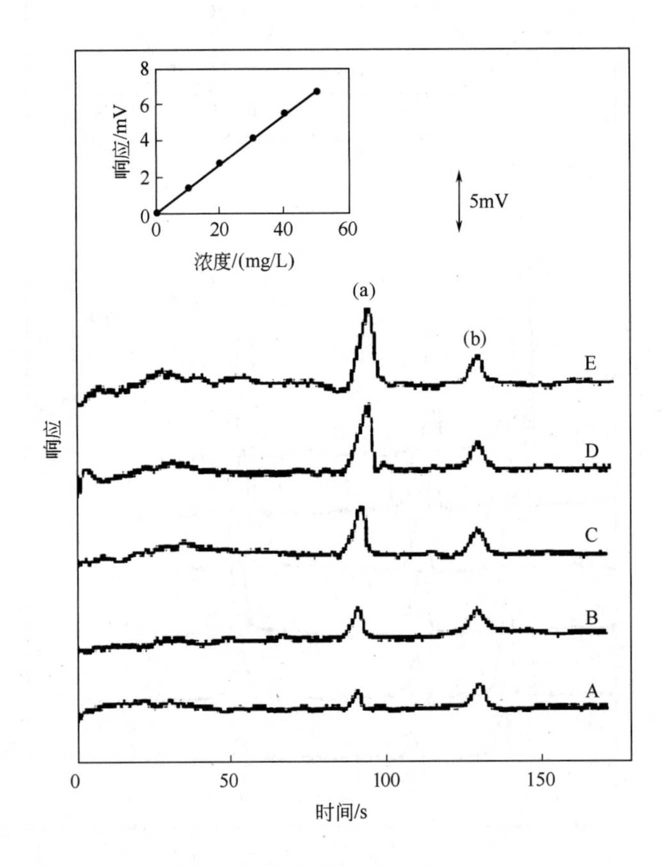

图 17.17 系列浓度（初始为 10mg/L，递增 10mg/L，A～E）的甲基对硫磷（a）和 20mg/L 对氧磷（b）混合物的电泳图

有机磷水解酶（OPH）催化水解有机磷神经毒剂反应的标准曲线（见插图），条件如下：分离电压 1000V；注射电压 1000V；注射时间 1s；频率 200kHz；峰-峰值，10V；正弦波形；每个神经毒剂的浓度为 50mg/L；OPH 活性 80U/mL；运行缓冲液，MES/HIS（5mmol/L，pH 6.1）（引自 Wang，J.，Chen，G.，Muck，A.，Chatrathi，M. P.，Mulchandani，A.，and Chen，W.，Anal. Chim. Acta，505，183，2004. 经许可）

于电动毛细管色谱法（MEKC），之后通过敏感的电化学检测 OP 神经毒剂。需要对影响芯片分离和检测过程的因素，如施加的电压和缓冲液的组成等进行优化。用 2-(N-吗啡）乙磺酸（MES）缓冲液（20mmol/L，pH=5.0），一个 72mm 长的分离通道，以及 2000V 的分离电压，在 140s 内观察对氧磷、甲基对硫磷、杀螟硫磷和乙基对硫磷的基线分辨率。图 17.15 为包含有机磷杀虫剂的样品混合物的典型电泳图。其优点为：小型化、速度快、有微摩尔级的检出限和良好的精密度。该系统已证明能用于含有有机磷化合物的河水的检测。通过在芯片上进行预分离和富集，可以进一步改善监控各种电活性 OP 战剂的灵敏度，有利于各种防御和环境应用。

将毛细管电泳（CE）与提供选择性和扩增作用的酶相结合，可以增强分析功能和微芯片设备的多功能性。最近，这个小组开发了一种芯片上酶法分析技术，利用 OPH 的柱前反应以及膦酸产品的 CE 电泳分离及其非接触式电导检测筛选有机磷神经毒剂[50]。图 17.16 为微芯片酶分析技术的示意图。对影响酶促反应、分离和检测过程的因素进行了评估和优化。整个生物测定过程需要 1min 的 OPH 反应阶段，需要对反应产物进行 1～2min 的分离和检测。在优化条件下运行，对氧磷和甲基对硫磷的线性响应检测限分别为 5mg/L 和 3mg/L（图 17.17）。相对于传统的基于 OPH 的生物传感器，OPH-生物芯片能够区分个别有机磷基质。新的基于 OPH 的生物芯片极强的吸引力表明现场筛查杀虫剂和神经毒剂大有希望。这项研究还首次证明，在芯片上非接触性检测酶反应成为可能。

总之，人们已经开发了各种生物传感器装置，它们选择性好、灵敏度高、直接、快速、性价比高，能间歇地或连续地对有机磷化合物进行现场检测和筛选。这些传感器是进行国土安全和环境监测非常重要的工具，能识别和确认危险化学品的存在。

致谢

这项工作得到了美国国家环境保护局（R8236663-01-0、R82816001-0）、国家科学基金会（BES 9731513）和美国农业部（99-35102-8600）的资助。

参考文献

1. Compton, J. A., *Military Chemical and Biological Agents*, Telford Press, Caldwell, NJ, 1988.
2. Food and Agricultural Organization of the United Nations (FAO), Rome, *FAO Product Yearbook*, 43, 320, 1989.
3. US Department of Agriculture, *Agricutural Statistics*, US Government Printing Office, Washington, DC, p. 395, 1992.
4. Donarski, W. J., Dumas, D. P., Heitmeyer, D. P., Lewis, V. E., and Raushel, F. M., Structure–activity relationships in the hydrolysis of substrates by the phosphotriesterase from *Pseudomonas diminuta*, *Biochemistry*, 28, 4650, 1989.
5. Chapalamadugu, S. and Chaudhry, G. S., Microbiological and biotechnological aspects of metabolism of carbamates and organophosphates, *Crit. Rev. Biotechnol.*, 12, 357, 1989.
6. US EPA, *Pesticide Market Estimates: Usage. 1998–1999*, http://www.epa.gov/oppbead1/pestsales/99pestsales/usage1999_3.html
7. Gilliom, R. J., Barbash, J. E., Kolpin, D. W., and Larson, A. J., Testing water quality for pesticide pollution, *Environ. Sci. Technol.*, 133, 164, 1999.
8. Sherma, J., Pesticides, *Anal. Chem.*, 65, R40, 1993.
9. Yao, S., Meyer, A., Henze, G., and Fresnius, J., Comparison of amperometric and UV-spectrophotometric monitoring in the HPLC analysis of pesticides, *Anal. Chem.*, 339, 207, 1991.
10. Palchetti, I., Cagnini, A., Del Carlo, M., Coppi, C., Mascini, M., and Turner, A. P. F., Determination

of acetylcholinesterase pesticides in real samples using a disposable biosensor, *Anal. Chim. Acta*, 337, 315, 1997.

11. Diehl-Faxon, J., Ghindilis, A. L., Atanasov, P., and Wilkins, E., Direct electron transfer based tri-enzyme electrode for monitoring of organophosphorus pesticides, *Sens. Actuators, B*, 35–36, 448, 1996.
12. La Rosa, C., Pariente, F., Hernandez, L., and Lorenzo, E., Determination of organophosphorus and carbamic pesticides with an acetylcholinesterase amperometric biosensor using 4-aminophenyl acetate as substrate, *Anal. Chim. Acta*, 295, 273, 1994.
13. Martorell, D., Céspedes, F., Martínez-Fáregas, E., and Alegret, S., Amperometric determination of pesticides using a biosensor based on polishable graphite-epoxy biocomposite, *Anal. Chim. Acta*, 290, 343, 1994.
14. Skladal, P., Determination of organophosphate and carbamate pesticides using cobalt phthalocyanine-modified carbon paste electrode and a cholinesterase enzyme membrane, *Anal. Chim. Acta*, 252, 11, 1991.
15. Marty, J. -L., Sode, K., and Karube, I., Biosensor for detection of organophosphate and carbamate insecticides, *Electroanalysis*, 4, 249, 1992.
16. Palleschi, G., Bernabei, M., Cremisini, C., and Mascini, M., Determination of organophosphorus insecticides with a choline electrochemical biosensor, *Sens. Actuators, B*, 7, 513, 1992.
17. Skladal, P. and Mascini, M., Sensitive detection of pesticides using amperometric sensors based on cobalt phthalocyanin-modified composite electrodes and immobilized cholinesterase, *Biosens. Bioelectron.*, 7, 335, 1992.
18. Mionetto, N., Marty, J. -L., and Karube, I., Acetylcholinesterase in organic solvents for the detection of pesticides: biosensor application, *Biosens. Bioelectron.*, 9, 463, 1994.
19. Trojanowicz, M. and Hitchman, M. L., Determination of pesticides using electrochemical biosensors, *Trends Anal. Chem.*, 15, 38, 1996.
20. Kumaran, S. and Tranh-Minh, C., Determination of organophosphorus and carbamate insecticides by flow injection analysis, *Anal. Biochem.*, 200, 187, 1992.
21. Tran-Minh, C., Pandey, P. C., and Kumaran, S., Studies of acetylcholine sensor and its analytical application based on the inhibition of cholinesterase, *Biosens. Bioelectron.*, 5, 461, 1990.
22. Chuna Bastos, V. L. F., Chuna Bastos, J., Lima, J. S., and Castro Faria, M. V., Brain acetylcholinesterase as an in vitro detector of organophosphorus and carbamate insecticides in water, *Water Res.*, 25, 835, 1991.
23. Kumaran, S. and Morita, M., Application of a cholinesterase biosensor to screen for organophosphorus pesticides extracted from soil, *Talanta*, 42, 649, 1995.
24. Dzyadevich, S. V., Soldatkin, A. P., Shul'ga, A. A., Strikha, V. I., and El'skaya, A. V., Conductometric biosensor for determination of organophosphorus pesticides, *J. Anal. Chem.*, 49, 874, 1994.
25. Rogers, K. R., Cao, C. J., Valdes, J. J., Eldefrawi, A. T., and Eldefrawi, M. E., Acetylcholinesterase fiber-optic biosensor for detection of acetylcholinesterases, *Fund. Appl. Toxicol.*, 16, 810, 1991.
26. Hobel, W., Polster, J., and Fresenius, J., Fiber optic biosensor for pesticides based on acetylcholine esterase, *Anal. Chem.*, 343, 101, 1992.
27. Garcia de Maria, C., Munoz, T. M., and Townhend, A., Reactivation of an immobilized enzyme reactor for the determination of acetylcholinesterase inhibitors. Flow injection determination of paraoxon, *Anal. Chim. Acta*, 295, 287, 1994.
28. Moris, P., Alexandre, I., Roger, M., and Remacle, J., Chemiluminescence assay of organophosphorus and carbamate pesticides, *Anal. Chim. Acta*, 302, 53, 1995.
29. Munnecke, D. M., Enzymatic detoxification of waste organophosphate pesticides, *J. Agric. Food Chem.*, 28, 105, 1980.
30. Dumas, D. P., Wild, J. R., and Raushel, F. M., Diisopropylfluorophosphate hydrolysis by a phosphotriesterase from *Pseudomonas diminuta*, *Biotech. Appl. Biochem.*, 11, 235, 1989.
31. Dumas, D. P., Caldwell, S. R., Wild, J. R., and Raushel, F. M., Purification and properties of the phosphotriesterase from *Pseudomonas diminuta*, *J. Biol. Chem.*, 33, 19659, 1989.
32. Dumas, D. P., Durst, H. D., Landis, W. G., Raushel, F. M., and Wild, J. R., Inactivation of organophosphorus nerve agents by the phosphotriesterase from *Pseudomonas diminuta*, *Arch. Biochem. Biophys.*, 227, 155, 1990.

33. Mulchandani, P., Mulchandani, A., Kaneva, I., and Chen, W., Biosensor for direct determination of organophosphate nerve agents. 1. Potentiometric enzyme electrode, *Biosens. Bioelectron.*, 14, 77, 1999.
34. Schoning, M. J., Mulchandani, P., Chen, W., and Mulchandani, A., A capacitive field-effect sensor for the direct determination of organophosphorus pesticides, *Sens. Actuators, B*, 91, 92, 2003.
35. Rogers, K. R., Wang, Y., Mulchandani, A., Mulchandani, P., and Chen, W., Organophosphorus hydrolase-based fluorescence assay for organophosphate pesticides, *Biotechnol. Prog.*, 15, 517, 1999.
36. Mulchandani, A., Pan, S., and Chen, W., Fiber-optic biosensor for direct determination of organophosphate nerve agents, *Biotechnol. Prog.*, 15, 130, 1999.
37. Mulchandani, A., Mulchandani, P., Chen, W., Wang, J., and Chen, L., Amperometric thick-film strip electrodes for monitoring organophosphate nerve agents based on immobilized organophosphorus hydrolase, *Anal. Chem.*, 71, 2246, 1999.
38. Wang, J., Chen, L., Mulchandani, A., Mulchandani, P., and Chen, W., Remote biosensor for in-situ monitoring of organophosphate nerve agents, *Electroanalysis*, 11, 866, 1999.
39. Mulchandani, P., Chen, W., and Mulchandani, A., Flow injection amperometric enzyme biosensor for direct determination of organophosphate nerve agents, *Environ. Sci. Technol.*, 35, 2562, 2001.
40. Mulchandani, A., Chen, W., Mulchandani, P., Wang, J., and Rogers, K. R., Biosesnors for direct determination of organophosphate pesticides, *Biosens. Bioelectron.*, 16, 225, 2001.
41. Deo, R. P., Wang, J., Block, I., Mulchandani, A., Joshi, K. A., Trojanowicz, M., Scholz, F., Chen, W., and Lin, Y., Determination of organophosphate pesticides at a carbon nanotube/organophosphorus hydrolase electrochemical biosensor, *Anal. Chim. Acta*, 530, 185, 2005.
42. Lei, Y., Mulchandani, P., Chen, W., Wang, J., and Mulchandani, A., Whole cell-enzyme hybrid amperometric biosensor for direct determination of organophosphate nerve agents with p-nitrophenyl substituents, *Biotechnol. Bioeng.*, 85, 706, 2004.
43. Wang, J., Krause, R., Block, K., Musameh, M., Mulchandani, A., Mulchandani, P., Chen, W., and Schöning, M. J., Dual amperometric-potentiometric biosensor detection system for monitoring organophosphate neurotoxins, *Anal. Chim. Acta*, 469, 197, 2002.
44. Richins, R., Kaneva, I., Mulchandani, A., and Chen, W., Biodegradation of organophosphorus pesticides by surface-expressed organophosphorus hydrolase, *Nat. Biotechnol.*, 15, 984, 1997.
45. Mulchandani, A., Kaneva, I., and Chen, W., Detoxification of organophosphate nerve agents by immobilized *Escherichia coli* with surface-expressed organophosphorus hydrolase, *Biotechnol. Bioeng.*, 63, 216, 1999.
46. Mulchandani, A., Mulchandani, P., Kaneva, I., and Chen, W., Biosensor for direct determination of organophosphate nerve agents using recombinant *Escherichia coli* with surface-expressed organophosphorus hydrolase. 1. Potentiometric electrode, *Anal. Chem.*, 70, 4140, 1998.
47. Mulchandani, A., Kaneva, I., and Chen, W., Biosensor for direct determination of organophsophate nerve agents using recombinant *Escherichia coli* with surface-expressed organophosphorus hydrolase. 2. Fiber-optic microbial biosensor, *Anal. Chem.*, 70, 5042, 1998.
48. Lei, Y., Mulchandani, P., Chen, W., and Mulchandani, A., Direct determination of *p*-nitrophenyl substituent organophosphorus nerve agents using recombinant *Pseudomonas putida* JS444-modified Clark oxygen electrode, *J. Agric. Food Chem.*, 53, 524, 2005.
49. Wang, J., Chatrathi, M. P., Mulchandani, A., and Chen, W., Capillary electrophoresis microchips for rapid separation and detection of organophosphate nerve agents, *Anal. Chem.*, 73, 1804, 2001.
50. Wang, J., Chen, G., Muck, A., Chatrathi, M. P., Mulchandani, A., and Chen, W., Microchip enzymatic assay of organophosphate nerve agents, *Anal. Chim. Acta*, 505, 183, 2004.

18　生物微阵列：开发、选择和应用

Joany Jackman

目录

18.1　微阵列技术的背景

18.1.1　微阵列的定义

多元分析是一种能提供样品最大信息量的技术方法，同时，它还有节约试剂、节约样品、提高分析速度的优点。微阵列技术是一种和固醇类物质相关的多元分析技术。简而言之，微阵列就是将生物分子按阵列排布在固体平面平台上，通常为载玻片[1]，结果就构成了一个阵列，有时也称作芯片。在这种格式下，分子都是彼此分离的，从而使用者可以同时考察每一个单独的分子。因此，就可以同时获得成百上千个不同测试的相关信息。其他技术是不能通过一次测定就获得这么丰富的信息量的。能够以阵列呈现的分子类型将在下面做详细讨论，包括DNA寡核苷酸序列、cDNA、多肽或糖类分子，而每个阵列可以包含同一类型的多个分子。

微阵列技术革新了基因组信息被使用和分析的途径。微阵列的研究进展在Venkatasubbarao[2]和Southern[3]所撰写的综述中有详细介绍。基因分析微阵列技术早在10年前就已经产生了，是 Southern 第一次将微阵列固定在载玻片上，他意识到了多探针平行分析微阵列的潜在应用价值，然而，Brown 团队第一次实践了这个概念，他们用 cDNA 阵列作为捕获探针，通过基因表达，同时检测了 1000 个基因分子[4,5]。微阵列技术是从一些原有的人们所熟知的技术发展而来的，要想了解微阵列是如何工作的，就要与这些技术做一个比较。从某种意义上来说，微阵列本质上与核酸印迹杂交法和斑点杂交技术相同（图 18.1)。核酸印迹杂交法和斑点杂交技术是用标记的探针从阵列或 96 孔板中按阵列排布的各种各样的目标分子里识别目标基因或探测转录物的数量。目标的定义是与应用相关的。目标分子可以来自任何时间或条件下的同一个受试者，也可以来自不同的受试者。这类实验的目的是比较多个目标物的一个单独基因或多个靶序列变异体。这样，当遇到探针时，目标分子就显现出来了。探针用荧光、放射性或酶进行标记。探针是用来查询目标序列的。当目标探针与互补目标序列发生杂交或者从溶剂中被捕获，就完成了检测过程。

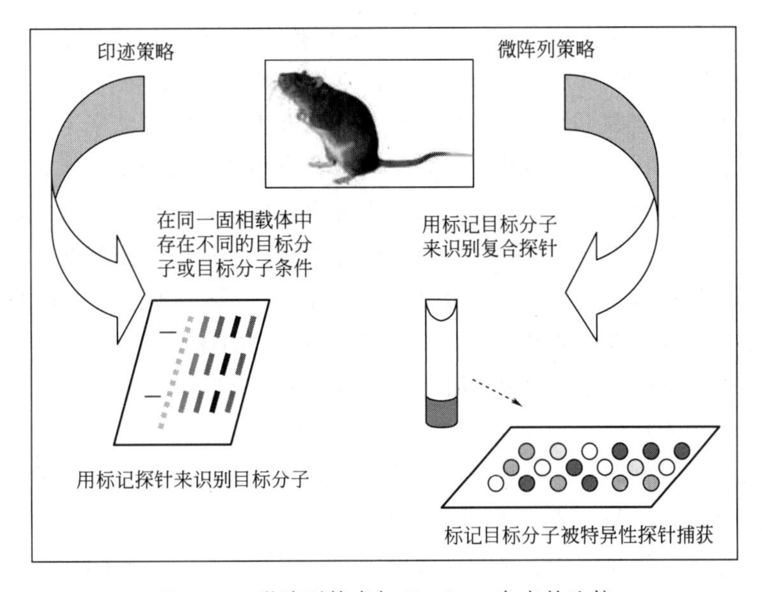

图 18.1 微阵列技术与 Southern 杂交的比较

与核酸印迹杂交技术相比，微阵列呈现或排列的是不同的探针而不是目标物。将目标物添加到阵列上，用这种方法，一个单独的样品用成百上千个探针进行检测。当目标分子被固定到一个微阵列上时，称为捕获探针，与印迹法的探针不同，这种探针未进行标记。在大多数情况下，目标分子会用荧光标记，而在少数情况下，可以用产生化学信号的电化学方法和其他能产生可观测信号的方法。目标分子被连接到基片上的小部分探针所捕获。这种结合是可定量测定的。进行检测时，目标标记物被表面结合探针所结合。数十、数百或者数千个探针可以一次性对单个样品进行分析。其结果是，通过定义基因转录产物之间的关系或者特定基因多态性的出现，一个更加全面的靶生物的图像就形成了。相比之下，核酸印迹杂交技术描述的是单个基因在种群、途径或环境中的行为。这两种方法都是有效的，它们反映不同的观点，解决类似的科学问题。微阵列技术（基因芯片技术）极大地提高了研究者研究基因功能组或生化途径中（不是孤立存在的）基因的能力。

在微阵列技术中所用到的标记材料可以直接借鉴其他研究，而方法则可以借鉴其他技术中用于标记特定分子的方法，例如 ELISA 和 PCR 分析技术。其中许多已经被其他作者

(Heineman、Biagini、Cooper、Dill、Mulchandani 和 Nie) 详细描述过。应当指出的是，针对一些相关技术，几乎所有的标记方法都可以借鉴或直接应用于微阵列技术。

18.1.2 阵列格式

阵列通常直接印到玻璃载片上，往往是平面或者二维阵列 (2D)。三维 (3D) 阵列是对载玻片进行修饰，以包含有水凝胶 (蛋白质阵列) 或聚丙烯酰胺水凝胶 (基因芯片) 并引入探针而形成。微阵列以阵列分子的类型和密度来分类：低密度组包含几十个成分，中密度组包含几百个成分，高密度组包含上千个成分。如基因芯片人类基因组 (GeneChip Human Genome) 阵列 (Affymetrix) 包含多达 54000 个成分，且单个阵列能评估 100 万以上不同的结合情况[6]，尽管高密度阵列更为常见的是包含 10000～25000 个成分的阵列 (Amersham、Agilent、Combimatrix)。

基于微球的微阵列 (bead-based microarrays) 是一种典型的平面阵列中的可选择格式[7,8]。在一个版本中，阵列分子被安置在聚合微球表面混合在溶液中[9]。鉴于微球是固相表面，阵列本身没法固定在上面。实时的可视化阵列并不存在，只能用流式细胞仪或计算机在虚拟空间中进行模拟。因此，应当指出，尽管这些类型的阵列能快速地对 100 个不同的微球成像，但不能像载玻片格式一样有这么多物理分离分析材料的优点。通常来说，这种分析格式仅限于对 100 个微球进行同时测试。基于微珠的微阵列的另一个版本，是将分子连接于微球上，然后将微球按阵列排列于光纤或者平板表面[10～12]。这些基于微珠的系统能够同时按阵列排布上千个表面结合的微球，并具有探针物理分离的优点。

组织芯片 (TMAs) 在阵列中用肿瘤组织作为目标。这些小组织切片按顺序排布在载玻片上，探测获取基因表达信息[13]。尽管它们也被认为是微阵列，组织阵列和细胞阵列在设置和分析上与这里所提到的其他阵列不同，这两种阵列是表面捕获目标分子的阵列而不是单个探针。因此，除了 TMAs 维持目标分子的特异性风格之外，TMAs 与核酸印迹杂交技术的相关性更强。通常，生化途径 [基于细胞的阵列 (CBAs) 或生物标志物 (TMAs)] 最初是用 DNA 或蛋白质阵列描述或发现的，之后它能迅速筛选肿瘤和有代谢反应的种群。对这个特殊的技术，值得注意的是统一性和再现性的问题。TMAs 和 CBAs 的装配和操作是不同的。因为 TMAs 和 CBAs 来自复杂的生物材料和器官，并且肿瘤不均匀性和细胞种群变异在自然条件下经常发生，与合成阵列相比，其质量控制的关注度更高。Fedor[14]、Wheeler[15]、Kallioniemi[16] 在综述中详细讨论了这种独特的微阵列技术的类型。

虽然微阵列技术可以彻底改革医学方法和提高对复杂生物过程的理解，但微阵列技术目前仍然只是一个重要的研究工具。到目前为止，所面临的挑战还很多，要克服微阵列制造的质量控制问题，克服单个阵列上可能同时出现多个探针的问题，要理解和区分成百上千个数据点存在下的重要特征。2005 年 1 月，微阵列首次被美国食品药物监督管理局 (U.S. FDA) 批准可以用来诊断测试，Roche Molecular Systems 对其进行了介绍[17]。虽然在技术上这是一个芯片，它的规模和尺寸还是有限的。AmpliChip CYP450 基因型测试在两个 P450 基因、CYP2D6 和 CYP2C19 中测试到存在变异，解释说明了 33 个不同的等位基因模式[18]。尽管能同时测定的多态性的数目有限，微阵列技术在患者治疗和诊断中的影响是显著的。微阵列技术已被认为是药物基因组学和毒理基因组学实际应用的一门关键技术，使私人医疗成为可能[19,20]。

18.2 微阵列的优缺点

18.2.1 优点

微阵列的优点表现在绝对数量上：可以同时定量不同的基因，同时分析不同的单核苷酸多态性（SNPs），同时评估多个生化途径，同时实现多个结合位点（表 18.1）。应指出，到目前为止，超过 140 家厂商参与微阵列、微阵列阅读器或微阵列分析软件（表 18.2～表 18.4）的生产。因此，列表提供的信息并不全面，但都是一些比较有代表性的供应商。商业供应商清单见表 18.4。随着这一领域的不断壮大，制造商、产品和用户技术的更新是如此之快，因此，网络资源需要及时更新技术版本。

表 18.1 微阵列技术的优缺点

优点	缺点
同时比较大量基因或蛋白质	印刷阵列、成像和/或打印设备投资成本高
能够剖析个体、组织或细胞系的多个多态性	速度可能没有其他基因或蛋白质测试快
保存被分析物	重复性和灵敏度难以测量
启用数据驱动程序发现自然关联	数据管理挑战性更大
	质量、指标正在不断发展

表 18.2 商品化打印微阵列的可选来源

公司	靶标物①	类型	应用	物种
Agilent	N	有斑点的	基因表达，重新测序，基因组分析	拟南芥属，人，小鼠，大鼠，恒河猴，非洲蟾蜍，斑马鱼
Combimatrix	N	原位	基因组分析，疾病分析	人，狗，小鼠，大鼠，鱼，大肠杆菌，真菌，棉花，疟疾，病毒
Glycominds	G	有斑点的	抗体分析，传染病分析	哺乳类、细菌(各种)
Invitrogen	P，QC	有斑点的	基因组分析，质量保证	人，小鼠，酵母菌
Affymetrix	N，QC	原位	测序，基因表达，SNP，质量保证	人，小鼠
Arraylt	N，P，QC	有斑点的	基因表达，转录分析，质量保证	人，小鼠，大鼠，拟南芥
GE Healthcare (formerly Amcrsham Biosciences)	N	有斑点的	基因组分析，目标基因分析	人，小鼠，大鼠
Procognia	G，P	有斑点的	蛋白质折叠依赖数组阵列，药物筛选，糖分析	人，小鼠
Stratagene	QC	有斑点的	参照 RNA(MAQC 控制)	人，小鼠，大鼠
Plexigen	N，P	有斑点的	抗原/抗体分析，基因组分析	牛，猪，细菌，病毒
Allied Biotech	P	有斑点的	路径分析，疾病分析	人，小鼠，大鼠，病毒
Super Array	N	有斑点的	生化/疾病路径分析	人，小鼠，大鼠
Sigma	T，P	有斑点的	肿瘤分析，细胞信号路径	人，小鼠，大鼠

续表

公司	靶标物①	类型	应用	物种
Illumina	n	微珠	SNP,基因表达	人,小鼠
Panomics	P,N	有斑点的	抗体阵列	人,小鼠
Biogenex	T	—	肿瘤/疾病分析,器官分析	人,小鼠,大鼠
Biochain	N,P,T	有斑点的	胎儿组织分析,肿瘤分析,基因表达,蛋白表达	人

① N—核酸；P—蛋白质；G—多糖；T—组织/细胞；QC—质量控制。

表 18.3 生物阵列阅读器的可选制造商

装置/公司	类型	特点	处理、加工
Agilent	激光扫描	2 种颜色通道	连续
Axon(Molecular devices)	激光扫描	2 种颜色通道和 4 种颜色通道	连续
Perkin elmer	激光扫描	多达 5 种颜色通道	连续
Aurora photonics	平场照明	2 种颜色通道和 4 种颜色通道温控平台	平行
Nanogen	平场照明	2 种颜色通道	平行
Affymetrix	激光扫描	2 种颜色通道	连续
Tecan	激光扫描	2 种颜色通道和 4 种颜色通道	连续
Genomic solutions	激光扫描	2 种颜色通道和 4 种颜色通道	连续
Arrayit	激光扫描	2 种颜色通道和 6 种颜色通道	连续
Luminex	流式细胞仪	1 种颜色检测通道/具有 2 种颜色通道的探针装置	平行

表 18.4 可选的商业和非商业来源的微阵列软件

程序	特点	来源
Rosetta Resolver	数据管理	Rosetta Biosoftware
	基因表达分析	
	数据共享	
QRI	单线程软件	Vialogics
	基因表达分析	
Geo	基因表达	NCBI
	数据搜索	
Matchminer	基因名称定位	NCI
GeneSight	有监督和无监督分析	Biodiscovery
TM4	数据分析套装	TIGR
MAPS	数据库工具和统计分析	NIEHS
Genespring	统计分析	Agilent
Nimblescan,Array Start	统计工具	Nimblegen
ArrayScribe	设计工具	Nimblegen
GeneTraffic	数据库工具和统计分析	Stratagene

续表

程序	特点	来源
Acuity	数据库工具和统计分析	Molecular Devices
GEArray Expression Analysis Suite	基于网络的分析工具订阅	Superarray
GTYPE/GSEQ	基因型和序列分析工具	Affymetrix
VersArray	图像分析	Biorad
Cluster/TreeView/SAM	有监督和无监督分析系统	Eisen laboratory
Freeware Site	多种工具：图像、数据库、集群分析	

大多数微阵列应用程序使用具有上千个元素的高密度阵列。高密度阵列的优点是它能够在短时间内获得单个目标分子大量的相关信息。事实上，能一次性获得个体转录状态的整个画面。然而，该方法面临的挑战也很多。基因表达分析中一个普遍的挑战就是海量数据的处理和挖掘问题。如果对 1000 个不同的基因进行成对比较，潜在的数据比较的数目可接近 100 万。那么对高密度和中等密度微阵列结果进行手动分析就不太可能了。

因此，微阵列应用就要求芯片阅读器提供数据分析程序或根据生物信息学资源自主开发的数据分析程序。总之，这些技术允许用户运用科学调查的方法，用关联数据集来解释数据，而不是经典的基于假设的方法。在微阵列领域，这通常被称为无监督（unsupervised）（数据驱动）和监督（supervise）（假设驱动）的数据分析方法。

无监督发现方法（unsupervised discovery approaches）要求有良好的试验设计和明确的生物学问题。无监督数据分析的想法不靠预想假设支撑，研究人员可以让数据来驱动复杂的生物现象之间的自然关联，这也是假设发展的一种手段。假设，如果被正确执行，那么该数据集包含了无偏倚的所有必要结果。在这种方式下，微阵列技术允许调查生物途径和多基因疾病模型，这是先前的方法不可能实现的。校准信号的方法、对照样品、表达水平和数据挖掘一直都是众多出版物和技术综述的主体，是设计甚至使用第一个微阵列前需要重点考虑的问题[21~23]。人们正在开发更好的图像处理程序和成像技术，以提取更多的和不同基因表达相关的信息，其中对照样品和测试样品的表达水平差异最小为 2 倍。

18.2.2 缺点

微阵列技术的主要缺点表现在成本、速度和灵敏度上（表 18.1）。一般情况下，因素数量越大，成本越高，分析速度越慢。然而相对成本肯定比单个基因单个分析的成本低，但建立硬件和软件的成本高于其他类型的基因分析技术（如 PCR）和蛋白质分析技术（如 ELISA）。因为包含样品制备、目标检测和监测分析，微阵列所花的时间要比实时 PCR 和快速横向流动检测多一些。如果不用 PCR 技术对少量基因目标分子进行样品前处理，微阵列基因检测的灵敏度还不如 PCR 技术。微阵列自身的成本影响微阵列技术在其他领域的应用，包括再现性及其检验方面的影响。高密度的寡核苷酸组成的阵列的成本是每个阵列 1000 多美元。如果有轻微的异常，微阵列信号就会消失且不能重复使用了。只要寡核苷酸捕获探针不超过 40 个核苷酸的长度，Combimatrix™ Custom 和 4×2 阵列就能够被剥离（脱落）4

次。即便如此，如制造商网站所述，剥离微阵列在剥离后信号会减少。无剥离规则的另一个例子是MAGIChip™[24]。凝胶型微阵列MAGIChip™被发现是21聚体（mer）合成寡核苷酸阵列，专为快速鉴别致病菌（阿贡国家实验室）而设计的。它能被剥离和重复利用50次也不会有信号损失和样本记忆的影响，因此，使得其成本每用一次只需要不到10美元[25,26]。这种新型芯片采用专有的方法创建不连续的聚丙烯酰胺模式来制造凝胶垫。使用石英掩膜，这种凝胶基质用光聚合贴在一个特定的几何形状上，从而形成可以添加蛋白质、DNA或RNA的低成本平板。寡核苷酸序列沉积和化学连接在基质上是这样实现的：杂交而产生的双链体很容易分离，且不会去除单链捕获探针。结果产物是有印迹点的几何体，能创造一个可重用的微阵列模式，这样就可以降低每个样品的成本，还可以简化相关的重现性和测定变异的问题[27]。

芯片技术的引进成本不仅仅限于购买微阵列芯片。为了微阵列成像，需要购买芯片扫描仪/成像仪以及先前提到的相关的软件（表18.3和表18.4）。不是所有的制造商都需要用户买一个特定的阅读器（reader），然而，一些制造商不能保证或支持用不同的成像仪所形成的微阵列平板结果。光学成像仪一般分为两大类：激光扫描阅读器（laser scanning readers）和平板场照明成像仪（flat field illumination imagers）。第一种类型的成像仪分别按顺序扫描并获取每个点上的数据。第二种类型使用显微镜光学系统，同时捕获所有芯片并联元件的信号。与大多数荧光显微镜不一样，整个视野中光线是均匀分布的，而不是从视野中心往周边逐渐递减。与顺序性成像相比，并联成像的缺点是会观察到大量的背景荧光，结果在垫片之间和垫片内部都会产生照明。这种荧光可以通过后期相片处理或数据提取来去除或减少。其他类型的非光输出的微阵列阅读器正在研发之中，有些尚未完全商业化。如设备珠阵列计数器（BARC）可以在捕获过程中探测磁场[28,29]。

除了各制造商所设定的具体的限制外，一般来说，任何类型的微阵列都可以被一种类型的阅读器识别，可以由另一个设备成像，该设备同样也有相应的扫描区域或视野。该小组比较了多个平板场照明成像仪（Aurora Photonics），并发现它们的灵敏度可以和激光扫描阅读器（GenePix）相媲美。虽然激光扫描阅读器上市更早，已经有了大量的应用，但是新的平板场照明成像仪的价格是激光扫描阅读器的1/2～1/4，由于没有移动部件，其很少遇到维修问题。

不管买什么类型的阅读器，重要的是要确保成像仪自带软件能够将数据以多种形式导出，如微创TIF或JPEG（表18.3）。GenePix软件需要GAL文件类型对从其他程序获得的数据进行分析。随着处理、分析和解释微阵列数据的新方法的出现，市场的软件程序蓬勃发展，供应商提供的设备中都配有特定的软件和算法。

最后，如果用户打算现场创建微阵列，则需要微阵列打印机（表18.3）。这些设备的成本会随着所需机器的数量和通量而产生大的变化。成本一般从25000～100000美元不等。将这些设备安置在合适的环境会产生额外的成本。在参差不齐的印刷背景下，印刷效果不好，会随机出现灰迹，这种印刷背景不能通过洗涤程序去除且能掩盖重要的信号。根据该小组的经验，即使是成本相对较低的ARRAYIT打印机所需要的环境条件，一般实验室都很难达到。他们认为有必要将打印机放置在湿度控制在100级之内的洁净室内，用专门的设备来消除振动，以保证微阵列打印的质量和可重复性。文献中描述的方法广泛应用于打印前的微阵列组件的质量评估[30～32]和打印后的打印效果质量评估[33～35]。最简单的方法是共沉淀或用荧光染料对微阵列产品进行染色[36,37]。表18.5展示了几个比较好的芯片制造方法和故障排

表 18.5 可选的相关网站

MIAME	微阵列实验
MGED	基因表达数据库和本体工具
MAQC	芯片质量控制
生物对比	识别商业来源资源
功能基因	欧洲科学发现网站：基因阵列和蛋白质阵列信息
阵列跟踪	数据管理和分析的免费软件
微基因	数据管理和分析的免费软件
TIGR	芯片协议/资源
The Brown Lab	芯片协议/资源
TMA 数据库	组织基芯片数据管理工具
dCHIP 软件	有监管和无监管基因聚集分析
功能基因型	多糖阵列，多糖分析和多糖结构
细菌的碳水化合物结构数据库	微生物多糖
3D 多糖数据库	多糖结构

除方法的资源[38]。然而，对于小型实验室或只打算打印一些定制阵列的实验室来说，需要花钱购买和维修打印设备，尽管相对成本较高，但可以有效地获得商业来源的阵列。打印的核心设备可以用更便宜的替代品替代，但结果高度依赖于现场的经验、设备和质量保证方法。在本章末将对微阵列质量评估工具进行讨论。在芯片设计之前，个人应该先了解可供选择的设计（表 18.2），特别是怎么对类似设计的商业芯片进行设计以达到预期的目标。尽管所述的控件可能无法直接应用于所需的芯片设计，他们应该强调所需来解释阵列数据的错误检查类型[23]。在引进平板场照明成像仪之前，预期合理的初始投资是 200000 美元，包括硬件、软件和实施这个技术所需的一次性产品[39]。

18.2.3 入门：微阵列选择

对新的用户来说，首先要确定所用芯片的类型和密度。因此，与特定阵列格式的制造商相比，阵列上的探针对实验结果的影响更大。后续的质量指标讨论章节对这个观点进行了详细描述。

18.2.3.1 基因阵列（基因芯片）

到目前为止，微阵列技术普遍应用在对平面阵列靶核酸的探测上。微阵列技术的首次应用是检测有基因表达差异的全基因组信息[5]。用不同的荧光染料标记取自正常和测试材料的靶 mRNA，将它们添加到载玻片上，而此载玻片上印有 1000 多个来自转化的人类白细胞的未知 cDNA。用激光滤光片对所产生的信号进行成像，辨别两种不同标记的靶 RNA。这种方法还有其他的实际应用：用基因谱图了解毒理机制，对比肿瘤组织和正常组织的基因谱差异[40~42]。微阵列技术已经被开发来分析单个基因的单核苷酸多态性（SNP），以及人类和其他物种间多条染色体上祖先基因的子集[43,44]。一般而言，SNP 阵列使用比率计探测杂交对比。典型的是，一个探针含有能与目标分子进行精确匹配的特殊序列。这称作完美匹配（PM）。其他探针含有单个碱基错配（MM）。PM 与 MM 之比远大于 1，意味着目标物的最佳匹配与 PM 探针有相同的序列。PM 与 MM 之比小于 1，意味着错配碱基与目标物有相同的序列，且 MM 定义目标样品的序列[45]。以针对整个基因组，突变（颠换、缺失、插入等）都是有可能发生的，因此研发重测序微阵列[43]。可以用比率测量法区分重叠探针（包含一个可能的碱基变化）。已经有报道称，重测序阵列的精确度是凝胶技术的 100 倍，因为每个碱基有高冗余度的信息[46]。重测序阵列和它的改进版本能快速确定病毒类型[47]，能够快速检测病毒的基因重配[48～50]。其他的比率测量法将 SNP 分析和重测序阵列结合起来，用基因标记物解决生物进化距离的问题，用微阵列进行细菌识别。这种方法有利于从复杂的环境中识别细菌群落，也可以用基因识别的方法来鉴定不能培养的生物体。寡核苷酸 SNP 阵列可以用来为 QTL 映射（一种帮助理解表型和基因型之间的差异的方法）保存基因，也可以为研究基因进化保存基因[51]。每个核酸阵列应用中目标材料和空白的制备都有根本性的不同。一些应用要求由 RNA 逆转录成 cDNA[41]，其他应用可以直接用标记 RNA 进行体外捕获[25]。

商业基因阵列可以在载玻片上进行原位印迹和合成。斑点阵列（spotted arrays）无论是在商业还是核心基础设备制造中都是最常见的。斑点阵列使用的核酸可以是合成的，或者是来自扩增的 cDNA 库。有 20～70 个碱基对的寡核苷酸序列已经被成功用作捕获探针。cDNA 阵列的制备来自 cDNA 文库，这是实验室人员从商业 cDNA 克隆试剂盒得到的；或者直接从商业文库中获得。对个别 cDNA 克隆进行扩增，然后将其点在商业载玻片上，为了确保 DNA 和基质的共价交联结合，载玻片要用氨基硅烷（硅烷化的）或醛材料（甲基烷基化）进行改良。尽管表 18.2 所列的厂家都可以定制生产芯片，但识别物种和组织的商业 cDNA 和寡核苷酸阵列的发展是如此之快，以至于公司现在可以提供全基因组分析的标准阵列。这样就不需要 cDNA 文库，且往往为其他用户的结果对比提供更好的平台。正如先前提到的那样，平面印刷阵列可以是 2D 或 3D 的。三维阵列有几个优点。对基因阵列来说，新的三维表面化学成分由长链亲水性聚合物构成，聚合物拥有胺反应活性基团，被涂布在载玻片表面（Amersham）。该聚合物共价交联到自身和载玻片表面。交联聚合物，加之终点附着，定向固定化的 DNA 且能保持它远离载玻片表面。这种结合使 DNA 更加容易杂交，省去了惰性间隔物序列，减小了空间位阻效应。此外，聚合物的亲水性能够减少成品的背景。三维阵列动态范围大于三个对数单位（logs），远远超过通常所观察的二维阵列。MAGIChip 凝胶垫阵列是连续凝胶三维阵列的一种变体，其涂层应用于称为凝胶垫的有限的空间区域。结果，点样和后续印迹寡核苷酸的行为都被限制在有探针分布的凝胶垫片上。最终，斑点的分析区域和几何形状不会发生变化。该小组发现，凝胶垫片上的寡核苷酸序列与二维凝胶垫片阵列有相似的探针特异性，尽管相同应用上二维凝胶垫片阵列的杂交会更快（不到 1h）。凝胶垫三维阵列技术是一个新的技术变体，用共沉积方法同时点聚合物和低聚物，被称作凝胶滴阵列。该技术的优点是芯片的点样快速、需要的试剂少、成本低。整个杂交达到平衡的时候，凝胶滴和共聚合芯片的表现与凝胶垫芯片（Jackman，pers. comm）相同。然而，在未达到平衡的短期杂交过程中（不到 1h），凝胶滴探针有异常的表现。因此，为了使不同实验过程有可比性，就需要更长的杂交时间和更高的样品浓度。

原位合成阵列通常只是个商业产品，因为其设备成本高，芯片合成还需要专业知识。在这种情况下，在印刷之前并不合成寡核苷酸，而是直接在芯片的每个位置上进行亚磷酰胺化学反应，以便将每个探针内置到所述基板上。Affymetrix 和 Combimatrix 都采用原位合成技术，但技术略微有所不同。Affymetrix 通过经典组合化学采用图案化的光直接主导特异性序列的合成。Combimatrix 用互补金属氧化物半导体技术进行化学合成反应。用电流对特异性的阵列元素进行合成。微电子指示上千个寡核苷酸序列同时合成。这两个公司都生产针对不同物种、不同复杂度的标准化阵列，根据客户要求制作自定义阵列，为用户提供更广范围的目标序列。

18.2.3.2 蛋白质阵列

蛋白质阵列是一个相对较新的技术，它们的应用还存在大量的质量控制问题[52]。一般情况下，这类阵列用于区分肿瘤组织与正常组织、疾病状态与非疾病状态之间不同的蛋白质表达，也用来寻找蛋白质表达时相应器官的特异性差别（BioChain、Sigma），也可以提供传染性生物体或炎症反映整个机体的蛋白质/多肽芯片（Combimatrix、Plexigen）。用常用的方法就可以检测。一个方法是抗体夹心捕获检测格式（类似 ELISA）。标准 ELISA 的变体是在单个孔或膜上点多个探针[53]。膜阵列可以用制造商供应的玻璃载片，以至于此物理模式可以被许多相同的阅读器引进并使用。然而，ELISA 板曾被用于排列抗体，但是每个孔的点样数目受空间限制，因此，这些阵列可以筛选的目标分子的数目是受限的。RayBiotech 和 Novagen 公司能生产聚焦目标分子成分的多孔阵列。Novagen 公司的阵列能达到同时靶向多达 12 个细胞分子的目标。每个捕获探针有四个平行斑点，每个孔中都含有对照。更大的阵列往往都印刷在改良的玻璃载片上或压有硝化纤维素或其他膜（Panomics、Invitrogen）的载片上。这些阵列包括捕获抗体或多肽，由蛋白质表达合成而来，也来自 cDNA 文库[54~56]。cDNA 文库生产的蛋白质的复杂性在于为了能具体正确地结合目标物，要确保制造和维护过程中蛋白质折叠的正确性[57]。

表达肽阵列已用于研究蛋白质-蛋白质之间的关系[58]。可以用肽阵列对抗体谱进行分析，以寻找自身免疫性疾病疑似病例的抗原或大规模过敏反应的过敏原[59,60]。直接标记人类免疫球蛋白的 Fc 区域，就能直观地看到抗体对目标的捕获了。在其他的应用中，从 cDNA 文库中克隆到的多肽通常用小的配体（如 *his* 序列标签）标记，这样就能够在不过量暴露多肽的情况下将其固定在载玻片基板上，避免链接化学对蛋白质的损伤[61,62]。蛋白质阵列的新应用领域：用细胞裂解物作蛋白质阵列的捕获探针，模拟细胞或组织碱基微阵列的特征[63]。这些应用程序的不同版本已设想将核酸（重组 DNA 或沉默 RNA）从细胞导出，或从细胞中提取 DNA 印迹到微阵列上[64,65]。我们的想法是，无论是蛋白质的过度表达抑或是 siRNA 对特定途径的干扰都将导致阵列图像的变化。用不同的标记物标记捕获目标物，实现目标物的可视化（图 18.2），或用对二次抗体进行标记的 ELISA 夹心检测方法。与使用抗体捕获的各种形式一样，都需要考虑抗体的特异性，因此，建议用多个抗体（至少 2 个）来反映特定蛋白质的捕获[65]。如果对来自两个不同状态（如正常和癌症组织或正常和处理过的组织）的蛋白质进行对比，要对常用的方法进行不同的标记。就如先前所描述的，每个条件用一个单独的氨基活性染料标记，通常是 Cy3 或 Cy5。标记结束，去除多余的染料后，在应用之前将两种蛋白质混合，在蛋白质阵列上进行捕获[66]。通过发射的荧光的不同可以很容易地区分不同种类和水平的蛋白质。值得注意的是，用两个染料标记进行对比分析时，应该设染料对照。染料交换实验是变换不同条件的标记染料，进行重复实验，确保观察到的差异是由于样品的差异，而不是因为染料的不同。

蛋白质阵列和基因阵列有相同的复杂性，且其捕获目标物和捕获分子也很复杂[67]。蛋白质阵列的质量控制问题不仅包括探针的位置和印迹的一致性，还包括其他很多方面。相比

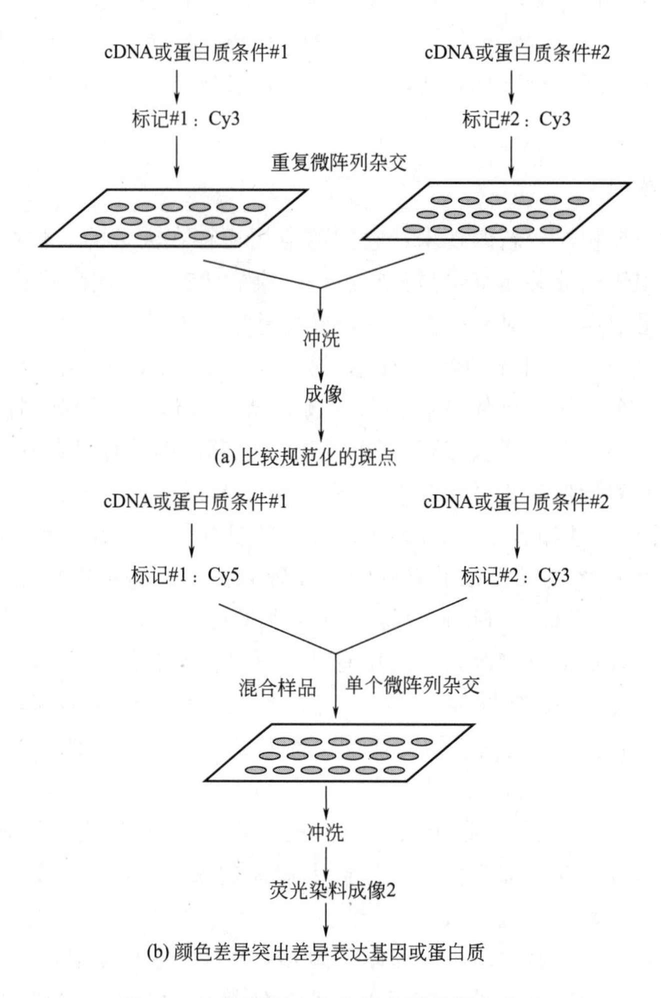

图 18.2 微阵列比较分析的样品处理方法

较而言，核酸与互补核酸之间的结合没有蛋白质那么复杂且更好理解。蛋白质阵列有其固有的问题：基于蛋白质改性以及蛋白质的二级和三级结构抗原表位的有效性；荧光标记物连接到半抗原蛋白上而引起的复杂性；固定到芯片上的蛋白质的取向性和稳定性[65]。因为转录和翻译的不同，同一样品蛋白质阵列和基因阵列的分析结果会不同。因此，不能要求基因阵列数据和蛋白质阵列数据相同，尽管这是我们所期望的结果。因为表面有保护水层，水凝胶或聚丙烯酰胺三维芯片可提高蛋白质的稳定性和构象[68]。蛋白质向基质上的被动吸附并不能改变蛋白质的取向和浓度问题。因此，通过特异性结合的活性结合方法或附加表位有很大的优势。在体外翻译 cDNA 文库中，阵列优先用于评价蛋白质表达的变化，因为蛋白质是通过肽链标签固定在捕获表面的[61,62]。鉴于抗体捕获有特异性，抗原捕获的亲和力是有差异的。当考虑到用大量纯化的蛋白质或肽构成的芯片来评估蛋白质与蛋白质之间的关系时，杂交需求的广度就被扩大了。并不像核酸阵列那样，蛋白质分子之间多肽重叠和目标结合的生化需求是非常不一样的。无论蛋白质芯片的运用有多少潜在的困难，其在蛋白质组学研究和疾病诊断方面的应用效果是显而易见的，目前可获得大量的疾病或组织特定序列（表 18.2）。

18.2.3.3 糖组学阵列（糖组芯片）

与其他阵列技术相比，糖组阵列和糖组学应用的研究还处于起步阶段。然而，正如在21世纪之前，科学家就进军后基因时代，在21世纪科学家们也已经进军后蛋白质时代了。人们普遍认可，修饰蛋白质的聚糖是一种很重要的信号分子，能提供与组织构造、蛋白质、蛋白质关系和病原体识别相关的信息[65,69]。Wang等第一次认识到利用多糖微阵列识别传染性生物体的价值[70]。发现这些后不久，在玻璃载片上阵列多聚糖的表面化学很快发展起来了[71,72]。到目前为止，多聚糖微阵列的应用领域还十分有限，因为大多数糖组学和糖组研究都聚焦在基因转录规律上，这涉及到疾病发展过程中糖合成路径和糖组变化[73]。然而，因为病原体黏附部分受表面糖类的控制，所以糖组阵列会发展成一个有价值的诊断筛选病毒和细菌毒力的技术。糖组阵列可用于改善和确认通过基因谱阵列预测的糖基化情况[72,74]。

18.2.3.4 组织基阵列

组织基微阵列（TMA）是一种同时分析一个特定的基因组或蛋白质组生物标志物的手段[75]。在此应用中，组织切片（或细胞）来源于癌症和正常组织，被切成小薄片固定在固体支撑物上。组织块来自新鲜的材料和用各种方法固定的原始材料[76]。正如蛋白质和基因阵列能够被用来发现生物标志物一样，组织阵列也能提供大量的关于正常和异常表现的信息，又或者它们能提供一个特定的生物标志物的种群分布信息。虽然固定的方法决定了可以执行的分析类型，标本可以来源于原始材料或组织库。福尔马林固定的组织可用于基因组应用包括DNA；然而，RNA能被这些旧的固定方法破坏，减少这些组织的一些蛋白质应用[77]。冻结切片和新的固定方法没有这些不足，可用来分析基因表达和蛋白质表达。以这种方式，TMA可用于快速评估其他微阵列方法发现的潜在生物标志物。人们已经开发了新的方法，能够帮助克服一些印刷阵列时的技术难题[78]。不像核酸和蛋白质阵列一样（用于组装阵列的试剂须严格要求且相对单一），组织基阵列本身就很少有这种要求。即使使用小组织切片，与用于构造其他阵列的同质材料相比，肿瘤的异质性能够使目标分子有很大的改变[76]。另外，尽管有很多同类型肿瘤，来自个体、来源或孤立节点的肿瘤组织的应用还是有限的，这表明很难在打印组之间进行精确的比较。

18.2.4 微阵列分析

18.2.4.1 数据管理

一旦确定了需要解决的生物学问题，就能设计和选择所用的微阵列，在开始实验之前或结束阵列印刷之前，确定有没有可用的商业产品是一个关键的步骤。我们必须确定要怎么整理和分析数据。

鉴于微阵列有快速提供大量高质量信息的优点，微阵列对人工产品的偏差会比较敏感。这意味着，并不会影响其他分析的实验条件变化可以对微阵列实验产生复杂的影响，可能被误解为测量结果。实验过程管理不善、对照设计不足或不当，还有采样不足都能导致结果错误。微阵列分析显然是一个“垃圾进，垃圾出”的状况。因此，微阵列和质量指标的分析一直是微阵列领域讨论的主题。幸运的是，政府机构，如美国FDA、美国国家标准协会和其他欧洲科学界，已经认识到了微阵列技术的科学力量，他们一直支持在微阵列领域的努力。基于互联网的FDA免费软件——Array Track——所有人都可以用此软件对微阵列数据进行储存、分析和解释，而且都进行了标准化[79]。同样的，MicroGen（www.bioinformatics.polimi.it/MicroGen/）是另一个开发的免费储存微阵列信息的软件产品[80]。事先说明，目前关于标准化和质量指标的文件和努力都是在基因表达型微阵列领域。尽管这些用户团队可以采用许多当前改进的工具，但上面所讨论的SNP分析、蛋白质阵列和糖组应用等其他应用软件还不够成熟，不能用于诊断。TMABoost是一个新的组织基微阵列数据管理工具，作为一种辅助生物标志物发现和分析的手段被提出，且它是专门为错综复杂的组织微阵列平台服务的。

为了对不同实验室的结果进行比较，从事微阵列基因表达研究的科学界已经对微阵列所需的必要信息进行了标准化[81]。MIAME对数据演示和发表所需的主要信息进行了描述（图18.3）。这包括与试验设计、所述阵列、分析方法、归一化方法、成像参数和微阵列杂交参数等相关的信息。新用户可以直接查阅MIAME网站提供的清单获取信息，比较方便。采纳标准就允许跨实验室和平台共享数据和信息。然而，仍然需要解决的问题是社区成员之间缺乏与基因本体和表达定量相关的共同语言[82]。尤其是基因表达数据的测量单位还未实现标准化[83,84]。即使已经证实，只要对RNA进行很好的控制校准，还是可以获得mRNA结合的精确数值的，但大多数呈现在微阵列上的样品没有进行很好的表征，因此，其他更好的定性方法仍然是比较不同实验室和平台之间的微阵列数据的标准[85~88]。某些微阵列平台之间一致性的缺乏是由于制造商表现出的特定基因本体偏置[89,90]。因此，MAIME标准由于本体工具的发展而扩展，其协助对基因释文进行标准化，以解释芯片的输出[91]。

1. 实验设计：作为一个整体的杂交实验的设置
2. 阵列设计：使用每个阵列和阵列上的每个元素(点功能)
3. 所用样品，提取制备和标记
4. 杂交：程序和参数
5. 测量：成像,量化和规范
6. 规范化控制：类型，数值和规范

图18.3 微阵列MIAME标准化实验

（引自Brazma，A.，Nat. Genet.，29，365-371，2001. 经许可）

18.2.4.2 质量度量：设计对照和定义误差

即使是在无监管的数据分析方法中（产生假设、数据驱动），必须要谨慎了解数据集内的误差和映射所观察信号的变化，以避免报告虚假的基因簇或代谢途径[92]。很显然，并不是所有的信号变化都是由生物变异造成的。除生物变异之外，还包括样品制备的差异、杂交效率的差异、芯片印刷的差异、不同位置探针杂交强度的差异以及设备的差异，但差异并不限于此。对一次性的微阵列来说，分析过程中必须要用合适的空白对照对阵列进行校正，或者将荧光分子引入芯片或者加入外标标准物进行评估[34,37,93]。此外，至少有一家公司开发出了能够在杂交前对材料进行质量评估的微阵列（Affymetrix Test Array，表18.1）。然而，在许多情况下，用其他方法（尤其是QRT-PCR法或毛细管电泳法）协议来确定杂交前材料的质量或进行杂交后的验证[85,88,94]。

无论应用哪种类型的生物阵列，用户需要结合其他手段来定义实验的再现性。需要考虑两种主要的再现类型：生物再现和技术再现[95,96]。生物再现性描述的是用相同的初始物能否得到相同实验结果的能力。仅举几例来考虑，生物再现的数量和类型包括评估决定样品之间和样品变异之间的抽样方法。生物复制品可以来自一个个体、肿瘤、组织或单个样本的提取物。技术再现包括抽样技术和样品加工方法、工具的变化、计算方法和解释方法的影响[97]。样品处理方法的标准化是至关重要的，它决定微阵列实验的结果，决定了数据能否跨实验室、跨平台共享[19]。因为微阵列技术是一门相对较新的技术，它的部分价值在于它测定低浓度基因的灵敏性，所以抽样的微小差异就会导致观察结果发生大变化。在决定用生物标志物还是途径探索来识别微阵列结果时，要重点考虑跨平台和跨分析方法的结果差异[85,98～100]。

Tan 做了一个研究，用三个制造商制造的芯片对同一个样本进行杂交试验[101]。三种方法的结果一致性不太好；2000 多个基因中只有四个基因在三个平台上是共同的，所有平台的表达差异性是显而易见的。可以预料，这种分析在微阵列研究中会引起热烈的讨论。微阵列实验缺乏再现性和一致性，这引起微阵列使用和分析标准的发展。美国 FDA 关注新技术在毒理基因组学和药物基因组学中大量应用的可靠性，对由最初作者提供的数据集进行了审查[19,102]。结果文件强调，用户需要检查内部平台的一致性和建立具有说服力的数据分析标准[95]。到目前为止，美国 FDA 关注 Tan 的研究得到的最重要的结论是其研究所用到的方法从统计学上来说是正确的且能普遍应用。因此，建立了 MAQC 项目。这项多中心实验研究的目的是开发能为微阵列研究人员所用的独立于供应商的质量评估工具。这个工具包括建立控制 mRNA 和其他微阵列分析最好的实践。最终的指导文件预计将于 2007 年进行电子出版，然而平台特定质量指导文件目前可以从 MAQC 网站上获取（表 18.5）。MAQC 网站主要致力于描述基因表达阵列。随后的研究将探讨微阵列类型（Affymetrix 和 Illumina）的内部平台协议，且他们发现了基于微珠的微阵列和原位微阵列高度的一致性[85]。到目前为止，很少有如此规模的专门指导其他微阵列使用方面的工作，如蛋白质和糖类分析。

通常，用来自相同材料或同一样品进行批量复制，在多个阵列上进行杂交，来建立微阵列实验的基线值，以解决生物学重复性和技术再现性一致的问题。许多公司都在生产质量控制芯片。尤其需要注意的是，在用两种染料的实验中，染料变换实验能解释说明特定的染料成像的内在偏差。如果不进行这样的分析，就会导致人为低估基因诱导，因为扫描仪对每一种染料的扫描效率不同[103]。如果染料变换实验能够掩盖基因特定染料偏差，就会产生对开展和评估这些实验的方法的争议[104,105]。尤其是在染料转换示例实验中，建议维持较低的激光功率（30%）以防止光致漂白，调整光电倍增管（PMT）的增益设置来平衡染料渠道和减小偏差[21]。然而，在这种尝试之前，关键要弄懂 PMT 增益对测量重复性的影响。Shi 等描述了一种方法，用于获取激光扫描仪的最佳 PMT 设置，PMT 设置不怎么需要调整，如果需要的话就是调整校准曲线的线性部分[102]。如果可能的话，比较试验中所用的任何芯片应该用相同的校准设置扫描，这样可以减少芯片内的再现性。其次，对探针进行标准化的时候必须考虑探针的位置，甚至在用激光扫描设备时也要考虑探针的位置[106]。芯片内探针的比较往往可以显示同时打印的探针组的差异。当考虑打印组（打印针标准化）时，通用的信号标准化方法已经得到改善，它们也似乎为真正的表达差异评估提供了一个更好的手段[21,107]。最后，需要考虑微阵列差异的标准化方法，因为杂交之前至少有一个方法需要预先设计。标准化的三种常用方法：使用看家基因（housekeeping genes），人们认为其基因表达不会改变；在每个杂交中加标或掺杂外部控制 RNA；比较数据集内的总强度。每一种方法都有自己的注意事项。实际上，只在极少数情况下，看家基因的表达确定不会改变[108,109]。总强度的全局归一化假定转录的总数目在本质上是一样的，然而个别基因表达会发生改变[110]。加标核苷酸方法假设加入到样品中的外标物的反应指示芯片上所有探针的反应与浓度无关。这并不是说这些方法不能应用，它只是为了表明在使用过程中存在潜在的实验偏差。

18.2.4.3 数据提取和成像

在此阶段，已经选择好了微阵列平台，合适的对照也已经加入阵列或试验中了；阵列按照来源于制造商或其他用户的方法进行杂交。使用校准的仪器收集清洗后芯片的图像。数据分析之前，还需要考虑另一个步骤。然而，微阵列应用于高通量分析，在强度数据提取之前，必须要对高通量方法产生的图像进行质量评估。图像可以自动生成，大多数厂家的扫描仪都有自动的设定程序，能自动调整数据捕获区域。然而，大量的售后软件解决方案也是可以获得的。调整过程被称为网格化。网格化的程序随着斑点的位置和网格的调整而变化[111~113]。斑点定位又叫作斑点登记。微阵列瑕疵会引起网格调整故障。正如前面所提到的，微阵列能吸附灰尘产生荧光信号，混扰自动化斑点登记。通常情况下，灰尘荧光是局部的，如果它出现在点附近或点之上，那么必须从分析中去除整个点。残留的荧光背景对自身阵列来说不是特定的[114]。点阵列会呈现其他变形，这将可能使整个阵列从分析中去除。出现异常的信号点（环形线圈、偏圆、不对称点）暗示着打印质量不好、打印针异常或阵列发生损伤。空垫的高背景区出现重影，这暗示着芯片制造出现问题——表面改性引起点周围出现非特异性荧光。此外，如果打印机的性能发生改变，某些情况下，斑点不完全对齐。该研究组发现需要把一些打印机放在隔离台上，防止打印机的振动影响打印过程的一致性。当产生协调问题时，网格自动化程序不调整点登记，这样产生的数据的清晰度不好，尽管嵌入图像的数据的质量很好。该小组发现一个训练有素的用户，不受时间的限制，他们的表现甚至比网格自动化程序还好。人们已经通过研究比较了数据分析结果和训练有素以及不熟练用户的网格化表现。在这些研究中，40%的数据采集错误都是网格布局不佳引起的。使用网格化程序之前，应该考虑以下测试或能力测试。首先对比手动调整结果，以确定用户再现无显著差异的高质量微阵列图像的能力。这将为确定特定用户的变化提供基线评估。其次，比较高质量芯片自动程序控制和手工调节控制下数据和信号的变化。最后，用由于人工杂交品或微阵列缺陷（粉尘、高背景、不均匀斑点图案）而导致的低质量图像指导相同的分析，找出非最佳阵列的程序表现特征。这应该有助于用户理解误差的来源及不应该用自动网格化程序的原因。如果偏差过大，手工调整不会提高数据的质量。此外，需重点记住，进行点强度比较试验时，图形必须要在低于饱和的情况下获取。在极端情况下（全白和全黑）进行存在或不存在测量，但是要比对 SNPs 表达水平需要灰色阴影。如果图像中的点有太多在最大亮度下，表示完全饱和，不可能获得点之间真正的比例评估。在这些情况下，图像不应该用来提取数据，微阵列重新扫描之前，应该降低光源和采集时间。尽管判定是否“大多”依赖于微阵列元件的数目，但一般情况下，如果整个点强度的 0.1%～1%是饱和的，数据就不能接受。

18.2.4.4 数据分析

一旦数据从图像中提取出来并被归一化，就可以对其进行统计分析，这一直是最近几篇综述的主题[115~118]。由于应用的瞬时性和特异性，在此节中不可能对所有评估微阵列的分析方法的排列组合进行论述。然而，已经提到过微阵列的一个大的优势是无监督数据分析方法的应用。基因聚类方法可以监督（用户定义）或无人监督[119]。无监督的方法允许用户联合多个实验室的数据，之后基于表达的相似性对数据进行聚类或管理。有三种无监督方法类别或模式，按它们的应用顺序排列：分级聚类[120]、K 聚类[121]和自组织图[122]。分级聚类，有时也以它的创始人命名为 Eisen 聚类，展示了按共同表达特点分组的基因类别。没有对数据集群的数量做任何假设，因此，将要展示的集群的数目是未知的。K 聚集也是按照相同的表达特性进行分组，用户可以定义集群数目的可接受标准，然后将类似表达谱的基因通过算法分区进行组合。自组织图是最严格的无监督分析方法，因为它描述的基因组不仅基于表达谱还基于相似表达基因的相关性。自组织图是计算驱动的类神经网络，有很多版本。鉴于组织图被公认为重要的发现工具，这些分析工具的相关性提高了样本量大小的重要性。

18.3 总结

综上所述，生物阵列是研究基因发现、生物信息学和药物进展的强大工具。虽然它们在生产、使用和解释中必须要十分谨慎，微阵列技术带来的好处远远大于使用过程中的疑虑。阵列在食品安全和诊断领域中的广泛应用会提高其解释的可靠性，而且很可能降低其应用成本——这也是基因测试和个性化医疗的一个有利因素[20]。本章介绍的内容是对所有芯片技术的概述，要想了解特定的微阵列类型和其在特定领域如诊断学应用中的具体信息，可进一步阅读与蛋白质生物阵列[52,65,123,124]、核酸阵列及其统计分析[116,125]、糖阵列[69,126]和组织基阵列[75]相关的综述文献，也可以了解当今阵列技术在诊断学[127~130]和食品营养方面的应用[131,132]。

参考文献

1. Maskos, U. and Southern, E., A novel method for the parallel analysis of multiple mutations in multiple samples, *Nucleic Acids Res.*, 21 (9), 2269–2270, 1993.
2. Venkatasubbarao, S., Microarrays—status and prospects, *Trends Biotechnol.*, 22 (12), 630–637, 2004.
3. Southern, E., DNA microarrays: history and overview, in *DNA Arrays*, Rampal, J. B., Ed., Vol. 170, Humana Press, New York, pp. 1–16, 2001.
4. Schena, M., Shalon, D., Davis, R. W., and Brown, P. O., Quantitative monitoring of gene expression patterns with a complementary DNA microarray, *Science*, 270, 467–470, 1995.
5. Schena, M., Shalon, D., Heller, R., Chai, A., Brown, P. O., and Davis, R. L., Parallel human genome analysis: microarray-based expression monitoring of 1000 genes, *PNAS*, 93, 10614–10619, 1996.
6. Aris, V. M., Cody, M. J., Cheng, J., Dermody, J. J., Soteropoulos, P., Recce, M., and Tolias, P. P., Noise filtering and nonparametric analysis of microarray data underscores discriminating markers of oral, prostate, lung, ovarian and breast cancer, *BMC Bioinformatics*, 5 (1), 185–194, 2004.
7. Spiro, A., Lowe, M., and Brown, D., A bead-based method for multiplexed identification and quantitation of DNA sequences using flow cytometry, *Appl. Environ. Microbiol.*, 66 (10), 4258–4265, 2000.
8. Gunderson, K. L., Kruglyak, S., Graige, M. S., Garcia, F., Kermani, B. G., Zhao, C., Che, D. et al., Decoding randomly ordered DNA arrays, *Genome Res.*, 14 (5), 870–877, 2004.
9. Pickering, J. W., McMillin, G. A., Gedge, F., Hill, H. R., and Lyon, E., Flow cytometric assay for genotyping cytochrome p450 2C9 and 2C19: comparison with a microelectronic DNA array, *Am. J. Pharmacogenomics*, 4 (3), 199–207, 2004.
10. Walt, D., Bead-based fiber-optic arrays, *Science*, 287 (5452), 451–452, 2000.
11. Fan, J. B., Hu, S. X., Craumer, W. C., and Barker, D. L., Bead array-based solutions for enabling the promise of pharmacogenomics, *Biotechniques*, 39 (4), 583–588, 2005.
12. Kuhn, K., Baker, S. C., Chudin, E., Lieu, M. H., Oeser, S., Bennett, H., Rigault, P., Barker, D., McDaniel, T. K., and Chee, M. S., A novel, high-performance random array platform for quantitative gene expression profiling, *Genome Res.*, 14 (11), 2347–2356, 2004.

13. Kononen, J., Bubendorf, L., Kallioniemi, A., Barlund, M., Schraml, P., Leighton, S., Torhorst, J., Mihatsch, M. J., Sauter, G., and Kallioniemi, O. P., Tissue microarrays for high-throughput molecular profiling of tumor specimens, *Nat. Med.*, 4 (7), 844–847, 1998.
14. Fedor, H. L. and De Marzo, A. M., Practical methods for tissue microarray construction, *Methods Mol. Med.*, 103, 89–101, 2005.
15. Wheeler, D. B., Carpenter, A. E., and Sabatini, D. M., Cell microarrays and RNA interference chip away at gene function, *Nat. Genet.*, 37, S25–S30, 2005.
16. Kallioniemi, O. P., Wagner, U., Kononen, J., and Sauter, G., Tissue microarray technology for high-throughput molecular profiling of cancer, *Hum. Mol. Genet.*, 10 (7), 657–662, 2001.
17. Pizzi, R., The challenges of pharmocogenomic tests: has personalized medicine arrived? *Clin. Lab. News*, 31, 1–3, 2005.
18. Jain, K. K., Applications of the amplichip, *Mol. Diagn.*, 9, 119–127, 2005.
19. Shi, L., Tong, W., Goodsaid, F., Frueh, F. W., Fang, H., Han, T., Fuscoe, J. C., and Casciano, D. A., QA/QC: challenges and pitfalls facing the microarray community and regulatory agencies, *Expert Rev. Mol. Diagn.*, 4 (6), 761–777, 2004.
20. Mansfield, E., Genetic testing and personalized medicine, *Preclinicia*, 1, 155–158, 2003.
21. Leung, Y. F. and Cavalieri, D., Fundamentals of cDNA microarray data anlaysis, *Trends Genet.*, 10, 649–659, 2003.
22. Nadon, R. and Shoemaker, J., Statistical issues with microarrays: processing and analysis, *Trends Genet.*, 18, 265–271, 2002.
23. Hegde, P., Qi, R., Abernathy, K., Gay, C., Dharap, S., Gaspard, R., Hughes, J. E., Snesrud, E., Lee, N., and Quackenbush, J., A concise guide to cDNA microarray analysis, *Biotechniques*, 29 (3), 548–550, 2000, see also pp. 552–554 and p. 556.
24. Zlatanova, J. and Mirzabekov, A., Gel immobilizd microarrays of nucleic acids and proteins, in *Methods in Molecular Biology*, Rampal, J. B., Ed., Vol. 170, Humana Press, New Jersey, pp. 17–38, 2001.
25. Bavykin, S. G., Lysov, Y. P., Zakhariev, V., Kelly, J. J., Jackman, J., Stahl, D. A., and Cherni, A., Use of 16S rRNA, 23S rRNA, and gyrB gene sequence analysis to determine phylogenetic relationships of Bacillus cereus group microorganisms, *J. Clin. Microbiol.*, 42 (8), 3711–3730, 2004.
26. Theodore, M. L., Jackman, J., and Bethea, W. L., Counterproliferation with advanced microarray technology, *Johns Hopkins APL Tech. Digest.*, 25 (1), 38–43, 2004.
27. Proudnikov, D., Timofeev, E., and Mirzabekov, A., Immobilization of DNA in polyacrylamide gel for the manufacture of DNA and DNA-oligonucleotide microchips, *Anal. Biochem.*, 259 (1), 34–41, 1998.
28. Baselt, D. R., Lee, G. U., Natesan, M., Metzger, S. W., Sheehan, P. E., and Colton, R. J., A biosensor based on magnetoresistance technology, *Biosens. Bioelectron.*, 13 (7–8), 731–739, 1998.
29. Lee, G. U., Chrisey, L. A., and Colton, R. J., Direct measurement of the forces between complementary strands of DNA, *Science*, 266 (5186), 771–773, 1994.
30. Grissom, S. F., Lobenhofer, E. K., and Tucker, C. J., A qualitative assessment of direct-labeled cDNA products prior to microarray analysis, *BMC Genomics*, 6 (1), 36, 2005.
31. Rickman, D. S., Herbert, C. J., and Aggerbeck, L. P., Optimizing spotting solutions for increased reproducibility of cDNA microarrays, *Nucleic Acids Res.*, 31 (18), e109, 5221–5461, 2003.
32. Boa, Z., Ma, W. L., Hu, Z. Y., Rong, S., Shi, Y. B., and Zheng, W. L., A method for evaluation of the quality of DNA microarray spots, *J. Biochem. Mol. Biol.*, 35 (5), 532–535, 2002.
33. Shearstone, J. R., Allaire, N. E., Getman, M. E., and Perrin, S., Nondestructive quality control for microarray production, *Biotechniques*, 32 (5), 1051–1052, 2002, see also p. 1054 and pp. 1056–1057.
34. Hessner, M. J., Wang, X., Khan, S., Meyer, L., Schlicht, M., Tackes, J., Datta, M. W., Jacob, H. J., and Ghosh, S., Use of a three-color cDNA microarray platform to measure and control support-bound probe for improved data quality and reproducibility, *Nucleic Acids Res.*, 31 (11), e60, 2705–2974, 2003.
35. Diehl, F., Beckmann, B., Kellner, N., Hauser, N. C., Diehl, S., and Hoheisel, J. D., Manufacturing DNA microarrays from unpurified PCR products, *Nucleic Acids Res.*, 30 (16), e79, 3497–3642, 2002.

36. Battaglia, C., Salani, G., Consolandi, C., Bernardi, L. R., and De Bellis, G., Analysis of DNA microarrays by non-destructive fluorescent staining using SYBR green II, *Biotechniques*, 29 (1), 78–81, 2000.
37. Hessner, M. J., Singh, V. K., Wang, X., Khan, S., Tschannen, M. R., and Zahrt, T. C., Utilization of a labeled tracking oligonucleotide for visualization and quality control of spotted 70-mer arrays, *BMC Genomics*, 5 (1), 12, 2004.
38. Bowtell, D. and Sambrook, J., *DNA Microarrays*, Cold Spring Harbor Laboratory Press, Cold Spring Harbor, NY, 2003.
39. Sender, A. J., Chipping away at affy, *Genome Technol.*, 72–78, October, 2002.
40. Gershon, D., DNA microarrays: More than gene expression, *Nature*, 437, 1195–1198, 2005.
41. Vrana, K. E., Freeman, W. M., and Aschner, M., Use of microarray technologies in toxicology research, *Neurotoxicology*, 24 (3), 321–332, 2003.
42. Golub, T. R., Slonim, D. K., Tamayo, P., Huard, C., Gaasenbeek, M., Mesirov, J. P., Coller, H. et al., Molecular classification of cancer: class discovery and class prediction by gene expression monitoring, *Science*, 286 (5439), 531–537, 1999.
43. Hacia, J. G., Resequencing and mutational analysis using oligonucleotide microarrays, *Nat. Genet.*, 21, 42–48, 1999.
44. Raitio, M., Lindroos, K., Laukkanen, M., Pastinen, T., Sistonen, P., Sajantila, A., and Syvanen, A. C., Y-chromosomal SNPs in Finno-Ugric-speaking populations analyzed by minisequencing on microarrays, *Genome Res.*, 11 (3), 471–482, 2001.
45. Liu, W. T., Mirzabekov, A. D., and Stahl, D. A., Optimization of an oligonucleotide microchip for microbial identification studies: a non-equilibrium dissociation approach, *Environ. Microbiol.*, 3 (10), 619–629, 2001.
46. Drmanac, S., Kita, D., Labat, I., Hauser, B., Burczak, J., and Drmanac, R., Accurate sequencing by hybridization for DNA diagnostics and individual genomics, *Nat. Biotechnol.*, 16, 54–58, 1998.
47. Laassri, M., Chizhikov, V., Mikheev, M., Shchelkunov, S., and Chumakov, K., Detection and discrimination of orthopoxviruses using microarrays of immobilized oligonucleotides, *J. Virol. Methods*, 112 (1–2), 67–78, 2003.
48. Cherkasova, E., Laassri, M., Chizhikov, V., Korotkova, E., Dragunsky, E., Agol, V. I., and Chumakov, K., Microarray analysis of evolution of RNA viruses: evidence of circulation of virulent highly divergent vaccine-derived polioviruses, *Proc. Natl Acad. Sci. U.S.A.*, 100 (16), 9398–9403, 2003.
49. Lin, B., Vora, G. J., Thach, D., Walter, E., Metzgar, D., Tibbetts, C., and Stenger, D. A., Use of oligonucleotide microarrays for rapid detection and serotyping of acute respiratory disease-associated adenoviruses, *J. Clin. Microbiol.*, 42 (7), 3232–3239, 2004.
50. Ivshina, A. V., Vodeiko, G. M., Kuznetsov, V. A., Volokhov, D., Taffs, R., Chizhikov, V. I., Levandowski, R. A., and Chumakov, K. M., Mapping of genomic segments of influenza B virus strains by an oligonucleotide microarray method, *J. Clin. Microbiol.*, 42 (12), 5793–5801, 2004.
51. Zeng, Z. B., QTL mapping and the genetic basis of adaptation, *Genetica*, 123, 25–37, 2005.
52. Huang, R. P., Protein arrays, an excellent tool in biomedical research, *Front. Biosci.*, 8, d559–d576, 2003.
53. Huang, R. P., Detection of multiple proteins in an antibody-based protein microarray system, *J. Immunol. Methods*, 255 (1–2), 1–13, 2001.
54. Angenendt, P., Nyarsik, L., Szaflarski, W., Glokler, J., Nierhaus, K. H., Lehrach, H., Cahill, D. J., and Lueking, A., Cell-free protein expression and functional assay in nanowell chip format, *Anal. Chem.*, 76 (7), 1844–1849, 2004.
55. He, M. and Taussig, M. J., Discern array technology: a cell-free method for the generation of protein arrays from PCR DNA, *J. Immunol. Methods*, 274 (1–2), 265–270, 2003.
56. Sreekumar, A., Nyati, M. K., Varambally, S., Barrette, T. R., Ghosh, D., Lawrence, T. S., and Chinnaiyan, A. M., Profiling of cancer cells using protein microarrays: discovery of novel radiation-regulated proteins, *Cancer Res.*, 61 (20), 7585–7593, 2001.
57. Nakayama, M. and Ohara, O., A system using convertible vectors for screening soluble recombinant

proteins produced in Escherichia coli from randomly fragmented cDNAs, *Biochem. Biophys. Res. Commun.*, 312 (3), 825–830, 2003.

58. Kukar, T., Eckenrode, S., Gu, Y., Lian, W., Megginson, M., She, J. X., and Wu, D., Protein microarrays to detect protein-protein interactions using red and green fluorescent proteins, *Anal. Biochem.*, 306 (1), 50–54, 2002.
59. Robinson, W. H., DiGennaro, C., Hueber, W., Haab, B. B., Kamachi, M., Dean, E. J., and Fournel, S., et al. Autoantigen microarrays for multiplex characterization of autoantibody responses, *Nat. Med.*, 8, 295–301, 2002.
60. Feng, Y., Ke, X., Ma, R., Chen, Y., Hu, G., and Liu, F., Parallel detection of autoantibodies with microarrays in rheumatoid diseases, *Clin. Chem.*, 50 (2), 416–422, 2004.
61. Busso, D., Kim, R., and Kim, S. H., Expression of soluble recombinant proteins in a cell-free system using a 96-well format, *J. Biochem. Biophys. Methods*, 55 (3), 233–240, 2003.
62. Lue, R. Y., Chen, G. Y., Zhu, Q., Lesaicherre, M. L., and Yao, S. Q., Site-specific immobilization of biotinylated proteins for protein microarray analysis, *Methods Mol. Biol.*, 264, 85–100, 2004.
63. Yan, F., Sreekumar, A., Laxman, B., Chinnaiyan, A. M., Lubman, D. M., and Barder, T. J., Protein microarrays using liquid phase fractionation of cell lysates, *Proteomics*, 3 (7), 1228–1235, 2003.
64. Paweletz, C. P., Charboneau, L., Bichsel, V. E., Simone, N. L., Chen, T., Gillespie, J. W., Emmert-Buck, M. R., Roth, M. J., Petricoin, E. F. III, and Liotta, L. A., Reverse phase protein microarrays which capture disease progression show activation of pro-survival pathways at the cancer invasion front, *Oncogene*, 20 (16), 1981–1989, 2001.
65. Howbrook, D. N., van de Valk, A. M., O'Shaughnessy, M. C., Sarker, D. K., Baker, S. C., and Lloyd, A. W., Developments in microarray technologies, *Drug Discov. Today*, 8 (14), 642–650, 2003.
66. Haab, B. B., Methods and application of antibody microarray in cancer research, *Proteomics*, 3, 416–422, 2003.
67. Kricka, L. J. and Master, S. R., Validation and quality control of protein microarray-based analytical methods, *Methods Mol. Med.*, 114, 233–255, 2005.
68. Rubina, A. Y., Dementieva, E. I., Stomakhin, A. A., Darii, E. L., Pan'kov, S. V., Barsky, V. E., Ivanov, S. M., Konovalova, E. V., and Mirzabekov, A. D., Hydrogel-based protein microchips: Manufacturing, properties, and applications, *Biotechniques*, 34 (5), 1008–1014, 2003. see also pp. 1016–1020 and p. 1022.
69. Raman, R., Raguram, S., Venkataraman, G., Paulson, J. C., and Sasisekharan, R., Glycomics: an integrated systems approach to structure-function relationships of glycans, *Nat. Methods*, 2 (11), 817–824, 2005.
70. Wang, D., Liu, S., Trummer, B. J., Deng, C., and Wang, A., Carbohydrate microarrays for the recognition of cross-reactive molecular markers of microbes and host cells, *Nat. Biotechnol.*, 20 (3), 275–281, 2002.
71. Willats, W. G., Rasmussen, S. E., Kristensen, T., Mikkelsen, J. D., and Knox, J. P., Sugar-coated microarrays: a novel slide surface for the high-throughput analysis of glycans, *Proteomics*, 2 (12), 1666–1671, 2002.
72. Blixt, O., Head, S., Mondala, T., Scanlan, C., Huflejt, M. E., Alvarez, R., Bryan, M. C. et al., Printed covalent glycan array for ligand profiling of diverse glycan binding proteins, *Proc. Natl Acad. Sci. U.S.A.*, 101 (49), 17033–17038, 2004.
73. Bragonzi, A., Worlitzsch, D., Pier, G. B., Timpert, P., Ulrich, M., Hentzer, M., Andersen, J. B., Givskov, M., Conese, M., and Doring, G., Nonmucoid pseudomonas aeruginosa expresses alginate in the lungs of patients with cystic fibrosis and in a mouse model, *J. Infect. Dis.*, 192 (3), 410–419, 2005.
74. Kawano, S., Hashimoto, K., Miyama, T., Goto, S., and Kanehisa, M., Prediction of glycan structures from gene expression data based on glycosyltransferase reactions, *Bioinformatics*, 21 (21), 3976–3982, 2005.
75. Watanabe, A., Cornelison, R., and Hostetter, G., Tissue microarrays: applications in genomic research, *Expert Rev. Mol. Diagn.*, 5 (2), 171–181, 2005.
76. Hoos, A. and Cordon-Cardo, C., Tissue microarray profiling of cancer specimens and cell lines: Opportunities and limitations, *Lab. Invest.*, 81 (10), 1331–1338, 2001.

77. Paik, S., Kim, C. Y., Song, Y. K., and Kim, W. S., Technology insight: application of molecular techniques to formalin-fixed paraffin-embedded tissues from breast cancer, *Nat. Clin. Pract. Oncol.*, 2 (5), 246–254, 2005.
78. Chen, N. and Zhou, Q., Constructing tissue microarrays without prefabricating recipient blocks: a novel approach, *Am. J. Clin. Pathol.*, 124 (1), 103–107, 2005.
79. Tong, W., Cao, X., Harris, S., Sun, H., Fang, H., Fuscoe, J., Harris, A. et al., ArrayTrack-supporting toxicogenomic research at the U.S. Food and Drug Administration National Center for Toxicological Research, *Environ. Health Perspect.*, 111 (15), 1819–1826, 2003.
80. Burgarella, S., Cattaneo, D., Pinciroli, F., and Masseroli, M., MicroGen3: A MIAME compliant web system for microarray experiment information and workflow management, *BMC Bioinformatics*, 6 (suppl. 4), S6, 2005.
81. Brazma, A., Minimum information about a microarray experiment (MAIME)-toward standards for microarray data, *Nat. Genet.*, 29, 365–371, 2001.
82. Reid, B., MAIME or Bust: realizing the promise of microarray data, *Preclinica*, 1, 151–152, 2003.
83. Hekstra, D., Taussig, A. R., Magnasco, M., and Naef, F., Absolute mRNA concentrations from sequence-specific calibration of oligonucleotide arrays, *Nucleic Acids Res.*, 31 (7), 1962–1968, 2003.
84. Townsend, J. P. and Hartl, D. L., Bayesian analysis of gene expression levels: statistical quantification of relative mRNA level across multiple strains or treatments, *Genome Biol.*, 3 (12), Research0071.1–Research0071.16, 2002.
85. Barnes, M., Freudenberg, J., Thompson, S., Aronow, B., and Pavlidis, P., Experimental comparison and cross-validation of the Affymetrix and Illumina gene expression analysis platforms, *Nucleic Acids Res.*, 33 (18), 5914–5923, 2005.
86. van Ruissen, F., Ruijter, J. M., Schaaf, G. J., Asgharnegad, L., Zwijnenburg, D. A., Kool, M., and Baas, F., Evaluation of the similarity of gene expression data estimated with SAGE and Affymetrix GeneChips, *BMC Genomics*, 6, 91, 2005.
87. Irizarry, R. A., Warren, D., Spencer, F., Kim, I. F., Biswal, S., Frank, B. C., Gabrielson, E. et al., Multiple-laboratory comparison of microarray platforms, *Nat. Methods*, 2 (5), 345–350, 2005.
88. Larkin, J. E., Frank, B. C., Gavras, H., Sultana, R., and Quackenbush, J., Independence and reproducibility across microarray platforms, *Nat. Methods*, 2 (5), 337–344, 2005.
89. Draghici, S., Khatri, P., Shah, A., and Tainsky, M. A., Assessing the functional bias of commercial microarrays using the onto-compare database, *Biotechniques*, suppl. 55–61, March 2003.
90. Zhong, S., Tian, L., Li, C., Storch, K. F., and Wong, W. H., Comparative analysis of gene sets in the Gene Ontology space under the multiple hypothesis testing framework, *Proc. IEEE Comp. Syst. Bioinform. Conf.*, 425–435, 2004.
91. Whetzel, P. L., Parkinson, H., Causton, H. C., Fan, L., Fostel, J., Fragoso, G., Game, L. et al., The MGED Ontology; a resource for semantics-based description of microarray experiments, *Bioinformatics*, 22, 866–873, 2006.
92. van Hijum, S. A., de Jong, A., Baerends, R. J., Karsens, H. A., Kramer, N. E., Larsen, R., den Hengst, C. D., Albers, C. J., Kok, J., and Kuipers, O. P., A generally applicable validation scheme for the assessment of factors involved in reproducibility and quality of DNA-microarray data, *BMC Genomics*, 6 (1), 77, 2005.
93. External RNA Controls Consortium, Proposed methods for testing and selecting the ERCC external RNA controls, *BMC Genomics*, 6, 150, 2005.
94. Dallas, P. B., Gottardo, N. G., Firth, M. J., Beesley, A. H., Hoffmann, K., Terry, P. A., Freitas, J. R., Boag, J. M., Cummings, A. J., and Kees, U. R., Gene expression levels assessed by oligonucleotide microarray analysis and quantitative real-time RT–PCR—how well do they correlate? *BMC Genomics*, 6 (1), 59, 2005.
95. Imbeaud, S. and Auffray, C., 'The 39 steps' in gene expression profiling: critical issues and proposed best practices for microarray experiments, *Drug Discov. Today*, 10 (17), 1175–1182, 2005.
96. Altman, N., Replication, variation and normalisation in microarray experiments, *Appl. Bioinformatics*, 4 (1), 33–44, 2005.
97. Lee, M. L., Kuo, F. C., Whitmore, G. A., and Sklar, J., Importance of replication in microarray gene expression studies: statistical methods and evidence from repetitive cDNA hybridizations, *Proc. Natl*

Acad. Sci. USA, 97 (18), 9834–9839, 2000.

98. Yuen, T., Wurmbach, E., Pfeffer, R. L., Ebersole, B. J., and Sealfon, S. C., Accuracy and calibration of commercial oligonucleotide and custom cDNA microarrays, *Nucleic acids Res.*, 30 (10), e48, 2097–2260, 2002.
99. Marshall, E., Getting the noise out of gene arrays, *Science*, 306 (5696), 630–631, 2004.
100. Borden, E. C., Baker, L. H., Bell, R. S., Bramwell, V., Demetri, G. D., Eisenberg, B. L., Fletcher, C. D. et al., Soft tissue sarcomas of adults: state of the translational science, *Clin. Cancer Res.*, 9 (6), 1941–1956, 2003.
101. Tan, P. K., Downey, T. J., Spitznagel, E. L. Jr., Xu, P., Fu, D., Dimitrov, D. S., Lempicki, R. A., Raaka, B. M., and Cam, M. C., Evaluation of gene expression measurements from commercial microarray platforms, *Nucleic Acids Res.*, 31 (19), 5676–5684, 2003.
102. Shi, L., Tong, W., Su, Z., Han, T., Han, J., Puri, R. K., Fang, H. et al., Microarray scanner calibration curves: characteristics and implications, *BMC Bioinformatics*, 6 (suppl. 2), S11, 2005.
103. Shi, L., Tong, W., Fang, H., Scherf, U., Han, J., Puri, R. K., Frueh, F. W. et al., Cross-platform comparability of microarray technology: intra-platform consistency and appropriate data analysis procedures are essential, *BMC Bioinformatics*, 6 (suppl. 2), S12, 2005.
104. Martin-Magniette, M. L., Aubert, J., Cabannes, E., and Daudin, J. J., Evaluatation of the gene specific dye bias in cDNA microarray experiments, *Bioinformatics*, 21 (9), 1995–2000, 2005.
105. Dobbin, K. K., Shih, J. H., and Simon, R. M., Comment on 'Evaluation of the gene-specific dye bias in cDNA microarray experiments', *Bioinformatics*, 21 (12), 2803–2804, 2005.
106. Balazsi, G., Kay, K. A., Barabasi, A. L., and Oltvai, Z. N., Spurious spatial periodicity of co-expression in microarray data due to printing design, *Nucleic Acids Res.*, 31 (15), 4425–4433, 2003.
107. Schuchhardt, J., Beule, D., Malik, A., Wolski, E., Eickhoff, H., Lehrach, H., and Herzel, H., Normalization strategies for cDNA microarrays, *Nucleic Acids Res.*, 28 (10), e47, 2019–2206, 2000.
108. Thellin, O., Zorzi, W., Lakaye, B., De Borman, B., Coumans, B., Hennen, G., Grisar, T., Igout, A., and Heinen, E., Housekeeping genes as internal standards: use and limits, *J. Biotechnol.*, 75 (2–3), 291–295, 1999.
109. Lee, P. D., Sladek, R., Greenwood, C. M., and Hudson, T. J., Control genes and variability: absence of ubiquitous reference transcripts in diverse mammalian expression studies, *Genome Res.*, 12 (2), 292–297, 2002.
110. Duggan, D. J., Bittner, M., Chen, Y., Meltzer, P., and Trent, J. M., Expression profiling using cDNA microarrays, *Nat. Genet.*, 21 (suppl. 1), 10–14, 1999.
111. Galinsky, V. L., Automatic registration of microarray images II. Hexagonal grid, *Bioinformatics*, 19 (14), 1832–1836, 2003.
112. Galinsky, V. L., Automatic registration of microarray images. I. Rectangular grid, *Bioinformatics*, 19 (14), 1824–1831, 2003.
113. Bajcsy, P., Gridline: automatic grid alignment in DNA microarray scans, *IEEE Trans. Image Process.*, 13 (1), 15–25, 2004.
114. Martinez, M. J., Aragon, A. D., Rodriguez, A. L., Weber, J. M., Timlin, J. A., Sinclair, M. B., Haaland, D. M., and Werner-Washburne, M., Identification and removal of contaminating fluorescence from commercial and in-house printed DNA microarrays, *Nucleic Acids Res.*, 31 (4), e18, 1119–1373, 2003.
115. Reimers, M., Statistical analysis of microarray data, *Addict. Biol.*, 10 (1), 23–35, 2005.
116. Armstrong, N. J. and van de Wiel, M. A., Microarray data analysis: from hypotheses to conclusions using gene expression data, *Cell Oncol.*, 26 (5–6), 279–290, 2004.
117. Churchill, G. A., Using ANOVA to analyze microarray data, *Biotechniques*, 37 (2), 173–175, 2004, see also p. 177.
118. Liu, D. K., Yao, B., Fayz, B., Womble, D. D., and Krawetz, S. A., Comparative evaluation of microarray analysis software, *Mol. Biotechnol.*, 26 (3), 225–232, 2004.
119. D'haeseleer, P., How does gene expression clustering work?, *Nat. Biotechnol.*, 23, 1499–1501, 2005.
120. Eisen, M. B., Spellman, P. T., Brown, P. O., and Botstein, D., Cluster analysis and display of genome-wide expression patterns, *Proc. Natl Acad. Sci. U.S.A.*, 95 (25), 14863–14868, 1998.
121. De Smet, F., Mathys, J., Marchal, K., Thijs, G., De Moor, B., and Moreau, Y., Adaptive quality-

based clustering of gene expression profiles, *Bioinformatics*, 18 (5), 735–746, 2002.
122. Kohonen, T., *Self-Organizing Maps*, Springer, Berlin, 1995.
123. Bertone, P. and Snyder, M., Advances in functional protein microarray technology, *FEBS J.*, 272 (21), 5400–5411, 2005.
124. Lueking, A., Cahill, D. J., and Mullner, S., Protein biochips: a new and versatile platform technology for molecular medicine, *Drug Discov. Today*, 10 (11), 789–794, 2005.
125. Allison, D. B., Cui, X., Page, G. P., and Sabripour, M., Microarray data analysis: from disarray to consolidation and consensus, *Nat. Rev. Genet.*, 7 (1), 55–65, 2006.
126. Feizi, T., Fazio, F., Chai, W., and Wong, C. H., Carbohydrate microarrays—a new set of technologies at the frontiers of glycomics, *Curr. Opin. Struct. Biol.*, 13 (5), 637–645, 2003.
127. Geschwind, D. H., DNA microarrays: translation of the genome from laboratory to clinic, *Lancet Neurol.*, 2 (5), 275–282, 2003.
128. Calvo, K. R., Liotta, L. A., and Petricoin, E. F., Clinical proteomics: from biomarker discovery and cell signaling profiles to individualized personal therapy, *Biosci. Rep.*, 25 (1–2), 107–125, 2005.
129. Simon, R., Roadmap for developing and validating therapeutically relevant genomic classifiers, *J. Clin. Oncol.*, 23 (29), 7332–7341, 2005.
130. Giltnane, J. M. and Rimm, D. L., Technology insight: identification of biomarkers with tissue microarray technology, *Nat. Clin. Pract. Oncol.*, 1 (2), 104–111, 2004.
131. Spielbauer, B. and Stahl, F., Impact of microarray technology in nutrition and food research, *Mol. Nutr. Food Res.*, 49 (10), 908–917, 2005.
132. Kuiper, H. A., Kok, E. J., and Engel, K. H., Exploitation of molecular profiling techniques for GM food safety assessment, *Curr. Opin. Biotechnol.*, 14 (2), 238–243, 2003.

19 微电极蛋白质微阵列

Kilian Dill, Andrey L. Ghindilis, Kevin R. Schwarzkopf, H. Sho Fuji, and Robin Liu

目录

19.1 CMOS芯片讨论

19.1.1 芯片结构和电子学

20世纪80年代以来，蛋白质阵列就一直存在。在那个时候，将蛋白质点在多孔膜（如硝酸纤维素）上制得蛋白质阵列。后来，无孔材料如塑料或衍生玻璃被用作基板支撑蛋白质样点。这些阵列可被用来测量蛋白质-蛋白质相互作用、寡核苷酸-蛋白质相互作用、受体-药物相互作用和药物发现或用抗体捕获基质定量细胞成分。在大多数情况下，采用荧光标记对捕获的蛋白质或小分子进行检测和定量。

尤其是在早些时候，最常用的检测方法都基于受体分子的荧光发射。另外，也会用其他的方法，如发光。这一章将详细描述检测捕获蛋白的一种新方法：用氧化还原反应酶增强电化学检测。

这个新技术平台的一个关键方面是半导体微阵列：可以制造高密度（每平方厘米含1000个甚至高于100000个电极）电极阵列。在设计中有电路元件，芯片上寡核苷酸原位合成时可以选择和平行激活阵列的各个电极。由CombiMatrix公司开发的专有硬件和软件可以控制芯片。到目前为止，CombiMatrix公司生产1K芯片，并刚刚发布了12K芯片。本章大多数详细的数据，都是利用1K芯片获得的。

CombiMatrix公司的微阵列芯片是用一个商业化混合信号互补金属氧化物半导体（CMOS）工艺制造的硅集成电路。依赖于芯片的电极密度，CMOS制造工艺的最小特征尺寸在0.6～1.0μm之间，使用两到三个级别的互联金属。继传统CMOS工艺之后，对晶片进行了一些额外的后处理程序，在最上面的电极上涂布一层铂金属。这些步骤包括用合适的黏结层（或者钛钨合金、钛/氮化钛/钛金属堆）沉积铂，对沉积金属图层进行图案化，在整个芯片表面沉积氮化硅电解质膜，以及为暴露活性电极的特性而对氮化硅薄膜进行图案化。典型的电极尺寸直径从44～92μm不等。

19.1.2 芯片如何工作

CMOS集成电路技术创造了有源电路元件和数字逻辑，数字逻辑允许执行复杂的功能。其中包括与芯片通信的高速数字接口、从电极阵列读写数据、为了执行原位寡核苷酸合成在电极上设定合适的电子条件、检测电极阵列信号。图19.1展示了CombiMatrix CustomArray 12k芯片的体系结构和布局。本设计采用串行外围设备接口（SPI）将进行通信所需的外部电路连接的数目降低到最小。SPI是采用时钟和数据插头的同步串行接口，能对通信总线上的多个设备进行控制。在这种情况下，电极的选择和电压/电流控制，以及检测过程可选参数的读出需要十三条信号线。要沿芯片侧面焊接大的接触盘，这样就可以用弹簧针连接器直接进行电力连接。56×224型号的电极阵列安置在芯片中心，共提供12544个寡核苷酸探针点。控制阵列中电极的行和列的特定电路沿电极基板外围排布。协助芯片光学分析的基准标记，如图案拼接和电极阵列的自动模板也包括在芯片内。

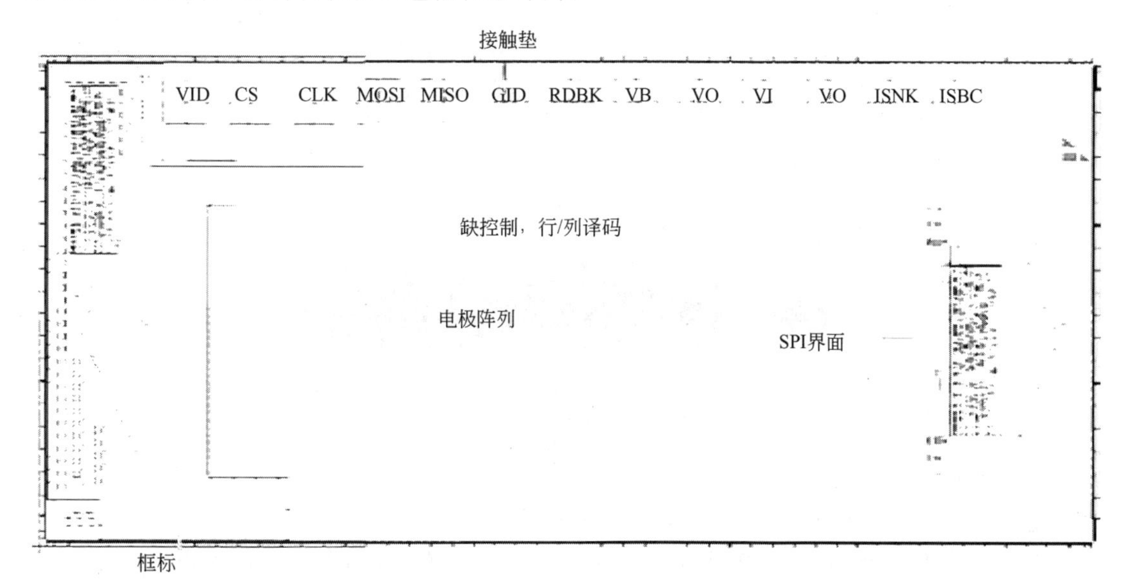

图19.1 CustomArray 12K芯片的构架

每一个电极都是在电路元件的单元格内制作的，能够精确地控制电极的电学特征。每个单元格内有一个三位存储器元件，将电极设定在外控电压线、内部电流源控制电路、内部电流槽控制电路或者允许电极参数外部控制的回流线上。图 19.2 展示的是微阵列单元和与之相连的电极的放大图。

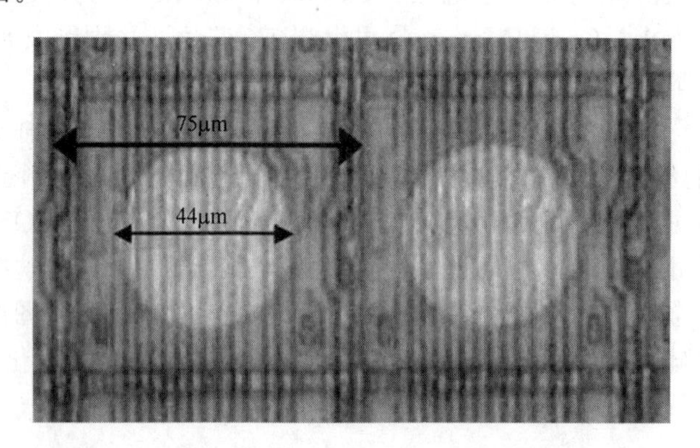

图 19.2 微阵列单元及其电极的光学显微镜图像

电极的物理和化学表面状况对微阵列设备的性能意义重大。物理方面，为了在后处理步骤中能够均匀地去除电解质膜，并均匀地涂布和合成寡核苷酸，拓扑结构的表面要光滑没有棱角。在玻璃上进行自旋回蚀工艺作为互连金属层电解质沉积的一部分，将使芯片拓扑结构平面化。另外，CMOS 铝层和铂电极金属之间的电连接安装在单元电池的一角，以保持这种非平面特性在外露铂的有效区域之外。图 19.3 是电极区域的横截面扫描电镜图，显示出电极拓扑结构的近平面特性。额外的平面化工艺，如在互连金属化步骤之后对夹杂物进行化学机械抛光（CMP），能进一步改善芯片表面的平坦性。化学方面，铂电极表面尽可能不被污染。因此，微阵列合成之前的电极表面的准备工作非常重要。用来包装芯片的芯片处理协议和装配过程不允许直接接触或处理芯片的外表面，特别是电极阵列区域。另外，需将芯片表面暴露在任何挥发性污染物中的可能性降低到最小，如环氧树脂或其他黏合剂和用于包装集成线路设备的密封材料。

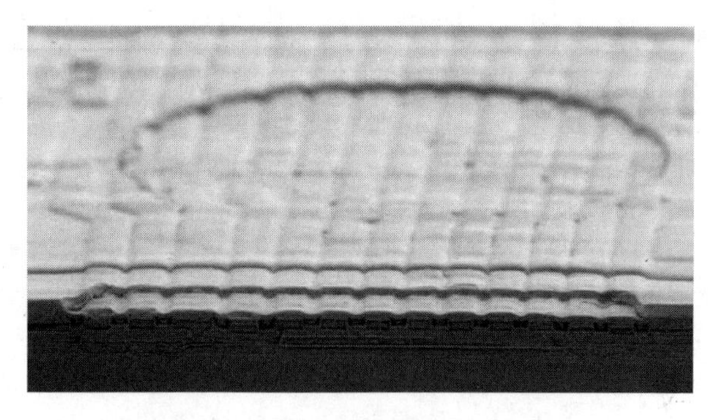

图 19.3 电极区域的横截面 SEM 图像

显示出下部的金属互连线和接近平面的金属表面

微阵列包装完成以后，芯片表面是等离子体，覆盖反应涂层之前，要对表面进行化学清洗。此涂层有助于生物分子在电极表面连接和合成。

图 19.4[1]是基于 CMOS 的 1K CombiMatrix 98001 芯片的详细复杂的电极单元内部图。1K 芯片包含 1024 个电极，可用于各种实验。这是 CombiMatrix 公司以硅芯片微阵列形式引进的免疫化学检测平台。不像许多其他的市售微阵列系统，该系统是根据现有的技术使用硅芯片。该芯片上的所有电极都是电脑可寻址的，这样在基于潜在的设置和电流流动的每个

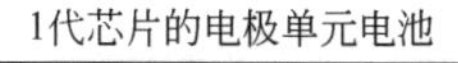

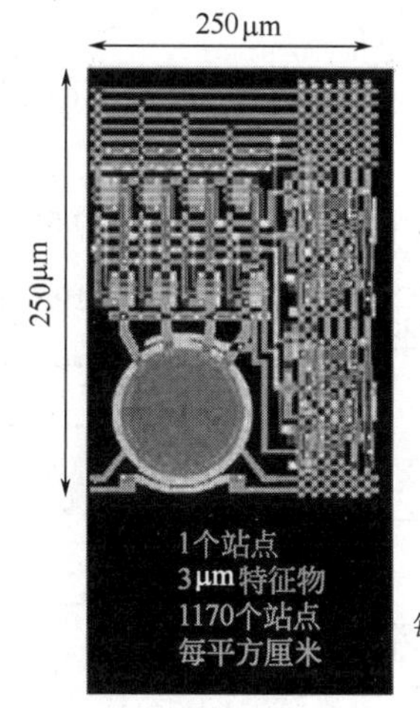

图 19.4 CombiMatrix 98001 芯片的一个电极单元

电极表面直径大约为 100μm，电极密度为每平方厘米 1000 个电极

单独站点都可以进行独特的化学组成。相反，每个站点是单独可寻址的，也可以在电极表面检测到电流变化或者潜在的来自该站点样本的变化。

19.1.3 表面成分及涂层

CMOS 表面是由氮化硅组成的，其电极拥有一个干净的铂表面。许多市售电极系统会用黄金作表面，为硫基生物分子沉积提供金属活性。膜与含有巯基或二巯基的蛋白质可进行化学连接。铂是一种有点不同的金属，生物材料不容易连接在它上面。此外，DNA 合成程序需要一个环境友好的、具有羟基基团并能承受有机溶剂中合成产生的酸性条件和生物样品的含水介质的基质。膜/基质支撑不会从芯片上脱落或在这些条件下发生变形。

最终，该研究组测试了满足上述条件的各种膜。有些已经在商业中应用，有些已经申请了专利。

19.2 合成化学

19.2.1 DNA 合成

DNA 在 CombiMatrix 上用市售试剂很容易合成[2]，而质子是用电化学方法生成的。在所有的合成中，另一个关键点是电极上的基质必须要含有连接到碳骨架上的游离羟基。DNA 在这些共价连接的羟基上合成。

正如前面所讨论的，生物友好基质均匀铺设在芯片上面。这种基质在 DNA 合成的有机溶剂中、用于蛋白质和 DNA 杂交以及样品检测的含盐水样品中稳定存在。

对于 DNA 合成，整个三维膜最初是 dT 的二甲氧基衍生物（DMT），未反应的羟基被乙酸酐封闭。这意味着 DMT 与每一个游离的羟基反应，不管它是不是在膜上。打开选择性电极，将封闭基团去除；在 H^+ 存在下，只有那些打开的电极会失去 DMT 基团[2]（图 19.5）。只要酸在电极区域（虚拟容器）存在，限定在电极区域内的 DMT 将被去除

(图 19.5)。这样其他 dT 基团(不在电极周围)的保护基就不会发生变化。

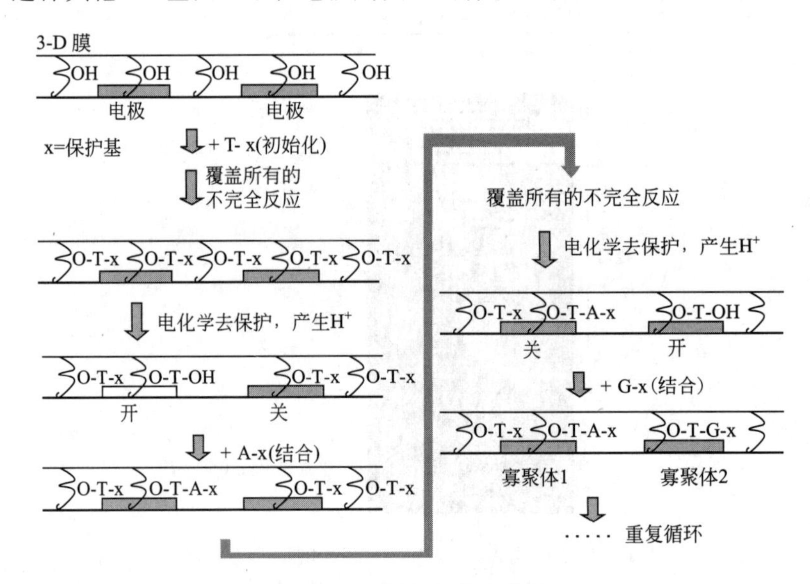

图 19.5　DNA 合成示意图

现在电极上含有自由羟基为进行下一步合成反应做好了准备。下一步引入被激活的核苷酸试剂，在这些溶剂条件下与游离的羟基反应。对芯片进行冲洗、遮蔽、氧化，以稳定中心磷原子。接下来对电极进行脱保护，对它们进行偶联。此过程所用的试剂都可以买现成的，除了解封液外。在这种方式下，每个电极可以合成聚合度为 100 或更高聚的聚合物。一般来说，聚合度为 15 的低聚物就足够用了。

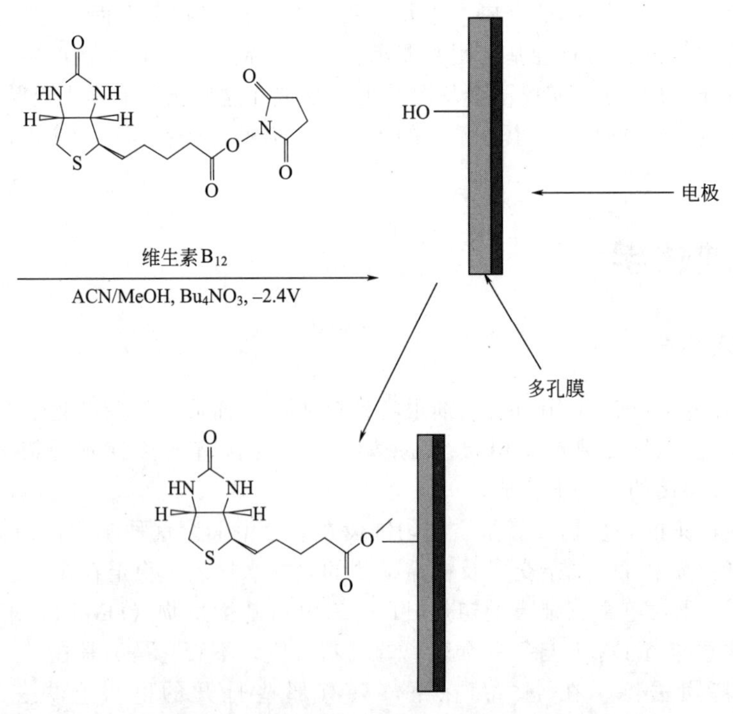

图 19.6　膜表面的电化学生物素化过程

19.2.2 其他反应

大量的电化学反应都可以在芯片上进行。在芯片上较早进行的一个反应是对电极上的基质进行生物素化和荧光素化。生物素在适当的反应条件下的反应方案如图 19.6 所示。有一个问题是这个反应是一个碳插入还是酯化过程[3,4]。

生物素结合到膜上，并通过另外加入的荧光标记的亲和素（F-SA）检测。F-SA 不会被检测到，除非生物素像图 19.7 所示的那样发生共价结合[3]。该图显示，随着电极导通时间的增加，根据所被检测到的 F-SA 的数量显示，生物素也增加了。这只是在电极表面进行电化学反应的一个例子。

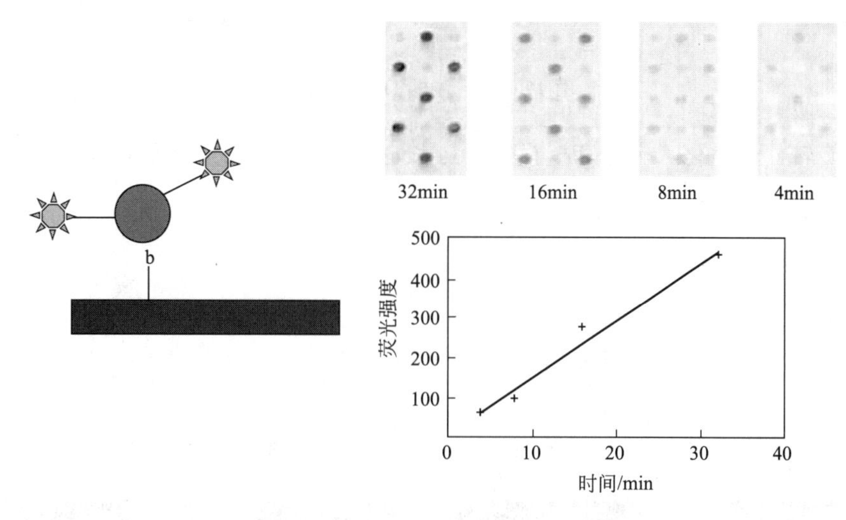

图 19.7 电极表面基底的生物素化

19.3 抗体在芯片上的连接

19.3.1 抗体标记

对于抗体自组装过程，抗体必须用 DNA 序列进行标记，该序列与特异性的在电极上产生的序列互补。可以用两种方法进行标记（如下所示）。都采用双联试剂，琥珀酰亚胺-4-(马来酰亚氨基甲基)-1-羰基（SMCC）；反应物 *N*-羰基琥珀酰亚氨基碳酸酯需要有一个氨基在一个分子上和一个巯基基团在另一个分子上。氨基标记试剂 SMCC 是一种 *N*-羟基琥珀酰亚胺（NHS）酯，非常活泼，必须在任何交联过程的第一步作用于不稳定的氨基。

图 19.8 显示的是未改性的抗体的结构[1,5]。重链之间、重链轻链之间靠二硫键连接。大多数大分子抗体表面不含有游离巯基（半胱氨酸）。然而大多数表面含有游离氨基（赖氨酸的 ε-氨基）。

自组装蛋白的标记方法之一是减少重链和重链之间的二硫键，用游离巯基进行标记。标记很简单，但是抗体会被破坏，或者只有部分二硫键被还原。此外，单链抗体像不完整抗体一样不能结合抗原。必须要对抗体进行还原，经过几个小时的准备之后再使用。

SMCC-NHS 酯与互补寡核苷酸 3′末端的氨基反应，这种互补寡核苷酸是可以买到的。

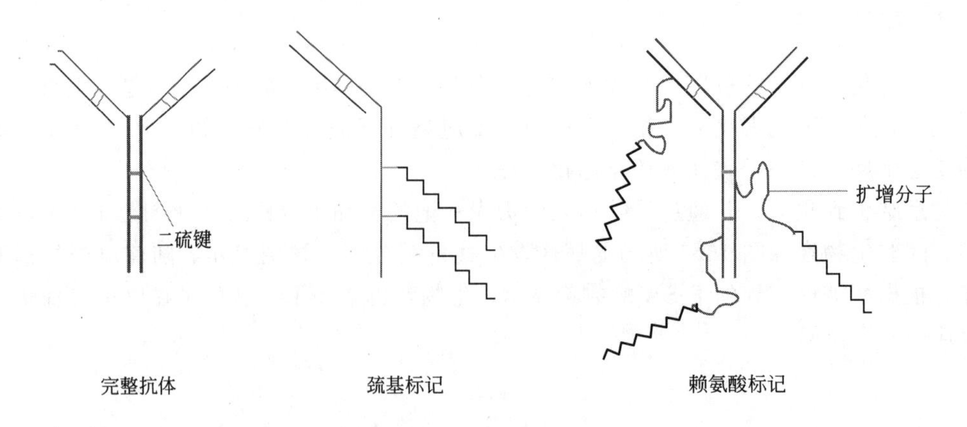

图 19.8　抗体的 DNA 标记

该反应通过旋转柱仪净化，标记寡核苷酸的马来酰亚胺基团准备与还原抗体的巯基进行反应（图 19.8 和图 19.9）。

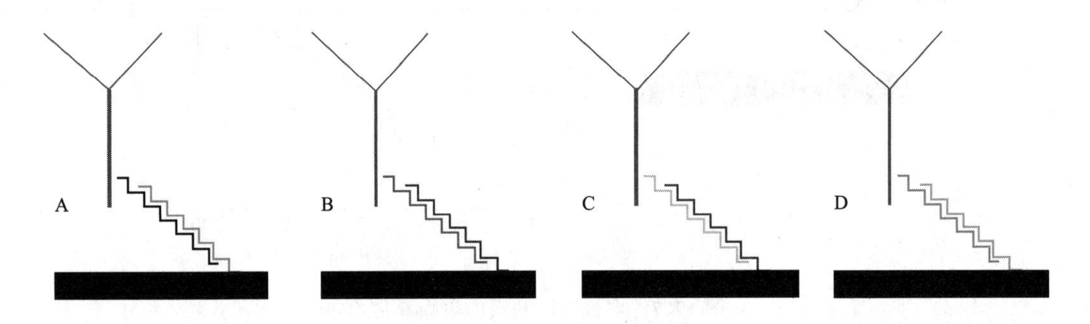

图 19.9　抗体自组装互补阵列

标记蛋白质的更加简单的方法是将蛋白质上的氨基交联到寡核苷酸巯基上。首先，抗体用 SMCC 处理，其会与抗体上的游离氨基反应。控制 SMCC 的使用量，这样每个抗体上有三个赖氨酸被双功能试剂标记。混合物通过 P6 旋转柱纯化，以去除低分子量的副产品。寡核苷酸在 3′引物末端进行一段扩增（十八聚乙二醇基团）并以此作为标记（可以商业连接到末端）。这一扩增段包含一个二硫化物单元（—R-S-S-R′），必须首先用 Cleland 试剂还原。反应混合物用 Bio Rad 旋转柱纯化，并添加到经过 SMCC 处理过的抗体上。使这些材料进行反应，并最终在 P30 旋转柱上进行纯化。

19.3.2　自组装

有关制备抗体标记芯片的独到之处是目前的方式允许自组装。也就是说，各种芯片区域的抗体都可以混合在一起，进行系统自组装杂交。这通常是在高盐度和微高温度下进行的。通常采用 2×磷酸盐缓冲液中 40℃下反应 0.5h 和吐温（PBST）浓缩缓冲液这种条件。那些没有杂交到芯片表面的抗体就被 2×PBST 缓冲液冲洗掉了。

寡核苷酸并不是随机选择的，而是从 CombiMatrix 探针选择过程程序中提取的，以使得每个探针有相似的熔点且序列基本上是不同的。此外，还需确定探针没有显著的二级结构。

19.3.3 分析方式

这个系统可以使用两个分析方式：夹心分析（sandwiched-based assay）或竞争分析（图 19.10）。

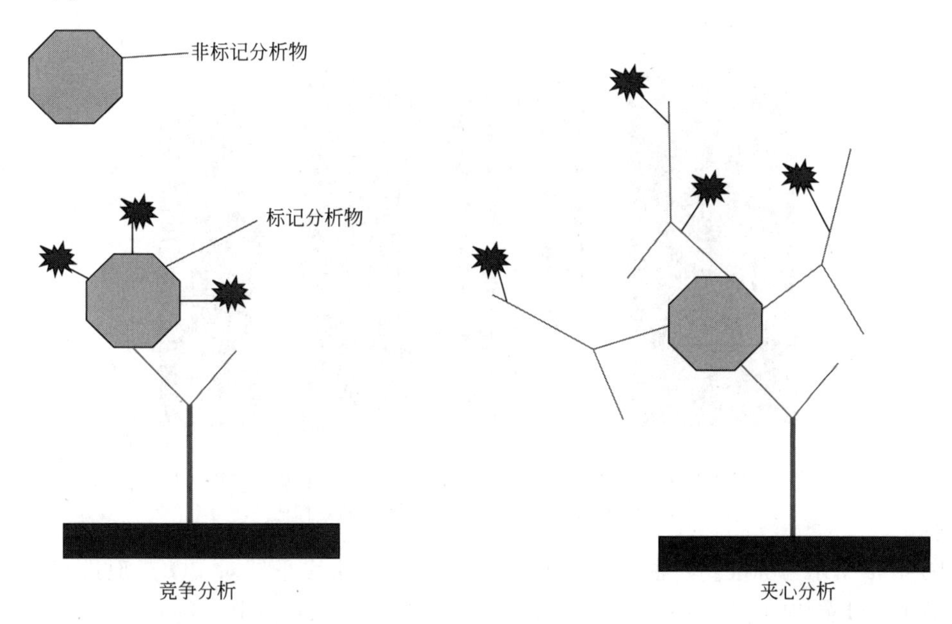

图 19.10 不同的免疫分析模式

在夹心分析方式中，抗体用来捕获芯片表面的抗原；这往往是一个纯化的单克隆抗体，对被分析物有很高的亲和力。信号抗体（通常是一个多克隆抗体）用荧光标记或酶标记，当分析物的确被捕获时会提供信号。通常，这是一种高亲和力抗体的混合物，含有能与被分析物表面的不同抗原结合的结合位点。至关重要的是，这些抗体-被分析物结合位点不会与捕获抗体提供的被分析物结合位点重叠。这是一个首选的分析形式，随着信号的增加，表示被捕获的分析物的数量增加。

竞争分析方式是一种间接测定方法，在不存在未标记的被分析物条件下，信号就达到最大。所用的标记分析物的数量是已知的，与样品中的未标记分析物竞争。换句话说，未标记的化合物和标记的化合物竞争抗体的结合位点。因此，随着样品中含有的未标记分析物的增加，检测信号减少。在这里，分析的灵敏性没有夹心法好，动态范围（检测区域）通常更小，受限于 S 形曲线的检测区域[5]。

19.4 检测方法

19.4.1 荧光检测

很多方法都可以用于免疫测定的检测过程。许多光学方法在使用过程中不够敏感。然而，发光或荧光等检测方法一直以来就用于这些分析。它们要求在蛋白质上做标记，还需要一个能够以不同频率激发和检测的仪器。最初采用荧光检测方法表明，确实可以用微阵列格式进行免疫分析。因为这不是本章的重点，我们将介绍几个曾经应用的荧光检测分析。

待分析物的荧光夹心免疫分析结果如图 19.11 所示。抗体用不同的荧光（Cy5 和 Texas Red）标记。芯片上的靠右部分是对照。分析物可以是蛋白质分子也可以是更大的芽孢。

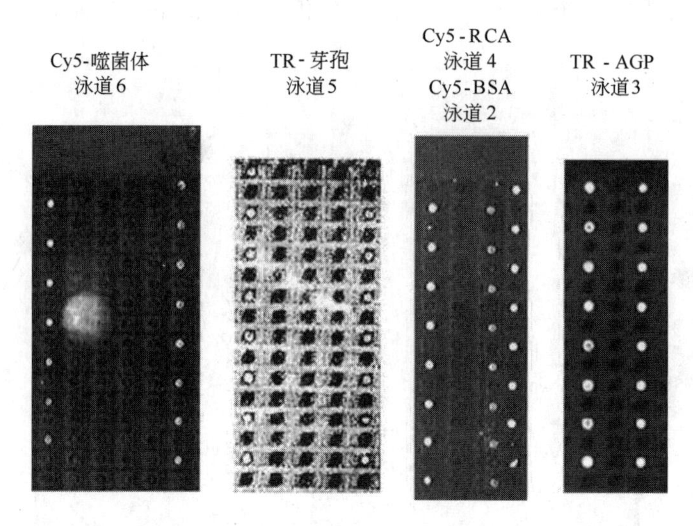

图 19.11 基于 1K CombiMatrix 芯片的荧光免疫分析

各个待测物的抗体用不同的荧光物质进行标记

图 19.12 所示为标准测定曲线。免疫夹心分析标准曲线是针对 BG 芽孢进行检测的结果。竞争曲线是针对 F-BSA-b［荧光素-牛血清白蛋白（BSA）是分析物］。

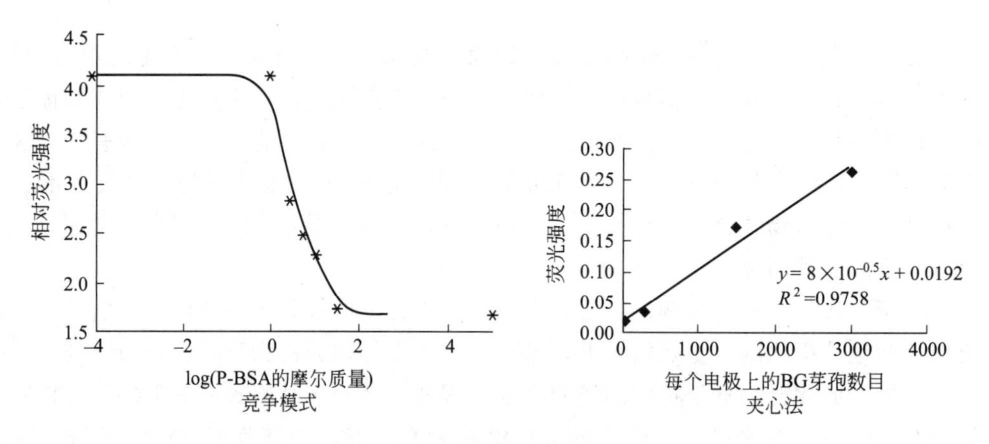

图 19.12 两种不同免疫分析模式的测定结果

左边是荧光素，右边是 BG 芽孢

19.4.2 电化学活性检测

另一种可以使用的检测方法是基于电化学的系统。在这种情况下，测定溶液成分的氧化态变化。在免疫分析系统中，介绍用各种酶增强/检测被分析物的方法的文章已经发表了[1,4,6~8]。

对于这种基于氧化还原反应的酶放大电化学系统，通常使用辣根过氧化物酶。辣根过氧化物酶是一种氧化还原酶，它能催化基质（如 OPD 及其相关化合物）的氧化，同时用过氧化氢作为电子受体。HRP 的分子量大约为 30000，酶的流失率很高。对这个以夹心免疫测定为基础的系统（图 19.13），链霉亲和素-HRP 偶联物通过生物素化抗体结合到免疫复合物上。另外，抗体可以直接与 HRP 进行偶联，因此不需要生物素标记程序。

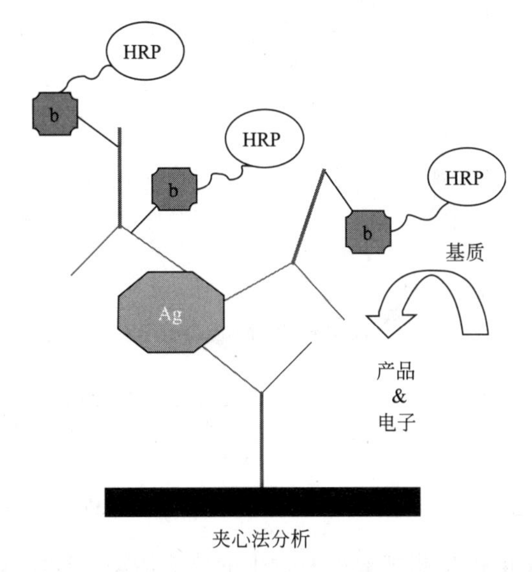

图 19.13 对用电化学检测系统在芯片上进行夹心免疫分析的描述

为了展示用 CombiMatrix 生物芯片上的一个 100μm 的电极对溶液中的氧化还原反应进行电化学检测的可行性，将芯片浸入一个含有基质、缓冲液和酶（HRP）的 500μL 溶液中。酶的活动情况可以通过电压（*U*）和电流（*I*）的函数进行检测。图 19.14 为对 HRP 反应（邻苯二酚为底物）测定的电压/电流随时间的变化函数。用芯片上的一个单独的 92μm 的电极收集在 500μL 溶液中进行反应的数据。分别在没有酶和有酶存在下含有缓冲液和基质的溶液中进行测量。电压的测定以铂电极作为参比电极，在 HRP 存在或不存在下测定电流。显然，HRP 存在下的酶促反应是明显不同的。结果给出了两个主要信息：①可以找到一个有酶和无酶存在下电流相差最大的电位；②可以用一个单一的微电极检测电极周围的酶反应活动。

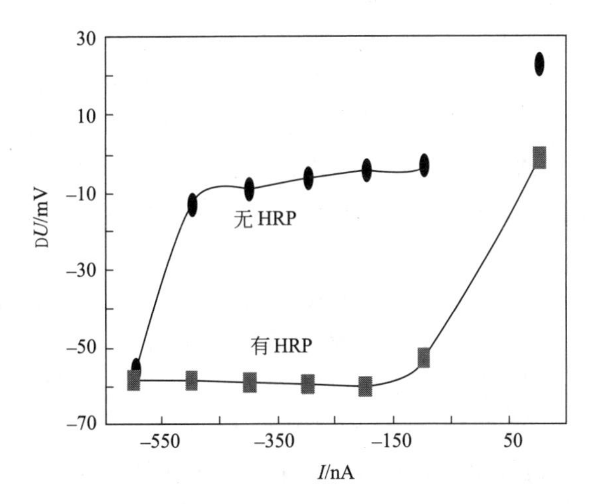

图 19.14 利用酶电极对酶促反应溶液的监测

芯片电位发生变化，对电流进行测定。邻苯二酚作为该系统的底物

图 19.15 呈现的结果表明，可以设定一个最优的电压，检测氧化还原反应产生的电流与时间之间的函数关系。

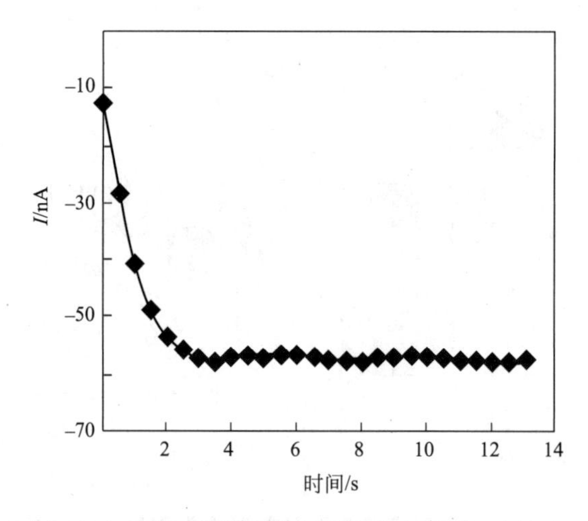

图 19.15 通过电极电流监测以邻苯二酚为底物的辣根过氧化物酶的酶促反应活性

同样，用芯片上的微电极检测溶液中所发生的反应活动。很明显，在酶将底物向产物转化的同时，电流随时间延长上升（从−10nA 到−60nA）。3s 后达到稳定状态，暗示着数据收集的优化可以是较短的等待时间。

该小组指出，可以用微阵列检测芯片周围溶液中发生的酶促氧化还原反应。基于特定位点上化学成分的微电极检测行为不会因为稀释或者其他电极对它的影响而造成信号损失吗？为了证明对被选定的电极上的化学成分进行电化学检测是可行的，制定了一套免疫分析方案，即用被选定的电极测定那些位点上产生的免疫复合物（图 19.13）。在这种情况下，免疫复合物一形成，就会产生信号，那么氧化还原信号就能够被检测到。如果该基团能够伴随特定的预先确定地点的抗体，就能够确定免疫分析检测是不是可行的和化学产物能否被安置在选定的电极上，以回答这些疑问。应当指出，一个类似的酶放大电化学检测系统，以及使用一个单一的流动池，能为免疫分析提供极好的电化学数据[9]。

图 19.16 显示了免疫分析复合物的一些电化学数据。在这种情况下，生物素标记的抗体结合 SA-HRP。存在的分析物处于饱和状态，免疫复合物成分按顺序进行添加。显然，这两种分析物按照图 19.13 所描述的夹心法分析方案进行检测。数据的统计信息由图 19.16 左手侧的那幅图给出。α1-酸性糖蛋白（AGP）的标准偏差是 16.4％，M13 噬菌体检测的结果是 7.8％。通常情况下，对于一个给定分析物浓度的标准偏差的观察值是 10％或者更少。

要想获得精确的被分析物浓度的统计数据到底需要多少电极？传统上，用几行电极，但是有必要这么多吗？图 19.17 是进行噬菌体分析时，所用电极的数目与标准偏差的函数关系。很明显，在相同分析物浓度的条件下，至少用 10 个电极才能获得最好的结果。因此，两行电极（含 16 个电极）就足够用来分析单个被分析物的浓度了。

一些额外的参数能够最优化免疫分析。其中一个参数是分析物的培养时间。这是一个关键的参数，它能对输出的信号进行优化。图 19.18 显示的蓖麻毒素（RCA）和噬菌体的免疫分析中，输出信号对浓度和时间的函数关系。为了获得最好的结果，60min（根据统计和最大信号）是最佳的；然而，要想获得结果的速度最快，可以用更短的时间（12min 或者

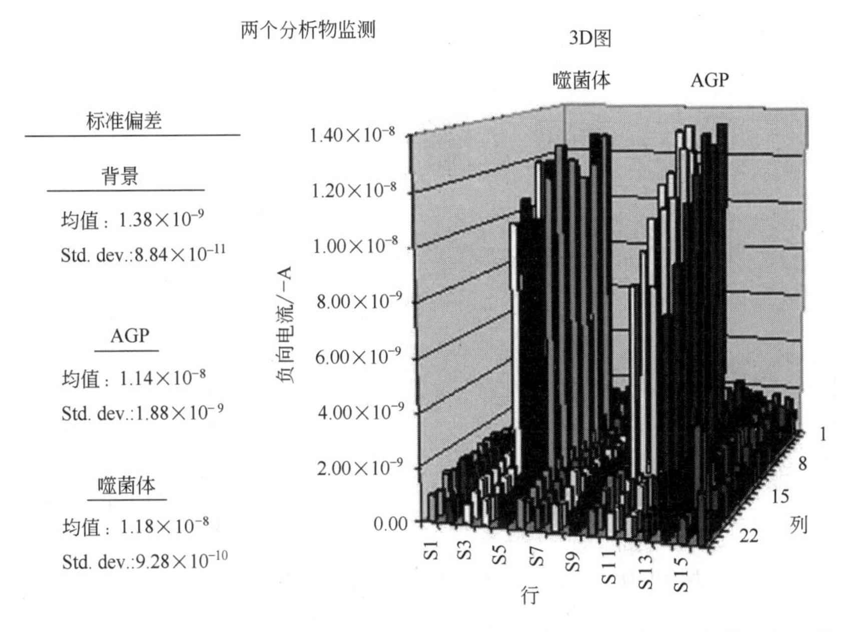

图 19.16 利用电化学系统通过夹心免疫分析检测 AGP 和噬菌体的测定结果的三维图

图左边是背景和各种待测物的均值和标准偏差

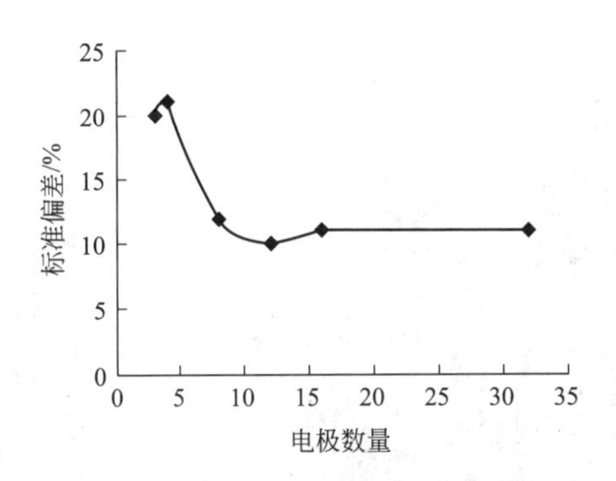

图 19.17 计算得到的标准偏差与电极数量的关系

待测物是饱和条件下经过 1h 孵育的噬菌体

更少）。

图 19.19 显示大量不同的抗体可以自组装到生物芯片上，在单芯片上执行众多的复合免疫分析。其中对 5 个分析物的结果进行二维和三维绘图。迄今为止，已经建立了一个包含 15 个独特抗体的芯片。所有分析物的信号强度（图 19.19 的信号输出）不一样，因为所用的分析物的浓度是不同的。此外，根据每个抗体对分析物的亲和常数，每个分析物的检测性能会有所不同。AGP 浓度略高于 LOD 状态。

这些分析物的标准曲线和检测限（LOD）在图 19.20 和图 19.21 中给出。结果显示，该系统确实是很敏感的（10^{-18}mol 水平），该系统可以在至少四个数量级的范围内检测到分析物。AGP 和蓖麻毒素的结果和检测限与已经发表的用光寻址电位传感器（LAPS）检测的 RCA 和 AGP 的结果类似[10,11]。因为这个平台正处于开发阶段，检出限的改善仍然在进行之中。用于噬菌体的 LOD 值远未达到最佳，这或许是因为噬菌体的抗体亲和常数比较差，更有可能是用于噬菌体捕获和检测的单克隆抗体远没有达到最佳。

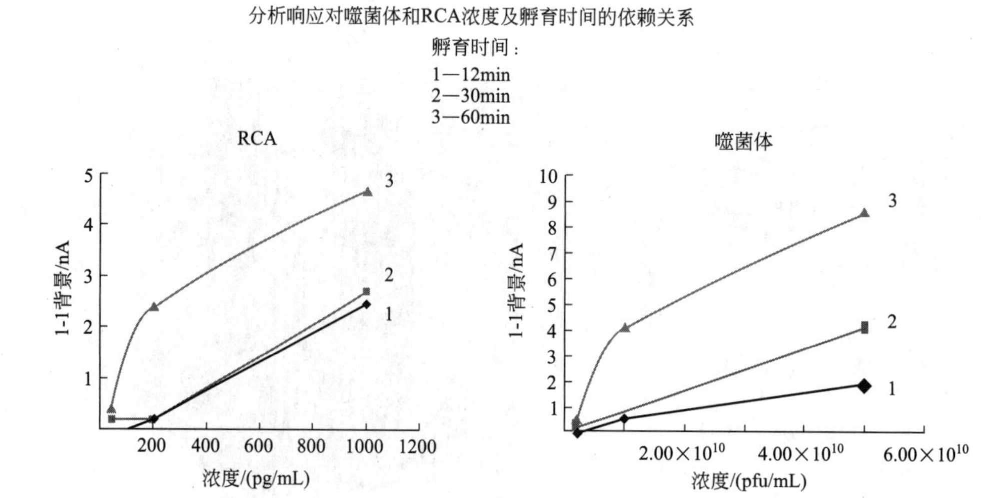

图 19.18 待测物浓度和孵育时间与分析响应值的关系

待测物是噬菌体和蓖麻毒素（RCA）

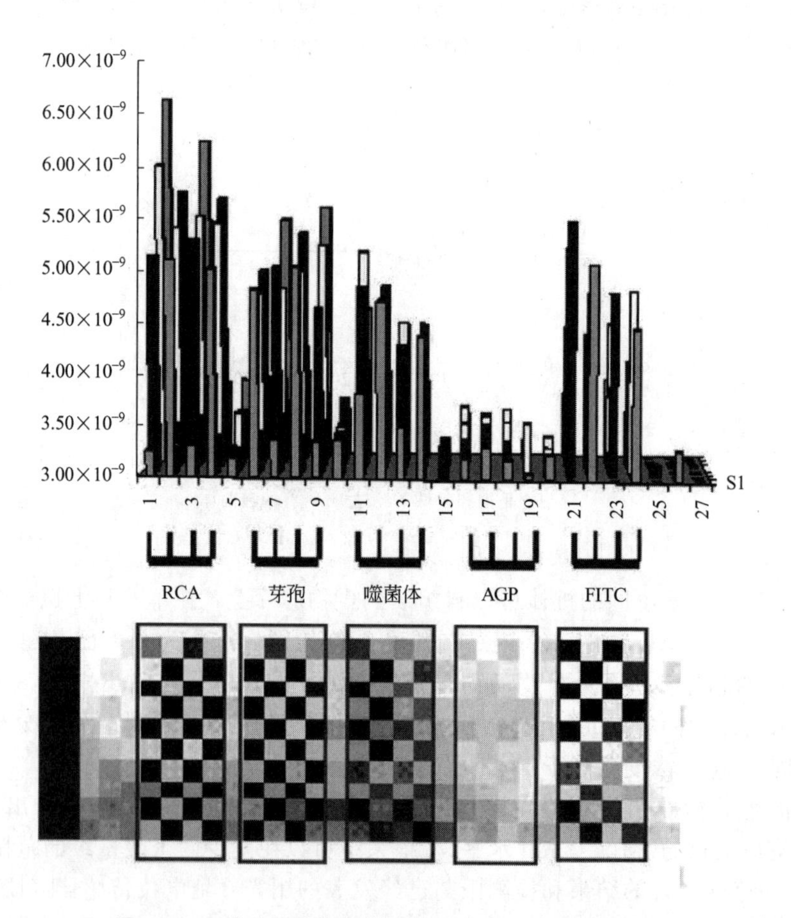

图 19.19 针对五种待测物的多元免疫分析的结果输出

同时给出二维图和三维图，孵育时间为 1h

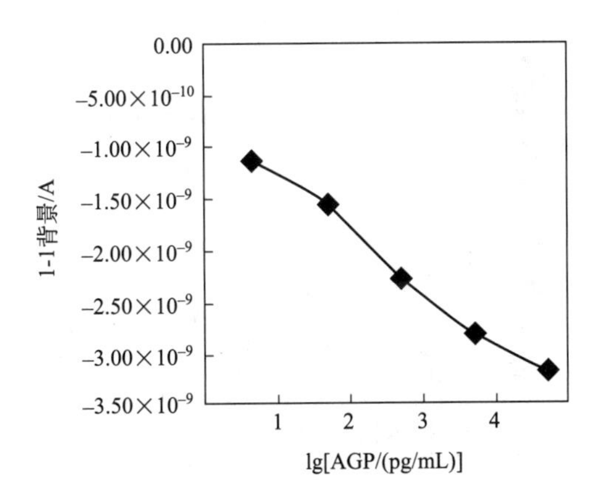

图 19. 20 测定 AGP 的标准曲线

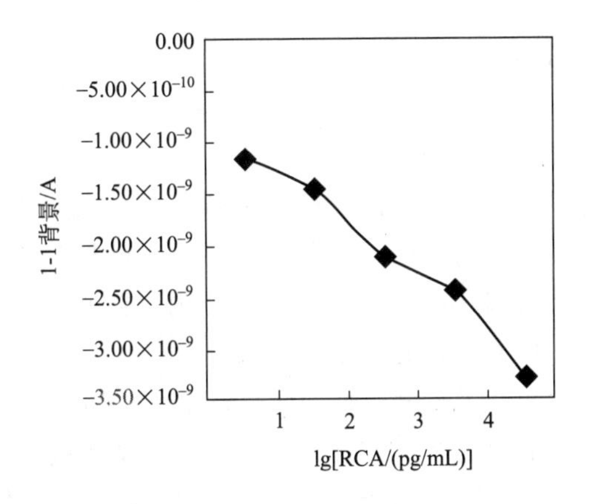

图 19. 21 测定蓖麻毒素（RCA）的标准曲线

如图 19.20 和图 19.21 所示的被分析物标准曲线来自至少五个不同芯片的数据收集。数据的可再现性依赖于芯片内和芯片间的变化。给定分析物的浓度时，芯片内的标准偏差通常小于 10%；当然，这取决于每种分析物的数据点（电极）的数目。通常情况下，这个板上标准可以使芯片变异正常化，并且在这种形式中，芯片到芯片之间的变异少于 5%。

BG 芽孢的 LOD 值没有出现在图 19.22 中。这些数据显示在图 19.23 中。从放置在芯片上的芽孢数目、这些芽孢的覆盖区域、电极周围总的部分区域和输出信号可以看出，平均每个电极上可以检测到一个芽孢。详细内容请看图 19.23。高度敏感性是由大量相同的抗原表位造成的，很可能是在芽孢外壳蛋白上发现的（大量的信号抗体被结合）。

1.AGP:5pg/mL 8amol/50μL
2.RCA:300pg/mL 250amol/50μL
3.Phage*:3.75×10^{8}pfu/mL 约1×10^{6}pfu/40μL

动态分析范围为4个对数值
*用于捕获和检测的是多克隆抗体

图 19. 22 测定三种待测物的检出限以及测定范围

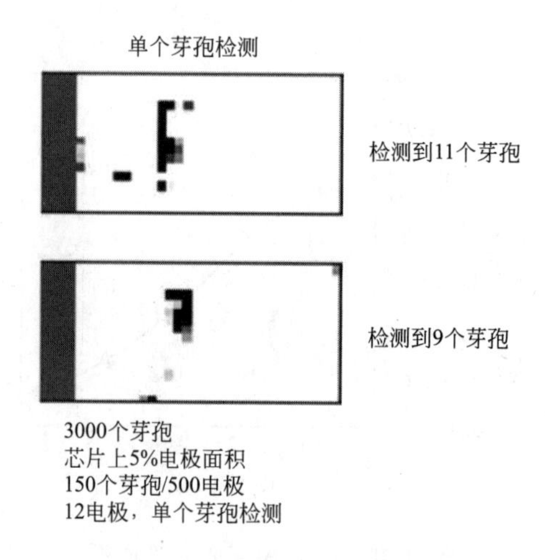

图 19.23 单个芽孢的检测

19.5 新的芯片进展

集成微流控生物芯片

集成微流控芯片实验室技术的研究涉及设备小型化、系统微型化，以及相关的新的应用程序的处理流体（液体和气体）的发展。一些研究人员已经开发了允许使用复杂的信道网络的多步检测性能设备，而泵、阀门和检测器脱离芯片内置到桌面测试站[12]。其他人员主张将所有的功能部件集成到芯片上去，更好地实现便携[13]。后者通过努力巧妙地示范了芯片上的阀门[14]和输运方式[15]，企图脱离传统的微机电系统（MEMS）方法，因为其制造复杂并且造价昂贵。为了将用毛细管电泳（CE）进行 DNA 扩增的技术整合到芯片上，人们做了大量的工作[16]。这将允许 DNA 和免疫分析自动化，且能减少成本。这也可以促进手持平台的发展。

最近人们开发了一个独立的和完全集成的微流控生物芯片，将基于酶放大电化学检测蛋白质（免疫分析）和 DNA 的微阵列集成到微流控芯片上。该设备（如图 19.24 所示）含有一个塑料流体容器和一个 CombiMatrix 微阵列芯片。塑料容器包括一个抗原-抗体结合或 DNA 杂交反应器、一些试剂的储藏室和微型泵。

生物芯片的移动设备的操作如下所示。免疫分析情况下，含有抗原的生物样品溶液加载到微阵列室内。其他溶液，如洗涤缓冲液、第二抗体溶液、链霉亲和素-HRP 结合物溶液、电化学检测缓冲液混合物分别加载到其他的储藏室内。然后将生物芯片设备插入一个仪器中，该仪器为泵、杂交加热和电化学信号输出提供电源。这一过程开始于 37℃ 的微阵列室内进行 1h 的杂交。之后用微阵列室内的集成电化学微型泵抽取冲洗溶液来洗涤阵列。随后将第二抗体溶液泵进微阵列室内，之后进行 30min 的孵育，让第二抗体与分析物表面的抗原结合。一旦孵育过程完成，就向微阵列室泵入洗涤溶液冲洗阵列表面。然后将链霉亲和素-HRP 结合物溶液引进微阵列室内，室温下溶液/芯片孵育 30min。在微阵列室内实施最后一步冲洗，再引进电化学检测缓冲液混合物。酶（HRP）结合到探针电极表面的免疫复合物上，将氧化还原反应放大，出现对应的电化学杂交信号，该信号在芯片上检测并由仪器记录下来。

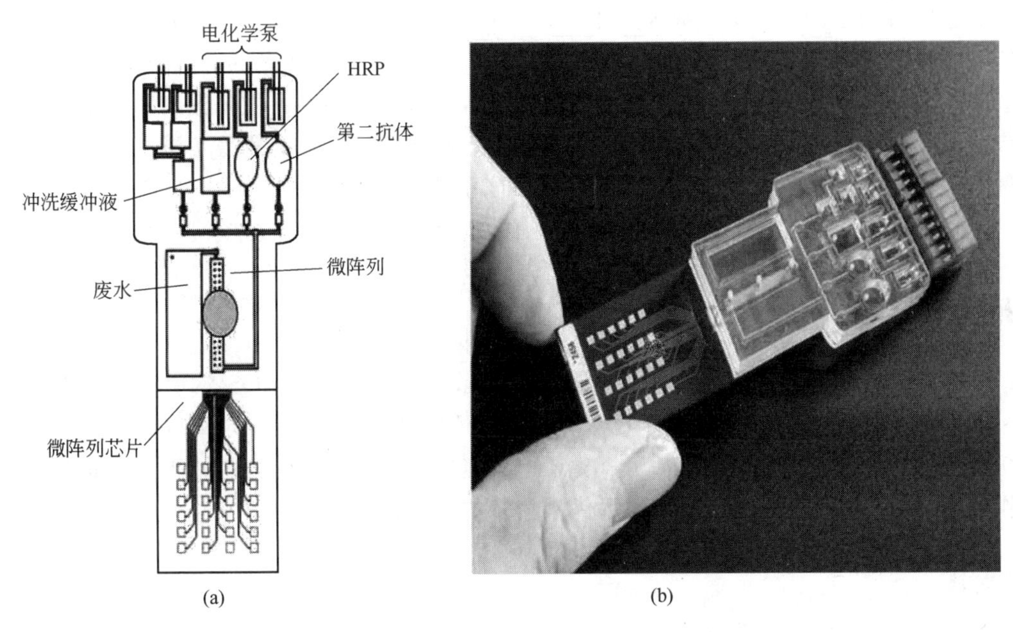

图 19.24 (a) 微流控芯片装置示意图；(b) 包含塑料流控管道和 CombiMatrix CustomArray™芯片的集成器件的图片

微型泵是微流控生物芯片设计中的关键组件。生物芯片需要运输体积为几十到几百微升的溶液。大多数传统的压力驱动、膜驱动微型泵设计复杂、制造复杂、成本高。在该设计中，我们采用电化学泵，其依靠在处于盐水中的两个电极之间通入 DC 电流，对水进行电解，产生气体。由此产生的气压反过来推动液体溶液在生物芯片内流动。这种泵送机制在设计工程中不需要膜或者单向阀。结果其构造和操作都比传统的微型泵简单。

通过对不同浓度生物素化的低聚物进行监测来检测微流控生物芯片设置。所用微阵列芯片的电极密度是每平方厘米有 1000 个电极。对这种基于氧化还原反应的酶放大电化学系统，使用辣根过氧化物酶（HRP）。HRP 是一种氧化还原酶，催化底物氧化（如 OPD），同时用过氧化氢作为电子受体。芯片上的分析开始于 DNA 杂交。同样地，该系统也被用于免疫分析。样品溶液含有不同浓度（1pmol/L 到 1nmol/L）的 GD1、GD2、GD3 和 GD4 的 5′-生

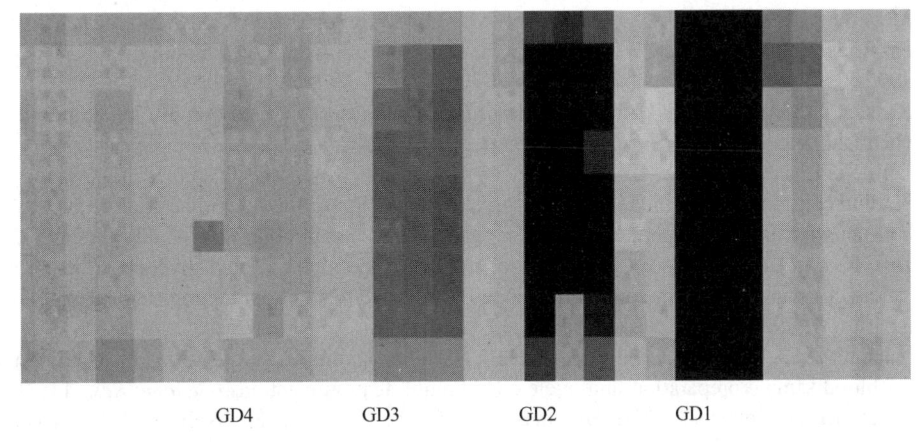

图 19.25 DNA 的电化学检测

GD1（1nmol/L）；GD2（100pmol/L）；GD3（10pmol/L）；GD4（1pmol/L）

物素标记 15 聚体互补序列，在阵列室内孵育 1h。先用 2×PBST 冲洗阵列，之后填充含有链霉亲和素-HRP 结合物的溶液 30min。最后，阵列用 2×PBST 缓冲液冲洗并在读数前加载过氧化氢和邻苯二胺。生物试样和溶剂溶液装入预置的设备中；主要输出对应于致病性或遗传性信息的电化学信号。结果如图 19.25 所示；在四部分芯片的覆盖基质上有不同合成的 15 聚体（cGD1、cGD2、cGD3 和 cGD4P-6）。该系统的灵敏度是 10pmol/L 寡核苷酸。同样地，微流控生物芯片也可以被用来进行芯片上的免疫分析（正在进行中）。

19.6 结论

本章描述了微阵列技术的进步，并清楚地展示了微阵列在 CMOS 芯片上的运用。捕获抗体自组装到 CMOS 芯片上是基于已经共价结合到抗体上的互补 DNA 标记。然后，分析物和标签抗体按顺序添加。检测基于氧化还原反应放大的电化学检测。结果是可靠的；可以检测几个对数单位的分析物浓度，远远优于传统的荧光标记检测。

参考文献

1. Dill, K., Montgomery, D. M., Oleinikov, A. V., Ghindilis, A. L., and Swarzkopf, K. R., Immunoassays based on electrochemical detection using microelectrode arrays, *Biosens. Bioelectron.*, 20, 736, 2004.
2. Oleinikov, A. V., Gray, M. D., Zhao, J., Montgomery, D. D., Ghindilis, A. L., and Dill, K., Self-assembling protein arrays using electronic semiconductor microchips and in vitro translation, *J. Proteome Res.*, 2, 313, 2003.
3. Dill, K., Montgomery, D. D., Wang, W., and Tsai, J. C., Antigen detection using microelectrode array microchips, *Anal. Chim. Acta*, 444, 69, 2001.
4. Tefu, E., Maurer, K., Ragsdale, S. R., and Moeller, K. D., Building addressable libraries: the use of electrochemistry in generating Pd(II) reagents at preselected sites on a chip, *J. Am. Chem. Soc.*, 126, 6212, 2004.
5. Dill, K., Montgomery, D. D., Ghindilis, A. L., and Schwarzkopf, K. R., Immunoassays and sequence-specific DNA detection on a microchip using enzyme amplified electrochemical detection, *J. Biochem. Biophys. Methods*, 59, 181, 2004.
6. Aguilar, Z., Vandaveer, W. R., and Fritsch, I., Self-contained microelectrochemical immunoassay for small volumes using mouse IgG as a model system, *Anal. Chem.*, 74, 3321, 2002.
7. Aguilar, Z. and Fritsch, I., Immobilized enzyme-linked Dan hybridization assay with electrochemical detection for *Cryptosporidium parvum* hsp70 mRNA, *Anal. Chem.*, 75, 3890, 2003.
8. Meyerhoff, M. E., Duan, C., and Meusel, M., Novel nonseparation sandwich-type electrochemical enzyme immunoassay system for detecting marker proteins in undiluted blood, *Clin. Chem.*, 41, 1378, 1995.
9. Rossier, J. S. and Girault, H. H., Enzyme linked immunosorbent assay on a microchip with electrochemical detection, *Lab Chip.*, 1, 153, 2001.
10. Dill, K., Lin, M., Poteras, C., Hafeman, D. G., Owicki, J. C., and Olson, J. D., Antibody-antigen binding constants determined in solution-phase with the threshold membrane-capture system: binding constants for anti-fluorescein, anti-saxitoxin, and anti-ricin antibodies, *Anal. Chem.*, 217, 128, 1994.
11. Dill, K. and Bearden, D. W., Detection of human asialo-alpha(1)-acid glycoprtein using a hetero-sandwich immunoassay in conjunction with the light addressable potentiometric sensor, *Glycoconj. J.*, 13, 637, 1996.
12. Yuen, P. K., Kricka, L. J., Fortina, P., Panaro, N. J., Sakazume, T., and Wilding, P., Microchip module for blood sample preparation and nucleic acid amplification reactions, *Genome Res.*, 11, 405, 2001.
13. Burns, M. A., Johnson, B. N., Brahmasandra, S. N., Handique, K., Webster, J. R., Krishnan, M., Sammarco, T. S. et al., An integrated nanloiter DNA analysis device, *Science*, 282, 484, 1998.
14. Thorsen, T., Maerkl, S. J., and Quake, S. R., Microfluidic large-scale integration, *Science*, 298, 580, 2002.

15. Dodson, J. M., Feldstein, M. J., Leatzow, D. M., Flack, L. K., Golden, J. P., and Ligler, F. S., Fluidics cube for biosensor miniaturization, *Anal. Chem.*, 73, 3776, 2001.
16. Bohm, S., Pijanowska, D., Olthuis, W., and Bergveld, P., A flow-through amperometric sensor based on dialysis tubing in free enzyme reactors, *Biosens. Bioelectron.*, 77, 223, 1999.

20 基于生物偶联量子点的高灵敏度、高通量免疫分析技术

Xiaohu Gao, Maksym Yezhelyev, Yun Xing, Ruth M. O' Regan, and Shuming Nie

目录

20.1 概述

荧光基团标记抗体的免疫分析法具有高灵敏度、安全性（非同位素）、多元以及定量的特性，因此，被广泛用于化学诊断和生物分析化学。然而，传统的有机染料由于吸收和发射性能并不很好而限制了这些优势的发挥。例如，有机染料往往褪色很快，精确定量非常困难；在多种颜色的应用中，它们的发射图谱很宽，并且是非对称的，这导致了严重的光谱重叠。所以，用一种单色光源检测 3 种以上的目标物很困难，甚至不可能实现。因此，有必要建立一种能够克服上述问题的新的检测标签。

纳米技术的最新发展产生了一种新的基于半导体量子点（QD）的荧光标签，被广泛用于单分子生物物理学、生物分子分析、光学条形码，以及在有机体内成像[1～20]。与有机染料和荧光蛋白相比，QD 有独特的光学和电学特性，比如大小可控的光发射，提高了信号的强度，降低了荧光褪色，可同时激发多种荧光。表面钝化的量子点对荧光漂白高度稳定，并且具有窄且对称的发射峰（窄至 14nm 的半峰宽）。据估计，与单染料分子相比，CdSe 量子点的亮度是单染料分子的 20～40 倍，这取决于粒子尺寸和量子产量，抗荧光褪色能力是单染料分子的 1000 倍。这些特性使量子点成为在临床诊断中超灵敏的、多元的以及定量的荧光免疫测定方法的理想的荧光基团。

本章讨论了半导体量子点的免疫测定方法和生物分析应用，特别描述了量子点特异的光学特性、生物交联化学、多种颜色、定量的蛋白质染色，以及同质免疫测定方法的光学条形码；简单评述了高品质的量子点系统和它们的表面修饰；对量子点免疫测定方法的前景和挑战进行了简单的讨论。

20.2 光学特性

与传统的来自有机材料的染料和生物样本不同，量子点是由无机半导体制作的，并且通

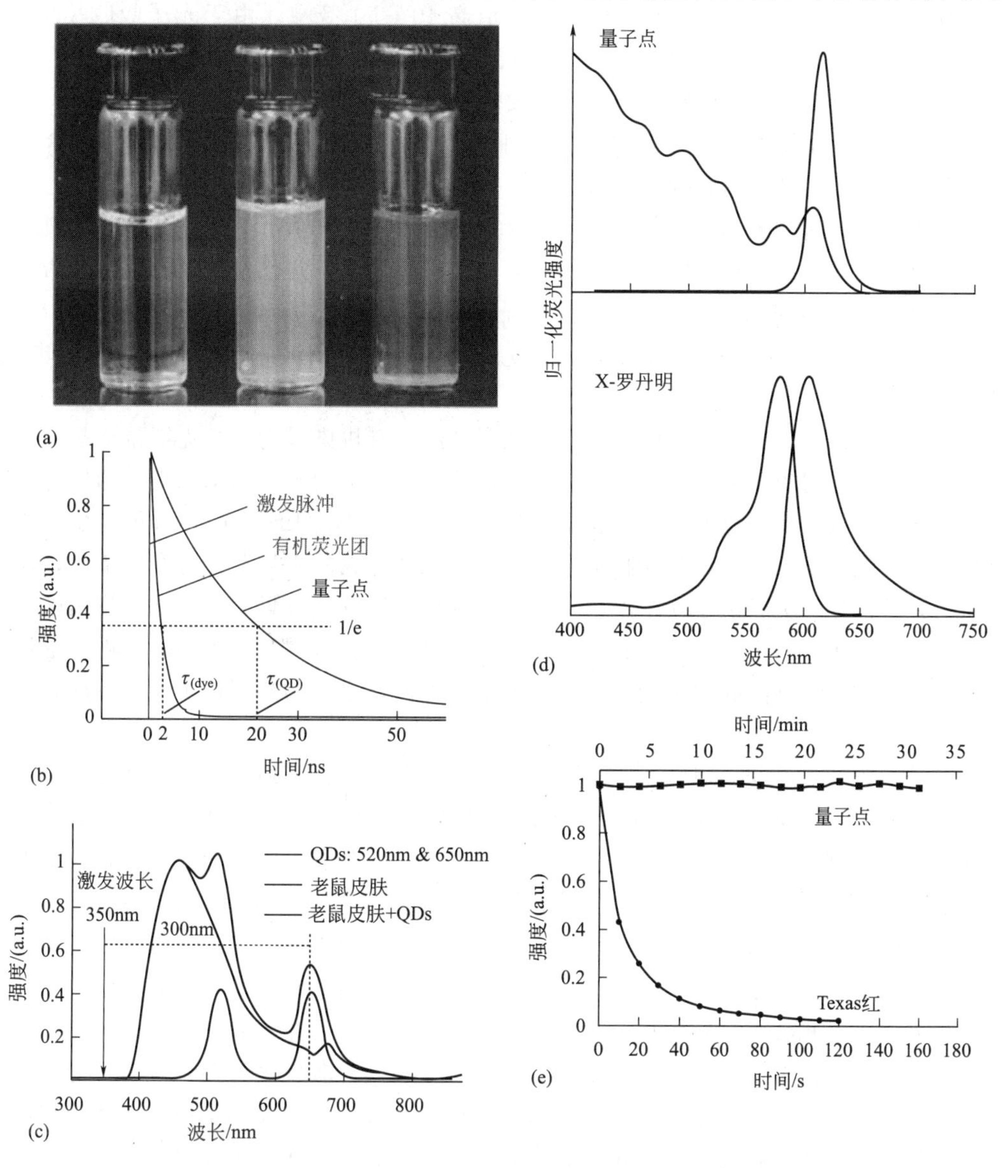

图 20.1 QD的光学特性，其能够提高荧光免疫分析的灵敏度

(a) 有机染料TRITC（左边瓶）、绿色QD（中间瓶）、红色QD（右边瓶）在正常室内光照下和同样物质的量浓度（1μmol/L）下的荧光发射的比较。由于QD大的吸收横截面，明亮的荧光发射是来自QD而不是来自染料。(b) QD和常见的有机染料的衰退曲线（单指数模型）的比较。QD探针较长的激发态寿命允许通过时域影像来辨别短寿命的背景荧光。t(dye) 和 t(QD) 是荧光信号降低到原始值的1/e的延迟时间，这里e是指原始记录常数，等于2.718。(c) 同等激发条件下，QD发射光谱和小鼠皮肤的比较，说明QD信号能够转移到自发荧光降低的光谱区。(d) 一个典型的有机染料X-罗丹明（X-Rhodamine）和QD的荧光吸收和发射光谱。(e) 光漂白曲线表明，在同样的激发条件下，QD的光学稳定性是有机染料的几千倍（例如Texas红）(引自 Xiaohu Gao，Lily Yang，John A. Petros，Fray F. Marshall，Jonathan W. Simons，Leland Chung，and Shuming Nie，Curr. Opin. Biotechnol.，16，63-72，2005. 经许可）

过一个过程（激发性电子荧光）发射光子[1]。这种不同的光发射机制提供了独特的光学特性，使其在荧光检测过程中会得到更好的信噪比。量子点的特征之一是消光系数大，使它们在大多数荧光成像条件下，成为更加明亮的探针。量子点的摩尔消光系数的典型值为 $(0.5\sim2)\times10^6$ L/(mol·cm)，比有机染料的值高 10～50 倍[2]。由于光子吸收率的增加，单个量子点的亮度比有机染料高出许多倍［图 20.1(a)］。研究者[3]通过实验证实了量子点的亮度，且亮度对低浓度目标物的检测有重要意义。

不同的荧光寿命将量子点荧光与背景带到了另外一个维度，一种被称为时域或者时间门控的成像技术[4~6]。荧光寿命是荧光基团的一个本质特点，描述了在恢复到基态之前处于激发状态的持续时间。图 20.1(b) 为量子点和有机染料的荧光信号衰减的简单模型。假设一个脉冲激发后量子点和有机染料的原始荧光强度是相同的，并且量子点的荧光寿命比染料的荧光寿命长一个数量级。量子点/染料的强度比率随着时间迅速增加（即，当 $t=0$ 时，$I_{QD}/I_{dye}=1$；当 $t=10$ns 时，$I_{QD}/I_{dye}\approx100$）。因此，可以选择一个成像的时间窗口来提高信噪比。

量子点大的斯托克斯位移能够进一步加强灵敏度。有机染料的斯托克斯位移是通过测定激发峰和发射峰之间的距离来确定的，大部分都只有几纳米到十几纳米的很小的值。相比之下，半导体量子点的斯托克斯位移能够达到 300～400nm，如图 20.1(c) 所示。在一些高背景材料比如细胞和组织中，小的斯托克斯位移的荧光被强大的自身荧光背景所覆盖，而具有大的斯托克斯位移的荧光由于一个颜色或者波长的反差能够从背景中清楚地分辨出来。值得注意的是，对大多数的生物样品来说，自身荧光是非常低的，超过 800nm。最近在制作用于生物分子影像和检测的高质量的近红外纳米粒子方面，合金和 2 型量子点的发展具有广阔的前景[7,8]。

除了灵敏度，量子点还具有多重分析能力，可以实现多种分子目标物的同时检测。图 20.1(d) 比较了红色量子点和相应颜色的有机染料 X-罗丹明（X-Rhodamine）之间的荧光吸收和发射光谱。量子点的发射光谱主要由粒子尺寸的分布决定。对于 CdSe 量子点，发射线宽通常是 30nm 甚至更小，比大多数有机荧光染料的更窄。利用合金纳米粒子新技术，在室温下合成了发射线宽窄至 13nm 的量子点[9,10]，这将允许多色的量子点可以同时应用而没有各种光谱重叠。即使是具有重叠光谱的多色量子点，由于它们的发射光谱是对称的，也能够通过光谱去卷积技术进行解析。另外，量子点的吸收激发光具有一个宽的波长范围，并且其摩尔消光系数向短波长方向逐渐增加，这使单光源同时激发多种颜色成为可能。

定量是荧光免疫测定方法中的另一个重要应用。有机染料和荧光蛋白的快速光漂白会导致定量的精确性问题。相比之下，量子点具有极高的稳定性（大于 1000 倍），并且能够承受更广泛的照射，可反复测量［图 20.1(e)］。基于这个小组的计算，和有机染料相比，单量子点在光漂白之前能够多放射 4～5 个数量级的光子。

20.3 表面化学和抗体偶联

高荧光量子点通常在高温下，在含有长烷基链的高沸点有机溶剂如三辛基氧膦（TOPO）和十六烷基胺（HDA）中合成。疏水性有机分子不仅充当反应介质，而且通过与 QD 表面不饱和的原子作用来阻止大块的半导体的形成。因此，该纳米颗粒表面包裹一层有机配体，并且仅仅能溶于非极性溶剂。为了克服这一问题，Alivisatos 博士及其团队于 1988

年提出了基于表面配体交换的两种简单的方法[11,12]。这两个开创性的研究证明了量子点可用于体外细胞标记和细胞内吞作用的研究，但生物偶联量子点探针的产量低，稳定性不高，并且具有细胞毒性[13,14]。

将量子点应用于活细胞和动物成像的强烈需求促使 QD 水溶性和生物偶联方法的快速发展，见图 20.2。首先将量子点用丙烯酸溶解[15]，疏水烷基侧链和 TOPO 在 QD 表面包覆，而亲水性羧酸基团朝外，使得量子点能溶于水。连接抗体或链霉素后，量子点生物偶联物可应用于高分辨率和高灵敏度的细胞成像研究[15,16]。虽然在长时间孵育和储存过程中荧光和亲和力会有损失（可能是由于聚合物或者配体的分离）[17,18]，但仍然可以观察到详细的细胞骨架结构，以及活细胞中单个受体扩散动力学。对于体内胚胎谱系追踪，Dubertret 和同事用 PEG-衍生化磷脂胶团包裹单个 QD，注入单个胚胎高达二十亿颗粒[19]。尽管相对大尺寸的量子点颗粒可能减弱生物分子结合的动力学以及减少纳米颗粒从血管向外释放以发挥体内的靶向作用，但量子点优异的稳定性和生物相容性，可以使正常胚胎发育多达 4d。最近，Gao 和 Nie 使用了针对体内分子成像和定位的三嵌段两亲性共聚物[20]。该聚合物能够自组装在量子点的表面，从而形成一种被致密的疏水层包覆的分散良好的纳米颗粒。该嵌段共聚

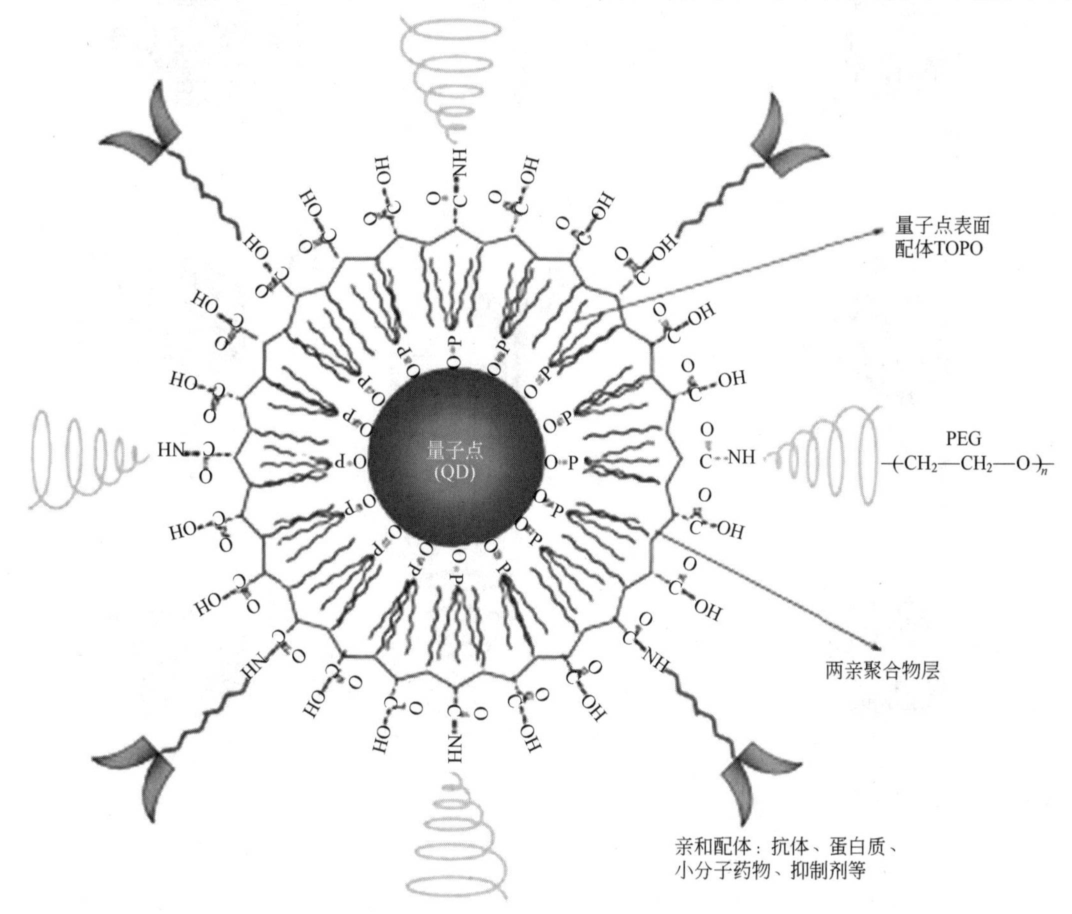

图 20.2 交联 QD 探针的结构原理图

由表面配体 TOPO、封装多聚层、生物分子-目标配体（例如抗体、肽或者小分子抑制剂）以及聚乙二醇（PEG）组成（引自 Xiaohu Gao，Lily Yang，John A. Petros，Fray F. Marshall，Jonathan W. Simons，Leland Chung，and Shuming Nie，Curr. Opin. Biotechnol.，16，63-72，2005. 经许可）

物是另一种类型的可以用作自组装和软纳米刻蚀的基础材料[21,22]。这些共聚物包覆过程共有的关键特点是 QDs 溶解在水溶液中而不需要更换调节有机配体，这被认为对维持 QDs 的光学特性以及保护核不与外界环境相接都很重要[23]。

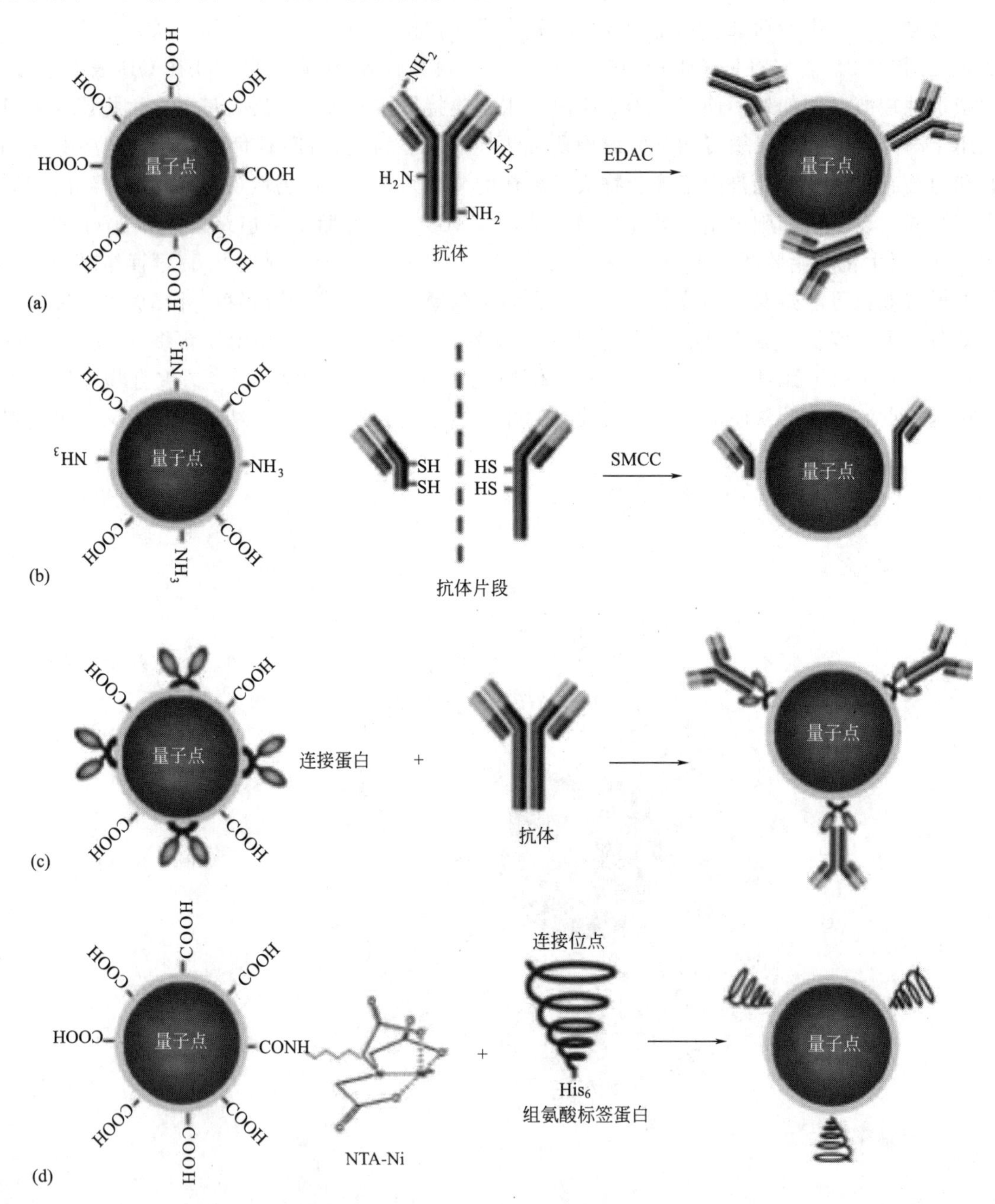

图 20.3 QD 交联到生物分子上的方法

（a）用 EDAC 作为催化剂的传统的共价交联化学。（b）通过还原巯基-氨基交联抗体片段到 QDs 上。SMCC：4-(*N*-马来酰亚氨基甲基)环己烷-1-羧酸琥珀酰亚胺酯。（c）通过适配体蛋白交联抗体到 QDs 上。（d）通过附着位点和 QD 潜在控制：配位物质的量比，将组氨酸标记的肽和蛋白质交联到 NTA-Ni 修饰的 QDs 上（引自 Xiaohu Gao，Lily Yang，John A. Petros，Fray F. Marshall，Jonathan W. Simons，Leland Chung，and Shuming Nie，Curr. Opin. Biotechnol.，16，63-72，2005. 经许可）

除了一些基因工程病毒或者特殊种类的细胞[24~27]，水溶性的QD几乎对目标分子没有选择性，因此它们需要附加生物亲和配体，比如抗体。因为QD和生物大分子的空间相似性能够通过各种交联化学反应（比如吸附、螯合、共价交联等）来实现。最流行的两个交联反应是以碳二亚胺为中介的酰胺的形成和以活化的酯-马来酰亚胺为中介的酰胺与巯基偶合［图20.3(a) 和图 20.3(b)］。用碳二亚胺缩合羧基-氨基的优势是：大多数生物分子比如IgG抗体，包含许多主要的氨基和羧酸，并且在与纳米颗粒交联之前不需要化学修饰。相比之下，硫醇键在天然生物分子中不常见，并且在有氧气存在时不稳定。QD也能够用两亲性聚合物修饰形成功能性的氨基和羧基。但是大量的活性反应基团能够引起聚集，并致使生物分子非定向地固定在QD表面（这对生物活性是不利的）［图 20.3(a)］。其他的交联反应也是可行的，主要取决于有效的化学基团。例如，Pellegrino等最近用一种预活化的两亲性聚合物来溶解QD[28]。这种聚合物包含大量的酸酐单元，并且对伯胺具有很高的活性，因此不需要另外的交联试剂。值得注意的是，聚酸酐也被用于应激研究和维持药物释放的临床测试以及组织工程中[29,30]。

抗体在QD表面的固定方向对特异性结合非常重要，并且能够通过一些过程来进行控制，正如图20.3所示。Mattousssi和他的同事首次开发了一种融合蛋白作为适配器用于IgG抗体的交联[31,32]。适配器蛋白有一个和QD相互作用的正电荷亮氨酸拉链结构域以及一个和抗体的Fc段结合的蛋白G域。因此，抗体的Fc末端连接到QD表面和特定的$F(ab')_2$末端［图20.3(c)］。共价键直接交联也可以通过化学的、酶的或者基因修饰的生物分子实现。例如，对IgG铰链区的二硫键进行选择性化学还原和酶解可以产生带有自由巯基的抗体片段，它能够和包覆有马来酰亚胺的QD［图20.3(b)］反应。这种抗体片段偶联物可以引起更少的聚集，更好地与目标结合。虽然每个抗体片段和目标分子结合的亲和性降低了，但是能够通过增加的多价体结合活性来弥补（即，QD表面的多元抗体片段结合到多种细胞或者组织样本的目标受体上）[33]。通过特定位点标签或者突变（能够进一步提高QD抗体交联物的亲和性和特异性），能够获得更多的精细的生物分子的修饰[34]。

20.4 免疫分析和免疫组织化学染色

检测固定在固相载体表面的目标分子是最常见的QD免疫分析形式。例如，Kodadek和他的同事已经报道了链霉亲和素-QD作为一种荧光标签来快速识别偶联微球组合库中的肽序列[35]。由于聚合物树脂具有很强的自发荧光，比起传统的有机染料，QD斯托克斯位移大，更容易识别阳性结合。同样的，Mattoussi等用QD-抗体偶联物已经成功地检测了化合物如爆炸物TNT，还实现了毒素的高通量分析[31,36]。虽然在实验中多色QD要求光谱区分至少要20nm，但是由于定义明确的QD发射峰形（高斯分布），可以轻易地分辨出四种荧光组分。类似的实验也能够扩展到凝胶和膜（比如蛋白质印迹）甚至是微流控通道的均相分析中[37,38]。

另一个QD应用的新兴领域是细胞和组织样品的原位分子分析，因为目前还没有技术可以以高度多重分析和定量的方式处理完整的细胞（图20.4）。Wu等把聚合物保护的QD连接到链霉亲和素上，用共聚焦显微镜详细显示了细胞的结构[15]。量子点的光稳定性得到改善，可以获得许多连续的焦平面图像，并将其重建为高分辨率三维投影。QD的高电子密度也用于细胞样品的相关光学和电子显微镜研究[39]。另外，Dahan、Jovin和他的同事实现了

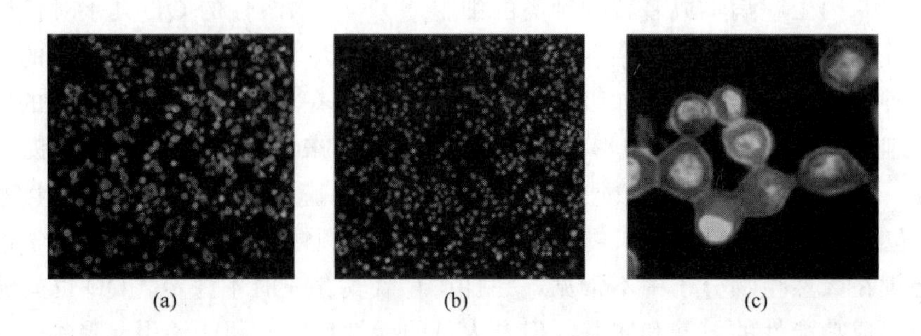

图 20.4 用 QD-抗体生物结合物标记的 SKBR-3 多彩荧光影像

（a）红色的 QD 染色的 Her-2/中性粒受体；用 10 倍放大。注意细胞表面均匀的荧光分布。（b）用 4′,6-二脒基-2-苯基吲哚（DAPI）染色的细胞核；10 倍放大。（c）两种颜色放大的细胞影像叠加，用 100 倍物镜拍摄

单个活细胞中单分子运动的实时可视化[16,18]，这是使用有机染料极其困难甚至不可能完成的任务。这种高灵敏度的单分子成像为受体扩散动力学、配体-受体相互作用、生物分子运输、酶活性以及分子马达开辟了一条新的道路。通过分析福尔马林固定和石蜡包埋（FFPE）患者的组织标本（图 20.5），该技术向着临床和转化研究迈进了一大步。结合多色 QD 的光学特性和光谱影像显微成像能力，可以探测异质肿瘤标本的个性化治疗的分子标志物[40]。这可能成为第一个半导体 QD 的临床应用。

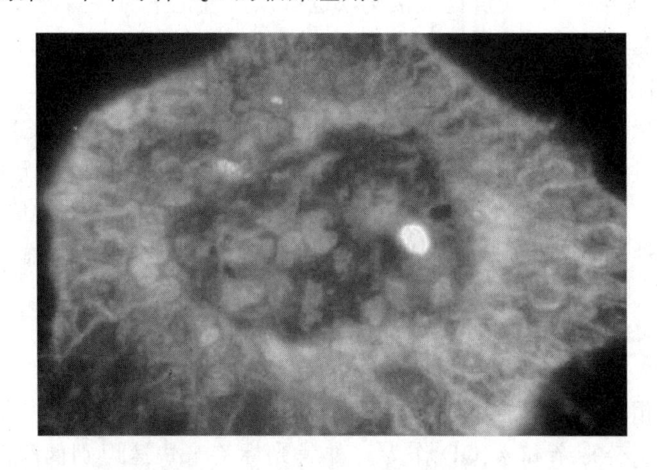

图 20.5 人前列腺癌的福尔马林固定石蜡包埋组织切片的免疫组织化学 QD 染色

突变的 p53 磷酸化蛋白在雄激素非依赖性前列腺癌细胞的细胞核中过表达，用红色 QD（来自 DAKO 的抗体，DO-7）标记。斯托克斯位移荧光信号与组织自发荧光明显不同。定量光谱分析也可以通过使用光谱仪或自动激光扫描显微镜来完成

20.5 光谱条形码和基于微球的免疫分析

量子点的另一个免疫应用是基于微球的条形码，用于快速筛选基因、蛋白质和小分子。光学条形码通过将多色量子点以精确控制的强度比嵌入多孔微球如聚苯乙烯或二氧化硅中来制备[41~43]。图 20.6 说明了基于多色半导体量子点的高通量光编码的原理。在单一波长（颜色）下使用 10 个强度等级（1,2,…,10），给出 10 个唯一编码（10^1），并且当同时使用

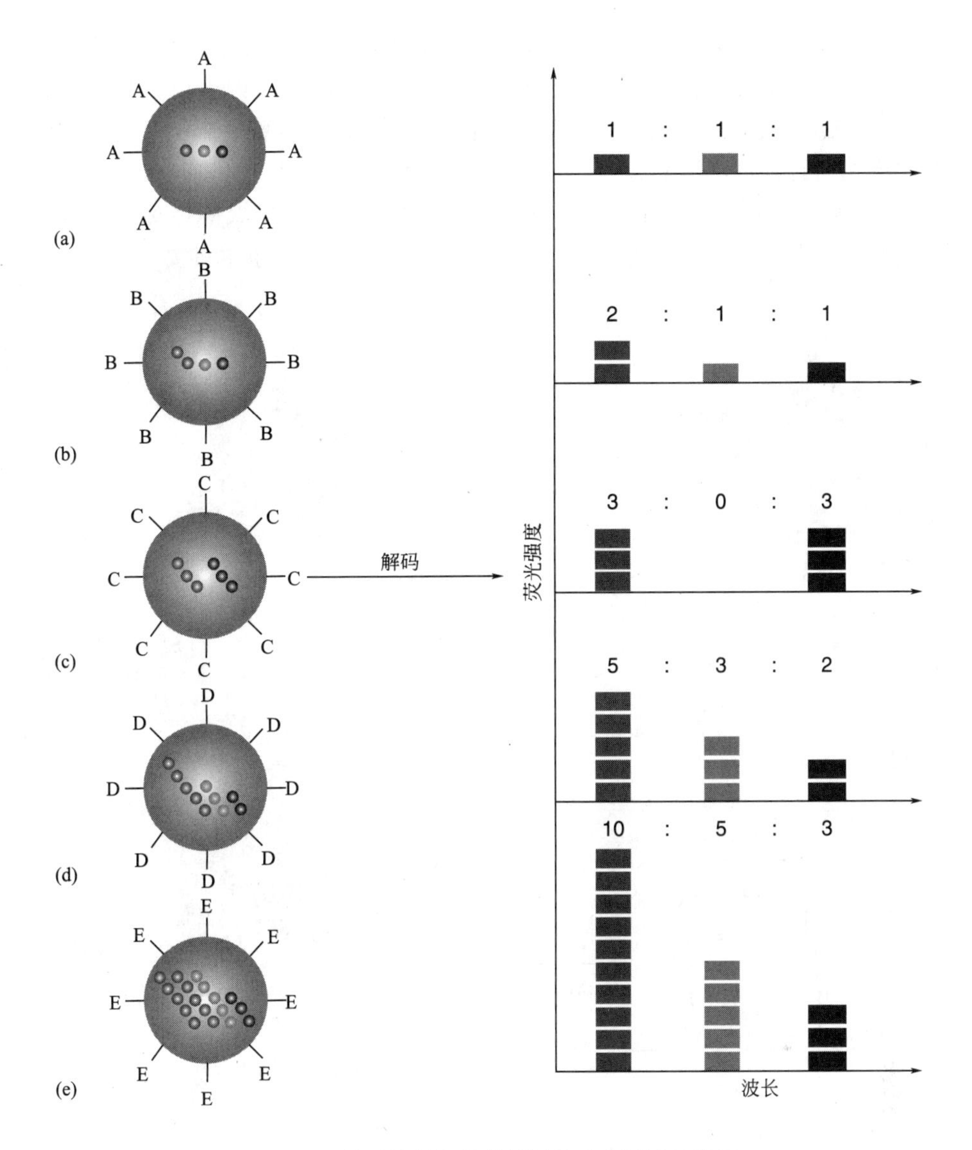

图 20.6 基于波长和强度复用的光条形码示意图

大球体代表聚合物微珠，其中小的有色球体［多色量子点（QD)］根据预定的强度比被嵌入。分子探针［(a)～(e)］附着于珠子表面用于生物结合和识别，如抗体-抗原相互作用。有色球体（红色、绿色和蓝色）的数量不代表单个量子点，但是它们用于说明荧光强度水平。通过测量单个珠子的荧光光谱来完成光学读出。编码时使用不同波长的绝对强度和相对强度比（引自 Mingyong Han，Xiaohu Gao，Jack Su，and Shuming Nie，Nat. Biotechnol.，19，631-635，2001.）

多个波长和多个强度时，编码的数目以指数的方式增加。例如，三色/十个强度的方案产生1000 个编码（10^3），六色/十个强度的方案具有大约 100 万的理论编码能力。通常，具有 m 种颜色的 n 个强度等级产生了 n^m 个独特的代码。对于每个单独的免疫分析，可以将抗体连接到不同类型的条形码微球以捕获目标靶分子。然后将这些编码的微球合并在一个小瓶中用于溶液样品的快速筛选或多重分析。在标准夹心测定法中，靶分子被球表面的分子探针捕获，然后偶联作为报告分子的 QD 标记的二抗 IgG。请注意，报告分子的颜色应与光学条形码中使用的颜色不同（光谱分离）。微球可以用单微球光谱或自动流式细胞仪进行解码，其中报告QD的荧光强度表明目标的存在和丰度，荧光条形码显示目标的身份（图20.7）。用QDs作为编码和报告荧光基团的特点是：所有的颜色都能够被一束单色光源激发。和平面生物芯片相比，QD编码微球在目标选择方面更灵活，结合动力更快，产品更加便宜。除了标准的台式流式细胞分析仪用来编码外，用二极管激光、一个微流体通道，以及多种PMT（光电倍增管）组成的小型化的装置，目前正在发展中。这种便携式的微球阅读器不仅对生化免疫检测有用，而且在军事应用上（比如高通量病原体检测）也很重要。

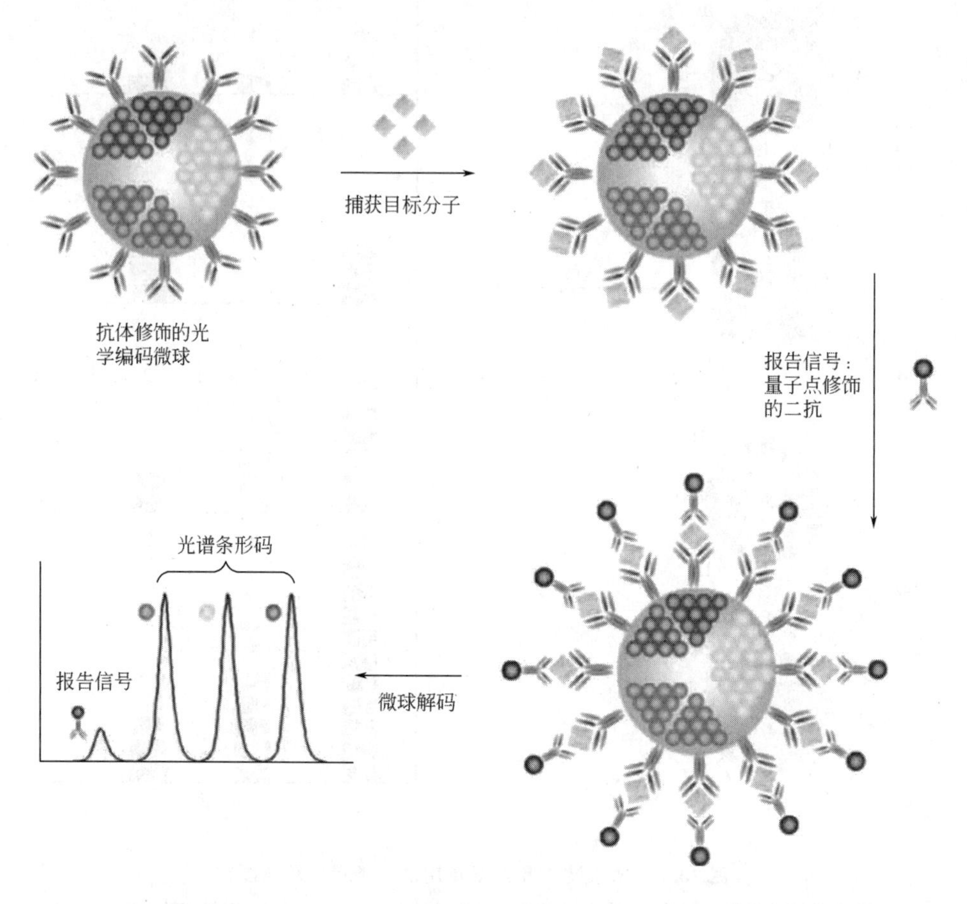

图20.7 显示QD条形码微球如何用于悬浮或同质免疫分析的示意图

请注意，嵌入的量子点不是分开的，但它们在微球内随机混合。此图仅用于说明目的。详情请参阅正文

20.6 小结

高灵敏度和多重免疫分析的发展将在药物发现、医学诊断和个性化医疗中发挥重要作用。在不久的将来，基于多色量子点、QD编码微球和免疫试剂的新型平台将被开发用于生物传感和生物检测。随着技术的发展，在生物学发现和临床诊断的应用上，量子点纳米技术可能会引发下一个科学浪潮，这将直接有益于患者的医疗保健。在本节涉及一些直接的方向包括QD抗体传感器、蛋白质阵列的定量和超灵敏检测、高通量细胞内成像、临床组织样本的分子性能分析、高通量的药物筛选，以及光谱编码和多色仪器，但并不仅限于此。

致谢

这项工作得到了美国国立卫生研究院（R01 GM60562、P20 GM072069 和 R01 CA108468 至 SN）、佐治亚癌症联盟（杰出癌症学者奖至 SN）、佐治亚理工学院 Coulter 转化研究计划（SN）和华盛顿大学（XG）的支持。

参考文献

1. Alivisatos, A. P., Semiconductor clusters, nanocrystals, and quantum dots, *Science*, 271, 933–937, 1996.
2. Leatherdale, C. A., Woo, W. -K., Mikulec, F. V., and Bawendi, G., On the absorption cross section of CdSe nanocrystal quantum dots, *J. Phys. Chem. Part B*, 106, 7619–7622, 2002.
3. Gao, X., Yang, L., Petros, J. A., Marshall, F. F., Simons, J. W., and Nie, S., In vivo molecular and cellular imaging with quantum dots, *Curr. Opin. Biotechnol.*, 16 (1), 63–72, 2005.
4. Jakobs, S., Subramaniam, V., Schonle, A., Jovin, T. M., and Hell, S. W., EGFP and DsRed expressing cultures of *Escherichia coli* imaged by confocal, two-photon and fluorescence lifetime microscopy, *Febs Lett.*, 479 (3), 131–135, 2000.
5. Pepperkok, R., Squire, A., Geley, S., and Bastiaens, I., Simultaneous detection of multiple green fluorescent proteins in live cells by fluorescence lifetime imaging microscopy, *Curr. Biol.*, 9 (5), 269–272, 1999.
6. Dahan, M., Laurence, T., Pinaud, F., Chemla, D. S., Alivisatos, A. P., Sauer, M., and Weiss, S., Time-gated biological imaging by use of colloidal quantum dots, *Optics Lett.*, 26 (11), 825–827, 2001.
7. Bailey, R. E. and Nie, M., Alloyed semiconductor quantum dots: tuning the optical properties without changing the particle size, *J. Am. Chem. Soc.*, 125, 7100–7106, 2003.
8. Kim, S., Fisher, B., Eisler, H. J., and Bawendi, M., Type-II quantum dots: CdTe/CdSe(core/shell) and CdSe/ZinTe(core/shell) heterostructures, *J. Am. Chem. Soc.*, 125, 11466–11467, 2003.
9. Zhong, X. H., Feng, Y. Y., Knoll, W., and Han, M. Y., Alloyed $Zn_xCd_{1-x}S$ nanocrystals with highly narrow luminescence spectral width, *J. Am. Chem. Soc.*, 125 (44), 13559–13563, 2003.
10. Zhong, X. H., Han, M. Y., Dong, Z. L., White, T. J., and Knoll, W., Composition-tunable $Zn_xCd_{1-x}Se$ nanocrystals with high luminescence and stability, *J. Am. Chem. Soc.*, 125, 8589–8594, 2003.
11. Bruchez, J. M., Moronne, M., Gin, P., Weiss, S., and Alivisatos, P., Semiconductor nanocrystals as fluorescent biological labels, *Science*, 281, 2013–2015, 1998.
12. Chan, W. C. W. and Nie, S. M., Quantum dot bioconjugates for ultrasensitive nonisotopic detection, *Science*, 281, 2016–2018, 1998.
13. Gao, X., Chan, W.C.W., and Nie, S., Quantum-dot nanocrystals for ultrasensitive biological labeling and multicolor optical encoding, *J. Biomed. Opt.*, 7, 532–537, 2002.
14. Derfus, A. M., Chan, C. W., and Bhatia, S. N., Probing the cytotoxicity of semiconductor quantum dots, *Nano Lett.*, 4, 11–18, 2004.
15. Wu, X. Y., Liu, H. J., Liu, J. Q., Haley, K. N., Treadway, J. A., Larson, J. P., Ge, N. F., Peale, F., and Bruchez, M. P., Immunofluorescent labeling of cancer marker Her2 and other cellular targets with semiconductor quantum dots, *Nat. Biotechnol.*, 21, 41–46, 2003.
16. Dahan, M., Levi, S., Luccardini, C., Rostaing, P., Riveau, B., and Triller, A., Diffusion dynamics of glycine receptors revealed by single-quantum dot tracking, *Science*, 302, 442–445, 2003.
17. Ness, J. M., Akhtar, R. S., Latham, C. B., and Roth, K. A., Combined tyramide signal amplification and quantum dots for sensitive and photostable immunofluorescence detection, *J. Histochem. Cytochem.*, 51, 981–987, 2003.
18. Lidke, D. S., Nagy, P., Heintzmann, R., Arndt-Jovin, D. J., Post, J. N., Grecco, H. E., Jares-Erijman, E. A., and Jovin, M., Quantum dot ligands provide new insights into erbB/HER receptor-mediated signal transduction, *Nat. Biotechnol.*, 22, 198–203, 2004.
19. Dubertret, B., Skourides, P., Norris, D. J., Noireaux, V., Brivanlou, A. H., and Libchaber, A., In vivo imaging of quantum dots encapsulated in phospholipid micelles, *Science*, 298, 1759–1762, 2002.
20. Gao, X., Cui, Y. Y., Levenson, R. M., Chung, L.W.K., and Nie, S., In vivo cancer targeting and

imaging with semiconductor quantum dots, *Nat. Biotechnol.*, 22, 969–976, 2004.

21. Allen, C., Maysinger, D., and Eisenberg, A., Nano-engineering block copolymer aggregates for drug delivery, *Colloids Surf. B Biointerfaces*, 16, 3–27, 1999.
22. Ludwigs, S., Boker, A., Voronov, A., Rehse, N., Magerle, R., and Krausch, G., Self-assembly of functional nanostructures from ABC triblock copolymers, *Nat. Mater.*, 2, 744–747, 2003.
23. Gao, X. and Nie, S., Molecular profiling of single cells and tissue specimens with quantum dots, *Trends Biotechnol.*, 21 (9), 371–373, 2003.
24. Mao, C. B., Solis, D. J., Reiss, B. D., Kottmann, S. T., Sweeney, R. Y., Hayhurst, A., Georgiou, G., Iverson, B., and Belcher, M., Virus-based toolkit for the directed synthesis of magnetic and semiconducting nanowires, *Science*, 303, 213–217, 2004.
25. Lee, S. W., Mao, C., Flynn, C. E., and Belcher, M., Ordering of quantum dots using genetically engineered viruses, *Science*, 296, 892–895, 2002.
26. Whaley, S. R., English, D. S., Hu, E. L., Barbara, P. F., and Belcher, M., Selection of peptides with semiconductor binding specificity for directed nanocrystal assembly, *Nature*, 405 (6787), 665–668, 2000.
27. Schellenberger, E. A., Reynolds, F., Weissleder, R., and Josephson, L., Surface-functionalized nanoparticle library yields probes for apoptotic cells, *Chembiochem.*, 5 (3), 275–279, 2004.
28. Pellegrino, T., Manna, L., Kudera, S., Liedl, T., Koktysh, D., Rogach, A. L., Keller, S., Rädler, J., Natile, G., and Parak, J., Hydrophobic nanocrystals coated with an amphiphilic polymer shell: a general route to water soluble nanocrystals, *Nano Lett.*, 4 (4), 703–707, 2004.
29. Ron, E., Turek, T., Mathiowitz, E., Chasin, M., Hageman, M., and Langer, R., Controlled-release of polypeptides from polyanhydrides, *Proc. Natl Acad. Sci. U.S.A.*, 90 (9), 4176–4180, 1993.
30. Anseth, K. S., Shastri, V. R., and Langer, R., Photopolymerizable degradable polyanhydrides with osteocompatibility, *Nat. Biotechnol.*, 17 (2), 156–159, 1999.
31. Goldman, E. R., Anderson, G. P., Tran, P. T., Mattoussi, H., Charles, P. T., and Mauro, J. M., Conjugation of luminescent quantum dots with antibodies using an engineered adaptor protein to provide new reagents for fluoroimmunoassays, *Anal. Chem.*, 74 (4), 841–847, 2002.
32. Mattoussi, H., Mauro, J. M., Goldman, E. R., Anderson, G. P., Sundar, V. C., Mikulec, F. V., and Bawendi, G., Self-assembly of CdSe–ZnS quantum dot bioconjugates using an engineered recombinant protein, *J. Am. Chem. Soc.*, 122 (49), 12142–12150, 2000.
33. Mammen, M., Choi, S. K., and Whitesides, G. M., Polyvalent interactions in biological systems: Implications for design and use of multivalent ligands and inhibitors, *Angew. Chem. Int. Ed. Engl.*, 37, 2754–2794, 1998.
34. Weiss, S., Fluorescence spectroscopy of single biomolecules, *Science*, 283 (5408), 1676–1683, 1999.
35. Olivos, H. J., Bacchawat-Sikder, K., and Kodadek, T., Quantum dots as a visual aid for screening bead-bound combinatorial libraries, *Chembiochem.*, 4 (11), 1242–1245, 2003.
36. Goldman, E. R., Clapp, A. R., Anderson, G. P., Uyeda, H. T., Mauro, J. M., Medintz, I. L., and Mattoussi, H., Multiplexed toxin analysis using four colors of quantum dot fluororeagents, *Anal. Chem.*, 76 (3), 684–688, 2004.
37. Stavis, S. M., Edel, J. B., Samiee, K. T., and Craighead, H. G., Single molecule studies of quantum dot conjugates in a submicrometer fluidic channel, *Lab. Chip.*, 3, 337–343, 2005.
38. Wang, T. H., Peng, Y., Zhang, C., Wong, P. K., and Ho, C. M., Single-molecule tracing on a fluidic microchip for quantitative detection of low-abundance nucleic acids, *J. Am. Chem. Soc.*, 127, 5354–5359, 2005.
39. Nisman, R., Dellaire, D., Ren, Y., Li, R., and Bazett-Jones, D. P., Application of quantum dots as probes for correlative fluorescence, conventional, and energy-filtered transmission electron microscopy, *J. Histochem. Cytochem.*, 52, 13–18, 2004.
40. Maksym V. Yezhelyev, Xiaohu Gao, Yun Xing, Ahmad Al-Hajj, Shuming Nie and Ruth M O'Regan, Emerging use of nanoparticles in diagnosis and treatment of breast cancer, *The Lancet Oncol.*, 7, 657–667, 2006.
41. Han, M., Gao, X., Su, J. Z., and Nie, S., Quantum-dot-tagged microbeads for multiplexed optical coding of biomolecules, *Nat. Biotechnol.*, 19 (7), 631–635, 2001.
42. Gao, X. and Nie, S., Quantum dot-encoded mesoporous beads with high brightness and uniformity: Rapid readout using flow cytometry, *Anal. Chem.*, 76 (8), 2406–2410, 2004.
43. Gao, X. and Nie, S., Doping mesoporous materials with multicolor quantum dots, *J. Phys. Chem.*, 107 (42), 11575–11578, 2003.

21　纳米技术和生物分析方法的前景展望

Lon A. Porter Jr.

目录

21.1　纳米颗粒广阔前景的简介

制备比人的头发丝直径还要细小 10000～100000 倍的功能设备的惊人想法激发了科学家、工程师、媒体、政客、科幻小说家、好莱坞及公众的想象力，同时也使他们感到震惊(图 21.1)。近十年来，“纳米技术”这一概念已经不仅仅局限于实验室内，而是被广为传播，成为大众文化。无论是在报纸、网络，还是在最近的科幻小说和电影上，纳米技术无处不在。对纳米级物质（计量尺寸为 10^{-9} m）的研究以及操控被称为“纳米科学或纳米技

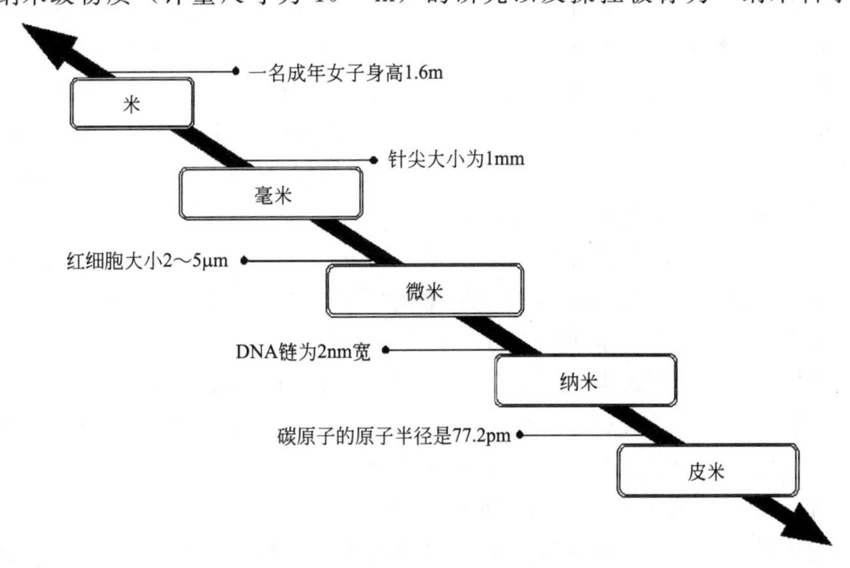

图 21.1　将纳米尺度引入视角：纳米技术主要研究至少有一维的尺寸是在 1～100nm 之间的物质
改自美国纳米技术倡议（NNI）主页，http：//www.nano.gov，2005 年 4 月访问

术”，这个开创性的领域正处在刚刚起步阶段[1,2]。一些独特的、不可预知的、耐人寻味的物理、化学、光学和电学现象可能是由于将物质限制在纳米级别造成的[3]。因此，纳米技术的理论研究与纳米结构的制备具有广阔的前景，引起了全球各地科学家及工程师们的广泛关注。由于可以构建无限小的器件并且形成纳米级特有的特征，在此基础上，纳米技术在传统技术和新兴技术上，例如微电子领域、传感器领域、催化领域、医学诊断领域以及其他方面均具有潜在的应用价值[1~3]。

虽然纳米技术作为一种新兴技术，呼声日益升高，但是纳米技术并不是科幻小说。当不同的科学和工程领域融合在一起时，它提供了一个很好的例子，让人学会如何去珍惜那些令人震惊的机会[4]。尽管对于纳米技术利用微量的材料、通过廉价的方式合成以及直接通过原子与原子作用精度的能量消耗等这些刻板的印象尚未被证实，但纳米技术的现代研究正在以惊人的速度发展着。在现代科学与工程学领域，纳米技术是最大且发展速度最快的跨学科研究领域之一。每年都有数以千计的关于纳米技术的论文被发表，很多新期刊在其最开始发展的那几年，都将精力放在纳米技术有关的主题上，并且新文献以纸质版和电子版同时发表。世界范围内，致力于纳米技术的研究机构接连被建立，并且美国联邦政府提供资金鼓励在这方面的研究[5]。尽管许多支持者认为纳米技术将引领下一次工业革命的到来[1]，但该领域主要还处于开发用于操纵和纳米结构表征的工具和方法的早期阶段。

随着纳米技术的新发展，将会不断引起越来越多的人的关注，并成为各种新闻稿和期刊的头条，渐渐地，人们也将意识到纳米技术不再像当初一样新颖。对纳米技术的探索旨在阐明其行为机理和通过控制物质在纳米级别刺激产生多种可能性行为，这些探索涵盖了化学、生物学、物理学和工程学等多种学科[6]。传统的有机合成方法一直致力于通过既定的化学转化的简单组合来系统和高效地构建复杂的分子结构。目前的制药行业及其他行业的成功很大程度上归功于通过有机和无机化学合成法达到纳米级精度[7]。同样，细胞生物学家也在研究复杂的纳米组装与合成，即核糖体从信使 RNA 得到指令，合成在这个星球上生命所需的复杂的蛋白质[8]。随处可见的个人电脑、便携式音乐播放器以及游戏机都是由价值数十亿美金的微电子和半导体公司所研发生产的，而这些公司目前一直在追求小于 100nm 的功能化电子结构 [9]。这一切都源自凝聚态物理学先驱们所取得的巨大进步，使之成为可能。这几个例子说明，虽然对纳米科学和纳米技术的研究已经有一段时间了，但是直到最近，它才得到新的命名、更多的研究资金以及更有力的平面与视觉宣传。不管怎样，如果没有纳米技术，现在已有的相同的技术就不会被发现[10]。

开始纳米技术的研究要归功于物理学家 Feynman[11]。1959 年 12 月，在加州理工大学举办的美国物理学会期间，Feynman 简明地阐述了纳米技术的核心问题、可能性以及应用前景，目的就是为了将世界科学研究的目光转移到微米/纳米级物质上[12]。他谈到在纳米领域得到巨大成功与回报的同时也必须克服重重困难。同时 Feynman 断言说：“据我所知，通过原子来操纵事物是可能的，这与物理学的原理并不相悖”，他尊重科学的基本规律，这也最终决定了这种努力的成败。虽然在原子水平上组装结构的想法很具有吸引力，但是他指出：“由于它们的化学不稳定性，导致很难控制它们。”

值得铭记的是，仅仅在苏联发射了人造卫星两年后，Feynman 便发表了该演讲。毫无经验的国家航空和航天局（NASA）也才仅仅成立一年多，并且当时全国的目光都集中在如何在“空间竞速”中取得胜利。在那个时代，这个研究优势显著，并且 Feynman 也在尽力说服整个科学界去探索研究小尺寸所带来的无限可能。他提到，“我们现在没有研究纳米技术是因为我们的生活并未涉及纳米技术”，并且觉得这个领域的研究曾经被忽视了，而现在是时候去开发它了。我们可以从他的著名演讲《底部有足够的空间》中获得很多他的观点[12]。

在 Feynman 的重要预言中，其中一项就是纳米技术只有在合成技术和表征技术非常成熟以后才会得到很快速的发展。他举例指出，纳米技术的研究需要高能电子显微镜（EM），这个在 1931 年就被开发的仪器[12]。在 Feynman 发表演讲的几十年后，我们看到了这个仪器的发展以及重要应用。在他的仪器列表中，最重要的就是发明扫描隧道显微镜（STM）以及属于同类的原子力显微镜（AFM）。1981 年，IBM 公司的 Binning 和 Rohrer 开发了 STM，使获得原子水平的照片成为可能[13]。在 STM 开发后的十年内，IBM 公司的 Eigler 直接使用该仪器操纵 35 个氙原子拼写出公司的名字图案[13]。这不仅为科学界打开了一扇通往纳米技术的窗户，而且还为其他领域的科学家打开了想象的大门。Greg Bear 是第一个使用纳米技术作为写作素材的科幻小说家，在他 1983 年的短篇小说《带血的音乐》（*Blood Music*）中，警告世人滥用生物纳米技术将会带来可怕的后果[14]。随后，许多故事、电视节目，以及电影争相模仿使用纳米技术这一概念[15,16]。

Drexler 的《创造力的发动机：纳米技术即将到来的时代》于 1986 年首次发表，用来预测、证明和警示研究人员和公众，关于分子纳米技术的无限可能性[17]。虽然经常被指责过于投机，但是这个作品最大的价值就是唤醒公众对纳米技术的认识。随后，出现了大批类似主题的简介和文章，以迎合科学界和公众的兴趣。2000 年，克林顿总统提出国家纳米技术项目（NNI），通过增加研究经费促进纳米技术的研究[5]。随着研究的蓬勃发展，NNI 的预算每年都相应地持续增长。接下来将主要讲述纳米级结构和设备的合成方法和探讨这些技术开始影响生物分析方法的方式。

21.2 纳米级材料合成方法的发展

21.2.1 光刻技术

Inter 公司的联合创始人以及名誉主席 Gordon E. Moore，在 1965 年发表的一篇文章中预测半导体行业中计算机芯片上安装的晶体管数量每隔两年就会翻一番[18]。在第一个平面集成电路设计诞生仅仅四年后，他就提出了这个大胆的预言，之后晶体管的个数每 18 个月就会翻一番，印证了他的预言，并且这个预言今天依然适用（图 21.2）。这种增长趋势通常被称为 Moore 定律，预计将再持续至少十年[19]。尽管许多技术为微电子行业追求更小、更快、更便宜的目标做出了贡献，但是光刻技术的创新性和技术先进性为半导体行业的发展铺平了道路，使其赶上 Moore 定律的步伐。

光刻是利用电磁辐射或者紫外线照射在不同的感光材料上形成图案的过程[20]。这种微米/纳米图案的制备方法是目前现代硅基微电子制造的基石。随着现代光刻继续推动现代光学的发展，任何一个有将自己的手在光下投射到墙上类似经验的人都会很快掌握这种强大的基础的制备技术。一旦设计出图案，必须创建出包含有精确的图像设计的光掩膜来作为模板。光掩膜类似于照片的底片或者等同于投影时的那只手。光掩膜可通过光学转换将图像转移到光敏材料层[21]。尽管可以用喷墨打印机透明胶片、金属网格或钠钙玻璃上的照相乳剂来制备廉价的光掩膜，但用于微电子工业所需的高分辨率远紫外光刻需要石英玻璃上的

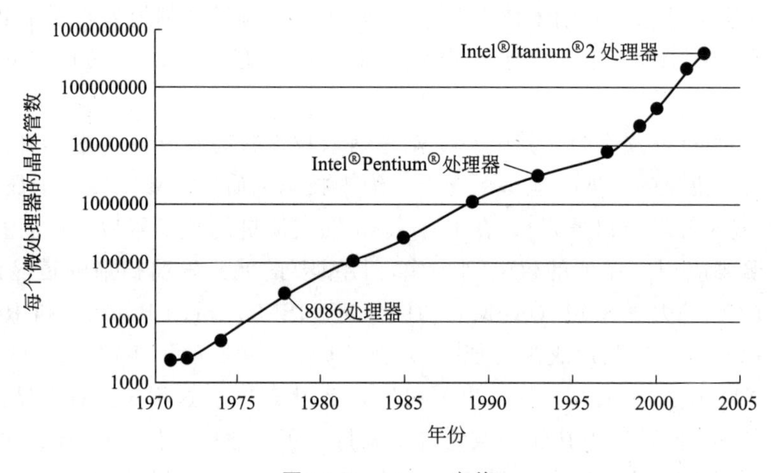

图 21.2 Moore 定律

铬[22]。微电子工业使用的硅晶片上的器件是逐层制造的，每个器件都需要一个独特的光掩膜。目前这一代先进的芯片至少有 25 层[23]。

一旦获得了所需图案的高质量光掩膜，必须采用对准和曝光系统将图案转印到感光材料上。再次使用皮影类比，当手最接近观看墙时，投影出最清晰的图形。这避免了由衍射引起的失真。在光刻技术中也是如此。在许多情况下，使用接近和接触曝光/打印配置可以实现高分辨率图案转印（图 21.3）。接近曝光法包括放置光掩膜，以便在紫外线曝光过程中在硅片和掩膜之间保持一个小的间隙（10～25μm 宽）[24]。这个方法减少了因衍射导致的失真，而且避免光掩膜与感光材料接触，防止损坏或污染光掩膜。在接触曝光方法中，使光掩膜直接接触要被图案化的表面，从而最大限度地减小由衍射引起的图案转印失真。这种方法允许非常高分辨率的图案转移，其代价是具有较高的光掩膜污染或损坏的可能性。

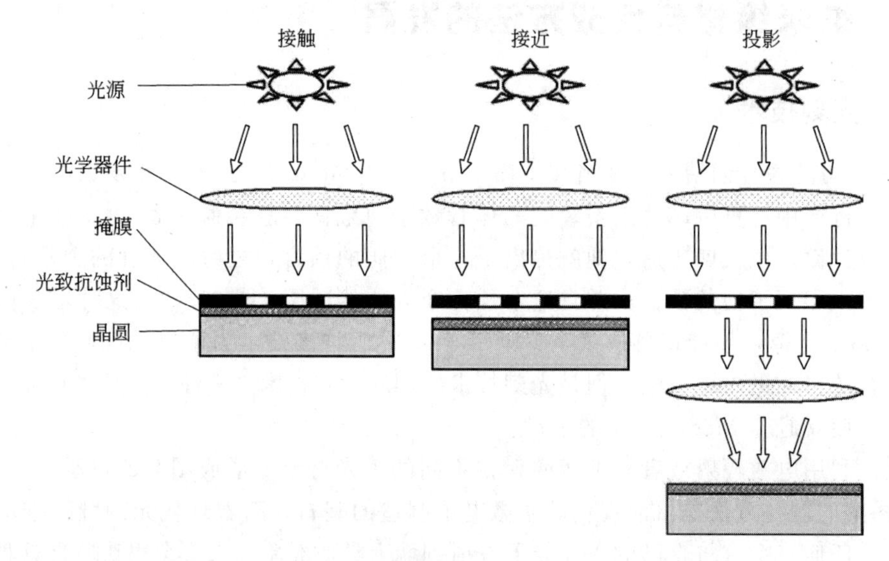

图 21.3 三种最常用的光刻配置：接触、接近和投影

（改自 Campbell，S. A.，The Science and Engineering of Microelectronic Fabrication，Oxford University Press，New York，2001.）

尽管邻近和接触暴露方法通过减少图案转移中由于衍射引起的失真来提供增强的分辨

率，但是这些技术显示出一些显著的缺点[25]。首先，光掩膜的图形转换是限于一对一传输。因为这两种技术都没有给图版留下可调控的空间，被转换的图形被严格限制在光掩膜的尺寸范围内。针对复杂的电子体系结构通常需要许多微米或纳米尺寸的光掩膜来完成，这就导致在光掩膜的生产和制备方面出现更大的困难和更高的成本。对于这两种曝光技术，因为光掩膜被污染或损坏的可能性很高，所以上述考虑是非常必要的。此外，光掩膜的制备方法导致整个晶片要暴露在光下，而不只是一个装置。这需要足够大的光掩膜来包围整个硅晶片表面，这也增加了光掩膜的生产成本，并在图案转化过程中由于光衍射导致图片失真。

为避免以上两种方法所造成的困境，建立了投影曝光/印刷，并迅速成为微电子行业高分辨率光刻的首选曝光方法[26]。类似于在物理入门课程上所做的光学实验，投影方法增加了光掩膜和硅片之间的距离，因此一系列光学器件也需要引入。投影光刻完全避免了光掩膜损失。掩膜图案的图像被投影到距离多个厘米的晶圆上。为了实现高分辨率，仅对掩膜的一小部分进行成像，但这很小的一部分区域却涵盖了整个晶片。尽管晶片的曝光速度降低了，但因此却实现了可扩展性、高分辨率以及光掩膜的保护。

这种曝光系统将光掩膜图案转印到称为光刻胶的光敏材料上。该技术被广泛应用在印刷和印刷电路板工业，半导体工业很快将光刻胶变为己用[27]。现在所用的光刻胶一般使用的是光敏有机聚合物。将光致抗蚀剂溶液涂布到硅晶片或其他基质的表面，其中高速离心旋转是在微电子制造中涂布光刻胶涂层的标准方法。这种称为旋涂的技术在通过加热蒸发除去规定量的溶剂之后，在晶片表面产生薄而均匀的光致抗蚀剂层[28]。光刻胶主要有两种（图21.4）：正性和负性[29]。从基本观点来看，负性抗蚀剂是由相对较小的分子组成的，可以用简单的溶剂很容易地冲洗掉。暴露在紫外线下会使负性光致抗蚀剂聚合，更难以溶解。聚合的负性光致抗蚀剂仅存在于暴露在光下的区域表面，而显影剂溶液可去除未暴露或掩蔽的部分。因此，当使用负性光致抗蚀剂时，所使用的光掩膜必须包含待转移图案的相反图案或图案底片。在20世纪70年代中期之前，负性光致抗蚀剂在半导体行业中广受欢迎。而如今，设备所需的分辨率已经快速超过了负性光致抗蚀剂所能达到的分辨率极限。同时，负性光致抗蚀剂对氧化的敏感性以及与清晰的光掩膜相关的固有困难等其他问题最终导致正性光致抗

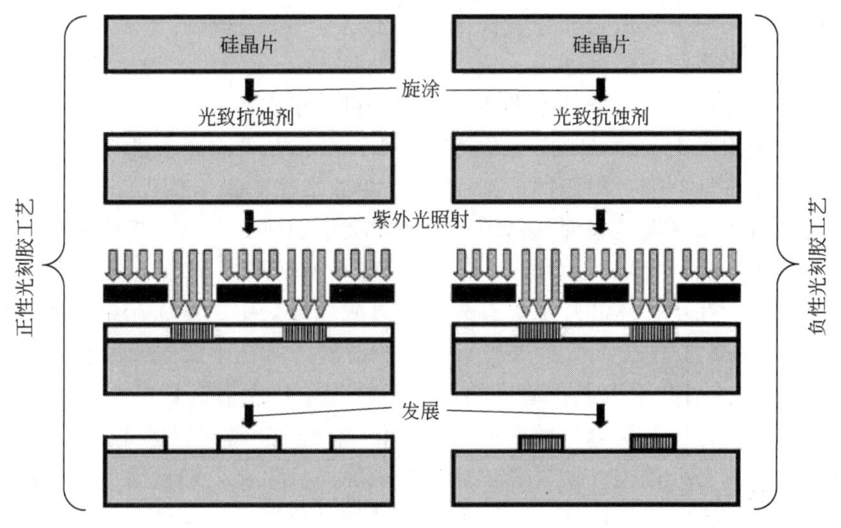

图 21.4 在光刻中使用正性和负性光刻胶的概述

（改自 Van Zant，P.，Microchip Fabrication，McGraw Hill，New York，2000.）

蚀剂成为80年代首选的光致抗蚀剂。正性光致抗蚀剂的行为方式正好相反。对于正性光致抗蚀剂，只要去除下面的材料，抗蚀剂就会暴露于紫外光下。在这些抗蚀剂中，暴露于紫外光下会改变其化学结构，使光致抗蚀剂更易溶于已知为显影剂的溶剂中。一旦曝光，抗蚀剂被显影剂溶液冲走，留下裸露的下层材料。因此，光掩膜要包含被转印到晶片或感兴趣表面上的图案的精确副本。

虽然聚合物光刻胶已经成为主要的传统光刻技术，但最近的一个趋势是放弃这些材料的专门应用，而是利用分子抗蚀剂提高最终的分辨率[30,31]。分子抗蚀剂涉及铺设单层分子，自组装单分子层（SAM）取代较厚的聚合物光致抗蚀剂层。这些分子抗蚀剂通常是化学取向的，区别于传统的光刻胶，分子抗蚀剂通过化学键与感兴趣的表面相连（图 21.5）。例如金上的硫醇、玻璃上的硅氧烷以及其他多种体系目前正在由众多研究小组进行深入研究[32]。

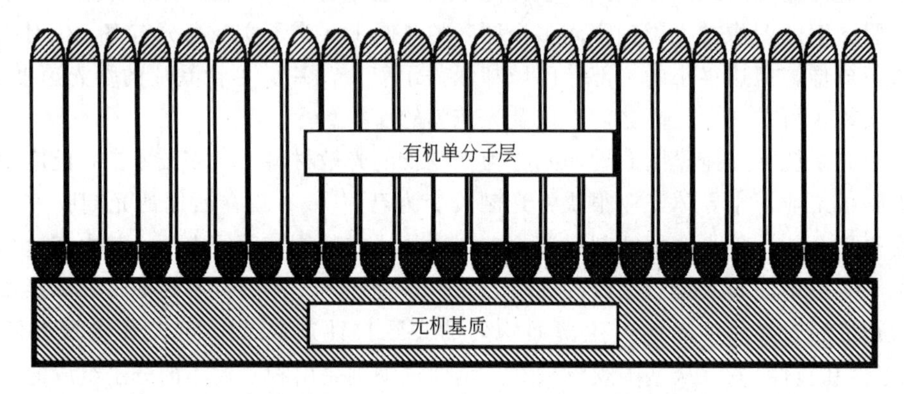

图 21.5 自组装单分子层（SAM）在固体基质表面对不同分子的化学吸附作用

（改自 Ulman，A.，An Introduction to Ultrathin Organic Films，Academic，New York，1991.）

分子抗蚀剂也以负性和正性模式运作。对于负性光致抗蚀剂，将自由分子的溶液置于样品表面并暴露于紫外光下。辐射促进表面和抗蚀剂分子之间的反应，通过化学键使两者结合[33]。因此，转印的图案表现为光掩膜图案的相反图案或图案底片。正性光致抗蚀剂的行为方式相反。在正性模式中，分子抗蚀剂被施加并且化学结合到基底的整个表面，并且使用高能刺激性的紫外光照射来从表面分解分子。由于这样可以去除曝光区域中的分子抗蚀剂，所以转印的图案是光掩膜的精确副本。

随着半导体传感器和微电子技术发展，各种有机分子在硅和锗上的负分子电阻受到了越来越多的关注。斯坦福大学的 Chidsey 及其研究伙伴率先在平面硅上进行了紫外光促进的表面反应，导致分子抗蚀剂通过牢固的硅-碳键结合在硅基质表面（图 21.6）[34]。使用这些或相关技术已经制备了多种功能表面/装置[35]。普渡大学的研究人员最近应用了一个相似的技术制备了金属纳米电极和锗电极（图 21.7）[36]。这些纳米尺度的金电极作为附着点将不同的生物重要材料结合在半导体芯片上。首先，通过脱氧烯烃中的金属栅格光掩膜将氢化物终端的锗（100）表面暴露于 254nm 紫外光下。被照射的区域在十二碳烯的存在下反应，形成锗-碳键，由此将抗蚀剂分子固定在适当的位置。这就导致照射区域的十二烷基为微米或纳米尺度，氢化物终端停留在被遮挡的区域。通过化学镀的金属沉积优先发生在氢化物区域，因为烷基单层可作为有效的电介质屏障。氢化物表面原位氧化，随后溶解在水性介质中。随后，通过电流位移实现金属盐的还原和沉积，导致烷基化区域的金属化。因此，贵金属的光学图案的形成可以利用分子抗蚀剂来实现[37]。

Buriak 及其同事在氢化物终端的多孔硅上展示了烯烃和炔烃之间的反应，并利用简单

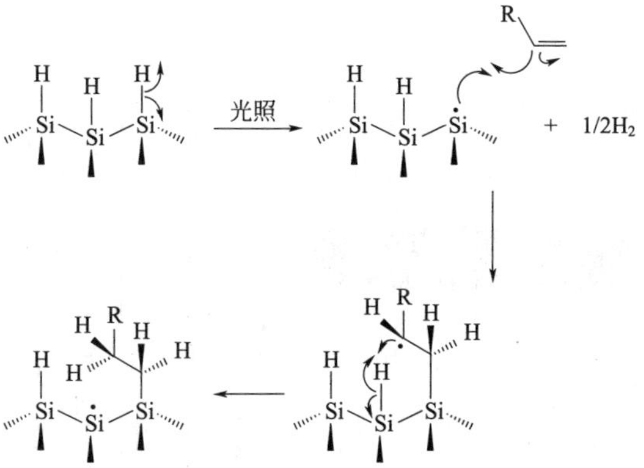

图 21.6 氢化物终端多孔硅上的光化学氢化硅烷化机理研究

(改自 Cicero，R. L.，Linford，M. R.，and Chidsey，C. E. D.，Langmuir，16，5688，2000；Linford，M. A. and Chidsey，C. E. D.，J. Am. Chem. Soc.，115，12631，1993.)

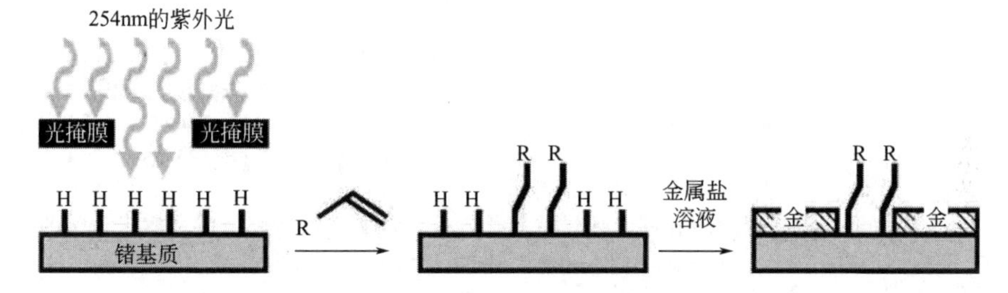

图 21.7 通过未掩蔽区域中的紫外光介导锗氢化物表面，对烯烃进行氢化，防止烷基封端区域氧化和随后的电镀金属沉积

(改自 Porter，L. A.，Jr.，Choi，H. C.，Schmeltzer，J. M.，Ribbe，A. E.，Elliott，L. C. C.，and Buriak，J. M.，Nano Lett.，2，1369，2002.)

的白色光源照射以促进该过程[38]。多孔硅最近引起了人们相当大的兴趣，主要是因为它的发光性能使其在光电子、传感器阵列、光捕获、生物复合材料和生物分析应用中具有广阔的应用前景[39]。多孔硅的光致发光样品用纯净的烯烃/炔烃或二氯甲烷基质溶液涂布并照射。例如，在惰性条件下，光照保持在 22～44mW/cm^2 中等强度（类似于一个空白投影仪灯泡），结果在室温下出现高效氢化硅烷化的现象。曝光时间短至仅 15min，导致当使用烯烃时形成烷基表面终端和当使用炔烃时形成烯基表面终端。这些结果通过傅里叶变换红外（FTIR）和二次离子质谱（SIMS）分析证实，并且反应条件被证明足够温和，可以引入各种功能性。通过简单的掩蔽程序，氢化硅烷化可以在表面上的特定区域进行，因为只有被照亮的区域可以发生反应，如图 21.8 所示[40]。

这种形成硅-碳键的方法非常温和，以致下面的纳米晶体结构基本保持完整。这表明用这种方法制备的烷基功能化的多孔硅还具有其本身的光致发光特性。这些单分子层在一定的环境条件下可以有效地将下面的多孔硅钝化并氧化。功能化的表面能够经得起氢氟酸、有机溶剂以及沸腾的碱性溶液的腐蚀[40]。该方法可以在多孔硅的光致发光样品的表面官能化中具有广阔的前景，并可应用到光电子器件或生物分析装置中。

结合化学通用性和稳定性，已经进行了类似分子抗蚀剂的表面结合活性基团的后续有机

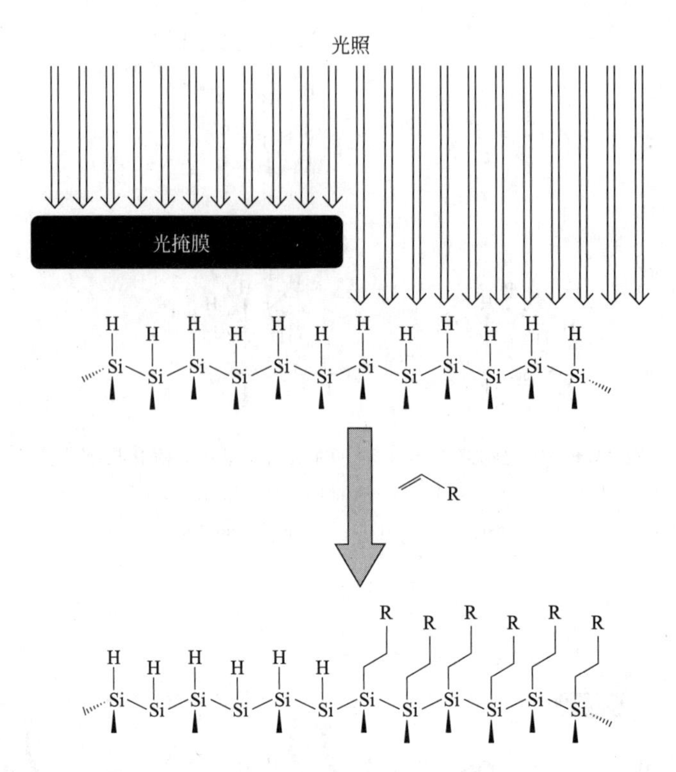

图 21.8 白光促进氢化物终端的多孔硅上烯烃的氢化硅烷化，利用光掩膜将光暴露于预定的抗蚀剂域
（改自 Stewart，M. P. and Buriak，J. M.，Angew. Chem. Int. Ed.，37，3257，1998.）

转化，以制备功能界面。例如，最近 Horrocks 和 Houlton 宣布已将单链 DNA（ssDNA）成功地固定在多孔硅表面（图 21.9）[41]。DNA 的表面固定有助于基因芯片以及生物传感器的应用。ssDNA 不能直接表面功能化，而是通过一个分子支架作为中间体进行化学键合。首先，通过热氢化硅烷化将 4,4-二甲氧基三苯甲基保护的十一烷醇官能化到多孔硅表面上。保护基团被去掉之后，使用特殊修饰的 DNA 合成仪在表面合成 17 聚体寡核苷酸。为了评估过程的效率，将可切割的分子连接嵌入其中，这样就能够使用凝胶电泳。双链 DNA 通过

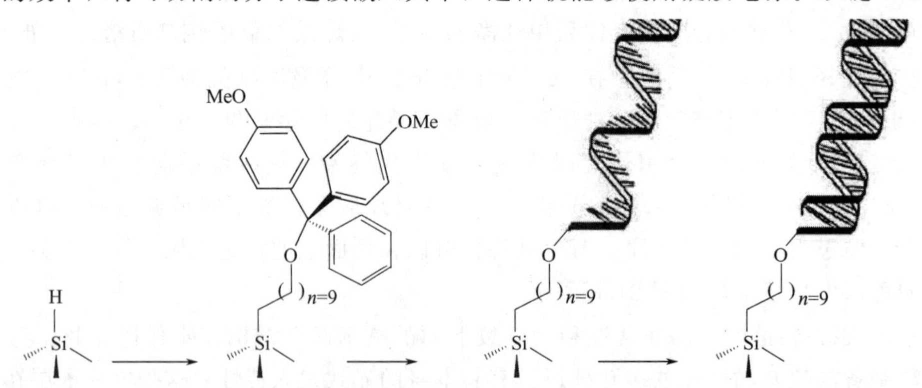

图 21.9 4,4-二甲氧基三苯甲基保护的十一烷醇官能化的氢化物终端的多孔硅脱保护，并利用特殊修饰的 DNA 合成仪在表面合成 17 聚体寡核苷酸。双链 DNA 通过随后的杂交反应制备
（改自 Pike，A. R.，Lie，L. H.，Eagling，R. A.，Ryder，L. C.，Patole，S. N.，Connolly，B. A.，Horrocks，B. R.，and Houlton，A.，Angew. Chem. Int. Ed.，41，615，2002.）

表面的单链 DNA 的杂交也能够被合成[41]。通过功能界面的合理合成设计，可以展示无数尚未被探索的表面。

由于目前采用光刻技术以每秒近 30 亿个芯片的速度批量生产晶体管，器件尺寸远远低于 100nm，因此，这一技术面临着巨大的基础和工程方面的挑战[42]。在光刻技术中，分辨率受到工艺中使用的光的波长以及系统的光学元件的限制[43]。光学平版印刷方法目前仅限于小于 100nm 量级的大规模生产。半导体工业的一个重要的投资领域就是紫外光刻，这主要是运用更小波长的辐射波长来提高最终的分辨率。使用氙等离子体，获得波长为 15.4nm 的温和 X 射线辐射[44]。不幸的是，使用这种辐射的系统的所有光学元件都局限于专门构造的多层反射镜，但是就目前所知还没有这种高能辐射的透镜。尽管这种系统以及采用更短波长的 X 射线源的系统可能最终会得到更广泛的应用，但目前它们仍然非常昂贵且非常复杂[45]。

电子束和离子束技术为与 X 射线源和光学相关的问题提供了潜在的替代方案。这些带电粒子束使用电磁透镜在目标表面聚焦和光栅化[46]。利用电子显微镜，电子束可以聚焦到小至 0.5nm 的一个点，提供的最终分辨率仅受聚焦系统的质量和电子抗蚀剂散射的限制。离子束可能被聚焦到接近 5nm 的斑点尺寸，但是由于粒子质量的增加，它们不太容易散射[47]。但是，这两个过程本质上是连续的。每个单独的功能必须按顺序投影，花费数小时完成一个单一的芯片。尽管电子束和离子束光刻允许在亚 100nm 规模上进行常规图案化，但真空要求、极高的电压要求、设备成本和有限的生产量限制了这些方法的实用性。为了真正实现在纳米尺度上大规模生产的可能性，需要新的非常规的图案化技术。

21.2.2 微接触印刷

表面化学可以说是纳米科学领域中研究最深入的领域之一。自组装单分子层（SAM）通过将有机分子吸附到平坦的表面（图 21.3）产生了一个不断扩大的研究领域，导致它们可能应用于化学传感、防腐蚀、润滑、导电和吸附[48]。前面介绍的单层光刻胶已经举出 SAM 的例子了。尽管玻璃上的硅氧烷等许多系统吸引了大量研究者的注意，但也许研究最彻底的是通过硫醇或二硫化物吸附到金表面形成的 SAM（图 21.10）[49]。Nuzzo 和 Allara 报道了通过吸附二硫化物在金基底上形成 SAM 的初步研究[50]。这项研究为众多的类似研究提供了推动力。

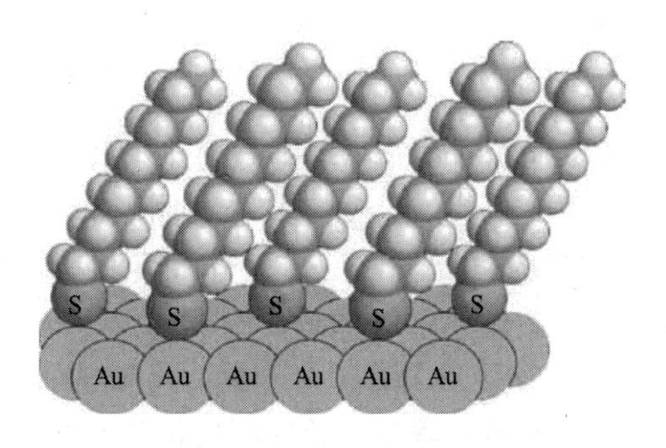

图 21.10 金上的烷硫醇盐自组装单分子层（SAM）

（改自 Ulman，A.，An Introduction to Ultrathin Organic Films，Academic，New York，1991.）

这些系统由于方法简单而且所得到的薄膜密集、高度有序、基本没有缺陷，所以得到了特别的关注。不久之后，人们发现烷硫醇和二硫化物不仅对金的表面有很高的亲和力，而且还对银、铜和铂也有很高的亲和力[51]。虽然对这些金属此前都有过研究，但金仍然是此前研究的重点。在周围环境中，金表面不会形成一个稳定的氧化膜。这样金表面更容易储存并防止大气污染。这就使得我们可以在常规的实验室中进行研究。

通过烷硫醇和二硫化物的吸附制备的 SAM 中，理解被吸附物的化学性质是重要的。在烷硫醇和二硫化物中，硫原子对金或银底物表现出了很高的亲和力。硫的头部基团的表面活性在吸附过程中发挥重要作用。分子的其余部分通常由衍生烷基的较长烷基链（在有二硫化物的情况下为两个）组成。有一种理论认为吸附过程分为两步。首先，硫头基团化学吸附在金属基底上，然后从金属表面到硫头基团发生电子转移。一些研究表明，这个过程削弱了 S—H 键并足以导致解离。在 Au(111) 面上，剩下的硫醇会进入到晶格形成的空隙中（图 21.11）。大家认为最终的 S—Au/Ag 相互作用导致强共价连接（约 44kcal/mol）[49]。Helium 衍射和 AFM 的表征显示出这种吸附过程是单层的，并且弯曲折叠形成六角形，此时 S—S 之间的距离接近 0.5nm[52]。该单层与下面的 Au(111) 表面相当，并且是简单的 30°角覆盖层。这种排列如图 21.11 所示，空心圆代表金原子，阴影圆代表硫原子。在最初的化学吸附之后，那么二维的层就形成了。现在的分子之间的距离足够近，可以形成 London 型的范德华力来变得更坚固。这些力最终导致分子链在金的表面发生 27°角的倾斜[49]。在范德华力的作用下，得到结晶良好的 SAM。

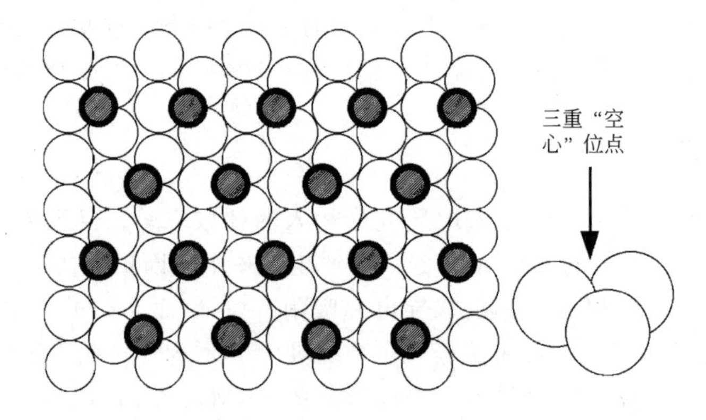

图 21.11　在 Au(111) 表面（明亮的圆圈）上，硫醇盐配体（黑圈）位于晶格的三重空心位点之中以调整平衡

化学吸附过程的结果是产生一个 S—S 距离接近 0.5nm 的单层六角形

（改自 Ulman，A.，An Introductionto Ultrathin Organic Films，Academic，New York，1991.）

在平坦的金底物上的自组装单分子层通常是通过将干净的金底物浸泡在所选择的硫醇或二硫化物吸附物分子的乙醇稀释液（1.0mmol/L）中来制备的[49]。当金底物暴露于被吸附物分子中时，形成金-硫键。这将吸附分子锚定在金表面，为有机单分子层的自组装提供了模板。由于范德华力，吸附分子的烃尾部排列成全反式构象（图 21.10）。所以得到的有机单分子层在周围环境中是稳定且高度有序的。由于金-硫键的能量、烃尾部的有序堆积以及有机单分子层的疏水性，使得表面覆盖率在较长时间内保持不变[49]。

尽管某些技术上相关的应用是利用完全覆盖感兴趣表面的 SAM，但是越来越多的设备需要用空间定义的 SAM 图案来修饰表面[53]。此外，这些模式一定是在适当的条件下应用的。微接触印刷可以使用弹性体印模将吸附分子高精度地应用到表面，形成具有几十纳米可重现图案的 SAM[54]。粗略看来，这个技术与宏观上将墨水印在纸上的方法别无二致。在哈佛大学，Whitesides 小组最早于 20 世纪 90 年代初开发出这种方法[55]，该方法已迅速成为高效量产纳米尺度制造的主要方法。

弹性体印模是通过简单的模制工艺生产的，通常采用硬质硅模具。因为仅需要有限数量的昂贵的硅模具来准备实际上无限数量的便宜的一次性印模、电子束光刻或其他高分辨率、低通量技术通常用于制作，显示极小特征尺寸（低至几纳米）的印模[56]。将有机硅弹性体和固化剂的黏性液体混合物倾倒到主模上并使其固化，从主模剥离并从主模上去除橡胶状聚二甲基硅氧烷（PDMS)，最后形成印模（图 21.12)。PDMS 是用于微流控芯片实验室的有机硅弹性体，在许多家用材料如防水密封胶、填缝剂和压敏胶黏剂中都有使用[57]。由此产生的印模包含有硅模具表面的图案。只要注意避免损坏主模，可以重复这种模制工艺来生产许多相同的印模。

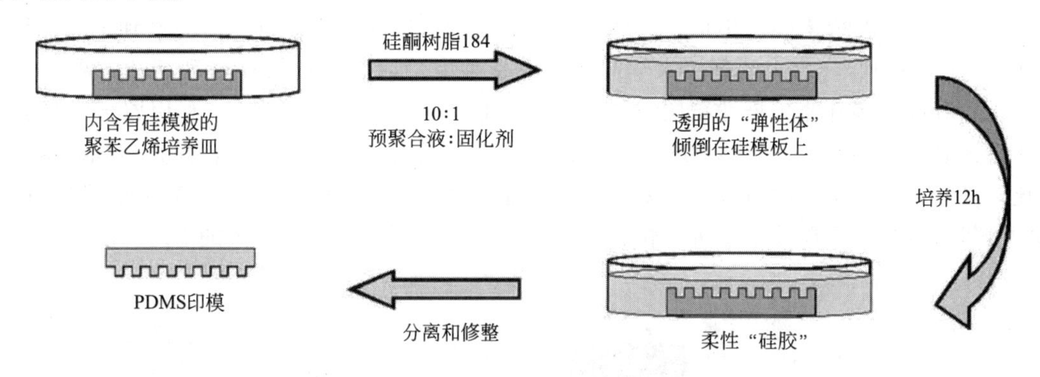

图 21.12 硅板上制备印模的过程图解

（改自 Dubois，L. H.，Zegarski，B. R.，and Nuzzo，R. G.，J. Chem. Phys. 98，678，1993；Chidsey，C. E. D.，Liu，G.，Rowntree，Y. P.，and Scoles，G，J. Chem. Phys. 91，4421，1989.）

一旦将印模从印版上取下，就可以使用了，并且必须用合适的硫醇试剂进行印刷，这些硫醇试剂将用于形成所需的 SAM[58]。通过简单地将溶液滴加或喷涂到印模的表面来施加硫醇溶液。一旦溶液被施加，印模就会与金基底或纸张接触，以便于利用所希望的方式转移硫醇溶液。将硫醇溶液施加到金基质上形成自组装单分子层，并且没有硫醇的区域保持裸露(图 21.13)[59]。因为毛细作用力以及印模的其他原因，分子墨水进行扩散，然而或许也可用这种方法获得小至 50nm 的图案。更重要的是，这种技术使得人们可以将极高分辨率的图案印在小尺度表面上，并且与其他方法相比，花费更小[60,61]。

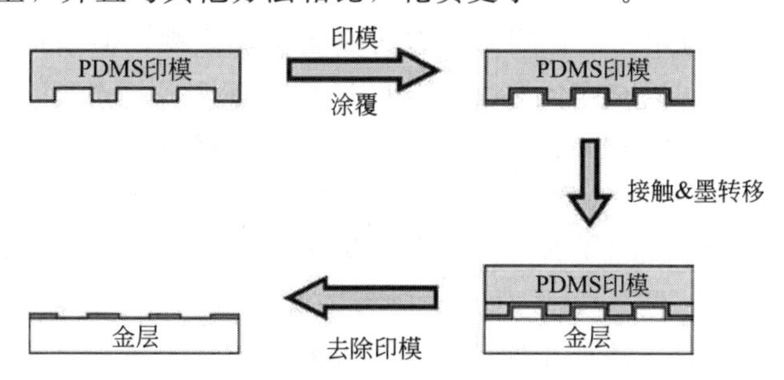

图 21.13 微电子印刷

（改自 Love，J. C.，Estroff，L. A.，Kriebel，J. K.，Nuzzo，R. G.，and Whitesides，G. M.，Chem. Rev.，105，1103，2005.）

蛋白质，包括很多硫醇功能基团。通过微电子印刷技术，将蛋白质用在不同的生物分析相关的应用上[62]。IBM 公司的 Biebuyck 及其合作者首次将自组装蛋白质单层膜应用在微电子印刷上[63]。采用 PDMS 印模，将一系列的蛋白（免疫球蛋白、磷酸酶、细胞色素 c、链霉亲和素、过氧化物酶等）应用在复杂的微型表面上。生物分子可以在几秒钟内有效地从印模转移到表面。这种高分辨率的技术可以将 1000 个以内的蛋白质分子同时印刷。原子力显微镜能够确保被印的图案及其位置，而表面仍可以保持蛋白质分子的结构以及活性。在大部分情况下，表面免疫分析法观察到的活性无法与它的液相类似物区分开（在荧光染色法监控下）。

微接触印刷已经用于制备蛋白质抗体的图案化阵列以用于细菌检测。在第一个要实施微接触印刷的设备中，康奈尔大学的研究人员采用了基于接触的光学检测方案[64]。PDMS 印章，经过短暂的等离子体暴露以增加其亲水性，将抗体分子的周期性图样施加到硅基质上。尽管所得的抗体光栅未能产生衍射图样，但在免疫捕获大肠埃希菌细胞时观察到了一个重要的信号（图 21.14）。后来，普渡大学的团队将这种廉价而有效的抗体阵列制造方式扩展到了测试针对包含多种非免疫性靶向细菌的溶液的抗体阵列的特异性[65]。利用原子力显微镜作为检测方法，图案化的抗体微阵列显示出对靶细菌具有一定的选择性，并且与抗体微阵列相比，细胞对抗体结合的偏好高于基材的未官能化区域。这些研究证明了微接触印刷在以极高的分辨率对蛋白质单分子层进行快速且经济高效的构图方面具有巨大的潜力。

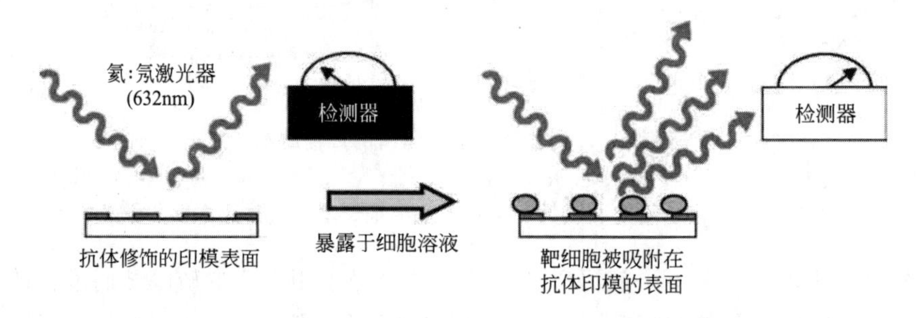

图 21.14 通过微电子印刷技术而实现的细菌检测衍射技术

（改自 St. John，P. M.，Davis，R.，Cady，N.，Czajka，J.，Batt，C. A.，and Craighead，H. G.，Anal. Chem.，70，1108，1998.）

21.2.3 纳米颗粒的功能化

虽然 SAM 的制备和应用已经得到了很多研究人员的重视，但是最近几年，在纳米金、银、铜、铂等贵金属表面结合硫醇的相关研究已经呈现爆炸式的增长[66]。这些 MPCs 已经被广泛应用于各种技术中。举例来说，SPIA 技术开创了用胶体聚合来控制抗原与抗体之间的相互作用[67]。表面被修饰过的贵金属（图 21.15）也能够作为一种实用的材料广泛用在纳米电子、胶体电子传导、溶剂分离、可视化检测以及量子点等领域[68]。

Schiffin/Brust 两相液/液路线[69]的发展成为正烷硫醇衍生的金属纳米颗粒，这进一步推动了这一领域的研究。该方法使用廉价的起始原料就可轻易地制备大量的 MPC，而且无须复杂的设备。以这种方式生成的功能化纳米颗粒以深棕色/黑色固体形式存在，易于分离，在空气中稳定并溶于多种有机溶剂。MPC 可以反复溶解并从溶液中沉淀出来而不会分解。这些特征允许使用多种技术[70]轻松进行表征，例如 X 射线光电子能谱（XPS）、核磁共振

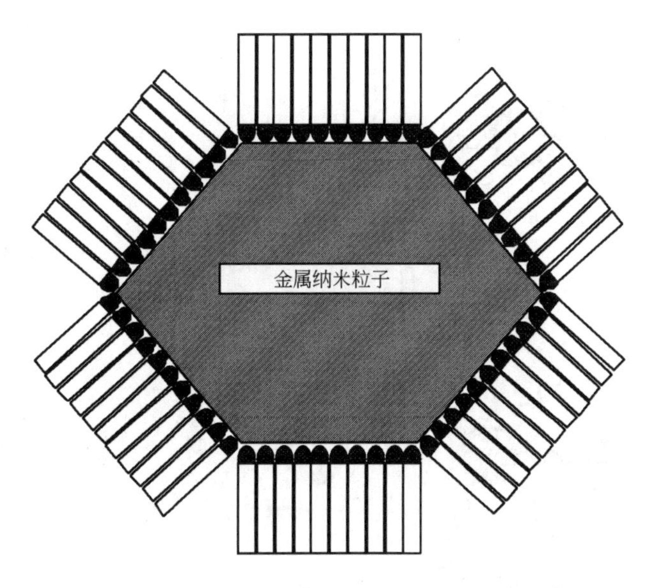

图 21.15 SAMs也可以用来做纳米粒子的表面修饰

（改自 Brust，M.，Walker，M.，Bethell，D.，Schiffrin，D. J.，and Whyman，R.，J. Chem. Soc.，Chem. Commun.，801，1994；Brust，M.，Fink，J.，Bethell，D.，Schiffrin，D. J.，andKiely，C. J.，J. Chem. Soc.，Chem. Commun.，1655，1995.）

（NMR）光谱、紫外-可见光（UV-vis）光谱、透射电子显微镜（TEM）、表面增强拉曼光谱（SERS）和 FTIR 光谱。

这些纳米材料提供极高的表面体积比，再加上它们在各种溶剂体系中的溶解度，使其成为在各种重要的生物分析应用中使用的极佳的候选材料[71]。西北大学的 Mirkin 及其同事已经开发出了一种序列特异性的 DNA 检测方法，该方法使用了经烷硫醇修饰的寡核苷酸功能化的金纳米颗粒[72]。尽管许多传统的 DNA 检测方法都是基于与化学发光、荧光或放射性探针进行分析物杂交的方法，但这种纳米颗粒方法却是比色法。首先，柠檬酸还原四氯金酸氢盐（$HAuCl_4$）产生直径为 15nm 的单分散金纳米颗粒。然后在室温下进行配体交换反应，以制备 3′-端或 5′-端烷硫醇 12-碱基寡核苷酸官能化的金纳米颗粒。这些纳米颗粒探针具有出色的稳定性，显示超过三个月的没有可检测到分解的保质期。寡核苷酸功能化的金纳米颗粒在可见光谱（$\lambda_{max}=524nm$）中产生了表面等离子能带，在该比色检测方案中用作感兴趣的信号。加入互补靶寡核苷酸后，红色纳米粒子溶液在 5min 内转变为紫色。寡核苷酸功能化的金纳米颗粒从尾到尾排列在多核苷酸链上，导致形成聚集的门控三维网络（图 21.16），从而使等离激元共振从 524nm 转移到 576nm。溶液的颜色变化归因于这种位移，这是由于金纳米颗粒间的距离的变化[72]。

关于该检测方案的特异性的有价值的信息可以从所得的 DNA 偶合的纳米颗粒聚集体的解离或解链分析中收集。在室温下放置超过 2h 的时间后，聚集体会从溶液中沉淀出来，但此分析是针对重悬的聚集体进行的。溶液温度从 25℃缓慢升高到 75℃，并且在 260nm 处观察到急剧的吸收增加，表明解离或熔融温度。此变化也可以监测到溶液颜色从紫色到红色的转变。通过降低解离温度很容易识别出不理想的靶标。一旦确定完美的补体，将水浴保持在该温度下，任何不完美的靶标将解离并转变为红色，而聚集的完美靶标仍为紫色[72]。该方法可实现快速简便的检测，从而减少了对放射性或荧光试剂的需求，并且几乎不需要昂贵的

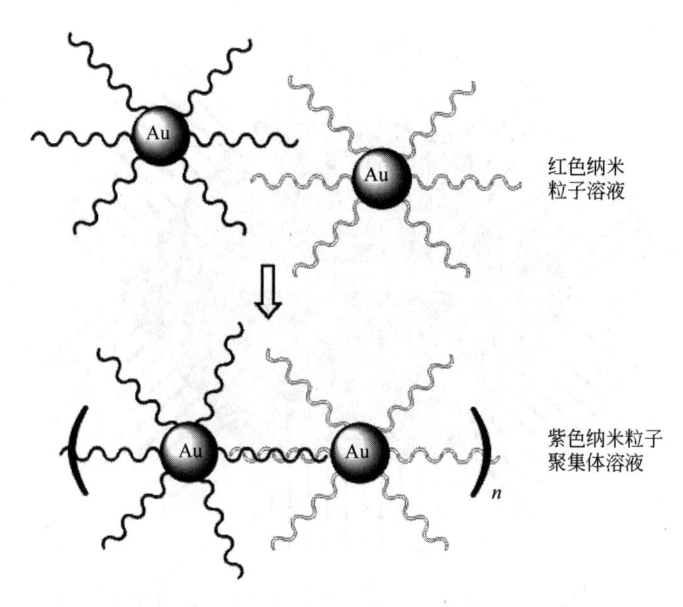

图 21.16 功能化的纳米金粒子用于 DNA 检测

(改自 Daniel, M.-C., and Astruc, D., Chem. Rev., 104, 293, 2004; Rosi, N. L. and Mirkin, C. A., Chem. Rev., 105, 1547, 2005.)

仪器。此外，它只需要很少的正规培训，就可以轻松地适应野外工作。

21.2.4 扫描探针印刷技术

扫描探针印刷技术如 STM 和 AFM 不仅在纳米研究领域有很多可取的重要特点，而且近几年这些技术被用在了更多的不同的领域[73]。扫描探针印刷技术使用非常细小的针尖，用来从非常高分辨率的物质表面移动获取试剂。前文提到的被粒子所拼出来的“IBM”就是靠这种技术来实现的。虽然这种技术还处在非常初级的发展阶段，但还是吸引了全世界研究人员的目光。

扫描探针印刷技术的一个非常重要而且广泛的应用就是 DPN。DPN 使用 AFM 的尖端将化学粒子移动到特定的区域，当然这都是在纳米尺度下完成的[74,75]。最开始，AFM 的尖端（小于 5nm）进入到提前准备好的化学物质中，移动尖端，然后添加溶剂，使溶质在尖端形成一层附着物。随后，这个尖端被移动到一个高湿度的环境中。接着尖端的溶质就通过水层移动到基质上，见图 21.17。一个典型的例子就是有机分子在应用到这个技术中之后，就可以用来制备特定的有机物质[76]。通过细微地调整各种参数例如湿度、尖端扫描速度等可以得到不同的效果[77]。矢量扫描技术也可以被广泛地用来制备 SAM 来形成不同的设计和图案。这个直接“书写”的技术本来是连续的，并且目前的研究目的就是装备更多的探针，使其排列在一起，同时工作，增加 DPN 的产量[78]。

Mirkin 及其同事，是 DPN 的先驱，已在混合蛋白纳米阵列的高分辨率图案化中采用了该技术[79]。为了增强蛋白质在 AFM 吸头上的吸附，在氮化硅吸头上涂金，然后浸入稀硫酸的乙醇酸溶液中。在 AFM 笔尖上生成的亲水性 SAM 有助于将蛋白质墨水更有效地装载到 AFM 笔尖上以进行构图。通过将 AFM 尖端浸入溶菌酶（Lyz）或兔免疫球蛋白 γ(IgG) 的稀缓冲溶液中来完成蛋白质的加载。首先，通过将尖端引导至表面的指定区域，并在高湿

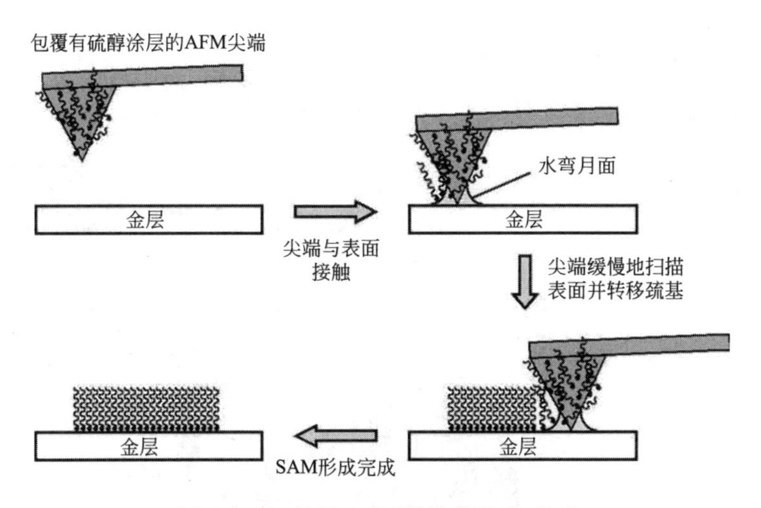

图 21.17 使用 AFM 探针的 DPN 技术

(改自 Piner, R. D., Zhu, J., Xu, F., Hong, S., and Mirkin, C. A., Science, 283, 661, 1999.)

条件下进行接触，从而促进 Lyz 蛋白纳米阵列的制备蛋白质递送。将第二种蛋白质加载到新鲜的 AFM 尖端后，在 Lyz 纳米阵列内的自由空间中对 IgG 纳米阵列进行构图。最后，用 11-巯基-十一烷基五（乙二醇）二硫化物单分子层钝化剩余的裸金表面，以避免非特异性蛋白质吸附到任何 Lyz 或 IgG 所不存在的金区域。在暴露于抗 IgG 包被的金纳米颗粒之前和之后，通过原子力显微镜高度分布确认了所得的混合蛋白质纳米阵列。这种有效的混合蛋白质纳米阵列方法成功地证明了 DPN 在制备下一代生物分析设备所需的日益复杂的表面方面所具有的优势。此外，由于蛋白质的结果是较大的特征尺寸（对应于更长的接触时间），DPN 可以访问特征范围从 45nm 到几微米的纳米点阵列，可通过 AFM 表面接触时间的调制来对其进行调节，使其在整个表面扩散。相似的研究集中在将 DPN 用于核酸和其他相关生物分子的图案化以用于诊断应用[80]。

浸笔式纳米光刻与化学沉积相结合也已被用于在半导体表面上形成纳米电极和其他金属结构[81]。在普渡大学（Purdue University），研究人员将 AFM 探针浸入 20mmol/L $HAuCl_4$ 和乙腈的 1∶10（体积比）水溶液中 5min，然后将探针在环境条件下干燥约 5min。该尖端随后被用于以极高的分辨率进行电流置换[82]。使用一个环境室来保持 50%的湿度，并且尖端以 200nm/s 的速度在整个表面上栅格化[36]。结果是一条金纳米线，长 500nm，高 8nm，宽 30nm（图 21.18）。该技术采用矢量扫描软件来获得这种简单的结构，但是通过充分的编程，可以获得各种几何构型，以用于固态传感器或制备含硫醇的生物分子的锚定点。

作为使用 AFM 尖端输送化学试剂的替代方法，机械犁版印刷术利用 AFM 尖端从表面机械去除材料[73]。此过程也可用于将各种分子种类和金属簇直接纳米接枝到 SAM 系统中[83]。该方法由 Liu 和他的同事[84]最先开发，首先在金表面上形成 SAM，然后将其浸入不同于初始 SAM 中所含的稀溶液中。将 AFM 探针以 5nN 的力施加到表面，并在整个表面上缓慢扫描。机械剪切力足以刮除单分子层与尖端接触的区域，从而在 SAM 中产生间隙。然后，溶液中的硫醇会快速化学吸附到裸露的金上，从而替换 AFM 尖端后从表面裂解的分子。最近，该技术已用于将多种生物学感兴趣的分子纳米接枝到金上的 SAM 中[85]。Liu 和他的同事们已经证明了将硫醇化的 ssDNA 纳米接枝到烷基硫醇盐 SAMs 中的能力，从而形成了宽度低至 10nm 的 ssDNA 模式（图 21.19）[86]。首先，通过将薄的金底物浸入相应硫醇

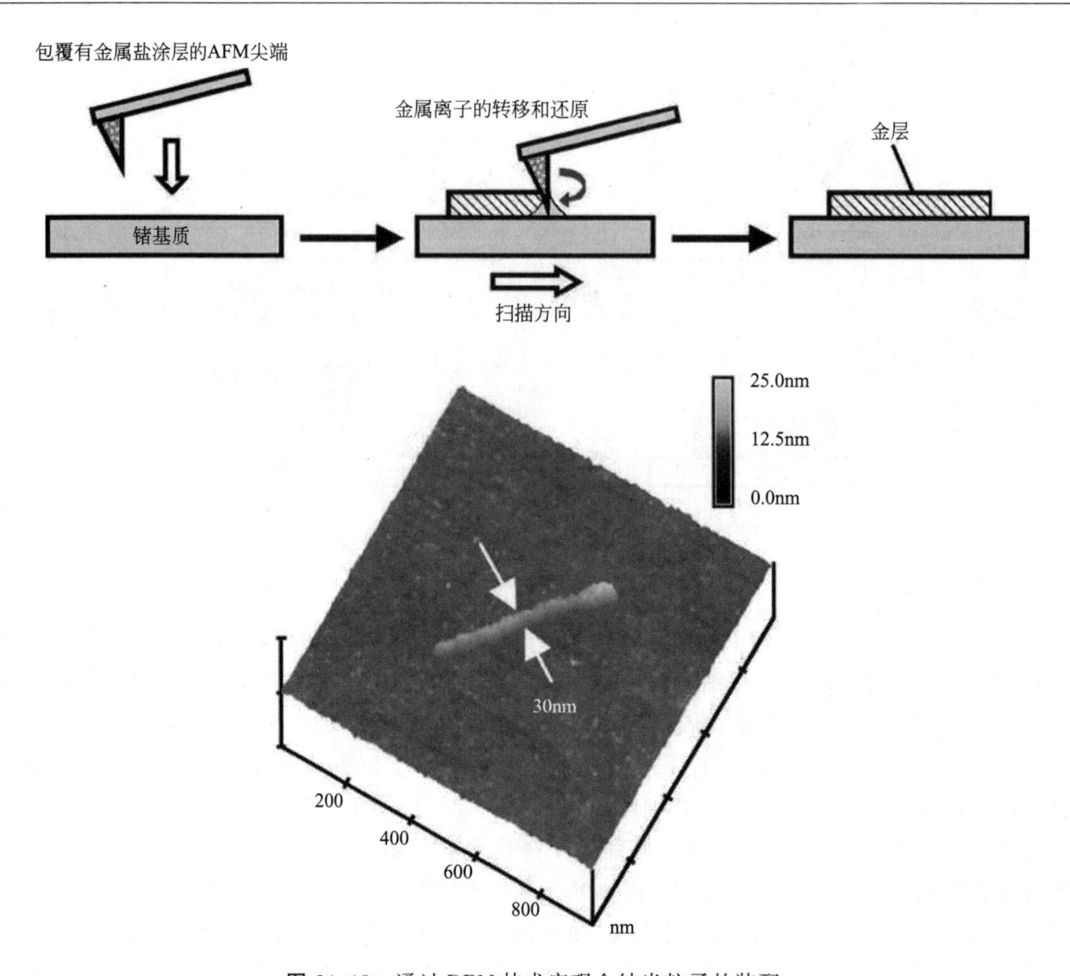

图 21.18 通过 DPN 技术实现金纳米粒子的装配

（改自 Porter，L. A.，Jr.，Choi，H. C.，Schmeltzer，J. M.，Ribbe，A. E.，Elliott，L. C. C.，and Buriak，J. M.，Nano Lett.，2，1369，2002.）

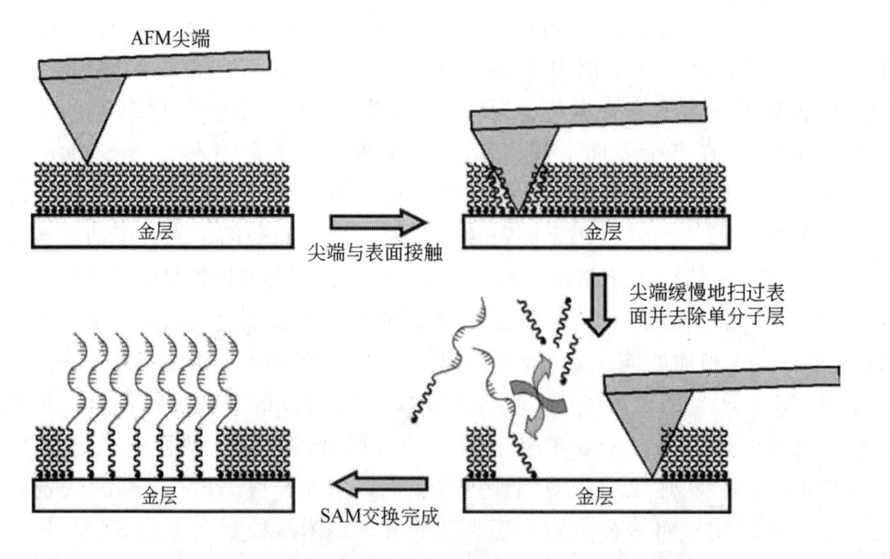

图 21.19 使用纳米接枝方法制备混合层的原理图解

（改自 Liu，M.，Amro，N. A.，Chow，C. S.，and Liu，G.，Nano Lett.，2，863，2002.）

的 1mmol/L 乙醇溶液中约 24h，来制备金上的己硫醇和癸硫醇 SAM。洗去多余的硫醇溶液后，将金样品固定在 AFM 样品台上，并浸入由比例为 6：1：1（体积比）的 2-丁醇/水/乙醇组成的含有 40mmol/L 硫醇化的 ssDNA[5′-HS-$(CH_2)_6$CTAGCTCTAATCTGCTAG-3′] 的混合溶液中。通过 20nN 的外加力，AFM 尖端开始与表面接触，同时以近 800nm/s 的速度扫描整个表面，可以完成纳米接枝。按照纳米接枝程序洗涤样品以除去任何过量的巯基化的 ssDNA，并通过 AFM 表征以确认硫醇化的 ssDNA 掺入原始 SAM 中。硫醇化的 ssDNA 区域的高度约为 8nm，剩余的己硫醇或癸硫醇区域则明显较短（约 2nm）。

从专注于探索聚合物摩擦学的基础扫描探针实验中脱颖而出[87]，静耕光刻最近已被用于一种可行的制造工艺。在这种简便而有效的过程中，采用 AFM 探针以极高的横向分辨率机械犁掉目标基板的空间限定区域。与 DPN 相似，矢量扫描软件可提供对各种图案和几何形状的访问。该技术已被用于生产用于半导体器件制造的蚀刻和蒸镀掩膜[88]，以及用于制备纳米电极和结合位点的方法，使用四个主要步骤将有机物和生物有机分子直接连接到半导体表面上（图 21.20）[89]：①在 Ge(111) 衬底上施加薄的聚合物抗蚀剂；②利用 AFM 尖端犁开抗蚀剂的图案/区域，从而暴露出下面的 Ge(111) 衬底的限定区域；③将基板浸入稀金属盐［例如 $HAuCl_4$(aq)］中，这样沉积物就能够固定到不再被抗蚀剂掩盖的 Ge(111) 区

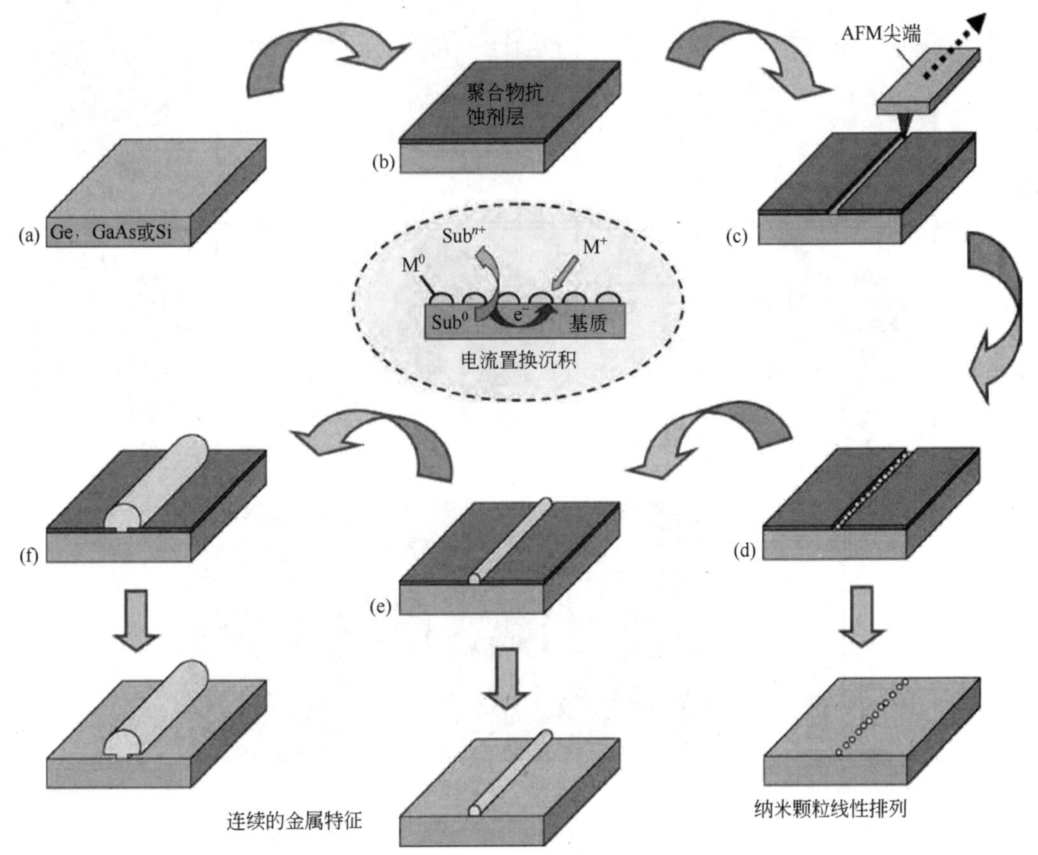

图 21.20 利用静耕光刻技术形成的金属纳米结构：Ge 面（111）(a)；包覆一层聚合物抗蚀剂（b）；使用 AFM 探针划过之后（c）；浸入氯金酸溶液，形成纳米颗粒（d）；随着浸入时间的延长，金纳米颗粒逐渐变大形成金结构（e）；延长时间后金结构的生长（f）；一旦想要得到的结构出现，就可以去掉抗蚀剂

（改自 Porter，L. A.，Jr.，Ribbe，A. E.，and Buriak，J. M.，Nano Lett.，3，1043，2003.）

域上；④通过溶剂冲洗最终去除所有抗蚀剂。电镀时间较短（≤30s）导致形成离散的金纳米颗粒，排列成与抗蚀剂沟槽的几何形状一致的线性形式。纳米颗粒的平均直径和高度分别确定为30nm和5nm。更长的浸泡时间（>30s）会导致通过Volmer-Weber（3D岛状生长）形成连续的金属结构，最后由于Ostwald熟化而产生了纳米粒子的团聚。产生的连续金观察到纳米结构（近似半椭圆圆柱体）的线宽从25mmol/L $HAuCl_4$(aq)浸入1min的50nm增加到30min沉积的200nm。类似地，对于相应的电镀间隔，线高从5nm增加到100nm。纳米颗粒的形成以及连续的金属结构都是通过从金属盐水溶液中进行电置换获得的[82]（图21.21）。矢量扫描操作允许AFM尖端以预定角度沿着任意长度刻度的路径驱动，同时还可以控制z轴位移和所施加的力。图21.21展示了一个矢量轮廓，该矢量轮廓用于使用静耕光刻技术制备一系列字母"PLCN"（普渡大学的化学纳米技术实验室）形成的抗蚀剂沟槽[89]。这种模式的实现证明了该技术成功应对各种尖端扫描方向的能力。另外，通过使用多条紧密间隔的扫描线犁掉大面积的抗蚀剂材料，可以形成实体特征。如前所述，这些金属纳米结构为形成SAM提供了方便的结合位点。该方法与工业和学术制造环境中普遍使用的光刻胶涂层工艺兼容。由于AFM仅用于构图抗蚀剂层，而不用于通过尖端进行化学转移，

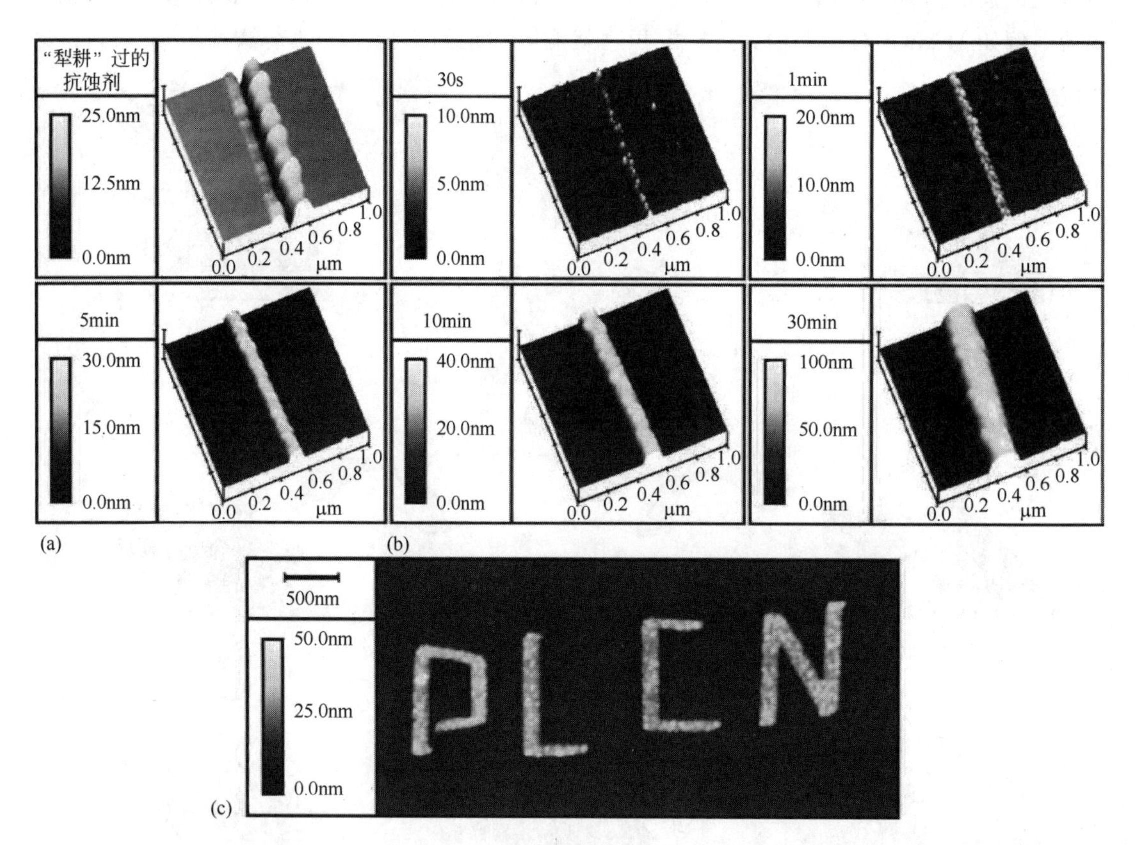

图21.21 间歇接触（轻敲）模式原子力显微照片显示静态刻蚀产生的抗蚀剂沟（a）和Ge（111）上的金纳米结构（b），这是由于抗蚀剂去除后在25℃下在25mmol/L $HAuCl_4$（水溶液）中浸泡时间增加导致的。间歇接触（攻丝）模式原子力显微照片显示了一系列抗静电犁沟（PLCN-Purdue化学纳米技术实验室）通过静态犁耕产生（c）

（改自Porter，L. A.，Jr.，Ribbe，A. E.，and Buriak，J. M.，Nano Lett.，3，1043，2003.）

因此，该技术不受其他扫描探针光刻方法面临的许多局限性和复杂性的限制。

21.3 结论

本章重点介绍了在纳米尺度上涉及功能结构和器件制造的主要策略和方法，并突出了它们在生物诊断技术未来发展中的应用，在纳米尺度的生物识别已经开始逐步替代其他识别方法[71]。纳米技术拥有更强的特异性、敏感性以及实用性，这些都是其吸引人的地方。但是，在这些显著的发展成熟之前，大量的研究工作将会在实验室中进行，并且其成果也会在现如今的生活中得到应用。在现阶段，纳米制备技术将会继续存在并发展，唯有时间才能证明究竟哪种方法会制造出更高效的纳米产品，哪种方法终将会被人们遗弃在历史的长河中。

参考文献

1. National Nanotechnology Initiative (NNI) Home Page, http://www.nano.gov (accessed April 2005).
2. Timp, G., Ed., *Nanotechnology*, Springer, New York, 1999. (For more recent accomplishments, the reader is invited to peruse the most recent issues of *Nano Letters* (http://pubs.acs.org). The American Chemical Society Journal of Nanotechnology)
3. Wilson, M., Kannangara, K., Smith, G., Simmons, M., and Raguse, B., *Nanotechnology: Basic Science and Emerging Technologies*, CRC Press, Boca Raton, 2002.
4. Porter, L. A. Jr., *J. Chem. Educ.*, in press.
5. Fritz, S., Ed., *Understanding Nanotechnology*, Warner Books, New York, 2002.
6. Bhushan, B., Ed., *Springer Handbook of Nanotechnology*, Springer, New York, 2004.
7. Pirrung, M. C., Morehead, A. T., and Young, B. G., Eds., *The Total Synthesis of Natural Products*, Wiley, New York, 1999.
8. Garrett, R., Douthwaite, S. R., Liljas, A., Matheson, A. T., Moore, P. B., and Noller, H. F., Eds., *The Ribosome: Structure, Function, Antibiotics, and Cellular Interactions*, American Society Microbiology, Washington, DC, 2000.
9. Ghandhi, S. K., *VLSI Fabrication Principles: Silicon and Gallium Arsenide*, Wiley, New York, 1994.
10. Stix, G., *Sci. Am.*, 285, 32, 2001.
11. Roukes, M., *Sci. Am.*, 285, 48, 2001.
12. Feynman, R. P., *J. MEMS*, 1, 60, 1992. Feynman, R. P., *J. MEMS*, 2, 4, 1992. (The previous citations refer to reprints of Feynman's speeches entitled *Plenty of Room at the Bottom* (1959) and *Infinitesimal Machinery* (1983), respectively)
13. Binnig, G., *Phys. Rev. Lett.*, 56, 930, 1986. Binnig, G., *IBM J. Res. Dev.*, 30, 355, 1986. Binnig, G. and Rohrer, H., *Rev. Mod. Phys.*, 59, 612, 1987.
14. Bear, G., *Analog*, 103, 12, 1983.
15. Elliott, E., Ed., Baen Books, Riverdale, 1998. Crichton, M., Prey,, Avon, New York, 1998.
16. Nanotechnology in Science Fiction. http://www.geocities.com/asnapier/nano/n-sf (accessed April 2004).
17. Drexler, K. E., *Engines of Creation: The Coming Era of Nanotechnology*, Anchor Books, New York, 1986.
18. Moore, G., *Elec. Mag.*, 8, 114, 1965.
19. Intel Corporation. http://www.intel.com (accessed May 2005).
20. Whitesides, G. M. and Love, C. J., *Sci. Am.*, 285, 39, 2001.
21. Van Zant, P., *Microchip Fabrication*, McGraw Hill, New York, 2000.
22. Fay, B., *Microelec. Eng.*, 61, 11, 2002.
23. Advanced Micro Devices (AMD) Corporation. http://www.amd.com/us-en (accessed May 2005).
24. Campbell, S. A., *The Science and Engineering of Microelectronic Fabrication*, Oxford University Press, New York, 2001.
25. Levinson, H. J., *Principles of Lithography*, SPIE, New York, 2005.
26. Rothschild, M., *Mater. Today*, 8, 18, 2005.

27. Willson, C. G. and Trinque, B. C., *J. Photopolym. Sci. Technol.*, 16, 621, 2003.
28. May, G. S. and Sze, S. M., *Fundamentals of Semiconductor Fabrication*, Wiley, New York, 2003.
29. Deforest, W. S., *Photoresist: Materials and Processes*, McGraw Hill, New York, 1975.
30. Reichmanis, E., Nalamasu, O., and Houlihan, F. M., *Acc. Chem. Res.*, 32, 659, 1999.
31. Kadota, T., Kageyama, H., Wakaya, F., Gamo, K., and Shirato, Y., *Chem. Lett.*, 33, 706, 2004; Sugimura, H., Hayashi, K., Saito, N., Hong, L., Takai, O., Hozumi, A., Nakagiri, N., and Okada, M., *Mater. Res. Soc. Jpn*, 27, 545, 2002; Xia, Y., Zhao, X.-M., and Whitesides, G. M., *Microelec. Eng.*, 32, 255, 1996; Chan, K. C., Kim, T., Schoer, J. K., and Crooks, R. M., *J. Am. Chem. Soc.*, 117, 5875, 1995.
32. Ulman, A., *An Introduction to Ultrathin Organic Films*, Academic, New York, 1991.
33. Stewart, M. P. and Buriak, J. M., *J. Am. Chem. Soc.*, 12, 7821, 2001.
34. Cicero, R. L., Linford, M. R., and Chidsey, C. E. D., *Langmuir*, 16, 5688, 2000; Linford, M. A. and Chidsey, C. E. D., *J. Am. Chem. Soc.*, 115, 12631, 1993.
35. Buriak, J. M., *Chem. Rev.*, 102, 1271, 2002. Buriak, J. M., *Adv. Mater.*, 11, 265, 1999.
36. Porter, L. A. Jr, Choi, H. C., Schmeltzer, J. M., Ribbe, A. E., Elliott, L. C. C., and Buriak, J. M., *Nano Lett.*, 2, 1369, 2002.
37. Choi, K. and Buriak, J. M., *Langmuir*, 16, 7737, 2000.
38. Stewart, M. P. and Buriak, J. M., *Angew. Chem. Int. Ed.*, 37, 3257, 1998.
39. Canham, L. T., Ed., INSPEC, London, 1997; Sailor, M. J., Heinrich, J. L., and Lauerhaas, J. M., In *Semiconductor Nanoclusters*, Karmat, P. V. and Meisel, D., Eds., Elsevier, Amsterdam, 1997. Stewart, M. P. and Buriak, J. M., *Adv. Mater.* 12, 859, 2000.
40. Stewart, M. P. and Buriak, J. M., *Angew. Chem. Int. Ed.*, 37, 3257, 1998.
41. Pike, A. R., Lie, L. H., Eagling, R. A., Ryder, L. C., Patole, S. N., Connolly, B. A., Horrocks, B. R., and Houlton, A., *Angew. Chem. Int. Ed.*, 41, 615, 2002.
42. Benschop, J. and Kurz, P., *Microlithography World*, 10, 4, 2001.
43. Sheats, J. R. and Smith, B. W., Eds., *Microlithography Science and Technology*, Marcel Dekker, New York, 1988.
44. Hawryluk, A. M., Ceglio, N. M., and Markle, D. A., *Solid State Technol.*, 40, 151, 1997.
45. Chen, Y., Vieu, C., and Launois, H., *Condens. Matter News*, 6, 22, 1998.
46. Harriott, L. and Liddle, A., *Phys. World*, 10, 41, 1887.
47. Gamo, K. and Namba, S., *Ultramicroscopy*, 15, 261, 1984.
48. Adamson, A. W., *Physical Chemistry of Surfaces*, Wiley, New York, 1976; Kuhn, H. and Mobius, D., *Techniques of Organic Chemistry*, Wiley, New York, 1976; Polymeropoulos, E. E. and Sagiv, J., *J. Chem. Phys.*, 69, 1836; Sugi, M., Fukui, T., and Lizima, S., *Phys. Rev. B*, 18, 725; Furtlehner, J. P. and Messier, J., *Thin Solid Films*, 68, 233; Waldbillig, R. C., Robertson, J. D., and McIntosh, T., *J. Biochim. Phiophys. Acta*, 4481; Kornberg, R. D. and McConnell, H. M., *Biochemistry*, 10, 1111.
49. Dubois, L. H. and Nuzzo, R. G., *Annu. Rev. Phys. Chem.*, 43, 437, 1992; Bain, C. D., Troughton, E. B., Tao, Y.-T., Evall, J., Whitesides, G. M., and Nuzzo, R. G., *J. Am. Chem. Soc.*, 111, 321, 1989; Bain, C. D. and Whitesides, G. M., *Angew. Chem. Int. Ed. Engl.*, 28, 506, 1989; Whitesides, G. M. and Laibinis, P. E., *Langmuir*, 6, 87, 1990; Ulman, A., *Chem. Rev.*, 96, 1533, 1996.
50. Nuzzo, R. G. and Allara, D. L., *J. Am. Chem. Soc.*, 105, 4481, 1983.
51. Laibinis, P. E., Whitesides, G. M., Allara, D. L., Tao, Y.-T., Parikh, A. N., and Nuzzo, R. G., *J. Am. Chem. Soc.*, 113, 7152, 1991. (and references therein)
52. Dubois, L. H., Zegarski, B. R., and Nuzzo, R. G., *J. Chem. Phys.*, 98, 678, 1993; Chidsey, C. E. D., Liu, G., Rowntree, Y. P., and Scoles, G., *J. Chem. Phys.*, 91, 4421, 1989.
53. Love, J. C., Estroff, L. A., Kriebel, J. K., Nuzzo, R. G., and Whitesides, G. M., *Chem. Rev.*, 105, 1103, 2005.
54. Xia, Y. and Whitesides, G. M., *Angew. Chem. Int. Ed.*, 37, 550, 1998; Brittain, S., Paul, K., Zhao, X.-M., and Whitesides, G. M., *Phys. World*, 11, 31, 1998; Xia, Y., Rogers, J. A., Paul, K. E., and Whitesides, G. M., *Chem. Rev.*, 99, 1823, 1999.
55. Kumar, A. and Whitesides, G. M., *Appl. Phys. Lett.*, 63, 2002, 1993.
56. Gorman, C. B., Biebuyck, H. A., and Whitesides, G. M., *Chem. Mater.*, 7, 252, 1995.
57. Tomanek, A., *Silicones and Industry: A Compendium for Practical Use, Instruction and Reference*, Hanser Gardner, Cincinnati, 1993.
58. Xia, Y. and Whitesides, G. M., *J. Am. Chem. Soc.*, 117, 3274, 1995.

59. Larsen, N. B., Biebuyck, H., Delamarche, E., and Michel, B., *J. Am. Chem. Soc.*, 119, 3017, 1997.
60. Kumar, A., Abbott, N. L., Biebuyck, H. A., Kim, E., and Whitesides, G. M., *Acc. Chem. Res.*, 28, 219, 1995.
61. Gates, B. D., *Mater. Today*, 8, 44, 2005.
62. Whitesides, G. M., Ostuni, E., Takayama, S., Jiang, X., and Ingber, D. E., *Ann. Rev. Biomed. Eng.*, 3, 335, 2001.
63. Bernard, A., Delamarche, E., Schmid, H., Michel, B., Bosshard, H. R., and Biebuyck, H., *Langmuir*, 14, 2225, 1998.
64. St. John, P. M., Davis, R., Cady, N., Czajka, J., Batt, C. A., and Craighead, H. G., *Anal. Chem.*, 70, 1108, 1998.
65. Howell, S. W., Inerowicz, H. D., Regnier, F. E., and Reifenberger, R., *Langmuir*, 19, 436, 2003; Inerowicz, H. D., Howell, S., Regnier, F. E., and Reifenberger, R., *Langmuir*, 18, 5263, 2002.
66. Lee, P. C. and Meisel, D., *J. Phys. Chem.*, 86, 3391, 1982; Xu, H., Tseng, C.-H., Vickers, T. J., Mann, C. K., and Schlenoff, J. B., *Surf. Sci.*, 311, L707, 1994; Grabar, K. C., Allison, K. J., Baker, B. E., Bright, R. M., Brown, K. R., Freeman, R. G., Fox, A. P., Keating, C. D., Musick, M. D., and Natan, M. J., *Langmuir*, 12, 2353, 1996; Weisbecker, C S., Meritt, M. V., and Whitesides, G. M., *Langmuir*, 12, 3763, 1996; Leff, D. V., Brandt, L., and Heath, J. R., *Langmuir*, 12, 4723, 1996; Sarathy, K. V., Raina, G., Yadav, R. T., Kulkarni, G. U., and Rao, C. N. R., *J. Phys. Chem. B*, 101, 9876, 1997; Brown, K. R. and Natan, M. J., *Langmuir*, 14, 726, 1998; Ingram, R. S., Hostetler, M. J., Murray, R. W., Schaaff, T. G., Khoury, J. T., Whetten, R. L., Bigioni, T. P., Guthrie, D. K., and First, P. N., *J. Am. Chem. Soc.*, 119, 9279, 1997; Green, S. J., Stokes, J. J., Hostetler, M. J., Pietron, J., and Murray, R. W., *J. Phys. Chem. B*, 101, 2663, 1997.
67. Van Erp, R., Gribnau, T. C. J., Van Sommeren, A. P. G., and Bloemers, H. P. J., *J. Immunoassay*, 11, 31, 1990.
68. Schon, G. and Simon, U., *Colloid Polym. Sci.*, 273, 101. Dorn, A., Katz, E., and Willner, I., *Langmuir*, 11, 1313. Beesley, J. EW., *Colloidal Gold: A New Perspective for Cytochemical Marking, Royal Microscopical Society Microscopy Handbook, 17*, Oxford Press, Oxford, 1995; Hanna, A. E. and Tinkham, M., *Phys. Rev. B*, 445919.
69. Brust, M., Walker, M., Bethell, D., Schiffrin, D. J., and Whyman, R., *J. Chem. Soc., Chem. Commun.*, 801, 1994; Brust, M., Fink, J., Bethell, D., Schiffrin, D. J., and Kiely, C. J., *J. Chem. Soc., Chem. Commun.*, 1655, 1995.
70. Leff, D. V., Ohara, P. C., Heath, J. R., and Gelbart, W. M., *J. Phys. Chem.*, 99, 7036, 1995; Terrill, R. H., Postlethwaite, T. A., Chen, C.-H., Poon, C.-D., Terzis, A., Chen, A., Hutchinson, J. E., et al., *J. Am. Chem. Soc.*, 117, 12537, 1995; Hostetler, M. J., Green, S. J., Stokes, J. J., and Murray, R. W., *J. Am. Chem. Soc.*, 118, 4212, 1996; Badia, A., Demers, L., Dickinson, L., Morin, F. G., Lennox, R. B., and Reven, L., *J. Am. Chem. Soc.*, 119, 11104, 1997; Templeton, A. C., Hostetler, M. J., Kraft, C. T., and Murray, R. W., *J. Am. Chem. Soc.*, 120, 1906, 1998; Grabar, K. C., Brown, K. R., Keating, C. D., Stranick, S. J., Tang, S.-L., and Natan, M. L., *Anal. Chem.*, 69, 471, 1997; Hostetler, M. J., Stokes, J. J., and Murray, R. W., *Langmuir*, 12, 3604, 1996; Ingram, R. S., Hostetler, M. J., and Murray, R. W., *J. Am. Chem. Soc.*, 119, 9175, 1997; Badia, A., Cuccia, L., Demers, L., Morin, F., and Lennox, R. B., *J. Am. Chem. Soc.*, 119, 2682, 1997; Hostetler, M. J., Wingate, J. E., Zhong, C.-J., Harris, J. E., Vachet, R. W., Clark, M. R., Londono, J. D., et al., *Langmuir*, 14, 17, 1998; Kang, S. Y. and Kim, K., *Langmuir*, 14, 22672, 1998.
71. Daniel, M.-C. and Astruc, D., *Chem. Rev.*, 104, 293, 2004; Rosi, N. L. and Mirkin, C. A., *Chem. Rev.*, 105, 1547, 2005.
72. Park, S.-J., Lazarides, A. A., Storhoff, J. J., Pesce, L., and Mirkin, C. A., *J. Phys. Chem. B*, 108, 12375, 2004; Nam, J.-M., Stoeva, S. I., and Mirkin, C. A., *J. Am. Chem. Soc.*, 126, 5932, 2004; Bailey, R. C., Nam, J.-M., Mirkin, C. A., and Hupp, J. T., *J. Am. Chem. Soc.*, 125, 13541, 2003; Jin, R., Wu, G., Li, Z., Mirkin, C. A., and Schatz, G. C., *J. Am. Chem. Soc.*, 125, 1643, 2003; Storhoff, J. J., Elghanian, R., Mirkin, C. A., and Letsinger, R. L., *Langmuir*, 18, 6666, 2002; Nam, J.-M., Park, S.-J., and Mirkin, C. A., *J. Am. Chem. Soc.*, 124, 3820, 2002; Storhoff, J. J., Lazarides, A. A., Mirkin, C. A., Letsinger, R. L., Mucic, R. C., and Schatz, G. C., *J. Am. Chem. Soc.*, 122, 4640, 2002; Reynolds, R. A. III, Mirkin, C. A., and Letsinger, R. L., *J. Am. Chem. Soc.*, 122, 3795, 2000; Mucic, R. C., Storhoff, J. J., Mirkin, C. A., and Letsinger, R. L., *J. Am. Chem. Soc.*, 120, 12674, 1998; Storhoff, J. J., Elghanian, R., Mucic,

R. C., Mirkin, C. A., and Letsinger, R. L., *J. Am. Chem. Soc.*, 120, 1959, 1998; Elghanian, R., Storhoff, J. J., Mucic, R. C., Letsinger, R. L., and Mirkin, C. A., *Science*, 277, 1078, 1997.

73. Soh, H. T., Guarini, K. W., and Quate, C. F., *Scanning Probe Lithography*, Springer, New York, 2001; Nyffenegger, R. M. and Penner, R. M., *Chem. Rev.*, 97, 1195; Tang, Q., Shi, S.-Q., and Zhou, L., *J. Nanosci. Nanotechnol.*, 4948.
74. Piner, R. D., Zhu, J., Xu, F., Hong, S., and Mirkin, C. A., *Science*, 283, 661, 1999.
75. Hong, S., Zhu, J., and Mirkin, C. A., *Science*, 286, 523, 1999.
76. Rozhok, S., Piner, R., and Mirkin, C. A., *J. Phys. Chem. B*, 107, 751, 2003.
77. Mirkin, C. A., Hong, S., and Demers, L., *Chem. Phys. Chem.*, 2, 37, 2001.
78. Hong, S. and Mirkin, C. A., *Science*, 288, 1808, 2000; Bullen, D. A., Wang, X., Zou, J., Chung, S.-W., Liu, C., and Mirkin, C. A., *Mater. Res. Soc. Symp. Proc.*, 758, 141, 2003; Ryu, K. S., Wang, X., Shaikh, K., Bullen, D., Goluch, E., Zou, J., Liu, C., and Mirkin, C. A., *Appl. Phys. Lett.*, 85, 136, 2004;
79. Lee, K.-B., Park, S.-J., Mirkin, C. A., Smith, J. C., and Mrksich, M., *Science*, 295, 1702, 2002; Lee, K.-B., Lim, J.-H., and Mirkin, C. A., *J. Am. Chem. Soc.*, 125, 5588, 2003.
80. Zhang, H., Li, Z., and Mirkin, C. A., *Adv. Mater.*, 14, 1472, 2002; Smith, J. C., Lee, K.-B., Wang, Q., Finn, M. G., Johnson, J. E., Mrksich, M., and Mirkin, C. A., *Nano Lett.*, 3, 883, 2003; Wilson, D. L., Martin, R., Hong, S., Cronin-Golomb, M., Mirkin, C. A., and Kaplan, D. L., *Proc. Natl. Acad Sci. U.S.A.*, 98, 13660, 2001.
81. Maynor, B. W., Li, Y., and Liu, J., *Langmuir*, 17, 2575, 2001; Su, M., Liu, X., Li, S.-Y., Dravid, V. P., and Mirkin, C. A., *J. Am. Chem. Soc.*, 124, 1560, 2002.
82. Porter, L. A. Jr., Choi, H. C., Schmeltzer, J. M., Ribbe, A. E., Elliott, L. C. C., and Buriak, J. M., *Nano Lett.*, 2, 1369, 2002; Magagnin, L., Maboudian, R., and Carraro, C., *J. Phys. Chem. B*, 106, 401, 2002.
83. Xu, S., Miller, S., Laibinis, P. E., and Liu, G., *Langmuir*, 15, 7244, 1999; Liu, G.-Y., Xu, S., and Qian, Y., *Acc. Chem. Res.*, 33, 457, 2000.
84. Xu, S. and Liu, G., *Langmuir*, 13, 127, 1997.
85. Wadu-Mesthrige, K., Xu, S., Amro, N. A., and Liu, G., *Langmuir*, 15, 8580, 1999; Kenseth, J. R., Harnisch, J. A., Jones, V. W., and Porter, M. D., *Langmuir*, 17, 4105, 2001; Zhou, D., Wang, X., Birch, L., Rayment, T., and Abell, C., *Langmuir*, 19, 10557, 2003.
86. Liu, M., Amro, N. A., Chow, C. S., and Liu, G., *Nano Lett.*, 2, 863, 2002.
87. Jin, X. and Uertl, W. N., *Appl. Phys. Lett.*, 61, 657, 1992; Balta-Calleja, F. J., Santa Cruz, C., Bayer, R. K., and Kilian, H. G., *Colloid Polym. Sci.*, 268, 440, 1990.
88. Klehn, B. and Kunze, U., *J. Appl. Phys.*, 85, 3897, 1999; Bouchiat, V. and Esteve, D., *Appl. Phys. Lett.*, 69, 3098, 1996; Sohn, L. L. and Willett, R. L., *Appl. Phys. Lett.*, 67, 1552, 1995.
89. Porter, L. A. Jr., Ribbe, A. E., and Buriak, J. M., *Nano Lett.*, 3, 1043, 2003.